JN493424

현대 센서 공학 5판

한빛아카데미
Hanbit Academy, Inc.

지은이 Jacob Fraden

소비자, 의료 및 산업용 센서를 개발하는 Fraden Corporation 사의 사장으로서 의료 전자공학 박사 학위를 소지하고 있다. Jacob Fraden은 감지, 의료 기기, 보안, 에너지 관리 등의 분야에서 약 60개의 특허를 획득했다.

옮긴이 **김윤** yoonkim82@uos.ac.kr

서울대학교에서 메모리 반도체 관련 연구로 박사 학위를 취득하였으며, 삼성전자 플래시설계팀에서 책임연구원으로 근무하였다. 현재 서울시립대학교 전자전기컴퓨터공학부 교수로 재직 중이며, 대한전자공학회 협동이사를 역임하고 있다. 반도체 소자, 공정, 회로와 관련된 연구를 진행하고 있다.

옮긴이 **김혁** hyeok.kim@uos.ac.kr

프랑스 파리대학교에서 유기반도체 관련 연구로 박사 학위를 취득하였으며, 삼성전자와 한국생산기술연구원 선임연구원, 경상국립대학교 전기공학과 교수를 거쳐 현재 서울시립대학교 전자전기컴퓨터공학부 교수로 재직 중이다. 한국센서학회 이사, 한국진공학회 윤리위원을 역임하고 있으며, 메디컬센서 기반 의료기기 기업인 ㈜센소메디의 대표이기도 하다. 센서와 에너지 소자, 디스플레이 등 유연 반도체를 이용한 유연 소자 및 시스템 연구를 진행하고 있다.

옮긴이 **박동욱** dwpark31@uos.ac.kr

미국 위스콘신대학교에서 바이오센서 및 유연 전자소자 관련 연구로 박사 학위를 취득하였으며, 현재 서울시립대학교 전자전기컴퓨터공학부 교수로 재직 중이다. 삼성 SDI 전임연구원, 삼성디스플레이 선임연구원, 스탠포드대학교 박사후연구원으로 근무하였다. 의용기기 및 바이오센서 관련 연구를 진행하고 있다.

현대 센서공학 5판

초판발행 2021년 8월 27일
3쇄발행 2026년 1월 26일

지은이 Jacob Fraden / **옮긴이** 김윤, 김혁, 박동욱 / **펴낸이** 전태호
펴낸곳 한빛아카데미㈜ / **주소** 서울시 서대문구 연희로2길 62 한빛아카데미㈜ 2층
전화 02-336-7112 / **팩스** 02-336-7199
등록 2013년 1월 14일 제2017-000063호 / **ISBN** 979-11-5664-556-6 93560

총괄 박현진 / **책임편집** 김평화 / **기획** 김평화 / **편집** 임여울 / **진행** 임여울
디자인 표지 이아란 내지 박정우 / 전산편집 카리스북 / **제작** 박성우, 김정우
영업 김성삼, 이정훈, 임현기, 이성훈, 김주성, 심지연

이 책에 대한 의견이나 오탈자 및 잘못된 내용은 출판사 홈페이지나 아래 이메일로 알려주십시오.
파본은 구매처에서 교환하실 수 있습니다. 책값은 뒤표지에 표시되어 있습니다.

홈페이지 www.hanbit.co.kr / 이메일 question@hanbit.co.kr

First published in English under the title
Handbook of Modern Sensors; Physics, Designs, and Applications by Jacob Fraden, edition: 5

현대 센서공학

5판

Jacob Fraden 지음
김윤, 김혁, 박동욱 옮김

한빛아카데미
Hanbit Academy, Inc.

센서를 이해 또는 설계하고자 하는 기술자를 위한 교과서

이 책은 학계와 산업계에서 사용되는 다양한 센서를 집대성한 최신본의 한글판이다. 이 책은 미국을 비롯한 여러 나라에서 관련 대학 과정의 교재와 참고자료로 광범위하게 사용되어 왔다. 한국의 엔지니어와 학생들의 학습 및 창작 활동에도 유용하게 사용되었으면 한다.

왜 이 책을 썼을까?

엔지니어링 작업을 하는 동안 필자는 다양한 센서의 중요한 물리적 원리, 설계, 사용에 대한 실용적인 정보가 담긴 교과서를 원했다. 물론 물리, 화학, 전자, 기술, 과학 잡지에 관한 글을 찾아 인터넷이나 도서관 책장을 둘러볼 수 있었지만, 그 정보들은 여러 웹사이트 및 출판물에 흩어져 있었다. 내가 고민하고 있던 거의 모든 질문에는 상당한 연구가 필요했다. 따라서 이 모든 것에 대한 실용적인 정보를 조금씩 모았는데 그것은 다양한 센서들과 과학적, 공학적인 측정들에 대한 응용과 관련된 것이었다. 또한 실험실에서 다양한 센서로 수많은 장치를 발명하고 개발하면서 끝없는 시간을 보냈다. 필자는 이렇게 수집한 정보가 누군가에게는 도움이 될 것이라 생각했다. 이 생각은 나로 하여금 이 책을 쓰게 만들었고, 이 책의 인기를 통해 내가 틀리지 않았음을 증명할 수 있었다.

책에 수록된 주제들은 필자의 선호와 해석을 반영한다. 일부에서는 특정 센서에 대한 설명이 너무 광범위하고 상세하거나 너무 간략하다고 생각할 수 있다. 나는 이 책의 범위를 가능한 한 넓게 유지하려고 노력하였고, 일부 센서를 깊이 다루기보다 광범위한 센서와 검출기를 다루고자 하였다. 이미 잘 알려져 있는 센서도 있지만, 이에 대한 설명은 학생 또는 참고자료를 찾는 사람에게 유용할 것이다.

센서란 어떤 용도로 사용되는가?

컴퓨터화된 수많은 장치들이 옷을 빨고, 커피를 준비하고, 자동차와 비행기를 돌리고, 집을 지키는 등 유용한 기능을 수행한다. 이러한 장치는 외부로부터의 입력신호가 필요한데, 센서는 이 신호를 얻는 작업을 수행한다. 센서는 외부 변수를 인지하고 그 변수를 전자 장치에 공급하는 구성요소이다. 현대의 신호 처리기는 일반적으로 전기신호로 표현되는 이진 코드를 다룬다. 우리는 디지털이 아닌 아날로그 세계에 살고 있기 때문에 다양한 물리적 값과 전기회로 사이의 인터페이스 장치인 센서가 필요하다. 즉 센서는 실리콘 칩의 눈, 귀, 코에 해당한다. 이 책에서는 실제 감지 기관과는 다른 인공 센서를 다룬다.

센서는 어떤 물리적 성질의 입력신호를 전기출력으로 변환하기 때문에 책의 초반에는 그러한 변환의 원리와 관련된 물리 법칙을 자세히 검토할 것이다. 그런 다음에는 측정된 물리적 변수(압력, 온도, 움직임 등)에 따라 구성하였다. 이 책은 특정 주제에 대해 깊이 파고 들지는 않지만, 세부 사항과 적용 범위의 단순성 사이에서 균형을 맞추려고 노력하였으며 단순성과 명확성에 초첨을 맞추었다. 이 책의 진정한 목표는 정보를 모으는 것이 아니라 독자를 창조적인 사고방식으로 유인하는 것이다. 약 2천 년 전 그리스의 철학자 플루타르코스가 말했듯이 "마음은 채워야 할 그릇이 아니라 지펴야 할 불이다."

누구를 위한 책인가?

이 책은 과학자와 엔지니어를 위한 것이지만, 기술 설명과 수학적 내용은 고등학교 커리큘럼 이상의 배경이 필요하지 않다. 이 책은 학생, 현대 계측 장치에 관심 있는 연구원, 센서 설계자, 응용 엔지니어, 그리고 실제 시스템용 센서를 이해 또는 설계하고자 하는 기술자를 위한 교과서이다.

감사의 말

이 책이 나오기까지 도와준 분들께 큰 감사를 드린다. Ephraim Suhir 박사와 David Pintsov 박사는 전달함수의 수학적 처리를 도와주었고, Sanjay V. Patel 박사는 화학 센서 부분에 많은 공헌을 했다. 끝으로 이 방대한 내용을 한국 독자들에게 전달하는 어려운 작업을 수행한 김윤, 김혁, 그리고 박동욱 교수께 깊은 감사를 드린다.

미국 캘리포니아주 샌디에이고에서

2021년 5월 13일

지은이 **제이콥 프레든(Jacob Fraden)**

4차 산업혁명의 견인차, 인간과 세상을 연결해주는 센서

이 책은 미국 MIT 외에도 다양한 교육 및 산업 현장에서 교재로 사용되고 있는 제이콥 프레이든(Jacob Fraden) 박사의 『Handbook of Modern Sensors: Physics, Design, and Applications, 5th Ed.』을 우리말로 옮긴 것입니다. 세상으로부터 정보를 수집하여 인간에게 정보를 제공하는 역할을 하는 센서는 4차 산업혁명 구현에 꼭 필요한 견인차에 해당합니다. 현재 전 세계 곳곳에는 약 1조 개의 센서가 깔려있으며 이는 인류 1명당 약 100개가 넘는 개수입니다. 인공지능, 사물인터넷, 자율주행, 스마트팩토리, 지능형 로봇과 같은 미래 기술에서도 센서의 역할은 더욱 커져가고 있는 가운데 이러한 흐름에 맞추어 센서 교육의 필요성도 점차 커지고 있습니다. 하지만 국내 서적들 중에서 마땅한 교재를 찾기가 힘들었습니다. 이런 상황에서 이 책을 우리말로 옮기기로 한 데에는 몇 가지 이유가 있습니다.

첫째, 이 책은 원서의 제목에서 미루어 짐작할 수 있듯이 '센서의 백과사전'이라고 할 수 있을 정도로 센서의 기초부터 응용까지의 광범위한 내용들이 탄탄하게 작성되어 있습니다. 원서의 저자는 학계와 산업계 전반에 걸친 다년간의 경험과 노하우를 바탕으로 이 책을 저술하였습니다. 현재 이 책은 미국의 MIT를 포함한 워싱턴대, 맨체스터대 등의 다양한 대학들과 산업체에서 인기있는 센서 교재로 활용되고 있습니다.

둘째, 이 책은 다양한 센서 기술들을 목차별로 잘 정리하여 궁금한 부분을 찾아 읽기 편하게 작성되었습니다. 따라서 필요할 때마다 찾아 읽는 참고서로 사용하기에도 최적입니다. 책의 1~6장에서는 센싱의 물리적 원리, 전달함수, 광학적 재료, 인터페이스 회로 등 기초 이론 및 원리에 대한 내용을 다루고, 7~10장에서는 인간의 감지기, 변위, 속도와 가속도, 힘과 스트레인 등 센서의 입력신호가 되는 물리량에 대해 다룹니다. 11~18장에서는 압력, 유량 센서, 마이크, 수분 센서, 광 및 방사선 검출기, 온도 센서, 화학 및 생물학적 센서 등 다양한 센서를 다루며, 19장에서는 센서에 사용되는 소재와 제조기술까지 다룹니다.

셋째, 이 책은 기본 이론 이외에도 최신 센서 기술들도 소홀함이 없이 다루고 있습니다. 꾸준하게 개정판이 나오면서 최신 기술들이 업데이트되고 있음을 알 수 있습니다.

이 책을 통해 배운 지식이 학교, 연구소, 산업 현장 등에서 유용하게 쓰이길 바라며 더 나아가 우리나라를 센서 기술 강국으로 이끌 수 있는 많은 공학도들이 배출되기를 기대합니다.

이 책이 나오기까지 세심한 배려와 지원을 해주신 박현진 팀장님, 임여울 에디터 님을 비롯한 한빛아카데미(주) 관계자분들께 감사드립니다. 또한 본 번역 작업에 응원의 말씀을 아끼지 않으신 원 저자 제이콥 프레이든 박사에게 특별한 감사의 말씀을 드립니다.

옮긴이 **김윤, 김혁, 박동욱**

[번역 담당 부분] 1~6장 : 김윤, 7~13장 : 김혁, 14~19장 : 박동욱

추천의 글

■ **이종흔** (고려대 신소재공학부 교수, 한국센서학회 회장, 한국과학기술한림원 정회원, Sensors and Actuators B: Chemical 편집장)

센서는 4차 산업혁명 시대의 쌀과 같은 존재입니다. 센서가 없으면 데이터가 없고, 데이터가 없으면 인공지능 기술의 주재료가 없는 상태가 됩니다. 각종 물리적, 화학적, 생물학적 정보를 유용한 데이터로 변환시키는 센서 기술은, 빅데이터 시대가 도래하면서 더 중요해지고 있습니다. 이러한 시점에 다양한 센서에 대한 원리 및 응용을 동료, 선후배들, 후학들에게 전해 센서 산업의 발전을 위해 기여하겠다는 공역자 교수님들 세 분의 깊은 뜻에 경의를 보냅니다.

이 책의 원서는 5판에 이르기까지 지속적으로 출간된 센서 분야의 베스트셀러 중 하나입니다. 다양하고 넓은 범위의 센서 동작 원리 및 응용에 대해 알기 쉽게 설명하고 있어 센서에 관심이 있는 분이라면 초심자부터 전공자까지 소장하여 센서 전반에 대해 공부하고 수시로 참고할 수 있는 서적이라 감히 추천드릴 수 있습니다. 또한 이 책을 통해 다양한 센서 소자 기술에 대해 이해함으로써 원하는 목적의 센서를 효과적으로 설계하고 활용할 수 있는 능력을 기를 수 있을 것입니다.

■ **박종욱** (KAIST 명예교수, 한국센서학회 회장 역임, 현 피에스에스 대표이사)

KAIST에서 센서 과목을 강의할 때 마땅한 교재가 없어 고민하던 때가 떠오릅니다. 센서공학이란 다른 분야와 달리 기초적인 과학 이론에서 시작하여 이를 인간에게 보여주기 위한 실용 전자회로를 모두 망라하여 복합적으로 이해해야 하는 특성이 있습니다. 센서 자체를 개발하거나 만드는 데는 물리나 화학, 재료적 이론이 바탕이 되지만, 그 특성을 표현하는 데는 수학적 처리가 필요하고 최종적으로 이런 특징들을 아울러서 밖으로 보여주는 부분은 전자회로가 담당합니다. 지금까지 출간된 센서에 관한 수많은 책들이 학생들이나 연구자들에게 크게 호응을 받지 못한 점은 이런 복합적인 지식의 욕구를 충족시켜주지 못하고 한 부분에만 치우친 결과가 아닌가 생각합니다. 그런 우려를 가지고 이 책을 전반적으로 살펴보니, 현장에서 많이 사용되는 각종 센서에 대한 기본적인 이론적 설명과 더불어 모델링 방법, 각종 인터페이스 전자회로 구성 방법 등 실제 사용되고 있으면서 응용이 가능한 내용이 많아 센서공학에 관심 있는 연구자들에게 큰 도움이 될 것으로 기대합니다. 실제 현장에서 센서를 개발했고 현재 센서를 생산하고 있는 본인으로서는 서술된 내용들이 센서를 개발할 때 고민했었고 토의했던 내용이라 감회가 남다르고 놀랍습니다.

역자는 현재 한국센서학회에서 활발하게 활동하고 있고, 장래가 촉망받는 훌륭한 현역 연구자로서 센서의 중요성과 어려움을 잘 알고 있습니다. 따라서 역자가 번역한 이 책은 확실히 센서 연구자와 생산자에게 매우 유익한 센서공학 지침서라고 생각되며 많은 센서 관련 학도나 현장의 엔지니어들에게 필독을 권하고 싶습니다.

■ 강의 보조 자료

한빛아카데미 홈페이지에서 '교수회원'으로 가입하신 분은 인증 후 교수용 강의 보조 자료를 제공받을 수 있습니다. 한빛아카데미 홈페이지 상단의 〈교수전용공간〉 메뉴를 클릭하세요.

http://www.hanbit.co.kr/academy

■ 표준 스케줄 표

주	해당 장	주제
1		오리엔테이션
2	1, 2장	데이터 수집, 전달함수
3	3장	센서 특성
4	4장	감지의 물리적 원리
5	5장	센서의 광학 부품
6	6장	인터페이스 전자회로
7	7장	인간의 감지기
8		중간고사
9	8, 9장	존재, 변위 및 레벨, 속도와 가속도
10	10, 11장	힘과 스트레인, 압력 센서
11	12, 13장	유량 센서, 마이크
12	14, 15장	습도 및 수분 센서, 광 검출기
13	16, 17장	이온화 방사선 검출기, 온도 센서
14	18장	화학 및 생물학적 센서
15	19장	소재 및 제조 기술
16		기말고사

목차

CONTENTS

목차

Chapter 19 소재 및 제조 기술

CHAPTER

01

데이터 수집

Data Acquisition

CONTENTS

1.1 센서와 신호, 시스템

센서sensor는 종종 신호signal 또는 자극stimulus을 수신하고, 이에 응답하는 장치로 정의된다. 사실 이 정의는 사람의 눈, 권총의 방아쇠 등 거의 모든 장치를 포함할 정도로 범위가 매우 넓다. [그림 1-1]에 표시된 레벨 제어 시스템을 살펴보자.

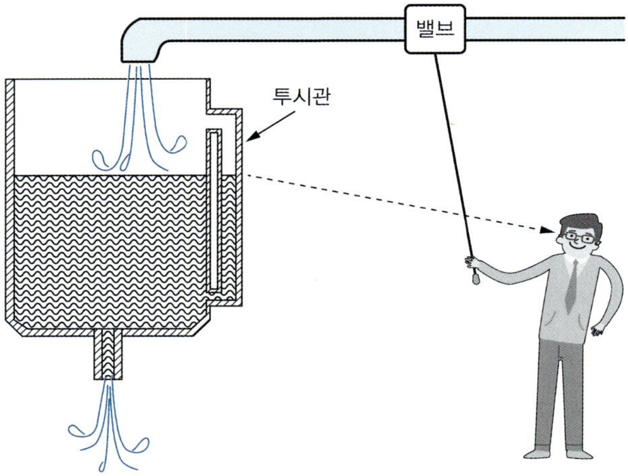

그림 1-1 레벨 제어 시스템. 센서는 투시관과 작업자의 눈(정보를 전기적 신호로 변환)으로 구성된다.[1] 1

작업자는 밸브를 조작하여 물탱크 내의 수위를 조정할 수 있다. 이때 작업자는 입구 유속의 변화와 온도 변화2 그리고 방해 요소disturbance를 알아서 반영해야 한다. 작업자가 적시에 적절하게 정보를 얻어 조치를 취하지 않으면 물탱크는 넘치거나 말라버릴 수 있다. 따라서 적시에 탱크의 수위에 대한 정보를 얻는 것이 중요하다.

이 정보는 센서에 의해 얻을 수 있으며, 이때 사용되는 센서는 두 가지 요소로 구성된다. 하나는 물탱크의 투시관sight tube이고 다른 하나는 시신경에서 전기 반응을 생성하는 작업자의 눈이다. 이때 투시관 자체는 특정 제어 시스템일 뿐이지 센서가 아니다. 또한 작업자의 눈도 센서에 해당하지는 않는다. 이 두 요소들이 조합되어야만 수위의 선택적 검출이라는 특정 용도의 센서(감지기)가 된다.

투시관을 잘 설계하면 레벨 변화를 매우 빠르게 알아낼 수 있다. 이 경우 센서의 응답 속도가 빠르다고 말할 수 있다. 만약 주어진 유체 점도에 비해 투시관의 안쪽 지름이 너무 작으면, 물탱크의 레벨 변화보다 투시관의 레벨 변화가 지연lag될 수 있다. 그런 경우에는 센서의 위상phase 특성을 고려해야만 한다. 간혹 지연이 발생해도 상관없는 경우도 많지만, 보통은 새로운 설계가 필요하다. 이와 같이 센서는 데이터 수집 시스템 역할을 한다고 볼 수 있다.

---

1 [숫자] 기호는 참고문헌을 표기한 것이다. 644페이지부터 장별로 참고문헌을 모아두었으니 참고하기 바란다.

2 이는 유체의 점도를 변화시켜서 결국 밸브를 통과하는 유속을 변화시킨다.

1.1.1 센서와 신호

우리가 사는 세계는 자연물과 인공물로 나눌 수 있다. 생명체에서 발견되는 자연 센서는 전기화학적 성질을 가지는 신호를 이용하여 반응한다. 즉 그들의 물리적 성질은 신경 섬유(유체 탱크 작업자의 시신경)처럼 이온 전달을 기반으로 한다. 그러나 인간이 만든 장치에서는 정보가 전기적인 형태로 전송되고 처리된다. 마찬가지로 인공 시스템용 센서는 시스템과 동일한 언어를 사용해야 하는데 이 언어는 본래 전기적 형태이므로, 센서는 이온이 아니라 전자의 변위를 통해 정보가 전달되는 출력신호로 응답해야 한다.[3] 즉 센서는 전기화학적 용액이나 신경 섬유가 아니라 전선을 통해 전자 시스템에 연결되어야 한다. 그러므로 이 책에서는 센서의 정의를 좁은 의미로 다음과 같이 사용하고자 한다.

센서 : 자극stimulus을 수신하고, 전기신호electrical signal로 반응하는 장치

자극이라는 용어는 이 책의 전반에서 사용되므로 그 개념을 명확하게 이해해야 한다. 자극은 수신되어 전기신호로 변환되는 양quantity, 특성property 또는 조건condition을 말한다. 자극의 예로는 빛의 강도와 파장, 소리, 힘, 가속도, 거리, 운동 속도 및 화학 성분이 있다. 전기신호는 전자 장치에 의해 채널링, 증폭 및 변조가 가능한 신호를 의미한다. 일부 교재[2]에서는 자극 대신 **측정량**measurand이라는 용어를 사용하는데, 이는 자극과 유사하지만 감지sensing의 양적 특성을 강조한 것이다.

센서는 일반적으로 전기가 아닌 값을 전기값으로 변환한다. 센서의 출력신호는 전압, 전류 또는 전하의 형태일 수 있다. 나아가 이것들은 진폭amplitude, 극성polarity, 주파수frequency, 위상phase 또는 디지털 코드digital code로 표현될 수 있다. 이러한 출력 특성들을 **출력신호 형식**output signal format이라 한다. 따라서 센서는 어떤 형태도 가능한 입력속성과 전기적 출력속성을 가지게 된다.

모든 센서는 에너지 컨버터energy converter에 해당한다. 측정 대상과 센서 사이에는 에너지 전달이 발생한다. 보통 감지(센싱) 프로세스는 정보를 전송하기 위한 특별한 경우를 말하며, 이때 에너지 전달이 수반된다. 에너지는 양방향으로 전달이 가능하며 양의 부호일 수도 있고 음의 부호일 수도 있다. 즉 에너지는 물체에서 센서로 또는 센서에서 물체로 흐를 수 있다. 간혹 순 에너지 흐름net energy flow이 0인 경우는 어떤 특별한 상태에 있음을 의미한다. 예를 들어 서모파일 적외선 방사 센서thermopile infrared radiation sensor는 센서보다 대상 물체가 따뜻한 경우 양의 전압을 생성하므로 적외선 플럭스가 물체에서 센서로 흐른다. 반면에 센서보다 물체가 차가운 경우 전압은 음수가 되며 적외선 플럭스가 센서에서 물체로 흐른다. 또한 센서와 물체가 정확히 같은 온도일 때에는 플럭스와 출력전압은 0이 된다. 즉 순 에너지 흐름이 0일 때는 센서와 물체의 온도가 서로 같은 특별한 상태임을 알 수 있다.

센서와 **감지기**detector는 서로 같은 의미로 쓰이는데, 다만 감지기는 측정의 정량적quantitative 특성보다 정성적qualitative 특성을 강조하는 데 주로 사용된다. 예를 들어 수동 적외선 감지기passive infrared detector는 사람의 움직임만 파악하여 나타낼 뿐 방향, 속도, 가속도를 정량적으로 측정하지 못한다.

3 광자(photon)에 의해 정보가 처리되는 광 컴퓨터와 통신 시스템은 매우 흥미로운 분야이다. 하지만 이 분야는 이 책의 영역을 벗어나므로 다루지 않는다.

또한 센서는 **트랜스듀서**transducer와 구별되어야 한다. 트랜스듀서는 한 에너지 형태(신호)를 다른 에너지 형태(신호)로 변환하는 장치를 총칭하는 용어이며, 그중에서도 센서는 어떤 에너지 형태를 전기적 신호로 변환하는 장치를 의미한다. 예를 들면 전기신호를 가변 자기장으로 변환한 후 음향파acoustic waves로 변환하는 확성기loudspeaker는 트랜스듀서에 속하지만,[4] 이는 지각perception 또는 감지와 관련이 없다.

트랜스듀서는 다양한 시스템에서 **액추에이터**actuator로 사용될 수 있다. 액추에이터는 센서와는 반대 방향으로 작동하며, 전기신호를 전기가 아닌 다른 에너지로 변환하는 장치를 말한다. 예를 들어 전기 모터는 전기 에너지를 기계적 에너지로 변환하는 액추에이터이다. 또 다른 예로 전기신호에 의해 활성화되고 기압을 힘으로 변환하는 공압 액추에이터pneumatic actuator가 있다.

[그림 1-2]를 보면 트랜스듀서는 하이브리드hybrid 또는 복합 센서complex sensor의 일부임을 알 수 있다.

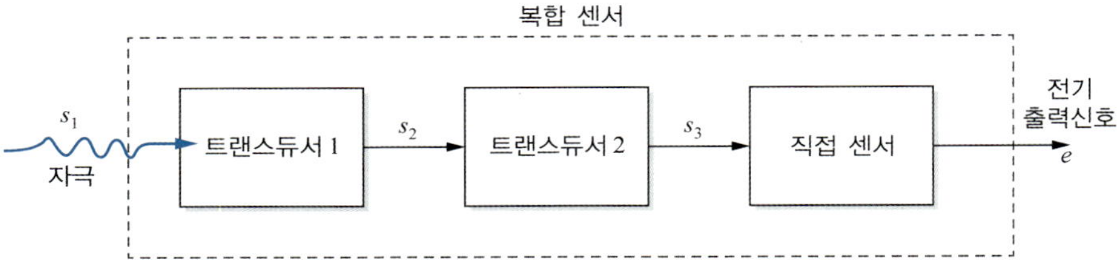

그림 1-2 센서에는 여러 개의 트랜스듀서가 포함될 수 있다. s_1, s_2, s_3는 다양한 유형의 에너지를 나타낸다. 직접 센서는 전기 출력신호 e를 생성한다.

예를 들어 어떤 화학 센서는 두 개의 부품으로 구성될 수 있다. 첫 번째 부품인 트랜스듀서는 발열 화학 반응에 의해 에너지를 열로 변환하고, 다른 부분인 서모파일thermopile은 열을 전기 출력신호로 변환한다. 이 둘이 조합되면 화학 시약에 반응하여 전기신호를 생성하는 장치인 하이브리드 화학 센서가 된다. 이때 화학 센서는 복합 센서에 해당하고 비전기적인 트랜스듀서와 열을 전기로 변환하는 간단한 직접 센서direct sensor로 구성된다. 이는 대부분의 센서가 적어도 하나의 직접 센서와 여러 개의 트랜스듀서로 통합하여 구성될 수 있음을 보여준다. 직접 센서는 특정 물리적 효과를 사용하여 직접 전기신호를 생성하거나 변조시킨다. 이때 물리적 효과의 예로는 광 효과photoeffect와 제베크 효과seebeck effect가 있으며 이들은 4장에서 다룰 예정이다.

요약하면, 센서는 크게 **직접 센서**direct sensor와 **하이브리드 센서**hybrid sensor로 나뉜다. 직접 센서는 자극을 전기신호로 변환하거나 외부에서 공급되는 전기신호를 변경하지만, 하이브리드 센서(또는 일반적인 센서)는 전기 출력을 생성하기 위해 직접 센서 이전 단에 한 개 이상의 트랜스듀서가 추가로 필요하다.

4 확성기를 증폭기의 입력에 연결하면 마이크(microphone) 역할을 할 수 있다. 이 경우에는 음향 센서에 해당한다.

1.1.2 센서와 시스템

센서는 그 자체로 동작하기보다는 감지기, 신호 조절기, 프로세서, 메모리 장치, 데이터 레코더 및 액추에이터를 통합하는 대형 시스템의 일부로서 동작한다. 시스템에서 센서는 내장형 혹은 외장형일 수 있다. 외부 효과를 감지하는 용도로 사용할 때에는 주로 시스템의 입력단에 위치한다. 또한 정상적으로 동작시키기 위해 다양한 장치들의 상태를 모니터하는 용도로 사용될 때는 시스템의 내부에 위치하기도 한다. 센서는 일종의 데이터를 수집하는 시스템의 일부이며, 이러한 시스템은 다양한 피드백을 위해 더 큰 제어 시스템의 일부가 되기도 한다.

더 큰 시스템에서의 센서 위치를 살펴보자. [그림 1-3]은 데이터 수집 및 제어 장치의 블록 다이어그램block diagram을 보여준다. 여기서 대상 물체는 자동차, 우주선, 동물, 인간, 액체, 가스 등 무엇이든 해당되고 어떤 재료의 물체라도 측정 및 제어가 가능하다. 데이터는 대상 물체에서 여러 센서에 의해 수집된다.

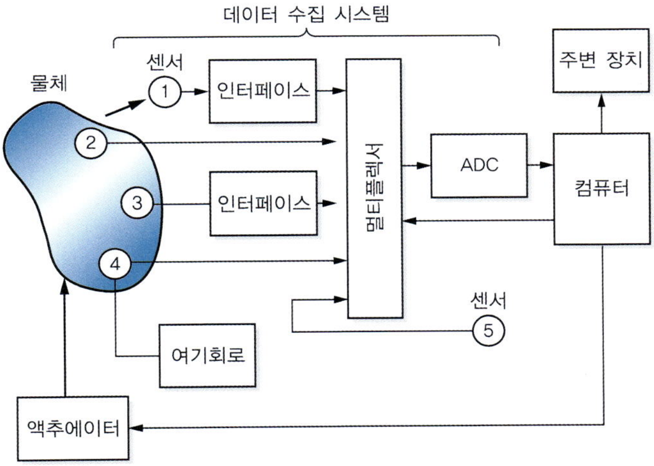

그림 1-3 데이터 수집 시스템에서 센서의 위치. 센서 ①은 비접촉이고, 센서 ②, ③은 수동, 센서 ④는 능동, 센서 ⑤는 데이터 수집 시스템 내장형이다.

일부 센서들(②, ③, ④)은 물체 위 또는 내부에 직접 배치된다. 센서 ①은 물리적 접촉 없이 대상을 인식하므로 비접촉 센서라 한다. 예를 들면 방사선 감지기radiation detector와 TV 카메라가 있다. 물론 비접촉이라 할지라도 센서와 대상 물체 사이에는 에너지가 전달된다. 센서 ⑤는 데이터 수집 시스템 자체의 내부 상태를 모니터링하는 용도로 사용된다. 여기서 센서 ①, ③은 출력신호의 포맷이 다르기 때문에 일반적인 전자회로에 직접 연결되지 못할 수도 있다. 따라서 특정한 출력 포맷을 생성하기 위해서는 인터페이스interface 장치(신호 조절기)를 사용해야만 한다.

센서 ①, ②, ③, ⑤는 **수동**passive이다. 이들은 에너지 소비 없이 전기신호를 생성한다. 반면에 센서 ④는 **능동**active이다. 능동 센서는 외부에서 공급하는 동작신호가 필요한데, 이 신호는 센서나 대상 물체의 자극에 의해 변조된다. 능동 센서의 예로는 온도에 민감한 저항기인 서미스터가 있으며 서미스터는 보통 외부 전류 공급원을 필요로 한다.

사용되는 총 센서의 수는 시스템의 복잡성에 따라 1개(가정 온도 조절기)에서 수 천개(우주 정거장)까지 다양하다. 센서의 전기신호는 스위치 또는 게이트에 해당하는 멀티플렉서multiplexer, MUX로 전달된다. 센서가 아날로그 신호를 생성하는 경우 멀티플렉서는 한 번에 하나씩 아날로그-디지털 컨버터(A/D 또는 ADC)에 연결한다. 반면에 센서가 디지털 신호를 생성하는 경우 멀티플렉서는 한 번에 하나씩 컴퓨터로 연결한다. 컴퓨터는 멀티플렉서와 ADC가 적절한 타이밍에 동작하도록 제어하며 대상 물체에 작용하는 액추에이터에 제어신호를 보내기도 한다. 액추에이터의 예로는 전기 모터, 솔레노이드, 릴레이 및 공압 밸브 등이 있다. [그림 1-3]의 시스템에는 일부 주변 장치(데이터 레코더, 디스플레이, 알람 등)와 블록 다이어그램에 표시되지 않은 여러 구성 요소들(필터, 샘플 및 홀드 회로, 증폭기 등)이 있다.

이러한 시스템이 어떻게 작동하는지 설명하기 위해 간단한 자동차 도어 모니터링 장치를 고려해보자. 자동차의 모든 도어에는 도어 위치(열림 또는 닫힘)를 감지하는 센서가 제공된다. 이 센서는 대부분의 자동차에서 간단한 전기 스위치에 해당한다. 모든 도어의 센서신호는 차량의 내부 프로세서로 전달된다. 이때 모든 도어신호는 디지털 형식(1 또는 0)이므로 ADC는 필요 없다. 프로세서는 어떤 도어가 열려 있는지를(출력신호 : 0) 식별하고 주변 장치(대시 보드 디스플레이 및 가청 경보)에 표시 메시지를 보낸다. 이 메시지는 자동차 운전자(액추에이터)가 수신하게 되는데 대상 물체에 문을 닫는 행동을 하면 센서의 출력신호는 '1'로 바뀐다.

더 복잡한 장치의 예로 마취 증기 전달 시스템anesthetic vapor delivery system을 살펴보자. 이는 수술 중 마취 증기와 환자의 호흡을 감지하여 환자에게 전달되는 마취제의 수준을 제어한다. 이 시스템은 여러 개의 능동 및 수동 센서를 사용한다. 마취제의 증기 농도(예 : 할로탄, 아이소플루레인, 엔플루란)는 환기 튜브에 설치된 능동 압전 센서piezoelectric sensor에 의해 선택적으로 모니터링된다. 마취 증기의 분자는 센서의 진동 결정oscillating crystal의 질량을 증가시키고, 증기 농도를 측정하는 데 활용되는 고유 주파수를 변경한다. 이때 다른 센서들은 CO_2 농도를 모니터링하여 들숨과 날숨을 구별하고 추가 변수들을 보상하기 위해 온도와 압력을 모니터링한다. 결국 이러한 모든 데이터는 다중화 및 디지털화되어 실제 증기 농도를 계산하는 디지털 신호 프로세서Digital Signal Processor, DSP로 전달된다. 마취 전문의가 원하는 전달 수준을 미리 설정하면 프로세서는 액추에이터(밸브)를 조정하여 마취 증기를 적정 농도로 유지한다.

다양한 센서, 액추에이터, 표시신호가 복잡하게 조합된 예로 [그림 1-4]를 살펴보자. 이는 닛산Nissan에서 개발한 첨단 안전 차량Advanced Safety Vehicle, ASV을 나타낸 것이다.

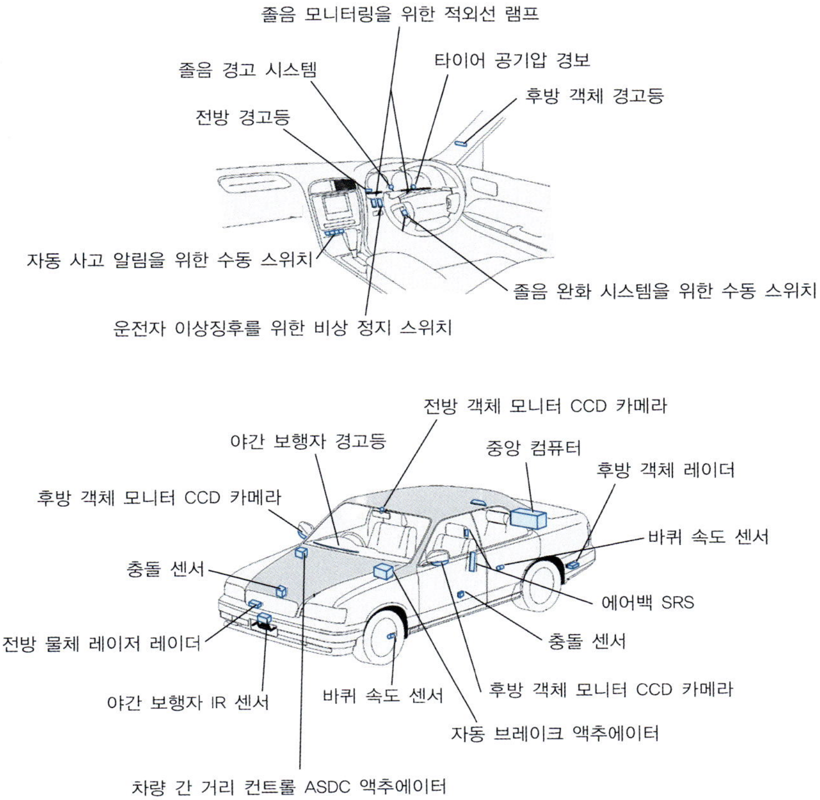

그림 1-4 첨단 안전 차량(ASV)은 다양한 센서, 액추에이터, 경고신호들로 구성되어 있다.
(출처: Courtesy of Nissan Motor Company)

이 시스템에는 자동차의 안전성을 높이기 위해 졸음 경고 시스템과 졸음 완화 시스템이 장착되어 있다. 여기에는 안구 움직임 센서와 운전자의 머리 기울기 감지기가 포함된다. 이밖에 마이크로파, 초음파, 적외선 범위 측정 센서는 긴급 제동 경보 시스템에 해당하며, 운전자가 긴급 제동을 하기 전에 브레이크 램프를 비추어 다음 차량의 운전자에게 회피 조치를 취하도록 경고를 보내게 된다. 장애물 경고 시스템에는 레이더 및 적외선IR 감지기가 있다. 적응형adaptive 크루즈 컨트롤 시스템은 운전자가 앞에 있는 차량에 너무 가까이 접근할 경우 작동하며, 적절한 안전거리를 유지하기 위해 속도를 자동으로 감소시킨다.

이 밖에도 보행자 모니터링 시스템은 차량 사각지대뿐만 아니라 야간에도 보행자의 존재를 감지하여 운전자에게 경고를 보낸다. 차선 제어 시스템은 운전자의 의도와 달리 차선을 이탈하게 될 경우를 감지 및 판단하는 것을 도와준다. 경고를 보내거나 필요할 때는 차량의 방향을 직접 조절하기도 한다.

감지 방법, 센서 동작의 물리적 원리, 실제 센서 설계 및 인터페이스 전자회로에 대해서는 2장에서 살펴보고자 한다. 액추에이터, 디스플레이, 데이터 레코더, 데이터 송신기 등과 같은 제어 및 모니터링 시스템은 이 책의 범위를 벗어나므로 간략히 다루도록 하겠다.

센서의 패키징 디자인은 다양한 목적을 가진다. 즉 특정 용도에 맞도록 패키징packaging 및 하우징housing을 해야만 한다. 예를 들어 미세 가공된 압저항 압력 센서는 카테터catheter를 통한 대동맥 혈압의 침습적invasive 측정을 위해 방수 동봉watertight enclosure해야 한다. 다만 동일한 센서라 해도 비침습적 오실로메트릭noninvasive oscillometric 방법을 사용하여 팽창식 커프inflatable cuff로 혈압을 측정한다면 완전히 다른 방식으로 패키징해야 할 수도 있다.

일부 센서는 특정 범위의 입력자극에 대해서는 매우 높은 선택성을 가지면서 원하는 범위를 벗어난 신호에 대해서는 반응하지 않도록 설계되는 경우도 있다. 예를 들어 보안 시스템용 동작 감지기는 인간의 움직임에 대해서는 민감해야 하지만, 개나 고양이 같은 작은 동물의 움직임에는 반응하지 않아야 한다.

1.2 센서의 분류

센서의 분류 체계는 매우 단순한 것부터 복잡한 것까지 다양한데, 분류 목적에 따라 다른 기준을 적용할 수 있다. 다음은 센서를 분류하는 몇 가지 방식들을 나타낸 것이다.

■ 수동과 능동

모든 센서는 수동passive 및 능동active으로 나뉜다. 수동 센서는 추가 에너지원 없이도 외부 자극에 반응하여 전기신호를 생성한다. 즉 입력자극 에너지는 센서에 의해 출력신호로 변환된다. 예를 들어 열전대thermocouple, 포토다이오드photodiode 및 압전 센서piezoelectric sensor가 있다. 대다수의 수동 센서는 앞서 정의한 직접 센서에 해당한다.

능동 센서를 작동하기 위해서는 여기신호excitation signal라고 하는 외부 전원이 필요하다. 이 신호는 출력신호를 생성하기 위해 센서에 의해 수정(변조) 된다. 능동 센서는 외부 자극에 따라 자체 속성이 변경되고, 이후에 전기신호로 변환될 수 있어 때때로 파라메트릭parametric이라고도 한다. 센서의 파라미터parameter가 여기신호를 변조하고, 이 변조가 측정값의 정보를 전달한다고 할 수 있다. 예를 들어 온도에 민감한 저항기인 서미스터thermistor가 있다. 서미스터는 전기신호를 생성하지는 않지만 전류(여기신호에 해당)를 통과시켜 서미스터 양단의 전류 및 전압의 변동variation을 감지함으로써 저항을 측정한다. 이러한 변화(단위 : 옴)는 이미 알고 있는 전달함수transfer function를 통해 온도와 직접적으로 연관되어 있다. 능동 센서의 또 다른 예는 전기 저항이 재료의 변형과 관련된 **저항 스트레인 게이지**resistive strain gauge이다. 이 센서의 저항을 측정하려면 외부 전원에서 전류를 공급해야만 한다.

■ 절대와 상대

선택된 기준에 따라 센서를 절대absolute 및 상대relative로 분류할 수도 있다. 절대 센서는 측정 조건과 무관하게 절대적인 물리량을 기준으로 자극을 감지하지만, 상대 센서는 어떤 특별한 경우를 기준으로 신호를 생성한다. 절대 센서의 예로는 온도에 민감한 저항기인 서미스터가 있다. 전기 저항은 켈빈kelvin의 절대온도 스케일과 직접적인 관련이 있다. 반면에 매우 널리 사용되는 온도 센서인 열전대thermocouple는 상대 센서에 해당한다. 이 센서는 두 지점의 열전대 전선thermocouple wires 사이의 온도 증감률 함수인 전기 전압을 생성한다. 즉 해당 센서로는 두 지점의 온도 차이만 알 수 있으며, 선택한 기준선을 참조하지 않고는 특정 온도를 알아낼 수 없다. 절대 및 상대 센서의 또 다른 예는 압력 센서 pressure sensor이다. 절대 압력 센서는 진공(0의 압력 스케일)을 기준으로 신호를 생성하지만, 상대 압력 센서는 제로 압력이 아닌 선택된 기준(예 : 대기압)에 대한 신호를 생성한다.

▪ 주요 특성에 따른 분류

센서를 분류하는 또 다른 방법은 주요 특성들을 고려하여 분류하는 것이다.[3] 다음은 다양한 센서의 특징과 속성의 목록을 나타낸다.

표 1-1 센서 사양

사양	
감도	자극 범위(span)
안정도	분해능
정확도	선택도
응답 속도	환경 조건
과부하 특성	직선성
히스테리시스(hysteresis)	불감대
수명	출력 형식
가격, 크기, 중량	기타

표 1-2 감지요소 소재

소재	
무기물	유기물
도체	절연체
반도체	액화가스 또는 플라즈마(plasma)
바이오 물질	기타

표 1-3 활용 분야

분야	
농업	자동차
토목, 건설	가전용, 가전제품
유통, 상업, 금융	환경, 기상, 보안
에너지, 전력	정보, 통신
헬스, 의약품	선박
제조업	취미, 장난감
군사용	우주
과학 측정	기타
교통(자동차 외)	

표 1-4 변환 현상

물리적	화학적
열전기(thermoelectric)	화학적 변환
광전기(photoelectric)	물리적 변환
광자기(photomagnetic)	전기화학적 과정
자기전기(magnetoelectric)	분광학
전기자기(electromagnetic)	기타
열탄성(thermoelastic)	**생물학적**
전기탄성(electroelastic)	생화학적 변환
열자기(thermomagnetic)	물리적 변환
열광학(thermo-optic)	시험 유기체에 미치는 영향
광탄성(photoelastic)	분광학

표 1-5 자극

분야	종류
음향	파동 진폭, 위상, 스펙트럼 편광, 파동 속도 등
생물	바이오매스(유형, 농도, 상태) 등
화학	성분(종류, 농도, 상태) 등
전기	전하, 전류, 전위, 전압, 전기장(진폭, 위상, 편광), 전도도, 유전율 등
자기	자기장(진폭, 위상, 편광), 자속, 투자율 등
광학	진폭, 위상, 편광, 스펙트럼, 파동 속력, 굴절률, 방출률, 반사율, 흡수율 등
기계	위치(선형, 각도), 질량, 힘, 스트레스, 압력, 스트레인, 가속도, 밀도, 모멘트, 토크, 유속, 모양, 거칠기, 방위, 강성, 유순도, 점도, 결정성, 구조의 일체성 등
방사선	유형, 에너지, 세기
열	온도, 플럭스, 잠열, 열전도도 등

1.3 측정 단위

이 책에서는 제14차 도량형 총회(1971)에서 확립된 기본 단위를 사용한다. 기본 측정 단위는 프랑스어 'Le Systéme International d' Unités'를 나타내는 SI 단위[5]로 알려져 있다([표 1-6] 참조). 이밖에 다른 모든 물리량은 이러한 기본 단위에서 파생되었으며 일부는 [표 A-3]에 정리되어 있다.

기본 단위 또는 파생 단위가 너무 크거나 작으면 간혹 바로 사용하기 불편할 수도 있다. 그러므로 공학의 편리성을 위해 기본 단위에 [표 A-2]의 인수factor를 곱한 형태로 사용한다. 예를 들어 1A에 10^{-3} 인수를 곱하면 더 작은 단위인 1mA를 얻을 수 있고, 1kΩ은 1Ω에 10^3을 곱해 얻을 수 있다. 통상적으로 단위를 발음할 때는 첫 음절을 강조한다(예 : mA의 'm').

표 1-6 SI 단위[4]

물리량	명칭	표기	정의
길이	미터	m	진공 상태에서 빛이 1초 동안 이동한 경로 길이의 1/299,792,481에 해당(1982)
질량	킬로그램	kg	백금-이리듐 프로토타입 기준(1889) 플랑크 상수로부터의 정의(2018)
시간	초	s	세슘-133 원자의 바닥 상태에 있는 두 개의 초미세 레벨 간의 전이 시 발생하는 복사선의 9,192,631,660 주기의 지속시간(1967)
전류	암페어	A	진공 상태에서 두 개의 병렬 도체 사이에서 2×10^{-7} N/m의 힘을 발생시키는 정도의 전하 흐름(1946)
온도	켈빈	K	물의 삼중점 열역학적 온도의 1/273.16분율(1967)
물질의 양	몰	mol	0.012kg에 해당하는 탄소 12 원자의 개수(1971)
광도	칸델라	cd	540×10^{12} Hz의 진동수를 가진 단일 파장 빛의 발광 효율이 683cd·sr·W^{-1}가 될 때의 광도(2018)
면각	라디안	rad	보조 단위
입체각	스테라디안	sr	보조 단위

때로는 두 개의 다른 단위 시스템을 사용하기도 하는데, 이는 가우시안 시스템Gaussian system과 영국 시스템British system이다. 미국에서는 변형된 미국 관습 시스템US customary system을 사용한다. 미국은 SI 단위를 사용하지 않는 유일한 선진국이다. 그러나 세계화가 진행됨에 따라 미국도 언젠가는 SI 단위로 전환하게 될 것이다. 이 책에서는 대부분 SI 단위를 사용했지만, 간혹 미국 제조업체의 센서 사양을 언급할 때는 미국 관습 시스템을 사용했다.

5 SI 단위는 종종 '현대화된 미터법(modernized metric system)'이라고도 불린다.

다른 단위 시스템에서 SI 단위로 변환하려면 부록의 [표 A-4]를 사용하면 된다.[6] 표에서 제시한 값을 곱하면 SI 단위로 변환할 수 있다. 예를 들어 가속도 $55\,\mathrm{ft/s^2}$을 SI 단위로 변환하기 위해서는 다음과 같이 0.3048을 곱하면 된다.

$$55\,\mathrm{ft/s^2} \times 0.3048 = 16.764\,\mathrm{m/s^2}$$

1.7 faraday의 전하량을 SI 단위로 변환하기 위해서는 9.65×10^{19}을 곱해주면 된다.

$$1.7\ \mathrm{faraday} \times 9.65 \times 10^{19} = 1.64 \times 10^{20}\,\mathrm{C}$$

물리적 또는 기술적인 표현을 할 때는 올바른 용어를 사용하는 것이 중요하다. 예를 들어 미국이나 기타 여러 국가에서는 전위차electric potential difference를 전압voltage이라고 부른다. 반면에 다른 국가에서는 '전기 텐션electric tension' 또는 단순히 '텐션tenstion'이라고 한다. 이 책에서는 미국에서 사용되는 전문 용어를 사용하도록 하겠다.

6 명명법, 약어 및 철자는 ASTM SI10-02 「IEEE/ASTM SI10 American National Standard for Use of the International System of Units (SI) : The Modern Metric System」을 따랐다.

CHAPTER

02

전달함수

Transfer Functions

CONTENTS

대부분의 자극은 전기적 자극이 아니기 때문에 출력에서 전기신호를 생성하기 전에 몇 가지 신호 변환 단계를 거친다. 예를 들어 광섬유 압력 센서fiber optic pressure sensor에 가해지는 압력은 먼저 광섬유에 변형을 일으켜 굴절률refractive index에 변화를 준다. 다음으로 광 투과율optical transmission을 변경시켜 광자 밀도를 변화시키고 포토다이오드photodiode가 광자 플럭스photon flux를 감지하여 전류로 변환시킨다.

일단 이 장에서는 센서 내부에서 신호 변환을 수행하는 데 필요한 단계나 물리적 특성과는 무관하게 센서의 전반적인 특성에 대해 설명하고자 한다. 즉 내부에서 어떤 일이 일어나든 상관없이 입력자극과 출력 전기신호 사이의 관계에만 관심을 가진 블랙 박스[1]로 센서를 생각해보자. 또한 감지의 핵심 목표인 센서의 전기 출력에서 미지의 입력자극을 알아내는 방법에 대해서도 자세히 살펴보자. 그럼 지금부터 입력과 출력이 각각 어떤 관계를 가지는지 알아보도록 하자.

2.1 수학적 모델

모든 센서에는 이상적인 또는 이론적인 입력 – 출력(자극 – 응답) 간의 관계가 존재한다. 이상적인 환경에서 이상적인 작업자가 이상적인 도구를 사용하여 센서를 이상적인 재료로 이상적으로 설계하고 제작한 경우에 센서의 출력은 항상 자극의 참값true value을 나타내게 된다. 이 이상적인 입력 – 출력 관계는 테이블, 그래프, 수학 공식 또는 수학 방정식의 해로 표현될 수 있다. 입력 – 출력함수가 시간에 따라 변하지 않을 때 일반적으로 **정적 전달함수**static transfer function 또는 단순히 **전달함수**transfer function라고 한다.

정적 전달함수는 입력자극 s와 센서 출력에서 생성된 전기신호 E 사이의 관계를 나타낸다. 이 관계는 $E=f(s)$로 쓸 수 있다. 일반적으로 자극 s는 미지의 값이며, 출력신호 E는 이미 측정되어 알고 있는 값에 해당한다. 측정으로 얻은 E 값은 자극 s를 표현하는 숫자(전압, 전류, 디지털 카운트 등)에 해당한다. 이때 설계자는 자극 s의 참값에 최대한 가깝게 표현되도록 하는 것이 중요하다.

보통 모든 센서는 측정 시스템에 부착된다. 이 시스템의 기능 중 하나는 코드 E를 해석한 후 E의 측정값에서 미지의 s값을 추론하는 것이다. 따라서 측정 시스템은 자극 s값을 얻기 위해 **역전달함수**inverse transfer function $s=f^{-1}(E)=F(E)$를 사용해야 한다. 이 경우 센서 단독이 아니라 센서와 인터페이스 회로를 포함하는 전체 시스템의 전달함수를 이용해야 한다.

[그림 2-1]은 유체의 질량 흐름mass flow을 측정하는 센서인 열 풍속계thermo anemometer의 전달함수를 보여준다. 일반적으로 입력 기류 유량input airflow rate의 제곱근 함수로 모델링할 수 있다.

1 입력과 출력에만 관심을 가지며 내부에서는 어떤 일이 일어나고 있는지 모르는 상태를 말한다.

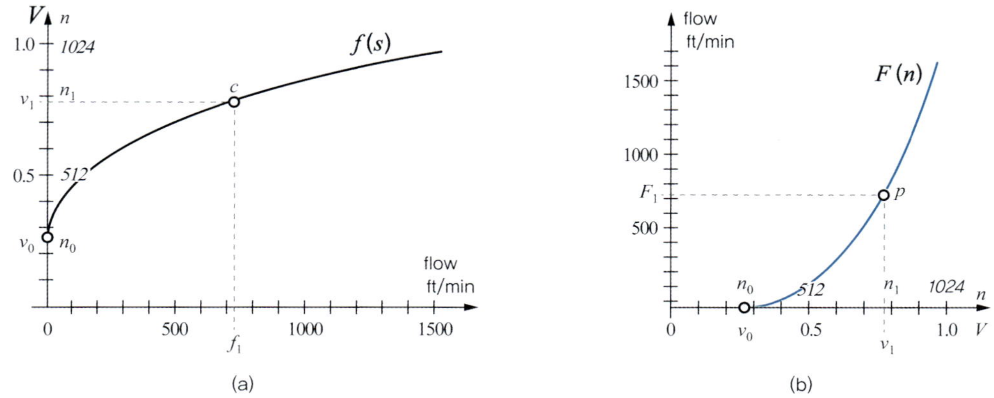

그림 2-1 (a) 열 풍속계의 전달함수 (b) 역전달함수

센서의 출력을 10 비트 ADC라고 가정하면 [그림 2-1(a)]의 y축에 표시된 것처럼 ADC로부터 수신된 디지털 카운트(n) 또는 볼트(V) 단위일 수 있다. 이때 출력 카운트 $n = f(s)$가 측정된 이후 역전달함수를 사용하여 유량flow rate으로 다시 변환해야 한다. 단조 제곱근 함수 $f(s)$는 역함수로 [그림 2-1(b)]와 같은 포물선 $F(n)$을 가지고 출력 카운트(또는 볼트)와 입력 유량 간의 관계를 보여준다. 역함수의 그래프는 x와 y축에 의해 형성된 직각의 이등분선에 대한 **거울 반사**mirror reflection로 얻을 수 있다.

2.1.1 물리 · 화학적 개념

가급적 센서 동작의 기초를 이루는 물리적 또는 화학적 법칙을 알고 있어야 한다. 그러한 법칙이 수학식으로 표현될 수 있다면, 그 공식을 **역변환**inversion하고 측정된 출력 E에서 미지의 s값을 알아냄으로써 센서의 역전달함수를 계산할 수 있다. 예를 들어 변위 d를 감지하는 데 사용되는 선형 저항 전위차계linear resistive potentiometer를 살펴보자. 옴의 법칙Ohm's law이 [그림 8-1]과 같이 전달함수를 계산하고자 할 때 적용된다. 이때 전기 출력 E는 측정된 전압 v이고 역전달함수는 다음과 같이 주어진다.

$$d = F(E) = \frac{D}{v_0}v \tag{2.1}$$

v_0는 기준 전압이고, D는 최대 변위full scale이다(둘 다 상수이다). 식 (2.1)을 이용하여 우리는 측정된 전압 v로부터 변위 d를 계산할 수 있다. 실제로 많은 전달함수(특히 복잡한 센서)를 쉽게 풀 수 있는 식은 없으며, 직접 및 역전달함수의 다양한 근사를 사용해야 한다.

2.1.2 함수의 근사

근사approximation는 실험 데이터에 최대한 가깝게 맞출 수 있는 적절한 수학적 표현의 선택을 말한다. 근사는 실험적으로 관찰된 값을 근사함수approximation function로 곡선 피팅curve fitting하는 것이다. 근사함수는 계산의 용이성과 역변환 및 기타 수학적 처리(예 : 센서의 감도를 찾기 위한 미분 계산)를 위해 단순해야 한다. 이러한 함수를 선택하기 위해서는 약간의 수학적 경험이 필요하다. 실험 데이터에 가장 알맞은 함수를 선택하기 위한 유일한 방법은 없으며, 면밀한 관찰과 과거의 경험이 중요하다. 처음에는 기본적인 함수 중에서 적합한 것이 있는지 확인하고, 그렇지 않은 경우 2.1.4절에서 다룰 다항식 근사polynomial approximation와 같은 일반적인 곡선 피팅 기술을 사용해야 한다. 전달함수의 근사화에 가장 많이 사용되는 함수 4가지를 살펴보자.

먼저 가장 단순한 전달함수 모델은 선형함수이다. 이는 다음의 식으로 표현된다.

$$E = A + Bs \tag{2.2}$$

이는 [그림 2-2]와 같이 입력신호 $s = 0$일 때, 출력신호 $E = A$인 직선으로 표현된다. 직선의 기울기는 B이며, 이 계수가 클수록 자극의 영향이 커지기 때문에 감도sensitivity라고도 한다. 기울기 B는 각도 α의 탄젠트이다. 출력 E는 센서 속성, 신호 컨디셔닝 및 인터페이스 회로에 따라 전압 또는 전류의 진폭, 위상, 주파수, 펄스 폭 변조Pulse Width Modulation, PWM 또는 디지털 코드가 될 수 있다.

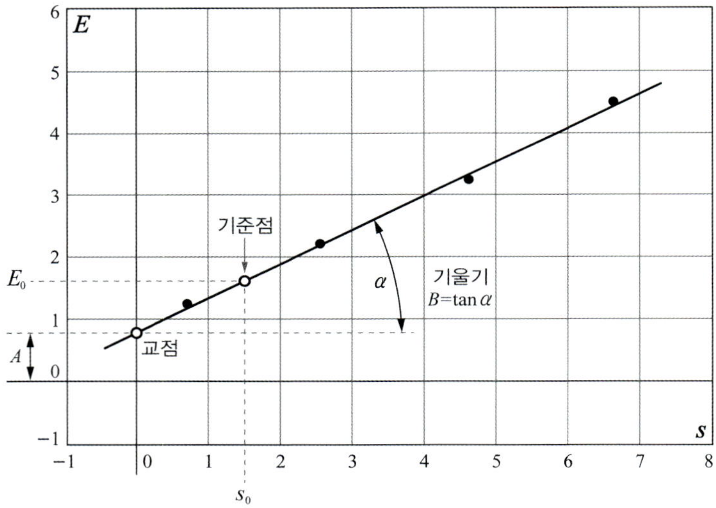

그림 2-2 선형 전달함수. 검정색 점들은 실험 데이터를 나타낸 것이다.

식 (2.2)는 전달함수가 적어도 이론적으로 입력자극 s의 제로값을 통과한다고 가정한다. 하지만 실제로 제로 입력에서 센서를 테스트하는 것은 어렵거나 불가능하다. 예를 들어 켈빈 눈금을 가지는 온도 센서는 절대 영도(− 273.15 ℃)에서 테스트할 수 없다. 따라서 많은 선형linear 또는 준선형quasilinear 센서에서 제로 입력이 아닌 좀더 실용적인 입력 기준값 s_0로 기준을 잡는 것이 더 바람직하다.

이미 알려진 입력자극 s_0에 대한 센서 응답이 E_0이면, 식 (2.2)를 좀더 실용적인 형태로 다음과 같이 다시 쓸 수 있다. 이를 식으로 나타내면 다음과 같다.

$$E = E_0 + B(s - s_0) \tag{2.3}$$

기준점의 좌표는 (s_0, E_0)이다. 식 (2.3)에서 $s_0 = 0$이고, $E_0 = A$가 되면 식 (2.2)와 같아지게 된다. 출력 E로부터 입력자극을 계산하기 위한 역 선형 전달함수inverse linear transfer function는 식 (2.4)와 같다. 자극 s를 계산하려면 일단 세 가지 상수(감도 B, 기준점의 좌표 s_0, E_0)를 알아야 한다.

$$s = \frac{E - E_0}{B} + s_0 \tag{2.4}$$

실제로 선형인 센서는 거의 없다. 특히 넓은 입력자극 범위에 대해서 적어도 작은 비선형성이 나타난다. 따라서 식 (2.2)와 식 (2.3)은 비선형 센서 응답의 선형 근사를 나타내며 실용성을 위해 비직선성nonlinearity을 무시한 경우이다. 대부분 비선형성을 무시할 수 없는 경우에도 전달함수는 선형함수 그룹에 의해 근사화될 수 있다. 이는 2.1.6절에서 더 자세히 다룰 예정이다.

비선형 전달함수는 비선형 수학함수로 근사할 수 있다. 다음은 몇 가지 유용한 함수들이다. 로그함수([그림 2-3])와 그 역함수는 각각 다음과 같다. 이때 A와 B는 상수이다.

$$E = A + B \ln s \tag{2.5}$$

$$s = e^{\frac{E - A}{B}} \tag{2.6}$$

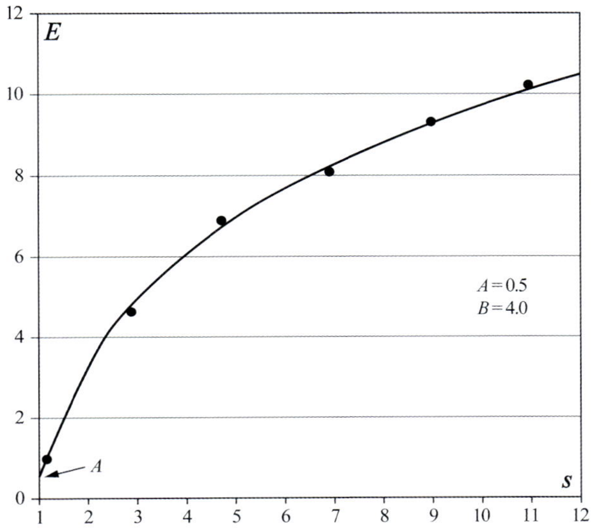

그림 2-3 로그함수를 통한 근사화. 점들은 실험 데이터를 나타낸 것이다.

또한 지수함수([그림 2-4])와 그 역함수는 각각 다음과 같다. 이때 A와 k는 상수이다.

$$E = Ae^{ks} \tag{2.7}$$

$$s = \frac{1}{k}\ln\frac{E}{A} \tag{2.8}$$

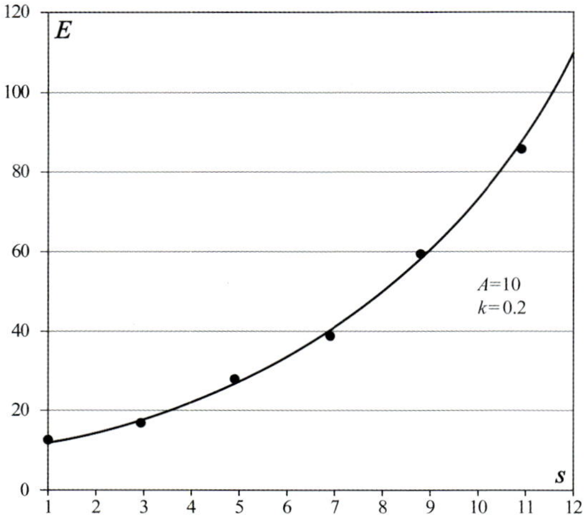

그림 2-4 지수함수를 통한 근사화. 점들은 실험 데이터를 나타낸 것이다.

거듭제곱함수와 그 역함수는 각각 다음과 같다. 이때 A와 B는 상수이며 k는 지수이다.

$$E = A + Bs^k \tag{2.9}$$

$$s = \sqrt[k]{\frac{E-A}{B}} \tag{2.10}$$

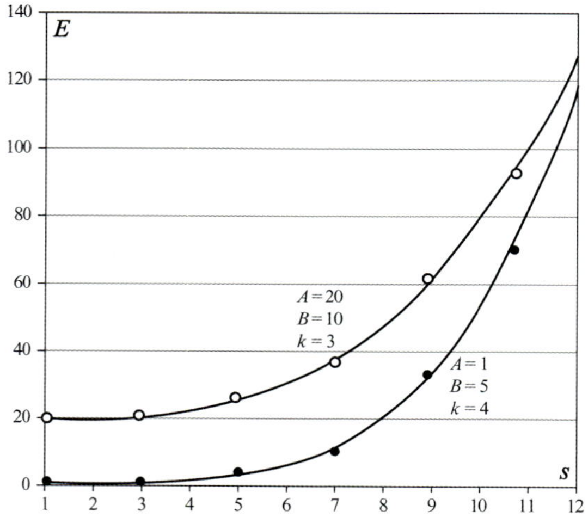

그림 2-5 거듭제곱함수들

앞의 세 가지 비선형 근사들은 교정calibration 과정을 통해 결정되어야 하는 파라미터 수가 적다. 파라미터의 수가 적으면 특정 센서에 응답하기가 더 편리하다. 이는 단순히 센서 교정 비용을 낮추기 위해서가 아니라 파라미터 수가 적을수록 교정 시 측정 횟수가 적어지기 때문이다.

2.1.3 선형 회귀

교정을 하는 동안에는 입력자극을 정확하고 일관되게 측정할 수 없다. 특히 임의의 큰 오차가 예상되는 경우에는 최소 측정 횟수로 충분한 정확도를 얻을 수 없다. 다만 교정 과정에서 발생하는 임의의 오류에 대처하기 위해 최소 제곱법least squares을 이용해 기울기와 절편을 찾을 수 있다. 이 방법은 이미 많은 교재에 설명되어 있기 때문에 선형 회귀linear regression에서 미지의 파라미터들에 대한 최종 표현식만 나타냈다. 이 과정을 나타내면 다음과 같다.

1. 광범위한(전체 센서 범위에 걸친) 입력값들에 대해 다중(k) 출력값들(E)을 측정한다.
2. 선형 회귀에 다음 공식을 사용하여 식 (2.2)의 가장 적합한 직선의 절편 A와 기울기 B를 결정한다.

$$A = \frac{\sum E \sum s^2 - \sum s \sum sE}{k\sum s^2 - (\sum s)^2}, \quad B = \frac{k\sum sE - \sum s \sum E}{k\sum s^2 - (\sum s)^2} \tag{2.11}$$

여기서 Σ 는 모든 k 측정값들에 대한 합계이다. 이로부터 상수 A, B 를 구하면 식 (2.2)는 실험적인 전달함수의 선형 근사로 사용될 수 있다.

2.1.4 다항식 근사

센서가 앞에서 살펴본 기본함수 근사에 해당하지 않는 전달함수를 가질 수도 있다. 물론 수학적 배경 지식과 물리적 직관을 가진 센서 설계자라면 또 다른 적절한 함수 근사를 이용할 수도 있겠지만, 만약 적합한 근사가 발견되지 않는다면 몇 가지 전통적인 방법을 사용할 수 있다. 그중에 하나가 다항식 근사, 즉 **멱급수**power series이다.

모든 연속함수는 형태에 관계없이 거듭제곱 계열로 근사할 수 있다. 예를 들어 식 (2.7)의 지수함수는 급수전개series expansion에서 4차 이상의 항들은 제거된 3차 다항식을 통해 다음과 같이 근사적으로 나타낼 수 있다.[2]

$$E = Ae^{ks} \approx A\left(1 + ks + \frac{k^2}{2!}s^2 + \frac{k^3}{3!}s^3\right) \tag{2.12}$$

2 이 3차 다항식 근사는 $ks \ll 1$에 대해서만 정확한 근삿값을 산출한다. 일반적으로 멱급수 근사의 오차는 수학적으로는 중요한 분석 대상이다. 하지만 다행히도 대부분의 실제 상황에서는 이러한 분석이 거의 필요하지 않다.

대부분의 센서는 2차 또는 3차 다항식으로 근사화할 수 있으며, 이 근사함수들은 각각 다음과 같이 표현할 수 있다.

$$E = a_2 s^2 + a_1 s + a_0 \tag{2.13}$$

$$E = b_3 s^3 + b_2 s^2 + b_1 s + b_0 \tag{2.14}$$

인자 a, b는 식 (2.13)과 식 (2.14)를 다양한 실제 전달함수로 생성할 수 있도록 한다. 식 (2.13)의 2차 다항식은 식 (2.14)의 3차 다항식에서 $b_3 = 0$인 경우이다. 마찬가지로 식 (2.2)의 1차 다항식은 식 (2.13)의 2차 다항식에서 $a_2 = 0$인 경우에 해당한다.

물론 역전달함수에도 동일한 방법을 적용할 수 있다. 즉 역전달함수도 다음과 같이 2차 또는 3차 다항식으로 근사화할 수 있다.

$$s = A_2 E^2 + A_1 E + A_0 \tag{2.15}$$

$$s = B_3 E^3 + B_2 E^2 + B_1 E + B_0 \tag{2.16}$$

계수 A, B는 계수 a, b로 변환될 수 있지만, 수식적 변환은 다소 번거롭고 거의 사용되지 않는다. 대신 필요에 따라 직접 또는 역전달함수(둘 다는 아니고)가 실험 데이터값에 의해 근사화된다.

특히 정확도가 높아야 하는 경우에는 고차 다항식을 고려해야 한다. 그럼에도 불구하고 2차 다항식조차 비교적 좁은 범위의 입력자극에 적용될 때에는 충분한 정확도를 얻을 수 있으며 이때 전달함수는 단조함수가 된다.

2.1.5 감도

앞에서 식 (2.2)와 식 (2.3)의 계수 B는 감도에 해당한다고 언급했다. 비선형 전달함수에서 감도는 선형 전달함수의 경우처럼 고정된 숫자가 아니다. 비선형 전달함수는 떨어져 있는 여러 자극 지점에서 서로 다른 감도를 가지는데 이 경우 감도는 특정 자극에서 전달함수의 1차 도함수로 정의된다.

$$b_i(s_i) = \frac{\mathrm{d}E(s_i)}{\mathrm{d}s} = \frac{\Delta E_i}{\Delta s_i} \tag{2.17}$$

Δs_i는 입력자극의 작은 증가량[increment]이고, ΔE_i는 그에 따른 센서 출력 E의 변화이다.

2.1.6 선형 조각 근사

선형 조각 근사[linear piecewise approximation]는 컴퓨터 데이터 수집 시스템에서 사용되는 유용한 방법이다. 이 방법의 주요 원리는 모든 형태의 비선형 전달함수를 여러 구역들로 나누고, 각 구역을 식 (2.2) 또는 식 (2.3)으로 표현될 수 있는 선형으로 간주하는 것이다. 섹션을 구분하는 표본점(knot, 매듭) 사이의 곡선 세그먼트는 직선 세그먼트로 대체되어 매듭 사이의 함수 특징을 단순화시킨다. 즉 매듭들은 직선으로 연결된다.

이는 원래 비선형함수의 다각형 근사polygonal approximation로 볼 수도 있다. [그림 2-6]은 입력값 s_0, s_1, s_2, s_3, s_4와 해당 출력값들인 n_0, n_1, n_2, n_3, n_4에서 매듭을 가지는 비선형함수의 선형 조각 근사를 나타낸 것이다. 이 예는 ADC의 디지털 카운트에 해당한다.

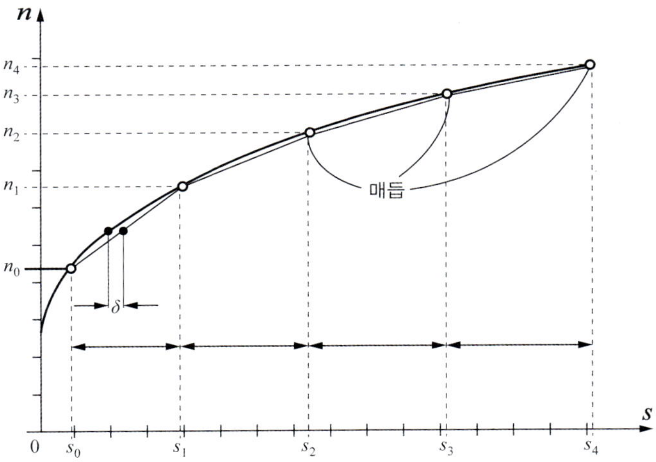

그림 2-6 선형 조각 근사

보통 관심 있는 입력 범위(스팬, 3.2절 참조)에 대해서만 매듭점을 선택하는 것이 좋다. [그림 2-6]에서 0에서 s_0까지의 곡선 부분은 실질적으로 필요한 범위 한계를 벗어났으므로 생략되었다.

조각 근사의 오차는 실제 곡선에서 근사선의 최대 편차maximum deviation δ를 통해 나타낼 수 있다. 이 최대 편차에 대해서는 서로 다른 정의가 사용되기도 한다(평균 제곱, 절대 최대, 평균 등). 그러나 채택된 정의가 무엇이든 δ가 클수록 더 많은 샘플이 필요하다. 또한 최대 편차를 허용하도록 작게 만들기 위해서는 더 많은 수의 섹션이 필요하다. 즉 매듭의 수가 많을수록 오차는 작아진다. 이때 매듭점들의 간격이 같을 필요는 없으며, 비선형성이 큰 곳에서는 서로 더 가까이 있어야 하고 비선형성이 작은 곳에서는 더 멀리 떨어져 있어도 된다.

선형 조각 근사 방법을 사용하는 동안에는 신호 프로세서는 매듭 좌표를 메모리에 저장해야 한다. 그리고 입력자극을 계산하기 위해 선형 보간linear interpolation을 수행해야 한다.

2.1.7 스플라인 보간

고차 다항식(3차 이상)을 통한 근사에는 몇 가지 단점이 있다. 곡선의 한쪽에서 선택한 점은 곡선의 먼 부분에 강한 영향을 미친다. 이 결함은 스플라인 보간spline interpolation 방법으로 해결할 수 있다. 이 방법은 선형 조각별 보간과 유사한 방식으로, 매듭이라고 불리는 선택된 실험 포인들 사이에 각각 다른 3차 다항식 보간을 사용한다.[1] 그것은 두 개의 인접한 매듭 사이의 곡선이며, 모든 곡선들이 서로 스티칭stitched 또는 접착된 상태로 매끄럽게 결합하여 곡선 피팅fitting이 이루어지게 된다. 이때 반드시 3차 곡선일 필요는 없으며 1차(선형) 보간처럼 간단해도 된다. 선형 스플라인 보간(1차)은 가장 간단한 형태로 앞 절에서 설명한 선형 부분 근사와 동일하다.

스플라인 보간은 다른 차수의 다항식을 사용할 수 있지만, 가장 많이 사용되는 것은 3차 다항식이다. 각 점에서 선의 곡률curvature은 2차 도함수로 정의된다. 이 미분은 각 매듭점에서 계산되어야 한다. 2차 도함수가 0이면 3차 스플라인을 '완화relaxed'라고 하며, 실제로 많은 근사가 이에 해당한다. 스플라인 보간은 전달함수의 형태가 매끄러운 상태를 유지할 필요가 있을 때 효과적이다. 그러나 엄격하게 제어되는 마이크로프로세서 환경에서는 구현의 복잡성과 계산에 드는 비용을 잘 고려해야 한다.

2.1.8 다차원 전달함수

센서 전달함수의 입력 변수는 2개 이상일 수도 있다. 즉 센서의 출력은 여러 자극의 함수일 수 있다. 예를 들어 상대습도와 온도라는 두 입력 변수에 따라 출력이 달라지는 습도 센서가 있다. 또 다른 예는 열복사(적외선) 센서의 전달함수이다. 이 함수[3]에는 두 가지 인수가 있다. 측정 대상의 절대온도인 T_b와 감지요소sensing element의 절대온도인 T_s이다. 따라서 센서의 출력전압 V는 다음과 같이 4차 포물선의 차이에 비례한다.

$$V = G\left(T_b^4 - T_s^4\right) \tag{2.18}$$

여기서 G는 상수이다. 분명히 물체의 온도 T_b와 출력전압 V 사이의 관계는 비선형일 뿐만 아니라 별도의 접촉온도 센서로 측정해야 하는 감지요소의 표면 온도 T_s에 따라서도 달라진다. [그림 2-7]은 식 (2.18)의 전달함수를 2차원 그래픽으로 표현한 것이다.

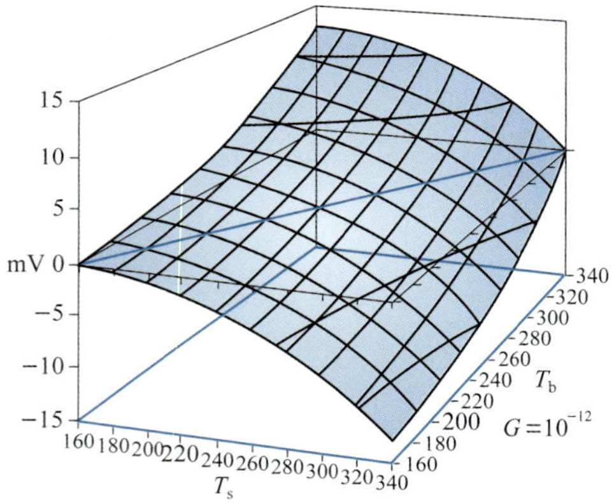

그림 2-7 열복사 센서의 2차원 전달함수. 온도의 단위는 K이다.

3 이 함수는 볼츠만 법칙(Stefan Boltzmann law)으로 알려져 있다(4.12.3절 참조).

2.2 센서 교정

센서 및 인터페이스 회로(신호 컨디셔닝)의 허용오차가 전체 정확도보다 더 큰 경우 오차를 최소화하기 위해 센서와 인터페이스 회로의 조합을 교정할 필요가 있다. 즉 다소 정확하지 않은 센서의 정확도를 높이기 위해서는 교정을 해야 한다. 예를 들어 0.01℃의 정확도로 온도를 측정해야 하는 경우 센서가 1℃의 정확도로 측정한다고 해서 그 센서를 아예 사용할 수 없는 것은 아니다. 오히려 이 센서의 고유한 전달함수를 정할 필요가 있다. 이 과정을 교정이라고 한다.

교정을 위해서는 몇 가지 정확하게 알려진 자극을 적용하고 그에 해당하는 센서의 응답을 읽어야 한다. 입력 – 출력값은 점 좌표가 되며 이를 **교정점**calibration point이라고 한다. 운이 좋은 경우에는 한 쌍만 필요하지만, 더 높은 정확도로 전달함수를 결정하기 위해서는 2 ~ 5개의 교정점이 필요하다. 고유 전달함수가 확립되면 교정점 사이의 모든 지점을 결정할 수 있게 된다.

교정점을 생성하려면 입력자극의 표준 참조 정보standard reference source가 필요하다. 참조 정보는 잘 관리되어야 하며 다른 정보들과 주기적으로 점검되어야 하고, 가급적 국가 표준에 따라 추적할 수 있어야 한다. 한 예로 미국의 미국표준기술연구소NIST[4]에서 유지관리하는 참조 정보가 있다. 교정 정확도accuracy는 교정 장비의 일부인 기준 센서reference sensor의 정확도와 직접적으로 관련이 있다는 사실을 분명히 알고 있어야 한다. 기준 센서의 불확도uncertainty는 3.18절에 설명한 대로 전체 불확도에 포함되어야 한다.

교정하기 전에 전달함수의 수학적 모델을 알거나 전체 범위에 걸친 센서의 응답에 대한 근삿값을 확인해야 한다. 대부분의 전달함수는 매끄럽고 단조로운 함수지만 매우 드물게 특이점을 가지고 있다. 이러한 특이성을 가진 예로는 이온화 입자 검출기가 있으며 이는 단순 감지에서는 유용하게 활용된다.

센서 교정 방법은 다양하며 그중 몇 가지 방법들은 다음과 같다.

- **전달함수 수정 :** 전달함수를 수정하여 실험 데이터에 맞춘다. 이 경우 선택된 전달함수 방정식의 파라미터coefficients or parameters를 계산한다. 파라미터 값들을 찾으면 해당 센서의 고유한 전달함수가 된다. 이 함수는 범위 내의 모든 센서 응답에서 입력자극을 계산할 수 있다. 교정된 센서는 모두 고유한 파라미터 세트를 가지는데, 이때 센서 자체가 수정된 것은 아니다.
- **데이터 수집 시스템 수정 :** 출력신호를 정규화되거나 이상적인 전달함수에 맞추어 데이터 수집 시스템을 조정한다. 예를 들어 수집된 데이터의 크기 조정 및 이동(시스템의 이득 및 오프셋 수정)이 있다. 마찬가지로 센서 자체가 수정된 것은 아니다.
- **센서 수정 :** 센서의 특성을 미리 결정된 전달함수에 맞도록 수정(트리밍)한다. 이때는 센서 자체가 수정된 것이다.
- **특정 기준 장치 설정 :** 특정 교정 지점에서 속성이 일치되도록 특정 기준 장치reference device를 만든다. 이 고유한 기준은 데이터 수집 시스템에서 센서의 부정확성을 보상하는 데 사용된다. 이때 센서 자체가 수정된 것은 아니다.

4 NIST는 'National Institute of Standards and Technology'의 약어이다.

예를 들어 [그림 2-8]은 서미스터(온도에 민감한 저항기)를 교정하는 세 가지 방법을 나타낸 것이다.

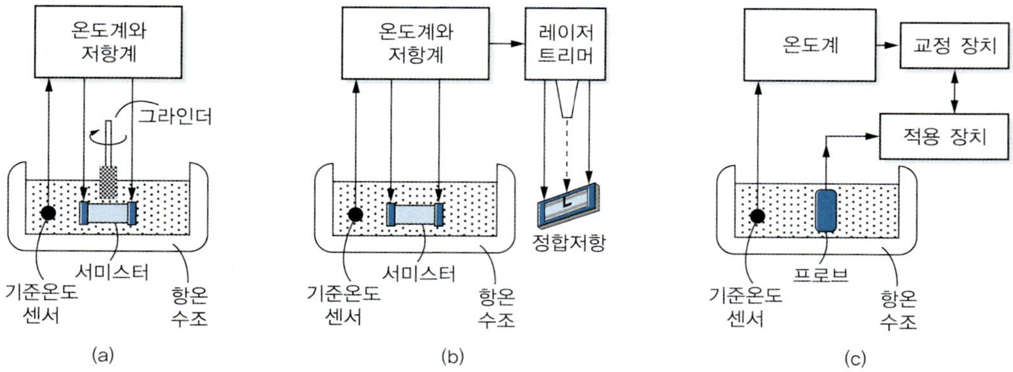

그림 2-8 서미스터 교정 방법으로 온도의 단위는 K이다. (a) 그라인딩 (b) 기준 저항기의 트리밍 (c) 여러 교정점에서 전달함수 수정

[그림 2-8(a)]는 온도가 정확하게 제어되고 모니터링되는 액체 수조에 담근 서미스터이다. 이때 액체의 온도는 정밀 기준 온도계를 이용하여 지속적으로 측정한다. 또한 서미스터 단자의 단락shorting을 방지하기 위해 액체는 미네랄 오일 또는 Fluorinert™와 같이 전기적으로 비전도성이어야 한다. 서미스터의 저항은 정밀 저항계precision ohmmeter로 측정되며 소형 그라인더grinder는 서미스터 본체에 일부 재료를 기계적으로 제거하여 치수dimension를 수정한다. 서미스터의 치수를 줄이면 선택한 수조 온도에서 서미스터 전기 저항이 증가한다. 서미스터의 저항이 미리 결정된 이상적인 저항값과 일치하면 그라인딩이 중지되고 교정이 완료된다. 이후 서미스터 응답은 적어도 그 온도에서 이상적인 전달함수에 가까워진다. 단일 지점 교정에서는 당연히 전달함수가 해당 지점에 의해 완전히 특성화될 수 있다고 가정한다.

서미스터를 교정하는 또 다른 방법은 [그림 2-8(b)]에 나와 있다. 여기서는 서미스터가 수정되는 게 아니라 선택된 온도에서 측정된 값을 기준으로 기준 저항기를 수정(트리밍)한다. 서미스터에서 측정된 값은 온도 안정 매칭 저항기matching resistor의 고유한 기준으로 선택되며, 레이저 트리밍을 통해 매칭 저항기가 그 값을 정확하게 가지도록 설정할 수 있다. 개별적으로 일치하는 쌍 서미스터 – 저항은 측정회로(예 : 휘트스톤 브리지)에 사용된다. 이러한 측정회로의 응답은 서미스터의 이상적인 전달함수에 해당하도록 크기가 조정된다.

방법 (a), (b)는 전달함수의 다른 파라미터를 교정하지 않아도 된다는 가정하에 한 온도 지점에서만 교정할 때 유용하다. 그렇지 않은 경우 [그림 2-8(c)]와 같이 서로 다른 온도와 저항에서 여러 교정점을 생성해야만 한다. 여기서 액체 수조는 순차적으로 2 ~ 4개의 온도로 설정되며 교정 중인 서미스터는 각 온도에 해당하는 응답을 생성한다. 이로부터 애플리케이션 장치(예 : 온도계)에 저장될 역전달함수에 대한 적절한 파라미터를 최종적으로 얻게 된다.

2.3 파라미터 계산

전달함수가 식 (2.2)와 같이 선형인 경우 교정은 적합한 상수 A와 B를 찾아야 한다. 만약 전달함수가 식 (2.7)과 같이 지수함수인 경우에는 상수 A와 k를 결정해야 한다.

선형 전달함수의 파라미터(상수)들을 계산하려면 두 개의 교정 입력 – 출력 쌍에 의해 정의된 두 개의 데이터 점이 필요하다. 식 (2.3)의 단순한 선형 전달함수를 살펴보자. 직선을 정의하려면 두 지점이 필요하므로 두 점에 대해 교정해야 한다. 예를 들어 정 바이어스된 반도체 pn 접합([그림 2-9(a)] 참조)을 온도 센서(17.6절 참조)로 사용하는 경우가 있다.

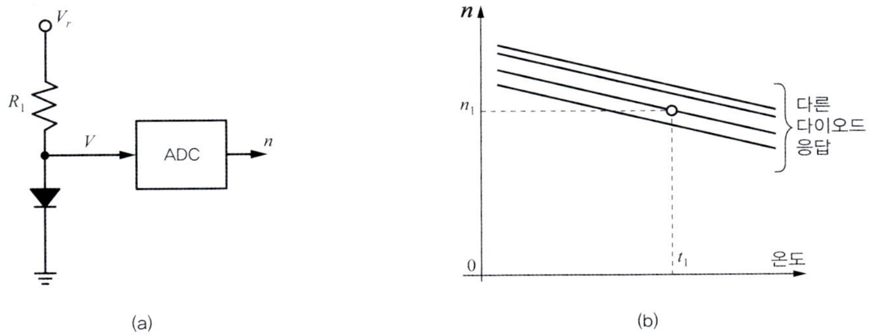

그림 2-9 (a) pn 접합 온도 센서 (b) 여러 센서에 대한 전달함수. 각 다이오드는 동일한 온도 t_1에서 다른 n_1을 생성한다.

[그림 2-9(b)]를 보면 전달함수는 선형이며, 온도 t는 입력자극이다. 또한 인터페이스 회로의 ADC 카운트 n은 출력에 해당하며 다음과 같다.

$$n = n_1 + B(t - t_1) \tag{2.19}$$

t_1과 n_1은 첫 번째 기준 교정점의 좌표이다. 선을 완전히 정의하기 위해서는 센서로부터 두 교정온도(t_1, t_2)에 대해 출력 카운트(n_1, n_2)를 얻어야 한다. 첫 번째 교정온도 t_1에서 출력 카운트는 n_1이다. 또한 센서에 두 번째 교정온도 t_2를 적용하면 두 번째 교정점에 대해 다음과 같은 디지털 카운트를 받는다.

$$n_2 = n_1 + B(t_2 - t_1) \tag{2.20}$$

이로부터 감도(기울기)는 다음과 같이 계산된다.

$$B = \frac{n_2 - n_1}{t_2 - t_1} \tag{2.21}$$

식 (2.19)는 세 가지 파라미터(B, n_1, t_1)를 가진다. 먼저 감도(기울기) B는 개수^count/도^degree이다. [그림 2-9]에서 pn 접합은 음의 온도계수^Negative Temperature Coefficient, NTC를 갖기 때문에 기울기 B는 음수이다. 교정하면서 얻은 파라미터는 특정 센서에 대해 고유한 값을 가지며 이 센서가 연결된 측정 시스템에 저장되어야 한다. 이밖에 다른 다이오드 센서들은 이 파라미터 값들이 서로 다르다. (단 모든 센서가 정확히 동일한 온도에서 고정될 때 t_1은 제외한다.) 교정이 완료되면 역전달함수를 사용하여 ADC 출력 카운트 n에서 동작 범위 내의 모든 온도를 다음과 같이 계산할 수 있다.

$$t = t_1 + \frac{n - n_1}{B} \tag{2.22}$$

운이 좋으면 파라미터 B의 정확도가 이미 높기 때문에 B를 계산할 필요가 없다. [그림 2-9(a)]의 pn 접합에서 기울기 B는 동일한 공정으로 제작된 모든 다이오드와 일관성이 있어 이미 알고 있는 파라미터로 간주될 수 있다. 그러나 모든 다이오드는 오프셋offset이 서로 다를 수 있으므로 교정온도 t_1에서 각 개별 센서에 대한 출력 카운트 n_1을 찾으려면 여전히 단일 지점 교정single point claibration이 필요하다.

비선형 전달함수의 경우에는 보통 두 개 이상의 입력-출력 교정점이 필요하다. 단 다른 파라미터를 이미 알고 있다면 점 한 개로도 충분하다. 주로 2차, 3차 다항식 전달함수를 사용할 때에는 각각 3개, 4개의 교정 쌍이 필요하다. 따라서 3차 다항식이 4개의 파라미터($b_0 \sim b_3$)를 찾기 위해서는 실험을 통해 4개의 교정 입력-출력 쌍((s_1, E_1), (s_2, E_2), (s_3, E_3), (s_4, E_4))을 얻어야 한다.

$$E = b_3 s^3 + b_2 s^2 + b_1 s + b_0 \tag{2.23}$$

4개의 입력-출력 쌍을 식 (2.23)에 대입하여 다음과 같은 4개의 방정식을 얻을 수 있다.

$$\begin{aligned} E_1 &= b_3 s_1^3 + b_2 s_1^2 + b_1 s_1 + b_0 \\ E_2 &= b_3 s_2^3 + b_2 s_2^2 + b_1 s_2 + b_0 \\ E_3 &= b_3 s_3^3 + b_2 s_3^2 + b_1 s_3 + b_0 \\ E_4 &= b_3 s_4^3 + b_2 s_4^2 + b_1 s_4 + b_0 \end{aligned} \tag{2.24}$$

파라미터를 구하기 위해 먼저 시스템의 **행렬식**determinant을 계산해야 한다.

$$\begin{aligned} \Delta &= \left(\frac{s_1^2 - s_2^2}{s_1 - s_2} - \frac{s_1^2 - s_4^2}{s_1 - s_4}\right)\left(\frac{s_1^3 - s_2^3}{s_1 - s_2} - \frac{s_1^3 - s_3^3}{s_1 - s_3}\right) \\ &\quad - \left(\frac{s_1^2 - s_2^2}{s_1 - s_2} - \frac{s_1^2 - s_3^2}{s_1 - s_3}\right)\left(\frac{s_1^3 - s_2^3}{s_1 - s_2} - \frac{s_1^3 - s_4^3}{s_1 - s_4}\right) \\ \Delta_a &= \left(\frac{s_1^2 - s_2^2}{s_1 - s_2} - \frac{s_1^2 - s_4^2}{s_1 - s_4}\right)\left(\frac{E_1 - E_2}{s_1 - s_2} - \frac{E_1 - E_3}{s_1 - s_3}\right) \\ &\quad - \left(\frac{s_1^2 - s_2^2}{s_1 - s_2} - \frac{s_1^2 - s_3^2}{s_1 - s_3}\right)\left(\frac{E_1 - E_2}{s_1 - s_2} - \frac{E_1 - E_4}{s_1 - s_4}\right) \\ \Delta_b &= \left(\frac{s_1^3 - s_2^3}{s_1 - s_2} - \frac{s_1^3 - s_3^3}{s_1 - s_3}\right)\left(\frac{E_1 - E_2}{s_1 - s_2} - \frac{E_1 - E_4}{s_1 - s_4}\right) \\ &\quad - \left(\frac{s_1^3 - s_2^3}{s_1 - s_2} - \frac{s_1^3 - s_4^3}{s_1 - s_4}\right)\left(\frac{E_1 - E_2}{s_1 - s_2} - \frac{E_1 - E_3}{s_1 - s_3}\right) \end{aligned} \tag{2.25}$$

그리고 다항식의 계수는 다음과 같이 구할 수 있다.

$$
\begin{aligned}
b_3 &= \frac{\Delta_a}{\Delta} \\
b_2 &= \frac{\Delta_b}{\Delta} \\
b_1 &= \frac{1}{s_1 - s_4}\left[E_1 - E_4 - b_3\left(s_1^3 - s_4^3\right) - b_2\left(s_1^2 - s_4^2\right)\right] \\
b_0 &= E_1 - b_3 s_1^3 - b_2 s_1^2 - b_1 s_1
\end{aligned}
\tag{2.26}
$$

행렬 식 Δ가 작으면 결과는 정확하지 않다. 따라서 교정점들은 동작 범위 내에서 가능한 한 떨어져 있는 것이 좋다. 큰 관성이나 온도를 다룰 때는 교정 시간이 오래 걸릴 수 있다. 제조비용을 줄이기 위해서는 시간을 절약하고 교정점 수를 최소화하는 것이 중요하다. 따라서 가장 경제적인 전달함수 또는 근사를 선택해야 한다. 여기서 '경제적'이라는 말은 미지의 파라미터 수가 적다는 것을 의미한다. 예를 들어 2차 다항식으로 충분한 정확도를 얻을 수 있다면 굳이 3차 다항식을 사용할 필요가 없다.

2.4 자극 계산

감지의 일반적인 목표는 측정된 출력신호 E에서 입력자극 s값을 결정하는 것이다. 이는 두 가지 방법으로 수행할 수 있다.

1. **역전달함수 이용** : $s = F(E)$로 계산한다. 이 함수는 해석[analytical] 함수 또는 근사[approximation] 함수일 수 있다.
2. **직접 전달함수 이용** : $E = f(s)$의 반복 계산을 통해 구한다.

2.4.1 해석함수 활용

해석함수는 전달함수에 대한 계산식을 알고 있을 때 사용하는 방식이다. 출력신호 E를 측정하고 식에 대입하여 입력자극 s를 계산하기만 하면 된다. 예를 들어 전위차계 센서[potentiometric sensor]의 저항에서 변위를 계산하려면 식 (2.4)를 이용하면 된다. 이밖에 다른 함수 모델은 식 (2.4), 식 (2.6), 식 (2.8), 식 (2.10)을 사용하면 된다.

2.4.2 선형 조각 근사 활용

근사에 대한 설명은 2.1.6절을 참조하라. 자극 s를 계산하기 위해서는 먼저 출력신호 E의 매듭 위치를 알아내야 한다. 다음은 **선형 보간법**[linear interpolation]을 사용한다. 그 방법은 다음과 같다.

먼저 출력이 어디에 있는지, 즉 어떤 매듭 사이에 있는지 확인한다. 예를 들어 [그림 2-10]과 같이 출력이 매듭 p_1과 p_4 사이에 있다고 가정했을 때 점 p_1, p_3, p_4에 모서리를 가지는 큰 삼각형이 만들어진다. 이때 센서의 출력 $E = n$은 ADC의 카운트이다.

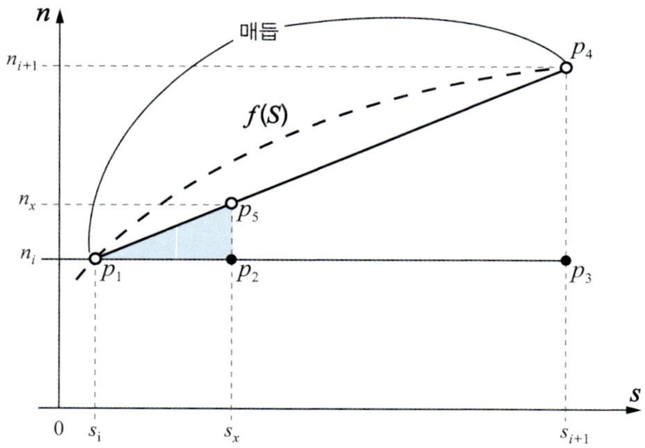

그림 2-10 선형 조각 근사를 통한 자극 계산

미지의 자극 s_x는 측정된 ADC 출력 카운트 n_x에 해당한다. 이는 근사 직선상의 점 p_5로 표시되어 점 p_1, p_2, p_5 사이에 더 작은 삼각형을 형성한다. 두 삼각형은 닮은꼴이며 n_x 값을 이용하여 알려지지 않은 자극 s_x를 계산하기 위해 다음의 선형 방정식을 도출할 수 있다.

$$s_x = s_i + \frac{n_x - n_i}{n_{i+1} - n_i}(s_{i+1} - s_i) \tag{2.27}$$

이 방정식은 메모리에 룩업 테이블([표 2-1] 참조)이 저장된 저렴한 마이크로프로세서를 통해 쉽게 프로그래밍하거나 계산될 수 있다.

표 2-1 측정된 출력에서 입력을 계산하기 위한 매듭의 룩업 테이블

매듭	0	1	2	…	*i*	…	*k*
출력	n_c	n_1	n_2	…	n_i	…	n_k
입력	s_0	s_1	s_2	…	s_i	…	s_k

전달함수의 완전 모델과 선형 조각 근사를 비교해서 살펴보도록 하자. 분명히 완전 모델은 가장 정확한 계산을 제공한다. [그림 2-11(a)]는 풀업 저항 R_1이 12 비트 아날로그 – 디지털ADC 컨버터에 연결된 서미스터thermistor 온도 센서를 보여준다(기준 전압 V_r에 해당하는 풀 스케일 $N_0 = 4095$ 카운트). 서미스터는 $0 \sim +60$ ℃ 의 총 입력 범위에서 온도를 측정하는 데 사용된다.

서미스터 측정회로의 출력 수는 다음과 같이 온도의 비선형함수 형태의 완전 모델로 나타낼 수 있다.

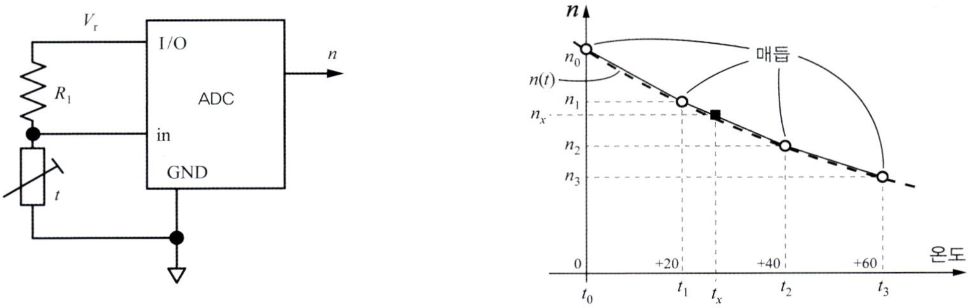

(a) (b)

그림 2-11 (a) 서미스터 측정회로 (b) 4개의 매듭을 가지는 선형 조각 근사

$$n_x = N_0 \frac{R_r e^{\beta(T_x^{-1} - T_r^{-1})}}{R_1 + R_r e^{\beta(T_x^{-1} - T_r^{-1})}} \tag{2.28}$$

T_x는 측정된 온도, T_r은 기준온도, R_r은 기준온도에서의 저항, β는 특성온도이다. 모든 온도 및 β는 켈빈(K) 단위이다.

식 (2.28)을 정리하면 입력온도를 켈빈 단위로 계산할 수 있는 역전달함수를 얻는다.

$$T_x = \left[\frac{1}{T_r} + \frac{1}{\beta}\ln\left(\frac{n_x}{N_0 - n_x}\frac{R_1}{R_r}\right)\right]^{-1} \tag{2.29}$$

식 (2.28)과 식 (2.29)에는 미지의 파라미터인 R_r과 β가 있다. 따라서 ADC를 비롯한 전체 회로에서 온도 T_r과 또 다른 온도인 T_c에서 먼저 교정을 해야 한다. 서미스터 측정회로에서 풀업 저항(R_1)을 $10.0\,\mathrm{k}\Omega$이라 하자. 교정을 하기 위해 동작 범위 내에서 두 개의 교정온도($T_r = 293.15\,\mathrm{K}$, $T_c = 313.15\,\mathrm{K}$)를 선택한다. 이때 서미스터는 두 온도의 유체 수조에 담긴다. ADC 출력 카운트는 각각 다음과 같다.

$$T_r = 293.15\,\mathrm{K} \text{ 일 때, } n_r = 1{,}863$$
$$T_c = 313.15\,\mathrm{K} \text{ 일 때, } n_c = 1{,}078$$

이 값들을 식 (2.28)에 대입하여 풀면 파라미터 값은 다음과 같이 구할 수 있다.

$$R_r = 8.350\,\mathrm{k}\Omega,\ \beta = 3{,}895\,\mathrm{K}$$

이제 식 (2.28)과 식 (2.29)의 모든 파라미터를 구했기 때문에 식 (2.29)를 이용하여 동작 범위 내의 모든 ADC 카운트에 대한 온도를 계산할 수 있다. 이 과정이 온도의 참값을 계산하는 가장 정확한 방법이다.

이어서 두 번째 방법으로 선형 조각 근사를 사용하는 과정을 살펴보자. 식 (2.28)의 전달함수를 0, 20, 40, 60℃에서 매듭을 가지는 3개의 섹션으로 나눠보자. $t_0 = 0$℃, $t_1 = t_r = 20$℃, $t_2 = 40$℃,

$t_3 = 60$ ℃ 의 인접한 매듭 간에 선형 근사를 사용할 것이다.[5] 교정하면서 얻은 각 매듭 온도에서의 ADC 출력값은 다음과 같다.

$$t_0 = 0\,℃ \text{ 일 때, } n_0 = 2{,}819$$
$$t_1 = t_r = 20\,℃ \text{ 일 때, } n_1 = n_r = 1{,}863$$
$$t_2 = 40\,℃ \text{ 일 때, } n_2 = 1{,}078$$
$$t_3 = 60\,℃ \text{ 일 때, } n_3 = 593$$

다음과 같은 카운트 - 온도 좌표 쌍은 [표 2-2]와 같은 룩업 테이블 형태로 입력된다.

표 2-2 온도 계산을 위한 룩업 테이블

매듭	0	1	2	3
카운트 값	2,819	1,863	1,078	593
온도(℃)	0	20	40	60

식 (2.29)와 [표 2-2]의 값으로 계산된 온도를 비교하기 위해 출력 카운트가 $n_x = 1{,}505$ 인 미지의 온도를 살펴보자. [표 2-2]에서 측정된 카운트 n_x가 매듭 1과 매듭 2 사이에 존재한다는 것을 알 수 있다. 측정된 카운트 값과 매듭값을 식 (2.27)에 대입하여 t_x를 구하면 다음과 같다.

$$t_x = t_1 + \frac{n_x - n_1}{n_2 - n_i}(t_2 - t_1) = 20 + \frac{1{,}505 - 1{,}863}{1{,}078 - 1{,}863}(40 - 20) = 29.12\,℃ \qquad (2.30)$$

이제 두 계산 방법을 비교하기 위해 실제 전달함수인 식 (2.29)에 n_x를 대입해보자. 계산 결과 $t_x = 28.22$ ℃ 를 얻을 수 있다. 이 값은 식 (2.30)으로부터 계산된 값보다 작다. 따라서 2개의 매듭만을 사용하여 선형 조각 근사한 경우에는 온도를 0.90 ℃ 만큼 과대평가하므로 오차가 크게 발생할 수 있다. 그렇기 때문에 좀더 정확하게 감지하기 위해서는 오차를 줄이기 위해 매듭의 개수를 늘려야 한다.

2.4.3 자극의 반복 계산

역전달함수를 모를 때는 반복법Iterative method을 사용하면 직접 전달함수를 사용해 입력자극을 계산할 수 있다. 효과적인 반복법으로는 뉴턴법Newton method 또는 이를 변형한 방법들이 있다.[1~3] 이는 자극 $s = s_0$의 합리적인 초깃값을 먼저 추측한 다음 뉴턴 알고리즘을 적용하여 구하고자 하는 자극값에 수렴하는 새로운 s값을 계산한다. 따라서 여러 계산 과정을 통해 우리가 구하고자 하는 자극값에 점점 더 가까워진다. 연속적으로 계산된 s값 간의 차이가 허용 가능한 오차보다 작으면 알고리즘은 중지되고 s의 마지막 계산값은 원래 방정식의 솔루션으로 간주되어 알려지지 않은 자극의 값을 결정하게 된다. 특히 뉴턴법은 초기 추측값이 s의 실제값에 가까울수록 매우 빠르게 수렴한다.

5 기준온도(reference temperature)의 단위는 도씨(℃)이다. $t_r = t_1 = T_r - 273.15$ 이며 T_r은 켈빈(K) 단위이다.

출력신호는 센서의 전달함수를 통해 표현되는 $E = f(s)$이다. 이는 $E - f(s) = 0$으로 나타낼 수도 있다. 뉴턴법은 측정된 출력값 E에 대해 다음의 입력자극 **시퀀스**sequence를 계산한다.

$$s_{i+1} = s_i - \frac{f(s_i) - E}{f'(s_i)} \tag{2.31}$$

몇 단계만 거치면 이 시퀀스는 구하고자 하는 입력으로 수렴한다. 여기서 s_{i+1}은 $i+1$번째 반복 계산된 값이고 $f'(s_i)$는 입력 s_i에서 전달함수의 제1차 도함수이다. 이때 반복하는 모든 과정($i = 0$, 1, 2, 3⋯)에서 동일한 측정값 E를 사용한다.

먼저 자극 s_0를 추측하고 식 (2.31)을 이용하여 실제 자극 s에 대한 근삿값을 계산한다. 다음으로 이전 단계의 s 근삿값을 이용하여 반복 계산한다. 즉 후속 s_i의 계산은 센서 분해능 범위 내에서 s_i의 증가량 변화가 충분히 작아질 때까지 여러 번 반복된다.

뉴턴법을 적용하기 위해 다음과 같이 3차 다항식의 전달함수를 살펴보자.

$$f(s) = as^3 + bs^2 + cs + d \tag{2.32}$$

이때 계수를 살펴보면 $a = 1.5$, $b = 5$, $c = 25$, $d = 1$이다. 다음으로 식 (2.32)를 식 (2.31)에 대입한 후 s_{i+1}을 반복하여 구한다.

$$s_{i+1} = s_i - \frac{as_i^3 + bs_i^2 + cs_i + d - E}{3as_i^2 + 2bs_i + c} = \frac{2as_i^3 + bs_i^2 - d + E}{3as_i^2 + 2bs_i + c} \tag{2.33}$$

식 (2.33)은 모든 후속 반복에서 사용된다. 예를 들어 센서의 응답이 $E = 22.000$이고 실제 자극에 대한 추측값이 $s_0 = 2$라고 가정해보자. 그 결과 식 (2.33)을 통해 반복 계산한 결과는 다음과 같다.

$$\begin{aligned}
s_1 &= \frac{2\times1.5\times2^3 + 5\times2^2 - 1 + 22}{3\times1.5\times2^2 + 2\times5\times2 + 25} = 1.032 \\
s_2 &= \frac{2\times1.5\times1.032^3 + 5\times1.032^2 - 1 + 22}{3\times1.5\times1.032^2 + 2\times5\times1.032 + 25} = 0.738 \\
s_3 &= \frac{2\times1.5\times0.738^3 + 5\times0.738^2 - 1 + 22}{3\times1.5\times0.738^2 + 2\times5\times0.738 + 25} = 0.716 \\
s_4 &= \frac{2\times1.5\times0.716^3 + 5\times0.716^2 - 1 + 22}{3\times1.5\times0.716^2 + 2\times5\times0.716 + 25} = 0.716
\end{aligned} \tag{2.34}$$

위와 같이 계산을 세 번 반복하면 s_i는 0.716으로 수렴한다. 그러므로 4번째 식에서 뉴턴 알고리즘은 중지되고, 자극값은 $s = 0.716$으로 간주한다. 정확도를 확인하기 위해 s값을 식 (2.32)에 대입해보면 $f(s) = E = 22.014$이다. 이는 실제 측정된 응답 $E = 22.000$과 비교하면 0.06% 이내의 오차가 발생한다.

뉴턴법은 센서의 감도가 작아지면 오차가 커진다는 사실에 유의해야 한다. 즉 전달함수가 평평한 구역(1차 미분이 0에 가까워짐)에서는 이 방법이 실패할 수 있다. 이 경우에는 이른바 뉴턴법을 변형한 방법을 사용할 수 있는데 제1차 도함수를 분석적으로 쉽게 계산할 수 없는 경우에는 식 (2.17)과 같이 Δs와 ΔE로부터 계산된 감도값을 대신 사용한다.

CHAPTER

03

센서 특성

Sensor Characteristics

CONTENTS

센서를 선택할 때에는 특정 애플리케이션application에 대한 요구 사항을 가장 먼저 파악해야 한다. 따라서 필요한 것이 무엇인지 잘 알고 있다면 여러 센서 후보들을 평가할 준비가 된 것이다. 여기서 평가란 센서의 필수적인 특성을 모두 담고 있는 데이터 시트data sheet로부터 각 요구 사항에 맞춰 센서가 정상 동작할 수 있는지를 확인하는 것을 말한다. 가능한 한 최고의 센서를 사용하는 것이 좋겠지만 이는 비용이 과도하게 발생할 수 있다. 이 장에서는 일반적으로 데이터 시트에 나타나는 센서의 특성과 요구 사항에 대해 살펴보도록 하자. 반드시 지정되어야 하는 가장 일반적인 센서의 특성과 요구 사항을 검토할 것이다.

3.1 모바일 통신 기기를 위한 센서

지난 10년 동안 스마트 폰, 스마트 워치 및 태블릿과 같은 **모바일 통신 장치**Mobile Communication Devices, MCD와 관련된 센서 시장이 커져왔다. 요즘 MCD는 우리의 일부분이 되었다. 전화기는 더이상 원거리 소리 전송을 위한 것이 아니며, 다양한 서비스를 수행할 수 있는 개인 사이버 대행자로 진화하고 있다. MCD가 유용한 작업을 수행하기 위해서는 대다수의 내/외부 센서와 감지기로부터 정보가 필요하다. 예를 들어 어떤 센서는 운영자의 명령(키패드, 마이크, 가속도계)을 수신하기 위해 인간-MCD 인터페이스로 사용되며, 또 어떤 센서는 환경(조명, 압력, 화학 등)을 인식하기 위해 사용된다. 오늘날 일반적인 MCD에는 센서의 수가 한정되어 있지만, MCD는 많은 산업과 과학, 소비, 의료 목적을 위해 수천 개의 앱apps을 지원하고 있다. 현재 MCD에 내장된 센서는 다음과 같다.

1. **이미징 카메라**imaging camera : 사진과 비디오를 촬영한다.
2. **마이크**microphone : 대부분 가청 주파수 범위에서 소리를 감지한다.
3. **가속도계**accelerometer : MCD의 움직임과 중력의 방향을 감지한다.
4. **자이로스코프**gyroscope : MCD의 공간 방향을 측정한다.
5. **자력계**magnetometer **또는 나침반**compass : 자기장의 강도와 방향을 감지한다.
6. GPS : 공간 좌표global coordinates를 식별하기 위한 RF 수신기 및 프로세서이다.
7. **근접 감지기**proximity detector : 사용자 신체와 MCD의 근접 여부를 감지한다.

그러나 이러한 센서들은 감지할 수 있는 자극이 제한적이고, 대다수의 차세대 MCD 애플리케이션을 지원하지 못한다. 새로운 애플리케이션 분야는 [표 3-1]과 같다.

표 3-1 새로운 애플리케이션 분야

산업용 분야	비접촉 온도, 열화상, 습도, 기류, 전리 방사선(ionizing radiation), 냄새, 물체의 유전상수, 재료 성분, 범위 또는 거리, 기업, 신선도 등
의료 분야	내부 및 피부 온도, 열화상, 동맥 혈압, 후각, 혈액 인자(포도당, 콜레스테롤, 헤모글로핀 산소 포화도), 심부 영상, 신전도 검사(EKG), 행동 교정 등
군사 분야	야간 투시, 유독 가스 감지, 근접, 전리 방사선(ionizing radiation), 폭발물, 화학 및 생물학적 작용제 등
소비자 분야	체온, 심박수, 라돈 가스(radon gas), 임신 감지, 알코올 및 황화수소 호흡 측정기, 식품 성분, 근접성, 행동 교정, UV 지수, 전자기 오염, 표면 온도 등

3.1.1 MCD 센서의 요구 사항

MCD 센서는 휴대용 소형 장치에 내장하기 위해 특별한 방식으로 설계해야 한다. MCD 센서의 가장 중요한 기능은 신호 컨디셔닝signal conditioning, 데이터 처리data processing, 통신회로communication circuits를 포함하여 지원 구성 요소와 완전하게 집적integration하는 것이다. 즉 MCD 센서는 단순히 센서가 아니라 자체적으로 기능이 통합된 감지 모듈(정보를 감지, 조정, 디지털화, 처리, 출력 및 통신하는 소형 기기)이어야 한다. MCD 감지 모듈과 관련하여 또 다른 중요한 요구 사항으로는 낮은 전력 소비, 작은 크기와 무게, 높은 정확도, 안정성, 짧은 응답 시간 등이 있다.

[표 3-2]는 MCD 센서에 대한 10가지 필수 요구 사항을 요약한 것이다.[1] 그 중요성을 강조하기 위해 이를 '모바일 센서 설계의 10계명'이라고도 부른다. 모든 요구 사항은 중요하며 무시되어서는 안 된다. 계명 중 하나라도 충족되지 않는다면 그 센서는 모바일 애플리케이션에 적합하지 않다.

표 3-2 모바일 센서 설계의 10계명

1	지능형 센서(내장된 신호 조절기 및 DSP)
2	내장형 통신회로(I^2C, NFC, 블루투스 등)
3	집적된 지원 부품(광학, 온도 조절 장치 등)
4	감지신호의 높은 선택도(간섭 억제)
5	빠른 응답 속도
6	모바일 기기에 적합한 작은 크기
7	낮은 전력 소모
8	다양한 환경에서의 높은 안정성
9	수명 안정성(주기적인 재교정 및 교체 필요 없음)
10	충분한 생산과 낮은 가격

감지 모듈을 MCD에 연결하는 방법은 4가지가 있다. [그림 3-1]과 같이 (a) 감지 모듈이 MCD 하우징에 직접 내장되거나 (b) MCD를 감싸는 탈착식 보호 케이스에 통합되거나 (c) MCD의 통신 포트로 연결될 수 있는 외부 장치로 구성되거나 (d) 아예 외부에서 무선으로 통신이 되도록 구성된다.

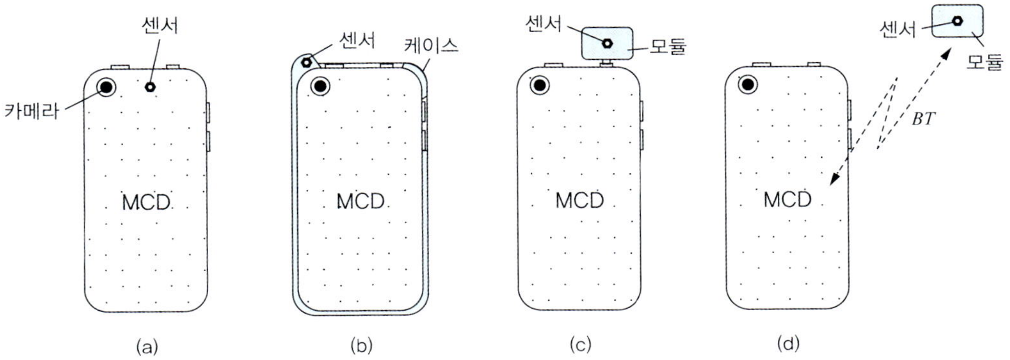

그림 3-1 MCD 센서와 감지 모듈의 4가지 결합 방법

엔지니어링 관점에서는 4가지 방법을 모두 구현할 수 있지만, 편의성과 실용성을 고려한 관점에서 보면 (b)처럼 소비자가 사용하는 일반적인 MCD와 결합하는 방법이 가장 적합하다. 보호 케이스 내부에 센서를 배치하면 인체 공학적으로 눈에 띄지 않게 숨길 수 있으며, 작업자가 추가 조치를 하지 않더라도 필요할 때마다 센서를 바로 사용할 수 있다. 이러한 감지 스마트 케이스는 유선 또는 가급적 NFC,[1] 블루투스bluetooth를 통해 무선으로 MCD와 통신한다.

3.1.2 집적

센싱 유닛 자체만으로는 애플리케이션을 동작시킬 수 없으므로 센싱 모듈에 다양한 기능을 집적integration하는 것이 필요하다. 전압 또는 전류 기준, 신호 컨디셔너, 히터, 멀티플렉서, 가스 송풍기, 렌즈, 디지털 신호 프로세서DSP와 같은 지원 구성 요소들이 집적된다. 이를 살펴보기 위해 [그림 3-2]와 같은 비접촉 적외선(IR) 온도계[2]가 집적된 감지 모듈을 살펴보자.

[그림 3-2]를 보면 이 모듈은 MCD 하우징 내에 집적 통합되거나 스마트 케이스 내에 구성될 수 있다.

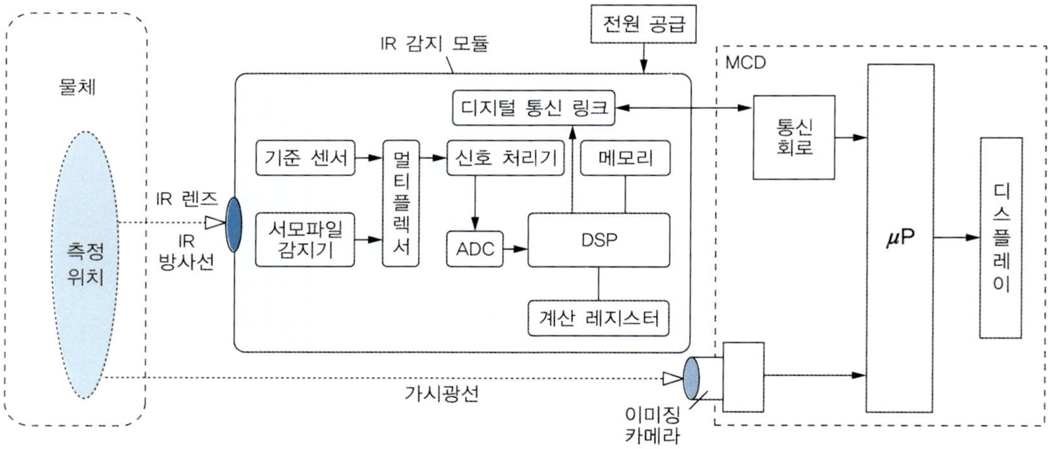

그림 3-2 MCD용 열복사(IR) 감지 모듈의 블록 다이어그램

IR 감지 모듈은 IR 렌즈의 뷰파인더 역할을 하는 MCD의 내부 디지털 이미징 카메라와 함께 작동한다. 이미징 및 IR 렌즈는 모두 물체에서 최적화된 측정 위치를 겨냥한다. 측정 지점 표면에서 자연적으로 발산되는 열 IR 복사는 서모파일 또는 마이크로 볼로미터와 같은 열복사 감지기thermal radiation detector의 협각 IR 렌즈narrow-angle IR lens에 의해 포커스된다. 감지요소는 방사선을 미세한 전압으로 변환시키고, 기준온도 센서의 출력과 함께 다중화되어 신호 처리기signal conditioner에 입력된다.

1 NFC는 Near-Field Communication의 약자이다.

신호 처리기 필터는 간섭 전압을 걸러내고, 측정된 신호를 고분해능 ADC를 사용하여 디지털 형식으로 변환한다. 디지털 신호는 DSP에 의해 처리되며 계산된 물체의 온도를 표시하거나 해석하기 위해 직렬 디지털 통신 링크(I^2C)를 이용하여 MCD로 전송한다. 이 감지 모듈은 MCD와의 인터페이스를 위해 외부 부품이 거의 필요하지 않은 완전 비접촉 IR 온도계^noncontact IR thermometer^이다. MCD용으로 설계된 모든 센서는 모든 필수 기능이 하나의 작은 하우징에 완벽하게 집적되는 방식을 따라야만 한다.

3.2 스팬과 풀 스케일 입출력

센서에 의해 변환할 수 있는 자극의 동적 범위^dynamic range^를 스팬^span^ 또는 입력 풀 스케일^Full Scale, FS^이라고 한다. 이는 허용할 수 없을 정도로 큰 오차를 일으키지 않으면서 센서에 입력할 수 있는 가장 큰 입력값을 나타낸다. 매우 광범위하고 비선형적인 응답 특성을 가진 센서의 경우 입력자극의 동적 범위는 주로 일률 또는 힘(전압) 비율의 로그 측정 단위인 데시벨^decibel^로 표시한다. 데시벨은 절댓값이 아니라, 값의 비율을 나타낸다. 데시벨은 신호 크기를 작은 숫자로 나타낼 수 있어 훨씬 편리하다. 또한 비선형 스케일이기 때문에 높은 레벨의 숫자를 압축하면서 낮은 레벨의 신호를 고해상도로 나타낼 수 있다. 즉 작은 물체에 대한 로그 스케일은 현미경으로 동작하고, 큰 물체에 대해서는 망원경으로 동작한다. 정의에 따르면 데시벨은 다음과 같이 일률 비율 로그의 10배이다([표 3-3] 참조).

$$1\,\mathrm{dB} = 10\log\frac{P_2}{P_1} \tag{3.1}$$

마찬가지로 데시벨은 힘, 전류, 전압에 대해서는 비율 로그의 20배이다([표 3-3] 참고).

$$1\,\mathrm{dB} = 20\log\frac{E_2}{E_1} \tag{3.2}$$

표 3-3 일률, 힘(전압, 전류), 데시벨 간의 관계

전력 비율	1.023	1.26	10.0	10^2	10^3	10^4	10^5	10^6	10^7	10^8	10^9	10^{10}
힘 비율	1.012	1.12	3.16	10.0	31.6	100	316	10^3	3162	10^4	3×10^4	10^5
데시벨(dB)	0.1	1.0	10.0	20.0	30.0	40.0	50.0	60.0	70.0	80.0	90.0	100.0

아날로그 출력에 대한 풀 스케일 출력^FSO^은 최대 입력자극과 최저 입력자극에서 측정된 전기 출력신호들의 대수적 차이이다. 또한 디지털 출력에 대한 FSO는 최대 FS 입력에 대해 ADC가 확인할 수 있는 최대 디지털 카운트이다. 이때 이상적인 전달함수에서의 모든 편차가 포함되어야 한다. FSO의 예시는 3.3절의 [그림 3-3(a)]를 참조하라. 참고로 FSO 출력은 E_{FS}로 표시된다.

3.3 정확도

센서의 가장 중요한 특성은 정확도이며, 이는 실제로 부정확도inaccuracy를 의미한다. 부정확도는 자극의 이상적인 값 또는 참값true value에서 센서가 나타내는 값의 가장 큰 편차deviation로 측정된다. 이때 참값의 정확한 값을 알 수 없으므로 참값 또한 특정한 부정확도를 갖는 것으로 간주된다.

이상적인 (참)전달함수의 편차는 출력에서 다시 계산된 값과 실제 입력자극값 간의 차이로 볼 수 있다. 예를 들어 선형 변위 센서는 이상적으로 1 mm 변위당 1 mV를 생성해야 한다고 하자. 즉 전달함수는 기울기(감도)가 $B = 1\,\text{mV/mm}$인 직선이다. 그러나 실험에서 $s = 10\,\text{mm}$의 기준 변위에서 $E = 10.5\,\text{mV}$의 출력이 생성되었다. 기울기가 1 mV/mm라고 가정했으므로 역전달함수($1/B = 1\,\text{mm/mV}$)를 사용하여 이를 변위값으로 다시 변환하면, $s_x = E/B = 10.5\,\text{mm}$로 계산된다. 이 결과는 $s_x - s = 0.5\,\text{mm}$로 과대평가된 것을 알 수 있다. 이 여분의 0.5 mm가 **잘못된 측정의 편차**erroneous deviation 또는 **오차**error에 해당한다. 따라서 10 mm 범위에서 센서의 절대 부정확도는 0.5 mm이거나, 상대적인 관점에서 부정확도는 $0.5/10 \times 100 = 5\%$이다. 변위가 커질수록 오차는 커질 수 있다. 만약 어떠한 랜덤오차random error 없이 이 실험을 계속해서 반복할 때마다 0.5 mm의 오차를 관찰한다면 이 센서는 10 mm 스팬에 대해서 0.5 mm의 계통오차systematic error를 가진다고 말할 수 있다. 당연히 임의의 성분은 항상 존재하므로, 계통오차는 여러 오차의 평균값으로 표현된다.

[그림 3-3(a)]는 이상적인 또는 이론적인 선형 전달함수(가는 선)를 보여준다.

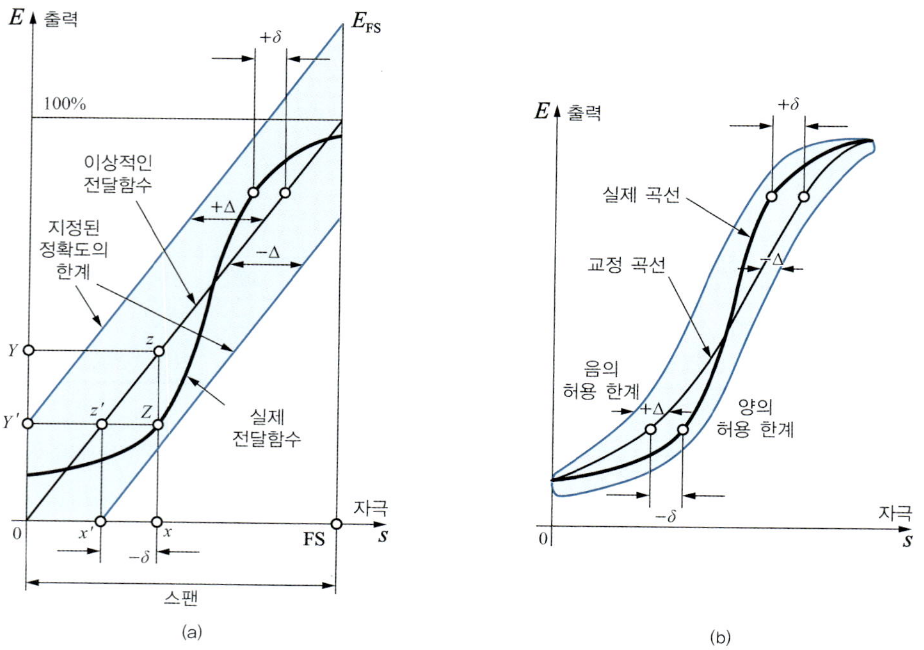

그림 3-3 (a) 전달함수 (b) 교정된 정확도 한계. 오차는 입력값에 의해 표현된다.

현실 세계에서 모든 센서는 일종의 불완전성을 가지고 동작한다. 실제 전달함수는 가능한 굵은 선으로 표시되며, 일반적으로 선형 linear 또는 단조로운 형태가 아닐 수도 있다. 실제 함수는 이상적인 함수와 거의 일치하지 않는다. 재료의 변형이나 제작 및 설계 오류, 제조 공차, 기타 한계들로 인해 아무리 센서가 동일한 조건에서 테스트되더라도 실제 전달함수들은 제각각 다를 수 있다. 하지만 실제 전달함수의 모든 동작은 지정된 정확도 specified accuracy 의 한계 내에 있어야 한다. 이러한 허용 한계는 이상적인 전달함수 선을 기준으로 하는 $\pm\delta$가 아니라, $\pm\delta(\delta \le \Delta)$의 편차로 정의된다.

예를 들어 x값을 갖는 자극을 고려해보자. 이상적으로 이 값이 전달함수의 지점 z에 해당하여 출력값 Y가 된다고 예상할 수 있다. 하지만 실제 함수는 출력값 Y'을 생성하는 지점 Z에서 응답했다. 출력 Y'에서 자극값을 계산할 때 실제 전달함수가 이상적인 경우와 얼마나 다른지 알 수 없으므로, 이를 계산하기 위해서는 이상적인 역전달함수를 사용해야 한다. 측정된 출력값 Y'은 이상적인 전달함수의 점 z'에 해당하며, 이에 따라 x보다 작은 값을 가지는 입력자극 x'이 도출될 것이다. 따라서 센서 성능이 불안정해 $-\delta$에 해당하는 오차가 측정된다.

정확도 평가 시 히스테리시스, 부품 간의 편차 part to part variation, 불감대 dead band, 교정 및 반복성 오류들이 결합된 효과들이 포함된다. 지정된 정확도의 한계는 전체 시스템의 가장 좋지 않은 성능을 살펴보기 위해 최악의 상황을 분석할 때 사용된다.

정확도를 높이려면 오차를 유발하는 여러 요소를 줄여야 한다. 이때 제조업체의 지정된 허용오차를 완전히 신뢰하지 말고 선택한 조건에서 각 센서를 개별적으로 직접 보정하는 것이 중요하다. [그림 3-3(b)]에서 볼 수 있듯이, $\pm\Delta$는 교정된 전달함수에 얼마다 더 가까운가를 나타내며, 작을수록 더 좋은 정확도를 가지는 것을 의미한다. 각 개별 센서의 다중 포인트 교정 multiple-point calibration 및 곡선 피팅이 이뤄진다. 지정된 정확도 한계 accuracy limit 는 이론적인(이상적인) 전달함수가 아니라, 교정 절차를 거쳐 조정된 교정 곡선을 중심으로 설정된다. 이러한 교정은 특정 장치에 맞춰 진행되기 때문에 부품 간의 변동이 고려되지 않아 허용 한계는 더 좁아질 수 있다. 이 방법은 높은 비용으로 인해 일부 응용 분야에서는 사용되지 않지만, 더 정확한 감지가 가능하다는 장점이 있다.

부정확도(정확도)는 종종 최대/일반/평균 오차로 정의되며, 다음과 같이 표시된다.

[형식 1] 측정된 자극값(Δ)으로 직접 표시

이 형식은 오차가 입력신호 크기에 독립적일 때 사용한다. 보통 덧셈형 노이즈 additive noise 이나 계통 바이어스 systematic bias 와 관련이 있지만, 교정 또는 제조업체의 허용오차와 같은 예상 가능한 모든 에러 소스와도 결합한다. 예를 들어 온도 센서는 0.15 ℃, 유량 센서는 10 fpm foot per minute 과 같이 표시되며 이때 자극의 특정 범위가 함께 제공된다. 정확도 사양에 대한 명시 예는 다음과 같다.

- 분당 100 ft 미만의 범위에서 10 fpm
- 100 ft/min 이상의 범위에서 20 fpm

[형식 2] 입력 스팬(풀 스케일)을 백분율로 표시

이 형식은 선형 전달함수를 가지는 센서에 유용하며, 형식 1과 밀접한 관련이 있다. 센서의 대부분은 입력 범위를 지정해야 하므로, 동일한 의미를 표시한다고 할 수 있다. 이 형식은 작은 준선형 quasilinear

범위가 지정되지 않는 한, 비선형 전달함수를 가지는 센서에는 유용하지 않다. 예를 들어 열 풍속계(12.3절 참조)는 제곱근 함수로 모델링할 수 있는 전달함수를 가지고 있으며, 즉 낮은 유량flow rate에는 더 민감하고 높은 유량에서는 덜 민감하다. 센서의 스팬이 3000 fpm이고 정확도가 전체 스케일의 3 %, 즉 90 fpm이라고 가정해보자. 그러나 30 ~ 100 fpm의 유량에서 측정할 경우, 90 fpm의 풀 스케일 오차는 너무 크게 느껴지며, 실제로 비선형성으로 인해 오해할 수 있다.

[형식 3] 측정된 신호를 백분율로 표시

이 형식은 오차의 크기가 신호의 크기에 따른 비율로 표시되기 때문에 곱셈 방식으로 오차를 표현한다. 즉 전달함수가 높은 비선형성을 가지는 센서에 유용하다. 그렇다면 [형식 2]와 동일한 예를 고려해보자. 측정된 신호의 3 %는 낮은 유량에서는 수 fpm에 불과하고, 높은 유량에서는 수십 fpm에 해당한다. 그러나 대체로 오차는 자극에 따라 다르기 때문에 일반적으로 이러한 방법을 권장하지는 않는다. 이 경우 전체 비선형 스팬을 준선형을 가지는 여러 개의 섹션으로 나누는 것이 더 합리적이다. 그러고 나서 각 개별 섹션에 대해 [형식 2]를 사용하는 것이 좋다.

[형식 4] 출력신호 형식으로 표시

이 형식은 디지털 출력 형식의 센서에 유용하다. 예를 들어 LSBleast significant bit 단위로 오차를 표시할 수 있다.

어떤 형식을 이용해야 할 것인지에 대한 답은 실제 응용처에 달려있다. 최근 센서에서는 정확도 사양이 **불확도**uncertainty 값으로 대체되는 경우가 많다(3.18절 참조). 왜냐하면 불확실성은 센서 자체만의 부정확도inaccuracy에 국한되지 않고, 계통적이거나systematic 랜덤한 모든 왜곡 효과distorting effect들을 다 포함하기 때문이다.

3.4 교정 오차

교정 오차는 공장에서 센서를 교정할 때 허용되는 부정확도이다. 이 오차는 계통적인 속성을 가지며, 모든 실제 전달함수에 더해지게 된다. 자극 지점의 정확도를 일정한 값만큼 이동시킨다. 이 오차는 전체 범위에서 반드시 균일하지는 않으며 오차 유형에 따라 달라질 수 있다. 예를 들어 실제 선형 전달함수([그림 3-4]의 굵은 선)의 2점 교정을 고려해보자.

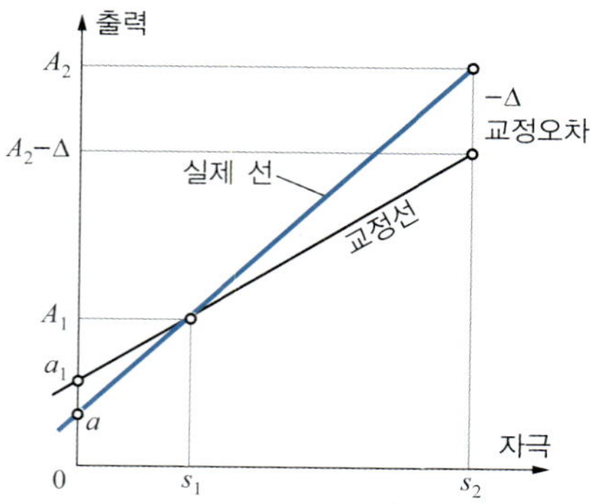

그림 3-4 교정 오차

함수의 기울기와 절편을 결정하기 위해 두 개의 자극 s_1과 s_2를 센서에 인가한다. 센서는 두 개의 해당 출력신호 A_1 및 A_2로 응답한다. 첫 번째 응답은 완전히 정확하게 측정되었고, 두 번째 응답은 오차(Δ)를 포함하여 측정되었다고 가정해보자. 이로 인해 기울기 및 절편 계산에 오차가 발생하게 된다. 잘못 계산된 절편 a_1은 실제 절편값인 a와 다음과 같은 차이가 발생한다.

$$\delta_a = a_1 - a = \frac{\Delta}{s_2 - s_1} \tag{3.3}$$

기울기는 다음과 같은 오차를 이용하여 계산된다.

$$\delta_b = -\frac{\Delta}{s_2 - s_1} \tag{3.4}$$

교정 오차의 또 다른 원인은 기준 센서이다. 정확하지 않은 기준을 사용하게 되면, 교정을 정확하게 할 수가 없다. 따라서 국가 표준에 따라 추적이 가능한 고정밀도high precision의 기준신호 소스와 센서(미터)를 사용 및 유지하는 것이 중요하다.

3.5 히스테리시스 오차

히스테리시스 오차(이력 오차)는 반대 방향에서 접근했을 때, 지정된 센서 출력 지점에서의 센서 출력 편차deviation를 말한다([그림 3-5] 참조).

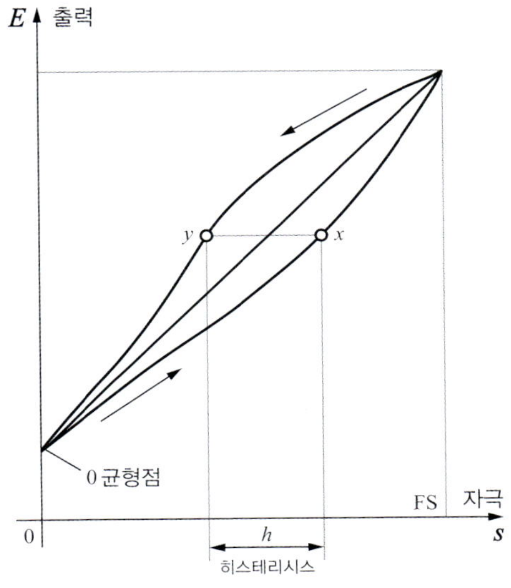

그림 3-5 히스테리시스를 가지는 전달함수

예를 들어 물체가 특정 지점에서 왼쪽에서 오른쪽으로 이동할 때 변위 센서는 전압을 생성하는데, 이는 물체가 오른쪽에서 왼쪽으로 이동할 때와 20 mV 차이가 난다고 하자. 센서의 감도가 10 mV/mm 인 경우, 변위 단위의 히스테리시스 오차는 2 mm 가 된다. 히스테리시스 오차의 주요 원인은 재료의 설계, 마찰 및 구조적 변화이다. 특히 플라스틱이나 에폭시 같은 재료를 사용할 때 발생한다.

3.6 비직선성 오차

비직선성 오차는 전달함수가 식 (2.2) 또는 식 (2.3)과 같이 직선으로 근사할 수 있는 센서에서 정의된다. **비직선성**nonlinearity은 근사 직선에서 실제 전달함수의 최대 편차maximum deviation L이다. 직선성linearity이라는 용어는 실제로 비직선성을 의미한다. 두 번 이상의 교정이 실행되면, 한 번의 교정주기 동안 나타나는 최악의 비직선성을 명시해야 한다. 일반적으로 스팬의 백분율 또는 측정된 값(예: kPa 또는 ℃)으로 표시한다. 직선성은 어떤 종류의 직선을 가리키는지를 함께 설명해야만 의미가 있다. 선이 전달함수에 겹쳐지는 형태에 따라 비직선성을 지정하는 여러 가지 방법이 있다.

한 가지 방법은 [그림 3-6(a)]와 같이 **끝점**terminal points을 사용하는 것이다. 자극이 가장 작거나 높을 때 출력값을 결정하고, 이 두 점을 통과하는 직선을 그린다(라인 1). 결국 끝점 근처에는 비직선성 평균오차가 가장 작아지고, 중간의 어느 지점에서는 비직선성 오차가 더 커지게 된다.

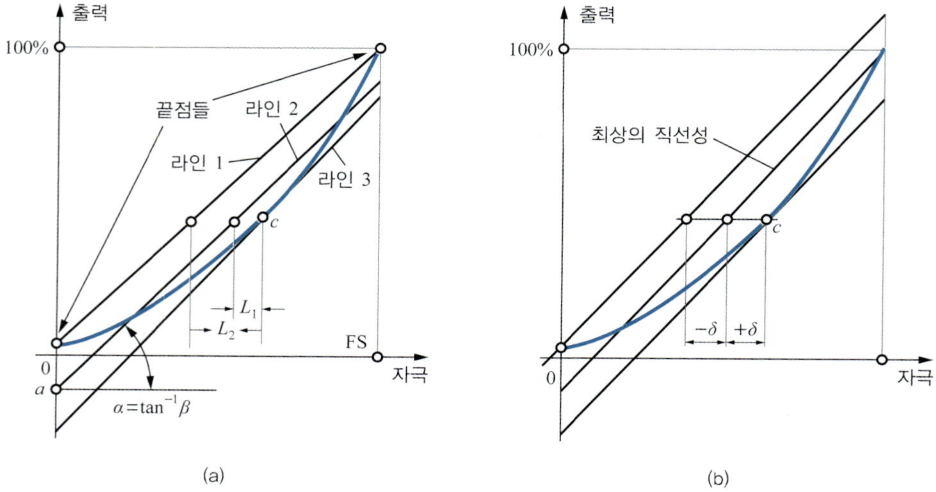

그림 3-6 (a) 비직선성 전달함수의 선형 근사 (b) 독립 직선성

간혹 좁은 입력 범위 내에서 높은 정확도를 요구하는 경우가 있다. 예를 들어 의료용 체온계는 36 ~ 38℃ 의 경계에서 가장 좋은 정확도를 가져야 하며, 이 한계를 넘어서면 정확도가 다소 떨어져도 상관없다. 따라서 센서는 가장 높은 정확도가 요구되는 범위에서 교정되어야 한다. [그림 3-6(a)]에

서 교정점 c(높은 정확도가 요구되는 영역 근처)에서 근사선(라인 3)을 그렸다고 하자. 그 결과 비직선성은 교정점 근처에서는 가장 작지만, 스팬의 끝으로 갈수록 커지게 된다. 이 방법에서 근사선은 교정점 c에서의 전달함수에 대한 탄젠트로 결정된다. 실제 전달함수를 알고 있다면 근사선의 기울기는 식 (2.17)을 통해 구할 수 있다.

독립 직선성independent linearity은 이른바 가장 잘 맞는 선으로, 가장 가까운 두 평행선 사이의 중간선이다. 이는 범위 안에 있는 모든 자극이 똑같이 중요할 때 자주 사용된다([그림 3-6(b)] 참조).

이처럼 직선의 지정 방법에 따라 근사선의 절편과 기울기는 달라질 수 있다. 따라서 비직선성 측정은 사람에 따라 상당히 달라질 수 있다. 그렇기 때문에 센서 사용자는 제조업체가 어떤 방법을 사용했는지 정의하지 않고 가장 작은 값의 비직선성을 제시하는 경우도 있음을 유념해야 한다.

모든 센서의 동작에는 한계가 있다. 선형이라 해도 어떤 레벨 이상의 입력자극에는 출력신호가 더는 반응하지 않을 수 있으며, 자극이 더 증가해도 바람직하게 출력되지 않을 수 있다. 이때 센서는 스팬-엔드 비직선성span-end nonlinearity 또는 포화saturation를 나타낸다고 말한다([그림 3-7] 참조).

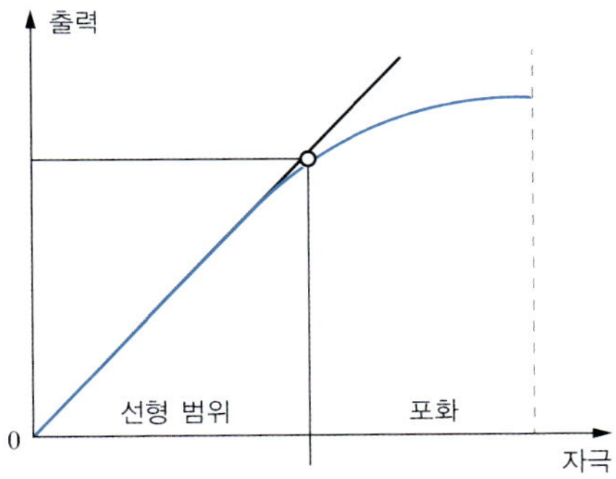

그림 3-7 포화를 가지는 전달함수

3.7 반복성 오차

반복성(재현성)[2] 오차는 센서가 동일한 조건에서 동일한 결과값을 나타낼 수 없어 발생한다. 반복성은 별도로 정의되지 않는 한, 두 실행주기([그림 3-8(a)])에 의해 결정된 출력값들 간의 최대 차이로 표현된다.

일반적으로 다음과 같이 FS의 백분율로 표시된다.

$$\delta_r = \frac{\Delta}{FS} 100\% \tag{3.5}$$

2 반복성(repeatability)과 재현성(reproducibility)은 다른 의미로 사용되기도 한다. 반복성은 동일 조건에서 동일한 방법으로 단기간에 연속 측정할 때 결과값들이 얼마나 서로 일치하는가를 나타낸다. 반면에, 재현성은 동일한 조건 및 방법으로 장기간에 걸쳐 측정하거나 다른 사람(연구실)에서 측정할 때 서로 얼마나 일치하는가를 나타낸다.

반복성 오차의 원인으로는 열잡음, 축적 전하, 소재의 가소성plasticity 등이 있다.

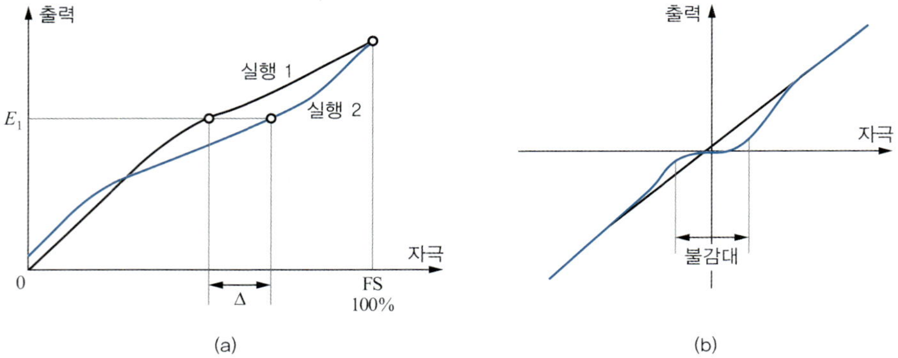

그림 3-8 (a) 반복성 오차. 같은 출력신호 E_1에 해당하는 입력이 2개가 존재할 수 있다. (b) 전달함수에서의 불감대

3.8 불감대와 분해능

불감대dead band는 특정한 입력신호 범위에서 센서의 무감도insensitivity를 말한다([그림 3-8(b)] 참조). 이 범위에서 출력은 불감대 전체 영역에 대해 하나의 특정값(종종 0)에 가깝게 고정된다.

분해능resolution은 감지할 수 있는 자극의 최소 증가량을 나타낸다. 자극이 지속적으로 변하게 되면 일부 센서는 잡음이 없는 상황임에도 불구하고 출력신호가 매끄럽지 않다. 출력은 작은 스텝으로 점프하면서 불연속적으로 변경될 수 있는데 이는 전위차 트랜스듀서potentiometric transducer, 그리드 마스크grid mask가 있는 점유 적외선 감지기infrared detector 또는 일정량 이상의 자극에 대해서만 출력신호가 변화하는 센서에서 나타난다.

또한 디지털 형식으로 변환된 모든 신호는 작은 스텝으로 구성되어 있으며, 스텝마다 숫자가 할당되어 있다. 분해능은 출력의 최소 스텝 변화를 유발하는 입력 변동의 크기를 나타낸다. 보통 분해능 값은 측정 조건에 따라 달라지므로, 조건을 특정하여 함께 명시한다. 예를 들어 동작 감지기의 경우 분해능은 5 m 거리에서 20 cm에 해당하는 최소 등거리 변위로 나타낼 수 있다.

권선형 전위차 각 센서wire-wound potentiometric angular sensor의 분해능은 최소 각도 0.5°로 지정된다. 때로는 FS의 백분율로 지정되기도 한다. 예를 들어 270° FS를 갖는 각도 센서의 경우 0.5° 분해능은 FS의 0.18 %로 지정될 수 있다. 각 스텝의 크기는 범위에 따라 달라질 수 있으며, 이 경우 분해능은 평균 또는 가장 안 좋은 값으로 지정될 수 있다.

디지털 출력 형식 센서의 분해능은 비트 수로 제공된다. 예를 들어 분해능은 8 비트 분해능으로 지정될 수 있다. 이해를 돕기 위해서는 FS값 또는 LSB leasr significant bit 값이 함께 제공되어야 한다. 만약 출력신호 중에 측정 가능한 스텝이 없다면, 이 센서는 연속적이거나 극소의 분해능을 가졌다고 말할 수 있다. 때로는 무한 분해능infinite resolution이라고도 불리는데 이는 잘못된 용어이다.

3.9 특수 속성

일부 센서는 별도의 특별한 입력 속성을 갖는 경우가 있다. 예를 들어 광 감지기light detector는 제한된 광학 대역폭 내에서만 민감하게 동작하며, 스펙트럼 응답spectral response으로 표현하는 것이 적절하다.

3.10 출력 임피던스

출력 임피던스 Z_{out}은 센서와 전자회로의 인터페이스interface를 이해하기 위해 잘 알아야 한다. 전기적으로 센서의 출력 임피던스는 인터페이스 회로의 입력 임피던스 Z_{in}과 병렬(전압 연결) 또는 직렬(전류 연결)로 연결된다. [그림 3-9]는 이 두 연결을 나타낸 것이다.

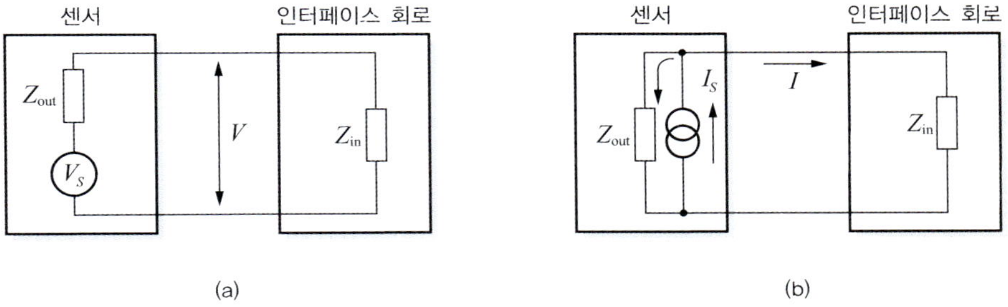

그림 3-9 (a) 전압 출력을 가지는 센서의 인터페이스 회로 연결 (b) 전류 출력을 가지는 센서의 인터페이스 회로 연결

출력 및 입력 임피던스는 보통 커패시터와 인덕터로 인한 무효분reactive component을 포함할 수 있으므로 복소수 형태complex form로 표시해야 한다. 특히 신호 왜곡을 최소화하려면 전류 생성 센서([그림 3-9(b)] 참조)의 출력 임피던스 Z_{out}은 가능한 한 크고, 인터페이스 회로의 입력 임피던스 Z_{in}은 작아야 한다. 반대로 전압 연결 센서([그림 3-9(a)] 참조)의 경우 Z_{out}은 작아야 하고 인터페이스 회로의 Z_{in}은 가능한 한 커야 한다.[3]

3.11 출력 형식

출력 형식output format은 센서 단독이나 집적된 여기회로excitation circuit 및 신호 조절기signal conditioner에 의해 생성되는 출력의 전기적 특성들을 종합한 집합을 말한다. 전기적 특성에는 전압, 전류, 전하,

3 이렇게 하면 손실 없이 센서의 출력을 인터페이스 회로로 모두 전달할 수 있기 때문이다.

주파수, 진폭, 위상, 극성, 신호 모양, 시간 지연, 디지털 코드가 있다. [그림 3-10]은 전류 또는 전압 형태의 출력 전기신호의 예를 보여준다. 센서 제조업체는 효율적인 애플리케이션을 위해 출력 형식에 대한 정보를 충분히 제공해야 한다.

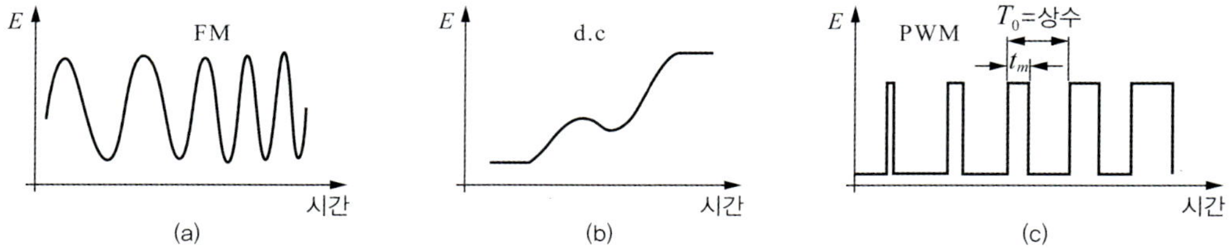

그림 3-10 출력신호의 예. (a) 동일 진폭에서 주파수 변조를 가지는 사인파 (b) 출력 범위 내에서 변화하는 아날로그 신호 (c) 일정한 주기를 가지는 사각 펄스의 펄스 폭 변조

집적 센서와 주변장치 간에 가장 많이 사용되는 디지털 통신은 직렬 링크serial link이다. 이름에서도 알 수 있듯이 직렬 링크는 한 번에 한 비트씩 직렬로 정보를 주고받는다. 이때 정보는 이진 형식이나 텍스트(아스키 코드) 형식을 이용한다. 디지털 출력 형식을 가지는 집적 센서의 통신에 가장 많이 사용되는 형식은 펄스 폭 변조와 I^2C 또는 그 변형이다.

I^2C[4] 프로토콜은 I^2C 장치 간에 데이터를 두 개의 와이어를 통해 전송하기 위해 필립스 반도체Philips Semiconductors사에서 개발했다. 데이터(SDA)와 클럭(SCL) 라인을 사용하여 센서에서 주변 장치로 정보를 직렬로 전송하게 되며, 프로토콜은 마스터master 및 슬레이브slave 장치의 개념을 기반으로 한다.

마스터 장치는 버스bus와 클럭을 제어하는 컨트롤러(종종 마이크로프로세서)를 말한다. 또한 START 또는 STOP 신호를 생성한다. 슬레이브는 단순히 버스를 통해 마스터가 보낸 제어 또는 데이터에 따라 행동한다. 이때 마스터와 슬레이브는 데이터를 주고받는다. 그러나 슬레이브 간에는 데이터를 전송하지 않는다. 기본 통신 속도는 0 ~ 100 kHz 사이에서 선택된다. 동작 속도가 느린 슬레이브 센서(예 : 접촉식 온도 센서)의 경우에는 데이터를 수집하고 처리하는 동안 버스를 중지시킬 필요가 있다. 이를 위해 SCL을 낮게 유지하면서 마스터를 대기 상태로 만든다. 이때 마스터는 SCL이 해제될 때까지 기다려야 한다.

3.12 여기

여기excitation는 능동 센서의 동작을 활성화하는 데 필요한 신호를 말한다. 여기는 전압, 전류, 빛, 자기장, 기타 다양한 신호의 범위로 지정된다. 일부 센서의 경우에는 여기신호의 주파수와 모양, 안정성도 지정할 필요가 있다. 정해진 범위에서 벗어난 변동은 노이즈를 생성하며 출력오류를 유발할 수 있다. 여기신호의 예로 온도 의존 저항을 측정하기 위한 서미스터를 살펴보자.

4 'I-squared-C'로 읽는다.

여기신호의 사양은 다음과 같이 최대 전류로 표시된다.

표 3-4 여기신호의 사양

서미스터를 통과하는 최대 전류	정지된 공기 속	50 μA
	물 속	1 mA

3.13 동적 특성

정적 조건(매우 느리게 변경되는 입력자극)에서 동작하는 센서의 특성은 시간 불변 전달함수, 정확도, 스팬, 교정 등으로 설명된다. 그러나 입력자극이 빠르게 변하면 이러한 특성을 그대로 사용할 수 없다. 보통 센서와 자극원과의 반응이 항상 즉각적으로 발생할 수 없기 때문이다. 이때 센서는 시간에 따른 동적dynamic 특성으로 설명된다. 센서가 즉시 반응하지 않으면 실제와는 약간 다르게 자극을 측정하게 된다. 즉 센서가 **동적 오차**dynamic error를 유발하게 된다. 정적오차와 동적오차의 차이점은 동적오차는 항상 시간에 따라 달라진다는 것이다. 만약 센서가 자체 동적 특성을 가진 제어 시스템의 일부인 경우 자극의 실제값을 나타낼 때 지연이 되거나, 최악의 경우 정해진 범위에서 벗어난 진동spurious oscillations을 유발한다.

워밍업 시간 특성warm-up time characteristic은 센서에 전원이나 여기신호를 공급한 후 센서가 지정된 정확도 내에서 동작하는 데 걸리는 시간 지연을 말한다. 대다수의 센서에서는 무시할 정도로 워밍업 시간이 짧다. 그러나 일부 센서, 특히 열 제어 환경에서 작동하는 센서(예 : 온도 조절기)나 히터를 사용하는 수많은 화학 센서들은 지정된 정확도 내에서 완전히 동작하기까지 몇 초에서 몇 분의 워밍업 시간이 필요하다.

제어 이론에서는 **상수계수 선형미분방정식**constant-coefficient linear differential equation을 통해 입출력 관계를 설명하는 것이 일반적이다. 이 방정식으로부터 시간에 의존하는 센서의 동적 특성을 평가할 수 있다. 센서 설계에 따라 미분방정식은 다양한 차수를 가진다.

0차 센서zero-order sensor는 시간과는 무관한 전달함수이다. 0차 센서에는 커패시터와 같은 에너지 저장 장치가 포함되어 있지 않고 센서는 즉시 반응을 하기 때문에 동적 특성을 별도로 지정할 필요가 없다. 물론 대부분의 0차 센서는 응답하기까지 일정 시간이 소모되지만 무시할 수 있을 만큼 매우 작다.

1차 미분방정식은 하나의 에너지 저장 구성 요소와 결합되어 있는 센서를 설명하는 데 사용된다. 입력 $s(t)$와 출력 $E(t)$ 사이의 관계는 다음과 같이 1차 미분방정식으로 설명된다.

$$b_1 \frac{\mathrm{d}E(t)}{\mathrm{d}t} + b_0 E(t) = s(t) \tag{3.6}$$

1차 센서의 예로는 에너지 저장이 캡슐화된 센서의 열용량에 해당하는 온도 센서가 있다. 1차 센서의 동적 특성은 제조업체에서 다양한 방법으로 지정할 수 있다. 일반적으로 입력자극의 변화에 얼마나 바쁘게 반응할 수 있는지는 주파수 응답 특성으로 나타낼 수 있다. [그림 3-11(a)]를 보면 주파수 응답은 출력신호가 감소되기 시작하는 특정 자극 주파수를 헤르츠(Hz) 또는 초당 라디안(rad/s)으로 표현한다.

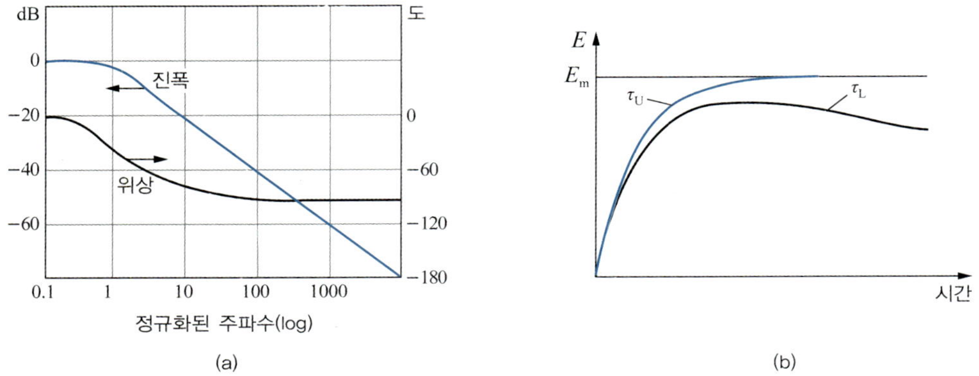

그림 3-11 (a) 제한된 차단 주파수를 가지는 1차 센서의 주파수 특성 (b) 제한된 차단 주파수를 가지는 1차 센서의 주파수 응답. τ_U 와 τ_L 은 각각 상한 차단 주파수와 하한 차단 주파수에 해당하는 시정수들이다.

일반적으로 사용되는 감소 기준(주파수 제한)은 3 dB 이다. 출력전압(또는 전류)이 약 30% 떨어지는 주파수를 나타낸다. 주파수 응답 한계 f_U 는 센서가 처리할 수 있는 가장 높은 주파수로 간주되어 종종 **상한 차단 주파수**upper cutoff frequency라고 한다.

주파수 응답은 시간 단위당 입력자극 단위로 정의되는 응답 속도와 직접적인 관련이 있다. 주파수와 속도 중 어떤 것을 지정할지는 센서의 유형이나 애플리케이션 및 설계자의 선호도에 따라 결정된다. 이밖에 응답 속도를 지정하는 또 다른 방법은 입력자극(스텝함수 형태의 자극)에 노출된 후 정상 상태steady state 또는 최대 응답의 63% 또는 90% 수준에 도달하는 데 걸리는 시간을 이용하는 것이다. 1차 응답의 경우 이러한 **시정수**time constant를 사용하는 것이 매우 편리하다. 시정수 τ 는 센서의 관성 척도이다. 전기적 측면에서는 전기 용량과 저항의 곱으로 표현된다($\tau = RC$). 또한 열적 측면에서는 열용량과 열 전도율(또는 열저항)을 대신 사용하면 된다. 실제로 시간상수는 쉽게 측정될 수 있다.

식 (3.6)의 해는 1차 시스템의 시간 응답을 보여준다.

$$E = E_m\left(1 - e^{-t/\tau}\right) \tag{3.7}$$

E_m 은 정상 상태의 안정화된 출력, t 는 시간이다. t 에 τ 를 대입하면 다음과 같은 식을 얻을 수 있다.

$$\frac{E}{E_m} = 1 - \frac{1}{e} = 0.6321 \tag{3.8}$$

식 (3.8)은 경과 시간이 시정수와 같아지면 센서의 응답이 정상적인 상태의 레벨 E_{m}의 약 63%에 도달함을 의미한다. 마찬가지로 2배의 시정수 이후에는 86.5% 수준으로, 3배의 시정수 이후에는 95%까지 올라가는 것을 알 수 있다.

차단 주파수cutoff frequency는 센서가 처리할 수 있는 자극의 최저 또는 최고 주파수를 나타낸다. 상한 차단 주파수는 센서가 얼마나 빠르게 반응하는지를 나타내고, 하한 차단 주파수는 센서가 얼마나 느리게 반응하는지를 보여준다.

[그림 3-11(b)]는 상한 및 하한 차단 주파수를 모두 가지는 센서의 응답을 보여준다. 경험상 차단 주파수 f_{c}(상한 및 하한)와 1차 센서의 시정수 사이의 관계를 간단한 공식으로 나타내면 다음과 같다.

$$f_{\mathrm{c}} \approx \frac{0.159}{\tau} \tag{3.9}$$

특정 주파수에서의 위상 변화phase shift는 출력신호가 자극보다 얼마나 뒤처지는지를 보여준다([그림 3-11(a)] 참조). 위상 변화는 각도(°) 또는 라디안(rad)으로 측정되며 일반적으로 주기적 신호를 처리하는 센서에서 사용된다. 센서가 피드백 제어 시스템의 일부일 때 위상의 특성을 아는 것이 매우 중요하다. 위상 지연phase lag은 시스템의 위상 마진phase margin을 감소시키고 전반적으로 불안정성을 초래하기 때문이다.

2차 미분방정식은 두 개의 에너지 저장 구성 요소가 통합되어 있는 센서를 나타낸다. 입력 $s(t)$와 출력 $E(t)$ 사이의 관계는 다음의 미분방정식으로 나타낼 수 있다.

$$b_2 \frac{\mathrm{d}^2 E(t)}{\mathrm{d}t^2} + b_1 \frac{\mathrm{d}E(t)}{\mathrm{d}t} + b_0 E(t) = s(t) \tag{3.10}$$

2차 센서의 예로는 관성 질량inertial mass과 스프링이 통합된 가속도계가 있다. 응답에 주기적 신호가 포함된 센서의 경우 2차 응답 형태를 가진다. 이러한 주기적 응답은 짧게만 지속되어 감쇠damped되거나, 오랜 기간 동안 지속적으로 진동할 수 있다. 단, 대다수의 센서에서 지속적인 진동은 오작동이므로 가급적 피해야 한다.

임의의 2차 센서의 특성을 나타내기 위해서는 헤르츠(Hz) 또는 초당 라디안(rad/s)으로 표현되는 공진 주파수resonant frequency 또는 고유 주파수natural frequency가 사용된다. 고유 주파수는 자극이 증가하지 않아도 센서의 출력신호가 상당히 증가되는 동작 주파수를 의미한다. 센서의 출력이 2차 응답의 표준 곡선을 따르는 것처럼 작동하면, 제조업체는 센서의 고유 주파수와 감쇠비damping ratio를 명시한다. 공진 주파수는 검출기의 기계적, 열적, 전기적 특성과 관련이 있다. 일반적으로 센서의 동작 주파수 범위는 공진 주파수보다 최소 60% 이상 낮거나 높게 선택해야 한다. 그러나 일부 센서에서는 공진 주파수가 동작 지점인 경우도 있다. 예를 들어 유리 파손 감지기(보안 시스템에 사용됨)의 경우에는 유리가 파손될 때 발생되는 음향 스펙트럼(좁은 대역폭)에 대해서만 선택적으로 공진이 발생하여 센서가 동작하도록 만든다. [그림 3-12]는 다양한 차단 주파수를 가지는 센서의 응답을 보여준다.

감쇠damping는 1차 이상의 응답을 가지는 센서에서 진동을 점진적으로 감소시키거나 억제하는 것을 말한다. 센서의 응답이 빠르지만 오버슛overshot이 없는 경우에는 **임계감쇠 응답**critically damped response이라고 말한다([그림 3-13] 참조).

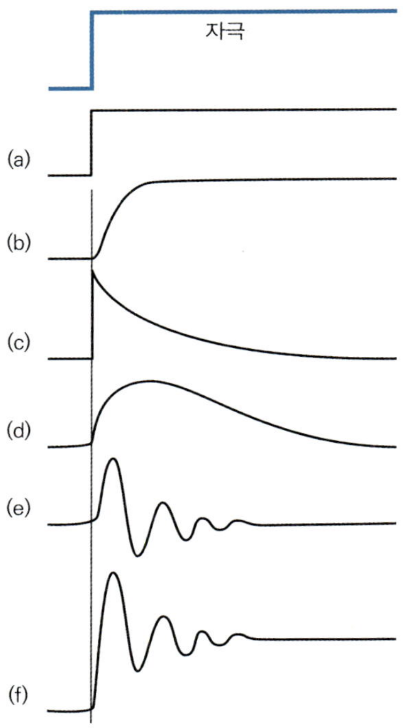

그림 3-12 (a) 상한 또는 하한 차단 주파수 제한이 없는 동적 응답 (b) 1차 상한 차단 주파수를 가지는 동적 응답 (c) 1차 하한 차단 주파수를 가지는 동적 응답 (d) 1차 상한 및 하한 차단 주파수를 가지는 동적 응답 (e) 좁은 대역폭에서의 공진 응답 (f) 넓은 대역폭에서의 공진 응답

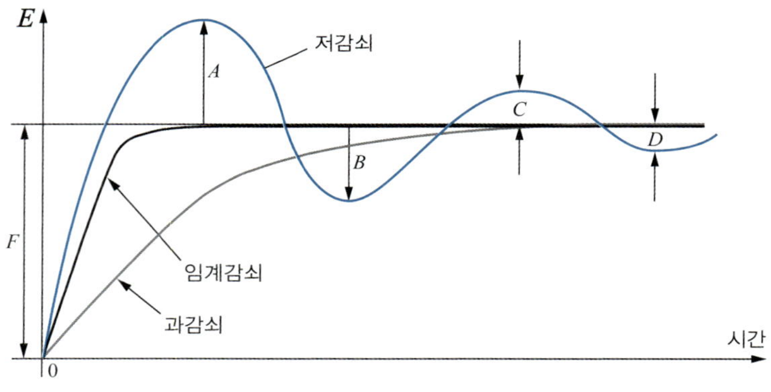

그림 3-13 센서의 다양한 감쇠 응답들

저감쇠 응답underdamped response은 오버슛이 발생하는 경우를 말하고, **과감쇠 응답**overdamped respsonse은 응답 속도가 임계감쇠 응답보다 느린 경우를 말한다. 감쇠비damping ratio는 2차 선형 센서에서 임계감쇠에 해당하는 실제 감쇠 지수를 나타내는 숫자이다. 예를 들어 센서의 댐핑은 유체(공기, 오일, 물)와 같이 점성이 있는 특성을 가진 특수 구성 요소(댐퍼)에 의해 발생할 수 있다.

진동 응답의 경우, [그림 3-13]과 같은 진동 응답에서 감쇠계수damping factor는 정상 상태값을 기준으로 연속된 한 쌍의 스윙에 대해 진폭의 비율로 다음과 같이 정의된다.

$$\text{감쇠계수} = \frac{F}{A} = \frac{A}{B} = \frac{B}{C} = \cdots \tag{3.11}$$

3.14 센서 요소들의 동적 모델

센서의 동적 응답을 결정하려면 입력에 가변 자극을 적용하여 출력값을 관찰해야 한다. 일반적으로 테스트 자극은 어떤 형태도 가능하며, 각 상황에 맞도록 구성하면 된다. 예를 들어 가속도계의 고유 주파수를 결정하는 경우에는 서로 다른 주파수의 정현파 진동이, 온도 탐침은 온도의 스텝함수step function가 바람직하다. 그 외에는 보통 스텝 또는 사각 펄스 입력자극이 테스트 자극으로 종종 사용된다. 그 이유는 스텝 또는 펄스가 이론적으로 무한한 주파수 스펙트럼을 갖기 때문이다. 즉 센서는 모든 주파수에서 동시에 테스트된다.

센서의 수학적 모델링은 센서의 성능을 평가하는 데 가장 적합한 도구이다. 모델링은 정적 응답 및 동적 응답을 모두 다룰 수 있다. 모델은 일반적으로 센서의 전달함수를 다루게 된다. 여기서는 일부 센서를 동적으로 평가하는 방법에 대해 간략히 설명하고자 한다.

동적 모델은 여러 가지의 독립변수들을 가질 수 있지만, 시간 변수는 반드시 포함된다. 이에 대한 결과 모델을 집중 파라미터 모델lumped parameter model이라고 한다.이 절에서는 몇 가지 간단한 집중 매개변수 센서 요소에 물리 법칙을 적용하여 수학적 모델들을 구성하는 방법을 설명하고자 한다. 먼저 분석을 하기 위해 센서를 간단한 요소로 구분하고, 각 요소를 별도로 고려하게 된다. 그리고 각 요소를 설명하는 방정식이 공식화되면 개별 요소들을 다시 결합하여 원래 센서의 수학적 모델을 생성할 수 있다. 동적 모델링을 간략히 살펴보도록 하자.

3.14.1 동적인 기계적 요소

동적인 기계적 요소는 스프링과 댐퍼가 부착된 질량 또는 관성으로 구성된다. 댐퍼는 점성이 있으며 직선 운동의 경우 유지력은 속도에 비례한다. 마찬가지로 회전 운동의 경우 유지력은 각속도에 비례한다. 또한 스프링 또는 샤프트에 의해 가해지는 힘 또는 토크는 일반적으로 변위에 비례한다. 다양한 기계적 요소와 관련된 식은 [표 3-4]에 요약되어 있다.

운동 방정식을 생성하는 가장 간단한 방법 중 하나는 각각의 질량 또는 관성을 분리하고, 이를 자유체free body로 간주하는 것이다. 그런 다음 각 자유체가 평형 위치에서 변위되고, 힘 또는 토크에 의해 다시 평형 위치로 돌아간다고 가정한다. 그런 다음 뉴턴의 운동 제2법칙을 각 자유체에 적용하여 필요한 운동 방정식을 도출할 수 있다.

표 3-4 기계적, 열적, 전기적 부품 요소

기계적 요소	열적 요소	전기적 요소	
질량 M	커패시턴스 C	인덕터 L	커패시터
$F = M\dfrac{\mathrm{d}(v)}{dt}$	$Q = C\dfrac{\mathrm{d}T}{\mathrm{d}t}$	$V = L\dfrac{\mathrm{d}i}{\mathrm{d}t}$	$i = C\dfrac{\mathrm{d}V}{\mathrm{d}t}$
스프링 k	커패시턴스 C	커패시터 C	인덕터 L
$F = k\int v\mathrm{d}t$	$T = \dfrac{1}{C}\int Q\mathrm{d}t$	$V = \dfrac{1}{C}\int i\,\mathrm{d}t$	$i = \dfrac{1}{L}\int V\mathrm{d}t$
댐퍼 b	저항 R	레지스터 R	레지스터 R
$F = bv$	$Q = \dfrac{1}{R}(T_2 - T_1)$	$V = Ri$	$i = \dfrac{1}{R}V$

직선 시스템의 경우 뉴턴의 제2법칙은 힘의 합이 질량에 가속도를 곱한 것과 같다고 말한다. SI 단위계에서 힘은 뉴턴(N), 질량(kg), 가속도($\mathrm{m/s^2}$)로 측정된다. 회전 시스템의 경우 뉴턴의 법칙은 모멘트의 합이 관성 모멘트moment of inertia에 각가속도angular acceleration를 곱한 값과 같다고 말한다. 모멘트 또는 토크의 단위는 뉴턴 미터(Nm), 관성 단위는 제곱미터당 킬로그램($\mathrm{kg/m^2}$), 각가속도 단위는 제곱초당 라디안($\mathrm{rad/s^2}$)이다. 선형 가속도계linear accelerometer의 상세한 수학적 모델은 9.3.1절에서 다루고자 한다.

3.14.2 열적 요소

열적 요소thermal elements에는 방열판, 난방 및 냉장 요소, 절연체, 열반사기, 흡수기와 같은 구성 요소가 있다. 열을 다룰 때는 전체 시스템의 모든 구성 요소들을 고려해야 한다. 즉 하우징housing 및 장착mounitng 요소를 통한 열전도, 공기 대류, 다른 물체와의 복사 열 교환을 무시해서는 안 된다(17.1절 참조).

열은 전도conduction, 자연 및 강제 대류convection, 열복사thermal radiation의 세 가지 메커니즘에 의해 전달될 수 있다(4.12절 참조). 단순한 집중 파라미터 모델의 경우 열역학 제1법칙을 사용하여 센서 본체의 온도 변화를 결정할 수 있다. 본체 내부 에너지internal energy의 변화율은 유체가 파이프를 통해 탱크 안팎으로 이동하는 것과 유사하게, 본체로 유입되는 열 흐름에서 나오는 열의 흐름을 뺀 것과 같다. 이러한 열의 흐름과 온도 사이의 관계는 다음과 같이 표현될 수 있다.

$$C\frac{\mathrm{d}T}{\mathrm{d}t} = \Delta Q \tag{3.12}$$

C는 본체의 열용량(J/K)이며, T는 본체의 온도(K), ΔQ는 열유량(W)이다. 이때 $C = Mc$로 M은 본체의 질량(kg)이며, c는 물질의 비열(J/kg · K)이다. 본체를 통한 열 흐름 속도는 열저항thermal resistance의 함수이다. 열유량은 일반적으로 선형이며 다음과 같이 나타낼 수 있다.

$$\Delta Q = \frac{T_1 - T_2}{r} \tag{3.13}$$

여기서 r 은 열저항(K/W)이고, $T_1 - T_2$는 열전도를 고려하고 있는 요소 간의 온도 차이를 뜻한다. 더 자세한 설명을 위해 온도가 T_h인 [그림 3-14]의 발열체를 분석해보자.

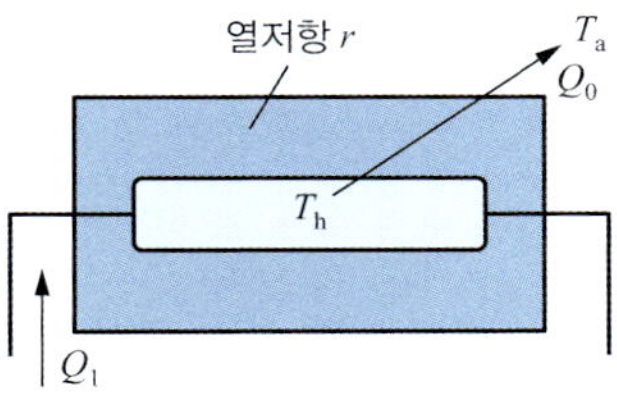

그림 3-14 열적 요소의 열 모델

발열체는 열저항 r 을 가지는 단열재로 코팅되어 있다. 주변 공기의 온도는 T_a이다. 값 Q_1은 발열체에 대한 열 공급율rate of heat supply이고, Q_0는 열 손실율rate of heat loss이다.

식 (3.12)를 통해 다음 식을 얻을 수 있다.

$$C\frac{\mathrm{d}T_h}{\mathrm{d}t} = Q_1 - Q_0 \tag{3.14}$$

다음으로 식 (3.13)을 통해

$$Q_0 = \frac{T_h - T_a}{r} \tag{3.15}$$

임을 알 수가 있으며, 다음의 미분방정식을 얻을 수 있다.

$$\frac{\mathrm{d}T_h}{\mathrm{d}t} + \frac{T_h}{rC} = \frac{Q_1}{C} + \frac{T_a}{rC} \tag{3.16}$$

식 (3.16)은 열 시스템에서 일반적으로 쓰는 1차 미분방정식이다. 피드백 루프가 있는 제어 시스템의 일부가 아니라면, 열적 요소는 본질적으로 안정적이라고 볼 수 있다. 단순 열적 요소의 응답은 열용량과 열저항의 곱인 열 시정수thermal time constant로 특성화될 수 있다($\tau_T = Cr$). 열 시정수는 시간 단위로 측정되며, 수동 냉각 요소의 경우 초기 온도 기울기의 약 63%에 도달하는 데 걸리는 시간과 같다.

3.14.3 전기적 요소

전기적 요소로는 커패시터, 인덕터, 저항이 있다. 이 요소들을 지배하는 식은 [표 3-4]에 나와 있다. 이상적인 요소의 경우 센서의 동작을 설명하는 방정식은 에너지 보존 법칙에 해당하는 키르히호프의 법칙Kirchhoff's law에서 얻을 수 있다.

[그림 3-15]에 표시된 회로를 요소로 가지는 센서가 있다고 가정해보자. 회로 방정식을 찾기 위해 키르히호프의 전류법칙이라고도 불리는 키르히호프의 제1법칙을 사용해보도록 하자.

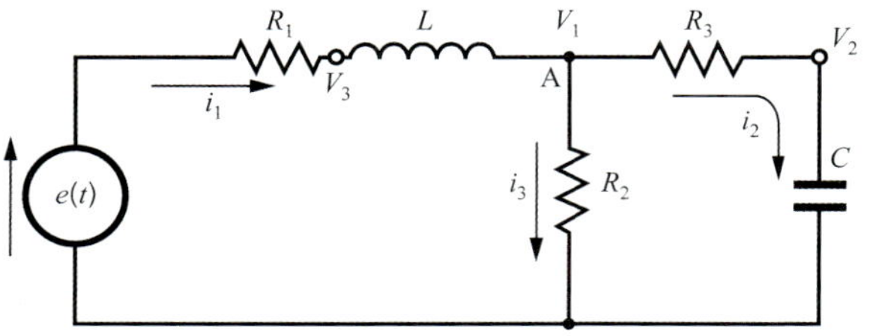

그림 3-15 저항성, 용량성, 유도성 구성 요소가 있는 전기회로도

노드 A에 대해 키르히호프의 전류법칙을 적용하면 다음과 같다.

$$i_1 - i_2 - i_3 = 0 \tag{3.17}$$

또한 각각의 전류는 다음과 같다.

$$i_1 = \frac{e - V_3}{R_1} = \frac{1}{L}\int (V_3 - V_1)\mathrm{d}t$$

$$i_2 = \frac{V_1 - V_2}{R_3} = C\frac{\mathrm{d}V_2}{\mathrm{d}t} \tag{3.18}$$

$$i_3 = \frac{V_1}{R_2}$$

각 전류들을 식 (3.17)에 대입하면 다음과 같다.

$$\frac{V_3}{R_1} + \frac{V_1 - V_2}{R_3} + 2\frac{V_1}{R_2} + C\frac{\mathrm{d}V_2}{\mathrm{d}t} - \frac{1}{L}\int (V_3 - V_1)\mathrm{d}t = \frac{e}{R_1} \tag{3.19}$$

식 (3.19)에서 e/R_1은 인가된 입력에 해당하고, 측정 가능한 출력은 V_1, V_2, V_3이다. 이 방정식을 생성하려면 3개의 변수 i_1, i_2, i_3를 지정하고 식 (3.18)과 같이 3개의 식을 도출해야 한다. 식 (3.17)을 통해 3개의 식을 단일 표현식으로 압축할 수 있다. 참고로 식 (3.19)의 각 항은 전류 단위(암페어, A)를 가진다.

이 절에서 우리는 기계, 열, 전기적 요소들을 독립적으로 살펴보았다. 그러나 이러한 시스템의 동적 동작은 서로 유사하다. 예를 들어 기계적 요소 또는 열적 구성 요소를 가져와 등가 전기회로로 변환하고 키르히호프의 법칙을 사용하여 회로를 분석할 수 있다.

[표 3-4]는 지배 방정식과 함께 기계적, 열적, 전기적 회로에 대한 다양한 집중 파라미터들을 정리한 것이다. 기계적 부품에는 뉴턴의 제2법칙이 사용되었고, 열적 부품에는 뉴턴의 냉각 법칙이 적용되었다. 첫 번째 열에는 선형 기계적 요소와 힘(F)에 대한 방정식이 있고, 두 번째 열에는 선형 열적 요소와 열(Q)에 대한 방정식이 있다. 그리고 세 번째 및 네 번째 열에는 전압 및 전류(V 및 i) 측면에서 전기적 유사성(커패시터, 인덕터 및 저항)을 가지고 있다. 이러한 비유는 센서를 실제 평가하거나 물체 및 환경과의 기계적 또는 열적 인터페이스를 분석할 때 매우 유용하다.

3.15 환경적 요인

모든 센서는 동작 중이거나 비작동(보관) 중인 모든 경우에 다양한 환경적 영향을 받는다. 일반적으로 센서의 성능에 영향을 미칠 수 있는 모든 환경적 요인은 제조업체에서 지정하게 된다.

보관 조건은 정상 조건에서의 성능이 변화되지 않도록 하는, 즉 비작동으로 보관되는 조건을 말한다. 중요한 보관 조건으로는 온도와 상대습도가 있다. 센서의 특성에 따라 특정한 조건들을 고려해야 되는 경우도 있다. 예를 들어 최대 압력, 일부 가스의 존재 또는 오염 가스 등이 있다.

단기 및 장기적인 안정성(드리프트)은 정확도 사양의 일부이다. 단기적 안정성은 몇 분, 몇 시간 또는 심지어 며칠 이내에 센서 성능의 변화로 나타난다. 이러한 드리프트는 양방향이므로 반복성을 표현하는 또 다른 방법에 해당한다. 즉 센서의 출력신호는 증가하거나 감소할 수 있으며, 이는 다른 용어로 초저주파 노이즈ultralow frequency noise라고 한다.

장기적인 안정성(노화)은 센서 재료의 열화와 관련 있으며, 이는 재료의 전기적, 기계적, 화학적, 열적 특성의 돌이킬 수 없는 변화에 해당한다. 장기적인 안전성은 대개 단방향이며 몇 개월, 몇 년과 같이 비교적 오랜 기간에 걸쳐 발생한다. 정밀 측정에 사용되는 센서는 이러한 장기적인 안정성이 매우 중요하다. 노화는 환경 보관 및 동작 조건부 센서의 구성 요소가 환경으로부터 얼마나 잘 격리되는지, 그리고 제조에 사용되는 재료는 무엇인지에 따라 크게 달라진다. 노화 현상은 보통 유기 성분을 가진 센서에서 발생하며 일반적으로 비유기 물질로만 만들어진 센서에는 큰 문제가 되지 않는다. 예를 들어 유리 코팅된 금속 산화물 서미스터는 에폭시 코팅된 서미스터에 비해 훨씬 더 장기적인 안정성을 나타낸다.

장기적인 안정성을 개선하기 위한 효과적인 방법은 극한 조건에서 센서를 사전 에이징pre-age하는 것이다. 극한 조건은 최저 조건과 최고 조건을 왔다갔다 하면서 만들 수 있다. 예를 들어 센서는 주기적으로 저온에서 고온을 반복할 수 있는데 이렇게 가속화된 노화는 센서 특성의 안정성을 향상시킬 뿐만 아니라 사전 에이징 프로세스에서 숨겨져 있던 결함이 드러나므로 신뢰성도 향상된다. 예를 들어 서미스터를 제품에 교정 및 설치하기 전에 한 달 동안 +150 ℃ 에서 사전 에이징을 하면 서미스터의 안정성이 크게 향상될 수 있다.

정상 동작하는 센서가 겪는 환경 조건에 센서가 측정하는 변수는 포함되지 않는다. 예를 들어 기압센서는 기압뿐만 아니라 공기 온도, 습도, 진동, 전리 방사선, 전자기장, 중력 등의 환경 조건들을 가진다. 이러한 환경 조건들은 센서의 성능에 영향을 미치므로 이들의 정적 및 동적 변화를 모두 고려해야 한다. 일부 환경 조건은 일반적으로 곱셈 증가 특성multiplicative nature을 가진다. 즉 센서의 전달함수(예 : 감도 변경)를 변경하게 된다. 예를 들어 온도에 따라 감도가 증가하는 스트레인 게이지strain gauge가 있다.

환경 안정성은 매우 중요한 요건이다. 센서 설계자와 애플리케이션 엔지니어는 센서의 성능에 영향을 미칠 수 있는 모든 가능한 외부 요인을 고려해야만 한다.

예를 들어 주변 온도의 갑작스러운 변화, 정전기 방전, 마찰 전기 효과, 연결 케이블의 진동, 전자기 간섭Electro Magnetic Interference, EMI 등의 영향을 받으면 스퓨리어스 신호spurious signal를 생성하는 압전 가속도계piezoelectric accelerometer를 생각해보자. 제조업체가 명시하지 않은 경우에도 애플리케이션 엔지니어는 제품을 프로토타입 단계에서 시뮬레이션해야 한다. 실제로 환경적 요인이 센서의 성능을 저하시키는 경우에는 추가로 조치가 필요할 수 있다(6.7절 참조). 예를 들어 센서를 보호용 외관protective enclosure 내에 배치하거나 전기 차폐, 단열 또는 온도 조절 장치를 사용하고 차동 설계differential design를 사용해야 할 수 있다.

온도 영향은 반드시 고려되어야 한다. 동작온도 범위는 센서가 지정된 정확도를 유지하는 상한 및 하한 극단(예 : −20 ~ +150℃)으로 지정되는 주변 온도 범위를 말한다. 많은 센서 특성이 온도에 따라 변하고, 전달함수가 크게 변할 수 있다. 온도 오류를 보상하기 위해 특수 보상 요소compensating elements가 종종 센서 또는 신호 조절 회로에 직접 통합되기도 한다. 열 효과의 허용오차를 지정하는 가장 간단한 방법은 오류 대역error band 개념을 도입하는 것이다. 온도 대역은 섹션으로 나눌 수 있으며 오류 대역은 각 섹션에 대해 별도로 지정된다. 예를 들어 센서는 0 ~ 50°C 범위에서 ±0.1%의 정확도를 가지며 −20 ~ 0℃에서 ±2%, +50 ~ 100℃에서 ±3%의 정확도를 갖도록 지정될 수 있다.

특히 점성 감쇠viscous damping를 사용할 경우 온도는 동적 특성에 영향을 미친다. 상대적으로 빠른 온도 변화로 인해 센서가 범위에서 벗어난 출력신호를 생성할 수 있다. 예를 들어 적외선 동작 감지기의 이중 초전도 센서dual pyroelectric sensor는 천천히 변화하는 주변 온도에는 거의 반응하지 않는다. 그러나 온도가 빠르게 변하면 센서가 전류를 생성하여 신호 처리 회로에서 유효한 응답으로 인식할 수 있으므로 감지 오류가 발생할 수 있다.

여기신호가 센서에 의해 흡수되고, 정확도에 영향을 미칠 수 있을 정도로 온도가 변할 때는 **자체 발열 오류**self-heating error에 유의해야 한다. 예를 들어 서미스터 온도 센서는 전류의 흐름을 필요로 하므로 센서 본체 내에서 열이 발생한다. 환경과의 커플링[5]이 좋지 않으면 자체 발열 효과로 인해 센서의 온도가 크게 상승하여 오차가 발생한다. 환경과의 결합은 센서가 동작하는 환경 매개체(건식 접촉, 액체, 공기 등)에 따라 달라진다. 최악의 열적 결합은 정체된 공기를 통한 것일 수 있다. 서미스터의 경우 제조업체는 종종 공기, 교반 액체stirred liquid 또는 기타 매개체의 자체 발열 오차를 지정한다. 저항 센서의 주변 온도 상승은 다음 식으로 나타낼 수 있다.

$$\Delta t^{\circ} = \frac{V}{R(\xi vc + \alpha)} \tag{3.20}$$

여기서 ξ는 센서의 질량 밀도, c는 비열, v는 센서의 체적, α는 센서와 외부 간의 열결합 계수coefficient of thermal coupling, R은 센서의 전기 저항, V는 저항을 가로지르는 유효 정전압이다. 자체 발열로 인해 오차가 발생하면 식 (3.20)이 설계 지침으로 사용될 수 있다. 예를 들어 α를 높이려면 접촉 면적을 늘리거나 열전도성 그리스grease를 바르거나 열전도성 접착제를 사용하여 서미스터를 물체에 잘 결합해야 한다.

5 커플링이 좋다는 것은 주변 환경과 서로 영향을 잘 주고받을 수 있음을 의미한다(여기서는 열을 서로 잘 주고받을 수 있음을 의미).

또한 주변 온도의 상승을 줄이기 위해서는 더 높은 저항(R)을 가지고, 더 작은 측정 전압(V)을 이용하는 것이 좋다.

3.16 신뢰성

신뢰성은 제품(예 : 센서)이 명시된 기간 및 조건에서 필요한 기능을 안정적으로 수행할 수 있는 능력을 말한다. 신뢰성은 지정된 기간 또는 여러 번 사용하는 동안 제품이 고장 없이 동작할 통계적 확률로 나타낼 수 있다. 즉 센서는 일시적 또는 영구적 고장과 관련이 있다. 신뢰성은 중요한 요구 사항이지만, 센서 제조업체에서 지정하는 경우는 거의 없다. 그 이유는 아마도 센서 신뢰성에 대해 일반적으로 인정되는 측정값이 없기 때문일 것이다.

3.16.1 평균 무고장 시간

수리 가능한 전자 장치의 경우 신뢰성을 예측하는 방법으로 MIL-HDBK-217 표준[3]에 설명되어 있는 **평균 무고장 시간**Mean Time Between Failures, MTBF이 있다. 일반적으로 센서는 수리할 수 없는 장치로 고장나면 수리가 아니라 교체를 해야만 한다. 따라서 센서는 평균 고장 시간Mean Time To Failure, MTTF을 사용하는 게 더욱 편리하다. MTTF는 장치의 신뢰성을 결정하며 다음과 같이 계산된다.

$$\text{평균 고장 시간} = \frac{1}{n}\sum_{i}(t_{fi} - t_{0i}) \tag{3.21}$$

여기서 t_0는 테스트 시작 시간, t_f는 실패 시간, n은 총 장치 개수, i는 장치 넘버이다. 즉 테스트한 각 장치는 고장(복구 가능 또는 치명적인) 상태가 될 때까지 실행되고, 고장이 발생할 때까지의 평균 작업 시간이 계산된다. MTTF 테스트는 극한extreme 동작 조건에서 수행해야 한다.

3.16.2 극한 테스트

극한 조건에서 테스트한 후 장치의 신뢰성을 유추할 수 있다. 한 가지 접근 방식(MIL-STD-883 [4]에서 제안)은 최대 온도에서 1,000시간을 테스트하는 것이다. 그러나 이 테스트는 급격한 온도 변화나 습도, 전리 방사선, 충격 및 진동 등과 같은 기타 여러 요인을 평가하지는 못한다. 극한적인 테스트는 센서 설계 단계에서 숨겨진 문제를 발견하는 데 특히 유용하다. 극한적인 테스트를 하는 동안 잠재되어 있던 결함이나 성능 변화가 유발된다. 이러한 문제를 드러낼 수 있는 추가 테스트는 다음과 같다. 먼저 전원이 완전히 공급된 상황에서의 고온/고습도 방법이 있다. 예를 들어 센서는 85 ~ 90% 상대습도(RH)에서 500시간 동안 최대 허용 온도에 노출될 수 있다. 이 테스트는 오염을 감지하고 패키징 무결성integrity을 평가하는 데 매우 유용하다. 85℃ 및 85% RH에서 고장이 잘 발생하기 때문에 이 테스트를 '85 - 85 테스트(온도 - 습도 바이어스)'라고도 한다.

다음은 기계적 충격 및 진동도를 이용한 방법이다. 특히 와이어 본드, 에폭시 접착 등을 평가할 경우 불리한 환경 조건을 시뮬레이션하는 데 사용될 수 있다. 높은 수준의 가속을 생성하기 위해 최대 3,000 g 의 힘으로 센서를 떨어뜨릴 수 있으며, 고조파harmonic 진동이 고유 주파수를 포함하는 범위에 걸쳐 센서에 적용될 수 있다.

+100 ℃ 및 −40 ℃ 에서 최소 1,000시간 동안 센서를 유지하면서 극한의 보관 조건을 시뮬레이션할 수도 있다. 이 테스트는 보관 및 배송 조건을 시뮬레이션하는 것으로 동작 중이지 않은 센서를 테스트한다. 다만, 온도 상한 및 하한은 센서의 물리적 특성과 일치해야 한다. 예를 들어 과거에 필립스 사에서 제조한 TGS 초전기 센서pyroelectric sensor는 퀴리온도가 +60 ℃ 인 특징을 갖는다. 이 온도에 근접되거나 초과하게 되면 센서 감도가 영구적으로 손상되었다. 따라서 이러한 센서는 +50 ℃ 를 초과해서는 안 되며, 포장재에 반드시 명시되어 있어야 한다.

열 충격 또는 온도 사이클Temperature Cycling, TC은 또 다른 극한 조건에 해당한다. 예를 들어 40 ℃ 에서 30분 동안 머물렀다가, 30분 동안 +100 ℃ 로 빠르게 이동했다가 다시 저온으로 돌아갈 수 있다. 이 방법은 100회 또는 1,000회와 같이 총 사이클 수를 지정해야 한다. 이 테스트는 다이 본드, 와이어 본드, 에폭시 연결 및 패키징 무결성integrity을 파악하는 데 도움이 된다.

마지막으로 바다의 상태(해황)를 시뮬레이션하기 위해 센서는 지정된 시간(예 : 24시간) 동안 염수 분무 대기에 노출될 수 있다. 이는 부식 및 구조적 결함에 대한 내성을 밝히는 데 도움이 된다.

3.16.3 가속 수명 테스트

또 다른 중요한 신뢰도 평가 테스트로는 가속 수명Accelerated Life, AL 품질이 있다. 센서의 동작을 모방하여 실제 스트레스를 테스트하지만, 몇 년을 몇 주로 단축할 수 있다. 이러한 테스트에는 세 가지 목표가 있다. 바로 MTTF를 확립하는 것과 설계 변경으로 해결할 수 있는 첫 번째 고장 발생 지점을 식별하는 것, 그리고 전체 시스템의 실제 수명을 알아내는 것이다.

▪ 환경 가속

시간을 단축하는 방법 한 가지는 최대의 부하load 및 전원 사이클power on&off cycle을 포함하여 실제 동작 사이클과 동일한 프로필을 사용하되, 최고 및 최저 범위(온도, 습도 및 압력)로 동작 환경을 확장하는 것이다. 최고 및 최저 한계는 정상 동작 조건보다 상당히 넓어야 한다. 이 경우 성능 특성이 사양을 벗어날 수 있지만 장치가 지정된 동작 범위로 돌아왔을 때는 정상적인 성능으로 되돌아가야 한다. 예를 들어 가능한 최대 공급 전압이 +15 V , 최대 상대습도가 85 %, 최고 온도가 50 ℃ 라고 스펙이 명시된 센서를 살펴보자. 이 경우 99 ℃ RH 에서 최대 100 ℃ 에서 +18 V (단 최대 허용 전압보다는 낮은 전압임)의 전원 공급 장치를 통해 사이클을 돌릴 수 있다. 테스트 사이클 수(n)를 추정할 때 선드스트랜드 사Sundstrand Corporation 및 IL과 인터포인트 사IL and Interpoint Corporation [1]에서 개발한 다음 실험식이 유용할 수 있다.

$$n = N\left(\frac{\Delta T_{max}}{\Delta T_{test}}\right)^{2.5} \tag{3.22}$$

여기서 N 은 수명 기간 동안 예상되는 사이클 수이고, ΔT_{max} 는 지정된 최대 온도 변화이며, ΔT_{test} 는 사이클 테스트 중에 변하는 최대 온도이다. 예를 들어 상온이 25℃ 인 경우 지정된 최대 온도는 50℃ 이고, 사이클링 중에는 최대 100℃ 이며, 수명(예 : 10년) 동안 센서는 20,000 사이클을 받는 것으로 추정된다고 하자. 이때 필요한 테스트 사이클 수는 다음과 같이 계산할 수 있다.

$$n = 20{,}000 \times \left(\frac{50-25}{100-25}\right)^{2.5} = 1{,}283 \tag{3.23}$$

결과적으로 가속 수명 테스트에는 20,000 사이클 대신, 약 1,300 사이클이 필요하다. 위의 식에서 지수 2.5는 땜납 피로 배수solder fatigue multiple에서 파생된 값이다. 일부 센서는 납땜 연결이 전혀 없을 수도 있고, 일부 센서에는 전기 전도성 에폭시와 같이 납땜보다 사이클링 물질에 훨씬 더 민감한 구성 요소가 있을 수도 있다. 그런 경우 지수를 다소 작게 선택할 필요가 있다. AL 테스트의 결과, 신뢰성은 고장 확률로 표현된다. 예를 들어 센서 100개 중 2개(예상 수명 10년)가 AL 테스트에 실패한 경우 10년 동안 신뢰성은 98%로 지정된다. 가속 수명 테스트 및 가속 노화에 대한 더 나은 이해를 위해서는 참고문헌 [5]를 참조하기 바란다. 제조업체는 짧은 시간에 최소한의 비용으로 최대의 신뢰성 정보를 얻는 것이 주요 목표이다. 일반적인 센서의 수명이 수십만 시간인데 고장을 기다리는 것은 비현실적이다. 따라서 센서 생산 과정에서 가속화된 테스트는 생산에서 필수적이자 강력한 수단이다.

■ 가속 수명 시험

R&D 과정에서 잠재적인 문제를 발견하기 위해 현재 가속 수명 시험Highly Accelerated Life Testing, HALT[6]이 널리 사용되고 있다. 이 테스트에서는 입력과 출력만 다루게 되므로 내부의 구조나 기능은 관심사가 아니기 때문에 센서는 블랙박스[6]로 간주된다. HALT는 제품의 신뢰성 약점을 확인하거나 신뢰성 한계를 평가하고 필드 고장field failures을 일으킬 수 있는 높은 스트레스(반드시 기계적일 필요는 없으며 예상되는 필드 스트레스로 제한되지는 않음)를 적용하여 제품을 견고하게 만든다. HALT는 조건이 변화하는 스트레스, 빠른 열 변화, 기타 시간과 비용을 절약할 수 있는 테스트 수단을 포함한다. HALT는 때때로 '발견 테스트discovery test'라고도 한다. 이는 제품 제조 및 신뢰성 보장에 필수적인 합격/불합격의 품질 테스트Qualification Test, QT는 아니다.

HALT는 지정된 동작 한계를 다소 초과하는 스트레스와 자극을 바탕으로 테스트-고장-수리 프로세스를 통해 제품의 견고성robustness을 개선할 수 있다고 입증되어 있다. 단, 어느 정도 초과되는 스트레스와 자극을 주느냐는 계산보다는 직관에 근거하고 있다. 또한 HALT는 다양한 고장의 원인을 신속하게 식별할 수 있는 것으로도 알려져 있다.

6 자세한 내용은 2.1절을 참고하라.

■ 고장 지향 가속 시험

비용 측면에서 효율적인 고장 지향 가속 시험Failure-Oriented Accelerated Testing, FOAT이 HALT에 추가되어 수행될 수 있다.[7] HALT와 달리 FOAT는 센서 내부의 실제 물리적 또는 화학적 효과와 관련이 있다. 테스트는 전달함수의 이론적 모델과 분석적으로 또는 수치적으로 모델링할 수 있는 기타 속성을 기반으로 한다.

FOAT의 목표는 특정 예측 모델(예 : 아레니우스Arrhenius 모델)을 사용하여 HALT를 수행한 후 실제 고정 메커니즘을 확인하고 나서 수치적 특성(활성화 에너지, 시정 수, 민감도 요인 등)을 설정하고 설계를 개선하는 것이다. FOAT 모델을 사용하면 고장을 예측할 수 있다. 명백하게 중요한 가정은 모델이 실제 동일 동작 조건에서만 유효하다는 것이다. 따라서 HALT는 장치의 신뢰성을 대략적으로 조정하는 데 사용할 수 있는 반면에 FOAT는 미세한 조정이 필요할 때마다 사용해야 한다. FOAT 및 HALT는 개별적으로 수행되거나 특정 가속 테스트 작업에서 부분적으로 결합되기도 한다.

고장을 예측하는 몇 가지 유용한 방법은 최근에 제안된 다중 파라미터Boltzmann-Arrhenius-Zhurkov, BAZ 모델[8]을 기반으로 수행될 수 있다. 이 모델은 장치의 신뢰성이 FOAT를 기반으로 하고 있으며 제품의 고장 가능성을 예측하는 것을 목표로 한다고 가정한다.

3.17 애플리케이션 특성

디자인, 무게 및 전체 치수는 응용 분야에 따라 달라진다. 특히 모바일 장치에 사용되는 센서들은 전체적인 크기와 전력 소비에 대해 특별한 사항을 요구한다. 모바일 장치의 센서들은 크기가 매우 작아야 하고, 소비 전력은 일반적으로 10 mW를 초과하면 안 된다.

센서의 신뢰성과 정확성이 가격보다 더 중요한 경우가 있다. 예를 들어 센서가 생명 유지 장치, 무기, 우주선과 같은 애플리케이션으로 사용될 때는 정확성과 신뢰성이 보장되기만 한다면 가격이 높은 것은 문제가 되지 않는다. 반면에 모바일 통신 장치들과 같이 광범위한 소비자 애플리케이션의 경우 센서 또는 감지 모듈의 가격이 설계의 중요한 결정 요소가 될 수 있다.

3.18 불확도

적어도 우리가 인식하는 내에서 이 세상에 완벽한 것은 없다. 모든 자료는 우리가 생각하는 것과 정확히 일치하지 않는다. 우리가 가장 순수한 물질이라고 생각하는 것은 항상 근삿값일 뿐이다. 기계는 완벽하지 않으며, 도면에 따라 완벽하게 동일한 부품을 생산하지는 못한다. 모든 구성 요소는 환경 및 노화와 관련된 드리프트drift를 경험하게 된다. 외부 간섭이 시스템에 유입되어 성능을 변경하고 출력신호를 변경할 수도 있다. 보통 작업자의 행동 및 판단으로 계속 바뀌며 인간의 비이상적 요소는 거의 항상 존재하기 마련이다. 제조업체는 공정의 균일성uniformity 및 일관성을 위해 끝없는 싸움을 벌이고 있지만, 현실은 생산되는 모든 부품이 결코 이상적이지 않고 그 특성에 대한 불확도uncertainty를 지니고 있다.

모든 측정 시스템은 센서를 포함하여 많은 부품으로 구성된다. 따라서 측정이 아무리 정확하게 이루어지더라도 자극 또는 측정량의 근삿값 또는 추정값일 뿐이다. 측정 결과는 불확도에 대한 정량적인 값이 함께 제시될 경우에만 완전한 것으로 간주되어야 하며 그 전까지는 측정값을 100% 확신할 수 없다.

실제 조건에서 개별 측정(샘플)을 수행할 때, 자극 s 는 센서에 의해 약간 다른 값 s'을 갖는 것으로 표시되므로 측정 오차는 다음과 같이 표현된다.

$$\delta = s' - s \tag{3.24}$$

식 (3.24)에 지정된 오차와 불확도는 항상 명확하게 구분하여 이해해야 한다. 오차는 체계적인 구성 요소를 수정하여 어느 정도 보정할 수 있다. 수정을 하게 되면 알 수 없는 자극의 실제값에 매우 근접할 수 있어 오차가 줄어든다. 그러나 작은 오차에도 불구하고 오차가 실제로 그렇게 작다고 믿을 수 없기 때문에 측정의 불확도는 매우 클 수 있다. 오차는 측정할 때 우리가 알지 못하는 사이에 포함되어지는 것이며, 불확도는 그 크기가 얼마나 클 수 있는가를 의미한다. [9]

국제 무게 측정 위원회International Committee for Weights and Measures, CIPM는 불확도의 많은 요소들이 두 가지 유형으로 분류될 수 있다고 생각한다. [10~11]

먼저 유형 A는 통계적 방법으로 평가되는 것이며, 유형 B는 그 외 다른 방법으로 평가되는 것이다. 이러한 구분은 대개 명확하지 않으며 A와 B의 경계선에 다소 오해의 소지가 있다. 일반적으로 유형 A는 무작위 효과random effects에서 발생하지만 유형 B는 계통적 효과systematic effects에서 발생한다.

유형 A의 불확실성은 일반적으로 표준 편차standard deviation [7] σ_i와 관련한 자유도degree of freedom ν_i에 의해 지정된다. 그러한 구성 요소의 표준 불확도standard uncertainty는 $u_i = \sigma_i$이다. 표준 불확도는 측정 결과의 총 불확도에 기여하는 불확실도의 각 성분을 나타낸다. 유형 A의 표준 불확도의 평가는 데이터를 처리하는 유효한 통계적 방법을 기반으로 할 수 있다. 우선 예제에서는 최소 제곱법method of least squares을 사용하여 일련의 독립 관측치의 평균에 대한 표준 편차를 계산한다. 특히 측정 상황이 복잡할 때에는 통계학자의 지도를 받는 것을 고려할 필요가 있다. 표준 불확도[8]의 유형 B는 이용할 수 있는 모든 정보를 사용한 과학적 판단에 기초하여 평가된다. 이러한 정보는 다음과 같다. [12]

- 이전 측정 데이터
- 관련 센서, 재료 및 계측기의 동작 및 특성에 대한 일반적인 지식 또는 경험
- 제조업체의 사양
- 교정 또는 기타 레포트를 통해 얻은 데이터
- 핸드북 및 매뉴얼에서 가져온 참조 데이터로 지정된 불확도

7 이는 통계적으로 추정된 분산의 양의 제곱근과 동일하다.

8 표준 불확도의 평가 및 지정에 대한 자세한 지침은 3장의 참고문헌 [12]를 참조하기 바란다.

A와 B의 불확도를 평가할 때는 두 개의 불확도를 결합하여 표준 불확도를 나타내야 한다. 이는 표준 편차를 조합하는 기존 방법을 사용하여 수행할 수 있다. 이 방법은 종종 불확도 전파의 법칙law of propagation of uncertainty이라고 불리며, 표준 편차로 추정된 불확도 요소를 결합하여 다음과 같이 제곱합 근법Root Sum of Square, RSS으로도 나타낼 수 있다.

$$u_c = \sqrt{u_1^2 + u_2^2 + \cdots + u_i^2 + \cdots + u_n^2} \tag{3.25}$$

여기서 n은 관련한 불확도의 개수이다. [표 3-5]는 수조 온도를 측정하는 서미스터 센서가 장착된 전자 온도계에 대한 불확도 계산의 예를 보여준다.

표 3-5 서미스터 온도계의 불확도

불확실성 인자	표준 불확도 (℃)	유형
센서 교정		
기준 온도 소스	0.03	A
기준과 센서의 커플링	0.02	A
측정 오차		
반복된 관찰	0.02	A
센서 고유 노이즈	0.01	A
증폭기 노이즈	0.005	A
DVM 오차	0.005	A
센서 노화	0.025	B
연결선을 통한 열 손실	0.015	A
센서의 관성으로 인한 동적 오차	0.005	B
전달된 노이즈	0.02	A
전달함수의 부적합	0.02	B
주변 안전성		
전압 기준	0.01	A
브리지 저항	0.01	A
A/D 커패시터에서의 유전체 흡수	0.005	B
디지털 분해능	0.01	A
결합된 표준 불확도	**0.062**	

이러한 표를 작성하는 동안 센서뿐만 아니라 인터페이스 기기, 실험 설정 및 측정 대상이 가지는 표준 불확도에도 주의해야 한다. 또한 온도, 습도, 대기 압력, 전원 공급 장치 변화, 전달되는 소음, 노화, 기타 많은 요인을 포함하여 다양한 환경 조건을 고려해야 한다.

아무리 정확하게 측정했더라도 측정된 온도가 물체의 실제 온도에 얼마나 가까운지와는 상관없이 실제로 정확하다는 것을 결코 확신할 수는 없다. 즉 결합된 표준 불확도 0.062℃는 측정 오차가 0.062℃보다 작다는 말이 아니다. 단지 그 값은 표준 편차일 뿐이며, 개별 오차는 이보다 훨씬 더 클 수 있다. 즉 불확도는 측정의 불확실성에 대한 추정값이지 한계를 의미하는 것이 아니다.

CHAPTER

04

감지의 물리적 원리

Physical Principles of Sensing

CONTENTS

센서는 일반적으로 비전기적 현상을 전기신호로 변환하는 컨버터로 전기 출력신호를 생성하기 위해 변환 단계를 거친다. 보통 에너지 유형이나 재료의 물리적 특성을 변경하며 최종 단계에서 원하는 형태의 전기신호를 생성해야 한다. 1장에서 언급했듯이 센서는 일반적으로 직접 센서와 복합 센서로 나뉜다. 여기서 직접 센서는 비전기적 자극을 전기 출력신호로 직접 변환할 수 있는 센서를 말한다. 그러나 대다수의 자극은 직접 전기로 변환할 수 없어 여러 변환 단계를 거쳐야 한다. 예를 들어 불투명 물체의 변위를 감지하기 위한 광섬유 센서를 살펴보자. 파일럿 광선(여기신호)은 발광 다이오드 LED에 의해 생성된다. 이후 빛의 흐름이 광섬유optical fiber로 들어가고 전파되어 타깃 물체를 향해 나아가 물체 표면에서 반사된다. 반사된 광자 플럭스photon flux는 수신 광섬유로 들어가 광 다이오드 photo diode로 전파되고 광 다이오드 끝에서 물체까지의 거리를 나타내는 전류를 생성하게 된다. 따라서 이러한 감지 프로세스는 두 번의 에너지 변환 단계와 빛의 조작을 기반으로 한다.

4.1 전기장과 전위

건조한 기후에 사는 사람들이라면 카펫 위를 걸을 때 마찰에 의해 불꽃이 발생할 수 있다는 것은 이미 잘 알고 있을 것이다. 이는 물체의 움직임, 의류 섬유의 마찰, 난기류turbulence, 대기 전력atmosphere electricity 등에 의해 전하가 분리되는 과정인 **마찰전기 효과**triboelectric effect에 의해 발생한다.[1] 전하는 두 종류로 나뉘는데 같은 극성을 가지는 전하끼리는 서로 밀어내고 다른 극성을 가진 전하끼리는 서로 끌어당긴다. 미국 최초의 물리학자인 벤자민 프랭클린은 그의 다른 놀라운 업적 중 하나로 **양전하**positive와 **음전하**negative를 명명했으며 이 명칭은 오늘날까지도 남아 있다. 그는 천둥과 번개 사이에 연이 날아다니는 실험을 하면서 대기의 전기가 마찰에 의해 생성되는 것과 같은 종류임을 증명했다. 프랭클린은 실험을 하면서 극도로 운이 좋았다고 할 수 있다. 그의 테스트를 반복하던 유럽인 여러 명은 번개로 인해 심하게 다치고 사망했기 때문이다.[2]

마찰 전기 효과는 전하가 공간적으로 재분배한 결과이다. 예를 들어 실크로 유리 막대를 문지르면 막대 표면에서 전자가 제거되어 막대는 양전하를 띠게 된다. 전하는 항상 보존되며 생성되거나 파괴되지 않는다는 점에 유의해야 한다. 즉 전하는 한 곳에서 다른 곳으로 이동만 할 수 있다. 음전하를 제공하는 것은 한 물체에서 다른 물체로 전자를 주는 것(음으로 충전)을 의미한다. 일정량의 전자를 잃은 물체는 양전하를 받는다고 볼 수 있다.

마찰 전기 효과는 물체의 총 전하에 비해 극히 적은 수의 전자들에 의해 발생한다. 실제로 모든 물체의 총 전하량은 매우 크다. 이를 설명하기 위해 오래된 미국 구리 페니[3] [1]의 총 전자 수를 살펴보자. 동전의 무게는 3.1g이므로 총 원자 수는 약 2.9×10^{22}이다. 구리 원자는 4.6×10^{-18} C의 양의

1 접두어 tribo-는 마찰(friction)을 의미한다.

2 독일 출신의 러시아 물리학자인 게오르그 빌헬름 리치만(G.W.Richmann)은 상트 페테부르크에서 뇌우 실험을 하던 중 전위계에서 주먹만 한 번개를 이마에 맞아 사망하고 말았다.

3 현재 미국 페니(penny)는 구리로 도금된 것에 불과하지만(구리의 2.5%) 1982년까지는 구리의 95%를 함유하고 있었다.

핵 전하량과 반대 극성의 동일한 전자 전하량을 가진다. 1페니에 있는 모든 전자의 총 전하량은 $q = (4.6 \times 10^{-18}\,\mathrm{C/atom})(2.9 \times 10^{22}\,\mathrm{atoms}) = 1.3 \times 10^{5}\,\mathrm{C}$ 으로 매우 크다. 단일 구리 페니가 가지는 이 전하량은 0.91 A 의 전류로 100 W 전구를 40시간 동안 켤 수 있는 양에 해당한다.

전하와 관련하여 재료는 크게 3가지로 구분할 수 있다. 바로 **도체**conductor, **절연체**insulator, **반도체**semiconductor이다. 도체에서 전하(전자)는 재료를 통해 자유롭게 이동할 수 있지만 절연체는 그렇지 않다. 그리고 완벽한 절연체는 존재하지 않지만, 용해 석영의 절연 능력은 구리의 약 1,025배이므로 실용적인 측면을 고려하기 위해 많은 재료를 완벽한 절연체로 간주한다. 반도체는 전기를 전도하는 능력이 도체와 절연체 사이의 중간에 해당한다. 실리콘과 게르마늄은 대표적인 반도체 물질이다. 반도체에서 전기 전도도electrical conductivity는 소량의 다른 원소를 추가하여 크게 증가할 수 있으며, 이를 위해 실리콘에 미량의 비소As 또는 붕소B를 추가하는 경우가 많다. 반도체는 전기장, 자기장, 빛과 같은 외부 입력을 적용하여 전기전도 능력을 조작할 수 있어 센서 기술에서 매우 흥미로운 재료이다.

[그림 4-1(a)]는 양전하 q를 가지는 물체를 보여준다. 작은 양의 테스트 전하 q_0가 대전된 물체 근처에 위치하면 반발력을 받게 된다. 만약 물체가 음전하를 띤다면 테스트 전하를 끌어당기게 될 것이다. 밀거나 끌어당기는 힘은 벡터 형태인 **f**로 나타낼 수 있다. 테스트 전하가 물리적 접촉 없이 힘을 받는다는 사실은 테스트 전하가 차지하는 공간이 이른바 전기장electrical field의 개념을 도입할 수 있는 곳임을 의미한다.

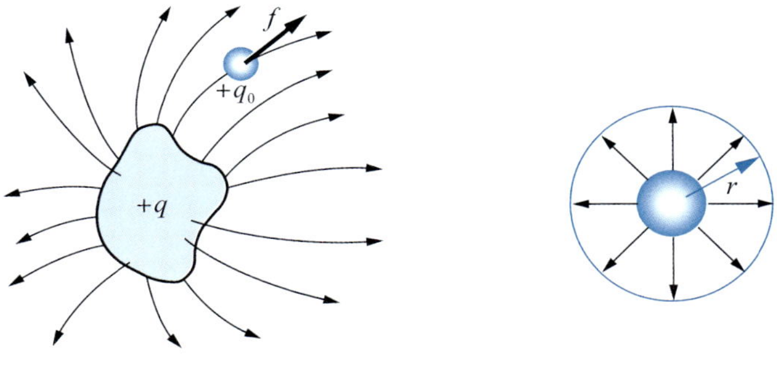

그림 4-1 (a) 대전된 물체 근처의 테스트 양전하 (b) 구형 물체의 전기장

각 지점의 전기장은 힘을 통해 다음과 같이 정의된다.

$$\mathbf{E} = \frac{\mathbf{f}}{q_0} \tag{4.1}$$

여기서 q_0는 스칼라이고, **E**는 **f**와 같은 방향의 벡터이다. 식 (4.1)에서 전기장은 힘을 테스트 전하의 전하량으로 나눈 값으로 표현한다. 이때 전기장이 방해받지 않도록 테스트 전하의 전하량은 매우 작아야 한다. 단 전하는 양자화되어 있으므로 크기를 전자의 전하($e = 1.602 \times 10^{-19}\,\mathrm{C}$)보다 작게 설정할 수는 없다.

전기장은 [그림 4-1(a)]와 같이 전기장 선electric field line으로 표시되며 공간의 모든 지점에서 힘 벡터의 접선에 해당한다. 정의에 따라 전기장 선은 양전하에서 시작하여 음전하에서 끝난다. 전기장 선의 밀도는 특정 공간에서 전기장 **E** 의 크기를 나타낸다.

물리학자에게 모든 장field은 주어진 관심 영역 내의 모든 지점에 대해 지정되는 물리량이다. 예를 들면 압력장pressure field, 온도장temperature field, 전기장, 자기장magnetic field이 있다. 그 외 관련 변수는 스칼라(예 : 온도장)일 수도 있고 벡터(예 : 지구 주변의 중력장)일 수도 있다. 또한 시간에 따라 변화할 수도 있고 변화하지 않을 수도 있다. 벡터 필드는 플럭스(flux, Φ)를 형성하는 벡터 분포로 특성화될 수 있다. 플럭스는 전기, 자기, 열 등과 같이 여러 장에 대해 편리하게 설명한다. 플럭스라는 단어는 라틴어로 유동fluerer에서 파생된 것이다. 친숙한 표현으로 비유하자면 플럭스는 일정한 유동 벡터 **v** 로 나타낼 수 있는(주어진 지점에서 일정한 유체 속도를 가지는) 균일한 유체 흐름의 장이다. 물론 전기장의 경우 무언가 흐르는 것은 아니다. **E** 가 전기장을 나타내는 벡터일 때 전기장 선은 플럭스를 형성한다. 가상의 닫힌 표면(가우스 표면gaussian surface) S 를 상상했을 때, 전하 q 와 플럭스 Φ_E 는 다음의 관계를 가진다.

$$\varepsilon_0 \Phi_E = q \tag{4.2}$$

여기서 $\varepsilon_0 = 8.8541878 \times 10^{-12} \mathrm{C}^2/\mathrm{Nm}^2$는 진공의 유전율permittivity 상수이다. 전체 표면에 대해서 플럭스를 적분하면 다음과 같은 결과를 얻을 수 있다.

$$\varepsilon_0 \oint \mathbf{E}\, ds = q \tag{4.3}$$

여기서 적분값은 Φ_E 와 같다. 가우스 법칙Gauss' law으로 알려진 위의 방정식에서 전하 q 는 가우스 표면으로 둘러싸인 순 전하net charge이다. 동일한 가우스 표면 내에 크기가 같고 부호가 다른 전하가 함께 존재하는 경우, 순 플럭스 Φ_E 는 0이다. 이때 표면 외부에 존재하는 전하나 표면 내부 전하의 위치는 q 값에 영향을 미치지 않는다.

가우스 법칙을 사용하면 중요한 사실을 알 수 있는데, 이는 **외부와 절연되고 평형 상태에 있는 도체의 전하는 외부 표면에만 존재한다는 것이다.** 이 가설은 가우스 법칙이나 쿨롱 법칙이 나오기 전에 이미 참인 것으로 증명되었다. 쿨롱 법칙 자체는 가우스 법칙에서 유도될 수 있다.

테스트 전하에 작용하는 힘은 다음과 같이 전하 q로부터 거리의 제곱 r^2에 반비례한다.

$$f = \frac{1}{4\pi\varepsilon_0}\frac{q \times q_0}{r^2} \tag{4.4}$$

가우스 법칙의 또 다른 결과는 구형의 대칭적 전하분포로부터 바깥쪽으로 발생하는 전기장은 방사형태이며 다음과 같은 크기를 갖는다는 것이다([그림 4-1(b)] 참조). 이때 크기는 벡터가 아니라는 점에 유의하자.

$$E = \frac{1}{4\pi\varepsilon_0}\frac{q}{r^2} \tag{4.5}$$

여기서 r은 구의 중심으로부터의 거리이다. 마찬가지로 구형의 대칭적 전하분포로부터 안쪽으로 발생하는 전기장도 방사성이고, 크기는 다음과 같다.

$$E = \frac{1}{4\pi\varepsilon_0}\frac{qr}{R^3} \tag{4.6}$$

여기서 R은 구의 반지름이고, r은 구의 중심으로부터의 거리이다. 구의 중심($r = 0$)에서 전기장은 0이라는 점에 유의해야 한다.

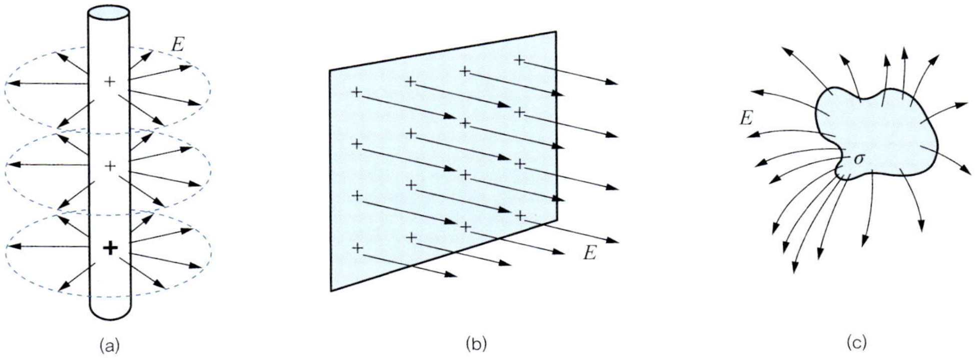

그림 4-2 (a) 무한한 선 주위의 전기장 (b) 무한한 평면 주위의 전기장 (c) 도체의 뾰족한 부분에는 전기장이 집중된다.

전하가 무한한(또는 실제적인 목적을 위해 긴) 선을 따라 분포한다고 가정하자([그림 4-2(a)] 참조). 전기장은 선에 수직한 방향을 가지고 다음과 같은 크기를 갖는다.

$$E = \frac{\lambda}{2\pi\varepsilon_0 r} \tag{4.7}$$

여기서 r은 선전하에서의 거리이고, λ는 선전하 밀도(단위 길이당 전하량)이다. 무한 평면전하([그림 4-2(b)])에서 발생하는 전기장은 평면에 수직이며 다음과 같은 크기를 갖는다.

$$E = \frac{\sigma}{2\varepsilon_0} \tag{4.8}$$

여기서 σ는 면전하 밀도(단위 면적당 전하량)이다. 그리고 격리된 도체의 경우에는 전기장이 다음과 같이 2배 더 크다.

$$E = \frac{\sigma}{\varepsilon_0} \tag{4.9}$$

전기장은 물체의 기하학적 구조에 따라 달라진다. [그림 4-2(b)]는 무한한 평면 형태를 가지는 물체의 전기장을 보여주고, [그림 4-2(c)]는 임의의 모양을 가지는 물체의 전기장을 보여준다. 가우스 법칙을 적용했을 때 전하가 외부 표면에만 분포한다는 사실은 매우 중요하다. 이는 같은 부호의 전하들끼리 서로 밀어내는 힘에서 기인한다. 모든 전하는 가능한 한 서로 멀리 떨어져 분포하려고 하며 재료에서 가장 먼 곳인 외부 표면으로 이동한다. 외부 표면에서 가장 바람직한 위치는 곡률이 가장 높은 영역이다. 그러므로 [그림 4-2(c)]와 같이 뾰족한 도체가 가장 좋은 **전기장 집중 장치**concentrator of the electric field라고 할 수 있다.

이러한 효과를 기반으로 하는 매우 유용한 과학 및 엔지니어링 장치로는 패러데이 케이지faraday cage가 있다. 패러데이 케이지는 접지된 전도성 시트나 금속망으로 완전히 덮여 있다. 외부 전기장이 아무리 강하더라도 케이지 내부에서 전기장은 본질적으로 0이다. 금속 비행기, 자동차 및 선박은 가상 패러데이 케이지 역할을 하므로 뇌우가 발생하더라도 그 안에 대피해있으면 된다. 패러데이 케이지가 전기장에 대한 완벽한 보호막이기는 하지만 두꺼운 강자성 재료로 만들어지지 않는 한 자기장을 차폐할 수는 없다는 점에 유의해야 한다.

전기 쌍극자electric dipole는 두 개의 반대 전하가 일정 간격으로 떨어져 배치되어 있는 조합을 말한다. [그림 4-3(a)]는 두 전하가 $2a$ 간격으로 배치되어 있는 전기 쌍극자를 나타낸 것이다.

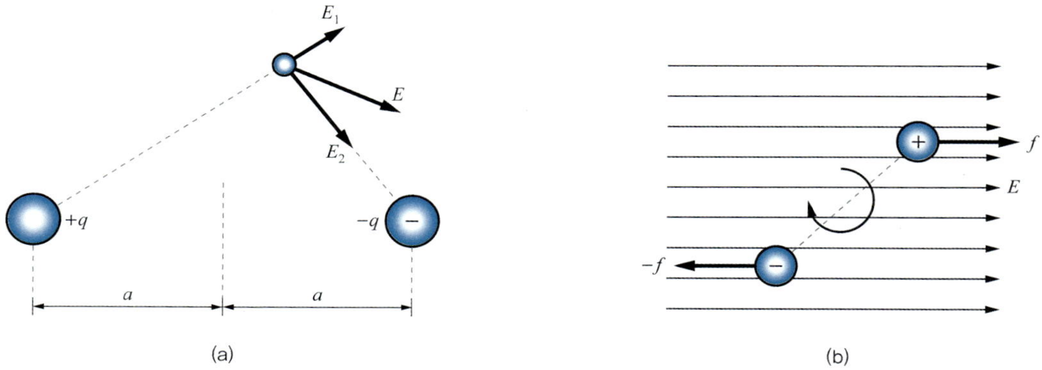

그림 4-3 (a) 전기 쌍극자 (b) 전기장 속에 위치한 전기 쌍극자는 회전력을 받게 된다.

각각의 전하가 테스트 전하에 영향을 미치는 전기장을 $\mathbf{E_1}$, $\mathbf{E_2}$라고 하자. 쌍극자의 전기장 $\mathbf{E}$는 두 전기장의 벡터 합이 된다. 이때 크기는 다음과 같다.

$$E = \frac{1}{4\pi\varepsilon_0}\frac{2aq}{r^3} \tag{4.10}$$

여기서 r은 쌍극자 중심으로부터의 거리이다. 전하분포와 관련한 중요한 속성은 전하 q의 크기와 간격 $2a$이다. 식 (4.10)에서 전하와 간격은 곱으로만 사용된다. 즉 전기 쌍극자에서 다양한 거리의 E를 측정하면(거리가 a보다 훨씬 길다고 가정) q와 $2a$를 따로 구할 수 없고, 그들의 곱인 $2aq$만 알아낼 수 있다. 예를 들어 q가 두 배가 되고 a가 반으로 줄어들면 전기장은 변하지 않는다. 여기서 $2aq$를 전기 쌍극자 모멘트electric dipole moment p라고 한다. 따라서 식 (4.10)은 다음과 같이 다시 쓸 수 있다.

$$E = \frac{p}{4\pi\varepsilon_0 r^3} \tag{4.11}$$

쌍극자의 공간적 위치는 벡터 형태의 쌍극자 모멘트($\mathbf{p}$)로 표현될 수 있다. 모든 재료에 쌍극자 모멘트가 있는 것은 아니다. 메탄CH_4, 아세틸렌C_2H_2, 에틸렌C_2H_4, 이산화탄소CO_2 및 기타 여러 가스에는 쌍극자 모멘트가 없다. 반면에 일산화탄소CO는 쌍극자 모멘트(0.37×10^{-30}C · m)가 작고, 물은 쌍극자 모멘트(6.17×10^{-30}C · m)가 크다.

쌍극자는 결정질 재료crystalline materials에서 발견되며 압전이나 초전 감지기pyroelectric detectors 같은 센서의 동작 원리를 이룬다. 일반적으로 쌍극자는 결정의 일부이며 초기 방향은 결정에 의해 정해진다. 쌍극자는 전기장에 배치되면 회전력을 받게 되고([그림 4-3(b) 참조]), 전기장이 충분히 강하면 쌍극자가 전기장 선을 따라 정렬된다. 전기장에 의해 쌍극자에 작용하는 토크는 벡터 형태로 다음과 같다.

$$\boldsymbol{\tau} = \mathbf{pE} \tag{4.12}$$

전기 쌍극자의 방향을 변경하기 위해서는 외부 전기장에 의해 일이 공급되어야 한다. 공급된 일은 쌍극자와 외부 전기장에 대한 배열로 구성된 시스템에서 전기적 위치 에너지로 저장된다. 이 퍼텐셜 에너지를 벡터 형태로 나타내면 다음과 같다.

$$\mathrm{U} = -\mathbf{pE} \tag{4.13}$$

쌍극자 정렬 프로세스를 **폴링**poling이라고 한다. 이때 전기장은 재료의 결정질 형태를 유지하려는 힘을 극복할 만큼 강해야 한다. 이를 위해 폴링 중에 재료를 가열하여 분자 구조의 이동성을 높일 수 있다. 세라믹 또는 결정질 폴리머crystal polymer의 폴링은 압전 및 초전 재료의 제조에 사용된다.

대전된 물체 주변의 전기장은 벡터 **E** 뿐만 아니라 스칼라양인 **전위**electric potential V로도 설명할 수 있다. 실제 공학적으로는 한 지점의 전위보다 두 지점 간의 전위차(전압)가 더 일반적으로 사용된다. 임의의 두 지점 사이의 전압을 정의하기 위해 이전과 동일하게 작은 양의 테스트 전하 q_0를 사용할 수 있다. 테스트 전하가 지점 A에 위치할 때, 힘 q_0E의 영향을 받으면서 평형 상태를 유지하고 있다고 하자. 이론적으로는 무한히 오래 남아 있을 수 있다. 이제 지점 B로 이동하려고 하면 전기장에 대해 일을 해줘야 한다. A에서 B로 전하를 이동시키기 위해 전기장에 대해 해주는 일 $-W_{AB}$(에너지 공급이므로 마이너스의 부호)[4]를 사용하여 두 지점 사이의 전압을 정의할 수 있다.

$$V_B - V_A = -\frac{W_{AB}}{q_0} \tag{4.14}$$

이에 따라 지점 B의 전위는 지점 A의 전위보다 작다. 전압을 SI 단위로 나타내면 1V = 1J/C 이다. 편의상 점 A는 모든 전하로부터 매우 멀리 떨어져 있는 것(이론적으로 무한한 거리)으로 선택되며, 그 점에서의 전위는 0으로 간주된다. 이를 통해 전위를 다음과 같이 정의할 수 있다.

$$V = -\frac{W}{q_0} \tag{4.15}$$

식 (4.15)는 양전하 근처의 전위가 양수라는 것을 알려준다. 테스트 양전하를 무한대에서 양전하 근처로 이동시키는 것은 반발력에 대항하여 일을 해줘야 하므로 식 (4.15)에서 $-W$는 양수이다. 두 지점 간의 전위차는 테스트 전하가 이동하는 경로에 대해 독립적이라는 점에 유의해야 한다.

이는 엄격히 두 지점 간의 전기장 차이에 대한 설명이다. 우리가 직선과 전기장을 따라 이동하면서 V를 측정한다면 우리가 관찰하는 거리 l에 따른 V의 변화율은 다음과 같이 그 방향에 해당하는 전기장 성분이 될 것이다.

$$E_l = -\frac{dV}{dl} \tag{4.16}$$

4 여기서 W는 전기장이 해주는 일로 정의되므로 $-W$는 전기장에 대해 외부에서 해준 일이다. 즉 전기적 퍼텐셜 에너지(U)의 변화는 $\Delta U = q \cdot \Delta V = -W$ 이다.

마이너스 부호는 벡터 **E**의 방향이 전압 V가 감소하는 방향임을 말해준다. 식 (4.16)에서 알 수 있듯이 전기장의 적절한 단위는 V/m이다.

4.2 커패시턴스

임의의 모양을 가지는 두 개의 분리된 전도성 물체(플레이트plate)를 각각 배터리의 반대 극성에 연결한다고 생각해보자([그림 4-4(a)] 참조). 각 플레이트는 동일한 양의 반대 전하를 각각 받게 된다. 즉 음극과 연결된 플레이트는 전자를 받지만 양극과 연결된 플레이트는 전자를 주게 되어 전자가 부족해진다. 이제 배터리를 분리해보자. 플레이트가 완전히 분리되어 진공 상태에 있으면, 이론적으로는 무한히 충전된 상태로 유지하게 된다. 전하를 유지할 수 있는 플레이트의 조합을 커패시터capacitor라고 한다. 작은 양의 전기 테스트 전하 q_0를 충전된 플레이트 사이에 위치시키면 양극에서 음극으로 전기력을 받게 된다. 양극 플레이트는 테스트 양전하를 밀어내고 음극 플레이트는 테스트 양전하를 끌어당기므로 결합된 푸시-풀 힘combined push-pull force이 발생한다. 이때 테스트 전하와 반대로 대전된 물체 사이의 위치에 따라 그 힘은 벡터 **f**로 특징되는 크기와 방향을 갖게 된다.

커패시터의 특성은 [그림 4-4(a)]에 표시된 각각의 도체가 가지는 전하 크기인 q와 도체 간의 양의 전위차인 V로 나타낼 수 있다.

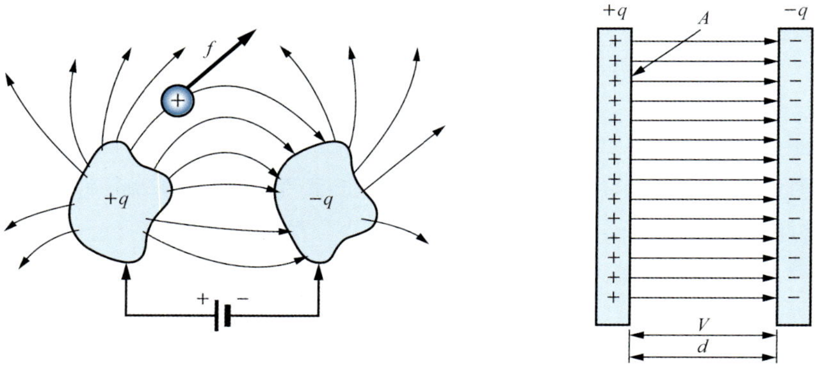

그림 4-4 (a) 두 물체 간의 전하와 전압이 커패시턴스를 결정한다. (b) 평행판 커패시터

이때 q는 커패시터의 순전하는 아니며, 순전하는 0이다. 또한 V는 두 플레이트의 전위가 아니라, 둘 사이의 전위차potential difference라는 점에 유의하자. 다음의 전압 대 전하의 비율은 각 커패시터에 대해 항상 일정하다.

$$\frac{q}{V} = C \tag{4.17}$$

이 고정된 비율 C를 커패시터의 커패시턴스capacitance 또는 정전용량이라고 한다. 그 값은 플레이트의 모양과 상대적 위치에 따라 달라진다. 또한 비율 C는 플레이트가 담겨있는 매체(유전체)에 따라 달라진다. q와 V 모두 동일한 부호를 사용하므로 C는 항상 양수이다. 커패시턴스의 SI 단위는 약어 F로 표시되는 $1\,\mathrm{F} = 1\,\mathrm{C/V}$이다. 패럿[farad]은 매우 큰 단위이기 때문에 실제로는 다음과 같이 작은 단위의 패럿을 사용한다.

1 milliampere (pF)	10^{-12}F
1 nanofarad (nF)	10^{-9}F
1 microfarad (μF)	10^{-6}F

전자회로에 연결될 때 커패시턴스는 복소저항(또는 임피던스) Z로 표시할 수 있다.

$$Z_c = \frac{V}{i} = -\frac{1}{jwC} \tag{4.18}$$

여기서 $j = \sqrt{-1}$이고 i는 주파수가 w인 정현파 전류이다. 식 (4.18)에서 커패시터의 복소저항은 주파수가 커질수록 작아짐을 알 수 있다. 마이너스 부호와 복소수 인수는 커패시터 양단의 전압이 전류보다 90° 뒤처짐을 나타낸다.

커패시턴스는 센서 설계자에게 매우 유용한 물리적 현상이다. 식 (4.18)에 따라 커패시턴스를 조작함으로써 입력자극을 전압 또는 전류로 직접 변환할 수 있다. 용량성 센서[capacitive sensor]는 거리, 면적, 부피, 압력, 힘, 화학 성분 등을 측정할 때 유용하다. 다음으로 커패시터의 기본 속성들과 몇 가지 유용한 공식들을 살펴보자.

4.2.1 커패시터

[그림 4-4(b)]는 도체가 거리 d만큼 떨어지고, 넓이 A를 가지는 평행판 커패시터를 보여준다. d가 A보다 훨씬 작으면 플레이트 사이의 전기장은 균일해지며, 이는 전기장선[field line]이 평행하고 균일한 간격을 유지함을 의미한다. 전자기학의 법칙상 플레이트의 가장자리에는 **프린징 전계**[fringing field]가 존재하지만, 이는 무시할 수 있을만큼 매우 작다.

커패시턴스를 계산하려면 V(플레이트 사이의 전위차)를 식 (4.17)에서와 같이 q와 연관시켜야 한다.

$$C = \frac{q}{V} \tag{4.19}$$

진공 상태의 평행판 커패시터의 커패시턴스는 다음과 같이 구할 수 있다.

$$C = \frac{\varepsilon_0 A}{d} \tag{4.20}$$

용량성 센서를 만들려면 우스갯소리로 불량 커패시터가 필요하다고 말한다. 전통적으로 모든 전자 부품은 환경적 영향을 받지 않도록 가능한 한 둔감하게 제작된다. 그러나 센서를 만들려면 커패시터 매개변수 중 하나가 안정적으로 고정된 것이 아니라, 외부 환경에 따라 가변적으로 바뀔 수 있어야 한다. 따라서 외부 자극에 의해 커패시턴스가 변경된다. 정전용량식 센서에서 정전용량은 외부 자극 또는 중간 트랜스듀서의 신호에 의해 변조(수정)된다. 따라서 커패시턴스를 변경하려면 자극이 커패시턴스를 정의하는 파라미터 중 하나를 변경해야 한다. 평행판 커패시터에 대한 이러한 파라미터는 식 (4.20)에 잘 나타나 있다. 플레이트 면적과 플레이트 사이의 거리 중 하나를 변경하면, 식 (4.20)에 따라 커패시턴스가 변경된다. 그리고 식 (4.19)에 따라 전압 V 도 변하며, 이는 적절한 회로를 통해 정확하게 측정될 수 있다. 다만 식 (4.20)은 플레이트 사이에 아무것도 없는 평행판 커패시터에 대해서만 유효하며 구조가 변경되면 다른 식을 사용해야 한다.

[그림 4-5(a)]에 표시된 원통형 커패시터는 길이가 l이고, 반경이 각각 a와 b인 두 개의 동축 실린더coaxial cylinder로 구성된다.

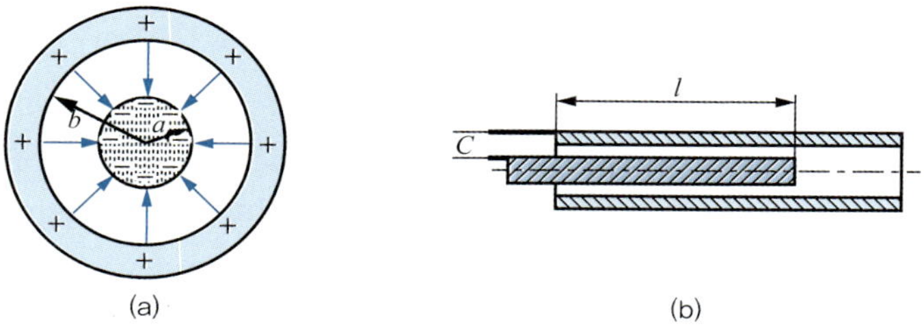

그림 4-5 (a) 원통형 커패시터 (b) 용량형 변위 센서

$l \gg b$인 경우에는 프린징 효과fringing effect를 무시하고, 다음 식으로 커패시턴스를 계산할 수 있다.

$$C = \frac{2\pi\varepsilon_0 l}{\ln\dfrac{b}{a}} \tag{4.21}$$

이 식에서 l은 겹치는 도체의 길이를 의미하며, $2\pi l(\ln b/a)^{-1}$은 동축 커패시터에 대한 기하학 계수이다. 내부 도체가 외부 도체의 안팎으로 움직일 수 있으면 이러한 커패시터로 유용한 변위 센서displacement sensor를 만들 수 있다. 식 (4.21)에 따르면 커패시턴스는 변위 l과 선형 관계에 있다. 그러나 MEMS 기술 등을 이용하여 동축 구조를 제작하는 것은 기술적으로 어려워 그다지 실용적이지는 않다(19장 참조).

4.2.2 유전상수

식 (4.20)은 진공 상태(또는 대부분 공기)에 있는 평행판 커패시터에 적용된다. 1837년에 마이클 패러데이Michael Faraday는 처음으로 플레이트 사이의 공간을 유전체로 완전히 채우는 효과를 조사했다. 그는 유전상수dielectric constant로 알려진 κ의 계수만큼 소자의 커패시턴스가 증가하는 것을 발견했다. 유전체 존재로 인한 커패시턴스의 증가는 분자 분극molecular polarization이 초래한 결과이다. 일부 유전체(예 : 물)에서 분자는 영구 쌍극자 모멘트를 갖지만, 다른 유전체에서는 분자가 외부 전기장에 놓일 때 분극화가 발생한다. 이는 분극이 유도되었다고 말할 수 있다. 영구 전기 쌍극자 또는 유도에 의해 형성된 쌍극자는 분자를 외부 전기장과 정렬시키는 경향이 있다. 이 과정을 유전 분극dielectric polarization이라고 한다. 외부 전기장이 커패시터에 적용되기 전과 후의 영구 쌍극자를 [그림 4-6]에 나타냈다.

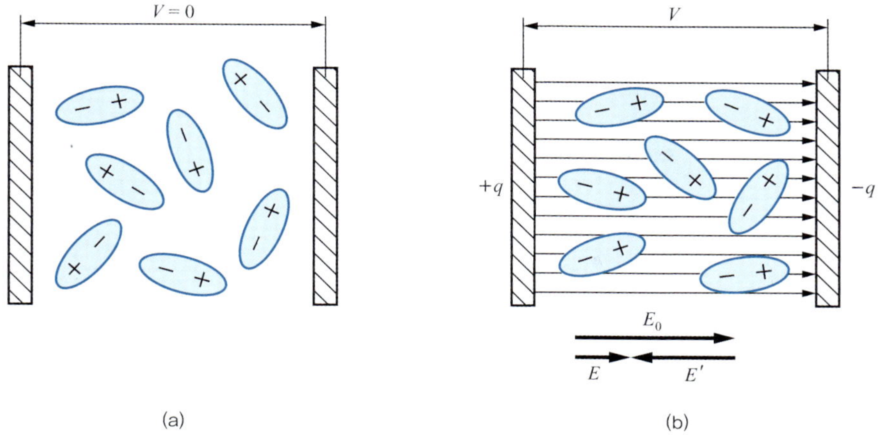

그림 4-6 유전 분극 현상 (a) 외부 전기장이 없을 때 쌍극자들은 무작위로 분포한다. (b) 외부 전기장이 있을 때 쌍극자들은 정렬된다.

플레이트 사이에 전기장이 없으며 모든 쌍극자는 무작위로 배향되어 있다. 커패시터가 충전된 후에 쌍극자는 전기장과 정렬되지만, 열적 교반thermal agitation으로 인해 완벽하게 정렬되지는 못한다. 각 쌍극자는 외부 전기장 $\mathbf{E_0}$와 반대 방향으로 향하는 자체 전기장을 형성하게 된다. 여러 쌍극자들로 인한 복합적 효과로 인해($\mathbf{E}'$) 커패시터의 내부 전기장은 약해지게 된다($\mathbf{E} = \mathbf{E_0} + \mathbf{E}'$).

감소된 전기장으로 인해 커패시터 양단의 전압도 $V = V_0/\kappa$로 감소하게 된다. 이를 식 (4.19)에 대입하면, 유전체를 가지는 커패시터는 다음과 같은 식으로 나타낼 수 있다.

$$C = \kappa \frac{q}{V_0} = \kappa C_0 \tag{4.22}$$

평행판 커패시터일 때에는 다음과 같이 정리할 수 있다.

$$C = \kappa \varepsilon_0 \frac{A}{d} \tag{4.23}$$

임의의 모양을 가지는 두 물체 사이의 정전용량은 기하학 인자 G를 통해 다음과 같이 나타낼 수 있다.

$$C = \varepsilon_0 \kappa G \tag{4.24}$$

여기서 G는 물체의 모양과 분리된 거리에 따라 달라진다. 따라서 식 (4.24)는 기하학적 구조와 유전상수 κ가 변경됨에 따라 커패시턴스를 조절할 수 있다는 것을 나타낸다. [표 A-5]는 다양한 재료에 대한 유전상수 κ를 제공한다. 유전상수는 재료, 온도, 습도/수분 함량에 따라 달라지므로 이러한 모든 변수들은 정전용량 센서에서 정전용량을 변조하기 위한 입력자극으로 사용될 수 있다. 유전상수를 나타낼 때는 테스트된 주파수 및 온도를 같이 명시해야만 한다. 일부 유전체는 넓은 주파수 범위(예 : 폴리에틸렌)에서 매우 균일한 유전상수를 갖지만, 또 다른 유전체는 강한 음의 주파수 의존성을 나타내기도 한다. 즉 일반적으로 유전상수는 주파수에 따라 감소하는 경향이 있다. 대개 온도도 음의 의존성을 가진다. [그림 4-7]은 온도에 따른 물의 유전상수 변화를 보여준다.

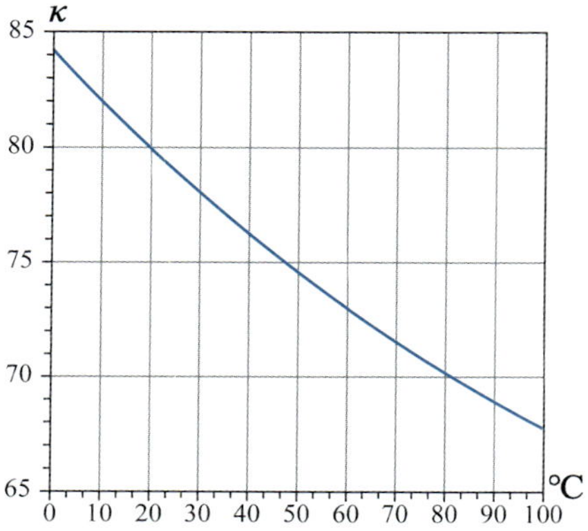

그림 4-7 온도에 따른 물의 유전상수

정전용량이 감지에 어떻게 사용될 수 있는지를 설명하기 위해 용량성 수위 센서([그림 4-8(a)] 참조)를 살펴보도록 하자.

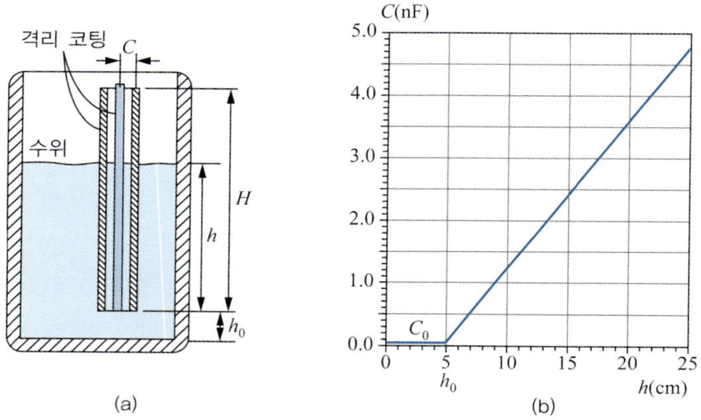

그림 4-8 (a) 용량성 수위 센서 (b) 수위에 따른 커패시턴스(센서의 치수는 a = 10mm, b = 12mm, h = 200mm이다)

물에 의한 전기적 단락을 방지하기 위해 센서는 각 도체(전극)의 표면이 얇은 절연층으로 코팅된 동축 커패시터coaxial capacitor로 구성되어 있다. 전극 사이의 유전체는 측정 과정에서 변하지 않기 때문에 분석 과정에서 무시할 수 있다. 물탱크에 담겨져 있는 동축 센서의 전극 사이에는 물이 채워져 있다. 이때 수위가 증가하면 물이 도체 사이의 점점 더 많은 공간을 채우므로 도체 사이의 평균 유전상수가 변하게 되며, 식 (4.24)를 따라 커패시턴스도 변하게 된다. 동축 센서의 총 정전용량은 다음과 같다.

$$C_{\mathrm{h}} = C_1 + C_2 = \varepsilon_0 G_1 + \varepsilon_0 \kappa G_2 \tag{4.25}$$

여기서 C_1은 물이 없는 부분의 커패시턴스이고 C_2는 물이 채워진 부분의 커패시턴스이다. 해당 기하학 인자는 각각 G_1, G_2이다. 식 (4.21)과 식 (4.25)를 이용하면 센서의 전체 커패시턴스를 다음과 같이 구할 수 있다.

$$C_{\mathrm{h}} = \frac{2\pi\varepsilon_0}{\ln\dfrac{b}{a}}\left[H + h(\kappa_{\mathrm{w}} - 1)\right] \tag{4.26}$$

여기서 h는 물이 채워진 부분의 높이이고 κ_w는 교정 온도에서 물의 유전상수이다. 수위가 h_0 이하이면, $h=0$이고 센서의 전극 사이에 물이 없으므로 커패시턴스는 다음과 같이 일정한 값으로 유지된다.

$$C_{\min} = \frac{2\pi\varepsilon_0}{\ln\frac{b}{a}} H \tag{4.27}$$

[그림 4-8(b)]는 수위와 커패시턴스 간의 관계를 보여준다. 레벨 h_0부터는 직선 형태를 가진다. 물의 유전상수는 온도에 따라 다르기 때문에([그림 4-7] 참조) 이 수위 센서는 전기신호 조절기electronic signal conditioner로 전달함수를 보상하기 위해 수온을 모니터링하는 온도 센서(예 : RTD)와 결합해야 한다.

전달함수의 기울기는 식 (4.26)에서 알 수 있듯이 액체 타입에 따라 달라진다. 예를 들어 물 대신 변압기 오일 레벨을 측정하는 경우에는 오일의 κ가 물보다 훨씬 작으므로 약 22배 정도 덜 민감할 것으로 예상된다([표 A-5] 참조).

용량성 센서의 또 다른 예로는 습도 센서humidity sensor가 있다. 이러한 센서에서 커패시터 플레이트 사이의 유전체는 흡습성, 즉 물 분자를 흡수할 수 있는 재료로 제작된다. 이러한 재료의 유전상수는 흡수된 수분의 양에 따라 달라진다. 식 (4.24)에 따르면 이는 측정할 수 있는 커패시턴스를 변화시키고 상대습도 값으로 변환할 수 있다.

[그림 4-9]는 이러한 센서의 커패시턴스와 상대습도 간의 관계를 보여준다. 그래프가 완전히 선형은 아니지만 보통은 신호 처리signal processing를 통해 보상할 수 있다.

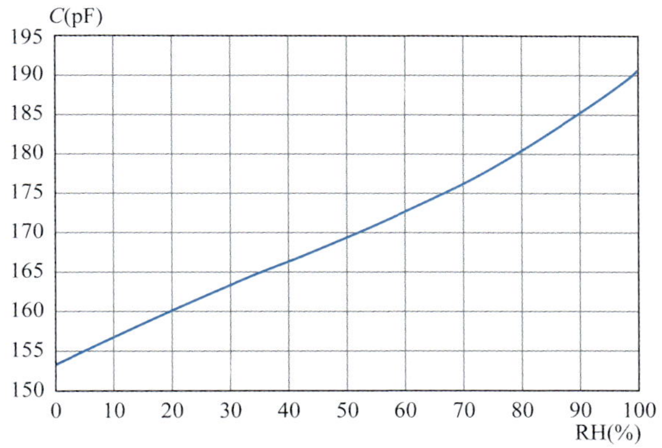

그림 4-9 용량성 상대습도 센서의 전달함수

4.3 자성

자기 특성magnetic properties은 선사 시대에 마그네타이트(Fe_3O_4)로 알려진 철광석 광물의 특정 표본으로부터 발견되었다. 또한 자성 물질에 문질러진 연철 조각이 자석과 동일하게 다른 자석과 철 조각을 끌어당기는 역할을 한다는 점도 발견되었다. 자기에 대한 최초의 포괄적인 연구는 윌리엄 길버트William Gilbert에 의해 이루어졌다. 그의 가장 큰 공헌은 지구가 거대한 자석 역할을 한다는 점을 발견한 것이다. 자성magnetism이라는 단어는 자성을 띤 돌이 발견된 장소 중 하나인 소아시아의 마그네시아Magnesia 지역에서 유래했다.

전기와 자기 사이에는 유사한 점이 많다. 자석은 대전된 두 개의 막대와 마찬가지로 각각의 극성이 같거나 반대이다. 이러한 성질을 지구와 유사하게 S극(남극), N극(북극)이라고 하며 같은 극은 서로 밀어내고 다른 극은 끌어당기게 된다. 전하와 달리 자극magnetic pole은 항상 쌍을 이룬다. 이는 자석을 여러 개로 분해하여 살펴봄으로써 입증된다. 아무리 작더라도 자석의 각 부분에는 N극과 S극이 있다. 이는 자성의 원인이 원자 자체 또는 원자의 배열과 관련이 있음을 의미한다.

특정 공간에 자극magnetic pole이 존재하면 성질이 이전과는 달라진다. 이를 확인하기 위해 주변에 철 조각을 뿌려보면 자석이 없을 때는 존재하지 않았던 힘의 존재를 알게 될 것이다. 이와 같이 변경된 공간을 **자기장**magnetic field이라고 한다. 자기장은 그 안에 들어오는 모든 자성체에 힘을 가한다. 그 자성체가 작은 막대자석 또는 자기 바늘이라면 자기장에 방향이 있는 것도 확인할 수 있다. 정의에 따르면 자기장의 방향은 작은 단위 N극에 가해지는 힘의 방향으로 주어진다. 자기력선의 방향은 정의에 따라 N극에서 S극을 향한다.

[그림 4-10(a)]는 화살표로 자기장의 방향을 보여준다. 작은 테스트 자석은 힘 벡터 **F**의 방향대로 끌려간다. 당연히 테스트 자석의 S극에는 N극과 동일한 크기를 갖지만, 반대 방향의 힘이 가해진다.

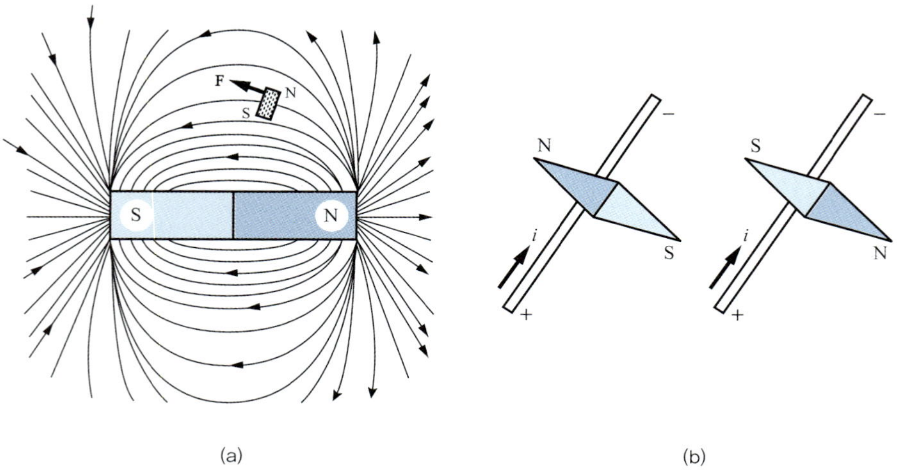

그림 4-10 (a) 자기장 내의 테스트 자석 (b) 나침반의 바늘은 전류 방향에 따라 회전하게 된다.

이 그림은 영구 자석에 의해 생성된 자기장 특성을 설명하였다. 그러나 자기장이 다른 장치(도체를 통과하는 전류)에 의해 생성되더라도 자기장의 특성은 동일하다. 덴마크 물리학 교수인 한스 크리스티안 외르스테드Hans Christian Ørsted는 1820년에 자석이 없는 곳에도 자기장이 존재할 수 있음을 발견했다. 그는 큰 전류를 생성하기 위해 비정상적으로 큰 배터리를 사용하는 일련의 실험을 했고, 근처에 있던 나침반이 이상하게 반응하는 것을 발견했다. 추가적인 연구를 통해 나침반 바늘은 항상 전류가 흐르는 도선에 대해 직각을 이루고 있으며, 전류 방향이 바뀌거나 나침반이 도선 아래쪽에서 위쪽으로 위치가 변경될 경우 방향이 역전되는 것을 발견했다([그림 4-10(b)] 참조).

고정 전하stationary electric charges는 자기 나침반에 영향을 미치지 않았다(실험에서 나침반 바늘은 작은 테스트 자석으로 사용되었다). 따라서 움직이는 전하가 자기장의 원인이라는 것이 분명했다. 즉 도선 주변의 자기장 선은 원형이고 그 방향은 전류의 방향, 즉 이동하는 전자에 따라 달라진다는 것을 알 수 있다([그림 4-11] 참조). 도선의 위와 아래에서 자기장 선은 반대 방향을 가리킨다. 따라서 나침반 바늘이 도선 아래에 놓이게 되면 회전한다.

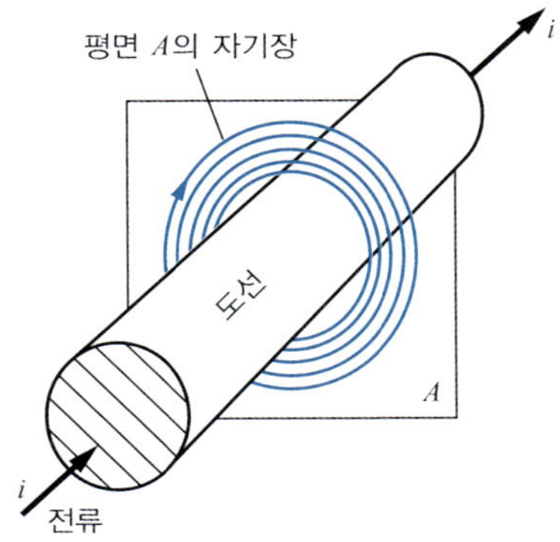

그림 4-11 전류는 도체 주변에 원형의 자기장을 형성한다.

자기의 기본 특성은 이동 전하(전류)가 본질적으로 자기장을 생성한다는 점이다. 이를 바탕으로 알버트 아인슈타인Albert Einstein은 영구 자석의 특성에 대한 설명을 내놓았다. 자기장 발생 프로세스의 단순화된 모델은 [그림 4-12(a)]에 나와 있다. 전자는 소용돌이 운동으로 원자핵 주위를 계속 회전한다. 이러한 전자의 이동은 원자핵 주변에서 원형 전류를 생성한다. 이 전류가 바로 작은 자기장의 원인이 된다. 즉 회전하는 전자가 원자 차원의 영구 자석을 형성한다.

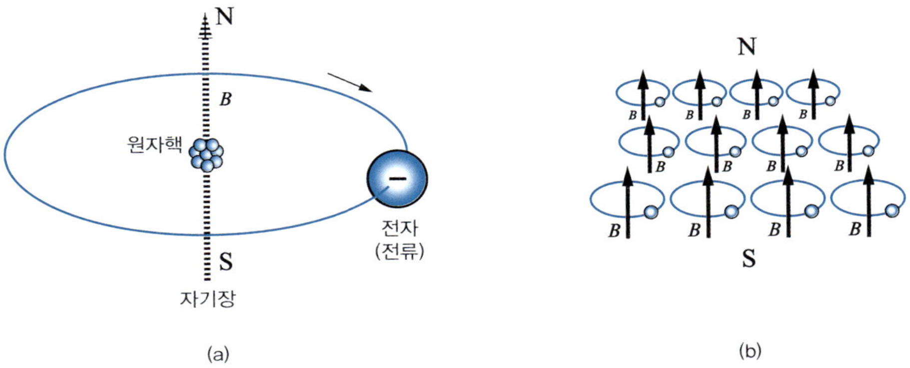

그림 4-12 (a) 움직이는 전하는 자기장을 형성한다.
(b) 각 원자 자석의 자기장 벡터가 중첩되어 자석 전체의 자기장을 형성한다.

이제 그러한 원자 자석의 대부분이 집단적으로 정렬되어([그림 4-12(b)] 참조) 각 자기장들이 합산된다고 상상해보자. 그러면 자화magnetization 프로세스는 명백해진다. 즉 어떤 물질도 추가되거나 제거되지 않고도 원자의 배열 방향에 의해 자기장이 생성된다. 적절한 화학 조성과 결정 구조를 가진 일부 재료에서 원자 자석은 정렬된 위치를 유지할 수도 있다. 이러한 물질을 강자성체ferromagnetics라고 한다.

4.3.1 패러데이의 법칙

패러데이Michael Faraday는 전류가 자기를 생성할 수 있다면, 반대로 자기를 사용하여 전기를 생성할 수 있지 않을까? 라는 질문에 대해 숙고했다. 그 방법을 알아내는 데는 9 ~ 10년이 걸렸다. 전하가 자기장을 가로질러 이동하면 그 전하에 편향력deflecting force이 작용한다. 사실 전하가 움직이느냐 자기장이 움직이느냐는 중요하지 않다. 중요한 것은 그들의 **상대적인 변위**relative displacement이다. 움직이는 전하가 자기장과의 상호 작용하여 편향될 수 있다는 발견은 전자기 이론의 토대를 형성했다. 편향된 전하는 전기장 생성을 일으키고 전도 물질에 전압 차이를 가져와 전류를 생성하게 된다.

특정 지점에서 자기장의 강도는 해당 지점에서 자기장 선에 접하는 벡터 B에 의해 정의된다. 더 나은 시각적 표현을 위해 단위 단면적(선에 수직한 면)당 자기장선의 수는 B의 크기에 비례한다. 선들이 서로 가깝게 있으면 B는 크고 선들이 멀리 떨어져 있으면 B는 작다.

자속flux of magnetic field은 다음과 같이 정의할 수 있다.

$$\Phi_B = \oint \mathrm{B}\,\mathrm{d}s \tag{4.28}$$

여기서 면적분은 $\mathbf{F_B}$[5]가 정의된 표면에 대해서 이루어진다. 자기장 벡터 B를 정의하기 위해 양전하 q_0가 테스트 대상으로 사용되는 경우를 가정해보자([그림 4-13] 참조). 전하가 속도 $\boldsymbol{v}$로 자기장을 통해 입사되면 측면sideways 편향력 $\mathbf{F_B}$가 전하에 작용한다([그림 4-13(a)] 참조). 이때 $\mathbf{F_B}$는 $\boldsymbol{v}$에 수직이다. 따라서 이동 방향이 바뀌게 되어 포물선 운동이 아닌 나선 운동을 한다([그림 4-13(b)] 참조).

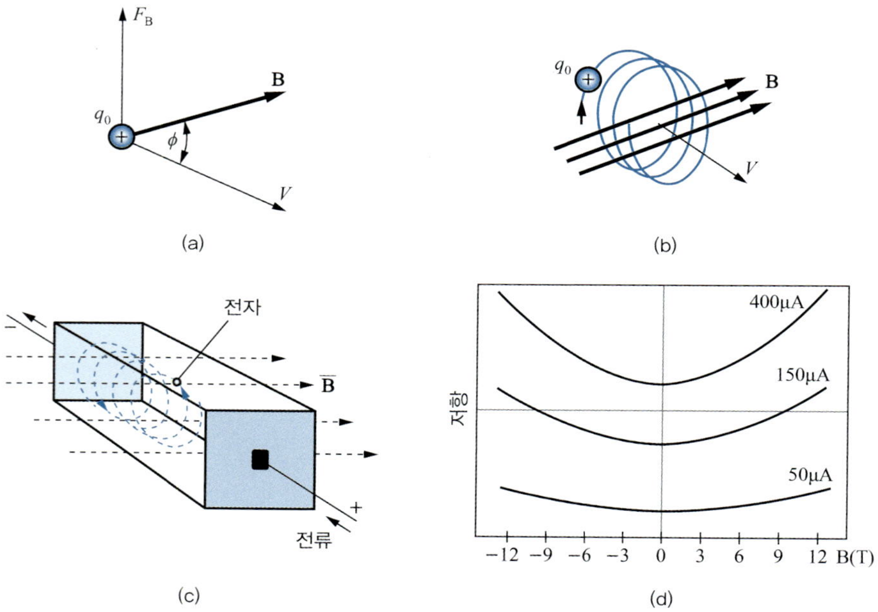

그림 4-13 (a) 자기장에 입사된 양전하는 자기력을 받게 된다. (b) 자기장 내의 전하의 나선 운동 (c) 자기저항기 (d) 자기장과 전류에 대한 저항의 의존성

5 $\mathrm{F_B}$는 자기력(magnetic force)에 해당한다.

나선형 움직임은 **자기저항 효과**magnetoresistive effect의 원인이며 이는 자기저항 센서의 원리로 사용된다. [그림 4-13(c)]에 표시된 자기저항기magnetoresistor는 자기장 B에 배치되어 있으며 일정한 전류가 공급된다. 나선형 전자 경로는 저항의 변화에 영향을 미치므로([그림 4-13(c)] 참조), 전류값을 알고 있을 때 저항기 양단의 전압은 자기장의 강도를 나타내게 된다. 저항이 커지는 이유는 전자가 물질 내부를 이동할 때 더 긴 경로를 통해서 이동하기 때문이다.

대전 입자에 작용하는 자기력 $\mathbf{F_B}$는 다음과 같이 전하량, 속도, 자기장에 비례한다.

$$\mathbf{F_B} = q_0 \boldsymbol{v} \times \mathbf{B} \tag{4.29}$$

벡터 $\mathbf{F_B}$는 항상 $\boldsymbol{v}$와 B에 의해 형성된 평면에 직각이며 횡력sideways force이라고도 한다. 벡터 외적 계산으로부터 얻은 자기력의 크기는 다음과 같다.

$$F_B = q_0 v B \sin\phi \tag{4.30}$$

여기서 ϕ는 벡터 $\boldsymbol{v}$와 B 사이의 각도이다. $\boldsymbol{v}$와 B가 평행하면 자기력은 사라진다. 식 (4.30)은 편향 전하, 속도 및 편향력(자기력) 측면에서 자기장을 정의하는 데 사용된다. 따라서 B의 단위는 $(\mathrm{N/C})/(\mathrm{m/s})^{-1}$ 이다. SI 시스템에서 주어진 이름은 테슬라(tesla, T)이다. C/s는 암페어ampere이므로 $1\mathrm{T} = 1\mathrm{N/(A \cdot m)}$이다. 또한 전통적으로는 가우스(gauss, G)가 B의 단위로 많이 사용되었으며, 다음과 같은 관계를 가진다.

$$1\mathrm{T} = 10^4\mathrm{G}$$

4.3.2 영구 자석

영구 자석은 동작, 변위, 위치, 근접 등을 감지하는 자기 센서를 제작할 때 필요한 부품이다. 특정 응용 분야에 대한 자석을 선택하려면 다음 특성들을 고려해야 한다.

- **가우스 또는 밀리 테슬라(mT) 단위의 잔류 인덕턴스**residual inductance (B) : 자석이 얼마나 센지 보여준다.
- **에르스텟(Oe) 또는 kA/m 단위를 가지는 보자력**coercive force (H) : 자석이 외부 감자기력demagnetization forces[6]에 얼마나 잘 견딜 수 있는지 보여준다(1 Oe = 0.08 kA/m).
- **최대 에너지 곱 MEP**maximim energy product (BH_{max})[7] : 가우스-에르스텟 곱의 10^6배 또는 kJ/m^{3}으로 표시되며 백만 가우스-에르스텟은 MGO로 표시된다(1 MGOe = 7.96 kJ/m^3).
- **%/℃ 단위의 온도계수** : 온도에 따라 B가 얼마나 변하는지를 보여준다.

영구 자석은 대개 특수 합금으로 만들어진다([표 A-6] 참조). 예를 들어 **희토류**(예 : 사마륨)-**코발트 합금**rare earth-cobalt alloy이 있다. 이는 최고의 자석이지만 너무 단단하여 가공하기가 어렵고, 성형하기 위해서는 연마를 해야 한다. 최대 MEP는 약 16×10^6 또는 16 MGOe이다. 또 다른 인기

6 자기소거력이라고도 한다.

7 일반적으로 감자기력에 대한 저항이 크면서 강한 자석일수록 큰 MEP를 가진다. 이는 성능이 더 좋고 강하면서 비싸다.

있는 합금은 알니코[Alnico]이다. 알루미늄, 니켈, 코발트, 철, 일부 첨가제가 포함되어 있다. 이 자석은 주조하거나, 다이[dai]에 있는 금속 분말을 압축 및 가열하여 소결[sintering]할 수 있다. 소결 알니코[sintered Alnico]는 대량 생산에 적합하다. **세라믹 자석들**[ceramic magnets]은 압축 및 소결된 세라믹 재료의 매트릭스에 바륨 또는 스트론튬 페라이트(또는 해당 족의 다른 원소)를 포함한다. 세라믹 자석은 열 및 전기 전도가 좋지 않고 화학적으로 불활성이며 H값이 크다.

자석 제작을 위한 또 다른 합금은 구리, 니켈, 철을 포함하는 **쿠니페**[cunife]이다. 스탬프, 스웨이지, 드로잉 등으로 원하는 모양을 만들 수 있고, MEP는 약 1.4×10^6 이다. 철 크롬 자석은 가공할 수 있을 정도로 말랑말랑하며, 최종 에이징 처리를 통해 단단해진다. 최대 MEP는 5.25×10^6 이다. 플라스틱 및 고무 자석은 플라스틱 매트릭스 재료의 바륨 또는 스트론튬 페라이트[strontium ferrite]로 구성된다. 이들은 매우 저렴하고 여러 가지 모양으로 제작할 수 있다. 이들의 최대 MEP는 약 1.2×10^6 이다.

희토류 자석의 일종인 네오디뮴 자석(NdFeB, NIB, 네오자석)은 정방정계[tetragonal] 결정 구조의 $Nd_2Fe_{14}B$를 형성하기 위해 네오디뮴, 철, 붕소의 합금으로 만든 영구 자석이다. 이 재료는 현재 가장 강력한 영구 자석이다. 실제로 네오디뮴 자석의 자기 특성은 사용된 합금 구성, 미세 구조 및 제조 기술에 따라 달라진다. 네오디뮴 자석은 보자력[coercive force]과 에너지 곱은 크지만, 다른 자석들보다 퀴리온도는 낮다는 특징이 있다.

1990년대에 상자성[paramagnetic] 금속 이온을 포함하는 특정 분자는 매우 낮은 온도에서 자기 모멘트를 보존할 수 있다는 사실이 발견되었다. 사실 이러한 자석은 강한 자기 특성을 가진 고분자이다. 이러한 자석을 **단일 분자 자석**[Single Molecule Magnets, SMM]이라고 한다. 대부분의 단일 분자 자석[SMM]에는 망간이 포함되어 있지만 바나듐, 철, 니켈 및 코발트 클러스터도 포함되어 있을 수 있다. 단일 분자 자석[SMM]의 장점은 강한 잔류 인덕턴스[residual inductance], 유기 용매에 대한 큰 용해도, 매우 작은(서브 나노 스케일의) 크기이다. 최근에는 일부 사슬 시스템들[chain systems]이 상대적으로 높은 온도에서 오랫동안 지속되는 자화를 가질 수 있다는 사실이 밝혀졌다. 이러한 시스템을 단일 체인 자석[Single-Chain Magnets, SCM]이라고 한다. 실제 센서설계 시 인터넷[8]에서 유용한 자석 계산기를 활용할 수 있다.

4.3.3 코일과 솔레노이드

솔레노이드[solenoid]와 코일[coil]은 나선 형태로 감긴 긴 와이어[wire]로 만들어진다. 솔레노이드와 코일은 전류 i를 흘리면 자기장을 생성하는 실용적인 장치이다. 솔레노이드는 전류를 기계적 힘으로 변환하기 위한 액추에이터로 자주 사용된다. 특히 움직임과 근접을 감지하는 데 많이 활용된다. 솔레노이드라는 단어는 파이프라는 그리스어에서 파생되었다. 코일은 루프 모양[loopy shape]을 가질 수 있으며 솔레노이드는 실린더 형태의 단단한 패킷 코일[tightly packet coil]에 해당한다. 솔레노이드가 지름에 비해 매우 길다고 가정하자. 솔레노이드의 자기장은 솔레노이드를 구성하는 감긴 도선들의 자기장 벡터 합이 된다.

8 자세한 내용은 www.kjmagnetics.com/calculator.asp에서 확인할 수 있다.

코일이 넓은 간격으로 감겨 있으면 자기장은 와이어 사이에서 상쇄되는 경향이 있다. 솔레노이드 내부 및 와이어에서 상당히 멀리 떨어진 지점에서 자기장(magnetic vector, 자기 벡터) B는 솔레노이드 축과 평행하다. [그림 4-14]와 같이 매우 촘촘하게 감긴 경우에만 솔레노이드는 본질적으로 원통형 전류 시트cylindrical current sheet로 볼 수 있다.

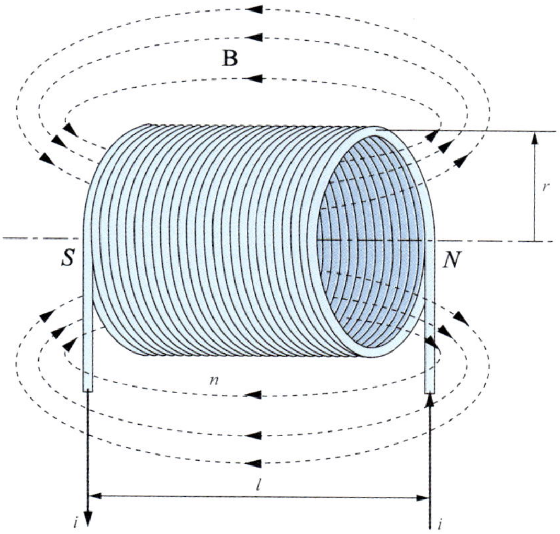

그림 4-14 솔레노이드 또는 코일

전류 시트에 앙페르의 법칙Ampere's law을 적용하면 솔레노이드 내부의 자기장의 크기는 다음과 같다.

$$B = \mu_0 i_0 n \tag{4.31}$$

여기서 n은 단위 길이당 코일의 감긴 수이고, i_0는 솔레노이드 와이어에 흐르는 전류이다. 이 식은 무한히 긴 솔레노이드에 대해 유도되었지만, 솔레노이드 중심 근처의 내부 지점에 대해서는 상당히 정확하다. B는 솔레노이드의 지름이나 길이와는 무관하며 솔레노이드 단면에 걸쳐 일정하다. 솔레노이드의 지름은 무관하므로 여러 층의 권선을 사용하여 더 큰 세기의 내부 자기장을 생성할 수도 있다. 솔레노이드 외부 자기장은 내부 자기장보다는 약하다.

4.4 유도

1831년 영국의 마이클 패러데이Michael Faraday와 미국의 조지프 헨리Joseph Henry는 자기장이 변하게 되면 전선에 전류가 유도induction되는 사실을 발견했다. 이는 전자기학의 가장 근본적인 효과 중 하나이다. 자기장은 그 기원이 특정되지 않아 영구 자석이든 솔레노이드이든 자기장이 어떻게 생성되는지는 중요하지 않지만, 그 효과는 동일하다. 중요한 점은 자기장이 변하면 전류가 생성된다는 점이다. 고정 자기장은 전류를 생성하지 않는다.

패러데이의 유도 법칙에 의하면 유도 전압 또는 기전력electromotive force, e.m.f.은 회로를 통과하는 자속magnetic flux 9의 변하는 속도와 같다. 변화율이 Wb/s이면 e.m.f.(e)는 볼트 단위로 다음과 같다.

$$e = -\frac{\mathrm{d}\Phi_B}{\mathrm{d}t} \quad (4.32)$$

마이너스 부호는 유도된 기전력의 방향을 나타낸다. 변화하는 자속이 솔레노이드에 적용되는 경우에는 각 턴turn 10마다 기전력이 나타나며 모든 기전력을 합산하면 된다. 코일의 각 턴의 단면적이 동일할 때 각 턴을 통과하는 자속은 동일하므로 솔레노이드의 유도 전압은 다음과 같다.

$$V = -N\frac{\mathrm{d}\Phi_B}{\mathrm{d}t} \quad (4.33)$$

여기서 N은 감긴 수이다. 이 방정식은 센서 설계자 또는 애플리케이션 엔지니어에게 용이한 형태로 다시 나타낼 수 있다.

$$V = -N\frac{\mathrm{d}(BA)}{\mathrm{d}t} \quad (4.34)$$

다음 식은 자기장을 입력 받는 픽업회로pick-up circuit의 전압이 자기장(B)의 크기 또는 회로의 면적(A)에 따라 변화함을 의미한다. 따라서 유도 전압은 다음에 따라 달라질 수 있다.

- 수신 코일에 대해 자기장 소스(자석, 코일, 와이어 등) 이동
- 자기장을 생성하는 코일 또는 와이어에 흐르는 전류 변화
- 픽업회로에 대한 자기장 소스의 방향 변화
- 픽업회로의 기하학적 구조 변화(예 : 늘이거나, 압착하거나, 코일의 회전수를 변경하는 등)

두 개의 코일이 서로 가까이 있을 때 첫 번째 코일에 흐르는 전류를 변화시키면 생성되는 자기장이 변화한다. 이때 두 번째 코일에는 패러데이의 법칙에 따라 유도 기전력이 생긴다. 이때 자기장은 첫 번째 코일도 통과하므로 첫 번째 코일에도 기전력이 발생한다. 이를 자체 유도self-induction라고 하며 그 결과 전압을 자체 유도 기전력이라고 한다. 솔레노이드의 중심 부분에 대한 패러데이의 법칙은 다음과 같다.

$$v = -\frac{\mathrm{d}(n\Phi_B)}{\mathrm{d}t} \quad (4.35)$$

괄호 안의 숫자는 자속 쇄교수flux linkage라고 하며 장치의 중요한 특성이다. 주변에 자성 물질이 없는 단순한 코일의 경우 이 값은 다음과 같이 코일을 통과하는 전류에 비례한다.

$$n\Phi_B = Li \quad (4.36)$$

9 자기다발이라고도 부른다.

10 코일의 각각의 감긴 도선을 지칭한다.

여기서 L은 코일의 인덕턴스[inductance]라고 하는 비례상수이다. 식 (4.35)는 다음과 같이 다시 작성할 수 있다.

$$v = -\frac{\mathrm{d}(n\Phi_B)}{\mathrm{d}t} = -L\frac{\mathrm{d}i}{\mathrm{d}t} \tag{4.37}$$

다음 식으로부터 우리는 인덕턴스를 다음과 같이 정의할 수 있다.

$$L = -\frac{v}{\dfrac{\mathrm{d}i}{\mathrm{d}t}} \tag{4.38}$$

인덕터[inductor]는 인덕턴스를 가지는 장치로 근처에 자성 물질을 가져다 놓지 않으면 식 (4.38)은 장치의 기하학적 구조에만 의존한다. 인덕턴스의 SI 단위는 H이며 미국 물리학자 조지프 헨리[Joseph Henry]의 이름을 따서 헨리[Henry]라고 부른다. 즉 1 H = 1 V · s/A이다.

식 (4.37)을 통해서 몇 가지 결론을 얻을 수 있다.

- 유도 전압은 인덕터를 통과하는 전류의 변화율에 비례한다.
- 직류에 대한 유도 전압은 0이다.
- 전압은 전류 변화율에 따라 선형적으로 증가한다.
- 전압의 극성은 전류의 증가 및 감소에 따라 달라진다.
- 유도 전압은 자속의 변화(전류의 변화)의 반대 방향으로 생긴다.

커패시턴스와 마찬가지로 인덕턴스는 기하학적 요인으로 계산할 수 있다. [그림 4-14]에 표시된 것처럼 밀집된 코일의 경우 인덕턴스는 다음과 같다.

$$L = \frac{n\Phi_B}{i} \tag{4.39}$$

n이 단위 길이당 감긴 수인 경우 코일 길이 l에서의 자속은 다음과 같다.

$$N\Phi_B = (nl)\times(BA) \tag{4.40}$$

여기서 A는 코일의 단면적이다. 자기 코어가 없는 솔레노이드는 $B = \mu_0 n i$이고 인덕턴스는 다음과 같이 나타낼 수 있다.

$$L = \frac{N\Phi_B}{i} = \mu_0 n^2 lA \tag{4.41}$$

lA는 종종 G라고 불리는 **솔레노이드의 부피**(geometry factor, 형상계수)라는 점에 유의하자. 만약 자기 코어가 솔레노이드의 내부 공간에 삽입되면 인덕턴스는 코어 재료의 상대 투자율[relative magnetic permeability] μ_r과 코어 형상계수[core geometry factor] g에 따라 달라진다.

$$L = \mu_0 \mu_r n^2 g G \tag{4.42}$$

계수 g는 자기 코어의 크기와 모양, 삽입 깊이, 솔레노이드 끝과의 거리에 따라 달라진다. 또한 강자성 물질의 상대 투자율(μ_r)이 전류 i에 따라 변한다는 점을 고려해야 한다. 따라서 자기 코어가 있을 때, 솔레노이드 코일을 통과하는 전류의 함수인 보정계수 η_i는 다음과 같이 추가된다(코어가 없을 때 $\mu_r = \eta_i = 1$이다).

$$L = \mu_0 \mu_r n^2 \eta_i g G \tag{4.43}$$

식 (4.43)에서 인덕턴스(L)는 오른쪽 항의 모든 요소(보편상수인 μ_0는 제외)에 의해 변조될 수 있다는 것을 알 수 있다. 유도형 센서inductive sensor에서 L은 코일의 감은 수, 코일의 치수, 코어의 모양 및 삽입된 정도, 코어 재료에 의해 바뀌게 되며 많은 응용 분야에서 사용된다. 예를 들어 변위를 측정함으로써 힘, 압력, 위치, 기타 변수를 감지할 수 있다.

전자회로에 연결될 때 인덕턴스는 다음과 같이 복소저항complex resistance으로 표시할 수 있다.

$$\frac{V}{i} = jwL \tag{4.44}$$

여기서 $j = \sqrt{-1}$이고, i는 $w = 2\pi f$의 주파수를 가지는 정현파 전류이다. 식 (4.44)에서 알 수 있듯이 고주파수에서 인덕터의 복소저항은 증가한다. 이는 인덕터에 대한 옴의 법칙에 해당한다. j는 전류가 전압보다 $90°$만큼 지연됨을 의미하며 따라서 코일을 **리액티브**reactive 부품이라 부른다.

두 개의 코일이 서로 인접해 있고, 첫 번째 코일에 흐르는 전류에 의해 생성된 자기장은 두 번째 코일의 전자와 상호 작용하여 다음과 같은 기전력을 유도한다.

$$v_2 = -M_{21} \frac{\mathrm{d}i_1}{\mathrm{d}t} \tag{4.45}$$

여기서 M_{21}은 두 코일 사이의 **상호 인덕턴스**mutual inductance 계수이다. 상호 인덕턴스는 계산이 간단하지 않으며 대부분 실험적으로 더 쉽게 얻을 수 있다. 예외적으로 비교적 단순한 조합의 코일들에 대해서는 상호 인덕턴스를 계산할 수 있다. 예를 들어 단위 길이당 n번의 감긴 수를 가지는 긴 솔레노이드 주위에 배치된 N번의 감긴 수를 가지는 코일은 다음과 같은 상호 인덕턴스를 가진다.

$$M = \mu_0 \pi R^2 nN \tag{4.46}$$

여기서 R은 솔레노이드의 지름이다.

두 개의 코일이 서로 가까이에 있는 경우의 상호 인덕턴스는 다음과 같다.

$$M_{12} = N_1 N_2 P_{21} \tag{4.47}$$

여기서 N_1과 N_2는 각각 첫 번째와 두 번째 코일의 감긴 수이고 P_{21}은 자기 플럭스가 전파되는 공간의 퍼머넌스permanence이다. 퍼머넌스는 전기 저항과 유사하지만, 자속에 대해 사용되는 개념이다. 이는 코일 사이의 커플링 재료의 자기 투자율과 그 형상에 비례하며 센서의 중요한 설계 원리로 활용된다.

상호 인덕턴스를 표현하는 또 다른 유용한 방법은 코일의 인덕턴스와 커플링 계수(coupling coefficient, $0 \le k \le 1$)를 사용하는 것이다.

$$M = k\sqrt{L_1 L_2} \tag{4.48}$$

코일 인덕턴스와 상호 인덕턴스가 센서에 어떻게 사용되는지 알아보기 위해 [그림 4-15]에 4가지 설계 개념을 나타냈다.

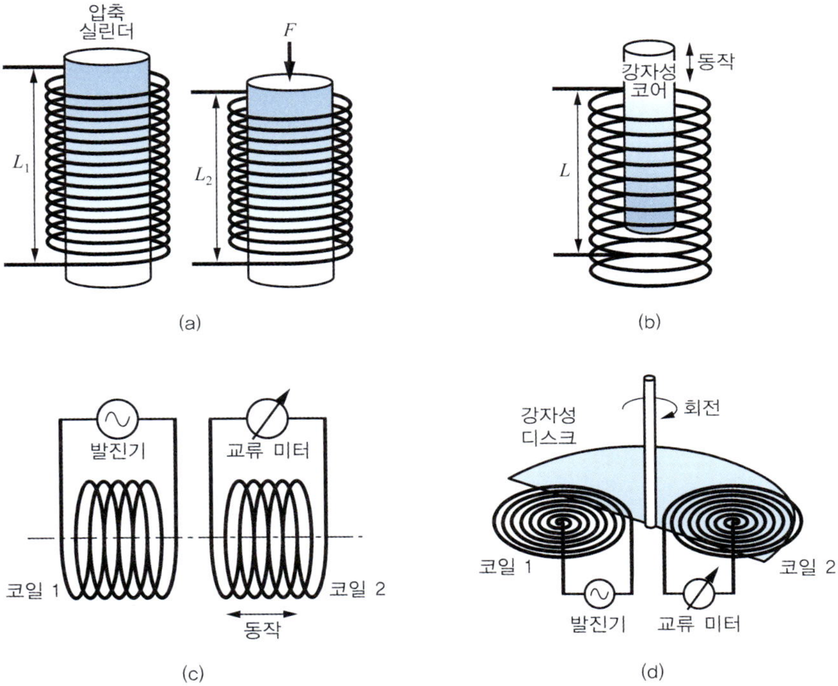

그림 4-15 코일을 이용한 센서 예시 (a) 기하학적 구조가 변경되는 코일 (b) 코어가 움직이는 솔레노이드 (c) 2개의 움직이는 코일 (d) 상호 인덕턴스 가변 코일

코일이 스프링 동작이 가능한 유연한 실린더에 감겨져 있는 경우 [그림 4-15(a)]와 같이 외력 F가 인가됨에 따라 식 (4.43)에서 코일 형상계수 g값이 변하게 된다. 이로 인해 코일 인덕턴스 L이 바뀐다. 만약 코일이 LC 발진기[oscillator]의 일부라면 적용된 힘 F는 출력 주파수를 변조한다.

[그림 4-15(b)]와 같이 솔레노이드 내부에 움직일 수 있는 강자성 코어가 있다고 하자. 강자성 코어에서 솔레노이드 내부에 위치한 영역만 솔레노이드의 계수 g와 인덕턴스를 변조하게 된다. 따라서 코어가 내부에 깊이 들어갈수록 인덕턴스는 커진다. [그림 4-15(c)]는 상호 이동 가능한 코일을 보여준다. 왼쪽 코일은 발진기[oscillator]에 의해 여기신호가 공급된다. 출력 코일은 식 (4.48)에서 k에 따라 상호 인덕턴스가 바뀌게 되므로 코일 커플링[coil coupling]에 비례하여 교류 출력전압을 생성하게 된다. 코일 커플링을 변조하는 또 다른 방법은 [그림 4-15(d)]에 나타난다. 코일 두 개 모두 이동 가능한(회전하는) 강자성 세미 디스크인 커플링 매체를 통해 결합되어 있으며 세미 디스크가 두 코일과 겹치는 영역이 가장 클 때 커플링은 최대가 되고, 코일 위에 강자성 물질이 배치되지 않을 때 커플링은 최소가 된다.

4.4.1 렌츠의 법칙

유도 결합inductive coupling이 사용되는 센서의 응용 범위는 매우 넓다. 이때 2차 코일에 유도되는 전류는 1차 코일의 자기장에 대해 역방향에 해당하는 자체 자기장을 생성한다는 점을 항상 고려해야 한다. 이 현상은 렌츠의 법칙Lenz Law[11]으로 알려져 있다. **즉 유도 전류는 이를 발생시킨 전류에 반대 방향으로 흐른다.** 식 (4.35)의 마이너스가 이러한 방향을 의미한다. 렌츠의 법칙은 뉴턴의 제3운동 법칙과 유사하다고 할 수 있다(모든 행동에는 항상 동등한 크기의 반대되는 반응이 있다). 렌츠의 법칙은 유도 전류 방향을 나타내며 이는 폐쇄 전도회로에만 적용된다. 유도 전류에 의해 생성된 반대 방향의 자속은 인덕턴스를 감소시킨다. 렌츠의 법칙은 전자기 제동, 인덕션 쿡탑, 금속 탐지기 등을 포함하여 매우 광범위한 응용 분야에 활용되고 있다.

4.4.2 맴돌이 전류

맴돌이 전류eddy current는 1851년 프랑스의 물리학자 레온 푸코가 발견한 전기적 현상이다. 이 전류를 푸코 전류foucault current라고 부르기도 한다. 맴돌이 전류는 2가지 경우에 발생한다. 먼저 자기장 소스 및 도체의 상대적인 운동으로 인해 변화하는 자기장에 도체가 노출되는 경우와 자기장의 세기 변화에 도체가 노출되는 경우이다. 맴돌이 전류는 도체 본체 내에서 전자의 순환 흐름 또는 순환 전류를 유발한다. 이때 도체는 자성체일 수도 있고 아닐 수도 있다. 맴돌이 전류는 자속에 수직인 평면상에서 순환한다. 코일에 의해 유도되면 일반적으로 코일의 권선과 평행하게 흐르게 되며, 맴돌이 전류 흐름은 유도 자기장 영역의 내부에서만 발생한다. 맴돌이 전류는 여기 코일에 인접한 표면 근처에 집중되며 코일과의 거리가 멀어짐에 따라 크기가 감소한다. 또한 맴돌이 전류 밀도는 깊이에 따라 기하급수적으로 감소하며 이 현상을 **표피 효과**skin effect라고 한다.

순환하는 전류 소용돌이는 렌츠의 법칙에 의해 1차 자기장의 변화에 반대하는 유도 자기장을 생성하여 도체와 자석 또는 유도 코일 사이에 인력 또는 척력을 유발한다. 1차 자기장의 세기 또는 도체의 전기 전도도가 크거나 1차 자기장의 변화가 빠르면 더 큰 맴돌이 전류[12]가 형성된다. 맴돌이 전류는 1차 자기장과 반대되는 자기장을 생성하여 순 자속net magnetic flux을 감소시키게 되므로 깊어질수록 맴돌이 전류가 작아지는 표피 효과가 발생한다. 또는 표면 근처의 맴돌이 전류는 코일의 자기장을 차폐하여 더 깊은 곳에서 자기장을 약화시키고 유도 전류를 감소시킨다.

11 렌츠의 법칙은 1834년에 독일 과학자 렌츠(H.F.E. Lenz)의 이름을 따서 만들어졌다.

12 인덕션 요리 기구에는 맴돌이 전류가 사용된다. 포트 아래에 위치한 코일은 포트의 밑바닥에 강한 원형 전류를 유도한다. 맴돌이 전류를 열에너지로 변환하기 위해, 포트의 바닥은 전기 저항이 너무 높거나 낮지 않아야 한다. 그러므로 유리나 세라믹, 구리 또는 알루미늄 조리 기구를 인덕션에 사용할 수 없다.

4.5 저항

모든 물질에서 전자는 밀폐된 용기의 가스처럼 무작위로 움직인다. 선호하는 방향은 없으며 재료가 균질하다고 가정했을 때 재료의 모든 부분에서 전자의 평균 농도는 균일하다. 임의의 소재의 막대bar를 살펴보자. 막대의 길이는 l이다. [그림 4-16]과 같이 막대의 양 끝에 전압 V를 갖는 배터리를 연결하면 막대 내에 전기장 E가 발생한다.

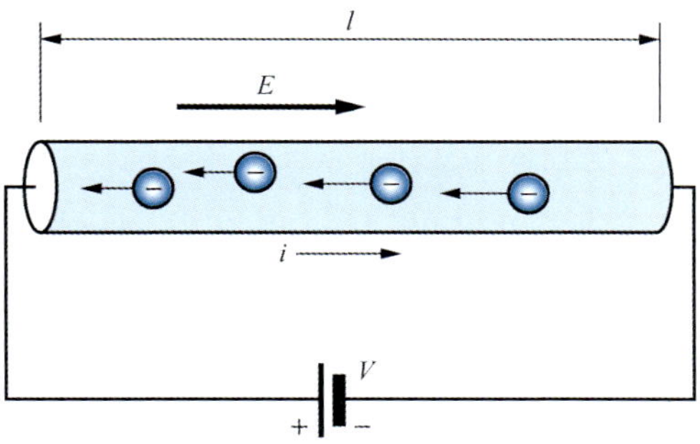

그림 4-16 물질에 인가된 전압은 전류를 형성한다.

전기장의 크기는 다음과 같이 쉽게 알 수 있다.

$$E = \frac{V}{l} \tag{4.49}$$

예를 들어 막대 길이가 $l = 1\,\mathrm{m}$ 이고, 배터리가 1.5 V 를 제공하는 경우에 전기장의 강도는 1.5 V/m 이다. 이때 자유전자는 전기장의 방향과 반대로 움직인다. 따라서 전류가 재료를 통해 흐르기 시작한다. 우리는 전하 q 가 통과하는 재료의 단면을 상상할 수 있는데 이 단면에 단위 시간당 흐르는 전하 q 를 **전류**electric current로 정의한다.

$$i = \frac{dq}{dt} \tag{4.50}$$

전류의 SI 단위는 암페어(A)로 1 A = 1 C/s 이다. SI 단위에서 1 A 는 자유 공간일 때 1 m 간격으로 분리되고 무한하게 긴 두 개의 평행 와이어 사이에서 자기장으로 인해 2×10^{-7} N 의 힘을 생성하는 전류로 정의된다. 암페어는 매우 큰 전류 단위이다. 일반적으로 센서에서는 훨씬 더 작은 전류가 사용되므로, 다음과 같은 단위들이 자주 사용된다.

1 milliampere (mA)	10^{-3} A
1 microampere (μA)	10^{-6} A
1 nanoampere (nA)	10^{-9} A
1 picoampere (pA)	10^{-12} A
1 femtoampere (fA)	10^{-15} A

재료의 단면이 무엇이든 전류는 항상 같다. 이는 서로 다른 지름을 가지는 파이프들이 직렬로 연결된 수로에서의 물 흐름과 유사하다. 물 흐름 속도는 파이프의 지름 크기와는 상관없이 임의의 위치에서 항상 동일하다. 물은 좁은 구간에서 더 빨리 흐르고 넓은 구간에서 더 느리게 흐르지만, 단위 시간당 단면을 통과하는 물의 양은 일정하다. 그 이유는 매우 간단하다. 파이프 안의 물은 사라지거나 생성되는 것이 아니기 때문이다. 전류도 마찬가지이다. 전하 보존 법칙law of conservation of charge은 물리학의 기본 법칙 중 하나이다. 정상 상태steady-state 조건에서 전하는 생성되거나 사라지지 않는다. 따라서 **들어온 만큼 반드시 나가야 한다**. 이 장에는 전하 저장(커패시터)을 고려하지 않으며 우리가 논의하는 모든 재료는 순수한 저항 특성만 가지고 있다고 생각하자.

단순화된 형태의 전기 전도electrical conduction 메커니즘은 다음과 같이 설명된다. 구리 와이어와 같은 전도성 물질은 양의 구리 이온들의 반강체semirigrid 스프링과 같은 주기적 격자lattice로 모델링할 수 있으며 강한 전자기력에 의해 결합된다. 각 구리 원자는 격자 주위를 자유롭게 이동할 수 있는 하나의 전도 전자conduction electron를 가지고 있다. 전기장 $\mathbf{E}$가 도체 내에 인가되면 힘 $-e\mathbf{E}$가 각 전자에 작용하고(e는 전자 전하), 전자는 가속되어 움직인다. 그러나 전자는 진동하고 있는 구리 원자와 충돌하기 때문에 움직임이 매우 짧아진다. 이때 구리 원자의 진동 크기는 재료의 온도에 의해 결정된다.

전자는 운동 에너지를 격자로 전달하고 종종 양이온에 포획되기도 한다. 포획이 되면 다른 전자가 대신 풀려나게 되고, 이 전자는 또 다시 다른 격자와 충돌할 때까지 전기장에 의해 이동하게 된다. 충돌과 충돌 사이의 평균 시간은 τ로 지정되며 이는 재료의 유형, 구조, 불순물 농도에 따라 달라진다. 예를 들어 상온room temperature에서 순수 구리의 전도 전자는 $\tau = 2.5 \times 10^{-14}$ s의 값을 가지고, 충돌과 충돌 사이에 평균 이동 거리는 $0.04\,\mu\text{m}$이 된다. 실제로 배터리의 음극 근처에서 재료 내부로의 전자 유입량과 양극 단자에서 나오는 유출량이 같지는 않다. 그러나 재료 내부에서는 일정한 드리프트 또는 전자의 흐름이 유지된다. 물질 원자와 전자의 충돌은 불규칙적인 원자 진동을 증가시키고 물질의 온도를 상승시킨다. 이 때문에 전류가 저항성 물질을 통과할 때 줄 열이 발생한다.

전류 흐름의 방향은 전기장의 방향, 즉 전자 흐름의 반대 방향으로 정의하고 있다. 따라서 전류는 배터리의 양극에서 음극으로 흐르고, 전자는 실제로 반대 방향으로 이동한다. 이때 파이프를 통해 물을 흐르게 하는 것과 달리 처음에 전도체를 전자로 채울 필요가 없다는 점이 흥미롭다. 전자는 항상 도체이므로 전도체는 이미 채워져 있으며 전기장은 도체 재료 내에서 빛의 속도로 전파되기 때문에 도체의 모든 전자가 동시에 반응하여 전류가 발생한다.

4.5.1 비저항

구리와 유리 등 기하학적으로 동일한 두 개의 막대를 제작하여 여기에 동일한 전압을 인가시켰다고 하자. 두 막대의 전기장은 동일하지만 막대에 흐르는 전류는 상당히 다르다. 이와 같이 재료마다 전류를 흐르게 하는 능력은 모두 다르며 결과적으로 다음과 같이 옴의 법칙에 의해 일정한 전압 대 전류의 비율에 해당하는 전기 저항을 갖는다.

$$R = \frac{V}{i} \tag{4.51}$$

순수한 저항일 때(인덕턴스 또는 커패시턴스 성분이 없는 경우) 전압과 전류는 서로 동상inphase이므로 항상 동시에 변화한다.

모든 재료는 일정한 비저항[13]을 가지므로[14] 저항기resistor로 볼 수 있다. 저항의 SI 단위는 $1\Omega = 1\text{V}/1\text{A}$ 이다. 옴(Ω)의 배수multiples는 다음과 같다.

1 milliohm (mΩ)	$10^{-3}\Omega$
1 kilohm (kΩ)	$10^{3}\Omega$
1 Megohm (MΩ)	$10^{6}\Omega$
1 Gigohm (GΩ)	$10^{9}\Omega$
1 Terohm (TΩ)	$10^{12}\Omega$

전류와 물 흐름을 다시 비교하면, 파이프라인의 압력(예 : 파스칼)은 저항의 전압(V)과 유사하고 전류(C/s)는 유량(flow, l/s)과 유사하다. 전기 저항(Ω)은 파이프의 유량 저항에 해당한다. 파이프가 짧고 넓으며 장애물이 없을 때 물 흐름에 대한 저항이 더 작다는 것은 명백한 사실이다. 예를 들어 파이프에 필터가 설치되어 있으면 물 흐름에 대한 저항력이 커진다. 동맥 내벽의 콜레스테롤 침착물에 의해 동맥 내 혈액의 흐름이 제한될 수 있다는 점을 떠올리면 된다. 이러한 침전물은 유량 저항(혈관 저항)을 증가시키게 되고, 이를 보상하기 위해 동맥 혈압이 증가하여 심장이 더 강하게 뛰게 된다. 동맥압이 혈관 저항이 증가하는 것을 따라갈 수 없을 때 심장을 포함하여 중요한 기관에 필요한 혈액을 제공하기가 어려워진다. 이로 인해 심장 마비 또는 기타 합병증이 발생하기도 한다.

키르히호프의 법칙Kirchhoff's Laws은 전기 회로 설계를 제어하는 기본 법칙으로 독일 물리학자인 구스타프 키르히호프Gustav Robert Kirchhoff의 이름을 따서 붙여졌다. 이 법칙은 원래 전기 네트워크와 배관 네트워크와의 유사성을 고려하여 고안되었다.

저항은 장치의 특성이다. 저항은 재료와 형상에 따라 달라진다. **비저항**(resistivity, ρ)은 다음과 같이 재료 자체의 특성에 해당한다.

$$\rho = \frac{E}{j} \tag{4.52}$$

여기서 j는 전류 밀도이며, i/a (a는 물질의 단면 넓이)에 해당한다. 비저항의 SI 단위는 $\Omega \cdot \text{m}$이다. 일부 재료의 비저항들은 [표 A-7]에 나와 있다. 종종 **전도도**(conductivity, $\sigma = 1/\rho$)라고 불리는 비저항의 역수가 사용된다. 저항의 역수는 컨덕턴스conductance라 하며 컨덕턴스의 SI 단위는 $[1/\Omega]$인 **지멘스**siemens이다. 때때로 지멘스는 'mho'라고도 불린다. 즉 거꾸로 쓰인 'ohm'에 해당한다.

13 저항률이라고도 한다.

14 초전도체의 경우에는 비저항을 가지지 않는다(비저항이 0이다). 하지만 이는 이 책에서 다루는 범위를 벗어난다.

물질의 비저항은 충돌 사이의 평균 시간 τ, 전자 전하 e, 전자의 질량 m, 물질의 단위 부피당 전도 전자 수 n을 이용하여 다음과 같이 나타낼 수 있다.

$$\rho = \frac{m}{ne^2\tau} \tag{4.53}$$

저항은 다음 식을 이용하여 구할 수 있다.

$$R = \rho\frac{l}{a} \tag{4.54}$$

여기서 a는 단면적이고, l은 도체의 길이이다. l/a는 저항기의 **형상계수**geometry factor라고도 불린다.

식 (4.54)는 저항과 그 매개변수 사이의 기본적인 관계를 나타낸다. 따라서 저항성 센서를 설계하려면 비저항 또는 형상계수 l/a을 변조하는 방법을 찾아야 한다. 식 (4.54)의 변수를 변조하는 방식으로 동작하는 몇 가지 저항 센서를 살펴보도록 하자.

4.5.2 저항기의 온도 감도

실제로 재료의 비저항은 일정하지 않다. 온도 t에 따라 다소 변화하며 상대적으로 좁은 온도 범위에서는 온도계수Temperature Coefficient of Resistivity, TCR인 열감도(기울기에 해당) α를 통해 다음과 같이 선형으로 근사할 수 있다.

$$\rho = \rho_0\left(1 + \alpha\frac{t - t_0}{t_0}\right) \tag{4.55}$$

여기서 ρ_0는 기준온도 t_0(일반적으로 0℃ 또는 25℃)에서의 비저항이다. 사실 더 넓은 범위에서 비저항은 온도의 비선형함수이다. 비교적 고정밀도가 요구되지 않고 넓은 범위의 온도에서 동작하는 응용의 경우 비저항은 [그림 4-17]에 표시된 것처럼 직선으로 모델링될 수 있다.

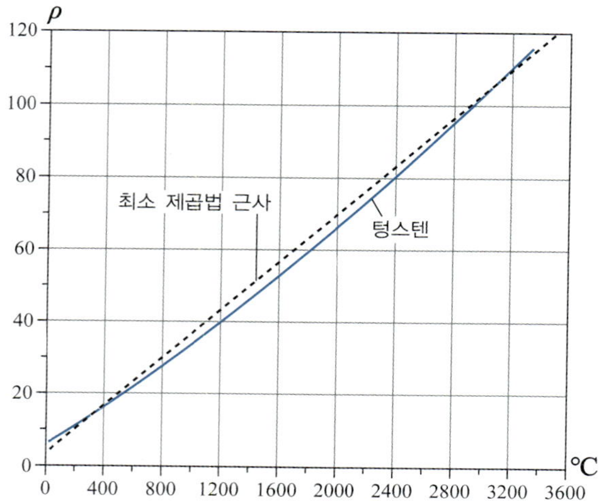

그림 4-17 온도에 따른 텅스텐의 비저항

정확도가 더 높아야 될 경우 식 (4.55)를 사용해서는 안 된다. 대신 고차 다항식이 사용될 수 있다. 예를 들어 더 넓은 온도 범위에서 텅스텐 저항은 다음과 같은 2차 근사 다항식에서 찾을 수 있다.

$$\rho = 4.45 + 0.0269t + 1.914 \times 10^{-6}t^2 \tag{4.56}$$

여기서 t의 단위는 ℃ 이고, ρ의 단위는 Ω · m 이다.

금속은 양의 온도계수Positive Temperature Coefficient, PTC α를 갖지만,[15] 반도체와 산화물은 음의 온도계수Negative Temperature Coefficient, NTC를 가진다. 일반적으로 NTC 저항은 고온에서 비선형성을 갖는다. 저항이 전자회로에 사용되면 가능한 온도와 무관한 것이 좋다. 좋은 저항은 α가 10^{-5} 이하의 값을 가져야 한다. 그러나 온도 센서로 활용되는 경우에는 α가 큰 나쁜 저항기를 사용하는 것이 바람직하다. 큰 α를 사용하여 두 가지 유형의 온도 센서를 제작할 수 있다. 하나는 **서미스터**thermistor[16]이고 다른 하나는 **저항 온도 감지기**Resistance Temperature Detector, RTD[17]이다. 가장 널리 사용되는 저항 온도 감지기는 백금platinum, Pt 센서이다. 최대 600 ℃ 의 넓은 온도 범위에서 동작한다. Pt RTD의 저항은 [그림 4-18]에 나와 있다.

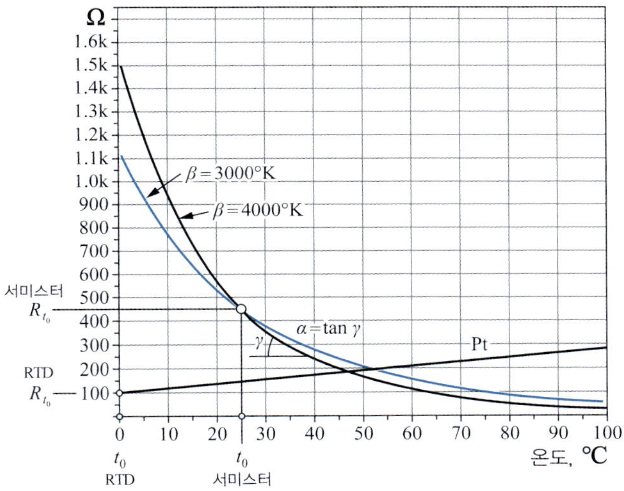

그림 4-18 2개의 서미스터와 Pt RTD에 대한 저항-온도 특성. 기준온도가 서로 다름에 유의할 것

최적화된 직선은 다음과 같은 식으로 주어진다.

$$R = R_0(1 + 36.79 \times 10^{-4}t) \tag{4.57}$$

여기서 교정 저항 R_0는 0℃ 에서 측정된다. t의 단위는 ℃ 이고 R의 단위는 Ω 이다. Pt의 저항 곡선에서 약간의 비선형성을 보정하지 않으면, 넓은 온도 범위에서 상당한 오류를 유발할 수 있다. Pt 저

15 금속의 저항은 온도에 따라 증가한다. 예를 들어 전구의 텅스텐 필라멘트는 온도의 자기 조절기 역할을 하므로 필라멘트가 타지 않는다. 즉 온도가 상승하면 저항이 올라가고 전류가 떨어지면서 온도가 내려가게 된다. 금속에 α가 음수이면, 필라멘트가 즉시 소실되어 전등을 만들 수가 없을 것이다.

16 thermal과 resistor를 합친 말이다.

17 자세한 내용은 17.3절을 참고하라.

항의 정확한 근사는 다음과 같은 2차 다항식으로 이루어질 수 있다.

$$R = R_0(1 + 39.08 \times 10^{-4} t - 5.8 \times 10^{-7} t^2)\Omega \tag{4.58}$$

식 (4.57)과 식 (4.58)에서 계수들은 재료의 순도 및 제조 기술에 따라 달라진다. 백금 온도계의 선형 및 2차 모델의 정확도를 비교하기 위해 다음의 예제를 사용해보자. 기준 온도 0℃ 에서 Pt RTD 센서의 비저항이 $R_0 = 100\,\Omega$ 인 경우 +150℃ 에서의 선형 근삿값은 다음과 같다.

$$R = 100(1 + 36.79 \times 10^{-4} \times 150) = 155.18\,\Omega$$

그리고 식 (4.58)의 2차 다항식을 이용한 근삿값은 다음과 같다.

$$R = 100(1 + 39.08 \times 10^{-4} \times 150 - 5.8 \times 10^{-7} \times 150^2) = 157.32\,\Omega$$

이 두 근삿값 간의 차이는 2.13Ω 이다. 이는 +150℃ 근처에서 약 5.8℃ 의 오류에 해당하며, 선형 근사가 거의 4% 이내의 오차임을 의미한다.

저항성 온도 센서의 또 다른 유형으로 온도계수가 매우 큰 저항인 서미스터(NTC 또는 PTC)가 있다. 온도를 측정할 때에는 보통 NTC를 사용한다. 그리고 매우 높은 비선형성을 가지는 PTC 서미스터는 정확도는 낮지만, 선택된 영역에서는 매우 큰 감도가 요구되는 애플리케이션을 사용한다. 서미스터는 일반적으로 니켈, 망간, 코발트, 티타늄, 철 금속의 산화물로 만들어진 세라믹 반도체이다.

서미스터의 저항은 옴(Ω)에서 메그옴(MΩ)까지 다양한 크기를 가진다. 서미스터는 디스크, 물방울, 튜브, 플레이크, 박막 형태로 생산될 수 있다. 또한 두꺼운 필름 페이스트를 세라믹 기판에 인쇄하여 두꺼운 필름 서미스터를 만들 수도 있다. 그리고 반도체(Ge 및 Si)의 저항을 제어하여 반도체 RTD 및 서미스터도 만들 수 있다.

서미스터는 비선형 온도 저항 특성([그림 4-18])을 가지고 있으며 일반적으로 17장에서 자세히 다루고 있는 여러 식 중 하나로 근사될 수 있다.

서미스터의 전달함수로 다음과 같은 지수 형태의 근사가 가장 많이 사용되고 있다.

$$R_t = R_0 e^{\beta\left(\frac{1}{T} - \frac{1}{T_0}\right)} \tag{4.59}$$

여기서 T는 서미스터 온도, T_0는 교정온도, R_0은 교정온도 T_0에서의 저항, β는 서미스터 재료의 특성 온도이다. 모든 온도와 β는 켈빈 단위이다. 일반적으로 β의 범위는 2,600 ~ 4,200 K (게르마늄으로 만든 반도체 서미스터는 6,000K 까지 도달 가능)이고, 상대적으로 좁은 온도 범위의 경우 β는 온도와 무관한 것으로 간주되어 식 (4.59)의 근사가 잘 맞을 수 있다. 만약 더 높은 정확도가 필요하다면 다른 근사를 사용해야 한다. [그림 4-18]은 $\beta = 3{,}000\,\text{K}$, $4{,}000\,\text{K}$ 을 갖는 2개의 서미스터와 백금 RTD에 대한 저항/온도 관계를 보여준다. 백금 온도 센서는 온도에 덜 민감하고 양의 기울기를 가지면서 더 선형적이지만, NTC 서미스터는 더 높은 감도를 가지면서 음의 기울기가 일정하지 못하고 비선형적이다.

일반적으로 데이터 시트에서 서미스터의 기준온도는 $t_0 = 25℃ = 298.15\,\mathrm{K}$ 이고, RTD의 기준온도는 $t_0 = 0℃ = 273.15\,\mathrm{K}$ 로 지정된다.

4.5.3 저항기의 스트레인 감도

재료가 기계적으로 변형되면 전기 저항이 바뀐다. 스트레인[strain]은 변형의 척도이다. 기계적 변형[mechanical deformation]은 식 (4.54)에서 비저항과 형상계수를 변화시킨다. 저항기의 스트레인 감도[strain sensitivity]를 압저항[piezoresistivity]이라고 한다. 이는 그리스어 압력(πίεση)에서 유래된 것이다. 앞서 살펴본 것처럼 주변 환경에 상관없이 항상 일정한 저항값을 갖는 경우(회로 요소로서 좋은 저항)보다 주변 환경에 따라 민감하게 저항값이 바뀌는 경우(회로 요소로서 나쁜 저항)가 센서로 활용할 때 더 유리하다. 이 나쁜 저항은 스트레인을 측정하는 스트레인 센서에 활용될 수 있다. 그밖에 변위, 힘, 압력 센서 등과 같은 대다수의 복잡한 센서의 일부로도 사용된다.

스트레스(응력)[stress]를 받으면 저항기에 변형(스트레인)이 유발된다. 스트레스 σ는 다음과 같이 힘과 연관된다.

$$\sigma = \frac{F}{a} = E\frac{\mathrm{d}l}{l} = Ee \tag{4.60}$$

여기서 E는 재료의 영률[Young's modulus], F는 인가된 힘, a는 단면적이다. 이 식에서 비율 $dl/l = e$를 재료의 정규화된 **변형**[deformation]에 해당하는 스트레인이라 한다.

[그림 4-19]는 인가된 힘 F에 의해 늘어나는 원통형 도체(와이어)를 보여준다.

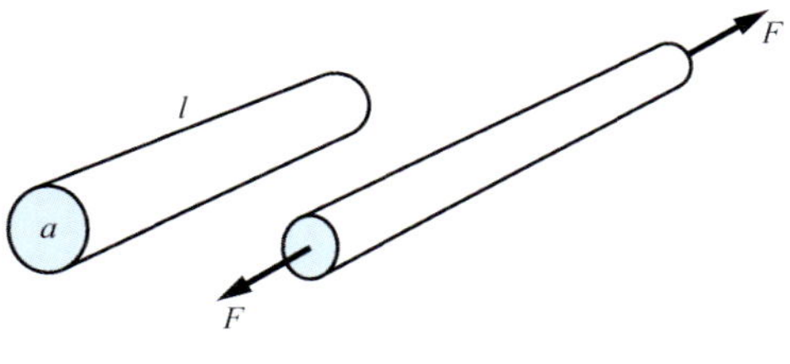

그림 4-19 스트레인은 도체의 형상과 비저항을 변화시키다.

재료의 부피 v는 일정하게 유지되지만(재료가 추가되거나 제거되지 않았으므로), 길이는 증가하고 단면적은 작아진다. 결과적으로 식 (4.54)는 다음과 같이 쓸 수 있다.

$$R = \frac{\rho}{v}l^2 \tag{4.61}$$

길이와 단면적의 변화 비율은 주어진 소재와 디자인에 대해서는 항상 일정하다는 것에 유의하자. 미분을 통해 와이어 저항기의 감도를 다음과 같이 정의할 수 있다.

$$\frac{\mathrm{d}R}{\mathrm{d}l} = 2\frac{\rho}{v}l \tag{4.62}$$

식 (4.62)에 따르면 높은 비저항을 가지면서 길고 얇은 와이어일수록 스트레인 감도는 높아진다. 변형된 와이어의 정규화된normalized 증가량 저항incremental resistance은 스트레인 e의 선형함수이며 다음과 같이 표현할 수 있다.

$$\frac{\mathrm{d}R}{R} = S_e e \tag{4.63}$$

여기서 S_e는 게이지 계수gauge factor 또는 스트레인 게이지 요소의 감도라 한다. 금속 와이어는 2 ~ 6의 값을 가진다. 결정 구조의 변형으로 인한 비저항 변화가 훨씬 커서 게이지 계수도 40 ~ 200으로 매우 크다. 반도체에 스트레스가 가해지면 소재의 종류와 도핑 농도에 따라 비저항이 변한다(10.2절 참조). 그러나 반도체의 스트레인 감도는 온도에 따라 달라지므로 넓은 온도 범위에서 사용된다면 적절한 보상이 필요하다.

4.5.4 저항기의 수분 감도

적절한 재료를 선택함으로써 특정 저항과 환경 요인에 대한 저항기의 감도를 제어할 수 있다. ρ에 큰 영향을 미칠 수 있는 요소 중 하나는 저항에 의해 흡수될 수 있는 수분의 양이다. 수분 의존 저항기는 흡수된 물 분자의 농도에 의해 특정 저항이 강하게 영향을 받는 흡습성hygroscopic 재료로 제작된다. 이는 하이그리스터hygristor라 불리는 저항성 습도 센서의 원리이다.

전형적인 저항성 하이그리스터는 [그림 4-20(a)]와 같이 세라믹 기판 위에 실크 스크린 프린팅된 빗살형interdigitized[18] 전극으로 구성된다. 도체에 해당하는 전극들 사이에는 전도성 입자들이 현탁suspend되어 있는 흡습성 반도체 겔gel로 덮여 있다(14.4절 참조). 일반적으로 겔[2]은 하이드록시 에틸셀룰로스hydroxyethylcellulose, 노닐 페닐 폴리에틸렌 글리콜 에테르nonyl phenyl polyethylene glycol ether, 기타 유기물과 탄소 분말을 첨가하여 제작되며 부드러운 혼합물을 만들기 위해 완전히 절삭하여 가공된다.

또 다른 유형의 하이그리스터는 염화리튬LiCl 필름과 바인더binder로 제작되며, 코팅된 기판은 적절한 온도와 습도에서 경화된다.

코팅의 저항은 습도에 따라 [그림 4-20(b)]와 같이 비선형으로 변하며, 이를 교정 및 데이터 처리할 때 고려해 주어야 한다. 대개 하이그리스터의 응답 시간은 10 ~ 30초로 느린 편인데 공기 흐름이 있는 곳에서는 단축될 수 있다. 저항의 범위는 1 kΩ 에서 100 MΩ 까지 다양하다.

하이그리스터는 능동형 센서로 전기 출력을 생성하려면 여기신호가 필요하다. 이때 코팅의 분극화polarization를 방지하기 위해 직류DC 바이어스가 없는 대칭형의 교류AC 여기 전류만 사용하는 것이 중요하다. 그렇지 않으면 센서가 손상될 수 있다.

18 전극 모양이 손가락의 모양과 비슷하다는 데에서 유래된 용어이다.

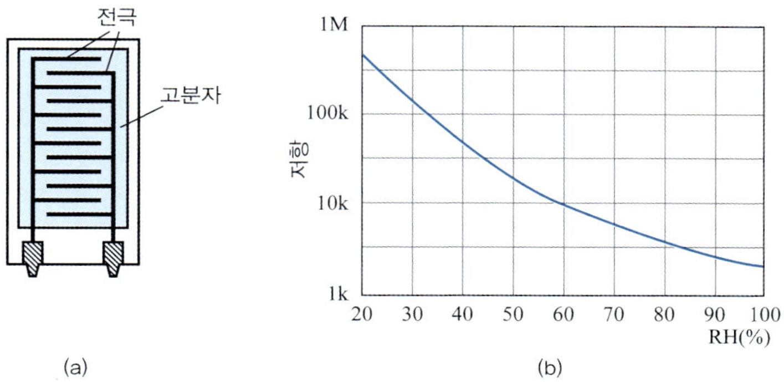

그림 4-20 (a) 하이그리스터 설계 (b) 하이그리스터의 전달함수

4.6 압전 효과

압전 효과piezoelectric effect는 결정성 물질crystalline이 스트레스를 받아 전하를 생성하는 것을 의미한다. 더 정확하게는 전하의 재분배를 말한다. 이러한 효과는 석영^{SiO_2}과 같은 천연 결정체나 극성(인공 편광) 인공 세라믹poled man-made ceramics, PVDF와 같은 일부 폴리머에서 일어난다. 이러한 압전 재료들은 강유전성ferroelectric[19]을 가진다고 말한다. 대부분의 압전재료들은 철 성분이 없음에도 불구하고 강자성ferromagnetic 현상과 유사한 특성을 가져 강ferro-이라는 이름이 붙여졌다. 눌렀을 때 저항의 변화로 인한 압저항piezoresistivity과는 달리 압전기piezoelectricity는 압력에 반응하여 표면에 전하를 띤다. 퀴리Curie 형제는 1880년에 석영에서 압전 효과를 발견했지만, 1917년 프랑스인 폴 랑주뱅P. Langevin 교수가 물속에서 음파를 생성하고 감지하기 위해 석영 판을 사용하기 전까지 그다지 실용적으로 쓰이지는 않았다. 해당 실험은 소나sonar의 개발로 이어졌다.

1927년에 마이스너A.Meissner[3]는 압전 효과에 대해 단순하지만 잘 설명되는 모델을 제안했다. 석영 결정은 [그림 4-21(a)]의 나선 모양으로 모델링되며 실리콘Si 원자 1개와 산소^{O_2} 원자 2개가 나선 주위를 번갈아 가면서 나타난다. 석영의 결정 구조는 각각 x, y, z축을 따라 살펴볼 수 있으며 [그림 4-21(a)]는 z축을 따라 본 그림이다.

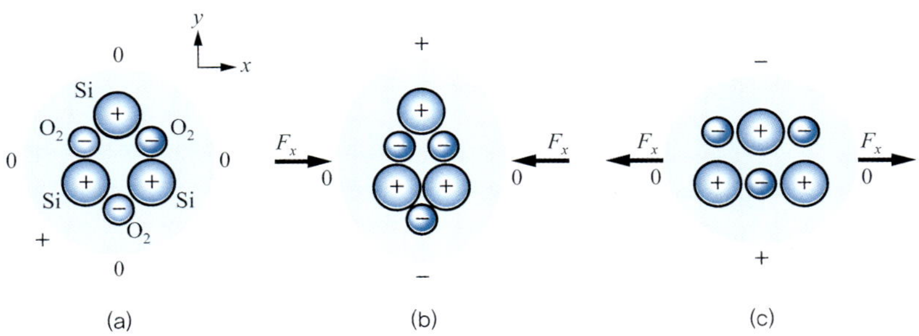

그림 4-21 석영 결정의 압전 효과

19 강유전성의 특징은 전기장이 없어도 분극이 남아있는 것이며, 강자성의 특징은 외부 자기장이 없어도 자화가 남아있는 것이다.

단결정 셀에는 실리콘 원자 3개와 산소 원자 6개가 있다. 산소는 쌍을 이루고 있다. 각 실리콘 원자는 4개의 양전하를 가지고 있으며, 한 쌍의 산소 원자는 4개의 음전하(원자 당 2개)를 가진다. 따라서 석영 셀은 스트레스가 없는 조건에서 전기적으로 중성이다. 만약 외력 F_x가 x축을 따라 가해지면 육각형 격자는 변형된다. [그림 4-21(b)]는 양전하가 실리콘 원자 쪽에 음전하가 산소 쌍 쪽에 축적되는 방식으로 결정의 원자를 이동시키는 스트레스를 나타낸 것이다. 따라서 결정은 y축을 따라 전하의 불균형을 띠게 된다. 만약 결정이 x축을 따라 늘어나게 되면 [그림 4-21(c)]와 같이 반대 극성의 전하가 y축을 따라 생성된다. 이 간단한 모델은 결정 물질이 기계적 변형에 반응하여 표면에 전하를 발생시킬 수 있음을 보여준다. 이에 대한 설명은 4.6.1절에서 다룰 초전기 효과pyroelectric effect도 유사한 원리를 갖는다.

전하를 모으기 위해서는 적어도 두 개의 전도성 전극이 결정의 양 끝단에 연결되어야 한다([그림 4-22] 참조).

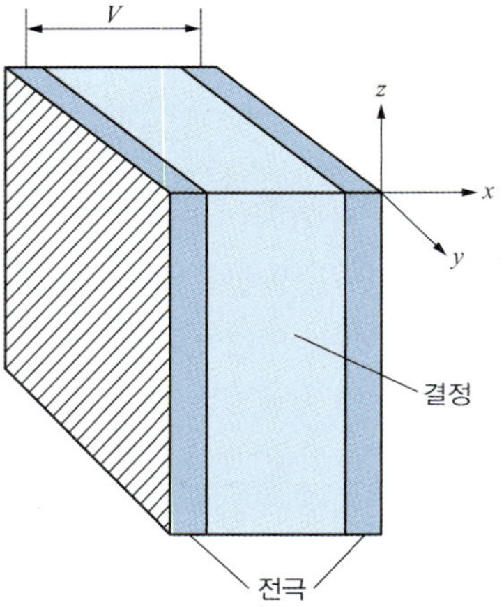

그림 4-22 압전 센서는 극성 결정 물질에 전극을 붙여서 형성한다.

결과적으로 압전 센서는 금속판 사이에 유전체 재료가 있는 커패시터의 형태를 가지게 되며, 여기서 유전체는 압전 결정 재료이다. 유전체는 전하 발생기 역할을 하고, 커패시터 양단에 전압 V를 발생시킨다. 결정 유전체의 전하는 작용력이 인가된 위치에만 형성되지만 금속 전극은 표면을 따라 전하를 균등화시키므로 위치에 민감하지 않도록 만든다. 전극이 복잡한 패턴(예 : 다중 전극)으로 형성될 때에는 선택한 전극의 응답을 측정하여 적용된 힘의 정확한 위치를 알아낼 수도 있다.

재료 내 스트레인은 압전 효과를 통해 커패시터를 충전하게 된다. 즉 압전 센서는 기계적 스트레스를 전기로 직접 변환한다. 이때 압전 효과는 가역적인 물리 현상이다. 따라서 압전 재료는 스트레인을 전기로 변환할 수 있고 전기를 다시 스트레인으로 변환할 수도 있다. 결정에 여러 쌍의 전극이 달려있다고 해보자. 한 쌍의 전극에 전압을 인가하여 결정에 스트레인을 발생시키게 되면 다른 쌍의 전극에서는 이 스트레인으로 인해 전기가 발생하여 전하를 픽업할 수 있다. 이 방법은 다양한 압전 컨버터 및 장치에서 매우 광범위하게 사용된다. 대표적인 예가 수정 발진기crystal oscillator이다.

단순화된 형태의 압전 효과 크기는 다음과 같이 분극 벡터polarization vector[4]로 나타낼 수 있다.

$$\mathrm{P} = \mathrm{P}_{xx} + \mathrm{P}_{yy} + \mathrm{P}_{zz} \tag{4.64}$$

여기서 x, y, z는 결정 축crystal axes과 관련된 기존의 직교 좌표계를 나타낸다. 축 방향 스트레스 σ에 대해서는 다음과 같이 쓸 수 있다.[20]

$$\begin{aligned} P_{xx} &= d_{11}\boldsymbol{\sigma}_{\mathbf{xx}} + d_{12}\boldsymbol{\sigma}_{\mathbf{yy}} + d_{13}\boldsymbol{\sigma}_{\mathbf{zz}} \\ P_{yy} &= d_{21}\boldsymbol{\sigma}_{\mathbf{xx}} + d_{22}\boldsymbol{\sigma}_{\mathbf{yy}} + d_{23}\boldsymbol{\sigma}_{\mathbf{zz}} \\ P_{zz} &= d_{31}\boldsymbol{\sigma}_{\mathbf{xx}} + d_{32}\boldsymbol{\sigma}_{\mathbf{yy}} + d_{33}\boldsymbol{\sigma}_{\mathbf{zz}} \end{aligned} \tag{4.65}$$

여기서 상수 d_{mn}은 결정 단면에서 직교축을 따르는 압전계수piezoelectric coefficient이며 단위는 C/N이다. 재료에 따라 모든 계수 d는 서로 다르며 계수가 가장 큰 방향으로 힘이 인가될 수 있도록 해야 한다.

압전 결정에 따라 생성된 전하량은 적용된 힘에 비례한다. 예를 들어 x 방향에서 전하량은 다음과 같다.

$$Q_x = d_{11} F_x \tag{4.66}$$

전극이 부착된 결정은 커패시턴스를 갖는 커패시터를 형성하기 때문에, 전극 양단에서 발생하는 전압은 다음과 같다.

$$V = \frac{Q_x}{C} = \frac{d_{11}}{C} F_x \tag{4.67}$$

다음으로 커패시턴스는 식 (4.23)을 통해 다음과 같이 나타낼 수 있다. 전극 표면적은 a[21], 결정의 두께는 l, κ는 유전상수이다.

$$C = \kappa \varepsilon_0 \frac{a}{l} \tag{4.68}$$

센서의 출력전압은 다음과 같다.

$$V = \frac{d_{11}}{C} F_x = \frac{d_{11} l}{\kappa \varepsilon_0 a} F_x \tag{4.69}$$

식 (4.69)는 더 높은 출력전압을 얻기 위해 압전 재료가 더 작은 전극 면적을 가지고, 더 큰 두께를 가져야 함을 나타낸다. 또한 전압에 대한 힘의 전달함수가 선형임을 나타낸다. 그러나 식 (4.69)로 표시되는 전압은 감쇠 과도 상태decaying transient의 피크 전압에 해당한다는 점을 유의해야 한다. 압전 센서는 **변화하는 힘**changing forces에만 반응하고, 일정한 힘에는 반응하지 않는 교류 센서이다.

4.6.1 세라믹 압전 재료

압전 센서용으로 널리 사용되는 세라믹 재료는 PZT로 불리는 **납 지르코늄 티타네이트**(lead zirconium titanate, $Pb(Zr, Ti)O_3$)가 있다. 센서의 제조는 다양한 색상의 미세 분말 형태의 고순도 금속 산화물(납 산화물, 지르코늄 산화물, 티타늄 산화물 등)에서 시작된다. 분말powder은 특정 정밀도로 분쇄되고 화학적으로 정확한 비율로 완전히 혼합되어 있다. 분말은 혼합물을 고온에 노출시키는 '하소calcining'라는 과정을 통해 형성된다. 이때 각 입자는 최종적으로 원하는 화학적 구성을 가지고 있으나 아직 원하는 결정 구조를 갖지는 않는다.

20 전체 계수 세트에는 전단 스트레스(shear stress)과 해당 d계수도 포함된다.

21 결정 영역이 아닌 전극 영역의 면적임에 유의하자. 압전 유도 전하는 전극으로 덮인 영역에서만 수집될 수 있다.

다음 단계는 석회 가루calcined powder를 고체 또는 액체 유기 결합제(이후 소성 중 연소된다)와 혼합하고 혼합물을 최종 감지요소의 모양에 가까운 케이크 형태로 형성하는 것이다. 원하는 모양의 케이크를 형성하기 위해 몇 가지 방법을 사용할 수 있다. 예를 들어 유압 피스톤의 힘으로 압착하거나 점성 액체를 주형에 붓고 건조시키는 주조casting, 혼합물을 다이를 통해 압착하거나 얇은 시트를 위해 롤을 형성하는 압출extrusion, 점성 액체를 부드럽게 움직이는 벨트로 당겨 형성하는 테이프 주조tape casting가 있다.

케이크가 형성된 후에는 가마에 넣고 신중하게 제어한 온도에 노출시킨다.[22] 유기 결합제를 태우고 나면 재료가 약 15% 수축하게 된다. 케이크는 붉은빛으로 가열되고 이 상태를 일정 시간 동안 유지하는데, 이를 담금시간soak time이라고 하며 최종 화학 반응이 발생한다. 결정 구조는 재료가 냉각될 때 형성된다. 재료에 따라 전체 소성 과정은 24시간이 소요되기도 한다. 재료가 냉각되면 표면에 전극을 부착시킨다. 전극 부착 방법에는 여러 종류가 있다. 가장 일반적인 것은 은 소성(fired-on silver, 은-유리 혼합물의 실크 스크리닝과 재소성), 무전해 도금(electroless plating, 특수 수조에서 화학 증착), 스퍼터링(sputtering, 금속 증기에서의 노출)이 있다.

재료의 결정성(결정 셀)은 전기 쌍극자 형태로 모델링될 수 있다. 석영과 같은 일부 재료들은 자연적으로 결정축을 따라 쌍극자가 배향되므로 스트레스에 민감하다. 반면에 다른 재료들은 쌍극자가 무작위로 배향되므로, 압전 특성을 갖기 위해서는 극화시킬(극성을 가지게 할) 필요가 있다. 결정질 재료에 압전 특성을 부여하기 위해 몇 가지 폴링poling 기술이 사용된다. 가장 많이 사용되는 폴링 프로세스는 열 폴링thermal poling으로 다음과 같은 단계로 수행된다.

1. [그림 4-23(a)]와 같이 무작위로 배향된 쌍극자를 갖는 결정성 물질(세라믹 또는 폴리머 필름-다음 절 참조)을 퀴리온도보다 약간 낮은 온도에서 가열시킨다. 이때 일부 재료(예 : PVDF 필름 재료)는 결정에 우세한 방향을 제공하기 위해 양쪽으로 당기는 힘을 가하기도 한다. 고온은 쌍극자의 더 강한 교반agitation을 초래하고 원하는 방향으로 더 쉽게 방향을 설정할 수 있게 만든다.
2. 재료는 [그림 4-23(b)]와 같이 강한 전기장 **E**에 놓이게 된다. 여기서 쌍극자는 전기장 선을 따라 정렬된다. 모든 쌍극자가 정렬되는 것은 아니며, 통계적으로 대부분이 전기장 방향으로 정렬된다.
3. 전기장이 유지되는 동안 재료가 냉각된다.
4. 전기장이 제거되고 폴링 프로세스가 완료된다. 극성 물질이 퀴리온도 이하로 유지되는 한 그 극성은 영구적으로 유지된다. 쌍극자는 [그림 4-23(c)]와 같이 고온에서 전기장에 의해 주어진 방향대로 동결된 채로 유지된다.

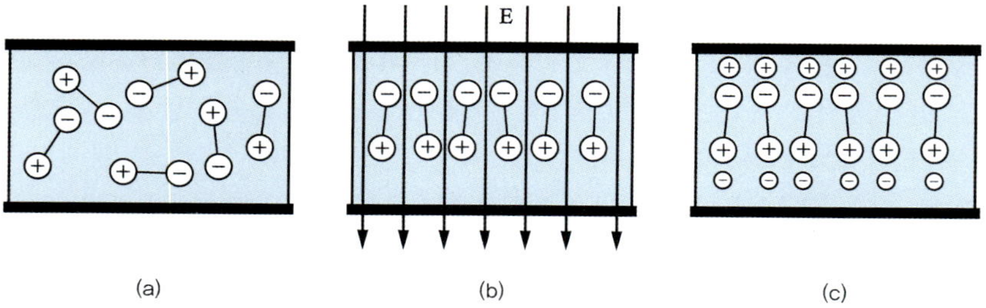

그림 4-23 압전 재료 및 초전기 재료의 열 폴링 프로세스

22 이를 소성(firing)이라 한다.

코로나 방전 폴링corona discharge poling이라고 하는 방법도 있는데 이는 폴리머 압전/열전 필름(4.6.2절 참조)을 생산하는 데 사용된다. 필름은 40 ~ 50초 동안 1cm 두께당 수백만 볼트의 전극에서 코로나 방전을 겪게 된다.[5~6] 코로나 분극은 수행하는 데 복잡하지 않고 전기적 파괴electrical breakdown가 발생하기 전까지는 쉽게 적용될 수 있으며 상온에서 수행된다. 마지막 작업으로는 절단, 가공, 연삭이 있다. 압전piezo 또는 초전pyro재료가 준비되면 이를 센서의 하우징에 설치하고 전극을 전기 단자 및 기타 전자 부품과 연결한다.

폴링 프로세스 직후에 결정은 영구적으로 분극된 상태를 유지하며, 짧은 시간 동안은 전하를 띨 수 있다. 하지만 벌크 재료 내부에는 전기장 방향대로 움직일 수 있는 자유 전하 캐리어free charge carrier가 풍부하며 주변 공기에도 전하를 띤 이온들이 많이 존재한다. 전하 캐리어들은 [그림 4-23(c)]와 같이 극성 쌍극자 쪽으로 이동하여 전하를 중성화시킨다. 따라서 분극 압전 재료는 정상 상태에 있는 한 전기적으로 방전되어 더이상 전하를 띠지 않게 된다. 이후 다시 스트레스가 가해지거나 표면 근처에서 공기가 불어오면(12.6절 참조) 균형잡힌 상태가 깨지게 되고, 압전 재료는 반대 표면에 전하를 발생시킨다. 스트레스가 유지되면 내부의 캐리어 이동에 의해 전하가 다시 중성화된다. 따라서 압전 센서는 일정하게 유지되는 스트레스가 아니라, **변화하는 스트레스**changing stress에만 반응한다. 즉 압전 센서는 직류 장치가 아니라, 교류 장치에 속한다.

압전 방향성 감도(piezoelectric directional sensitivity, d계수)는 온도에 따라 달라진다. 일부 재료(석영)는 감도가 약 0.016%/℃의 기울기로 감소한다. 또한 다른 재료(PVDF 필름 및 세라믹)는 40℃ 미만의 온도에서는 온도가 증가함에 따라 감소하지만, 더 높은 온도에서는 온도가 상승하면 증가한다. 오늘날 압전 센서 제조에 가장 많이 사용되는 재료는 세라믹이다.[7~9] 가장 초기의 강유전성 세라믹은 다결정polycrystalline 물질인 티탄산바륨barium titanate, $BaTiO_3$이었다. 영구 분극의 안정성은 쌍극자의 보자력coercive force에 따라 달라진다. 일부 재료에서는 분극이 시간이 지남에 따라 감소될 수 있다. 극성 재료의 안정성을 높이기 위해 극성의 위치를 고정시킬 수 있도록 불순물을 주입하기도 한다.[4] 압전계수와 유전상수 κ는 온도 의존성이 유사하다. 따라서 식 (4.69)에서 이러한 온도에 따른 변화는 분자와 분모 각각에 입력되어 서로 상쇄되는 경향이 있다. 그 결과 넓은 온도 범위에서 출력전압 V가 안정적으로 유지된다.

압전 소자는 단결정으로 사용되거나, 재료의 여러 판이 함께 적층된 다층 형태로 사용될 수도 있다. 이들은 전극 사이에 배치된다. [그림 4-24]는 2층 힘 센서를 보여준다.[23] 외력 F가 가해지면 센서의 윗부분은 팽창하고 아랫부분은 압축된다. 레이어가 올바르게 적층되면 출력신호의 크기가 2배가 된다.

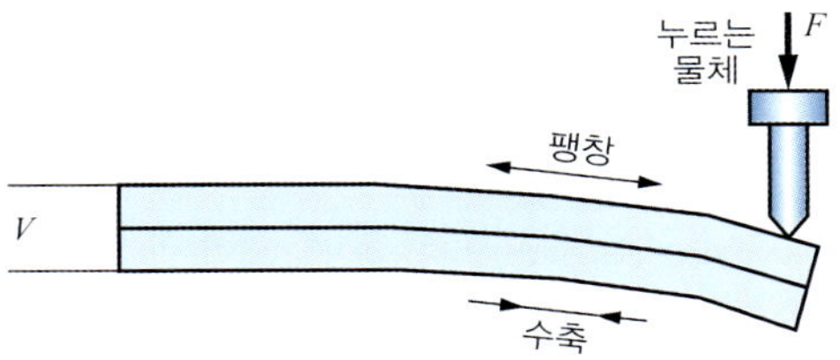

그림 4-24 2층의 적층 압전 센서

23 압전 센서는 교류 장치이므로 일정하거나 느리게 변화하는 힘에 반응하지 않는다.

이중 센서는 [그림 4-25(a)]와 같이 병렬 연결 또는 [그림 4-25(c)]와 같은 직렬 연결을 가질 수 있다. 압전 센서의 전기 등가회로electrical equivalent circuit는 스트레스 유도 전류원(i), 누설 저항(r), 커패시턴스(R)의 병렬 연결로 이루어진다. 층 연결에 따라 적층 센서에 대한 등가회로는 [그림 4-25(b)]와 [그림 4-25(d)]에 나와 있다. 누설 저항 r은 $10^{12} \sim 10^{14}\,\Omega$ 정도로 매우 크며, 매우 높은 출력 임피던스를 가지게 된다. 따라서 입력저항이 매우 높고 입력 커패시턴스가 매우 낮은 전하 – 전압 또는 전류 – 전압 컨버터나 전압 증폭기와 같은 특수한 인터페이스 회로가 필요하다.

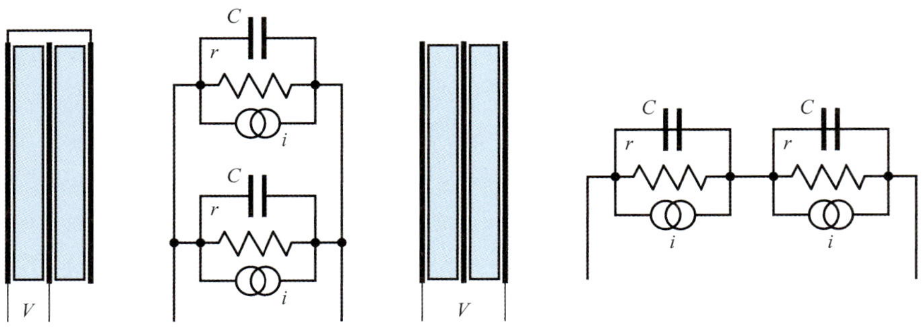

그림 4-25 (a~b) 병렬 연결된 적층 압전 센서와 등가회로 (c~d) 직렬 연결된 적층 압전 센서와 등가회로

실리콘은 압전 특성을 갖지 않기 때문에 압전 재료의 결정 층을 증착하여 이러한 특성을 추가할 수 있다. 가장 많이 사용되는 세 가지 재료는 산화아연ZnO, 질화알루미늄AlN, 티탄산 지르콘산 연PZT 세라믹이며, 기본적으로 앞에서 설명한 개별 압전 센서를 제조할 때 사용되는 것과 동일한 재료이다.

산화아연은 압전 특성 이외에 초전성pyroelectic도 가진다. 이는 초음파 음향 센서, 표면 음향파Surface Acoustic Wave, SAW 장치, 마이크로 저울 등을 개발하기 위해 많이 사용되는 소재이며, MEMS 공정 시 화학적 에칭etching이 쉽다는 것이 장점 중 하나이다. 산화아연 박막은 일반적으로 스퍼터링 기술을 사용하여 실리콘 위에 증착된다.

질화알루미늄AlN은 높은 음향 속도acoustic velocity를 가지고 고온 다습한 환경에서 우수한 내구성을 가지는 압전 재료이다. 압전계수는 산화 아연ZnO보다 다소 작지만, 세라믹을 제외한 다른 박막 압전 재료보다는 크다. 높은 음향 속도는 GHz 주파수 범위의 활용에서 유리하다. 일반적으로 질화알루미늄 박막은 화학 기상 증착CVD 또는 반응성 분자 빔 에피택시MBE 기술을 사용하여 형성된다. 그러나 이러한 증착 방법을 사용했을 때 높은 가열 온도(최대 1300℃)가 필요하다는 것이 단점이다.

박막은 산화 아연ZnO 또는 질화알루미늄보다 큰 압전계수와 높은 초전계수pyroelectric coefficient를 가지고 있어 열복사 검출기thermal radiation detector 제작에 적합하다. PZT는 전자빔 증착[10], RF 스퍼터링[11], 이온빔 증착[12], RF 스퍼터링에 의한 에피택셜 성장[13], 마그네트론 스퍼터링[14], 레이저 어블레이션laser ablation[15], 졸–겔sol-gel[16] 등의 방법으로 제작할 수 있다.

4.6.2 폴리머 압전 재료

1969년에 카와이H. Kawai는 폴리비닐리덴 플루오라이드PolyVinyliDene Fluoride, PVDF에서 강력한 압전성을 발견했고 1975년 일본 회사 파이오니아Pioneer 사는 PVDF를 사용하여 스피커 및 이어폰의 상용 제품을 개발했다.[17] PVDF는 대략 50%의 결정도를 갖는 반결정질semicrystalline 폴리머이다.[18] 다른 반결정질 폴리머와 마찬가지로 PVDF는 비정질 영역과 혼합된 층상 조직lamellar structure로 구성된다. 화학 구조는 다음의 CF_2-CH_2doubly fluorinated ethene 단위가 반복되는 형태이다.

$$\left[\begin{array}{ccccc} & H & & F & \\ & | & & | & \\ - & C & - & C & - \\ & | & & | & \\ & H & & F & \end{array}\right]_n \tag{4.70}$$

PVDF 분자량은 약 10^5으로 이는 약 2,000개의 단위 반복에 해당한다. 이 필름은 가시광선 및 근적외선 영역에서 매우 투명하며 적외선 영역에서 흡수성을 가진다. PVDF 폴리머의 녹는점은 170℃ 근처이며 밀도는 약 1,780 kg/m^3으로 기계적으로 유연하면서도 내구성을 가진다.

PVDF는 타이타늄산 바륨$BaTiO_3$ 또는 PZT와 같이 일반적으로 사용되는 다른 재료처럼 높은 압전계수를 갖지는 않는다. 그러나 매우 높은 교류 전기장에 노출되는 동안 탈분극depolarize되지 않는다는 독특한 특성이 있다. 즉 PVDF의 d_{31} 값은 PZT의 약 10%에 불과하지만, PVDF에서의 최대 허용 전기장은 PZE보다 100배 더 크다. 그렇기 때문에 PVDF에서 관찰할 수 있는 최대 변형은 PZT보다 10배 더 크다. 또한 필름은 60℃에서 6개월 동안 보관하면 감도가 약 1 ~ 2%만 감소되는 우수한 안전성을 가진다. 다양한 압전 재료들에 대한 비교 특성은 [표 A-8]에 나와 있다. 압전 세라믹과 비교했을 때 압전 필름의 또 다른 장점은 낮은 음향 임피던스acoustic impedance로 물, 인체 조직 및 기타 유기물질에 더 가깝다는 점이다. 예를 들어 압전 필름의 음향 임피던스는 물의 2.6배에 불과하지만, 압전 세라믹은 일반적으로 11배나 더 크다. 임피던스 매칭matching은 물과 조직tissue에서 음향신호를 보다 효율적으로 변환할 수 있도록 해준다.

다른 강유전성 재료와 마찬가지로 PVDF도 초전성(4.7절 참조)을 가지며 온도 변화에 따라 분극의 세기가 변화한다. PVDF는 인체의 열에 해당하는 파장 스펙트럼을 포함하는 7 ~ 20 μm 파장의 적외선 에너지를 강력하게 흡수한다. 그러나 필름이 열복사thermal radiation를 잘 흡수할 수 있음에도 불구하고 초전 센서pyroelectric sensor에서는 반사성이 매우 높은 2개의 금속 전극 사이에 필름이 끼워져 있어 적외선 복사가 전극을 관통해 필름에 잘 흡수되지 않는다. 이러한 문제를 해결하기 위해 열복사에 노출된 전극은 열 흡수층으로 코팅되거나, 높은 적외선 흡수율을 갖는 금속 합금인 니크롬Nichrome으로 만들어진다. 열복사가 흡수되면 PVDF 필름을 통해 빠르게 열전도로 전파될 수 있도록 열로 변환된다.

PVDF 필름은 야간 투시용 카메라 및 레이저 빔 프로파일 센서와 같은 보다 정교한 애플리케이션을 위한 초전기 센서뿐만 아니라, 유용한 인간 모션 센서를 만드는 데 활용된다. 또한 로봇 공학이나 의학, 보철학[19], 심지어는 미세 운석을 탐지하기 위한 우주 탐사와 같은 광범위한 응용 분야를 가지고 있다. PVDF의 공중합체copolymer는 더 높은 온도(135℃)에서 사용될 수 있으며 실린더 및 반구와 같은 새로운 센서 모양을 가질 수 있도록 한다. 압전 케이블도 공중합체를 사용하여 생산된다(10.5절 참조).

4.7 초전 효과

초전pyroelectric 물질은 열 흐름에 반응하여 전하를 생성할 수 있는 결정질 물질을 말한다. 초전 효과는 압전 효과와 매우 밀접한 관련이 있다. 따라서 이를 배우기 전에 4.6절을 먼저 숙지하는 것이 좋다.

압전 재료와 마찬가지로 초전 재료는 얇은 세라믹 슬라이스 또는 필름 형태로 사용되며 반대편에 전하 픽업 전극이 증착된다([그림 4-26(a)] 참조). 초전 센서는 본질적으로 열 흐름에 의해 전기적으로 충전될 수 있는 커패시터이다. 따뜻하거나 차가운 표면에 접촉하거나 열복사를 흡수하게 되면 열의 기원과 상관없이 전하가 생성되는 동일한 결과를 유발한다.

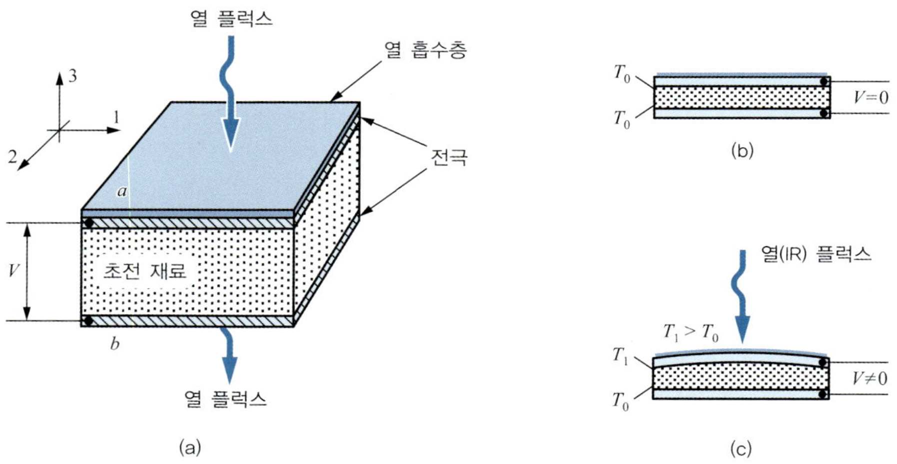

그림 4-26 (a) 초전형 센서에는 초전성 결정 물질의 양 끝에 두 개의 전극을 가지고 있다. 열복사는 위쪽에서 축 3을 따라 입사되고, 열 흡수층에 의해 흡수된다. 열은 초전성 물질을 통해 아래쪽으로 전도된다. (b) 중성 상태의 초전 센서 (c) 열은 상부층을 팽창시켜 압전 전하를 생성한다.

초전 센터는 외부 전기 바이어스(여기신호)가 필요하지 않으며 열 흐름을 전기로 직접 변환한다. 전하를 측정하기 위한 적절한 전자 인터페이스 회로만 있으면 된다. 열전대thermocouple는 두 개의 서로 다른 금속 접합부가 서로 다른 온도(4.9절 참조)에서 유지될 때 일정한 전압을 생성하는 것과는 달리 초전기는 온도의 변화에만 반응하여 전하를 생성한다. 온도의 변화는 본질적으로 열전달을 유발하기 때문에 초전기 장치는 열 감지기가 아니라, **열 흐름**heat flow 감지기에 해당한다. 초전성 결정이 열 흐름에 노출되면(예 : 적외선 방사원 또는 따뜻하거나 차가운 물체에 닿을 때) 노출된 면의 온도가 상승 또는 하강하여 열원 또는 열 흡수원이 된다. 그리고 초전 물질을 통해 반대쪽 면으로 열을 주거나 받게 되면서 [그림 4-26(a)]와 같이 결정도 주변 환경에 열을 주거나 받게 된다.

결정이 자발적으로 온도 의존적 분극을 나타내는 경우에는 초전성을 가지는 것으로 간주된다. 32개의 결정 구조 중에서 21개는 비중심 대칭noncentro-symmetric이고 10개는 초전 특성을 나타낸다. 이들은 초전 특성 외에 압전 특성(기계적 스트레스에 반응하여 전하를 생성)도 가진다. 따라서 초전기 센서를 설계할 때는 모든 잠재적인 기계적 방해 요소를 최소화하는 것이 매우 중요하다.

초전성은 18세기에 토르말린 결정tourmaline crystal에서 처음으로 관찰되었으며, 일부는 그리스인들이 23세기 전에 이를 발견했다고 주장한다. 그 후로 19세기에는 로셸염Rochelle salt은 초전기 센서를 만드는 데 사용되었다. 1915년 이후에는 인산이수소 칼륨KH_2PO_4, KDP, 인산 2수소 암모늄$NH_4H_2PO_4$, ADP, PZT로 알려진 지르콘산염$PbTiO_3$과 티탄산염$PbZrO_3$의 합성물 등 다양한 재료가 사용되었다. 현재는 가역적 분극을 보이는 1,000개 이상의 재료가 보고되었다. 이를 강유전성 결정ferroelectric crystal이라고도 한다.[24] 그중 가장 중요한 것은 트리글리신 설페이트triglycine sulfate, TGS와 리튬 탄탈레이트 산화물lithium tantalate oxide, $LiTaO_3$이다. 1969년에 카와이H. Kawai는 플라스틱 재료들인 PVF 및 PVDF에서 강력한 압전성을 발견했다.[20] 이러한 재료는 또한 상당한 초전 특성을 가진다.

초전 재료는 각각이 작은 전기 쌍극자처럼 행동하는 많은 수의 미세 결정 집합으로 생각할 수 있다. 이 모든 쌍극자들은 무작위로 배향되어 있다([그림 4-23(a)] 참조). 퀴리온도로 알려진 특정 온도 이상에서는 쌍극자 모멘트가 사라지게 된다. 초전기 재료의 제조(폴링)는 압전 재료의 제조(폴링)와 유사하다(4.6.1절 참조).

온도 변화로 인해 초전기가 발생하는 몇 가지 메커니즘을 살펴보자. 온도 변화는 개별 쌍극자의 길이를 줄이거나 늘릴 수 있다. 또한 열 교반thermal agitation으로 인해 쌍극자 방향의 임의성에 영향을 미치기도 한다. 이러한 현상을 **1차 초전기**primary pyroelectricity라고 한다. 좀더 단순화된 방식으로 압전 효과, 즉 열팽창으로 인한 재료의 변형 결과로 설명되는 **2차 초전기**secondary pyroelectricity도 있다. [그림 4-26(b)]는 온도 T_0가 전체 부피에 걸쳐 균일한 초전기 센서를 보여준다. 이때는 전극에 제로 전압을 생성한다. 이제 열(적외선)복사의 형태로 센서의 윗면([그림 4-26(c)] 참조)에 열이 가해진다고 가정해보자. 복사열은 열 흡수층(예 : 금색 또는 유기 페인트)에 의해 흡수되고, 초전 재료의 윗면을 따뜻하게 만든다. 열 흡수의 결과로 위쪽이 따뜻해지므로(새로운 따뜻한 온도는 T_1) 센서의 위쪽이 팽창한다. 팽창은 결정질 물질의 변형으로 이어지며, 이는 차례로 스트레스와 쌍극자 방향의 변화를 유발한다. 스트레스를 받은 압전 물질은 전극에 반대 극성의 전하를 생성하므로 전극에서 전압이 관찰된다. 따라서 우리는 2차 초전기를 다음과 같은 순차적인 사건sequence of the events으로 이해할 수 있다.

열복사 → 열 흡수 → 열로 유도된 스트레스 → 전하 픽업

초전 재료의 특성을 분석해보자. 벌크bulk 초전 센서의 쌍극자 모멘트dipole moment M은 다음과 같다.

$$M = \mu A h \tag{4.71}$$

여기서 μ는 단위 부피당 쌍극자 모멘트이고, A는 센서의 면적, h는 두께이다. 전극에 의해 픽업된 전하 Q_a는 재료에서 다음과 같은 쌍극자 모멘트를 생성한다.

$$M_o = Q_a h \tag{4.72}$$

24 대부분의 강유전성 재료에는 격자에 철이 없음에도 불구하고 철을 의미하는 접두어 ferro가 사용되고 있다. 이는 강자성체에서도 마찬가지이다.

M과 M_0는 같으므로, 다음과 같은 식을 얻을 수 있다.

$$Q_a = \mu A \tag{4.73}$$

온도가 변화하면 쌍극자 모멘트가 변하게 되고 유도되는 픽업 전하도 변하게 된다. 열 흡수는 쌍극자 변화와 관련되므로 μ는 다음과 같이 온도(T_a)와 재료에 의해 흡수되는 증가량 열에너지(ΔW)의 함수이다.

$$\Delta Q_a = A \times \mu(T_a, \Delta W) \tag{4.74}$$

[그림 4-27]은 저항 R_b에 연결된 초전 검출기(초전 요소)를 보여준다. 저항 R_b는 내부 누설 저항 또는 요소에 연결된 인터페이스 회로의 입력저항을 의미한다. 센서의 등가 전기회로는 그림의 오른쪽에 나타나 있다. 열 흐름에 의해 유도된 전류 i를 생성하는 전류원(전류는 전하의 움직임임을 기억하자)과 센서의 커패시턴스(C) 및 누설 저항 R_b의 세 가지 요소로 구성된다.

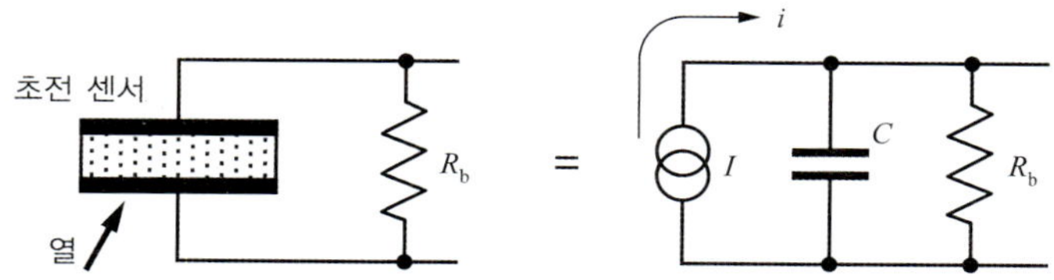

그림 4-27 초전 센서와 그것의 등가회로

초전 센서의 출력신호는 애플리케이션에 따라 전하(전류) 또는 전압의 형태로 얻을 수 있다. 커패시터이기 때문에 초전 센서는 저항 R_b에 연결될 때 방전된다. 이때 저항의 전류와 전압은 열 흐름에 의해 유도된 전하량에 의해 결정된다. 이들은 두 가지 초전계수pyroelectric coefficient를 이용하여 특성을 나타낼 수 있다.[21]

$$P_Q = \frac{dP_S}{dT} \quad \text{(전하 초전계수)} \tag{4.75}$$

$$P_V = \frac{dE}{dT} \quad \text{(전압 초전계수)} \tag{4.76}$$

여기서 P_S는 자발적 분극(픽업 전하)이고, E는 전기장 세기, T는 K 단위의 온도이다. 두 계수 모두 다음과 같이 유전상수인 κ와 자유 공간의 유전율인 ε_0와 관련이 있다.

$$\frac{P_Q}{P_V} = \frac{dP_S}{dE} = \kappa\varepsilon_0 \tag{4.77}$$

분극은 온도에 따라 달라지며 결과적으로 두 개의 초전계수도 온도의 함수이다. 초전 물질이 열원에 노출되면 온도가 ΔT 만큼 상승하고 전하 및 전압 변화는 다음의 식으로 설명할 수 있다.

$$\Delta Q = P_Q A \Delta T \tag{4.78}$$

$$\Delta V = P_V h \Delta T \tag{4.79}$$

센서의 커패시턴스는 다음과 같이 된다는 것을 떠올려 보자.

$$C_e = \frac{\Delta Q}{\Delta V} = \kappa\varepsilon_0 \frac{A}{h} \tag{4.80}$$

그러면 식 (4.78) ~ 식 (4.80)을 이용하여 다음과 같이 정리할 수 있다.

$$\Delta V = P_Q \frac{A}{C_e} \Delta T = P_Q \frac{\kappa\varepsilon_0}{h} \Delta T \tag{4.81}$$

따라서 피크 출력전압은 센서의 온도 변화와 초전계수에 비례하고 감지 소자의 두께에 반비례한다.

초전 소자가 열 구배thermal gradient를 받으면, 그 분극(결정을 가로질러 발생하는 전하)은 결정온도에 따라 달라진다. 전형적인 분극-온도 곡선은 [그림 4-28]에 나와 있다.

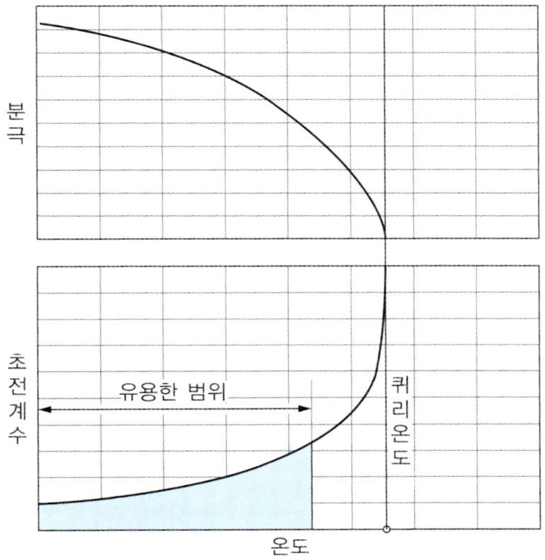

그림 4-28 초전 결정의 분극. 센서는 퀴리온도 이하에서 보관 및 작동해야 한다.

초전계수 P_V는 분극 곡선의 기울기에 해당한다. 퀴리온도 근처에서는 이 기울기가 극적으로 증가하고 분극이 사라지면서 재료는 초전 특성을 영구적으로 잃게 된다. 곡선 형태로부터 온도가 증가할수록 선형성이 사라지는 대신 감도가 증가함을 알 수 있다.

리튬 탄탈라이트lithium-tantalite 및 극성 세라믹polarized ceramic과 같은 압전 및 초전 재료들은 초전 센서를 만드는 데 필요하다. 최근 몇 년 동안 MEMS 기술에는 초전 박막pyroelectric thin film 증착이 활발히 이용되고 있다. 특히 초전계수가 크고 약 490℃ 의 높은 퀴리온도를 가지는 강유전성 세라믹인 납 티타네이트 산화물$PbTiO_3$이 주로 사용된다. 이러한 물질은 이른바 졸-겔 스핀 캐스팅sol-gel spin casting 증착 방법[22]에 의해 실리콘 기판 위에 쉽게 증착될 수 있다(19.3.1절 참조).

[그림 4-29]는 계단함수step function 형태의 열 유속heat flux에 노출된 초전 센서의 타이밍 다이어그램을 나타낸 것이다. 전하가 거의 순간적으로 피크 값에 도달한 다음, **열 시정수**thermal time constant τ_T에 따라 감쇠하는 것으로 볼 수 있다.

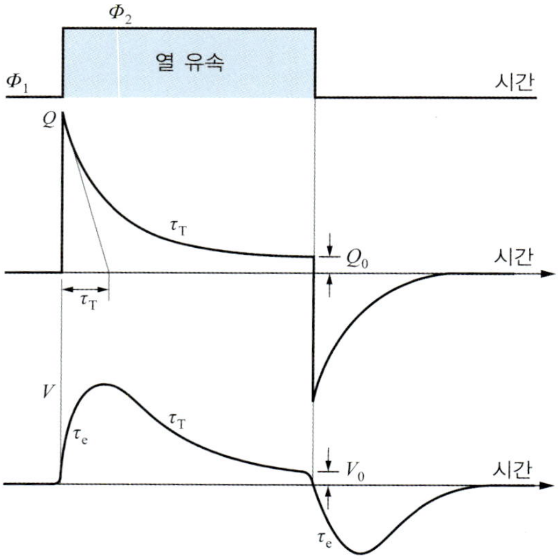

그림 4-29 초전 센서의 열 계단함수에 대한 응답. 명확한 변화를 보여주기 위해 전하량 Q_0 및 전압 V_0는 과장되어 있다.

이에 따른 물리적 의미는 다음과 같다. 열 유도 분극은 초기에 결정 물질의 가장 바깥층(원자층이 거의 없다)에서 발생하며, 그 온도는 거의 순간적으로 최대 수준으로 상승하게 된다. 이것은 재료 두께에 걸쳐 가장 높은 열 구배를 생성하고 최대 분극으로 이어진다. 그런 다음 열이 물질을 통해 전파되면서 열용량(thermal capacity, C_T)에 비례하여 흡수되고, 일부 열은 열저항 R_T를 통해 주변으로 손실된다. 이는 초전기 전하 생성의 초기 기울기를 감소시키게 되며 열 시정수는 다음과 같이 센서의 열용량과 열저항의 곱으로 표현된다.

$$\tau_T = C_T R_T = cAhR_T \tag{4.82}$$

여기서 c는 초전 소자의 비열이다. 열저항 R_T는 대류, 전도 및 열복사를 통한 주변 환경으로의 모든 열 손실의 함수이다. 저주파 애플리케이션의 경우 τ_T가 가능한 한 큰 센서를 사용하는 것이 바람직하지만, 고속 애플리케이션(예 : 레이저 펄스 측정)의 경우에는 열 시정수를 줄여야만 한다. 이를 위해 알루미늄 또는 구리 조각과 같은 열 흡수[heat sink] 판들이 적층된 구조가 이용되기도 한다.

초전 센서가 열원에 노출되었을 때 전원의 열용량은 매우 크고(무한 열원) 센서의 열용량은 작은 것으로 간주하여 분석해보도록 하자. 따라서 센서의 온도 T_s는 시간의 함수이지만 표적의 표면 온도 T_b는 측정 중에 일정하다고 간주된다. T_s는 감지요소의 특성인 밀도, 비열, 두께에 따라 달라진다. 입력 열 유속이 계단함수 모양이고 센서가 공기 중에 자유롭게 노출되어 있을 때 출력 전류는 다음과 같이 지수함수로 근사할 수 있다.

$$i = i_0 e^{-t/\tau_T} \tag{4.83}$$

여기서 i_0는 피크 전류값이다.

[그림 4-29]에서 열원이 존재하는 한 전하량 Q와 전압 V는 시간이 경과 하더라도 완전히 0으로 돌아가지는 않는다. 열에너지는 a면([그림 4-26] 참조)에서 초전 재료로 들어가 재료 온도를 상승시킨다. 결과적으로 센서의 응답은 열 시정수에 따라 감쇠된다. 그러나 센서의 다른 쪽 b가 더 차가운 환경과 닿아있어 열에너지의 일부는 센서를 떠나 주변 환경으로 손실된다. a와 b가 서로 다른 온도의 물체와 닿아있기 때문에(하나는 열원이고 다른 하나는 환경) 초전 재료를 통한 연속적인 열 흐름이 존재하며 비록 작지만 연속적으로 분극을 유지하게 된다. 따라서 초전 센서에서 생성된 전류는 감지 물질을 통과하는 열 흐름과 같은 모양을 띠게 된다. 정확한 측정을 통해 열이 계속 흐르는 한 초전 센서가 열 흐름에 비례하는 일정한 전압 v_o를 생성하며, 열 흐름 센서로 동작한다는 것을 입증할 수 있다. 출력전압은 전압 상승 시간을 정의하는 인터페이스 회로의 입력저항과 감지요소의 커패시턴스에 좌우된다. 즉 이것은 센서 커패시턴스와 입력저항의 곱인 시정수 τ_e로 특징을 나타낼 수 있다.

4.8 홀 효과

홀 효과는 1879년 존스 홉 키스 대학Johns Hopkins University에서 홀E. H. Hall에 의해 발견되었다. 그러나 처음에는 금속, 반도체 및 기타 전도성 물질의 전기 전도를 연구하는 원리로만 사용되었다. 오늘날 홀 센서는 물체의 자기장, 위치 및 변위를 감지하는 데 널리 사용되고 있다.[23~24]

이 효과는 패러데이의 법칙(자기장에서 전하가 움직일 때 기전력 발생)으로 알려진 움직이는 전하 캐리어와 외부 자기장 간의 상호 작용에 기반한다. 금속에서 이러한 전기 운반체(전하)는 전자이다. 전자는 자기장을 통해 이동할 때 다음과 같은 자기력을 받는다.

$$\mathbf{F} = q\boldsymbol{v} \times \mathbf{B} \tag{4.84}$$

여기서 $q = 1.6 \times 10^{-19}\,\mathrm{C}$ 이고, $\boldsymbol{v}$는 전자의 속도, $\mathbf{B}$는 자기장이다. 벡터 표기법(굵은 글씨)은 힘의 방향 및 크기가 자기장과 전자 이동 방향 사이의 공간적 관계에 따라 달라짐을 나타낸다. $\mathbf{B}$의 단위는 $1\,\mathrm{T} = 1\mathrm{N}/(\mathrm{A} \cdot \mathrm{m}) = 10^4\,\mathrm{G}$ 이다. 자기장 $\mathbf{B}$에 배치된 편평한 전도성 스트립strip(가느다란 플레이트) 내부에서 전자가 이동한다고 가정해보자([그림 4-30] 참조).

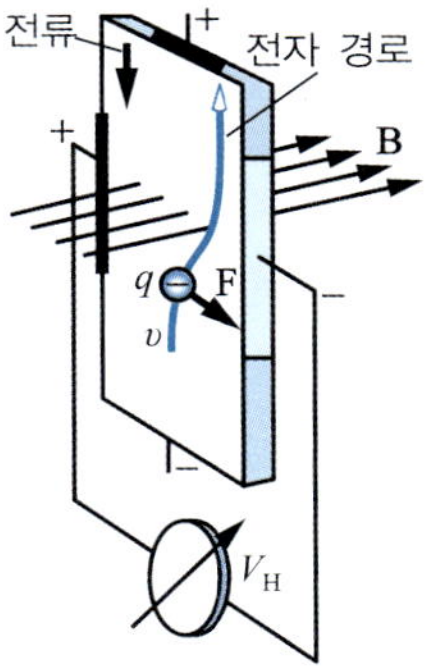

그림 4-30 홀 효과 센서의 개념. 자기장은 전하의 움직임을 결정한다.

스트립의 왼쪽과 오른쪽 접점에는 전압계가 연결되어 있고, 위쪽과 아래쪽 접점에는 전류원이 연결되어 있다. 자기력은 움직이는 전자를 오른쪽으로 이동시키므로 스트립의 오른쪽 영역은 왼쪽보다 음의 전하를 띠게 된다. 이때 전류가 강하고 자기장이 강할수록 오른쪽으로 이동하는 전자의 수는 많아진다.

그 결과 **가로 홀 전위차**transvers hall potential difference V_H가 생성된다. 이 전위의 방향과 크기는 자기장과 전류의 방향, 크기에 따라 달라지며 고정된 온도에서 다음과 같이 주어진다.

$$V_H = hiB\sin\alpha \tag{4.85}$$

여기서 α는 자기장 벡터와 전류가 흐르는 플레이트 사이의 각도이고([그림 4-31] 참조), h는 플레이트의 재료 및 형상과 온도에 따라 달라지는 전체 감도계수coefficient of overall sensitivity이다.

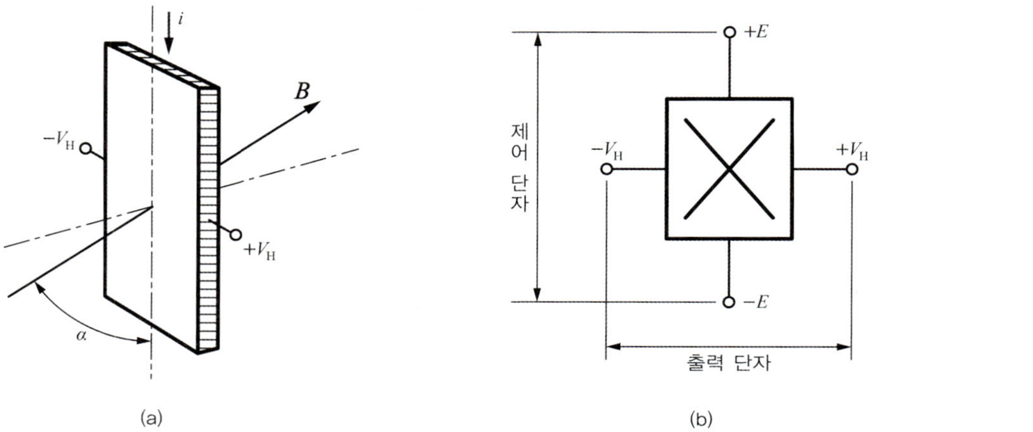

그림 4-31 (a) 홀 센서의 출력신호는 자기장 벡터와 플레이트 사이의 각도에 따라 달라진다. (b) 홀 센서의 4개 단자

전체 감도는 **홀 계수**hall coefficient에 따라 달라지며, 단위 전류 밀도 당 및 단위 자기장 강도magnetic field intensity[25]당 가로 전위 구배transverse electric potential gradient로 정의할 수 있다. 금속의 자유전자 이론에 따르면 홀 계수는 다음과 같이 주어진다.

$$H = \frac{1}{Ncq} \tag{4.86}$$

여기서 N은 단위 부피당 자유전자의 수이고, c는 빛의 속도이다. 물질 결정 구조에 따라 q는 전자(음) 또는 정공(양)일 수 있다. 결과적으로 홀 계수는 양수일 수도 있고 음수일 수도 있다.

선형적인 홀 센서는 일반적으로 4단자 하우징에 포장되어 있다. 제어 전류control current를 인가하기 위한 단자를 제어 단자control terminal라 하고 그 사이의 저항을 제어 저항control resistance R_i라 한다. 또한 출력전압이 관찰되는 단자를 차동 출력 단자differnetial output terminal라 하고 이들 사이의 저항을 차동 출력저항differential output resistance R_o라 한다.

25 자계 강도라고도 한다.

센서의 등가회로([그림 4-32])는 교차 연결된 저항과 출력 단자와 직렬로 연결된 두 개의 전압원으로 나타낼 수 있다. [그림 4-31(b)]와 [그림 4-32]에서 기호 ⊗는 자기장 방향이 우리로부터 기호쪽으로 향함을 의미한다.

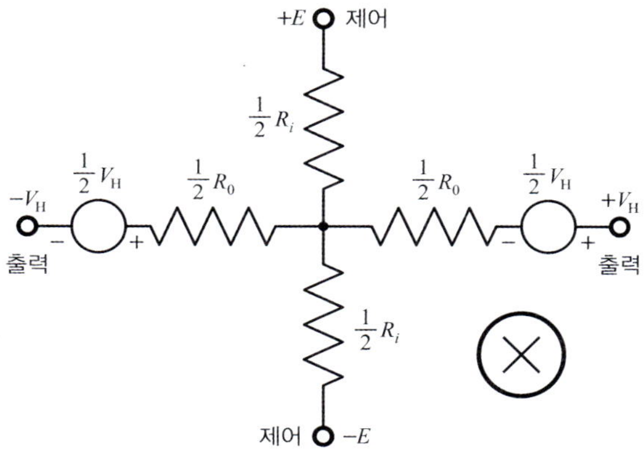

그림 4-32 홀 센서의 등가회로

이 센서의 사양specification으로는 두 단자 쌍의 저항 및 자기장이 없을 때의 오프셋offset 전압, 감도, 감도의 온도계수 등이 있다. 대부분의 홀 센서는 실리콘으로 제작된다. 센서 제작에 사용되는 또 다른 재료로는 안티몬화 인듐InSb, 비화인듐InAs, 게르마늄Ge, 갈륨비소GaAs가 있다. 실리콘 소자에서 인터페이스 전자회로는 종종 동일한 웨이퍼 상에서 같이 집적될 수 있다. 일반적으로 홀 효과 전압이 매우 작으므로 이러한 집적은 특히 중요하다.[26] 집적의 예는 아사히카세이AsahiKasei 사에서 제조한 스마트폰용 3축 나침반 AK8975가 있다.

임계 장치threshold device를 가지는 인터페이스 회로를 이용하여 2개의 상태를 가지는 홀 센서도 만들 수 있다. 즉 자기장 강도가 임계값threshold 미만이면 0을 생성하고 자기장이 임계값을 초과할 만큼 충분히 강하면 1을 생성한다.

실리콘의 자연스러운 압저항성piezoresistivity으로 인해 모든 홀 효과 센서는 기계적 스트레스 효과에 민감하다. 리드leads 또는 하우징housing에 가해지는 스트레스를 최소화하기 위해 주의를 기울여야 한다. 또한 온도는 감지요소의 저항에 영향을 미치므로 홀 센서는 온도 변화에도 민감하다. 특히 제어 저항이 전압원에 연결된 경우에는 온도 변화에 따라 저항이 바뀌게 되면서 제어 전류(식 4.85)에서 i가 변화된다. 따라서 제어 단자를 전압원보다 전류원에 연결하는 것이 더 바람직하다.

홀 센서를 제작하는 한 가지 방법은 p형 실리콘 기판에 이온 주입된 n형 우물n-well을 사용하는 것이다([그림 4-33(a)] 참조).

26 같이 집적되지 않으면, 기생성분으로 인한 다른 전압 성분들 때문에 홀 전압을 식별하기가 어려워진다.

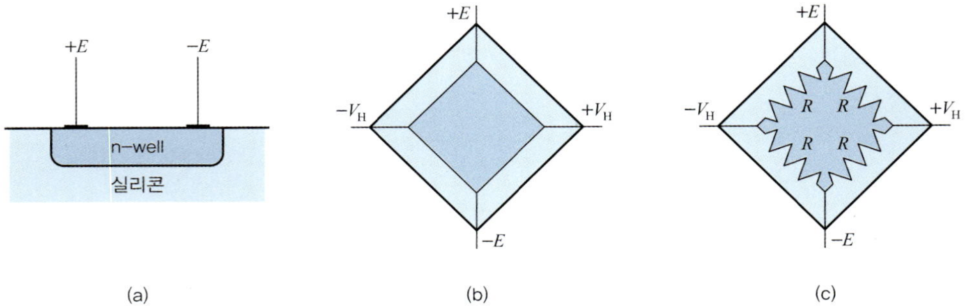

그림 4-33 (a) n-well을 가지는 실리콘 홀 효과 센서의 단면 (b) n-well을 가지는 실리콘 홀 효과 센서의 평면도 (c) 등가 저항 브리지 회로

4개의 전극들은 각각 전원($+E$, $-E$) 및 센서 출력($+V_H$, $-V_H$)과 연결된다. 이 실리콘 홀 센서는 4개의 전극이 대각선에 부착된 사각형 형태를 가진다([그림 4-33(b)] 참조). 홀 센서를 쉽게 해석하기 위해서는 [그림 4-33(c)]에 나타낸 것처럼 저항성 브리지resistive bridge로 생각하면 된다. 브리지 회로는 설계 방법이 잘 확립되어 있고 널리 쓰이는 회로에 해당하므로(6.2.3절 참조), 더 쉽게 응용될 수 있도록 만들어준다. 홀 효과 센서를 가지는 실제 설계의 예는 8.4.6절에서 살펴보도록 하자.

4.9 열전 효과

4.9.1 제베크 효과

1821년에 에스토니아에서 태어나 베를린과 괴팅겐에서 교육을 받은 의사인 제베크Thomas Johann Seebeck는 갈바니 배열galvanic arrangements에 대한 열 효과를 연구하면서 우연히 반원형 비스무트bismuth와 구리 조각을 결합했다.[25] 그러자 근처의 나침반에 자기 교반이 발생하는 것을 발견했다([그림 4-34(a)] 참조).

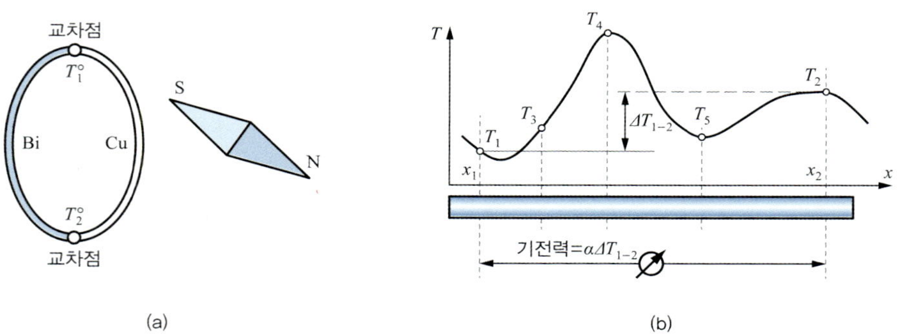

그림 4-34 (a) 제베크 실험 (b) 도체를 따라 온도를 변화시키면 열전 기전력이 발생한다.

제베크는 다양한 온도에서 다양한 금속 조합을 반복적으로 실험하면서 자계 강도magnetic field intensity를 관찰했다. 그는 전류가 흐르고 있다고는 생각하지 않았고 그 효과를 열자기[26]로 나타냈다.

도체를 가져다가 한쪽 끝은 차가운 곳에 놓고 다른 쪽 끝은 따뜻한 곳에 두면 에너지가 따뜻한 부분에서 차가운 부분으로 흐르게 된다. 이 에너지는 열의 형태를 가진다. 열 흐름의 강도는 도체의 열전도도에 비례한다. 그리고 열 구배thermal gradient는 도체 내부에 전기장을 생성하게 된다. 이는 톰슨 효과Thompson effect에 의한 것으로 1850년경 윌리엄 톰슨에 의해 발견되었다. 이는 길이에 따른 온도 구배를 갖는 균일한 전도체를 통해 전류가 흐를 때 열을 흡수하거나 방출하는 것을 말한다. 이때 열은 전류에 선형적으로 비례한다. 전류와 열이 반대 방향으로 흐를 때는 열이 흡수되고 전류와 열이 같은 방향으로 흐를 때는 열이 발생한다. 열에 의해 유도된 전기장은 다음과 같은 전압 변화를 생성한다.

$$\mathrm{d}V_\mathrm{a} = \alpha_\mathrm{a}\frac{\mathrm{d}T}{\mathrm{d}x}\mathrm{d}x \tag{4.87}$$

여기서 $\mathrm{d}T$는 작은 길이 $\mathrm{d}x$에 걸친 온도 구배이고 α_a는 물질의 **절대 제베크 계수**absolute Seebeck coefficient이다.[27] 재료가 균질하면 α_a는 길이함수가 아니며 식 (4.87)은 다음과 같이 정리된다.

$$\mathrm{d}V_a = \alpha_\mathrm{a}\mathrm{d}T \tag{4.88}$$

식 (4.88)은 열전 효과thermoelectric effect를 수학적으로 나타낸 것이다. [그림 4-34(b)]는 길이 x를 따라 온도 T가 균일하지 않은 도체를 나타낸다. 임의의 지점 사이의 온도 구배는 이들 지점 사이의 기전력을 결정하게 된다. 선택한 두 지점 중간에서의 다른 온도(예 : 온도 T_3, T_4, T_5) 값들은 기전력 값에 아무런 영향을 주지 않는다. 두 지점의 온도만이 중요하다.

기전력을 측정하기 위해 [그림 4-34(b)]와 같이 전압계를 도체에 연결했다고 해보자. 하지만 이는 간단하지 않다. 전압계 탐침을 도체와 연결하게 되는데, 탐침은 우리가 측정하고자 하는 도체와 다른 재료일 수 있다. 이 경우 탐침 접점에 자체적으로 기전력이 발생하여 도체의 전압을 정확히 측정할 수가 없다. 이번에는 전류 루프로 구성되는 간단한 전류계 회로를 고려해보도록 하자. 도체Cu의 왼쪽을 자르고 전류 측정기를 와이어와 직렬 형태로 직접 연결한 경우를 살펴보겠다([그림 4-35(a)] 참조).

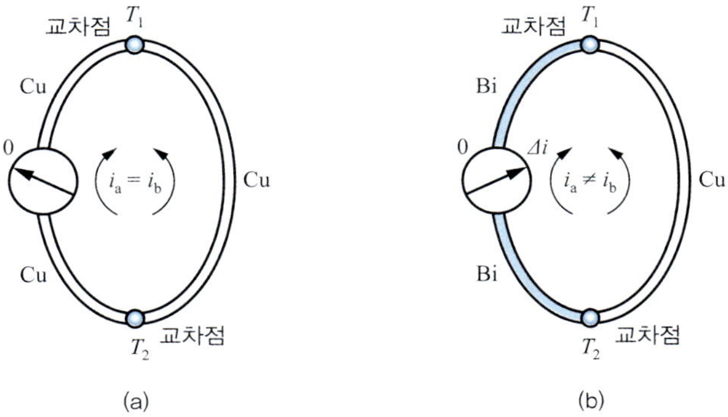

그림 4-35 (a) 동일한 금속의 열전 루프 조인트는 모든 온도 차이(T_1, T_2)에서 순 전류를 생성하지 않는다.
(b) 이종 금속 접합은 순 전류(Δi)를 생성한다.

전체 루프가 균일한 재료(예 : 구리)로 만들어지면 도체를 따라 온도가 균일하지 않더라도 전류가 관찰되지 않는다. 루프의 왼쪽 및 오른쪽은 동일한 전류 $i_a = i_b$를 생성하므로 서로 상쇄되어 순 전류는 0이 되기 때문이다. 따라서 열에 의한 유도 기전력induced e.m.f.은 열적으로 균질하지 않은 모든 도체에 존재하지만 직접적으로 측정될 수는 없다.

열전기thermoelectricity를 관찰하기 위해서는 서로 다른 두 재료로 구성된 회로가 있어야 하며 그런 다음 열전 특성 간의 차이net difference를 측정해야 한다. [그림 4-35(b)]는 순 전류 $\Delta i = i_a - i_b$를 생성하는 서로 다른 두 개의 금속 루프를 나타낸 것이다. 실제 전류는 도체의 모양과 크기를 비롯한 여러 요인에 따라 달라진다. 반면에 전류 대신 끊어진 도체의 순 전압을 측정하면 전압은 재료의 종류와 온도 차이에만 의존하게 된다. 이와 같이 열적으로 유도된 전위차를 **제베크 전위**Seebeck potential라고 한다. 전압계 단자의 영향을 제거하는 유일한 방법은 [그림 4-35(b)]와 같이 절단부에 연결하는 것이다. 즉 전압계의 두 단자를 동일한 종류의 도체에 연결해야 한다.

두 개의 도체가 함께 결합되면 어떻게 될까? 금속의 자유전자는 이상 기체처럼 행동하므로 이때 전자의 운동 에너지는 물질 온도의 함수이다. 그러나 각각의 물질에서 자유전자의 에너지와 밀도는 서로 같지 않다. 동일한 온도에서 서로 다른 두 물질이 접촉하게 되면 자유전자는 접합부를 통해 확산한다.[27] 전자를 받아들이는 물질은 계면에서 더 음의 전위를 띠게 되고 전자를 방출하는 물질은 더 양의 전위를 띠게 된다. 이로 인한 전기장의 방향은 확산을 방해하는 방향이므로, 평형 상태equilibrium에서는 이 둘이 균형을 이루게 된다. 두 개의 도체가 루프를 형성했을 때 두 접합부가 동일한 온도에 있을 경우에는 두 접합부의 전기장은 서로 상쇄되며 접합부가 각각 다른 온도를 가지면 상쇄되지 않는다.

제베크 효과는 근본적으로 전기적 현상에 해당한다. 전도체의 열전 특성은 일반적으로 전기 및 열전도도처럼 벌크 특성bulk property에 해당한다. 계수 α_a는 재료의 고유한 특성이다. 서로 다른 두 재료(A와 B)의 조합이 사용되는 경우 제베크 전위는 다음과 같이 차동 제베크 계수에 의해 결정된다.

$$\alpha_{AB} = \alpha_A - \alpha_B \tag{4.89}$$

접합의 순 전압은 다음과 같다.

$$dV_{AB} = \alpha_{AB}\, dT \tag{4.90}$$

그리고 다음과 같이 미분을 통해 제베크 계수를 구할 수 있다.

$$\alpha_{AB} = \frac{dV_{AB}}{dT} \tag{4.91}$$

제베크 계수는 엄밀히 말하면 상수가 아니다. 온도에 따라 다소 차이가 있으므로 제베크 전위는 온도에 따라 달라진다. 열전대thermocouple의 온도 구배에 따라 발생 되는 전압은 다음과 같이 2차식 형태로 더 정확하게 근사할 수 있다.

$$V_{AB} = a_0 + a_1 T + a_2 T^2 \tag{4.92}$$

그런 다음 이 식을 미분하여 다음과 같이 열전대에 대한 차동 제베크 계수를 구할 수 있다.

$$\alpha_{AB} = \frac{dV_{AB}}{dT} = \alpha_1 + 2\alpha_2 T \tag{4.93}$$

제베크 계수는 온도의 선형함수임을 알 수 있다. 계수 α_{AB}는 열전대 접합의 감도에 해당한다. 더 낮은 온도로 유지되는 접합을 통상적으로 냉 접점cold junction이라 하고 높은 온도의 접합을 열 접점hot junction이라 한다.

접합은 매우 유용한 특성을 가진다. 제베크 계수는 두 금속이 어떤 형태로 접합이 형성되었는지(압착, 용접, 융착, 납땜, 꼬임 등)에 의존하지 않는다. 중요한 것은 접합부 온도와 금속 자체의 종류이다. 제베크 효과는 열에너지를 전기 에너지로 직접 변환하는 것이다. [표 A-11]은 일부 열전 재료에 대한 열전 계수 및 체적 저항값을 요약한 것으로 최상의 감도를 얻기 위해서는 접합 재료들의 α가 반대 부호를 가지고 크기가 커야 한다.

1826년 베크렐A. C. Becquerel은 제베크가 발견한 현상을 온도 측정에 사용할 것을 제안하였다. 그럼에도 불구하고 최초의 실용적인 열전대는 거의 60년 후 르샤틀리에Henry LeChatelier에 의해 제작되었다.[28] 그는 백금과 백금-로듐 합금 와이어의 접합이 가장 유용한 전압을 생성한다는 것을 발견했다. 여러 조합의 열전 특성은 문서화가 잘 되어 있으며 수년 동안 온도 측정에 사용되어 왔다. [표 A-10]은 실제 열전대(25℃)의 감도를 나타낸 것이며 [그림 4-36]은 광범위한 온도 범위에서 표준 유형 열전대에 대한 제베크 전압을 보여준다.

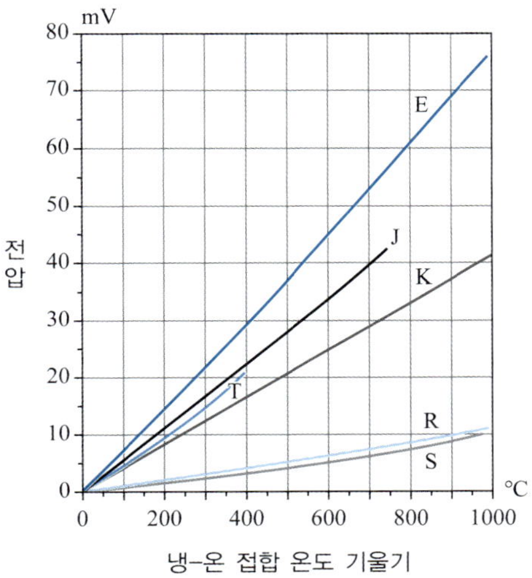

그림 4-36 냉-온 온도 구배에 따른 표준 열전대의 출력전압

열전 감도thermoelectric sensitivity는 온도에 따라 변하며 0℃에서 기준값을 제시하는 것이 일반적이다. 열전대 외에도 제베크 효과는 여러 개의 열전대가 직렬 연결된 형태를 가지는 **서모파일**thermopile에 사용된다. 요즘에는 열복사를 감지할 때 서모파일이 가장 광범위하게 사용되고 있다(15.8.3절 참조).

원래 서모파일은 전선으로 만들어졌고 이는 출력전압을 높이기 위한 용도였다. 서모파일은 제임스 줄 James Joule[29]에 의해 발명되었다.

오늘날 제베크 효과를 이용한 센서들은 반도체 웨이퍼의 표면에 재료 쌍이 증착되는 MEMS 공정을 통해 제작된다. 실리콘은 큰 제베크 계수를 가지고 있어 실리콘으로 매우 민감한 열전 센서를 제작할 수 있다. 제베크 효과는 페르미 에너지 E_F의 온도 의존성에서 비롯되며 n형 실리콘에 대한 전체 제베크 계수는 비저항의 함수로 다음과 같이 근사할 수 있다.

$$\alpha_a = \frac{mk}{q} \ln \frac{\rho}{\rho_0} \tag{4.94}$$

여기서 $\rho_0 \approx 5 \times 10^6\,\Omega\,\text{m}$, $m \approx 2.5$, k는 볼츠만 상수, q는 전자의 전하량이다. 실제로 사용되는 도핑 농도에서 $0.5\,\text{mV/K}$까지 매우 큰 제베크 계수를 얻을 수 있다. [표 A-11]을 살펴보면 금속의 제베크 계수는 실리콘보다 훨씬 작고 칩에 대한 알루미늄 단자의 영향이 실리콘에 비해 무시할 수 있음을 알 수 있다. 마지막으로 제베크 효과를 이용한 센서는 절대온도가 아니라 상대온도 센서임을 강조하고자 한다. 즉 열전대 또는 열전대 센서는 온도 차이만 측정한다. 절대온도를 측정하려면 냉접점 또는 열 접점의 온도를 알고 있거나, 다른 센서(서미스터와 같은 절대 기준센서)에 의해 독립적으로 측정되어야 한다.

4.9.2 펠티에 효과

19세기 초 프랑스의 시계 제작자에서 물리학자로 변신한 펠티에Jean Charles Athanase Peltier는 전류가 한 물질에서 다른 물질로 흐르면 [그림 4-37]과 같이 접합부에서 열이 생성되거나 흡수될 수 있다는 사실을 발견했다.[30]

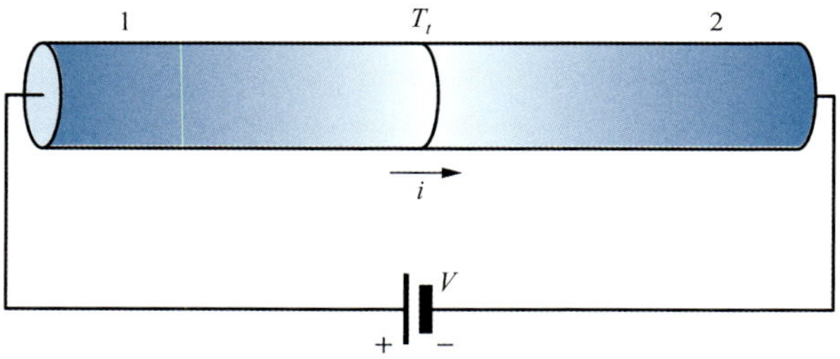

그림 4-37 펠티에 효과

열의 흡수 또는 생성은 다음과 같이 전류의 방향과 관련한 함수이다.

$$dQ_P = \pm p i \, dt \tag{4.95}$$

여기서 i는 전류이고, t는 시간이다. 계수 p는 전압의 단위를 가지며 재료의 열전 특성을 나타낸다. 이때 생성되거나 흡수되는 열은 재료의 다른 쪽 온도에 의존하지 않는다는 점에 유의하자.

펠티에 효과Peltier effect는 가역적인 열 흡수에 관한 것으로 일반적으로 전류가 서로 다른 두 금속 사이의 접합부junction를 통과할 때 발생한다. 이 효과는 전류가 외부에서 유입되거나 열전대 접합 자체에서 제베크 효과에 의해 유도되는 것과는 상관없이 발생한다.

펠티에 효과는 두 가지 목적으로 사용될 수 있다. 접합부를 통과하는 전류의 방향에 따라 열을 생성하거나 냉기를 생성(열 제거)할 수 있다. 이는 정밀한 열 제어가 필요한 장치에 매우 유용하다. 분명히 펠티에 효과는 제베크 효과와 동일한 특성을 가지고 있다. 그러나 펠티에 열은 줄 열과 다르다는 것을 잘 이해해야 한다. 펠티에 열은 줄 열과 대조적으로 전류 흐름의 크기에 선형적으로 의존한다.[27] 펠티에 열의 크기와 방향은 접촉contact 자체의 특성에는 의존하지 않는다. 펠티에 열은 접촉을 형성하기 위해 모인 두 가지 다른 벌크 재료의 함수이며 각 재료는 열전 특성에 따라 독립적으로 기여한다. 펠티에 효과는 원적외선 스펙트럼 범위에서 동작하는 광자 감지기photon detector(15.5절 참조)와 냉각 거울 습도계(14.6.1절 참조)에서 활용하는 광자 감지기photon detector의 냉각을 담당하는 열전 냉각기thermoelectroc cooler의 동작 원리로 사용된다.

제베크와 펠티에 효과를 종합하면 적어도 두 개의 서로 다른 금속으로 구성된 회로의 접합부가 서로 다른 온도에 노출될 때마다 열전 전류thermoelectric current가 존재할 수 있다는 것을 기억해야 한다. 이러한 온도 차이는 항상 비가역적인 푸리에 열전도fourier heat conduction를 동반하며 전류의 통과는 항상 비가역적인 줄 열 효과joule heating effect를 동반한다. 이와 동시에 전류의 통과는 항상 이종 금속의 접합부에서 가역적인 펠티에 가열 또는 냉각 효과를 동반하고 온도 차이와 전류의 통과가 결합될 때는 항상 가역적인 톰슨 가열 또는 냉각 효과를 동반한다. 두 가지 가역적인 가열 및 냉각 효과는 각각 4가지 성분의 기전력 발현에 해당하며 순 제베크 기전력net Seebeck e.m.f.은 다음과 같다.

$$E_S = p_{AB_{T2}} - p_{AB_{T1}} + \int_{T_1}^{T_2} \sigma_A \, dT - \int_{T_1}^{T_2} \sigma_B \, dT = \int_{T_1}^{T_2} \sigma_{AB} \, dT \qquad (4.96)$$

여기서 σ는 톰슨계수Thomson coefficient이고, 비열 c 사이의 유사성 때문에 전기적 비열이라고도 한다. σ는 단위 질량당, 단위 온도 차이당 열이 흡수 또는 방출되는 속도를 나타낸다.[31~32]

4.10 음파

매질(고체, 액체, 기체)이 특정 주파수를 가지고 물리적인 압축 및 팽창을 반복하는 것을 음파sound wave라고 한다. 매질의 물질들은 파동의 전파 방향과 평행하게 진동하므로, 이러한 파동을 **종방향**longitudinal 역학적 파동mechanical wave이라 한다. 소리는 대략 20 ~ 20,000 Hz의 가청 주파수 범위와 관련이 있다. 20 Hz 미만의 종파를 **초저주파**infrasound라고 하며, 20,000 Hz(20kHz) 이상을 초음파ultrasound라고 한다. 개와 같은 다른 동물에 의해 분류가 이루어졌다면 음파의 범위는 확실히 더 넓어졌을 것이다.

27 줄 열은 전류가 유한 저항을 갖는 도체를 통해 어떤 방향이든지 통과할 때마다 생성된다. 줄 열의 방출된 열전력(thermal power)은 다음과 같이 전류의 제곱에 비례한다. $P = i^2/R$ (R은 도체의 저항)

초저주파 탐지는 건물 구조, 지진 예측 및 기타 부피가 큰 파동원의 분석에 사용된다. 초저주파는 듣지는 못하더라도 적어도 인간이 느낄 수 있으며 상당히 짜증나는 심리적 효과들(공황, 공포 등)을 유발한다.[28] 가청 파동audible waves은 진동하는 현(현악기), 진동하는 공기 기둥(관악기) 및 진동판(일부 타악기, 성대, 라우드 스피커)에 의해 생성된다. 소리가 날 때마다 공기가 번갈아 압축되고 팽창되며 이러한 교반은 외부로 전파된다. 파동의 스펙트럼은 메트로놈이나 오르간 파이프에서 나오는 단일 주파수의 사운드monochromatic sound로부터 다중 주파수의multiharmonic 바이올린 사운드까지 매우 다양하다. 음향 잡음acoustic noise은 매우 넓은 스펙트럼을 가질 수 있다. 균일하게 분포되어 있거나, 일부 부분에서 우세한 고조파harmonics로 특색이 지정될 수도 있다.

매질이 압축되면 그 부피는 V에서 $V-\Delta V$로 변경된다. 부피의 상대적 변화에 대한 압력 변화(Δp)의 비율은 매질의 벌크 탄성계수bulk modulus of elasticity라고 하며 다음과 같다.

$$B = -\frac{\Delta p}{\Delta V/V} = \rho_0 v^2 \tag{4.97}$$

여기서 ρ_0는 압축 영역 외부의 밀도이고, v는 매질의 음속speed of sound이다. 음속은 다음과 같이 정의할 수 있다.

$$v = \sqrt{\frac{B}{\rho_0}} \tag{4.98}$$

따라서 음속은 매체의 탄성elastic B 및 관성(ρ_0)에 따라 달라진다. 두 변수 모두 온도의 함수이므로 음속도 온도에 따라 달라진다. 이러한 원리는 음향 온도계의 동작 원리를 이루게 된다(17.10절 참조). 고체의 경우 종방향 속도는 영률young modulus E와 푸아송 비poisson ratio ν를 이용하여 다음과 같이 정의할 수 있다.

$$\nu = \sqrt{\frac{E(1-\nu)}{\rho_0(1+\nu)(1-2\nu)}} \tag{4.99}$$

[표 A-15]에 다양한 매질에서의 종파의 속도들이 정리되어 있다. 오르간 튜브에서 음파의 전파를 생각해보면 각각의 작은 부피의 공기 요소가 평형 위치를 중심으로 진동한다. 순수한 고조파의 경우 평형 위치에서 입자의 변위는 다음과 같이 나타낼 수 있다.

$$y = y_{\mathrm{m}} \cos\frac{2}{\lambda}(x - vt) \tag{4.100}$$

여기서 x는 입자의 평형 위치이고, y는 평형 위치 y_{m}으로부터의 변위(진폭), λ는 파장이다. 실제로 입자의 변위보다는 음파의 압력 변화를 다루는 것이 더 편리하다. 음파에 의해 가해지는 압력을 식으로 나타내면 다음과 같다.

28 미국의 물리학자 우드(R.W. Wood)에 관한 일화가 있다. 뉴욕의 연극 감독인 그의 친구는 우드에게 시간 여행과 관련한 연극을 위해, 신비한 음향 효과를 발명해 달라고 부탁했다. 우드는 약 8Hz의 초저주파를 만들기 위해 거대한 오르간 파이프를 만들었다. 우드가 파이프를 작동시키자 건물 전체와 그 안에 있는 모든 것이 진동하기 시작했고 겁에 질린 청중들은 두려움과 공포를 느끼며 거리로 뛰쳐나갔다. 결국 파이프는 공연 중에 사용되지 못했다.

$$p = k\rho_0 v^2 y_m \sin(kx - wt) \tag{4.101}$$

여기서 $k = 2\pi/\lambda$는 파수wave number이고, w는 각주파수angular frequency이며, sin의 앞쪽 항은 음압sound pressure의 진폭amplitude p_m을 나타낸다. 따라서 음파는 압력파pressure wave로 간주된다. 식 (4.100)과 식 (4.101)의 sin과 cos에 유의해야 한다. 즉 변위파와 압력파는 90°의 위상차를 갖는다.

매질의 특정 지점에서의 압력은 일정하지 않고 지속적으로 변화하며 순간 압력과 평균 압력의 차이를 **음향 압력**acoustic pressure P라고 한다. 파동이 전파되는 동안 진동 입자는 순간 속도(instantaneous, ξ–wave velocity와 혼동하지 말 것)로 정지 위치 근처에서 진동한다. 음향 압력과 순간 속도의 비율은 다음과 같이 **음향 임피던스**acoustic impedance라고 한다.

$$\mathrm{Z} = \frac{\mathrm{P}}{\xi} \tag{4.102}$$

Z는 진폭과 위상을 가지는 복소수 형태이다. 이상적인 매질(손실이 없는)의 경우 Z는 실수이며 다음과 같이 파동 속도와 관련이 있다.

$$Z = \rho_0 v \tag{4.103}$$

단위 면적당 전달되는 전력으로 음파의 강도intensity I를 정의할 수 있다. 또한 음향 임피던스를 통해 나타낼 수 있다.

$$I = P\xi = \frac{P^2}{Z} \tag{4.104}$$

그러나 소리를 강도가 아니라 관련한 매개변수 β로 지정하는 것이 일반적이다. 이를 소음 레벨sound level이라 하며 기준 강도($I_0 = 10^{-12}\ \mathrm{W/m^2}$)를 이용하여 다음과 같이 정의된다.

$$\beta = 10\log_{10}\left(\frac{I}{I_0}\right) \tag{4.105}$$

I_0의 크기는 인간 귀로 들을 수 있는 가장 작은 크기이다. β의 단위는 알렉산더 그레이엄 벨Alexander Graham Bell의 이름을 딴 데시벨decibel dB이다. 즉 $I = I_0$이면 β는 0 dB이 된다.

압력 레벨도 다음과 같이 데시벨로 표시할 수 있다.

$$\Pi = 20\log_{10}\frac{p}{p_0} \tag{4.106}$$

여기서 p_0는 $2\times10^{-5}\,\mathrm{N/m^2}$이다. 일부 소음 레벨의 예는 [표 4-1]에 나타냈다. 사람 귀의 반응이 모든 주파수에서 동일하지 않으므로 소음 레벨은 일반적으로 귀가 가장 민감한 1 kHz의 I_0를 기준으로 한다.

표 4-1 1000Hz에서 I_0 대비 사운드 레벨(β)

음원	dB	음원	dB
1기압에서 이론적 한계	194	복잡한 교통 상황	80
초음속 붐	160	5m 거리에서의 자동차	75
1m 거리에서의 유압 프레스	130	진공 청소기	70
고통 임계	130	1m 거리에서의 대화	60
3m 거리에서 10 W의 Hi-Fi 스피커	110	회계 사무소	50
머플러 없는 오토바이	110	도시 길(교통 없는)	30
제트 스키	100	1m 거리에서의 속삭임	20
5m 거리에서의 지하철	100	잎사귀	10
3m 거리에서의 공압 드릴	90	가청 임계	01
나이아가라 폭포	85		

소리는 전파하는 압력파이기 때문에 파동이 전파되는 매질에 적합한 압력 센서를 통해 측정할 수 있다. 음압은 여러 측면에서 다른 유형의 압력과 다르므로(주로 주파수 및 강도 범위가 다름), 소리(음향) 센서는 진동 압력을 유용한 전기신호로 효율적으로 변환하기 위해 특별한 특성들이 요구된다. 예를 들면 감도, 주파수 범위, 방향성과 같은 것들이다. 이들은 13장에서 더 자세히 논의하도록 하자.

4.11 재료의 온도 및 열적 특성

우리 몸은 온도 감각을 가지고 있으나 외부 열을 정확하게 측정할 수는 없다. 인간의 감각은 비선형적일 뿐만 아니라 이전 경험과 관련해 상대적인 특징을 갖는다. 그럼에도 우리는 따뜻한 물체와 차가운 물체의 차이를 쉽게 구분할 수 있다. 그러면 이러한 물체에는 무슨 일이 일어나고 있는 것일까?

우주의 모든 입자는 끊임없이 진동하고 있다. 물질의 온도는 진동하는 입자의 평균 운동 에너지의 척도로 간단히 설명될 수 있다. 온도가 높을수록 입자의 움직임은 강하다. 물론 주어진 부피에서 분자와 원자들이 모두 동일한 강도로 움직이는 것은 아니다. 즉 현미경으로 보면 모두 다른 온도를 가진다. 대량의 움직이는 입자의 평균 운동 에너지는 물체의 **거시적**macroscopic 온도를 결정한다. 이러한 과정은 열역학thermodynamics 및 통계역학statistical mechanics에 의해 연구된다. 그러나 여기서 우리는 물체의 온도를 나타내는 또 다른 방법인 진동하는 입자의 거시적 평균 운동 에너지를 측정할 방법과 장치에 대해서 알아보고자 한다. 온도는 분자의 이동과 관련되기 때문에 압력과 밀접한 관련이 있으며 이는 단위 면적당 이동하는 분자에 의해 적용되는 힘으로 정의된다.

물질 속의 원자와 분자들은 움직일 때 상호 작용하고 접촉하게 된다. 흔들리는 원자는 이웃 원자를 교반agiatation하여 운동 에너지의 일부를 전달하게 되고, 에너지를 받은 이웃 원자는 더 강하게 진동하면서 증가한 힘으로 또 다른 이웃 원자를 밀고 당기게 된다. 이러한 교반은 재료를 통해 전파되면서 온도를 상승시킨다. 원자는 핵 주위에 구름 형태로 돌고 있는 전자를 가지고 있으므로 열적 교반은 이 전자의 흐름을 변화시켜서 전자기파를 발생시킨다. 따라서 모든 원자는 자체 흔들림과 관련하여 주변 공간으로 전자기 복사를 방출하는 미세한 무선 송신기 역할을 한다. 이와 같이 두 유형의 활동은 전도conduction와 복사radiation라는 따뜻한 물체에서 차가운 물체로의 열전달을 위한 메커니즘에 해당한다. 즉 원자가 세게 흔들릴수록 온도가 더 뜨거워지고 전자기 복사가 더 강해진다. **온도계**thermometer는 물체에 접촉하거나 전자기 복사를 수신하여 물리적인 응답 또는 신호를 생성하는 특수 장치이다.

최초의 온도계라는 단어는 1624년 루레촌J. Leurechon의 수학의 창조La Re´cre´ation Mathe´matique[27]라는 제목의 책에 등장했다. 저자는 8도 간격의 눈금을 가지고 물이 채워진 유리로 온도계를 설명했다. 최초의 압력과 무관한 온도계는 1654년 페르디난드 2세 토스카니 대공Grand Duke of Tuscany, Ferdinand II에 의해서 알코올로 채워진 밀폐된 튜브 형태로 제작되었다.

열에너지thermal energy는 우리가 일반적으로 열heat이라고 부르는 것을 말한다. 열은 **칼로리**calories 단위로 측정된다.[29] 1칼로리cal는 정상 대기압에서 물 1g의 온도를 1℃ 올리는 데 필요한 열에너지에 해당한다. 미국에서는 일반적으로 영국식 열 단위인 1Btu British thermal unit가 사용되기도 한다(1Btu = 252.02cal).

4.11.1 온도 스케일

온도를 측정할 때 몇 가지 스케일scale이 사용된다. 선형 눈금을 만들려면(편의상 모든 온도계가 선형 눈금을 가진다) 최소한 기준점 2개가 필요하다. 이 중 하나의 점을 영점zero point이라고 한다. 1664년 로버트 훅Robert Hooke이 증류수를 동결하는 지점에서 스케일의 첫 번째 영점을 설정했다.

1694년 파도바의 카를로 레날디Carlo Renaldi는 온도계의 선형 스팬을 정의하기 위해 얼음의 녹는점(영점)과 물의 끓는점(두 번째 점)을 사용할 것을 제안했다. 그는 스팬을 12등분으로 나누었다. 불행히도 그의 제안은 거의 50년 동안 잊혀졌다. 1701년에 뉴턴Newton은 영점에 얼음이 녹는 온도를 사용하도록 제안했고, 두 번째 점으로는 건강한 영국인의 겨드랑이 온도를 선택하여 그 지점을 '12'라고 표시했다. 뉴턴의 스케일에서 물은 34번 지점에서 끓는다. 1706년 네덜란드 악기 제작자인 파렌하이트Daniel Gabriel Fahrenheit는 물, 얼음, 염화–암모니아 또는 소금을 혼합하여 만들 수 있는 가장 차가운 온도에서 영점을 선택했다. 편의를 위해 다른 점은 건강한 사람의 피에서 발견된 96°를 설정했다.[30]

그의 스케일에 따르면 순수한 물의 녹는점metling point은 32°이고, 끓는점boiling point은 212°이다. 1742년 스웨덴 웁살라 대학의 천문학 교수인 셀시우스Andreas Celsius는 얼음의 녹는점이 0이고 물의 끓는점이 100인 척도를 제안했으며 스팬을 100도로 나누었다.

29 음식의 에너지를 측정할 때에도 킬로칼로리(kcal = 1000cal)를 사용한다.

30 파렌하이트(Fahrenheit)는 도구 제작자였다. 그에게는 100이 아닌 96이 편리한 숫자였다. 눈금 마크를 새길 때 마크 사이의 거리를 2로 나누면 쉽게 계산할 수 있기 때문이다. 국적과 관련해 영국인의 피인지 아닌지 중요하지 않다. 실제로는 건강한 사람의 혈액 온도가 일정하지 않은 것으로 알려져 있긴 하다. 온도는 약 97~99.5°F(36~37.5℃)로 다양하지만, 그 시절에는 인체보다 더 좋은 온도 조절기를 찾을 수 없었다.

오늘날 과학 및 공학에서는 일반적으로 섭씨Celsius 및 켈빈Kelvin 척도가 사용된다. 켈빈 척도는 이른바 물의 **삼중점**triple point of water을 기준으로 한다. 4.58 mmHg의 고유한 압력에서 수증기, 액체 및 얼음이 공존할 수 있는 특정 온도가 존재한다. 이 고유한 온도는 273.16 K으로 0℃와 거의 일치한다. 켈빈 스케일은 움직이는 모든 입자의 운동 에너지가 0인 곳에서 최저 온도 0 K를 나타낸다. 이 점은 실제로 정확히 도달할 수 없는 이론적인 한계치이며 절대 영도absolute zero라고 불린다. 켈빈과 섭씨 스케일은 동일한 기울기를 가지고 있다.[31] 따라서 켈빈 스케일은 섭씨 스케일이 다음과 같이 평행 이동된 것으로 볼 수 있다.

$$℃ = °K - 273.15° \tag{4.107}$$

물의 끓는점은 100℃ = 373.15°K이다. 과거에는 섭씨 스케일을 'centigrade scale'이라고도 했다. 하지만 이 용어는 더이상 사용되지 않는다.

화씨Fahrenheit 스케일의 기울기가 더 가파른 이유는 1℃ = 1.8°F이기 때문이다. 섭씨와 화씨 스케일은 −40에서 교차한다. 두 스케일 사이의 변환은 다음과 같다.

$$°F = 32 + 1.8\,℃ \tag{4.108}$$

즉 0℃에서 화씨온도는 +32°F이다.

4.11.2 열팽창

기본적으로 모든 고체는 온도가 증가함에 따라 부피가 팽창한다. 이것은 진동하는 원자와 분자의 결과이다. 온도가 올라가면 원자 사이의 평균 거리가 증가하여 전체 부피가 증가한다.[32] 길이, 너비 또는 높이와 같은 선 치수linear dimension의 변화를 **선팽창**linear expansion이라고 한다. 온도 T_2에서 길이 l_2는 초기 온도 T_1에서의 길이 l_1에 따라 달라지며 다음과 같이 선형식으로 근사화할 수 있다.

$$l_2 = l_1[1 + \alpha(T_2 - T_1)] \tag{4.109}$$

여기서 **선팽창 계수**coefficient of linear expansion라고 하는 α는 재료마다 다른 값을 갖는다.

$$\alpha = \frac{\Delta l}{l}\frac{1}{\Delta T} \tag{4.110}$$

여기서 $\Delta T = T_2 - T_1$이다. [표 A-16]은 다양한 재료에 대한 α값을 제공한다. 엄밀히 말하면, α는 실제 온도에 따라 달라지므로 선형은 아니다. 그러나 대부분의 공학적 목적에서 α의 작은 변화는 무시할 수 있다. 또한 **등방성**isotropic 재료의 경우 α는 모든 방향에서 동일하다. 높은 정확도로 물체의 면적 A와 부피 V의 부분적 변화는 각각 다음과 같이 나타낼 수 있다.

31 켈빈과 섭씨 스케일 사이에는 0.01의 차이가 있다. 섭씨의 영점은 켈빈처럼 물의 삼중점으로 정의된 것이 아니라 대기압에서 얼음과 공기가 포화된 물이 평형을 이루는 온도에서 정의되기 때문이다.

32 이것은 고체에서 액체로의 가열 중에 상변화가 없다고 가정한 것이다.

$$\Delta A = 2\alpha A \Delta T \tag{4.111}$$

$$\Delta V = 3\alpha V \Delta T \tag{4.112}$$

열팽창은 열에너지를 측정하거나 여기신호로 사용되는 많은 센서에서 유용한 현상이다. 온도 T_1에서 함께 융합된 두 개의 적층 플레이트 X와 Y를 고려해보자([그림 4-38(a)] 참조). 각 플레이트는 동일한 두께와 표면적 그리고 동일한 탄성률modulus of elasticity을 갖는다. 그러나 열팽창 계수인 α_1과 α_2는 다르다. 융합된 적층 플레이트들은 기준 벽의 왼쪽에 고정(앵커)되어 있다. 이제 구조에 열을 가해 온도를 T_1에서 T_2로 높이면 플레이트 X가 플레이트 Y보다 더 많이 팽창한다($\alpha_1 > \alpha_2$의 경우). 따라서 구조가 아래로 휘어지게 된다. 반대로 구조를 차갑게 하면 위쪽으로 휘어지게 된다. 뒤틀림 반경radius of warping은 다음과 같이 추정할 수 있다.[33]

$$r \approx \frac{2j}{3(\alpha_X - \alpha_Y)(T_2 - T_1)} \tag{4.113}$$

뒤틀림은 적층 플레이트의 고정되지 않은 부분의 변형deflection을 초래한다. 변형은 구조의 끝에서 가장 크다. 이 편차는 기준온도(교정온도라고 부를 수 있음)에 대한 온도 변화를 나타내는 것으로 이용될 수 있다. 물론 적층 플레이트는 온도를 변위로 바꾸는 트랜스듀서지만 우리가 정의한 공식적인 의미의 센서는 아니다. 이러한 적층 플레이트 트랜스듀서의 대부분은 철-니켈-크롬 합금으로 만들어진다. 동작온도 범위는 -75 ℃에서 최대 600 ℃까지이다. 상대적으로 작은 온도 변화의 경우에는 곡률 반경이 상당히 크기 때문에(수 미터) 팁 변형이 다소 작다. 적층 플레이트의 팁 변형은 다음과 같이 계산할 수 있다.

$$\Delta = r\left(1 - \cos\frac{180L}{\pi r}\right) \tag{4.114}$$

여기서 r은 식 (4.113)에서 구할 수 있으며 L은 플레이트의 길이이다. 예를 들어 $L = 50$ mm, $j = 1$ mm를 가지는 황동($\alpha = 20 \times 10^{-6}$) 및 크롬($\alpha = 6 \times 10^{-6}$)으로 만들어진 적층 플레이트의 경우 10 ℃ 구배에 대한 변형은 단지 $\Delta \approx 0.26$ mm이다. 이 변형은 육안으로 관찰하기 쉽지 않아 실제 온도계의 적층 플레이트는 일반적으로 코일 형태로 미리 형성된다([그림 4-38(b)] 참조). 이는 L의 극적인 증가를 허용하고 훨씬 더 큰 Δ를 가능하게 한다. 같은 예에서 $L = 200$ mm의 경우 변형은 4.2 mm로 상당히 개선된다. 최신 센서에서 이중재료bimaterial 구조는 MEMS 기술을 사용하여 제작된다.

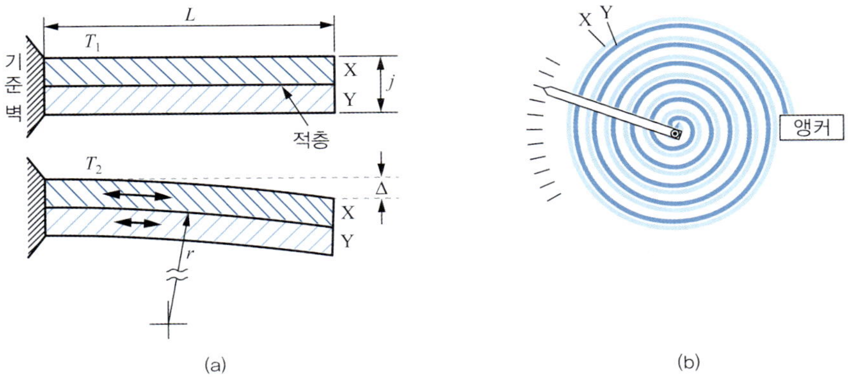

그림 4-38 (a) 두 재료의 열팽창 계수가 다른 적층 플레이트의 뒤틀림 (b) 온도 트랜스듀서로 사용되는 적층 코일

4.11.3 열용량

물체가 가열되면 온도는 올라간다. 가열은 일정량의 열(열에너지)을 물체로 전달하는 것을 의미한다. 열은 진동 원자의 운동 에너지 형태로 물체에 저장된다. 서로 다른 물질은 서로 다른 원자량을 가진 원자로 구성되고, 각각의 결정 구조에 고정되어 있다. 따라서 물질마다 원자 진동의 운동 에너지도 달라진다. 물체가 저장할 수 있는 열의 양은 물탱크가 저장할 수 있는 물의 양과 유사하다. 당연히 탱크 용량의 척도인 부피보다 더 많이 물을 저장할 수는 없다. 유사하게 모든 물체는 물체의 재료 속성과 질량(m)에 의해 결정되는 다음과 같은 고유한 열용량heat capacity을 가진다.

$$C = cm \tag{4.115}$$

여기서 c는 재료의 열적 특성을 나타내는 상수로 **비열**specific heat이라고 하며 다음과 같이 정의된다.

$$c = \frac{Q}{m\Delta T} \tag{4.116}$$

비열은 재료의 성질이고, 열용량은 해당 재료로 만들어진 물체의 성질에 해당한다. 엄밀히 말하면 비열은 재료상의 전체 온도 범위에서 일정하지 않다. 물질의 상phase이 고체에서 액체로 변할 때 종종 극적으로 변하기도 한다. 미시적으로 비열은 재료의 구조적 변화를 반영한다. 예를 들어 물의 비열은 0 ~ 100 ℃ (액상)에서 거의 일정하다. 하지만 완전히 일정한 것은 아니다. 어는점 근처에서 더 높고 약 35 ℃ 로 갈수록 약간 감소하며, 38 ℃ 에서 100 ℃ 로 갈수록 다시 천천히 증가한다. 놀랍게도 물의 비열은 온혈 동물의 생물학적 최적 온도인 37 ℃ 근처에서 가장 낮다.[33]

[표 A-17]은 다양한 재료에 대한 비열을 제공한다. 일부 다른 표에서는 cal/(g · ℃)단위의 비열을 제공한다. J/(g · ℃)와 cal/(g · ℃)의 관계는 다음과 같다.

$$1\frac{\mathrm{J}}{\mathrm{g}\,℃} = 0.2388\frac{\mathrm{cal}}{\mathrm{g}\,℃} \tag{4.117}$$

대체로 재료가 무거울수록 비열이 작아진다는 것을 알 수 있다. 열용량의 개념은 온도 센서 개발에 매우 중요하다. 식 (4.116)으로부터 더 작은 비열을 가지는 가벼운 센서일수록 동일한 온도 상승을 위해 필요한 열에너지가 더 작다. 따라서 열용량이 작은 온도 센서는 측정 대상을 덜 방해하고 더 빠르게 응답한다.

4.12 열전달

열의 두 가지 기본 속성은 잘 알고 있어야 한다.

1. 열은 절대 특정화되지 않는다. 즉 일단 열이 생성되고 나면 그 기원이 무엇인지 알 수 없다.
2. 열을 억제할 수는 없다. 즉 시스템의 더 따뜻한 부분에서 더 차가운 부분으로 저절로 흐르게 되며 열 흐름을 완전히 막을 방법은 현대 과학에서 알려지지 않았다.

33 물 비열에 의해 결정되는 이 온도에서 동물 단백질 분자와 물 결정 구조 사이에 더 나은 호환성을 가지기 때문일 것이다.

열에너지는 전도, 대류, 복사와 같이 세 가지 방법을 통해 한 물체에서 다른 물체로 전달된다. 전도 및 복사는 고체, 액체 및 기체와 관련이 있지만, 대류는 중간 유체(액체 또는 기체)에 의해서만 열을 전달할 수 있다. 물리량을 측정하려면 항상 에너지 전달이 필요하다. 열 교환과 관련된 물체 중 하나가 열 센서이다. 열 센서는 열을 생성하는 물체의 특정한 정보와 관련된 열의 양을 측정하는 역할을 한다. 이러한 정보로 온도, 화학 반응, 물체의 위치, 열 흐름 등이 있다.

열이 전파되는 방식을 설명하기 위해 각 층이 다른 재료로 만들어진 샌드위치 모양의 다층 물체를 고려해보자. 열이 층을 통해 이동할 때, 각 재료 내의 온도 프로파일temperature profile은 두께와 열전도도에 따라 달라진다. [그림 4-39]는 첫 번째 층이 열원에 부착된, 3개의 층이 적층된 물체를 나타낸 것이다.

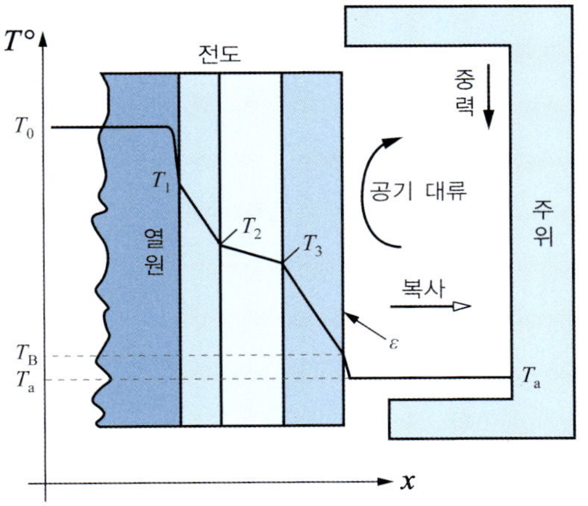

그림 4-39 적층 재료의 온도 프로파일

열원은 무한한infinite 열용량과 높은 열전도도를 가지고 있다. 무한한 열원heat source으로 작용하는 가장 좋은 고체 재료 중 하나는 자동 온도 조절 장치로 사용되는 벌크 구리bulk copper이다. 액체에서 무한한 열용량은 온도 조절 장치를 가지는 수조의 물처럼 저어가며 섞이고 있는 액체를 통해서 얻을 수 있다. 온도는 열원 내부에서 가장 높고 적층 재료 접합부의 얇은 경계 영역을 제외하고는 일정하다. 열은 전도에 의해 한 재료에서 다른 재료로 전파되면서 점차 주변 온도로 떨어진다. 각 재료 내의 온도는 재료의 열적 특성에 따라 다른 속도로 떨어진다. 마지막 층은 자연(중력에 의한) 대류를 통해 공기로 열을 보내면서 잃게 되고, 적외선 열복사를 통해 주변 물체로 열을 보내면서도 잃게 된다. 따라서 [그림 4-39]는 한 물체에서 다른 물체로 열을 전달하는 방법인 전도, 대류, 복사를 세 가지를 모두 보여주고 있다. 당연히 열원heat source 대신 온도가 주변보다 낮은 히트 싱크heat sink를 사용해도 동일한 원리가 적용된다.

4.12.1 열전도

열전도는 두 물체 사이의 물리적 접촉을 통해 발생한다. 따뜻한 물체에서 열적으로 교반을 하고 있는 입자는 충돌을 통해 운동 에너지를 차가운 물체로 전달한다. 그 결과 따뜻한 물체는 열을 잃고 차가운 물체는 열을 얻는다. 전도에 의한 열전달은 물 흐름 또는 전류와 유사하다. 예를 들어 막대를 통한 열 통과는 옴의 법칙과 유사한 법칙이 적용된다. 열 유속 또는 열전류thermal current는 막대의 온도 구배(dT/dx) 및 단면적 A에 다음과 같이 비례한다.

$$H = \frac{\mathrm{d}Q}{\mathrm{d}t} = -kA\frac{\Delta T}{\mathrm{d}x} \tag{4.118}$$

여기서 k는 열전도도thermal conductivity라고 한다. 마이너스 부호는 열이 온도 감소 방향으로 흐른다는 것을 나타낸다. 좋은 열전도체는 큰 k값(대부분의 금속)을 갖지만 열 절연체(대부분의 유전체)는 작은 k값을 갖는다. 열전도도는 일정한 것으로 간주되지만, 사실 온도에 따라 다소 증가한다. 전선을 통한 열전도를 계산해보자. 이때 양쪽 끝의 온도(T_1 및 T_2)를 다음과 같이 식에 대입한다.

$$H = kA\frac{T_1 - T_2}{L} \tag{4.119}$$

여기서 L은 전선의 길이이다. 종종 열전도도 대신 다음과 같은 열저항thermal resistance r이 사용될 수도 있다.

$$r = \frac{L}{k} \tag{4.120}$$

식 (4.119)는 다음과 같이 다시 쓸 수 있다.

$$H = A\frac{T_1 - T_2}{r} \tag{4.121}$$

일부 재료의 열전도도 값은 [표 A-17]에 나와 있다.

[그림 4-39]는 열전도도가 다른 적층 재료 내부의 이상적인 온도 프로파일을 나타낸 것이다. 실제로 인접한 두 재료의 인터페이스interface를 통한 열전달은 이상적인 것과 다를 수 있다. 두 재료를 함께 눌러 조립한 물체의 열전달을 관찰하면 온도 프로파일은 [그림 4-40(a)]와 같은 형태를 가지게 된다. 재료의 측면이 잘 절연된 경우 열 유동율은 두 재료 모두에서 동일해야 한다.

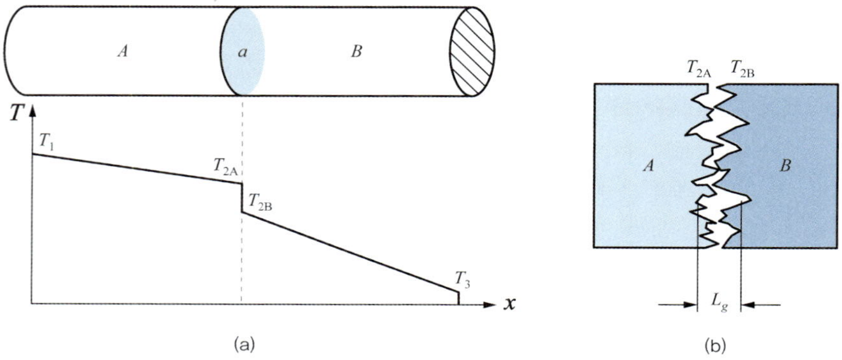

그림 4-40 (a) 접촉부의 열 프로파일 (b) 접촉부 확대 그림

표면적 a를 갖는 경계 영역에서 갑작스러운 온도 강하는 열 **접촉저항**contact resistance의 결과이다. 이 조립한 물체를 통한 열전달은 다음과 같이 나타낼 수 있다.

$$H = \frac{T_1 - T_3}{R_A + R_c + R_B} \tag{4.122}$$

여기서 R_A와 R_B는 두 재료의 열저항[34]이고, R_c는 접촉저항contact resistance이다.

$$R_c = \frac{1}{h_c a} \tag{4.123}$$

h_c는 접촉계수contact coefficient라고 한다. 많은 열전달 상황이 두 재료의 기계적 결합을 포함하기 때문에 이 계수는 여러 센서 응용 분야에서 매우 중요하다. 현미경으로 볼 때 접촉부joint는 [그림 4-40(b)]에 표시된 형태일 수 있다. 즉 실제로 접촉 표면은 완벽하게 매끄럽지 않으며, 실제 표면 거칠기는 접촉 저항을 결정하는 데 중요한 역할을 한다. 접촉부에서는 다음과 같은 방식으로 열전달이 이루어진다.

1. 실제 물리적 접촉을 통한 물질 대 물질 전도
2. 거친 표면에 의해 생성된 공극void 공간에 갇힌 가스(공기)를 통한 전도

가스의 열 전도율은 많은 고체에 비해 훨씬 작아 공극에 갇힌 가스는 열전달에 가장 큰 저항 성분에 해당한다. 그러면 접촉계수는 다음과 같이 정의된다.

$$h_c = \frac{1}{L_g}\left(\frac{a_c}{a}\frac{2k_A k_B}{k_A + k_B} + \frac{a_v}{a}k_f\right) \tag{4.124}$$

여기서 L_g는 공극 공간의 두께, k_f는 공극 공간을 채우는 유체(예 : 공기)의 열전도도이다. 그리고 a_c, a_v는 각각 접촉 및 공극 영역의 면적이고 k_A, k_B는 각 재료의 열전도도이다. 단 이 이론은 실험적으로 면적 a_c와 a_v, 거리 L_g를 알아내는 것이 매우 어렵다는 단점이 있다. 접촉부 표면은 가능한 한 매끄러운 것이 좋고, 열저항을 줄이려면 재료 간의 건식 접촉dry contact은 피하는 것이 좋다. 결합하기 전에 표면은 열저항이 낮은 유체로 코팅될 수 있다. 한 예로 열 그리스thermal grease는 종종 이러한 목적으로 사용된다.

4.12.2 열대류

열을 전달하는 또 다른 방법은 대류convection이다. 대류는 기체와 액체 같은 유체를 통해 발생한다. 이 매개체는 따뜻한 물체에서 열을 가져온 후 더 차가운 물체로 전달하면서 열을 방출한 다음, 다시 따뜻한 물체로 돌아가 열의 다른 부분을 흡수할 수도 있고 그렇지 않을 수도 있다. 대류는 자연적(중력에 의해서)으로 생성될 수 있으며 외부 힘에 의해 강제로 생성될 수도 있다. 공기의 자연적인 대류와 함께 중력에 의해 생성된 부력buoyant force은 공기 분자에 작용한다. 따뜻한 물체 표면에 있는 공기는 열을 받아 위로 상승하고 차가운 공기는 따뜻한 물체 쪽으로 하강한다. 공기의 강제 대류는 팬 또는 송풍기에 의해 생성될 수 있다. 강제 대류는 액체 온도 조절기에서 장치의 온도를 원하는 수준으로 유지하는 데 사용된다. 대류를 통한 열전달 효율은 매질(유체)의 이동 속도, 온도 구배, 물체의 표면적, 이동 매질(유체)의 열적 특성에 따라 달라진다. 주변 온도와 다른 물체는 대류를 통해 열을 잃거나 받으며 이는 열전도와 유사하게 뉴턴의 냉각 법칙Newton's Law of cooling에 의해 다음과 같이 정리된다.

34 $R_A = \frac{r_A}{a}$, $R_B = \frac{r_B}{a}$ 이다.

$$H = \alpha A(T_1 - T_2) \quad (4.125)$$

여기서 대류계수convective coefficient α는 유체의 비열, 점성viscosity 및 이동 속도에 따라 달라진다. 대류계수는 중력에 의존할 뿐만 아니라, 온도 기울기에 따라서도 다소 변한다. 공기 중의 수평 플레이트 경우 중력 대류gravitational convection에 대한 α값은 다음과 같이 추정될 수 있다.

$$\alpha = 2.49\sqrt[4]{T_1 - T_2}\,\mathrm{W/m^2K} \quad (4.126)$$

수직 플레이트의 경우에는 다음과 같다.

$$\alpha = 1.77\sqrt[4]{T_1 - T_2}\,\mathrm{W/m^2K} \quad (4.127)$$

그러나 이러한 값은 플레이트의 한쪽 면에만 적용할 수 있다. 플레이트는 무한한 열원(온도가 열 손실에 따라 바뀌지 않음)이고 주변 온도는 일정하다고 가정하였다. 만약 공기의 부피가(두 표면 사이의 공극과 같이) 작으면 점성으로 인해 기체 분자의 이동이 매우 제한되므로 대류를 통한 열전달 성분은 미미해진다. 이 경우 대류에 의한 열전달 대신 공기의 열전도도와 복사열전달을 고려해야 한다.

4.12.3 열복사

앞에서 모든 물체의 원자와 분자들은 모두 진동한다고 언급했다. 진동하는 입자의 평균 운동 에너지는 온도로 표시된다. 각 진동 원자는 핵과 궤도를 도는 전하에 해당하는 전자구름electronic cloud으로 구성된다. 전기역학electrodynamics 법칙에 따르면 움직이는 전하는 가변 전기장에 해당하며 교류 자기장을 생성한다. 결국 자기장의 변화는 다시 전기장 등을 변화시키는 결과가 발생한다. 따라서 진동하는 입자는 빛의 속도로 전파되는 전자기장ElectroMagnetic Field, EMF의 원천이며, 광학 법칙에 의해 지배된다. 즉 전자기파는 반사, 필터링, 포커싱 등이 가능하다. 원자 집단의 열 운동에 의해 발생된 전자기파 복사를 열복사라고 한다. [그림 4-41]은 γ 광선에서 라디오파까지의 전체 전자기 복사 스펙트럼을 보여준다. 열복사는 주로 중간 적외선mid-infrared 및 원적외선far-infrared 또는 far-IR 스펙트럼 범위에 있다.

복사의 파장 λ는 주파수 ν와 해당 매질에서의 빛의 속도 c와 관련이 있다.

$$\lambda = \frac{c}{\nu} \quad (4.128)$$

λ와 온도 사이의 관계는 더 복잡하며, 이를 말해주는 것으로 1901년에 발견된 플랑크의 법칙Planck's Law이 있다.[26] 플랑크의 법칙에서는 파장 λ와 절대온도 T의 함수로 복사 플럭스 밀도radiant flux density W_λ를 설정한다. 복사 플럭스 밀도는 파장 단위당 전자기 복사의 전력에 해당하며, 다음과 같은 식으로 나타낼 수 있다.

$$W_\lambda = \frac{\varepsilon(\lambda)C_1}{\pi\lambda^5\left(e^{C_2/\lambda T} - 1\right)} \quad (4.129)$$

여기서 $\varepsilon(\lambda)$는 기전력이 발산되는 표면의 방출률emissivity 35이고, $C_1 = 3.74 \times 10^{-12}$ $\mathrm{W\,cm^2}$, $C_2 = 1.44$ cmK 이다. 이 기본 방정식은 표면 온도 T 의 함수로 특정 파장에서 복사 전력radiant power을 정의하고 있다.

온도는 매우 많은 진동 입자들의 평균 운동 에너지 결과에 해당한다. 그러나 모든 입자가 동일한 주파수 또는 크기로 진동하지는 않는다. 서로 다른 허용 주파수(파장 및 에너지도 포함)의 간격은 매우 작으며 물질은 매우 긴 파장에서 매우 짧은 파장까지 무한한 종류의 주파수를 방사할 수 있다. 온도는 평균 운동 에너지의 통계적 표현이므로 입자가 특정 주파수로 진동하고 특정 파장을 가질 수 있는 가장 높은 확률을 결정하게 된다. 이때 가장 가능성이 높은 파장은 빈의 법칙Wien's law 36에 의해 설정되며 이는 식 (4.129)의 미분이 0이 되는 값을 찾아서 얻을 수 있다. 계산 결과는 대부분의 복사 전력이 집중되는 파장에 해당하며 식은 다음과 같다.

$$\lambda_m = \frac{2,898}{T} \tag{4.130}$$

여기서 λ_m의 단위는 μm 이고, T의 단위는 K 이다. 빈의 법칙에 따르면 온도가 높을수록 파장은 짧아진다([그림 4-41] 참조).

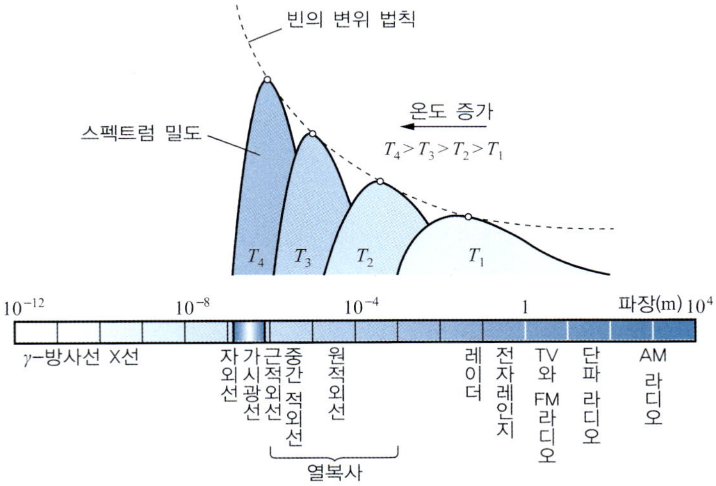

그림 4-41 전자기파 복사 스펙트럼

식 (4.128)에 따르면 빈의 법칙Wien's law은 전체 스펙트럼 중에서 가장 높은 확률의 주파수는 다음과 같이 절대온도에 비례함을 보여준다.

$$\nu_m = 10^{11}\,T\,[\mathrm{Hz}] \tag{4.131}$$

예를 들어 대부분의 중간 적외선 에너지는 상온에서 30 THz(30×10^{12}Hz)근처에서 방출된다. 플랑크 방정식에 따르면 복사 주파수와 파장은 온도에만 의존하지만, 복사의 크기는 표면의 방출률 $\varepsilon(\lambda)$에 따라 달라진다. 이는 열복사 센서의 중요한 특성이므로 다음 문단에서 자세히 다루도록 하겠다.

---

35 복사율 또는 방사율이라고도 사용된다.

36 1918년 독일 물리학자 플랑크는 열복사에 관한 법칙을 발견한 공로로 노벨상을 수상했다.

[그림 4-42]는 무한히 넓은 대역폭($\lambda_1 = 0$, $\lambda_2 = \infty$)에 대해 세 가지 다른 온도의 복사 플럭스 밀도를 보여준다.

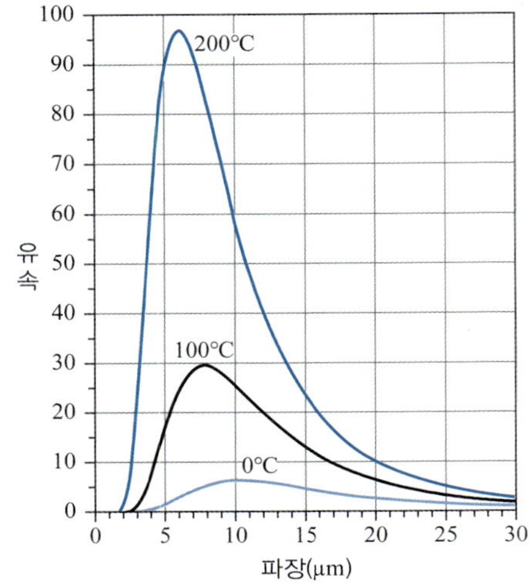

그림 4-42 0K 저온 공간으로 방출되는 이상적인 방출체의 스펙트럼 플럭스 밀도

복사 에너지는 스펙트럼 범위에 걸쳐 매우 불균일하게 분포되어 있으며, 빈의 법칙에 의해 정의된 최댓값이 명확하게 나타난다. 뜨거운 물체는 가시 범위에서 에너지의 상당 부분을 방출하지만 차가운 물체에서 방출되는 전력은 스펙트럼의 근적외선[IR] 부분에 집중되어 있다.

이론적으로 열복사 대역폭[bandwidth]은 매우 넓다. 그러나 복사를 감지할 때는 실제 센서의 속성을 고려해야 한다. 모든 센서는 제한된 복사 스펙트럼 범위(대역폭)만 측정할 수 있다. 특정 대역폭 내에서 총 복사 전력을 결정하려면 다음과 같이 식 (4.129)를 $\lambda_1 \sim \lambda_2$ 범위에서 적분하면 된다.

$$\Phi_{bo} = \frac{1}{\pi}\int_{\lambda_1}^{\lambda_2} \frac{\varepsilon(\lambda) C_1 \lambda^{-5}}{e^{C_2/\lambda T} - 1} \tag{4.132}$$

식 (4.132)는 매우 복잡하며 특정 대역폭에 대해 해석적으로 풀 수 없다. 해는 수치적으로 또는 근사값으로 찾을 수 있다. 넓은 대역폭에 대한 유용한 근삿값($\lambda_1 \sim \lambda_2$)의 범위에서 총 복사 전력의 50% 이상이 포함될 때)은 **스테판-볼츠만 법칙**[Stefan-Boltzmann law]으로 알려진 4차 포물선으로 구할 수 있다.

$$\Phi_{bo} = A\varepsilon\sigma T^4 \tag{4.133}$$

여기서 $\sigma = 5.67 \times 10^8 \, \mathrm{W/m^2K^4}$(슈테판-볼츠만 상수), A는 형상계수이고, 방출률 ε은 파장에 독립적인 것으로 가정한다.[34] 이 식은 온도 T와 방출률 ε을 갖는 표면에서 극한의 저온 공간(절대영도)을 향해 모든 방향으로 발산되는 총 열복사 플럭스[total thermal radiation flux]를 정의한다. 실제 모든 물체는 표면은 자체 온도를 가지는 다른 물체의 표면을 향하므로 그 물체로부터 열복사 플럭스를 흡수한다. 이는 열복사 센서 개발의 기본 개념에 해당하므로 뒤에서 자세히 설명하도록 하겠다.

■ 방출률

복사된 IR 빛의 파장은 온도에 따라 다르지만, 복사의 크기는 표면 특성의 함수에 해당하며 방출률(ε)로 정의한다. 방출률은 0에서 1까지의 척도로 측정된다. 이는 표면에서 발산되는 실제 복사 플럭스와 동일한 온도를 갖는 이상적인 이미터($\varepsilon = 1$)에서 발산되는 복사 플럭스의 비율에 해당한다. 물체의 방출률 ε, 투명도 γ, 반사율 ρ 사이에는 다음의 관계식이 성립한다.

$$\varepsilon + \gamma + \rho = 1 \tag{4.134}$$

1860년 키르히호프는 방출률과 흡수율 α가 동일한 것을 발견했다. 결과적으로 불투명한 물체($\gamma = 0$)의 경우 반사율 ρ와 방출률 ε은 간단히 $\rho = 1 - \varepsilon$의 관계를 가진다.

식 (4.133)은 표면 온도 T에서 극도로 차가운 공간을 향해 발산되는 복사 전력(플럭스)을 말한다. 물체 표면에서 발산되는 열복사 흐름이 자체 온도를 가진 열 센서[37]에 의해 감지될 때 센서에서 물체를 향하는 반대 흐름의 복사도 고려해야 한다. 열 센서는 알짜 열 플럭스net thermal flux, 즉 물체에서 센서를 향하는 플럭스 Φ_{bo}에서 센서에서 대상으로의 플럭스 Φ_{s}를 뺀 값에만 반응할 수 있다. 물체를 향하는 센서의 표면은 방출률 ε_{s}, 그리고 그에 따라 반사율 $\rho_s = 1 - \varepsilon_{\mathrm{s}}$를 갖는다. 센서는 부분적으로만 흡수되기 때문에 전체 플럭스 Φ_{bo}가 전부 흡수되어 활용되지는 못한다. 따라서 그것의 일부인 Φ_{ba}는 센서에 의해 흡수되고 나머지 Φ_{br}은 물체[38]로 다시 반사되어 손실된다([그림 4-43] 참조).

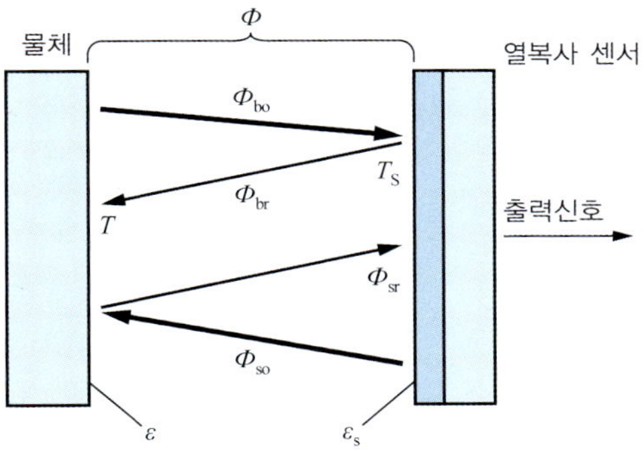

그림 4-43 물체와 열복사 센서의 열복사 교환

반사된 플럭스는 다음과 같이 센서의 반사율 계수에 비례한다.

$$\Phi_{\mathrm{br}} = -\rho_{\mathrm{s}}\Phi_{\mathrm{bo}} = -A\varepsilon(1-\varepsilon_{\mathrm{s}})\sigma T^4 \tag{4.135}$$

음수 기호는 플럭스 Φ_{bo}에 대해 반대 방향임을 나타낸다. 결과적으로 물체에 의해 생성된 알짜 플럭스net flux는 다음과 같이 물체와 센서의 방출률에 따라 달라진다.

$$\Phi_{\mathrm{b}} = \Phi_{\mathrm{bo}} + \Phi_{\mathrm{br}} = A\varepsilon\varepsilon_{\mathrm{s}}\sigma T^4 \tag{4.136}$$

37 여기서는 14장에서 설명하는 양자 센서와는 반대인 이른바 열 센서에 대해 설명하고자 한다.

38 이 단순화된 분석은 센서의 시야에 또 다른 물체가 없다고 가정한다.

온도 T_s를 가지는 센서 표면은 자체 열 플럭스를 방출하므로 유사한 방식으로 센서 표면에서 발산되는 알짜 열 플럭스net thermal flux는 다음과 같다.

$$\Phi_s = -A\varepsilon\varepsilon_s\sigma T_s^4 \quad (4.137)$$

물체와 센서에 의해 발생하는 두 개의 플럭스는 다음과 같이 물체와 센서 표면 사이에 존재하는 최종 알짜 플럭스로 결합된다.

$$\Phi = \Phi_b + \Phi_s = A\varepsilon\varepsilon_s\sigma\left(T^4 - T_s^4\right) \quad (4.138)$$

이것은 열 센서에서 출력신호로 변환되는 알짜 열 플럭스의 수학적 모델이다. 센서가 흡수한 열thermal power과 물체와 센서의 절대온도 사이의 관계를 나타낸다. 이 모델의 중요한 의미는 열복사 센서가 물체와 센서 자체의 두 가지 온도에 따라 반응한다는 것이다.

물질의 표면 방출률은 유전상수와 그에 따른 굴절률refractive index n의 함수이다. 가능한 한 가장 큰 방출률은 1이다. 이는 전자기 복사의 이상적인 이미터인 이른바 **흑체**blackbody에서 기인한다. 이상적인 흑체의 방출률은 파장과 무관(스펙트럼 전체에 대해 값이 1이다)하다. 식 (4.134)에 따라 물체가 불투명($\gamma = 0$)이고 비반사($\rho = 0$)이면 $\varepsilon = \alpha = 1$이므로 전자기 복사의 이상적인 이미터 및 흡수기가 된다. 따라서 흑체는 이상적인 방출체이자 빛의 흡수체로 아무것도 반사하지 않으며 결국 검은색으로 보인다. 실제로 이상적인 흑체는 존재하지 않지만, 특별히 설계된 계측기에서 매우 유사하게 만들 수는 있다. 잘 설계된 흑체는 $\varepsilon = 0.999$에 가까운 방출률을 가져야 하며 0.97에서 0.99까지의 낮은 방출률은 이른바 회색체graybody에 해당한다.

실제 표면의 방출률은 일반적으로 파장에 따라 달라진다([그림 4-44] 참조).

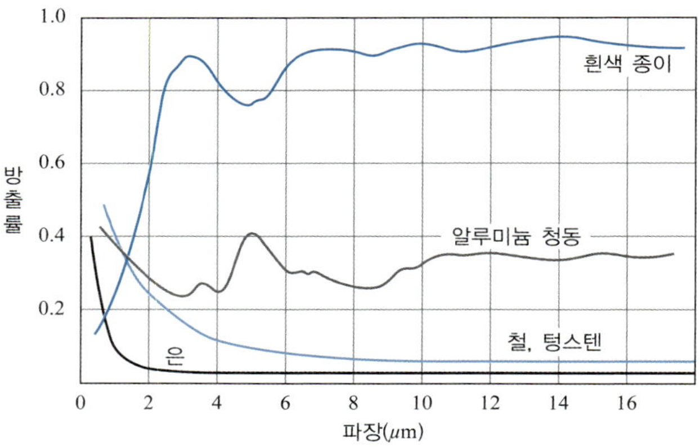

그림 4-44 표면 방출률의 파장 의존성

예를 들어 흰색 종이는 가시 스펙트럼 범위에서 반사율이 매우 높고 가시광선을 방출하지 않는다. 그러나 중 적외선 스펙트럼 범위에서는 반사율이 낮고 방출률이 높기 때문에(약 0.92) 종이가 열복사를 잘 방출하게 된다. 폴리머 및 가스와 같은 일부 재료는 서로 다른 파장에서 매우 불균일한 방출률(흡수율)을 갖지만, 매우 좁은 스펙트럼 범위 내에서는 여전히 식 (4.134)를 따른다. 예를 들어 원적외선 렌즈 제작에 널리 사용되는 폴리에틸렌polyethylene은 3.5μm, 6.8μm, 13.5μm 주변의 좁은 범위에서 많은 양을 흡수(방출)하지만, 다른 범위에서는 매우 투명(비방출)하다.

상대적으로 열복사의 좁은 스펙트럼 범위에서 불투명 물질의 방출률은 일정한 것으로 간주된다. 1% 이상의 정확도가 요구되는 정밀한 비접촉 IR 측정은 표면 방출률을 알고 있거나, 정확도에 대한 방출률의 영향을 줄이기 위한 특수한 방법을 사용해야 한다. 예를 들어 이른바 듀얼 밴드 IR 감지기 dual-band IR detector가 있다.[39] 다른 방법으로는 적외선 센서가 열적으로 균형을 이루도록 할 수 있다.[40] 수직 방향의 무편광 중간 적외선/원적외선일 때 방출률은 굴절률을 통해 다음 식으로 표현할 수 있다.

$$\varepsilon = \frac{4n}{(n+1)^2} \tag{4.139}$$

모든 비금속은 식 (4.139)에 의해 정의된 매우 일정한 방출률을 가지는 매우 우수한 열복사 방사체 diffusuve emitter에 해당한다. 단 표면의 법선 기준으로 ±70°를 벗어나 90°에 가까워지면 빠르게 0으로 감소한다. 공기로 내보내는 방출률에 대한 계산된 그래프는 [그림 4-45(a)]에 나와 있다. 열복사의 방출률은 유전체 표면 아래의 상당한 깊이에서 발생하는 전자기 효과의 결과이기 때문에 이 사항은 중간 적외선 스펙트럼 범위의 파장에만 적용되며 가시광선에는 해당하지 않는다.

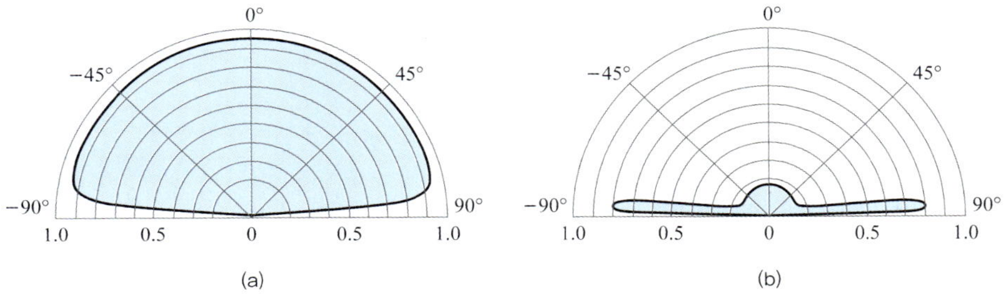

그림 4-45 (a) 비금속 물체의 공간 방출률 (b) 폴리싱 금속의 공간 방출률

금속은 매우 다른 특징을 가지며 금속의 방출률은 표면 마감surface finish에 따라 크게 좌우된다. 일반적으로 폴리싱된 금속은 ±70° 이내에서 방출률이 아주 작고(좋은 반사체), 방출률은 더 큰 각도에서 증가한다([그림 4-45(b)] 참조]. 이는 아주 좋은 금속 코팅 거울조차도 90° 근처의 각도에서는 잘 반사되지 않는다는 것을 의미한다. [표 A-18]은 0 ~ 100℃의 온도 범위에서 일부 물질의 일반적인 수직 방향 방출률을 보여준다.

고체와 달리 가스는 대부분 열복사에 투명하다. 가스의 방사선 흡수 및 방출은 일반적으로 특정 좁은 스펙트럼 대역에서만 발생한다. 질소^{N_2}, 산소^{O_2}, 기타 비극성 대칭 분자 구조와 같은 일부 가스는 저온에서 본질적으로 투명하지만, 이산화탄소^{CO_2}, 물^{H_2O}과 더불어 다양한 탄화수소 가스는 상당한 양의 방출 및 흡수가 발생한다. 적외선이 가스층에 들어오면, 흡수는 **비어의 법칙**Beer's law에 따라 다음과 같이 거리에 따라 기하급수적인 감쇠 프로파일을 갖는다.

$$\frac{\Phi_x}{\Phi_0} = e^{-\alpha_\lambda x} \tag{4.140}$$

39 듀얼 밴드 감지기는 두 개의 좁은 스펙트럼 범위를 사용하여 IR 플럭스를 감지한다. 그런 다음 신호 처리의 비율 측정 기법을 사용하여 물체의 온도를 계산한다. 계산 과정 중에 방출률 및 기타 곱셈 상수가 사라지게 된다.

40 열적으로 균형을 이루는 IR 센서는 센서의 온도를 지속적으로 제어하여 알짜 열 플럭스를 0에 가깝게 만든다. 따라서 식 (4.138)에서 방출률에 0이 곱해지므로 더이상 차이를 유발하지 않는다.

여기서 Φ_0는 입사 열 플럭스, Φ_x는 위치 x에서의 열 플럭스, α_λ는 스펙트럼 흡수(방출률) 계수이다. 이 비율을 특정 파장 λ에서의 단색 투과율monochromatic transmissivity γ_λ라고 한다. 가스가 무반사인 경우, 특정 파장 λ에서의 방출률은 다음과 같이 정의된다.

$$\varepsilon_\lambda = 1 - \gamma_\lambda = 1 - e^{-\alpha\lambda x} \tag{4.141}$$

가스는 좁은 대역에서만 흡수되기 때문에 특정 파장에 대한 방출률과 투과율을 별도로 지정해야 한다는 점을 유념해야 한다. 예를 들어 수증기는 1.4μm, 1.8μm, 2.7μm의 파장에서 흡수성이 높고 1.6μm, 2.2μm, 4μm에서는 매우 투명하다.

적외선 센서가 비접촉식 온도 측정에 사용될 경우 방출률의 값을 필수적으로 알고 있어야 한다. 이러한 비접촉 온도계를 교정하거나 정확도를 확인하려면, 실험실 표준 복사열 원standard souce of radiative heat을 구성해야 한다. 열원의 방출률 실제값이 일치해야 하며 가급적 1에 가까워야 한다. 즉 열원은 흑체에 가까워야 한다. 방출률이 1이 아니면 주변 물체로부터의 열복사 반사((식 3.134) 참조)를 초래하고, 적외선 플럭스 측정에 오류가 발생하게 된다. 하지만 방출률이 1인 것으로 알려진 물질은 없다. 따라서 이러한 표면을 인공적으로 모사하기 위해 흑체 구성의 원리로 공동 효과cavity effect를 사용하기도 한다.

▪ 공동 효과

공동cavity에서 열복사를 측정하면 흥미로운 효과가 나타난다. 공동은 내부의 벽 온도가 전체 표면에 걸쳐 균일하게 유지되는 불규칙한 모양의 구멍void을 의미한다([그림 4-46(a)] 참조).

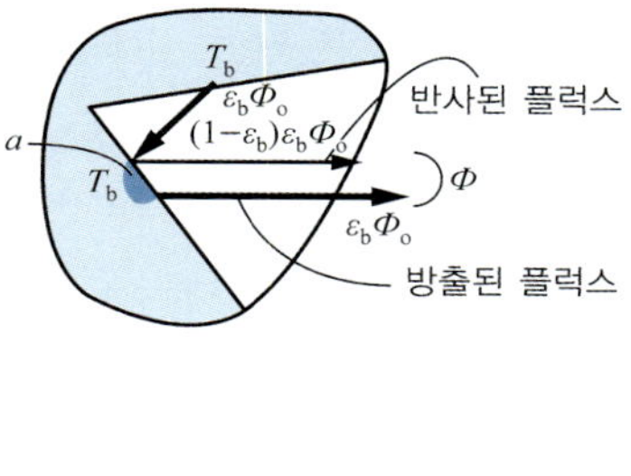

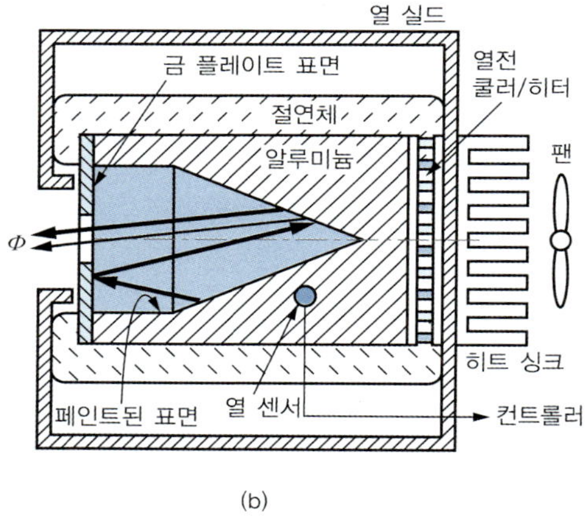

그림 4-46 (a) 공동 효과는 방출률을 증가시킨다. (b) 이중 공동 표면을 가지는 흑체 구조

공동 개구부 또는 조리개(공동 내부 표면이 아님)에서의 방출률은 편평한 표면에 비해 모든 파장에서 단일 값을 가지며 거의 1에 가깝다. 공동 효과는 특히 보이드의 내벽이 상대적으로 높은 방출률(> 0.95)을 가질 때 두드러진다. 비금속 공동을 살펴보면 모든 비금속은 확산 방사체diffuse emitter이면서 [그림 4-45(a)]와 같이 확산 반사기diffuse reflector이기도 하다. 공동 벽의 온도와 방출률은 전체 영역에서 균일하다고 가정하자. 스테판-볼츠만 법칙((식 4.133) 참조)에 따르면 이상적인 표면은 단위 영역 a에서 이상적인 적외선 광자 플럭스photon flux $\Phi_o = a\sigma T_b^4$를 발산한다. 그러나 실제 표면은 더 낮은 방출률

ε_b를 가지며, 결과적으로 해당 영역에서 방사되는 플럭스가 더 작다($\Phi_r = \varepsilon_b \Phi_o$). 공동이 열적으로 균일하기 때문에 영역 a를 향하는 방향으로 공동의 다른 부분에 의해 방출되는 플럭스도 Φ_r과 같다. 입사 플럭스 Φ_r의 상당 부분은 영역 a의 표면에 흡수되고, 일부는 확산 반사diffusely reflection된다.

$$\Phi_\rho = \rho \Phi_r = (1 - \varepsilon_b)\varepsilon_b \Phi_o \tag{4.142}$$

그리고 영역 a에서 공동 개구aperture를 향한 전체 복사 및 반사 플럭스는 다음과 같다.

$$\Phi = \Phi_r + \Phi_\rho = \varepsilon_b \Phi_o + (1 - \varepsilon_b)\varepsilon_b \Phi_o = (2 - \varepsilon_b)\varepsilon_b \Phi_o \tag{4.143}$$

만약 개구부가 방출률 ε_b를 가진 편평한 판이라면 그것은 $\Phi_r = \varepsilon_b \Phi_o$의 복사 플럭스를 방출할 것이다. 그러나 실제로는 공동의 열려있는 구멍이므로 정의에 따라 식 (4.143)은 다음과 같이 쓸 수 있다.

$$\varepsilon_e = \frac{\Phi}{\Phi_o} = (2 - \varepsilon_b)\varepsilon_b \tag{4.144}$$

식 (4.144)는 단 한번의 내부 반사(실제로는 더 많이 있음)로 인해 공동 개구의 유효 방출률effective emissivity이 $(2 - \varepsilon_b)$의 계수만큼 확대된 내벽 표면 방출률과 동일해졌음을 의미한다. 예를 들어 공동 벽이 아크릴 페인트(일반적인 방출률 : 0.95)로 칠해졌다고 가정하면 개구 유효 방출률은 $\varepsilon_e = (2 - 0.95)0.95 = 0.9975$가 된다.

공동 효과가 발생하려면 유효 방출률은 복사선이 빠져나가는 공동 개구부에 의해서만 결정되어야 한다. 열복사를 측정하는 동안 IR 센서가 너무 깊게 공동에 삽입되어 내부 반사광선을 차단하게 되면 공동 효과가 사라지게 되고 1보다 작은 내부 벽면의 방출률에 가까워지게 된다. 이와 같이 공동 효과가 발생하게 되면, 실제보다 큰 방출률이 측정된다. 이를 고려하지 않을 경우에는 복사 에너지 및 측정된 온도를 측정하는 데 오류가 발생할 수 있다. 이를 설명하기 위해 [그림 4-47]를 살펴보자. 하나는 가시광선, 다른 하나는 중간 적외선으로 촬영했다.

그림 4-47 물체에서 자연적으로 발산되는 가시광선 및 적외선 열복사 사진. 열복사 사진에서 코 근처의 주름과 피부 주름에서 더 밝은 부분(따뜻하게 보임)을 확인할 수 있다. 이는 공동 효과의 결과이다. 안경은 중간 및 원적외선 스펙트럼 범위에서 불투명하고, 눈으로부터의 열복사를 통과시키지 못하기 때문에 검은색(차가움)으로 보인다.
(출처 : 적외선 교육 센터 제공, www.infraredtraining.com)

적외선 이미지에서 콧구멍 영역이 약간 더 밝게 나타난다. 즉 따뜻하다는 의미이다. 그러나 실제로는 주변 피부 온도와 동일하다. 콧수염 위의 두 개의 주름은 일반적인 인간 피부 방출률 0.96보다 더 크게 증가시키는 공동 효과를 유발한다. 이는 발산되는 열 주름의 강도를 증가시켜 주름 안쪽의 피부 온도가 더 따뜻한 것처럼 나타난다.

흑체의 설계 및 제작은 결코 간단한 작업이 아니다. 공동 효과가 발생하려면 흑체가 다음 조건을 충족해야 한다.

1. 공동은 IR 빛 출구인 개구보다 훨씬 큰 내부 표면적을 가져야 한다.
2. 공동은 빛이 개구에서 빠져나가거나 외부에서 개구로 들어오는 빛이 내부에서 완전히 손실되기 전에 많은 내부 반사가 일어나도록 해야 한다. 즉 공동은 라이트 트랩light trap으로 동작해야 한다.
3. 공동의 내벽 온도는 전체 표면에서 매우 균일해야 한다.

[그림 4-46(b)]는 개구 방출률이 0.999에 접근하는 흑체[35]를 제작하는 효율적인 방법을 보여준다. 공동 본체는 반전된 원뿔 모양의 견고한 구리 또는 알루미늄으로 제작되어 여러 내부 반사가 가능하다. 내장형 온도 센서와 제어회로(표시되지 않음)가 있는 열전 히터/쿨러는 공동의 온도를 0.02 ℃ 보다 우수한 정확도로 안정적인 온도를 유지한다. 이때 설정된 온도는 주변 온도보다 높거나 낮을 수 있다. 전체 금속 몸체는 단열층으로 덮여 있다. 공동에서 주변으로의 열 손실을 최소화하기 위해 추가 열 실드thermal shield가 전체를 둘러싸고 있다. 실드의 온도는 공동 온도에 가까우므로 단열재를 통과하는 열 흐름이 매우 작다. 이는 공동 벽의 온도를 안정적이고 균일하게 만드는 데 도움이 된다.

공동의 안쪽 부분은 유기 페인트로 칠해야 한다. 가시광선(색을 결정하는)의 페인트 반사율과 적외선 스펙트럼 범위의 방출률 간에는 아무런 관계가 없기 때문에 페인트의 색상은 사실 중요하지 않다. 가장 문제가 되는 부분은 개구부 근처이다. 왜냐하면 개구 주변 벽의 온도가 주변 온도와 완전히 독립적이고, 나머지 공동 벽의 온도와 동일하게 만드는 것이 매우 어렵기 때문이다. 주변 온도의 영향을 최소화하고 가상 공동 크기를 늘리기 위해 조리개 주변의 내부 표면은 고도로 연마되고 금으로 도금된다. 따라서 공동의 전면부는 방출률이 매우 낮으므로 온도가 그다지 중요하지 않다. 또한 금 표면은 방출률이 높은 공동 벽의 오른쪽 부분에서 방출되는 광선을 반사하여 공동 효과를 향상시킨다. 이를 이중 **공동 표면**dual-cavity surface이라고 한다. 참고로 흑체에 근접한 방출률은 실제로는 구멍에 해당하는 개구의 가상 표면에서 측정된다는 점을 유념하자.

CHAPTER

05

센서의 광학 부품

Optical Components of Sensors

CONTENTS

5.1 빛

5.1.1 빛 양자의 에너지

빛은 다양한 자극들을 효율적으로 생성하는 데 활용될 수 있는 에너지이다. 이는 주로 거리, 운동, 온도, 화학 성분, 압력 등을 감지할 때 활용된다. 빛은 전자기적 특성을 띠고 있으며, 에너지 양자 quanta of energy 또는 전자기파electromagnetic wave로 간주된다. 오늘날 빛의 이중성duality은 양자 전기역학[1]에 의해 잘 설명되며 양자(입자)의 특성과 파동의 특성 모두 감지에 활용된다.

파동 주파수 스펙트럼의 각 영역에는 자외선UV, 가시광선, 근적외선, 중간 적외선IR, 마이크로파, 전파 등 특별한 이름들이 지정되어 있다. 통상 '빛'이라는 이름은 약 0.1~100 μm 의 파장을 차지하는 전자기 복사를 지칭한다. 우리가 볼 수 있는 가장 짧은 파장(보라색)보다 짧은 파장의 빛을 **자외선** ultraviolet, UV이라 하고, 우리가 볼 수 있는 가장 긴 파장(적색)보다 긴 파장의 빛을 **적외선**infrared, IR이라고 한다. 자외선의 파장 상한은 약 0.38 μm 이다. 적외선은 근적외선(near-infrared, 약 0.75~1.5 μm), 중간 적외선(mid-infrared, 1.5~5 μm), 원적외선(far-infrared, 5~100 μm)과 같이 세 영역으로 나뉜다.

각각의 복사선 스펙트럼 영역들은 별도로 물리학 분야에서 연구되거나 공학 분야에서 사용되고 있다. 전체 전자기 스펙트럼은 [그림 4-41]에 나와 있다. γ선(약 1pm 의 가장 짧은 파장의 전자기 복사)부터 라디오파(약 수백 미터의 가장 긴 파장의 전자기 복사)까지 분포되어 있다. 이 장에서는 전자기 스펙트럼의 가시광선 및 근적외선 영역에 해당하는 빛과 광학 구성 요소의 특성을 간략하게 검토하고자 한다. 열복사(중간 및 원적외선 영역)는 4.12.3절에서 다루었다.

진공 상태에서 빛의 속도 c_0는 파장과 무관하며 자유 공간의 투자율 $\mu_0 = 4\pi \times 10^{-7}$ H/m와 유전율permittivity인 $\varepsilon_0 = 8.854 \times 10^{-12}$ F/m를 이용하여 다음과 같이 나타낼 수 있다.

$$c_0 = \frac{1}{\sqrt{\mu_0 \varepsilon_0}} = 299,792,458.7 \pm 1.1 \text{ m/s} \tag{5.1}$$

그러나 빛이 진공 상태가 아닌 다른 매질에서 전파되면 속도가 느려진다. 진공 또는 특정 매질에서 빛의 주파수는 식 (4.128)에 의해 파장 λ와 다음과 같은 관계를 가진다.

$$\nu = \frac{c}{\lambda} \tag{5.2}$$

여기서 c는 매질에서의 빛의 속도이다. 빛의 양자 또는 광자의 에너지는 다음과 같이 주파수와 관련이 있다.

$$E = h\nu \tag{5.3}$$

플랑크 상수Planck's constant는 $h = 6.63 \times 10^{-34}$ J · s (4.13×10^{-15} eV · s)이며 광자 에너지 E는

$1.602 \times 10^{-19}J = 1eV$ 로 측정된다. 이때 빈의 법칙Wien's Law을 상기해볼 필요가 있다. 식 (4.130)에 의하면 물체의 온도가 높을수록 방출되는 빛의 파장은 짧아진다. 식 (5.2)와 식 (5.3)에 따르면 광자 에너지는 물체의 절대온도에 비례하는 것을 알 수 있다. 따라서 물체가 뜨거울수록 더 강력한 광자가 방출된다.

UV 및 가시광선은 상대적으로 큰 에너지를 전달하므로 센서로 쉽게 감지할 수 있다. 그러나 낮은 온도를 가지는 물체가 발산하는 긴 파장의 적외선 영역은 감지하기가 어렵다. 예를 들어 파장이 1 μm 인 근적외선 광자는 1.24 eV 의 에너지를 가진다. 따라서 1 μm 범위에서 작동하는 광학 양자 검출기는 해당 수준의 에너지에 응답할 수 있어야 한다. 적외선 스펙트럼 범위로 빛의 파장이 증가하게 되면 우리는 점점 더 작은 에너지를 다루게 된다. 인간의 피부(34 ℃)는 약 0.13 eV 의 에너지를 가지는 근적외선 및 원적외선 광자를 방출한다. 이 광자 에너지는 적색광보다 10배 정도 작아 감지하기가 훨씬 더 어렵다. 이로 인해 낮은 에너지의 복사선은 **양자 검출기**quantum detector보다 **열 검출기**thermal detector에 의해 검출되는 것이 일반적이다. 빛의 개별 양자에 반응하는 양자(광자) 감지기와 달리 열 감지기는 **수많은 광자의 흡수를 통한 온도 상승을 감지하므로** 훨씬 덜 민감하다는 장점이 있다.

5.1.2 빛 편광

전자기파(지금부터 빛의 양자 속성을 무시하기로 한다.)는 편광polarization(좀 더 정확하게 말하면 **평면 편광**plane polarization) 특성을 가지고 있다. 이는 공간에서 교류 전기장 벡터가 파동의 모든 지점에 대해 서로 평행하다는 것을 의미한다. 자기장 벡터도 서로 평행하지만 센서 기술과 관련해서는 대부분 전자파 검출에 더욱 민감한 전기장을 다루게 된다.

[그림 5-1(a)]는 편광 특징을 나타낸 것이다. 그림에서 파동은 x 방향으로 이동하고 있다. 전기장 벡터는 모두 y 축에 평행하기 때문에 파동이 y 방향으로 편광되어 있다고 할 수 있다. 전파 방향(x 축)과 편광 방향(y 축)으로 정의된 평면을 **진동 평면**plane of vibration이라고 한다. 편광에서는 이 외의 다른 방향은 존재하지 않는다.

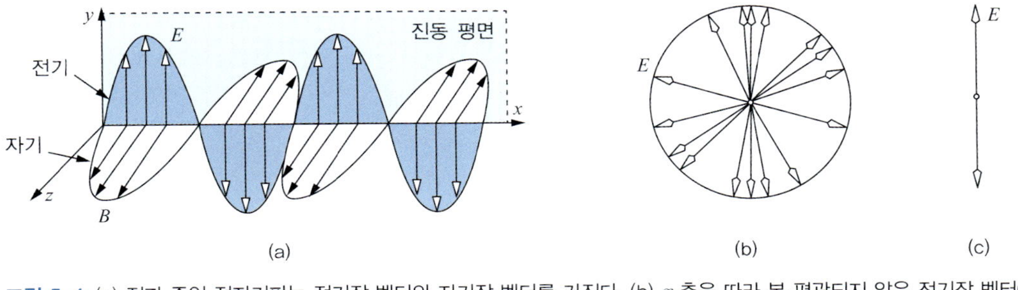

그림 5-1 (a) 전파 중인 전자기파는 전기장 벡터와 자기장 벡터를 가진다. (b) x 축을 따라 본 편광되지 않은 전기장 벡터(자기장 벡터는 나타내지 않았지만 항상 함께 존재한다) (c) 수직 방향으로 편광된 전기장

[그림 5-1(b)]는 태양과 다양한 백열 광원에 의해 생성되는 랜덤한 편광을 보여준다. 그러나 대부분 레이저에서 나오는 빔은 편광된다. 또한 편광되지 않은 빛이 편광 필터(폴라로이드)를 통과하면 특정

평면만 통과할 수 있으며 출력되는 전기장은 [그림 5-1(c)]와 같다. 편광 필터는 전기장이 필터 방향과 평행하게 진동하는 성분만 통과시키고, 이 방향에 직각으로 진동하는 성분을 흡수한다. 이러한 필터의 편광 방향은 특정한 장사슬 분자long-chain molecule를 연성 플라스틱 시트에 내장시키고, 이들 분자가 서로 평행하게 정렬되도록 시트를 늘림으로써 형성된다. 편광 필터는 액정 디스플레이LCD와 광학 센서에서 널리 사용된다.

5.2 빛의 산란

천문학적으로 거대한 물체에서 멀리 떨어져 있는 빛은 빈 공간에서 직선을 따라 이동한다. 그러나 공간이 완전히 비어 있지 않으면 이 규칙은 깨질 수 있다. **산란**scattering은 빛이 매질에서 하나 이상의 국부적인 불균일성에 의해 직선 경로에서 벗어나게 되는 전자기 현상이다.[2] 불균일성의 예로는 연기 입자, 먼지, 박테리아, 물방울, 기체 분자가 있다. 입자가 입사광의 파장보다 크고 빛의 경로에 있으면 반사체reflector 역할을 하게 된다([그림 5-2(b)] 참고).

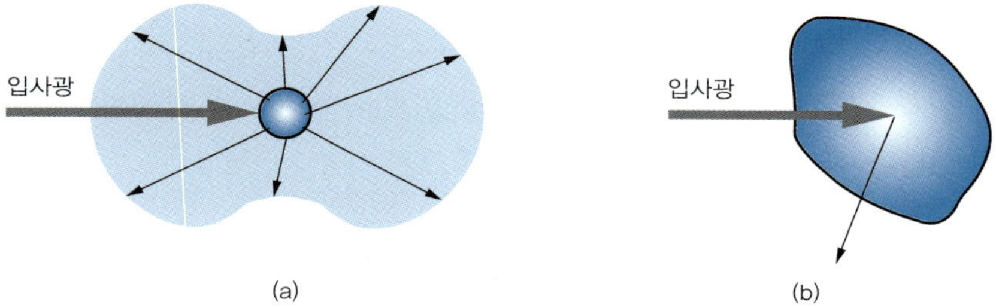

그림 5-2 (a) 작은 입자의 빛의 산란 (b) 큰 입자의 빛 산란

반사reflection는 일반적인 반사 법칙을 따른다. 빛의 파장보다 10배 이상 작은 입자일 경우에는 다른 형태의 산란이 발생한다. 간단히 말해 작은 입자에 의한 산란 메커니즘은 빛 에너지를 흡수하고 모든 방향으로 다시 방출하는 것으로 설명할 수 있다([그림 5-2(a)] 참조). 산란 이론은 기포, 물방울 또는 밀도 변동과 같이 굴절률 변화를 유발하는 작은 구형에 의해 산란되는 전자기 복사(빛)를 연구한다. 이 효과는 처음 연구했던 레일리 경의 이름을 따서 레일리 산란Rayleigh scattering이라고도 한다. 매우 작은 입자일 경우 산란 입자의 정확한 모양은 중요하지 않으며, 종종 동일한 부피를 가지는 구sphere로 취급되어 모델링된다. 빛이 순수한 가스를 통과하면서 발생하는 산란은 가스 분자의 움직임에 따른 미세한 밀도 변동으로 인해 유발되는 것이며 이때 가스 분자는 레일리의 모델이 적용될 수 있을 만큼 충분히 작다.

산란은 입자의 크기 또는 불규칙성, 빛의 파장, 산란광과 입사광 사이의 각도에 따라 달라진다. 맑은 날 하늘이 파랗게 보이는 것도 이러한 산란 메커니즘 때문인데 이는 파란빛이 붉은빛보다 훨씬 더 많이 산란되기 때문이다. 반대로 일출이나 일몰 때 하늘이 붉은 것도 레일리 산란으로 설명할 수 있다. 해질 무렵과 해 뜰 무렵에 태양 빛은 더욱 먼 거리의 대기를 통과해야 하기 때문에 푸른빛은 거의 다 산란되어 없어지고 사람의 눈에 들어오는 빛은 붉은색이나 주황색을 띠게 된다. 또한 밤에는 태양 광선이 대기를 통과하여 지구 관측자 쪽으로 흩어지지 않기 때문에 하늘이 검게 보인다. 따라서 작은 입자에 의한 산란을 이용하는 센서는 빛의 세기나 산란된 빛의 스펙트럼 이동shift을 측정할 수 있다.

빛의 산란은 가스 및 액체의 작은 불순물을 감지하고 유체의 입자 농도를 감지하는 데에도 사용된다. 예를 들면 먼지의 존재와 밀도를 감지하는 연기 감지기와 공기 청정도 모니터가 있다.

5.3 기하학적 광학

반사, 굴절, 흡수, 간섭, 편광, 속도와 같은 빛의 변화는 센서 설계자의 강력한 도구에 해당한다. 광학 부품은 빛을 다양한 방식으로 조작하는 데 도움을 준다. 지금부터 기하학적 광학 또는 광선 광학의 관점에서 이러한 구성 요소를 설명하고자 한다.

지금부터 빛의 전파를 '광선'이라고 부르도록 하겠다. 기하학적 광학의 **광선**rays은 빛이 전파되는 방식을 모델링하는 데 사용될 수 있다. 광선은 균일한 매질을 따라 이동할 때 직선 경로로 전파되도록 정의된다. 우리는 파장에 비해 치수가 너무 작은 광학 요소에 대해서는 논의하지 않고자 한다. 매우 작은 물체는 양자 전기역학Quantum ElectroDynamics, QED을 사용해야 한다.[1] 기하학적 광학을 다룰 때 우리는 양자역학과 양자 전기역학으로 설명되는 빛의 속성을 무시하고자 한다. 또한 빛의 양자 특성뿐만 아니라 파동의 특성도 무시할 것이다. 이 절에서는 나노 광학nano-optics이라는 새로운 분야로 간략히 다룰 것이다. 기하학적 광학에 대한 더 자세히 논의하려면 다른 참고문헌들([3~5])을 참조하길 바란다.

빛을 조작하기 전에 우리는 빛을 먼저 생성해야 한다. 빛을 생성하는 방법에는 여러 가지가 있다. 일부 광원은 우리의 의지나 노력 없이도 자연스럽게 존재하지만, 일부는 측정 장치에 추가되어야 한다. 자연 광원에는 태양, 달, 별, 불 등과 같은 천체가 포함된다. 또한 중간 적외선 스펙트럼 범위의 자연 광원으로는 온도에 따라 전자기파를 방출하는 물질들이 포함된다. 예를 들어 4장에서 설명한 대로 화재, 발열 화학 반응, 살아있는 유기체 및 특수 광학 장치에 의해 선택적으로 열복사를 감지할 수 있는 기타 천연자원이 있다. 반면에 인공 광원으로는 전구의 필라멘트, 발광 다이오드LED, 가스 방전 램프, 레이저, 레이저 다이오드, 히터 등이 있다.

빛이 생성된 후에는 다양한 방법으로 조작할 수 있다. [그림 5-3]은 센서에서 빛을 조작하는 몇 가지 예를 보여준다. 이러한 방법은 대부분 빛의 방향을 바꾸는 것과 관련 있다. 일부는 특정 파장을 선택적으로 차단하는 방법을 사용하는데 이를 필터링filtering이라고 한다. 빛의 방향을 변경하는 방법은 두 가지로 나뉜다. 먼저 거울, 프리즘, 광학 도파관, 광학 섬유 대다수의 반사 물체를 이용하여 반사reflection하는 방법과 렌즈, 프리즘, 창, 화학 용액, 결정체, 유기 물질 및 생물학적 물체를 이용하여 굴절refraction하는 방법이다.

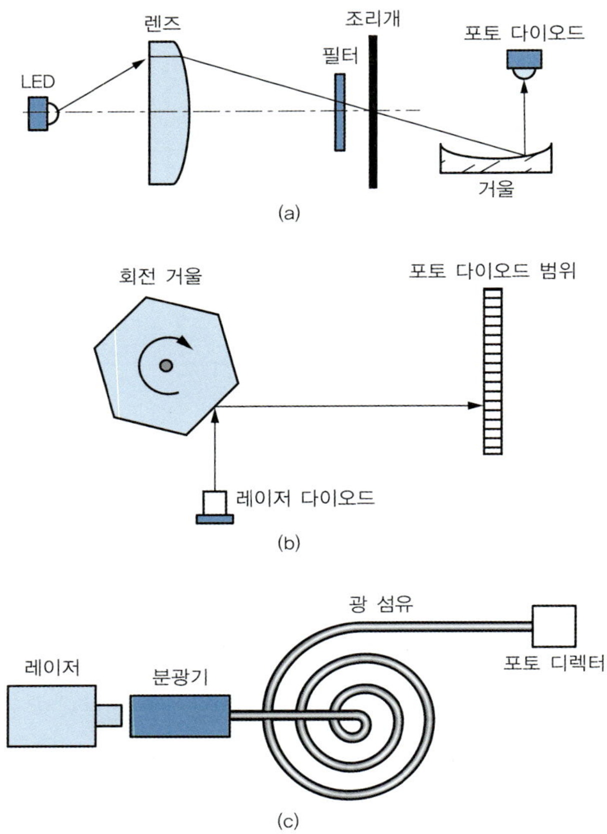

그림 5-3 (a) 굴절을 이용한 광학 시스템 예 (b~c) 반사를 이용한 광학 시스템

이러한 물체를 통과하는 동안 빛의 속성은 자극에 의해 변경(변조)된다. 이후 센서 설계자는 이러한 변조를 자극과 관련된 전기신호로 변환한다. 보통 빛의 속성 중 강도, 전파 방향, 편광, 스펙트럼 내용은 물론 빛의 속도와 파장의 위상이 자극에 의해 변할 수 있다.

센서를 개발할 때 복사선 측정이나 광도 측정에 관심이 있을 수도 있다. 복사선 측정은 광 파워light power와 그 조작을 다루고 복사선 측정은 조명(밝기)과 그 제어에 관한 것을 다룬다.

5.4 복사 계측

빛이 3층으로 구성된 물질을 통과한다고 가정해보자. 모든 층은 매질이라고 부르는 특정 재료로 만들어져 있다. [그림 5-4]는 매질 1에서 매질 2, 3으로 이동하는 광선에 어떤 일이 발생하는지 보여준다. 매질의 예로는 공기, 유리 및 물이 있다.

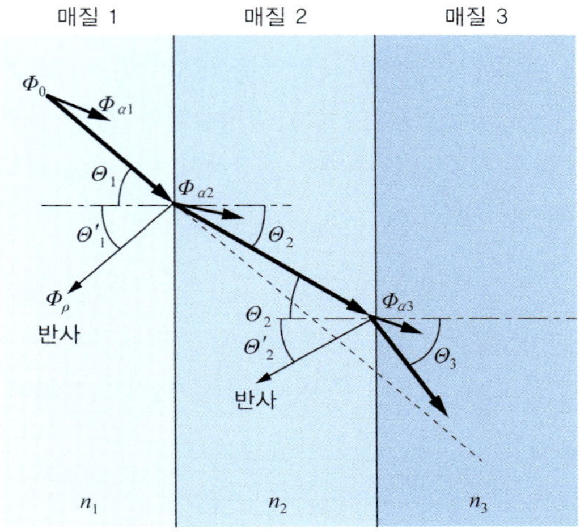

그림 5-4 굴절률이 다른 재료를 통과하는 빛. 플럭스 Φ_α는 각 매질에서 흡수된다.

입사광의 일부는 알렉산드리아 헤론Heron of Alexandria이 입사각과 반사각은 같다는 것을 밝혀낸 **반사 법칙**law of reflection에 따라 첫 번째와 두 번째 매질 사이의 평면 경계에서 반사된다.

$$\Theta_1 = \Theta'_1 \tag{5.4}$$

여기서 반사된 빛은 두 지점 사이의 이동 거리가 가장 짧거나 시간이 가장 적게 걸리는 경로로 이동한다. 후자는 페르마Fermat의 원리에서 파생된 것이다.

식 (5.4)처럼 거울과 같은 반사를 정반사specular reflection라고 한다. 또한 빛이 두 매질 사이의 거칠거나 세분화된 경계에 닿으면 경계의 미세한 불규칙성으로 인해 모든 방향으로 반사되는데, 이를 **확산 반사**diffuse reflection라고 한다. 즉 반사의 정확한 형태는 표면의 구조와 빛의 파장에 따라 달라진다.

매질 1과 매질 2 사이의 경계를 통과하는 동안 광 플럭스의 일부는 다른 각도로 매질 2에 들어간다. 새로운 각도 Θ_2는 빌레브로트 스넬Willebrord Snell이 발견한 **스넬의 법칙**Snell's law에 따라 결정된다.

$$n_1 \sin\Theta_1 = n_2 \sin\Theta_2 \tag{5.5}$$

여기서 n_1과 n_2는 두 매질의 **굴절률**refractive index[1]이다. 빛은 일반 매질에서 진공보다 느리게 움직이며, 굴절률은 다음과 같이 진공 상태에서 빛의 속도 c_0와 매질에서의 빛의 속도 c의 비율에 해당한다.

$$n = \frac{c_0}{c} \tag{5.6}$$

$c < c_0$이므로 매질의 굴절률은 항상 1보다 크다. 매질의 빛의 속도는 매질의 유전상수 ε_r과 직접 관련이 있으며 결국은 굴절률과도 관계가 있다.

$$n = \sqrt{\varepsilon_r} \tag{5.7}$$

1 index of refraction이라고도 한다.

일반적으로 n은 파장의 함수이다. 굴절률의 파장 의존성은 아이작 뉴턴Isaac Newton이 광 스펙트럼 실험에서 사용한 프리즘에서 관찰할 수 있다. 가시광선 범위에서 굴절률 n은 종종 0.58756μm의 파장, 즉 노란색-주황색 헬륨 라인에서 지정된다. 일부 재료의 굴절률은 [표 A-19]에 나와 있다. 굴절률의 파장 의존성을 **분산**dispersion이라고 한다. 파장에 따른 n의 변화는 매우 점진적이며 파장이 재료가 투명하지 않은 영역에 가까워지지 않는 한 무시되기도 한다.

매질을 통해 전파되는 동안 각 매질의 빛 Θ_α 부분은 [그림 5-4]와 같이 물질에 흡수되어 대부분 열로 변환된다. 흡수계수coefficient of absorption α는 파장에 따라 달라지므로 투명도는 광 스펙트럼에 따라 바뀐다. [그림 5-5]는 다양한 광학 센서에 사용되는 일부 광학 재료의 투명도 곡선을 나타낸 것이다.

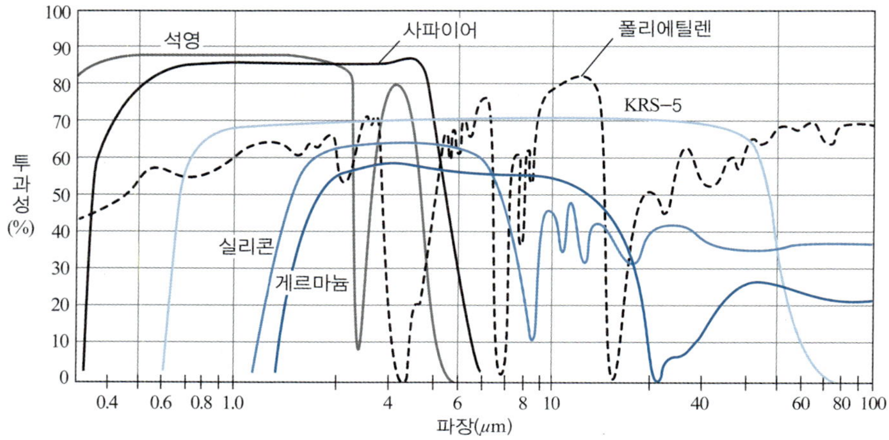

그림 5-5 다양한 광학 재료의 투명도 특성

빛을 포함한 전자기 복사가 서로 다른 굴절률을 가진 매질 사이의 경계에 도달할 때마다 항상 반사가 일어난다는 것을 기억하자. 그러나 굴절률이 같을 때는 반사가 일어나지 않으며, 빛은 방향을 바꾸지 않고 두 매질 사이를 지나간다. 이는 반사와 굴절이 밀접하게 연결되어 있음을 나타낸다.

첫 번째 매질에 의해 흡수되지 않은 빛의 일부는 Θ'_1의 각도로 반사되며, 이는 두 매질에서의 광속에 의해 결정된다. 반사된 플럭스 Φ_ρ의 크기는 굴절률로 표현되는 반사계수coefficient of reflection ρ를 통해 입사 플럭스 Φ_0와 다음과 같은 관계를 가진다.

$$\rho = \frac{\Phi_\rho}{\Phi_0} = \left(\frac{n_1 - n_2}{n_1 + n_2}\right)^2 \tag{5.8}$$

식 (4.139)와 식 (5.8)은 반사 및 흡수(방출률 ε와 동일)가 특정 파장에서 재료의 굴절률에만 의존한다는 것을 의미한다. 빛 플럭스가 공기에서 굴절률 n을 가진 매질로 들어오면 식 (5.8)은 다음과 같이 단순화된다.

$$\rho = \left(\frac{n-1}{n+1}\right)^2 \tag{5.9}$$

빛이 매질 2([그림 5-4] 참조)를 빠져나와 굴절률 n_3을 갖는 매질 3으로 들어가기 전에 일부는 Θ'_2의 각도로 n_2와 n_3 매질 사이의 경계에서 반사되거나 흡수된다. 또한 각도 Θ_3은 스넬의 법칙에 의해 결정된다. 만약 매질 1과 3이 같다면 $n_1 = n_3$이고, $\Theta_1 = \Theta_3$이 된다. 이 경우는 [그림 5-6]에 나와 있다. 식 (5.8)에 따라 굴절률이 큰 쪽 혹은 작은 쪽에서 오는 것과는 상관없이 어떠한 입사 방향에 대해서도 반사계수는 동일하다.

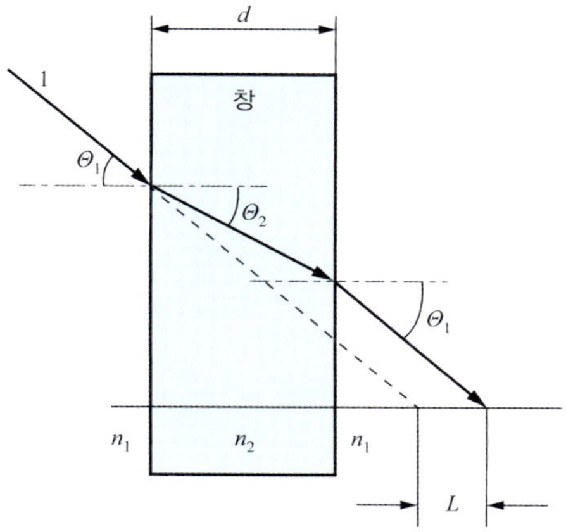

그림 5-6 광학 플레이트를 통과하는 빛

플레이트의 양쪽 면에서 발생하는 반사에 대한 결합 반사계수는 다음과 같이 간단히 나타낼 수 있다.

$$\rho_2 \approx \rho_1(2 - \rho_1) \tag{5.10}$$

여기서 ρ_1은 하나의 표면에 해당하는 반사계수이다. 실제로 두 번째 경계에서 반사된 빛은 첫 번째 경계에서 두 번째 경계로 다시 반사된다. 따라서 재료의 흡수가 무시할 정도로 작다고 가정하면 재료의 굴절률을 바탕으로 플레이트 내의 총 반사 손실total reflective loss을 계산할 수 있다.

$$\rho_2 \approx 1 - \frac{2n}{n^2 + 1} \tag{5.11}$$

굴절률의 차이가 클수록 반사는 증가한다. 예를 들어 가시광선이 무거운 플린트 유리 플레이트를 통해 공기로부터 흡수되지 않고 이동하는 경우 두 번의 반사로 인해 플럭스 파워flux power의 약 11%가 손실된다. 반면에 공기-게르마늄-공기 인터페이스의(중간 및 원적외선 스펙트럼 범위) 반사 손실은 약 59%이다. 손실을 줄이기 위해 광학 재료의 굴절률과 두께는 특정 파장에 맞춰져 있으며, 광학 버퍼 역할을 하는 반사 방지 코팅AntiReflective Coatings, ARC이 적용되는 경우가 많다.

복사 에너지의 식 (4.134)는 광학 재료의 반사 2회를 고려하여 다음과 같이 수정될 필요가 있다.

$$\rho_2 + \alpha + \gamma = 1 \tag{5.12}$$

여기서 α는 흡수계수이고, γ는 투과계수이다. 따라서 $\alpha \approx 0$의 투명 영역에서 전체 투과율은 다음과 같이 대략적으로 추정할 수 있다.

$$\gamma = 1 - \rho_2 \approx \frac{2n}{n^2 + 1} \tag{5.13}$$

앞에서 설명한 예에서 유리판의 투과율은 88.6%(가시광선)이고, 게르마늄 플레이트의 투과율은 41%(원적외선)이다. 그러나 가시광선 영역에서 게르마늄의 투과율은 0으로 가시광선의 100%가 반사되고 흡수된다. [그림 5-7]은 굴절률의 함수로 얇은 플레이트의 반사율과 투과율을 보여준다. 여기서 플레이트는 흡수 손실이 매우 작은($\alpha \approx 0$) 광학 장치(예 : 얇은 유리 또는 렌즈)를 의미한다.

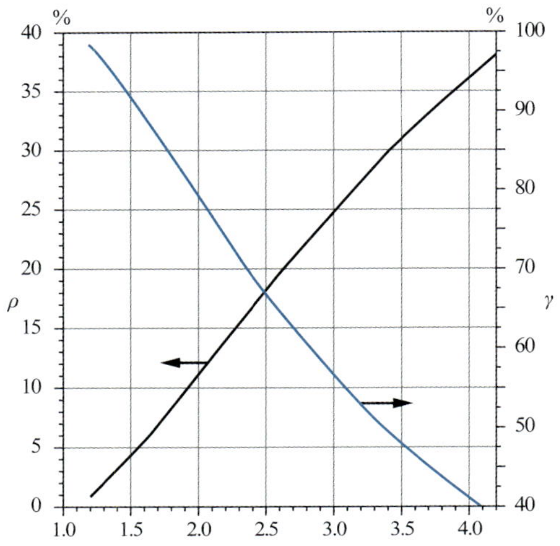

그림 5-7 굴절률에 따른 얇은 플레이트의 반사율 및 투과율

[그림 5-8]은 입사광 Φ_0가 표면에 들어올 때 광학 플레이트 내에서의 빛 에너지 분포를 보여준다.

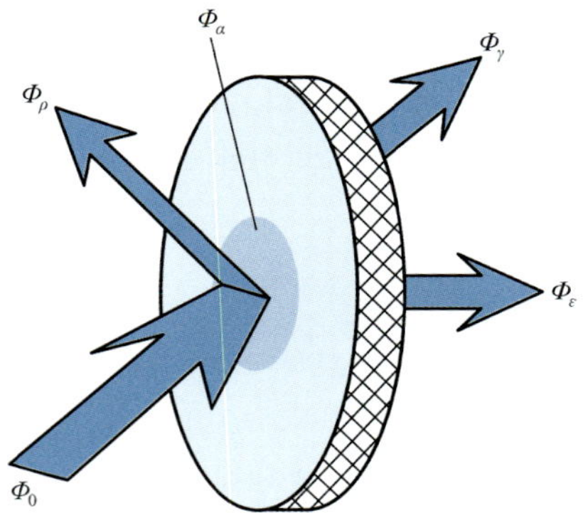

그림 5-8 광학 플레이트의 복사 에너지 분포

입사 플럭스의 일부 Φ_ρ는 반사되고 다른 일부 Φ_α는 재료에 흡수되고 나머지 일부 Φ_γ는 투과된다. 흡수된 빛은 열로 변환되며 변환된 열의 일부는 재료의 온도를 높이게 되고, 일부는 열전도 및 대류를 통해 주변으로 빠져나가 손실된다. 강력한 레이저가 매질을 통과하는 경우에는 온도 상승이 문제가 되는데 이러한 문제가 발생할 수 있는 또 다른 예로는 원적외선 감지가 있다. 이때 온도 상승은 재료가 복사하는 플럭스 $\Phi_\varepsilon = \Phi_\alpha - \Delta P$와 관련이 있다. 이를 **2차 복사**secondary radiation라고 한다. 당연히 복사 스펙트럼은 물질의 온도 및 화학 성분과 관련이 있으며 광학 스펙트럼의 중간 및 원적외선 영역에 위치한다. 흡수율과 방출률은 동일하므로 2차 복사의 분광 분포spectral distribution는 재료의 흡수 분포에 해당한다.

흡수율이 상대적으로 낮은 재료일 경우 재료의 온도 상승을 통해 다음과 같이 흡수계수를 결정할 수도 있다.

$$\alpha = \frac{mc}{\Phi_\gamma}\frac{2n}{n^2+1}\left(\frac{\mathrm{d}T_\mathrm{g}}{\mathrm{d}t}+\frac{\mathrm{d}T_\mathrm{L}}{\mathrm{d}t}\right)T_0 \tag{5.14}$$

여기서 m과 c는 광학 재료의 질량과 비열이고, T_g와 T_L은 각각 시험 온도 T_0에서 재료 온도 곡선의 상승 및 하강 부분의 기울기이다. 엄밀히 말하면 재료 내의 빛은 흡수뿐만 아니라 산란에 의해서도 손실된다. 재료 내부에서의 손실은 재료의 두께(h)에 따라 달라지며, 감쇠계수[attenuation coefficient] g를 통해 나타낼 수 있다. 투과계수[transmission coefficient]는 감쇠를 고려하여 식 (5.13)으로부터 다음과 같이 나타낼 수 있다.

$$\gamma \approx (1-\rho_2)e^{-gh} \tag{5.15}$$

감쇠계수는 일반적으로 광학 재료 제조업체에서 지정한다.

5.5 광 계측

빛에 민감한 장치(광 검출기)를 사용할 때는 센서와 광원을 모두 고려하는 것이 중요하다. 일부 애플리케이션에는 빛이 별도의 광원으로부터 수신될 수도 있고, 또 다른 애플리케이션에서는 광원이 시스템의 일부로 포함되어 있을 수도 있다. 어떤 경우든 간에 광학 시스템의 광도 특성[photometric characteristics]을 고려해야 한다. 이러한 특성에는 빛, 방출, 밝기, 휘도[luminance] 등이 있다.

빛의 강도와 밝기를 측정하기 위해서는 특수 장치가 사용된다. 가시광선 스펙트럼 영역에 위치한 복사 플럭스(단위 시간당 방출되는 복사 에너지)를 발광 플럭스[luminous flux]라고 한다. 이와 같이 구별하는 이유는 인간의 눈은 동일한 파워를 가지는 다른 파장의 두 빛에 동일하게 반응할 수 없기 때문이다. 예를 들어 같은 강도의 빨간색 빛과 파란색 빛은 매우 다른 감각을 생성한다. 인간의 눈은 빨간색을 훨씬 더 밝게 인식한다.[2] 따라서 서로 다른 색상의 조명을 비교하면 와트는 밝기를 측정하지 못해 **루멘**[lumen]이라는 특수 단위가 도입되었다. 이는 흑체 모양으로 형성된 용융된 백금으로 구성된 표준 방사원을 기반으로 하며 1스테라디안[steradian]의 입체각[solid angle] 내에서 지정된 조리개를 통해 보이는 양을 기준으로 한다. 입체각은 구면 기하학에서 다음과 같이 정의된다.

$$w = \frac{A}{r^2} \tag{5.16}$$

여기서 r은 구형의 반경이고, A는 구형의 표면적이다. $A = r$인 경우, 단위를 구형 라디안 또는 **스테라디안**[steradian](sr)이라고 한다([표 5-1] 참조).

2 교통 신호등에서 정지가 빨간색으로 표시되는 이유로 장거리에서 훨씬 쉽게 알아볼 수 있다.

표 5-1 복사 계측 및 광 계측 용어

용어	복사 계측	광 계측
총 플럭스	복사속(Φ[W])	광속(Φ[lm])
소스 표면에서 방출되는 플럭스 밀도	복사 발산도(W[W · m^{-2}])	광속 발산도(L[lm · m^{-2}] = [lx])
소스 세기(점 광원)	복사 세기(I_r[W · sr^{-1}])	광도(I_L[lm · sr^{-1}] = [cd])
소스 세기(면 광원)	복사 휘도(B_r[W · sr^{-1} · m^{-2}])	휘도(B_L[lm · sr^{-1} · m^{-2}] = [cd/m^2])
수신기 표면에 입사되는 플럭스 밀도	복사 조도(H[W · m^{-2}])	조도(E[lm · m^{-2}] = [lx])

조도illuminance [3]는 다음 식으로 정의할 수 있다.

$$E = \frac{\mathrm{d}\Phi}{\mathrm{d}A} \tag{5.17}$$

즉 차등 영역에 대한 광 플럭스luminous flux의 차이를 말한다. 대부분 단위 제곱미터당 루멘[4]으로 표시된다. 광도luminous intensity는 다음과 같이 입체각에 대한 플럭스로 정의된다.

$$I_L = \frac{\mathrm{d}\Phi}{\mathrm{d}w} \tag{5.18}$$

대부분 스테라디안당 루멘 또는 칸델라candela로 표시된다. 광도가 방출각에 대해 일정하다면 식 (5.18)은 다음과 같이 쓸 수 있다.

$$I_L = \frac{\Phi}{w} \tag{5.19}$$

조도가 일정하더라도 복사선의 파장이 바뀌게 되면 와트 단위의 방사 전력radiation power [5]도 변하게 된다. 조도와 방사 전력 사이의 관계는 특정 주파수에서 지정되어야 한다. 보통 인간 눈의 스펙트럼 응답 피크peak에 해당하는 0.555 μm 에서 지정되어 있다. 이 파장에서 1W 의 방사 전력는 680 lm 에 해당한다. 독자의 편의를 위해 [표 5-1]에 몇 가지 용어들을 정리해 놓았다.

전기 광학 센서를 선택할 때 광원의 설계를 고려하는 것이 가장 중요하다. 광원은 광원의 크기와 검출기와 거리 관계에 따라 **점 광원**point source 또는 **면 광원**area source으로 나타난다. 점 광원은 광원의 지름이 광원과 검출기 사이 거리의 10% 미만인 것으로 정의된다. 일반적으로 광 검출기는 표면적이 점 광원을 중심에 두고 구에 접하도록 정렬되는 것이 바람직하지만 검출기 평면이 접선 평면에서 기울어질 수도 있다. 이 경우 입사 플럭스 밀도incident flux density 또는 복사 조도irradiance는 다음과 같이 경사각 φ 의 코사인에 반비례한다.

$$H = \frac{I_r}{\cos\varphi} \tag{5.20}$$

그리고 조도는 다음과 같다.

$$E = \frac{I_L}{r^2}\cos\varphi \tag{5.21}$$

3 단위 면적당 주어지는 빛의 양을 의미한다.
4 루멘은 lm 으로 표기하며 lm = cd · sr 이다.
5 복사 전력이라고도 한다.

면 광원은 지름이 검출기와의 거리의 10% 보다 큰 것으로 정의될 수 있다. 광원의 반경 R이 센서까지의 거리 r 보다 훨씬 큰 경우 특별히 몇 가지 고려해야 할 사항이 있다. 이러한 조건에서의 입사 플럭스 밀도는 다음과 같다.

$$H = \frac{B_r A_s}{r^2 + R^2} \approx \frac{B_r A_s}{R^2} \tag{5.22}$$

여기서 A_s는 광원의 면적이고, B_r은 복사 휘도radiance이다. 광원의 면적이 $A_s = \pi R^2$이므로 복사 조도는 다음과 같다.

$$H \approx B_r \pi = W \tag{5.23}$$

즉 방출 및 입사 플럭스 밀도는 동일하다. 검출기의 면적이 광원의 면적과 같고, $R \gg r$이면 총 입사 에너지는 총 복사 에너지와 거의 동일하다. 즉 광원과 검출기가 정비례하는 관계를 갖는다. 광학 시스템이 채널링channeling, 조준collimating 또는 초점focusing 부품들로 구성될 때에는 그에 따른 영향을 다시 고려해야 한다. 점 광원 및 면 광원에 대한 중요한 관계는 [표 5-2], [표 5-3]에 정리되어 있다.

표 5-2 점 광원 관계

설명	복사선 계측	광 계측
점 광원 세기	I_r [W · sr^{-1}]	I_L ([lm · sr^{-1}] = [cd])
입사 플럭스 밀도	복사 조도 ($H = \frac{I_r}{r^2}$ [W · m^{-2}])	조도 ($E = \frac{I_L}{r^2}$ [lm · m^{-2}])
점 광원의 총 플럭스 출력	$P = 4\pi I_r$ [W]	$F = 4\pi I_L$ [lm]

표 5-3 면 광원 관계

설명	복사선 계측	광 계측
면 광원 세기	B_r [W · sr^{-1} · m^{-2}]	B_L ([lm · sr^{-1} · m^{-2}] = [cd/m^2])
방출 플럭스 밀도	$W = \pi B_r$ [W/m^2]	$L = \pi B_L$ [lm/m^2]

5.6 창

창window의 주요 목적은 광학 센서 및 감지기의 내부를 외부 환경으로부터 보호하는 것이다. 좋은 창은 왜곡을 최소화하면서 특정 파장 범위의 광선을 투과시켜야 한다. 즉 창은 특정 응용 분야에 따라 각각의 적합한 특성을 가져야 한다. 예를 들어 광학 검출기가 물속에서 동작할 때 창은 수압을 견디는 기계적 강도, 낮은 수분 흡수, 타겟 파장에 해당하는 투과 대역 및 물에 가까운 굴절률을 가져야 한다. 고압에 더 잘 견딜 수 있는 유용한 창 모양은 [그림 5-9]에 표시된 것처럼 구형이다.

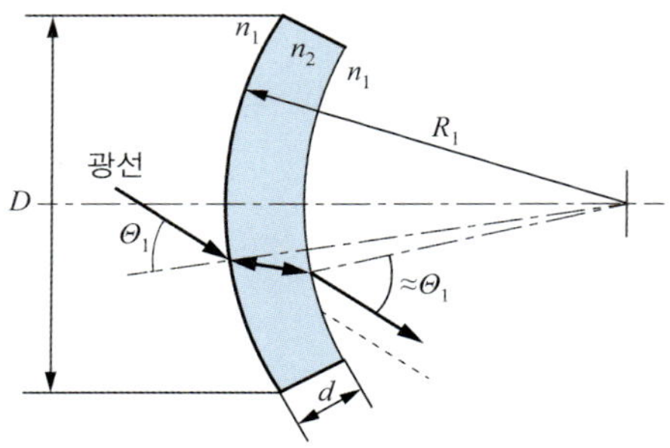

그림 5-9 구형 창

광학 왜곡을 최소화하려면 구면 창에 세 가지 제한을 적용해야 한다. 개구aperture D(가장 큰 치수)는 창의 구면 반경 R_1보다 작아야 하며 창 두께 d는 R_1보다 훨씬 작아야 한다. 그리고 d는 균일해야 한다. 이러한 조건이 충족되지 않으면 창은 동심원 구면 렌즈가 된다.

창의 표면 반사율은 전체 성능을 위해 고려되어야 한다. 반사 손실을 최소화하기 위해 창의 한쪽 또는 양쪽에 반사 방지 코팅을 적용할 수도 있다(5.10.4절 참조). 반사 방지 코팅은 사진 렌즈와 필터에 파란색과 황색을 주는 코팅이다. 창의 굴절로 인해([그림 5-6] 참조) 통과하는 광선은 거리 L만큼 이동하며 작은 Θ_1의 경우에 다음의 식으로 나타낼 수 있다.

$$L = d\frac{n-1}{n} \tag{5.24}$$

여기서 n은 재료의 굴절률이다.

중간 및 원적외선 범위에서 작동하는 센서는 가시광선 및 자외선UV 스펙트럼 영역에서 불투명하고 타겟 파장에서는 매우 투명한 특수 창을 필요로 한다. 이러한 창을 만들기 위해 여러 가지 재료를 사용할 수 있다. 일부 재료들의 파장에 따른 분광 투과율들을 [그림 5-5]에 나타냈다. 중간/원적외선 창호 재료를 선택할 때 굴절률은 반사율, 흡수율, 최종 투과율의 계수를 결정하므로 신중하게 고려해야 한다. [그림 5-10]은 두께가 다른 두 실리콘 창의 파장에 따른 투과율을 보여준다.

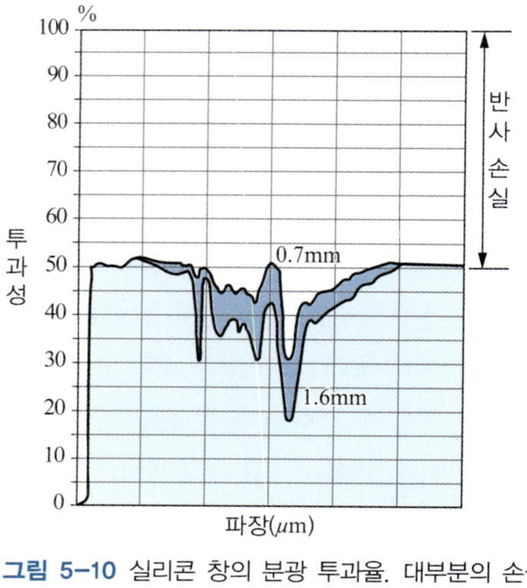

그림 5-10 실리콘 창의 분광 투과율. 대부분의 손실은 두 표면의 반사로 인한 것이다.

창에서 총 복사(100%)는 반사(전체 스펙트럼 범위에서 평균적으로 약 50%), 흡수(파장마다 다름), 투과(반사 및 흡수 후에 남는 것들) 세 부분으로 나뉜다. 모든 창은 특정 스펙트럼에서의 투과가 특징이기 때문에 종종 필터라고도 불린다.

5.7 거울

거울은 가장 오랫동안 사용되어 온 광학 기기이다. 빛이 한 매질에서 다른 매질로 통과할 때마다 약간의 반사가 일어난다. 반사율을 높이기 위해 평면거울이나 또는 다양한 형태의 거울의 전면(제1표면) 또는 후면(제2표면)에 단일 또는 다층의 반사 코팅이 적용된다. 보통 제1표면 거울이 가장 정확하며, 제2표면 거울에서 첫 번째 빛은 외부 매질과 다른 굴절률을 갖는 판으로 먼저 들어가야 한다. 사실상 제2표면 거울은 거울과 창의 조합에 해당한다.

제2표면 거울의 몇 가지 효과를 살펴보자. 첫째 플레이트의 굴절률 n으로 인해 반사면이 더 가깝게 보인다([그림 5-11] 참조).

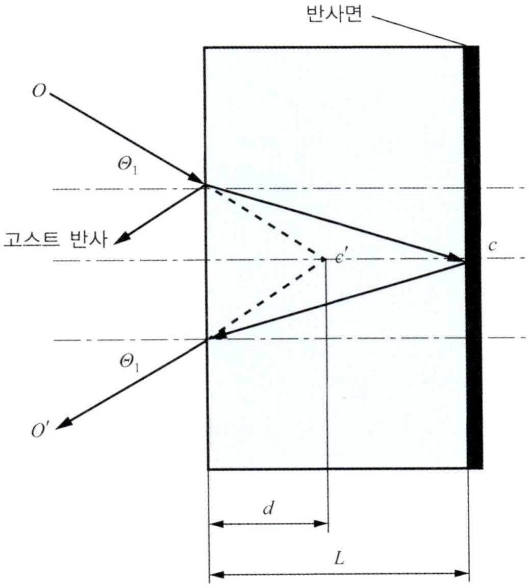

그림 5-11 제2표면 거울

작은 각도 Θ_1에 대한 캐리어의 가상 두께 d는 다음의 간단한 식으로 구할 수 있다.

$$d \approx \frac{L}{n} \tag{5.25}$$

제2표면 거울의 전면은 이른바 **고스트 반사**ghost reflection로 불리는 상당한 양의 반사가 일어날 수 있다. 유리 표면은 일반적으로 가시광선의 약 4%를 공기 중으로 반사한다.

5.7.1 코팅 거울

가시광선 및 근적외선 범위의 빛을 반사하기 위해 은, 알루미늄, 크롬 및 로듐이 코팅된다. 금은 중간 적외선 및 원적외선 스펙트럼 범위의 장치에 적합하다. 적절한 코팅을 선택함으로써 거의 0에서 1까지 원하는 값의 반사율을 얻을 수 있다([그림 5-12] 참조).

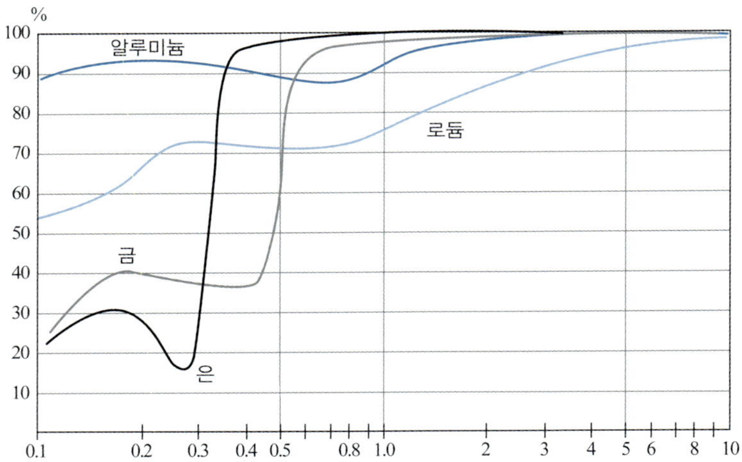

그림 5-12 거울 코팅의 분광 반사율

광대역 사용에 가장 적합한 거울은 순수한 금속층과 진공층을 가지거나 유리, 용융 실리카 또는 금속 기판 위에 전해질로 증착되어 제작된다. 반사층 증착 전에 평탄화를 위해 구리, 지르코늄-구리 또는 몰리브덴으로 언더 코팅을 하기도 한다.

반사 표면은 빛의 이동 방향을 전환하기 위해 다양한 모양으로 만들어질 수 있다. 광학 시스템에서 곡면 거울은 렌즈와 동일한 효과를 낸다. 곡면 거울의 장점은 세 가지가 있다. 첫 번째는 더 큰 투과율(특히 흡수 및 반사 손실로 인해 렌즈의 효율성이 떨어지는 더 긴 파장 스펙트럼 범위에서)을 가진다. 그리고 두 번째는 분산dispersion 또는 색수차chromatic aberrations 때문에 발생한 표면 굴절로 인한 왜곡이 없다. 마지막으로는 여러 유형의 렌즈에 비해 크기와 무게가 더 작다. 구면 거울은 빛을 모아 포커스[6]하는 데 사용된다. 그러나 구면 거울은 표면에 수직으로 입사하는 평행 광선들만 포커싱이 가능하다. 구면 거울은 수차aberrations라고 하는 이미징 결함을 가지고 있다.

[그림 5-13(a)]는 C 지점에서 곡률 중심을 가지는 구면 거울을 나타낸 것이다.

6 포커스(focus)는 라틴어로 벽난로를 의미하며, 집안의 모임 장소에 해당한다.

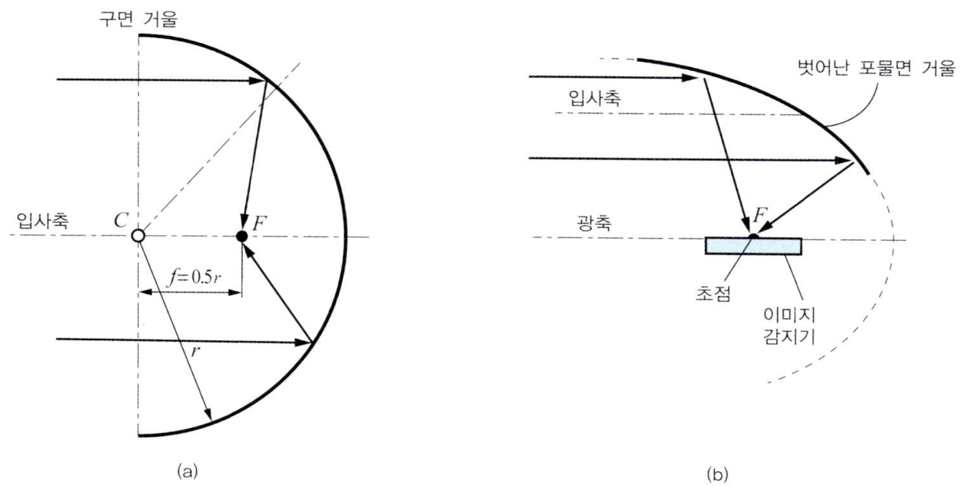

그림 5-13 (a) 구면 제1표면 거울 (b) 포물면 제1표면 거울

초점은 거울 표면에서 반경의 1/2 거리에 있다. 구면 거울은 일종의 난시[astigmatic]에 해당하여 입사축에 평행하지 않은 광선들은 초점에서 떨어져 포커싱된다. 그럼에도 불구하고 이러한 거울은 7.8.4절에서 자세히 다룰 예정인 적외선 동작 감지기처럼 품질 이미징이 그리 중요하지 않은 감지기에서 매우 유용하다.

포물선 거울은 축을 벗어난 광선들을 포커싱할 때 매우 유용하다. 이 방법을 사용하면 [그림 5-13(b)]와 같이 그림자 없이 초점 영역으로 완전히 포커싱할 수 있다.

5.7.2 프리즘 거울

[그림 5-14(a)]는 굴절률 n_2를 갖는 매질에서 더 낮은 굴절률 n_1을 가지는 매질로 광선이 통과되는 것을 보여준다.

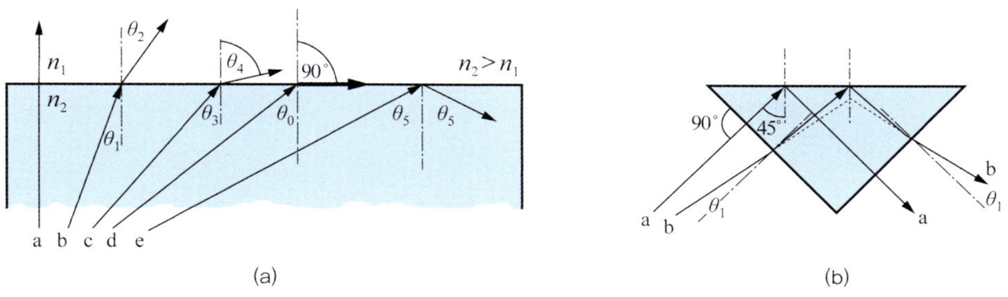

그림 5-14 (a) 거울의 내부 반사 (b) 프리즘 거울

광선 a는 경계에 수직이며 방향을 바꾸지 않은 채 통과한다(에너지의 일부는 여전히 다시 반사된다). 광선 b는 식 (5.5)에 따라 각도 Θ_1에서 입사되고 더 큰 각도 Θ_2로 방출된다. 그리고 광선 c는 더 큰 입사각 Θ_3를 가진다. 입사 각도가 계속 증가하다가 특정 각도 Θ_0를 가지는 광선 d는 90° 각도로 경계를 따라 전파된다. 이러한 임계 입사각을 **내부 전반사**[Total Internal Reflection, TIR] 각도라고 한다.

이는 다음과 같이 두 굴절률의 함수이다.

$$\Theta_0 = \sin^{-1}\left(\frac{n_1}{n_2}\right) \tag{5.26}$$

광선 e는 더 큰 각도 Θ_5에서도 들어오므로 경계를 교차하는 대신 거울처럼 동일한 각도 Θ_5로 반사된다. 내부 전반사TIR는 굴절률이 높은 매질에서 굴절률이 낮은 매질로 빠져나가려고 할 때만 광선이 발생하며, 반사 코팅 없이도 제2표면 거울 역할을 할 수 있는 반사기를 형성한다. 이러한 성질은 [그림 5-14(b)]와 같이 프리즘에 사용된다. 프리즘은 광선이 프리즘 본체로 입사되었을 때 내부의 상부 표면에서 내부 전반사가 일어나도록 제작된다. 결과적으로 광선은 윗면에서 반사되어 오른쪽 경사면에서 프리즘을 빠져나간다. 내부 전반사기는 반사계수가 1에 가까우므로 가시광선 및 근적외선 스펙트럼 범위에서 가장 효율적이다. 그러므로 내부 전반사는 광섬유 및 광섬유 센서 동작의 기본 원리에 해당한다.

5.8 렌즈

거울과 마찬가지로 렌즈[7]는 센서 및 감지기에 사용되어 광선의 방향을 원하는 대로 전환하고 배열시킨다. 그러나 반사 원리를 사용하는 거울과 달리 렌즈는 스넬의 법칙(5.4절 참조)과 식 (5.5)에 의한 굴절을 이용한다. 렌즈의 기본 원리는 렌즈 표면을 가로질러 공기와 같은 다른 매질로 들어가고 나가는 동안 광선을 구부리는 것이다. 렌즈 표면을 조각하여 광선을 원하는 위치(초점)에 모이도록 만들 수 있다.

5.8.1 곡면 렌즈

[그림 5-15]는 한쪽 면이 구형이고 다른 면이 편평한 **평면 볼록 렌즈**plano-convex lens를 나타낸 것이다.

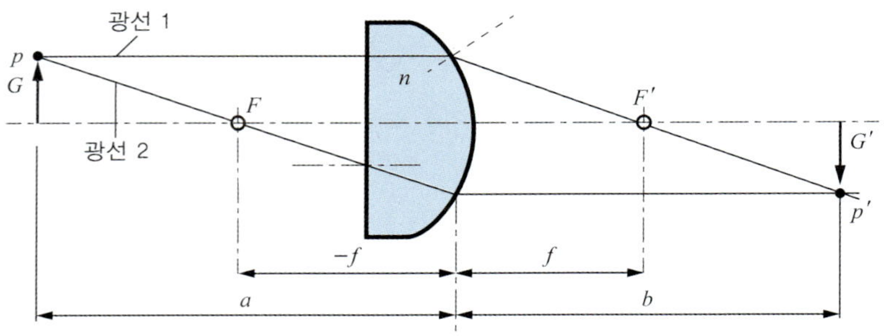

그림 5-15 평면 볼록 렌즈의 기하학

7 렌즈라는 단어는 렌틸콩의 라틴어 이름에서 유래되었다. 렌틸콩 씨앗은 편평하고 둥글며, 측면이 바깥쪽으로 튀어나와 마치 볼록 렌즈와 같은 모양을 가지고 있다.

렌즈는 두 개의 초점을 가지고 있다. 렌즈로부터 거리 $-f$, f의 위치에 F, F'이 한 개씩 위치한다. 물체 G의 광선이 렌즈에 들어오면 방향이 스넬의 법칙에 따라 변경된다. 빛은 렌즈와 외부의 경계에서만 방향을 바꾸게 된다. 렌즈 내부의 빛은 직선을 따라 전파된다.

렌즈 및 곡면 거울의 유용한 특성은 물체 G의 이미지를 형성한다는 것이다. 물체가 조명을 받고 있으며 표면의 점 P가 렌즈 표면의 모든 점을 향해 빛을 반사시키고 있다고 하자. 즉 물체의 각 지점은 렌즈 표면을 향해 무한한 수의 광선을 내보내고 있다. 이때 점 P의 이미지가 형성되는 위치를 결정하기 위해 렌즈에 닿는 모든 광선을 추적할 필요는 없으며 두 개의 광선만 따져보는 것으로 충분하다. 평면 기하학에서 점의 좌표는 두 직선의 교차에 의해 완전히 정의된다는 것을 알고 있기 때문이다. 광선 1은 광축에 평행하고, 광선 2는 렌즈의 초점 F를 통과한다.

광선 1은 렌즈에서 빠져나와서 초점 F'을 통과한다. 광선 2는 먼저 초점 F를 통과하고 렌즈를 빠져나가면 광축optical axis과 평행하게 전파된다. 그런 다음 두 광선 모두 점 P의 이미지인 점 P'에서 교차한다. 점 P에서 렌즈를 통과하는 모든 광선은 동일한 이미지 점 P'에서 수렴한다. 단 이는 여러 광학 수차를 무시할 경우에 해당한다.

형성된 이미지 G'은 반전되어 렌즈로부터 거리 b에 위치한다. 이 거리는 다음과 같이 얇은 렌즈 방정식으로부터 찾을 수 있다.

$$\frac{1}{f} = \frac{1}{a} + \frac{1}{b} \tag{5.27}$$

렌즈는 다음과 같이 다양한 모양을 가질 수 있으며, 이밖에 메니스커스menisus와 같은 다른 조합도 가능하다.

- 양쪽 면이 튀어나오도록 구부러진 경우 : 양면 볼록 렌즈biconvex
- 한쪽이 튀어나오도록 구부러져 있고, 한쪽이 편평한 경우 : 평철 렌즈plano-convex
- 양쪽 면이 굴곡되어 들어가 있는 경우 : 양면 오목 렌즈biconcave
- 한쪽이 움푹 들어가 있고 다른 쪽이 평평한 경우 : 평요 렌즈plano-concave

얇은 양면 볼록 렌즈는 곡률 반경이 렌즈 두께보다 훨씬 크며 초점 거리 f는 다음 식으로 구할 수 있다.

$$\frac{1}{f} = (n-1)\left(\frac{1}{r_1} + \frac{1}{r_2}\right) \tag{5.28}$$

여기서 r_1과 r_2는 렌즈 곡률의 반경이다. 두께 t가 곡률 반경과 비슷한 두꺼운 렌즈일 때 초점 거리 f는 다음 식으로 구할 수 있다.

$$\frac{1}{f} = (n-1)\left[\frac{1}{r_1} - \frac{1}{r_2} + \frac{(n-1)t}{nr_1r_2}\right] \tag{5.29}$$

여러 개의 렌즈가 더 복잡한 시스템으로 결합될 수도 있는데 거리 d 만큼 떨어져 있는 두 개의 렌즈 시스템의 조합 초점 거리는 다음 식으로 구할 수 있다.

$$f = \frac{f_1 f_2}{f_1 + f_2 - d} \tag{5.30}$$

5.8.2 프레넬 렌즈

프레넬 렌즈fresnel lenses는 계단 모양의 표면을 가진 광학 부품이다. 고품질 이미징이 필요하지 않으면서도 렌즈의 무게와 비용을 최소화하는 것이 필요한 센서 및 감지기에 매우 유용하다. 예를 들어 집광기light condenser, 확대기magnifier, 적외선 온도계 및 점유 감지기occupancy detector의 포커싱 부품으로 사용된다. 프레넬 렌즈는 유리, 아크릴(가시 및 근적외선 범위), 실리콘 또는 폴리에틸렌(중간 및 원적외선 범위)으로 제작할 수 있다. 프레넬 렌즈는 1748년 뷔퐁Count Buffon이 렌즈의 두께를 최소로 줄이고 에너지 손실을 줄이기 위해 동심원 단계에서 단단한 유리 렌즈 조각을 연마할 것을 제안하면서 시작되었다. 그는 빛을 굴절시키는 데 렌즈 표면만 있으면 되는 것을 깨달았다. 빛이 렌즈 내부에 있을 때는 직선으로 이동하기 때문이다. 그의 아이디어는 1822년 오귀스탱 프레넬Augustin Fresnel에 의해 발전되었다. 그는 서로 다른 링의 곡률 중심이 중심에서의 거리에 따라 축으로부터 후퇴되어 있는 렌즈를 만들어 실질적으로 구면 수차를 제거했다. 그 렌즈의 개념은 [그림 5-16]에 설명되어 있으며 여기서는 일반 평면 볼록 렌즈를 바탕으로 하고 있다.

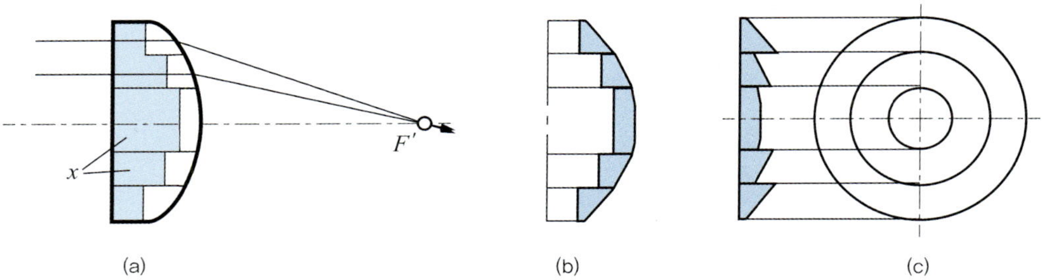

그림 5-16 프레넬 렌즈의 개념

렌즈를 여러 개의 동심원의 링으로 잘라내었다고 하자. 조각난 모든 링은 평행 입사 광선을 식 (5.27)에 의해 정의되는 공통 초점으로 굴절시키는 렌즈로 동작한다. 각도는 광선이 렌즈 내부가 아니라 곡면을 빠져나갈 때 변하게 되어 문자 x 로 표시된 링 부분은 초점 특성에 영향을 주지 않으며 오히려 렌즈 무게와 빛 흡수에 부정적인 영향을 미친다. 따라서 이와 같이 쓸모없는 부분이 모두 제거되면 렌즈는 [그림 5-16(b)]에 표시된 것과 같은 형태를 가지며 여전히 광선을 포커싱하는 기능을 유지한다. 이제 모든 링을 서로 이동하여 평평한 표면을 가지도록 정렬할 수 있다([그림 5-16(c)] 참조). 거의 평평하지만 홈을 가지는 이 프레넬 렌즈는 원래의 평면 볼록 렌즈와 거의 동일한 초점 특성을 갖는다.

프레넬 렌즈는 기본적으로 입사 광선을 공동 초점으로 유도하도록 설계된 일련의 동심 프리즘 홈concentric prismatic groove으로 구성된다. 이는 기존 렌즈보다 가벼운 무게와 얇은 크기, 원하는 모양으로 구부릴 수 있는 능력(예 : 플라스틱 렌즈) 그리고 빛의 낮은 흡수 손실(가장 중요한 장점)과 같이 몇 가지 장점을 가진다. 이러한 장점으로 인해 해당 유형의 렌즈가 평행 광선을 형성하기 위해 등대에서 거의 독점적으로 사용되고 있다([그림 5-17(a)] 참조).

(a) (b)

그림 5-17 (a) 등대용 프레넬 렌즈 (b) 플라스틱 다면 프레넬 렌즈 부분

낮은 흡수 손실은 재료의 흡수가 많이 발생할 수 있는 중간 적외선 렌즈를 제작할 때 매우 중요하다. 이는 저비용 폴리머 프레넬 렌즈가 거의 독점적으로 수동 적외선PIR 동작 감지기에 사용되는 이유이기도 하다. 일반적으로 대다수 렌즈의 작은 부분이 함께 **스티칭**stitched되어 하나의 다면 렌즈를 형성하게 된다([그림 5-17(b)] 참조). 다면 렌즈는 외부 공간의 다른 부분을 단일 초점으로 초점을 맞출 수 있는 기능을 가지고 있으며 자세한 내용은 7.8.1절에서 다루도록 하겠다.

프레넬 렌즈를 제작할 때 작은 홈의 곡면을 일일이 만들기가 어렵다. 따라서 홈의 프로파일은 평평한 표면으로 근사되고([그림 5-18(a)] 참조), 굴절 프리즘이 된다. 이를 위해서는 각 단차(계단)가 서로 가깝게 배치되어야 한다.

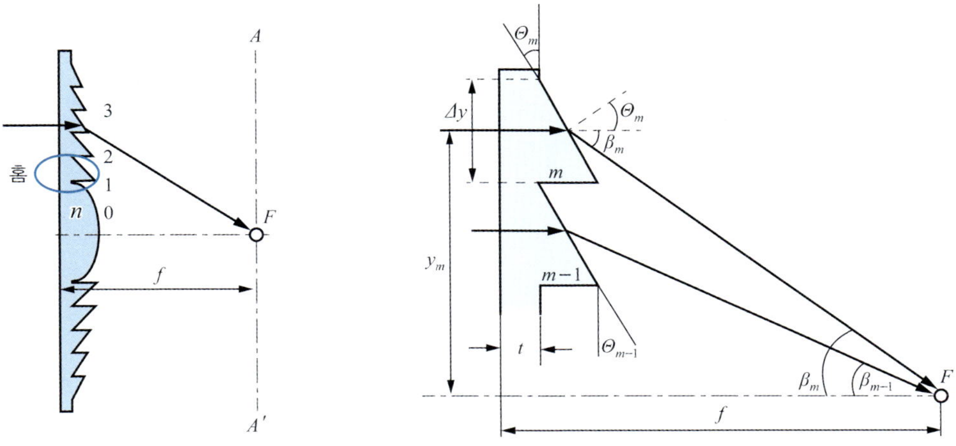

(a) (b)

그림 5-18 (a) 프레넬 렌즈의 홈(그루브) (b) 홈(그루브) 각도(Θ_m, Θ_{m-1}) 계산

실제로 계단이 가까울수록 렌즈는 더 정확하다. 이렇게 밀접하게 배치된 곡선 홈들을 제작할 수 있는 능력에 따라 정확도가 결정된다. 렌즈의 홈을 디자인하는 방법에는 여러 가지가 있다. 가장 일반적인 것은 모든 홈이 동일한 간격을 갖도록 하는 것이다. 홈의 개수에 따라 홈의 각도를 계산할 수 있다.[6] 단색 평행 빔이 왼쪽에서 렌즈의 편평한 표면에 정상적으로 입사한다고 가정해보자. 굴절은 홈이 있는 쪽에서만 발생한다. 홈의 중심을 통과하는 광선에 스넬의 굴절 법칙을 적용하면 다음과 같은 결과를 얻을 수 있다.

$$\sin\Theta_m = n\sin(\Theta_m + \beta_m) \tag{5.31}$$

여기서 n은 사용되는 파장에서의 재료의 굴절률이고 각도의 정의는 [그림 5-18(b)]에 나타나 있다. y_m을 광축에서 m번째 홈까지의 거리라고 하자.

$$\Theta_m = \tan^{-1}\left[\frac{y_m}{n\sqrt{y_m^2 + (f-t)^2} - (f-t)}\right] \tag{5.32}$$

여기서 f는 초점 거리이고 t는 평균 렌즈 두께이다. 다음과 같은 변수를 대신 사용해보자.

$$y_m{}' = \frac{y_m}{f} \text{과 } t' = \frac{t}{f} \tag{5.33}$$

최종적으로 프레넬 렌즈의 홈의 각도를 계산하기 위한 기본 식은 다음과 같다.

$$\Theta_m = \tan^{-1}\left[\frac{y'_m}{n\sqrt{y'^2_m + (1-t')^2} - (1-t')}\right] \tag{5.34}$$

가시광선 스펙트럼에 대한 굴절률 n은 [표 A-19]에서 찾을 수 있다. 중간 적외선 및 원적외선 스펙트럼 범위에서 저밀도 폴리에틸렌Low-Density PolyEthylene, LDPE의 굴절률은 1.510이고 고밀도 폴리에틸렌High-Density PolyEthylene, HDPE의 굴절률은 1.540이다. 집적형 IR 센서일 때 오늘날 프레넬 렌즈는 실리콘Si 또는 게르마늄Ge으로 제작된다. 이러한 재료는 훨씬 더 큰 굴절률을 가지고 있어 초점이 렌즈의 홈이 있는 표면에 훨씬 더 가깝게 위치한다.

센서를 설계할 때 필요에 따라 플라스틱 프레넬 렌즈가 약간 구부러질 수 있다. 그러나 굽힘은 초점의 위치를 바꾸게 된다. 곡률 내부에 홈이 있는 렌즈를 구부리면 곡률 반경에 따라 모든 각도 Θ'_m이 변경된다. 이때 새로운 초점 거리는 식 (5.23)으로부터 구할 수 있다.

5.8.3 평면 나노 렌즈

나노 스케일의 MEMS 제작 기술로 매우 얇으면서도 수차(구면 수차, 색 수차)를 가지지 않는 초박형 평면 렌즈를 제작할 수 있다.[7] 나노 렌즈는 렌즈 표면에 충돌하는 서로 다른 파장을 가진 빛의 위상 변이phase shift 제어에 기반한다. 표면은 빛의 파장보다 작은 미세한 V자 모양의 금gold 구조를 가지고 있으며 미리 정의된 위상 지연과 함께 빛을 산란시킨다. V 반사기의 모양을 회전 및 수정함으로써 기존 렌즈와 유사하게 공통 초점으로 수렴하도록 만들어낼 수 있다.

마이크로 전자회로(19.4.2절 참조)의 공정 시 금은 오염 물질로 알려져 있어, 금을 사용하는 나노 구조는 제조가 복잡하고 전용 제작 장비에서 나노 렌즈를 만들어야 한다는 점에 유의해야 한다.

5.9 광섬유와 도파관

도파관waveguide을 사용하여 빛이 복잡한 경로를 따라 이동하도록 만들 수 있다. 가시광선 및 근적외선 스펙트럼 범위에서 작동하기 위해 도파관은 유리 또는 폴리머 섬유로 제작된다. 또한 중간 적외선 및 원적외선 스펙트럼 범위에서 도파관은 흡수가 적은 특수 재료로 만들어지거나 반사율이 높은 내부 표면을 가지는 관형 튜브hallow tube로 만들어진다. 관형 도파관은 광선이 튜브 내부에서 지그재그 패턴으로 이동하는 제1표면 반사 원리로 동작한다. 광섬유는 내부 전반사의 원리에 따라 동작하며(5.7.2절 참조) 빛 에너지를 전송하는 데 사용된다. 게다가 대부분의 플라스틱이나 유리는 열복사의 광학 범위에서 투명하지 않기 때문에 광원으로부터 열전달 없이도 빛을 전달할 수 있다.

섬유의 표면과 끝은 연마되어 있으며 바깥면에 외부 클래드cladding를 추가할 수 있다. 광섬유는 유리가 뜨거울 때 단면 지름의 20 ~ 50배, 냉각 후에는 200 ~ 300배의 곡률 반경으로 구부릴 수 있다. 또한 폴리메틸 메타크릴레이트polymethyl methacrylate로 제작된 플라스틱 섬유는 유리 섬유보다 훨씬 작은 반경으로 구부러진다.

0.25 mm 폴리머 광섬유의 광 흡수 및 반사 손실로 인한 길이당 감쇠는 일반적으로 0.5 dB/m 근처이다. 빛은 [그림 5-19(b)]와 같이 내부 전반사를 통해 전파된다.

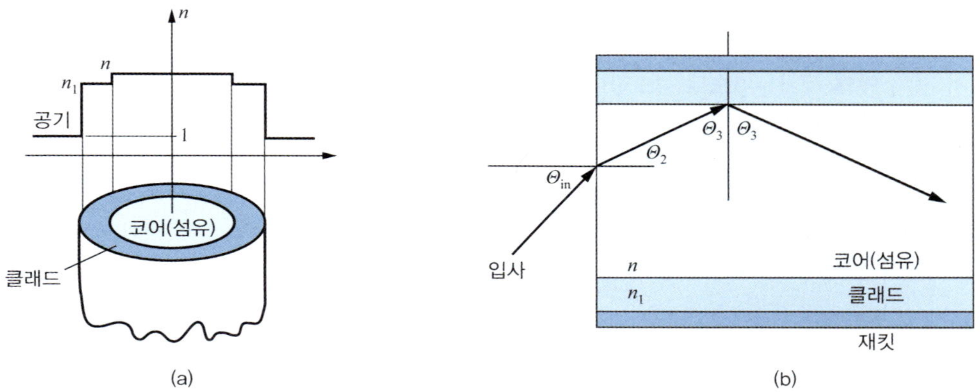

그림 5-19 (a) 다중 광섬유 (b) 최대 입사각 결정

식 (5.26)에 따라 굴절률 n을 가지는 매질에서 공기로 통과하는 빛은 내부 전반사의 제한을 받는다. 굴절률 n_1을 갖는 클래드의 경우에 대해 식 (5.26)을 다시 쓰면 다음과 같다.

$$\Theta_0 = \sin^{-1}\left(\frac{n_1}{n}\right) \tag{5.35}$$

[그림 5-19(a)]는 경계에서 내부 전반사를 보장하기 위해 더 낮은 굴절률을 가지는 클래드로 구성된 단일 광섬유에 대한 굴절률을 나타낸 것이다. 예를 들어 실리카 클래드 광섬유는 코어(섬유) 재료가 1.5의 굴절률을 갖고 클래드가 1.485의 굴절률을 갖도록 조성을 설정할 수 있다. 클래드 섬유를 보호하기 위해 일반적으로 보호 고무 또는 플라스틱 재킷이 둘러싸고 있다.

빛이 광섬유에 들어갈 때 내부 전반사를 유발할 수 있는 최대 입사각을 결정하는 것이 중요하다([그림 5-19(b)] 참조). 내부 반사의 최소 각도 $\Theta_0 = \Theta_3$에 대해 최대 각도 Θ_2는 스넬의 법칙을 통해 다음과 같이 구할 수 있다.

$$\Theta_{2(\max)} = \sin^{-1}\left(\frac{\sqrt{n^2 - n_1^2}}{n}\right) \tag{5.36}$$

공기는 $n \approx 1$인 것을 이용해 스넬의 법칙을 다시 적용하면 다음과 같은 식을 얻을 수 있다.

$$\sin\Theta_{\text{in}(\max)} = n\sin\Theta_{2(\max)} \tag{5.37}$$

식 (5.36)과 식 (5.37)을 결합하면 코어에서 내부 전반사가 발생하도록 하는 가장 큰 입사각을 다음과 같이 구할 수 있다.

$$\Theta_{\text{in}(\max)} = \sin^{-1}\left(\sqrt{n^2 - n_1^2}\right) \tag{5.38}$$

$\Theta_{\text{in}(\max)}$보다 큰 각도로 광섬유에 들어오는 광선은 클래드와 재킷을 통과하여 손실된다. 데이터 전송에 광섬유가 활용되는 경우 이는 바람직하지 않다. 그러나 특별히 설계된 광섬유 센서에서 최대 입사각은 빛의 강도를 조절하는 데 유용하게 활용된다. 때로는 $\Theta_{\text{in}(\max)}$의 값을 광섬유의 **개구수** numerical aperture라고도 부른다. 빛은 광섬유 특성(굽힘 및 기울어진 경로)의 변화로 인해 $\Theta_{\text{in}(\max)}$에 접근하면서 점차 빛의 세기는 0으로 감소한다. 실제로 개구수는 빛의 세기가 일정한 양(예 : 최댓값의 10 dB) 만큼 감소되는 각도로 정의된다.

광섬유 센서의 유용한 특성 중 하나는 원하는 응용 분야에 따라 다양한 기하학적 모양으로 형성될 수 있다는 것이다. 광섬유는 압력, 온도, 화학 농도 등과 같은 자극에 반응하는 소형 광학 센서를 설계하는 데 매우 유용하다. 이 센서는 감지할 때 광섬유에서 하나 또는 여러 가지 빛의 특성을 변조하는 기본적인 원리를 가지고 있다.

자극은 광섬유에 직접 작용할 수도 있고 섬유의 외부 표면 또는 연마된 끝단에 부착된 구성 요소에 입력되어 광학적으로 감지 가능한 신호를 생성할 수도 있다. 광섬유 화학 센서를 만들기 위해 시약의 특별한 고체상이 광섬유 내의 광학 경로에 결합될 수 있다. 이때 시약은 분석물과 상호 작용하여 광학적으로 검출 가능한 효과(예 : 굴절률 또는 흡수계수)를 발생시킨다. 광섬유의 클래드는 일부 유체와 접촉할 때 굴절률이 변할 수 있는 화학 물질로 만들 수도 있다.[8] 내부 전반사 각도가 변하면 빛의 세기도 변하게 된다.

광섬유는 두 가지 모드로 사용될 수 있다. 첫 번째 모드에서는 여기신호를 전송하고 광학 응답을 수집하여 처리 장치로 다시 보내는 데 동일한 광섬유가 사용된다([그림 5-20(a)] 참조). 그러나 두 번째 모드에서는 여기(조명) 기능과 수집 기능이 별도의 광섬유에서 수행된다([그림 5-20(b)] 참조).

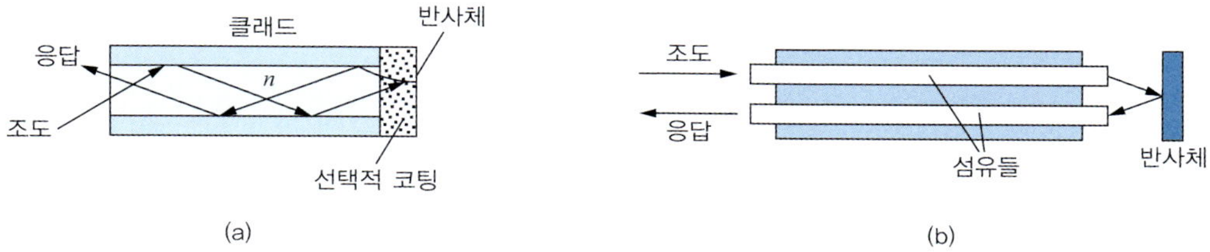

그림 5-20 (a) 단일 광섬유 센서 (b) 이중 광섬유 센서

가장 일반적으로 사용되는 광섬유 센서 유형은 빛의 세기를 측정하는 센서로 이때 빛의 세기는 외부 자극에 의해 변조된다.[9] [그림 5-21]은 단일 광섬유 도파관이 반사면을 향해 빛을 방출하는 변위 센서를 나타낸 것이다.

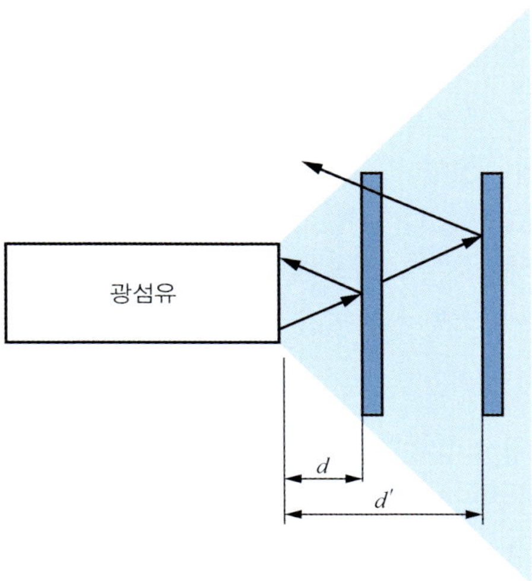

그림 5-21 광섬유 변위 센서는 반사광 강도의 변조를 활용한다.

광섬유 변위 센서는 광섬유 끝과 테스트 물체 사이의 광학적 결합 변화를 기반으로 동작한다. 빛은 광섬유를 따라 이동하고 물체를 향해 원뿔 형태로 나아간다. 물체가 광섬유 끝에 가까이 위치하면(그림에서 거리가 d인 경우) 광학 결합이 가장 높고 대부분의 빛이 광섬유로 다시 반사되어 다른 쪽 끝의 빛 감지기로 전파된다. 반면에 물체가 멀어지면 일부 광선이 광섬유 끝의 바깥쪽으로 반사되므로 더 적은 수의 광자가 되돌아오게 된다. 방출된 빛의 원뿔형 프로파일로 인해 거리 d와 반사되어 다시 광섬유로 되돌아오는 빛의 세기는 제한된 범위에서 준선형 관계를 가진다.

이른바 마이크로밴드 스트레인 게이지는 [그림 5-22(a)]와 같이 두 개의 변형기 사이에 광섬유를 끼워진 형태로 설계될 수 있다.

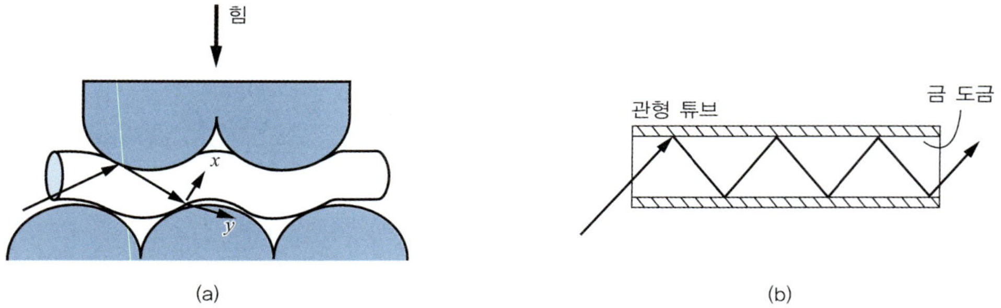

그림 5-22 (a) 광섬유 마이크로밴드 스트레인 게이지 (b) 원적외선 복사용 도파관

상부 변형기에 가해지는 외력은 광섬유를 구부려 내부 반사면의 각도를 변경한다. 그 결과 광선이 내부 전반사 각도인 Θ_0보다 작은 각도로 입사하게 되면서 전반사가 되지 못한다. 대신 굴절로 인해 광섬유 벽을 통해 y축 방향으로 이동하여 손실이 발생한다. 변형기가 서로 가까울수록 섬유는 더 많이 구부러지게 되고 더 많은 빛이 손실된다. 결국 광섬유를 따라 전달되는 빛은 적어진다.

광섬유 내부 손실이 큰 스펙트럼 범위(중간 적외선 및 원적외선 스펙트럼 범위)에서 동작할 때, 일반적으로 관형 튜브[hollow tube]는 광선을 채널링[channeling]하는 데 사용된다([그림 5-22(b)] 참조). 이때 튜브는 내부가 고도로 연마되어 있으며 반사 금속으로 코팅되어 있다. 예를 들어 열복사를 전달하기 위해 튜브는 두 개의 층으로 코팅될 수 있으며 하부층에 해당하는 니켈과 500~1000 Å 의 두께를 가지는 광학 품질의 금이 코팅될 수 있다. 관형 도파관[hallow waveguide]은 지름 20배 이상의 반경으로 구부러질 수 있다.

광섬유는 내부 전반사 효과를 사용하지만 관형 도파관은 항상 100 % 미만인 제1표면 거울 반사를 사용한다. 결과적으로 관형 도파관의 손실은 반사 횟수의 함수가 된다. 즉 도파관 튜브의 지름이 작고 길이가 길수록 손실이 더 커진다. 길이/지름 비율이 20을 초과하게 되면 관형 도파관은 매우 비효율적이며 대신 광섬유 장치를 고려해야 한다. 예를 들어 AMTIR이 사용될 수 있다([표 A-20] 참조).

5.10 광학 효율

5.10.1 렌즈 효과

광 검출기(15장 참고)는 일반적으로 창이나 스펙트럼 필터처럼 단순한 광학 시스템으로 구성 가능하다. 종종 광학 시스템에는 렌즈, 거울, 광섬유 및 빛의 방향을 변경하는 기타 요소들이 포함되기도 한다. 또한 많은 응용 분야에서 센서는 스펙트럼 및 공간적 특성이 일치하는 광원과 함께 동작한다.

광학 부품 설계 시 몇 가지 중요한 요소가 필요하다. 예를 들어 빛이 광 검출기에 의해 감지되어야 하는 점 광원을 살펴보도록 하자([그림 5-23(a)] 참조).

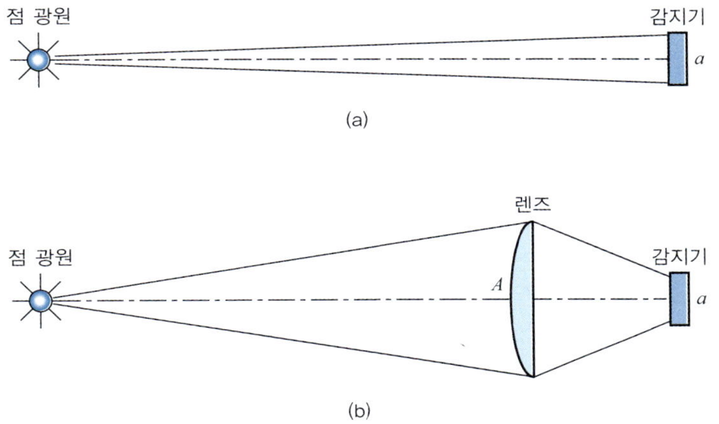

그림 5-23 광학 시스템의 효율성 (a) 표면적 a에 따른 모습 (b) 시스템의 입력 조리개 A에 따른 모습

대부분 감지기의 출력신호는 수신된 광 파워에 비례하며 감지기의 표면적(입력 조리개)에도 비례한다. 그러나 감지기의 감지 영역은 일반적으로 작다. 예를 들어 [그림 15-25(a)]에 표시된 센서의 서모파일thermopile 픽셀은 약 $0.08\ mm^2$의 감지 영역을 가져 물체에서 발산되는 전체 광자 플럭스 중 매우 작은 부분만을 수신한다.

[그림 5-23(b)]는 감지요소보다 큰 조리개를 가지는 포커싱 렌즈를 사용하여 도달하는 빛의 플럭스를 크게 증가시킬 수 있음을 보여준다. 이는 고품질 카메라가 상당히 큰 렌즈를 가지는 이유이기도 하다.

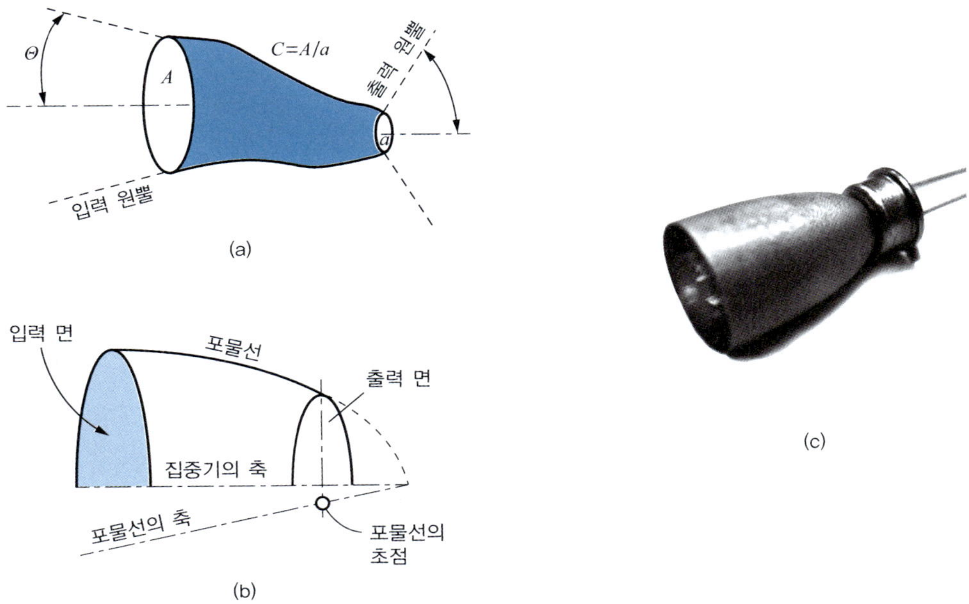

그림 5-24 (a) 비이미징 집중기 개념도 (b) 포물선 형태의 집중기 (c) 센서가 부착된 집중기[11]

렌즈는 깔때기처럼 입사광 플럭스를 받아 작은 감지 영역으로 가져온다. 단일 렌즈의 효율성은 굴절률 n에 따라 달라진다(5.4절 참조). 감도의 전반적인 개선은 반사 손실을 고려하기 위해 식 (5.8)과 식 (5.11)을 사용하여 다음과 같이 추정될 수 있다.

$$k \approx \frac{A}{a}\left[1-2\left(\frac{n-1}{n+1}\right)^2\right] \tag{5.39}$$

여기서 A와 a는 렌즈의 유효 면적(조리개 면적)과 광 검출기의 감지 영역 넓이이다. 가시광선 및 근적외선 스펙트럼 범위에서 동작하는 안경 또는 대부분의 플라스틱의 경우 식 (5.39)는 다음과 같이 단순화할 수 있다.

$$k \approx 0.92\frac{A}{a} \tag{5.40}$$

따라서 감지요소에 의해 수신되는 빛의 양은 렌즈의 넓이에 비례한다. 단 렌즈를 임의로 배치하는 것은 오히려 성능이 더 나빠질 수 있으므로 신중하게 설계할 필요가 있다. 예를 들어 여러 광 검출기에는 평행 광선에 효과적인 렌즈가 내장되어 있다. 이때 검출기 앞에 추가 렌즈를 삽입하면 입력에 평행하지 않은 광선이 생성되는데 이 경우 전체 광학 시스템의 정렬이 틀어져서 성능이 저하된다. 따라서 추가 광학 장치를 사용해야 할 때마다 검출기 고유의 광학 특성을 고려해야 한다.

5.10.2 집중기

센서 표면에 충돌하는 광자 플럭스의 밀도를 높일 수 있는 방법이 있다. 초점이나 이미징이 필요하지 않은 상황에서 에너지만 고려할 때에는 특수 광학 장치를 사용하면 매우 효과적이다. 이른바 비이미징 수집기 nonimaging collector 또는 집중기 concentrator [8]가 그러한 특수 광학 장치들이다.[10~12] 도파관의 일부 속성과 렌즈 및 곡면 거울과 같은 이미징 광학 도구의 일부 속성을 같이 가지고 있다. 집중기의 가장 중요한 특징은 입력 조리개 면적과 출력 조리개 면적의 비율이다. 이 비율을 농도 비율 concentration ratio C라고 하며 그 값은 항상 1보다 크다. 즉 집중기는 더 큰 영역에서 빛을 모아서 감지요소가 있는 작은 영역([그림 5-24(a)] 참조)으로 보내는 역할을 한다.

C의 이론적인 최댓값은 다음과 같다.

$$C_{\max} = \frac{1}{\sin^2\Theta_{\mathrm{i}}} \tag{5.41}$$

여기서 Θ_{i}는 최대 입력 반각이다. 이러한 조건 하에 광선은 법선에서 출구면까지 모든 각도($0 \sim \pi/2$)에서 나온다. 이는 출구 조리개 지름이 입력 조리개의 $\sin\Theta_{\mathrm{i}}$배만큼 더 작다는 것을 의미한다. 또한 거의 동일한 효과를 유지하면서 치수를 선형적으로 줄일 수 있음을 의미하므로 센서를 설계할 때 긍정적 효과를 불러일으킨다. 각도 Θ로 들어오는 입력 광선은 출력 원뿔 내에서 진입 지점에 의해 결정되는 각도를 가지고 다시 나오게 된다.

8 선광기라고도 한다.

집중기는 반사면(거울) 또는 굴절체(예 : 프레넬 렌즈) 또는 이 둘의 조합으로 제작된다. 반사 포물선 집중기의 실제 형태는 [그림 5-24(b)]에 나와 있다. 사람 눈의 망막에 있는 원뿔형 수광기가 [그림 5-24(b)]에 표시된 것과 비슷한 모양을 가지고 있다는 점이 흥미롭다.

포물선형 집중기는 효율이 매우 좋다. 이 집중기는 들어오는 복사선의 90% 이상을 수집하고 집중한다. 낮은 효율이 허용되는 경우에는 포물선형 집중기보다는 원뿔형 집중기를 사용할 수도 있다. 들어오는 광선 중 일부는 원뿔 내부에서 몇 번 반사한 후 다시 나오게 되지만 전체 효율성은 여전히 80% 정도에 불과하다. 이러한 원뿔은 회전하는 포물선보다 제작하기가 더 쉽다.

5.10.3 열 흡수 코팅

모든 열복사 센서(15.8절 참조)는 중간 적외선 및 원적외선 스펙트럼 범위에서 전자기파를 흡수하거나 방출한다. 키르히호프의 발견에 따르면 흡수율 α 와 방출률 ε은 동일하다(4.12.3절 참조). 센서를 효율적으로 작동하기 위해서는 흡수율과 방출률을 최대한 1에 가깝게 만들어야 한다. 이는 센서 구성 요소에 특수 표면 처리를 하거나 방출률이 높은 코팅을 하는 방식으로 구현될 수 있다. 이러한 코팅은 열 전도율이 좋으면서 열용량은 매우 작아야 한다. 즉 얇아야 좋지만 그렇다고 너무 얇으면 안 된다. 일반적으로 코팅의 두께는 흡수해야 하는 최대 파장으로 결정된다.

표면에 방출(흡수) 속성을 부여하는 몇 가지 방법이 있다. 그중에는 상당히 좋은 방출률을 가진 얇은 금속 막(니크롬과 같은)의 증착, 다공성 백금 흑platinum black의 갈바닉 증착galvanic deposition,[13] 저압 질소 분위기에서 금속의 증발법evaporation[14]이 있다. 흡수성이 높은 (방출) 물질을 생성하는 가장 효과적인 방법은 다공성porous 표면을 형성하는 것이다.[15] 파장보다 훨씬 작은 크기의 입자는 일반적으로 빛을 흡수하고 회절시킨다. 다공성 표면의 높은 방출률은 넓은 스펙트럼 범위에서 유효하지만 파장이 증가하면 감소하게 된다. $500\,\mu g/cm^2$에 해당하는 두께의 골드블랙goldblack 박막은 근적외선, 중간 적외선 및 원적외선 스펙트럼 범위에서 0.99 이상의 방출률을 갖는다.

다공성 백금 흑을 형성하기 위해 다음과 같은 전기 도금 방법을 사용할 수도 있다.[14]

표 5-4 백금 흑을 형성하기 위한 전기 도금 방법

원료	전해 용액	용량
플래티넘 클로라이드	염화백금산 수용액 (H_2PTCl_6 aq)	2g
아세트산 납	$Pb(OOCCH_3)_2\ 3H_2O$	16mg
물		58g

$30\,mA/cm^2$의 전류 밀도가 인가된 상온의 갈바닉 수조에서 백금 흑 박막은 금 하층 박막을 가지는 실리콘 웨이퍼로부터 성장된다. 0.95 이상의 흡수율(방출률)을 얻기 위해서는 $1.5\,g/cm^2$의 필름이 필요하다.

골드블랙의 증착은 100 Pa 압력의 질소가 포함되어 있는 열 증발 반응기thermal evaporation reactor를 통해 이루어진다. 가스는 마이크로 밸브를 통해 주입되고 금 소스는 전기 가열된 텅스텐 와이어로부터 약 6 cm 거리에서 증발된다. 증발된 금과 질소의 충돌로 인해 금 원자는 운동 에너지를 잃게 된다. 표면에 도달하면 에너지가 너무 작으므로 표면에서 이동하지 않고, 바로 달라붙게 된다. 금 원자는 약 25 nm 길이의 바늘 형태 구조를 형성한다. 구조는 외과용 탈지면cotton wool과 비슷하다. 최상의 코팅을 위해 골드블랙은 $250\sim500\,\mu g/cm^2$ 범위의 두께를 가지는 것이 좋다.

방출률을 향상시키기 위해 표면 금속 필름을 산화시켜 금속 산화물을 형성하는 방법도 많이 사용된다. 이는 부분 진공에서의 금속 증착deposition을 통해 이루어진다. 표면 방출률을 향상시키는 또 다른 방법은 표면을 유기 페인트로 코팅하는 것이다(페인트의 색상은 중요하지 않다). 이 페인트는 0.92에서 0.97까지 원적외선 방출률을 갖지만 유기 물질의 열 전도율이 낮아 10 μm 미만의 두께로 증착하기 어렵다. 이로 인해 센서의 속도 응답이 상당히 느려질 수 있다. 마이크로머신 센서micromachined sensor에서는 절연passivation 유리층으로 상부 표면을 덮기도 하며 이는 환경 보호뿐만 아니라 원적외선 스펙트럼 범위에서 약 0.95의 방출률을 갖는다.

5.10.4 반사 방지 코팅

중간 적외선 및 원적외선 스펙트럼 범위에서 사용하기 위한 창과 렌즈는 공기와의 경계에서 강한 반사를 일으키도록 굴절률이 큰 재료로 제작된다. 예를 들어 게르마늄Ge 플레이트는 4 ~ 16 μm 파장대에서 반사 손실로 인해 투과율이 약 40%에 불과하다. 반사 손실을 줄이기 위해 창 또는 렌즈의 양면을 반사 방지 코팅하여 공기의 굴절률에서 렌즈(창)의 굴절률로 점진적으로 바뀌도록 만들 수 있다. 예를 들어 1/4 파장($\lambda/4$) 두께를 가지는 불화이터븀ytterbium Fluoride $YbFe_3$ ARC층이 렌즈의 전면과 후면에 코팅될 수 있다. 불화이터븀은 상대적으로 낮은 굴절률(1.52)을 갖지만 UV에서부터 12 μm에 이르는 파장 범위에서 투명하다. 따라서 이 얇은 층은 버퍼buffer 역할을 하면서 반사를 줄이고 더 많은 빛을 통과시킨다. 추가로 투과를 개선하기 위해 다층 ARC가 적용되기도 하며 그 결과 [그림 5-25]와 같이 중간 적외선 범위와 원적외선 범위에서 빛의 투과율은 크게 증가한다.

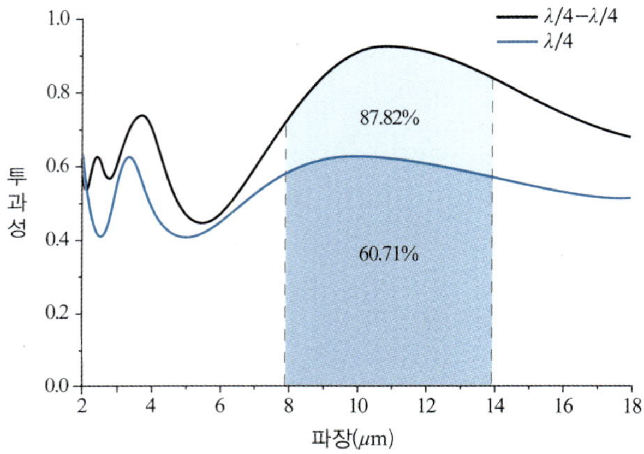

그림 5-25 게르마늄에서 단일 및 이중 ARC층의 광학적 투과성

CHAPTER

06

인터페이스 전자회로

Interface Electronic Circuits

CONTENTS

센서에 적절한 출력 형식의 내장 전자회로가 없으면 시스템 설계자는 센서를 프로세싱 장치 또는 모니터링 장치 또는 기록 장치에 직접 연결할 수 없다. 또한 센서가 생성한 전기신호는 종종 너무 약하거나 노이즈가 많으며 기타 바람직하지 않은 요소가 포함되는 경우가 많다. 이때 잘못된 출력 형식이라면 데이터 수집 시스템의 입력과 호환되지 않을 수도 있다. 그러므로 센서와 프로세싱 장치를 결합하려면 공통값을 사용하거나 일종의 결합 장치를 사용해야 한다. 센서의 신호는 일반적으로 프로세싱 장치(부하)에 공급되기 전에 조정 및 수정되어야 한다. 일반적으로 이러한 부하는 아날로그 또는 디지털 형태의 전압 또는 전류를 필요로 한다. 최근에는 센서의 출력이 사전 처리되어 바로 사용할 수 있도록 출력에 표시되는 것이 바람직하다. 예를 들어 가속도계는 측정된 g를 인코딩하여 숫자 형태의 디지털 신호를 출력할 수 있다. 따라서 아날로그 신호를 생성하는 대부분의 센서는 인터페이스 회로가 필요하다.

최신 센서 설계는 감지 부품과 신호 처리, 변환 및 통신회로와 통합하는 추세이며 이러한 조합을 감지 모듈sensing module이라고 한다. [그림 6-1]은 두 개의 입력자극에 선택적으로 반응하는 두 개의 감지요소가 있는 통합 감지 모듈을 나타낸 것이다.

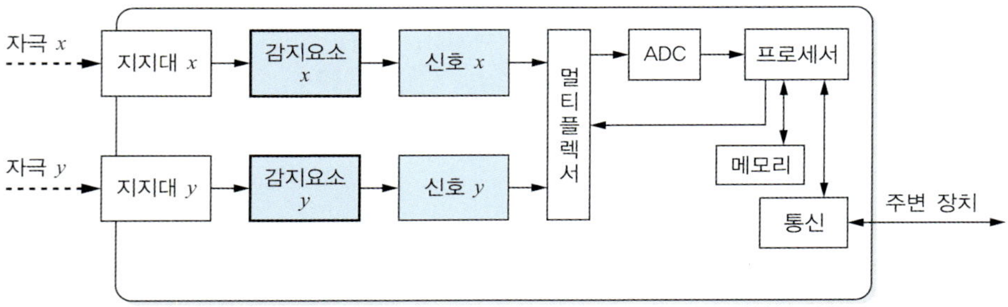

그림 6-1 감지 모듈의 블록 다이어그램

센서가 동작하기 위해서는 감지요소에 일부 지원 부품이 필요하다. 예를 들어 상대습도Relative Humidity, RH 센서에는 샘플링된 공기를 감지요소에 전달하기 위한 보호 그리드 또는 송풍기가 필요하다. 또 다른 예로는 초점 렌즈가 필요한 이미징 센서가 있다. **능동 센서**active sensor에는 또 다른 유형의 지원 부품인 여기 발생기excitation generator[1]가 필요하다. 또한 습도 측정 소자hygristor (습기에 민감한 저항기)가 동작하려면 교류 전류가 필요한데 이 교류 전류 발생기는 감지요소에 부착된다.

일반적인 감지요소는 낮은 수준의 아날로그 신호를 생성하므로 출력신호는 디지털화되기 전에 증폭, 필터링, 임피던스 정합, 레벨 이동이 필요하다. 이러한 모든 기능은 신호 처리기에 의해 수행된다. 감지 모듈은 둘 이상의 채널을 가질 수 있어 모든 신호 처리기의 출력을 공통 디지털 형식으로 변환해야 한다. 여기서 한 가지 조건은 채널당 하나의 아날로그-디지털 컨버터Analog-to-Digital Converter, ADC를 사용하는 것이지만 대부분 모든 채널에 대해 하나의 고품질 ADC를 공통으로 사용하는 것이 더 편리하고 경제적이다. 따라서 모든 신호 처리기의 출력은 한 번에 하나씩만 공통 ADC에 연결되어야 한다. 이 기능은 스위칭 아날로그 게이트 또는 **멀티플렉서**MUltipleXer, MUX에 의해 수행된다.

1 pilot signal generator라고도 한다.

ADC는 입력자극의 온-보드on-board[2] 계산을 위해 프로세서에 공급되는 디지털 코드를 생성한다. 예를 들어 자극이 온도인 경우 프로세서는 허용 가능한 분해능(예 : 0.02℃ 분해능의 섭씨온도) 내에서 선택된 스케일로 값을 계산해야 한다. 입력에서 프로세서까지의 모든 시스템이 개별 교정되어 있지 않는 한 다양한 결함으로 인해 원하는 정확도를 얻기 어렵다. 교정 프로세스를 통해 감지 모듈의 메모리에 저장된 특정 파라미터들이 결정된다. 마지막으로 처리된 정보는 통신회로에 의해 특정 형식으로 외부 주변 장치로 전달된다. 예를 들어 I^2C 직렬 통신 링크serial communication link는 두 개의 와이어만으로 다중 채널 디지털 정보를 전송한다.

이 장에는 전자 인터페이스 구성 요소에 대해 간단히 설명하고자 한다. 이들은 통합 감지 모듈의 일부이거나, 별도로 구성될 수도 있다. 디지털 신호 프로세서, 메모리, 통신 장치에 대한 자세한 내용은 별도의 전문 교재를 참조하기 바란다.

6.1 신호 처리기

신호 처리기signal conditioner 회로는 감지요소의 신호를 부하 장치와 호환되는 형식(일반적으로 ADC)으로 바꾸는 데 목적이 있다. 이를 효과적으로 수행하기 위해서는 신호 처리기가 감지요소(센서)와 부하 장치라는 두 마스터master의 충실한 슬레이브slave여야 한다. 신호 처리기의 입력 특성은 센서의 출력 특성과 호환되어야 하며 출력은 ADC 또는 기타 부하와 쉽게 인터페이스될 수 있도록 전압을 생성해야 한다. 이 책은 센서를 다루는 책이므로 다양한 센서에 연결되는 신호 처리기 회로의 입력 부분인 전단부front end만을 설명하도록 하겠다.

신호 처리기의 전단부는 센서 출력의 전기적 특성 유형에 따라 달라진다. [표 6-1]에는 전압 출력, 전류 출력, 저항성, 용량성, 유도성 등 센서 출력 속성의 기본 유형이 나열되어 있다. 최적의 데이터를 수집하기 위해서는 신호 처리기의 입력 부분을 적절히 설계하는 것이 중요하다.

전압 생성 센서와 전류 생성 센서의 차이점을 명확히 이해할 필요가 있다. 전압 생성 센서는 상대적으로 낮은 출력 임피던스를 가지고 있다. 출력전압은 부하에 따라 거의 영향을 받지 않지만 전류는 부하에 따라 달라진다. 이 센서는 자극에 의해 전압이 결정되는 배터리와 유사하게 생각할 수 있다. 전류 생성 센서는 일반적으로 부하보다 훨씬 큰 출력 임피던스를 가지기 때문에 주로 부하와 무관하면서 일정한 전류를 생성한다.

2 별도의 보드에서 계산이 수행되는 것이 아니라 감지 모듈이 있는 하나의 보드 내에서 계산이 이루어짐을 의미한다.

표 6-1 센서 유형 및 신호 처리기의 해당 입력

센서 유형	센서 임피던스	신호 처리기 앞단
전압 출력 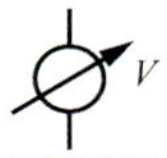	매우 낮은 저항성 	높은 입력저항 증폭기 (전압계)
전류 출력 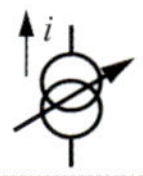	매우 높은 복소수 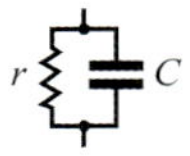	높은 입력 임피던스 증폭기 또는 낮은 입력저항 회로 (전류계)
저항성 	저항성 	저항-전압 컨버터 (저항계)
용량성 	복소수 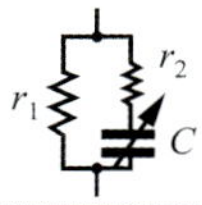	커패시턴스-전압 컨버터 (용량계)
유도성 	복소수 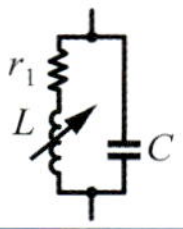	인덕턴스 미터

6.1.1 입력 특성

신호 처리기의 입력단은 여러 표준 파라미터를 통해 지정된다. 이는 회로가 센서의 출력신호를 얼마나 정확하게 처리할 수 있는지 그리고 전체 오차 중에서 회로가 미치는 영향은 어느 정도인지 계산하는 데 유용하다.

입력 임피던스input impedance는 서로 다른 주파수에서 회로가 센서에 얼마나 부하를 가하는지 나타낸다. 임피던스는 다음과 같이 복소수 형태로 표현된다.

$$\mathrm{Z} = \frac{\mathrm{V}}{\mathrm{I}} \tag{6.1}$$

여기서 V와 I는 입력 임피던스의 전압, 전류에 대한 복소수 표기법이다. 예를 들어 신호 처리기의 입력단이 입력저항 R과 입력 커패시턴스 C([그림 6-2(a)] 참조)의 병렬 연결로 모델링된 경우를 살펴보자.

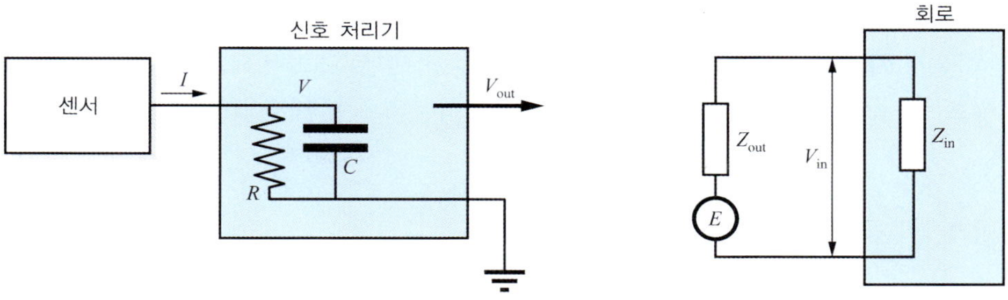

(a) (b)

그림 6-2 (a) 인터페이스 회로의 복소 입력 임피던스 (b) 전압 생성 센서의 등가회로

이때 입력 임피던스는 다음과 같이 나타낼 수 있다.

$$\mathbf{Z} = \frac{R}{1 + jwRC} \tag{6.2}$$

여기서 w는 교류 주파수이고, $j = \sqrt{-1}$ 이다. 식 (6.2)는 입력 임피던스가 주파수의 함수임을 나타낸다. 주파수(신호 변화율)가 증가하면 입력 임피던스는 작아진다. 반면에 매우 낮은 주파수에서 상대적으로 작은 입력 커패시턴스 C와 저항 R을 갖는 회로는 입력저항과 거의 동일한 입력 임피던스 ($\boldsymbol{Z} \approx R$)를 갖게 된다. 여기서 상대적으로 작다는 것은 식 (6.2)에서 리액티브 부분reactive part이 무시할 정도로 작다는 것을 의미하며 다음과 같은 식이 유지된다.

$$RC \ll \frac{1}{w} \tag{6.3}$$

RC 곱은 초 단위로 측정되는 시정수time constant τ라고 한다. 회로의 입력 임피던스를 고려할 때마다 센서의 출력 임피던스도 꼭 함께 고려해야 한다. 센서가 부착되면 두 임피던스는 병렬로 연결된다. 예를 들어 센서가 정전 용량 특성을 가질 경우 입력단의 주파수 응답을 정의하려면 저항 성분 r_1과 r_2를 가지는 센서의 커패시터는 회로의 입력 커패시턴스와 병렬 연결되어야 한다.

[그림 6-2(b)]는 전압 발생 센서의 등가회로를 나타낸 것이다. 신호 처리기의 전단부는 센서의 출력 임피던스 Z_{out}과 회로의 입력 임피던스 Z_{in}(여기서는 스칼라 표기법 사용)으로 구성된다. 센서의 출력신호는 출력 임피던스 Z_{out}과 직렬로 연결된 전압원 E로 표시된다. 이상적인 전압원 E은 내부 임피던스가 0이며 실제 임피던스는 Z_{out}에 의해 모델링된다. 전체 주파수 범위에서 저항 부분이 낮은 경우 센서 및 신호 처리기의 리액티브 구성 요소(용량성 또는 유도성 요소)는 무시할 수 있다. 다만 센서의 출력 임피던스가 상당히 클 경우에는 무시할 수 없다.

일단 전압 생성 센서를 분석해 보도록 하자([표 6-1] 참조). 두 임피던스(센서의 출력 및 신호 처리기의 입력)를 고려하면 신호 처리기 입력전압 V_{in}은 다음과 같다.

$$V_{in} = E\frac{Z_{in}}{Z_{in} + Z_{out}} \tag{6.4}$$

특별한 경우에는 센서의 출력 임피던스를 정의할 필요가 있다. 이는 센서-처리기 조합의 주파수 응답 및 위상 지연을 분석하는 데 도움이 된다. 예를 들어 전류 생성 센서로 모델링되는 압전 센서의 출력 임피던스는 매우 큰 출력저항(약 $10^{11}\,\Omega$)과 커패시터(약 10 pF)가 병렬 연결된 형태를 가진다.

입력 임피던스의 중요성을 설명하기 위해 [그림 6-2]와 같이 순수 저항형 센서($Z_{out} = R_{out}$)를 살펴보자. 회로 입력단의 저항은 다음과 같다.

$$R_{in} = \frac{R_{out} R}{R_{out} + R} \tag{6.5}$$

회로의 입력전압은 주파수 f의 함수로 다음과 같이 나타낼 수 있다.

$$V_{in} = \frac{E}{\sqrt{1+\left(\frac{f}{f_c}\right)^2}} \tag{6.6}$$

여기서 $f_c = (2\pi R_{in} C)^{-1}$은 코너 주파수coner frequency로 전압 크기가 3 dB 감소하는 주파수이다. 요구되는 전압 크기의 정확도를 1%로 가정하면 회로에서 처리할 수 있는 **최대 자극 주파수**maximum stimulus frequency는 다음과 같이 계산할 수 있다.

$$f_{max} \approx 0.14 f_c \tag{6.7}$$

또는 $f_c \approx 7 f_{max}$로 나타낼 수도 있다. 즉 임피던스는 충분히 높은 코너 주파수를 보장할 수 있도록 선택되어야 한다. 예를 들어 자극의 예상 최고 주파수가 1 kHz인 경우 신호 처리기의 코너 주파수는 최소 7 kHz에서 선택되어야 한다. 실제로는 다른 회로들의 추가적인 주파수 제한으로 인해 훨씬 더 높은 f_c가 선택된다.

$R_{out} \ll R$인 전압 생성 센서의 경우, 식 (6.5)에 따르면 $R_{in} \approx R_{out}$이므로 f_c는 매우 커진다. 이로 인해 $V_{in} \approx E$가 되어 결과적으로 신호 처리기의 입력단이 센서의 신호를 왜곡하지 않는다. 따라서 전압 발생 센서의 경우 신호 처리기의 입력저항이 가능한 한 커야 한다. 입력 커패시턴스는 센서의 낮은 출력저항과 병렬 연결되기 때문에 큰 영향을 미치지 않는다.

[그림 6-3]은 신호 처리기(예 : 증폭기) 입력단의 상세한 등가회로를 나타낸 것이다.

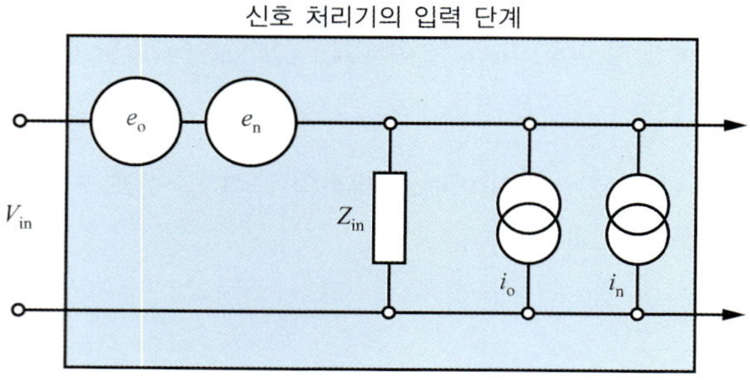

그림 6-3 노이즈 발생기가 고려된 입력단 등가회로

입력 임피던스 Z_{in}과 여러 전원들로 모델링되어 있다. 이 전원들은 센서가 신호를 생성하지 않더라도 회로 자체에서 허위로 생성되거나 외부로부터 다양하게 수집되는 전압 및 전류를 나타낸다. 이러한 바람직하지 않은 전압 및 전류들이 적절하게 처리되지 않으면 상당한 문제를 일으킬 수 있으며 이러한 노이즈 발생기들(e_n, i_n)은 온도에 따라 특성이 달라진다.

전압 e_o는 거의 일정하며 입력 **오프셋 전압**offset voltage이라고 한다. 오프셋 전압원은 입력과 직렬로 연결되며 이로 인해 유발되는 오류는 센서의 출력 임피던스나 신호와는 무관하다. 즉 오프셋 전압은 입력에 더해지는 특성additive nature을 갖는다.

입력 **바이어스 전류** i_o는 전단부에서 내부적으로 생성되거나 회로 기판 누설전류와 같은 외부 간섭원으로부터 유입된다. 바이폴라 트랜지스터의 경우에는 그 크기가 상당히 크며 JFET의 경우에는 훨씬 작고 CMOS 회로의 경우에는 가장 작다. 이 전류는 센서에 고출력 임피던스(전류 생성 센서)가 있을 때 심각한 문제를 유발할 수 있다. 바이어스 전류는 센서의 출력저항을 통과하여 스퓨리어스spurious[3] 전압강하를 유발하는데, 이 전압강하는 상당히 큰 크기일 수 있다. 예를 들어 압전 센서가 입력저항이 $1\,G\Omega\,(10^9\,\Omega)$이고 입력 바이어스 전류가 $100\,pA\,(10^{-10}\,A)$인 회로에 연결된 경우에는 $1\,G\Omega \times 100\,pA = 0.1\,V$의 전압강하가 발생한다. 이는 실제로 매우 큰 오류라고 할 수 있다. 바이어스 전류로 인한 오류는 센서와 인터페이스 회로 사이에 결합된 저항에 비례한다. 이 오류는 출력저항이 낮은(전압 생성) 센서의 경우에는 무시할 수 있다. 예를 들어 유도성 검출기는 바이어스 전류에 민감하지 않다.

회로 기판 **누설전류**leakage current는 전류 생성 센서가 동작할 때 오류의 원인이 될 수 있다. 이는 인쇄회로 기판Printed Circuit Board, PCB의 표면 저항이 감소하여 발생할 수 있으며 그 외 원인으로는 불량 PCB 재료, 솔더 플럭스 잔류물(잘못 세척된 PCB)에 의한 표면 오염, 수분 응결, 코팅 열화 등이 있다.

[그림 6-4(a)]는 전원 공급 장치 버스 및 보드 저항 R_L이 누설전류 i_L을 유발할 수 있음을 보여준다.

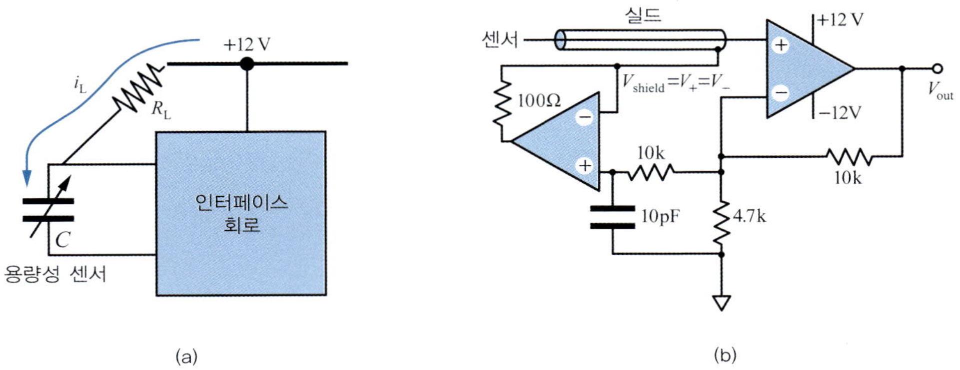

그림 6-4 (a) 회로 기판 누설전류가 입력단에 미치는 영향 (b) 입력단의 구동 실드

3 정해진 범위에서 벗어남을 의미한다.

이때 센서가 커패시터 타입이면 출력 커패시터는 PCB 누설전류에 의해 매우 빠르게 충전된다. 이로 인해 오류가 발생할 뿐만 아니라 화학적 화합물(예 : 습도 센서)로 만들어진 센서는 파손될 수도 있다.

보드 누설전류 효과를 최소화하는 몇 가지 기술이 있다. 먼저 고 임피던스 부품에서 고전압 도체를 멀리하도록 신중하게 기판 레이아웃^layout^을 설계하는 것이다. 다층 보드에서 보드를 가로지르는 누설전류도 간과해서는 안 된다. 또한 오래된 방법인 전기 가드^electrical guarding^ 그리고 이른바 구동 실드^driven shield^도 매우 효과적인 방법이다. 전기 가드를 위해 입력회로는 입력과 동일한 전위를 가지면서 임피던스가 작은 지점과 연결되는 전도성 트레이스^trace^로 입력회로를 둘러싸게 된다. 가드^guard^는 보드의 다른 지점에서의 누설을 흡수하여 입력단자에 도달할 수 있는 누설전류를 크게 감소시킨다. 효과를 완전히 높이기 위해서는 PCB 양쪽에 가드 링^guard ring^이 있어야 한다. 예를 들어 증폭기는 반전 입력^inverting input^의 상대적으로 낮은 임피던스에 의해 구동되는 가드 링을 가질 수 있다.

고입력 임피던스 신호 처리기를 최대한 센서에 가깝게 배치하는 것이 좋다. 그러나 종종 연결선을 피할 수 없는 경우가 있다. 이때는 절연성이 우수한 동축 실드 케이블^coaxial shielded cables^를 사용하는 것을 권장한다.[1] 폴리에틸렌 또는 테플론(재성형 되지 않은)이 가장 많이 활용된다. 이때 케이블 길이가 짧더라도 센서 저항이 커서 대역폭^bandwidth^이 감소될 수 있는데 이러한 문제는 케이블 실드^cable's shield^를 부트스트랩핑^bootstrapping^하면 대부분 피할 수 있다. [그림 6-4(b)]는 증폭기의 반전 입력단자에 연결된 전압 팔로워^voltage follower^를 나타낸 것이다. 폴로어는 케이블을 실드시켜 케이블 커패시턴스와 누설전류를 감소시키고 전압이 정해진 범위에서 벗어나는 것을 방지한다. 팔로워의 비반전 입력단에서 작은 커패시턴스는 안정성을 향상시킨다.

신호 처리기의 입력단에 잠재적 문제를 일으킬 수 있는 센서 외 구성 요소를 연결하는 것은 좋지 않다. 이러한 문제의 해결사로는 세라믹 커패시터가 있다. 입력단에서 고주파 노이즈를 걸러내기 위해 설계자는 입력단 또는 입력단의 피드백 회로에서 필터 커패시터^filter capacitor^를 자주 사용한다.

비용 절감 및 공간 절약을 위해 세라믹 커패시터를 선택하면 예상치 못한 현상이 나타날 수 있다. 대다수의 커패시터는 메모리 효과로 나타나는 이른바 유전 흡수^dielectric absorption^ 현상을 가진다. 커패시터가 센서 또는 전원 공급 장치 또는 외부 노이즈 소스로부터 전하 스파이크를 받으면 전하는 커패시터의 유전 특성을 변경하여 커패시터가 작은 배터리처럼 동작하기 시작한다. 이러한 스퓨리어스 배터리는 완전히 방전되기까지 오랜 시간이 걸리게 만들 수 있으며 해당 배터리에서 생성된 전압은 센서의 출력신호에 추가되어 심각한 오류를 유발한다. 입력단에 커패시터를 사용해야 하는 경우에는 세라믹 대신 필름 커패시터를 사용하여 유전 흡수 현상을 줄일 수 있다.

6.1.2 증폭기

대다수의 센서는 약한 출력신호를 생성한다. 전압은 마이크로 볼트(μV), 전류는 피코 암페어(pA) 정도의 크기를 가진다. 반면에 아날로그 - 디지털 컨버터^ADC^, 주파수 변조기, 데이터 레코더 등과 같은 일반적인 인터페이스 회로는 볼트(V) 정도의 입력신호가 필요하다. 즉 센서 출력신호는 최대 10,000의 전압 이득^voltage gain^과 최대 100만의 전류 이득^current gain^을 가질 필요가 있다. 증폭은 신호 처리의 일부이다. 낮은 레벨의 신호를 증폭하는 데 사용되는 증폭기들은 몇 가지 표준 구성을 가지고 있다. 증폭기는 반도체, 저항, 커패시터, 인덕터와 같은 개별 부품으로 구성된다. 오늘날 증폭기는 연산 증폭기와 같은 표준 빌딩 블록들로 구성되는 경우가 많다.

증폭기는 단순히 신호의 크기를 증가시키는 것 이외에도 임피던스 매칭, 주파수 필터링, 센서와 나머지 회로 부분 사이의 절연 등의 기능도 수행한다.

6.1.3 연산 증폭기

증폭기의 기본 빌딩 블록 중 가장 대표적인 것은 연산 증폭기^OPperational AMPlifier, OP-AMP^이다. OP-AMP는 모놀리식^monolithic^ 형태일 수도 있고 모놀리식 집적회로와 개별 부품들 간의 조합으로 구성된 하이브리드 형태일 수도 있다. 통합 집적된 OP-AMP에는 수백 개의 트랜지스터, 다이오드, 저항 및 커패시터가 포함된다. 아날로그 회로 설계자는 OP-AMP 주변에 개별 부품(저항, 커패시터, 인덕터 등)을 배치하여 증폭기뿐만 아니라 여러 유용한 회로를 만들 수 있다. OP-AMP는 아날로그 또는 혼성회로 기술에서 주문형 집적회로^custom-made integrated circuits^의 셀로 사용되기도 한다. 주문형 집적회로는 **특정 용도용 집적회로**^Application-Specific Integrated Circuit, ASIC^라고도 불린다. 이 절에는 다양한 신호 처리 회로의 전단부^front end^에 자주 사용되는 몇 가지 OP-AMP 기반 회로들을 설명하고자 한다.

빌딩 블록으로 사용하기 좋은 연산 증폭기는 다음과 같은 속성들을 갖는다

1. **두 개의 입력** : 반전(−)과 비반전(+)
2. **높은 입력저항**(GΩ)
3. **낮은 출력저항**(Ω) : 대부분 부하와는 무관하다.
4. **안정적으로 용량성 부하를 구동할 수 있는 능력**
5. **낮은 입력 오프셋 전압** e_0(수 mV 또는 수 μV)
6. **낮은 입력 바이어스 전류** i_0(수 pA 이하)
7. **높은 개방 루프 이득**(A_{OL}) : 최소 10^4 이상이며, 보통 10^6 이상의 크기를 가진다. 즉 OP-AMP는 두 입력 사이의 전압 차이 V_{in}을 A_{OL}배 만큼 확대(증폭)한다.
8. **높은 공통 모드 제거 비율**(CMRR) : 연산 증폭기는 두 입력 모두에 적용되는 동일한 위상 및 동일 크기의 입력신호(V_{CM})를 제거한다.
9. **작은 고유 노이즈**
10. **넓은 동작 주파수 범위**
11. **전원 전압 변동에 대한 낮은 감도**
12. **높은 환경 안정성**

OP-AMP의 기호는 [그림 6-5(a)]에 표시되어 있다.

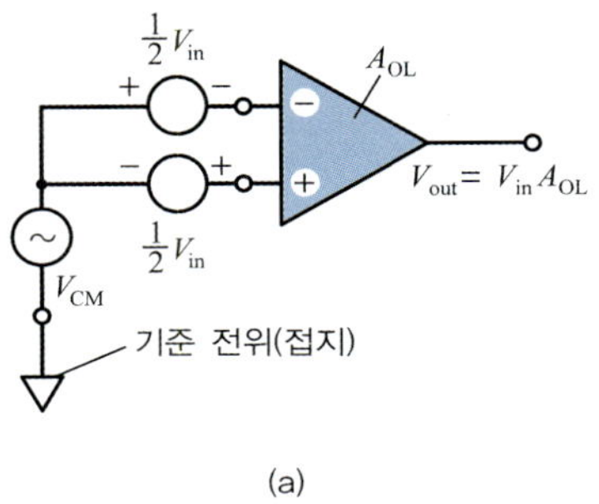

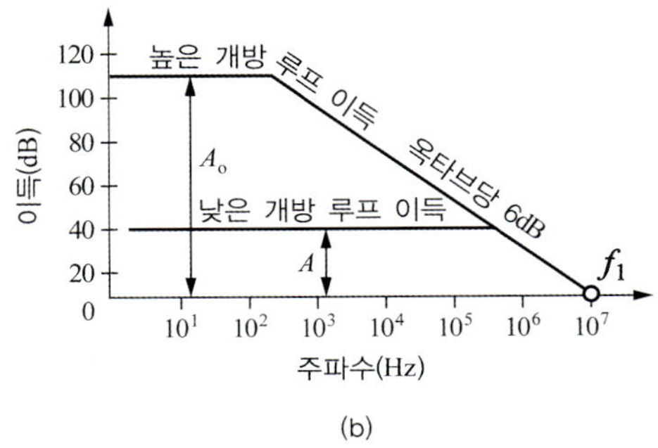

그림 6-5 (a) 연산 증폭기의 일반적인 기호 (b) OP-AMP의 이득-주파수 특성

자세한 정보 및 적용 지침을 보려면 해당 제조업체가 제공하는 데이터 시트 및 카탈로그를 참조하면 된다. 카탈로그에는 선택을 하기 위해 필요한 OP-AMP의 모든 중요한 특징들이 수록되어 있다. 예를 들어 낮은 오프셋 전압, 낮은 바이어스 전류, 낮은 노이즈, 대역폭 등과 같은 항목들이 있다.

[그림 6-5(a)]는 피드백 구성이 없는 연산 증폭기를 나타낸 것으로 **개방 루프**open-loop 환경에서 동작한다. OP-AMP의 개방 루프 이득(A_{OL})은 항상 지정되어 있지만 매우 안정적으로 고정되어 있는 파라미터는 아니다. 주파수 의존성은 [그림 6-5(b)]의 그래프처럼 근사될 수 있다. A_{OL}은 부하 저항, 온도 및 전원 공급 장치에 따라 바뀔 수 있다. 대다수의 증폭기는 0.2 ~ 1%/℃ 정도의 개방 루프 이득 온도계수와 1%/% 정도의 전원 공급 장치 이득 감도를 가지고 있다. OP-AMP는 선형회로로서 큰 개방 루프 이득이 회로의 불안정성, 강한 온도 드리프트, 노이즈 등을 초래할 수 있으므로 피드백 구성 요소 없이 개방 루프 환경에서 사용되는 경우는 거의 없다. 개방 루프 이득이 10^5이고 입력전압 드리프트가 $10\,\mu V$이면 출력 드리프트는 약 1V가 된다.

작은 크기의 고주파 신호를 증폭하는 OP-AMP의 능력은 이득 대역폭 곱Gain-BandWidth product, GBW으로 나타낼 수 있다. 이는 증폭기의 개방 루프 이득이 1이 되는 주파수 f_1을 의미하며, 즉 f_1 이상의 주파수에서는 증폭기가 신호를 증폭할 수 없다.

저항 나눗셈기 R_1 및 R_2를 사용한 피드백의 예는 [그림 6-6(a)]에 나와 있다.

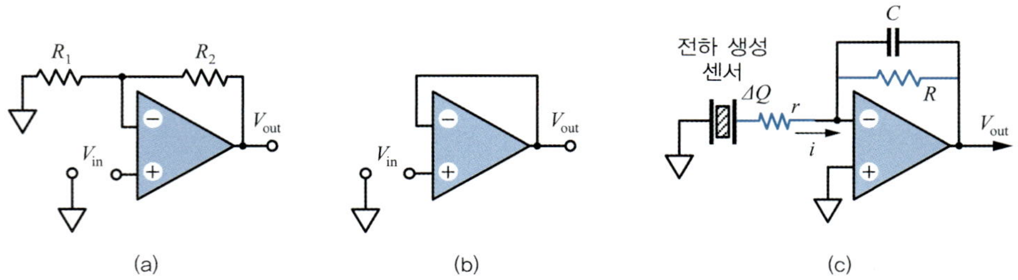

그림 6-6 (a) 비반전 증폭기 (b) 전압 팔로워 (c) 전하-전압 컨버터

입력전압은 OP-AMP의 비반전 입력단자(+)에 인가된다. 이 입력은 입력 임피던스가 매우 높다. 피드백 저항은 OP-AMP를 비반전 증폭기noninverting amplifier로 변환하여 결과적으로 다음과 같은 폐쇄 루프 이득을 갖도록 한다.

$$A = 1 + \frac{R_2}{R_1} \tag{6.8}$$

A_{OL}이 매우 크다는 점을 고려하면 폐쇄 루프 이득 A는 피드백 구성 요소에만 의존하고 넓은 주파수 범위에서 거의 일정하다([그림 6-5(b)] 참조). 그러나 f_1은 피드백에 관계없이 여전히 주파수 제한 인자에 해당한다. 선형성, 이득 안정성 및 출력 임피던스는 피드백을 통해 향상시킬 수 있다. 피드백은 저항, 커패시터, 인덕터, 다이오드와 같은 비선형 구성 요소들로 구성된다. OP-AMP의 개방 루프 이득은 일반적으로 높은 정확도를 얻기 위해 가장 높은 관심 주파수에서의 폐쇄 루프 이득보다 최소 100배 이상 더 커야 한다. 또한 더 높은 정확도를 위해서는 개방 및 폐쇄 루프 이득의 비율은 1,000 이상이 되어야 한다.

6.1.4 전압 팔로워

[그림 6-6(b)]에 표시된 전압 팔로워voltage follower는 높은 레벨에서 낮은 레벨로 임피던스 변환을 제공하는 전자회로이다. 이는 [그림 6-6(a)]의 증폭기에서 R_1이 제거되고(무한히 큰 값), $R_2 = 0$인 경우에 해당한다. 그러면 식 (6.8)에 따라 폐쇄 루프 이득은 1이 된다. 일반적인 팔로워는 높은 입력 임피던스(매우 높은 입력저항 및 낮은 입력 커패시턴스)와 매우 낮은 출력저항(출력 커패시턴스는 상관없음)을 가지고 있다. 보통 좋은 팔로워는 전압 이득이 완벽하게 1에 가깝다(일반적으로 넓은 주파수 범위에서 0.999). 버퍼링 특성(높은 입력 및 낮은 출력 임피던스)은 수많은 센서와 신호 처리 장치 간의 인터페이스에 없어서는 안 되는 요소이다. 팔로워를 설계할 때 유용한 팁들은 다음과 같다.

- 전류 생성 센서의 경우 팔로워의 입력 바이어스 전류는 센서의 전류보다 100배 이상 작아야 한다.
- 입력 오프셋 전압은 트리밍 가능하거나 요구되는 LSB보다 작아야 한다.
- 바이어스 전류와 오프셋 전압의 온도계수는 전체 온도 범위에서 1 LSB 이상의 오류를 발생시키지 않아야 한다.

6.1.5 전하(전류) – 전압 컨버터

전하-전압 컨버터Charge-to-Voltage Converter, CVC는 전하 생성 센서의 신호를 변환하는 데 사용된다. CVC는 전압 팔로워와 마찬가지로 낮은 임피던스 소스의 전압을 필요로 하며 ADC와 전하 센서 사이의 버퍼 역할을 한다. CVC의 기본 회로는 [그림 6-6(c)]에서 볼 수 있다. 커패시터 C는 OP-AMP의 음성 피드백 네트워크에 연결된다. 이때 누설 저항 R은 최저 동작 주파수에서의 커패시터 임피던스보다 상당히 커야 한다. 그리고 부품들이 등각 코팅되어 있는 고품질의 인쇄 회로 기판과 좋은 필름 커패시터를 사용하는 것이 좋다. 컨버터의 전달함수는 다음과 같다.

$$V_{\text{out}} = -\frac{\Delta Q}{C} \tag{6.9}$$

센서가 용량성인 경우(전하 발생 센서는 대부분 용량성) OP-AMP의 반전 입력에 연결되면 고주파에서 불안정해질 수 있다. 즉 증폭기가 진동할 수 있으며 이는 바람직하지 않다. 결국 진동을 방지하기 위해서는 작은 저항 r을 용량성 센서와 직렬로 추가 연결해야 한다.

OP-AMP가 동작할 때 피드백은 반전 입력단자(−)의 전압(접지에 연결되어 있는)을 비반전 입력단자(+)의 전압에 매우 가깝게 유지할 수 있도록 한다. 따라서 비반전 입력단자를 비반전 입력단자의 실제 접지와 비교하여 **가상 접지**virtual ground라고 한다. 예를 들어 실제 회로에서는 병렬 아날로그 스위치를 사용하여 피드백 커패시터를 주기적으로 방전해야 한다.

일부 센서들은 전류 발생기로 모델링될 수 있다. 대표적인 예로는 포토다이오드가 있다. 전류 생성 센서는 정의에 의해 내부 저항이 매우 높은 전류 발생기(이중 원 기호)와 병렬로 연결된 매우 큰 누설 저항 r로 표시된다([그림 6-7(a)] 참조).

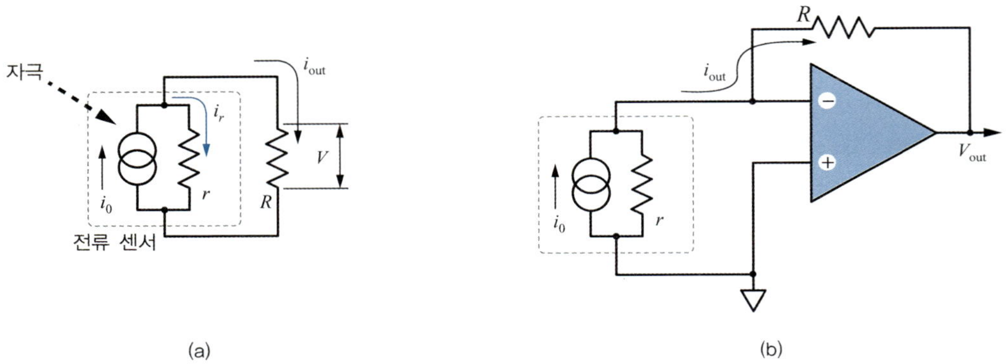

그림 6-7 전류 - 전압 컨버터

전류를 전압으로 변환하려면 부하 저항 R을 통해 밀어내야 한다. 센서 전류 i_0는 센서의 내부 누설 저항 r을 통해서 흐르거나(i_r), 부하 저항을 통해(i_{out}) 흐를 수 있다. 전류 i_r은 쓸모가 없으므로 오류를 최소화하려면 센서의 누설 저항 r이 부하 저항 R보다 훨씬 커야 한다.

옴의 법칙에 따르면 출력전압 V는 전류 및 저항 R의 크기에 비례한다. 이 전압은 센서 양단에도 똑같이 발생하게 된다. 이는 비선형성 및 주파수 제한과 같은 오류를 유발할 수 있어 바람직하지 않다. 이 문제를 해결하기 위해 전류-전압 컨버터라는 특수한 전자회로가 사용되는데 이는 센서의 전압을 일정한 수준(종종 0)으로 유지한다. [그림 6-7(b)]는 센서가 가상 접지(OP-AMP의 반전 입력단자)에 연결되어 항상 제로 전위(접지된 비반전 입력단자와 동일한 전위)로 유지되는 컨버터를 보여준다. 이는 피드백을 통해 OP-AMP의 두 입력단자의 전위를 비슷하게 유지하도록 하는 매우 큰 A_{OL} 때문이다. 이 밖에도 가상 접지는 출력전압이 센서의 커패시턴스에 의존하지 않도록 만들어서 결과적으로 [그림 6-7(a)]의 기본 회로에 비해 훨씬 더 넓은 주파수에서 동작할 수 있도록 한다.

회로의 출력전압을 나타내면 다음과 같다. 마이너스 기호는 양의(유입되는 방향) 전류에 대해 출력전압이 음수(접지 아래)임을 나타낸다.

$$V_{\text{out}} = -iR \tag{6.10}$$

6.1.6 광 – 전압 컨버터

광 센서의 출력신호를 전압으로 변환하려면 광–전압 컨버터가 필요하다. 매우 낮은 세기의 빛(일반적으로 적은 광자)을 감지하기 위해 일반적으로 광전자 증배기photomultiplier를 사용한다(16.1절 참조). 그러나 비교적 덜 까다로운 응용 분야의 경우 포토다이오드, 포토트랜지스터phototransistor, 포토레지스터photoresistor와 같이 세 가지 유형의 포토 센서를 사용할 수 있다(15장 참조). 이러한 포토 센서들은 모두 아인슈타인이 발견한 광전 효과photoelectric effect를 동작 원리로 사용하며 포토 센서가 널리 활용됨에 따라 아인슈타인은 노벨상을 받을 수 있었다. 이러한 포토 센서를 **양자 검출기**quantum detector라고도 한다. 포토다이오드와 포토트랜지스터의 차이점은 반도체 칩의 구성에 있다. 포토다이오드에는 하나의 pn 접합이 있지만, 포토트랜지스터에는 두 개의 접합이 있다. 베이스 전류는 광유도 전류에 해당하며 여기에 β (전류 이득)를 곱해 컬렉터 전류를 생성한다. 그리고 이 전류는 앞에서 설명한 대로 전압으로 변환될 수 있다. 따라서 포토트랜지스터는 전류 증폭기가 내장된 포토다이오드이며 양자 검출기는 내부 저항이 매우 큰 **전류 생성 센서**current generating sensors이다.

전기적 관점에서 포토다이오드는 [그림 6–8(a)]와 같은 등가회로로 나타낼 수 있다.

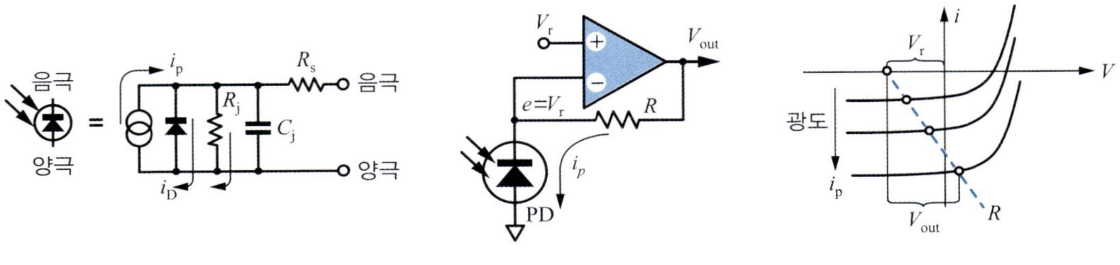

그림 6–8 (a) 포토다이오드의 등가회로 (b) 역 바이어스된 포토다이오드와 전류 – 전압 컨버터 (c) 회로의 부하 다이어그램

포토다이오드는 전류 발생기(내부 입력 임피던스는 무한히 큼)와 병렬로 연결된 일반 다이오드(정류기 다이오드), 다이오드 접합 저항 R_j, 접합 용량junction capacitance C_j, 직렬 연결된 저항 R_s로 구성된다. 전류 발생기는 흡수된 광자 플럭스에 비례하는 전류를 생성하며 이 전류는 음극에서 포토다이오드의 양극으로 흐르는 방향, 즉 다이오드가 일반적으로 전도되는 방향과 반대 방향으로 흐른다. 조명이 매우 강할 때에는 광전류 i_p 중에서 i_D 부분이 비선형성을 가지는 정류기 다이오드를 통해 흐르기 시작하면서 센서의 선형성을 저하시킨다.

또한 포토다이오드는 전압 모드 또는 전류 모드로 동작한다. 전압 모드에서 포토다이오드는 매우 높은 저항($10^7\,\Omega \sim 10^9\,\Omega$)과 우수한 전압 증폭기에 연결되며 빛의 세기에 거의 비례하는 전압을 생성하는 배터리처럼 동작한다. 이 전압은 내부 접합 저항 R_j를 통과하는 광전류 i_p의 결과이다. 전류 모드에서의 포토다이오드는 양단의 전압이 일정하게 유지되거나 혹은 단락되고(다이오드 양단의 전압은 0으로 유지됨), 아래에 설명한 대로 전류 i_p가 전류－전압 컨버터로 유입된다. 전류 모드는 고속 응답이 필요한 애플리케이션에서 많이 사용된다.

연산 증폭기를 이용한 회로는 [그림 6-8(b)]에 나와 있다. 기준 전압 V_r이 광 다이오드에 일정한 역방향 바이어스가 인가되도록 한다. [그림 6-8(c)]는 부하 피드백 저항 R의 동작점operating point을 보여준다. 역방향 바이어스 광 다이오드 기반의 회로는 고속 응답과 광범위한 선형 출력과 같은 장점을 가진다. 따라서 이 회로가 일반적으로 사용된다. 종종 조명 플럭스가 다소 작은 경우에는 바이어스 전압이 인가되지 않고 OP-AMP의 비반전 입력단자가 접지된다.

포토트랜지스터의 인터페이스 회로는 [그림 6-9(a)]와 같이 컬렉터-이미터 단자에 전압을 제공해야 한다는 점을 제외하면 비슷하다. [그림 6-9(b)]는 이 회로의 전달함수를 나타낸다. 포토트랜지스터 회로는 빛에 더 민감하지만, 더 큰 복사 조도에서는 비선형성이 커진다.

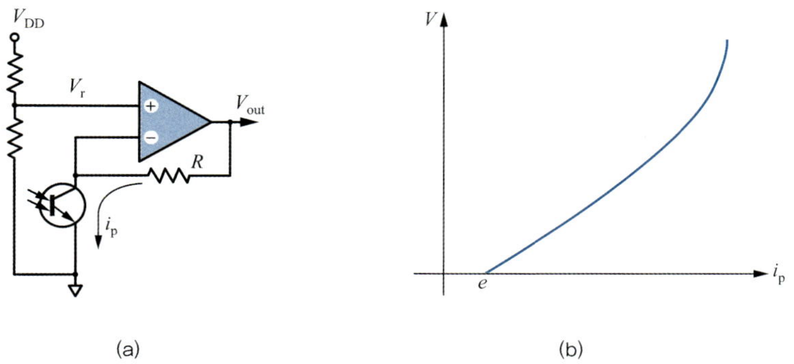

그림 6-9 (a) 포토트랜지스터를 이용한 빛－전압 변환 (b) 전달함수

6.1.7 커패시턴스－전압 컨버터

용량성 센서capacitive sensor는 오늘날 매우 널리 사용되고 있으며 마이크로머시닝micromachining 기술을 통해 소형의 모놀리식monolithic 용량성 센서를 제작할 수 있다. 예를 들어 가변-갭variable-gap 커패시터는 움직임이 가능한 얇은 실리콘 다이어프램diaphram으로 제작되며 압력 컨버터로 활용된다. 이 밖에도 기계식 정전 용량 센서, 가속도계, 압력 센서에는 커패시터의 이동 플레이트(다이어프램 또는 프루프 매스)는 고정 플레이트에 대해 움직이면서 플레이트 간의 커패시턴스를 변조하게 된다. 이러한 센서들은 용량성 변위 센서라고 불리며 현재 MEMS 기술을 사용하여 널리 생산되고 있다.

용량성 센서는 비대칭 구조 및 대칭 구조로 나뉜다. 기계적 비대칭 구조([그림 6-10(a)] 참조)에서 커패시턴스 C의 변화는 힘에 민감한 이동 플레이트와 단일 고정 플레이트(전극) 사이에서 측정된다.

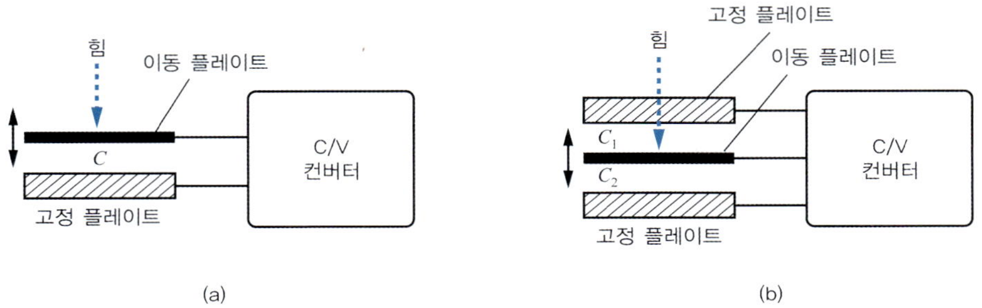

그림 6-10 (a) 비대칭 용량성 변위 센서 (b) 대칭 용량성 변위 센서

대칭 구조([그림 6-10(b)] 참조)에서의 커패시턴스는 이동 플레이트와 플레이트 양쪽에 배치된 두 개의 전도성 전극 사이에서 측정되며 차동 커패시턴스($C_1 - C_2$)를 측정할 수 있다. 이러한 작은 캐패시터는 플레이트의 단위 면적당 상대적으로 낮은 캐패시턴스 값(약 $2\,\mathrm{pF/mm^2}$)으로 인해 다이[die]의 크기가 커지는 것이 주된 문제이다. 일반적인 용량성 압력 센서는 수 pF 이며 제로 압력 캐패시턴스를 제공하므로, 10 비트 분해능을 사용하려면 15 fF[4] 이하의 커패시턴스 변화를 감지할 수 있어야 한다. 이는 플레이트 사이의 간격을 더 좁히거나(수 마이크로미터) 6.1.8절에 설명하는 힘 피드백을 사용하여 플레이트 사이의 간격을 거의 일정한 수준으로 유지함으로써 해결할 수 있다. 외부 회로의 도체가 가지는 기생 캐패시턴스는 아무리 작게 만들어도 1 pF 정도인데 이는 센서의 커패시턴스보다 일반적으로 매우 크다. 따라서 용량성 센서의 측정을 외부 회로를 통해 수행하는 것은 실용적이지 않다. 이러한 센서를 실용적으로 만드는 방법은 신호 처리기 및 기타 인터페이스 회로를 센서 자체에 통합하여 집적하는 것이다.

커패시턴스 – 전압(C/V)를 설계하는 매우 효과적인 방법 중 하나는 스위치 커패시터[switched capacitor] 기술을 사용하는 것이다. 이 기술은 반도체 아날로그 스위치를 이용하여 하나의 커패시터에서 다른 커패시터로 전하가 이동하는 것에 기반한다. [그림 6-11(a)]는 차동 스위치 커패시터 컨버터의 단순화된 회로를 나타낸 것이다.[2]

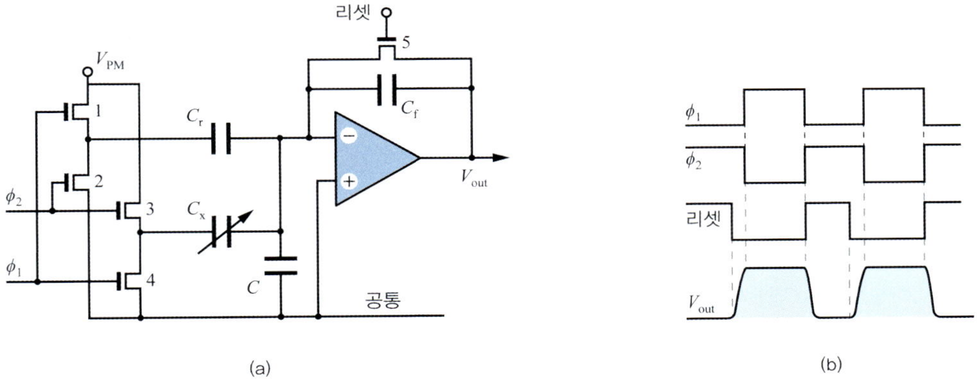

그림 6-11 (a) 스위치 – 커패시터를 활용한 커패시턴스 – 전압 컨버터 회로의 개략도 (b) 타이밍 다이어그램

---

4 피코패럿(pF)과 펨토패럿(fF)을 패럿 단위로 나타내면 $\mathrm{pF} = 10^{-12}\mathrm{F}$, $\mathrm{fF} = 10^{-15}\mathrm{F}$이다.

여기서 가변 커패시턴스variable capacitance C_x와 기준 커패시턴스reference capacitance C_r은 대칭 실리콘 압력 센서의 일부이다. 비대칭 센서에 대해서도 그에 맞도록 C_r을 조정하여 동일한 회로를 사용할 수 있다.

모놀리식 MOS 스위치(1 ~ 4)는 반대 위상을 가지는 두 개의 클럭 펄스clock pulse Φ_1, Φ_2에 의해 구동된다. 클럭이 전환될 때마다 공통 커패시턴스 노드(OP-AMP의 반전 입력단자)에 전하가 나타난다. 이 전하는 정전압원 V_{PM}에 의해 공급되며 $(C_x - C_r)$에 비례하므로 센서에 적용된 압력에도 비례한다. 이 전하는 연산 증폭기, 합산 커패시터 C_f, MOS 방전(리셋) 스위치 5로 구성되어있는 전하-전압 컨버터에 공급된다. 출력신호는 [그림 6-11(b)]에 표시된 것처럼 입력(압력)에 따라 진폭이 결정되는 펄스 형태가 된다. 이러한 펄스를 복조하여demodulated 선형신호를 생성하거나 디지털 데이터로 직접 변환할 수 있다. OP-AMP의 개방 루프 이득이 높으면 출력전압은 입력 커패시턴스 C, 오프셋 전압 및 온도 드리프트에 민감하지 않다. 감지 가능한 최소 신호(노이즈 플로어)는 구성 요소의 노이즈와 구성 요소의 온도 드리프트에 의해 결정된다.

MOS 스위치가 온 상태에서 오프 상태로 전환될 때 게이트의 스위칭 신호가 게이트에서 OP-AMP의 반전 입력단자로 일부 전하를 주입시킨다. 주입 전하로 인해 증폭기 출력에서 오프셋 전압이 발생한다. 이 오류는 전하 취소 장치charge-cancelling device[3]에 의해 보상될 수 있으며, 보상되지 않을 때보다 신호 대 노이즈 비signal-to-noise ratio를 2배 정도 향상시킬 수 있다.

훨씬 더 큰 커패시턴스(10 ~ 1000 pF)를 갖는 용량성 센서일 경우 더 간단한 기술을 사용할 수도 있다. 그중 하나는 변수 C의 값을 교류신호의 가변 주파수 또는 듀티 사이클duty cycle로 변환하는 RC 또는 LC 발진기를 사용하는 것이다.

[그림 6-12(a)]는 주파수가 가변 커패시터와 고정 인덕터에 따라 달라지는 LC 발진기를 나타낸다.

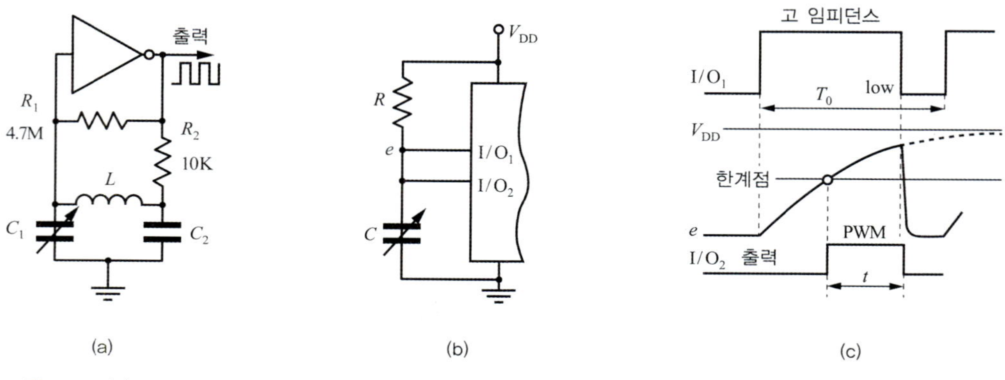

그림 6-12 (a) LC 발진기 (b) 커패시턴스-PWM 마이크로컨트롤러 컨버터 (c) PWM 컨버터의 타이밍 다이어그램

이때 주파수 f는 다음 식으로 계산할 수 있다.

$$f = \frac{1}{2\pi\sqrt{L\dfrac{C_1 + C_2}{C_1 C_2}}} \tag{6.11}$$

이밖에 또 다른 회로로 고정 저항 R과 센서의 가변 커패시턴스 C를 이용하여 네트워크를 구성할 수 있다([그림 6-12(b)] 참조). 네트워크는 두 개의 I/O 포트가 있는 마이크로컨트롤러에 연결되며 여기서 I/O_1은 높은 임피던스와 접지 사이를 번갈아가면서 주기 T_0으로 **삼상 사각 펄스**tristate square pulse를 생성한다. I/O_2 포트는 약 $0.5\,V_{DD}$ 트리거링 임계값triggering threshold을 기준으로 디지털 입력 생성하며 슈미트 트리거Schmitt-trigger 회로로 구현될 수 있다. I/O_1 로우low 상태에서는 커패시터 C가 방전되며([그림 6-12(c)] 참조) I/O_1이 높은 임피던스가 되면 센서의 커패시터 C가 저항 R을 통해 V_{DD} 전압으로 충전된다. 그리고 임계값을 초과하는 순간 I/O_2는 임계값 초과crossover를 신고하고 마이크로컨트롤러는 센서 커패시턴스 C에 비례하는 듀티 사이클 M을 다음과 같이 계산한다.

$$M = \frac{0.693\,R}{T_0}C \tag{6.12}$$

6.1.8 폐쇄 루프 커패시턴스 – 전압 컨버터

커패시턴스 – 전압 컨버터의 폐쇄 피드백 루프는 동적 영역dynamic range을 확장시키고 선형성을 높인다. 또한 주파수 응답 특성을 향상시키고 가속도계에서 교차축이 제거되는 것을 개선할 수 있다. 그밖에도 용량성 센서의 이동 플레이트가 정상 동작 위치에서 벗어나는 것을 방지하도록 보상력을 생성하는 역할을 하기도 한다.[4] 이는 6.2.4절에서 설명할 널 – 밸런스 브리지 개념을 실제 구현한 예이다.

[그림 6-13(a)]는 폐쇄 피드백 루프를 가지는 용량성 센서의 블록 다이어그램을 나타낸 것이다.

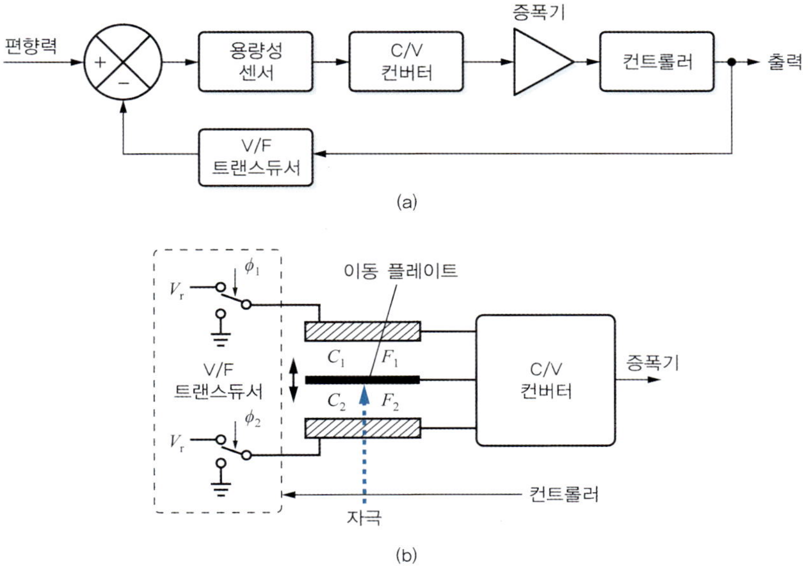

그림 6-13 (a) 폐쇄 루프 용량성 신호 처리기의 블록 다이어그램
(b) 전압-힘 컨버터를 사용하여 대칭 용량성 센서의 균형을 맞추기 위한 정전기력 생성

이때 용량성 센서의 입력 신호의 크기는 기계적 자극(압력, 가속, 소리 등)에 의해 발생하는 편향력에서 전압-힘(V/F) 컨버터에 의한 피드백 힘을 뺀 값이다.

두 힘의 차이는 용량성 변위 센서에 의해 감지되어 전기신호로 변환되고 증폭된 후 V/F 컨버터를 제어하는 컨트롤러에 입력된다. V/F 컨버터는 센서의 이동 플레이트에 적용하는 피드백 힘을 사용하여 힘의 차이가 0이 되도록(위치가 고정되도록) 만든다. 결과적으로 자극에 의해 생성된 편향력을 측정하는 대신 V/F 컨버터를 제어하는 전압이 출력신호로 사용된다.

V/F 컨버터를 설계하는 일은 결코 쉬운 작업이 아니다. MEMS 기술과 함께 플레이트 전압 변화에 대한 응답으로 대칭 용량성 센서의 플레이트 사이에 나타나는 정전기력[electrostatic force]을 이용해야 한다. 이 힘 F_e는 커패시터 플레이트 사이의 전압 U, 플레이트 사이의 거리 d, 플레이트 사이 공간의 유전상수 $\varepsilon_0 \kappa$, 플레이트 면적 A를 통해 다음과 같이 나타낼 수 있다.

$$F_e = \frac{\varepsilon_0 \kappa}{2} \int_A \frac{U^2}{d^2} \mathrm{d}A \tag{6.13}$$

피드백 정전기력은 펄스 전압에 의해 생성될 수 있다. 인가된 펄스 전압의 주파수가 컨버터 동적 응답의 차단 주파수[dynamic response cutoff frequency], 즉 센서의 가장 낮은 고유 주파수보다 큰 경우에는 이동 플레이트에 평균 정전기력이 작용하게 된다. C/V 컨버터는 플레이트 사이의 커패시턴스 C_1 및 C_2를 측정하기 위해 교류신호를 사용한다는 점에 유의하자. 그러나 이 교류신호의 주파수는 V/F 컨버터에 인가되는 입력 전압 주파수보다 훨씬 커야 한다. 주파수 차이가 커야 적절한 필터를 사용하여 쉽게 분리할 수 있다.

[그림 6-13(b)]는 두 개의 스위치를 통해 전압 V_r과 접지를 번갈아 가며 상부 및 하부 전극에 인가시키는 V/F 컨버터를 나타낸 것이다. 여기서 이동 플레이트는 가상 접지(제로) 전위에 연결되어 있다. 센서의 입력자극은 이동 플레이트에 작용하게 된다. 이때 이동 플레이트는 스위칭 펄스의 위상 및 펄스폭 변조[PWM]를 사용하여 인가된 전압 V_r에 의해 생성된 정전기력 F_1, F_2에 의해 움직임이 억제된다. 이러한 펄스 Φ_1 및 Φ_2의 위상은 자극하는 힘에 반대 방향이 되도록 입력된다. 힘의 제어와 평형을 기반으로 하는 차동 용량성 센서[differential capacitive sensor]는 적용된 피드백으로 인해 중앙 플레이트를 고정 상태로 유지할 수 있어 선형성이 우수하고 온도 의존성이 낮다.

6.2 센서 연결

센서는 신호 처리기에 직접 연결될 수 있지만, 신호를 처리하기 전에도 다양한 간섭원으로 인한 오류와 노이즈를 줄이는 것이 바람직하다. 신호 처리기 앞에 특수 센서 연결을 사용하면 일부 오류를 줄이거나 완전히 제거할 수 있다. 우선 가장 많이 사용되는 기술들에 대해 알아보도록 하자.

6.2.1 비율 측정회로

센서의 정확도를 향상시키는 강력한 방법으로 **비율 측정**ratiometric 기법이 있다. 그러나 이 방법은 오류의 원인이 덧셈형이 아니라 **곱셈형 특성**multiplicative을 가져야만 유용하다. 즉 이 기술은 열 노이즈에는 쓸모가 없다. 반면에 전원 불안정성, 주변 온도, 습도, 압력, 노화의 영향 등의 여러 요인에 대한 센서의 감도 의존성 문제를 해결하는 데 매우 효과적이다. 이 기술은 기본적으로 두 개의 센서를 사용하는데 하나는 입력자극에 반응하는 동작 센서이고 다른 하나는 해당 자극으로부터 실드(차폐)되거나 민감하지 않은 보상 센서이다. 이때 두 센서 모두 입력자극을 제외한 모든 외부 효과들에는 똑같이 노출된다. 종종 **기준 센서**reference sensor라고 불리는 두 번째 센서는 제품의 수명 동안 궁극적으로 안정된 기준 자극을 받아야 한다. 실제 시스템에서 기준 센서는 반드시 동작 센서와 정확히 같을 필요는 없지만, 불안정을 초래하는 물리적 특성들은 동일해야 한다.

비율 측정 기법은 본질적으로 나눗셈을 사용해야 하며 이는 디지털 및 아날로그의 두 가지 표준 방법으로 수행된다. 디지털 형식에서 동작 및 기준 센서의 출력신호는 아날로그 - 디지털 컨버터ADC에서 다중화되어 이진코드binary code로 변환된다. 결과적으로 컴퓨터 또는 마이크로프로세서가 나눗셈 연산을 수행한다. 아날로그 형식에서는 신호 처리기의 일부로 포함될 수 있는 **나눗셈기**divider([그림 6-14(a)] 참조)가 두 입력전압 또는 전류 또는 숫자의 비율에 비례하는 출력전압을 다음과 같이 생성한다.

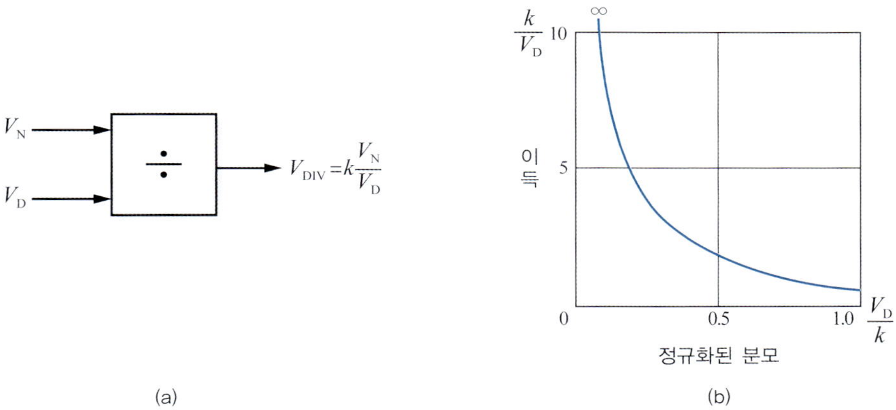

그림 6-14 (a) 나눗셈기의 기호 (b) 분모의 변화에 따른 나눗셈기의 이득

$$V_{DIV} = k\frac{V_N}{V_D} \tag{6.14}$$

여기서 분자는 V_N, 분모는 V_D, k는 $V_N = V_D$일 때의 출력전압과 같다. 변수의 동작 범위(동작 사분면)는 입력(분자, 분모)과 출력의 극성 및 크기 범위에 의해 정의된다. 예를 들어 V_N과 V_D가 모두 양수이거나 음수이면 나눗셈기는 1사분면 유형에 속한다. 또한 분자가 양극성(분모와 부호가 다른 경우)이면 나눗셈기는 2사분면에 속한다. 일반적으로 한 극성에서 다른 극성으로 전환하려면 0을 통과해야 하는데, 분모가 0이 될 때에는 무한 출력이 필요하다. 따라서 분모는 단일 극성(부호)으로 제한된다. 보통 V_D는 상대적으로 일정한 값을 갖는 기준 센서의 신호이다.

나눗셈은 사칙연산 중에서 가장 구현하기가 어렵다. 이러한 어려움은 주로 나눗셈의 본질에서 비롯된다. 0에 접근하는 분모(분자도 0이 아닌 경우)에 대해 크기가 무한에 가까워지면서 상당히 커지게 된다. 따라서 이상적인 나눗셈기는 잠재적으로 무한한 이득과 무한한 동적 범위dynamic range를 가져야 한다. 실제 나눗셈기의 경우 이 두 요소는 작은 V_D 에서의 드리프트 및 노이즈에 의해 제한된다. 따라서 전체 오류는 분모의 이득 의존성, 분자의 이득 의존성, 오프셋, 노이즈 및 드리프트(입력신호의 최솟값보다 훨씬 작아야 함)와 같은 분모 입력 오류들의 이득 의존성과 같은 여러 요인들의 순 효과로 결정된다. 분자와 분모의 비율이 일정한 경우에 대해서는 각각의 크기와 관계없이 나눗셈기의 출력은 일정해야 한다. 예를 들어 $10/10 = 0.01/0.01 = 1$이고, $1/10 = 0.001/0.01 = 0.1$이다.

일부 간단한 나눗셈기 회로가 매우 광범위하게 사용되고 있다. 출력신호가 저항 비율의 함수인 [그림 6-15(b)]의 증폭기가 그중 한 예이며 동작은 다음과 같다. 여기서 기준 전압 V_r은 음수이다.

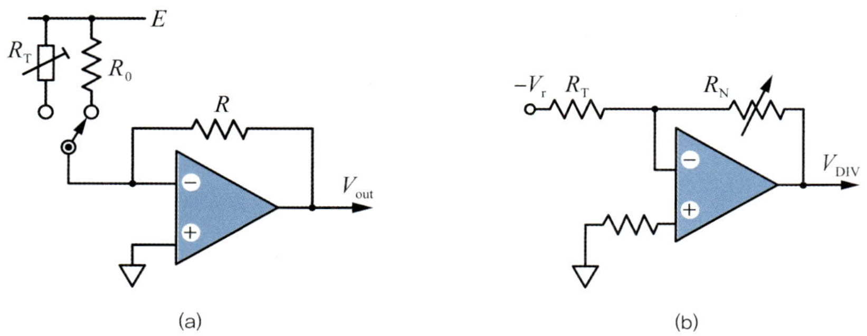

그림 6-15 (a) 비율 측정 온도 감지기 (b) 저항값의 아날로그 나눗셈기

$$V_{DIV} = V_r \frac{R_N}{R_T} \tag{6.15}$$

가장 인기 있고 효율적인 비율 측정회로는 6.2.3절에서 설명할 휘트스톤 브리지Wheatstone bridge이다.

비율 측정 기법의 효과를 설명하기 위해 동작 센서로 음의 온도계수NTC 서미스터 R_T를 가지는 간단한 온도 감지기를 살펴보도록 하자([그림 6-15(a)] 참조). 기준 저항 R_0는 25 ℃ 의 기준온도에서 서미스터의 저항과 동일한 값을 가진다. R_T와 R_0는 아날로그 멀티플렉서를 통해 피드백 저항 R 이 있는 증폭기에 연결된다. 예를 들어 센서의 저항을 $R_T(t) = a(t)R_T$로 만드는 약간의 드리프트(시간함수 $a(t)$)가 있다고 가정해보자. 이때 기준 저항 R_0도 똑같이 $R_0(t) = a(t)R_0$로 변한다. 센서와 기준 저항에 의해 각각 생성된 증폭기의 출력신호는 다음과 같다.

$$V_D = -\frac{ER}{a(t)R_T} \tag{6.16}$$

$$V_N = -\frac{ER}{a(t)R_0} \tag{6.17}$$

두 전압 모두 전원 공급 장치의 전압 E, 저항 R에 의해 정의되는 회로 이득circuit gain 함수임을 알 수 있다. 또한 드리프트 $a(t)$의 함수이기도 하다. 멀티플렉싱 스위치는 두 전압 V_N, V_D가 증폭기의 출력에 순차적으로 나타나도록 한다. 전압이 나눗셈기 회로에 공급되면 결과신호는 다음과 같다.

$$N_{DIV} = k\frac{V_N}{V_D} = k\frac{R_T}{R_0} \tag{6.18}$$

여기서 k는 나눗셈기의 계수(이득)이다. 따라서 나눗셈기의 출력신호는 전원 공급 장치 전압이나 증폭기 이득에 의존하지 않는다. 또한 곱셈 드리프트 $a(t)$와도 무관하다. 즉 부정적인 모든 요소와는 관련이 없어진다. 나눗셈기의 출력은 센서와 기준 저항에만 의존하며 이는 함수 $a(t)$, 전원 공급 장치, 증폭기의 이득이 빠르게 변하지 않을 때에만 해당한다. 즉 멀티플렉싱이 되는 동안에는 크게 변경되지 않아야 하고, 이러한 요구 조건은 멀티플렉싱 속도를 결정하게 된다.

6.2.2 차동회로

곱셈형 간섭 외에도 덧셈형 간섭은 매우 자주 발생하며, 출력신호가 낮은 레벨일 때 심각한 문제를 야기한다. 예를 들어 열 흐름에 민감한 세라믹 플레이트가 금속 캔 내부에 있는 초전기 센서([그림 15-26(a)] 참조)를 고려해보자. 초전기pyroelectric는 압전의 일종이기 때문에 열 흐름 외에도 기계적 스트레스 간섭에 민감하다. 약간의 진동조차도 초전기신호(V_{pyro})보다 몇 배나 더 큰 스퓨리어스 압전신호(V_{piezo})를 생성한다. 이러한 문제는 [그림 15-26(b)]와 같이 동일한 세라믹 기판에 이중 전극이 증착된 센서를 제작하여 해결할 수 있다. 이는 본질적으로 동일한 세라믹 플레이트에 두 개의 동일한 센서를 만드는 것을 말한다. 두 센서는 모든 자극에 거의 동일하게 반응한다. 서로 반대로 연결되어 있고, 한 센서의 V_{pyro} 및 V_{piezo}가 각각 다른 센서의 V_{pyro} 및 V_{piezo}와 같다고 가정하므로 출력전압은 0이 된다.

$$V_{out} = (V_{pyro1} + V_{piezo1}) - (V_{pyro2} + V_{piezo2}) = 0 \tag{6.19}$$

센서 중 하나가 열복사를 받지 못하도록 차단($V_{pyro2} = 0$)된 경우 $V_{out} = V_{pyro1}$이 된다. 즉 크기가 같은 V_{piezo1}과 V_{piezo2}가 뺄셈을 통해 상쇄되므로 결합된 센서는 가짜spurious 압전신호에 더는 민감하지 않다. 센서를 대칭 형태로 제작하고, 대칭신호 조절회로(예 : 차동 증폭기)에 연결하여 한 신호를 다른 신호에서 빼는 차동 방법differential method은 노이즈와 드리프트를 줄이는 데 매우 효과적이다. 그러나 이는 두 개의 센서가 완전히 대칭인 경우에만 해당한다. 비대칭은 노이즈 제거 효과를 감소시킨다. 예를 들어 비대칭이 5%이면 노이즈 제거 효과는 95% 이하로 감소한다.

6.2.3 휘트스톤 브리지

휘트스톤 브리지 회로는 센서가 신호 처리기에 연결되기 전에 비율 측정 기법(나눗셈)과 차동 기술(뺄셈)을 매우 효과적으로 구현할 수 있다. 브리지의 일반적인 회로는 [그림 6-16(a)]에 나와 있다.

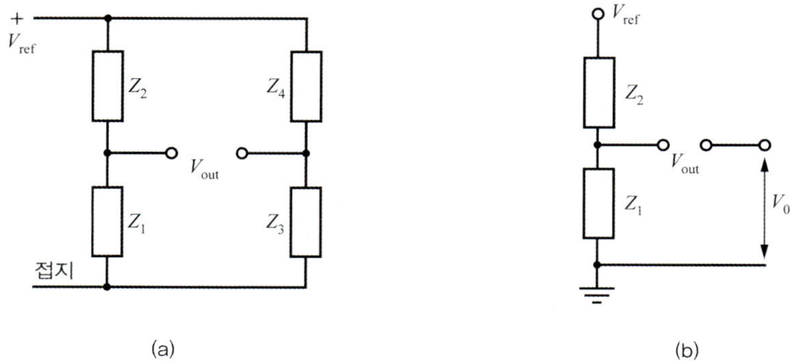

그림 6-16 (a) 일반적인 휘트스톤 브리지 회로 (b) 반쪽 브리지

임피던스 $\mathbf{Z}$는 액티브[active] 또는 리액티브[reactive]일 수 있다. 즉 압전 저항 스트레인 게이지와 같은 단순한 저항일 수도 있고 커패시터, 인덕터 또는 이들의 조합일 수도 있다. 순수한 저항의 경우 임피던스는 R이고, 이상적인 커패시터의 경우 임피던스의 크기는 $1/2\pi fC$, 인덕터의 경우 $2\pi fL$ 이다. 여기서 f는 브리지 암[arm]을 통과하는 전류의 주파수이다. 적어도 하나의 암은 센서에 해당한다. 브리지 출력전압은 다음과 같이 나타낼 수 있다.

$$V_{out} = \left(\frac{\mathbf{Z}_1}{\mathbf{Z}_1 + \mathbf{Z}_2} - \frac{\mathbf{Z}_3}{\mathbf{Z}_3 + \mathbf{Z}_4}\right)V_{ref} = V_{ref}\left[\left(1 + \frac{\mathbf{Z}_2}{\mathbf{Z}_1}\right)^{-1} - \left(1 + \frac{\mathbf{Z}_4}{\mathbf{Z}_3}\right)^{-1}\right] \tag{6.20}$$

다음의 조건이 충족되면 브리지는 평형 상태[balanced state]로 간주된다.

$$\frac{\mathbf{Z}_1}{\mathbf{Z}_2} = \frac{\mathbf{Z}_3}{\mathbf{Z}_4} \tag{6.21}$$

평형 상태에서 출력전압은 0이다. 브리지에서 하나 이상의 임피던스가 변경되면 브리지는 불평형이 되고 임피던스 변경 방향에 따라 출력전압이 양 또는 음의 방향으로 바뀌게 된다. 각 임피던스에 대한 브리지 감도를 결정하기 위해 식 (6.20)으로부터 편미분방정식을 구하면 다음과 같다.

$$\begin{aligned}
\frac{\partial V_{out}}{\partial \mathbf{Z}_1} &= \frac{\mathbf{Z}_1}{(\mathbf{Z}_1 + \mathbf{Z}_2)^2}V_{ref} \\
\frac{\partial V_{out}}{\partial \mathbf{Z}_2} &= -\frac{\mathbf{Z}_1}{(\mathbf{Z}_1 + \mathbf{Z}_2)^2}V_{ref} \\
\frac{\partial V_{out}}{\partial \mathbf{Z}_3} &= -\frac{\mathbf{Z}_4}{(\mathbf{Z}_3 + \mathbf{Z}_4)^2}V_{ref} \\
\frac{\partial V_{out}}{\partial \mathbf{Z}_4} &= \frac{\mathbf{Z}_3}{(\mathbf{Z}_3 + \mathbf{Z}_4)^2}V_{ref}
\end{aligned} \tag{6.22}$$

이 방정식을 합하여 다음과 같이 브리지 감도를 얻을 수 있다.

$$\frac{\delta V_{out}}{V_{ref}} = \frac{\mathbf{Z}_2\delta\mathbf{Z}_1 - \mathbf{Z}_1\delta\mathbf{Z}_2}{(\mathbf{Z}_1 + \mathbf{Z}_2)^2} - \frac{\mathbf{Z}_4\delta\mathbf{Z}_3 - \mathbf{Z}_3\delta\mathbf{Z}_4}{(\mathbf{Z}_3 + \mathbf{Z}_4)^2} \tag{6.23}$$

식 (6.20)에 따르면 휘트스톤 브리지는 비율 측정과 차동의 두 가지 속성을 모두 가지고 있다. $\mathbf{Z}_2/\mathbf{Z}_1$ 및 $\mathbf{Z}_4/\mathbf{Z}_3$은 비율을 측정하는 것이고 괄호 안의 뺄셈은 차동 속성을 나타내므로 휘트스톤 브리지는 매우 유용한 회로라고 할 수 있다.

식 (6.23)은 비율 측정 보상(온도 안정성, 드리프트 등)을 달성하기 위해 인접한 임피던스 쌍들($\mathbf{Z}_1$, $\mathbf{Z}_2$와 $\mathbf{Z}_3$, $\mathbf{Z}_4$)이 동일해야 함을 보여준다. 차동 특성의 경우 평형 브리지의 임피던스는 식 (6.21)의 비율만 유지되면 되고 굳이 같을 필요는 없다.

실제 회로에서 하나의 임피던스만 센서로 사용되므로 $\mathbf{Z}_1$이 센서로 사용되는 경우의 브리지 감도는 다음과 같다.

$$\frac{\delta V_{\text{out}}}{V_{\text{ref}}} = \frac{\delta \mathbf{Z}_1}{4\mathbf{Z}_1} \tag{6.24}$$

단순화된 버전의 브리지를 [그림 6-16(b)]에 나타냈다. 여기서는 전압 나눗셈기로 직렬 임피던스 2개가 사용되었다. 두 번째 나눗셈기는 고정 기준 전압 V_0로 대체된다. 결과적으로 **하프 브리지**half-bridge라고 하는 이 회로는 차동 속성은 없지만 출력전압이 다음과 같이 표현되기 때문에 여전히 비율 측정 속성을 가지고 있다.

$$V_{\text{out}} = V_{\text{ref}}\left(1 + \frac{\mathbf{Z}_2}{\mathbf{Z}_1}\right)^{-1} - V_0 \tag{6.25}$$

저항 브리지는 주변 환경 요인에 대한 보상이 필요한 경우에 스트레인 게이지, 압저항 압력 트랜스듀서, 서미스터 온도계, 습도 측정 소자(하이그리스터hygristors) 및 기타 여러 센서들과 함께 사용된다. 힘, 변위, 수분 등을 측정하기 위해서는 용량성 및 자기 센서를 바탕으로 구성될 수 있다.

기본 휘트스톤 브리지 회로([그림 6-16(a)] 참조)는 일반적으로 브리지가 불균형일 때 동작하며, 이를 **변형 측정 방법**deflection method of measurement이라고 한다. 이 방법은 브리지 대각선에서 전압 V_{out}을 감지하는 것을 기반으로 한다. 임피던스 Z_1 대신에 센서가 있는 브리지를 고려해보자. 센서의 임피던스가 Δ만큼 변하면 새로운 임피던스는 $Z_{\text{V}} = Z_1(1+\Delta)$이 된다. 브리지 출력전압은 불평형 Δ의 비선형 함수이다. 그러나 작은 변화 ($\Delta < 0.05Z_1$)의 경우에는 브리지 출력은 준선형quasilinear으로 간주될 수 있다. 브리지 최대 감도는 $Z_1 = Z_2$일 때 얻어진다. $Z_1 \gg Z_2$ 또는 $Z_2 \gg Z_1$일 때는 브리지 출력전압이 감소된다.

$k = Z_1/Z_2$라고 가정하면 브리지 감도는 다음과 같이 나타낼 수 있다.

$$\alpha = \frac{k}{(k+1)^2} \tag{6.26}$$

이 식으로부터 정규화된 그래프는 [그림 6-17]과 같다. $k=1$에서 감도는 최대가 되고 $0.5 < k < 2$ 범위에서는 감도가 상대적으로 떨어지는 것을 볼 수 있다.

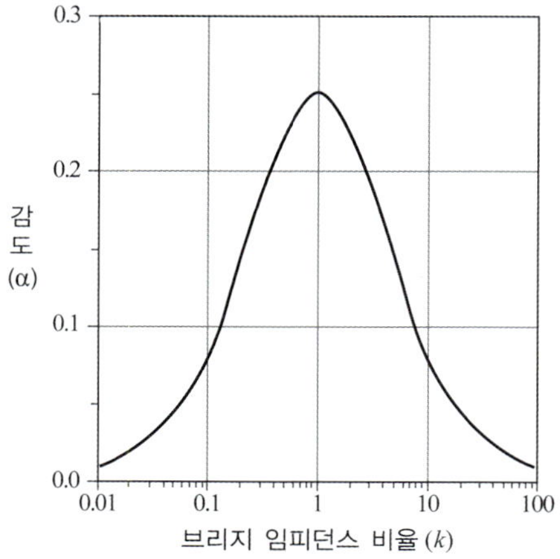

그림 6-17 임피던스 비율에 따른 불균형 브리지의 감도

브리지가 전압원 V_{ref}가 아닌 전류원 i_{ref}에 의해 공급되는 경우 작은 Δ 및 단일 가변 구성 요소(센서)에 대한 출력전압은 다음과 같다.

$$V_{out} = i_{ref}\frac{k\Delta}{2(k+1)} \tag{6.27}$$

6.2.4 널-밸런스 브리지

브리지 회로를 사용하는 또 다른 방법은 널-밸런스null-balanced이다. 이 방법은 브리지 암의 작은 변화(Δ) 제한을 극복하고, 넓은 범위의 입력자극에 대해서 우수한 선형성을 가질 수 있도록 한다. 널-밸런스 방법을 위해 브리지는 항상 평형 상태 근처에서 유지되어야 한다. 식 (6.21)의 브리지 평형을 만족시키기 위해서는 두 가지 방법이 있다. 첫 번째 방법으로 먼저 센서가 아닌 브리지의 임피던스 중 하나가 브리지의 평형을 유지할 수 있도록 센서와 함께 변경될 수 있다. [그림 6-18(a)]는 이 개념을 보여준다.

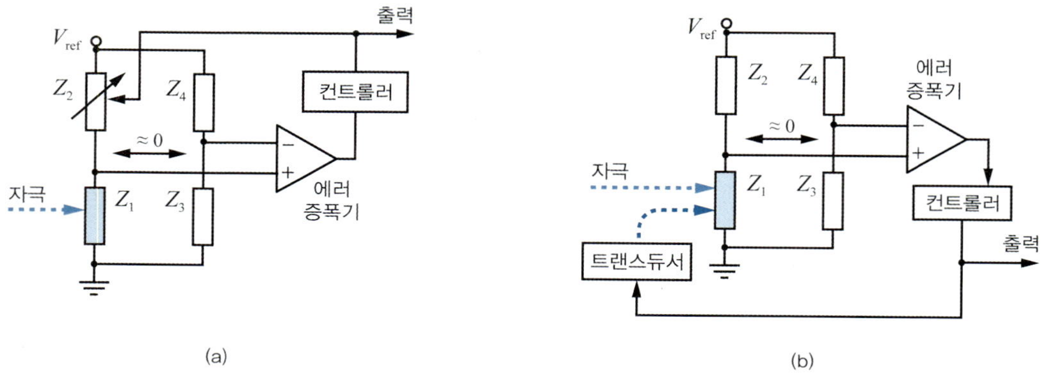

그림 6-18 (a) 비감지 임피던스에 대한 피드백을 통한 휘트스톤 브리지의 균형 맞추기 (b) 센서에 대한 피드백을 통한 휘트스톤 브리지의 균형 맞추기

에러 증폭기는 작은 브리지 불평형을 확대한다. 컨트롤러는 에러 증폭기의 명령에 따라 Z_2 값을 수정한다. 실제로 이는 PID proportional-integral-differential 유형의 폐쇄 루프 제어회로에 해당한다. Z_2를 통해 브리지 평형을 조정하는 제어신호로부터 출력전압을 얻게 된다.

예를 들어 Z_1과 Z_2는 모두 포토레지스터(Z_1이 외부 빛의 세기를 감지하는 데 사용된다)일 수 있다. Z_2 포토레지스터는 컨트롤러의 일부인 발광 다이오드LED와 광학적으로 결합할 수 있다. 컨트롤러는 LED를 변조하여 브리지 균형을 맞추기 위해 Z_2를 수정한다. 브리지가 평형을 이루면 LED 조명은 Z_1이 감지하는 빛과 거의 같아지게 된다. 따라서 LED를 통과하는 전류는 저항 Z_1의 척도가 되고 센서가 감지한 빛의 세기의 척도가 된다. Z_3 또는 Z_4 대신 Z_2를 피드백으로 조정함으로써 센서에 인가하는 전압을 일정하게 유지할 수 있고 k값을 1에 가깝게 하여 선형성을 보장할 수 있다.

두 번째 방법은 자극을 측정하는 센서에 직접 브리지 밸런싱 피드백을 적용하는 것이다. 이때 피드백은 동일한 특성과 크기를 가져야 하지만, 자극과 반대 부호를 가져야 한다([그림 6-18(b)] 참조). 자극과 반대 자극counter-stimulus의 크기가 서로 같고 위상이 반대이면 브리지는 평형을 이루고 컨트롤러의 출력이 자극의 척도가 된다. 이 방법은 6.1.8절에서 기계적 힘을 다룰 때 예시로 사용되었다. 이 방법은 전압을 반대 자극으로 변환하기 위해 적합한 트랜스듀서가 존재할 경우에만 사용할 수 있다. 예를 들어 양방향 힘은 정전기 효과에 의해 생성될 수 있으므로 이 방법은 차압 센서, 가속도계 및 마이크에서는 유용하다. 그러나 음의 빛을 생성할 수는 없으므로 광 검출기에는 적용할 수 없다.

6.2.5 브리지 증폭기

저항 센서용 브리지 증폭기bridge amplifiers는 신호 처리기의 앞단front stage에서 자주 활용되는 회로이다. 브리지와 기준 전압의 접지 또는 플로팅 상황에 따라 다양하게 구성될 수 있다. 연산 증폭기와 결합된 몇 가지 회로들을 살펴보도록 하자.

[그림 6-19(a)]는 가변 저항기(센서)가 접지와 분리되어 플로팅되고 OP-AMP의 피드백에 연결되어 있는 액티브 브리지active bridge를 보여준다.

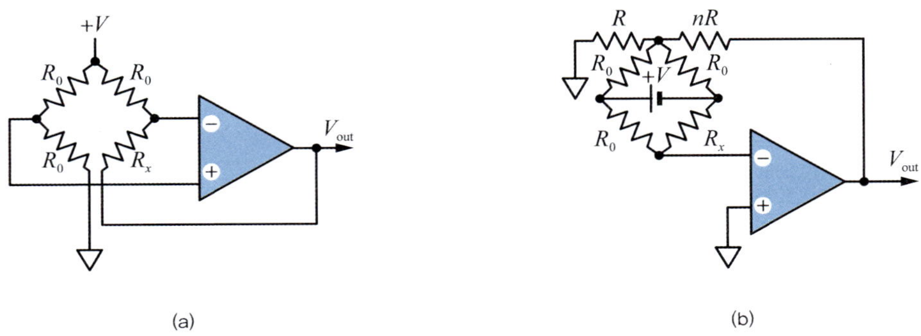

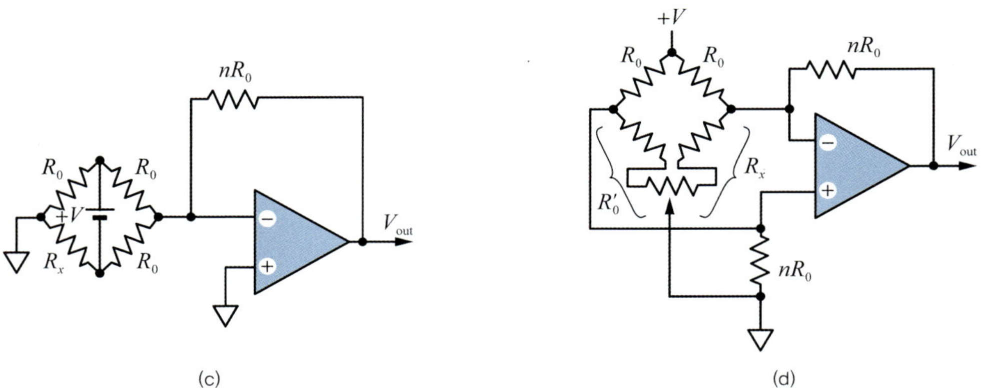

그림 6-19 저항성 브리지 회로에 연산 증폭기 연결(편위법)

저항 센서의 전달함수가 다음과 같이 선형함수로 근사화된다고 하자.

$$R_x \approx R_0(1+\alpha) \tag{6.28}$$

여기서 α는 정규화된 작은 입력자극이며, 이때 회로의 출력전압은 다음과 같다.

$$V_{out} = \frac{V}{2}(1-\alpha) \tag{6.29}$$

[그림 6-19(b)]는 플로팅 브리지와 플로팅 기준 전압원 V를 가지는 회로를 보여준다. 이 회로는 값이 nR_0인 피드백 저항에 의해 결정되는 이득을 제공할 수 있으며 출력전압은 다음과 같다.

$$V_{out} = V\left(\frac{1+\alpha}{2+\alpha} - \frac{1}{2}\right)(n+1) \tag{6.30}$$

센서와 기준 전압원이 플로팅되어 있을 때는 직접적으로나 다른 회로를 통해 접지 연결되어서는 안 된다. 또한 증폭기에 연결된 모든 전선은 매우 짧아야 하므로 증폭기는 센서 가까이에 위치해야 한다.

[그림 6-19(c)]의 회로는 접지된 센서 R_x가 있지만 플로팅 기준 전압 V를 가지는 브리지이다. 출력전압은 다음과 같다.

$$V_{out} = V\left(\frac{1+\alpha}{2+\alpha} - \frac{1}{2}\right)n \tag{6.31}$$

아마 [그림 6-19(d)]의 회로가 가장 널리 사용되는 저항 브리지 증폭기 회로이다. 이득이 n인 증폭기와 함께 접지된 저항 센서 R_x로 구성된 회로이다. 출력전압은 다음과 같다.

$$V_{out} = nV\left[\frac{1}{2n+1}\left(1+n\frac{2+\alpha}{1+\alpha}\right) - 1\right] \tag{6.32}$$

이 회로에는 평형 전위차계potentiometer가 포함된다. 이때 전위차계의 저항 성분은 브리지의 해당 암arm에 함께 고려되어야 한다. 전위차계는 브리지 구성 요소의 허용 오차를 조정하거나 고정 바이어스로 브리지 평형 오프셋을 설정하는 데 사용된다. 브리지가 완벽하게 평형을 이루면 출력전압 V_{out}은 0이다. 연산 증폭기 개방 루프 이득을 더 잘 활용하려면 n값이 100을 초과하지 않아야 한다.

[그림 6-19]를 보면 회로 (b), (c), (d)는 센서가 선형임에도 불구하고 α에 대해 비선형이다. 반면에 회로 (a)는 선형이다. 그 이유는 회로 (a)의 경우 센서의 저항과 무관한 정전류가 센서에 공급되기 때문이다. 이는 6.3절에서 더 자세히 설명하고자 한다. 다른 회로들은 센서 저항이 변할 때 센서의 전류가 달라지기 때문에 α가 작더라도 비선형 출력을 생성한다. 하지만 이 비선형성은 일반적으로 매우 작다.

6.3 여기회로

능동 센서를 동작시키려면 외부 신호가 필요하다. 예를 들어 절대 온도 센서(서미스터 및 RTD 기반), 압력 센서(압전 저항 및 커패시터 기반), 변위 센서(전자기 기반, 커패시터 기반, 저항 기반)가 있다. 각각의 외부신호들은 센서에 따라 정전압, 정전류, 정현파, 펄스 전류가 될 수 있으며 빛, 자기장 또는 전리된 복사선일 수도 있다. 이러한 외부 신호를 **여기신호**[excitation signal] 또는 **파일럿 신호**[pilot signal]라 한다. 대부분 여기신호의 안정성 및 정밀도는 센서의 정확도 및 안정성과 직접적으로 연관이 있다. 따라서 감지 시스템의 전반적인 성능이 저하되지 않도록 정확한 여기신호를 생성하는 것이 중요하다. 지금부터 센서에 적절한 전기 여기신호를 공급하는 몇 가지 기본 회로들을 살펴보도록 하자.

여기회로를 선택할 때 센서뿐만 아니라 신호가 어떤 식으로 처리되어야 하는지도 고려해야 한다. 여기신호는 일반적으로 센서의 전달함수에 곱해지므로 출력의 모양과 특징에 직접적으로 영향을 미친다. 이를 설명하기 위해 [그림 6-20(a)], [그림 6-20(b)]에 표시된 두 가지 회로를 살펴보자.

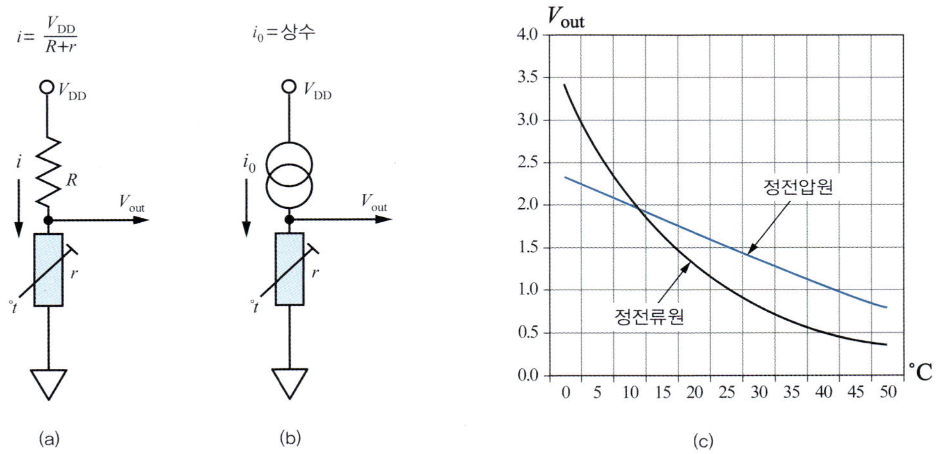

그림 6-20 (a) 정전압원 V_{DD}에 의한 여기 전류 생성 (b) 정전류원에 의한 여기 전류 생성 (c) 두 개의 다른 여기 전류에서의 온도에 따른 서미스터 양단의 전압

이 회로들은 저항 r을 갖는 서미스터(온도 의존 저항기)를 통해 전류를 펌핑한다. 각각의 저항 r값은 온도에 따라 결정되므로 저항값으로부터 온도를 알아낼 수 있다. 저항을 측정하려면 해당 저항을 통해 전류 i를 흘려보내야 한다. 이때 서미스터 양단의 전압 V_{out}은 다음과 같이 옴의 법칙에 따라 전류 i와 저항 r의 함수이므로 결국 온도의 함수가 된다.

$$V_{\text{out}} = ir \tag{6.33}$$

[그림 6-20(a)]는 r을 통한 전류가 정전압원 V_{DD}에 연결된 풀업 고정 저항pull-up fixed resistor R의 기능도 수행함을 보여준다. r은 음의 온도계수NTC를 갖는 고도의 비선형 전달함수를 가지기 때문에 저항 r과 전류는 온도 영역에 따라 크게 변한다. 운 좋게도 가변 저항 r과 가변 전류 i의 조합은 좁은 온도 범위에서 출력전압 V_{out}의 선형화를 만들어낼 수 있으며 이는 [그림 6-20(c)]에서 확인할 수 있다. 선형화는 작은 온도 범위에서만 적용될 수 있지만, 이외 까다로운 응용 분야에서 활용된다. 반면에 [그림 6-20(b)]의 회로에서는 저항 R 대신에 정전류 발생기가 사용된다. 서미스터 저항 및 전원 공급 장치 전압 V_{DD}와 무관한 고정 전류 i_0를 생성하기 때문에 식 (6.33)에 따르면 V_{out}은 r에 정비례한다. [그림 6-20(c)]는 온도와 매우 비선형적인 정전류 라인을 보여준다. 두 회로 모두 유용하지만 실제 선택은 V_{out}이 처리되는 방식에 따라 결정된다.

6.3.1 전류 발생기

전류 발생기current generator는 종종 센서의 특성, 자극값 또는 환경 요인과 무관하게 미리 결정된 전류를 센서에 공급하기 위한 여기회로로 사용된다. 일반적으로 전류 발생기(전류 펌프 또는 전류원 또는 전류 싱크)는 부하 임피던스와 무관하게 전류를 생성하는 장치이다. 즉 출력전류의 크기를 부하 및 전원 공급 장치에서의 전압의 변화와 무관하도록 만들어주는 것이 전류 발생기의 주요 능력이다. 이상적인 전류 발생기는 출력저항이 매우 크기 때문에 직렬 연결되는 부하는 출력전류를 변경하지 않는다. 따라서 옴의 법칙에 따라 가변 부하에 고정 전류가 흐르게 되면 부하 양단의 전압은 부하와 함께 바뀐다.

센서 인터페이스용 전류 발생기는 여기 전류의 크기와 모양을 정밀하게 제어할 수 있어야 한다. 따라서 전류 발생기는 부하에 독립적인 전류를 생성할 뿐만 아니라 대개 전압 형태로 출력을 생성하는 외부 신호원(예 : 파형 발생기)을 이용하여 제어될 수 있어야 한다. 전류 발생기의 주요 특성으로는 출력저항과 전압 컴플라이언스compliance가 있다. 이때 출력저항은 가능한 한 커야 하며 전압 컴플라이언스는 출력전류에 영향을 주지 않고 부하 전체에 전달할 수 있는 최대 전압을 의미한다. 고 저항 부하의 경우 옴의 법칙((식 6.33) 참조)에 따라 주어진 전류에 대해 더 큰 전압이 필요하다. 예를 들어 필요한 여기 전류가 $i = 10\,\text{mA}$이고 주어진 주파수에서 가장 높은 부하 임피던스가 $Z_L = 10\,\text{k}\Omega$인 경우 최소 $iZ_L = 100\,\text{V}$의 전압 컴플라이언스가 필요하다. 따라서 외부 신호를 통해 발생 전류를 제어할 수 있고 큰 전압 컴플라이언스를 가지는 몇 가지 유용한 회로를 소개하고자 한다.

단극성unipolar 전류 발생기는 전류원(유출 전류 생성) 또는 전류 싱크(유입 전류 생성)라고 한다. 여기서 단극성이란 한 방향으로만, 접지를 향해 흐르는 일반적인 방향으로 전류를 생성할 수 있음을 의미한다. 이러한 발생기의 대부분은 트랜지스터의 전류 대 전압 특성을 활용한다. 전압 제어 전류원 또는 싱크voltage controlled current source or sink에는 연산 증폭기가 포함된다([그림 6-21(a)] 참조).

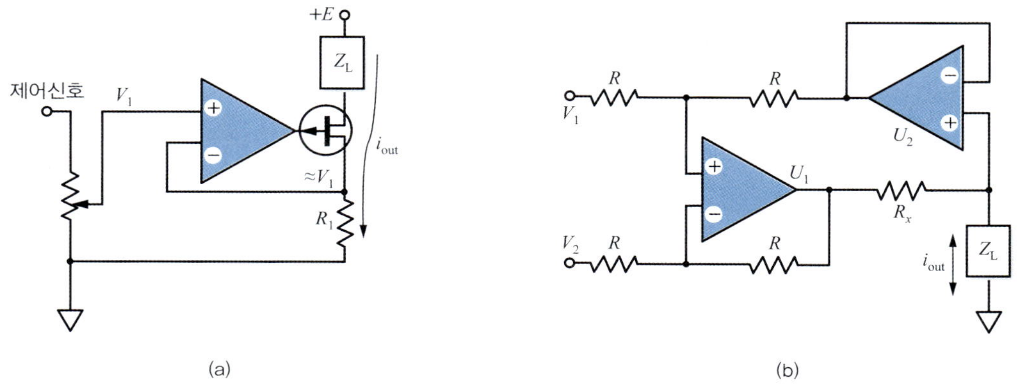

그림 6-21 (a) JFET 트랜지스터를 사용한 전류 싱크 (b) 하울랜드 전류 펌프

[그림 6-21(a)]의 회로에서 정밀하고 안정적인 저항값을 가지는 R_1은 부하 임피던스 Z_L을 통하여 흐르는 출력전류 i_L을 결정하는 역할을 한다. 또한 이 회로에는 저항 R_1 양단의 전압을 일정하게 유지하여 일정한 전류를 보장하는 OP-AMP를 통한 피드백 루프가 포함되어 있다. 전압 컴플라이언스를 최대화하려면 R_1의 전압강하는 가능한 한 작아야 하며 성능을 높이기 위해서는 출력 트랜지스터의 베이스를 통과하는 전류가 가능한 한 작아야 한다. 바이폴라 트랜지스터보다는 전계 효과 트랜지스터Field Effect Transistor, FET가 출력전류 전달 소자로 사용된다. 참고로 해당 회로에서 부하는 접지 연결되지 않는다.

대다수의 센서는 **양극성**bipolar 전류 발생기를 필요로 하며, 이러한 발생기는 양방향(유입 및 유출)으로 흐를 수 있는 여기 전류를 센서에 공급한다. 센서를 접지해야 할 경우, 유용한 전류 펌프current pump로는 하울랜드Brad Howland가 발명한 회로가 있다.[5] 이를 구현한 것 중 하나가 [그림 6-21(b)]에 나와 있다. 펌프 동작은 연산 증폭기 주변의 음성 피드백과 양성 피드백을 모두 활용하는 것에 기반한다. 부하는 양성 루프에 연결된다. 이 회로에서 모든 저항은 높은 허용 오차로 거의 동일해야 한다. 저항 R_x는 충분한 크기의 출력전류가 흐르기 위해 상대적으로 작은 값이어야 한다.

회로는 대부분의 저항 부하에 대해 안정적이지만 안정성을 보장하기 위해 수 pF의 커패시터를 음성 피드백에 추가하거나 연산 증폭기 U_1의 비반전 단자를 추가로 접지 연결할 수 있다. 부하가 유도성인 경우에는 빠른 과도 제어신호를 통해 입력되는 전류를 전달하기 위해 매우 큰 컴플라이언스 전압이 필요하다. 따라서 실제 전류 펌프의 출력전류 상승 기울기는 제한되어 있다. 전류는 출력단자에 유도성 스파이크를 생성하므로 연산 증폭기에 치명적일 수 있다. 유도성 부하가 클 때에는 다이오드를 사용하여 부하를 전원 공급 장치 버스에 고정하는 것이 좋다. 하울랜드 펌프의 출력전류는 다음 식으로 정의된다.

$$i_L = \frac{(V_1 - V_2)}{R_x} \tag{6.34}$$

이 회로는 저항 R이 상대적으로 큰 값으로 선택될 수 있고, 열적 특성이 동일한 패키지 내에 집적될 수 있다. 또한 센서가 플로팅(접지에 연결되지 않을 경우)되면 더 간단한 전류원을 사용할 수도 있다.

[그림 6-22]는 플로팅된 부하(센서)가 피드백으로 연결되어 있는 연산 증폭기 회로들을 나타낸 것이다.

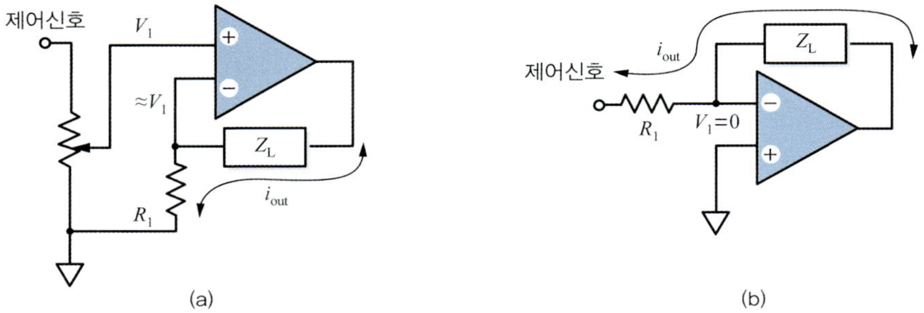

그림 6-22 플로팅 부하(센서)를 가지는 양방향 전류원 (a) 반전회로 (b) 비반전 회로

부하 Z_L을 통과하는 전류는 V_1/R_1과 같고 부하에 독립적이다. 부하 전류는 앰프의 동작 한계 내에서 V_1의 변화를 따라간다. 이 회로는 부하가 플로팅되어 있다는 점에서 명백한 한계점을 가진다. 즉 접지 버스나 다른 기준 전위에 연결되어 있지 않다. 일부 애플리케이션의 경우에는 괜찮을 수 있지만 일반적으로는 센서를 접지시키거나 다른 방식으로 기준 전압과 연결해야 한다. [그림 6-22(b)]에 표시된 회로는 OP-AMP의 비반전 입력단자가 가상 접지이기 때문에 부하 임피던스의 한쪽을 접지 전위 근처에서 유지할 수 있다. 그럼에도 이 회로에서 부하는 여전히 접지와 완전히 격리되어 있다.

6.3.2 전압 발생기

전류 발생기와 달리 전압 발생기(전압원 또는 전압 드라이버)는 광범위한 부하 및 동작 주파수에서 부하 임피던스 및 출력전류와 무관한 출력전압을 생성해야 한다. 때로는 전압 발생기를 **하드 전압원** hard voltage이라고도 한다. 일반적으로 하드 전압으로 구동해야 하는 센서가 순전히 저항성인 경우 드라이버는 충분한 크기의 전류를 공급할 수 있는 간단한 출력단이면 된다. 그러나 부하에 커패시턴스 또는 인덕턴스가 포함되어 있으면 전압 발생기의 출력단은 더욱 복잡해지게 된다.

대부분 부하가 순수한 저항일 때에도 그와 관련된 커패시턴스가 여전히 있을 수 있다. 이는 부하가 긴 전선이나 동축 케이블coaxial cable을 통해 연결될 때 발생한다. 동축 케이블은 케이블 길이가 관심 주파수 f에서 파장의 1/4 미만인 경우 중앙의 도체로부터 실드로 연결된 커패시터처럼 동작한다. 동축 케이블의 최대 길이는 다음과 같다.

$$l_{max} \le 0.0165\frac{c}{f} \tag{6.35}$$

여기서 c는 동축 케이블 유전체에서의 빛의 속도이다. 예를 들어 $f = 100\,\text{kHz}$일 때 $l_{max} \le 0.0165\times\frac{3\times10^8}{10^5} = 49.5$이다. 즉 길이가 49.5 m (162.4 ft) 미만인 케이블은 부하와 병렬로 연결된 커패시터로 동작한다([그림 6-23(a)] 참조).

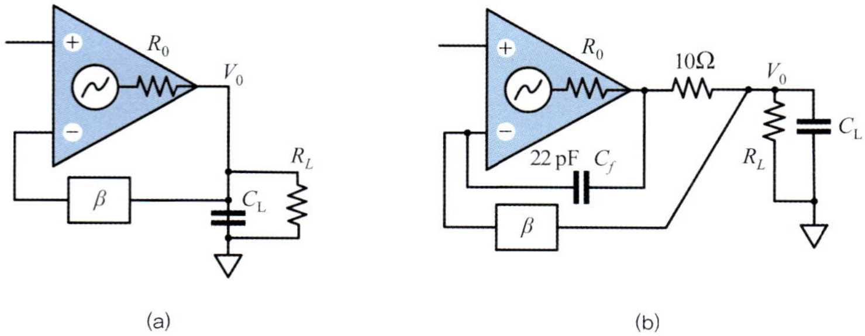

그림 6-23 용량성 부하 구동 (a) 부하 커패시터는 피드백을 통해 드라이버의 입력에 연결 (b) 용량성 부하의 디커플링

예를 들어 케이블 R6-58A/U의 정전 용량은 95 pF/m이다. 이 커패시턴스는 피드백 계수 β를 가지는 회로에서의 속도와 안정성이라는 두 가지 측면에서 고려해야 한다. 전압 드라이버 R_0의 출력저항과 부하 커패시턴스 C_L에 의해 생성되는 다음의 위상 변이phase shift로 인해 불안정성이 발생한다.

$$\varphi = \tan^{-1}(2\pi f R_0 C_L) \tag{6.36}$$

예를 들어 $R_0 = 100\,\Omega$ 및 $C_L = 1{,}000\,\text{pF}$인 경우 $f = 1\,\text{MHz}$에서 위상 변이는 $\varphi \approx 32°$이다. 이러한 변화는 피드백 네트워크의 위상 여유phase margin를 크게 줄여 주파수 응답 성능과 용량성 부하를 구동하는 능력을 감소시킨다. 불안전성은 전체 시스템이 진동oscillation함에 따라 나타날수도 있으며 드라이버의 불안정으로 인해 국부적으로 나타날 수도 있다. 국부적local 불안정성은 종종 전원 공급 장치를 가로지르는 대형 바이패스 커패시터bypass capacitor, (약 $10\,\mu$F) 또는 드라이버 칩의 전원 공급 장치 핀에서 접지까지 연결된 디스크 세라믹 커패시터와 $3 \sim 10\,\Omega$의 직렬 저항으로 구성되어 있는 이른바 Q-스포일러Q-spoilers를 이용하여 해결할 수 있다.

드라이버 단을 용량성 부하에 더 잘 견딜 수 있도록 [그림 6-23(b)]에 표시된 것처럼 작은 직렬 저항으로 절연시킬 수도 있다. 증폭기의 반전 입력단에 연결된 작은 용량성 피드백(C_f)과 $10\,\Omega$의 저항으로 $0.5\,\mu$F 정도의 큰 부하도 구동시킬 수 있다. 그러나 항상 저항과 커패시터에 대한 최적의 값은 실험적으로 찾는 것이 좋다.

6.3.3 전압 기준 발생기

전압 기준 발생기voltage references는 전원 공급 장치, 온도, 부하, 노화 및 기타 요인의 변화에 거의 영향을 받지 않고, 원하는 정전압을 정확하게 생성하는 전자회로를 말한다. 대다수의 전압 기준 발생기는 다양한 출력전압에 대해 모놀리식 형태로 사용될 수 있으며, 내부 밴드 갭 회로internal nag-gap circuit로 동작한다. 좋은 전압 기준 발생기는 좋은 전압원이어야 한다. 즉 안정적으로 출력전압을 생성해야 하고, 출력 저항의 크기는 작아야 한다.

6.3.4 발진기

발진기oscillator는 가변 전기신호 발생기에 해당하며 단일신호one shot나 프리-러닝free-running 신호를 생성한다. 여러 응용 분야에서 독립형 발진기는 마이크로프로세서 또는 마이크로컨트롤러의 디지털 출력으로 대체되며 구형파 펄스는 I/O 포트 중 하나에서 생성된다.

모든 발진기는 기본적으로 이득단gain stage, 비선형성 및 일정량의 양성 피드백을 가지는 회로로 구성된다. 정의에 따르면 발진기는 미리 설정된 기능에 따라 타이밍 특성이 일정하거나 변경 가능한 불안정 회로(증폭기의 경우는 안정할수록 좋은 것과 반대되는 개념임)를 말한다. 특히 타이밍을 변경하는 것을 **변조**modulation라고 한다. 일반적으로 발진기는 시간 유지 구성 요소에 따라 RC, LC, 수정(기계식) 발진기 이렇게 세 가지 유형으로 나뉜다.

먼저 RC 발진기는 커패시터 방전(전하 이완)을 기반으로 하기 때문에 **이완 발진기**relaxation oscillator라고도 한다. 동작 주파수는 커패시터(C)와 저항(R)에 의해 결정된다. 또한 LC 발진기에는 동작 주파수를 정의하는 용량성(C) 및 유도성(L) 구성 요소가 포함되어 있다. 수정 발진기에서 동작 주파수는 일반적으로 수정 또는 세라믹과 같은 압전 수정의 특정 단면에서의 기계적 공진mechanical resonant에 의해 정의된다. 이외에도 매우 다양한 발진회로가 있으나 이 책의 범위를 벗어나므로 몇 가지 실용적인 회로에 대해서만 간략히 살펴보도록 하겠다.

수많은 멀티바이브레이터multivibrator는 NOR, NAND 게이트 또는 이진binary 인버터와 같은 논리회로들로 구성된다. 이러한 회로는 입력이 임계값을 지나면 출력에서 날카로운 과도 현상transients이 발생한다. 또한 멀티바이브레이터는 높은 개방 루프 이득을 갖는 비교기comparator 또는 연산 증폭기로 설계할 수 있다.

RC 멀티바이브레이터에서는 충전 또는 방전되는 커패시터의 전압을 임계값과 비교한다. 커패시터가 충전되면 임계값 교차 순간이 감지되어 과도 출력 펄스가 생성된다. 과도전류는 RC 네트워크(양성 피드백)로 피드백되어 다음 비교 순간까지 커패시터 방전을 유발한다. 이후 계속해서 주기가 반복된다. 이러한 기본 동작을 위해서는 커패시터, 충전회로 및 임계값 장치(비선형 회로인 비교기)와 같이 최소한의 구성 요소가 필요하다. 여러 제조업체에서 다양한 모놀리식 이완 발진기를 제공하고 있다. 예를 들어 단안정monostable 또는 비안정astable 모드에서 동작할 수 있는 발진기로 타이머 555가 있다. 이는 매우 인기 있는 발진기이며 이 밖에도 연산 증폭기 및 디지털 시스템에 관한 책에서 매우 다양한 발진회로를 찾아볼 수 있다.[6]

매우 널리 사용되는 프리-러닝 구형파 발진기([그림 6-24(a)] 참조)는 하나의 OP-AMP 또는 전압 비교기[5]로 구현할 수 있다.

5 전압 비교기는 더 빠른 과도 응답 및 특수 출력회로로 인해 연산 증폭기와는 다르다. 이는 디지털 회로와 더 쉽게 인터페이스할 수 있다. 비교기는 히스테리시스 입력회로가 내장되어 있을 수 있으며, 이를 슈미트 트리거(Schmitt trigger)라고 한다. 슈미트 트리거는 상한과 하한의 두 가지 임계값이 있는 디지털 비교기이다. 입력전압 과도 상태가 상승하여 상한 임계값을 넘으면 트리거 출력이 하이로 전환되고, 전압이 아래로 이동하여 하한 임계값을 넘으면 출력이 로우로 전환된다.

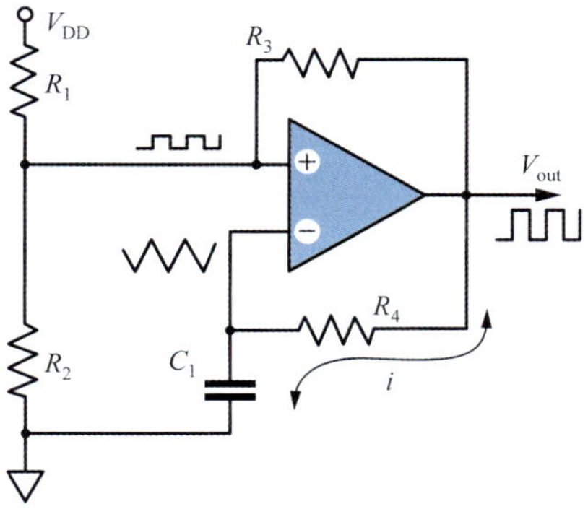

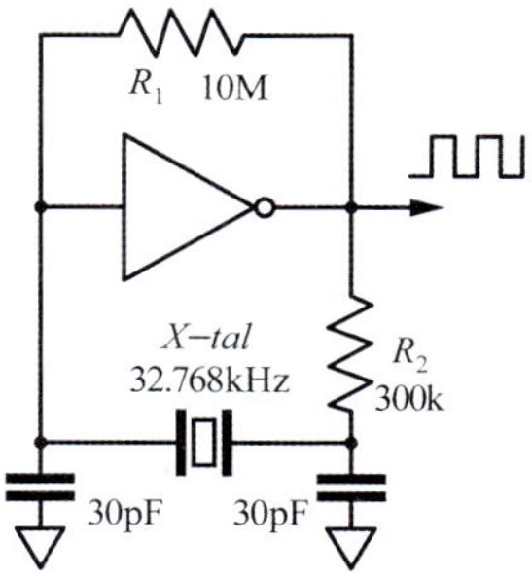

그림 6-24 (a) OP-AMP 기반의 구형파 발진기 (b) 디지털 인버터를 이용한 수정 발진기

증폭기는 두 개의 피드백 루프로 둘러싸여 있다. 하나는 음성(반전 입력에 대해)이고 다른 것은 양성(비반전 입력에 대해)이다. 양성 피드백(R_3를 통해)은 임계값 레벨을 제어하고, 음성 피드백 루프는 저항 R_4를 통해 타이밍 커패시터 C_1을 충전 및 발진시킨다. 이 발진기의 주파수는 다음과 같다.

$$f = \frac{1}{R_4 C_1}\left[\ln\left(1 + \frac{R_1 || R_2}{R_3}\right)\right]^{-1} \tag{6.37}$$

여기서 $R_1 || R_2$는 병렬 연결된 R_1, R_2의 등가 저항이다.

수정 발진기는 [그림 6-24(b)]에 나와 있다. 이는 임계값(전원 공급 전압의 약 50%)에 가까운 매우 좁은 선형 범위에서 매우 높은 이득을 가지는 반전 증폭기에 해당하는 디지털 전압 인버터를 바탕으로 구성된다. 입력을 해당 선형 범위에 가깝게 바이어스하기 위해 피드백 저항 R_1이 음성 피드백으로 사용된다. 인버터는 입력신호를 크게 증폭시켜 출력전압이 접지 또는 양극 전원 공급 레일로 포화되도록 한다. 또한 위상을 180° 변이시킨다. 수정은 출력을 다시 또 다른 180° 만큼 반전시켜 입력단에 양성 피드백을 제공하고 이를 통해 연속적인 발진을 발생시킨다.

6.4 아날로그-디지털 컨버터

아날로그 신호를 디지털 형식으로 변환할 때는 입력의 양자화quantization가 포함되므로 반드시 적은 양의 오차가 발생한다. 컨버터는 아날로그 신호를 주기적으로 샘플링하고 특정 순간에 변환을 수행한다. 출력 결과는 연속 시간 및 연속 가변 아날로그 신호를 이산 시간 및 이산 디지털 신호로 변환된 디지털 시퀀스sequence 값이 된다.

6.4.1 기본 개념

아날로그-디지털 컨버터(A/D, ADC, A2D)는 개별 회로에서 모놀리식 IC(집적회로), 고성능 하이브리드 회로, 모듈 및 박스 형태로 구성할 수 있다. 또한 컨버터는 ASIC application-specific integrated circuit 용 표준 셀로도 제공된다. ADC는 연속 아날로그 데이터(일반적으로 전압)를 디지털 데이터 처리 장치와 호환되는 동등한 개별 디지털 형식으로 변환한다. ADC의 주요 특성으로는 절대 및 상대 정확도, 선형성, 누락 코드 여부, 분해능, 변환 속도, 안정성 및 가격 등이 있다. 만약 가격이 가장 중요하다면 마이크로컨트롤러의 내장 부품인 모놀리식 ADC가 가장 효율적이다.

가장 널리 사용되는 ADC는 속도와 정확도 사이에서 가장 좋은 절충안인 연속 근사화 기술successive-approximation technique을 기반으로 한다. 빠른 변환 속도가 요구되지 않고 적은 수의 채널만 필요한 경우에는 다른 기술들이 사용되기도 한다. 여기에는 듀얼 램프dual-ramp, 쿼드 슬로프quad-slope, 펄스 폭 변조기pulse-width modulator, PWM, 전압-주파수(V/F) 컨버터 및 저항-주파수(R/F) 컨버터가 포함된다. ADC의 기술은 잘 개발되어 있으며 여기서는 인기 있는 ADC 아키텍처를 간략히 검토하도록 하겠다. 더 자세한 설명은 참고문헌을 참고하기 바란다.[7]

가장 잘 알려진 디지털 코드는 밑이 2인 이진binary(밑이 2인 경우)이다. 이진코드는 정수를 나타내는 데 가장 익숙하다. 즉 n 비트를 갖는 자연 이진 정수 코드natural binary integer code에서 LSB의 가중치는 2^0(즉 1)이고 다음 비트의 가중치는 2^1(즉 2) 그리고 MSBmost significant bit의 가중치는 2^{n-1}(즉 $2^n/2$)이다. 이진수 값은 0이 아닌 모든 비트의 가중치를 더해서 얻을 수 있다. 가중치가 부여된 비트가 더해지면 0에서 2^n-1 사이의 값을 갖는 고유한 숫자를 형성하게 된다. 끝에 0비트가 추가되면 숫자의 크기는 2배가 된다.

아날로그 센서의 신호를 변환할 때 풀 스케일은 분해능의 비트 수와 무관하기 때문에 더 유용한 코딩은 항상 풀 스케일로 정규화되는 **분수**fractional 이진코드이다. 모든 정수값을 2^n으로 나누면 정수 이진수는 분수 이진수로 해석될 수 있다. 예를 들어 MSB의 가중치는 1/2 (즉 $2^{n-1}/2^n=2^{-1}$)이고, 다음 비트의 가중치는 1/4 (즉 2^{-2})이며, LSB는 $1/2^n$(즉 2^{-n})의 가중치를 가진다. 가중치가 곱해진 비트가 더해지면 0에서 $1-2^{-n}$의 풀 스케일 중에서 하나의 값을 가지게 된다. 추가되는 비트는 풀 스케일에는 영향을 주지 않고 보다 정밀하게 표현할 수 있도록 한다. 이러한 관계를 [표 6-2]에 정리해두었다.

모든 비트가 자연 이진에서 '1'이면 분수값은 $1-2^{-n}$이 된다($1-\frac{1}{16}=\frac{15}{16}$). 엄밀히 말해 정수 형태의 소수점으로 쓰면 0.1111(=1−0.0001)이다. 그러나 해당 숫자의 분수 특성($1111 \to \frac{1111}{1111+1}$ 또는 $15 \to \frac{15}{15+1}$)을 바탕으로 정수 형태 1111 또는 15로 표현되기도 한다.

편의를 위해 [표 6-3]에는 최대 20 비트의 숫자에 대한 비트 가중치가 이진수로 나열되어 있다. 그러나 대부분 센서에서는 거의 16 비트를 초과하지 않는다.

표 6-2 정수 및 분수 이진코드

십진 분수	이진 분수	MSB×1/2	MSB×1/4	MSB×1/8	MSB×1/16	이진 정수	십진 정수
0	0.0000	0	0	0	0	0000	0
1/16	0.0001	0	0	0	1	0001	1
2/16	0.0010	0	0	1	0	0010	2
3/16	0.0011	0	0	1	1	0011	3
4/16	0.0100	0	1	0	0	0100	4
5/16	0.0101	0	1	0	1	0101	5
6/16	0.0110	0	1	1	0	0110	6
7/16	0.0111	0	1	1	1	0111	7
8/16	0.1000	1	0	0	0	1000	8
9/16	0.1001	1	0	0	1	1001	9
10/16	0.1010	1	0	1	0	1010	10
11/16	0.1011	1	0	1	1	1011	11
12/16	0.1100	1	1	0	0	1100	12
13/16	0.1101	1	1	0	1	1101	13
14/16	0.1110	1	1	1	0	1110	14
15/16	0.1111	1	1	1	1	1111	15

표 6-3 이진법 비트 가중치 및 최소 단위

BIT	2^{-n}	$1/2^n$ 분수	dB	$1/2^n$ 소수	%	ppm
FS	2^0	1	0	1.0	100	1,000,000
MSB	2^{-1}	1/2	−6	0.5	50	500,000
2	2^{-2}	1/4	−12	0.25	25	250,000
3	2^{-3}	1/8	−18.1	0.125	12.5	125,000
4	2^{-4}	1/16	−24.1	0.0625	6.2	62,500
5	2^{-5}	1/32	−30.1	0.03125	3.1	31,250
6	2^{-6}	1/64	−36.1	0.015625	1.6	15,625
7	2^{-7}	1/128	−42.1	0.007812	0.8	7812
8	2^{-8}	1/256	−48.2	0.003906	0.4	3906
9	2^{-9}	1/512	−54.2	0.001953	0.2	1953
10	2^{-10}	1/1024	−60.2	0.0009766	0.1	977
11	2^{-11}	1/2048	−66.2	0.00048828	0.05	488
12	2^{-12}	1/4096	−72.2	0.00024414	0.024	244
13	2^{-13}	1/8192	−78.3	0.00012207	0.012	122
14	2^{-14}	1/16,384	−84.3	0.000061035	0.006	61
15	2^{-15}	1/32,768	−90.3	0.0000306176	0.003	31
16	2^{-16}	1/65,536	−96.3	0.0000152588	0.0015	15
17	2^{-17}	1/131,072	−102.3	0.00000762939	0.0008	7.6
18	2^{-18}	1/262,144	−108.4	0.000003814697	0.0004	3.8
19	2^{-19}	1/524,288	−114.4	0.000001907349	0.0002	1.9
20	2^{-20}	1/1,048,576	−120.4	0.0000009536743	0.0001	0.95

LSB에 할당된 가중치는 n비트 숫자의 분해능에 해당한다. 데시벨(dB)은 LSB값 대 단위(풀 스케일)의 상용로그 비율에 20을 곱하여 나타낸다. 각각의 제곱 2는 6.02 dB(즉 $20\log_{10}(2)$) 또는 6 dB/옥타브에 해당한다.

6.4.2 전압 – 주파수 컨버터

이름에서 알 수 있듯이 전압 – 주파수(V/F) 컨버터는 전압을 가변 주파수의 펄스로 변환한다. 즉 입력전압이 주파수를 변조하는데 이를 주파수 변조 또는 **FM**frequency modulation이라 한다. V/F는 고분해능 변환을 제공할 수 있으며, 이는 전압 절연, 통신 및 데이터 저장과 같은 센서의 추가 기능에도 활용될 수 있다. 컨버터는 센서로부터 전압 또는 전류 형태의 아날로그 출력을 수신한다(물론 전류 형태의 경우 전류 – 주파수 컨버터라고 한다).

여기서는 전압을 주파수로 즉 단위 시간당 여러 개의 사각 펄스로 변환하는 방법에 대해 살펴보고자 한다. 주파수는 디지털 형식으로 표현될 수 있다. 펄스를 주어진 시간 간격 동안 선택하고, 카운트하여 이진수를 생성할 수 있기 때문이다. 모든 V/F 컨버터는 초당 펄스 수(주파수)가 입력전압의 평균값에 비례하기 때문에 **적분형**integrating type에 해당한다.

V/F 컨버터를 사용하면 가장 간단하고 경제적인 방법으로 디지털 형식으로 변환할 수 있다. 아날로그 전압을 디지털 숫자로 변환하는 데 필요한 시간은 V/F 컨버터의 풀 스케일full-scale 주파수 및 분해능과 관련이 있다. 일반적으로 V/F 컨버터는 연속적인 근사 장치에 비해 상대적으로 느리지만, 대다수의 센서 애플리케이션에 매우 적합하다. ADC로 동작할 때 V/F 컨버터는 필요한 샘플링 속도로 클럭킹되는clocked 카운터에 연결된다. 예를 들어 컨버터의 풀 스케일 주파수가 32 kHz이고 카운터가 초당 8회 클럭되는 경우 매 카운트 사이클마다 누적되는 최대 펄스 수는 4,000개이며 이는 대략 12 비트의 분해능에 해당한다([표 6-3] 참조).

특정 시간 동안 자극을 더해야 하는 애플리케이션을 위해 V/F 컨버터 및 카운터를 사용하여 적분기를 구축할 수 있다. 카운터는 계산 주기당 평균 펄스 수가 아니라 게이트된 간격 동안의 펄스 수를 누적한다.

V/F 컨버터의 또 다른 유용한 기능은 출력 펄스가 통신 라인을 통해 쉽게 전송될 수 있다는 점이다. 디지털 기반의 펄스 신호는 고분해능 아날로그 신호보다 노이즈에 훨씬 덜 민감하다. 이상적인 경우 컨버터의 출력 주파수 f_{out}은 다음과 같이 입력전압 V_{in}에 비례한다.

$$\frac{f_{out}}{f_{FS}} = \frac{V_{in}}{V_{FS}} \tag{6.38}$$

여기서 f_{FS}와 V_{FS}는 각각 풀 스케일 주파수와 입력전압이다. 주어진 선형 컨버터의 경우에는 $f_{FS}/V_{FS} = G$로 일정하며, 이를 변환계수conversion factor라고 한다.

$$f_{out} = GV_{in} \tag{6.39}$$

대표적으로 알려진 V/F 컨버터 유형으로 **멀티 바이브레이터**multivibrator와 **전하 – 밸런스 회로**charge-balance circuit가 있다. 멀티바이브레이터 V/F 컨버터는 타이밍 커패시터의 충전–방전 전류가 입력신호에 의해 제어되는 프리–러닝 구형파 발진기를 기반으로 한다. 그러나 더 정확한 회로는 [그림 6–25]와 같이 아날로그 적분기와 전압 비교기를 사용하는 전하 – 밸런스 유형의 컨버터이다. 이 회로는 고속, 높은 선형성 및 우수한 노이즈 제거와 같은 장점을 가지고 있다. 이 회로는 아날로그 디바이시스Analog Devices 사의 AD652 및 텍사스 인스트루먼트Texas Instruments 사의 LM331과 같은 여러 제조업체에서 집적된 형태로 제공되고 있다.

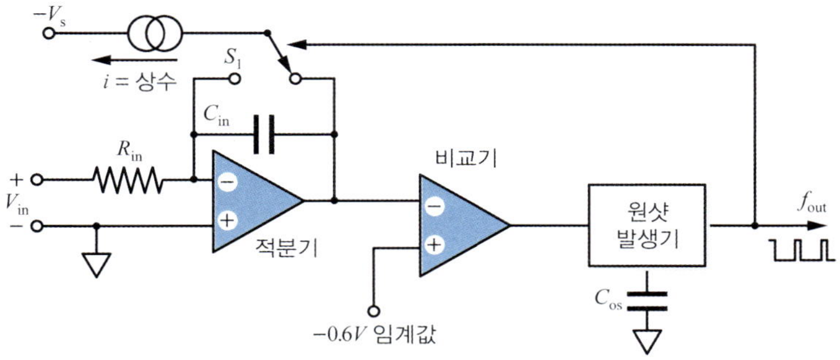

그림 6–25 전하 밸런스 V/F 컨버터

컨버터는 다음과 같이 동작한다. 입력전압 V_{in}은 입력저항 R_{in}을 통해 적분기에 인가된다. 적분 커패시터는 -0.6 V 의 작은 음의 임계값과 비교하는 연산 증폭기에 음성 피드백 루프로 연결되어 있다. 적분기의 출력전압이 비교기의 임계값보다 작아지게 되면 원샷 발생기가 고정된 지속시간(t_{os})동안 사각 펄스를 생성한다. 이 펄스가 적분 커패시터에 연결된 스위치 S_1을 제어하면서 톱니saw-tooth 전압([그림 6–26] 참조)을 생성한다.

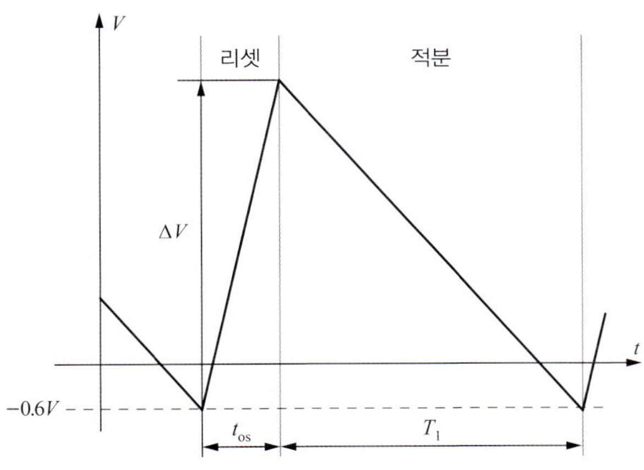

그림 6–26 전하 밸런스 V/F 컨버터의 적분기 출력

정밀 전류원(정전류 i)은 적분기의 합산 노드 또는 출력에 교대로 연결된다. 전류원이 합산 노드에 연결되면 정밀하게 정의된 충전 패킷 $\Delta Q = i\,t_{os}$를 적분 커패시터에 전달한다. 합산 노드는 저항

R_{in}을 통해 입력전하도 수신하므로 순 전하는 적분 커패시터 C_{in}에 누적된다.

임계값에 도달하면 원샷 발생기가 트리거되고, 스위치 S_1의 상태가 하이[high]로 변경되면서 리셋[reset] 주기를 시작한다. 리셋 주기 동안 전류원은 적분기의 합산 노드로부터 전류가 흐르게 된다. 반면에 저항 R_{in}을 통한 입력전류는 적분 커패시터를 충전하게 된다. 리셋 주기 동안의 총 전압 변화는 다음과 같이 원샷 펄스의 지속시간에 의해 결정된다.

$$\Delta V = t_{os}\frac{\mathrm{d}V}{\mathrm{d}t} = t_{os}\frac{i - I_{in}}{C_{in}} \tag{6.40}$$

원샷 회로의 출력신호가 낮아지면 스위치 S_1이 전류 i를 적분기의 출력단자로 전환하여, 적분 커패시터 C_{in}의 상태에 영향을 주지 않게 된다. 즉 전류원은 연산 증폭기에서 출력전류의 일부를 싱크한다. 이 시간을 **적분 주기**[integration period]라고 한다. 적분하는 동안 양의 입력전압은 전류 $I_{in} = V_{in}/R_{in}$을 커패시터 C_{in}으로 전달한다. 이로 인해 적분기는 V_{in}에 비례하는 속도로 양의 전압에서 감소한다. 비교기의 임계값에 도달하는 데 필요한 시간은 다음과 같다.

$$T_1 = \frac{\Delta V}{\mathrm{d}V/\mathrm{d}t} = t_{os}\frac{i - I_{in}}{C_{in}}\frac{1}{I_{in}/C_{in}} = t_{os}\frac{i - I_{in}}{I_{in}} \tag{6.41}$$

적분 커패시터의 커패시턴스는 적분 주기에 영향을 미치지 않음을 알 수 있다.

출력 주파수는 다음에 의해 결정된다.

$$f_{out} = \frac{1}{t_{os} + T_1} = \frac{I_{in}}{t_{os}i} = \frac{V_{in}}{R_{in}}\frac{1}{t_{os}i} \tag{6.42}$$

따라서 원샷 펄스의 주파수는 입력전압에 비례함을 알 수 있다. 또한 적분 저항의 품질, 정밀 전류원의 안정성 및 원샷 발생기에 따라 달라진다. 신중한 설계를 통해 이러한 유형의 V/F 컨버터는 100 ppm 미만의 비선형성 오차를 가질 수 있으며 1 Hz ~ 1 MHz의 주파수를 생성할 수 있다.

전하 밸런스 V/F 컨버터와 같은 적분형 컨버터의 주요 장점은 많은 양의 추가 노이즈를 제거할 수 있다는 점이다. 측정부와의 집적을 통해 노이즈를 줄이거나 완전히 제거할 수 있다. 컨버터의 펄스는 카운터에서 게이트되는 기간(T) 동안 누적된다. 그 후 카운터는 다음과 같은 전달함수를 가지는 필터처럼 동작한다.

$$H(f) = \frac{\sin \pi f T}{\pi f T} \tag{6.43}$$

여기서 f는 펄스의 주파수이다. 저주파의 경우 이 전달함수 $H(f)$의 값은 1에 가깝다. 즉 컨버터와 카운터가 올바른 측정을 수행한다는 것이다. 그러나 주파수가 $1/T$인 경우 전달함수 $H(1/T)$는 0이 되며 이는 이러한 주파수가 완전히 거부됨을 의미한다. 예를 들어 게이팅 시간 $T = 16.67$ ms(여러 센서에서 상당한 노이즈의 원인이 되는 전력선 주파수)의 경우 60 Hz 노이즈는 거부된다. 또한 이의 배수에 해당하는 주파수들(120 Hz, 180 Hz, 240 Hz 등)도 거부된다.

6.4.3 펄스폭 변조 컨버터

펄스폭 변조[PWM]는 여러 측면에서 FM과 유사하다. 주된 차이점을 비교해보면 PWM에서의 펄스 주기 T_0는 일정하게 유지되지만(따라서 펄스의 주파수도 일정), 펄스 지속시간 t_{PWM}은 입력전압에 비례한다. 즉 듀티 사이클[dyty cycle] D는 다음과 같이 전압에 비례한다.

$$D = \frac{t_{\mathrm{PWM}}}{T_0} = kV_{\mathrm{in}} \tag{6.44}$$

여기서 k는 변환상수이다. 이론적으로 듀티 사이클은 0에서 1까지 다양하지만, 실제로는 0.05에서 0.95로 약간 더 좁은 범위를 가지므로 약 0.9 또는 90%의 효율로 주기 T_0를 사용한다.

PWM 신호를 이진코드로 변환하기 위해 PWM 펄스를 고주파 펄스 트레인의 게이팅 기능으로 사용하고, 이후의 게이트된 펄스를 카운트할 수 있다. 예를 들어 주기 T_0가 $10\,\mathrm{ms}$(PWM 변환 주파수 $F_0 = 1/T_0 = 100\,\mathrm{Hz}$)이고 펄스 트레인이 $1\,\mathrm{MHz}(10^6\,\mathrm{Hz})$이면 PWM 효율이 0.9인 경우에 각 PWM 펄스는 최대 $10^6/10^2 \times 0.9 = 9{,}000$개의 고주파 펄스를 게이트할 수 있다. 이는 13 비트 분해능과 거의 동일하다([표 6-3] 참조).

PWM 변조기는 [그림 6-27]과 같이 톱니 발생기[sawtooth generator]로 구현된다.

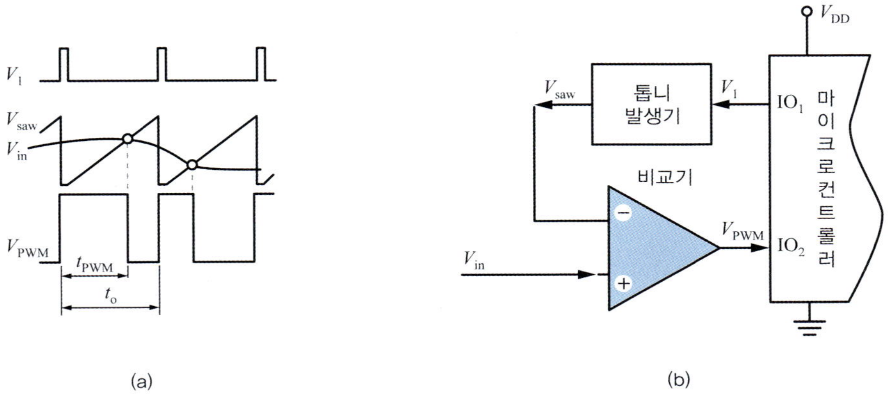

그림 6-27 (a) PWM 컨버터의 전압 파형 (b) 마이크로컨트롤러를 가지는 PWM 컨버터의 블록 다이어그램

고정된 주기 T_0을 가지는 리셋 펄스(전압 V_1)는 마이크로컨트롤러의 IO_1에서 생성되며 각 V_1 펄스는 톱니 발생기를 리셋시켜 새로운 V_{saw} 전압 상승이 발생하도록 한다. 입력전압 V_{in} 및 V_{saw}는 아날로그 비교기의 비반전 및 반전 입력단자에 각각 공급되어 V_{PWM} 출력 펄스를 발생시킨다. 다음 리셋 펄스가 톱니 발생기를 다시 시작시키면서 새로운 사이클이 시작된다. PWM 펄스는 마이크로컨트롤러의 IO_2로 입력되어 마이크로컨트롤러 내의 펌웨어[firmware]에 의해 이진코드로 추가 변환될 수도 있다.

6.4.4 저항 – 주파수 컨버터

저항 센서의 경우 저항을 전압으로 중간 변환하지 않고도 디지털 형식으로 변환할 수 있다. 직접 변환을 통해 센서는 발진기의 주파수 변조기로 사용될 수 있다.

예를 들어 센서의 저항이 $R_x = R + \Delta R$ 인 저항성 휘트스톤 브리지를 위한 R/F 컨버터를 살펴보도록 하자. [그림 6–28]은 프리–러닝 이완형 발진기free-running relaxation-type oscillator의 일부인 브리지의 단순화된 개략도[8]를 나타낸 것이다.

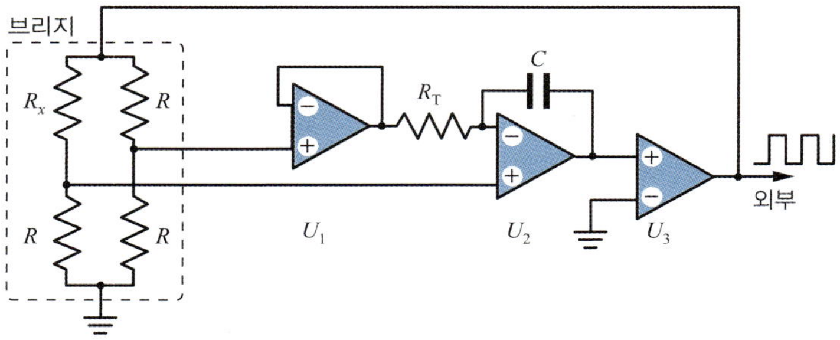

그림 6–28 휘트스톤 브리지를 위한 R/F 컨버터 개략도

발진기는 타이밍 커패시터 C 와 타이밍 저항 R_T 로 구성되며, 이들은 브리지가 완벽하게 평형을 이루었을 때의 기본 주파수 f_0 를 정의한다. 회로에는 전압 팔로워 U_1, 적분기 U_2, 비교기 U_3 도 포함되어 있다. U_3 에서 저항성 브리지로의 양성 피드백은 사각 펄스를 연속적으로 생성한다. 이때 사각 펄스의 주파수 편차 Δf 는 다음과 같이 브리지 불평형 ΔR 의 선형함수이다.

$$\Delta f = \frac{\Delta R}{2R} f_0 \tag{6.45}$$

또 다른 R/F 방식으로는 [그림 6–29]와 같이 마이크로프로세서를 사용할 수도 있다.

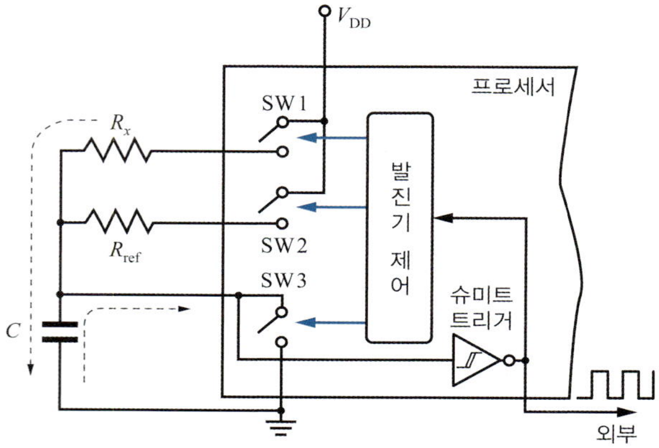

그림 6–29 비율 측정 저항 – 주파수 컨버터

저항성 센서 R_x(예를 들어 서미스터 또는 저항성 습도 센서)와 기준 저항 R_{ref}는 커패시터 C에 연결된다. 발진기 제어회로의 명령에 따라 커패시터는 전원 전압 V_{DD} 중 하나를 통해 충전되고 저항 및 무접점 스위치 SW3를 통해 접지로 방전된다. 처음에는 스위치 SW2가 열린 상태로 유지되지만, 센서 저항 R_x는 충전 SW1을 통해 커패시터에 연결된다. 이때 SW1과 방전 SW3는 위상이 서로 반대이다. 커패시터 C는 슈미트 트리거에 공급되는 톱니 전압을 발생시킨다. 슈미트 트리거는 주파수 f_x가 센서 저항 R_x 및 커패시터 C의 함수인 펄스를 생성하게 되고 프로세서는 일정 시간 동안 펄스를 누적 및 카운트하여 자극과 관련된 주파수를 측정한다.

다음 단계에서는 스위치 SW1이 개방 상태를 유지하면서 SW2와 SW3를 교대로 동작시켜 C를 충전하고 기준 펄스를 생성하게 된다. 새로운 주파수는 f_{ref}이고 동일한 시간 동안 프로세서는 이 기준 펄스를 누적하고 카운트한다. 두 주파수를 모두 측정한 후 R_x를 변조하는 자극에 해당하는 출력 디지털 숫자는 다음과 같이 비율로 계산된다.

$$x = \frac{f_{\mathrm{ref}}}{f_x} = \frac{R_x}{R_{\mathrm{ref}}} \tag{6.46}$$

비율 측정 기법 덕분에 출력은 저항 R_{ref}, R_x에만 의존하며 커패시턴스 C, 전원 공급 장치 전압, 열 효과, 회로 특성 및 기타 간섭 요인과 같은 다른 모든 요소들은 제거된다. 이 방식은 엡손[Epson]사의 집적회로 S1C6F666에서 활용되었다.

6.4.5 연속 근사 컨버터

연속 근사 컨버터는 고속 동작(최대 1 MHz 샘플링 속도) 및 고분해능(16 비트 이상) 덕분에 모놀리식 형태로 널리 사용된다. 변환 시간은 고정되어 있으며 입력신호와는 무관하다. 변환 후에는 내부 논리 및 레지스터의 정보가 지워지기 때문에 각 변환 결과는 고유하며 이러한 ADC는 다중채널 멀티플렉싱[multichannel multiplexing]에 적합하다. 컨버터([그림 6-30] 참조)는 정밀 전압 비교기, 천이[shift] 레지스터 및 제어 로직으로 구성된 모듈, 디지털 출력에서 입력 아날로그 비교기로의 피드백 역할을 하는 디지털-아날로그 컨버터[DAC]로 구성된다.

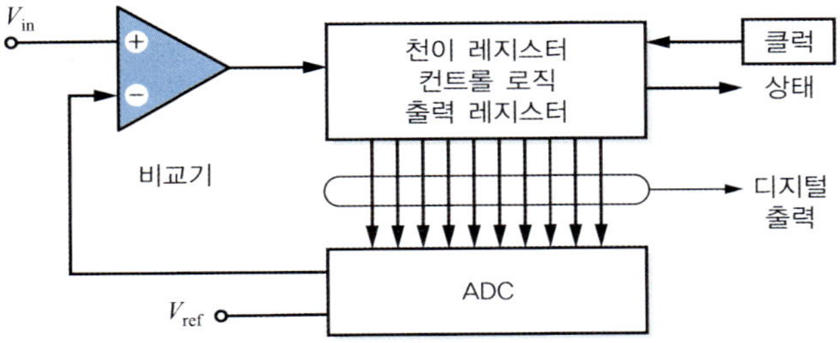

그림 6-30 연속 근사 ADC의 블록 다이어그램

변환 동작은 미지의 입력 값 V_{in}과 DAC에 의해 정확하게 생성된 전압 V_a 또는 전류와 비교함으로써 수행된다. 변환을 하는 방법은 n개의 이진 가중치(예 : 1/2 kg, 1/4 kg, 1/8 kg, 1/16 kg 등)를 바탕으로 하는 가중치 프로세스weighing process와 유사하다. 변환 주기가 시작되기 전에 모든 레지스터는 비워져야 하며, 비교기의 출력은 하이high이다. DAC는 첫 번째 비트인 MSB(FS의 1/2)의 입력으로 받아 아날로그 전압 V_a(최대 입력신호의 1/2 정도)를 생성한다. 입력전압(V_{in})이 DAC 전압(V_a)보다 크면([그림 6-31] 참조) 비교기가 하이high를 유지하며 레지스터 출력 '1'을 발생시킨다.

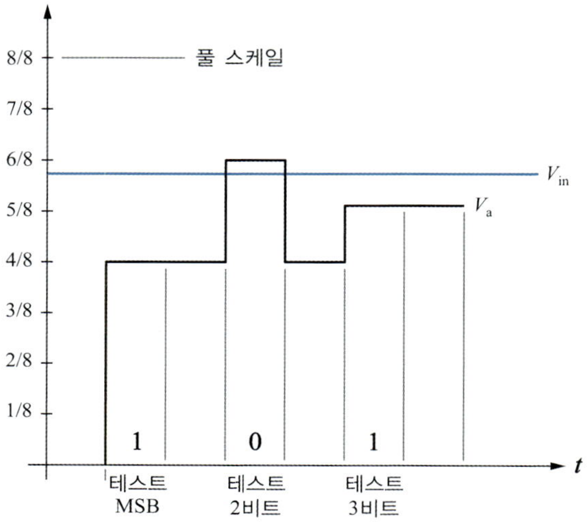

그림 6-31 연속 근사 ADC에서 3 비트 변환

이후 다음 비트(2/8 = FS의 1/4)를 시도한다. 두 번째 비트가 입력을 초과할 만큼 가중치가 충분히 더해지지 않으면 비교기는 하이high(출력 1) 상태를 유지하고 세 번째 비트를 시도한다. 반면에 두 번째 비트의 값이 충분히 더해져서 DAC의 생성전압 V_a가 V_{in}보다 커지면, 비교기가 로우low 상태로 바뀌게 되고 레지스터 출력은 '0'이 된다. 이후 세 번째 비트 변환으로 넘어가며 변환은 MSB부터 마지막 비트까지 순차적으로 수행된다. 변환이 완료되면 상태 표시줄에서 이를 알려주고 레지스터에 저장되어 있는 값으로부터 변환이 완료된 최종 디지털 데이터를 얻을 수 있다.

변환이 정상적으로 수행되려면 모든 비트를 시도할 때까지 입력신호 V_{in}이 변경되어서는 안 된다. 그렇지 않으면 디지털 판독에 오류가 생길 수 있다. 이와 같이 입력 변경과 관련된 문제를 방지하기 위해 연속 근사 컨버터에는 일반적으로 샘플 앤 홀드(S&H) 회로가 제공된다. 이 회로는 입력신호를 샘플링하여 전체 변환 주기 동안 직류 전압으로 저장하는 단기 아날로그 메모리에 해당한다.

6.4.6 분해능 확장

일반적인 데이터 수집 시스템에서 저비용 모놀리식 마이크로 컨트롤러에는 최대 10 ~ 12 비트의 분해능을 가지는 ADC가 포함되어 있다. 여기서 내장 컨버터의 분해능이 높거나 고분해능의 외부 컨버터를 사용하면 비용이 엄청나게 늘어날 수 있다. 대다수의 애플리케이션에서 12 비트는 자극의 최소 증가량(필요한 입력 분해능 R_0)을 올바르게 표현하는 데 충분하지 않을 수도 있다. 이러한 문제를 해결할 방법에는 여러 가지가 있다.

먼저 ADC 앞에 아날로그 증폭기를 사용하는 것이다. 예를 들어 이득 4의 증폭기는 입력 분해능 R_0를 12에서 14로 2 비트 만큼 증가시킬 수 있다. 대신 증폭기의 특성에 대한 불확실성이 증가할 수 있다. 또한 더 높은 분해능을 달성하기 위한 방법으로 카운터의 속도와 비교기의 속도 응답에 의해서만 분해능이 제한되는 듀얼-슬로프 ADC 컨버터dual-slope ADC converter를 사용할 수 있다.[6]

마지막으로는 분해능 확장 회로와 함께 12 비트 ADC 컨버터(예 : 연속 근사 타입)를 사용하는 방법이 있다. 분해능 확장회로는 12에서 15 비트까지 분해능을 높일 수 있다. 분해능 확장회로의 블록 다이어그램은 [그림 6-32(a)]에 나와 있다. 여기에는 기존의 12 비트 ADC 컨버터 외에도 DAC, 감산회로 및 이득 A를 갖는 증폭기가 포함된다. ASIC 또는 개별 회로에서 DAC는 ADC와 공유될 수 있다([그림 6-30] 참조).

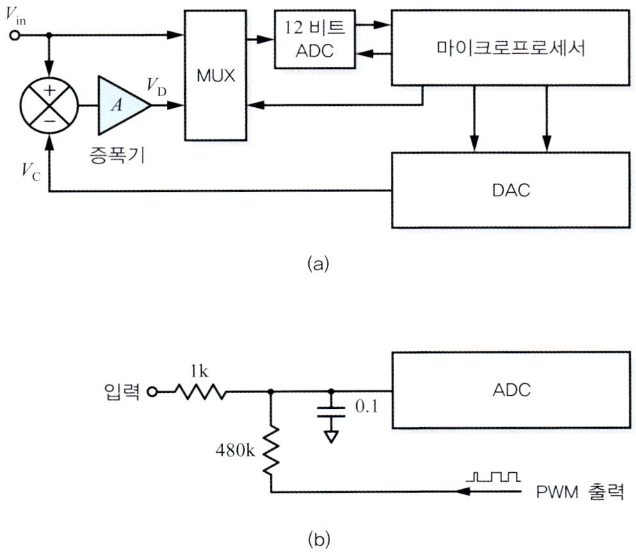

그림 6-32 (a) DAC와 함께 구성된 분해능 향상회로 (b) 오버 샘플링을 위해 입력신호에 인위적 노이즈 추가

---

6 분해능을 정확성과 혼동해서는 안 된다.

입력신호 V_m이 풀 스케일 E를 가지는 경우 12 비트 ADC의 초기 분해능은 다음과 같다.

$$R_o = E/(2^{12}-1) = E/4{,}095 \tag{6.47}$$

식 (6.47)에서 분해능은 비트당 전압으로 표시되어 있다. 예를 들어 $E = 5\,\mathrm{V}$의 경우 12 비트 분해능은 $1.22\,\mathrm{mV}$/비트이다. 처음에 멀티플렉서[MUX]는 입력신호를 ADC에 연결하여 출력 디지털 값 M을 생성하며 이 값은 비트로 표시된다. 다음으로 마이크로프로세서는 입력신호의 근사치인 아날로그 전압 V_c를 생성하는 DAC로 이 값을 전달한다. 그 결과 V_c와 입력신호의 차이는 증폭기를 통해 다음과 같이 증폭된다.

$$V_D = A(V_m - V_c) \tag{6.48}$$

전압 V_D는 실제 입력신호와 디지털로 표시된 입력신호 사이의 증폭된 오류에 해당한다. 풀 스케일 입력신호의 경우에는 최대 오류($V_m - V_c$)가 ADC 컨버터의 분해능과 같아 12 비트 변환에 대해 $V_D = 1.22\,A\,\mathrm{mV}$이다. 멀티플렉서는 이 전압을 ADC 컨버터에 연결해 다음과 같이 V_D를 디지털 값 C로 변환한다.

$$C = \frac{V_D}{R_0} = (V_m - V_c)\frac{A}{R_0} \tag{6.49}$$

그 결과 마이크로프로세서는 M과 C의 두 가지 디지털 값을 결합하는데 여기서 C는 고분해능 비트를 나타낸다. $A = 255$인 경우, $5\,\mathrm{V}$ 풀 스케일에서는 LSB $\approx 4.8\,\mu\mathrm{V}$로 총 분해능 20 비트에 해당한다. 실제로는 DAC, 기준 전압, 증폭기의 드리프트, 노이즈 등에서 발생하는 오류 때문에 그러한 높은 분해능을 얻기가 어렵다. 그럼에도 불구하고 14 또는 15 비트의 분해능이 충분한 것으로 간주될 때 이 방법은 상당히 효과적이다.

분해능 확장을 위한 또 다른 강력한 방법으로 이른바 **오버샘플링**[oversampling] [9]을 이용할 수도 있다. 이 아이디어는 입력 아날로그 신호가 샘플링 포인트 간에 변경되는 경우에만 유효하다. 예를 들어 ADC의 변환 단계가 $50\,\mathrm{mV}$, $70\,\mathrm{mV}$, $90\,\mathrm{mV}$이고 입력신호가 $62\,\mathrm{mV}$로 일정한 경우에는 디지털 넘버는 $70\,\mathrm{mV}$를 나타내고 $8\,\mathrm{mV}$의 디지털화 오류가 발생하게 되는데 오버샘플링을 적용하더라도 오차는 동일하다. 나이키스트-샤논-코텔니코프 정리[Nyquist-Shannon-Kotelnikov theorem][7]에 따르면 입력신호의 최대 주파수가 f_m인 경우에 샘플링 주파수는 $f_s > 2f_m$이어야 한다. 오버샘플링은 나이키스트가 정의한 것보다 훨씬 높은 샘플링 주파수를 필요로 하며 그 조건은 다음과 같다.

$$f_{os} > 2^{2+n} f_m \tag{6.50}$$

여기서 n은 확장 비트이다. 예를 들어 10 비트 ADC가 있고 이를 사용하여 12 비트($n = 2$)를 생성하려면 샘플링 속도가 f_m보다 16배 이상 커야 한다. 오버샘플링을 통해 ADC 변환의 분해능을 최대 변환 주파수로 올릴 수 있다. 따라서 이 방법은 ADC의 최대 샘플링 속도와 비교하여 상대적으로 느린 변화신호를 변환하는 데 유용하다.

7 정보 이론의 기본 정리로 최소 샘플링은 신호의 최고 주파수보다 두 배 빨라야 함을 나타낸다.

앞서 말한 것처럼 이 방법은 샘플링 사이에서 신호가 바뀌어야 한다. 아날로그 신호에 자연적인 변화나 고유 노이즈가 포함되지 않는 경우 인위적 노이즈를 입력신호에 추가하거나 샘플 사이의 지터jitter 신호에 ADC 기준 전압을 추가할 수 있다. 인위적 노이즈를 추가하는 방법은 [그림 6-32(b)]에 나와 있다. 마이크로컨트롤러는 PWM 랜덤 폭 펄스를 생성하는데, 이 랜덤 폭 펄스는 커패시터에 의해 평활되고 아날로그 입력신호에 추가된 것이다. 지터링의 크기는 원래 분해능의 최소 0.5 LSB에 해당해야 하지만, 가급적 약 2 LSB가 되어야 한다. 샘플링 이후 분해능을 높이기 위해 ADC에 2^{2+n} 번째 샘플이 추가되고 결과는 n번 오른쪽으로 시프트(천이)된다. 이전 문단을 살펴보면 16개의 순차적인 10 비트 숫자가 더해지고 두 번 오른쪽으로 시프트되어 12 비트 출력 넘버가 생성된다.

6.4.7 아날로그-디지털 컨버터 인터페이스

휘트스톤 브리지와 같은 센서나 감지회로가 ADC에 연결되어 있을 때는 둘 사이의 커플링coupling이 예기치 않은 오류를 유발하지 않도록 해야 한다. 앞에서 설명한 것처럼 센서는 전압원(6.3.2절 참고) 또는 전류원(6.3.1절 참고)에 의해 구동될 수 있다. 또한 전압원은 정전압과 비율 전압의 두 가지 옵션으로 연결할 수 있다. 반면에 ADC는 내부 또는 외부의 전압 기준 발생기voltage reference가 필요하다. 따라서 센서와 ADC 사이의 불일치를 방지하기 위해 센서와 ADC의 커플링이 어떻게 영향을 미치는지 고려해야 한다.

[그림 6-33]은 저항성 센서(풀업 저항 R이 있는 서미스터)에 전원 공급(기준 발생) 방법들을 보여준다.

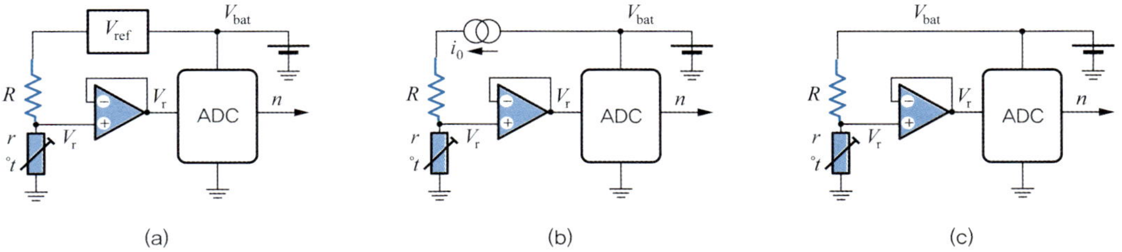

그림 6-33 (a) 정전압을 이용한 센서 전원 공급 (b) 정전류를 이용한 센서 전원 공급 (c) 비율 전압으로 센서 전원 공급

전원 공급 장치는 불안정할 수 있으며 약간의 진동, 노이즈가 있거나 동작 중에 드리프트가 발생할 수 있다. 방전이 되는 동안 전압 V_{bat}를 생성하는 배터리를 예로 들면 여기 전력이 필요한 센서는 [그림 6-33(a)]와 같이 정전압에 의해 공급될 수 있다. 정전압은 배터리 전압 V_{bat}와 무관한 정밀 전압 기준 V_{ref}에 의해 생성된다(6.3.3절 참조). 따라서 전압 분배된 센서 전압 V_r은 센서, 풀업 저항, 기준 전압에만 의존한다. 이 방법은 ADC가 자체 정밀 전압 기준을 가지고 있을 때 사용되므로 디지털 형식으로의 변환은 배터리의 영향을 받지 않는다.

일부 센서 애플리케이션에는 일정한 여기 전류 i_0를 필요로 한다([그림 6-33(b)] 참조). 이 경우 V_{r}은 정전류 및 센서 저항이라는 두 가지 요인에 따라 달라진다. 또한 배터리의 영향을 전혀 받지 않으려면 ADC는 자체 전압 기준을 가져야 한다.

센서에 전원을 공급하기 위한 효율적인 방법은 센서 및 ADC가 동일한 전압 소스(배터리)로부터 전원을 공급받는 비율 전압 기법을 사용하는 것이다([그림 6-33(c)] 참조). ADC는 V_{bat}를 기준 전압으로 사용한다는 점이 중요하다. 따라서 출력 ADC 카운트는 배터리 전압에 비례한다. 이 경우 ADC가 어떻게 동작하는지를 살펴보자.

ADC 입력에서 센서로부터의 전압은 다음과 같이 배터리에 따라 달라진다.

$$V_{\mathrm{r}} = \frac{r}{r+R} V_{\mathrm{bat}} \tag{6.51}$$

ADC 전달함수도 배터리에 따라 달라지며 출력 디지털 카운트 n은 다음과 같다.

$$n = \frac{V_{\mathrm{r}}}{V_{\mathrm{bat}}} N_{\mathrm{FS}} \tag{6.52}$$

여기서 N_{FS}는 최대(풀 스케일)입력전압에 해당하는 최대 ADC 카운트 또는 MSB^most significant bit^이다. 식 (6.51)을 식 (6.52)로 대체하면 출력 카운트를 센서 저항의 함수로 나타낼 수 있다.

$$n = \frac{r}{r+R} N_{\mathrm{FS}} \tag{6.53}$$

디지털 출력은 전원 공급 전압과 무관하며 센서의 저항 및 풀업 저항과 관련되어 있다.

6.5 집적 인터페이스

과거에는 애플리케이션 엔지니어가 직접 인터페이스 회로를 설계해야 했으며 이는 종종 어려운 과제였다. 최근 신호 처리의 추세는 증폭기, 멀티플렉서, ADC, 메모리 및 기타 회로를 단일 칩에 집적하는 것이다(3.1.2절 참조). 이를 통해 애플리케이션 엔지니어는 인터페이스 및 신호 처리 회로를 설계할 필요가 없어졌으며 소수의 엔지니어들만이 이러한 시스템을 직접 다 설계한 경험을 가지고 있을 것이다. 표준화된 인터페이스는 신뢰할 수 있으면서 효율적인 솔루션에 해당한다. 그럼 지금부터는 매우 유용한 집적 인터페이스의 두 가지 예를 살펴보도록 하겠다.

6.5.1 전압 프로세서

[그림 6-34]는 독일 기업 ZMDI 사(www.zmdi.com)의 단일 칩 ZSC31050에 대한 집적신호 처리 회로를 나타낸 것이다.

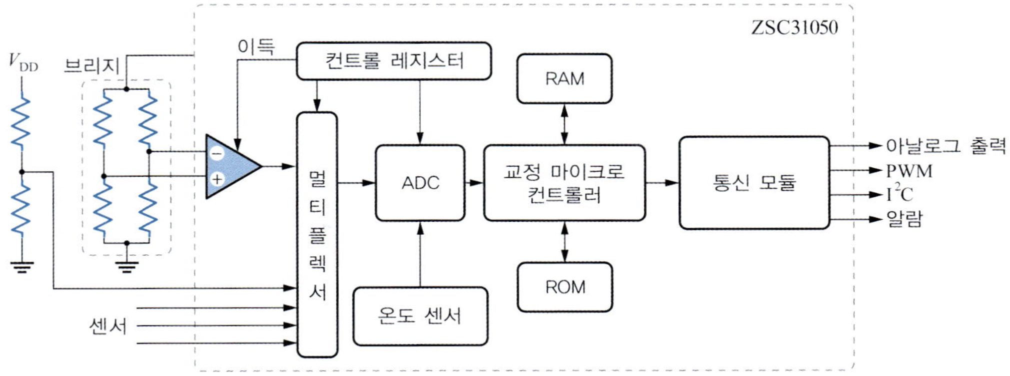

그림 6-34 집적형 ZMDI 신호 처리기

이 센서는 저항성 브리지를 포함하여 다양한 저전압 및 저전력 센서들에 최적화되어 있다. 브리지 센서로부터의 차동 전압은 프로그래밍 가능한 이득 증폭기programmable gain amplifier에 의해 미리 증폭되고 다른 여러 센서 신호와 함께 멀티플렉서로 공급된다. 멀티플렉서는 내부 온도 센서로부터 신호를 포함해서 여러 신호들을 특정한 순서에 맞게 ADC로 전송한다. 다음으로 ADC는 이러한 신호를 15 비트 디지털 값으로 변환한다. 디지털 신호 보정correction은 교정 마이크로컨트롤러에서 수행된다. 보정은 ROM에 저장된 특수한 수식과 센서별 교정계수(교정 중 EEPROM에 저장되어 있음)를 바탕으로 이루어진다. 보정된 센서신호는 프로그래밍된 출력 구성 방식에 따라 아날로그 전압, PWM 신호 또는 직렬 링크 I^2C를 포함하는 다양한 통신 포맷으로 통신 모듈을 통해 출력으로 이동한다. 구성 방식 데이터와 보정 파라미터는 디지털 인터페이스를 통해 EEPROM에 프로그래밍(저장)할 수 있다. ZSC31050의 설계에 사용된 모듈형 회로modular circuit 개념을 통해 대용량 애플리케이션을 위한 IC를 빠르게 설계할 수 있다.

6.5.2 인덕턴스 프로세서

유도 원리로 동작하는 자기 센서는 근접성, 자기 및 전도성 물체의 존재 여부, 전기적 임피던스 측정 등 매우 널리 사용된다. 이러한 다양한 센서들은 이 책 곳곳에서 다루고 있다. 텍사스 인트루먼트Texas Instruments, TI사의 칩 LDC 1000은 유도 코일 L과 커패시터 C로 구성된 외부 공진 탱크resonance tank의 결합 임피던스를 모니터링하는 집적 인덕턴스-디지털 컨버터LDC이다. 탱크 내 전력 손실은 외부와의 유도 결합inductive coupling의 함수이다. LC-공진기의 병렬 손실 저항 측정을 통해 손실을 모니터링하여 외부 전도성 물체를 높은 정확도로 모니터링할 수 있다.

감지 코일의 인덕턴스 L이 코일로부터 약간 떨어진 위치에 있는 전도성 물질에서 원형의 맴돌이 전류eddy current를 발생시키는 경우([그림 6-35] 참조)를 살펴보자.

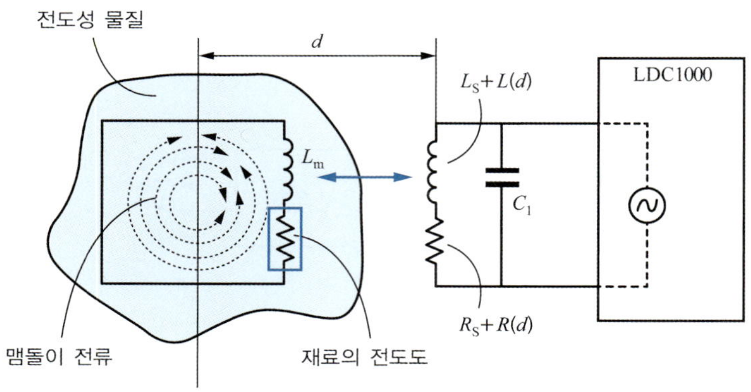

그림 6-35 전도성 물질에서의 맴돌이 전류 생성

코일을 통과하는 교류 전류는 교류 자기장을 생성한다. 금속으로 만들어진 타겟과 같은 전도성 물질이 코일 부근으로 들어오면 교류 자기장이 타겟 내부에 순환하는 맴돌이 전류를 유도한다. 이러한 맴돌이 전류는 타겟의 거리, 크기 및 재료의 함수이다. 다음으로 맴돌이 전류는 그들 자신의 자기장을 생성하는데, 렌츠의 법칙[Lenz law]에 따르면 코일에 의해 생성된 원래 자기장과 반대 방향이다. 이 메커니즘은 코일이 1차 코어이고 맴돌이 전류가 2차 코어인 변압기와 동일하다. 두 코어 사이의 유도 결합은 거리와 모양에 따라 달라진다. 따라서 2차 코어의 저항과 인덕턴스는 1차 코어(감지 코일)의 거리-의존 손실 저항 $R(d)$ 및 인덕턴스 $L(d)$ 성분으로 각각 나타나게 된다. 전도성 물질은 LC-공진기의 공진 주파수를 이동시키고 손실 저항을 증가시킨다.

공진이 바뀔 때 전력 손실값으로부터 외부 물체 특성(거리, 구성, 크기 등)을 알아낼 수 있다. 집적회로([그림 6-36] 참조) LDC1000은 직렬 손실 저항을 직접 측정하지 않고 5 kHz ~ 5 MHz 범위에서 동작하는 LC 회로의 등가 병렬 공진 임피던스를 측정한다. 그렇게 측정된 임피던스는 16 비트 분해능으로 디지털화되고 집적회로에 의해 처리된다.

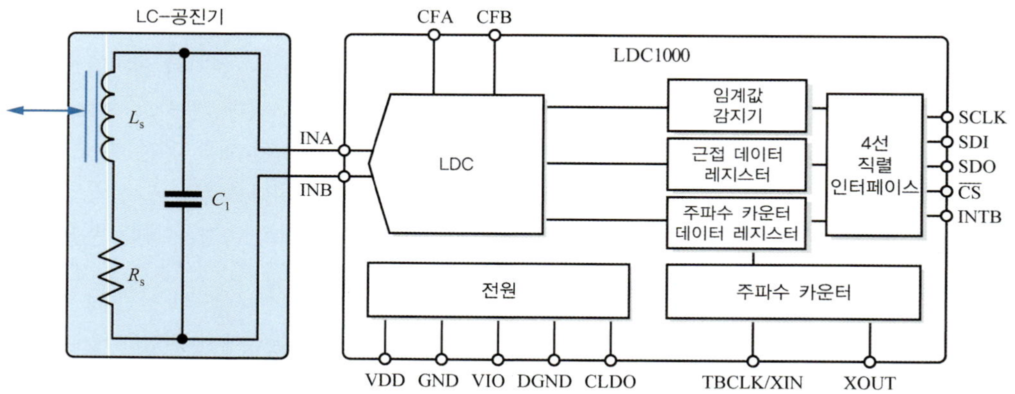

그림 6-36 집적형 인덕턴스-디지털 컨버터의 블록 다이어그램(출처 : LDC1000의 TI 데이터 시트에서 발췌)

6.6 데이터 전송

센서의 신호는 디지털 형식 또는 아날로그 형식으로 시스템의 수신부로 전송transmission된다. 디지털 형식은 기본적으로 ADC가 필요하며 몇 가지 장점이 있는데 그중 가장 중요한 것은 노이즈 내성immunity이다. 디지털 정보의 전송은 이 책의 범위를 벗어나므로 더이상 다루지는 않겠다. 간혹 디지털 전송은 어떤 원인으로 인해 수행될 수 없는 경우도 있다. 그런 경우에는 센서의 출력신호가 아날로그 형태로 수신부로 전송된다. 아날로그 전송 방식은 연결에 따라 2선, 4선, 6선으로 나눌 수 있다.

6.6.1 2선 전송

2선 아날로그 트랜스미터transmitter는 제조 산업에서 디바이스의 제어 및 모니터링을 위한 센서를 결합하는 데 사용된다.[10] 예를 들어 프로세스 내에서 온도 측정을 할 때에 2선 트랜스미터는 측정 결과를 제어실로 전달하거나 아날로그 신호를 프로세스 컨트롤러에 직접 전달한다. 전압 또는 전류 중 하나를 전송하기 위해 두 개의 와이어를 사용할 수 있지만 산업 표준으로는 전류가 사용된다. 2선 루프에 의해 전달되는 전류는 입력자극의 전체 범위에 해당하는 4~20 mA 범위로 다양하다. 최소 자극은 4 mA, 최대 자극은 20 mA에 해당한다.

2선 전송은 직렬로 연결된 **2선 트랜스미터**two-wire transmitter, 도체, 전원 공급 장치 및 로드 저항 R_{load}의 루프([그림 6-37] 참조)를 통해 이루어진다.

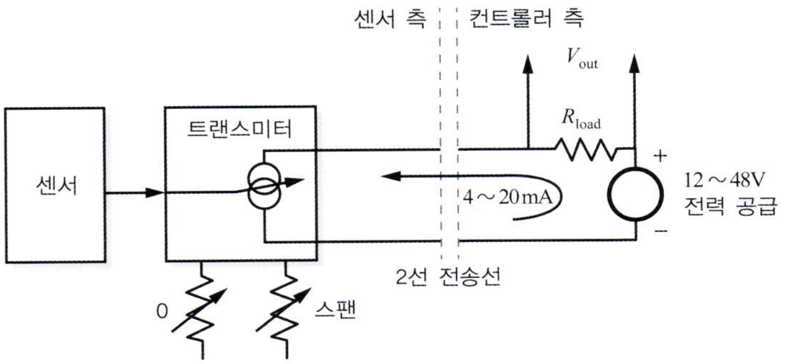

그림 6-37 2선식 4~20mA 아날로그 데이터 전송

트랜스미터는 전압 - 전류 컨버터일 수 있다. 즉 센서 신호를 4 ~ 20 mA 범위의 전류로 변환한다. 로드 저항 R_{load}는 자극에 해당하는 출력전압을 생성한다. 센서 신호가 변하면 트랜스미터의 출력전류도 그에 따라 달라지므로, R_{load}에 걸린 전압도 바뀐다. 예를 들어 R_{load}가 250 Ω 이면 출력전압은 1 V 에서 5 V 까지 변한다.

전류는 자극에 대한 정보를 전달하는 동시에 트랜스미터 측에서 동작 전력을 공급받기 위해 사용될 수도 있다. 4 mA 전류 정도의 가장 작은 센서 신호도 루프의 송신 측에 전력을 공급하기에 충분하다. 따라서 동일한 2선 루프가 정보 전송 및 센서와 송신기에 전력을 전달하는 데 사용된다.

2선 전류 루프는 루프 전류가 일정한 범위 내에서는 R_{load} 및 연결 와이어 저항과 무관하다는 것이 장점이다. 전류는 출력 임피던스가 매우 큰 전류 발생기에 의해 생성되므로(6.3.1절 참조), 외부 노이즈 소스에 의해 루프로 유도되는 전압을 포함하여 여러 방해 요인에서 독립적이다.

6.6.2 4선 전송

저항성 센서는 원격으로 위치한 인터페이스 회로에 연결하는 것이 때로는 바람직할 때가 있다. 이러한 센서의 저항이 상대적으로 작으면(예 : 압저항 또는 RTD는 대개 100 Ω 정도의 낮은 저항을 가진다.) 연결 와이어 저항은 센서의 저항을 증가시키고, 센서 전체의 여기 전압을 변화시키게 되므로 심각한 문제가 될 수 있다. 이 문제는 [그림 6-38]에 표시된 이른바 4선 방법을 사용하여 해결될 수 있다.

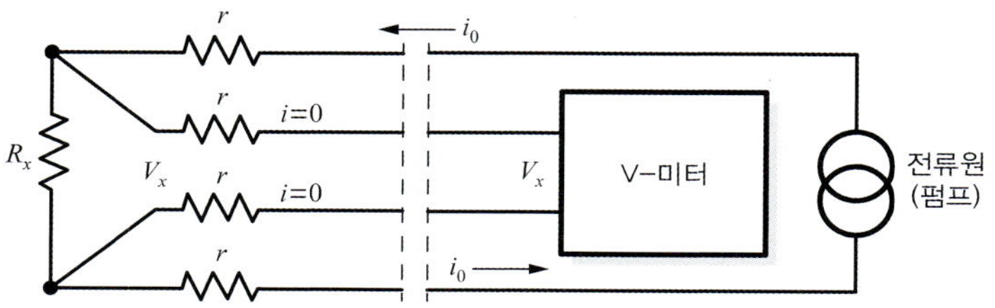

그림 6-38 4선식 전송에 의한 저항 센서의 원격 측정

이 방법을 사용하면 연결 와이어를 고려하지 않고 원격 센서의 저항을 측정할 수 있다. 센서는 4개의 선을 통해 인터페이스 회로에 연결된다. 두 쌍의 와이어는 전류 루프(여기)와 전압 루프를 각각 형성한다. 여기 루프는 전류원이 생성하는 여기 전류 i_0에 연결된 두 개의 와이어로 구성된다. 전압 루프 와이어는 전압계 또는 증폭기에 연결된다. 정전류 원(전류 펌프)은 출력저항이 매우 크므로(6.3.1절 참조), 전류 루프에서의 전류 i_0는 센서 R_x 및 와이어 루프의 모든 저항과 무관하다. 따라서 와이어의 효과가 제거된다.

전압계 또는 증폭기의 입력 임피던스는 전압 루프에 있는 저항과 비교했을 때 매우 크다. 그렇기 때문에 전류 루프에서 전압계로 전류가 거의 유입되지 않으므로 전압 루프에 있는 와이어 저항도 무시될 수 있다. 센서 저항 R_x 사이의 전압강하는 다음과 같다.

$$V_x = R_x i_0 \tag{6.54}$$

이는 연결 와이어의 저항과 무관하다. 4선 전송 방법은 원격 검출기의 저항을 측정하는 매우 효율적인 수단이며 산업계와 과학계에서 상당히 광범위하게 사용되고 있다.

6.7 센서와 회로의 노이즈

센서와 회로의 **노이즈**[noise]는 오류의 원인이 될 수 있어 반드시 잘 고려해야 한다. 질병과 마찬가지로 노이즈는 완벽히 제거될 수는 없으며 속성, 심각성, 치료 비용/격차에 따라 예방 및 치료만 가능하다. 주어진 회로에 대해 두 가지 유형의 노이즈가 존재한다. 하나는 회로 내에서 발생하는 **고유 노이즈**[inherent noise]이고, 다른 하나는 외부에서 유입되는 **간섭 노이즈**(전송 노이즈)이다.

어떤 센서든 간에 입력자극을 정확하게 표현 가능한 이상적인 전기 출력신호를 생성하지는 못한다. 신호의 우수성을 정의하는 것은 판단의 문제이며 이에 대한 기준은 정확성과 신뢰성에 대한 특정 요건에 근거한다. 출력신호의 왜곡은 **계통적**[systematic]이거나 **확률적**[stochastic]일 수 있다. 계통적인 것은 센서의 전달함수, 선형성, 동적 특성 등과 관련이 있다. 이들은 모두 센서의 설계, 제조 허용 오차[tolerances], 재료 품질 및 교정의 결과이다. 상당히 짧은 시간 동안 이러한 요인은 변하지 않거나 상대적으로 느리게 드리프트된다. 이는 잘 정의되고 특성화 및 구체화될 수 있다(3장 참조). 대다수의 프로그램에서 일부 오류는 미리 예측되거나 고려될 수 있다. 반면에 확률적 왜곡은 종종 불규칙적이고 예측할 수 없으며 빠르게 변한다. 속성과 통계적 특성에 관계없이 이러한 확률적 왜곡을 노이즈라고 부른다. 노이즈는 불규칙하고 다소 빠른 변화 신호를 말하는 것(오디오 장비의 노이즈만을 생각해서 나온 잘못된 개념)으로 오인하는 경우가 많다. 일반적으로 노이즈는 직류부터 동작 주파수 이상까지의 전체 범위에서의 모든 왜곡을 말한다.

6.7.1 고유 노이즈

센서에서 디지털 형식으로 증폭되고 변환되는 신호는 크기 및 스펙트럼 특성뿐만 아니라 디지털 분해능 측면도 고려되어야 한다. 변환 시스템의 디지털 분해능이 클 때 LSB[least-significant bit]의 값은 감소한다. 예를 들어 5V 풀 스케일을 가지는 10 비트 시스템의 LSB는 약 5 mV 이고, 16 비트 시스템의 LSB는 77 μV 이다. 만약 결합된 노이즈가 300 μV 인 경우, 16 비트 시스템을 사용하는 것은 의미가 없다. 실제로는 5 V 의 풀 스케일 출력신호를 생성할 수 있는 센서는 거의 없으며, 대부분은 증폭이 필요하다. 예를 들어 센서가 5 mV 의 풀 스케일 출력을 생성할 때 16 비트 변환에서 LSB는 77 nV 에 해당한다. 이는 증폭 자체도 매우 어려울 정도로 작은 신호이다. 우수한 분해능을 가지는 변환을 하기 위해서는 모든 노이즈 소스들을 반드시 고려해야 한다. 전기회로에서 노이즈는 피드백, 바이어스, 필터링 등에 필요한 모놀리식 증폭기 및 기타 구성요소 내에서 발생할 수 있다.

입력 오프셋 전압 및 바이어스 전류는 드리프트[drift]될 수 있다. 직류회로에서는 이러한 드리프트와 센서에 의해 생성된 작은 크기의 신호를 구별할 수가 없다. 이러한 드리프트는 일반적으로 느리기 때문에(수십 ~ 수백 Hz) 종종 초저주파 노이즈라고 한다. 이는 랜덤 또는 예측 가능한(예 : 온도에 따라 변화하는) 전압 및 전류의 오프셋 및 바이어스 변화와 동일하다. 고주파 노이즈와 구별하기 위해 등가회로([그림 6-3] 참조)에는 2개의 추가 발생기가 포함되어 있다. 하나는 **전압 오프셋**[voltage offset]

발생기 e_0이고, 다른 하나는 **전류 바이어스**current bias 발생기 i_0이다. 노이즈 신호(전압 및 전류)는 회로를 제조하는 데 사용되는 저항과 반도체 내의 물리적 메커니즘에서 발생한다. 몇 가지 결합된 노이즈 효과들은 노이즈 전압 및 전류 발생기로 표현할 수 있다.

전류는 이동 전하(캐리어)로 구성되고 각 전하 캐리어는 일정한 전하량(전자의 전하량은 1.6×10^{-19} C)을 가지고 있다. 이러한 전류의 이산적 특성이 노이즈의 원인이 되기도 한다. 원자 수준에서 전류 흐름은 매우 불규칙하며 캐리어의 움직임은 팝콘이 터지는 것과 비슷하다. 단 나중에 언급할 '팝콘 노이즈popcorn noise'와는 아무런 관련이 없다. 전자의 움직임은 통계적으로 팝콘과 같이 나타나며 전류 흐름에 대한 원자 단위의 세부 거동에 대해서는 결코 알 수가 없다. 캐리어의 움직임과 노이즈 파워noise power는 온도와 관련이 있다. 저항에서 이러한 열 운동은 **존슨 잡음**Johnson noise을 유발한다.[11] 노이즈 전압의 평균 제곱값(노이즈 전력을 나타냄)은 다음과 같이 계산할 수 있다.

$$\overline{e_n^2} = 4kTR\Delta f \ [\mathrm{V}^2/\mathrm{Hz}] \tag{6.55}$$

여기서 $k = 1.38 \times 10^{-23}$ J/K (볼츠만 상수), T는 온도(K), R은 저항(Ω), Δf는 측정 대역폭 (Hz)를 나타낸다.

실온에서 저항에 의해 생성된 노이즈는 nV 단위의 단순화된 공식 $\overline{e_n} \approx 0.13\sqrt{R \times \Delta f}$ 로부터 추정할 수 있다. 예를 들어 노이즈 대역폭이 100 Hz이고 저항이 10 MΩ ($10^7\,\Omega$)이면 실온에서 존슨 노이즈 전압은 $\overline{e_n} \approx 0.13\sqrt{10^7 \times 100} \approx 4\,\mu\mathrm{V}$ 으로 추정할 수 있다.

단순한 저항조차도 노이즈의 원인이 되며 영구적으로 랜덤 전기신호를 발생시키는 역할을 한다. 상대적으로 작은 저항은 매우 작은 노이즈를 생성하더라도 일부 센서에서는 존슨 노이즈를 반드시 고려해야 한다. 예를 들어 일반적인 초전 감지기pyroelectric detector는 50 GΩ 정도의 바이어스 저항을 사용한다. 센서가 10 Hz 대역폭으로 실온에서 사용되는 경우 저항의 평균 노이즈 전압은 0.1 mV 정도(매우 높은 값)로 예상할 수 있다. 노이즈를 줄이려면 인터페이스 회로의 대역폭을 최대한 작게(필요한 최소한의 신호만 통과시킬 정도만 되도록) 설정하는 것이 좋다. 다만 노이즈 전압은 대역폭의 제곱근에 비례한다는 점에 유의하도록 하자. 이는 대역폭을 100배 줄이면 평균 노이즈 전압이 10배 감소한다는 것을 의미한다. 존슨 노이즈 크기는 광범위한 주파수에서 일정하며 가시 스펙트럼의 모든 주파수로 구성된 백색광과 유사하기 때문에 종종 **화이트 노이즈**white noise[8]라고 불린다.

또 다른 유형의 노이즈는 반도체의 직류 전류 흐름에서 발생하며 **샷 노이즈**shot noise라고 한다. 이는 쇼트키가 자신의 이름으로부터 만든 것이 아니라 타겟을 때리는 우박처럼 들린다고 해서 제안된 이름이다. 하지만 샷 노이즈는 종종 **쇼트키 노이즈**schottky noise라고도 불린다. 샷 노이즈도 화이트 노이즈이다. 바이어스 전류가 증가하면 값은 높아지며 이는 FET 및 CMOS 반도체에서 전류 노이즈가 작은 이유이다.[9] 50 pA 의 바이어스 전류에 대해 샷 노이즈는 약 4 fA/$\sqrt{\mathrm{Hz}}$ 와 동일하다. 이는 초당 약

8 백색 잡음(white noise)이라고도 한다.

9 FET, CMOS는 BJT에 비해 동작 전류가 작다.

6,000개의 전자가 이동하는 것과 동일한 극히 작은 전류이다. 샷 노이즈에 대한 유용한 식은 다음과 같다.

$$i_{sn} = 5.7 \times 10^{-4} \sqrt{I \Delta f} \tag{6.56}$$

여기서 I는 pA 단위의 반도체 접합 전류이고 Δf는 Hz 단위의 관심 대역폭이다.

또 다른 교류 노이즈 메커니즘은 저주파에서 존재한다([그림 6-39] 참조).

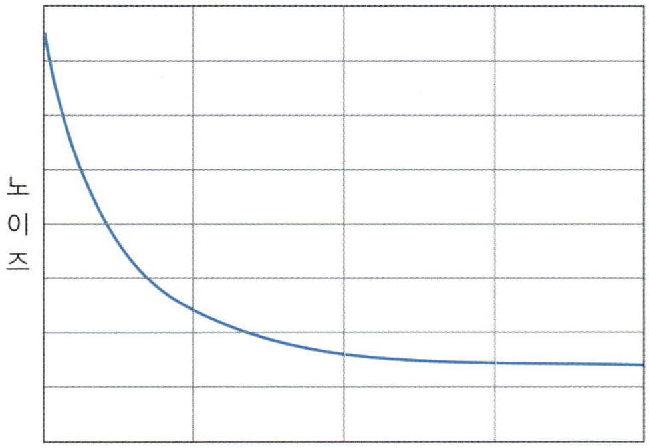

그림 6-39 $1/f$ 핑크 노이즈의 스펙트럼 분포

노이즈 전압 소스와 노이즈 전류 소스 모두 낮은 주파수에서 더 높은 노이즈를 가지기 때문에 대략 $1/f$ 에 비례하는 스펙트럼 밀도를 가지며 **핑크 노이즈**pink noise라고 한다. 또한 낮은 주파수는 가시 스펙트럼의 빨간색에 해당하고 빨간색과 흰색이 혼합되면 핑크색이 된다. 이 $1/f$ 노이즈는 모든 전도성 물질에서 발생하므로 저항과도 관련이 있다. 극히 낮은 주파수에서는 $1/f$ 노이즈를 직류 드리프트 효과에서 분리하는 것이 불가능하다. $1/f$ 노이즈는 때때로 **플리커 노이즈**flicker noise라고도 한다. 많은 센서가 동작하고 있는 100 Hz 미만의 주파수에서 주로 발생한다. 이 주파수 영역에서는 존슨 노이즈나 쇼트키 노이즈보다 더 크기 때문에 오차를 유발하는 주 원인이 될 수 있다. 핑크 노이즈의 크기는 저항 또는 반도체 물질을 통과하는 전류에 따라 달라진다.

오늘날 반도체 기술의 발전은 반도체에서 $1/f$ 노이즈를 현저히 감소시킨다. 하지만 회로를 설계할 때 특히 저항을 통해 상당한 전류가 흐르고 저주파에서 저노이즈가 명확한 요구 사항인 경우에는 센서 및 인터페이스 회로의 앞단에 금속 필름 또는 권선 저항을 사용하는 것이 엔지니어링의 좋은 관행으로 여겨지고 있다.

모든 전압 및 전류 소스의 결합된 노이즈는 다음과 같이 개별 노이즈 전압의 제곱의 합으로 계산된다.

$$e_E = \sqrt{e_{n1}^2 + e_{n2}^2 + \ldots + (R_1 i_{n1})^2 + (R_1 i_{n2})^2 + \ldots} \tag{6.57}$$

결합된 랜덤 노이즈는 다음과 같이 **평균 제곱근**root mean square, r.m.s. 값으로 표시된다.

$$E_{rms} = \sqrt{\frac{1}{T}\int_0^T e^2 dt} \tag{6.58}$$

여기서 T는 총 관찰 시간, e는 노이즈 전압, t는 시간이다. 또한 노이즈는 임의의 시간 동안 관측된

양의 최댓값과 음의 최댓값에 해당하는 피크 값을 이용하여 특징을 나타낼 수도 있다. 피크-피크 peark-to-peak, p-p 노이즈가 전체 성능을 제한할 수 있는 일부 애플리케이션의 경우 p-p 측정은 필수적이다. 그러나 노이즈 신호는 일반적으로 가우스 분포를 가지므로 p-p 크기는 실제로 측정하기가 매우 어렵다. 기전력 값은 반복 측정이 훨씬 쉽고 노이즈 데이터를 신뢰성 있게 나타낼 수 있는 가장 일반적인 형태이다. [표 6-4]는 주어진 기전력 값에 대해 다양한 피크 값을 초과하는 확률을 추정할 때 매우 유용하다. 우연히 관찰되는 3 × r.m.s.와 8 × r.m.s. 사이의 p-p 노이즈는 관찰자의 인내와 데이터의 양에 따라 달려있다.

표 6-4 가우시안 분포에서 피크 대 피크 값과 실효값

공칭 p-p 전압	노이즈가 공칭 p-p 전압을 초과하는 시간(%)
2 × r.m.s.	32.0
3 × r.m.s.	13.0
4 × r.m.s.	4.6
5 × r.m.s.	1.2
6 × r.m.s.	0.27
7 × r.m.s.	0.046
8 × r.m.s.	0.006

6.7.2 전송된 노이즈

환경 안정성의 대부분은 외부 소스에서 발생하는 노이즈에 대한 센서 및 인터페이스 회로의 내성 immunity에서 기인한다. [그림 6-40]은 전송된 노이즈 전파를 보여준다.

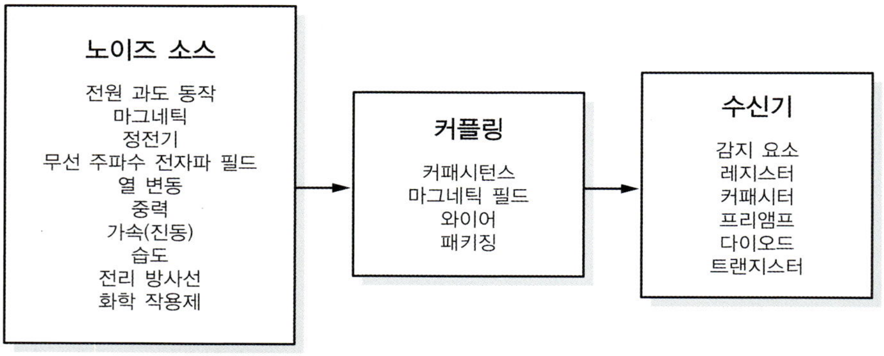

그림 6-40 전송된 노이즈의 소스 및 커플링

때로는 식별할 수 없는 곳에서 노이즈가 발생하기도 한다. 전송된 노이즈 소스의 예로는 전력선의 전압 서지 voltage surge, 번개, 주변 온도의 변화, 태양 활동 등이 있다. 이러한 간섭 interferences은 센서와 인터페이스 회로로 전파되며 결국은 출력값에도 영향을 미쳐 문제를 발생시킨다. 그러나 그 이전에

센서 내부의 감지요소, 출력단자 또는 회로의 전자 부품에 영향을 미치게 된다. 센서와 회로는 모두 간섭의 수신기 역할을 한다.

전송된 노이즈는 출력신호에 미치는 영향, 센서 또는 회로에 진입하는 방법에 따라 몇 가지로 분류할 수 있다. 출력신호와 관련한 노이즈는 **덧셈형**additive 또는 **곱셈형**multiplicative일 수 있다.

■ 덧셈형 노이즈

덧셈형 노이즈 e_n은 유용한 신호 V_s에 추가되며 완전히 독립적인 전압(또는 전류) 형태로 섞이게 된다. 그러한 외란disturbance의 예는 [그림 6-41(b)]에 나타나 있다.

$$V_{out} = V_s + e_n \tag{6.59}$$

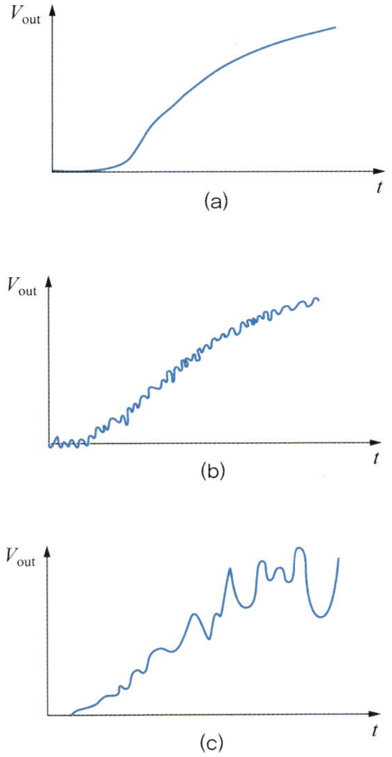

그림 6-41 노이즈 유형 (a) 노이즈 없는 신호 (b) 덧셈형 노이즈 (c) 곱셈형 노이즈

실제 신호(유용한 신호)가 변경될 때 노이즈 크기가 변경되지 않음을 알 수 있다. 센서와 인터페이스 전자 장치를 선형으로 간주할 수 있는 한, 덧셈형 노이즈 크기는 신호 크기와 완전히 독립적이다. 그리고 신호가 0이어도 출력 노이즈는 여전히 존재한다.

전송된 덧셈형 노이즈에 대한 안정성을 개선하기 위해 센서를 쌍으로 결합하는 경우가 많다. 이 센서들은 쌍둥이 형태로 제작되며 출력신호들의 차이(뺄셈)가 최종 결과가 된다([그림 6-42] 참조). 이러한 방법을 **차동**differential 기법이라고 한다(6.2.2절 참조).

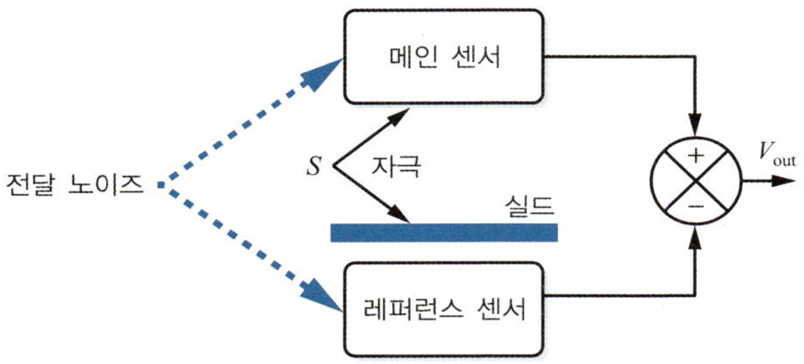

그림 6-42 차동 기법. 실드는 자극이 기준 센서에 도달하는 것을 방지한다.

하나의 센서(메인 센서라고 함)는 타겟으로부터 자극(s_1)을 받지만 다른 센서(레퍼런스 센서)는 자극 인식으로부터 차폐shielded되고 별도의 특별한 자극을 받을 필요가 없으며 자극은 종종 0이 될 수도 있다. 두 센서 모두 동일한 전송된 노이즈를 받게 되며 이를 **공통 모드**common-mode 노이즈라 한다. 단, 전송된 노이즈가 아니라 센서 내부에서 생성되는 노이즈는 차동 기법으로 제거할 수 없다. 즉 두 센서의 노이즈는 위상과 크기가 동일하므로 뺄셈을 통해 노이즈 성분을 제거할 수 있게 된다. 이러한 센서를 종종 듀얼dual 또는 차동differential 센서라고 한다. 노이즈 제거 품질은 다음과 같은 **공통 모드 제거비**Common-Mode Rejection Ratio, CMRR로 나타낼 수 있다.

$$\text{공통 모드 제거비} = 0.5\frac{S_1 + S_0}{S_1 - S_0} \tag{6.60}$$

여기서 S_1과 S_0는 각각 메인 센서와 레퍼런스 센서의 출력신호이다. CMRR은 자극의 크기에 따라 달라질 수 있으며 일반적으로 입력신호가 클수록 작아진다. 이 비율은 동일한 크기를 갖는 공통 모드 노이즈와 관련하여 실제 자극이 출력에서 얼마나 더 강하게 표현되는지를 보여준다. CMRR 값은 센서의 대칭성symmetry를 나타내는 값이다. 노이즈를 효과적으로 감소시키기 위해서는 두 센서가 서로 최대한 가깝게 배치되어야 하며, 동일한 환경 조건에 놓여야 한다. 또한 기준 센서를 실제 자극으로부터 확실하게 차폐(실드)하는 것이 매우 중요하다. 그렇지 않으면 결합된 차동 응답이 감소된다.

■ 곱셈형 노이즈

곱셈형 노이즈는 V_S 신호의 값이 다음과 같이 노이즈에 의해 변경 또는 변조되면서 센서의 전달함수 또는 회로의 비선형 구성 요소에 영향을 미치게 된다.

$$V_{out} = [1 + N(t)]\, V_S \tag{6.61}$$

여기서 $N(t)$는 노이즈의 무차원 함수이다. 이러한 노이즈의 예가 [그림 6-41(c)]에 나와 있다. 출력단의 곱셈형 노이즈는 신호 크기가 0에 가까워지면 사라지거나 작아진다(또한 가산될 수 있다). 곱셈형 노이즈는 신호의 V_S 크기와 함께 증가한다. 이름에서 알 수 있듯이 곱셈형 노이즈는 유용한 신호와 노이즈에 의존하는 가짜신호의 곱셈(본질적으로 비선형 연산) 결과이다.

전송된 곱셈형 노이즈를 줄이기 위해서는 차동 대신 비율 측정 기법을 사용해야 한다(6.2.1절 참조). 원리는 매우 간단하다. 차동 기법의 경우와 마찬가지로 센서는 쌍둥이 형태로 제작되는데 이 경우 한 부분은 타겟의 자극을 받고 다른 부분은 전송된 곱셈 노이즈를 유발할 수 있는 동일한 환경 조건에 노출된다. 따라서 첫 번째 메인 센서는 자극 s_1에 반응하며 전송된 노이즈의 영향을 받게 되고, 두 번째 센서는 일정하게 고정된 기준 자극 s_0를 입력으로 받기 때문에 레퍼런스라고 불린다. 예를 들어 전송된 노이즈가 메인 센서와 레퍼런스 센서 모두에 동일한 영향을 미치는 주변 온도라고 가정해 보자. 메인 센서의 출력전압은 다음과 같이 근사할 수 있다.

$$V_1 \approx F(T)f(s_1) \tag{6.62}$$

여기서 $F(T)$는 센서의 전달함수에 영향을 미치는 온도 의존함수이며, T는 온도이다. 또한 $f(s_1)$는 노이즈가 없는noise-free 센서의 전달함수이다. 고정된 기준 자극 s_0로부터 레퍼선스 센서는 다음의 전압을 생성한다.

$$V_0 \approx \mathrm{F}(T)f(s_0) \tag{6.63}$$

이 식들의 비율을 계산하면 다음과 같은 식을 얻을 수 있다.

$$\frac{V_1}{V_0} = \frac{1}{f(s_0)}f(s_1) \tag{6.64}$$

온도 의존함수가 제거되므로 전송된 노이즈의 온도 영향이 사라진다. 그러나 비율 측정 기법은 예상 노이즈가 곱셈 특성을 가질 때만 유용하고, 차동 기법은 덧셈형 전송된 노이즈에만 유용하다는 점에 유의하자. 참고로 두 기법 모두 센서와 회로 내부적으로 발생하는 고유 노이즈inherent noise에는 유용하지 않다. 또한 레퍼런스 센서의 출력값이 너무 작은 경우에는 식 (6.64)의 값이 매우 커질 수도 있다. 기준 자극값은 출력 $f(s_0)$가 0에서 멀리 떨어져 있으면서 입력자극 스팬의 중심 근처에서 선택되어야 한다.

고유 노이즈는 대부분 가우시안gaussian 분포를 따르지만 일반적으로 전송된 노이즈는 기존 통계학으로 설명하기에는 어렵다. 전송된 노이즈는 단조로운 형태로 계통적systematic이거나 주기적 또는 불규칙적으로 반복되거나 본질적으로 무작위일 수도 있다. 또한 전송된 노이즈는 센서를 신중하게 설계하고, 정전기 및 전자기 픽업을 최소화하기 위한 예방 조치를 함으로써 감소시킬 수 있다. 온도로 인한 전송된 노이즈는 온도 조절기에 센서를 배치하여 줄일 수 있다. 전기적 예방 조치의 예로는 리드선leads 및 구성 요소의 필터링, 디커플링, 차폐, 전위 보호 사용, 접지 루프 제거, 리드선/구성 요소/와이어의 물리적 방향 재지정, 릴레이 코일/전기 모터에 댐핑 다이오드 사용, 낮은 임피던스 선택, 노이즈가 작은 전원 공급 장치power supply와 기준 발생기 선택 등이 있다. 진동으로 인해 전송된 노이즈는 적절하게 기계를 설계하여 줄일 수 있다. [표 6-5]에는 전송된 노이즈의 원인, 일반적인 크기 및 이를 처리하는 몇 가지 방법들이 정리되어 있다.

표 6-5 전달된 전기 노이즈의 일반적인 원인[12]

외부 원인	일반적인 크기	일반적인 제거 방법
60/50 Hz 전력	100 mA	실드 shielding 확인, 접지 루프 체크, 독립 파워 전원
120/100 Hz 공급 리플	3 μV	전원 필터링
60/50 Hz 포화 변압기로부터의 180/150 Hz 자기 픽업	0.5 μV	전기 부품 방향 변경
라디오 방송국	1 mV	실드 확인
스위치 아크 switch-arcing	1 mV	5~100 MHz 필터링, 접지 루프 및 실드 확인
진동	10 pA (10~100Hz)	기계적 결합 주의, 입력단자 및 센서 근처에서 큰 전압을 갖는 리드 제거
케이블 진동	100 pA	저노이즈 케이블(탄소 코팅) 사용
회로 보드	0.01~10 pA/ $\sqrt{\text{Hz}}$ (10 $\sqrt{\text{Hz}}$ 미만에서)	보드 청소, 테플론 Teflon 절연 사용 및 보호

전기 노이즈 커플링은 기생 parasitic 커패시턴스 경로를 통해 가장 많이 발생한다. 기생 커패시턴스는 어디에나 존재한다. 모든 개체는 다른 개체와 용량성으로 결합되어 있다. 예를 들어 지구에 홀로 서 있는 사람은 700 pF 의 커패시턴스를 가지며 전기 커넥터는 약 2 pF 의 핀-투-핀 캐패시턴스를 가진다. 또한 옵토아이솔레이터 optoisolator 는 약 2 pF 의 방출 검출기 캐패시턴스를 가진다.

[그림 6-43(a)]는 전기 노이즈 소스가 커플링 커패시턴스 C_s를 통해 센서의 내부 임피던스 **Z**에 연결될 수 있음을 보여준다.

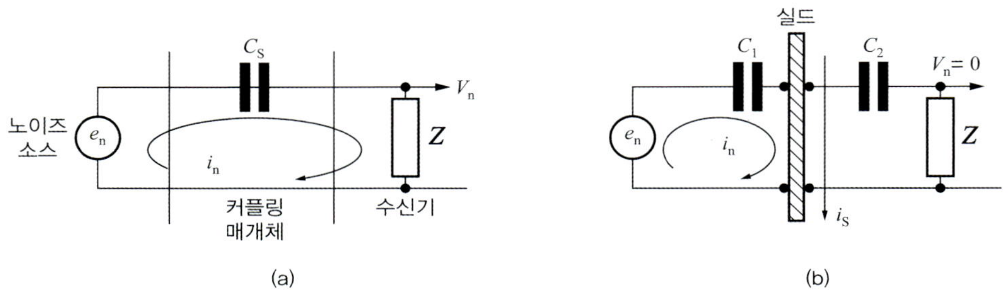

그림 6-43 (a) 용량성 커플링 (b) 전기 실드

이 임피던스는 단순한 저항이거나 저항, 커패시터, 인덕터, 다이오드, 트랜지스터의 조합일 수 있다. 임피던스에 걸리는 전압은 노이즈 신호, 커플링 캐패시턴스 C_s 및 임피던스 **Z**의 직접적인 결과이다. 예를 들어 초전 감지기는 30 pF 커패시터와 50 GΩ 저항의 병렬 연결된 내부 임피던스를 갖는다. 임피던스가 단 1 pF 을 통해 움직이는 사람과 결합되고 신체가 1,000 V 의 표면 정전기 전하를 전달한다고 가정해 보자. 사람 움직임의 주요 주파수를 1 Hz로 제한하면, 센서는 약 30 V 의 정전기를 픽업하게 된다. 이는 일반적으로 센서가 인체에서 받는 열복사에 반응하여 생성하는 것보다 5배 이상 더 크다.

대다수의 센서들과 사실상 모든 전자회로들은 일부 비선형성을 가지므로 고주파 간섭 신호들은 정류된 후 출력에서 직류 또는 느리게 변하는 노이즈 전압으로 나타낼 수 있다.

6.7.3 전기 실드

전기장에서 기인하는 간섭들interferences은 센서와 회로, 특히 고 임피던스와 비선형 구성 요소의 적절한 실드shiedling 10를 통해 크게 감소시킬 수 있다. 각 실드 문제는 개별적으로 주의 깊게 다루어야 한다. 노이즈 소스가 무엇이고, 회로와 어떻게 결합되는 지를 파악하는 것이 매우 중요하다. 부적절한 실드와 가드guarding는 상황을 악화시키거나 새로운 문제를 야기할 수 있다.

실드는 두 가지 용도로 사용된다.[13] 먼저 실드는 노이즈를 작은 영역 안에 국한되도록 한다. 이렇게 하면 노이즈가 인근 회로에 유입되지 않는다. 그러나 노이즈가 잘 고려되지 않거나 접지 시스템에 대한 이해와 올바른 연결이 이루어지지 않은 경우에는 실드에 의해 포착된 노이즈가 여전히 문제를 일으킬 수 있다. 다음으로 회로에 노이즈 소스가 존재하는 경우에는 중요 부품 주위에 실드를 배치하여 노이즈가 감지기와 회로의 민감한 부분으로 유입되는 것을 방지할 수 있다. 이러한 실드는 회로 영역 주변의 금속 상자 또는 중앙 컨덕터 주변에 실드를 가지는 케이블로 구성된다.

4.1절에서 볼 수 있듯이 닫힌 전도성 표면의 내부에는 전하가 존재할 수 없어 전기장으로부터 발생하는 노이즈는 금속 인클로저enclosure 11에 의해 잘 제어될 수 있다. 상호mutual 또는 스트레이stray 커플링에 의한 캐패시턴스는 [그림 6-43(a)]의 회로와 같이 모델링될 수 있다. 기생 캐패시턴스 C_s는 노이즈 소스와 회로 임피던스 Z 사이의 플로팅 캐패시턴스(특정 주파수에서의 임피던스 Z_s를 가지는)로 노이즈의 수신기 역할을 한다. V_n 전압은 용량성 커플링의 결과이다. 노이즈 전류는 다음과 같이 정의된다.

$$i_n = \frac{e_n}{Z + Z_s} \tag{6.65}$$

그리고 다음의 노이즈 전압이 발생한다.

$$V_n = \frac{e_n}{\left(1 + \dfrac{Z_s}{Z}\right)} \tag{6.66}$$

예를 들어 1.3 MHz에서 $C_s = 2.5\,\mathrm{pF}$, $Z = 10\,\mathrm{k\Omega}$ (저항), $e_n = 100\,\mathrm{mV}$일 경우 출력 노이즈는 67 mV가 된다. 1.3 MHz 노이즈는 센서에 의해 생성된 저주파 신호에서 상대적으로 쉽게 걸러진다고 생각될 수 있다. 하지만 많은 센서 및 특히 증폭기의 앞단에는 정류기 역할을 하는 비선형 구성 요소(반도체 접합)가 포함되어 있어 실제로는 그렇지 않다. 결과적으로 비선형 구성 요소를 통과하면서 고주파 노이즈의 스펙트럼이 저주파 영역으로 이동하여 노이즈 신호가 센서에 의해 생성된 전압과 유사한 주파수를 가지게 된다.

10 차폐라고도 한다.

11 금속으로 동봉(밀폐)한 것을 말한다.

실드가 추가되면 커플링은 [그림 6-43(b)]와 같이 바뀐다. 실드의 임피던스가 0이라는 가정하에 왼쪽의 노이즈 전류는 $i_n = e_n / Z_c$ 이다. 실드의 다른 쪽에서는 회로의 우측에 전원이 없어 노이즈 전류가 기본적으로 0이 된다. 따라서 수신 임피던스의 노이즈 전압도 0이 되므로 민감한 회로를 노이즈 소스로부터 효과적으로 실드할 수 있다.

정전기 실드electrostatic shields를 적용할 때 준수해야 하는 몇 가지 규칙들은 다음과 같다.

1. 정전기 실드는 실드 내에 포함된 모든 회로의 기준 전위에 연결되어야 한다. 기준 전위가 접지(프레임의 섀시chassis 또는 접지)에 연결된 경우 실드를 해당 접지에 연결해야 한다. 기준 전위에서 시작된 전류가 접지로 되돌아오지 않는 경우에 실드의 접지는 무용지물이다.
2. 실드 케이블을 사용하는 경우 내부 실드는 반드시 신호 소스 측 [그림 6-44(a)]의 기준 전위 노드에 연결되어야 한다.

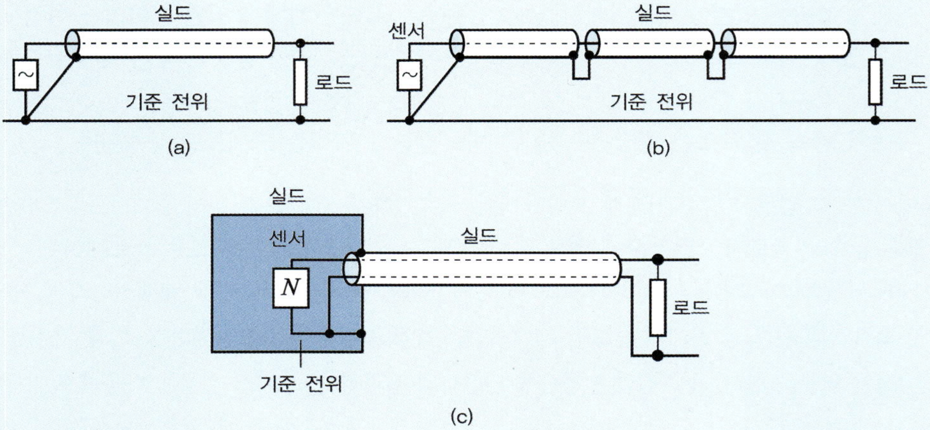

그림 6-44 입력 케이블의 기준 전위 연결

3. 커넥터 사용 등으로 인해 실드가 여러 구역들로 분할된 경우에는 각 실드는 인접한 구역들과 연결되어야 하며, 궁극적으로 기준 전위 노드에만 연결되어야 한다([그림 6-44(b)] 참조).
4. 데이터 수집 시스템에 필요한 개별 실드의 수는 측정 중인 독립신호의 수와 같다. 각 신호는 공통 기준 전위(신호 접지)를 공유하지 않는 한 독립적인 자체 실드를 가져야 한다. 이 경우 모든 연결은 단일 지점에서 각 실드로 연결되는 별도의 점핑 와이어들jumping wires로 이루어져야 한다.
5. 실드는 한 지점(센서 옆)에서만 접지해야 한다. 실드 케이블은 절대로 양쪽 끝에서 접지되어서는 안된다([그림 6-45] 참조). 두 접지 간의 전위차(V_n)로 인해 실드 전류가 흐르게 되고 자기 커플링magnetic coupling을 통해 중앙 도체에 노이즈 전압을 유도하게 된다.

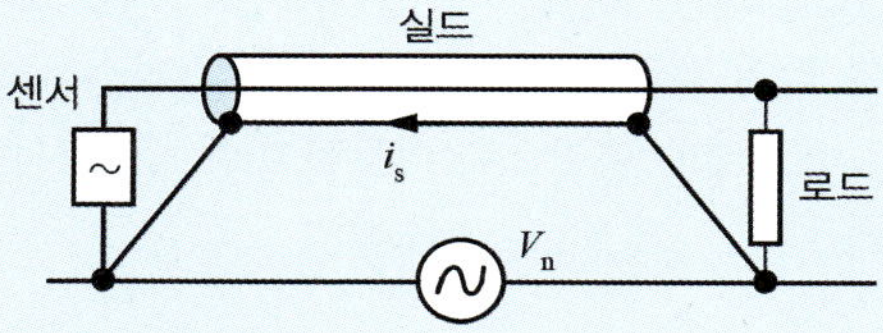

그림 6-45 케이블 실드가 양쪽 끝에서 잘못 접지됨

6. 센서가 실드 박스에 둘러싸여 있고, 데이터가 실드 케이블([그림 6-44(c)] 참조)을 통해 전송되는 경우에는 케이블 실드를 박스에 연결해야 한다. 실드 내부의 기준 전위(접지)를 위해 별도의 도체를 사용해야 하며 실드를 다른 용도로는 사용하지 않는 것이 좋다. **실드 전류가 존재하지 않도록 해야 한다.**
7. 실드가 기준 전위에 대해 어떤 전위도 가지 않도록 해야 한다. 다만 [그림 6-4(b)]에 나타낸 것처럼 구동 실드driven shied의 경우는 제외한다. 실드 전압은 케이블 캐패시턴스를 통해 중앙 도체와 커플링된다.
8. 인덕턴스를 최소화하기 위해 짧은 와이어를 통해 실드를 접지와 연결해야 한다.

6.7.4 바이패스 커패시터

바이패스 캐패시터bypass capacitors는 부하 지점에서 전원 공급 장치power supply의 낮은 임피던스를 유지하는 데 사용된다. 전원 라인의 기생 저항 및 인덕턴스는 전원 공급 장치의 임피던스가 상당히 클 수 있음을 의미한다. 주파수가 높아질수록 기생 임피던스는 문제가 되고 회로 발진oscillation 또는 링잉 효과ringing effect를 초래할 수 있다. 회로가 더 낮은 주파수에서 동작하더라도 외부 소스(예 : 라디오 방송국)로부터 고주파 노이즈가 전송될 수 있으므로 여전히 바이패스 캐패시터는 중요하다. 높은 주파수에서 출력 임피던스가 0인 전원 공급 장치 또는 레귤레이터regulator는 존재하지 않는다. 사용할 커패시터의 타입은 애플리케이션, 회로의 주파수 범위, 비용, 보드 공간, 기타 고려사항에 따라 결정되며 바이패스 커패시터를 선택할 때 고주파에서는 실제 커패시터가 이 책에서 설명된 이상적인 동작과는 매우 다를 수 있다는 점을 명심해야 한다. [그림 6-46]은 커패시터의 일반화된 등가회로를 보여준다.

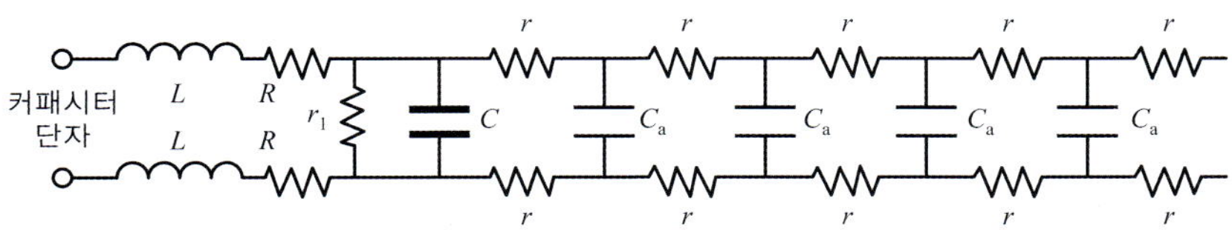

그림 6-46 커패시터의 등가회로

공칭 캐패시턴스 C, 누설 저항 r_1, 인덕턴스 L, 저항 R로 구성된다. 또한 커패시터의 메모리 효과와 관련한 유전 흡수dielectric absorption를 반영하기 위해 r과 C_a를 포함한다. 많은 인터페이스 회로, 특히 증폭기, 아날로그 덧셈기 및 전류(충전)-전압 컨버터에서 유전 흡수는 오류의 주요 원인에 해당한다. 이러한 회로에서는 가능한 항상 필름 커패시터를 사용하는 것이 좋다.

바이패스 R과 L의 직렬 연결도 중요하다. 이는 과도 응답 감쇠 및 전원 공급 장치의 낮은 출력 임피던스 유지의 커패시터의 기능을 방해한다. 종종 바이패스 커패시터는 더 긴 과도 응답을 흡수할 수 있도록 큰 커패시턴스 값($10\,\mu$F 이상)을 가져야 하므로 전해 커패시터가 자주 사용된다. 하지만 전해 커패시터는 R과 L의 큰 직렬 성분을 갖는다. 일반적으로 탄탈럼tantalum 커패시터도 우수한 특성을 가지지만, 알루미늄 전해질과 비극성(세라믹 또는 필름) 커패시터의 조합은 훨씬 더 향상된 성능을 제공한다. 최근에는 대용량 세라믹 커패시터도 저렴한 가격으로 구입할 수 있다.

잘못된 유형의 바이패스 캐패시터를 조합하면 데이터 통신 채널 간에 링잉, 발진 및 크로스톡crosstalk이 발생할 수 있다. 바이패스 캐패시터의 올바른 조합을 지정하기 위해서는 우선 브레드보드에서 먼저 사용해보는 것이 가장 좋은 방법이다.

6.7.5 자기 실드

적절하게 실드하면 정전기와 전기장으로부터 발생하는 노이즈를 크게 줄일 수 있다. 반면에 자기장은 전도성 물질을 침투하기 때문에 자기 실드는 훨씬 더 어렵다. 도체 주위에 배치되고 한쪽 끝에서 접지되는 일반적인 실드는 도체의 자기 유도 전압에 거의 영향을 미치지 않는다. 자기장 B_0가 실드를 관통하면 [그림 6-47(b)]와 같이 진폭이 기하급수적으로 감소된다.

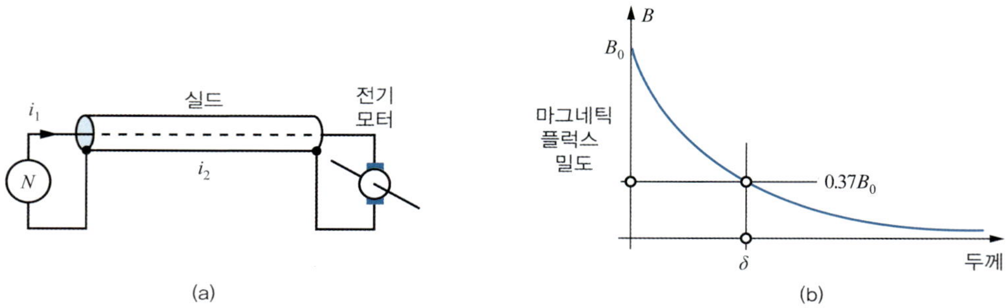

그림 6-47 전달된 자기 노이즈의 감소 (a) 동축 케이블을 통해 부하 장치에 전원 공급 (b) 실드 두께에 따른 자기장 실드 향상

실드의 표피 깊이(skin depth, δ)는 공기 중의 37%까지 감쇠되는 데 필요한 깊이를 의미한다. [표 6-6]에는 다양한 주파수에 대한 여러 재료의 표피 깊이가 정리되어 있다.

표 6-6 표피 깊이

주파수	구리(mm)	알루미늄(mm)	스틸(mm)
60 Hz	8.5	10.9	0.86
100 Hz	6.6	8.5	0.66
1 kHz	2.1	2.7	0.20
10 kHz	0.66	0.84	0.08
100 kHz	0.2	0.3	0.02
1 MHz	0.08	0.08	0.008

모든 재료는 높은 주파수에서 효과적인 자기 실드로 사용될 수 있지만, 낮은 주파수 범위에서는 강철이 훨씬 더 나은 성능을 보인다. 전도성 물질에 의한 고주파 자기 실드는 유도 맴돌이 전류induced eddy current에서 기인한다. 렌츠의 법칙(4.4.1절)에 따른 이러한 순환 전류는 원래 장에 반대되는 자체 자기장을 생성하면서 실드를 형성한다. 그러나 낮은 주파수에서는 맴돌이 전류의 효율은 감소된다.

저주파 자기장 실드를 개선하기 위해서는 높은 투자율permeability을 가지는 자기장 물질(예 : mumetal)로 구성된 실드를 사용하면 된다. 그러나 더 높은 주파수와 강한 자기장에서는 뮤메탈mumetal의 효과가 떨어진다. 더 높은 주파수에서는 두꺼운 강철 실드를 사용하여 효과적인 자기 실드를 구현할 수 있다. 이처럼 자기 실드는 구현이 까다로워 낮은 주파수에서 가장 효과를 높이기 위해서는 자기장의 강도와 수신 단에서의 자기 루프 영역을 최소화하고 도체를 최적의 형상 구조로 구성하는 것이 좋다. 유용한 지침은 다음과 같다.

1. 자기장 소스에서 가능한 멀리 수신회로를 배치한다.
2. 와이어를 자기장과 평행하게 구성하지 말고, 직각으로 자기장을 교차하도록 한다.
3. 주파수와 강도에 알맞는 적합한 소재로 자기장을 실드한다.
4. 고전류를 전달하는 도체의 경우에는 자기장 소스에 해당하므로 꼬인 와이어 쌍으로 구성하도록 한다. 두 와이어의 전류의 크기가 같고, 방향이 반대인 경우에는 순 자기장이 0으로 만들 수 있다. 이 구성이 제대로 동작하려면, 어떤 전류도 다른 도체와 공유되어서는 안 된다.
5. [그림 6-47(a)]처럼 실드를 통해 전원회로의 리턴 전류가 흐르는 실드 케이블을 사용한다. 실드 전류 i_2가 중심 컨덕터의 전류 i_1과 크기가 같고, 방향이 반대인 경우에는 중심 컨덕터의 자기장과 실드 자기장이 상쇄되어 순 자기장은 0이 된다. 이는 실드 전류가 흘러서는 안된다는 앞선 규칙과 상충되는 것으로 보인다. 하지만 여기서 실드 케이블은 정전기 실드를 목적으로 하는 것이 아니라 자기장을 상쇄하는 것을 목적으로 한다.
6. 자기 유도 노이즈는 수신기 루프의 면적에 따라 달라지므로 루프 영역을 더 작게 만들어 자기 결합으로 인한 유도 전압을 감소시킬 수 있다.

수신기의 루프는 무엇일까? [그림 6-48]은 길이가 L이고 간격이 D인 두 도체를 통해 부하회로와 연결된 센서를 나타낸다.

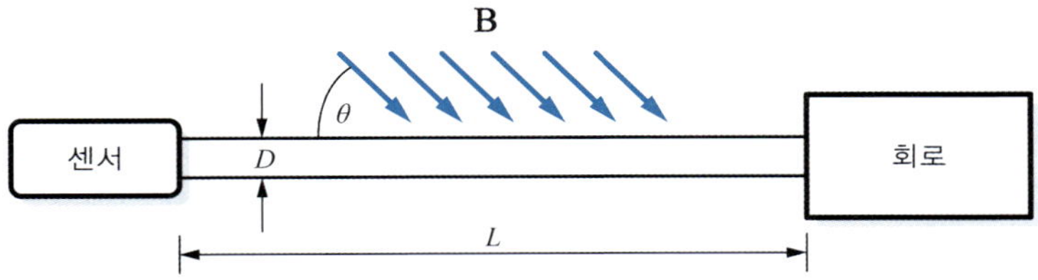

그림 6-48 긴 도체에 의해 형성된 수신기의 루프

직사각형 회로의 루프 면적은 $a = L \times D$이다. 루프와 직렬로 유도되는 전압은 자기장 $\mathbf{B}$와 루프 면적, 자기장에 대한 각도의 코사인에 비례한다. 따라서 노이즈를 최소화하기 위해 루프는 필드와 직각을 이루어야 하며 그 면적은 최소화되어야 한다.

면적은 도체의 길이를 줄이거나 도체 사이의 거리를 줄임으로써 줄일 수 있다. 이 작업은 꼬인 쌍 또는 단단히 케이블로 연결된 도체 쌍으로 쉽게 구현된다. 회로 와이어와 리턴 경로가 항상 함께 있도록 도체 쌍의 형태로 구성하는 것이 좋으며 이 요건을 간과해서는 안 된다. 예를 들어 서비스 기술자가 수리 작업을 하고 있을 때 와이어의 위치를 변경하게 된다면 심각한 노이즈가 발생할 수 있다. 따라서 와이어의 면적과 방향을 잘 파악하고 배선을 영구적으로 고정시키는 것이 좋다.

6.7.6 기계적 노이즈

센서에서 진동vibration과 가속acceleration은 전송되는 노이즈의 소스에 해당한다. 이러한 효과들은 전달함수(곱셈형 노이즈)를 변경하거나, 가짜신호(덧셈형 노이즈)를 발생시킬 수 있다. 센서에 특정 기계적 요소가 포함되어 있는 경우, 특정한 주파수와 진폭을 가지고 축을 따라 진동이 발생하게 되면 공진효과resonant effect가 발생할 수 있으며 기계적 가속 또한 노이즈를 생성한다. 예를 들어 열전 탐지기의 주요 기능은 열복사에 반응하는 것이다. 하지만 열전 탐지기는 압전 특성을 가지고 있어 급변하는 기압, 강풍 또는 구조적 진동과 같은 환경 역학적인 요인들에 대해서도 출력신호를 생성하게 된다. 이 경우 차동 노이즈 상쇄 기법을 통해 해결할 수 있다(6.7.2절 참조).

6.7.7 접지면

수년 동안 접지면ground plane은 전자 엔지니어와 인쇄 회로 설계자에게 비이상적 회로 동작에 대한 신비한 치료제로 알려져 왔다. 접지면은 기본 자기 이론magnetic theory을 바탕으로 주로 회로의 인덕턴스를 최소화하는 데 유용하다. 일반적으로 와이어에 흐르는 전류는 자기장을 생성한다(4.3절 참조). 이때 자기장의 세기는 다음과 같이 전류 i에 비례하고, 도체로부터의 거리 r에 반비례한다.

$$B = \frac{\mu_0 i}{2\pi r} \tag{6.67}$$

따라서 우리는 자기장으로 둘러싸인 와이어를 상상할 수 있다. 와이어 인덕턴스는 전류에 의해 생성된 자기장에 저장된 에너지로 정의된다. 와이어 인덕턴스는 와이어 길이에 대해 자기장의 전체 면적을 적분하여 구할 수 있다. 이것은 와이어 표면에서 무한대까지 거리까지 적분해주어야 함을 의미한다. 그러나 반대 방향으로 동일한 전류를 전달하는 두 개의 와이어가 근접하면 자기장은 서로 상쇄된다. 이 경우 와이어 인덕턴스는 훨씬 더 작다. 반대 방향으로 흐르는 전류는 **리턴 전류**return current라고 부르며 이는 접지면 동작의 근본 원리이다. 접지면은 리턴 전류가 흐를 수 있도록 신호 전달 도체 바로 아래에 전류 경로를 제공한다. 리턴 전류는 도체와 관련된 분기branches 수에 관계없이 접지로 바로 연결되는 경로를 가진다. 전류는 항상 최저 임피던스의 리턴 경로를 통해 흐르며 올바르게 설계된 접지면에서 이 경로는 신호 도체 바로 아래에 위치한다. 실제 회로에서는 접지면은 보드의 한쪽 면에 위치하고 신호가 흐르는 도체는 다른 쪽 면에 위치한다. 다층 기판에서 접지면은 일반적으로 두 개 이상의 도체면 사이에 위치하게 된다. 기생 인덕턴스를 최소화하는 것 외에도 접지면은 추가적인 이점을 가진다. 이들의 평평한 표면은 **표피 효과**skin effect[12]로 인한 저항 손실을 최소화한다. 또한 스트레이 커패시턴스를 접지로 참조하여 회로의 고주파 안정성을 높인다. 접지면은 디지털 회로에 매우 유익하지만, 아날로그 센서 신호의 전류 반환에 접지면을 사용하는 것은 위험하다. 이는 접지의 디지털 전류가 회로의 아날로그 파트에 강력한 간섭을 일으킬 수 있기 때문이다. 이와 관련하여 몇 가지 실용적인 제안을 나타내면 다음과 같다.

1. 구성 부품들이 있는 면(또는 다층 보드의 내부)에 가능한 한 넓은 면적의 접지면을 만든다. 특히 고주파 또는 디지털 신호로 동작하는 트레이스 밑에는 면적을 최대화한다.
2. 빠른 과도전류가 흐르는 구성 요소(단자 저항, IC, 트랜지스터, 디커플링 커패시터 등)들은 가능한 보드에 가깝게 장착한다.
3. 공통 접지 기준 전위가 필요한 경우 기준 전위에 대해서는 별도의 도체를 사용한다. 그리고 접지 전류로 인한 전압강하를 방지하기 위해 모든 도체를 접지면의 공통 지점에 연결한다.
4. 회로 기판의 디지털 및 아날로그 섹션에는 각각 별도의 접지면을 사용하고 전원 공급 단자에서만 하나의 지점에 연결한다.
5. 트레이스trace 길이를 짧게 유지한다. 인덕턴스는 길이에 따라 변하며 어떤 접지면도 완벽하게 상쇄시킬 수는 없다.

6.7.8 접지 루프 및 접지 절연

회로가 낮은 레벨의 입력신호에 사용되는 경우 회로 자체에서 정확성 문제를 야기할 정도의 노이즈와 간섭이 발생할 수 있다. 종종 회로가 올바르게 설계되어 벤치 브레드보드에서 상당히 만족스러운 성능을 보이는데도 인쇄 회로 기판PCB으로 프로토타입을 제작했을 때 정확도 요건이 충족되지 않는 경우가 있다. 브레드보드와 PCB 프로토타입의 차이는 도체의 물리적 레이아웃으로부터 기인된다.

일반적으로 전자 부품들 사이에서 도체는 커패시터를 저항에 연결하거나, JFET 트랜지스터의 게이트를 연산 증폭기의 출력에 연결하는 등 다양하게 사용된다. 그러나 대부분의 전자회로에서 일반적으로 사용되는 두 개의 도체가 있다. 바로 전원 공급 장치 버스power supply bus와 접지 버스ground bus이다. 둘 다 회로의 한 부분에서 다른 부분으로 바람직하지 않은 신호를 전달할 수 있으며 특히 강한 출력신호가 센서 및 입력단과 커플링되도록 만든다.

전원 공급 장치 버스는 회로의 모든 단에 공급 전류를 전달한다. 접지 버스는 역시 공급 전류를 전달하지만, 전기신호에 대한 레퍼런스를 설정하는 데 더 자주 사용된다. 모든 회로 측정에서 레퍼런스는 오차없이 정확히 유지되어야 한다. 두 기능(전원 공급 및 레퍼런스)의 상호 작용은 **접지 루프**ground loop로 알려진 문제를 일으킬 수 있다. [그림 6-49(a)]는 센서가 상당한 이득을 가지는 증폭기의 비반전 입력단에 연결되는 경우를 나타낸 것이다.

증폭기는 전원 공급 장치에 연결되어 전류 i를 끌어오고, 접지 버스로 i' 전류를 반환한다. 그리고

12 도체 표면을 따라 전류가 이동할 경우에 해당한다.

센서는 전압 V_s를 생성하고 증폭기의 입력단으로 공급한다. 접지선은 센서 터미널 바로 옆에 있는 지점 a에서 회로와 연결되어 있다. 회로에 특별한 에러 소스가 없어 보이지만, 출력전압에서 에러가 발생할 수 있다. 접지선을 잘못 연결하면 노이즈 소스가 발생한다. [그림 6-49(b)]는 접지 도체가 이상적이지 않고, 일정한 저항 R_g와 인덕턴스 L_g를 가지는 것을 보여준다. 이 경우 공급 전류가 증폭기에서 배터리로 반환되고 지점 b와 a 사이의 접지 버스를 통과하면서 전압 강하 V_g가 발생한다. 이 전압강하는 작지만 센서에서 생성된 신호와 비슷하다.

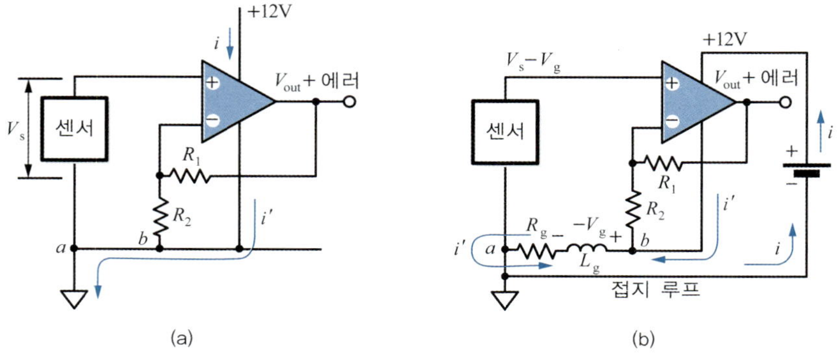

그림 6-49 (a) 접지 단자와 회로의 잘못된 연결 (b) 접지 도체를 통한 전원 전류 경로

전압 V_g는 센서와 직렬로 연결되어 증폭기의 입력에 직접 적용된다는 점에 유의해야 한다. 즉 센서는 정확한 접지를 레퍼런스로 가지지 못하고 있다. 또한 접지 전류는 고주파 성분을 포함할 수 있으며 버스 인덕턴스는 센서에 노이즈를 추가할 뿐만 아니라 회로 불안정성을 유발할 수 있는 매우 강력한 스퓨리어스 고주파 신호를 생성할 수 있다.

예를 들어 물체 온도의 $50\,\mu V/℃$에 해당하는 전압을 생성하는 열전대 온도 센서를 살펴보자. 저노이즈 증폭기는 저항이 $R_g = 0.2\,\Omega$인 접지 루프를 통과하는 $i = 1\,mA$의 대기 전류를 가진다. 접지 루프 전압 $V_g = iR_g = 0.2\,mV$는 $-4℃$의 오류에 해당한다. 이에 대한 해결책은 매우 간단하다. 접지 루프를 끊으면 된다. 회로 기판 설계의 가장 중요한 규칙은 **기준 전위 및 전원 공급 장치 전류에 동일한 도체를 사용하지 않는 것**이다. 회로 설계자는 레퍼런스 접지와 전류 전달 접지(특히 디지털 장치에 전류를 공급하는)를 항상 분리해야 한다. 따라서 레퍼런스용, 아날로그용, 디지털용으로 세 개의 접지를 별도로 갖는 것이 좋다.

레퍼런스 접지[reference ground]는 저레벨 입력신호를 생성하는 센서 구성 요소, 접지 전위를 참조해야 하는 모든 프론트 스테이지 증폭기의 입력 구성 요소들 및 ADC의 레퍼런스 입력을 연결하는 경우에만 사용된다. **아날로그 접지**[analog ground]는 아날로그 인터페이스 회로에서 더 강한 전류를 반환하기 위해 개별적으로 사용되어야 한다. 그리고 **디지털 접지**[digital ground]는 마이크로프로세서, 디지털 게이트 등과 같은 디지털 신호에만 사용되어야 한다. 상대적으로 강한 전류를 전달하는 경우(특히 고주파 신호를 다루는 경우 - LED, 릴레이, 모터, 히터 등)에는 추가 접지가 필요할 수도 있다. [그림 6-50]과 같이 센서의 지점 a에서 전원 단자 지점 c로 접지 연결을 이동시키면 센서와 피드백 저항 R_2에 연결된 접지 전도체에 걸쳐 스퓨리어스 전압이 형성되는 것을 방지할 수 있다.

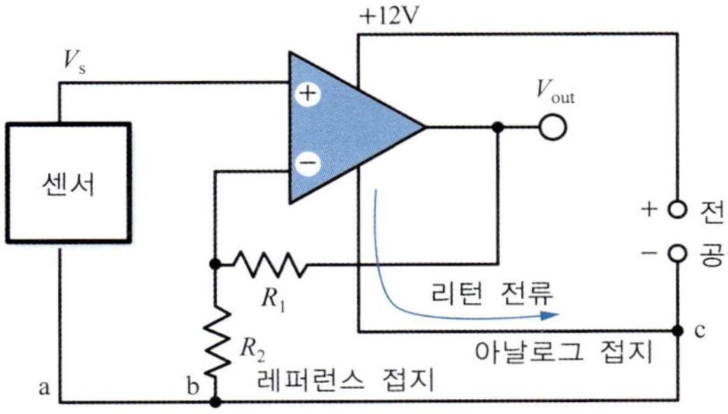

그림 6-50 센서 및 인터페이스 회로의 올바른 접지

원칙은 회로 기판의 모든 접지를 오직 한 지점에서만 결합하는 것이다. 두 개 이상의 지점에서 접지를 하게 되면 접지 루프가 형성될 수 있으며 이를 진단하는 것이 매우 어렵다.

6.7.9 제베크 노이즈

제베크 노이즈$^{\text{seebeck noise}}$는 두 개의 이종 금속이 결합될 때 기전력이 발생하는 제베크 효과(4.9.1절)의 결과이다. 일반적으로 제베크 기전력$^{\text{seebeck e.m.f.}}$은 작기 때문에 많은 센서에서 그냥 무시될 수 있다. 그러나 $10 \sim 100\,\mu V$의 범위에서 정확도가 요구되는 경우에는 이 노이즈를 잘 고려해야 한다. 두 개의 이종 금속을 연결하면 온도 센서가 생성된다. 그러나 온도를 감지하는 것이 목적이 아닌 경우 열 유도 기전력은 스퓨리어스 신호일 뿐이다.

전자회로에서는 커넥터, 스위치, 릴레이 접점, 소켓, 전선 등 어디에서나 이종 금속의 연결을 찾을 수 있다. 예를 들어 집적 회로의 kovar™[4] 입력 핀에 연결된 구리 PCB 클래드는 $40\,\mu V \times \Delta T$의 오프셋 전압을 생성한다. 여기서 ΔT는 보드의 서로 다른 두 금속 접점 사이의 온도 기울기이다. 구리 클래드와 함께 사용되는 납-틴 솔더$^{\text{lead-tin solder}}$는 $1 \sim 3\,\mu V/℃$ 사이의 열전 전압을 생성한다. 특수 카드뮴-틴 솔더를 사용하면, 스퓨리어스 신호를 $0.3\,\mu V/℃$까지 줄일 수 있다. [그림 6-51(a)]는 두 유형의 솔더에 대한 제베크 기전력을 나타낸 것이다. 서로 다른 제조업체에 의해 제조된 두 개의 동일한 와이어를 연결하면 200 nV/℃의 전압 기울기가 발생할 수 있다.

대부분 적절한 회로 배치와 열적 균형을 통해 제베크 기전력을 제거할 수 있다. 인터페이스 회로의 프론트 스테이지와 센서 사이의 접합의 수를 적게 가져가고 커넥터, 소켓, 스위치 및 기타 기전력의 잠재적 소스를 피하는 것이 좋다. 어쩔 수 없이 접합이 존재하는 경우에는 접합의 개수와 타입을 맞춰서 차동 상쇄되도록 하는 것이 좋으며 이를 위해서는 필요한 접합을 상쇄하도록 의도적으로 접합을 만드는 작업이 필요하다. 이때 상쇄하려는 접합들은 동일한 온도에서 유지되어야 한다. [그림 6-51(b)]는 센서 접점, 입력단자 접점 및 앰프 구성 요소 접점이 서로 다르지만 적절하게 배열된 온도에서 유지되는 증폭기에 대한 원격 센서 연결을 보여준다.

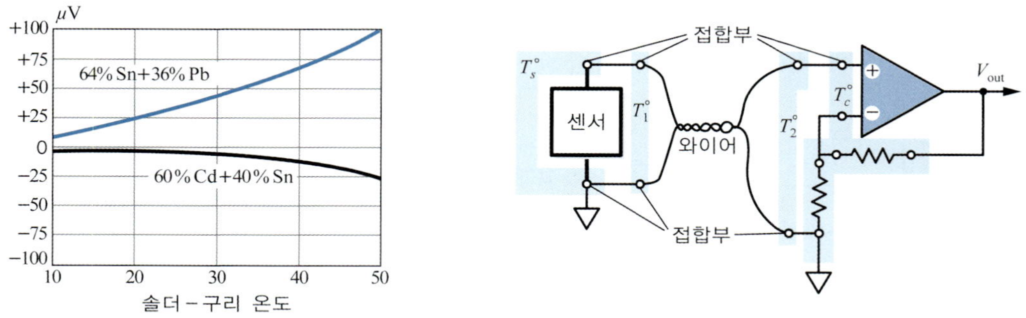

(a) (b)

그림 6–51 (a) 솔더 – 구리 조인트에 의해 생성된 제베크 기전력[14] (b) 조인트를 동일한 온도로 유지하면 제베크 노이즈가 감소한다.

이러한 열 균형 접점들은 물리적으로 가깝게 배치되고 가능한 공통 히트 싱크heat sink에서 유지되어야 한다. 또한 회로 기판과 센서 인클로저 내에서의 공기 흡입 및 온도 구배는 반드시 피해야 한다.

6.8 저전력 센서를 위한 배터리

현대적 집적 센서를 바탕으로 장기적인 원격 모니터링 및 데이터 획득을 구현하기 위해서는 안정적인 전력 공급원이 필요하다. 배터리 개발의 역사는 볼타volta로 거슬러 올라가며, 지난 수십 년 동안 매우 놀랄만한 발전을 보여주었다. 잘 알려진 예로는 전기 화학 배터리가 있다. 예로는 아연 – 탄소C-Zn, 알칼리성 물질alkaline, 아연에어Zn-air, 니켈 카드뮴NiCd, 연산lead-acid 축전지가 있다. 오늘날 아연에어Zn-air, 니켈 금속 수소화물Ni-metal-hydride, 특히 리튬 배터리Li-MnO_2가 가장 널리 사용되고 있다. 모든 배터리는 1차 전지(1회 사용)와 2차 전지(충전을 통해 여러 번 사용)로 나눌 수 있다.

종종 배터리의 에너지 밀도는 단위 중량당 에너지로 나타내지지만, 소형 센서에 활용될 때는 단위 부피당 에너지가 더 중요한 경우도 있다([표 A–20] 참조). 일반적으로 배터리에 의해 공급되는 에너지는 전력 공급 속도에 따라 달라진다. 일반적으로 전류가 증가하면 전달되는 에너지의 양이 감소한다. 또한 배터리 에너지 및 전력은 배터리 구성, 크기 및 전류 공급의 듀티 사이클duty cycle에도 영향을 받는다. 제조업체는 일반적으로 특정한 컷오프cutoff 전압에 대해 특정 속도로 방전될 때를 기준으로 하여 암페어–시간 또는 와트–시간으로 배터리 용량 사양을 제시한다.

배터리의 커패시턴스가 C (단위 : mAh) 이고 평균 방전 전류가 I (단위 : mA) 인 경우 배터리 방전 시간(사용 시 기본 셀의 수명)은 다음과 같이 정의된다.

$$t = \frac{C}{I \times n} \tag{6.68}$$

여기서 n은 듀티 사이클이다. 예를 들어 배터리 용량이 100 mAh 이고, 부하 전류 소비량은 5 mA, 회로는 매시간 3분 동안(듀티 사이클은 3/60)만 동작한다고 하자. 이때 배터리는 다음과 같은 시간 동안 동작할 수 있다.

$$t = \frac{C}{I \times n} = \frac{100}{5 \times \frac{3}{60}} = 400\,\text{h} \tag{6.69}$$

그러나 지정된 방전 속도가 실제 전력 소비량과 거의 일치하지 않기 때문에 제조업체의 사양은 지침으로만 사용해야 한다. 또한 배터리가 방전되면서 출력전압이 떨어지게 되므로 특정한 컷오프 전압으로 고정된 경우를 가정하여 용량이 계산되어 있다.

예를 들어 배터리 용량이 컷오프 전압 2.6 V 에 대해 220 mAh 로 지정되어 있으며 실제 부하의 동작을 위해서는 최소 2.8 V 가 필요하다고 하자. 이 경우에는 실제 배터리 용량은 제조업체가 지정한 용량보다 적을 것이다.

계산에 의존하기보다는 실험적으로 배터리 수명을 결정하는 것이 좋다. 전자회로를 설계할 때 전기회로의 전력 소비량은 다양한 동작 모드와 동작 온도 범위에서 결정되어야 한다. 회로별 컷오프 전압을 염두한 상태로 배터리 부하 시뮬레이션에 사용함으로써 배터리 수명을 결정할 수 있다. 배터리의 용량은 부하, 동작 전류 프로필 및 실제 듀티 사이클에 크게 좌우되기 때문에 배터리의 가속 수명 시험은 주의해서 이루어져야 한다.

간혹 회로는 짧은 시간(펄스 모드) 동안 고전류를 끌어오기도 하며 배터리 내부 저항이 제한 요인이 될 수 있으므로 배터리에서 필요한 만큼의 전류를 전달할 수 있는 능력도 평가될 필요가 있다. 고전류를 공급하기 위한 해결책으로 충전 저장 탱크로 사용할 수 있는 10 ~ 100 μF 와 같은 대형 병렬 커패시터들을 추가하여 배터리를 증강할 수 있다. 또한 병렬 커패시터는 펄스 애플리케이션에서 배터리 수명을 연장시킬 수 있다는 장점을 가진다. [15]

6.8.1 1차 전지

배터리 셀의 구조는 성능과 비용을 결정한다. 대부분의 1차 전지(일회용 배터리)는 병렬 또는 동심원 구성의 단일 두꺼운 전극과 액체 전해질을 사용한다. 또한 작은 2차 전지(충전 가능 배터리)들은 다른 구조로 설계된다(길고 얇은 전극을 실린더에 감아 금속 용기에 넣는 감긴wound 구조 또는 젤리롤jelly roll 구조를 사용). 그 결과 전력 밀도는 증가되지만 에너지 밀도는 감소하고 비용은 증가한다. 전해질의 전도성이 낮으므로 수많은 리튬 1차 전지들은 감긴 구조를 사용한다. [16]

■ 알카린 망간 배터리

아연 양극anode에서 수은이 제거되면서 알칼리 망간 배터리에 대한 수요는 크게 증가했다. 알칼리 배터리는 높은 전류를 전달할 수 있으며, 전력/밀도 비율이 향상되었으며 최소 5년의 저장 수명을 제공한다([표 A-20] 참조).

■ 1차 리튬 배터리

1차 리튬 배터리의 대부분은 일본과 중국에서 생산되고 있다. 리튬 - 망간산화물의 인기는 1991년 소니에 의해 처음 도입된 이후 빠르게 증가했으며 높은 동작 전압과 다양한 크기 및 용량, 우수한 저장 수명을 가지고 있다([표 A-21] 참조). 리튬 요오드 전지는 매우 높은 에너지 밀도를 가지고 있으며 페이스메이커(임플란트된 심장 박동 조절기)를 최대 10년까지 동작시킬 수 있다. 이 배터리는 낮은 전기전도도를 가지는 고체 전해질로 제작되었으며 매우 낮은 전류(마이크로암페어 정도의 전류는 수많은 수동 센서들을 구동하는 데 충분하다)로도 동작할 수 있다.

리튬 전지는 1 g만으로도 3.86 Ah의 용량을 생산할 수 있어 배터리에 들어가는 리튬의 양은 매우 적다. 그러나 리튬 전지는 여전히 환경 규제에서는 제외되어 있으나 위험하다고 여겨져 비행기 탑승 시 소지하는 것이 금지된다. 150℃ (302°F)에서 셀이 열적으로 불안정해지기 때문에 코발트 음극cathode을 가지는 리튬 이온 셀은 절대 130℃ (265°F) 이상으로 상승되어서는 안 된다.

두께가 작은 휴대용 제품의 경우에는 얇은 배터리가 매우 바람직하다. 두께와 표면적 사이에는 트레이드오프tradeoff가 존재한다. 얇은 배터리의 경우 면적이 커지는데 예를 들어 리튬/망간 이산화 배터리 CP223045의 두께는 2.2 mm이고 표면적은 13.5 cm^2이다. 이는 연간 자가 방전self-discharging이 2%에 불과하며 450 mAh의 큰 용량을 가지고 있다.

6.8.2 2차 전지

2차 전지([표 A-22] 및 [표 A-23] 참조)는 충전식 배터리를 말한다. 밀폐형 납축전지는 작은 크기로도 대용량을 제공하며 1시간의 짧은 방전시간에서 200 사이클의 수명을 가진다. 이 셀의 주요 장점은 저렴한 비용과 낮은 자체 방전 및 큰 부하에도 안정적으로 전력을 공급할 수 있다는 것이다. 그리고 열악한 환경을 잘 견딜 수 있으며 수명도 길다. 반면에 상대적으로 크기와 무게가 크고 납과 황산을 포함하고 있어 환경적으로 유해한 인자를 포함한다.

봉인된 니켈 카드뮴Nickel-Cadmium, NiCd 및 니켈 - 금속 수화물Nickel-Metal Hydrate, Ni-MH은 가장 널리 사용되는 2차 전지로 연간 10억 개가 생산된다. AA셀의 일반적인 용량은 약 2000 mAh이며 훨씬 더 큰 것들도 있다. NiCd 셀은 과충전 및 과방전에 대해 매우 큰 내성을 가진다. 니켈 카드뮴의 흥미로운 특성은 충전이 흡열 반응이라는 점이다. 반면에 다른 배터리들은 충전할 때 발열한다. 그러나 카드뮴은 잠재적으로 환경 문제를 야기할 수 있다. 니켈-금속 수화물 및 최신 니켈 카드뮴은 메모리 효과가 일어나지 않는다. 즉 부분 방전이 완전 재충전 능력에 영향을 주지 않는다. 니켈-금속 수화물 전지는 니켈 거의 카드뮴을 직접 대체하고 있으며 보다 큰 용량을 제공하지만 자체 방전 특성이 나쁘다는 단점이 있다.

리튬 이온 폴리머 배터리(LiPo 또는 LIP)에는 비액체 전해질을 사용하므로 고체 배터리에 해당한다. 이를 통해 다양한 크기와 모양으로 제작할 수 있지만 가장 많은 비용이 든다. 반면에 충전식 알칼리 배터리는 비용이 저렴하고 전력 밀도가 좋다. 그러나 수명주기가 매우 짧다는 단점이 있다.

6.8.3 슈퍼커패시터

슈퍼커패시터supercapacitor, SC 또는 울트라커패시터는 2차 전지와 일반 커패시터 사이의 간격을 메꾸는 역할을 한다. 이 제품은 1 ~ 200 F 범위의 매우 큰 커패시턴스와 0.07 ~ 0.7 Ω 범위의 낮은 내부 저항을 특징으로 한다. 슈퍼커패시터의 에너지 밀도는 기존 배터리의 약 10% 이지만, 전력 밀도는 일반적으로 10 ~ 100배 더 크다. 그 결과 배터리보다 충전/방전 시간이 훨씬 짧다. 지속적인 저전력 방전과 피크 부하를 위한 펄스 전력이 모두 필요한 애플리케이션을 위해 슈퍼커패시터는 일반 1차 또는 2차 전지와 함께 사용되면서 배터리의 수명을 연장시키고 크기 및 비용을 줄일 수 있다.

슈퍼커패시터의 주요 장점은 수명이 길다는 점이다. 즉 리튬 이온 전지의 경우 일반적인 충전-방전 사이클이 500 ~ 10,000 회이지만, SC는 약 50만회이다. 단점으로는 SC가 상대적으로 큰 누설전류를 가지며 일반적인 동작 전압이 2.8 V 미만이라는 점이다. 따라서 슈퍼커패시터는 배터리 또는 에너지 수확기로부터 전하를 지속적으로 보충받을 수 있을 때 가장 유용하다.

6.9 에너지 하베스팅

감지 모듈에 전력을 제공하는 것이 항상 쉬운 일은 아니다. 전력선을 이용할 수 있거나 배터리를 주기적으로 교체할 수 있는 경우에는 큰 이슈가 없다. 하지만 배터리 교체가 항상 쉬운 것은 아니다. 이러한 특수한 경우, 에너지를 주변 소스로부터 얻어야 한다.[21] 이를 위해서는 특정한 유형의 에너지를 받아서 직류 전력으로 변환해야 한다. 에너지 하베스팅energy harvesting으로 활용 가능한 에너지원의 예는 다음과 같다.

1. **열** : 열 구배로부터 얻을 수 있는 에너지. 예를 들어 인체와 환경 사이의 온도 차이는 열전 소자에 의해 전기로 전환될 수 있다.
2. **기계** : 특수한 트랜스듀서에 힘을 주거나, 코일 또는 자석을 움직여 얻을 수 있는 에너지. 예를 들어 압전 소자는 신발 바닥에 내장되고, 걸을 때마다 스트레스를 받아서 커패시터 또는 배터리를 충전할 수 있는 전압 스파이크를 생성할 수 있다. 또 다른 예로는 파도의 기계적 에너지를 전력으로 변환할 수 있는 전자기 트랜스듀서가 내장된 플로팅 감지 모듈이 있다.
3. **빛** : 빛은 광전효과나 열전효과를 이용하여 전기로 전환될 수 있다.
4. **음향** : 소리(압력파)는 특수 마이크 또는 수중청음기hydrophone를 사용하여 전기로 변환될 수 있다.
5. **전자기** : 라디오 방송국과 같은 원거리 전자기장 RF 소스에서 발생하는 전자기장은 감지되어 직류 전력으로 변환될 수 있다.
6. **자기장** : 변압기, 다양한 자기장 트랜스미터는 자기장을 이용해 에너지를 얻을 수 있다.

6.9.1 빛 에너지 하베스팅

빛의 양자는 상당한 양의 에너지를 전달할 수 있으며, 그 크기는 파장에 따라 결정된다((식 5.3) 참조). 빛 에너지의 일부를 수확harvesting하여 전자회로에 전원을 공급하는 데 사용할 수 있다. 열복사로 알려진 저에너지 빛에서 전력은 초전기 전지를 사용하여 수확할 수 있다.[17] 이 전지에서 빛은 먼저 열로 변환되고, 열은 전기로 변환된다. 가시광선의 경우 가장 일반적인 유형의 변환 장치는 광기전PhotoVoltaic, PV셀 또는 태양 전지이다. 이들은 직류를 공급하기 때문에 여러 면에서 배터리와 유사하다. 태양 전지는 배터리처럼 양극과 음극을 가지고 있다.

태양 전지는 광에 민감한 영역이 매우 넓은 광 다이오드와 동일하게 실리콘 pn 접합으로 만들어진다. 그러나 포토다이오드와 달리 역 바이어스 없이 사용된다. 빛을 받게 되면, 전자가 pn 접합을 통해 흐르게 되고 약 0.58 V (개별 태양 전지의 경우)의 개방회로 전압open circuit voltage을 생성한다. 출력전압 및 전력을 높이기 위해서는 개별 태양 전지들을 직렬로 연결하여 태양 전지판을 형성할 수 있다. PV 셀로부터 얻을 수 있는 전류의 양은 빛의 세기, 전지 크기 및 효율에 따라 달라진다(보통 효율은 15 ~ 20% 정도로 낮은 편이다). 전지의 전체적인 효율을 높이기 위해서는 상용 태양 전지는 20 ~ 40 mA/cm^2 사이의 최대 전류를 생성할 수 있는 다결정 실리콘 또는 비정질 실리콘을 사용한다.

주어진 조명에 대해 태양 전지는 [그림 6-52(a)]와 같은 전류-전압 특성을 갖는다.

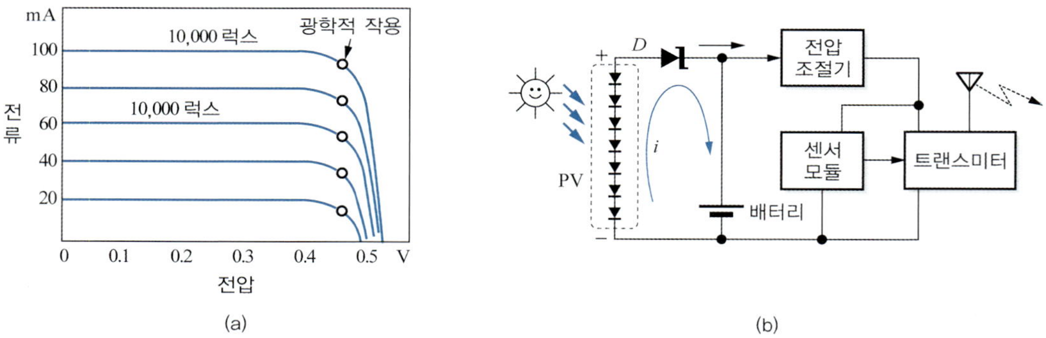

그림 6-52 (a) 태양 전지의 전압-전류 특성 (b) 전력 감지 모듈로 태양 전지 이용

최적의 동작 지점은 전지가 최대 전력을 제공할 수 있는 곳, 즉 전류와 전압의 곱이 가장 높은 지점이다. 동작 지점은 점으로 표시되어 있다. 조도가 클수록 PV 전류는 증가한다. PV 에너지 수확을 알아보기 위해 [그림 6-52(b)]와 같이 직렬로 연결된 7개의 태양 전지 패널을 살펴보도록 하자. 어둠 속에서 전력을 공급하는 역할을 하는 이차 전지를 충전하기 위해 약 4 V 의 전력을 생산하다. 어둠 속에서 전류의 역류를 방지하기 위해, 다이오드 D가 전류 경로에 사용되었다. 주변 조명이 켜질 때마다 이차 전지는 조금씩 계속 충전된다. 이차 전지의 출력은 감지 모듈 및 데이터 송신기(예 : 블루투스)에 고정 전압을 제공하도록 조정될 수 있다. 빛 수확의 단점은 태양 전지판이 밝은 주변광에 노출되어야만 하고 공기 중의 먼지로 인해 패널이 오염될 가능성이 있다는 것이다.

6.9.2 원거리 에너지 하베스팅

우리 주변의 주변 공간은 상당한 에너지가 결합되어 있는 무수히 많은 주파수들의 전기장 ElectroMagnetic Fields, EMF으로 꽉 차 있다. 현대 기술로는 에너지 전체를 전부 수확할 수는 없지만, 선택한 주파수에서 작은 입사 EMF를 활용할 수 있다.[18~19] 이때 중요한 점은 어떤 주파수를 사용하는지이다. 라디오 방송국, 무선 라우터 등과 같은 EMF 소스의 근접성에 따라 사용되는 주파수는 달라진다. 소스에서 멀어지게 되면 EMF 세기가 급격히 떨어지기 때문에 EMF 소스와 수확기 사이의 일반적인 거리는 3 m (10 피트) 이하인 것이 좋다. 수확 범위는 EMF 파장의 70 % 이상이어야 한다. 따라서 이러한 유형의 전자기 수신을 **원거리** far-field 수확이라고 한다. 송신기가 상당한 양의 EMF 전력을 방출하는 경우에는(예 : 방송 또는 통신 스테이션), 수확 범위가 40 m 까지 길어질 수도 있다. RF에서 DC로의 전력 변환 시스템은 산업, 과학 및 의료 용도의 UHF 주파수(902 ~ 928 mHz)에서 더 효율적으로 동작한다. 이 주파수 범위에서 RF 전력은 먼 거리에 대해서 더 효율적으로 전송되며 고주파 대역 (즉 2.4 GHz)보다 전파 손실이 적다.

수확된 EMF 에너지는 [그림 6-53(a)]와 같이 배터리 충전에 사용된다.

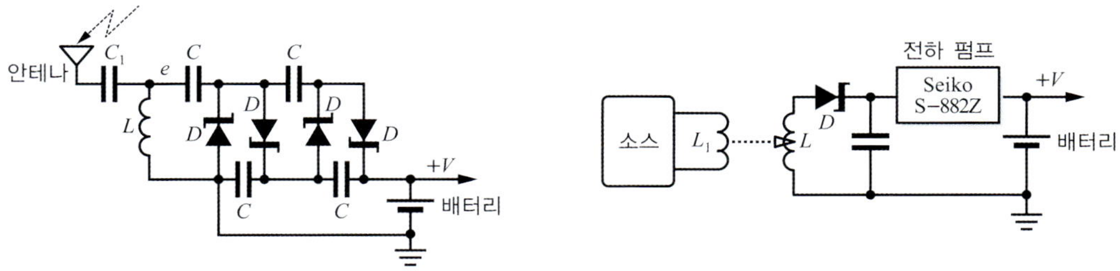

그림 6-53 (a) 원거리 에너지 하베스팅 회로와 전하 펌프 (b) 근거리 에너지 하베스팅 회로와 전하 펌프

이 회로에는 선택한 주파수로 튜닝된 LC_1 공진 탱크 기반의 안테나가 포함되어 있다. 주파수 튜닝은 출력 전력을 최대화하기 위해 고정되거나, 자동으로 조정될 수 있다. 안테나는 가급적 컨버터의 외부 표면에 배치되어야 한다. 공진 탱크의 RF 전압은 배터리를 정류하고 충전하기에는 다소 작다. 따라서 먼저 여러 다이오드 D 와 커패시터 C 로 구성된 빌라드 캐스케이드 villard cascade 라고 하는 전압 증배기 voltage multiplier 를 통해 배터리를 충전하기에 충분한 전압으로 만들어준다.

6.9.3 근거리 에너지 하베스팅

근거리 에너지 수확 방법은 EMF 벡터의 자기장만을 활용하므로, [그림 6-53(b)]와 같이 두 개의 자기 결합 코일이 있는 변압기와 유사하다.[20] 정류기를 통과한 노드에서의 전압은 약 0.5V 정도로 작으므로 전하 펌프 charge pump 를 사용하여 해당 전압을 약 2 V 로 증가시킨다. 이러한 유형의 커플링은 에너지 전송 거리를 극적으로 제한하게 된다. 일반적으로 파장의 70 % 미만이어야 하며 보통 5 cm 이내이다. 자기적 특성으로 인해 근거리 에너지 전달은 때때로 자기장 H-field 결합이라고 한다. 이러한 자기장은 높은 전류를 사용하는 가전제품 근처에서 매우 풍부하다. RFID 태그와 같은 무선회로에 전력을 공급하기 위한 RF 영역의 자기장은 특별히 무선 안테나에 의해 생성되기도 한다. 따라서 EMF를 방출하는 하나의 코일(예 : 13.56 MHz의 NFC 주파수에서)은 수신 코일 및 배터리 충전기와 유도적으로 결합되어야 하다. RF 신호는 에너지 공급과 함께 데이터 전송도 이루어질 수 있도록 변조될 수도 있다.

CHAPTER

07

인간의 감지기

Detectors of Humans

CONTENTS

인간의 감지는 보안, 감시, 에너지 관리(전등 제어), 개인금고, 인간-기계 인터페이스, 가전제품, 판매점 광고, 로봇, 자동차, 대화형 완구 등을 포함하여 매우 광범위한 응용 분야에서 사용된다. 인체 감지기는 다음과 같이 분류된다.

1. **점유 센서**occupancy sensors : 모니터링되는 영역에 사람(때로는 동물)이 있는지 감지한다.
2. **동작 감지기**motion detectors : 움직이는 물체에만 반응하며, 피사체가 정지하거나 그렇지 않을 때마다 신호를 생성하는 점유 센서와는 달리 움직이는 피사체에 선택적으로 반응한다.
3. **위치 감지기**position sensors : 센서로부터 손까지의 거리처럼 물체 위치 좌표를 적어도 하나 이상 측정하는 정량센서이다.
4. **촉각 센서**tactile sensors : 감지기와 피험자의 신체 일부 사이의 작은 힘 또는 단순한 물리적 결합에 반응한다. 이는 인간이든 로봇이든 관계없다.

가장 중요한 응용 분야 중 하나는 보안이다. 2001년 9월 11일 미국 뉴욕에서 일어난 911 사건은 공항, 항공, 보안에 대해 사람들이 생각하는 방식을 바꾸어 놓았다. 이러한 위협은 시스템의 안전성에 대한 관심을 확대하여 보안이 확보된 상황에서 사람을 탐지하고 식별할 수 있도록 한다. 이는 용도에 따라 모든 수단을 통해 감지되며,[1] 감지기는 신체 이미지, 광 명암contrast, 무게, 열, 소리, 유전상수, 냄새 등에 민감하다. 현재 사람의 탑승 및 동작 감지에는 다음과 같은 유형의 감지기가 사용된다.

표 7-1 다양한 유형의 감지기

감지기	내용
공기압 센서	문과 창문을 열었을 때 발생하는 기압의 미세한 차이를 감지한다.
정전	인체의 정전용량을 감지한다.
음향	사람이 만들어내는 소리를 감지한다.
광전	움직이는 물체에 의한 광선을 차단한다.
광전자	보호 영역에서의 조명이나 광명암의 변화를 감지한다.
압력 매트 스위치	침입자의 무게를 감지하기 위해 카펫 아래의 바닥에 사용되는 압력 감지용 긴 끈이다.
스트레스 감지기	바닥 빔, 계단, 기타 구조 내에 삽입된 스트레인 측정기이다.
스위치 센서	문과 창문에 연결된 전기 접점이다.
자기 스위치	스위치 센서의 비접촉 버전을 말한다.
진동 감지기	벽이나 건물의 기타 구조물의 진동에 반응하며, 움직임을 감지하기 위해 문이나 창문에 부착할 수 있다.
유리 파손 감지기	파손된 유리에 의해 생성된 특정 진동에 반응하는 센서이다.
적외선 동작 감지기	따뜻하거나 차가운 물체에서 자연적으로 발산되는 열에 민감한 장치이다.
마이크로파 감지기	물체에서 반사된 마이크로파 전자기 신호에 반응하는 능동 센서이다.
초음파 검출기	전자파 대신 초음파를 사용하는 것을 제외하면 마이크로파 감지기와 유사한 장치이다.
비디오 존재 감지기	메모리에 저장된 기준 이미지와 보호 영역의 현재 이미지를 비교하는 비디오 장비이다.
이미지 인식	얼굴 형상을 데이터베이스와 비교하는 이미지 분석기이다.
레이저 시스템 검출기	좁은 광선 빔과 반사기 조합을 사용한다는 점을 제외하면 광전 감지기와 유사하다.
마찰 전기 감지기	움직이는 물체에 의해 운반되는 정전기를 감지할 수 있는 센서이다.

점유나 침입 감지 시 주요 문제점 중 하나는 거짓 양성 감지다. '거짓 양성'이란 시스템에 침입이 없을 때 침입으로 나타내는 것을 말한다. 보통 동작 제어 조명 스위치, 대화형 장난감과 같이 중요도가 낮은 응용 분야에서 발생하는 오감지(거짓 양성 감지)는 심각한 문제가 아니다. 잠시 조명이 잘못 켜졌을 뿐이고 이는 거의 문제가 되지 않는다.

반면 보안이나 군사용 시스템에서 만큼은 아니어도 오감지(침입 미감지)가 심각한 문제를 일으킬 수도 있다. 따라서 중요한 용도에 사용할 센서를 선택할 때는 신뢰성, 선택성, 노이즈 내성을 고려해야 한다. 간혹 차동 인터페이스 회로를 사용하여 다중 센서 배열을 구성하는 것도 좋은 방법이다. 특히 외부 전송 노이즈가 있는 경우 시스템의 신뢰성을 크게 향상시킬 수 있다. 오감지를 줄이기 위한 또 다른 방법은 서로 다른 물리적 원리로 작동하는 센서를 사용하는 것이다. 예를 들어 정전식 감지기와 적외선 감지기를 결합하는 것은 다른 종류의 전송된 노이즈를 수용하기 때문에 효율적이다.

7.1 초음파 감지기

초음파 에너지의 송수신은 매우 널리 사용되는 초음파 범위 측정기와 속도 감지기에 기반한다. 초음파는 인간의 가청 범위, 즉 20 kHz 이상의 주파수 범위를 포함하는 기계적 음향파이다. 보통 개, 고양이, 곤충, 설치류(쥐나 토끼와 같이 앞니가 날카로운 동물)처럼 작은 동물들은 이런 주파수를 매우 민감하게 감지한다. 사실 초음파 탐지기는 박쥐와 돌고래의 생물적 측정 장치이다.

파동이 물체에 입사하면 에너지의 일부는 흡수되고 일부는 반사된다. 실제 사례에서 초음파 에너지는 확산하는 방식으로 반사된다. 즉 에너지가 발생하는 방향과는 관계없이 에너지가 180°에 가까운 넓은 입체각solid angle 내에서 거의 균일하게 반사된다. 물체가 움직이면, 반사 파장의 주파수는 투과된 파장과 다르다. 이를 도플러 효과[1]라고 한다.

물체까지의 거리 L_0은 매체에서 초음파의 속도 v와 각도 Θ를 통해 계산할 수 있다([그림 7-1(a)] 참조).

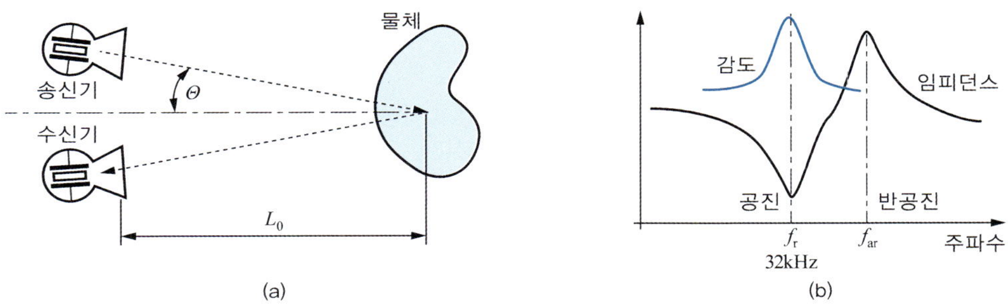

그림 7-1 초음파 거리 측정 (a) 기본 구조 (b) 압전 컨버터의 임피던스 특성

1 마이크로파에 대한 도플러 효과는 7.2절을 참조하라. 이 효과는 초음파를 포함하여 파동성이 있는 모든 종류의 에너지 전파에 완벽하게 적용할 수 있다.

$$L_0 = \frac{\nu t \cos\Theta}{2} \tag{7.1}$$

여기서 t는 초음파가 물체로 이동하고 수신기로 되돌아가는 시간이며 따라서 분모는 2가 된다. 송신기와 수신기가 물체까지의 거리보다 서로 가까이 위치한다면 $\cos\Theta \approx 1$이다. 초단파[UltraShort Wave, USW]는 마이크로파보다 명백한 이점을 가지고 있는데 이는 마이크로파의 전파 속도인 빛의 속도보다 훨씬 느리게 음속으로 전파되기 때문에 시간 t가 훨씬 더 길어지므로 측정이 쉽고 저렴하다.

초음파를 포함한 기계적 파동을 발생시키려면 표면의 움직임이 필요하다. 이 이동은 기체(공기), 액체 혹은 고체가 될 수 있는 매체의 압축과 팽창을 생성한다. 대기 중에서 작동하는 초음파 컨버터에는 압전식과 정전기식[2] 이렇게 두 가지 유형이 있다. 정전기 컨버터는 감도와 대역폭이 높지만 분극과 동작을 위해 더 높은 전압이 필요하다. 초음파 범위에서 표면 움직임을 발생시킬 수 있는 가장 일반적인 형태의 여기 장치는 [그림 7-2]에서 작동하는 압전 컨버터로 모터 모드에서 동작한다. 압전 컨버터는 저전압 여기신호($10 \sim 20\ V_{\mathrm{rms}}$)를 필요로 하므로 단순하고 비용이 저렴하다.

[그림 7-2(a)]는 세라믹 소자에 인가되는 입력전압이 세라믹 소자가 휘어지게 만들고 초음파를 전송하는 것을 보여준다.

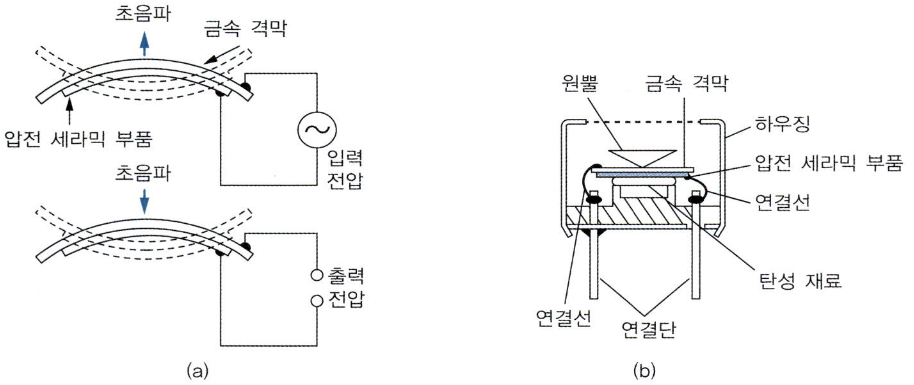

그림 7-2 (a) 입력전압은 소자를 초과하여 초음파를 전송하지만, 수신 파형은 출력전압을 생성한다.
(b) 대기 중 동작을 위한 초음파 컨버터의 개구부 유형(출처 : Nippon Ceramic, Japan)

압전은 가역 현상이므로 세라믹은 입사되는 초음파가 방출될 때 전압을 발생시킨다. 즉 음파 송신기와 수신기(마이크)의 역할을 동시에 할 수 있다. 송신 압전 소자의 일반적인 작동 주파수는 거의 32 kHz이다. 효율을 높이기 위해서는 구동 발진기의 주파수를 감도 및 효율이 높은 압전 세라믹([그림 7-1(b)]의 공진 주파수 f_1으로 조정해야 한다. 공기 작동 센서의 일반적인 구조는 [그림 7-2(b)]와 [그림 7-3(a)]에 나와 있다. 방향 감도 다이어그램([그림 7-3(b)] 참조)은 특정 용도에 중요하며 다이어그램이 좁을수록 컨버터는 민감하다.

USW 컨버터에는 펄스 모드와 연속 모드라는 작동모드가 있다. 측정회로가 펄스 모드에서 작동할 때 압전 결정이 가역적 특성을 가지므로 대부분의 구조에서 동일한 컨버터가 사용된다(미국식 신호 송수신).[3]

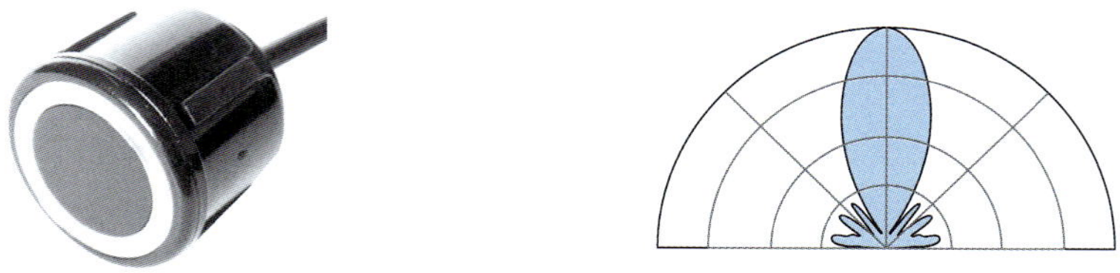

(a) (b)

그림 7-3 (a) 대기 중 초음파 컨버터 (b) 방향 다이어그램

USW 컨버터는 짧은 음파 에너지 버스트를 전송하고 반사된 신호를 감지하며 수신된 버스트의 도착 시간을 측정하여 물체에 대한 범위를 계산한다. [그림 7-4]는 송신 및 수신 음파 버스트의 모양을 보여준다.

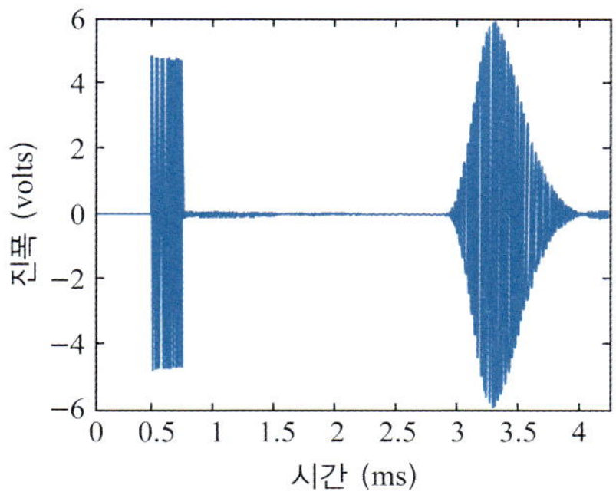

그림 7-4 송신 및 수신 USW 펄스신호[2]

이를 통해 시간 지연을 상당히 정확하게 측정할 수 있으며 펄스 USW 감지기는 고해상도로 범위를 측정한다. 이 방법은 자동차 주차 보조 감지기에 주로 사용된다. USW의 전송이 계속되는 시스템에서는 송신기와 수신기에 별도의 압전 소자가 사용된다. [그림 7-5]는 연속 USW 검출기의 단순화된 회로를 보여준다.

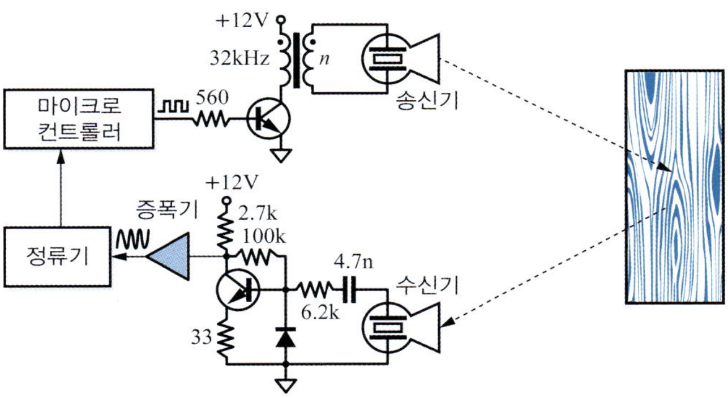

그림 7-5 연속 모드로 동작하는 USW 근접 감지기 개략도

송신 컨버터는 물체를 향해 USW의 연속적인 흐름을 방출한다. 마이크로컨트롤러에 의해 32 kHz의 송신 사각 펄스가 생성되어 출력 트랜지스터를 켜고 끈다. 감지 범위를 늘리기 위해 변압기는 보통 20 V 이상으로 펄스 진폭을 증폭한다. 반사된 USW 에너지는 수신, 증폭, 필터링, 정류된다. 수신된

에너지의 크기를 나타내는 정류신호는 마이크로컨트롤러의 ADC에 의해 디지털화되고 소프트웨어 임계값과 비교된다. 진폭이 강할수록 물체가 감지기에 더 가깝다. 임계값을 초과하면 임계 근접성이 표시된다. 전파 시간 지연을 측정하는 펄스 USW 장치와는 달리 연속 장치는 수신된 음파의 크기만 모니터링하기 때문에 정확한 거리 측정은 불가능하지만 대부분의 응용 분야에서는 이런 정성적 감지만으로도 충분하다. 예로는 로봇과 문 개폐 장치가 있다.

7.2 마이크로파 움직임 감지기

마이크로파 감지기[RAdio Detection And Ranging, RADAR]는 바람, 소음, 안개, 먼지, 습기 등과 같은 강한 주변 간섭의 영향이 있을 때 넓은 영역을 감지하거나 넓은 온도 범위에서 작동이 필요한 경우에 사용하기 적합하다. 이 감지기는 전자기 에너지 펄스를 모니터링 영역으로 방출한다. 마이크로파 감지기는 전자파 무선 주파수[RF] 파장의 방사선을 기반으로 작동한다. 전자기파는 전송된 신호의 파장보다 크거나 비슷한 크기의 물체로부터 후방 산란되며 반사 파장은 수신, 증폭, 분석된다. 송신신호(파일럿 신호)와 반사된 수신신호 사이의 시간 지연은 물체까지의 거리를 측정하는 데 사용되며 주파수 이동은 물체의 움직이는 속도를 계산하는 데 사용된다. 마이크로파 감지기는 레이더류에 속하며 표준 레이더 주파수는 다음과 같다.

표 7-2 표준 레이더 주파수

밴드	주파수 범위(GHz), f	파장(cm), λ
K_a	26.0 ~ 40.0	0.8 ~ 1.1
K	18.0 ~ 26.5	1.1 ~ 1.67
X	8.0 ~ 12.5	2.4 ~ 3.75
C	4.0 ~ 8.0	3.75 ~ 7.50
S	2.0 ~ 4.0	7.5 ~ 15
L	1.0 ~ 2.0	15 ~ 30
P	0.3 ~ 1.0	30 ~ 100

마이크로파는 4 cm 이하의 파장(K_a, K, X 밴드) 중 임의의 파장으로 구동된다. 이는 안개나 공기 중에 떠다니는 먼지와 같은 대부분의 오염 물질을 자유롭게 통과할 수 있을 만큼 파장이 길고, 이보다 더 큰 물체에 의해서는 반사될 만큼 파장이 짧다. 다른 주파수와 다른 유형의 에너지(예 : 초음파, 빛)도 마이크로파와 유사한 방식으로 사용된다. 예를 들어 교통경찰은 속도위반을 식별하기 위해 레이저 총을 사용한다. 레이저 감지기에는 일련의 짧은(나노 초) 적외선 레이저 광 펄스가 방출되고 레이저 총은 마이크로파 레이더와 마찬가지로 빛의 폭발이 반사되고 감지되는 시간을 측정한다.

검출기의 마이크로파 부분([그림 7-6] 참조)은 극초단파가 발생되는 건 발진기[gunn oscillator], 안테나, 믹서 다이오드로 구성된다. 건 발진기는 작은 정밀 공동에 장착된 다이오드로 전원을 공급하면 마이크로파 주파수로 진동한다.

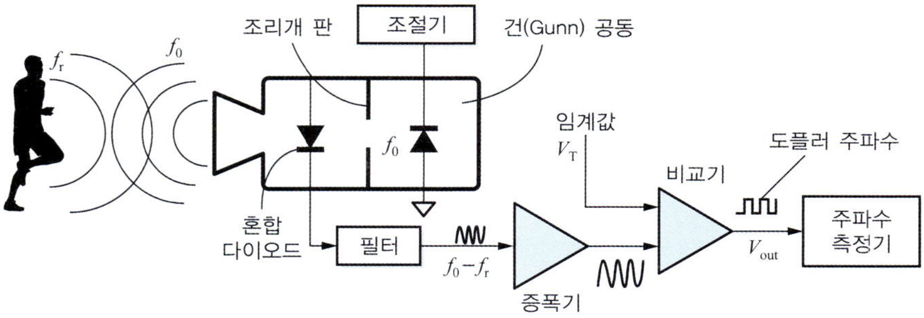

그림 7-6 건 발진기와 혼합 다이오드 기반의 마이크로파 움직임 감지기

발진기는 전자기파(주파수 f_0)를 생성하며 일부는 조리개와 혼합 공동을 통해 도파관과 초점 안테나로 전달되어 방사선이 물체를 향하게 한다. 조리개는 혼합 다이오드에 도달하는 마이크로파 에너지의 양을 제어하며 안테나의 초점 특성은 응용처에 따라 결정된다. 일반적으로 안테나의 방향 다이어그램이 좁을수록 감도가 높다(안테나 이득이 더 높다). 또한 좁은 빔 안테나는 감도가 훨씬 크지만 광각 안테나는 상당히 작다. 송신기의 일반적인 복사전력은 10 ~ 20 mW 이다. 건 발진기는 컨트롤러에서 공급된 DC 전압의 안정성에 매우 민감하므로 양질의 전압 조정기로 전원을 공급해야 한다. 발진기는 설계에 따라 연속적으로 작동하거나 펄스를 공급할 수 있다.

마이크로파 발진의 더 작은 부분은 쇼트키 혼합 다이오드에 연결되어 기준신호로 사용된다. 대부분 송신기와 수신기는 송수신기[tranceiver]라고 하는 하나의 모듈로 구성된다. 대상체는 수신된 방사선을 혼합 다이오드 쪽으로 유도하는 안테나 쪽으로 일부 파장을 반사시킨다. 이는 표적의 유무, 움직임과 관련된 다수의 고조파를 포함하는 다이오드 전류를 유도한다. 마이크로파 및 초음파 점유 감지기와 동작 감지기의 경우 도플러 효과는 작동의 기본이다. 도플러 효과 장치는 움직이는 표적에만 반응하기 때문에 실제 동작 감지기라는 점에 유의해야 한다. 작동 원리는 다음과 같다. 안테나는 주파수 f_0를 갖는 파일럿 신호를 전송하며 이 신호는 파장 λ_0를 통해 다음과 같이 정의된다.

$$f_0 = \frac{c_0}{\lambda_0} \tag{7.2}$$

여기서 c_0는 대기 중 빛의 속도이다. 표적이 송신 안테나 쪽으로 혹은 그 반대로 이동하면 반사된 복사파의 주파수가 변경된다. 따라서 표적이 속도 v로 멀어지고 있다면 반사된 주파수는 감소하고 접근하는 표적들과 대비하여 증가한다. 이는 오스트리아의 과학자 크리스티안 도플러[Christian Johann Doppler]의 이름을 따서 **도플러 효과**[Doppler effect]라고 불린다.[2] 처음에 이 효과는 소리에 관해서만 발견되었지만, 전자기 복사에도 적용된다. 다만 음원과 대상의 속도에 관련된 움직임에 따라 전파되는 음파와 달리 전자기파는 광원 속도와 무관하게 절대상수인 빛의 속도로 전파된다. 반사된 전자기파의 주파수는 아인슈타인의 특수 상대성 이론에 의해 다음과 같이 예측할 수 있다.

2 도플러의 시대에는 정밀 측정을 위한 음향 기구가 존재하지 않았다. 도플러는 자신의 이론을 증명하기 위해 트럼펫 주자들을 철로에 배치했고 트랙 근처에 절대음감을 가진 음악가들을 배치했다. 기관차는 이틀 동안 서로 다른 속도로 무개화차(flatcar)를 앞뒤로 당겼다. 기차가 접근하고 물러날 때 지상의 음악가들은 트럼펫 음을 녹음했고 이 식은 도플러의 예상과 들어맞았다.

$$f_r = f_0 \frac{\sqrt{1-\left(\frac{v}{c_0}\right)^2}}{1+\frac{v}{c_0}} \tag{7.3}$$

여기서 ν는 감지기 쪽으로 향하거나 또는 감지기로부터 멀어지는 표적의 이동 속도이다. 목표 속도 ν는 접근하는 표적에 대해 양수거나 멀어지는 표적에 대해 음수일 수 있다.

상대적으로 느리게 움직이는 물체를 감지할 때 $(v/c_0)^2$은 1과 비교하여 매우 작으므로 무시할 수 있다. 따라서 반사파의 주파수에 대한 식을 나타내면 다음과 같다.

$$f_r = f_0 \frac{1}{1+\frac{\nu}{c_0}} \tag{7.4}$$

식 (7.4)와 같이 도플러 효과로 인해 반사된 파장의 주파수 f_r이 달라진다. 혼합 다이오드는 복사파의 주파수(기준)와 반사 주파수를 결합시켜 비선형 장치로서 두 주파수의 다중 고조파를 포함하는 유도 신호를 생성한다. 다이오드의 유도 전류는 다음의 다항식으로 표현된다.

$$i = i_0 + \sum_{k=1}^{n} a_k (U_1 \cos 2\pi f_0 t + \mathrm{U}_2 \cos 2\pi f_r t)^k \tag{7.5}$$

여기서 i_0는 직류 성분이고, a_k는 다이오드 동작점에 의존하는 고조파 계수이며, U_1과 U_2는 각각 기준신호와 수신신호의 진폭, t는 시간이다. 전류를 통한 유도 전류 다이오에는 무한한 수의 고조파가 포함되어 있으며 그 중 차동 주파수의 고조파가 있다.

$\Delta f = a_2 U_1 U_2 \cos 2\pi(f_0 - f_r)t$는 도플러 주파수라고 불린다. 혼합 다이오드의 도플러 주파수는 식 (7.4)에서 찾을 수 있다.

$$\Delta f = f_0 - f_r = f_0 \frac{1}{1+\frac{c_0}{\nu}} = f_0 \frac{\nu}{\nu + c_0} \tag{7.6}$$

그리고 $c_0 \gg \nu$이므로 식 (7.2)에 대입하면 다음 식이 성립한다.

$$\Delta f \approx \frac{\nu}{\lambda_0} \tag{7.7}$$

따라서 믹서 출력의 신호 주파수는 움직이는 표적의 속도에 비례한다. 한 예로 사람이 $0.6\,\mathrm{m/s}$의 속도로 감지기를 향해 걸어갈 때 X 밴드 감지기의 도플러 주파수는 $\Delta f = 0.6/0.03 = 20\,\mathrm{Hz}$이다.

식 (7.7)은 정상 방향(감지기로 이동하거나 멀어지는 방향으로)의 경우에만 적용된다. 표적이 감지기에 대해 Θ라는 각도로 이동할 때 도플러 주파수는 다음과 같다.

$$\Delta f \approx \frac{\nu}{\lambda_0} \cos\Theta \tag{7.8}$$

이것은 이론적으로 표적이 90°에 가까운 각도로 움직일 때 도플러 감지가 둔감해지는 것을 의미한다. 슈퍼마켓 문 개폐기와 보안 경보의 경우 주파수를 측정하는 대신 임계값 비교기를 사용하여 사전 지정된 범위에서 움직이는 대상의 존재를 나타낸다. 식 (7.8)은 도플러 주파수가 $\Theta = 90°$ 각도로 움직이는 표적의 경우 0에 가깝다. 어떤 각도에서든 보호 영역으로 표적이 이동하면 수신신호 진폭의 급격히 변하고 이에 따라 믹서의 출력전압도 변경된다. 이 정도면 일반적으로 임계값 감지기의 응답을 발생하기에 충분하다.

믹서신호는 μV에서 mV에 이르는 범위 내에 있으므로 신호 처리를 위해 증폭해야 한다. 도플러 주파수는 음파 범위에 있어 증폭기의 구조는 비교적 간단하다. 그러나 일반적으로 전력선 주파수와 최대파 정류기, 형광등 믹서에서 주 고조파(60 Hz, 120 Hz 또는 50 Hz, 100 Hz)를 거부하는 노치 필터[notch filter]를 수반해야 한다.

안정적인 작동을 위해서는 수신된 마이크로파 전력이 충분히 높아야 한다. 안테나 조리개 영역 A, 표적 영역 a, 표적 r까지의 거리를 포함한 몇 가지 요인에 따라 달라진다.

$$P_{\mathrm{r}} = \rho \frac{P_0 A^2 a}{4\pi\lambda^2 r^4} \tag{7.9}$$

여기서 P_0는 전송된 전력이다. 효과적인 감지를 위해 표적의 단면적 a는 상대적으로 커야 한다. 왜냐하면 $\lambda^2 \le a$의 경우 수신된 신호는 대폭 감소하기 때문이다. 또한 동작 파장에서 표적의 반사율 ρ는 수신신호의 크기에 대해 매우 중요하다. 보통 유전상수가 높은 전도성 재료와 물체는 전자기 복사의 좋은 반사체지만, 많은 유전체는 에너지를 흡수하고 거의 반사하지 않는다. 플라스틱과 세라믹은 투과성이 매우 뛰어나며 마이크로파 감지기의 창으로 사용될 수 있다.

마이크로파 감지기에 가장 적합한 표적은 감지기를 향해 수직으로 위치한 부드럽고 편평한 전도판이다. 편평한 전도성 표면은 매우 우수한 스펙트럼 반사체를 만들지만, 0° 이외의 각도에서는 감지기가 작동할 수 없게 만들기도 한다. 따라서 각도 $\Theta = 45°$는 수신 안테나에서 반사신호를 완전히 전환시킬 수 있다. 이 전환 방법은 전자파 흡수율이 높은 물질로 표적을 코팅하는 것과 함께 레이더 화면에 보이지 않는 스텔스 폭격기를 설계할 때 매우 효과적이다.

표적이 안테나 쪽으로 이동하는지 아니면 안테나에서 벌어지는 방향으로 이동하는지를 감지하기 위해 송수신기 모듈에 다른 혼합 다이오드를 추가하여 도플러 개념을 확장할 수 있다. 두 번째 다이오드는 두 다이오드의 도플러 신호가 파장의 1/4 또는 90°만큼 위상 차이가 나는 방식으로 도파관에 위치한다([그림 7-7(a)] 참조).

이러한 출력은 별도로 증폭되어 논리회로로 분석할 수 있는 사각 펄스로 변환된다. 회로는 움직임 방향을 결정하는 디지털 위상 판별기이다([그림 7-7(b)] 참조). 문 개폐기와 교통량 제어는 이 마이크로파 감지형의 모듈에 대한 두 가지 주요 응용 분야이다. 두 응용처 모두 응답을 활성화하기 전에 식별 대상에 대한 많은 정보를 수집할 수 있는 기능이 필요하다. 문 개폐기에서 시야와 전송 전력을 제한하면 오감지 횟수를 상당히 줄일 수 있다. 문 개폐기의 경우 방향을 구별하는 것은 선택 사항이지만, 교통량 제어의 경우 멀리 이동하는 차량의 신호를 차단할 필요가 있다.

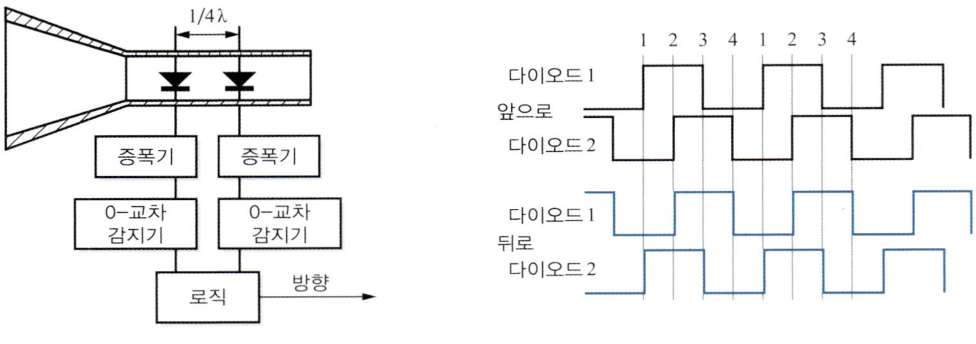

(a) (b)

그림 7-7 방향 민감성이 있는 마이크로파 도플러 움직임 (a) 감지기의 블록 다이어그램 (b) 타이밍 다이어그램

모듈이 침입 감지에 사용되는 경우 건물 구조물의 진동으로 인해 오감지가 발생할 수 있다. 방향 판별기는 대체신호로 진동에 대해 반응하지만, 침입자에 대한 응답이 안정적인 논리신호로 나온다. 방향 판별기는 감지 신뢰성을 향상시키는 효율적인 방법으로 자세한 내용은 4.4절을 참조하라.

보통 전송과 수신은 시간에 따라 번갈아 나타나며 수신기는 전송 중에 비활성화(차단)된다. 그렇지 않으면 강한 전송 전력이 수신회로를 포화 상태로 만들뿐더러 민감한 부품이 손상된다. 박쥐는 초음파 범위를 사용하여 작은 먹이를 잡는데 초음파 에너지 폭발이 전달되면 잠시 귀머거리가 된다. 수신기를 비활성화 또는 활성화하기에 시간이 충분하지 않기 때문에 단거리에서 레이더와 펄스 음향 측정기를 사용하는 것은 효과적이지 않다.

미국에서는 마이크로파 감지기를 사용할 때마다 연방통신위원회가 부과하는 엄격한 요건(예: MSM20100)을 준수해야 한다. 다른 나라에서도 비슷한 규제가 많이 시행되고 있다. 또한 송신기의 방출은 100 MHz ~ 100 GHz의 주파수 범위에 대해 OSHA 1910.97에 명시된 대로 0.1 h 주기 동안 평균 10 mW/cm^2 미만이어야 한다.

7.3 마이크로파워 임펄스 레이더

1993년 미국의 로렌스 리버모어 국립 연구소Lawrence Livermore National Laboratory는 저가의 비접촉식 거리 측정 센서인 마이크로파워 임펄스 레이더Micropower Impulse Radar, MIR를 개발했다.[4~6] MIR의 작동 원리는 기본적으로 기존 펄스 레이더 시스템과 같지만 몇 가지 차이점이 있다. MIR([그림 7-8] 참조)은 출력신호가 펄스 발생기를 트리거하는 백색 잡음 발생기로 구성된다. 펄스 발생기는 1 MHz의 평균 속도 및 20%의 변동성으로 매우 짧은 펄스를 생성한다. 각 펄스는 고정된 짧은 시간 t를 가지며 이러한 펄스는 잡음 발생기의 트리거에 따라 무작위로 반복된다. 펄스는 가우스gaussian 잡음과 유사한 패턴으로 서로에 대해 임의의 간격으로 배치된다. 펄스는 최대 지수가 20%인 백색 잡음에 의한 펄스 위치 변조Pulse Position Modulation, PPM라고 할 수 있다. 이러한 펄스를 '파일럿 펄스'라고 한다. 이는 잡음에 의해 트리거되므로 다음 펄스가 언제 나타날지 예측할 수 없다. 예측할 수 없는 변조 패턴, 초광대역폭, 전송신호의 극히 낮은 스펙트럼 밀도 때문에 MIR 시스템은 사실상 은폐stealthy된다. 또한 전송된 펄스의 임의의 주기 때문에 스펙트럼은 연속적이며 비동기 수신기에는 백색 잡음으로 나타날 수 있다.

고주파 정현 반송파sine-wave carrier가 파일럿 펄스([그림 7-3]과 유사)에 의해 변조된 후 반송파 주파수 버스트가 안테나에 의해 복사되는 기존 펄스 레이더와 달리 MIR에서는 파일럿 펄스가 반송파 신호 없이 자체 전송된다. MIR에서 파일럿 펄스는 매우 짧기 때문에 광대역 주파수 스펙트럼을 가진다. 따라서 이 레이더는 종종 초광대역Ultra-Wide Band, UWB 레이더라고 불린다. 자세한 내용은 기존 레이더에서 송신된 주파수의 무선 스펙트럼을 보여주는 [그림 7-8(a)]를 참고하라. 이 레이더의 제어기는 고정된 시간 τ(예 : 10 μs) 동안 사각파에 의해 반송파 주파수 f_0(예 : X-밴드 10 GHz)를 변조하여 일정 시간 간격 T(예 : 10 ms)로 반복한다. 전송된 스펙트럼은 상대적으로 좁고(동조 안테나 이후 폭이 200 kHz에 불과) 반송파 주파수 f_0를 중심으로 고조파 간격이 $1/T$인 이산형이다.

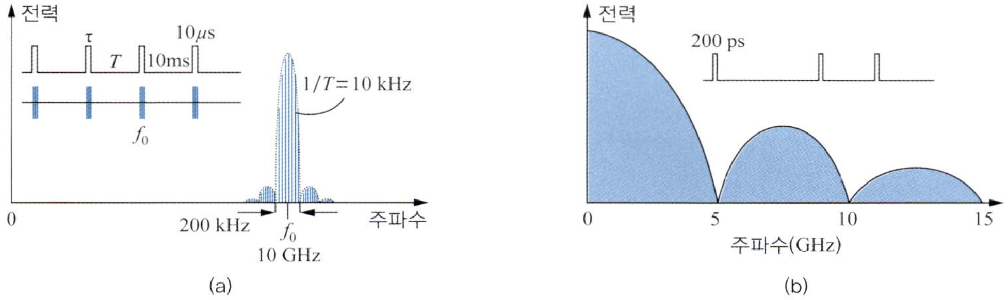

그림 7-8 (a) 수송 주파수 $f_0 = 10\,\mathrm{GHz}$인 전형적인 레이더의 음향 스펙트럼 (b) UWB 레이더의 음향스펙트럼

펄스가 200 ps인 MIR(UWB) 레이더의 경우 스펙트럼은 연속적이므로 반송파 주파수가 없고([그림 7-8(b)] 참조) 직류에서 수십 GHz로 퍼진다.

UWB 무선 송신기는 안테나에서 주변 공간으로 전파되는 초저전력 고조파를 무한대로 생성한다. 그리고 전자파는 물체로부터 반사되어 안테나로 되돌아간다([그림 7-9] 참조).

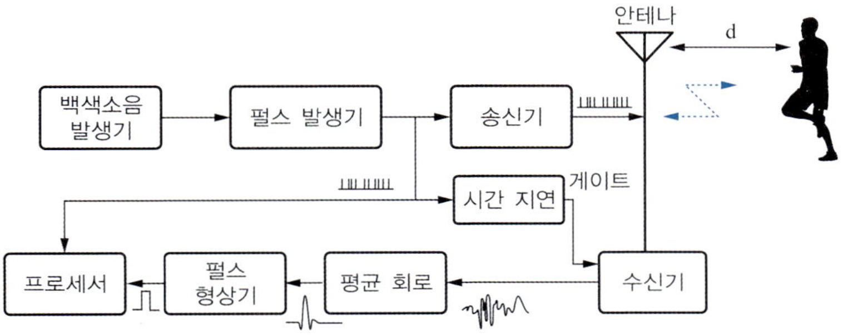

그림 7-9 UWB 마이크로파워 임펄스 레이더의 블록 다이어그램

전송된 펄스를 형성하는 동일한 무작위 펄스 발생기는 전송된 각 펄스로부터 이미 결정된 지연시간으로 초광대역 수신기를 게이트한다. 이를 통해 특정 시간 대역, 즉 특정 거리 범위 d 내에 도달하는 반사 펄스만 MIR에 의한 동기 수신을 할 수 있다. 그렇지 않은 경우에는 수신기가 꺼져있다. 수신기를 게이트하는 또 다른 이유는 전력 소비를 줄이기 위함이다.

수신된 각 펄스는 매우 약하고 잡음에 묻혀있다. 즉 신호 대 잡음 비율이 매우 낮아서 펄스는 1도 보다 작을수도 있다. 따라서 이러한 펄스의 많은 수가 추가 처리되기 전에 평균화된다. 예를 들어 평균 주기 $T = 1\,\mathrm{MHz}$의 경우 1,000개의 수신 펄스 평균은 $1\,\mathrm{kHz}$ 조합 펄스에 도달한다. 따라서 평균화되면 신호 대 잡음비는 약 30배가량 향상된다. 평균 펄스는 형태(사각형 파형이 복원)가 만들어지며 각 전송 펄스에 대한 시간 지연은 기존 레이더와 마찬가지로 프로세서에 의해 측정된다. 시간 지연은 안테나에서 전파가 반사되는 물체까지의 거리에 비례한다. $t_d = 2d/c_0$, 여기서 c_0는 빛의 속도이다.

전송된 에너지의 공간 분포는 안테나 유형에 따라 결정된다. 쌍극자 안테나의 경우 거의 360°를 수신하지만, 경음기, 반사체 혹은 렌즈를 사용하여 원하는 패턴에 맞게 성형할 수 있다.

전송된 펄스의 평균 듀티 사이클은 작다(0.02%). 펄스는 임의의 간격으로 발생하므로 사실상 동일한 수의 MIR 시스템이 주파수 분할 없이(즉 동일한 대역폭 내에서 동일한 반송파 주파수에서 작동) 동일한 공간에서 작동할 수 있다. 간섭 송신기에서 발생하는 버스트가 겹칠 가능성은 거의 없으며 중첩될 경우 평균화 회로에 의해 간섭 수준이 감소한다. 그래도 버스트가 겹친다면 평균 회로에 의해 간섭 수준이 크게 감소한다. 시간 지연을 측정하기 전에 거의 10,000개의 수신 펄스가 평균화된다.

MIR의 또 다른 장점은 무선 수신기의 낮은 제조비용과 극저전력 소비(약 $12\,\mu\mathrm{W}$)다. 전체 MIR 시스템의 총 전력 소비량은 거의 $50\,\mu\mathrm{W}$이다. AA 알카라인 건전지 2개로 몇 년 동안 지속적으로 전원을 공급할 수 있다. MIR의 응용 분야에는 거리 측정기, 침입 경보기, 높이 감지기, 차량 거리 측정기, 자동화 시스템, 로봇 공학, 의료기기,[7] 무기 분야와 같이 비교적 좁은 탐지 범위를 요구하는 장남감이 있다([그림 7-10] 참조). 한 예로 [그림 7-10]은 콘크리트 층을 통과하는 철근을 감지하는 것을 보여준다.

(a) (b)

그림 7-10 (a) 주입하기 전 콘크리트 슬라브(slab)의 내부 요소
(b) 30cm 두께의 고정형 콘크리트 슬라브에 내장된 요소들에 대해 재구조화된 3D MIR 화면

7.4 지상 관통 레이더

토목공학, 고고학, 법의학 등은 고주파 지상 침투 레이더 Ground Penetrating Radar, GPR의 수많은 응용 사례 중 일부에 불과하다. 레이더 작동은 다소 고전적이며 전파를 전송하고 반사된 신호를 수신한다. 송신신호와 수신신호 사이의 시간 지연은 반사면까지의 거리를 측정한 것이다. 항공과 우주에서 작동하는 레이더의 범위는 수천 킬로미터에 달하지만, GPR의 범위는 기껏해야 수백 미터에 불과하다. 실용적인 GPR은 500 MHz에서 1.5 GHz[3]까지의 주파수에서 작동한다. 전파는 토양, 암석, 콘크리트와 같은 인공 재료를 통해서는 멀리 침투하지 않는다. 지수 감쇠계수 α는 주로 재료의 전기 전도도에 의해 결정되는데 이는 단순하고 균일한 재료에서 매우 중요한 요인이다. 대부분의 재료에서 에너지는 재료 변형성과 수분 함량으로 인한 산란에 의해 손실된다. 물에는 두 가지 효과가 있는데 이온을 포함하고 있어 고전도성이고 보통 1 GHz 이상의 고주파수에서 전자기 에너지를 흡수한다. [그림 7-11(a)]는 감쇠가 여기 주파수와 재료에 따라 달라지는 것을 보여준다.

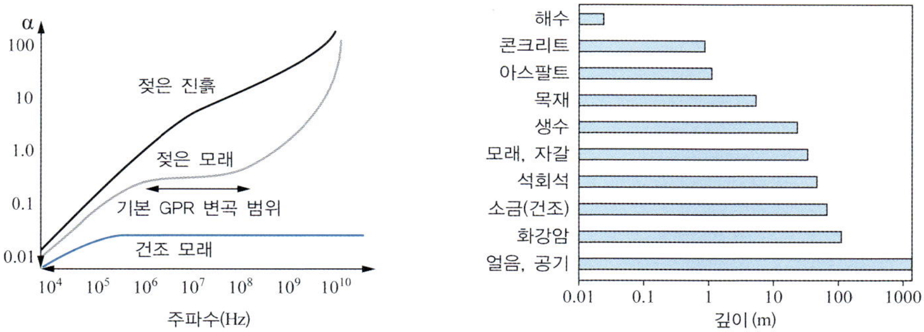

(a) (b)

그림 7-11 (a) 다양한 재료에서의 전파 감쇠 (b) 다양한 재료에 대한 최대 깊이

저주파수(< 1 MHz)에서 감쇠는 주로 직류 전도도에 의해 제어된다. 또한 고주파(> 1 GHz)에서 물은 강력한 흡수제이므로 건조한 재료의 경우 실질적으로 최대 감쇠 거리가 증가한다([그림 7-11(b)] 참조). 레이더 모니터에 표시되는 데이터의 예는 [그림 7-12(b)]에서 보여준다.

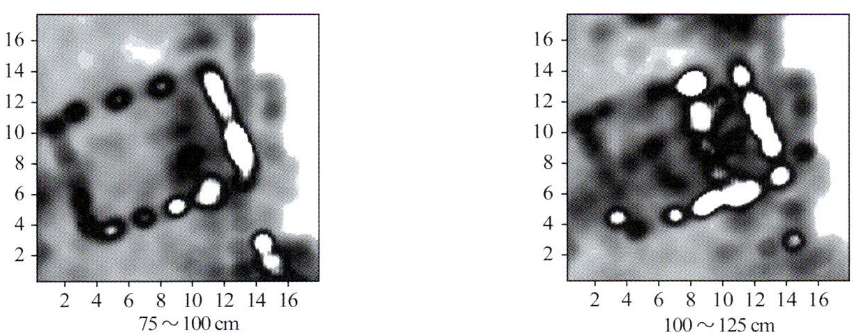

그림 7-12 페트라(요르단)에 있는 로마 사원의 깊이 조각 이미지로, 다양한 깊이에서 사원의 다양한 모습을 보여준다. (출처 : Prof. L. Conyers, University of Denver)

3 자세한 내용은 www.sensoft.ca에서 확인할 수 있다.

감쇠는 주로 주파수에 따라 증가하기 때문에 주파수를 낮추면 탐색할 수 있는 깊이도 향상된다. 그러나 주파수가 감소함에 따라 GPR 탐사를 하면서 다음과 같은 양상을 보인다. 첫째, 주파수를 줄이면 분해능이 저하된다. 둘째, 주파수가 너무 낮으면 전자기장이 더 이상 파동으로 전파되지 않고 확산되는데 이는 유도 전자파나 맴돌이 전류를 측정하는 영역이다.

7.5 선형 광학 센서(PSD)

단거리 및 장거리 범위에서 정밀 위치 측정을 할 경우 근적외선으로 작동하는 광학 시스템이 상당히 효과적일 수 있다. 예를 들면 사진이나 비디오 카메라의 정밀 위치 감지나 자동 초점 기능을 구현하기 위해 생산된 PSD가 있다. 위치 측정 모듈은 능동형으로 발광 다이오드[LED]와 광 감지 PSD가 통합되어 있다. 이때 LED는 물체를 비추는 역할을 한다.

물체의 위치는 삼각 측정 원리를 이용한다. [그림 7-13]은 분광기 렌즈를 통한 근적외선 LED가 좁은 빔 각도($< 2°$)를 보임을 나타낸다.

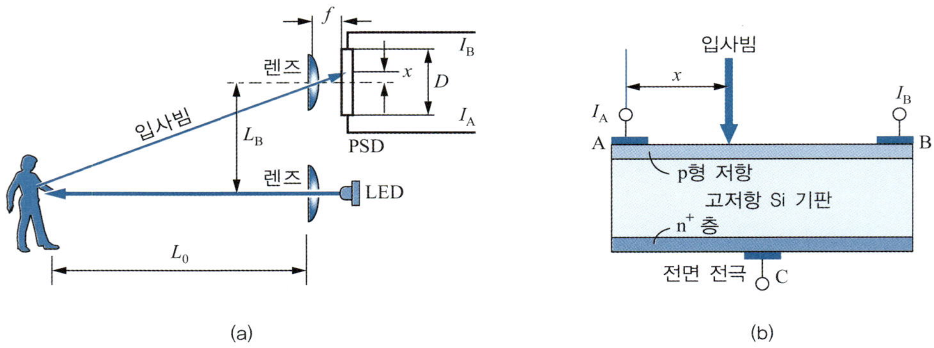

그림 7-13 (a) PSD 센서는 삼각원리를 적용하여 거리를 측정한다. (b) 1차원 PSD의 구조

빔은 0.7 ms 폭의 펄스를 가지며 물체를 때리면 빔이 감지기로 다시 반사된다. 수신된 저강도 빛은 PSD의 민감한 표면에 초점이 맞춰진다. 그런 다음 PSD는 출력신호(전류 I_B 및 I_A)를 만들어낸다. 이 신호는 표면의 광점[light spot] 거리 x에 비례한다.

수신된 빔의 강도는 물체의 반사 특성에 크게 좌우된다. 근적외선 스펙트럼 범위의 확산 반사율은 가시 범위 내의 반사율과 비슷하므로 PSD에 입사하는 빛의 세기는 많은 변화가 있다. 그럼에도 측정의 정확성은 수신된 빛의 세기에 거의 영향을 받지 않는다.

PSD는 광효과의 원리에 따라 작동하며 실리콘 광 다이오드의 표면 저항을 이용한다. 다중 요소 광 다이오드 어레이를 통합한 MOS와 CCD 센서와 달리 PSD에는 불연속적이면서 민감한 영역을 가지고 있다. 민감한 표면 위로 이동하는 광점에 1차원 혹은 2차원[10] 위치신호를 제공한다. 센서는 반대쪽에 두 개의 층(p형, n^+형)이 있는 고저항 실리콘 시편으로 제작한다([그림 7-13(b) 참조).

1차원 센서에는 상층에 두 개의 전극(A, B)이 형성되어 있어 p형 저항에 전기적 접촉을 발생시키며 바닥층 가운데에는 공통 전극(C)이 있다. 광전효과는 상부의 pn 접합에서 발생한다. 두 개의 상부 전극 간 거리는 D이며 이 두 전극 사이의 저항은 R_D이다.

입사빔이 A 전극에서 x만큼 떨어진 표면에 충돌한다고 가정하자. 이때 전극과 입사지점 사이의 해당 저항은 각각 R_x이다. 빔에 의해 생성된 광전류 I_0는 강도에 비례한다. 이 전류는 저항에 비례하는 비율로 센서의 두 출력(A와 B)으로 흐른다. 따라서 입사지점과 전극 사이의 거리에 비례한다.

$$I_{\mathrm{A}} = I_0 \frac{R_D - R_x}{R_D} \text{와 } I_{\mathrm{B}} = I_0 \frac{R_x}{R_D} \tag{7.10}$$

거리에 대한 저항의 비율이 선형인 경우 각 표면에 대한 거리로 대체할 수 있다.

$$I_{\mathrm{A}} = I_0 \frac{D - x}{D} \text{와 } I_{\mathrm{B}} = I_0 \frac{x}{D} \tag{7.11}$$

광전류 및 광도의 의존성을 제거하기 위해 전류의 비율을 취하는 기법을 사용할 수 있다.

$$P \frac{I_{\mathrm{A}}}{I_{\mathrm{B}}} = \frac{D}{x} - 1 \tag{7.12}$$

이는 다음과 같이 x에 대한 표현으로 다시 쓸 수 있다.

$$x = \frac{D}{P+1} \tag{7.13}$$

[그림 7-13(a)]를 참고하여 거리 L_0를 계산할 수 있다. 여기서 초점 거리 f인 렌즈는 중심점으로부터의 거리 x인 PSD 표면에 입사광의 초점을 만든다. 길이 L_0에 대해 삼각식 두 개를 풀면 다음과 같이 나타낼 수 있다.

$$L_0 = f \frac{L_{\mathrm{B}}}{x} \tag{7.14}$$

식 (7.13)을 식 (7.14)로 대체하면 현재 비율의 거리에 도달한다.

$$L_0 = f \frac{L_{\mathrm{B}}}{D}(P+1) = k(P+1) \tag{7.15}$$

여기서 k는 모듈module의 기하상수라고 한다. 따라서 모듈에서 사물까지의 거리는 PSD 출력전류 비에 선형적이다.

산업용 광학 변위 센서([그림 7-14(a)])도 유사한 작동 원리로 구현되는데 여기서 PSD는 수 cm의 동작 거리로 작은 변위를 측정한다. 이 광학 센서는 회전 물체의 편심 측정, 두께와 정밀 변위 측정, 물체의 유무 감지(약병 뚜껑), 디바이스의 높이 제어(PC-보드 검사, 액체와 고체의 높이 제어, 레이저 토치torch 높이 제어)에 매우 효율적이다.[8]

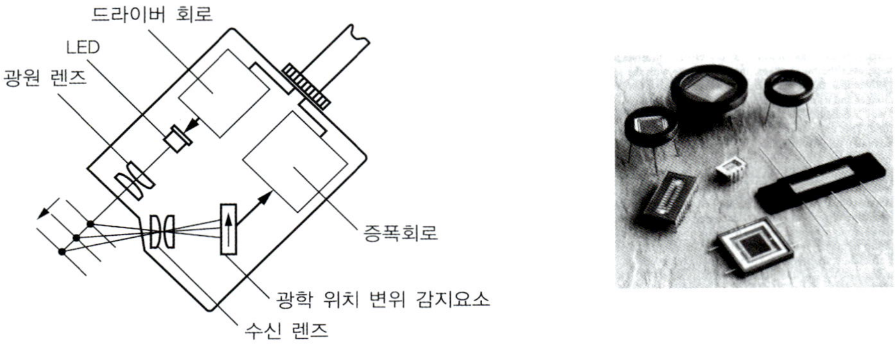

(a) (b)

그림 7-14 (a) 광학 위치 변위 센서(출처 : Keyence Corp. of America, Fair Lawn, N.J.) (b) 1차원과 2차원 PSD 감지요소

PSD 요소는 1차원 및 2차원([그림 7-14(b)] 참조)의 기본 유형 두 가지로 만들어진다. [그림 7-15]는 이 두가지 유형의 등가회로를 보여준다.

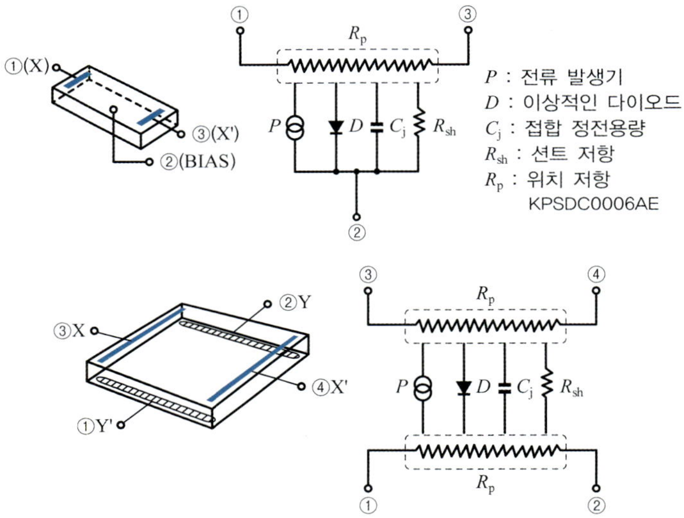

그림 7-15 (a) 1차원 위치 감지기에 대한 등가회로 (b) 2차원 위치 감지기에 대한 등가회로
(출처 : Hamamatsu Photonics K.K., Japan)

등가회로에는 분산 축전기와 분산 저항이 있어 PSD 시간상수는 광점 위치에 따라 달라진다. 입력 단계함수step function에 대한 응답으로 소형 면적의 PSD는 1 ~ 2 μs 범위의 상승 시간을 가지며 스펙트럼 응답은 약 320 ~ 1,100 nm 이다. 즉 PSD는 UV, 가시광, 근적외선 스펙트럼 범위를 포함한다. 소형 면적의 1차원 PSD는 민감한 표면이 1 × 2 ~ 1 × 12 mm 이지만, 대면적 2차원 센서는 측면의 면적이 4 ~ 27 mm 이다.

7.6 정전식 점유 감지기

인체는 높은 유전상수를 가진 전도성 매개체이므로 주변 환경에 강한 결합 정전용량을 발생시킨다.[4] 이 정전용량은 신체 크기, 입고 있는 의복, 주변 물체의 유형, 날씨 등과 같은 요인에 크게 좌우된다. 결합되는 범위가 넓더라도 정전용량은 수 pF 에서 nF 에 이르기까지 다양하다. 사람이 움직이면 결합 정전용량이 달라지기 때문에 움직이는 물체와 정적인 물체를 구별할 수 있다.

모든 물체는 다른 물체에 대해 어느 정도의 정전식 결합을 형성한다. 인간(또는 그 목적에 부합하는 무엇이든)이 상호 결합 정전용량이 이전에 설정된 정지해있는 물체의 근처로 이동하는 경우 침입 물체로 인해 주변 물체 사이에 새로운 정전용량 값이 만들어진다. [그림 7-16]은 시험판과 접지[5] 사이의 정전용량이 C_1과 같음을 보여준다.

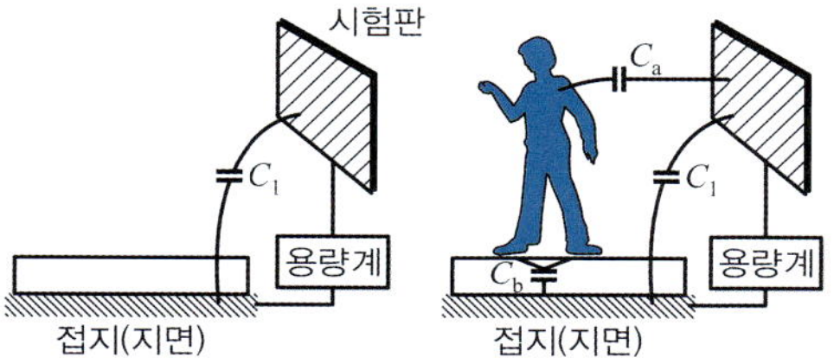

그림 7-16 침입자는 추가 정전용량을 감지회로에 더한다.

사람이 판 근처로 이동할 때 2개의 추가 축전기capacitor를 형성한다. 하나는 판과 자신의 몸통 사이인 C_a, 다른 하나는 몸과 접지 사이인 C_b이다. 판과 접지 사이의 정전용량 C는 증분 정전용량 ΔC만큼 커진다.

$$C = C_1 + \Delta C = C_1 + \frac{C_a C_b}{C_a + C_b} \tag{7.16}$$

적절한 장치를 사용하면 이 현상을 점유 감지용으로 사용할 수 있으며, 평가판(탐침)과 기준판(접지) 사이의 정전용량만 측정하면 된다. [그림 7-17]은 자동차의 정전식 보안 시스템을 보여준다.[9]

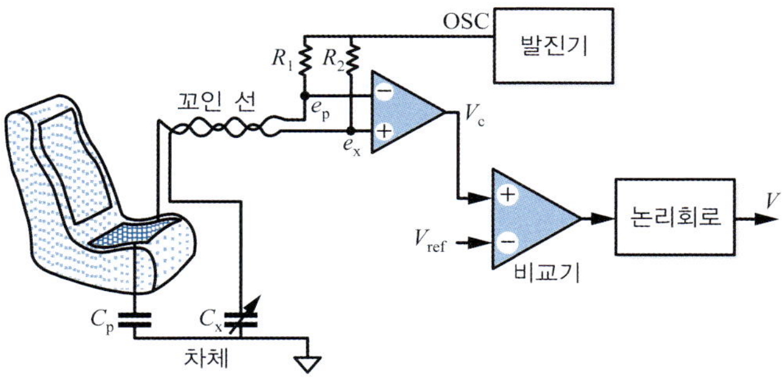

그림 7-17 자동차 응용을 위한 정전 내장 감지기

---

4 40MHz에서 근육, 피부, 피의 유전상수는 97로 매우 높으며 지방과 뼈는 15 정도이다.

5 여기서 접지는 땅, 호수, 금속 울타리, 차, 배, 비행기 등 무엇이든 가능하다

감지 탐침은 카시트에 내장되어 있으며 금속판, 금속망, 전도성 직물 등으로 제작할 수 있다. 탐침은 축전기 C_p의 한 판을 형성하고 축전기의 다른 판은 자동차의 차체나 바닥 매트 아래에 위치한 별도의 판으로 만들어진다. 기준 축전기 C_x는 좌석 탐침에 가깝게 배치해야 하는 간단한 고정형 축전기나 트리밍 축전기로 구성된다. 탐침판과 기준 축전기는 각각 전하 감지기의 두 입력(저항 R_1, R_2)에 연결된다. 가짜신호가 유입되는 것을 줄이기 위해 도선은 비틀어 꼬는 것이 좋은데 이때 도선은 쌍방향 꼬임 케이블 끈을 사용하는 것이 좋다. 차동 전하 감지기는 사각파를 생성하는 발진기([그림 7-18])로 제어한다. 좌석에 앉아있지 않은 상태에서는 기준 축전기가 C_p와 거의 같도록 조정된다. 저항과 이에 해당하는 축전기는 네트워크의 시간상수를 정의한다.

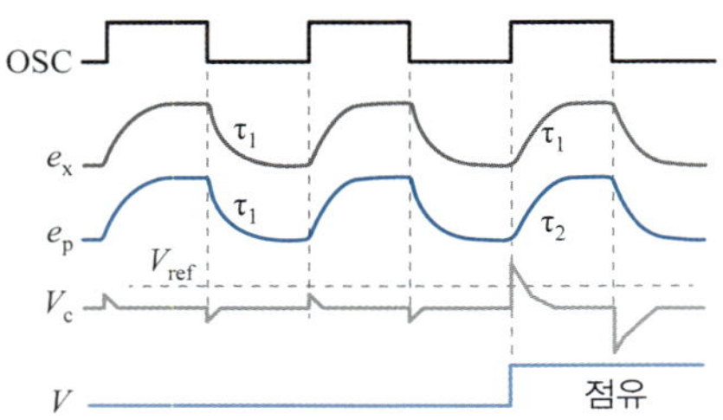

그림 7-18 정전 내장 감지기의 타이밍 다이어그램

두 RC 회로는 거의 동일한 시간상수 τ_1을 가진다. 저항 양단의 전압은 차동 증폭기의 입력으로 공급되며 위상 내(in-phase, 공통 모드) 신호를 차단하기 때문에 출력전압 V_c는 0에 가깝다. 출력에서 작은 스파이크는 피할 수 없는 불균형의 결과이다. 사람이 좌석에 앉으면 그 몸은 C_p와 병렬 연결로 추가 정전용량을 형성하여 R_1C_p 네트워크의 시간상수를 τ_1에서 τ_2로 증가시키고 이는 차동 증폭기의 출력에서 스파이크 진폭을 증가시킨다. 비교기comparator는 V_c를 미리 결정된 임계전압 V_{ref}와 비교한다. 스파이크가 임계값을 초과하면 비교기는 차량 탑승을 나타내는 신호 V를 생성하는 지시신호를 논리회로에 보낸다. 정전식 감지기는 정전용량 값을 측정하기 위해 기본적으로 진동 파일럿 신호를 필요로 하는 능동 센서이다.

정전식 점유(근접) 센서를 금속 장치 근처에서 사용할 경우 전극과 장치의 금속 부품 사이의 표유stray 정전용량 결합으로 인해 감도가 크게 저하된다.[10] 표유 정전용량을 줄이는 데 효과적인 방법은 구동 차폐를 사용하는 것이다. [그림 7-19(a)]는 금속 팔이 있는 로봇을 보여준다. 이 로봇 팔은 사람 근처나 전도성 물체 가까이로 이동하며 로봇 제어 컴퓨터에서 장애물이 근접한다는 사전 경고가 나오지 않으면 충돌할 수 있다.

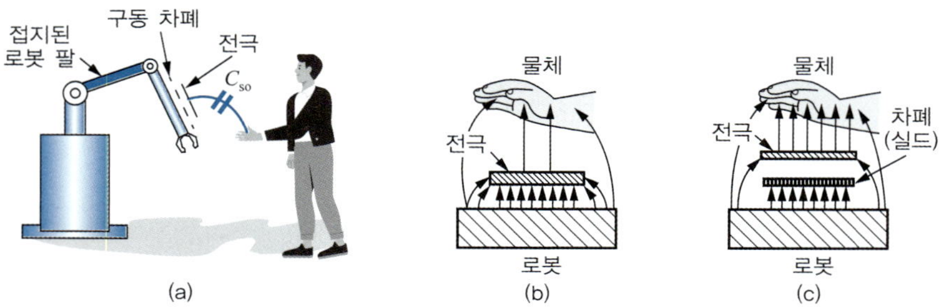

그림 7-19 정전 근접 센서 (a) 접지된 로봇의 금속 팔에 위치한 구동 차폐 (b) 차폐 없이 전기장이 전극과 로봇 사이에 분포 (c) 반면에 구동 차폐는 전극에서 물체로의 전기장 방향을 만든다.

장애물(물체)은 팔에 접근하는 동안 C_{so}와 동일한 정전 결합을 형성한다. 정전식 센서가 되기 위해 팔을 전기적으로 절연된 전도성 피복 전극으로 덮는다. 근처에 있는 거대한 금속 팔([그림 7-19(b)] 참조)은 전극과 훨씬 더 강한 정전 결합을 형성하여 장애물에 가해지는 전기장을 약화시킨다. 이를 해결하기 위해서는 [그림 7-19(c)]에 표시된 것처럼 구동 차폐를 통해 로봇 팔에서 전극을 분리하는 것이다. 센서의 부품은 로봇 팔을 위한 다층 덮개이다. 이 덮개는 하단층이 절연체이고 그 위에는 전기 전도성이 있는 큰 차폐물이 있다.

전극과 팔 사이의 정전식 결합을 줄이기 위해 차폐는 전극과 동일한 전위를 유지해야 한다. 즉 전극 전압에 의해 전압이 구동되어야 한다. 따라서 구동 차폐driven shield라고 부른다. 그 결과 이 사이에는 전기장이 형성되지 않는다. 전기장은 전극 아래에서 압착되어 장애물을 향해 분산되어 있어 안정적으로 탐지할 수 있다. [그림 7-20]은 C_{sg}(센서 대 접지), C_{so}(센서 대 물체), C_{og}(물체 대 접지)로 구성된 주파수가 순 입력 정전용량에 의존하는 사각파 발진기의 회로도를 보여준다. 전극은 전압 팔로워를 통해 구동 차폐에 연결된다. 주파수 변조신호는 로봇의 컴퓨터에 공급되어 로봇 팔의 움직임을 제어한다. 이러한 구조를 통해 최대 30 cm 범위에 걸쳐 전도성 물체에 대한 접근을 감지할 수 있다.

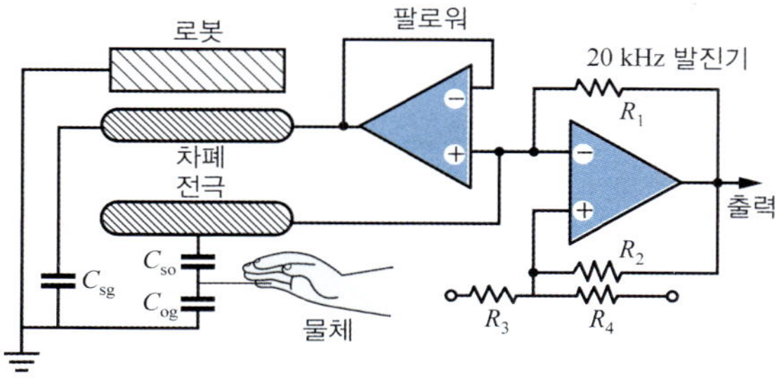

그림 7-20 방해물(물체)에 의해 형성된 입력 정전용량으로 조절되는 주파수 조절기의 회로도

7.7 마찰대전 감지기

어떤 물체든 표면에 정전기가 축적될 수 있다. 이렇게 자연적으로 발생하는 전하는 물체 움직임, 의류 섬유의 마찰, 난기류, 대기 전기 등으로 인한 전하 분리 과정인 마찰대전 효과triboelectric effect로 인해 발생한다(4.1절 참조). 보통 공기는 인간의 몸에 끌릴 수 있는 양이나 음이온을 포함하며 전하를 변화시킨다. 이상적인 정적 조건에서 물체는 충전되지 않는다. 즉 벌크 전하는 0이다. 적어도 일시적으로 지면으로부터 격리된 물체는 어느 정도의 벌크 전하 불균형을 보이며 전하 운반자가 된다.

모든 전자회로는 도체와 유전체로 구성된다. 회로가 전기적으로 차폐되어 있지 않으면 모든 구성 요소가 주변 물체에 특정 정전 결합을 나타낸다. 외부 전기장을 감지하기 위해 픽업 전극을 회로 입력부에 추가하여 환경에 대한 결합을 증가시킬 수 있다. 이는 이전 7.6절에서 다루었던 정전식 감지기와 매우 유사하다. 전극은 접지로부터 잘 분리된 전도성 표면 형태로 제작될 수 있다. 기존에는 정전용량을 측정하기 위해 파일럿 신호가 생성되지 않고 오히려 물체에 축적된 전하가 감지되었다. 따라서 정전 센서는 능동형이지만, 마찰대전 센서는 수동형이다.

전기장은 하나 이상의 전류가 흐를 때마다 주변 물체와 전극 사이에 형성된다. 다시 말해 전극과 주변 물체 사이에 형성된 모든 분산형 축전기는 마찰대전 효과로 인한 정적 혹은 느리게 변하는 전기장에 의해 충전된다. 무 점유 조건에서 전극 주변의 전기장은 일정하거나 상대적으로 느리게 변한다.

전하 수송자(인간이나 동물)의 위치가 바뀌거나 멀리 이동할 경우 새로운 전하 운송 물체가 전극 근처로 유입되면 정전기장이 교란된다. 이로 인해 결합 축전기 간에 전하가 재분배된다. 전하 크기는 대기 조건과 물체의 특성에 따라 달라진다. 예를 들어 잘 마른 상태의 옷을 입은 사람이 카펫을 따라 걸으면 비를 맞고 들어와 습한 상태의 사람보다 훨씬 강한 전하를 지닌다. 입력부에서 이러한 가변 전하를 감지하도록 전자회로를 조정할 수 있다. 즉 유도된 가변 전하를 증폭하여 추가로 처리할 수 있는 전기 신호로 변환할 수 있게 만들 수 있다.

[그림 7-21]은 단극성 마찰대전 동작 감지기를 보여준다. 이 전극은 MOS 트랜지스터 Q_1, 바이어스 저항 R_t, 입력 축전기 C_0, 이득 스테이지gain stage와 대역 비교기window comparator로 만들어진 아날로그 임피던스 컨버터에 연결된 전도성 전극으로 구성된다.[11]

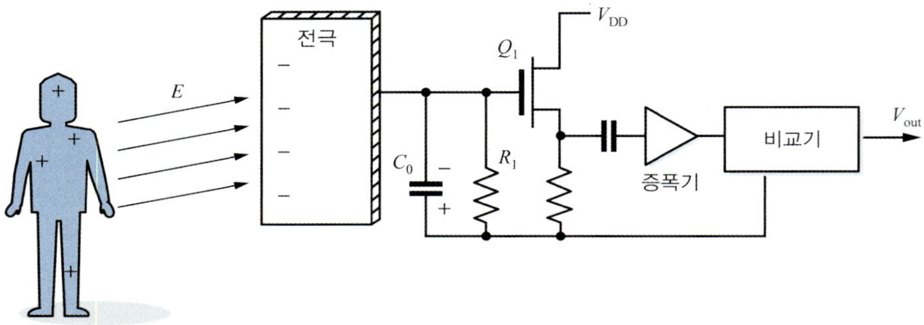

그림 7-21 단극성 마찰대전 동작 감지기

전자회로의 다른 부분은 차폐 가능하나 감지 전극은 환경에 노출되어 주변 물체와 결합 축전기 C_p를 형성한다. [그림 7-21]에서 정전기는 사람의 몸을 따라 분포된 양전하에 의해 만들어진다. 전하 운송자인 그 사람은 전기장의 원천이 되고 이 전기장의 세기는 E이다. 전기장은 전극에서 반대쪽 부호의 전하를 유도한다. 정적 조건에서 사람이 움직이지 않을 때 전기장의 세기가 일정하고 입력 축전기 C_0는 바이어스 저항 R_1을 통해 방전된다. 회로를 비교적 느린 동작에 민감하게 만들려면 저항 R_1을 $10^{10}\ \Omega$ 이상의 매우 높은 값으로 설정해야 한다. 사람이 움직이면 전기장의 세기 E가 변한다. 이렇게 하면 입력 축전기 C_0에 상응하는 가변 전하가 유도되고 바이어스 저항 양단에 가변 전압이 발생한다. 이 전압은 출력신호가 대역 비교기에 적용되는 이득 스테이지로 공급된다. 비교기는 [그림 7-22(b)]의 타이밍 다이어그램과 같이 신호를 두 임계값과 비교한다. 일반적으로 양의 임계값은 기준 정적신호보다 높지만 음의 임계값은 더 낮다. 사람이 움직이는 동안 비교기의 입력신호는 임계값 중 하나를 교차하여 위쪽이나 아래쪽으로 굴절된다. 윈도우 비교기의 출력신호는 기존의 데이터 처리 장치에서 활용할 수 있으며 추가적인 신호 처리도 가능한 사각 펄스이다. 마찰대전 감지기는 수동형이며 많은 비전도성 물체를 통과하는 전기장을 감지하는 방식이므로 목재, 벽돌 등과 같은 비전도성 물체 내부나 뒤에 매립할 수 있다.

오감지를 유발하는 데에는 몇 가지 간섭 원인이 있다. 마찰대전 감지기는 전달되는 소음을 수신할 수 있는데 소음원 중에는 60 Hz나 50 Hz 전력선 신호, 라디오 방송국에서 생성된 전자장, 전력 전기 장비, 조명 등이 있다. 이러한 간섭의 대부분은 균일하게 감지기 주위에 분포하는 전기장을 생성하므로 공통모드 제거 비율이 큰 차동 입력회로를 사용하여 보상할 수 있다.

7.8 광전 동작 감지기

지금까지 가장 인기 있는 감지 센서는 광전 동작 감지기이다. 이는 광학 스펙트럼 범위 내에 0.4 ~ 20 μm 의 파장을 갖는 전자기 복사에 의해 동작한다. 여기에는 가시광선, 근적외선 및 원적외선[IR] 범위의 일부가 포함된다. 감지기는 주로 사람과 동물의 움직임을 나타내기 위해 사용된다. 이는 최대 수백 미터까지 거리를 두고 작동하며 필요에 따라 시야각이 좁아지거나 넓어질 수 있다.

광학 동작 감지기는 움직이는 물체의 표면에서 주변 공간으로 반사되거나 방출되는 빛을 감지하여 작동한다. 빛은 외부 광원에 의해 발생하거나 물체에 의해 반사되거나 자연적인 IR(열) 방출 형태로 물체 자체에 의해 생성된다. 전자는 능동형 감지기로 분류되고 후자는 수동형 감지기로 분류된다. 따라서 능동형 감지기는 일광[daylight], 전등, 적외선 LED 프로젝터, 레이저 등과 같은 추가 광원이 필요하다. 수동형 적외선[PIR] 감지기는 주변과 다른 온도를 가진 물체로부터 중적외선과 원적외선 방출을 감지한다. 이처럼 두 유형의 감지기는 물체를 인식하기 위해 모두 가변 광학 명암[optical contrast]을 사용한다. 광전 감지기는 정량적이 아니라 정성적으로 움직임을 감지하는 용도로만 사용된다. 다시 말해 광전 감지기는 물체의 움직임 여부를 감지할 때에는 매우 유용하지만, 움직이는 물체를 다른 물체와 신뢰성 있게 구별하거나 움직이는 물체에 대한 거리나 속도를 정확히 측정할 수는 없다. 광전 동작 감지기는 보안 시스템(출현 감지), 에너지 관리(전등 켜기/끄기), 에어컨, 냉각 팬, 음악 재생기 등 다양한 기기를 제어할 수 있는 이른바 '스마트' 홈이라고 불리는 다양한 응용처에서 사용할 수 있다. 또한 로봇, 장난감, 판매대 광고, 각종 혁신적인 제품에도 사용할 수 있다. 이러한 광전 동작 감지기의 가장 중요한 장점은 단순함, 신뢰성, 저비용이다.

7.8.1 센서의 구조

광전 동작 감지기의 일반적인 구조를 [그림 7-22(a)]에 나타냈다. 어떤 종류의 감지 소자를 사용하든 초점 장치(렌즈나 곡면형 거울), 광 감지 소자, 임계값 비교기와 같은 구성품은 필수이다. 광전 동작 감지기는 카메라와 유사하다. 초점부는 초점면에 이미지를 생성한다. 필름 카메라와 같은 셔터는 없지만, 이미지 센서나 필름 대신 빛에 민감한 부품이 사용된다. 이 소자는 이미지에서 수신한 광학 에너지를 전기신호로 변환한다. 동작 감지부는 비디오 카메라의 다중 화소 센서처럼 이미지가 처리되지 않기 때문에 단일 화소 광전 감지기라고 할 수 있다.[6]

6 다른 센서에는 2개의 화소가 사용된다.

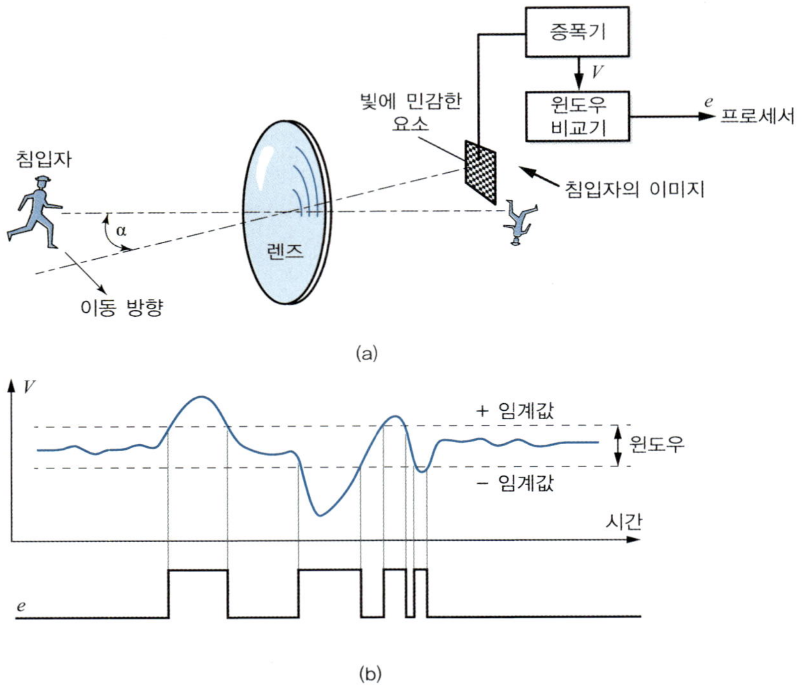

그림 7-22 광전 동작 감지기의 일반적인 구성 (a) 렌즈는 움직이는 물체(침입자)의 이미지를 형성한다. 이미지가 센서의 광축을 지날 때 광감지부와 만나게 된다. (b) 센서는 비교기의 윈도우 임계값 대비 증폭된 전기신호에 반응한다.

동작 감지기가 방에 장착되어 있다고 가정해보자. 초점 렌즈는 빛에 민감한 부품이 위치한 초점면에 방의 이미지를 생성한다. 방이 비어 있는 경우 이미지는 정적이고 부품의 출력신호는 방에서 수신한 빛의 세기에 비례하며 안정적이다. 침입자가 방에 들어와 계속 움직이면 초점면에 있는 이미지 또한 움직인다. 특정 순간에 그 사람의 몸은 각도 α 만큼 임의의 기준 위치에서 변위되고 이미지는 감지부와 겹쳐진다. 이는 개체 이미지가 감지부 표면과 일치하거나 해당 이미지가 지워지는 순간에만 감지가 이뤄지는 것을 이해하기 위해 중요하다. 즉 이미지가 감지부와 교차하지 않으면 감지도 일어나지 않는다. 침입자의 몸이 정적이 환경에서 감지된 물체의 광속photon flux과 다른 이미지를 생성한다고 가정해보면 감광소자는 감쇠 전압 V로 응답한다. 즉 감지를 유발하기 위해 움직이는 이미지는 주변 환경과 어느 정도 광학적 명암contrast을 가져야 한다.

[그림 7-22(b)]는 출력신호 V가 윈도우 비교기의 두 임계값과 비교되는 것을 보여준다. 비교기의 목적은 신호를 두 가지 논리 레벨, 즉 0(동작이 감지되지 않음)과 1(동작이 감지됨)로 변환하는 것이다. 대부분 감지요소로부터 신호 V는 임계값 비교에 적합하기 전에 먼저 증폭되고 조절되어야 한다. 이 회로는 앞에서 설명한 다른 유형의 동작 감지기와 동일하게 동작한다.

[그림 7-22]에서 감지기의 시야가 상당히 좁다는 점을 알 수 있다. 사람이 움직이면 감지기의 영상이 센서와 한 번만 겹친다. 그 이후에는 감지되지 않는데 이는 감지부의 면적이 작기 때문이다. 간혹 좁은 시야만 필요할 때는 괜찮지만, 대부분 시야가 넓은 것이 바람직하기 때문에 사람의 이미지는 감지부를 여러 번 교차해야 한다. 그 방법을 설명하면 다음과 같다.

■ 다중 감지부

감지부 어레이(복수의 화소)는 초점 거울이나 렌즈의 초점면에 배치할 수 있다. 각 개별 부품은 시야가 좁지만 조합하게 되면 더 큰 영역을 감지할 수 있다. 따라서 어레이의 모든 감지기는 복합 검출 신호를 생성하도록 다중화되거나 상호 연결되어야 한다.

■ 복합 센서 형상

감지 소자의 표면적이 전체 시야각을 포괄할 만큼 큰 경우 해당 영역이 광학적으로 더 작은 소자로 분할되어 다중 감지기 어레이와 동일한 효과를 얻을 수 있다. 표면적을 여러 부분으로 나누기 위해서는 [그림 7-23(a)]와 같이 이상한 패턴으로 감지부를 성형해야 한다. 그림의 각 부분은 별도의 광감지기 역할을 한다.

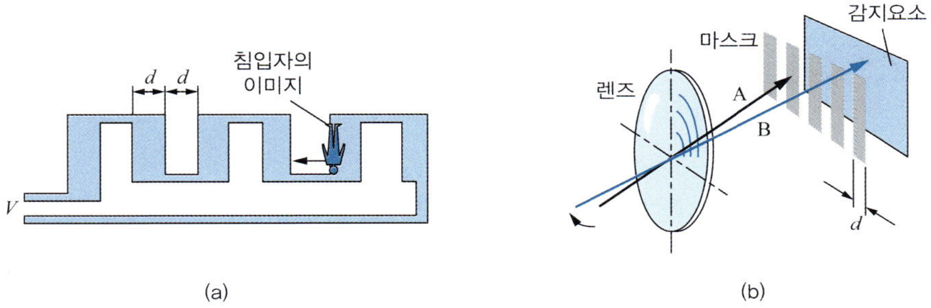

그림 7-23 (a) 감지부의 복잡한 형상 (b) 이미지 왜곡 마스크

이러한 모든 감지기는 병렬이나 직렬로 연결되며 구불구불한serpentine 패턴으로 배열된다. 병렬 또는 직렬 연결된 감지기는 개체의 이미지가 감지부 표면을 따라 민감부와 그렇지 않은 영역을 교차하면서 이동할 때 전압 v와 같이 결합된 출력신호를 생성한다. 그러면 감지기 단자에서 대체신호 v가 발생한다. 이러한 민감부와 그렇지 않은 영역은 더 나은 감도를 얻기 위해 전체 시야각을 포괄할 정도로 커야 한다.

■ 이미지 왜곡

감지기를 복잡한 모양으로 만드는 대신 전체 시야의 이미지를 여러 부분으로 나눌 수 있다. 이는 [그림 7-23(b)]에 나타낸 것처럼 충분히 넓은 면적을 가진 감지기 앞에 왜곡 마스크[12]를 배치하면 된다. 마스크는 불투명하며 감지기 표면에 이미지를 간극 내에서만 형성할 수 있다. 마스크 작업은 위에서 설명한 복잡한 센서의 형상과 유사하다. 이 방법은 넓은 표면적을 가진 감지부를 필요로 한다.

■ 패싯 초점부

소면적 감지기를 사용하면서 시야를 넓히기 위해서는 다중 초점 장치를 사용해야 한다. 초점거울이나 렌즈는 곤충의 눈처럼 생긴 패싯facet이라고 불리는 작은 거울이나 렌즈들의 배열로 나눌 수 있다. 각 패싯은 개별 렌즈(거울)로 작동하여 공통 초점면에 자체 이미지를 생성하는 동시에 시야의 다른 부분에서 이미지를 수신한다. 모든 패싯은 [그림 7-24(a)]와 같이 여러 이미지를 형성한다.

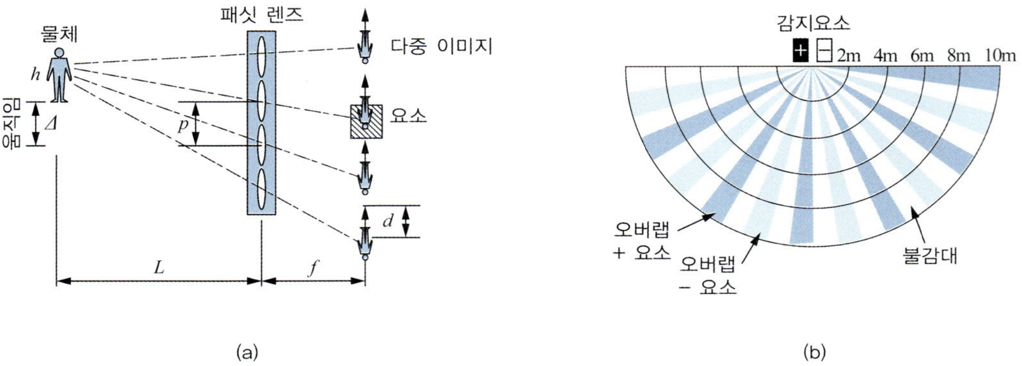

그림 7-24 (a) 패싯 렌즈가 감지부 주변으로 다중 이미지를 만들어낸다.
(b) 이중 부품 센서에서 복합 패싯 렌즈로 만들어진 감지 영역

물체가 움직이면 각 개별 패싯으로 만들어진 이미지도 초점면을 가로질러 이동한다. 수많은 렌즈가 여러 이미지를 생성하기 때문에 적어도 하나의 이미지가 감지부를 교차하여 교차신호를 생성한다. 여러 면을 결합함으로써 시야에서 수평면과 수직면 모두에서 원하는 감지 패턴을 형성할 수 있다. 렌즈를 개발하고 감지기를 설계하려면 먼저 시야와 범위를 정의해야 한다. 그런 다음 기하광학 법칙을 적용하여 패싯 초점 거리, 초점 수, 초점의 피치(두 인접면의 광축 사이의 거리)를 계산할 수 있다.

단일 패싯 렌즈의 초점 거리는 다음 식으로 계산할 수 있다.

$$f = \frac{Ld}{\Delta} \tag{7.17}$$

또한 패싯의 피치는 다음과 같다.

$$p = 2nd \tag{7.18}$$

여기서 L은 물체까지의 거리, d는 감지부의 폭, n은 감지부의 수(균등 간격), Δ는 감지대상인 물체의 최소 변위이다. 예를 들어 센서에 $d = 1\,\text{mm}$인 2개의 감지부가 각각 $1\,\text{mm}$ 간격에 위치하는 경우 물체의 최소 변위는 거리 $L = 10\,\text{m}$에서 $\Delta = 25\,\text{cm}$이다. 그리고 패싯 초점 길이는 식 (7.17)에서 $f = 1000\,\text{cm} \times 0.1\,\text{cm}/25\,\text{cm} = 4\,\text{cm}$로 계산되며 식 (7.18)에 따라 패싯 렌즈는 $8\,\text{mm}$의 피치에 위치해야 한다.

[그림 7-24(b)]는 두 개의 감지부(더하기와 빼기)가 있는 동작 감지기에 대한 감지 영역 다이어그램을 보여준다. 각 패싯의 각 요소는 이미지가 감지부와 겹칠 때 출력을 생성하기 위한 자체 세그먼트(영역)를 만든다. 물체가 이동하면 영역 경계를 통과하여 센서의 출력을 변조한다. 각 영역이 좁더라도 영역을 많이 조합하면 최대 180°까지 감지 범위가 확장된다. 현재 패싯 렌즈는 주로 중적외선과 원적외선 스펙트럼 범위에서 사용되며 고밀도 폴리에틸렌[HDPE]으로 제조되기 때문에 상당히 저렴하다([그림 7-25] 참조).

그림 7-25 HDP로 성형된 다양한 적외선 패싯 프레넬 렌즈

7.8.2 가시광과 근적외선 광 동작 감지기

가시광선과 근적외선 동작 감지기는 물체를 비추는 광원에 따라 달라진다. 조명 빛은 물체 표면에 의해 동작 감지기의 초점 장치를 향해 반사된다. 광원은 태양광, 백열등 혹은 눈에 보이지 않는 근적외선^NIR 발광 다이오드^LED일 수 있다. 움직이는 물체를 감지하기 위해 가시광선을 사용한 것은 레이더가 나오기 이전 시대인 1932년으로 거슬러 올라간다. 그 당시 발명가들은 움직이는 자동차와 날아다니는 비행기를 감지하는 방법을 찾고 있었다. 당시 발명[13]으로 초점 유리 렌즈가 하늘을 향해있는 카메라 형태로 비행기 감지기가 만들어졌다. 이때 셀레늄 광 감지기는 하늘 이미지의 명암 변화에 반응하여 움직이는 비행기의 이미지를 감지했다. 이 감지기는 구름 아래로 비행하는 비행기를 감지하기 위해 낮에만 작동하다보니 실용성이 매우 떨어졌다. 가시광선 동작 감지기의 또 다른 버전은 특허를 받았고 덜 까다로운 용도에 맞게 실내 조명 제어[12] 및 대화형 완구 제작용[14]으로 만들어졌다.

아무도 없는 방의 조명을 끄기 위해 가시광선 동작 감지기[7]를 타이머, 고체형 릴레이^relay와 결합한다고 하자. 감지기는 조명이 켜진 방에서만 활성화된다. 가시광선 영역의 광자는 상대적으로 높은 에너지를 전달하며 감지율이 높은 양자 태양전지나 광전도성 태양전지로 감지할 수 있어 광학계를 단순화시킬 수 있다(15장 참조). 가시광선 영역에서 작동하는 동작 스위치에서 초점 장치는 핀홀 렌즈 형태로 제작된다([그림 7-26(b)]와 [그림 7-27(a)] 참조).

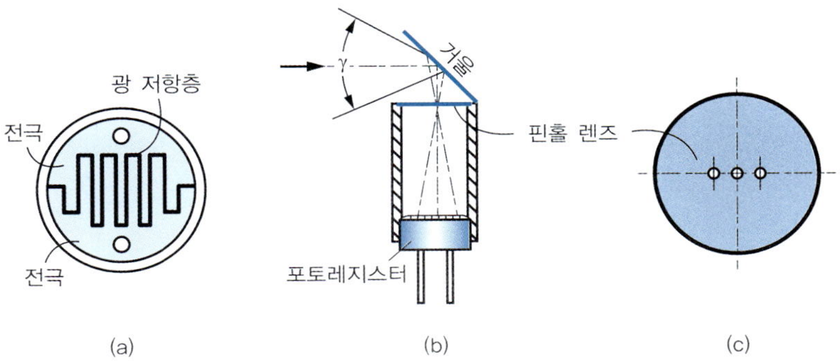

그림 7-26 광 스위치와 장난감용 간단한 광 동작 감지기 (a) 포토레지스터의 감지면은 복합 감지부를 만들어낸다. (b) 평면거울과 핀홀 렌즈가 포토레지스터의 표면에 이미지를 형성한다. (c) 핀홀 렌즈

7 [그림 7-27(a)]의 동작 스위치는 한동안 인터매틱스(Intermatic, Inc) 사에서 제작하였다.

이런 렌즈들은 불투명한 호일에 있는 작은 구멍일 뿐이다. 빛의 회절을 방지하려면 구멍의 지름이 가장 긴 감지 가능한 파장(빨간색)보다 커야 한다. 동작 스위치에는 지름 0.2 mm의 구멍이 있는 3면 핀홀 렌즈가 있다([그림 7-26(c)] 참조). 핀홀 렌즈는 이론적으로 초점 범위의 깊이가 무한하므로 광 감지기는 렌즈로부터 어떤 거리에서든 위치할 수 있다. 실용성을 높이기 위해 이 거리는 투사된 물체의 변위, 시야각, 포토레지스터 감지 영역으로 계산된다. 포토레지스터는 감지 소자의 구불구불한 패턴([그림 7-26(a)] 참조)을 이용하며 차단 주파수 0.25 Hz의 저항 브리지와 고대역 필터에 연결된다. 방에 조명이 비춰지면 동작 센서는 소형 카메라 역할을 한다. 즉 렌즈의 시야각 이미지가 포토레지스터 표면에 생성된다. 이때 실내에 사람들이 움직이면 이미지가 포토레지스터의 구불구불한 패턴을 가로질러 움직이게 되고([그림 7-23(a)] 참조), 포토레지스터를 통과하는 전류를 변조시킨다. 마지막 감지로부터 10분 이내에 움직임이 감지되지 않으면 내장 타이머가 고체형 릴레이를 비활성화하여 조명을 끈다. 이런 유형의 동작 센서는 저렴한 비용 덕분에 어린이의 움직임에 반응하는 대화형 완구에도 사용된다.[14] [그림 7-27(b)]는 이에 대한 예로서 눈에 핀홀 렌즈가 내장된 장난감 개를 보여준다. 평소 개는 가만히 앉아 있다가 근처에서 움직임이 포착되면 움직이고 짖기 시작한다. 등을 쓰다듬으면 짖기를 멈추고 꼬리를 흔든다(털 아래 등에 촉각 센서가 설치되어 있다).

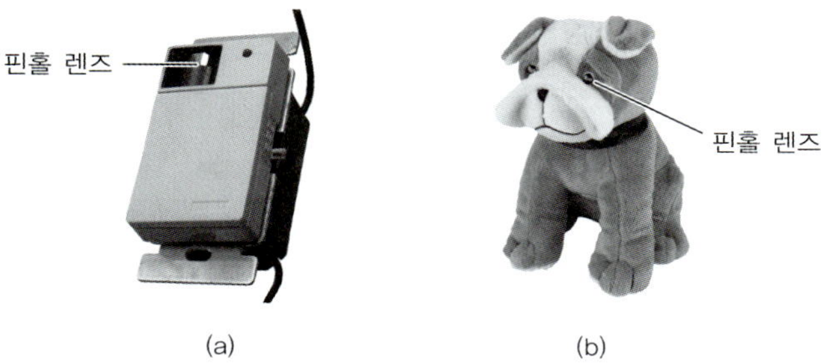

그림 7-27 (a) 비어 있는 공간에서 조명을 꺼주는 포토레지스터와 핀홀 렌즈 기반 동작 스위치[12] (b) 어린이의 동작에 반응하는 대화형 장난감으로 어린이의 움직임이 감지되면 개가 짖는다.[14]

7.8.3 중적외선 감지기

가장 널리 사용되는 광학 동작 감지기는 열복사의 스펙트럼 범위에서 작동하며 다른 이름은 중적외선 감지기Mid and far IR detectors이다. 이러한 감지기는 감지 소자와 움직이는 물체 사이의 복사 열 교환에 반응한다.[15~17] 여기서는 움직이는 사람의 감지에 대해 논의하겠지만, 이 기술은 환경과 열적 대비를 갖는 모든 따뜻한 물체나 차가운 물체에 적용할 수 있다.

열 운동 감지의 원리는 온도가 절대 영도 이상인 표면에서 전자기 복사의 자연 방출에 대한 물리적 이론에 기초한다. 이 이론의 기초는 4.12.3절에 설명되어 있으므로 진도를 더 나아가기 전에 먼저 해당 절의 내용을 숙지하는 것을 추천한다.

움직임을 감지하기 위해서는 움직이는 물체의 표면 온도가 주변 물체의 온도와 달라야 하므로 앞에서 설명한 광센서의 가시광 명암contrast처럼 열적 명암이 발생할 수 있다. 모든 물체는 표면에서 열복사를 하며 이 복사 에너지의 강도는 스테판 볼츠만 법칙Stefan boltzmann law인 식 (4.133)에 의해 결정된다. 물체가 주변보다 따뜻하면 복사열은 짧은 파장으로 이동하고 강도는 더 강해진다. 움직임이 감지되는 대부분의 물체는 비금속 표면을 가지고 있으므로 [그림 4-45(a)]의 반구 내에서 열에너지를 매우 균일하게 방출한다. 또한 유전체는 복사 열 방출량이 높다. 인간의 피부는 열복사가 잘 되는 좋은 방출체로서 열 방출율thermal emissivity이 90%를 훨씬 넘어선다([표 A-19] 참조). 대부분의 천연 직물과 합성 직물은 0.74에서 0.95 사이의 높은 열 방출율을 보인다.

7.8.4 수동 적외선 동작 감지기

수동 적외선passive infrared, PIR 동작 감지기는 보안 관리 및 에너지 관리 시스템에 사용되면서 널리 응용되고 있다. PIR 감지 소자는 인간이 발산하면서 대부분의 화력thermal power이 집중되어 있는 약 4 ~ 20 μm의 스펙트럼 범위 내에서 중적외선과 원적외선 복사에 반응한다(표면 온도 범위는 약 26 ~ 37 ℃이다). 이 감지기에는 유용한 세 가지 유형의 감지부가 있다. 바로 복사계bolometer, 열전대thermopiles, 초전재pyroelectrics이다. 하지만 초전재는 단순성, 저비용, 높은 응답성, 넓은 동적 범위 덕분에 동작 감지에만 거의 독점적으로 사용된다. 초전 효과는 4.7절에서 다루었으며 일부 감지기는 15.8.4절에서 다룰 것이다. 그럼 지금부터 실제 PIR 동작 센서를 설계할 때 이 효과를 어떻게 활용할 수 있는지 살펴보도록 하자.

초전 세라믹 판(감지 소자)은 본체를 통과하여 흐르는 열에너지에 반응하여 전하를 생성한다. 판의 윗면과 바닥면에는 각 한 개씩 증착 전극이 있다. 이 초전응답은 열팽창의 2차 효과로 설명할 수 있다([그림 7-28] 참조).

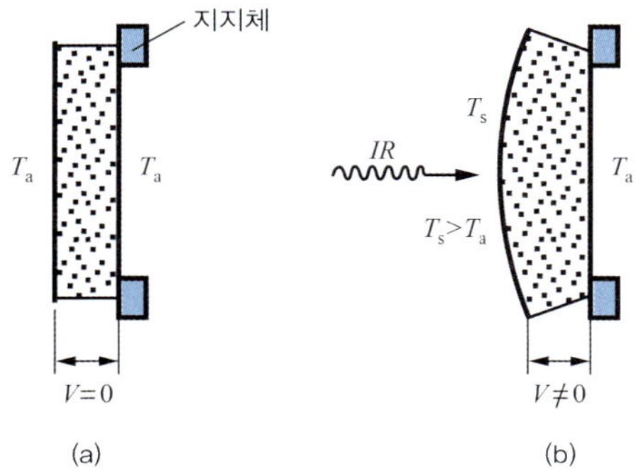

그림 7-28 (a) 압전특성의 부가적인 현상으로 나타나는 초전 효과에 대한 간단한 모델. 초기에는 부품들이 균일한 온도를 보인다. (b) 열복사에 노출이 되면 전면부 온도는 올라가고 팽창한다. 이는 전극 사이에서 변형에 의한 전압을 만들어내는 원인이 된다.

모든 초전체는 압전체이므로 전면 전극에 흡수된 IR 열로 인해 상부 측면 온도 T_s가 기준온도 T_a 이상으로 증가한다. 그 결과 상부 측면 크기가 확장되어 압전 결정에 기계적 스트레스가 발생하고 이 스트레스는 압전 전하를 만들어낸다. IR 유도 전하는 전극 양단의 전압으로 나타난다. 불행히도 원소의 압전 특성은 부정적 영향을 미친다. 센서가 소리, 구조적 진동과 같은 외력으로 인해 미세한 기계적 스트레스를 받게 되면 적외선 열로 인해 전하가 발생하는 경우와 구별하기 어려운 가전하spurious charge를 생성한다.

열적으로 유도된 전하를 기계적으로 유도된 전하들과 분리하기 위해 초전 센서는 보통 대칭형([그림 7-29(a)] 참조)으로 제작된다. 센서 하우징 안에는 동일한 감지부가 2개 있으며 소자는 동일한 위상 내 입력에 따라 위상 이탈신호를 생성하여 인터페이스 회로에 연결된다. 이것은 압전이나 거짓 열 간섭spurious thermal interferences이 2가지 감지요소에 동시(동상) 적용되므로 전자회로의 입력단에서 상쇄된다. 반면에 렌즈에 의해 초점이 맞춰지는 IR 선속은 한 번에 한 소자에만 흡수되기 때문에 상쇄되지 않으며 이 구조를 차동 PIR 감지기라고 부른다.

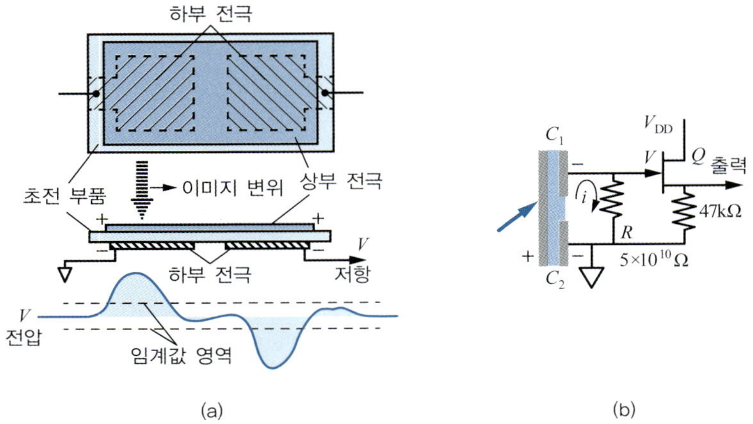

그림 7-29 이중 초전 센서 (a) 초전판은 상부(위) 전극과 2개의 하부 전극으로 구성된다. (b) 움직이는 열화상은 바이어스 저항 R에 AC 전압을 만들어내면서 센서 좌측에서 우측으로 이동한다.

차동 PIR 감지기를 제작하는 방법 중 하나는 단일 초전 판의 양쪽에 두 쌍의 전극을 증착하는 것이다. 각 쌍은 열이나 기계적 스트레스에 의해 충전이 가능한 축전기를 만든다. 센서 상부 전극은 서로 연결되어 하나의 연속전극을 형성하고, 두 개의 하단전극은 분리되어 반대 방향으로 직렬 연결된 축전기를 형성한다. 전극이 위치한 측면에 따라 출력신호는 열 유도 응답에 대해 양극 혹은 음극 극성을 갖는다. 동일한 응용 분야에서 감지전극은 더 복잡한 패턴을 가져야 할 필요(예 : 미리 결정된 감지 영역을 형성하기 위해)가 있어 한 쌍 이상의 전극이 필요하다. 이 경우 동상신호(공통모드 제거)를 더 잘 제거하려면 센서 구조 상의 더 나은 기하학적 대칭을 위해 센서 쌍의 위치가 번갈아가며 나타날 수 있도록 짝수 쌍이 있어야 한다.

대칭 감지 소자는 동일한 외부 요인의 영향을 받는 경우, 소자의 두 부분이 동일한(그러나 위상이 다른) 신호를 생성하며 장착되어야 한다. 광학 부품(예 : 프레넬 렌즈fresnel lens)은 물체의 열 이미지를 항상 센서의 특정 표면에만 초점을 맞춰야 하며 그렇지 않을 경우 신호가 상쇄된다. 이 소자는 열 유동에 제한을 받는 전극 쌍 전체에 걸쳐 전하를 발생시킨다. 열화상 이미지가 한 전극에서 다른 전극으로 이동할 때 감지부에서 바이어스 저항 R([그림 7-29(b)] 참조)로 흐르는 전류 i는 0에서 양으로 변한다. 그리고 다시 0으로 변했다가 음으로 변하고, 또 다시 0으로([그림 7-29(a)] 참조) 변하면서 점점 낮아진다. JFET 트랜지스터 Q는 임피던스 컨버터와 전압 팔로워로 사용된다(이득은 1에 가깝다). 저항 R값은 매우 높아야 한다. 예를 들어 움직이는 사람에 대한 응답으로 소자에 의해 생성되는 일반적인 교류는 1 pA (10^{-12} A) 수준이다. 예를 들어 최대 거리에 알맞는 출력전압은 $v = 10\,\mathrm{mV}$이고, 옴의 법칙에 따라 저항은 $R = v/i = 10\,\mathrm{G}\Omega\,(10^{10}\,\Omega)$이어야 한다.

[표 A-9]에는 초전 특성을 보이는 여러 결정질 재료를 나타내는데 이는 PIR 감지부 제작에 사용할 수 있다. 가장 자주 사용되는 것은 세라믹인데, 이는 저렴한 비용과 제작의 용이성 때문이다. 세라믹의 초전계수는 세라믹 다공성(감지판 본체 내부에 공극 생성)을 변화시켜 어느 정도 제어할 수 있다. 초전 소재 중 대표적인 재료는 고분자 필름 PVDF로 대부분의 세라믹 결정만큼 민감하지는 않지만 저렴하다는 장점이 있다. 또한 어떤 크기로든 생산할 수 있으며 원하는 방식으로 구부리거나 접을 수 있다(4.6.2절 참조).

감지부 외에도 IR 동작 감지기에는 초점 장치가 필요하다. 일부 감지기는 포물선 거울을 사용하지만, 프레넬 플라스틱 렌즈(5.8.2절)는 비용이 저렴하고 원하는 모양으로 성형할 수 있어 점점 더 인기를 얻고 있다([그림 7-25] 참조). 또한 센서 내부를 감지부로부터 보호하는 창문 역할을 한다.

플라스틱 프레넬 렌즈와 PVDF 필름이 함께 작동하는 방법을 설명하기 위해 [그림 7-30(a)]에 묘사된 동작 감지기를 살펴보자.

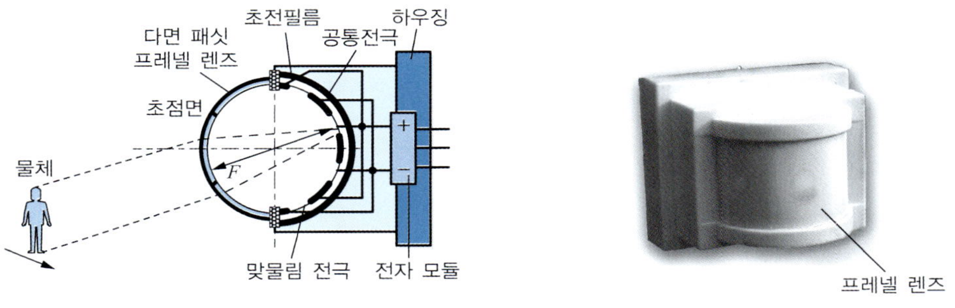

(a) (b)

그림 7-30 (a) PIR 동작 감지기는 곡면형 프레넬 렌즈와 초전 PVDF 필름을 사용한다. (b) 센서의 외부 형상

이는 고밀도 폴리에틸렌 다곡면 렌즈와 곡면형 PVDF 필름 센서를 사용한다.[15] 센서의 구조는 앞에서 설명한 패싯 렌즈와 복잡한 전극 모양을 결합한다. 렌즈와 필름은 초점 거리 f 의 1/2에 해당하는 곡률 반경으로 구부러져 있어 필름이 항상 렌즈의 해당 면 초점면에 위치하도록 한다. 필름에는 전자 모듈에 위치한 차동 증폭기의 양극과 음극 입력에 연결된 한 쌍의 큰 맞물림 전극이 있다. 증폭기는 공통 모드 간섭을 제거하고 열 유도 전압을 증폭시킨다. 렌즈를 향하는 필름 전면은 중적외선과 원적외선 스펙트럼 범위에서 흡수율을 향상시키기 위해 유기재료로 코팅되어 있다. 이 구조는 정밀한 분해능(더 먼 거리에서 작은 변위를 감지) 및 센서의 소형화([그림 7-30(b)] 참조)가 가능하다. 소형 센서는 제품의 전체 크기를 최소화하여 설치할 수 있어 유용하다. PIR 감지기가 스위치의 벽판에 통합된 조명스위치가 그런 예이다.

7.8.5 PIR 감지기 효율 분석

사용되는 광학 장비의 유형과는 관계없이 대부분의 최신 PIR 감지기는 동일한 물리적 효과, 즉 초전성 pyroelectricity 으로 작동한다. 이러한 센서의 성능을 분석하려면 먼저 감지부에 의해 전하로 변환되는 적외선 전력(선속)을 계산해야 한다. 광학 장치는 센서 표면에 열복사를 집중시켜 소형 열 이미지를 형성한다.

이 경우 이미지의 광자 에너지는 감지부에 의해 흡수되고 열로 변환된다. 초전 소자를 통해 전파되는 열은 다시 미세 전하의 형태로 변환되고 전하는 인터페이스 회로의 입력을 통과하는 매우 작은 전류를 유발한다. 주어진 조건에 대한 최대 작동 거리는 감지기의 잡음 플로어에 의해 결정되는데, 최악의 경우 신뢰성 있는 감지를 위해 소음 전력은 움직이는 사람이 감지하는 신호보다 최소 10배 이상 작아야 한다.

초전 센서는 열에너지를 전하로 변환시키는 센서이다. 에너지 유동은 본질적으로 감지부 전체에 열 구배가 있어야 한다. 감지기에서 두께 h는 전면이 렌즈에 노출되어 있지만 반대쪽은 주변 온도 T_a에 있는 감지기 내부 하우징을 향한다. 센서 소자의 전면은 방열 코팅으로 덮여있어 방출율 ε_s를 가능한 한 높은 수준으로 증가시키며 이 수치는 1에 근접한다. 열 유동 Φ_s가 소자의 전면에 흡수되면 전면 온도가 상승하고 열이 센서를 통해 후면으로 전파된다. 초전 효과 덕분에 전하가 열 유동에 반응하여 소자 표면에서 발생한다.

센서의 열 흡수 표면에서 IR 전력 수준을 추정하기 위해 몇 가지 가정을 해보도록 하자. 간단하게 설명하기 위해 유효 표면적이 b([그림 7-31] 참조)이고, 이 표면을 따라 온도 T_b가 균일하게 분포되어 켈빈(K) 정도로 표현되는 사람을 생각해보자.

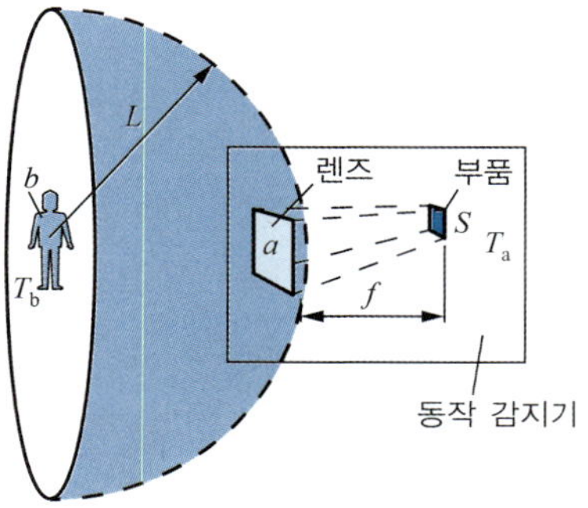

그림 7-31 PIR 동작 감지기의 감지부에 형성되는 열 이미지

그 사람은 PIR 감지기의 렌즈에서 L 거리에 위치한 등거리 경로를 따라 이동하며, 확산 이미터로서 표면이 있는 반구 내에서 IR 에너지를 균일하게 방출한다. 이때 표면적은 $A = 2\pi L^2$이다. 또한 초점 장치가 선명한 이미지를 만든다고 가정한다. 계산을 위해 표면적이 a인 렌즈를 선택한다. 센서의 온도(K)는 T_a이며 이는 주변 온도와 동일하다. 물체에서 주변으로 손실된 총 적외선 전력(유동)은 스테판 볼츠만 법칙을 통해 다음과 같이 결정된다.

$$\Phi = b\varepsilon_a \varepsilon_b \sigma (T_b^4 - T_a^4) \tag{7.19}$$

여기서 σ는 스테판 볼츠만 상수이고, ε_b와 ε_a는 각각 물체와 주변의 방출율이다((식 4.138) 참조). 물체가 주변보다 따뜻할 경우(일반적인 경우) 주변 온도가 T_a인 열린 공간으로 순적외선 전력이 분배된다. 물체는 확산성 방출체이기 때문에 동일한 플럭스 밀도가 등거리 표면을 따라 어느 지점에서든 감지될 수 있다고 생각할 수 있다. 즉 적외선 출력의 강도는 반지름 L인 구면을 따라 균일하게 분포한다. 이러한 가정들은 다소 과장되어 있지만 센서 응답의 추정치를 얻기 위해 필요하다.

주변 환경과 물체의 표면이 이상적인 방출체와 흡수체($\varepsilon_{\mathrm{b}} = \varepsilon_{\mathrm{a}} = 1$)이고, 감지부 방출율이 ε_{s} 라고 가정할 때 거리 L 에서의 순복사 선속밀도는 다음과 같이 구할 수 있다.

$$\varPhi = \frac{b}{2\pi L^2}\varepsilon_{\mathrm{s}}\sigma\left(T_{\mathrm{b}}^4 - T_{\mathrm{a}}^4\right) \tag{7.20}$$

렌즈 효율(투과계수)은 γ 이며 이론적으로는 렌즈 재료의 특성과 렌즈 설계에 따라 0.92까지 커질 수 있다. 고밀도 폴리에틸렌[HDPE]의 경우 프레넬 렌즈의 투과값은 0.5 ~ 0.75 범위이다. 식 (7.20)에서 온도 네제곱과 관련된 사소한 비선형성을 무시한 후 감지부 의해 흡수되는 열전력은 다음과 같이 표현할 수 있다.

$$\varPhi_{\mathrm{s}} \approx a\gamma\phi \approx \frac{2\sigma\varepsilon_{\mathrm{s}}}{\pi L^2}ab\gamma T_{\mathrm{a}}^3(T_{\mathrm{b}} - T_{\mathrm{a}}) \tag{7.21}$$

렌즈에 의해 감지부 표면에 집중되는 적외선 유동은 물체로부터의 거리(L) 제곱에 반비례하고 렌즈와 물체의 영역에 직접 비례함에 유의해야 한다. 다면 렌즈의 경우 렌즈 면적 a는 전체 렌즈 면적이 아니라 하나의 면에만 관련이 있다.

물체가 센서보다 더 따뜻하면 선속 $\varPhi_{\mathrm{s}}$ 는 양수이고, 차가우면 선속은 음수이다. 이는 열이 센서에서 물체로 이동하는 방향을 바꾸는 것을 의미한다. 예를 들면 사람이 추운 외부에서 따뜻한 방으로 들어가는 것과 같으며 옷 표면은 센서보다 더 차가울 것이고 따라서 선속은 음수가 될 것이다. 그 다음으로는 물체가 센서보다 따뜻하고 선속이 양수인 경우를 고려할 것이다. 적외선 방출 시 센서 소자의 온도는 흡수된 열전력 $\varPhi_{\mathrm{s}}$, 열용량 C 에서 도출되는 속도에 따라 상승한다.

$$\frac{\mathrm{d}T}{\mathrm{d}t} \approx \frac{\varPhi_{\mathrm{s}}}{C} \tag{7.22}$$

여기서 t 는 시간이다. 이 식은 센서가 열 유속에 노출된 직후 상대적으로 짧은 간격 동안 유효하며 피크신호를 평가하는 데 사용할 수 있다.

센서가 열 유속에 반응하여 발생되는 피크 전류는 다음과 같은 식에서 찾을 수 있다.

$$i = \frac{\mathrm{d}Q}{\mathrm{d}t} \tag{7.23}$$

여기서 Q 는 초전 센서에 의해 발생된 전하이다. 이 전하는 센서의 초전계수 P, 센서 면적 s, 온도 변화 $\mathrm{d}T$ 에 따라 달라진다.

$$\mathrm{d}Q = Ps\,\mathrm{d}T \tag{7.24}$$

열용량 C 는 재료의 열용량 c, 면적 s, 소자 두께 h 로부터 유도할 수 있다.

$$C = csh \tag{7.25}$$

식 (7.22), 식 (7.24), 식 (7.25)를 식 (7.23)으로 치환하면 입사하는 열 유속에 대한 응답으로 센서에 의해 생성되는 피크 전류를 얻을 수 있다.

$$i = \frac{Ps\,\mathrm{d}T}{\mathrm{d}t} = \frac{Ps\,\Phi_s}{csh}\Phi_s = \frac{P}{hc}\Phi_s \tag{7.26}$$

물체와 움직이는 물체 사이의 관계를 설정하기 위해 식 (7.21)에서 나온 선속은 식 (7.26)으로 대체되어야 한다.

$$i \approx \frac{2Pa\sigma\gamma}{\pi hc} b T_a^3 \frac{\Delta T}{L^2} \tag{7.27}$$

여기서 $\Delta T = (T_b - T_a)$이다. 식 (7.27)에서 몇 가지 결론을 도출할 수 있다. 식의 첫 번째 부분(비율)은 감지기의 특징을 나타내며 나머지는 물체와 관련이 있다. 열전류 i는 물체와 주변 환경 사이의 온도 차이(열 명암도)에 정비례한다. 또한 감지기를 향하는 물체의 표면적 b에 비례한다. 주변 온도 T_a는 세제곱값에서 나타날 수 있을 값만큼 기여도가 그렇게 강하지 않으며 켈빈(K) 단위로 입력해야 하므로 스케일에 비해 변화는 비교적 작다. 감지부가 얇을수록 감지기의 감도는 높아진다. 렌즈 영역은 신호 크기에 직접적인 영향을 미치지만, 렌즈가 전체 이미지를 감지부에 초점 맞추는 한 전류는 센서의 영역에 따라 달라지지 않는다.

식 (7.27)을 추가로 평가하기 위해 바이어스 저항의 전압을 계산해보자. 이 전압은 동작 감지기의 출력신호로 사용될 수 있다. 일반적인 초전 특성은 $P = 25\,\mu\mathrm{C/Km}^2$, $c = 2.4\times10^6\,\mathrm{J/m^3K}$, $h = 25\,\mu\mathrm{m}$, 렌즈 면적 $a = 1\,\mathrm{cm}^2$, $\gamma = 0.6$, 바이어스 저항 $R = 10^9\,\Omega\,(1\,\mathrm{G}\Omega)$이며 이러한 특성을 가진 PVDF 필름을 선택했다. 이때 물체의 표면 온도는 27 ℃이고 표면적 $b = 0.1\,\mathrm{m}^2$라고 가정한다. 주변 온도는 $t_a = 20$ ℃이다. 출력전류는 식 (7.27)에서 감지기까지의 거리 L의 함수로 계산되고 [그림 7-32]와 같이 전압으로 다시 변환된다.

[그림 7-32]의 이론적 그래프는 광학 시스템이 모든 거리에서 선명한 이미지를 만들고, 그 이미지는 감지부의 크기보다 크지 않다는 가정하에 계산되었다. 그러므로 이는 특히 짧은 범위에서 맞지 않을 수도 있는데, 이미지가 초점이 맞지 않을 뿐더러 차동 센서의 위상이 다른 요소와 겹칠 수 있다. 더 짧은 거리에서는 신호의 진폭이 명백히 감소하기 때문에 실험 전압은 이론식에서 계산한 것만큼 높지 않다.

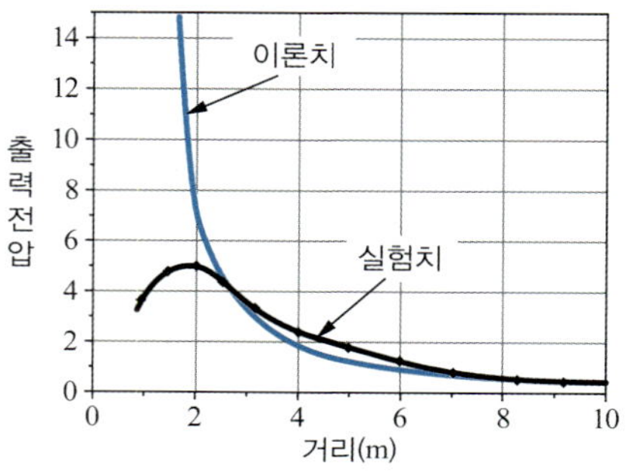

그림 7-32 PIR 감지기의 출력신호 진폭 계산치와 실험치

7.9 광학식 감지 센서

7.9.1 광전식 광선

광선 차단기는 오래되었지만 높은 신뢰성과 긴 감지 범위(최대 500 m) 때문에 보안 시스템에서 여전히 널리 사용되고 있다. 이 감지기의 작동 개념은 트립 와이어와 유사하다. 사람이 감지되면 광선이 차단된다. [그림 7-33(a)]는 이 원리를 보여준다.

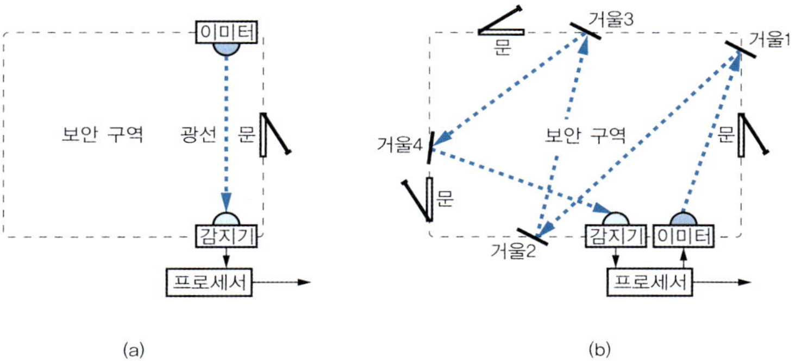

그림 7-33 (a) 감지기로 사용되는 광전식 광선 차단기 (b) 반사형 결합

광전식 광선 차단기는 광 커플러(이미터-감지기)로 구성되며 보안 구역 입구 근처에 설치한다. 이미터는 좁은 광선의 적외선(일반적인 파장 940 nm)을 감지 기기로 보낸다. 정상적인 조건에서는 감지기가 일정한 광도로 기록한다. 주변 조명의 영향을 제거하기 위해 이미터는 짧은 사각파(광선을 켜고 끄는 것)와 같은 교류신호에 의해 광선을 변조한다. 감지기 측에서는 교류부만 기록되므로 안정적인 광원의 오프셋은 기록되지 않는다. 물체가 나타나면 광선이 차단되고 감지기는 빛의 세기가 급격히 감소하는 것을 감지한다. 사전 설정된 임계값 미만으로 감소할 경우 알람이 작동한다. 보안구역에 진입점이 많은 경우(예 : 여러 개의 문과 창문) [그림 7-33(b)]에 나타난 것처럼 광 커플러를 사용하여 한번에 여러 구역을 감지한다. 여기서 이미터의 광선은 보안 구역 내에서 여러 번 반사되어 감지기로 향한다. 여러 개의 반사체(거울)가 주변 가까이에 배치되고 광선을 한 거울에서 다른 거울로 움직이게 한 후 마지막으로는 감지기로 전환하도록 조정된다. 이때 오감지를 방지하기 위해서는 광 커플러와 모든 거울을 제자리에 단단히 고정하여 광선이 잘못 변형되지 않도록 진동과 움직임을 방지해야 한다. 광전 광선 차단기는 명백한 단점을 가지고 있는데 이는 광학 부품을 오염시킬 수 있는 공기 중 오염물질에 대한 취약성, 안개에서 감소되는 신뢰성 및 상대적으로 높은 전력 소비량이다.

7.9.2 빛 반사 감지기

빛의 반사는 움직임뿐만 아니라 모니터링되는 영역에서 물체의 단순한 존재를 감지하는 데 상당히 광범위하게 사용되는 광학 현상이다. 작동 원리는 매우 간단하다. 이 센서에는 광 차단기와 마찬가지로 두 가지 핵심 부품인 광원(일반적으로 거의 적외선 LED-이미터)과 광 감지기가 있다. LED는 광 감지기의 시야 내에 위치한 물체를 비추는 파일럿 조명을 방출하며 감지기는 물체에 의해 반사되는 빛의 강도를 측정한다. 이를 모니터링하기 전에 물체(기준)에서 배경 반사를 먼저 설정하게 되는데 새로운 물체가 시야에 나타나면 빛을 더 많이 흡수하거나 더 많이 반사한다. 대부분의 경우 감지기는 전자 프로세서의 임계값 감지기를 이용하여 설정된 기준 수준을 감지 가능한 증가량으로 변경한다. 이 센서는 물체까지의 거리를 측정하지 않는다. 왜냐하면 기록된 빛의 세기는 물체의 크기, 모양, 재료, 표면 마감, 센서까지의 거리 등 알려지지 않은 요인에 따라 달라지기 때문이다. 이 센서는 단지 감지기에 불과하지만 여러 응용 분야에서 필수적이다.

오늘날 이미터와 감지기는 감지의 신뢰성을 향상시키고 오신호를 제거하는 지능형 집적회로로 제어된다.[18] 예를 들어 욕실의 차동 센서 수도꼭지는 센서에 손을 가까이 대면 수독꼭지에서 물이 자동으로 나온다.[19~20] 이와 유사한 예로는 핸드 드라이어, 화장실 탱크, 조명 스위치, 가전제품(스테레오 플레이어, 에어컨 등), 로봇청소기 등이 있다. [그림 7-34]는 수중 센서가 위치할 수 있는 두 지점을 나타낸다.

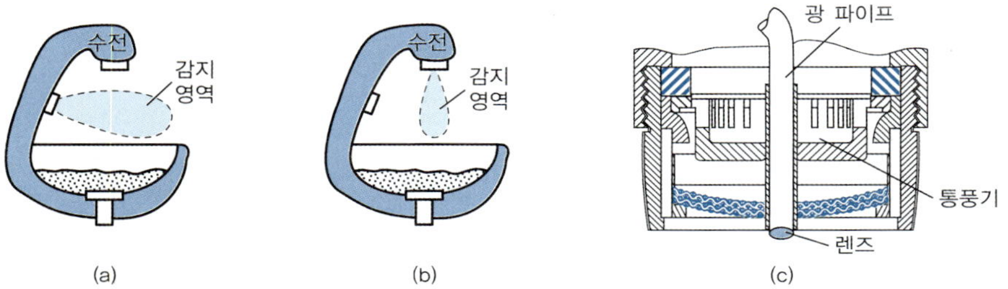

그림 7-34 (a), (b) 광학식 감지기를 분출구 수전에 설치한 모습 (c) 광 파이프가 있는 수전의 절단면 이미지[20]

[그림 7-34(a)]는 센서가 배출구 쪽에 있고 [그림 7-34(b)]에는 센서가 수도꼭지에 직접 내장되어 있다. 보통 손이 놓이는 위치에 감지부가 있는지 확인해야 한다. [그림 7-34(c)]는 가벼운 파이프와 일반적으로 물 분사에 필요한 기타 부품이 있는 수도꼭지를 예시로 보여준다. 광 파이프는 반사광을 송수신하는 데 사용되는 광섬유와 유사하다([그림 5-20(b)] 참조).

[그림 7-35]는 유수 제어 시스템의 블록 다이어그램이다. 광 파이프는 광섬유 다발이나 폴리카보네이트 수지로 성형된 고체 반투명 막대를 사용할 수 있다.

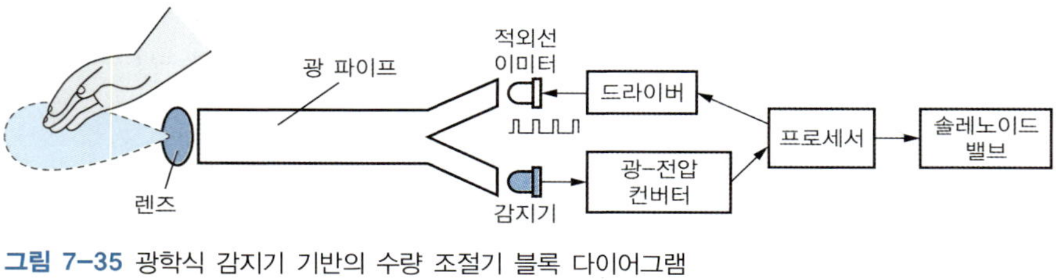

그림 7-35 광학식 감지기 기반의 수량 조절기 블록 다이어그램

LED 이미터에서 발생하는 방출광은 1 kHz로 상대적으로 높은 주파수의 짧은 펄스에 의해 변조된다. 이렇게 하면 반사된 펄스광을 배경(주변) 조명에서 분리하는 데 도움이 된다. 주변 조명은 세 가지 유형의 구성 요소를 포함할 수 있다. 안정적인 높이, 느린 변화, 주 주파수가 50 Hz나 60 Hz인 형광 등의 깜박임이다. 이러한 가짜 구성요소는 검출된 신호를 교정하기 위해 고대역 통과 필터나 동기식 감지기를 사용하여 감소된다.

7.10 압력-기울기 센서

개방된 문, 창문 또는 사람들의 움직임으로 인해 발생하는 대기압의 작은 변화를 모니터링하여 밀폐된 방에 침입을 감지하도록 센서를 설계할 수 있다. 원칙적으로는 기존 기압 센서를 이용하여 기압변화를 감지할 수 있다. 그러나 이는 실용적인 해결책이 아니다. 기존의 기압 센서는 비교적 큰 범위의 압력 입력을 감지할 수 있으나 침입과 관련된 압력 변화는 기존 압력 센서의 범위보다 3배 이상 작다. 실제로 이러한 변화는 센서의 잡음 플로어에 근접하며 감도 또한 낮다. 소음도 증폭되기 때문에 고이득 증폭기를 추가하는 것으로는 해결할 수 없다. 실용적인 해결책은 압력 범위는 좁지만, 감도가 높은 센서를 설계하는 것이다. 또한 센서가 절대 압력 값보다는 압력 변화에만 반응하도록 하는 것이 바람직하다. 센서는 기압의 첫 번째 파생신호와 유사한 신호를 출력해야 한다. 센서의 유일한 목적은 침입을 감지하는 것이지, 실제 기압 측정하는 것이 아니기 때문에 정확도에 대한 기준은 완화될 수 있다. 감지막을 상대적으로 매우 넓고 얇게 만들면 높은 감도를 얻을 수 있다. [그림 7-36]은 침입 기압 센서 설계의 예[21]를 보여준다.

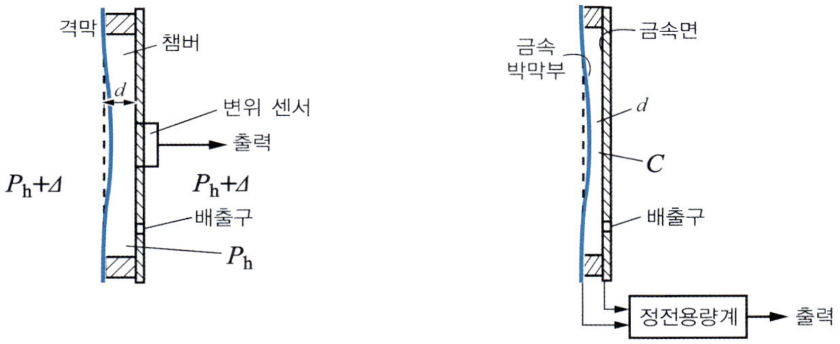

그림 7-36 (a) 기압 구배 센서 (b) 정전 변위 감지기 기반의 압력 구배 센서

센서의 주요 부분은 밀폐된 챔버이다. 챔버의 좌측 벽면은 $20\,\mu m$ 의 두께인 플라스틱이나 금속 호일로 만든 얇은 신축성 막으로 덮여있다. 막 면적은 약 $200\,mm^2$ 이상으로 비교적 커야 한다. 챔버의 우측은 챔버 내부와 외부 기압을 균일하게 만들기 위한 작은 환기구가 있는 견고한 후면 판이다. 막에서 후면판까지의 거리는 내장된 변위 센서로 모니터한다. 센서의 모든 외부 표면은 주변 공기에 노출된다. 모니터링되는 방의 모든 문과 창문이 닫혀 있고 방이 비어 있으면 주변 기압이 정적 상태이거나 느리게 변한다. 후면판에 있는 환기구 구멍 덕분에 센서 챔버 내부와 외부의 압력 P_h는 동일하고 막은 평평하다.

문이나 창문이 열리면 주변 기압이 증가분 Δ 에 따라 조금씩 빠르게 변한다. 통풍구는 매우 좁고 공기는 유한한 점성을 가지기 때문에 챔버 내부의 기압 P_h는 즉시 변할 수 없다. 따라서 챔버 내부의 모든 변화는 외부 변화보다 지연된다. 위상 지연은 일시적인 차동 압력 진폭과 부호에 따라 후면판 측면에서 혹은 후면판에서 방출되는 일시적인 기압차를 만든다. 막에서 후면판까지의 거리 d는 변위 센서로 모니터링되며 침입의 표시로 사용된다. 압력차가 작을 때 막은 상당히 평평하게 유지되고 거리 d는 바닥 높이로 감소한다. [그림 7-37]은 감지 챔버의 내외부 기압과 막을 가로지르는 차동 압력 간의 타이밍 다이어그램을 보여준다. 변위 d를 나타내는 신호는 침입을 감지하기 위해 임계값과 비교된다.

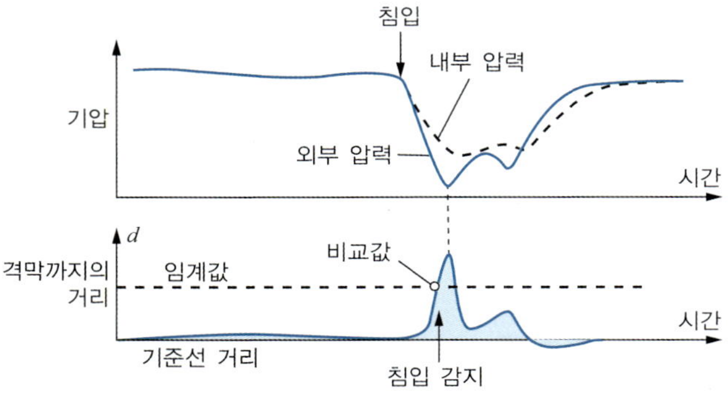

그림 7-37 압력 구배 감지기의 타이밍 다이어그램

막의 변형을 모니터링하기 위한 변위 센서를 설계하는 방법에는 여러 가지가 있는데 그중 다수는 8장에서 설명한다. 가령 [그림 7-36(b)]는 감지 챔버가 2개의 평판이 있는 축전기의 형태로 구현된 정전 변위 센서다. 축전기의 첫 번째 판은 금속 호일(또는 금속 증착된 플라스틱 막)이고 다른 판은 후면판의 금속층이다. 막과 후면판 사이의 기준간격은 0.5 mm 이하가 필수이다. 예를 들어 막과 바닥이 겹치는 면적이 400 mm^2이고 간격이 0.5 mm 인 경우 기준 정전용량은 17 pF 이다. 거리가 기압차에 따라 달라지면 정전용량 C값이 변하게 되고((식 4.20) 참조, 이러한 변화가 측정되어 유용한 신호로 변환된다.

또 다른 구조로는 열 풍속계[22]가 있는 압력 구배 감지기가 있는데 이는 11.9절에서 자세히 다룰 것이다. 이 센서는 보안구역 내의 매우 작은 기류를 모니터링하여 미세한 압력차에 반응한다. 개념도는 [그림 7-38]에 나와있다.

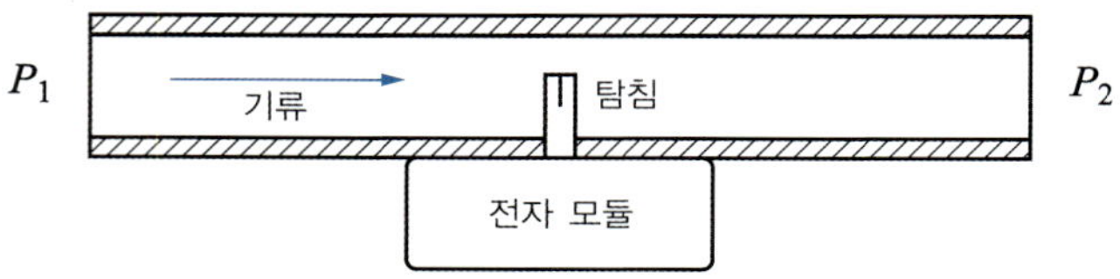

그림 7-38 미세압력 구배 감지로 사용되는 열 풍속계 개념도

여기에는 중앙에 작은 기류 센서가 있는 평가관이 들어있다. 좌-우측관 배출구($P_1 > P_2$)를 가로지르는 압력 구배가 있는 경우 관 내부로 공기가 유입되어 열 풍속계로 측정된다. 열 풍속계의 출력은 비선형적이므로 [그림 12-9(b)]에 나와 있는 대로 작은 흐름에서 감도가 더 높기 때문에 센서는 문과 창문의 개폐, 심지어 사람이 걸을 때 발생하는 실내압의 미세한 변화에도 반응한다.

7.11 2차원 포인팅 장치

개인용 컴퓨터의 개발로 인해 포인팅 장치라고 불리는 또 다른 변위 센서가 필요하게 되었다. 이러한 장치는 인간의 손으로 제어하기 때문에 컴퓨터 마우스가 발명되었다. 마우스tracking ball는 컴퓨터 모니터에서 원하는 x-y 좌표로 포인터를 이동하기 위한 것이다. 첫 번째 마우스로는 광학 인코더 디스크([그림 8-44] 유사) 또는 전자기 픽업electromagnetic pickup에 연결된 기계적 롤러를 사용했다. 그리고 나중에 스티브 키르쉬Steve Kirsch가 좌표 격자가 있는 특수 반사 패드가 필요한 광학 마우스를 발명했다.[23] 최신 마우스와 트랙볼은 빨간색(혹은 적외선) LED나 레이저 다이오드 기반의 조명 광학 증폭기를 사용한다. 광학 포인팅 장치에는 세 가지 필수 구성 요소인 조명기, CMOS 광전 이미지 센서, 디지털 신호 처리Digital Signal Processing, DSP 칩이 있다([그림 7-39] 참조).

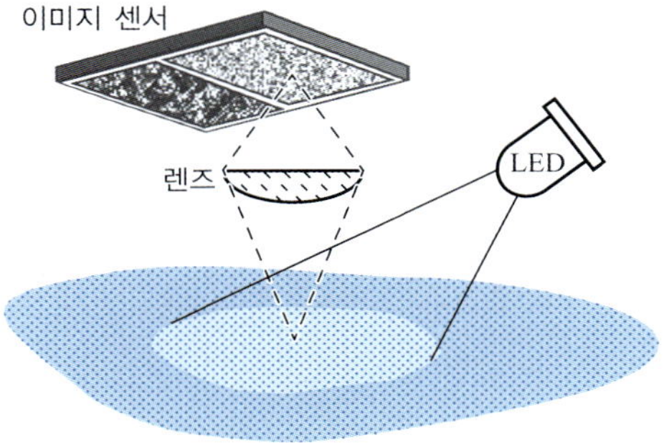

그림 7-39 광학 포인팅 장치의 개념도(마우스)

광전 이미지 센서는 마우스가 작동하는 표면 혹은 회전하는 공의 표면 패턴을 연속적으로 촬영한다. DSP 칩은 연속 이미지를 비교한다. 한 프레임과 다음 프레임 사이의 변화는 칩의 이미지 처리부에서 처리하고 광 흐름 추정 알고리즘을 사용하여 해당 2개의 축을 따라 움직임으로 변환된다. 예를 들어 아바고 테크놀로지스Avago Technologies 사의 ADNS-2610 광학 마우스 센서는 초당 1,512개의 프레임을 처리한다. 각 프레임은 18 × 18 픽셀의 사각형 배열로 구성되며 각 픽셀은 64가지 수준의 회색을 감지할 수 있다. 이러한 발전을 통해 마우스가 다양한 표면에서 상대적인 움직임을 감지할 수 있게 되었으며 마우스의 움직임을 커서의 움직임으로 변환시킴으로써 더는 특수한 마우스 패드가 필요하지 않게 되었다.

7.12 제스처 감지

인간-기계 인터페이스 장치를 제어하기 위해 현대 컴퓨터는 x-y 인간 감지로부터 조작자 신체에 대한 3차원 감지로까지 발전하고 있다. 이로써 손, 머리, 몸통 등의 동작으로 컴퓨터를 제어할 수 있다. 일부 제스처 센서는 소형 감지 장치를 작업자의 팔다리에 직접 부착해야 하지만, 다른 센서들은 완전히 비접촉식이다. 최초의 비접촉 제스처 센서는 1919년 서양에서는 러시아 엔지니어인 레온 테레민Léon Theremin에 의해 발명되어,[24] 세계 최초의 전자음악 악기에 사용되었다. [그림 7-40(a)]는 테리민Theremin 또는 테레민복스Thereminvox라고 불리는 악기의 블록 다이어그램이다.

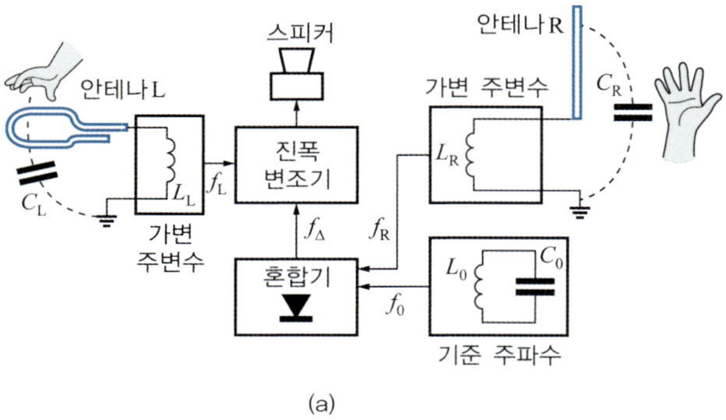

그림 7-40 (a) 광 테레민복스의 블록 다이어그램 (b) 1927년 제스처 감지 장치를 구동하는 레온 테레민

작동 원리는 오른손과 접지(C_R), 왼손과 접지(C_L) 사이의 정전용량을 변조하는 손의 움직임을 기반으로 한다. 테레민 플레이어는 두 안테나 가까이에서 손을 움직인다. 오른손이 수직 안테나에 근접하면 정전용량 C_R이 변하므로 LC 발진기의 고주파 f_R을 변조하고, 기준 고주파 발진기는 f_R과 함께 믹서로 전송되는 고정 주파수 f_0를 생성한다. 비선형 회로인 믹서는 청각 범위에서 차동 비트 주파수 f_Δ를 추출한다. 따라서 손의 움직임은 6 옥타브 범위에서 발생하는 소리의 높이pitch를 변화시킨다. 비트 주파수 방법은 전자공학에서 헤테로다인heterodyne방식으로 알려져 있다. 왼손은 진동의 진폭을 변조하는 주파수 f_L, 즉 볼륨을 제어한다. 테레민의 소리는 첼로나 바이올린, 플룻 그리고 종종 인간의 목소리와 비슷하다.

7.12.1 관성 마우스 및 자이로스코프 마우스

작업자의 손목에 부착된 감지 장치는 작동하는 데 표면이 필요하거나 고정된 감지 표면에 근접할 필요가 없어 종종 '공기 마우스'라고 불린다. 소형 가속도계와 자이로스코프를 사용하여 모든 축의 움직임을 감지하는 것은 관성 마우스이다. 감지 모듈은 무선으로 컴퓨터와 통신하며 사용자는 모니터 커서를 이동시키거나 다른 종류의 제어를 위해서도 손목만 조금 돌리면 된다.

7.12.2 광학 제스처 센서

빛의 반사율에 기초한 감지기는 조작자 손의 존재, 위치, 움직임을 감지할 수 있다([그림 7-41] 참조). 감지 시스템은 전략적으로 배치된 여러 개의 점등 이미터Point light Emitter, PE와 적어도 하나의 광 감지기PhotoDetector, PD로 구성된다. 변조기가 생성하는 대체 전류 펄스를 이미터에 공급하므로 한 번에 하나의 이미터만 켜진다. 이를 통해 주변 배경 조명을 상쇄시킬 뿐만 아니라 동기식 역 변조기를 사용하여 어떤 이미터에서 재감쇠된 광선이 감지되는지 판단할 수 있다. 광 감지기 장치의 작동 원리는 감지된 광도의 변화를 측정하는 것이다.[25] 따라서 조작자의 손이 감지 장치에 가까울수록 광 감지기의 응답은 더 강해진다. 여러 이미터의 응답을 결합함으로써 모든 이미터, 즉 손의 3D 좌표를 기준으로 손의 기준 위치까지의 거리와 위치를 모두 결정할 수 있다. 결국 광학 제스처 센서의 신호 처리는 광 감지기의 응답에서 정적 좌표와 위상 지연 계산에 기반하여 움직임의 방향과 속도를 모니터링한다.

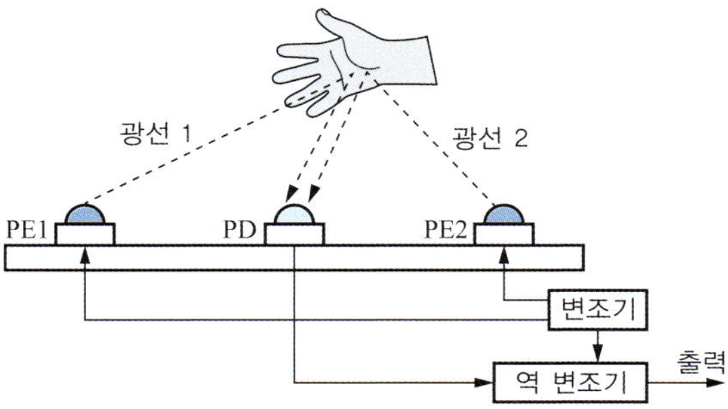

그림 7-41 광학 제스처 센서

7.12.3 근접장 제스처 센서

[그림 7-19]의 감지기는 근접 감지를 위해 전도성 물체에 대한 피사체의 정전식 결합을 활용한다. 이와 유사하게 3D 제스처 센서는 감지 전극 근처의 전기장 변화를 감지하도록 설계할 수 있다. [그림 7-42]는 발진기 출력에 부착된 가운데 전극에 의해 생성된 전기장을 보여준다.

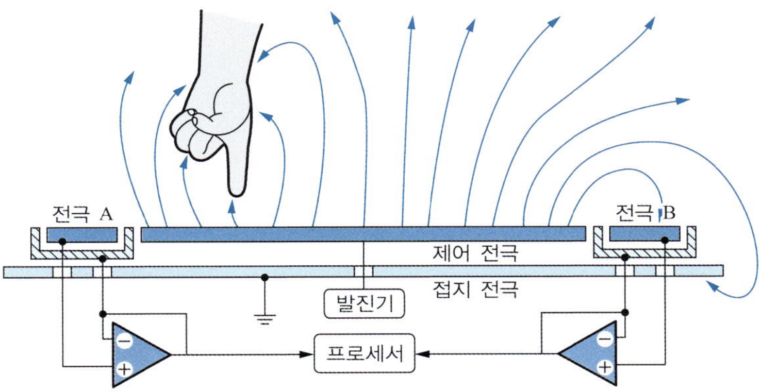

그림 7-42 근접장 제스처 센서

발진기는 약 100 Hz의 주파수를 갖는 정현파 전압을 만들어낸다. 이 주파수는 센서와 피사체의 크기보다 훨씬 긴 전자파(약 3 km)이다. 따라서 가운데 전극 근처에는 대부분 전기장 벡터가 존재하지만, 자성은 존재하지 않는다. 전기장 선은 가운데 전극에서 바깥쪽으로 접지 전위에 가까운 주변 물체로 전파된다. 인간 피험자는 90 정도로 매우 큰 유전상수를 가지기 때문에 우리는 접지에 강하게 결합된다. 결과적으로 손이나 손가락 같이 신체 일부를 전기장 가까이 이동시키면 [그림 7-42]의 왼쪽에 표시된 것처럼 전기장 선을 끌어당긴다. 손이 없으면 전기장 선은 대부분 감지 전극 A와 B를 통과하여 작동 증폭기로 만들어진 전압 팔로워의 입력에서 교류 전압으로 나타난다([그림 6-6(b)] 참조). 사람의 손이 전극 A 근처에 위치하면 전기장 선이 전극 A로부터 떨어져 전압 진폭이 감소하고 전극에 가까울수록 해당 전압 팔로워의 전압강하가 강해진다.

표유 결합을 최소화하고 감도를 높이기 위해 감지 전극 A와 B는 각 전압 팔로워의 출력에 연결된 구동식 전기 차폐로 둘러싸여 있다. 구동 차폐의 기능은 [그림 7-19]와 [그림 6-4(b)]의 구조와 유사하다. 사람 손이 공간을 감지할 수 있도록 전극은 좌표 감지가 가능한 직사각형([그림 7-43])으로 배열되어 있다.[26] 근접장 제스처 감지용 상용 집적회로는 여러 제조업체에서 구매할 수 있는데, 일례로 마이크로칩 테크놀로지 사Microchip Technology가 있다.

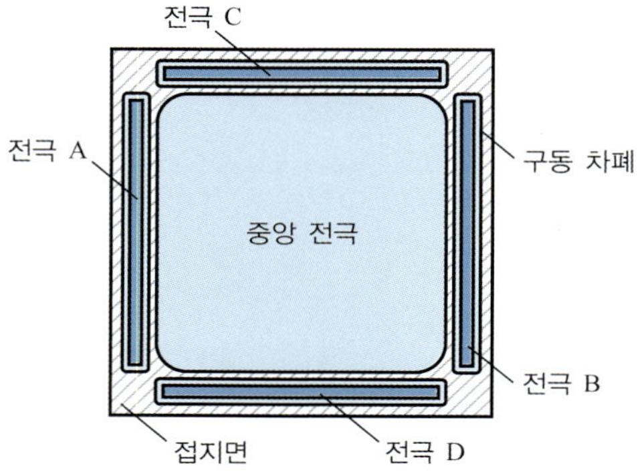

그림 7-43 근접장 제스처 감지를 위한 전극 구조 평면도

7.13 촉각 센서

일반적으로 촉각 센서는 박막으로 만들어진 특수한 종류의 힘 또는 압력 컨버터라고 할 수 있다. 따라서 이 센서는 근접한 두 표면 사이에 힘이나 압력이 발생할 때 유용하게 사용된다. 예를 들어 로봇 분야에서 촉각 센서를 기계식 액추에이터actuator의 손끝에 배치하여 물체와 접촉할 때 그에 대한 피드백을 얻을 수 있다. 이 촉각 센서는 사람 피부에서 동작하는 것과 매우 유사하다. 이 센서는 터치스크린 디스플레이, 키보드 또는 물리적 접촉을 감지해야 하는 다양한 경우에 사용된다. 의공학 분야에서 많이 사용된다. 치과에서는 사람이 이동할 때 생기는 힘에 따라 크라운 또는 브리지 교합이 어떻게 되는지 연구할 때 촉각 센서를 활용할 수 있다. 또한 삽입한 인공 보철물의 균형이 맞는지 확인하기 위해 인공 무릎에도 설치할 수 있으며 그 외 흥미로운 적용 분야로는 사람의 지문인식 분야가 있다.

촉각 센서는 크게 세 가지 하위분류로 나눌 수 있다.

1. **터치 센서**touch sensors : 특정 지점에서의 접촉력을 감지하고 측정한다. 터치 센서는 일반적으로 임계값 장치 또는 이진binary 센서이며, 접촉 여부를 알려준다.

2. **공간 센서**spatial sensors : 측정하고자 하는 영역에 대해 수직한 힘의 공간적 분포를 감지하고 측정하며, 이에 따른 공간 정보를 분석한다. 공간 감지용 어레이는 좌표값을 갖는 터치 센서의 한 종류라고 볼 수 있다.

3. **슬립 센서**slip sensors : 센서에 대한 물체의 움직임을 감지하고 측정한다. 이것은 공간적으로 특수하게 제작된 슬립 센서나 터치 센서 혹은 공간 감지용 어레이로부터 얻은 데이터를 해석하면 된다.

인간의 감지능력을 파악하고 조작하는 행동을 분석해서 촉각 센서가 보여야 할 특성을 얻어낼 수 있다. 여러 산업 분야에 응용할 수 있는 터치 센서 혹은 촉각 센서는 다음과 같은 특성을 가져야 한다.

1. 터치 센서는 이론적으로 특정 단일 지점을 접촉하지만, 감지는 어떤 크기든 가능해야 한다. 실제로 1 ~ 2 mm^2의 면적은 감지해야 한다.
2. 터치 센서의 감도는 센서의 기본적인 특성에 의해 결정되는 여러 변수에 따라 달라진다. 또한 감도는 애플리케이션, 특히 센서와 물체 사이의 물리적인 장벽에 따라 달라진다. 기계적 과부하가 갑자기 걸릴 수 있다는 것을 감안할 때 0.4 ~ 10 N 범위의 감도는 대부분의 산업 분야에서 인정되는 수치이다.
3. 최소 센서 대역폭은 100 Hz이다.
4. 센서 특성은 반복적인 사용에 대한 히스테리시스(이력 특성)가 작아야 하며 안정적으로 구동되어야 한다. 정보 처리 기술을 사용하여 크지 않은 범위의 비선형성을 보상할 수 있으므로 선형 응답이 반드시 필요한 것은 아니다.

촉각 센서 어레이를 만들 경우 대부분 1 ~ 2 mm의 공간 분해능을 가진 10 ~ 20개의 센서를 정사각형으로 배열하게 된다. 로봇 분야와 보형물 설계 분야에서는 손가락 끝에 잡히는 힘을 측정해야 한다. 따라서 이러한 촉각 센서를 피부(인공 피부)에 붙여 접촉 지점에서 힘의 크기, 위치 및 방향을 실시간으로 파악하고 피드백할 수 있다.

7.13.1 스위치 센서

온오프on-off 출력을 생성하는 기본적인 촉각 센서는 호일의 두 잎leaf과 스페이서spacer로 형성된다([그림 7-44] 참조). 스페이서에는 둥근(또는 다른 적합한 모양) 구멍이 있다. 잎 하나는 접지되고 다른 잎은 풀업 저항pull-up resistor에 연결된다. 하나 이상의 감지 영역이 필요한 경우 멀티플렉서multiplexer를 사용할 수 있다.

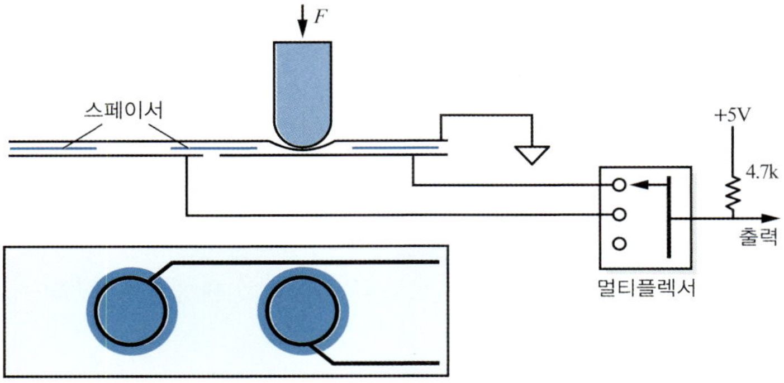

그림 7-44 촉각 센서로 사용되는 막 스위치

스페이서의 구멍 위로 외부 힘이 상부 도체에 가해지면 상부 잎이 빠져나와 하부 도체에 도달한 후 전기 접점을 만들게 되며, 이를 통해 풀업 저항을 접지시킨다. 이때 가해진 힘을 나타내는 출력신호가 0이 된다. 상단과 하부의 전도성 잎은 Mylar®나 폴리프로필렌과 같은 소재에 전도성 잉크를 실크 스크린으로 인쇄하여 제작할 수 있으며 다중 감지 스팟multiple sensing spots은 전도성 잉크로 행과 열을 인쇄하여 여러 개의 감지점을 제조할 수 있다. 센서의 특정 영역을 터치하면 해당 행과 열이 결합되어 특정 위치에서의 힘을 표현할 수 있다. 이 센서들은 TV 리모콘과 장난감과 같은 저가의 소비자 제품에 널리 사용된다.

7.13.2 압전 촉각 센서

뛰어난 성능을 보이는 촉각 센서는 능동모드 혹은 수동모드에서 사용되는 PVDFpolyvinylidene fluoride와 같은 압전막piezoelectric film으로 제작할 수 있다(4.6.2절 참고). 압전막이 장착된 능동형 초음파 동조coupling 터치 센서는 [그림 7-45]에 나와 있다. [그림 7-45]를 보면 3개의 막이 함께 적층된다(센서에는 그림에 표시되지 않은 추가 보호층도 있음). 상부막 및 하부막은 PVDF이고, 중심부의 막은 다른 두 막간의 음향 결합acoustic coupling용이다. 중심부의 막이 갖는 부드러운 특성은 센서의 감도와 작동 범위를 결정한다. 중심부 필름의 실제 재료는 실리콘 고무이다. 하부 압전막은 발진기의 AC 전압에 의해 구동된다. 이 여기신호는 압축막과 결합된 막의 기계적 수축을 만들어내고 수신기의 역할을 하는 상부 압전막의 기계적 수축으로 이어진다. 압전특성은 가역적 현상이기 때문에 상부막은 압축막으로부터의 기계적 진동에 의해 교류 전압을 생성한다. 이러한 진동은 증폭되어 동기식 복조기demodulator로 공급된다. 복조기는 수신신호의 진폭과 위상 모두에 민감하게 반응하고 상부막에 압축력 F를 가하면 3층으로 적층된 복합막 사이의 기계적 변형이 발생한다. 이는 수신된 신호의 진폭 및 위상에 영향을 미친다. 이러한 변화는 복조기에 의해 인지되어 가변 전압으로 출력된다.

출력신호는 한계 범위 내에서 가해진 힘에 대해 선형적으로 비례한다. 만약 25 μm 두께의 PVDF 막이 40 μm 두께의 실리콘 고무 압축층에 적층되면 전체 복합막의 두께(보호층 포함)는 200 μm를 넘지 않는다. PVDF 막의 전극들은 송수신부에 셀cell 패턴으로 제작된다. 전극에 가해진 자극을 감지하기 위해서는 셀들 간의 신호 멀티플렉싱을 사용하면 된다. 이 센서는 작은 변위를 측정하는 데 사용될 수 있으며 그 정확도는 수 mm 범위에서 $\pm 2\,\mu$m 이내이다. 따라서 이 센서는 단순성과 DC 응답, 즉 정적인static 힘을 인식할 수 있는 능력이 있다.

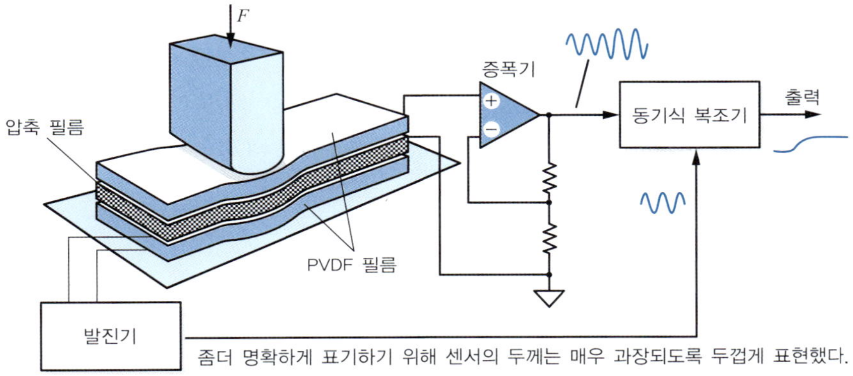

그림 7-45 능동형 압전 촉각 센서

압전 촉각 센서는 PVDF 막 띠film strip를 고무 피부에 삽입하여 제작할 수 있다([그림 7-46(a)] 참조). 이 센서는 여기신호가 없어도 압전막에 의해 출력신호가 생성되는 수동형 센서이다. 결국 스트레스 크기보다는 스트레스 비율에 비례하는 응답을 보인다. 이 센서는 진동이 빠르게 발생하는 슬라이딩 동작 감지가 필요한 로봇용으로 적합하게 활용된다. 압전 센서는 고무 피부에 직접적으로 연결되어 있으므로 압전 띠에 의해 생성된 전기신호는 마찰력에서 기인하는 탄성 고무의 움직임이 반영된 것이다.

이 센서는 단단한 구조(로봇의 손가락) 위에 만들어져 있다. 이 구조물에는 거품이 잘 통하는 하부층(두께 1 mm)이 있는데 그 둘레에는 실리콘 고무 피부가 감겨 있다. 또한 매끄러운 표면을 좀 더 민감하게 인지하기 위해 유체 하부층을 사용할 수 있다. 감지 띠들은 피부 표면 아래 특정 깊이에 위치하며 압전막은 서로 다른 방향으로 반응하기 때문에 신호의 크기는 방향에 따라 달라질 수 있다. 표면이 끊어진 지점 혹은 최소 50 μm 크기의 작은 구조물bump에서는, 센서가 양극신호([그림 7-46(b)] 참조)로 응답 특성을 보인다.

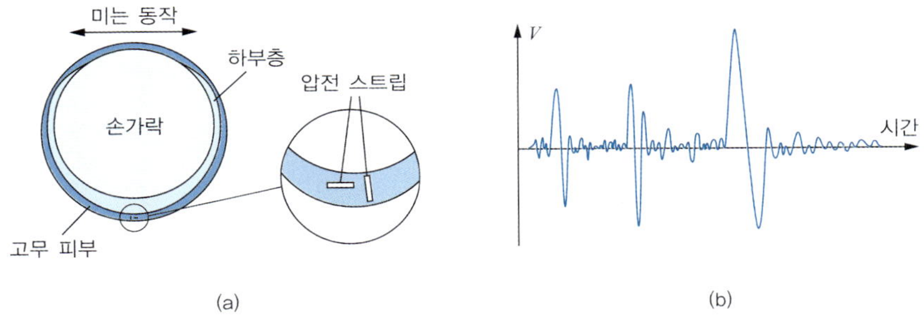

그림 7-46 슬라이딩 힘 감지용 압전막 기반 촉각 센서 (a) 절단면 (b) 기본 응답[27]

특히 드럼과 피아노에 들어가는 악기용 전자부품은 많은 문제를 일으킨다. 드럼의 트리거와 피아노 건반에 대한 높은 동적 범위와 주파수 응답 요건은 압전막의 충격부에 의해 충족된다. 베이스 드럼에는 풋 페달foot pedal 스위치에, 스네어snare와 탐탐tom-tom에는 트리거에 압전막이 합착되어 있고 압전 충격 스위치는 치는 힘에 민감하기 때문에 드러머나 피아니스트의 타격을 있는 그대로 반영한다. 따라서 전자 피아노의 압전막 스위치는 매우 비슷한 동적 범위와 시간상수로 피아노 건반을 누르는 것에 즉각적으로 반응한다.

압전 필름은 대부분 늘어날 때 반응하며 압축은 훨씬 더 약한 신호를 생성한다. 따라서 필름 표면을 따라 힘을 가하도록 설계해야 한다. 이는 [그림 7-47(a)]에 나타나 있으며 필름의 종방향 변형이 부하 저항 R_0를 통해 전류 i를 만들어낸다. 가로 방향 힘 F_g는 신호를 거의 만들어내지 않는다. 이 문제를 해결하기 위해 [그림 7-47(b)]에 나타낸 것처럼 적용된 힘에 대해 비스듬히 배치되거나 접힐 수 있다.

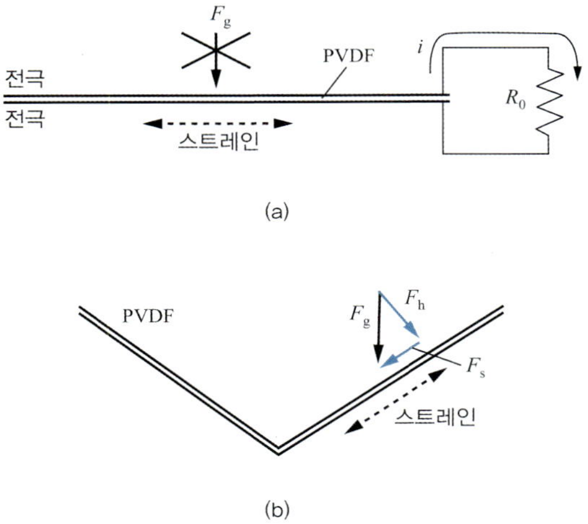

그림 7-47 (a) 수평방향 스트레인에 반응하는 압전 필름 (b) 필름에 특정 각도로 가해지는 힘을 감지하는 것

힘 벡터 F_g는 F_s와 F_h 두 벡터의 합으로 표현할 수 있는데, 여기서 벡터 F_s는 필름 표면과 평행하므로 변형을 일으킨다. [그림 7-48]을 보면 이런 접근법으로 잠자는 아이의 호흡 속도를 감지할 수 있다.

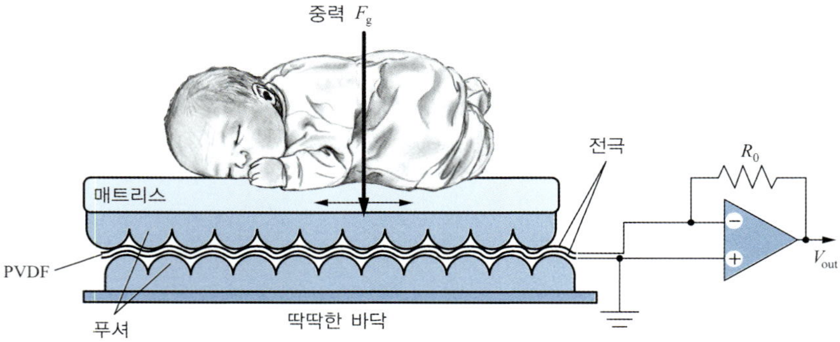

그림 7-48 압전 필름 기반 호흡 센서

무호흡증(일시적인 호흡 멎음)을 감지하기 위해 호흡으로 인한 아동 신체의 미세한 움직임을 관찰했다.[28] 센서는 침대 매트리스 아래에 놓여있다. 정상적으로 호흡하는 아기의 몸은 횡경막 때문에 숨을 들이쉬고 내쉴 때마다 조금씩 수평으로 움직인다. 격막의 운동은 인체의 무게중심에 변위를 만들어 매트리스 평면에 정상적으로 가해지는 중력 F_g를 수평으로 이동시킨다. 이 힘의 이동은 PVDF 필름 센서에 의해 감지된다. 필름 시트에는 앞면과 뒷면에 두 개의 전극이 증착되어 있다. 센서 어셈블리는 PVDF 필름이 실리콘 고무로 사전에 성형된 푸셔pusher 가 있으며 이 푸셔 2개 사이에 끼어 있는 세 개의 층으로 구성된다.

푸셔의 표면은 교차하는 돌기 사이에 PVDF 필름을 압착시키기 위해 주름진 모양이나 돌기 모양으로 되어있다. 돌기는 필름을 접어서 일정한 각도로 힘을 가한다. 이동하는 하중 하에서 PVDF 필름은 돌기에 의해 가변적으로 스트레스를 받고 이후 가변 전하를 생성한다. 전하는 출력전압 V_{out}을 생성하는 전류-전압 컨버터를 통해 전류를 흐르게 한다. 특정 한계 내에서 가변 전압의 진폭은 중력의 변화에 비례한다. 이 센서는 [그림 10-11]과 같이 매트리스 아래에 놓인 압전 케이블과 유사하게 작동하며 광섬유 센서의 구조와 유사하다([그림 5-22] 참조).

얇은 두께, 고감도 및 에너지 소비가 없는 압전 필름를 이용하면 인체 조직의 미세한 움직임을 모니터링할 수 있는 다양한 의료용 센서를 만들 수 있다. 예를 들어 [그림 7-49]는 환자의 요골 동맥radial artery 피부에 부착된 압전 필름 센서를 부착하여 기록한 동맥의 맥박을 나타낸다.

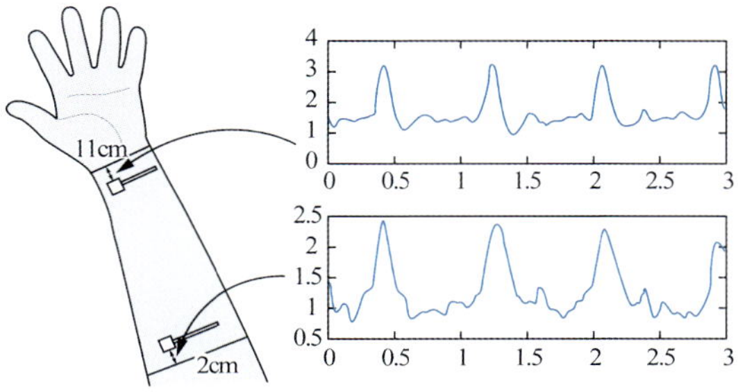

그림 7-49 2개의 압전 필름 센서를 이용한 동맥파 측정

7.13.3 압저항 촉각 센서

또 다른 유형의 촉각 센서는 압저항 센서이며 스트레인의 변화에 따라 전기 저항이 변하는 재료로 제작할 수 있다. 이 센서에는 가해지는 압력에 따라 저항이 변하는 힘 감지 저항체FSR가 통합되어 있다.[29] 이 센서는 전도성 탄성체 또는 압력에 민감한 잉크를 재료로 사용하여 제작할 수 있다. 전도성 탄성체는 실리콘 고무, 폴리우레탄, 전도성 입자 혹은 섬유가 함침된 화합물로 만들어진다. 예를 들어 전도성 고무는 탄소가루를 함침 재료로 사용하여 제조된다. 탄성체 촉각 센서의 구동 원리는 탄성체가 두 전도체 플레이트([그림 7-50(a)]) 사이에 압착될 때 접촉 면적 또는 두께가 변하는 것을 이용한다. 또한 외력이 변하면 누르는 층과 탄성체 사이의 접촉면에 변화가 생기고 이는 전기 저항을 감소시킨다.

특정 압력에서 접촉 면적은 최대치에 도달하고 변환함수는 포화 상태에 도달한다([그림 7-50(b)] 참조).

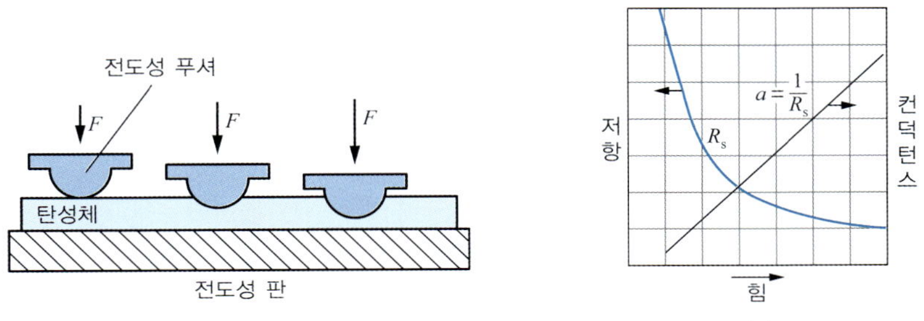

그림 7-50 (a) 탄성체 기반 두께 방향 FSR 촉각 센서 (b) 저항 R_o와 전도도 a에 대한 전달함수

탄성체 저항 R_s는 가해지는 힘에 따라 매우 비선형적으로 변하고 그 역함수인 전도도 a는 힘에 대해 거의 선형이다.

$$a \approx kF \tag{7.28}$$

여기서 k는 탄성체의 전도성과 구조에 의존하는 힘의 계수이다. 이 선형 특성은 [그림 7-51(a)]에 표시된 인터페이스 회로에 활용할 수 있으며 여기서 힘 감지 저항기 R_s는 작동 증폭기에 연결된 저항 브리지의 일부이다.

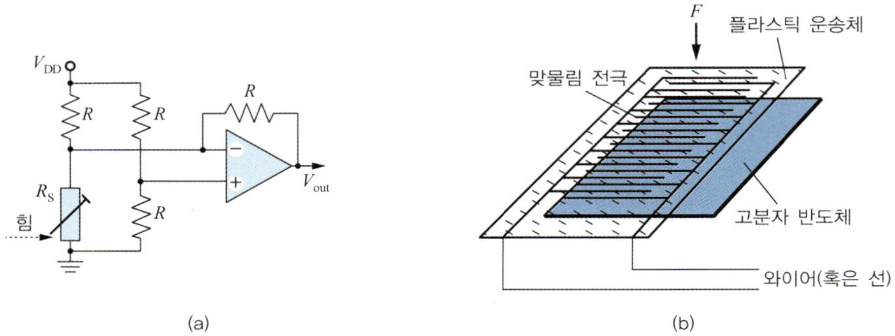

그림 7-51 고분자 FSR 기반 촉각 센서

증폭기의 출력전압은 가해지는 힘 F에 대해 거의 선형함수이다.

$$V_{out} = \frac{V_{DD}}{2}\left(\frac{R}{R_s} - 1\right) \approx \frac{V_{DD}}{2}(Ra - 1) = \frac{V_{DD}}{2}(RkF - 1) \tag{7.29}$$

그러나 고분자에 장시간 압력이 가해지면 저항이 눈에 띄게 변할 수도 있다. 따라서 FSR 센서는 정량 측정보다는 정성적인 측정에 훨씬 더 유용하다.

매우 얇은 FSR 촉각 센서는 압력에 따라 저항이 변하는 고분자 반도체로 제작될 수 있다. 센서의 구조는 막 스위치와 유사하다([그림 7-51(b)] 참조).[9] 스트레인 게이지와 비교했을 때, FSR은 동적범위가 훨씬 넓다. 일반적으로 $0 \sim 3\,\mathrm{kg}$의 힘 범위에 대해 30배 가량의 저항 변화가 생기며 정확도도 훨씬 낮다 (일반적으로 10%의 부정확도를 가짐). 그러나 매우 저렴한 비용의 센서라는 장점 때문에 정확한 힘 측정이 필요하지 않은 응용처에서는 매력적인 대안이 될 수 있다. FSR 고분자 센서의 일반적인 두께는 $0.25\,\mathrm{mm}\,(0.01'')$이지만, 훨씬 얇은 시트[sheet]를 사용할 수도 있다.

FSR인 전도성 고무와 멀티플렉서인 유기 트랜지스터[FET] 조합을 통해 로봇 애플리케이션에 적합한 전자 압력 민감형 피부를 제작할 수 있다. 피부에는 유연성 스위칭 매트릭스가 추가된 다수의 소형 압력 센서가 있다. 유기회로는 본질적으로 유연하고 비용이 저렴하기 때문에 피부로 유기 FET를 선택했다.[30] 우수한 인공 전자 피부를 생산할 때 중요한 단계는 기계적 유연성을 갖춘 면적이 큰 촉각 센서를 제작하는 것이다. [그림 7-52(a)]에 설명된 대로 유기 트랜지스터는 대면적을 형성하기 위해 흑연이 함유된 고무 내에 통합되어 있다.

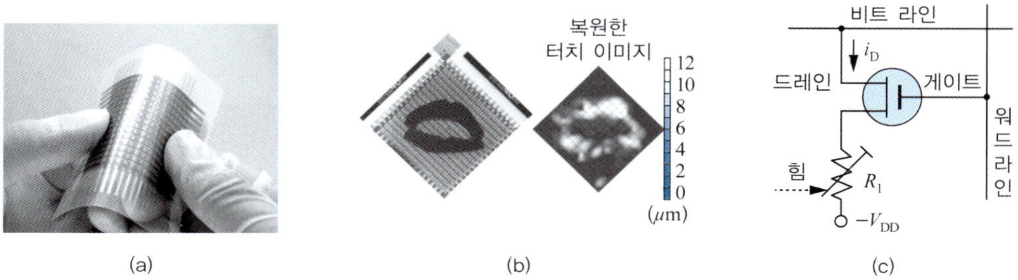

그림 7-52 (a) 유기 FET로 이뤄진 전자 피부 (b) 16×16개의 FET 매트릭스가 입술 모양의 고무 스탬프에 반응하는 모양 (c) FET 연결[30]

피부는 반지름이 2 mm에 불과한 원통형 막대를 감싸도 전기적으로 작동하며 내장된 FET의 피치는 10 dpi로 [그림 7-52(b)]와 같이 인식 가능한 이미지를 생성하기에 충분하다. 센서의 기본 개념은 FET 드레인 전극에 부착된 가변 고무 저항으로 FET를 통해 전류를 변조하고, 게이트 전극에 제어 전압을 인가하여 FET를 멀티플렉싱하는 것이다. [그림 7-52(c)]는 FET를 매트릭스에 연결하는 방법을 보여준다.

전체적인 구성은 메모리 셀이나 전자 결합 소자charge-coupled device, CCD의 픽셀과 유사하다. 각 라인의 게이트 전극은 워드 라인word line에 연결되고, 드레인 전극은 비트bit 라인에 연결된다. 특정 셀 주변의 피부에 압력이 가해지고 0 ~ 30 kPa(≈ 300 gf/cm)까지 변하므로 고무 시트의 저항은 10 MΩ에서 1 kΩ까지 다양하며 FET의 상호 컨덕턴스transconductance와 측정된 전류 i_D가 함께 증가한다.

7.13.4 촉각 멤스(MEMS) 센서

소형 촉각 센서는 우수한 공간 해상도, 높은 감도, 광범위한 동적범위가 요구되는 로봇 분야에서 특히 수요가 많다. 실리콘의 플라스틱 변형은 기계적 히스테리시스hysteresis을 가진 임계 촉각 센서의 제작에 사용될 수 있다.[31] 특정 구조[32]에서는 웨이퍼 본딩bonding으로 만들어진 밀폐된 공동cavity에 갇힌 기체가 팽창하면서 공동 위에 접합된 얇은 실리콘 막이 유연하게 변형되어 구형의 캡cap이 만들어진다. [그림 7-53]에 나와 있는 구조는 실리콘 웨이퍼의 마이크로 전자 기계 시스템으로 제작되었다.

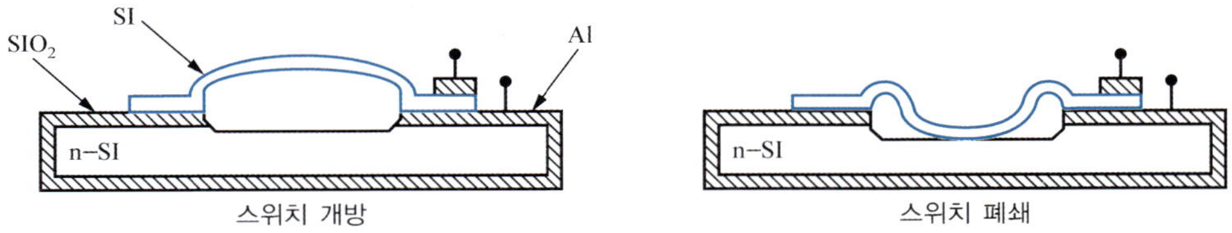

그림 7-53 가스 포집이 된 미세가공 실리콘 임계값 스위치[16]

상온에서 임계 압력을 초과하면 상부 전극이 아래쪽으로 구부러져 하부 전극과 접촉한다. 실험 결과 닫혀있는 스위치는 13 psi 근처에서 약 2 psi 압력의 히스테리시스를 보이는 것으로 나타났다. 스위치의 폐쇄 저항은 10 kΩ 정도로 마이크로 전원회로에 사용하기에는 충분히 낮다.

7.13.5 정전식 터치 센서

정전식 터치 센서는 병렬 평판 및 동축 축전기의 기본 식들에 기반한다(4.2절 참조). 정전식 터치 센서는 가해진 힘에 따라 정전용량이 달라지는데 이 힘은 평판 사이의 거리나 축전기의 가변 표면적에 변화를 준다. 이러한 센서에서 두 개의 전도성 평판들은 유전 매체로 분리되며 이 매체는 센서에 힘-정전용량 특성을 부여하는 탄성체로도 사용된다([그림 7-54(a)] 참조).

힘이 가해질 때 정전용량의 변화를 극대화하려면 고유전성 유전체를 사용하는 것이 좋다.

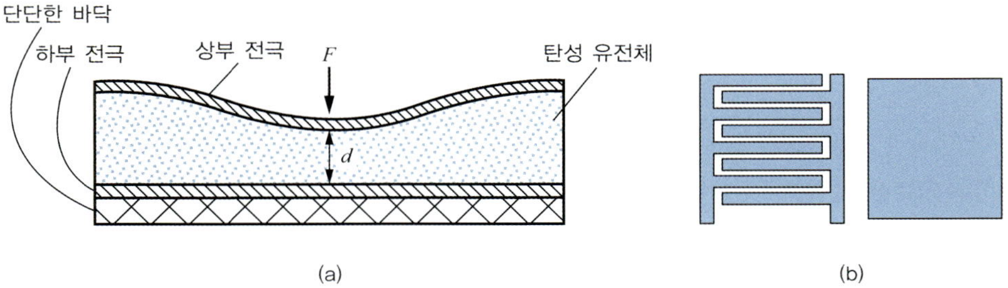

그림 7-54 정전형 촉각 센서 (a) 평판 센서 (b) 터치 스크린용 맞물림 전극와 단일형 전극 구조

정전용량 변화를 측정하기 위해 여러 기법을 사용할 수 있다. 가장 널리 사용되는 방법은 저항이 있는 전류원을 사용하여 가변 정전용량으로 인한 시간 지연을 측정하는 것이다. 또한 센서를 LC 또는 RC 회로가 있는 발진기의 일부로 사용하여 주파수 응답을 측정할 수도 있다. 이때 정전식 센서가 금속 구조에 근접하면 심각한 문제가 발생할 수 있으며 이는 정전용량을 제대로 측정할 수 없게 만든다. 이러한 부작용은 우수한 회로 레이아웃과 기계적 설계를 통해 최소화할 수 있다.

정전식 센서는 일반적으로 전기 전도도와 투과도가 모두 우수한 인듐주석산화물ITO과 같이 투명전극으로 코팅된 유리나 투명한 고분자로 만들어진 터치스크린 패널에서 널리 사용된다. 이 유형의 센서는 기본적으로 평판들이 수평축과 수직축으로 겹치는 그리드 패턴의 축전기이다. 각 평판은 이중 맞물림이나 단일전극이다([그림 7-54(b)] 참조). 인체는 전기가 통하기 때문에 센서 표면을 만지면 전기장에 영향을 미치고 장치의 정전용량에 측정 가능한 수준의 변화를 일으킨다. 이 센서는 전도성 매체(손가락)가 근접해질 때 작동되며 트리거하기 위해 직접 만질 필요가 없다. 또한 포스POS 시스템, 산업 통제, 가판대 등의 광범위한 응용 분야에서 사용되고 내구성이 뛰어난 기술이다. 하지만 오직 손가락 접촉에만 반응하며 접촉하는 촉 부위stylus가 전도성이 아닌 경우 장갑을 낀 손이나 펜촉으로는 작동하지 않는다.

대부분의 컴퓨터 터치 스크린에는 정전식 센서를 사용한다. [그림 7-55(a)]와 같이 유리 스크린에 두 개의 전극이 증착된 것을 고려해보자. 전극(G) 중 하나는 접지되어 있고 다른 하나는 정전용량계C-meter에 연결한다. 두 전극 사이에 작은 기준 축전기 C_0가 존재하며 정전용량계가 정전용량을 측정한다.

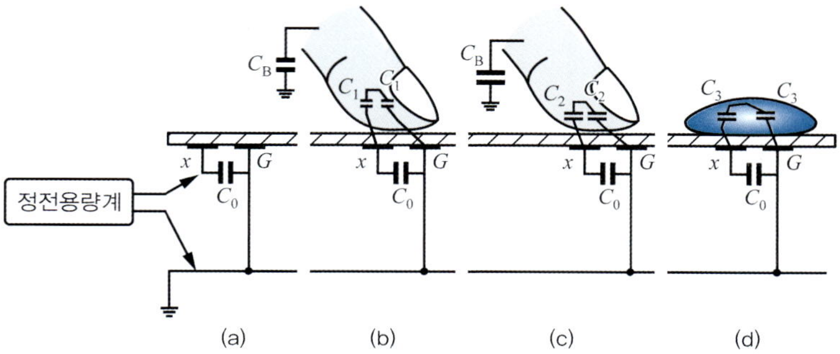

그림 7-55 압전 필름 기반 듀얼 전극 터치스크린 (a) 터치가 없는 경우 (b) 광 터치 (c) 강한 터치 (d) 물방울인 경우

손가락이 전극 가까이 오면([그림 7-55(b)] 참조) 각 전극과 정전형 결합capacitive coupling C_1이 발생한다.

$$C_{m1} = C_0 + 0.5C_1 \tag{7.30}$$

이때 새로운 결합 정전용량이 다음과 같이 측정되고 이는 C_0보다 훨씬 크다. 손가락으로 스크린을 더 세게 누르면 손가락 끝의 탄성으로 인해 터치스크린과의 접촉 면적이 증가하여 [그림 7-55(c)]와 같이 더 큰 정전형 결합($C_2 > C_1$)이 발생한다. 이렇게 하면 감지되는 총 정전용량이 증가하므로 더 세게 누른다는 의미로 사용할 수 있다.

이제 터치스크린에 물방울이 떨어졌다고 가정해보자. [그림 7-55(d)]와 같이 전극 위에 있어야 한다. 76과 80 사이의 유전상수를 갖고 전도성이 있는 물은 전극과 강한 결합인 C_3를 형성하며 이는 손가락으로 누른 것과 비슷하다. 결과적으로 터치스크린 상에 잘못된 터치가 이뤄진 것으로 나타날 것이다. 이처럼 물방울을 감지하는 것은 전극 하나가 접지된 이중 전극 터치스크린의 단점이다.

물방울에 대한 감도 문제를 해결하기 위해 단일전극 패턴 기반의 정전식 터치스크린이 개선안으로 제시되었다.[33] 이 스크린의 전극은 전혀 접지가 안 되어 있다. 터치가 이뤄지지 않을 때는 [그림 7-56(a)]에 나타난 바와 같이 전극과 접지 사이에 작은 정전용량 C_g 만 존재하며 이는 정전용량계로 측정할 수 있다. 인체는 자연적으로 주변 물체에 강력한 정전식 결합 C_B 를 형성한다. 이 정전용량은 C_0 보다 몇 배는 더 크다. 따라서 인체는 일종의 접지ground로 생각할 수 있다. 손가락이 전극 근처로 접근하면([그림 7-56(b)] 참조), 손가락 끝과 전극 사이에 정전용량 C_1이 형성된다. 이 정전용량은 기준 축전기 C_0와 병렬 연결되어 정전용량계로 측정된다. 2-전극 스크린에서와 마찬가지로 [그림 7-56(c)]에 표시된 것처럼 더 세게 누르면 정전용량이 커진다. 단 터치스크린에 물방울이 닿으면 [그림 7-56(d)]와 같이 물방울이 접지에 연결되지 않으므로 감지가 되지 않는다. [그림 7-56(e)]와 같이 물방울을 만지면 접지에 정전식 결합이 형성되고 접촉은 제대로 감지된다. 따라서 이 전극 구조는 환경 조건에 대해 더욱 안정적이다. 전극 패턴을 행과 열로 배열하고 적절한 회로로 신호를 처리하면 후지쯔Fujitsu사의 컨트롤러 FMA1127처럼 알맞은 회로에 의해 안정적인 공간 터치를 인식할 수 있다.

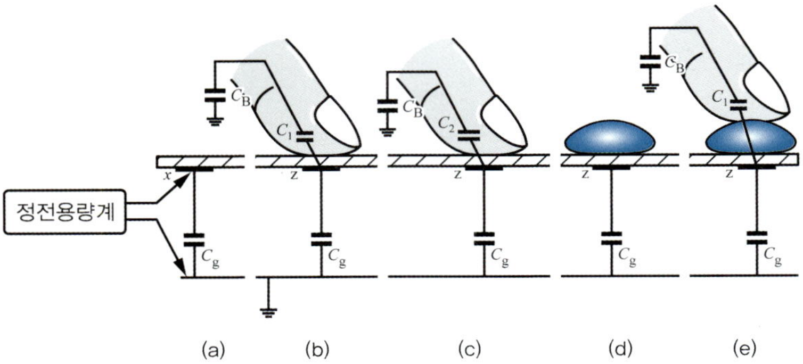

그림 7-56 압전 필름 기반 단일전극 터치스크린. (a) 터치가 없는 경우 (b) 광 터치 (c) 강한 터치 (d) 물방울인 경우 (e) 물방울을 통한 터치

유사한 접근 방식을 사용하여 다양한 모양의 표면에 근접 감지기를 만들 수 있다. 예를 들어 보안을 목적으로 문 손잡이에 근접 센서를 설치할 수 있다. 이 시스템은 문 손잡이 표면을 만지는 것뿐만 아니라 최장 5 cm까지 접근하는 것을 감지한다.

다중 요소 정전식 피부는 [그림 7-57(a)]에 나온 로봇 팔과 같은 복잡한 모양의 더 큰 영역을 덮기 위해 개발되었다.

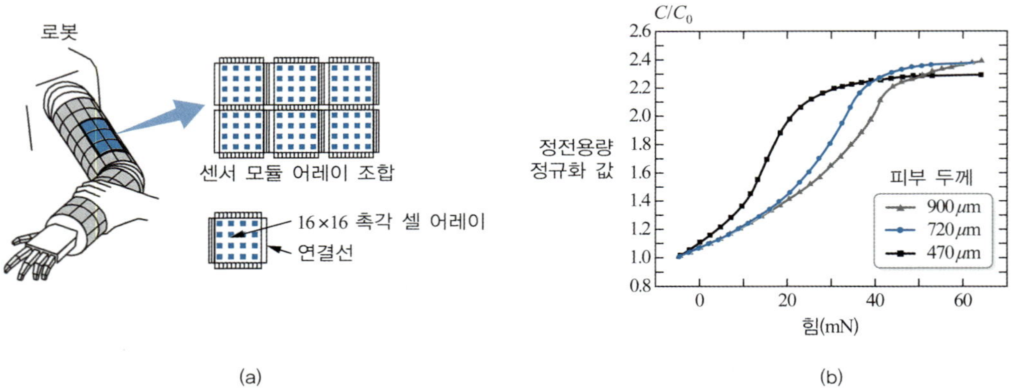

그림 7-57 (a) 로봇 피부를 형성하는 감지 어레이 모듈 (b) 다양한 피부 두께에 대한 정규화된 정전용량 변화

피부는 16×16 매트릭스의 소형 감지부를 가진 감지 어레이 모듈의 조합이다.[34] 각 요소는 [그림 7-58]에 나타낸 것처럼 상단에 작은 푸셔와 내부에 공동이 있는 유연한 성형 탄성체로 구성된다.

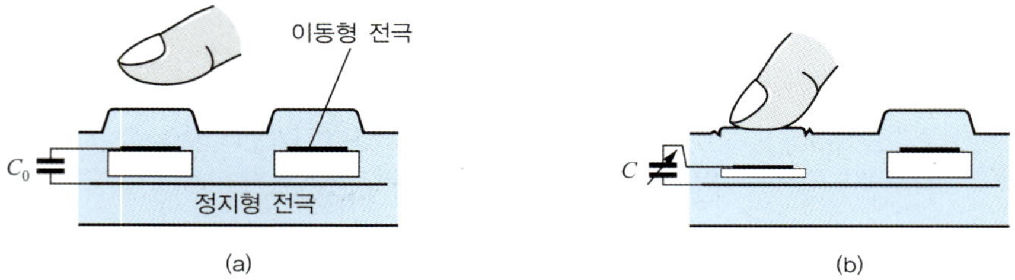

그림 7-58 (a) 감지부 단면도 (b) 외력에 의해 감지 공동이 무너지는 모습

공동은 기본 정전용량 C_0를 만들어내는 고정형 전극과 이동형 전극 사이에 끼어있다. 푸셔에 외력이 가해지면 공동이 붕괴되어 전극이 서로 가까워진다. 따라서 전체 압축에 대해 [그림 7-57(b)]의 응답 곡선에 표시된 것처럼 정전용량은 2배 이상 커진다.

7.13.6 광학식 터치 센서

기존의 광학식 터치 시스템은 디스플레이의 인접한 두 베젤 가장자리에 적외선[IR] 발광 다이오드[LED]들을 배열하여 사용하며 두 베젤 가장자리에 광 감지기[photo detector]를 배치하여 시스템을 분석하고 터치가 되었는지를 파악한다([그림 7-59] 참조).

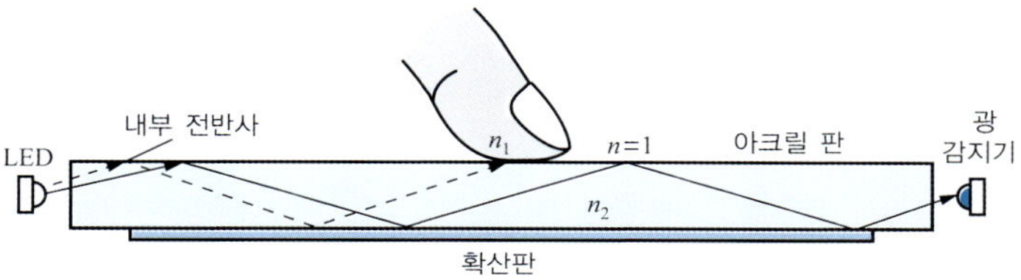

그림 7-59 광학식 터치스크린의 개념도

LED와 광 감지기 쌍은 디스플레이를 가로질러 광선 격자를 만든다. 화면에 닿는 물체(예 : 손가락 또는 펜)는 공기와 손가락의 굴절 특성 차이로 인해 굴절률을 변화시킨다. 이로 인해 해당 광 감지기에서 측정된 광도가 감소한다. 아크릴이나 유리의 굴절률 n_2가 사람의 피부 굴절률 n_2보다 크기 때문에 접촉 시 총 내부 반사각[TIR]이 증가한다. 이로 인해 광선이 경계선을 통과하여 피부를 투과하고 감지기로 전송되지 않는다(7.13.7절 참조). 이로 인해 감지된 빛의 세기는 감소한다. 측정된 광 감지기의 출력값을 통해 터치 포인트의 좌표를 찾을 수 있다.

적외선 터치스크린은 다음의 두가지 요인에 의해 광범위하게 사용되지 못했는데, 첫 번째는 경쟁기술인 정전방식에 비해 기술적인 비용이 높기 때문이고 두 번째는 밝은 주변 조도에서 성능 저하 문제가 발생하기 때문이다. 성능 저하 문제는 배경 조명으로 인해 광 감지기의 노이즈가 증가한 결과이며 종종 터치스크린의 LED 조명이 전혀 감지되지 않을 정도로 노이즈가 증가하면 터치스크린이 일시적으로 고장날 수도 있다. 태양은 적외선 영역에서 매우 높은 에너지 분포를 보이므로 이런 현상은 직사광선 조건에서 가장 두드러진다.

그러나 IR 터치의 특정 기능은 여전히 매우 뛰어나며 디스플레이 앞에 유리나 플라스틱을 부착해야 하는 대부분의 터치 기술과는 달리 이상적인 터치스크린의 특성을 나타낸다. 대부분 이 오버레이는 ITO와 같은 전도성 투명전극으로 코팅되어 디스플레이의 광학 품질을 떨어뜨린다. 이러한 광학식 터치스크린의 장점은 선명도가 높아야 하는 많은 응용 분야에서 매우 중요한 역할을 한다.

7.13.7 광학식 지문 센서

지문은 개인을 식별하고 확인하는 데 사용되는 여러 형태의 생체 인식 방식 중 하나이다. 지문인식은 다양한 보안 시스템, 개인 뱅킹, 의료 기록, 기기 보안에 사용된다. 데이터베이스와 일치하는 지문을 분석하려면 몇 가지 특징을 비교해야 한다. 이는 지문 고유의 특징인 능선과 지문 특징점minutia points의 통합 특성이 해당한다. 특정 손끝에 의한 촉감을 식별하려면, 피부 표면의 패턴을 신뢰성 있게 인식해야 하며, 인식 전에 먼저 특수 손끝 센서로 고품질의 이미지를 얻어야 한다. 이러한 감지를 위한 센서에는 초음파 센서, 정전식 센서, 광학식 센서를 사용할 수 있다. 지금부터는 유리, 공기, 인간의 피부 굴절률 차이에 기반하는 광학 센서에 대해 논의하도록 하겠다. 일단 [그림 7-60]은 센서의 개념도를 보여준다.

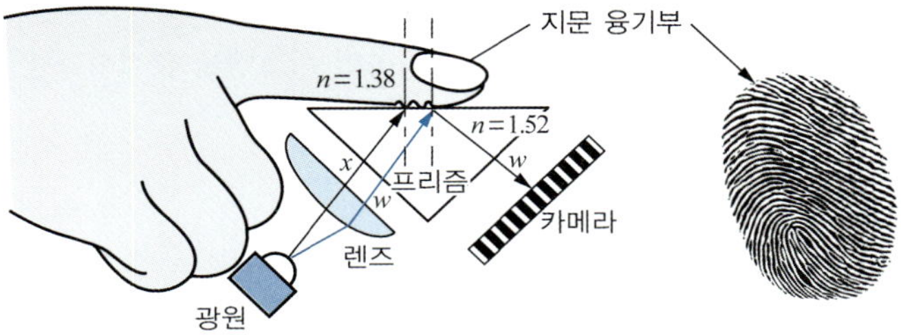

그림 7-60 광학식 지문 센서는 유리(n_2) 와 피부(n_1)의 굴절률 차이를 이용한다.

핵심 요소는 바닥 면이 위를 향하도록 한 유리 프리즘이다. 콜리메이터 렌즈가 있는 광원(예 : LED)은 프리즘에 들어오는 빛에 평행한 광선을 생성하며 손가락이 없는 상태에서는 이미징 카메라를 향해 반사된다. 광선이 총 내부 반사각이나 TIR 각을 초과하는 각도로 입사하기 때문에 광선은 바닥면에서 반사된다(5.7.2장 참조). TIR은 식 (5.26)을 이용하여 계산할 수 있다. 크라운 유리로 만들어진 프리즘은 굴절률 $n_2 = 1.52$이므로 공기(굴절각 $n = 1$)의 경계에 대한 TIR은 41°이다. 광선이 약 45°의 더 큰 각도로 입사하므로 균일한 빛 표면을 기록하는 영상 카메라로 완전히 전환된다.

손끝이 프리즘 표면에 닿으면 접촉은 피부 융기 부분에서만 발생하고 피부 능선 부분의 공기는 갇혀 있다. 그 결과 프리즘 표면에 '유리-피부'와 '유리-공기'와 같이 두 종류의 경계선이 형성된다. 전형적인 피부로부터 가시광선과 근적외선 스펙트럼 범위의 굴절률은 약 $n_1 = 1.38$이며[35], 유리-피부 경계면은 TIR 각도를 형성한다.

$$\Theta_{2-1} = \sin^{-1}\left(\frac{n_1}{n_2}\right) = \sin^{-1}\left(\frac{1.38}{1.52}\right) \approx 65° \tag{7.31}$$

이 넓은 TIR 각도는 45°에 도달하는 광선 x를 반사하지 않으며, 광선이 손실되어 카메라에 닿지 않는 프리즘 외부로 통과한다. 이 지점들은 카메라에 검은색으로 기록된다. 반면에 피부 능선 부분은 공기가 갇혀 있어 TIR은 41°로 유지되고 광선 w는 반사되며 카메라에는 흰 영역이 형성된다. 이 방법은 손끝이 젖어있거나 더러워지면 센서가 작동하지 않을 수 있다는 것이 단점이다.

CHAPTER

08

존재, 변위 및 레벨

Presence, Displacement, and Level

CONTENTS

존재 감지기는 선택된 위치나 미리 정의된 좌표계 내의 물체의 위치를 나타낸다. 정의에 따르면 존재 감지기는 정적인 시간 불변 장치이다.

변위displacement는 특정 거리나 각도에 대해 특정 위치에서 다른 위치로 물체를 이동하는 것을 의미한다. 이는 물체가 외부 기준이나 외부 좌표가 아니라 자신의 이전 위치를 기준으로 측정된다. 그러나 이 기준과는 무관하게 변위 측정과 위치 측정은 밀접하게 관련되어 있으므로 위치용으로 설계된 많은 센서를 이동(변위) 측정에 사용할 수 있다.

근접 감지기는 임계 거리에 도달했을 때 신호를 나타낸다. 이 감지기는 살아있는 생물이나 물체에 반응할 수 있다. 살아있는 피사체 감지는 7장에서 설명했다. **근접 센서**proximity sensor는 사물로부터의 특정 거리값만을 나타내는 다소 단순한 형태의 장치이다. 예를 들어 공정 제어나 로보틱스 분야에서 움직임을 추적할 때 매우 간단하면서도 신뢰성이 높은 근접 센서를 엔드 스위치end swithch로 사용한다. 이는 상시 개방 또는 상시 폐쇄 접점이 있는 전기 스위치이다. 이때 움직이는 물체와의 물리적인 접촉으로 전기 스위치를 활성화하면 이 전기 스위치는 제어회로에 신호를 보낸다. 이 신호는 물체가 전기 스위치의 끝 지점까지 도달했음을 나타낸다. 이러한 접촉형 스위치는 움직이는 물체에 대한 강한 기계적 부하 및 히스테리시스와 같은 여러 단점이 있다.

변위 센서는 신호 변환의 여러 단계 중 하나인 복잡한 센서의 일부로 작용하여 움직임을 감지하는 경우가 많다. 예를 들어 [그림 7-36]은 가변 압력이 막의 변위를 전기신호로 변환하고, 이 변위가 압력 변화를 나타내는 공압 센서의 한 가지 예를 보여준다. 이 장에서 일부 설명하는 위치 센서는 다른 장에서 다루게 될 여러 종류의 센서들을 설계하는 데 필수이며 위치 센서와 및 변위 센서는 가장 널리 사용된다.

위치 센서와 변위 센서는 일반적으로 응답 속도가 비교적 중요하게 여겨지지 않는 일종의 0차원 장치이다(3.16절 참조). 이 장에서 변위 센서를 설명할 때 자극에 즉시 반응하는 0차 장치로 간주한다. 따라서 시간의 함수인 응답에 대해서는 논의하지 않으며 이는 정의에 따라 동적 센서와 관련이 있다. 그 센서들은 이 책의 다른 절에서 다루어진다. 여기서는 변위를 전기 출력으로 변환하는 메커니즘에 대해서만 다룰 것이다. 이 단원에서는 응답 속도가 시간의 함수로 나타나는 센서(사전적인 의미로 정의하자면 다이나믹 센서)는 다루지 않으며, 이 다이나믹 센서는 이 책의 다른 장에서 다룰 예정이다.

위치 감지기와 변위 감지기를 설계하거나 선택할 때는 다음 질문들을 고려해야 한다. 다음과 같은 질문들을 바탕으로 사전에 신중하게 분석한다면 장기적으로 큰 이익을 얻을 수 있을 것이다.

1. 변위는 얼마나 크며 어떤 형태(선형, 원형)인가?
2. 어떤 수준의 해상도와 정확성을 필요로 하는가?
3. 측정된(움직이는) 물체는 금속, 플라스틱, 유체, 강자성체 등 무엇으로 만들어졌는가?
4. 감지기를 장착할 수 있는 공간은 얼마나 되는가?
5. 환경 조건(습도, 온도, 간섭 원, 진동, 부식성 물질 등)은 어떤 것들이 있는가?
6. 센서에 사용할 수 있는 전력은 얼마 정도인가?
7. 기계의 수명 대비 얼마나 많은 기계적 마모가 예상되는가?

8. 센서의 조립부품들의 생산량은 한정 수량, 중수량, 대량 생산 중 어느 것인가?
9. 감지기 조립부품들의 목표 비용은 얼마인가?

8.1 전위차 센서

위치 또는 변위 트랜스듀서는 선형 또는 회전 전위차계, 혹은 간단한 포트로 구성할 수 있다. 이 센서의 작동 원리는 선 저항에 대한 식 (4.54)로 기술할 수 있다. 이 식에서 저항은 선형적으로 선의 길이에 비례한다. 따라서 선의 길이를 제어하는 구조를 제작하면 변위를 측정할 수 있다. 저항 측정을 위해서는 포트선을 통해 전류가 공급되어야 하므로 전위차 트랜스듀서는 능동형이어야 한다. 즉 직류 전류와 같은 여기신호가 필요하다. 움직이는 물체는 포트 와이퍼에 기계적으로 연동되어 있으며 그 움직임은 저항의 변화를 만들어낸다([그림 8-1(a)] 참조).

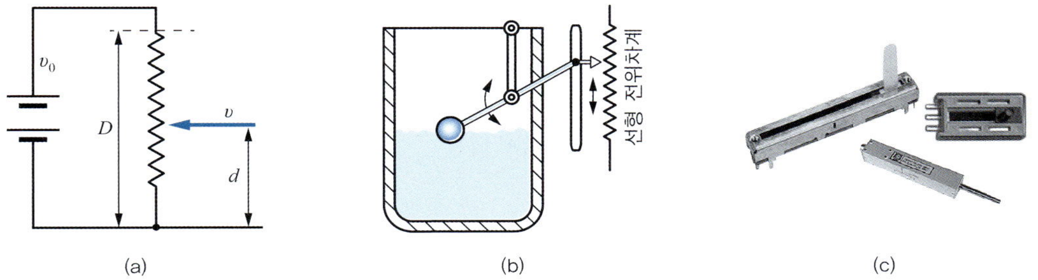

그림 8-1 (a) 위치 센서로 사용되는 전위차계 (b) 뜨개 밸브(float)를 이용한 유체 높이 측정 센서 (c) 선형 전위차계

선형 포트 와이퍼 양단의 전압은 변위 d에 비례하는데, 여기서 D는 전체 변위이고 v_0는 포트 양단의 여기 전압이다.

$$v = v_0 \frac{d}{D} \tag{8.1}$$

이때 인터페이스 회로에서 전기적 부하 효과는 없다고 가정한다. 상당한 부하가 걸리는 경우 와이퍼 위치와 출력전압 사이의 선형 관계는 유지되지 않는다. 또한 출력신호는 센서에 적용되는 여기 전압에 비례한다. 이 전압이 일정하게 유지되지 않으면 오류의 원인이 될 수 있다. 이 문제는 마이크로 컨트롤러에서 계량비 ADC를 사용하여 해결할 수 있으므로(6.4.7절 참조) 전압의 영향을 무시할 수 있다. 저항 변화를 측정하는 전위차 센서는 비례 관계를 갖는 장치이므로 비저항값이 모든 길이에서 균일하다면 포트 저항은 수식의 변수값이 아니다. 즉 저항값이 아니라 저항의 비율만 중요하다. 이는 포트 안정성(예 : 온도 범위)이 센서의 정확도에 영향을 미치지 않는다는 것을 의미한다.

저전력 애플리케이션의 경우 포트는 높은 임피던스 값을 가져야 한다. 하지만 지연loading 효과를 항상 고려해야 하기 때문에 전압 측정을 위한 추가 장치가 필요할 수도 있다. 포트의 와이퍼는 일반적으로 센서의 샤프트sensing shaft와 전기적으로 분리되어 있다. 전위차 센서의 예로는 [그림 8-1(b)]에서와 같이 전위차계potentiometer 와이퍼에 연결된 뜨개 밸브float를 통해 유체의 높이를 측정할 수 있는 센서liquid level sensor가 있다. 각 응용 분야마다 다른 종류의 전위차계 설계가 필요하며 그중 일부는 [그림 8-1(c)]에 나와 있다.

[그림 8-2(a)]는 권선 전위차계wire-wound potentiometer와 관련된 문제점을 한 가지 보여준다.

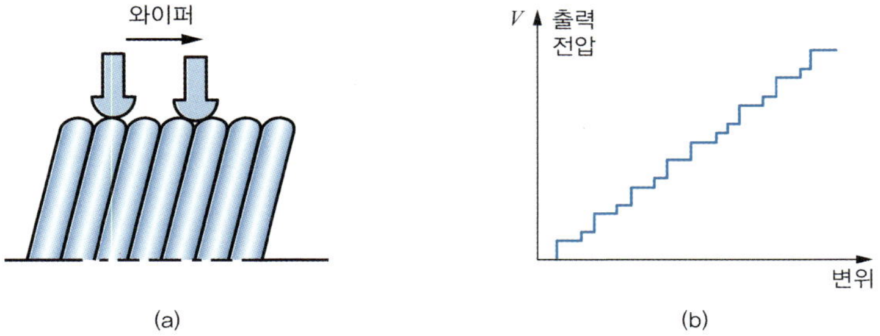

그림 8-2 권선 전위차계의 측정 불확도 (a) 와이퍼는 한 번에 하나 혹은 두 개의 선에 연결될 수 있다. (b) 불균일한 전압 단계

와이퍼가 회전할 때 이 와이퍼는 한 개 또는 두 개의 와이어에 연결되어 있을 수 있으며 결과적으로 불균일한 전압단계 또는 일정하지 않은 해상도를 나타낼 수 있다. 따라서 N 번 감긴 코일형 전위차계coil potentiometer가 있을 때 평균 해상도 n은 다음과 같이 나타낼 수 있다.

$$n = 100/N\,\% \tag{8.2}$$

와이퍼를 움직이는 힘은 측정하는 물체로부터 얻어지며 그 결과로 발생한 에너지는 열의 형태로 방출된다. 권선 전위차계는 지름 0.01 mm의 얇은 선으로 제조된다. 좋은 코일 전위차계는 약 0.1% 평균 분해능을 갖지만, 고품질 저항필름 전위차계는 저항재료의 균일성과 잡음 정도에 의해서만 영향을 받는 무한히 낮은(연속적인) 분해능을 생성할 수 있다. 연속적인 분해능 포트resolution pot는 전도성 플라스틱, 카본carbon 필름, 금속 필름 또는 세라믹-금속 혼합물로 제작되며, 정밀 전위차계의 와이퍼는 고가의 금속 합금으로 만들어진다. 각도 전위차계가 감지하는 변위의 측정 범위는 멀티턴 포트multiturn pot가 기어 메커니즘을 포함한 경우 약 10° ~ 3,000°이다.

[그림 8-3]은 연속적인 해상도를 갖는 전위차 위치 센서의 또 다른 개념도를 보여준다.

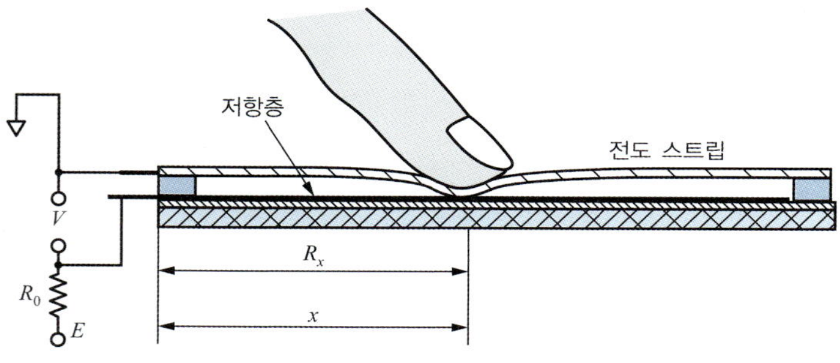

그림 8-3 압력 감지형 전위차 위치 센서의 동작 원리

센서는 두 개의 스트립strip으로 구성되는데 상단 스트립은 금속 표면으로 덮여 있는 유연한 플라스틱 시트로 이루어져 있다. 이것은 접촉 또는 와이퍼 스트립이다. 하단 스트립은 저항값이 kΩ 에서 MΩ 에 이르는 저항 재료로 코팅된 단단한 구조이다. 상부 전도성 스트립(와이퍼)과 하부 저항성 스트립은 전기회로에 연결된다. 누르는 부분(예 : 손가락)이 끝점에서 특정 거리 x로 상단 스트립을 누르면 하단 스트립에 닿게 되고 압력이 발생한 지점에서 전기적 접촉이 발생한다. 즉 접촉하는 스트립은 마치 포트의 와이퍼와 같다. 두 스트립 사이의 접촉은 E에서 ER_x/R_0로 전압의 변화를 만들어내며 이는 센서 왼편의 시작점으로부터의 거리 x에 비례한다.

다양한 형태의 압력 감지형 전위차계에 대한 실제 예시들은 [그림 8-4(a)]에 나타냈다.

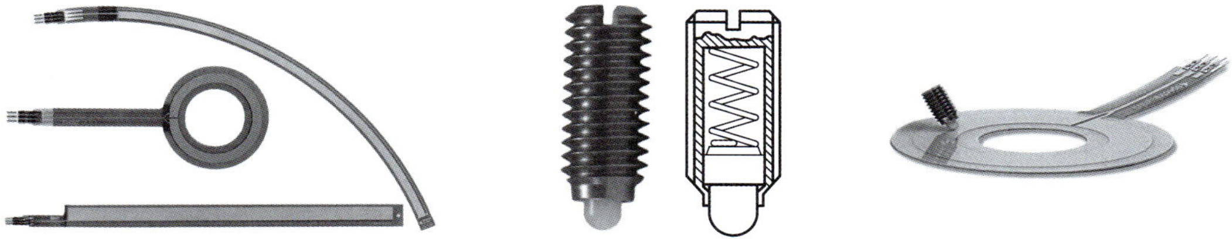

(a) (b) (c)

그림 8-4 (a) 다양한 형태의 압력 감지형 전위차계 (b) 스프링 팁이 장착된 와이퍼 (c) 원형 SoftPot을 사용한 와이퍼 (출처 : spectrasymbol.com)

저항층은 폴리에스테르polyester 기판 상에 증착된다. 전체 저항 변화는 1~100kΩ 수준의 변화이며 이는 1~3N 의 힘에 해당한다. 와이퍼는 더린derlin 또는 나일론처럼 미끄러운 소재로 제작된다. 그 외에는 롤러를 와이퍼로 사용하기도 한다.

또 다른 종류의 전위차 센서는 탄소 함침 플라스틱carbon-impregnated plastics의 압저항 특성을 활용하여 작동한다. 이러한 센서는 센서의 기계적 변형에 따른 저항 변화에 기반하여 작동한다. 탄소 함침층은 폴리에스테르, 유리 섬유fiberglass 또는 폴리이미드polyimide로 제작된 기판 위에 증착된다. 변형에 따라 탄소 입자 밀도가 달라지고 결과적으로 전체 저항이 변한다. 이 원리는 스트레인 게이지와 굽힘 센서flex sensor에도 동일하게 적용된다([그림 8-5(a)] 참조).

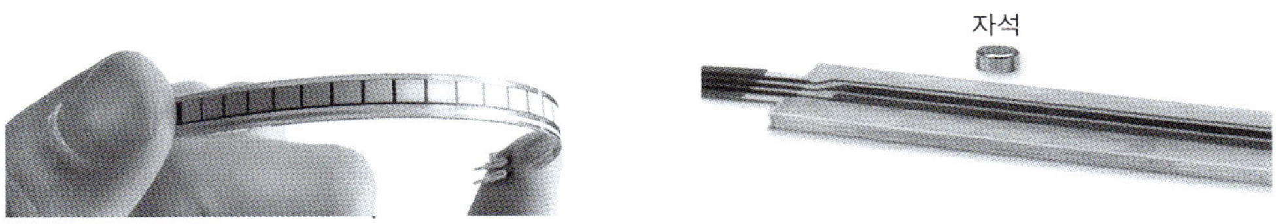

(a) (b)

그림 8-5 (a) 플렉스 센서 (b) MagnetoPot(출처 : spectrasymbol.com)

이러한 센서는 모션 제어, 의료 기기, 악기, 로보틱스 등의 분야에서 부품의 굽힘 또는 회전을 감지하는 데 사용된다. 굽힘 센서는 국소 다중 변형이나 선형 스트레스 등 스트레스의 종류에 관계없이 기판에 변형이 발생하면 저항이 변한다. 또한 매우 큰 히스테리시스를 보이는데 이는 노이즈의 원인이 될 수도 있다.

접촉식 와이퍼형 전위차계는 여러 응용 분야에서 매우 유용하게 사용되지만, 다음과 같이 몇 가지 단점이 있다.

1. 현저한 기계적 부하(마찰)
2. 물체와의 물리적 결합 필요성
3. 낮은 속도
4. 마찰 및 여기 전압으로 인한 전위차계의 지속적인 발열heating
5. 낮은 환경 안정성(마모, 먼지에 대한 민감성)
6. 큰 사이즈

와이퍼와 저항층 사이의 물리적 접촉에 따른 마찰이 제거된 전위차 센서는 강자성 입자가 함침된 와이퍼 층을 사용한다. 전위차계 위의 특정 위치에 외부 자기장이 있을 때 접촉층은 마치 와이퍼처럼 전기적 접촉을 만드는 전도층으로 당겨져 온다([그림 8-3] 참조). 이 자기 전위차계는 밀봉되어 유체의 높이 등을 측정하는 침지형immersed sensor 센서로 사용할 수 있다. 이때 센서 동작을 위해서는 충분히 강한 자석을 선택해야 한다(4.3.2절 참조). 이러한 비접촉식 전위차계에는 마찰이 없지만, 여전히 자석의 운동에 반대로 작용하는 자기항력이 존재한다. 따라서 민감한 감지가 필요한 분야에서는 이 힘을 고려해야 한다.

8.2 압저항 센서

압저항 효과(4.5.3장 참조)는 스트레스나 재료 변형에 대한 재료의 전기 저항 변화이다. 스트레스/변형에 민감한 저항은 변형된 기계 구조로 나타나며 저항 변화와 변형량을 계산하여 변형 정도를 알 수 있다. 압저항 부품의 감도는 게이지 계수(G)로 정의되며, 이는 단위 스트레인 ε당 저항의 상대적 변화로 정의된다.

$$G = \frac{\Delta r / r}{\varepsilon} \tag{8.3}$$

식 (4.54)를 고려하면 압저항의 정규화normalized된 변화는 다음 식으로 표현할 수 있다.

$$\frac{\Delta r}{r} = \frac{\Delta \rho}{\rho} + \frac{\Delta (l/a)}{l/a} = \frac{\Delta \rho}{\rho} + \left(\frac{\Delta l}{l} - \frac{\Delta a}{a}\right) \tag{8.4}$$

여기서 ρ는 특정 저항, l은 길이, a는 감지 저항의 단면적이다. 따라서 센서의 응답은 재료의 저항 특성 및 형상에 따라 달라진다. [그림 8-6(a)]는 센서가 변위를 전기 출력으로 변환하는 방법을 설명한다.

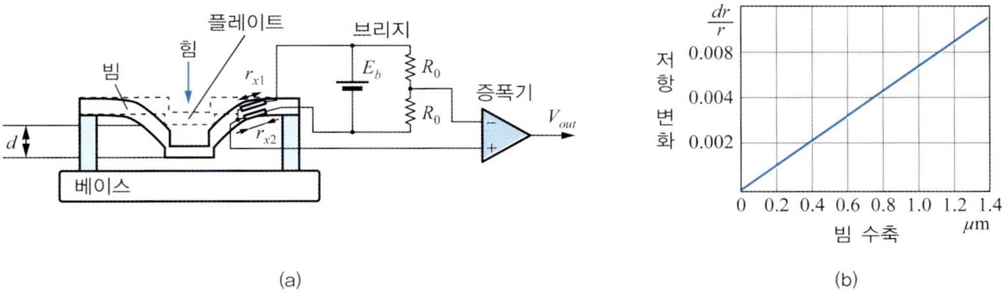

그림 8-6 (a) 지지팀 내에 내장된 2개의 압저항체가 있는 변위 센서. 상대적인 크기와 변위는 명확한 설명을 위해 과장되었다. (b) Si 압저항체의 광선 팁 변위의 함수로 정규화된 저항 변화

빔 중 하나는 변형에 민감한 두 저항인 r_{x1}과 r_{x2}가 각각 상부와 하부 측면에 내장되어 있다. 외력은 평판을 거리 d만큼 아래쪽으로 밀어낸다. 평판은 새로운 위치로 이동하여 지지빔을 구부리고 변형시켜 내장형 압저항체를 변형시킨다. 평판이 아래로 내려가면 상부 저항 r_{x1}이 늘어나 저항이 증가하고 하부 저항 r_{x2}가 압축되어 저항이 감소한다.

두 저항체는 모두 저항 변화를 전압 변화로 변환하는 휘트스톤 브리지 회로에 연결되어 평판의 변위를 나타낸다. 이러한 유형의 변위 센서는 부하 센서, 압력 센서, 가속도계 및 변위 컨버터가 필요한 다양한 센서를 제작하기 위해 MEMS 기술과 함께 널리 사용된다.

얇은 MEMS 빔에 내장된 압저항체는 감도를 최대화하기 위해 캔틸레버 표면에 최대한 가까이 위치해야 한다. 도펀트의 유형과 저항의 방향도 선택해야 한다. 압저항체의 감도 변화는 도핑되는 두께에 비례한다. 식 (8.3)의 게이지 계수는 캔틸레버에 힘을 주고 저항 변화를 측정하여 직접 계산할 수 있다. [그림 8-6(b)]는 빔 감지에 대한 Si 압저항체의 응답의 예를 보여준다.

나노 기술의 발전으로 탄소나노튜브CNT[1~2]를 사용해 나노 단위에 민감한 변위 센서를 개발할 수 있게 되었다. CNT 스트레인 게이지에는 두 전극 사이에 다수의 나노 튜브가 병렬로 부착되어 있다([그림 8-7] 참조). CNT 스트레인 게이지는 변형으로 인해 전극이 분리되고 CNT 메쉬mesh가 늘어나며 그에 따라 저항이 증가한다. 변형이 0인 경우 CNT 네트워크가 편향되어 전극을 더 가깝거나 멀게 이동시켜 저항의 증감을 변조함으로써 양방향 측정을 허용할 수 있다.

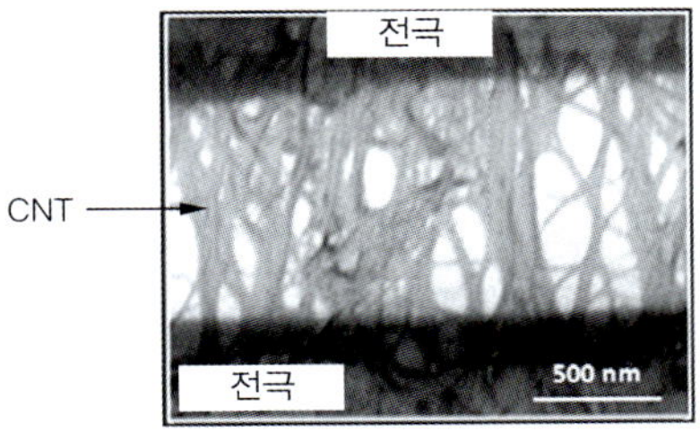

그림 8-7 전극 사이의 병렬 CNT 메쉬가 매우 소형화된 스트레인 게이지 센서를 이룬다.([2]에서 수정됨)

8.3 정전 센서

정전용량식 변위 센서는 매우 광범위하게 쓰인다. 보통 변위와 위치를 직접적으로 감지하거나 힘, 압력, 온도에 따른 변위를 간접적으로 감지하는 센서의 구성 요소로 사용된다. 정전식 센서는 거의 모든 물질을 인지할 수 있어 매우 다양한 곳에 응용할 수 있다는 장점이 있다. 식 (4.20)은 평행판 축전기flat capacitor가 평행판들 간의 간격에 반비례하는 것을 나타낸다. 정전 방식 게이지와 근접 센서, 위치 센서의 동작 원리는 구조 변화(평행판 간 거리) 혹은 전도성/유전체 재료에 따른 정전용량의 변화에 기반한다.

정전용량이 변하면 이는 전기신호로 변환된다. 여러 센서들과 마찬가지로 정전 방식 센서는 단극성(1개의 축전기 사용)이거나 차동형(2개의 축전기 사용) 또는 정전 브리지형(4개의 축전기 사용)이다. 2개 또는 4개의 축전기가 사용되면 그중 1개 혹은 2개는 고정형이거나 반대 위상opposite phase을 갖도록 가변형으로 설계된다.

한 예로 동일한 간격으로 떨어져 있는 3개의 평판을 생각해보자([그림 8-8(a)] 참조).

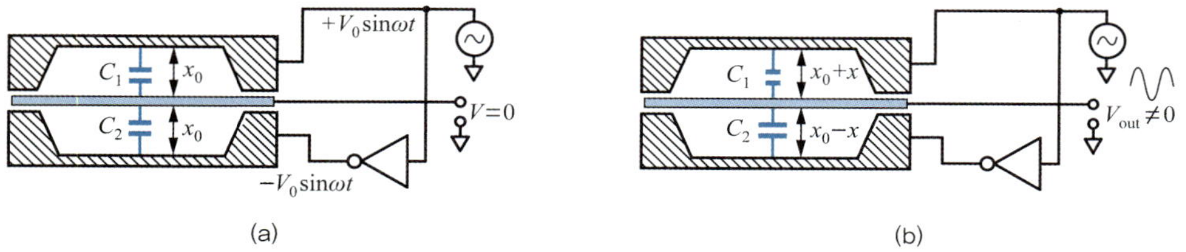

그림 8-8 평판 정전 방식 센서의 작동 원리 (a) 안정된 위치 (b) 불안정한 위치

그러면 이 평판들은 2개의 축전기 C_1, C_2를 만들어낸다. 상판과 하판이 180°로 신호가 바뀌는 역상의 사인파 신호를 공급받는다. 이 2개의 정전용량은 거의 동일하다. 따라서 중앙에 위치한 평판은 접지특성에 따라 거의 0 V 이다. 즉 전하 C_1, C_2는 서로 상쇄된다. 이제 중앙에 위치한 평판이 거리 x 만큼 아래로 이동한다고 가정해보자([그림 8-8(b)] 참조). 결국 정전용량 값은 다음과 같이 각각 변하게 된다.

$$C_1 = \frac{\varepsilon A}{x_0 + x},\quad C_2 = \frac{\varepsilon A}{x_0 - x} \tag{8.5}$$

그리고 중앙판 신호 V가 변위에 비례하여 증가하는데 이때 이 신호의 위상은 중앙판의 이동 방향이 위인지 아래인지에 따라 달라진다. 출력신호의 진폭은 다음과 같다.

$$V_{out} = V_0\left(-\frac{x}{x_0 + x} + \frac{\Delta C_0}{C_0}\right) \tag{8.6}$$

$x \ll x_0$ 이라는 조건하에 출력전압은 변위의 선형 함수라고 생각할 수 있다. 이때 2번째 항은 초기 정전용량 값과의 차이를 나타내며 이것은 출력 오프셋offset의 주요 원인이 된다. 이 오프셋 값은 평행판의 주변부에서 발생하는 가장자리 효과fringing effect와 이른바 정전기력에 의해 발생한다. 이 힘은 센서의 평행판에 가해지는 인력과 척력의 결과물이며, 평행판은 마치 스프링과 같이 작동한다고 볼 수 있다. 이 힘의 순간적인 값 ΔV는 다음과 같다.

$$F = -\frac{1}{2}\frac{C\Delta V^2}{x_0 + x} \tag{8.7}$$

또 다른 설계 방식으로는 MEMS 기술을 이용하여 두 개의 평행판을 각각 제작할 수 있다([그림 8-9] 참조). 평행판들은 실리콘을 이용하여 가공할 수 있다.[21] 하나는 변위를 측정하며 다른 하나는 기준점이 된다.

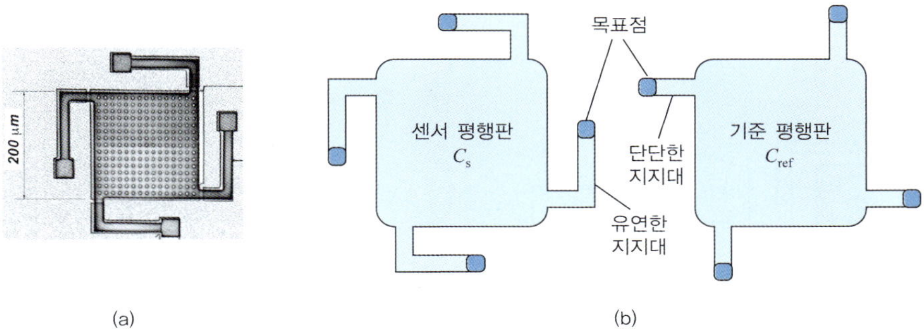

그림 8-9 이중 평행판 정전형 변위 센서 (a) 미세 가공된 센서 평행판 (b) 센서 평행판과 기준 평행판에 따라 달라지는 지지대[3]

두 개의 평행판 모두 표면적이 거의 동일하다. 측정이 이뤄지는 평행판은 4개의 유연한 지지대에 의해 유지되지만, 기준점이 되는 평행판의 지지대는 고정되어 있다. 이와 같은 특수한 구조는 가속도계에서 특히 유용하다.

전도성 물체로부터의 거리를 측정할 때 실제로는 물체의 표면을 축전기의 평행판 그 자체로 사용할 수 있다. 단극성 센서의 구조는 [그림 8-10]에 나타나 있다. [그림 8-10]에는 축전기 판의 하나가 동축 케이블의 중앙 도체에 연결되어 있지만, 다른 판은 측정하고자 하는 물체에 의해 형성된다. 단극성 정전형 센서의 구조는 [그림 8-8]에 나와 있는 것처럼 축전기의 한 면이 동축 케이블coaxial cable의 가운데에 있는 도체에 연결되어 있고, 다른 면은 측정하고자 하는 물체에 의해 만들어진다.

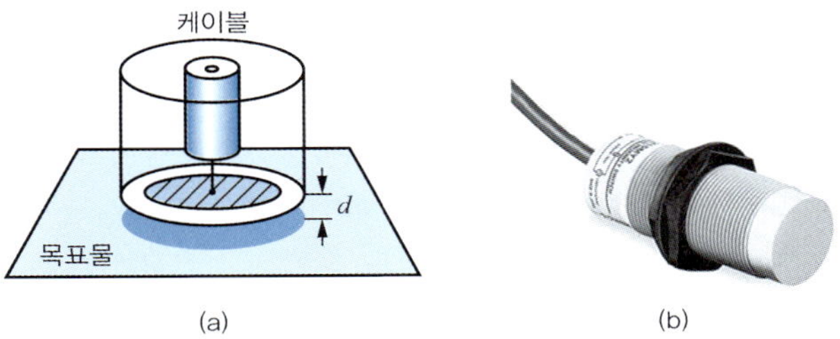

그림 8-10 (a) 가드 링을 포함하는 정전형 탐침(capacitive probe) 횡단면 그림 (b) 외부 사진

탐침의 판은 가장자리 효과를 최소화하고 선형성을 향상시키기 위해 접지된 가드guard로 둘러싸여 있다. 정전형 탐침은 3 MHz 범위의 주파수에서 동작하고 매우 빠르게 움직이는 사물도 감지할 수 있는데, 이는 내장형 부속 전자 장치electronic interface를 탑재한 탐침의 응답 주파수가 40 kHz 범위이기 때문이다. 정전식 근접 센서는 전도성 물체와 함께 사용할 때 매우 효율적이다. 센서의 정확도는 떨어지지만 유전성 물체를 감지할 수 있다. 물체가 전도성이든 유전성이든 전극 근처에 가져오면 이 유전 특성이 전극과 센서 사이의 정전용량에 변화를 일으키고 이에 따른 응답 특성을 측정할 수 있다.

감도sensitivity를 개선하고 가장자리 효과를 줄이기 위해 단극성 정전 센서에 구동 차폐driven shield를 도입할 수 있다. 구동 차폐는 센서의 전극과 물체의 원하지 않는 부분 사이에서 발생하는 전기장을 제거함으로써 기생 정전용량parasitic capacitance을 사실상 제거한다([그림 7-19] 참조). 구동 차폐는 전극의 사용되지 않는 면에 부착되고 전극과 동일한 전압이 공급된다. 실드(차폐)와 전극 전압은 동일한 위상을 가지며 크기가 같아 둘 사이에는 전기장이 존재하지 않는다. 따라서 실드 내에 위치한 모든 전자부품은 작동할 때 전혀 영향을 받지 않는다. 이 기술은 [그림 8-11]에 표현되어 있다.

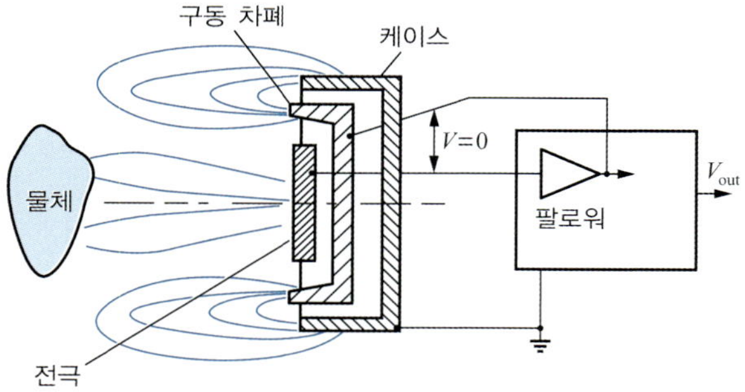

그림 8-11 정전식 근접 센서에서 사용되는 전극부 구동 차폐

최근 들어 변위 센서 설계 시 정전식 브리지capacitive bridge의 중요성이 증가하고 있다.[4] [그림 8-12(a)]에서는 선형 브리지 정전식 위치 센서를 볼 수 있다.

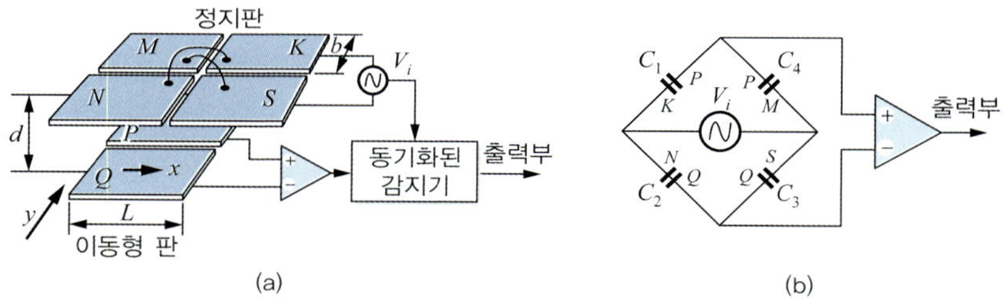

그림 8-12 (a) 병렬 평판식 정전식 브리지 센서의 평판 배열 (b) 등가회로도([5]에서 수정됨)

센서는 일정한 거리 d를 갖는 2개의 평면형 전극으로 이루어진다. 이 형태에서는 정전용량이 상대적으로 적게 증가하며 평판 간의 거리도 작은 편이다. 상부에 있는 4개의 사각 평판은 고정전극이며 하부에 있는 사각 평판 2개는 움직이는 전극들이다. 이때 평판 6개는 모두 동일한 크기이다(평판의 폭은 b이다). 센서의 선형성이 넓은 범위에 걸쳐 필요한 경우 센서의 각 평판의 크기는 최대한 커져야 한다. 고정전극 4개는 교차로 연결되어 있어 브리지 형태로 축전기가 연결된다.

브리지 증폭 소스는 정현파 전압(5~50 kHz)으로 공급되며 한 쌍의 움직이는 평판 사이의 전압차는 동기식 감지기synchronous detector의 입력부에 연결된 차동 증폭기differential amplifier로 감지할 수 있다. 특정 거리만큼 떨어진 두 개의 평판 사이의 정전용량은 다른 평판과 직접 마주보는 평판의 면적에 비례한다. [그림 8-12(b)]는 정전식 브리지로 구성된 센서의 등가회로이며 축전기 C_1 값은 다음과 같다.

$$C_1 = \frac{\varepsilon_0 b}{d}\left(\frac{L}{2} + x\right) \tag{8.8}$$

다른 정전용량도 식 (8.8)을 통해 얻을 수 있다. 반대편 축전기의 정전용량도 거의 같다($C_1 = C_3$와 $C_2 = C_4$). 완전히 대칭되도록 상호 전환mutual shift하게 되면 브리지 불균형 및 차동 증폭기에서 위상에 민감한 출력이 발생한다. 정전식 브리지 회로의 장점은 기존 브리지 회로가 갖는 선형성 및 외부 노이즈에 대한 내성immunity이 있다는 것이다. 회전 운동을 감지하기 위해 평면형 전극 외에도 대칭으로 배열된 어떤 센서든 동일한 방법을 적용할 수 있다.

8.4 유도 및 자기 센서

위치와 거리를 감지하기 위해 자기장을 사용하면 위치 정확도가 손실되지 않고 비자기성 물질도 자기장을 투과할 수 있게 한다. 스테인리스 스틸, 알루미늄, 황동, 구리, 플라스틱, 벽돌, 목재도 투과할 수 있다. 즉 벽의 반대쪽에 있는 탐침에 대한 정확한 위치를 바로 알 수 있다. 또한 탐침과 타겟이 자기장에 영향이 없는 불활성inert 물질로 코팅될 수 있으므로 가혹한 환경과 부식성이 강한 상황에서도 자기 센서가 동작할 수 있다. 더 나아가기 전에 4.4절을 미리 숙지하는 것이 좋다.

8.4.1 LVDT 및 RVDT

위치와 변위는 전자기 유도 방법으로 감지할 수 있다. 두 코일 사이의 자기 플럭스 커플링coupling은 물체의 움직임에 의해 변하게 되고 이는 전압으로 변환된다. 자기 플럭스 경로 내에 위치한 자기저항reluctance을 조절하기 위해 자화되지 않은 강자성 물질을 사용하는 가변 인덕턴스 센서를 가변 자기저항 컨버터[6]라고 한다. 다중 유도 컨버터는 기본적으로 1차 코일과 2차 코일을 최대 2개로 구성하여 사용된다. 1차 코일은 2차 코일에 안정된 교류 전압을 유도하는 교류 여기 전압(V_{ref})을 발생시킨다([그림 8-13] 참조).

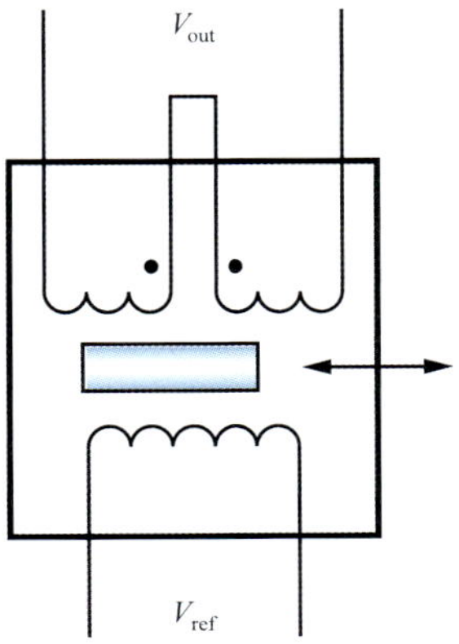

그림 8-13 LVDT 센서 회로도

유도된 진폭은 코일 사이의 자기 플럭스 커플링flux coupling에 따라 달라진다. 커플링을 바꾸는 기술은 2가지가 있다. 하나는 자기 플럭스 경로 내에서 강자성 물체를 움직이는 것이다. 이는 경로 내의 자기 저항을 바꾸어 코일들끼리의 커플링을 바꿀 수 있다. 이것은 선형 가변 차동 변압기LVDT, 회전 가변 차동 변압기RVDT, 상호 인덕턴스 근접 센서를 구동하는 데 기본이 된다. 다른 방법은 코일을 다른 코일 대비 물리적으로 이동시키는 것이다.

LVDT는 기계적으로 작동되는 코어 기반의 변압기이다. 1차 코일은 진폭이 안정화된 정현파(여기신호)에 의해 구동된다. 정현파는 변압기의 고조파harmonics와 관련된 오류를 제거한다. 이때 교류신호는 2차 코일에서 유도된다. 강자성 재료로 만들어진 코어는 코일에 물리적으로 닿지 않고 원통형 개구부에 동축으로coaxially 삽입된다. 두 개의 2차 코일은 서로 반대 위상을 가지면서 연결된다. 코어가 변압기의 자기중심에 위치하면 2차 코일의 출력신호가 상쇄되고 전압은 출력되지 않는다. 이 코어를 중심부로부터 이동시킬 때 2차 코일 간의 자기 플럭스의 변화가 유도되고 이는 출력(전압)을 만들어낸다. 따라서 코어가 움직임에 따라 자기 플럭스 경로의 자기저항은 변하게 되고 플럭스 커플링의 정도는 코어의 축 위치에 따라 달라진다. 정상 상태에서의 유도 전압의 진폭은 선형 동작 구간에서 코어 변위에 비례한다. 결과적으로 전압은 변위의 측정기준으로 사용될 수 있다. LVDT는 변위의 크기와 방향 정보를 동시에 알려준다. 이때 방향은 1차 기준 전압과 2차 전압 사이의 위상각에 의해 결정되고 여기 전압은 안정화된 진동자oscillator에 의해 생성된다.

[그림 8-14]는 센서가 동작하는 방식과 더불어 정현파를 정류하고 직류신호를 출력하는 동기식 감지기에 연결된 LVDT를 보여준다.

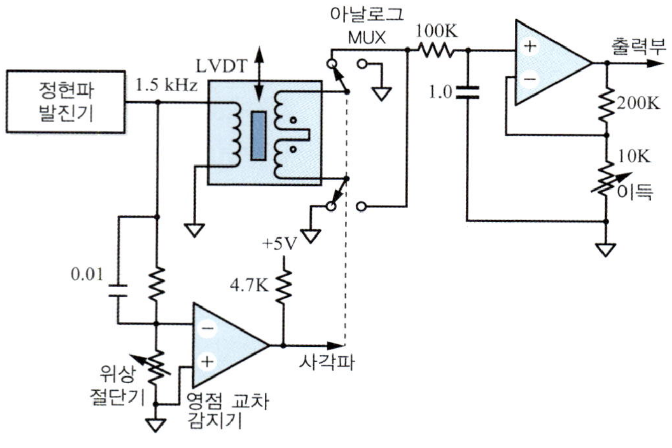

그림 8-14 LVDT 센서 인터페이스의 단순화된 회로도

동기식 감지기는 아날로그 멀티플렉서MUX와 부호 변환점zero-crossing 감지기로 구성되어 정현파를 멀티플렉서의 제어부 입력과 호환할 수 있는 사각파로 변환한다. 부호 변환점 감지기의 위상은 코어의 가운데 위치에서 출력값이 0이 되도록 트리밍(조절)되어야 한다. 출력 증폭기는 다음 단계의 신호들과 호환할 수 있는 신호를 만들기 위해 필요한 이득값으로 조절될 수도 있다. 멀티플렉서에 동기화된 클럭은 증폭기의 입력부에 있는 RC 필터에 제공되는 정보가 진폭과 위상에 민감하다는 것을 의미한다. 출력전압은 코어가 중심에서 얼마나 멀리 있는지와 어떤 편에 있는지를 나타낸다.

LVDT가 과도한 작동을 정확하게 측정하려면 진동자의 주파수가 유효 동작 주파수의 최댓값보다 최소 10배 이상 높아야 한다. 이 작동이 느려질 경우 안정적인 진동자는 60 Hz 또는 50 Hz의 전력선 주파수에 대한 커플링으로 대체할 수 있다.

LVDT와 RVDT의 장점은 다음과 같다.

1. 센서는 저항력이 작아 마찰 저항이 아예 없거나 혹은 거의 없는 비접촉식 장치이다.
2. 자기 및 기계적인 히스테리시스는 무시할 수 있다.
3. 출력 임피던스가 매우 낮다.
4. 소음 및 간섭에 대해 민감하지 않다
5. 구조가 견고하고 단단하다.
6. 극도로 높은 해상도를 구현할 수 있다.

LVDT 센서가 사용되는 사례 중 하나는 도구 검사 및 측정 장비에 사용되는 일종의 게이지 헤드gauge head이다. 이 경우 LVDT의 내부 코어에 스프링이 장착되어 측정 헤드를 미리 설정된 기준 위치로 되돌린다. 회전 강자성 코어가 사용된다는 점만 제외하면 RVDT는 LVDT와 동일한 원리로 작동한다. RVDT는 각도의 변위를 측정하는 데 주로 사용된다. 일반적인 선형 측정 범위는 약 ±40°이고 비선형성 오류는 약 1%이다.

8.4.2 횡방향 유도 센서

또 다른 전자기 위치 감지 장치는 횡방향 유도 근접 센서이다. 이는 강자성 물질의 비교적 작은 변위를 감지하는 데 유용하다. 이름에서 알 수 있듯이 이 센서는 물체까지의 거리를 측정하여 코일의 자기장을 변화시킨다. 코일 인덕턴스는 외부 회로로 측정한다([그림 8-15] 참조).

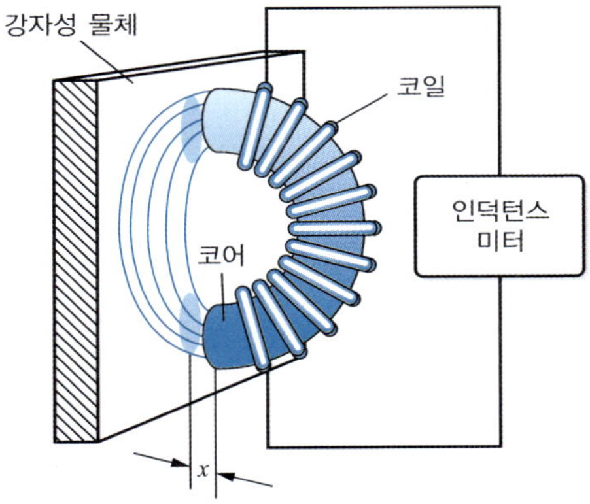

그림 8-15 맴돌이 횡방향 유도 근접 센서

센서를 작동 원리는 자기 유도 원리에 기반한다. 강자성 물체 근처로 이동하면 자기장이 변하여 코일의 인덕턴스를 변화시킨다. 결국 센서는 물체와의 상호 작용이 자기장을 통해서만 이루어지는 비접촉 장치라는 장점을 가지고 있다. 여기서 분명한 한계는 상대적으로 짧은 거리에 있는 강자성 물체에만 유용하다는 것이다.

[그림 8-16(a)]는 횡방향 컨버터의 수정된 버전을 보여준다.

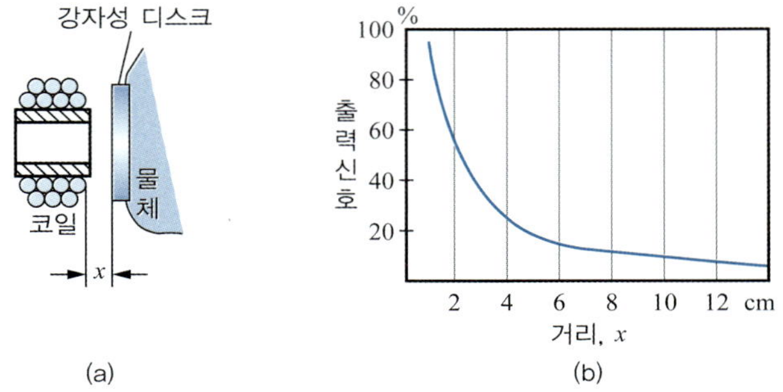

그림 8-16 (a) 보조 강자성 디스크 기반 센서 유도 근접 센서 (b) 거리의 함수로 표현된 출력신호

철 재료만 측정하는 한계를 극복하기 위해 강자성 디스크가 코일이 정지해 있는 동안 변위 대상에 부착된다. 또는 코일이 물체에 부착되어 코어가 정지해 있을 수 있다. 이 근접 센서는 LVDT에 비해 선형성이 떨어지기 때문에 작은 변위를 측정할 때만 유용하다. 그러나 고체 물질로 만들어진 물체의 근접성을 측정하기에는 매우 유용하다. [그림 8-16(b)]는 디스크까지의 거리함수로서 출력신호의 크기를 보여준다.

8.4.3 맴돌이 탐침

비자성이지만 전도성이 있는 물질이 근접하는 것을 감지하기 위해 이중 코일 센서에 맴돌이 효과를 사용한다([그림 8-17(a)] 참조).[1]

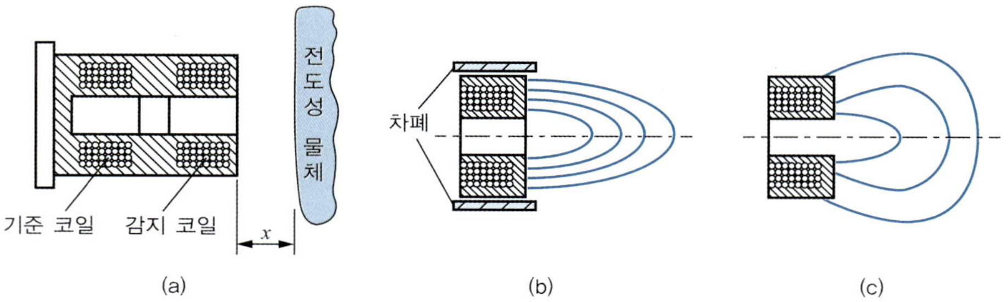

그림 8-17 (a) 맴돌이 기반 전자기 근접 센서 (b) 차폐 전면부가 있는 센서 (c) 차폐부가 없는 센서

1 맴돌이 전류에 대한 자세한 설명은 4.4.2절을 참고하라.

한 코일은 기준 코일로 사용되며 다른 하나는 전도성 물체에 유도되는 자기 전류를 감지하는 데 사용된다. 맴돌이는 감지 코일의 자기장과 반대 방향의 자기장을 생성하며 기준 코일에 대한 불균형을 초래한다. 물체가 코일에 가까울수록 자기 임피던스의 변화가 커진다. 맴돌이가 생성되는 물체의 깊이는 다음과 같이 정의된다.

$$\delta = \frac{1}{\sqrt{\pi f \mu \sigma}} \tag{8.9}$$

여기서 f 는 주파수이고 σ 는 해당 물체의 전도도이다. 효과적으로 작동시키기 위해 물체의 두께는 깊이보다 커야 한다. 따라서 맴돌이 감지기는 금속 박막이나 호일형 물체를 감지하는 데 사용해서는 안 된다. 일반적으로 코일 임피던스와 물체까지의 거리 x 사이의 상관 관계는 비선형적이고 온도에 따라 달라진다. 맴돌이 센서의 동작 주파수 범위는 $50\,\text{kHz} \sim 10\,\text{MHz}$이다.

[그림 8-17(b), (c)]는 맴돌이 센서에서 차폐가 포함된 것과 포함되지 않은 것을 보여준다. 차폐 센서는 페라이트[ferrite] 코어와 코일 부품 주위에 금속 보호대가 있다. 이 센서는 전자기장을 센서 전면에 초점을 맞추도록 한다. 이를 통해 감지 범위에 영향을 주지 않고 센서를 금속 구조물에 설치하고 매립할 수 있다. 차폐되지 않은 센서는 전방뿐만 아니라 측면에서도 감지할 수 있다. 결과적으로 차폐되지 않은 센서의 감지 범위는 일반적으로 동일한 지름의 차폐 센서보다 약간 더 크지만 제대로 작동하려면 차폐되지 않은 센서 주변에 비금속 물체가 필요하다.

위치 감지 외에도 맴돌이[eddy] 센서를 사용하여 재료 두께, 비전도성 코팅 두께, 전도도 측정 및 도금 측정, 재료의 균열 상태 등을 확인할 수 있다. 균열은 맴돌이의 흐름을 방해하고 센서의 출력신호를 급격하게 변화시킨다. 균열 감지 및 표면 흐름은 이 센서가 가장 널리 사용되는 응용 분야가 되었다.

맴돌이 탐침은 용도에 따라 지름($2 \sim 3\,\text{mm}$)이 매우 작거나 상당히 큰($25\,\text{mm}$) 코일 여러 개로 구성되기도 한다. 일부 기업은 고객의 고유한 요구 사항[www.olympus-ims.com]을 충족하기 위해 맞춤형으로 탐침을 제작하기도 한다. 맴돌이 센서의 중요한 장점 중 하나는 작동에 자성체가 필요하지 않기 때문에 고온(자성체의 퀴리온도를 훨씬 초과한 상태)에서 매우 효과적이며, 용융된 금속을 포함한 전도성 액체까지의 거리나 높이를 측정할 수 있다는 것이다. 또한 물체가 기계적으로 결합되지 않아 부하 효과가 매우 낮다.

[그림 8-17]에 표시된 맴돌이 근접 센서는 전도성 물체까지의 비교적 작은 거리를 감지하기 위한 것이다. 그러나 코일 치수가 상당히 늘어나고 자기장이 더 넓게 퍼질 수 있다면, 거리가 아닌 전도성 물체의 존재를 감지하기 위해 동일한 작동 원리를 사용할 수 있다. 다른 맴돌이 감지기의 예로는 휴대용 금속 감지기, 사람(예 : 공항)에게서 금속 물체의 존재를 감지하기 위한 보안 게이트, 차량의 존재와 통과를 감지하기 위한 포장도로가 있다.

8.4.4 포장도로 루프

교통신호 제어, 게이트 개방, 경고 신호 생성 등 특정 위치에서 차량의 존재를 모니터링하기 위해 다양한 센서가 사용되고 있다. 여기에는 이미지 처리 소프트웨어가 설치된 디지털 카메라와 자기 센서가 있다.

자기 센서는 포장도로에 매립되어 [그림 8-18(a)]에 표시된 전자 제어회로에 연결되는 대형 상호 연결 루프[7]로 구성된다. 일반적으로 더 큰 영역을 감지하기 위해 여러 루프가 직렬로 연결된다. 제어회로에는 정현파 전류(주파수는 10 kHz)를 생성하는 발진기가 있으며 이는 루프를 통과하여 접지면 아래와 위에서 대체 자기장을 생성한다. 지상으로 향하는 자기장은 이 장치에 영향을 끼치지 않지만, 지면 윗방향의 자기장은 감지에 사용된다.

루프는 [그림 8-18(a)]에 표시된 원형, 타원 혹은 직사각형 등 다양한 모양이 있다 인접한 직사각형 루프에 속하는 와이어 1과 2의 상호 위치를 확인해야 한다. 자기장의 상쇄를 방지하기 위해 동일한 방향으로 여기 전류 i_c가 흐르도록 와이어가 특별히 위치한다.[8] 그러나 적어도 반지름 정도의 거리만큼 원형 루프가 서로 분리되어 있다면 이 상쇄는 그다지 문제가 되지 않는다.

네트워크의 모든 루프에는 복합 인덕턴스 L_C가 있으며 이 LC 공진 탱크는 변압기를 통해 발진기의 주파수 f_{out}을 제어한다.

$$f_{out} = \frac{1}{2\pi\sqrt{LC}} \tag{8.10}$$

L은 공진기의 공진을 정의하는 탱크의 결합 인덕턴스이다. 식 (4.42)에 따라 루프 인덕턴스는 자기 플럭스 Φ, 와이어 회전수 n, 여기 전류 i_c를 통해 정의할 수 있다.

$$L_C = n\frac{\Phi}{i_c} \tag{8.11}$$

루프 근처에 금속 물체가 없을 경우 결합된 루프 인덕턴스 L_C가 일정하게 유지되고 발진기가 기준 주파수를 생성한다. 차량이 루프 위 공간에 진입하는 즉시 자기 플럭스는 차량의 금속 부품에서 맴돌이를 유도한다. 렌츠의 법칙(4.4.1절 참조)에 따르면 이러한 순환 전류는 원래 플럭스에 반대하는 자체 자기 플럭스를 생성한다. 그 결과 루프를 통과하는 순 자기 플럭스는 떨어진다. 식 (8.11)에서 자기 플럭스가 하강함에 따라 루프 인덕턴스 LC도 감소한다. 그 후 식 (8.10)에 따라 발진기의 주파수가 상승 및 변조된 후 차량 존재 여부를 나타내는 지표로 사용된다. 이 주파수 변조는 이동 속도, 루프 위의 위치, 날씨 조건, 차량 크기와 형태([그림 8-18(b)] 참조) 등 여러 변수를 나타낸다.

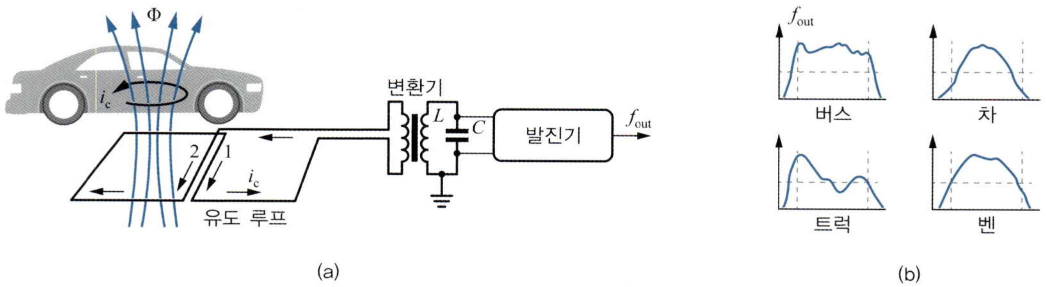

그림 8-18 (a) 자기루프가 유도 맴돌이를 감지한다. (b) 다양한 자동차로부터 얻은 주파수 특성

8.4.5 금속 탐지기

맴돌이 전류는 다양한 금속 탐지기에 사용된다. 감지기를 설계할 때 선택 사양에는 루프(코일), 치수, 모양, 단일 주파수나 다중 주파수 등을 고려해야 한다. [그림 8-19]는 이중 루프 단일 주파수 기반의 휴대용 금속 검출기의 블록 다이어그램이다.

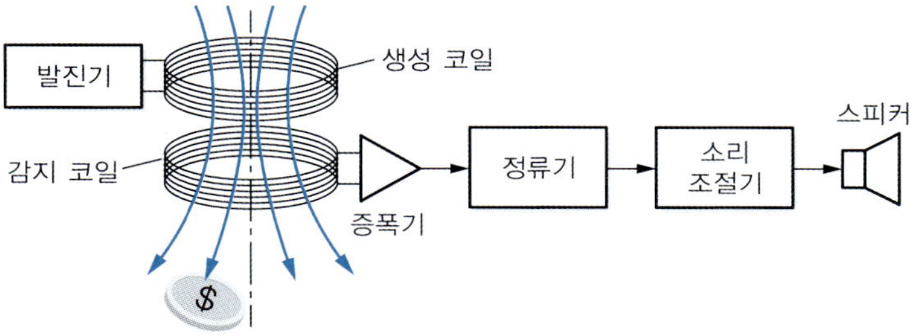

그림 8-19 이중형 금속 감지기 블록 다이어그램

변압기 역할을 하는 두 개의 밀착형 코일과 고주파 발진기의 출력에 연결되어 자기 플럭스를 생성하는 생성 코일이 포함되어 있다. 두 번째 코일은 플럭스를 수신하여 증폭 및 감압된 대체 전압으로 변환하는 데 쓰인다. 코일은 자기 플럭스가 상당한 범위로 퍼져 감지 공간을 형성할 수 있도록 설계한다([그림 8-20] 참조).

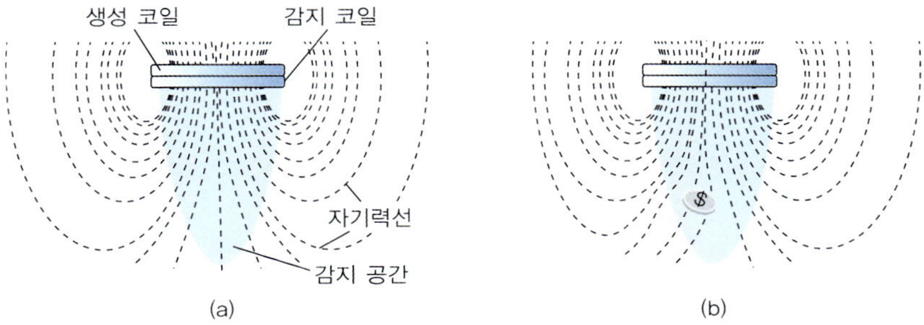

그림 8-20 (a) 생성 코일로부터 만들어지는 자기장 (b) 금속 물체 내의 맴돌이가 자기장을 왜곡시킨다.

수신 코일에 의해 측정된 플럭스 변화가 충분히 강할 경우 감지 공간에 존재하는 전도성 물체를 표시할 수 있다. 전도성 물체(광산, 동전, 금속 장신구 등)가 감지 공간에 들어오면 물체 내부의 표면 가까이에서 맴돌이 전류가 발생한다. 전류는 생성 코일에 의해 생성되는 자기장에 반대되거나 왜곡되는 자체 자기장을 생성한다. 이 왜곡은 수신 코일에 의해 감지된 전압을 변조하고 회로에서 처리한 후 스피커의 소리 피치[pitch]를 조절한다.

8.4.6 홀 효과 센서

가장 널리 사용되는 자기 센서는 아마 홀 효과 센서일 것이다.[2] 수많은 스마트폰과 태블릿PC에서 전자 나침반을 제어하거나 지구의 자성을 감지하기 위해 이 센서를 사용한다. 홀 센서에는 아날로그 방식(선형)과 이중 레벨 방식(디지털), 다축형 방식(통합) 이렇게 3가지 유형이 있다([그림 8-21] 참조).

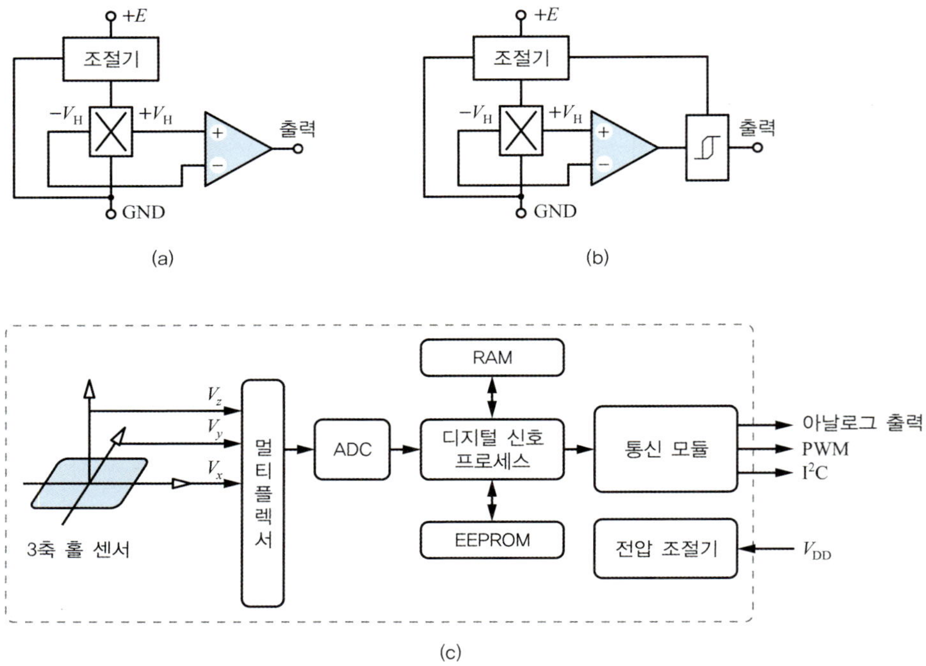

그림 8-21 (a) 선형 회로도 (b) 디지털 회로도 (c) 통합 회로도

일반적으로 아날로그 센서는 주변 회로와의 인터페이스를 좀더 간단히 만들기 위해 증폭기를 통합한다. 아날로그 센서는 더 넓은 전압 범위에서 작동하며 잡음이 심한 환경에서 더 안정적이다. 이러한 센서는 자기장 밀도에 선형적이지 않으므로([그림 8-22(a)] 참조) 정밀 측정을 위해서는 보정이 필요하다. 범위 끝end-of-span 비선형성은 최대 -1.5%이다. 또한 선형 센서 감도는 온도에 따라 달라진다.[ε]

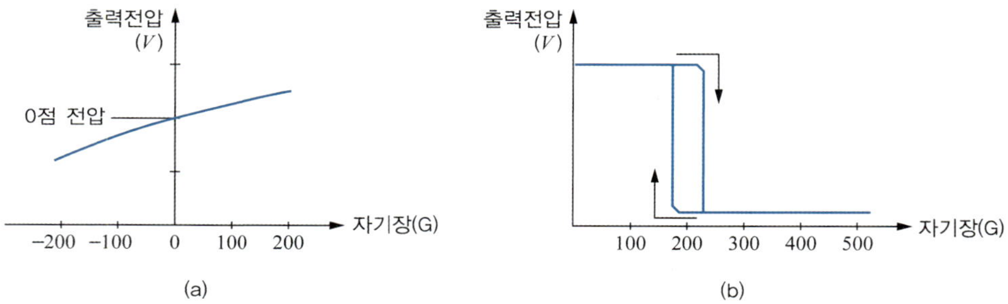

그림 8-22 (a) 선형 홀 효과 센서 전달함수 (b) 임계 홀 효과 센서 전달함수

2 구동 원리에 대한 자세한 설명은 4.8절을 참고하라.

증폭기 외에도 이중 레벨 센서에는 임계값이 내장된 히스테리시스를 가진 슈미트Schmitt 트리거가 있다. [그림 8-22(b)]는 자기장 밀도에 따른 출력신호를 보여준다. 신호는 2단계이며 자기장과 관련하여 히스테리시스를 명확히 나타낸다. 적용된 자기 플럭스 밀도가 특정 임계값을 초과하면 트리거는 OFF 위치에서 ON 위치까지 과도 상태를 보인다. 히스테리시스는 임계값을 넘긴 후 작동이 비활성화되는 불감대 영역dead band zone을 도입하여 불필요한 진동을 제거한다. 홀 센서는 일반적으로 단일 실리콘 칩으로 제작되며 작은 에폭시나 세라믹 패키지로 캡슐화된다.

훨씬 더 복잡한 구조의 센서는 [그림 8-21(c)]의 블록 다이어그램에 표시된 것처럼 여러 홀 효과 센서의 조합이다. 3개 이상의 센서로 구성된 시스템으로 세 방향에서 자기장을 감지한다. 직교 홀 센서의 출력은 ADC로 공급되며 일반적으로 15 비트 해상도를 보인다. 디지털 신호 프로세서는 프로그래밍이 가능하며 직렬 인터페이스는 자기장의 강도와 방향에 대한 정보를 제공한다.

홀 센서는 감지판 표면에 수직인 자속에만 반응한다([그림 4-30] 참조). 따라서 다이의 표면(x 방향과 y 방향 모두)과 평행한 플럭스는 감지되지 않는다. 홀 센서가 평면형 플럭스에 반응하도록 하려면 자기력선이 회전하거나 감지판이 회전해야 한다. 감지판을 회전시키는 방법은 센서 패키징의 두께와 다이의 크기를 증가시킬 수 있으므로 실용적이지 않다. 자기장 회전은 이른바 통합 자기 집광기 또는 줄여서 IMC라고 한다.[10] 이 개념은 다음과 같이 설명할 수 있다. [그림 8-23(a)]는 FeNi 합금과 같은 자성 재료로 제작된 기존의 자기 집광기를 나타낸다.

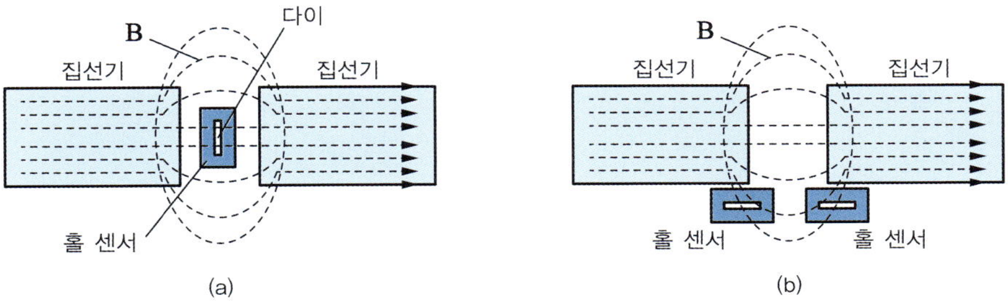

그림 8-23 (a) 선형 자기 집중기의 전형적인 개념도 (b) 통합형 자기 집중기

집선기를 보면 홀 센서가 있는 곳에 틈이 있다. 외부 자기장은 저항이 가장 적은 경로를 따라 형성되므로 집선기 방향으로 끌린다. 그리고 집선기 내부의 자속 B가 틈을 가로지른다. 따라서 곡선 경로를 따라 바깥쪽으로 벗어난다. 틈 내부의 플럭스는 수직 방향으로 센서를 통과하여 다이 평면으로 이동한다. 이것은 실제적인 여러 응용 분야에서 홀 센서를 통해 자속을 유도하는 널리 사용되는 방법이다. 그러나 [그림 8-23(b)]와 같이 홀 센서가 90° 회전하여 곡선 가장자리의 플럭스 선이 존재하는 가장자리의 틈 외부에 위치하면 자속의 일부가 회전 다이를 통과하여 수직으로 근접하고 홀 센서가 응답하게 된다. 즉 IMS가 자속을 회전시켜 90° 각도로 감지 홀 평판으로 유도한다. 이 구조에서 다이 평면은 집선기 평면에 평행하다.

이를 통해 실리콘 다이와 IMC의 박막을 작은 평판 칩에 집적시킬 수 있다. 틈이 있는 강자성 IMC 필름은 홀 평판에 증착된다. 따라서 여러 홀 센서가 단일 평판 다이flat die에 위치할 수 있지만, 3차원 자속에 반응한다. 실제로 IMC층의 두께는 1μm[11] 수준이며 막대, 디스크, 육각뿔 등 다양한 모양이 있다. 집적 센서에서는 스퍼터링 방식으로 IMC층을 다이 표면에 증착한다(19.3.3절 참조).

비자성 물질의 위치와 변위를 측정하기 위해서는 홀 센서에 자기장 발생 장치와 인터페이스 회로가 부착되어야 한다. 자기장은 용도에 적합하도록 자속 밀도와 극성(또는 방향)을 나타낸다. 응답 특성을 향상시키기 위해 자기력선은 센서의 평평한 면에 수직이어야 하며 극성이 정확해야 한다. 이때 자속 집속기는 자속을 센서의 적절한 부위로 향하게 하는 것이 좋다.

위치와 변위를 측정하기 위해서는 홀 효과 센서에 자기장 원과 인터페이스 회로가 함께 있어야 한다. 자기장은 이 특성에 대해 두 가지 중요한 요소, 즉 자속 밀도와 극성(또는 방향)을 가지고 있다. 보다 나은 반응성을 얻기 위해서는 자기장 선이 센서의 평면에 대해 수직 방향이면서 올바른 극성을 갖고 있어야 한다. 자속 집속기는 자속을 센서의 적절한 부위로 향하게 하는 것이 좋다.

홀 센서를 사용하여 위치 감지기를 설계하기 전에 대략 다음과 같은 방식으로 전체 분석을 수행해야 한다. 먼저 자석의 자기장 세기를 살펴봐야 한다. 강도는 극면에서 가장 크며 자석과의 거리가 증가함에 따라 감소한다. 자기장은 가우스 미터[gaussmeter]나 보정된 아날로그 홀 센서로 측정할 수 있다. 이중 레벨 홀 센서의 경우 센서 출력이 ON(높음)에서 OFF(낮음)로 전환되는 가장 긴 거리를 해제 지점이라고 한다. 이 센서는 임계 거리를 결정할 때 유용하다. 자기장 세기는 거리에 선형적으로 비례하지 않으며 자석의 형태, 자기회로, 자석에 의해 이동하는 경로에 따라 크게 달라진다. 홀 전도성 스트립은 센서 하우징 내에서 어느 정도 깊이에 위치한다. 이는 최소 작동 거리를 결정한다. 자석은 작업 환경 내에서 총 유효 공극을 갖고 안정적으로 작동해야 한다. 또한 사용할 수 있는 공간을 최대한 확보해야 하며 센서에 장착 가능하고 저렴해야 한다.[3]

홀 센서를 응용한 첫 번째 예로 부유물(뜨개)[float]이 있는 수위 감지기를 살펴보자([그림 8-24] 참조).

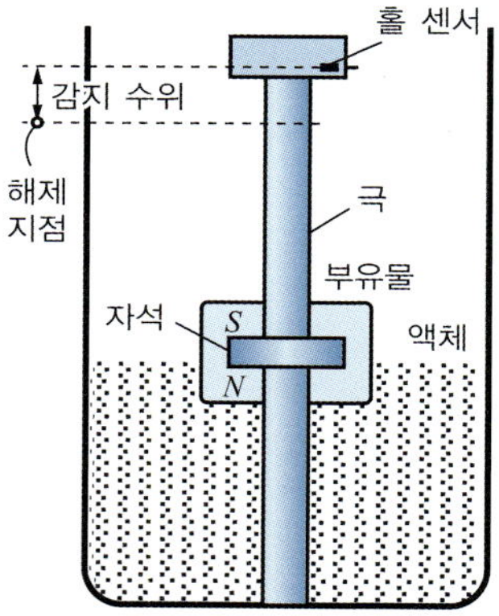

그림 8-24 홀 센서 기반 수위 감지기

영구 자석은 중앙에 구멍이 있는 부유물 안에 박혀 있다. 부유물은 액체가 담긴 탱크 내에 있는 기둥 위에서 자유롭게 위아래로 미끄러질 수 있다. 여기서 부유물은 수면에 위치한다. 이중 레벨 홀 센서는 기둥의 상단에 장착되어 있으며 이는 비자성 재료로 제작되어야 한다. 수위가 상승하여 감지 위치(해제 지점)에 도달하면 홀 스위치가 트리거되어 신호를 모니터링 장치로 전송한다. 수위가 방출점과 임계값 히스테리시스 아래로 떨어지면 홀 센서 출력전압이 변경되어 수위가 떨어졌음을 알 수 있다.

3 상자성 자석에 대한 더 자세한 내용은 4.3.2절을 참조하라.

감지점은 자석의 강도 및 형상, 홀 센서의 감도, 히스테리시스 및 홀 센서 주변의 강자성 구성 요소의 존재, 이렇게 세 가지 핵심 요인에 따라 달라진다.

홀 센서는 움직이는 물체와의 교란interrupter 스위치로 사용된다. 이 모드에서는 활성화 자석과 홀 센서가 그 사이 작은 공극이 있는 견고한 단일 부품에 장착된다([그림 8-25] 참조).

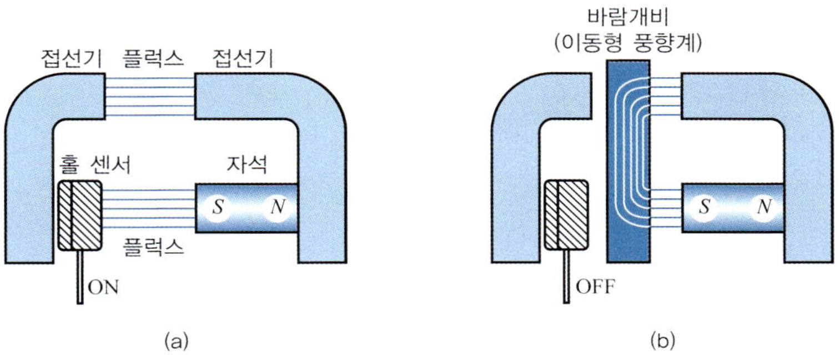

그림 8-25 방해 스위치 모드의 홀 효과 센서 (a) 자속이 센서를 켠다. (b) 자속이 바람개비에 의해 션트된다.

따라서 센서는 활성화 자석에 의해 ON 위치에 고정된다. 자석과 홀 센서 사이에 강자성 판이나 바람개비가 배치되면 바람개비는 자기 션트shunt를 형성하여 센서로부터 자기 플럭스를 왜곡한다. 이렇게 되면 센서가 OFF 위치로 이동한다. 홀 센서와 자석을 공통 하우징으로 성형하면 정렬 문제를 해결할 수 있다. 자기 플럭스를 방해하는 철제 바람개비는 선형이나 회전 운동을 할 수 있다. 이런 장치의 예로는 자동차 분배기distributor가 있다.

이외 여러 센서와 마찬가지로 4개의 홀 센서를 브리지 회로에 연결하여 선형이나 원형 움직임을 감지할 수 있다. [그림 8-26]은 센서가 단일칩에서 MEMS 기술을 사용하여 제작되고 SOIC-8 플라스틱 하우징으로 패키징되는 과정을 보여준다.

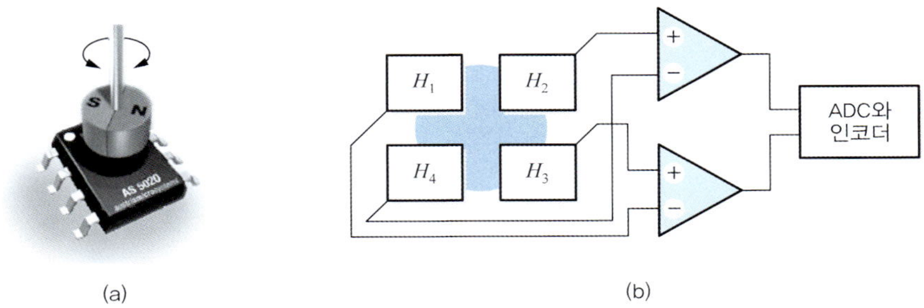

그림 8-26 (a) 각도 홀 센서 브리지 (b) 내부 센서 인터페이스(출처 : Austria Micro Systems)

원형 자석은 칩 위에 위치하며 회전각과 방향이 감지되어 디지털 코드로 변환된다. ADC의 특성에 따라 자석이 최대 30,000rpm 속도로 회전할 수 있는 속도 응답이 정해진다. 이러한 센서는 마찰이 없는 정밀한 선형 위치 감지 및 각도 감지, 정밀 각도 인코딩, 심지어 프로그래밍 가능한 회전 스위치를 만들 수 있다. 개별 센서의 브리지 연결로 인해 회로는 자기장 내의 자석 정렬 오류나 외부 간섭에 대해 매우 안정적이다.

회전 운동은 높은 정밀도로 디지털 인코딩될 수 있다. 이 기능을 이용하기 위해 [그림 8-27]처럼 직선운동을 회전으로 변환할 수 있는 컨버터로 선형 거리 센서를 만들 수 있다. 한 예로 이런 센서들은 스페이스에이지 컨트롤SpaceAge Control[4] 사에서 생산한다.

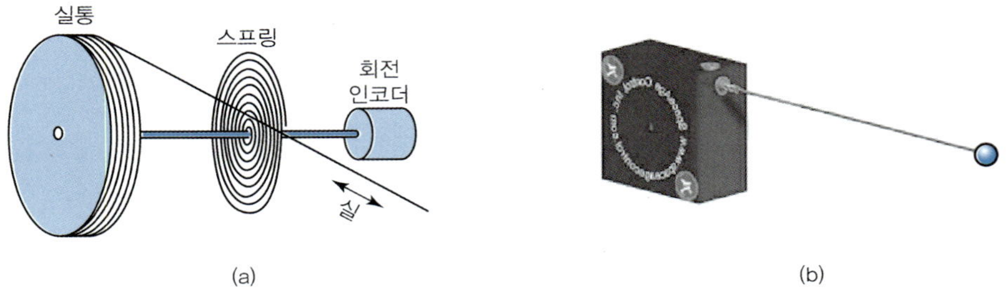

그림 8-27 (a) 직선 변위(실이나 케이블의 길이)의 선형 움직임으로의 변환 (b) 케이블 위치 센서 (출처: SpaceAge Control, Inc.)

8.4.7 자기저항 센서

이 센서는 홀 효과 센서와 유사하다. 동작을 위해서는 외부 자기장이 필요하다. 따라서 자기저항 센서를 근접 감지기, 위치 감지기 또는 회전 감지기로 사용할 때마다 자기장 원과 결합해야 한다. 일반적으로 자기장은 센서에 부착된 영구 자석에서 비롯된다. [그림 8-28]은 센서-영구 자석 조합을 사용하여 선형 변위를 측정하기 위해 간단한 구조를 보여준다.

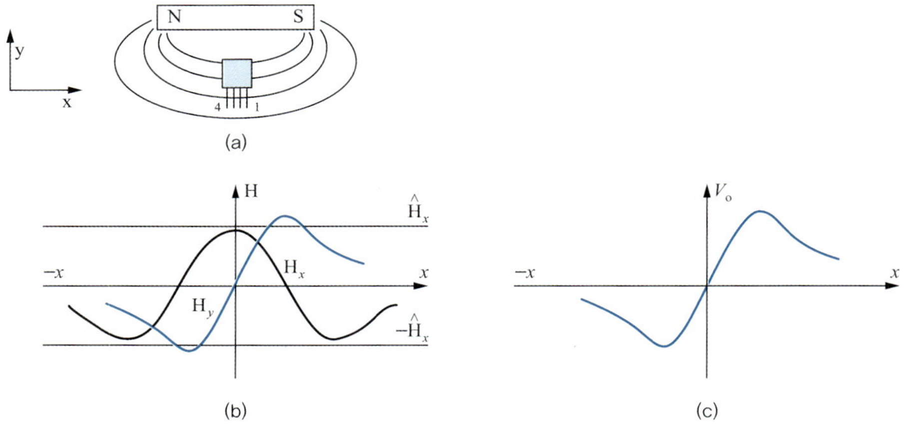

그림 8-28 (a) 상자성 자석의 자기장에서의 자성 저항 센서 (b) 자기축에 평행한 변위 x에 대한 함수로 표현되는 출력 (c) 출력전압

이때 다음과 같은 효과를 제대로 고려하지 않으면 몇 가지 문제가 발생할 수 있다. 센서가 자기장에 위치하면 x와 y 방향으로 자기장에 노출된다. [그림 8-28(a)]와 같이 자석이 센서 스트립(x 축)에 평행한 축으로 배향되면 자기 벡터 $\mathbf{H}_x$가 보조장을 만들어내며 $\mathbf{H}_y$의 변화는 변위 x의 척도로 사용될 수 있다. 따라서 출력신호는 $\mathbf{H}_y$ 벡터와 같은 모양을 갖는다([그림 8-28(c)] 참조).

4 자세한 내용은 해당 홈페이지(www.spaceagecontrol.com)를 참고하라.

[그림 8-29]는 자기저항 센서로 각도 변위를 측정할 때 얼마나 유용한지 보여준다. 센서 자체는 회전식 프레임에 고정된 두 개의 영구 자석에 의해 생성되는 자기장 내에 위치한다. 그러면 센서의 출력이 프레임 회전의 기준이 된다.

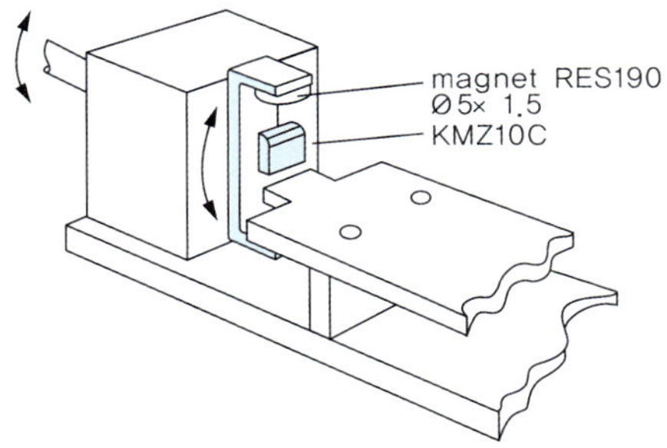

그림 8-29 KMZ10 센서를 이용한 각도 측정

[그림 8-30(a)]는 단일 KM110B 센서를 사용하여 톱니바퀴의 회전과 방향을 감지하는 것을 보여준다. 이때 방향은 센서의 2개의 하프 브리지[halfbridge] 출력에 대한 별도의 신호 처리를 기반으로 감지할 수 있다.

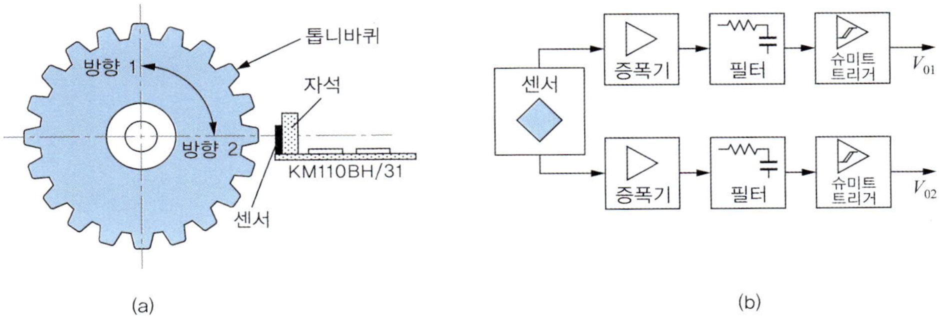

그림 8-30 자기저항 모듈의 최적 구동 위치 (a) 센서 뒤에 위치한 상자성 자석 (b) 모듈 회로의 블록 다이어그램

센서는 톱니나 핀이 센서 앞으로 움직이는 경우와 같이 비대칭 자기 상태를 측정하는 자기 휘트스톤 브리지처럼 동작한다. 센서 및 자석을 장착하는 것은 매우 중요하므로 센서의 대칭축과 톱니바퀴 사이의 각도를 0에 가깝게 유지해야 한다. 또한 두 축(센서와 휠)이 일치해야 한다. [그림 8-30(b)]의 회로는 두 브리지 출력을 해당 증폭기에 연결하고 저역 통과 필터와 슈미트 트리거를 연결하여 사각 출력신호를 얻는다. 두 출력 간의 위상차는 회전 방향을 나타낸다. 위상차는 [그림 8-31]을 참조하라.

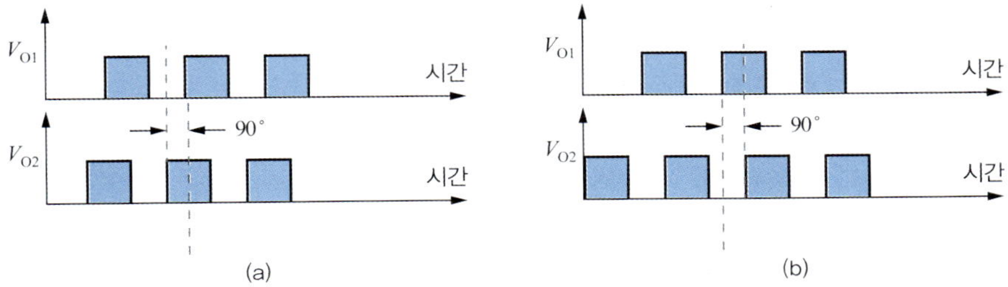

그림 8-31 증폭기의 출력신호 (a) 방향 1 (b) 방향 2

8.4.8 자기변형 감지기

원거리에서 고해상도로 변위를 측정할 수 있는 컨버터는 자기변형과 초음파 기술을 사용하여 제작할 수 있다.[7] 컨버터는 긴 도파관(최대 길이 7 m)과 영구 링 자석([그림 8-32] 참조)으로 구성된다. 자석은 손을 대지 않고도 도파관을 따라 자유롭게 이동할 수 있다. 자석의 위치는 자극을 감지하며 센서에 의해 전기 출력신호로 변환된다. 도파관은 전기 펄스를 적용할 때 전체 길이에 걸쳐 자기장을 만들어내는 도체를 포함한다. 영구 자석에 의해 생성된 또 다른 자기장은 그 주변에만 존재한다. 따라서 영구 자석이 위치한 지점에서 두 개의 자기장을 설정할 수 있다. 두 자기장이 중첩되면 순자기장을 생성하고 이는 벡터 합산에서 찾을 수 있다. 이 알짜 자기장은 도파관 주위에 나선형으로 형성되며 자석의 위치에서 미세한 비틀림 변형이나 꼬임을 발생시킨다. 이 비틀림은 위데만 효과Wiedemann effect라고 한다.[5]

따라서 도파관의 동축 도체에 주입된 전기 펄스는 기계적 꼬임 펄스를 생성하며 이는 재료에 특정한 음속으로 도파관을 따라 전파된다. 펄스가 센서의 여기 헤드excitation head에 도달하면 펄스의 도달 순간이 정확하게 측정된다. 그 펄스를 감지하려면 초음파 경련twitch을 전기 출력으로 변환할 수 있는 감지기를 사용하면 된다. 이는 압전센서나 자기저항 센서로 [그림 8-32]처럼 구현할 수 있다.

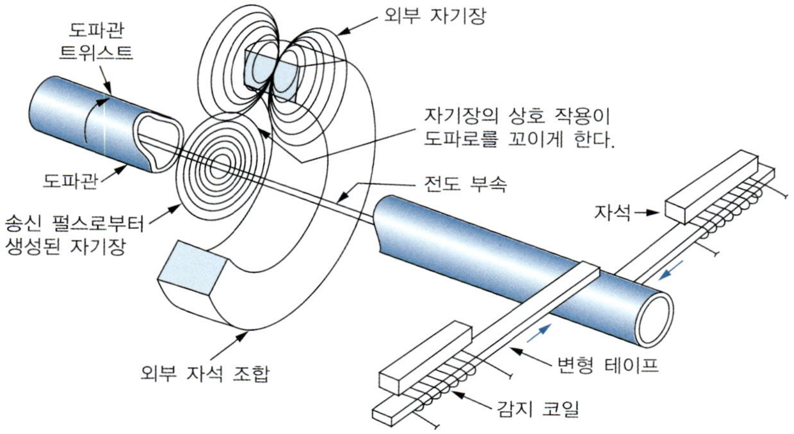

그림 8-32 상자성 자석의 위치를 감지하는 초음파 기반 자기저항 감지기

센서는 두 개의 영구 자석 근처에 위치한 두 개의 작은 코일로 구성된다. 코일은 도파관과 물리적으로 결합되어 도파관이 경련을 일으킬 때마다 흔들릴 수 있다. 이것은 코일에 짧은 전기 펄스를 발생시킨다. 동축 도체의 해당 여기 펄스에서 발생하는 펄스의 시간 지연은 링 자석 위치에 대한 정확한 측정치다. 적절한 회로는 시간 지연을 도파관의 영구 자석 위치를 나타내는 디지털 코드로 변환한다. 이 센서는 높은 선형성(전체 눈금의 0.05%), 우수한 반복성(3 μm 순서) 및 장기 안정성을 가지며 고압, 고온, 강한 방사선과 같은 가혹한 환경에서도 견딜 수 있다. 또한 온도 감도가 낮아 신중하게 설계하면 20 ppm/℃ 의 수준의 감도를 얻을 수 있다.

5 내부적으로 강자성 물질은 도메인으로 표현되는 구조를 가지며 각 영역은 균일한 자기 분극의 영역이다. 자기장이 걸리면, 영역과 영역 사이의 경계가 이동하고 영역은 회전하는데, 이 두 가지 효과는 모두 재료의 크기에 변화를 일으킨다.

이 센서는 유압 실린더, 사출 성형(금형 클램프 위치에 대한 선형 변위 측정, 성형 재료 사출 및 성형 부품 배출), 채굴(25 μm 수준으로 작은 암석의 움직임 감지용), 압연, 주조, 단조, 엘리베이터를 비롯해 기타 대형 크기에 대한 정밀한 해상도가 필요한 다양한 응용 분야에 사용된다. 이러한 센서는 매우 다양한 구성 및 길이로 생성된다([그림 8-33] 참조).

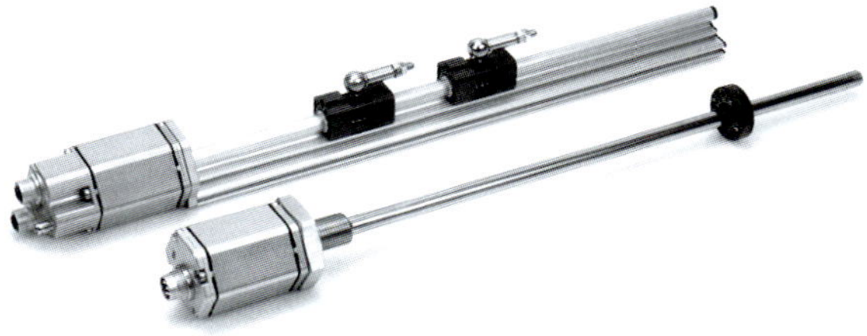

그림 8-33 위데만 효과에 기반한 상용 센서(출처 : TWK-Elektronik, Germany)

8.5 광학 센서

광학 센서는 기계적인 접촉식 센서와 전위계 센서 다음으로 위치와 변위를 측정하는 데 가장 많이 사용된다. 단순하고 부하 효과가 없으며 상대적으로 긴 작동 거리를 갖는 것이 주요 장점이다. 이들은 표유 자기장stray magnetic field과 정전기 간섭에 민감하지 않으므로 외부 영향에 민감한 응용 분야에 매우 적합하다. 광학 위치 센서는 일반적으로 렌즈, 거울, 광섬유 등을 이용한 광원, 광 감지기, 광 유도 장치 등 최소 3가지 필수 구성 요소가 필요하다. 단일모드 및 이중모드 광섬유 근접 센서의 예는 [그림 5-20(b)]와 [그림 5-21]에 나와 있다. 이때 이와 유사한 구조가 종종 광섬유 없이 구현되는데 이는 빛이 초점 렌즈에 의해 표적이 있는 방향으로 유도되고 반사기에 의해 감지기로 다시 변환되는 경우이다.

8.5.1 광학식 브리지

고전적인 휘트스톤 브리지와 같은 브리지 회로의 개념은 많은 광학 센서에 적용된다. 예를 들어 4사분면four-quadrant 광 감지기는 브리지 모양의 회로에 4개의 광 감지기가 연결되어 있다. 물체는 배경과 광학적 대비를 이루어야 한다. 우주선의 위치positioning 시스템을 생각해보자([그림 8-34(a)] 참조). 태양이나 그 외 충분히 밝은 천체의 이미지는 4사분면 광 감지기의 광학 시스템(예 : 망원경)에 의해 초점이 맞춰진다. 감지기의 반대 부분은 차동 증폭기의 해당 입력에 연결된다([그림 8-34(b)] 참조). 각 증폭기는 해당 축을 따라 센서의 광학 중심에서 이미지의 변위에 비례하는 출력신호를 생성한다. 이미지가 완벽히 중앙에 오게 되면 두 앰프의 출력은 모두 0이다. 이는 망원경의 광 축optical axis이 물체를 통과할 때만 발생할 수 있다.

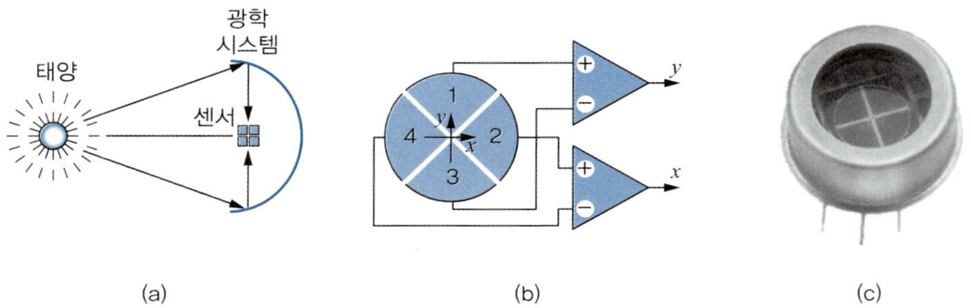

그림 8-34 4사분면 광 감지기 (a) 물체가 센서에 포커싱된다. (b) 감지부를 다른 증폭기에 연결한다. (c) 센서 패키징 (출처: Advanced Photonix, Inc. Camarillo, CA)

8.5.2 편광 근접 감지기

광전 센서를 좀 더 우수하게 만들기 위해서는 편광을 사용한다. 광자는 서로에게 수직이고 전파 방향과 직각인 특정한 자기장과 전기장 방향을 가지고 있다. 전기장의 방향은 빛의 편광 방향이다(5.1.2절 참조). 대부분의 광원은 무작위로 편광된 광자로 빛을 낸다. 빛을 편광시키기 위해서는 편광 필터, 즉 특수 물질을 사용한다. 이 물질은 편광된 빛을 한 방향으로만 전달하며 잘못된 편광 방향으로 나가는 광자를 흡수하고 반사한다. 그러나 모든 편광 방향은 두 개의 직교 편광의 기하학적 합으로 나타낼 수 있다. 하나는 필터의 방향대로 통과하지만, 다른 하나는 통과하지 못한다. 따라서 편광 필터를 지나기 전에 빛의 편광을 회전시킴으로써 필터의 출력에서 빛의 강도를 점진적으로 변화시킬 수 있다([그림 8-35] 참조).

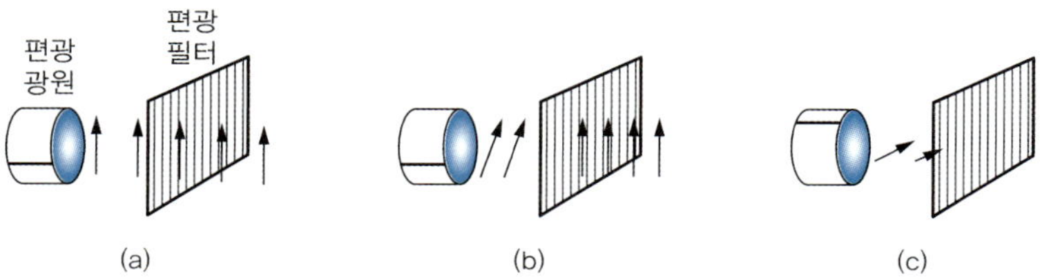

그림 8-35 편광 필터를 통과하는 편광된 빛 (a) 편광 방향이 필터의 편광 방향과 같다. (b) 편광 방향이 필터에 따라 회전한다. (c) 편광 방향이 필터에 수직이다.

편광된 빛이 물체에 닿으면 반사된 빛은 편광(정반사)을 유지하거나 편광 각도가 변할 수 있다. 보통 수많은 비금속 물체에서 편광 각도가 변한다. 따라서 센서가 금속 캔, 호일 포장지 등과 같은 반사 물체에 반응하지 않도록 수직으로 배치된 두 개의 편광 필터를 이용한다. 하나는 광원에, 다른 하나는 감지기에 위치한다([그림 8-36(a), (b)] 참조).

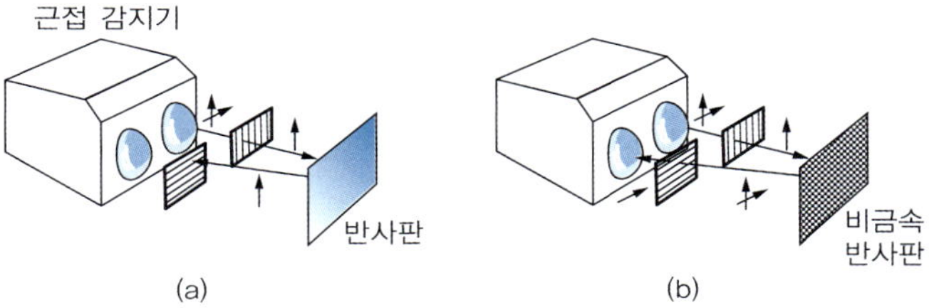

그림 8-36 서로 90° 각도로 위치한 2개의 편광 필터 기반의 근접 감지기 (a) 편광 평면 내의 금속 물체로부터 반사된 편광된 빛 (b) 비금속 물체는 빛의 편광 특성을 없앤다. 따라서 편광 필터를 통과하게 한다.

첫 번째 필터는 방출되는 빛을 편광시키기 위해 방출 렌즈(광원)에 위치한다. 두 번째 필터는 통과를 위해 수신 렌즈(감지기)에 위치한다. 즉 외향 편광에 대해 90° 회전하는 빛만 포함한다. 특정 반사체(금속)에서 빛이 반사될 때마다 그 편광 방향은 변하지 않으며 수신 필터는 빛이 광 감지기로 전달되지 않게 한다. 그러나 빛이 비반사율(비스펙큘러) 방식으로 반사될 때는 충분한 양의 편광을 포함하므로 수신 필터를 통과하고 감지기를 활성화시킬 수 있다. 따라서 편광판을 사용하면 비금속 물체의 거짓 양성 감지가 줄어든다. 이 감지기는 비금속 물체의 접근을 식별할 뿐만 아니라 금속과 비금속도 구별할 수 있다.

8.5.3 프리즘 센서와 반사형 센서

광섬유 센서는 근접 센서와 레벨 감지기로 매우 효과적이다. 5장의 [그림 5-21]은 변위 센서의 예를 보여준다. 여기서 반사광의 강도는 반사면까지의 거리 d에 따라 변조된다. 이 원리는 아바고 테크놀로지스Avago Technologies사의 APDS-9130[6]을 비롯한 상용화된 여러 제품에서 구현되었다. 주요 응용 제품 중 하나는 스마트폰 근접 감지기이다. 즉 휴대폰을 귀에 가까이 가져가면 감지가 시작된다. 감지기에는 LED 이미터와 광 감지기, ADC, 신호 프로세서, I^2C 통신 링크용 렌즈가 통합되어 있다.

[그림 8-37]은 액체의 높이를 감지하기 위해 프리즘이 있는 광학 감지기를 보여준다.

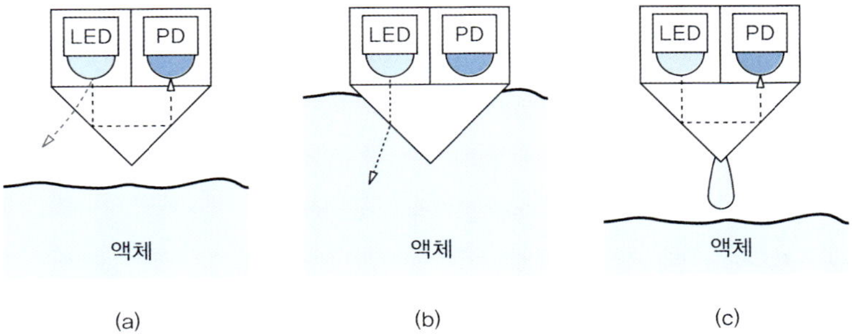

그림 8-37 굴절률 변화를 사용하는 프리즘 수면 감지기 (a) 수면 위에 위치한다. (b) 수면에 닿았을 때 (c) 물방울은 오감지를 만들지 않는다.

6 3.1.1절에서 설명한 10계명을 모두 충족하는 완전 통합 센서이다.

공기(또는 물질의 기체상태)와 측정된 액체의 굴절률 간의 차이를 이용한다. 이 센서에는 근적외선 스펙트럼 범위에서 작동하는 발광 다이오드[LED]와 광 감지기[PD]가 포함되어 있다. 센서가 액체 높이 이상일 때 LED는 프리즘의 내부 반사로 인해 대부분의 빛을 수신 PD에 보낸다(5.7.2절 참조). 프리즘의 반사면에 입사하는 일부 광선은 전체 내부 반사각보다 작은 각도로 주변으로 손실된다. 프리즘이 액체의 높이에 도달하여 부분적으로 잠길 경우 액체의 굴절률이 공기의 굴절률보다 크기 때문에 전체 내부 반사각이 변한다. 이 조건에서는 광선이 더 반사되지 않고 액체로 전달된다. 이렇게 하면 PD가 감지하는 빛의 세기가 줄어든다. 이 조명은 스위치를 활성화할 수 있는 전기신호로 변환된다. 중력은 액체 방울을 끌어당기기 때문에 프리즘 표면의 대부분을 덮지 않으므로 감지에 영향을 주지 않는다([그림 8-37(c)] 참조). 이 원리로 작동하는 프리즘 액체 레벨 검출기는 젬스 센서스 앤드 콘트롤즈[Gemes Sensors&Controls] 사에서 생산한다.

[그림 8-38]은 이 센서의 또 다른 형태를 보여준다. 광섬유는 U자형이며 액체에 담그면 통과하는 빛의 세기를 조절할 수 있다. 감지기에는 곡률 반경이 가장 작은 굴곡부 근처에 두 개의 민감한 영역이 있다. 전체 부품은 5 mm 지름의 탐침으로 포장되어 있으며 반복 오차는 약 0.5 mm이다. 탐침이 수면 위로 올라가면 감지부가 감지 영역에서 액체 방울을 끌어당긴다.

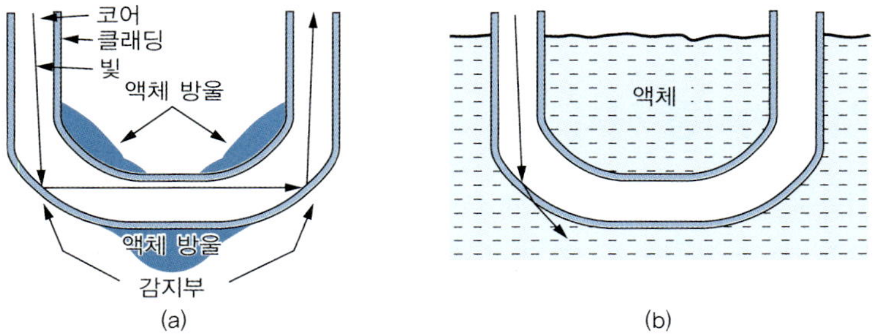

그림 8-38 U자형 광섬유 기반 수위센서 (a) 센서가 수면 위에 있을 때 출력 광은 가장 강하다. (b) 감지부가 액체에 닿을 때 광섬유를 통과하며 전파한 빛이 감소된다.

8.5.4 페브리-페로(Fabry-Perot) 센서

가혹한 환경에서 고정밀도로 미소 변위를 측정하기 위해 이른바 페브리-페로[Fabry-Perot] 광학 공동이라 불리는 측정계를 사용할 수 있다.[12] 공동에는 두 개의 반반사[semireflective] 거울이 서로 거리 L만큼 떨어져서 마주 보고 있다([그림 8-39(a)] 참조).

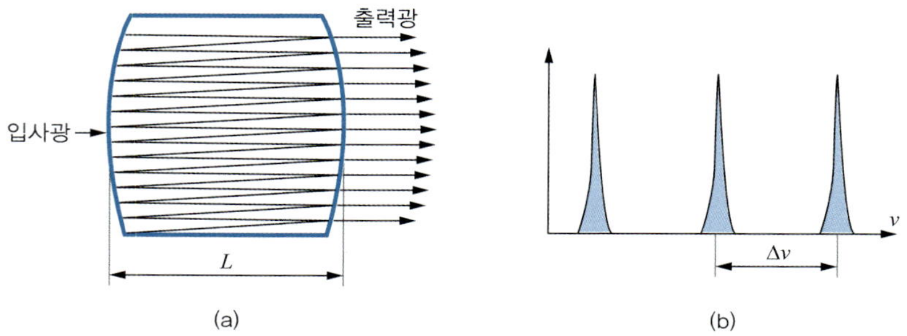

그림 8-39 (a) 페브리-페로 공동내의 다중 빔 (b) 투과광의 주파수

공동에는 알려진 광원(예 : 레이저)으로부터 빛이 주입되고 공동 내부의 광자는 이 과정에서 서로 간섭하는 두 거울 사이에 앞뒤로 튕겨 나간다. 사실 공동은 빛을 위한 저장 탱크이다. 광자의 일부 주파수에서 빛은 공동 밖으로 빠져나갈 수 있다. 페브리-페로 간섭계는 전송 주파수가 공동의 길이와 밀접하게 관련된 주파수 필터이다([그림 8-39(b)] 참조). 공동의 길이가 바뀌면 빛을 전송하는 주파수도 그에 따라 변한다. 거울 중 하나를 이동할 수 있게 만들면 광전송 주파수를 모니터링하여 매우 작은 공동의 길이 변화를 감지할 수 있다. 투과 대역이 좁은 빛은 공동 길이에 반비례하는 주파수가 된다.

$$\Delta\nu = \frac{c}{2L} \tag{8.12}$$

여기서 c 는 빛의 속도이다. 실제로 간격이 1 μm 떨어진 거울들로 이루어진 공동의 경우 일반적인 $\Delta\nu$ 값은 500 MHz ~ 1 GHz 사이이다. 따라서 기준 광원 대비 투과광의 주파수 변화를 감지함으로써 공동의 크기 변화를 빛의 파장과 유사한 정확도로 측정할 수 있다. 공동의 크기 변화(거울 이동)를 유발할 수 있는 것은 무엇이든 측정의 대상이 될 수 있다. 여기에는 스트레인, 힘, 압력, 온도가 포함된다.[13~14]

페브리-페로 공동 기반의 센서는 다양한 용도로 사용되어 왔다. 예를 들어 압력과 온도를 모두 감지하는 데 사용된다. 이런 센서는 굴절률의 변화나 공동의 물리적 길이 변화에 의해 유도되는 광 경로의 길이 변화를 감지한다. 마이크로 전자 기계 시스템은 감지요소의 크기와 비용을 줄여주므로 페브리-페로 센서가 더욱 유용하다. 소형 페브리 - 페로 센서의 또 다른 장점은 발광 다이오드^{LED}나 전구와 같은 저간섭성 광원을 사용하여 간섭계 신호를 생성할 수 있다는 것이다.

[그림 8-40(a)]는 페브리-페로 공동이 있는 압력 센서를 보여준다.

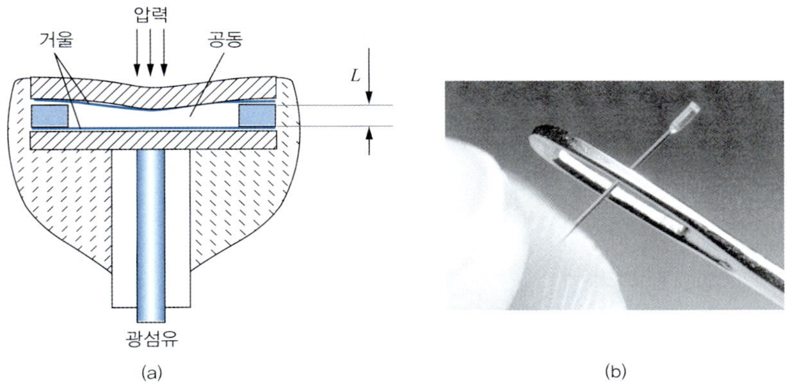

그림 8-40 (a) 페브리-페로 압력 센서의 구조 (b) FISO FOP-M 압력 센서 사진

압력은 상부막에 가해지는데 압력을 받으면 격막이 안쪽으로 굴절되어 공동의 크기 L 을 감소시킨다. 이 공동은 미세 공정 기술에 의해 일체형^{monolithic}으로 제작되며 거울은 제조 공정 중 증착을 통해 형성되는 유전층이나 금속층이 될 수 있다. 센서의 목표 성능을 달성하기 위해서는 각 층의 두께를 엄밀히 제어해야 한다. FISO(www.soso.com) 사에서 생산하는 초소형 압력 센서가 [그림

7-40(b)]에 나와 있다. 이 센서는 온도계수가 매우 낮고(< 0.03%) 외부 지름이 0.25 mm로 이식형implantable 의료 기기와 기타 침습적 기기와 같은 중요한 응용 분야에 적합하다.

8.5.5 광섬유 브래그 격자 센서

일반적인 편광 케이블은 보통 UV에서 IR 부근까지 광범위한 스펙트럼의 빛을 전송할 수 있다. 케이블은 몇 가지 기본 파라미터로 특징을 기술할 수 있는데 이 모든 파라미터는 적어도 이론적으로는 외부 자극에 코어의 길이와 굴절률을 변조할 수 있다. 길이와 굴절률의 변조는 이른바 **광섬유 브래그 격자**Fiber Bragg Grating, FBG 센서의 기초가 된다.[15] 기존의 광섬유는 유리나 플라스틱의 가느다란 가닥으로 총 내부 반사를 통해 빛을 전달한다(5.9절 참조). 광 케이블은 코어, 피복, 재킷의 세 가지 주요 구성 요소로 이뤄진다([그림 5-19] 참조). 피복재cladding는 코어보다 굴절률이 낮기 때문에 유광stray light을 다시 코어core로 반사시켜 손실을 최소화한 뒤 코어를 통해 빛이 투과되게 한다. 외부 재킷은 외부 조건과 물리적 손상으로부터 섬유를 보호한다.

FBG 지수는 고정 굴절률을 나타내는 코어 기반의 일반 광섬유와 달리 섬유 길이 전체에 걸쳐 균일하지 않다. 따라서 FBG는 빛을 투과할 뿐만 아니라 일부를 반사한다. 즉 광섬유 내부에 분산된 리플렉터이다. 특정 파장만 반사시키고 나머지는 투과시키는 필터 역할을 한다. FBG 섬유는 격자라고 불리는 굴절률에서 주기적인 변화를 보인다([그림 8-41] 참조). 이 섬유 부분은 디스크 모양으로 보인다. 기본 코어 굴절률은 n_1이고 격자 디스크의 굴절률은 n_2이다.

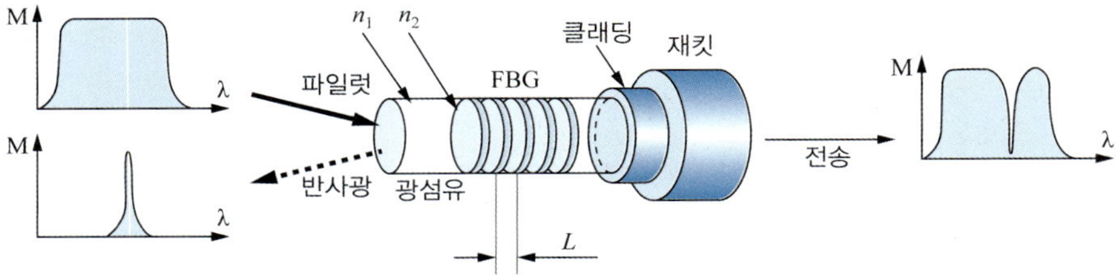

그림 8-41 FBG 센서 개념도

격자는 UV 레이저와 같은 강렬한 UV 광원을 사용하여 제작한다. 게르마늄이 도핑된 실리카 섬유는 감광성이 있어 자외선에 노출되면 코어의 굴절률이 변한다. 변화량은 노출 강도와 지속시간, 섬유의 감광도에 따라 달라진다. UV 광선에 노출되면 특정 위치에서 코어의 굴절률이 영구적으로 변하므로 섬유 내부의 FBG 디스크는 서로 거리 L에 위치한다.

발광 섬유가 동작하면 LED와 같은 넓은 스펙트럼의 파일럿 광원에서 조명된다. 파일럿 광은 섬유 끝단으로 입사하여 FBG를 향해 전파된다. 특정 파장 λ는 반사되지만, 나머지 파장은 섬유를 따라 반대쪽 끝으로 전파되며 센서에서는 사용되지 않는다. [그림 8-41]의 작은 그래프는 섬유의 양쪽에서 스펙트럼 강도 M을 보여준다.

반사되어 감지되는 파장은 격자 주기 L과 섬유의 평균 굴절률 n에 따라 달라진다.

$$\lambda = 2nL \tag{8.13}$$

이 식에서 반사 파장 λ를 측정하면 굴절률과 격자 주기를 센서 입력으로 사용할 수 있다. 즉 자극에 의해 변조되어 λ의 변화를 일으킬 수 있다. n과 L을 변조하기 위해 FBG는 스트레인 게이지 ε과 온도 T를 가질 수 있으며 FBG의 정규화된 파장 변화는 다음과 같다.

$$\frac{\Delta\lambda}{\lambda} = (1-p_\varepsilon)\varepsilon + (\alpha_L + \alpha_n)T \tag{8.14}$$

식 (8.14)의 첫 번째 항의 합은 스트레인 게이지 p_ε에 따라 달라진다. 섬유가 변형되면 FBG 디스크 사이의 거리가 변하여 λ가 변조된다. 두 번째 합은 온도 T에 대한 λ의 감도를 나타낸다. 온도의 변화는 디스크 사이의 거리 L의 차이에 따른 열팽창 혹은 수축의 원인이 된다. 또한 온도는 계수 α_n으로 굴절률을 변화시킨다. 따라서 FBG는 스트레인 게이지(변위 센서)와 온도 센서로 동작할 수 있다. 변형에 의한 파장 변화는 일반적으로 온도보다 더 뚜렷하며, 종종 5 nm의 출력 범위를 보인다. 온도 감지 범위는 최대 1 nm이다.

FBG 센서의 장점으로는 견고성, 전자파 간섭ElectroMagnetic Interferences, EMI에 대한 내성, 높은 안정성, 체인 연결 능력 등이 있다. 마지막 특성은 단일 섬유를 사용하여 다수의 위치를 모니터링할 수 있다. 이를 위해 섬유는 주기 L로 별도 부품으로 제조된다. 각 주기는 반사된 빛의 파장을 생성한다. 이를 파장 분할 멀티플렉싱Wavelength Division Multiplexing, WDM이라고 한다. WDM의 결과로 감지기는 광섬유의 다른 위치에 해당하는 서로 다른 반사 파장을 인식한다([그림 8-42] 참조).

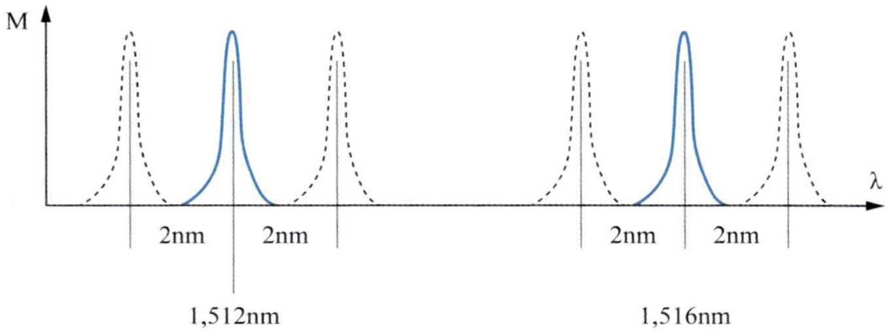

그림 8-42 WDM 센서의 스펙트럼 응답

단일 광섬유 내에 통합될 수 있는 센서의 수는 각 센서의 동작 파장 범위와 사용 가능한 총 파장 범위에 따라 달라진다. 일반적인 FBG 시스템은 60 ~ 80 nm의 측정 범위를 제공하기 때문에 각각의 광섬유 센서 배열은 광 스펙트럼에서 반사된 파장이 겹치지 않는 한 센서를 1개에서 80개 이상 통합할 수 있다.

8.5.6 격자 광 변조기

광 변위 컨버터는 광도 변조기([그림 8-43(a)] 참조) 역할을 하는 두 개의 중첩 격자로 제작할 수 있다.

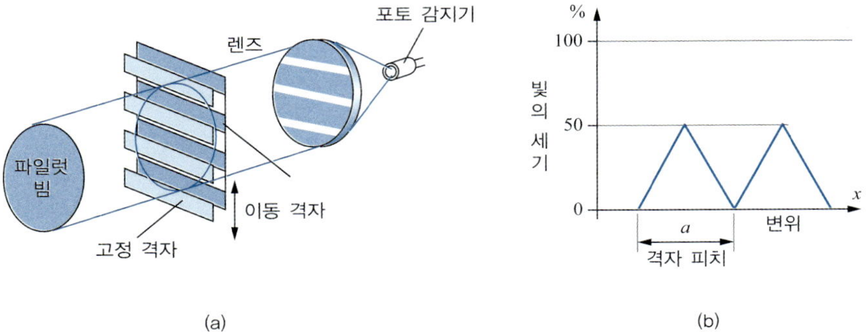

그림 8-43 격자 광 변조기 기반 광학 변위 센서 (a) 구조도 (b) 전달함수

들어오는 파일럿 빔은 첫 번째 고정 격자에 부딪혀 약 50%의 빛만 두 번째 이동 격자 쪽으로 통과하게 된다. 이동격자의 불투명 부분이 고정 격자의 송신 섹터와 정확하게 정렬되면 빛이 완전히 흐려진다. 따라서 투과광의 빔 강도를 파일럿 빔의 0 ~ 50%로 변조할 수 있다([그림 8-43(b)] 참조). 투과된 빔은 빛을 전류로 변환하는 광 감지기의 민감한 표면에 집중된다. 이 변위 센서는 빛의 세기가 변위에 비례하므로 선형 컨버터라고 할 수 있다.

이러한 유형의 변조기는 격막의 변위를 감지하기 위해 민감한 수중 청음기[16]에 사용되었다. 격자 피치는 $10\,\mu m$였으며 이는 최대 변위가 $5\,\mu m$였다는 것을 의미한다. 광원은 광섬유를 통해 격자에 빛이 결합된 2mW He-Ne 레이저이다. 수중 청음기 테스트를 시험한 결과 최대 1kHz의 주파수 응답으로 $1\,\mu Pa$를 기준, 125dB의 동적 압력 범위로 민감하다는 것이 입증되었다.

광 변조의 격자 원리는 매우 널리 사용되는 회전 인코더나 선형 인코더에 사용되며, 일반적으로 디스크 형태로 제작되는 이동 마스크mask에는 투명 부분과 불투명 부분이 있다([그림 8-44] 참조).

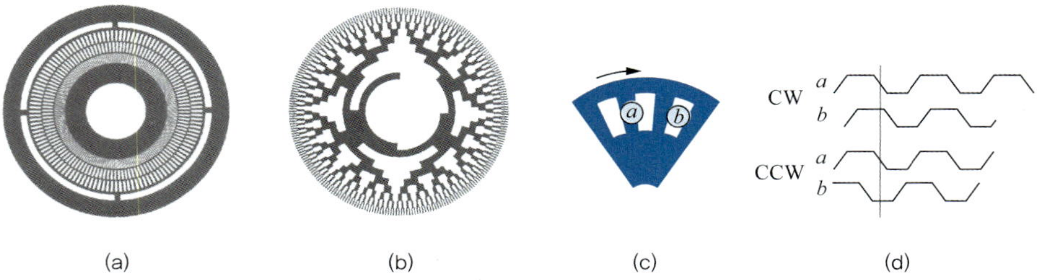

그림 8-44 (a) 증강형 광 인코딩 디스크 (b) 절대 광 인코딩 디스크 (c) 휠이 회전할 때(시계 방향), 채널신호 a는 b를 90° 앞선다 (d) 휠이 반시계 방향으로 회전할 때 채널신호 b는 a를 90° 앞선다

광 감지기는 켜짐과 꺼짐이라는 이진 출력을 제공한다. 즉 인코딩 디스크는 광 커플러 내에서 광선을 차단하는 역할을 한다. 즉 디스크의 불투명 부분이 광선을 차단하면 감지기가 꺼지고(디지털 0을 나타냄), 빛이 투명한 부분을 통과하면 감지기가 켜진다(디지털 1). 광학 인코더는 일반적으로 820 ~ 940 nm 의 스펙트럼 범위에서 작동하는 적외선 이미터와 감지기를 사용한다. 디스크는 적층 플라스틱으로 만들어지고 불투명한 선은 사진 공정에 의해 만들어진다.[7] 플라스틱 디스크는 가볍고, 관성이 낮고, 비용이 저렴하면서 충격과 진동에 대한 내성이 뛰어나다. 그러나 작동 온도 범위가 제한적이다. 온도 범위가 더 넓은 디스크는 식각된 금속으로 제작된다.

인코딩 디스크encoding disk에는 다음의 두 가지 유형이 있다. 피치 각도pitch angle로 회전할 때마다 과도 현상transient을 생성하는 증분형incremental 디스크와 반경을 따라 불투명 영역과 투명 영역의 조합으로 인코딩되는 절대형 디스크이다. 인코딩은 어떤 종류든 간편한 디지털 코드를 기반으로 한다. 가장 일반적인 것은 그레이 코드gray code, 이진수, BCD(이진 코드 십진수)이다.

증분 인코딩incremental encoding 시스템은 저비용과 단순함 때문에 위치보다는 변위(증가량)를 필요로 하는 응용 분야에서 절대 시스템보다 더 널리 사용된다. 증분 인코딩 디스크를 사용할 때 기본적인 움직임을 감지하는 것은 단일 광학 채널(발광기-감지기 쌍)을 이용할 수 있으며 반면에 속도와 증분 위치, 방향 감지는 2개의 신호를 사용해야 한다. 가장 일반적으로 사용되는 접근 방식은 2개의 광학 채널에서 출력신호의 상대 위치를 비교하는 구적quadrature 감지다. 이 비교는 방향 정보를 제공하지만, 개별 채널 중 하나는 카운트 혹은 속도 정보를 도출하는 데 필요한 전환신호를 제공한다([그림 8-44(c)], [그림 8-44(d)] 참조).

8.6 두께 센서 및 높이 센서

재료의 두께를 측정하는 것은 제조, 공정 및 품질 관리, 안전, 항공 등 많은 산업 응용 분야에서 필수적이다. 두께를 측정하는 방법은 광학에서 초음파, X선에 이르기까지 다양하다. 여기서는 잘 알려지지 않은 몇 가지 방법을 간략히 소개한다.

8.6.1 절단 센서

절단ablation이란 대기권에 재진입할 때 우주선의 희생 보호층sacrificial protective layer을 녹이고 제거하여 열을 방출하는 것을 말한다. 상당한 공기역학적 가열에 노출되는 항공우주기는 내부 구조와 장비를 임계 동작 온도 이하로 유지하기 위해 **열 보호 시스템**Thermal Protection System, TPS에 의존하는 경우가 많다. 절단 TPS는 내부 구조의 임계 온도 이하에서 화학적 분해나 위상 변화(또는 둘 다)가 발생한다.

7 광식각 또는 광화학 압축부는 엘질로이(Elgiloy), 니켈 티타늄(nitinol), 티타늄(titanium), 폴리이미드 필름(Kapton®) 등의 다양한 재료로 제조 가능하다. 하지만, 0.005″ 두께의 인코딩 디스크는 보통 스테인리스 스틸이나 베릴륨-구리 합금을 식각하여 제작된다.

입사하는 열에너지는 절단기를 녹이거나, 승화시키거나, 분해하는 데 사용된다. 절단기 회수율은 표면의 열 유동에 정비례한다. 표면 열 유동을 추정하려면 절단기 두께 측정이 필요하다. 따라서 절단 센서는 절단층의 외부 표면 위치를 감지하고 나머지 두께를 측정하는 일종의 위치 센서다. 절단 센서는 절단면(침습식 센서)에 내장되거나 비침습적일 수 있다.

침습 센서에는 브레이크 선 절단 게이지, 방사선 컨버터RAdiation Transducer, RAT 센서, 광 파이프가 포함된다. 브레이크 선 절단 게이지는 절단기에 부착된 여러 개의 얇은 선으로 구성된다. 재료가 점차 부식되면 각 선이 끊어지고 회로단락이 발생한다. [그림 8-45(a)]는 이러한 개념을 보여준다. 어떤 경우에는[17] 브레이크 선이 열전대TC로서 두 배가 되고 각각은 브레이크 선 TC가 다른 것 위에 있지 않도록 배치된다. 이 배열은 절단기를 통해 방해받지 않는 전도 경로를 각 브레이크 선 TC로 허용하며 여기에는 낮은 높이의 전도 경로도 포함된다. 브레이크선 방법은 마지막 TC가 노출되고 파괴될 때까지 온도 시간 히스테리시스를 제공하지만, 이 방법은 특정 절단 지점에서만 특성감소recession 데이터를 제공한다.

광 파이프 센서는 절단기에 이식되어 특정 깊이에서 종단 처리된 결정으로 구성된다([그림 8-45(b)] 참조).

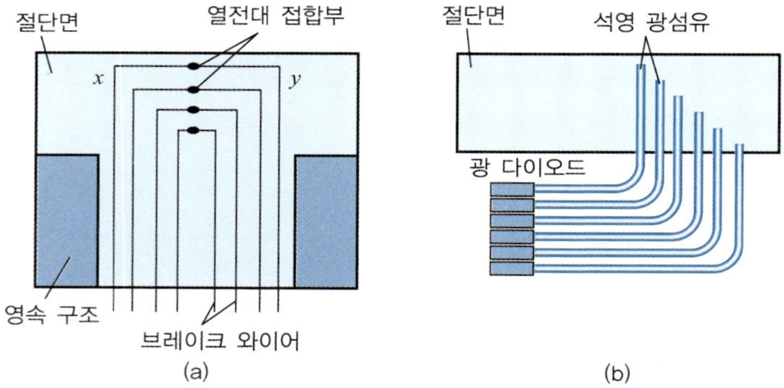

그림 8-45 (a) 금속 x와 y로 구성된 열전대를 갖는 브레이크 선 개념도 (b) 광 파이프 개념

TPS가 섬유가 끝나는 지점까지 내려가면 빛이 광 다이오드로 전달된다. 이 방법은 브레이크 와이어 방법과 마찬가지로 개별 지점에서만 특성감소 데이터를 제공하고 온도 데이터는 제공하지 않는다.

절단층을 측정하는 완전 비침습적 센서는 정전식을 사용하여 구현할 수 있다. 센서는 다양한 모양을 가질 수 있는 두 개의 전극 형태로 제작된다.[18] 센서는 인덕터 및 저항과 직렬로 배치되어 도파관(예 : 동축 케이블)에 대한 저항, 유도성 및 용량성RLC 종단을 형성한다. [그림 8-46]에 표시된 배치는 송신기-안테나 구성과 유사하다.

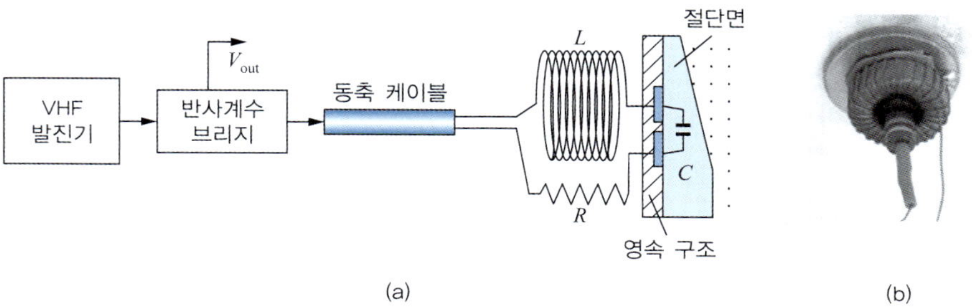

그림 8-46 (a) 공진 절단 게이지의 블록 다이어그램 (b) 견본 센서

RLC 종단의 공진 주파수는 다음과 같다.

$$f_0 = \frac{1}{2\pi\sqrt{LC}} \tag{8.15}$$

공진 주파수의 전자기 에너지가 도파관을 타고 내려가면 모든 에너지가 저항에서 소멸된다. 단 종단의 공진 주파수가 변하면(예 : 정전용량의 변화) 에너지의 일부분이 스스로 반사된다. 정전용량이 계속 변하면 반사 에너지는 증가하는데 이렇게 작동하는 안테나는 보통 조율이 되어 있지 않다고 말한다. 이 경우 무선 주파수^RF^원과 도파관 종단 사이에 상업용 반사계수 브리지^Reflection Coefficient Bridge, RCB^를 사용할 수 있다. RCB는 반사 에너지에 비례하는 DC 전압을 생성한다. 그 후 브리지 출력전압이 최소가 되고 전송되는 에너지가 최대가 될 때까지 안테나를 조정할 수 있다.

8.6.2 박막 센서

필름의 두께를 측정하는 박막 센서^film sensor^는 기계식 게이지에서부터 광학식, 전자기식, 정전식까지 다양하다. 광학식은 투명이나 반투명 필름으로 제한된다.

코팅 두께 게이지(페인트 미터)는 건조 필름 두께를 측정하는 데 사용된다. 건조한 비전도성 필름의 두께는 기판의 초음파 게이지나 자기면, 스테인리스 스틸이나 알루미늄과 같은 비자성 금속 표면의 전자기 센서로 측정할 수 있다. 전자기 센서로 측정하는 방법은 기판에 유도된 맴돌이 전류의 영향을 받는다. 작동 원리는 [그림 8-17]에서 보여준다.

다음은 액체막 두께를 측정할 수 있는 간단한 정전식 센서이다.[19] 액체막 두께는 액체 속으로 튀어나온 두 개의 작은 선 탐침 사이의 정전용량을 이용하여 측정했다([그림 8-47] 참조).

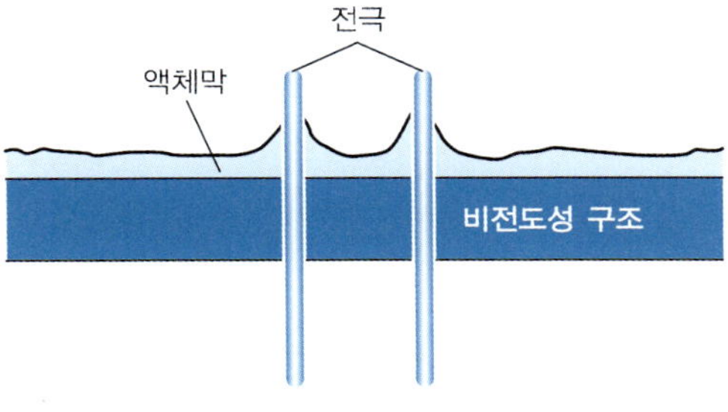

그림 8-47 1차 정전식 액체막 측정

액체는 축전기의 두 평면인 두 개의 작은 선 탐침 사이에서 유전체 역할을 한다. 액체는 공기와 유전상수가 다르기 때문에 수위 변화는 탐침의 정전용량을 변화시킨다. 용량 변화는 탐침을 주파수 변조 회로에 통합하여 측정한다. 이 유형의 액체 센서는 물이나 메탄올과 같이 유전상수가 높은 액체를 측정할 때 훨씬 효율적이다.

또 다른 유형의 전극은 건식 유전막[20]을 위해 제안된 구형이다. 정전용량은 금속 구(지름이 3 ~ 4 mm 인 스테인리스 스틸)와 전도성 베이스([그림 8-48] 참조) 사이에서 측정된다. 가장자리 효과 fringing effect를 최소화하기 위해 볼은 구동 차폐물로 둘러싸여 있으며 이는 전기장이 필름을 통해 베이스 전극 방향으로만 유도되게 한다. [그림 8-48(b)]에 표시된 보정 곡선에서 나온 실제 측정 범위는 10 ~ 30 μm 이다.

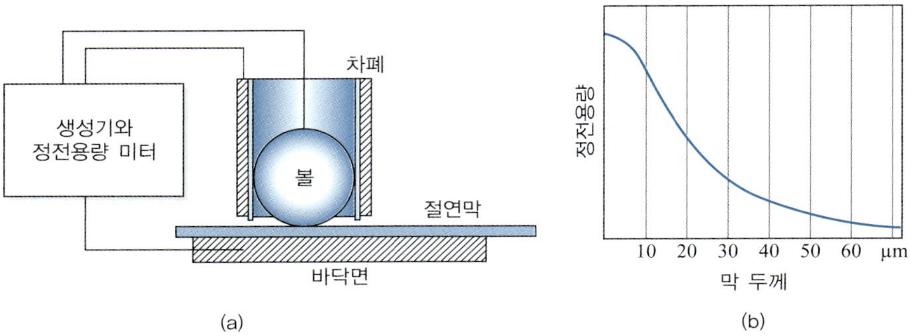

그림 8-48 (a) 건식 유전막 기반 정전 센서 (b) 전달함수의 모양([20]에서 수정됨)

또 다른 정전식은 [그림 8-49]처럼 평면형 전극 영역 A 를 갖는 병렬 평판 축전기를 사용한다.

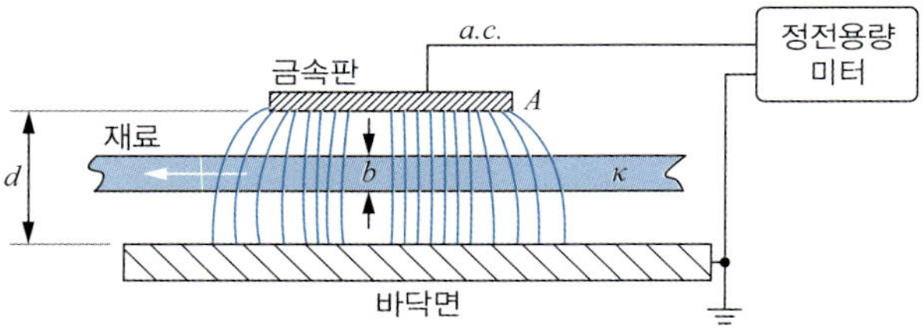

그림 8-49 유전 박막 두께 측정용 평면형 전극 정전 센서

전극은 전도성 베이스로부터 거리 d 에 위치한 금속판이다. 유전상수가 κ 인 비전도성 필름은 판 사이의 틈에서 움직인다. 정전용량 측정회로 C-meter는 고주파 신호를 생성하여 평판과 베이스 사이의 정전용량을 측정한다. 두께가 b 인 유전물질 주변에 틈이 있으면 식 (4.23)에 따라 정전용량이 변하므로 필름과 틈 내부의 빈 공간 사이의 정전용량을 측정하면 다음과 같다.

$$C = A\varepsilon_0 \left[d - b\left(1 - \frac{1}{\kappa}\right)\right]^{-1} \tag{8.16}$$

여기서 측정된 정전용량 C의 함수로 필름의 두께를 도출할 수 있다.

$$b = \left(d - \frac{A\varepsilon_0}{C}\right)\left(1 - \frac{1}{\kappa}\right)^{-1} \tag{8.17}$$

두께 변화가 작은 경우 이 식은 선형으로 생각할 수 있다. 정전식을 사용할 때 유전상수 κ는 온도에 따라 달라지기 쉬우므로 온도 영향을 간과해서는 안 된다. 따라서 절대 정확도가 필요할 때마다 적절한 온도 보상회로를 고려해야 한다. 그러나 기준 두께 b_0의 두께 변화만 필요한 경우(상대 정확도), 비율 공식을 사용해야 한다. 여기서는 유전상수가 필요 없다.

$$\delta = \frac{b}{b_0} = \frac{\left(d - \frac{A\varepsilon_0}{C}\right)}{\left(d - \frac{A\varepsilon_0}{C_0}\right)} \tag{8.18}$$

여기서 C_0는 이상적인 두께 b_0인 기준 필름에서 측정한 정전용량이다. 당연히 기준 필름과 모니터링되는 필름이 동일한 조건(온도, 습도 등)에서 측정되어야 한다. 이 방법은 유전체 필름의 두께를 측정하는 경우에 한해 제한적으로 사용할 수 있다.

8.6.3 극저온 수위 센서

액체의 수위를 감지하는 방법에는 여러 가지가 있다. 여기에는 저항식([그림 8-1(a)] 참조), 광학식([그림 8-37], [그림 8-38] 참조), 자기식([그림 8-24] 참조), 정전식([그림 4-8] 참조) 센서를 사용하는 것이 포함된다. 특정 센서를 선택하는 것은 여러 요인에 따라 달라지지만, 결정 요인은 액체 유형일 것이다. 가장 다루기 어려운 것 중 하나는 액화 기체인데 특히 액화 헬륨은 밀도가 낮고 유전상수가 낮다. 또한 극저온에서 밀폐된 듀어[dewar] 병에 보관되어야 하는 것은 말할 필요도 없다. 이처럼 어려운 경우에는 전송선 센서가 매우 효율적이며 이 센서는 [그림 8-50]과 같이 구성된다.

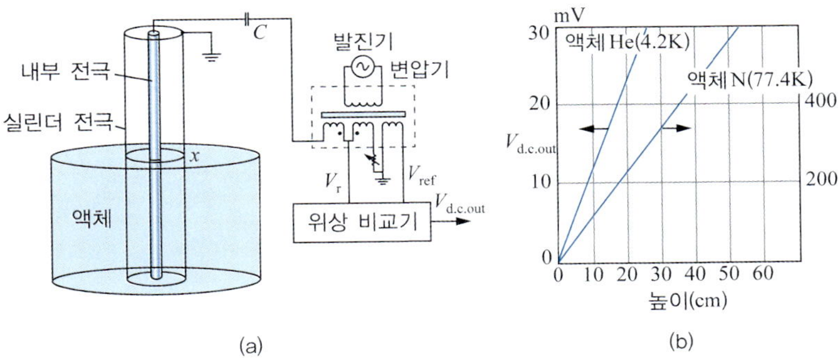

그림 8-50 (a) 전송선 탐침 (b) 전달함수([21]에서 수정됨)

탐침은 [그림 4-8]의 정전식 높이 센서와 유사하지만, 그 동작은 [그림 4-8]의 경우와 같이 액체의 유전상수에 의존하지 않는다. 탐침은 내부 전극이 외부 원통형 전극으로 둘러싸인 긴 튜브처럼 보인다. 탐침을 액체에 담그면 전극 사이의 공간을 자유롭게 채울 수 있다. 전극에는 고주파 신호(약 10 MHz)가 공급된다. 탐침의 길이는 실용적일 수 있지만, 선형 반응의 경우 $1/4\lambda$ 미만으로 유지하는 것이 좋다.[21] 고주파 신호는 두 전극에 의해 형성된 전송선을 따라 전파된다. 액체는 전극 사이의 공간을 특정 수위 x까지 채운다. 액체의 유전상수는 수증기의 그것과 다르기 때문에 전송선의 특성은 액체와 수증기 사이의 경계선, 즉 액체의 수위에 따라 달라진다.

고주파 신호는 액체-수증기 경계선으로부터 부분 반사되어 센서의 상부로 다시 전파된다. 이는 파일럿 신호를 보내고 반사를 수신하는 레이더와 일정 부분 유사하다. 전송신호와 반사신호 사이의 위상차를 측정하여 경계선의 위치를 계산할 수 있다. 위상차는 출력에서 DC 전압을 생성하는 위상 비교기로 측정할 수 있다. 유전상수가 높을수록 반사율이 높으므로 그에 따라 센서 감도가 개선된다([그림 8-50(b)] 참조).

CHAPTER

09

속도와 가속도

Velocity and Acceleration

CONTENTS

물체는 정지 상태 또는 이동 상태에 있을 수 있다. 물체의 움직임을 다룰 때에는 항상 기준 프레임을 고려해야 한다. 물체는 한 좌표계에 대해 움직이고 있을 수 있지만, 만약 그 시스템이 그 물체와 함께 움직인다면 다른 좌표계에 대해서 정지되어 있기 때문이다. 따라서 고정된 물체는 선택된 좌표 내의 위치로 특정된다. 이는 마치 특정 사각형의 체스 그림 위치가 좌표 표기법(예 : e2)을 갖는 것과 같다([그림 9-1] 참조).

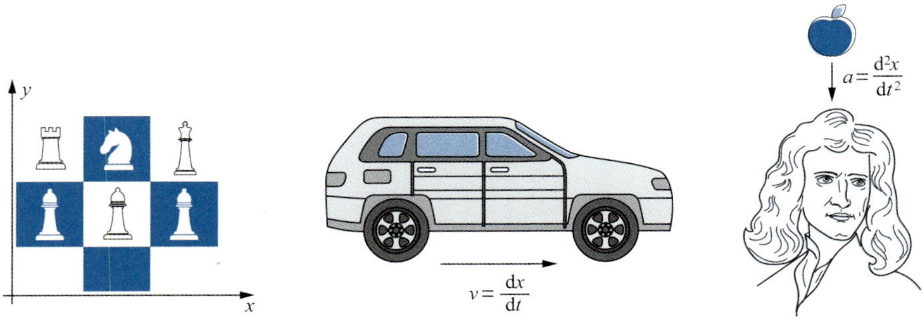

그림 9-1 고정된 물체는 고정된 좌표를 가지고 있다. 선형 정상 운동은 좌표 변화의 속도이며 사과에 작용하는 힘(그림에서의 중력)은 가속을 유발한다.

■ 직선 운동

위치가 변하면 물체가 특정 속도(이동 정도)와 가속도로 이동한다고 말한다. 뉴턴의 제1법칙에 따르면 어떤 작용력 없이 물체가 정지해있거나 움직이고 있는 경우 물체는 직선을 따라 일정한 속도로 계속 움직인다. 아인슈타인의 특수 상대성 이론은 운동 속도가 극도로 높은 경우에 대해 이 법칙을 좀 더 근원적으로 이해할 수 있게 되었고 이는 나중에 유도된 실험값처럼 보편적인 상수인 광속에 근접했다.

이 책에서 우리는 주로 광속보다 운동 속도가 훨씬 느린 물체에 관심을 가지고 있으므로 일반적으로 뉴턴 법칙을 사용할 것이다.[1] 만약 물체가 직선 x를 따라 움직이면 거리 대 시간의 비율로 평균 속도를 정의할 수 있다.

$$\bar{v} = \frac{\Delta x}{\Delta t} \tag{9.1}$$

여기서 Δx는 두 지점 사이의 거리이고 Δt는 이동 시간이다. 특정 순간에서 순간 속도는 다음과 같이 정의된다.

$$v = \frac{dx}{dt} \tag{9.2}$$

움직임이 일정하지 않으면(예 : 자동차 운전자가 브레이크나 가속 페달을 밟는 경우) 속도는 시간에 따라 달라진다. 속도가 한 속도에서 다른 속도로 바뀌면 가속이나 감속이 되는데 뉴턴의 제2법칙에 따르면 이는 기본적으로 브레이크나 엔진으로부터 추가 토크와 같은 힘을 가해야 한다. 순간 가속도는 속도의 속도 혹은 좌표 x의 2차 도함수이다.

1 예를 들어 도플러 효과와 같은 일부 경우에는 식 (7.3)에서와 같이 특수 상대성 이론의 아인슈타인 식을 고려해야 한다.

$$a = \frac{\mathrm{d}v}{\mathrm{d}t} = \frac{\mathrm{d}^2 x}{\mathrm{d}t^2} \tag{9.3}$$

아인슈타인은 가속도에 대해 숙고하면서 일반 상대성 이론을 발견했다. 이는 실질적으로 등가원리에 기반하고 있는데 이 원리는 가속에서 발생하는 힘과 거대한 물체(중력)에 의한 인력에서 발생하는 힘은 구별할 수 없기 때문에 가속과 중력은 같은 현상을 설명하지만 방법이 다른 것뿐이라고 말한다. 즉 가속도와 중력을 측정하기 위해서는 동일한 센서인 가속도계를 사용해야 한다.

▪ 회전 운동

물체가 곡선 궤적을 따라 이동할 때 이러한 움직임의 몇 가지 특성을 고려해야 한다. 적어도 짧은 거리에 걸친 모든 곡률은 [그림 9-2]에서 점선으로 표시된 궤적의 반경 r 로 나타낼 수 있다.

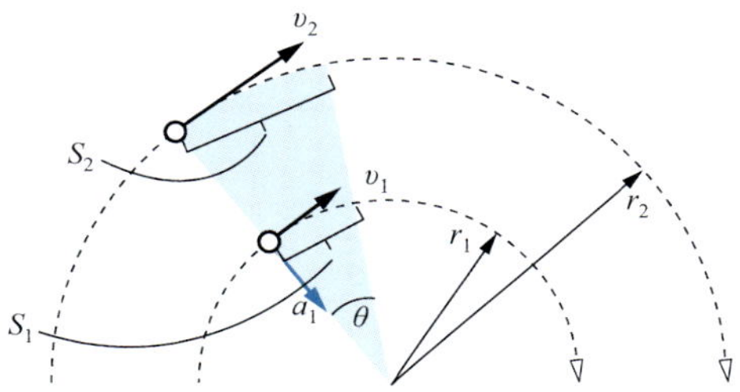

그림 9-2 회전운동의 벡터들

회전은 시간 간격 동안 각도 Θ에 의한 회전 속도인 평균 각속도로 기술된다.

$$\overline{\omega} = \frac{\Delta\Theta}{\Delta t} \tag{9.4}$$

순간 각속도는 다음과 같이 정의된다.

$$\omega = \frac{\Delta\Theta}{\Delta t} \tag{9.5}$$

각속도는 벡터의 방향이 회전축을 따라 형성되는 벡터양이다. 특정 순간에 움직이는 물체는 회전 반경에 접하고 각속도와 관련된 선형 순간 속도(속도) v 와 관련이 있다.

$$v = \omega r \tag{9.6}$$

모든 물체가 함께 회전하는 경우 중심에서 얼마나 멀리 떨어져 있든 각속도는 동일하지만, 선형 속도는 중심으로부터의 거리(반지름) r에 따라 달라진다. 이는 서로 다른 반지름 r_1과 r_2에서 물체가 동일 각도 Θ 로 회전하면서 서로 다른 거리 S_1과 S_2로 이동하기 때문이다. 각속도가 변하면 각 가속도에 대해 다음과 같이 표현할 수 있다.

$$a = \frac{\mathrm{d}\omega}{\mathrm{d}t} = \frac{\mathrm{d}^2 \Theta}{\mathrm{d}t^2} \tag{9.7}$$

이제 접선 속도 v_1을 고려해보자. 물체가 일정한 각속도로 회전할 때 접선 속도는 지속적으로 방향을 바꾸지만 그 크기는 그대로이다. 그러나 속도의 방향이나 크기가 변할 때마다 가속도를 발생시키며 이 가속도는 균일한 회전 운동 중에 회전 중심을 향하며 다음과 같은 값을 가진다.

$$a = \frac{v^2}{r} \tag{9.8}$$

각속도가 일정한 경우 가속도의 크기는 변하지 않고 방향만 변한다. 선형 및 회전 속도나 가속도를 측정하려면 이러한 변수의 함수로 전기신호가 생성되는 물리적 효과를 선택해야 한다. 그럼 지금부터 몇 가지 일반적인 해에 대해 설명하도록 하겠다.

9.1 정상 속도 센서

9.1.1 선형 속도

식 (9.1)을 살펴보면 속도는 단위 시간당 물체가 이동하는 거리이다. 따라서 속도를 확실히 결정하려면 거리와 시간을 먼저 측정한 다음 그 비율을 취해야 한다. 이를 위해 이미 알려진 거리인 Δx로 분리된 두 개의 지점을 설정해야 한다. 각 지점은 움직이는 물체가 그 앞을 지나가는 순간을 나타내기 위해 빠르게 작동하는 존재 감지기가 필요하다. 이때 우리는 어떤 감지기를 사용해야 될까? 이는 예상 이동 속도, 필요 정확도, 이동 대상의 재료, 크기 등을 포함한 몇 가지 요인에 따라 결정된다. 이 책의 앞 장에는 이러한 감지기에 대한 많은 설명이 적혀있다. 예를 들어 탄환과 같은 발사체의 속도를 측정한다고 가정해보자. 총알은 1 km/s의 속도로 매우 빠르게 움직이고 금속으로 만들어져 있다(즉 전도성이 있다). 크기는 다양하지만, 길이는 10 mm의 지름에서 20 mm 정도이다.

이처럼 빠른 물체의 순간적인 위치는 광 기록기, 고속 비디오 카메라, 압전 필름 감지기(4.6.2절 참조), 다양한 자기 센서 중 하나에 의해 감지될 수 있다. 예를 들어 맴돌이 전류를 사용하여 탄환 속도를 직접 측정할 수 있다. 이 작업은 미 공군의 충격 물리 실험실(KD-2300 모델)에서 수행되었다. 테스트 설정에는 2개의 이중 링이 포함되어 있으며 이 링은 고정거리와 알려진 거리로 분리시키는 지점 역할을 한다([그림 9-3(a)] 참조).

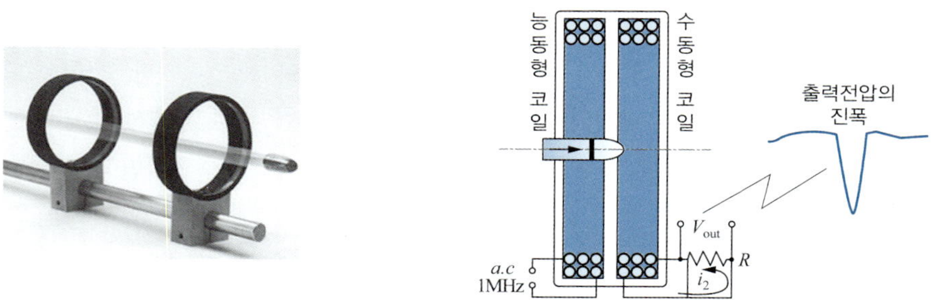

(a) (b)

그림 9-3 (a) 탄환속도를 직접적으로 측정하는 셋업 (b) 탄환 맴돌이 전류를 유도하고 감지하는 이중 코일

각 이중 링은 두 개의 코일로 구성되며 그중 한 개는 대체 자기장을 생성하기 위해 활성화된다. 자기장을 만들기 위해 주파수가 1MHz인 교류 전류가 공급되며 이 전류는 고속으로 움직이는 탄환을 정확하게 감지하기에 충분히 높다. 나머지 코일 한 개는 능동 코일과 자력으로 결합되어 유도 교류 전류 i_2를 생성하는 수동 코일이다. 접합된 두 개의 코일은 변압기를 형성한다. 탄환이 첫 번째 링 중앙에 있는 공극으로 들어갈 때 활성 코일의 자기장이 탄환의 맴돌이 전류를 유도한다(8.4.3절 참조). 이러한 전자들의 순환 소용돌이는 렌츠의 법칙에 따라 기존 자기장의 변화에 반대하는 자체 자기장을 생성한다. 그 결과 수동 코일의 전류 크기가 감소하기 시작한다. 탄환이 링 중심을 통과할 때 진폭이 가장 낮은데 이는 출발지점에서 총알의 위치를 정확히 나타낸다. 일정 시간이 지나면 탄환은 두 번째 이중 링을 통과하여 두 번째 지점에 탄환이 있음을 나타내는 또 다른 전류 스파이크를 유도한다. 스파이크 사이의 시간차 Δt는 탄환이 알려진 거리 Δx로 분리된 고리 사이를 이동하는 데 걸리는 시간이므로 식 (9.1)에 따른 속도 측정값이다.

속도 센서의 또 다른 예는 전자기학의 패러데이 법칙을 사용하는 LVT-선형 속도 컨버터([그림 9-4] 참조)이다.

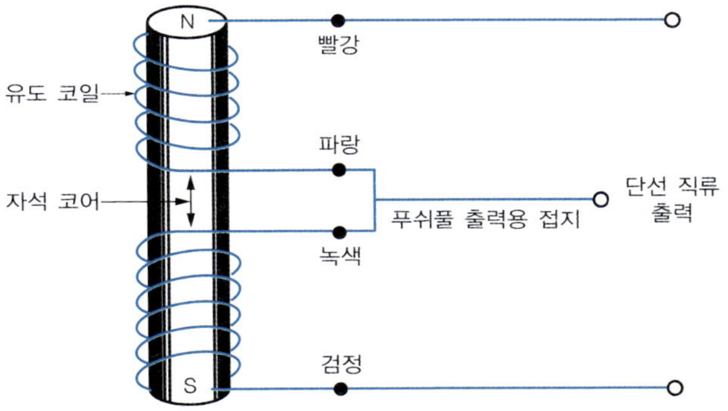

그림 9-4 전자기 속도 센서의 구동 원리(출처 : Trans-Tek, Inc., Ellington, CT)

코일이 정지해있는 동안 코어 자석이 해당 물체에 부착되어 속도 v로 코일 내부에서 이동한다. 코일을 가로지르는 전압은 움직이는 자석이 와이어와 상호 작용할 때 생성된다.

$$V = Blv \tag{9.9}$$

여기서 B는 자기장의 강도이고 l은 와이어 길이이다. 따라서 전압은 자석의 이동 속도에 비례한다. LVT에서 자석의 양쪽 끝은 코일 내부에 있다. 코일이 하나일 경우 자석의 한쪽 끝에서 발생하는 전압이 다른 쪽 끝에서 발생하는 전압을 상쇄하기 때문에 출력은 0이 된다. 이 한계를 극복하기 위해 코일은 두 부분으로 나뉜다. 자석의 N극은 하나의 코일에 전류를 유도하지만, S극은 다른 코일에 전류를 유도한다. 두 코일은 자석의 속도에 비례하는 출력을 얻기 위해 서로 반대 방향이면서 직렬로 연결된다. 최대 감지 속도는 주로 인터페이스 전자회로의 입력 단계에 따라 다르다. 반면에 최소 감지 속도는 소음의 흐름, 특히 높은 교류에서 전달되는 주변 소음에 따라 달라진다. 이 구조는 LVDT 위치 센서(8.4.1절 참고)와 매우 유사하다. LVDT는 움직이는 강자성 코어가 있는 능동 센서이지만, LVT는 움직이는 영구 자석이 있는 수동 소자이다. 즉 LVT는 여기신호가 필요 없는 수동형 전압 생성 센서이다.

LVT의 각도 버전(RVT – 회전 속도 컨버터라고 함)은 회전수에 관계없이 연속적으로 회전 속도를 측정할 수 있다. 고정 속도 센서는 센서 크기로 제한되는 거리를 따라 속도를 감지하므로 대부분 진동 속도를 측정한다.

9.1.2 회전 속도 센서(회전속도계)

각속도 측정을 위해 위치 센서가 장착된 회전 스프로킷 휠sprocket wheels이 사용되는 경우가 많다. 이 개념은 [그림 8–26]에 설명되어 있다. 당연히 이 센서의 출력신호는 이산 형식이다. 즉 스프로킷의 피치가 높을수록 분해능이 높아진다.

휠이 회전하는 것을 감지하기 위해 자기 센서(홀 센서)[2]나 광학 센서(광 기록기)와 같이 여러 종류의 위치 센서를 사용할 수 있다. 가장 널리 사용되는 센서 중 하나는 자기 회전 센서이다([그림 8–22(a),(b)] 참조). 이러한 모든 소자의 주요 특징은 휠이 회전하는 동안 센서가 정지되어 있고 기준 프레임(예 : 차체)에 물리적으로 부착되어 있다는 것이다. 많은 응용 분야, 특히 모바일 기기에서는 이러한 배치가 불가능하기 때문에 각속도 측정을 위해 관성 센서(자이로스코프)가 필요하다. 다른 유형의 회전속도계는 [그림 9–5]에 표시된 편심 휠(캠cam)을 사용한다.

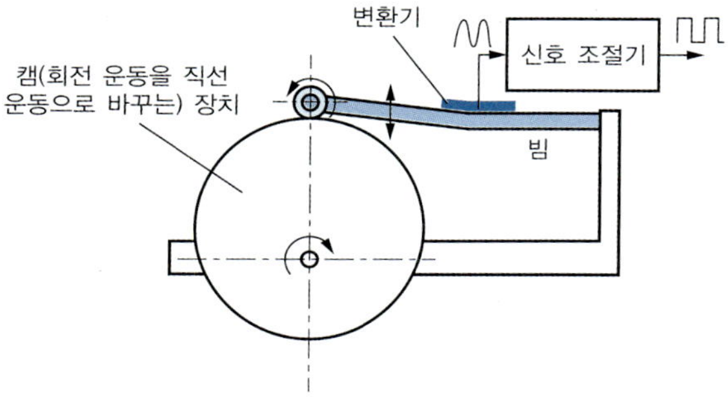

그림 9–5 휘어지는 빔을 사용한 휠 회전속도계

회전 시 캠은 우측 지지 구조에 고정된 복원 빔을 구부린다. 스트레인 컨버터가 빔 표면에 적용된다. 컨버터는 스트레인 게이지([그림 10–2] 참조)나 압전 소자([그림 10–8] 참조)와 같이 적합한 구조이다. 빔이 위아래로 움직일 때 컨버터는 기계적 변형을 가변 전기신호로 변환하며 이는 신호 조절기에 의해 휠 회전당 1개의 사각파로 변환된다.

9.2 관성 회전 센서

관성 회전 센서inertial rotary sensors는 하나 이상의 자이로스코프로 측정이 가능한 독립형 디바이스이다. 이 센서는 고정 좌표계가 아닌 이전 센서의 방향과 속도를 기준으로 물체의 위치와 방향을 추적하는 데 사용된다. 관성 센서는 일반적으로 각속도를 측정하는 3개의 직교 속도 자이로스코프로 구성된다.

2 [그림 8–25]와 같은 자기저항, 리드 스위치를 의미한다.

위성 위치 확인 시스템Global Positioning System, GPS이 발전하기 전에는 자침 나침반 외에 자이로스코프가 가장 일반적인 항법navigation 센서였을 것이다. 지자기장이 없거나(우주), 일부 교란으로 인해 신호가 변경되는 경우 자이로스코프는 항공기나 미사일과 같은 차량의 위치를 파악하는 데 필수적인 센서였다([그림 9-6(b)] 참조). 오늘날 자이로스코프의 응용 분야는 내비게이션보다 훨씬 광범위하다. 그것들은 안정화 디바이스, 무기 분야, 로봇, 터널 채굴, 방향의 기준점을 요하는 많은 시스템에 사용된다.

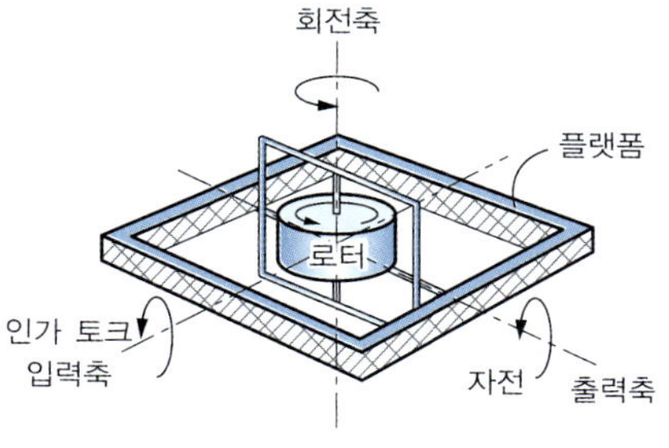

(a)

(b)

그림 9-6 (a) 기계식 자이로스코프 개념도 (b) 초창기 오토파일럿 자이로스코프

회전하는 거대한 구를 기반으로 하는 최초의 자이로스코프는 1817년 독일의 보넨베르거Johann Bohnenberger에 의해 제작되었다. 1832년 미국의 월터 R.존슨Walter R. Johnson은 회전 디스크를 기반의 자이로스코프를 개발하였고, 1852년 레옹 푸코Leon Foucault는 지구 자전 실험에서 회전 디스크를 사용했다. 그리고 푸코Foucault는 그리스어 어원을 가진 단어들을 조합하여[3] 자이로스코프라는 이름을 지었다.

9.2.1 회전자 가속도계

자이로스코프gyroscope 혹은 줄여서 자이로gyro는 방향 유지자이다. 자이로의 작동원리는 각운동량 보존 법칙에 기반한다.

각운동량 보존 법칙
모든 입자계에서 외력이 계에 작용하지 않는 한, 공간의 특정지점에서 계의 총 각운동량은 일정하게 보존된다.

기계식 자이로mechanical gyro는 스핀 축을 중심으로 회전할 수 있는 거대한 디스크([그림 9-6(a)] 참조)로 구성되어 있으며 이는 1 ~ 2개의 축을 자유롭게 회전할 수 있는 프레임framework(액자형 구조체) 안에 들어있다. 따라서 회전축의 수에 따라 자이로는 1자유도나 2자유도 유형이 될 수 있다. 자이로의 유용성을 설명하는 자이로의 두 가지 특성은 다음과 같다. 먼저 외력이 없을 때 자유 자이로스코프의 스핀 축은 고정되어 있어야 한다. 또한 스핀 축에 수직하는 축 방향 각속도에 비례하여 토크 또는 출력신호를 전달한다.

휠rotor(로터)이 자유롭게 회전하면 축 위치를 유지하는 경향이 있다. 자이로 플랫폼이 입력축을 중심으로 회전하면 자이로가 수직(출력)축을 중심으로 토크를 발생시켜 스핀 축을 출력축을 중심으로 회전시킨다.

3 보다(kopeein)와 회전(gyros)을 합친 말이다.

이 현상을 자이로의 세차 운동이라고 한다. 이는 뉴턴의 회전 운동 법칙으로 설명할 수 있다. 주어진 축에 대한 각운동량의 시간 변화율은 주어진 축에 가해지는 토크와 같다. 즉 입력축에 대해 토크 T를 가하고 로터의 속도 ω를 일정하게 유지할 때 스핀 축의 돌기를 입력축에 대해 회전시키는 것만으로 로터의 각운동량을 바꿀 수 있다. 즉 출력축에 대한 스핀 축의 회전 속도는 적용된 토크에 비례한다.

$$T = I\omega\Omega \qquad (9.10)$$

여기서 Ω 은 출력축에 대한 각속도이고 I는 스핀 축에 대한 자이로 휠의 관성이다. 세차운동의 방향을 결정하기 위해 다음 규칙을 사용할 수 있다. 세차 운동은 항상 휠의 회전 방향을 가해진 토크의 회전 방향에 정렬하는 방향으로 한다.

기계식 자이로의 정확도는 불필요한 토크를 추가로 유발하고 드리프트를 만들어내는 효과에 크게 좌우된다. 이런 원인은 마찰, 불균형 로터, 자기 효과 등이다. 로터 마찰을 최소화하기 위한 유용한 방법 중 하나는 불화탄소처럼 점성이 있는 고밀도 액체에서 로터와 구동 모터를 유동시켜 탁류[suspension]를 완전히 제거하는 것이다. 이 방법은 액체의 온도를 정밀하게 제어해야 하며 에이징[aging] 효과가 생길 수도 있다. 마찰을 감소시키는 다른 방법은 이른바 기체 베어링을 사용하는 것인데, 여기서 로터의 축은 고압 헬륨, 수소, 공기로 지지된다. 그리고 더 나은 해결책으로는 전기장(정전기 자이로)에 의해 진공 상태에서 로터를 지지하는 방법이 있다. 자기 자이로[magnetic zyro]는 자기장에 의해 지지되는 로터로 구성된다. 이 경우 시스템은 로터가 초전도성이 되는 극저온 온도로 냉각된다. 그런 다음 외부 자기장은 로터가 진공 상태에서 튀어나올 만큼 로터 내부에 충분한 역 자기장을 생성한다. 이런 자기 자이로스코프들은 극저온[cryogenic]이라고 불린다.

이전에는 회전식 자이로스코프가 실용적이면서도 유일한 선택지였지만, 이 작동 원리는 실제 모바일 애플리케이션에 필요한 소형 모놀리식 센서 구조에는 적합하지 않다. 기존의 회전식 자이로스코프에는 정확한 가공과 조립이 필요한 짐벌, 지지 베어링, 모터나 로터와 같은 부품이 포함되어 있다. 이러한 구조적 측면 때문에 기존의 기계식 자이로스코프는 저가형 휴대용 디바이스가 될 수 없다. 작동 중 모터와 베어링의 마모는 자이로스코프가 설정된 작동 시간 동안만 성능 규격을 만족한다는 것을 의미한다. 따라서 방향과 각속도를 감지하는 다른 방법이 개발되었다. GPS를 사용하는 것이 대부분 이상적이지만, 공간, 수중, 터널, 건물 내부나 크기와 비용이 가장 중요한 경우에는 사용할 수 없다. 게다가 GPS의 공간 해상도는 많은 휴대 장치들에는 적합하지 않다.

9.2.2 진동 자이로스코프

[그림 9-2]에서 설명한 것처럼 물체는 처음에 반지름 r_1으로 회전하면서 접선 속도 v_1을 갖는다. 회전하는 물체가 중심에서 새로운 반지름 r_2로 더 멀리 이동하면 더 빠른 접선 속도 v_2를 가질 것이다. 따라서 물체가 중심에서 멀어지면 접선 속도가 증가하여 물체가 가속된다. 이 현상은 1835년 프랑스 수학자 귀스타브 코리올리[Gaspard G. de Coriolis]에 의해 발견되었으며 그 효과는 코리올리[coriolis] 가속으로 알려져 있다. 벡터 표기법에서 이 가속도 $\mathbf{a_c}$는 다음과 같이 설명된다.

$$\mathbf{a_c} = -2\boldsymbol{\Omega}\mathbf{V} \qquad (9.11)$$

여기서 V는 회전 시스템 내에서 움직이는 물체의 속도이고 Ω은 회전 속도 ω와 크기가 같은 각도 벡터이다. 물체의 질량이 m이면 코리올리 가속도는 벡터 표기법에서 다음과 같은 힘을 생성한다.

$$\mathbf{F}_c = -2\mathbf{\Omega}\mathbf{V}m \tag{9.12}$$

이 힘은 다른 물체들 사이의 상호 작용에서 발생하는 것이 아니라 오히려 단일 물체의 회전에서 발생하기 때문에 가상 힘fictitious force이라고 불린다. 코리올리 가속도는 회전 속도에 정비례하며 나머지 두 축을 포함하는 평면에 수직인 세 번째 축에서 발생한다. [그림 9-7]은 코리올리 가속 벡터가 각속도와 물체의 속도 벡터가 위치한 평면에 수직임을 보여준다.

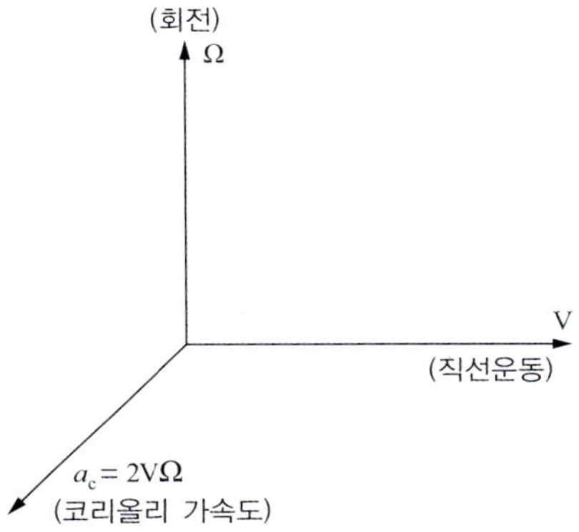

그림 9-7 코리올리 가속도 벡터

힘 크기는 각속도의 함수이기 때문에 이것은 각속도 센서가 코리올리 힘을 전기신호로 변환하는 힘 센서를 통합하여 설계할 수 있다는 것을 나타낸다. 질량이 있는 물체는 한 방향으로만 이동할 필요가 없으며 각속도를 측정하는 기준 프레임 내에서 앞뒤로 이동할 수 있다. 즉 물체가 한 방향으로 진동할 수 있지만, 프레임 회전은 다른 방향으로 코리올리 힘을 발생시킨다. 이를 통해 출력 전기신호를 생성하는 힘을 측정할 수 있다.

[그림 9-8]은 진동 자이로 작동 방식을 보여주는 개념도이다.

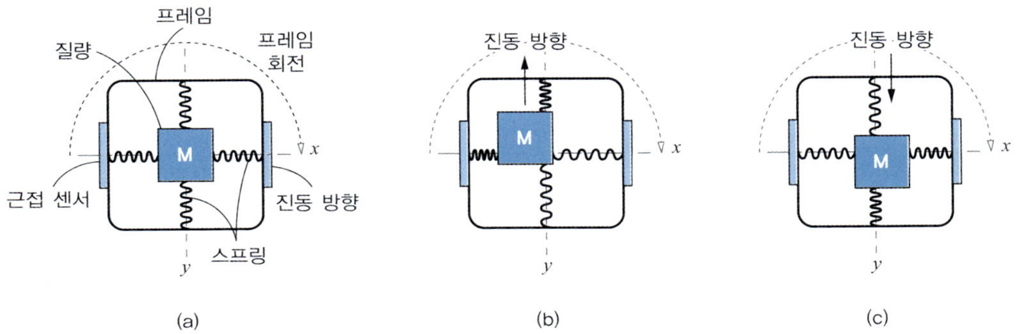

그림 9-8 진동 자이로스코프의 개념도 (a) 거대 물체 M은 4개의 스프링으로 프레임 내에서 지지되며 y축을 따라 진동한다. (b) 프레임이 회전하고 물체가 위쪽으로 진동할 때 코리올리 힘이 프레임을 왼쪽으로 이동시킨다. (c) 물체가 아래로 진동할 때 힘이 물체를 오른쪽으로 이동시킨다.

거대 물체 M은 외부 드라이브에 의해 몇 kHz의 주파수로 y축을 따라 진동한다.[1] 따라서 질량은 정현파 형태로 고속으로 위아래로 이동한다. 프레임이 회전할 때 코리올리 힘이 발생하여 질량을 왼쪽이나 오른쪽으로 밀어낸다. 이 변속은 x축을 따라 위치한 근접 센서나 변위 센서로 측정할 수 있다. 또한 각속도에 비례하는 크기를 갖는 정현함수를 따른다.

진동 자이로스코프는 매우 대량으로 제작된다. MEMS 기술을 사용하면 전자 산업의 다양한 기술을 활용할 수 있으며 대량 생산에 매우 적합하다. 진동 자이로스코프를 만드는 몇 가지 방법이 있는데 이는 원리에 따라 단순 발진기(줄 위의 질량, 빔), 밸런스형 오실레이터(포크 조정), 껍질형 공진기(와인 유리잔, 실린더, 링)로 나눌 수 있다.[2]

예를 들어 [그림 9-9]는 현대적인 진동 자이로스코프를 보여준다. 이는 작은 원통(지름 0.8mm, 길이 9 mm)형태로 형성된 압전 세라믹(4.6.1절 참조)을 사용하며 측면에 6개의 전극이 증착되어 있다.

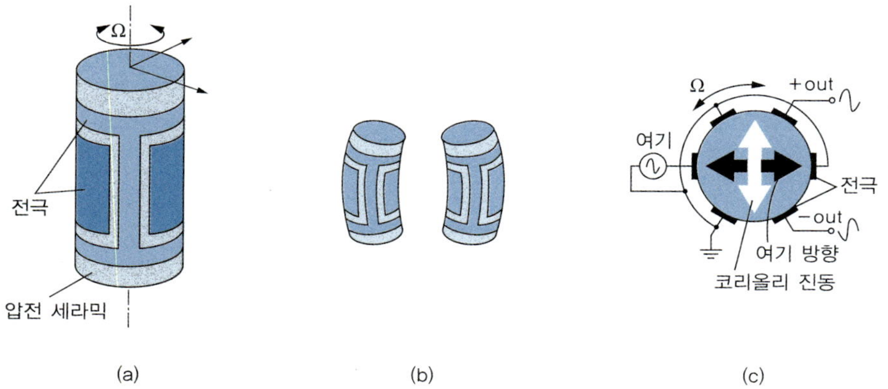

그림 9-9 (a) 휘어지는 빔을 사용한 휠 회전속도계 압전 세라믹 진동 자이로는 원통형 모양 (b) 전극에 가해지는 AC 전압이 한 방향으로 실린더를 휘게 한다. (c) 수직 축을 따라 코리올리 힘이 자이로 실린더를 휘게 만들 때의 축의 모양 (출처 : www.nec-tokin.com)

이 구조는 압전 효과의 가역 현상을 활용한다. 전하가 생성되면 압전 소재가 변형되어 전기신호가 변형으로 변환된다. 반면에 변형은 전하를 생성하며 기계적 힘을 전기신호로 변환한다. 전극의 구동 쌍은 외부 발진기로부터 교류 전압을 공급받는다. [그림 9-9(c)]의 검은색 화살표로 표시된 방향으로 실린더를 돌출시킨다. 실린더가 각속도 Ω 으로 수직 축을 중심으로 회전할 때 발생하는 코리올리 힘은 흰색 화살표 방향으로 이를 늘어나게 한다. 즉 각속도가 높을수록 이는 더 강해진다. 이 회전과 관련된 힘은 픽업 전극 쌍에서 압전 전하를 유도하여 위상차 정현파 전압을 생성한다. 이러한 전압은 자이로스코프 출력신호 역할을 하는 신호 조절기에 의해 증폭되고 처리된다. 이 구조의 장점은 크기가 작고 생산이 간편하여 비용이 절감된다는 것이다. 이 센서의 각속도에 대한 감도는 약 0.6mV/deg/s로 상당히 뛰어나다. 이 소형 자이로스코프는 카메라 안정화 장치, 게임 컨트롤러, GPS용 보조 센서(위성 RF 신호가 손실되는 동안 계속 탐색 가능), 로봇, 가상 현실 시스템에 널리 사용된다.

9.2.3 광학식(레이저) 자이로스코프

링 레이저 자이로스코프Ring Laser Gyro, RLG는 또 다른 관성 항법 센서이다. 0.01°/h 수준의 각도 불확도를 보이며 매우 높은 신뢰성(움직이는 부품이 없음)과 정확도가 그 특징이라고 할 수 있다. 광학 자이로스코프의 기계식 자이로스코프로는 동작이 어려운 극한 환경에서도 동작할 수 있다는 것이 주요 장점이다. RLG 구동은 [그림 9-10][3]에 나와 있는 이른바 사냑sagnac 효과에 기반한다.

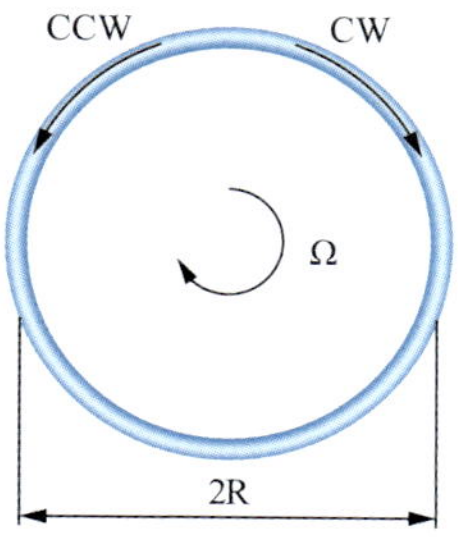

그림 9-10 사냑 효과

레이저에 의해 생성된 두 개의 광선은 굴절률 n과 반지름 R을 갖는 광학 링 내에서 반대 방향으로 전파된다. 한 빔은 시계 방향CW으로 가고 다른 빔은 반시계 방향CCW으로 이동한다. 빛이 링 내에서 이동하는 데 걸리는 시간은 $\Delta t = 2\pi R/nc$이며 여기서 c는 빛의 속도이다. 이제 링이 시계 방향으로 각속도 Ω을 갖고 회전한다고 가정하자. 이 경우 빛은 두 방향으로 서로 다른 경로로 이동하게 된다. CW 빔은 $l_{cw} = 2\pi R + \Omega R \Delta t$를 이동하지만 CCW 빔은 $l_{ccw} = 2\pi R - \Omega R \Delta t$를 이동한다. 따라서 경로 간의 차이는 다음과 같다.

$$\Delta l = \frac{4\pi \Omega R^2}{nc} \tag{9.13}$$

따라서 Ω을 정확하게 측정하려면 Δl을 파악할 수 있는 기술을 개발해야 한다. 경로를 감지하는 방법에는 광 공진기, 개방 루프 간섭계, 폐쇄 루프 간섭계가 있다.

링 레이저 자이로에 대해 Δl 측정은 광학 공동의 레이저 특성(일관성 있는 빛을 생성하는 능력)을 이용하여 이루어진다. 닫힌 광학 공동에서 레이저가 발생하려면 전체 링에 대한 정수배의 파장의 수가 존재해야 한다. 이 조건을 만족시키지 못하는 광선은 광학 경로를 따라 이동하는 중에 스스로 간섭한다. 회전으로 인한 주변 변화를 보상하려면 빛의 파장 λ 및 주파수 ν가 바뀌어야 한다.

$$-\frac{dv}{\nu} = \frac{d\lambda}{\lambda} = \frac{dl}{l} \tag{9.14}$$

식 (9.14)는 링 레이저의 주파수, 파장, 주변 변화에 관한 기본 식이다. 만약 링 레이저가 Ω 속도로 회전한다면 식 (9.14)는 광파가 한 방향으로 뻗어나가고 다른 방향으로 압축되어 링에 대한 정수배만큼의 파장이 발생하는 레이저의 기준을 충족한다는 것을 의미한다. 이렇게 차례로 광선간의 순 주파수 차이를 나타낸다. 두 광선이 혼합된 경우 신호는 주파수를 가진다.

$$F = \frac{4A\Omega}{\lambda n l} \tag{9.15}$$

여기서 A는 링으로 둘러싸인 영역이다. 실제로 광학 자이로는 섬유 링 공진기 혹은 광섬유가 많이 감긴 링으로 이뤄진 섬유 코일로 설계된다.[4]

광섬유 링 공진기는 [그림 9-11(a)]에 나타나 있다. 이는 매우 낮은 교차 결합 비율을 갖는 광섬유 광선 스플리터beam splitter에 의해 형성된 외피 루프로 구성된다. 들어오는 빔이 섬유링의 공명 주파수가 될 때 빛이 광섬유 공동에 결합되고 출진하는 빛의 강도는 낮아진다. 코일 섬유 자이로([그림 9-11(b)] 참조)에는 광원, 감지기가 광섬유에 결합되어 있다.

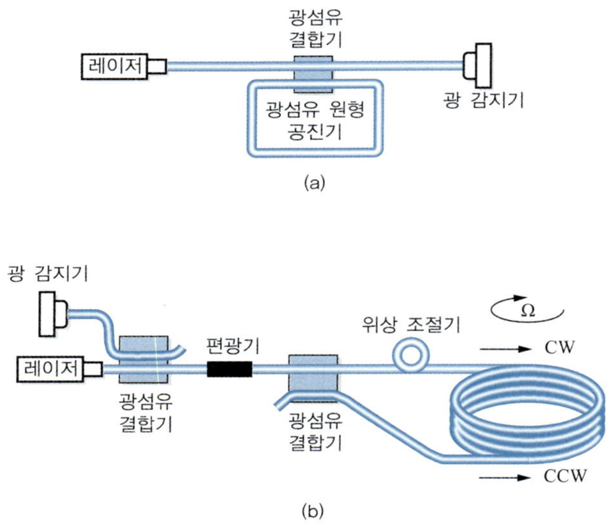

그림 9-11 (a) 광섬유 링 공진기 (b) 광섬유 아날로그 코일 자이로[3]

광 편광기는 감지기detector와 두 번째 결합기 사이에 위치하여 양쪽 역 전파 광선이 외피 광섬유 코일[5]에서 동일한 경로를 통과하도록 한다. 두 광선이 혼합되어 감지기에 충돌한 후 광선 사이의 회전 유도 위상 변화에 의해 발생하는 코사인파cosinusoidal 강도 변화를 모니터링한다. 이러한 유형의 광학 자이로를 이용하여 최대 10,000의 동적 범위로 비교적 저렴한 소형 회전 감지 센서를 만들 수 있다. 광학 자이로의 주요 응용 분야로는 거리pitch 측정, 자세 안정화, 자이로 컴파싱gyrocompassing이 있다.

9.3 관성 선형 센서(가속계)

선형 가속도계(가속계)는 고정 좌표계를 기준으로 삼을 필요가 없는 관성 센서류에 속한다. 움직이는 플랫폼에 부착되어 있는데 '관성'이라는 이름은 운동에 대한 실질적인 관성을 가진 필수 구성품을 가리킨다. 네비게이션 장치에서 가속도계는 자이로스코프와 함께 작동하며 일반적으로 3개의 직교 속도 자이로스코프와 3개의 직교 가속도계를 포함하고 있으며 각각 각속도와 선형 가속도를 측정한다. 이러한 장치의 신호를 처리함으로써 움직이는 물체의 위치와 방향을 추적할 수 있다.

가속도계는 물체에 중력을 포함한 외력을 가했을 때 발생하는 가속도를 측정하기 위해 사용된다. 중력은 보통 거대한 물체의 무게중심을 향하는 일정한 힘이지만 다른 힘은 광범위한 크기와 주파수 범위에서 크기와 방향이 다를 수 있다. 따라서 일반적인 가속도계는 일정한 가속도에서 느린 움직임, 강한 충격과 진동에 이르기까지 다양한 종류의 가속도에 반응해야 한다.

뉴턴의 제2법칙에 따라 벡터 표기법의 가속도는 다음과 같이 정의된다.

$$\mathbf{a} = \frac{\mathbf{F}}{m} \tag{9.16}$$

여기서 $\mathbf{F}$는 힘 벡터이고 m은 가속을 유발하는 힘을 받는 물체의 질량(스칼라 값)이다. 따라서 질량, 가속도, 힘은 모두 상호 연결되어 있다. 가속 방향은 힘의 방향과 같다. 식 (9.16)은 가속도 측정을 하려면 알려진 질량 m을 알아야 하고 그 질량에 의해 힘 센서에 가해지는 힘의 크기 $\mathbf{F}$를 측정해야 함을 나타낸다. 힘 센서는 가속도계의 필수적인 부분이다. 힘 센서는 힘의 영향을 받아 변형되는 스프링과 변형 크기를 결정하는 변형 센서의 구성 요소 두 가지로 구성된다. 압축 스프링의 경우 변위 센서에 의해 스프링 길이의 변화로 변형이 측정된다. 힘 센서에 대한 자세한 내용은 10장을 참고하라.

9.3.1 전달 기능 및 특성

1축 가속도계는 질량(증거 질량 또는 지진 질량), 스프링 같은 지지 시스템, 감쇄 특성을 가진 프레임 구조([그림 3.15(a)] 참조) 및 변위 센서가 있는 1-자유도 장치로 분류할 수 있다. 기능성이 뛰어난 가속도계를 만들기 위해 하우징은 이동 플랫폼에 부착한다([그림 9-12(a)] 참조).

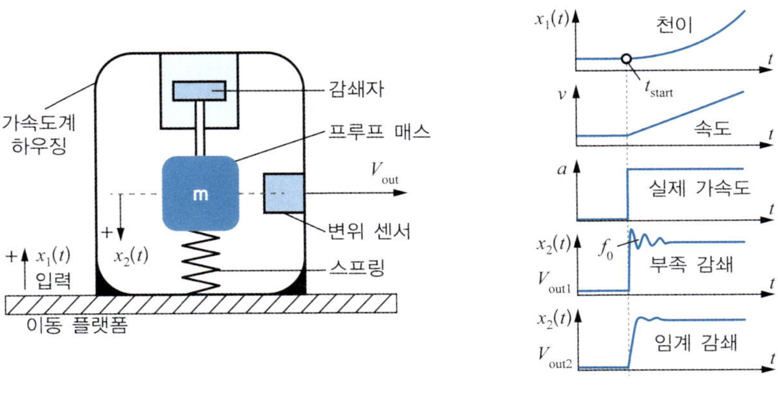

그림 9-12 (a) 선형 기계적 가속도계 (b) 타이밍 다이어그램 (c) 개념도

프루프 매스 m은 질량이 위아래로 이동할 수 있는 압축 가능한 스프링에 의해 지지된다. 또한 질량은 감쇄자[damper]와 변위 센서라는 두 가지 추가 구성 요소에 부착된다. 변위 센서가 중립(가속 없음)을 기준으로 질량 위치를 결정하는 동안 감쇄자는 물체의 움직임을 느리게 한다.

가속도계 하우징이 부착된 플랫폼은 고정되어 있거나 좌표 x를 따라 이동할 수 있다. 거리 변화를 포물선 함수의 형태([그림 9-12(b)]의 x 곡선)로 생각하면 전체 구조체는 속도 v에 따라 위쪽으로 가속하며 선형적으로 변화하지만, 가속도 a는 측정하려는 단계함수이다. 관성으로 인해 움직임이 시작되면 프루프 매스는 제자리에서 유지되는 경향이 있으므로 스프링에 힘 F를 가하여 거리 $\Delta x = x_2 - x_1$으로 압축한다. 스프링은 강성 k로 특징지어진다. 스프링은 힘 F를 상쇄시켜 다음 식이 유지된다.

$$F = ma = k\Delta x = k(x_2 - x_1) \tag{9.17}$$

이로부터 우리는 프루프 매스 변위를 다음과 같이 결정할 수 있다.

$$x_2 - x_1 = \frac{m}{k}a \tag{9.18}$$

그 비율은 다음과 같다.

$$S = \frac{m}{k} = \frac{1}{\omega_0^2} = \frac{1}{(2\pi f_0)^2} \tag{9.19}$$

이 식을 가속도계의 정적 감도라고 한다. 감도 S는 검증 질량 조합(부착된 모든 구성 요소 포함)의 Hz 단위인 고유(공진) 주파수 f_0의 제곱에 반비례한다. 표기법 ω_0는 rad/s 단위의 원형 주파수이다.

식 (9.19)에서 자연 주파수를 증가시키려면 프루프 매스를 줄이고 스프링 강성을 증가시켜야 한다. 이 식의 또 다른 결론은 고유 주파수가 높을수록 가속도계의 감도가 떨어진다는 것이다.

지금까지 가속도계의 정적 특성에 대해 논의했다. 이제부터는 움직이는 질량의 시간 의존적 특성을 고려할 필요가 있다. 가속 시 프루프 매스는 힘 F로 스프링을 압축시킨다. 어느 순간 스프링이 원래 크기 이상으로 팽창할 때까지 질량을 위로 밀어 올린다. 그런 다음 동작이 다시 반전되고 스프링이 압축되고 이 절차가 반복된다. 다시 말해 질량은 진동한다. 프루프 매스의 원치 않는 진동을 최소화하기 위해 질량 운동 속도와 관련된 운동 에너지를 흡수함으로써 질량의 움직임을 느리게 하는 감쇄자(쇼크 업소버)에 연결되어 있다. 감쇄자는 질량 변위 속도에 비례하는 감쇄력을 질량에 가한다.

$$F_b = b\frac{d(x_2 - x_1)}{dt} = b\left(\frac{dx_2}{dt} - \frac{dx_1}{dt}\right) \tag{9.20}$$

여기서 b는 감쇄비 ζ라는 매개변수를 통해 정의되는 감쇄계수이다.

$$b = 2\zeta\sqrt{km} \tag{9.21}$$

프루프 매스(관성력, 스프링력, 감쇄력)에 작용하는 모든 힘을 설명하기 위해 2차 선형 미분방정식이 필요하다.

$$m\frac{d^2x_2}{dt^2} + b\left(\frac{dx_2}{dt} - \frac{dx_1}{dt}\right) + k(x_2 - x_1) = 0 \tag{9.22}$$

변위 센서에 의해 출력전압 V_{out}으로 변환되는 프루프 매스의 상대적인 이동인 $x_2 - x_1 = z$를 사용하자. 그런 다음 뉴턴 제2법칙인 식 (9.16)을 사용하면 식 (9.22)는 다음과 같이 나타낼 수 있다.

$$m\frac{d^2z_2}{dt^2} + b\frac{dz}{dt} + kz = -ma = -F \tag{9.23}$$

상대 변위 $z(t)$에 대한 해는 다음과 같다.

$$z(t) = Be^{-\zeta\sqrt{\frac{k}{m}}t}\sin(2\pi f_d t + \varphi) - Sa \tag{9.24}$$

여기서 인자 B와 위상 변화 φ는 가속이 시작되는 순간, 프루프 매스의 위치에 따라 달라진다. 감쇄 주파수 f_d는 고유 주파수 f_0와 다르며 다음과 같이 정의된다.

$$f_d = f_0\sqrt{1-\zeta^2} \qquad (\varsigma < 1) \tag{9.25}$$

식 (9.24)에서 몇 가지 결론을 도출할 수 있다. 출력은 첫 번째 합을 특징으로 하는 감소[decay] 진동 특성을 보인다. 감소율은 시간에 대해 지수[exponential]로 비례한다.

$$\tau = \frac{1}{\zeta}\sqrt{\frac{m}{k}} \tag{9.26}$$

따라서 감쇄비 ζ가 높을수록 가진동[spurious oscillation]이 빨리 사라진다. $\zeta \ll 1$이면 식 (9.24)는 출력전압 V_{out1}으로 [그림 9-12(b)]에 표시된 것처럼 눈에 띄는 진동 부족 감쇄[underdamping] 응답을 보인다. $\zeta \gg 1$인 경우 진동이 없는 가감쇄[overdamping] 응답을 보이며 속도가 느리고 실제 가속도 a보다 지연된다. 임계 감쇄[critical-damping]나 그에 가까운 응답($\zeta \approx 1$)은 실제 가속도에 가까운 형태를 보이며 최적의 매개변수이다. 또한 진동이 사라진 후 두 번째 합으로 특징지어지는 출력은 식 (9.19)에서 정의한 감도계수를 가속도에 곱한 값에 비례한다. 이때 용도에 따라 질량, 스프링 및 감쇄자를 신중하게 선택해야 한다.

올바르게 설계, 설치, 보정된 가속도계는 가장 정확하게 측정할 수 있는 명확하게 식별할 수 있는 공진(자연) 주파수와 평형 주파수 응답을 가져야 한다([그림 9-13] 참조).

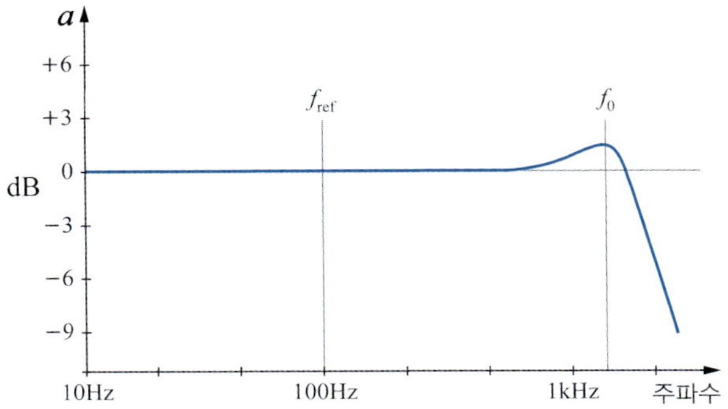

그림 9-13 기준 주파수가 f_{ref}일 때, 고유 주파수 f_n을 갖는 가속도계의 주파수 응답

이 평형 영역 내에서 진동 주파수가 변하면 센서의 출력은 가속도계의 주파수 특성 변화에 따른 신호를 곱하지 않고도 그 변화를 올바르게 반영한다. 점성 감쇄[viscous damping]는 공진기의 영향을 제한하여 유용한 주파수 범위를 향상시키기 위해 많은 가속도계에서 사용된다. 감쇄 매체로는 실리콘 오일이 자주 사용된다. 감쇄자는 작동 주파수가 고유 주파수에 가까울 때 중요해진다. 그러나 고유 주파수가 작동 대역폭 한계보다 훨씬 높으면 기계식 감쇄자는 신호 조절기의 소프트웨어 저역통과 필터의 하드웨어로 대체할 수 있다.

센서 보정 시 가속도계의 다음 몇 가지 특성이 우선 결정되어야 한다.

1. **감도** : 감도는 기계적인 입력에 대한 전기적인 출력의 비율이다. 이는 일반적으로 특정 조건에서의 가속도 단위당 전압으로 표현된다. 예를 들어, 감도는 1 V/g(가속 단위 : 45° 위도에서 해발고도가 0 m인 경우의 중력가속도 $g = 9.80665\ m/s^2$)로 지정할 수 있다. 감도는 일반적으로 사인파 형태의 단일 기준 주파수에서 측정된다.[4] 미국에서는 100 Hz이고 대부분의 유럽 국가에서는 160 Hz이다.
2. **주파수 응답** : 주파수 응답은 센서가 구동되는 위치에서의 주파수 범위에 대한 출력신호이다. 민감도가 특정되는 기준 주파수에 따라 결정된다.
3. **공진 주파수** : 감쇄되지 않은 센서의 공진 주파수는 기준 주파수에서의 응답보다 3 ~ 4 dB 가량 더 높게 나타나는 최고치[peak]로 나타난다. 준 임계 감쇠[near-critically damped]된 디바이스에서 공진기가 선명하게 보이지 않을 수 있으므로 위상차를 측정하게 된다. 공명 주파수에서는 기준 주파수에서의 위상과 180° 차이가 난다.
4. **영점 자극 출력** : 영점 자극 출력(정전 및 압저항 센서의 경우)은 센서의 민감한(활성) 축이 지구의 중력에 수직인 위치의 센서에 대해 특정된다. 즉 출력신호에 DC 성분이 있는 센서에서는 기계적인 입력이 주어지지 않으므로, 신호가 출력되기 전에 중력 효과를 제거해야 한다.
5. **선형성** : 가속도계의 선형성은 입력신호의 동적 범위에 따라 결정된다.

특정 용도의 가속도계를 지정할 때 다음과 같은 여러 질문에 먼저 답해야 한다.

1. 예상되는 진동 또는 선형 가속도의 크기는 얼마인가?
2. 작동 온도는 몇 도이고 외부 온도는 얼마나 빠르게 변하는가?
3. 예상되는 주파수 범위는 얼마인가?
4. 어떤 선형성과 정확성이 필요한가?
5. 최대 허용 가능한 크기는 얼마인가?
6. 어떤 종류의 전원을 사용할 수 있는가?
7. 부식성 화학물질 또는 높은 습도가 있는가?
8. 예상되는 과충격[overshock]은?
9. 강렬한 음파, 전자기장 혹은 전기장이 존재하는가?
10. 접지가 되어 있는가?

9.3.2 경사계

기울기 감지기는 차량이나 비행기, 도로 건설, 공작기계, 관성 항법 시스템, 이동식 장치의 비디오 모니터(이미지 방향 제어), 로봇, 전자 게임, 중력 기준 지표가 필요한 그 외의 응용 분야에 사용된다.

지구 중력은 지구 중심을 향하는 일정한 힘과 $1g \approx 9.8\,m/s^2$의 가속도를 발생시키는 것이 특징이다. 이 값은 지구상의 위치에 따라 조금씩 변한다. 가속도계는 일반적으로 크기를 측정하는 대신 중력

4 이 주파수들은 전력선 주파수와 고조파로부터 제거되었기 때문에 선택된 것이다.

방향을 감지한다. 이러한 특별한 가속도계는 종종 경사계나 기울기 감지기라고 불린다. 아인슈타인의 일반 상대성 이론에 따르면 누군가 중력의 방향과 크기를 감지하고 싶다면 가속도계는 그 누군가의 센서이다. 비교적 작은 지구 중력값 때문에 기울임 가속도계는 넓은 범위의 입력신호를 필요로 하지 않지만, 실제 장치는 세 축 모두에서 민감해야 하며 두드림에 반응하고 장치 낙하로 인한 충격을 감지하는 등 여러 가지 추가 기능이 있어야 한다. 따라서 기울임 가속도계의 경우 최소 2g 수준으로 그 입력 범위가 충분해야 한다. 그러나 각도 분해능과 각도 범위 사이에는 항상 절충점trade-off이 있다.

상용 기울임 가속도계의 예로는 Bosch의 BMA220가 있다. 이는 매우 작고($2 \times 2 \times 1$ mm), 세 축을 따라 가속도를 감지하며 자유 낙하 감지(무중력)가 가능하면서 고해상도[6]이다. 스마트폰이 한 축을 중심으로 회전하여 가속도계의 정현파 출력을 발생시키는 예가 [그림 9-14]에 나와 있다.

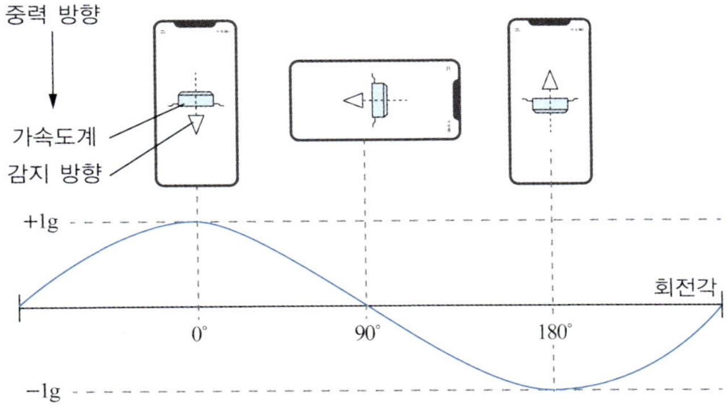

그림 9-14 스마트폰 방향 감지

3축 가속도계는 각 축을 따라 유사한 신호로 응답하여 정확하게 공간을 감지한다. 경사계가 가속 차량에 탑재되면 그 응답은 [그림 9-15]에 나타낸 것처럼 두 벡터의 합이므로 잘못된 신호를 생성하게 된다. 경사계는 그들을 구별할 수 없고 정지 또는 정상 이동 차량에서 자체 내부축과 중력 벡터 사이의 각도 α를 측정한다. 경사계를 운반하는 차량이 가속하는 경우 교정 질량에 작용하는 가속력은 운동 방향과 반대이다. 중력과 가속도라는 두 벡터가 합해지고 잘못된 각도 δ로 경사계가 반응한다.

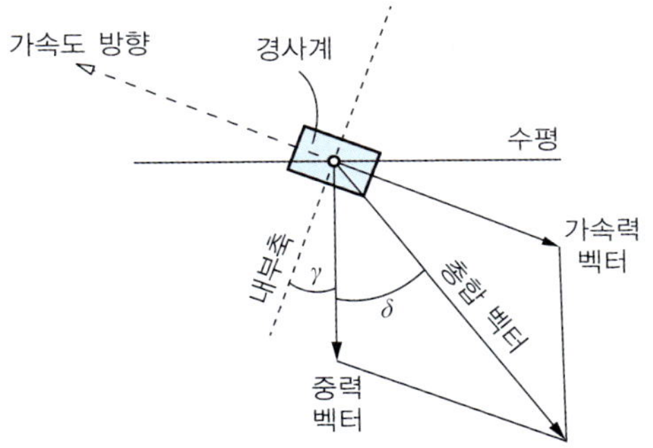

그림 9-15 가속 차량의 기울임 가속도계의 오류

저해상도 수준의 중력 방향 측정만 원한다면 보다 간단하고 저렴한 기울임[tilt] 또는 기울기[inclination] 감지기를 활용하면 된다. 이러한 감지기는 중력 벡터의 크기가 아닌 방향에 반응한다. 감지기에는 중력 방향이 측정되는 자체 내부축이 있다. 응답은 내부축과 중력 벡터 사이의 각도를 나타내는 전기신호이다. 오래전부터 여전히 사용되고 있는 감지기는 [그림 9-16(a)], [그림 9-16(b)]에 도식된 수은 스위치이다.

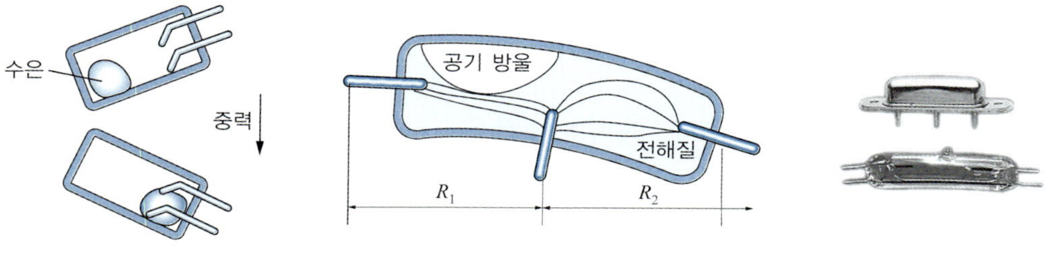

그림 9-16 가속 차량의 기울임 가속도계의 오류 전도성 중력 센서 (a) 수은 스위치의 개방 위치 (b) 폐쇄 위치 (c) 전해질 틸트 센서 (d) 전해질 센서 하우징

이 스위치는 두 개의 접점과 수은 한 방울이 있는 비전도성(보통 유리) 관으로 제작한다. 센서가 접점에서 수은이 미끄러져 나가는 방식으로 중력에 대해 위치하면 스위치가 개방된다. 스위치를 기울이면 수은 방울이 접점으로 이동하고 두 접점을 모두 터치하여 스위치가 닫힌다. 이 구조의 일반적인 용도는 가정용 온도 조절기이다. 여기서 수은 스위치는 공기 온도 센서 역할을 하는 바이메탈 코일([그림 4-38] 참조)에 장착되어 있다. 실온에 반응하여 코일을 감거나 풀면 스위치 기울기에 영향을 준다. 스위치를 열고 닫으면 난방/냉각 시스템이 제어된다. 이 기울기 센서는 임계값 장치이므로 온/오프 동작만 가능하다는 한계가 있으며 이를 공학 용어로는 뱅뱅(탕탕) 조절기라고 한다.

무한히 작은 최소 분해능으로 기울기를 측정하기 위해서는 복잡한 센서가 필요하다. 이를 위한 섬세한 구조가 [그림 9-16(c)]에 나타나 있다. 이 센서를 전해질 기울임 센서라고 한다. 약간 구부러진 작은 유리관은 부분적으로 전도성 전해질로 채워져 있으며 관에는 세 개의 전극이 내장되어 있다. 그중 두 개는 끝에 있고, 세 번째 전극은 관 중앙에 위치한다. 공기 방울은 관에 머물면서 관의 기울임에 따라 길이 방향으로 이동한다. 중심 전극과 각 끝 전극 사이의 전기 저항은 방울의 위치에 따라 달라진다. 관이 균형 위치에서 멀어질수록 저항은 이에 비례하여 증가하거나 감소한다. 전극은 전해질과 전극의 손상을 방지하기 위해 교류 전류로 여기되는 브리지 회로에 연결되어 있다. 전해질 기울임 센서는 다양한 구조로 다음의 3가지([그림 9-16(d)] 참조)로 사용할 수 있으며[5] $\pm 0.5° \sim \pm 80°$의 넓은 범위에 대해 사용할 수 있다. 이에 따라 유리관의 모양은 약간 구부러진 모양부터 도넛 모양까지 다양하다.

5 프레데릭스(The Fredericks) 사의 주소는 P.O. Box 67, Huntingdon Valley, PA 19006이다.

9.3.3 지진 센서

지구 질량(예 : 지각판)은 거대한 질량으로 인해 초저주파 불가청 영역대의 초저주파 움직임으로 간주한다. 따라서 지면의 움직임은 가속보다는 속도로 더 잘 표현된다. 지진계에는 가속도계(프루프 매스, 스프링, 힘 센서, 댐퍼)와 동일한 기본 구성 요소가 포함되어 있으므로 여기서는 간단히 다루도록 한다.

지면의 매우 느린 움직임을 측정하기 위해 지진 센서는 느리지만 매우 민감해야 하며 따라서 큰 프루프 매스와 부드러운 스프링을 사용한다((식 9.19) 참조). 측정 시 지면에 부착된 플랫폼이 이동하는 동안 프루프 매스의 위치는 큰 관성으로 인해 고정되어 있는 것으로 간주된다. 이런 종류의 센서는 지진과 지상의 진동을 감지하는 데 사용된다.

지구의 움직임은 두 가지 종류의 토양 변위가 특징이다. 첫 번째는 탄성 수직 P파이다.이는 토양 밀도가 변화할 때(음파와 유사) 토양의 압축과 희박화에 의해 나타나는 수평 이동이다. 여기서 P는 더 빠르므로 원격 지진으로부터 먼저 도달하기 때문에 1차primary 파를 의미한다. P파에서는 흙이 전파 방향을 따라 진동한다. 반면에 다른 운동으로는 S파가 있다. S는 2차secondary를 의미한다. 즉 토양 밀도의 변화가 없는 횡단 변위가 있다. 이는 전파 방향과 직각으로 진동한다. P파는 고체와 액체를 통해 이동할 수 있지만, S파는 고체를 통해서만 이동할 수 있다.

따라서 파의 유형에 따라 감지부는 다른 방향을 향해야 한다. 이는 진자형 지진계의 개념도인 [그림 9-17]에 설명되어 있다.

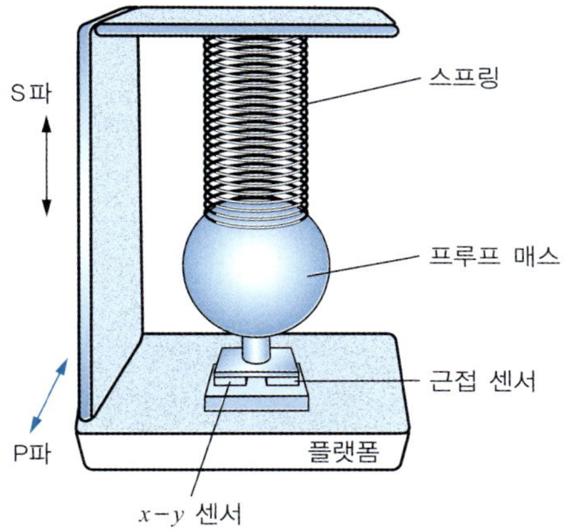

그림 9-17 3축 진자 지진계의 개념도

큰 프루프 매스는 부드러운 스프링에 의해 지지되며 지면에 견고하게 부착된 플랫폼의 움직임에 따라 $x-y-z$ 방향으로 수직 혹은 수평으로 움직일 수 있다. 두 가지 다른 유형의 컨버터($x-y$ 센서)는 서로 다른 동작에 반응하지만, 근접 센서는 수직 방향으로 S파에 반응한다. 따라서 목적에 맞게 다양한 변위 센서를 사용할 수 있다. [그림 9-2]에서는 지진계가 가속도가 아닌 지면 속도를 측정하므로 전자기 속도 컨버터가 자주 사용된다는 것을 강조했다. 지진계에 유용한 또 다른 유형의 변위 컨버터는 정전식이다. 예를 들어 $x-y$ 감지 기능은 [그림 8-12]와 유사한 정전식 센서로 성공적으로 측정할 수 있지만, 근접성은 [그림 8-8]에 개념적으로 표시된 정전식 센서에 의해서도 감지할 수 있다.

가속도계와 마찬가지로 지진계는 매우 명확한 기계적 공명을 가지고 있어 감쇄되지 않을 경우 긴 가진동spurious oscillation이 기록된다. 감쇄 원리는 점성이 있는 액체(예 : 미네랄 오일)에 기반할 수 있지만 가장 효율적인 것은 전자기 감쇄자이다.[7] 그 작동 원리는 강자성 코어를 손실 저항에 연결된 코일로 이동시키는 것이다([그림 9-18] 참조).

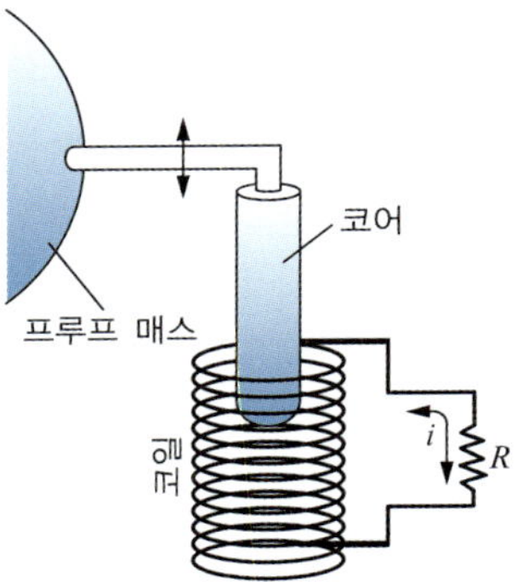

그림 9-18 전자기 감쇄자

부하 저항을 통해 흐르는 유도 전류는 자체 자기장을 생성하며 렌츠의 법칙에 따라 원래 자기장을 상쇄하여 코어의 움직임에 저항한다. 이렇게 하면 지진 질량 속도가 느려지고 진동 에너지가 열의 형태로 저항에서 소멸되어 진동을 감쇄시킨다. 이러한 감쇄자는 감지된 모든 축에 사용되어야 한다.

9.3.4 정전 가속도계

기계식 선형 가속도계의 기본 구조([그림 9-12] 참조)는 매우 다양한 방법으로 구현할 수 있다. 구조 선택은 주로 하우징에 대한 프루프 매스의 이동을 모니터링하기 위한 변위 센서나 컨버터의 유형에 따라 결정된다. 정전 가속도 센서는 기본적으로 최소 두 개의 구성 요소를 포함하고 있다. 첫 번째 구성 요소는 고정 평판(즉 하우징에 연결됨)이고, 다른 하나는 관성 질량에 부착된 평판이며 하우징 내부에서 자유롭게 이동할 수 있다. 이 평판들은 두 판 사이의 거리 d의 함수인 식 (4.23)으로 표현할 수 있는 축전기를 구성한다. 구조에 따라 중첩되는 영역이나 중첩 거리는 가변적이다. 정전용량은 가속도에 의해 변조된다고 이야기된다. 정전 가속도계에 의해 측정되는 최대 변위는 대체로 20μm를 초과하지 않는다. 따라서 이러한 작은 변위는 표류drift나 다양한 간섭에 대해 신뢰할만한 보상이 필요하다. 이는 일반적으로 동일한 구조에서 추가 축전기가 형성되는 차동 기술을 사용하여 구현된다. 두 번째 축전기의 정전용량은 첫 번째 축전기의 정전용량과 비슷한 값이어야 하며 180° 위상 편이에 따라 달라져야 한다. 그 후 가속도는 두 축전기 사이의 값 차이로 나타낼 수 있다. 그러면 가속도는 이 2개의 축전기 사이의 값 차이로 나타낼 수 있다. 이는 [그림 8-8]의 개념을 참조하라.

[그림 9-19(a)]는 정전 가속도계의 단면도를 보여준다. 내부 물체는 상부 캡cap과 하부의 베이스base 사이에 위치한다.[8] 이 물체는 4개의 실리콘 스프링에 의해 지지된다([그림 9-19(b)] 참조). 상단의 평판과 하단의 베이스는 각각 거리 d_1, d_2로 분리된다. 위의 세 가지 부품 모두 실리콘 웨이퍼로부터 미세 가공된다.

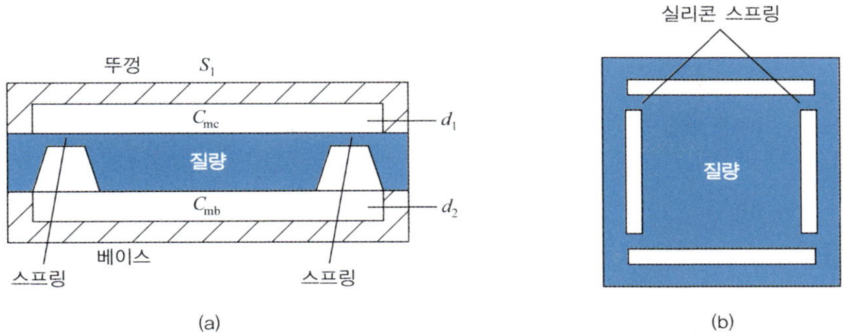

그림 9-19 (a) 차동 축전기 정전식 가속도계의 옆 단면도 (b) 4개의 실리콘 링으로 지지되는 지진질량 평면도

[그림 9-20]은 정전용량 - 전압 컨버터의 회로도이며 많은 측면에서 [그림 6-11]의 회로와 유사하다.

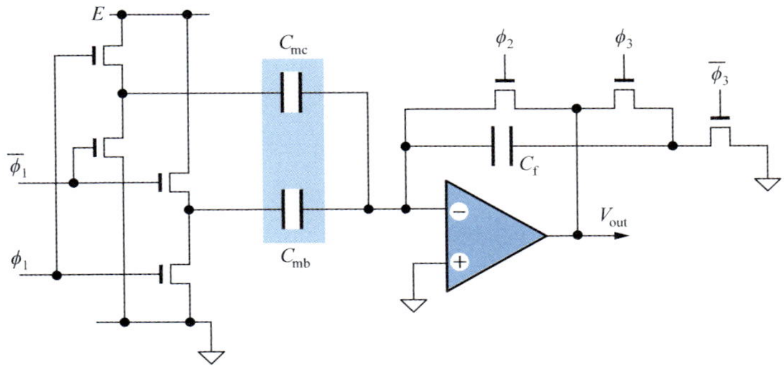

그림 9-20 실리콘 위에서 집적이 용이한 정전용량-전압 변환 회로도

물체와 캡 전극 사이에 있는 병렬 평판 축전기 C_{mc}는 평판 면적 S_1이다. 평판간의 간격 d_1은 물체가 상판 쪽으로 이동하면 Δ 만큼 줄어들 수 있다. 평판 면적이 S_2로 다른, 두 번째 축전기 C_{mb} 물체와 베이스 사이에 형성된다. 물체가 상단 평판을 향해 베이스로부터 멀어질 때 간격 d_2는 Δ 만큼 증가한다. Δ 값은 물체에 작용하는 기계적 힘 F_m을 실리콘 스프링의 스프링 상수 k로 나눈 값과 같다.

$$\Delta = \frac{F_m}{k} \tag{9.27}$$

엄밀히 말하면 가속도계 등가회로는 정전기력이 물체 위치에 영향을 미치지 않을 때, 즉 축전기가 F_m [9]에 선형적으로 의존할 때만 유효하다. 가속도계가 스위치 축전기 합산 증폭기에 대해 입력 축전기 역할을 할 때 출력전압은 축전기의 정전용량 값에 따라 달라지며, 이에 따라 힘이 달라진다.

$$V_{out} = 2E\frac{C_{mc} - C_{mb}}{C_f} \tag{9.28}$$

식 (9.28)은 센서 정전용량의 작은 변화에서도 성립한다. 가속도계의 출력은 온도와 정전 불일치의 함수이기도 하며 전체 온도 범위와 신호 처리 중에 적절히 보정하는 것이 좋다. 높은 안정성을 보장하기 위해서는 캡 전극이나 베이스 전극에 고전압이 인가될 때 가속도계 부품들에 발생하는 정전기력을 사용하는 자체 보정 시스템을 설계하는 것도 매우 효율적인 방법이다.

[그림 9-21]은 서로 미끄러져 겹치는 영역을 변조하는 정전식 손가락 부분[10]에 의해 프루프 매스 변위를 측정하는 첨단 가속도계 구조를 보여준다.

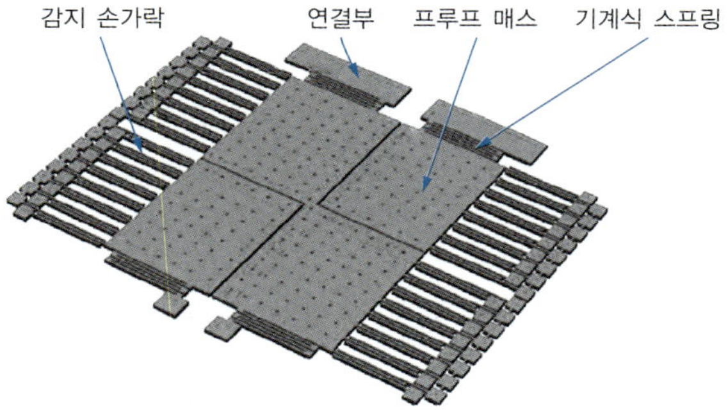

그림 9-21 감지 손가락이 있는 정전식 가속도계 구조[10]

전체 정전용량은 좁은 손가락 수에 비례한다. 프루프 매스는 네 부분으로 분리되어 있으며 각 부분은 개별 맞물림 형태^{serpentine}의 스프링에 의해 지지되고 자체 정전식 손가락부 세트에 연결된다. 프루프 매스가 이동하면 [그림 9-22(a)]와 같이 구부러진 손가락부가 이동한다. 중첩 영역이 변하여 각 정전용량을 변조한다. 이 구조는 [그림 9-22(b)]와 같이 브리지 회로에 연결된 4세트의 감지 축전기를 형성한다. 축전기의 각 세트는 약 1.6 fF/g의 감도를 보인다.

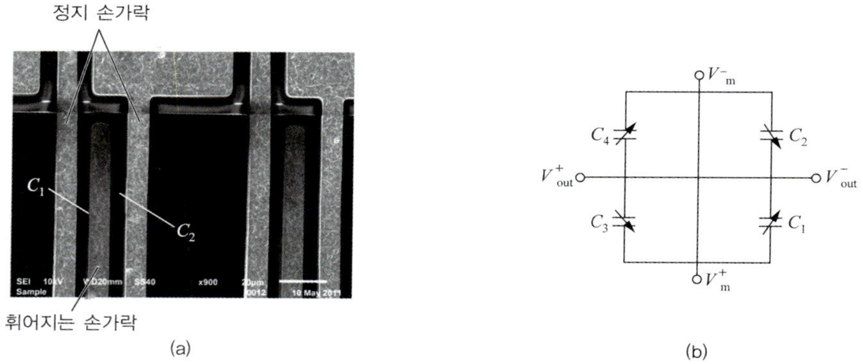

그림 9-22 (a) 손가락부의 하향 굽힘이 정전용량 C_1과 C_2를 제어함 (b) 정전식 브리지

9.3.5 압저항 가속도계

압저항 가속도계에는 질량 지지 스프링의 변형을 측정하는 스트레인 게이지가 감지요소부로 통합되어 있다. 스트레인은 질량 변위의 크기와 속도, 가속도에 직접적인 상관 관계가 있을 수 있다. 이러한 디바이스는 직류^{DC}에서부터 최대의 광범위한 주파수 범위에 이르기까지 가속도를 감지할 수 있다. 적절한 구조설계를 통해 최대 10,000 g까지 충격을 견딜 수 있다. 일반적으로 동적 범위^{span}는 다소 좁다(1% 미만의 오차로 1,000 g까지 감지 가능). 과충격^{overshoch}은 많은 응용 분야에서 중요한 사양이다. 에폭시로 결합된 이산형 스트레인 게이지 기반의 압저항 가속도계는 바람직하지 않은 출력 온도계수를 갖는 경향이 있다. 이는 개별적으로 제조되기 때문에 게이지는 개별 온도 평가와 매개변수

일치화하는 작업이 추가로 필요하다. 사실상 실리콘 MEMS 기술을 이용하는 최신 분야에서는 이러한 문제가 발생하지 않는다([그림 8-6] 참조).

9.3.6 압전 가속도계

압전 효과(압저항 효과와 혼동하지 말 것)는 진동과 가속을 감지하는 데 자연스럽게 적용된다. 이 효과는 전기 쌍극자로 구성된 결정재료에서 기계적인 에너지를 전기 에너지로 직접 변환하는 것이다(4.6절 참조). 이 센서는 최저 2Hz의 저주파에서 최대 5kHz 주파수 범위까지 작동하며 우수한 비축^off-axis^ 노이즈 제거 특성, 높은 선형성, 넓은 동작 온도 범위(최대 120℃)를 보인다. 수정 결정은 종종 감지부로 사용되는데 이때 가장 인기 있는 것은 티탄산 바륨^$BaTiO_3$^, 지르코나이트 티탄산 납^PZT^, 메타니오비트 납과 같은 세라믹 압전 재료이다. 케이스^case^와 가속도에 비례하는 힘을 가하는 지진 질량 사이에 결정이 끼어있다. 이 센서에서 프루프 매스는 중간 스프링이 없는 압전 결정과 직접 결합된다. 결정 자체는 스프링의 역할을 하므로 다소 높은 강성으로 인해 센서의 고유 주파수가 높다(일반적으로 2kHz 이상).[11]

가속도계 하우징에 결정과 보호 질량을 장착하려면 몇 가지 변형 가능성이 있는데 그중 일부를 [그림 9-23]에 나타냈다.

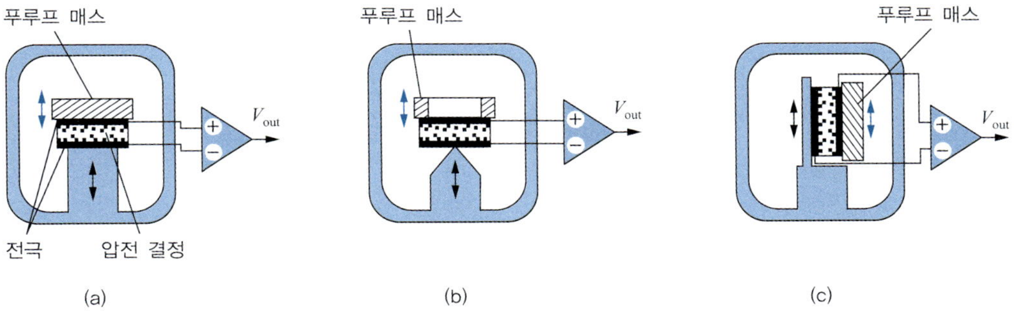

그림 9-23 폐쇄 루프 가속도계의 다양한 방식 (a) 압축 결합 (b) 유동 결합 (c) 전단 결합

압축 결합에서 결정은 진동 베이스와 프루프 매스 사이에 끼어있다. 유동 결합^flexural coupling^은 결정이 중앙 지지 핀 주위에서 휘어지게 하지만 전단 결합^shear coupling^은 결정의 압전 쌍극자가 전단력^shearing force^의 영향을 받아 기울어지게 한다. 이 모든 기계적 변형은 압전 결정 전체에 걸쳐 전하를 발생시킨다.

압전 센서에서와 마찬가지로 결정에는 전하를 수집하기 위해 두 개의 얇은 전극이 위치해있다([그림 4-22] 참조). 압전 센서는 기본적으로 출력 임피던스가 매우 높은 전하 발전기이므로 넓은 주파수 응답을 보장하기 위해 인터페이스 전자회로는 [그림 6-6(c)]에 개념적으로 표시된 대로 전하-전압^charge-to-voltage^ 컨버터의 형태로 앞부분을 사용해야 한다.

[그림 9-24]에 두 가지 실제적인 가속도계 구조기를 보여준다. (a)는 프루프 매스[11]의 전단 장착 shearing mounting을 사용하지만 (b)는 결정의 압축을 사용한다.

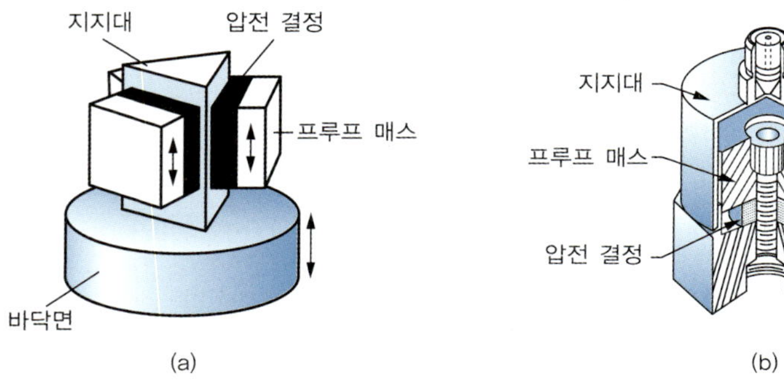

그림 9-24 (a) 브뤼엘앤드케어(Bruel&Kjær Delta)사의 전단 압전 가속도계 (b) 압축형 압전 가속도계(PZT 세라믹 결정 기반)

소형 센서에서는 일반적으로 실리콘 구조를 사용한다. 실리콘은 압전특성을 가지고 있지 않기 때문에 티탄산납 박막을 미세 가공된 실리콘 캔틸레버에 증착하여 일체형 소형 센서를 만들 수 있다.

9.3.7 열 가속도계

▪ 가열판 가속도계

모든 가속도계와 마찬가지로 가열판 가속도계는 얇은 캔틸레버에 매달려 있고 열원에 매우 근접해있거나 두 개의 열원 사이에 위치하는 프루프 매스를 포함한다([그림 9-25(a)] 참조).[12] 지진 질량과 캔틸레버 구조는 MEMS 기술을 사용하여 제작된다. 이러한 구성 요소 사이의 공간은 열 전도성 기체로 채워져 있다. 지진 질량은 표면에 증착되거나 내장된 히터에 의해 설정 온도 T_1으로 가열된다. 가속도계의 기본 개념은 지진 질량의 움직임을 측정하는 것이므로 열전달의 기본 공식을 활용할 수 있다((식 4.121) 참고).

비가속 조건에서 질량과 방열판 사이에 열평형이 형성된다. 질량에서 기체를 통해 방열판으로 전도되는 방열량 q_1, q_2는 거리 M_1, M_2의 함수이다.

지진 질량6을 지지하는 캔틸레버 빔의 특정 지점에서의 온도는 지지대로부터의 거리 x와 방열판의 간격에 따라 달라진다. 이는 다음 식을 통해 표현할 수 있다.

$$\frac{\mathrm{d}^2 T}{\mathrm{d}x^2} - \lambda^2 T = 0 \tag{9.29}$$

이때 상수 $\lambda = \sqrt{\dfrac{K_\mathrm{g}(M_1 + M_2)}{K_\mathrm{si} D M_1 M_2}}$ 이고 K_g, K_si는 각각 기체와 실리콘의 열전도도이다. 또한 D는 캔틸레버 빔의 두께이다. 경계 조건의 경우 열이 가라앉는 온도가 0이고 빔의 온도에 대한 식 (9.29)의 해는 다음과 같다.

6 정상 상태 조건을 가정하며 복사 및 대류에 의한 열전달은 무시한다.

$$T(x) = \frac{P \sinh(\lambda x)}{WDK_{si}\lambda \cosh(\lambda L)} \tag{9.30}$$

이때 W와 L은 빔의 폭과 길이고 P는 화력이다. 이 온도를 측정하기 위해 온도 센서를 빔에 부착한다. 실리콘 다이오드를 빔[7]에 통합하거나 빔 표면에 직렬로 연결된 열전대thermocouple를 통해 온도를 측정할 수 있다. 결국 전기신호의 형태로 측정된 빔 온도는 가속도의 척도가 된다. 열가속도계의 민감도(g당 출력신호의 약 1% 변화)는 정전식 또는 압전식 센서의 민감도보다 다소 작지만 주변 온도나 전자기 노이즈와 정전electrostatic 노이즈 같은 간섭에는 훨씬 덜 취약하다.

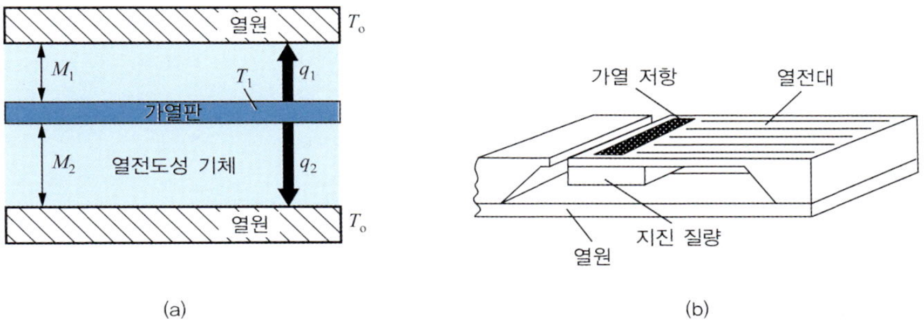

그림 9-25 열 가속도계 (a) 가열부의 단면 (b) 상단면을 벗긴 가속도계 구조[5]

■ 가열 기체 가속도계

가열식 가스 가속도계HGA는 기체를 사용한 전도성 열 전달 기반의 가열판 가속도계와는 달리, 밀폐된 공동 내부의 가열식 기체 분자의 대류식 열 전달을 이용한다. 4장에서 설명했듯이 열은 전도, 대류, 복사에 의해 전달된다. 대류는 자연적(중력에 의해 발생)일 수도 강제적일 수도 있다. HGA 가속도계는 미세 가공된 CMOS 칩으로 제작되는 완전한 이축 측정 시스템이다. 이 센서의 프루프 매스는 밀봉된 공동 내부에 존재하는 열적으로 비균질한 기체이다. 공동 내부에서 기체의 대류를 일으키는 힘은 가속에 의해 만들어진다. 내장된 온도 센서는 갇힌 기체의 내부 변화를 측정하며 기체 내부의 열 구배를 측정하여 가속도계를 작동시킨다.

이 센서에는 기체가 주입된 밀폐된 공동 근처에 미세 가공된 평판이 있다. 평판에는 식각된 트렌치trench가 있으며 실리콘 칩 중앙에 위치한 단일 열원이 이 트렌치에 매달려 있다([그림 9-26] 참조). 알루미늄/폴리실리콘 열전대TP 접합부에 해당하는 4개의 온도 센서(x 축을 따라 2개, y축을 따라 2개)는 동일한 간격으로 배치된다. 이러한 TP는 열원의 4면(이중 축dual axis)에 모두 등거리로 위치한다. TP는 온도 구배만 측정하므로 왼쪽 TP와 오른쪽 TP는 사실상 단일 TP이다. 왼쪽 부분은 저온 접합 위치이고 오른쪽 부분은 고온 접합부이다(열전대의 작동 원리는 17.8절 참조). TCthermocouple대신 TP를 사용하는 이유는 전기 출력신호를 증가시킬 수 있기 때문이다. TP 접합부의 또 다른 한 쌍은 y축을 따라 열 구배를 측정한다.

가속이 0인 경우 기체 공동 전체의 온도 분포는 열원에 대해 대칭이므로 4개의 TP 접합부 모두에서 온도가 동일하여 각 쌍이 0 V의 전압을 출력한다. 발열체는 주변 온도보다 훨씬 높고 일반적으로 200 ℃에 가까운 온도로 예열된다.

7 온도 센서에서 Si 다이오드에 대한 설명은 17.6절을 참조하라.

[그림 9-26(a)]는 단일 축을 따라 온도 구배를 감지하는 두 개의 열전대 접합부(TP)를 보여준다. 기체는 가열되어 발열체 근처에서 가장 뜨겁고 좌측 온도 센서와 우측 온도 센서(TP 연결부) 쪽으로 빠르게 냉각된다.

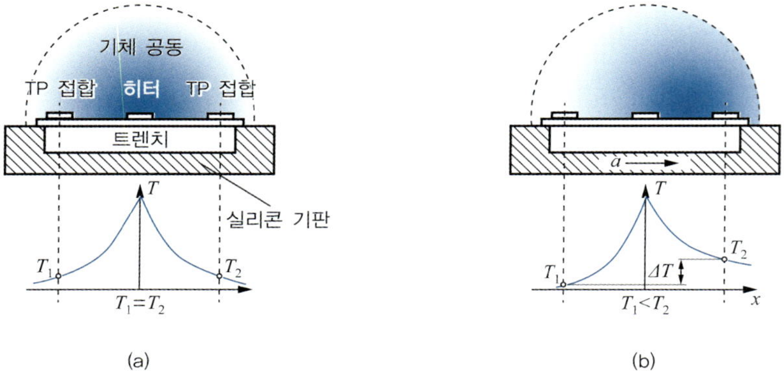

그림 9-26 (a) X축에 대한 HGA 센서 단면도 (b) 가열 기체는 발열체 주변부에서 대칭이다.
(c) 가속도는 가열 기체가 오른쪽으로 움직이도록 하며 그 결과 온도 구배가 발생한다.

기체에 아무런 힘이 작용하지 않을 때 온도는 히터 주위에 대칭적인 원뿔형 분포를 가지며 여기서 왼쪽 TP의 T_1 온도는 오른쪽 TP의 T_2 온도와 같다. 힘이 가해지지 않을 때 온도는 발열체 주위에 대칭적인 원뿔형cone like 분포를 가지며 여기서 왼쪽 TP의 온도 T_1은 오른쪽 TP의 온도 T_2와 같다. 방향성 없는 가속도는 비대칭적인 대류 열전달로 인해 온도 분포profile를 방해한다. [그림 9-26(b)]는 화살표 방향의 가속도 a를 나타낸다. 가속력 하에서 따뜻한 기체 분자는 오른쪽 TP로 이동하여 열 에너지의 일부를 전달한다. 그러면 반대쪽 TP 접합부의 온도와 전압 출력이 달라져 $T_1 < T_2$가 된다. 차동온도 ΔT와 열전대 출력의 전압은 가속도에 정비례한다. 디바이스에는 두 개의 동일한 가속 신호 경로가 있다. 하나는 x축 가속도를 측정하기 위한 것이고 다른 하나는 y축 가속도를 측정하기 위한 것이다. TP 센서의 일반적인 소음은 $1\,\mathrm{mg/Hz}$ 미만이므로 매우 낮은 주파수에서 밀리그램(mg) 미만의 신호[8]를 측정할 수 있다.

이 기술은 다음과 같이 여러 가지 흥미로운 특징을 보인다.

1. 움직이는 부품이 없다. 이 가속도계의 프루프 매스는 기체 분자로 구성된다.
2. 가속도계는 감지할 수 있는 고유 주파수가 없어 사실상 대역 외 진동 및 충격에 영향을 받지 않는다.
3. HGA는 견고하고 안정적이며 50,000 g의 충격 내구성(많은 정전식이나 압저항식 장치보다 거의 10배가 크다)을 보장한다.
4. HGA는 시간과 온도에 따른 우수한 0 g 오프셋 안정성을 보이며 사실상 감지 불가능한 열 히스테리시스(다른 많은 가속도계 유형에서 일반적으로 나타나는 효과로 작은 가속도나 작은 기울기 각도 측정은 그 특성이 한계를 보임)를 가진다.
5. HGA는 동적 가속도(예 : 진동)와 정적 가속도(예 : 중력)를 모두 측정할 수 있다.

8 각 회전 측면에서 1mg은 약 0.06°의 경사에 해당한다.

6. HGA 가속도계의 또 다른 장점은 저렴한 비용과 작은 크기다. 예를 들어 멤식 사[Memsic, Inc.]에서 생산한 장치 MXC6226XC는 1.7×1.2×1.0 mm의 크기를 갖는다. 그리고 I^2C 직렬 인터럽트 핀이 있는 디지털 출력[13~14]에 신호 조절기를 통합 장착한다.
7. HGA의 특징적인 한계는 상대적으로 좁은 영역의 주파수 응답이다. 일반적인 −3 dB 롤오프(roll-off, 특정 영역 이상에서 −3 dB 이하의 신호에 대한 감지 특성이 급격히 감소하는 것)는 30 Hz 이상에서 발생한다. 그러나 대부분의 소비자용 장치(스마트폰, 장난감, 비디오 카메라 등)에는 이보다 더 빠른 응답은 필요하지 않다. 최대 작동 주파수는 기계적 가속도계에서와 같이 공명에 의해 제한되는 것이 아니라 기체 분자의 관성에 의해 제한된다.

9.3.8 폐쇄 루프 가속도계

앞에서 논의한 모든 가속도계는 개방 루프 장치 유형에 속한다. 동적 범위를 증가시키고 선형성과 온도 안정성을 개선하며 기타 간섭 요인을 감소시키기 위해 중립 위치(가속 없음)에서의 프루프 매스 편차를 최소화하는 것이 중요하다.[15] 이를 위해서는 프루프 매스에 대한 기계적 피드백을 제공하면 된다. 유사한 개념이 6.1.8절에서 폐쇄 루프 정전용량 – 전압 컨버터에서 논의되었다.

피드백(폐쇄 루프) 가속도계의 기본 개념은 중립 위치에서 이동하지 못하도록 보정력을 프루프 매스에 적용하는 것이다. [그림 9-27]은 이 개념을 보여주고 있다.

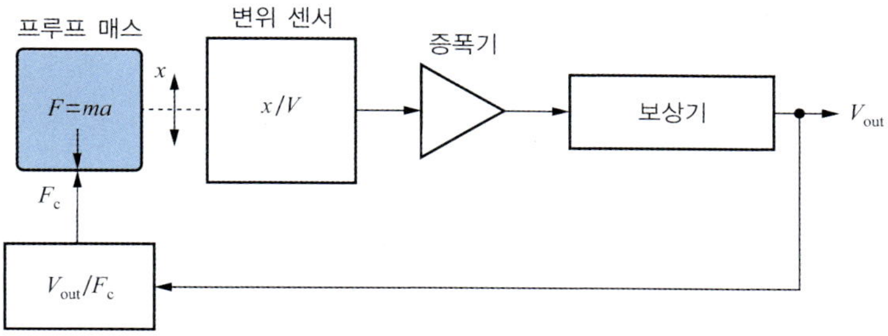

그림 9-27 폐쇄 루프 가속도계의 블록 다이어그램

프루프 매스의 위치를 감지하여 증폭 전압으로 변화시키는 것은 피드백 역할을 하는 출력신호를 생성하는 보상회로를 제어하기 위함이다. 가속도계의 중요한 구성 요소는 입력되는 가속력의 반대 방향으로 프루프 매스에 피드백 힘을 가하는 전압 – 힘 컨버터이다. 결과적으로 프루프 매스는 오류신호로 간주될 수 있는데, 이 두 힘 사이의 차이에 의해서만 감지된다. 이 오류는 PID[9] 피드백 루프를 제어한다. 루프의 안정성을 보장하기 위해 보상기에는 일종의 안정기가 필요하다.

폐쇄 루프 가속도계에서 감도 S는 감지요소의 고유 주파수 f_0의 제곱에 반비례하지 않지만(식 9.19 참조), 루프 이득과 보상의 형태에 따라 달라진다. 또한 프루프 매스가 중립 위치에 가까이 있기 때문

9 PID라는 용어는 피드백 제어의 유형 중 하나인 비례 적분 차동(proportional-integral-differential)을 의미한다.

에 스프링과 감쇄의 비선형성이 상당히 감소된다는 것도 장점이다. 가속도계의 대역폭은 구조의 고유주파수를 넘어서까지 증가할 수 있다. 수많은 폐쇄 루프 가속도계에서 피드백 힘은 일반적으로 전자기 컨버터에 의해 발생한다. 그러나 MEMS 장치에서는 크기가 너무 작아서 전자기 컨버터가 실용적이지 않으므로 정전기력을 대신 사용하여 피드백을 제공할 수 있다. 이는 전력 소비량이 낮다는 장점이 있으며 미세 가공된 인덕터를 제조할 때 발생하는 문제를 극복시켜 준다. 반면에 정전식 피드백은 힘이 평판 사이 전위차의 제곱에 비례한다는 것이 단점이다((식 6.13) 참조). 따라서 힘은 항상 양이며 결과적으로 음의 피드백은 만들어내기가 어렵다. 이러한 이유로 정전기적으로 생성된 피드백은 비선형 관계를 따른다.

CHAPTER

10

힘과 스트레인

Force and Strain

CONTENTS

10.1 힘의 기초 개념

운동학은 물체의 위치와 움직임을 연구하는 학문이다. 반면에 동역학은 움직임의 원인은 무엇인지 알아내는 학문이다. 고전역학은 빛보다 훨씬 느린 속도로 움직이는 물체를 다룬다. 따라서 광자, 원자, 전자 등 움직이는 입자는 모두 양자역학 및 상대성 이론의 주제이다. 고전역학에서는 주어진 질량, 전하량, 속도 등을 알고 있는 외부 사물에 종속되어 있는 사물의 운동이 무엇인지 알아내는 것이 가장 전형적인 문제이다. 이때 사물의 질량, 전하량, 쌍극자 모멘트, 위치 등의 물리량은 주어져 있으며 상당히 큰 사물들 간의 상호 작용을 다룬다. 이 문제는 갈릴레오Galileo가 죽은 해에 태어난 아이작 뉴턴Isaac Newton에 의해 해결되었는데 그는 갈릴레오의 초기 이론을 훌륭하게 발전시켰고 이외에도 위대한 다른 역학 이론들을 발견했다. 뉴턴은 그의 제1법칙에 대해 다음과 같이 설명했다.

뉴턴의 제1법칙(관성의 법칙)
모든 사물은 현재 상태가 변하도록 힘이 가해지지 않는 한 정지 상태 또는 직선 방향으로의 동일한 움직임을 유지한다.

이는 경우에 따라 관성의 법칙이라고도 부른다. 이 법칙은 사물에 알짜 힘이 작용하지 않으면 가속도 a는 0이라고도 한다.

자유 물체(다른 사물에 고정되어 있지 않은 상태)에 힘이 가해지면 사물은 힘의 방향으로 가속된다. 따라서 힘을 벡터 값으로 정의할 수 있다. 뉴턴은 가속도가 작용력 $\mathbf{F}$에 비례하고 사물의 특성인 질량 m에 반비례한다는 것을 발견했으며 이는 스칼라 값이다. 이를 수식으로 나타내면 다음과 같으며 뉴턴의 제2법칙으로 알려져 있다.

뉴턴의 제2법칙(가속도의 법칙)

$$a = \frac{\mathbf{F}}{m} \tag{10.1}$$

이 명칭은 위대한 스위스의 수학자이자 물리학자인 레온하드 오일러Leonhard Euler가 1752년에 뉴턴의 『자연철학의 수학적 원리(Principia)』[1]가 출판된 지 65년이 흐른 후에 지은 것이다. 순 작용력 F가 0이고 가속도 a가 0일 경우 제1법칙이 제2법칙에 포함되기도 한다.

뉴턴의 제2법칙은 기계적인 단위를 설정할 수 있게 해준다. SI 단위계에서 질량(kg), 길이(m), 시간(s)은 기본 단위이다([표 1-7] 참조). 힘과 가속도는 이를 미분한 단위로 힘 단위는 1 kg의 질량을 1 m/s^2의 가속도까지 가속하는 힘이다. 이 단위를 뉴턴이라고 한다. 그러나 영국 및 미국의 기존 시스템에서는 힘(lb), 길이(ft), 시간(s)을 기본 단위로 사용한다. 질량의 단위는 1 lb의 힘을 받을 때 1 ft/s^2으로 가속되는 질량으로 정의된다. 영국의 질량 단위는 슬러그slug이다. [표 10-1]은 이러한 단위를 정리하여 나타낸다.

표 10-1 각종 단위(*로 표시된 것은 기본 단위를 나타낸다)

단위계	힘	질량	가속도
SI	뉴턴(N)	*킬로그램(kg)	제곱초당 미터(m/s^2)
영국식(British)	*파운드(lb)	슬러그	제곱초당 피트(ft/s^2)

뉴턴의 제3법칙은 두 물체 사이의 상호 작용 원리를 기술한다.

뉴턴의 제3법칙(작용과 반작용의 법칙)
모든 작용에는 항상 동일한 반작용이 발생하거나 서로 다른 두 물체의 상호 작용은 항상 동일하며 반대 방향을 향한다.

힘의 SI 단위는 기본적인 물리량 중 하나이다. 기계공학 및 토목공학에서는 물체의 무게를 측정하고 보강물을 설계하거나 기타 여러 가지 상황에서 힘을 측정해야 한다. 보통 압력을 측정할 때마다 힘을 측정한다. 힘은 고체를 다룰 때 측정되지만, 압력은 유체(액체 또는 기체)를 다룰 때 측정된다. **즉 특정 지점에 어떤 작용이 있을 때는 힘을 고려하고 힘이 상대적으로 넓은 영역에 가해질 때는 압력을 측정한다.**

힘 센서는 정량적인 경우와 정성적인 경우로 나뉜다. 정량 센서는 실제 힘을 측정하고 그 값을 전기신호로 나타낸다. 이러한 센서의 예로는 스트레인 게이지strain gauge 및 부하load cell가 있다. 정성적인 센서는 힘의 수치를 정확하게 표현하지 않고 일종의 임계threshold를 나타내는 장치로 사용된다. 그저 충분히 강한 힘이 가해졌는지 여부를 나타내는 것이다. 즉 출력신호는 힘의 크기가 미리 설정해둔 임계치를 초과하는 경우에 나타난다.

이러한 감지기의 예로 키를 충분히 세게 눌렀을 때만 키가 눌러지는 컴퓨터 키보드가 있다. 정성적인 힘 센서는 7, 8장에서 설명한 대로 움직임과 위치를 감지하는 데 주로 사용된다. 압력 감지 바닥 매트와 압전 케이블은 정성적인 힘 센서의 좋은 예라고 할 수 있다. 힘을 감지할 수 있는 여러 방법들은 다음과 같다.[2]

1. 표준 질량의 중력을 이와 반대되는 임의의 힘으로 상쇄시킨다.
2. 힘이 가해지는 특정 질량을 갖는 사물의 가속도를 측정한다.
3. 전자기적으로 생성된 힘을 상쇄시키는 힘을 이용한다.
4. 힘을 유체의 압력으로 변환한 후 그 압력을 측정한다.
5. 탄성체에 가해지는 임의의 힘에 의한 변형을 측정한다.

물건의 질량을 측정하는 방법인 1번은 고전적인 빔 스케일의 균형점을 찾는 것이다. 이는 지렛대 혹은 회전축과 레버의 한쪽 끝에 무게를 알 수 없는 무게추와 레버 반대쪽 끝에 균형추가 부착된 레버로 구성되어 있다. 하지만 이는 전기신호를 출력하지 않으므로 센서를 이용한 방식이 아니다. 최근에 가장 일반적으로 사용되는 방법은 5번이며 3번 또는 4번 방법이 가끔 사용된다.

대부분의 센서에서 힘은 전기신호로 직접 변환되지 않는다. 일반적으로는 중간 단계가 몇 가지 필요하다. 따라서 대부분 힘 센서는 복합 센서이다. 예를 들어 힘 센서는 힘-변위 컨버터transducer와 위치(변위) 센서를 결합하여 제작할 수 있다. 전자는 단순한 코일 스프링인 경우도 있으며 압축 변위 x는 스프링 계수 k와 압축력 F를 사용해서 다음과 같이 정의할 수 있다.

$$x = kF \tag{10.2}$$

스프링은 1760년대에 대중적인 강철 저울을 대체하기 위한 소형 장비로 도입되었다. 스프링은 센서의 변위-전기 컨버터로서 변위에 따라 늘어난다. [그림 10-1(a)]의 센서는 스프링과 LVDT 변위 센서로 구성된다(8.4.1절 참조).

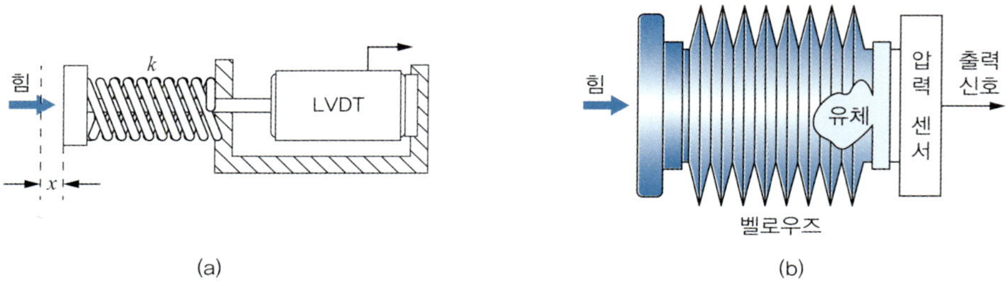

그림 10-1 (a) LVDT가 있는 스프링 장착한 힘 센서 (b) 압력 센서를 통합한 힘 센서

스프링의 선형 범위 내에서 LVDT 센서는 적용된 힘에 비례하는 전압을 만들어 낸다. [그림 10-1(b)]에 표시된 것과 같이 다른 형태의 스프링과 압력 센서로 유사한 센서를 만들 수 있다. 예를 들어 압력 센서는 유체가 채워진 벨로우즈(bellows, 주름통)와 결합되어 힘을 받는다. 유체가 채워진 벨로우즈는 압력 센서의 감지 막에 입력되는 국부적인 힘을 배분하여 힘-압력 컨버터로 작동한다. 즉 막 운동을 전기 출력으로 변환하기 위해 또 다른 변위 컨버터를 구성해야 한다.

요약하자면 일반적인 힘 센서는 탄성 부품(스프링, 고분자 격자, 실리콘 캔틸레버 등)과 힘을 전기 출력신호로 변환하기 위한 부품의 압축 또는 스트레인 게이지의 정도를 측정하기 위한 게이지로 구성된다. 힘 센서는 이 책에서 다루는 압력, 촉각, 가속도 센서를 이해하기 위해 반드시 필요한 부분이다.

응용 분야, 구성 요소, 측정하고자 하는 힘의 범위에 따라 미세 힘 센서, 압축 센서, 로드 셀load cell 등과 같이 다양한 이름으로 불린다. 그러나 어떤 용어로 불리든 모두 기본 힘 센서를 활용한 것이다.

10.2 스트레인 게이지

압축 가능한 탄성부에 힘이 가해지면 부품이 수축하거나 늘어난다. 변형deformation은 힘의 영향을 받는 변위의 척도로 사용될 수 있다. 따라서 스트레인 게이지는 변형 가능한 부품의 특정 부분이 다른 부품 대비 변할 경우, 그 변위를 측정하는 컨버터 역할을 한다. 스트레인 게이지는 탄성 부품(스프링, 빔, 캔틸레버, 전도성 고분자 탄성체 등)에 직접 삽입하거나 하나 이상의 외부 표면에 밀착되게 부착되어야 하며 따라서 스트레인 게이지에 힘이 작용하면 구성 요소와 함께 변형된다.

스트레인은 가해진 힘의 작용으로 인한 물체의 변형을 의미한다. 스트레인을 측정하기위해 몇 가지 물리적 효과를 사용할 수 있다. 그중에는 광학식[3], 압전식[4], 정전식[5]이 있지만, 가장 많이 사용되는 것은 압전식이다. 스트레인 게이지는 가해진 스트레인(단위 변형)이 저항의 함수로 표현되는 저항성 탄성 센서다. 모든 재료가 변형에 대한 저항성이 있으므로 변형을 일으키려면 약간이라도 힘을 가해야 한다. 따라서 저항은 가해진 힘과 관련이 있다. 이 관계식은 일반적으로 압저항 효과(4.5.3절 참조)라고 하며 도체의 게이지 계수 S_e(식 4.63 참조)로 표현된다.

$$\frac{dR}{R} = S_e e \tag{10.3}$$

이때 백금을 제외한 대부분의 재료에서 $S_e \approx 2$이며 백금은 $S_e \approx 6$이다.[6] 저항 변화율이 2%를 넘지 않을 만큼 작은 경우(대부분은 여기에 해당한다), 금속선metallic wire의 저항은 다음과 같은 선형식으로 근사할 수 있다.

$$R = R_0(1 + x) = R_0(1 + S_e e) \tag{10.4}$$

여기서 R_0는 스트레스가 가해지지 않았을 때의 초기 저항이고 $x = S_e e$이다. 반도체 재료의 경우 이 관계식은 도핑 농도에 따라 달라진다([그림 19-2(a) 참조]). 저항은 압축할수록 작아지고 장력이 증가함에 따라 커진다. 저항성 스트레인 게이지의 특성은 [표 10-2]에 나타내었다.

표 10-2 저항성 스트레인 게이지의 특성들[8]

재료	게이지 계수 (S_e)	저항 (Ω)	TCR (℃$^{-1}$ · 10^{-6})	특성
구리 57% –니켈 43%	2.0	100	10.8	게이지 계수(S_e)는 스트레인 전범위에 걸쳐 상수이다. 260℃ 이하에서 사용해야 한다.
백금 합금 (Platinum alloys)	4.0～6.0	50	2,160	고온용
실리콘	–100～+150	200	90,000	고감도, 고변형이고 감지 특성이 우수하다.

와이어 스트레인 게이지는 탄성 캐리어로 결합된 저항으로 구성된다. 백킹backing은 스트레스나 힘을 측정하고자 하는 사물에 순서대로 적용된다. 물체의 스트레인은 게이지 와이어에 잘 연동되어야 하며 반면에 와이어는 측정하고자 하는 물체로부터 절연되어 있어야 한다. 백킹의 열팽창 계수는 선의 열팽창 계수와 일치해야 한다. 대부분의 금속은 스트레인 게이지용으로 사용할 수 있다. 가장 일반적인 재료는 콘스탄탄(구리–니켈 합금), 니크롬(니켈–크롬–철 합금), 어드밴스(구리–니켈 합금), 카르마의 합금이다.

일반적으로 저항은 100 Ω에서 1 kΩ까지 다양하다.[7] 좋은 감도를 갖기 위해서는 센서가 가로 방향으로 길고 세로 방향으로 짧아야 한다([그림 10-2(a)] 참조). 이때 횡방향 감도가 종방향의 2%를 넘지 않도록 해야 한다. 게이지는 여러 축에서 스트레인을 측정하기 위해 다양한 방법으로 배열될 수 있다([그림 10-2(b)] 참조). 이는 보통은 휘트스톤 브리지 회로에 연결된다(6.2.3절 참조).

(a)

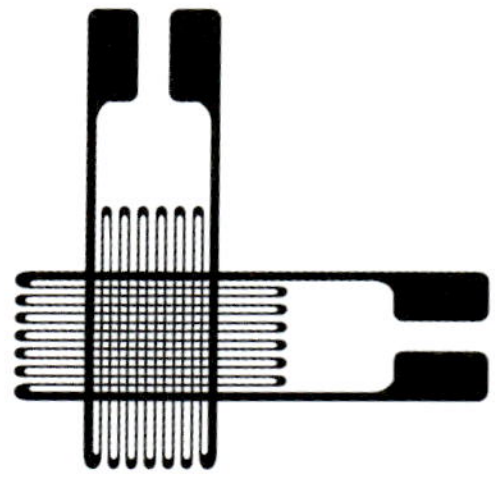

(b)

그림 10-2 (a) 탄성체 기판에 부착된 와이어 스트레인 게이지 (b) 양축 스트레인 게이지

반도체 스트레인 게이지는 온도 변화에 매우 민감하다(8.2절 참조). 따라서 인터페이스 회로나 게이지는 온도 보상 네트워크를 포함해야 한다.

상대적으로 낮은 전도성을 갖는 일부 연성 소재는 힘을 측정하기 위한 박막 압저항 스트레인 게이지의 소재로 사용할 수 있다. 그러한 물질 중 하나는 흑연이다. 가장 저렴한 스트레인 게이지를 제작하기 위해 간단한 시제품의 개념도를 볼 수 있다.[9] 연필을 이용하여 변형에 민감한 저항을 종이에 그릴 수 있는데 이는 [그림 10-3]을 참조하라.

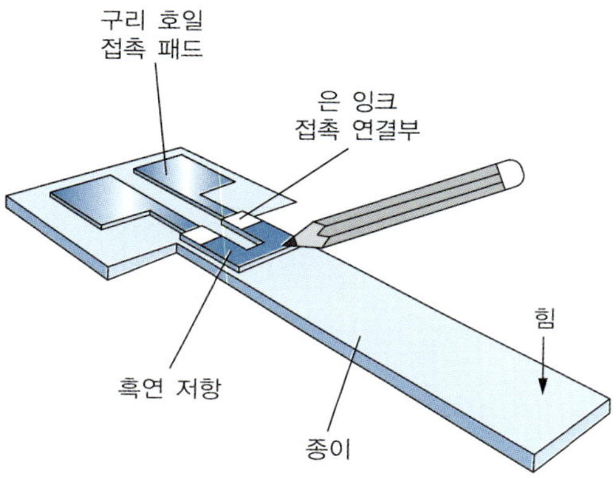

그림 10-3 흑연 스트레인 감지 저항은 종이에 연필로 그릴 수 있다.

검정색 연필은 점토와 무정형 흑연의 혼합물로 이루어져 있다. 종이 위에는 모든 모양의 흑연 저항을 그릴 수 있는데 이를 위해서는 흑연 농도가 높은 연필(예 : B2 연필)로 압저항 게이지 라인를 그려야 한다. 은^{Ag} 잉크나 전도성 에폭시는 전선에 납땜하고 브리지 회로에 연결하기 위해 게이지 라인의 끝을 두 개의 구리 호일 패드에 전기적으로 연결한다. 가해진 힘에 의해 종이가 팽창하면 흑연은 서로에 대해 미끄러져 접촉 영역이 변하고 이에 따른 게이지 저항이 변한다. 게이지의 실제 저항은 최대 약 500 Ω 이며 15 % 까지 변할 수 있다. 종이 뒷면은 변형을 측정하기 위해 외부 빔이나 캔틸레버에 붙일 수 있다. 용지 지지대는 스트레인 게이지 측정을 위해 외부 빔 또는 캔틸레버에 접착할 수 있다. 손으로 그린 게이지의 도면은 정확하지 않으며 일관성도 거의 없기 때문에 이러한 기본 스트레인 게이지를 인터페이스 회로와 함께 사용하기 전에 보정해야 한다.

10.3 압력 민감 필름

박막 센서 및 후막 센서thick-film sensor는 매우 작은 두께, 유연성, 다양한 크기, 낮은 비용으로 인해 매우 좁은 공간에서 힘을 측정하는 데 유용하다. 이러한 고유 특성 때문에 종종 촉각 센서로도 사용된다. 이 센서의 구조와 용도는 7.13.3절에 설명한 FSR 센서와 유사하다. 일반적인 후막 센서는 [그림 10-4]에 표시된 대로 상단과 하단 보호막, 인쇄된 감압지, 2단자 전극 단자 등 5개의 층으로 구성된다.

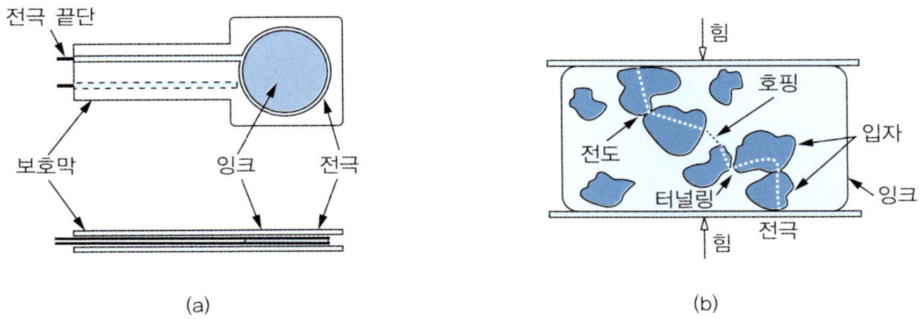

그림 10-4 (a) 박막 압력 센서 구성과 압력 감지 (b) 잉크의 동작 구조

후막 힘 센서의 핵심 구성 요소는 사전에 정의된 패턴으로 압저항 잉크를 스크린 인쇄하여 생성된 압력 감지층이다. 잉크는 두께가 10 ~ 40 μm 인 후막으로 인쇄된다. 인쇄된 잉크는 150 ℃ 에서 건조시킨 후 700 ℃ ~ 900 ℃ 의 온도로 가열한다. 그 잉크는 산화납PbO, 산화루테늄RuO_2 등 기타 다양한 마이크로 이하 크기의 금속 산화물 입자를 5 % ~ 60 % 의 농도로 용해한 용액이다. 소결은 전도성 산화물과 절연성 산화물 입자들을 결합시켜 응집력과 강도를 갖게 만든다. 소결된 잉크는 금속보다 최대 10배 더 큰 게이지 계수를 가지고 있으며 반도체 게이지보다 더 높은 온도 안정성을 보인다.[10]

[그림 10-4(b)]는 힘을 저항으로 변환하는 원리를 보여준다. 압력이 증가하면 막의 전도성이 증가하게 된다. 이를 설명할 수 있는 원리로는 전도, 전자 호핑hopping, 터널링 효과가 있다. 잉크에는 전도성과 절연성 두 가지 유형의 산화물이 있다. 압력이 가해지면 더 많은 전도성 입자가 접촉되어 전도성 경로를 형성하게 된다. 온도와 관련된 터널링 효과는 입자 사이의 거리가 약 10 nm 일 때 나타나지만, 전자 호핑은 입자 입계grain가 서로 매우 가까울 때(1 nm) 나타난다.

센서는 기본적으로 가해진 힘에 대해 전도도가 선형적으로 변하는 저항이다. 힘이 가해지지 않으면 저항은 MΩ 단위(전도율이 매우 낮음)이다. 가해지는 힘이 증가하면 센서의 저항이 변하는데 이는 잉크 및 모양에 따라 결국 10 kΩ 이하(전도율이 상승)로 떨어지게 된다. [그림 7-50(b)]에 나타낸 것처럼 전도도와 힘으로 표현되는 출력은 상당히 선형적이다(일반적으로 선형성 오차는 ±3 % 미만). 박막의 전도도를 선형 아날로그 전압으로 변환하기 위한 외부 회로는 비교적 간단하며 설계할 수 있는 한 가지 구조는 [그림 7-51(a)]에 나타냈다. 이러한 센서는 매우 다양한 응용처에 맞춤형 폼 팩터form factor로 제작할 수 있다. 인쇄된 잉크 센서의 감도가 상당히 높기 때문에 단 5 g 가벼운 터치도 인식할 수 있다. 하지만 비교적 선형인 영역에 들어가기 위해서는 40 g 이상의 바이어스 힘으로 감지 영역의 최소 80 % 는 압력 감지 필름이 압축되어야 한다.

[그림 10-5]는 후막 센서의 여러 응용 분야 중 하나를 설명하기 위해 필름 힘 센서가 운전자의 배를 위를 지나 안전벨트에 위치한 경우를 나타낸다.

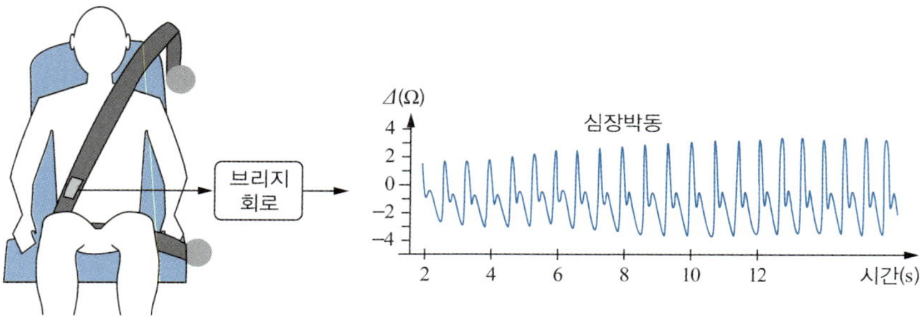

그림 10-5 안전벨트 위에 위치한 후막 힘 센서가 운전자의 심장박동 패턴을 체크한다.

호흡기 질환과 심부전은 운전 중 대부분 사전 경고 없이 발생할 수 있는 질환이다. 운전자가 건강이 좋지 않을 경우 경보를 발생시키고 차량을 강제로 정지시키기 위해 벨트는 지속적으로 심박수와 호흡의 신호를 제공한다.[11] 심장 박동과 들숨, 날숨은 안전벨트에 작지만 충분히 측정할 수 있을 만한 장력의 변화를 나타낸다. 이러한 장력은 저항이 작지만 측정 가능한 편차(Ω) 수준으로 변화하고 박막 힘 센서가 압축되도록 유발한다. 패턴 인식 소프트웨어를 사용하면 심장과 호흡기의 상황을 구별하고 동작 시 오류[1]를 걸러내며 경고 신호용으로 현장에서 분석할 수 있는 생체신호vital sign를 추출하기 위한 정보를 처리할 수 있다.

10.4 압전 힘 센서

앞에서 설명한 바와 같이 압전 효과를 사용하는 촉각 센서(7.13.2절)는 힘의 정밀도 측정을 위한 것은 아니지만, 다른 센서를 설계할 경우 정밀도를 측정하는 데 상당히 효과적이다. 압전 효과는 수동형 힘 센서와 능동형 힘 센서에서 모두 사용할 수 있다. 그러나 압전 효과는 교류 현상이라는 점을 유의해야 한다. 다시 말해 그것은 힘의 변화를 전기신호의 변화로 바꿀 수 있지만, 정상 상태의 힘steady-state force은 아무런 전기적 반응을 일으키지 못한다. 그러나 센서에 능동 여기신호가 주어질 때 힘은 교류 압전 반응에 영향을 미치는 물질의 일부 특성을 바꿀 수 있다. [그림 7-45]는 능동적 접근법에 대한 예를 나타낸다. 그러나 정량 측정의 경우 이는 정밀한 접근 방식이 아니다. 좀 더 나은 구조를 얻기 위해서는 압전 결정에 가해진 힘에 따라 기계적 공명 주파수를 조절하여 설계해야 한다. 센서의 동작 원리는 석영 결정의 특정 절단면이 전자 발진기에서 공진기로 사용되는 경우 기계적인 부하에 의해 공진 주파수를 이동시키는 것에 기반을 두고 있다. 압전 발진기의 자연 기계 주파수 스펙트럼을 설명하는 식은 참고문헌 [14]에 의해 주어진다.

1 의학 분야에서 'artefact'는 합법적인 신호를 왜곡하는 가짜 또는 인위적인 신호를 의미한다.

$$f_n = \frac{n}{2l}\sqrt{\frac{c}{\rho}} \tag{10.5}$$

여기서 n은 조화수harmonic number, l은 공명 결정 치수resonance-determining dimension[2], c는 유효 탄성 강성상수effective elastic stiffness constant[3]이며 ρ는 결정 소재의 밀도이다.

외력에 의해 유도된 주파수 편이는 결정의 비선형 효과 때문이다. 식 (10.5)에서 강성상수 c는 스트레스에 따라 다소 변할 수 있다. 스트레스가 방향(스트레인) 또는 밀도에 미치는 영향은 무시할 수 있다. 외력에 대한 최소 감도는 압착된 모양이 주어진 절단 부위에 대해 특정 방향으로 정렬될 때 발생할 수 있다. 이러한 방향성은 일반적으로 결정 발진기가 설계될 때 선택되는데, 그 이유는 기계적 안정성이 중요하기 때문이다. 그러나 센서 응용에서는 특정 축 방향으로 힘을 가하는 감도를 최대화해야 한다. 예를 들어 지름의 힘은 고성능 압력 컨버터[12]에 사용된다([그림 10-6] 참조).

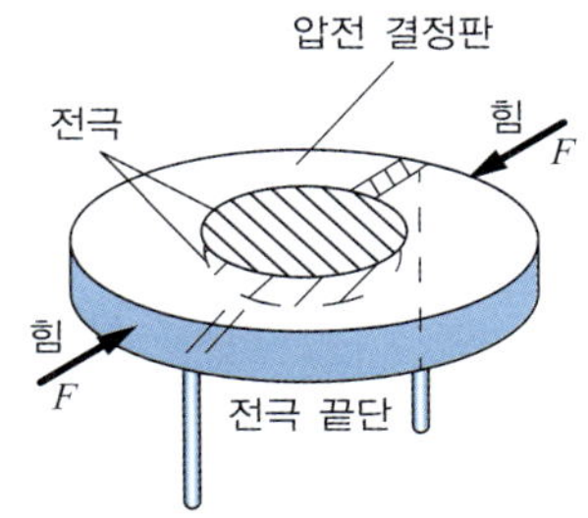

그림 10-6 지름의 힘을 측정하는 센서로 사용되는 압전 디스크 발진기

[그림 10-7]에는 비교적 좁은 범위(0 ~ 1.5 kg)에서 작동하지만, 선형성이 좋고 11 비트 이상의 분해능을 가진 센서의 또 다른 구조를 보여준다. 센서를 제작하기 위해 결정의 직사각형 판을 자르되 한 모서리만 x축에 평행하고 평판면은 z축에 대해 약 35°가 되도록 절단한다. 이 절단은 일반적으로 AT 절단면으로 알려져 있다([그림 10-7(a)] 참조).

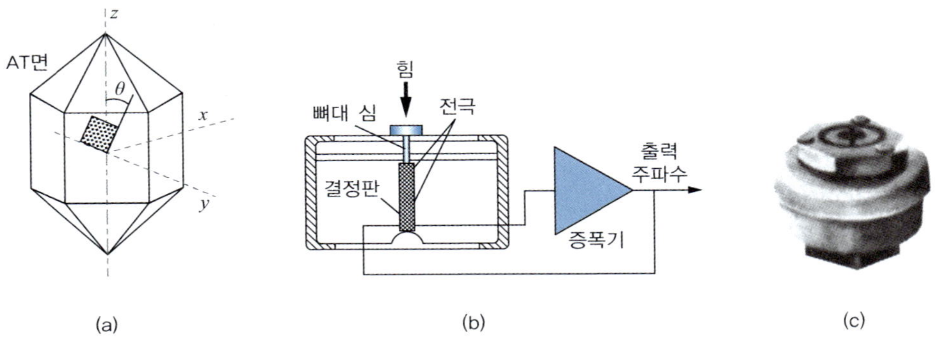

그림 10-7 쿼츠 힘 센서 (a) 쿼츠 결정의 AT 절단 (b) 센서 구조 (c) 외부 구조(출처: Quartzcell, Santa Barbara, CA)

평판은 압전 효과([그림 4-22] 참조)를 활용하기 위한 표면전극으로 사용되고, 이 전극은 발진기에 양의 피드백([그림 10-7(b)] 참조)을 준다. 쿼츠 결정은 기본 주파수(부하 없음)에서 진동하며 부하가 걸리면 다음 식에 의해 주파수가 편이한다.

$$\Delta f = F\frac{Kf_0^2 n}{l} \tag{10.6}$$

2 예를 들어 비교적 큰 얇은 판의 두께나 얇은 긴 막대의 길이 등이 있다.
3 얇은 막대의 경우 판의 두께 방향으로의 전단 강성상수(shear stiffness constant) 또는 영 계수를 의미한다.

여기서 F는 가해지는 힘, K는 상수, n은 배음 모드의 수, l은 결정의 크기이다.[13] 온도 영향으로 인한 주파수 변화를 보상하기 위해 이중 결정을 사용할 수 있으며 여기서 절반은 온도 보상에 사용된다. 각 공진기는 자체 발진회로에 연결되고 그 결과 주파수가 감산되므로 온도 효과는 무효화된다. [그림 10-7(c)]는 시중에서 흔히 볼 수 있는 힘 센서를 보여준다.

결정 공진기를 사용하는 모든 힘 센서의 근본적인 문제는 두 가지 균형추 때문에 발생한다. 한편 공진기는 가능한 가장 높은 품질계수를 가져야 하며 이는 센서가 환경으로부터 분리되어야 하고 진공 상태에서 작동해야 한다는 것을 의미한다. 반면에 힘이나 압력을 가하려면 비교적 구조가 단단하고 진동 결정에 상당한 부하 효과가 발생해야 하기 때문에 품질계수가 감소된다. 이러한 어려움은 보다 복잡한 센서 구조를 사용하여 부분적으로 해결할 수 있다. 예를 들어 포토리소그래피 방식으로 제작된 이중 및 삼중 빔 구조[14~15]에서는 이른바 스트링string 개념이 사용된다. 이 아이디어는 진동부의 크기를 음파의 1/4 파장에 맞추는 것이다. 전체 파동 반사는 외력이 결합되고 품질계수에 대한 부하 효과가 현저하게 감소되는 지지점에서 발생한다.

미세 힘을 측정하는 압전 센서는 나노 단위의 크기로 개발할 수 있다. 몰리브덴 이황산염^{MoS_2}은 분자 단층으로 형성되어 있을 때 강한 압전 특성을 보이지만 벌크 형태에서는 압전 특성이 나타나지 않는다. 단층의 수가 홀수인 2차원 MoS_2 플레이크flake를 당기고 늘리면 압전 전압과 전류 출력이 생성된다. 반면에 단층의 수가 짝수인 플레이크에 대해서는 출력이 나타나지 않는다. 0.53%로 변형된 단일 단층 플레이크는 15 mV의 피크 출력과 20 pA의 전류를 생성한다. 변형 방향이 90°로 회전할 때 두께가 감소하면 출력이 증가하고 부호가 반전된다.[16]

다음은 PVDF 및 복합 고분자 공중합체copolymer를 사용하는 센서의 몇 가지 예이다.[17] 습기, 먼지와 같은 오염물질이 센서부의 접촉되는 지점을 오염시키므로 기존의 접촉형 스위치는 신뢰성이 점점 떨어진다. 압전막은 모놀리식 구조monolithic이기 때문에 우수한 신뢰성이 뒷받침되어 고장 날 위험이 적다. 스위치의 응용처 중 가장 까다로운 예시는 핀볼 기계라고 할 수 있다. 핀볼 기계 제조업체는 순간 롤오버 유형momentary rollover type 스위치 대신 압전막 스위치를 사용한다. 스위치는 회로 기판의 끝에 캔틸레버(cantilever, 외팔보)로 장착되는 강철 스프링 빔의 적층형 압전 필름으로 구성된다([그림 10-8(a)] 참조). 디지털 압전막 스위치는 상시 개방 상태에서는 전력을 소비하지 않는 단순한 MOSFET 회로에 연결된다.

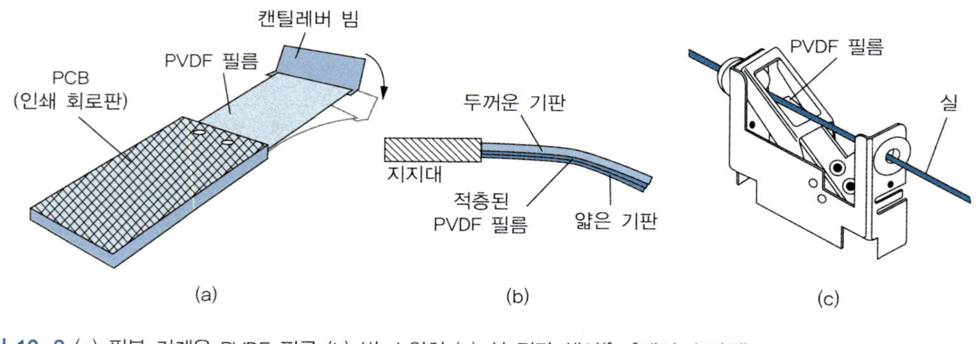

그림 10-8 (a) 핀볼 기계용 PVDF 필름 (b) 빔 스위치 (c) 실 절단 센서([17]에서 수정됨)

직접적인 접촉력에 대한 반응으로 박막 빔은 전하를 발생시키고 순간적으로 MOSFET를 동작(트리거) 시킨다. 이렇게 하면 스위치가 순간적으로 '높음' 상태가 된다. 이 센서에는 일반적으로 접점 스위치에서 보이는 부식, 점식pitting 또는 바운스bounce가 나타나지 않는다. 그 결과 고장 없이 천만 회 이상 사용할 수 있다. 이와 같이 단순한 구조는 조립 라인 및 축shaft 회전을 위한 카운터 스위치, 자동화 공정용 스위치, 기계 분사 제품의 충격 감지 등의 용도로 사용하는 데 매우 효과적이다.

PVDF 막을 운반하는 캔틸레버 빔은 높은 충격력부터 낮은 충격력까지 모두 감지할 수 있도록 스위치 감도를 조정할 수 있다. [그림 10-8(b)]는 빔형 스위치의 구조를 보여준다. PVDF 막의 구성부는 한 면이 두꺼운 기판에 적층되며 다른 면에는 훨씬 얇은 기판이 부착되어 있다. 따라서 구조물의 중립축을 압전막의 구성부 밖으로 이동시켜 아래쪽으로 변형될 때는 막에 완전 인장 변형이 발생하고, 반대 방향으로 변형될 경우에는 완전 압축 변형이 발생한다. 빔 스위치는 천연 가스 계량기의 축 회전 카운터와 전기 기기의 계량기에 이용되는 기어 톱니의 카운터로 사용된다. 이 스위치는 외부 전원이 필요하지 않으므로 스파크의 위험으로부터 안전한 가스 계량기를 제작할 수 있다. 빔 스위치의 다른 응용 사례로는 공의 충격을 감지하는 야구 표적, 농구 링에 장착된 압전 센서가 있다. 이는 바스켓 굿[4]을 확인해야 하는 농구 경기나 볼에 하는 키스나 간지럼을 감지하는 대화형 소프트 인형의 내부 스위치, 자동 판매기, 슬롯 머신용 동전 센서, 고신뢰성 디지털 전위차계 등에 활용된다.

섬유 공장은 다량의 실이 끊어지는지를 지속적으로 모니터링해야 한다. 파손된 경우를 제대로 감지하지 못하면 이는 자재 회수에 드는 인건비가 제조 원가를 초과하기 때문에 대량의 자재를 그대로 폐기해야 할 수도 있다. 실이 끊어질 때 스위치 접합부가 닫히는 드롭 스위치drop switch는 신뢰성이 매우 떨어진다. 이때 보풀이 접촉부를 손상시켜 출력신호가 나오지 않게 된다. 얇은 강철 빔에 장착된 압전 진동 센서는 바이올린 현과 같은 원리를 가지며 빔을 가로지르는 실이 마모되면서 발생하는 음향신호를 감지한다([그림 10-8(c)] 참조). 이때 진동이 감지되지 않으면 기계는 즉시 정지한다.

10.5 압전 케이블

압전 효과는 바닥(바닥, 지면, 포장도로 등)에 중력을 가하는 물체의 움직임을 감지하는 데 사용될 수 있다. 상대적으로 넓은 영역에 분포된 힘을 감지하기 위해 센서는 긴 동축 케이블 모양을 가지고 있으며 이 케이블은 단단한 바닥에 위치하고 외부 힘이 작용할 경우 압축된다. 케이블 길이는 수 센티미터에서 수 미터까지 다양하고 직선으로 배치하거나 원하는 패턴으로 배치할 수 있다. 다른 압전 센서와 마찬가지로 케이블에는 압전 특성을 가진 결정질 재료와 재료의 반대쪽에 위치한 두 개의 전극이 있다. 한 전극은 외부 케이블의 전도성 피복재이고 다른 전극은 내부 도체이며 결정 물질은 케이블 길이 방향으로 그 사이에 위치한다. 케이블은 다양한 압축을 받을 때 전극에 전기신호를 생성한다. 압전 케이블은 외경이 3 mm인 고체 절연 구리 피복, 압전 세라믹 분말, 내부 구리 코어([그림 10-9(a)] 참조)로 구성된다. 분말은 외부 피복과 코어 사이에 단단히 압축되어 있다. 이 케이블은 한쪽 끝은 용접되고 다른 쪽 끝은 50 Ω 연장 케이블에 연결된다.

4 농구 규칙 중 하나로 슛 동작에서 상대가 반칙을 했을 때 그 슛이 골인된 경우 추가 자유투를 준다.

이를 제조하기 위해서는 PVDF 고분자 필름을 케이블 절연의 구성품으로 사용하면 된다([그림 10-9(b)] 참조). PVDF는 압전성이 있어 케이블 감지 특성이 생긴다. 케이블에 기계적 힘이 가해지면 압전 필름이 스트레스를 받아 표면에 반대 극성의 전하가 발생한다. 내부 구리선과 편조braided 피복은 전하를 주입받는 전극 역할을 한다.

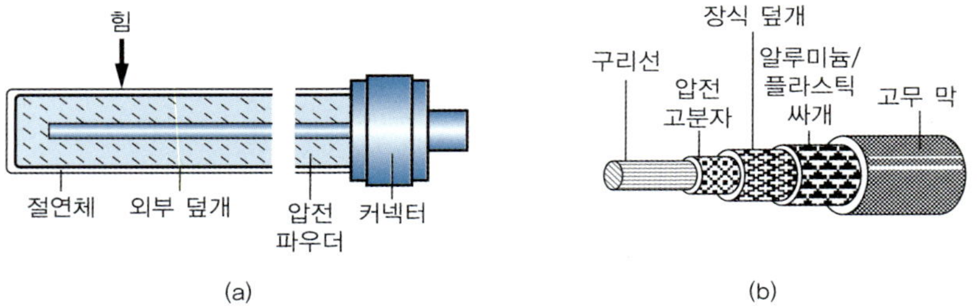

그림 10-9 압전 케이블 센서 (a) 비브라쿠아스(vibracoax) 구조 (b) 전압 생성부인 고분자 박막([18]에서 수정됨)

케이블에 압전 특성이 있으려면 제조 공정 중에 감지 부품(세라믹 파우더 또는 고분자 필름)을 폴링해야 한다.[19] 즉 케이블은 퀴리온도 근처까지 예열되고 고전압에 노출되어 분말의 세라믹 쌍극자나 필름의 고분자 쌍극자를 배향한 다음 고전압이 유지되는 동안 냉각된다.

식 (4.66)과 같이 압전 물질이 스트레스를 받으면 전하를 발생시키고 전하는 압축력 F_x에 비례한다.

$$Q_x = d_x F_x \tag{10.7}$$

여기서 d_x는 압축 좌표 x를 따라가는 압전계수이다. [그림 6-6(c)]의 전하-전압 컨버터에 연결하면 압전 유도 전하가 먼저 전류를 생성한다.

$$i = \frac{dQ_x}{\mathrm{d}t} = d_x \frac{dF_x}{\mathrm{d}t} = d_x v_{\mathrm{F}} \tag{10.8}$$

이는 출력전압으로 변환된다.

$$V_{\mathrm{out}} = -iR = Rd_x v_{\mathrm{F}} \tag{10.9}$$

여기서 v_{F}는 힘이 변하는 비율(속도)이다. 따라서 압전 케이블은 힘 속도 센서로 간주할 수 있다. 압전 케이블은 터보 샤프트turboshaft 항공기 엔진에서 압축기 날blade의 진동을 모니터링하기 위해 다양한 평가에 사용되어왔다. 예를 들어 바닥 내장용 보안 센서, 원자로silo 내 곤충 감지, 도로 교통 분석 등이 있다.[5] 교통용으로 사용될 경우 압전 케이블은 교통 흐름에 수직으로 위치하도록 고속도로 포장도로 내에 매립된다. 압전 케이블은 주로 수직력에 반응한다. 제대로 설치되면 최소 5년 동안 지속적으로 사용할 수 있다.[18] 길고 얇은 압전 절연층은 상대적으로 낮은 출력 임피던스(600 pF/m)를 보이는데 이는 압전 소자로는 이례적이다. 케이블의 동적 범위는 비 또는 우박으로 인한 원거리의 작은 진폭 진동을 감지하면서 무거운 트럭의 충격에도 선형적으로 반응하는 상당한 수준(> 200 dB)이다. 케이블은 100 MPa의 압력을 견디며 일반적인 작동 온도 범위는 −40 ~ +125 ℃ 이다. 케이블 센서를 포장도로에 설치할 때([그림 10-10] 참조) 신호의 모양과 진폭은 케이블의 특성뿐만 아니라 포장도로와 노반subgrade의 유형에 따라 달라지므로 응답을 보정해야 한다.

5 자세한 내용은 www.irdinc.com을 참고하라.

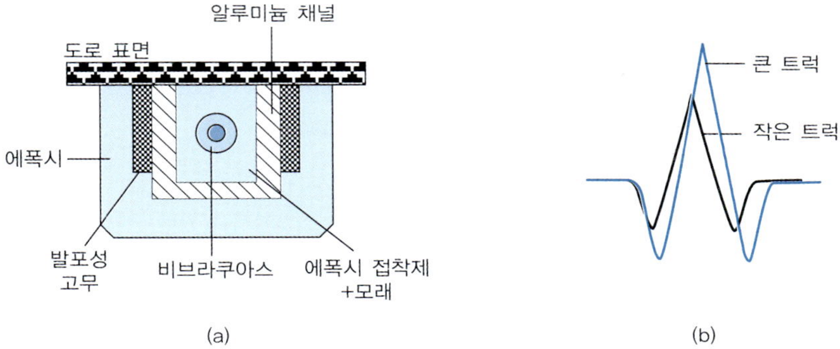

그림 10-10 고속도로 모니터링에 사용되는 압전 케이블 응용 분야 (a) 도로에 설치된 센서 (b) 전기적 응답의 모양

의학 연구에서 압전 케이블은 심장 수축으로 인한 호흡과 환자의 신체 움직임을 모니터링하기 위해 사용되었다. 즉 발리스토카르디오그램Ballisto CarDiogram, BCD이다. [그림 10-11]은 케이블이 매트리스 아래에 위치했을 때 70 kg의 남성 환자에 대한 호흡 상태를 보여준다.

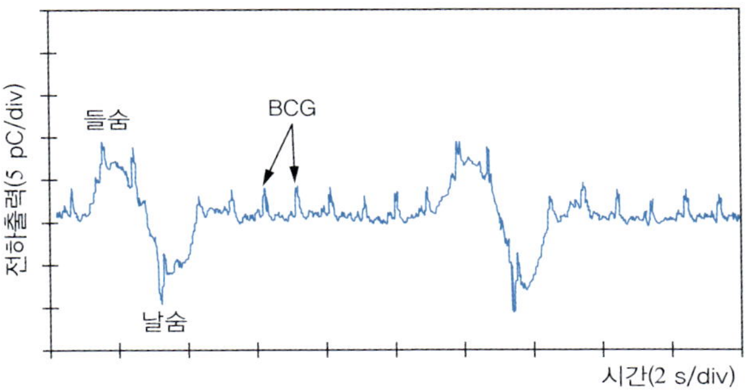

그림 10-11 매트리스와 바닥 카페 사이에 위치한 1m 길이의 압전 케이블을 활용한 환자 호흡 상태와 BCD 기록 ([19]에서 수정됨)

10.6 광학식 힘 센서

본 주제를 소개하기 앞서 새로운 유형의 자극을 감지 및 측정하는 몇 가지 센서에 대해 간략히 소개할 것이다. 이 센서는 이 책의 다른 단원에서 더 자세히 다룰 예정이다. 하지만 힘을 감지하기 위해서는 조금 다른 종류의 센서를 사용할 수도 있다.

[그림 10-12(a)]는 광 센서의 결합 유형을 나타낸다. 탄성 부품(스프링) 역할을 하는 홀더에 광학 섬유가 내장되어 있다. 광섬유는 좁은 채널 내에 위치하며 A와 B의 두 부분으로 나뉘고, 그 사이에 작은 틈이 있다. 빛은 그 틈을 통해 A구역에서 B구역으로 통과한다. 홀더에 힘을 가하면 홀더가 휘어지면서 광섬유 끝단 사이의 정렬 상태가 어긋난다. 오정렬misalignment되는 정도는 가해지는 힘에 비례하기 때문에 광섬유를 통과하는 빛의 강도는 외력에 의해 조절된다. B구역의 다른 쪽 끝에 위치한 광 감지기는 빛을 전기 출력으로 변환한다.

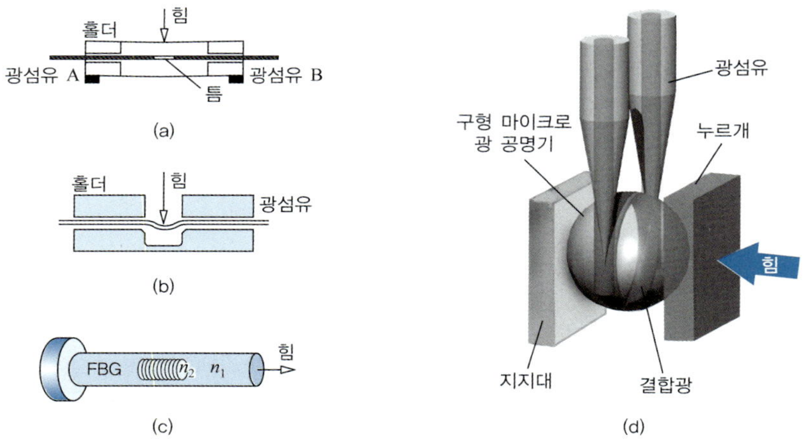

그림 10-12 (a) 광섬유 결합형 센서 (b) 광섬유 굴곡형 센서 (c) 광섬유 브래그 격자 힘 센서 (d) 속삭임의 회랑(whispering gallery, WGM)[6]식 광학적 힘 센서

[그림 10-12(b)]에는 또 다른 광섬유 힘 센서를 보여준다. 여기서 광섬유 자체는 외력의 영향으로 유연하게 반응하는 탄성물질로 작용한다. 구부리면 섬유가 구부러져 투과된 빛의 강도에 손실이 발생한다. 이 개념은 [그림 5-22(a)]에 설명된 미세 변형 스트레인 게이지와 동일하다.

작은 힘을 측정하는 광섬유를 [그림 10-12(c)]와 같이 늘리거나 압축할 수 있다. 광섬유는 굴절률이 n_1과 n_2로 다른 단면을 갖는 이른바 FBG^Fiber Bragg Grating^를 사용한다. 광섬유는 광학 필터 역할을 한다. 운용 방식에 대해서는 8.5.5절에서 설명하였다. 여러 응용 분야의 예로 FBG 센서는 광섬유 끝에 부착된 작은 자석과 자석의 수 밀리미터 내에 위치한 모든 강자성 물질 사이의 비접촉력을 측정하는 데 사용되었다. 센서를 일정한 거리로 유지하면 부식으로 인한 재료 손실은 자석과 부식된 표면 사이의 거리를 증가시켜 자기 인장력을 감소시킨다. 이로 인해 광섬유 스트레인 게이지가 감소하고 그 결과 FBG의 브래그 반사 파장이 이동하게 된다.[20]

광섬유 센서의 또 다른 유형은 [그림 10-12(d)]에 나타낸 것처럼 두 개의 광섬유가 결합된 마이크로 광학 공진기를 활용한다. 전자기 간섭^EMI^에 둔감하고 케이블이 길더라도(수백 미터) 신호 저하가 발생하지 않는 것이 장점이다.[21] 기존의 수많은 전기방식 센서보다 더 높은 온도에서 사용할 수 있으며 가연성 물질과 무기에 대한 전자기 복사파 위험^Hazards of Electromagnetic Radiation to Ordnance, HERO^ 응용에 사용할 수도 있다. 센서는 광섬유와 접촉하는 마이크로 광학요소(예 : 볼)로 구성된 속삭임의 회랑식^WGM^ 공진기를 기반으로 동작한다.[7] 볼 공진기 내의 광학 공진은 빛의 파장의 정수배로 공진기 내부에서 왕복 운동을 마칠 때마다 발생하며 스펙트럼의 피크로 나타난다. 마이크로 공진기를 비추는 데 사용되는 빛의 파장을 추적함으로써 WGM 스펙트럼은 공진기에서 분리되어 호출기로 돌아오는 빛의 강도를 측정할 수 있다. WGM 공진은 온도 변화나 작용력에 의해 발생하는 미세구(크기, 모양, 굴절률 등)의 변화에 매우 민감하다. 공진 스펙트럼 피크의 이동($\Delta\lambda$)을 모니터링하면 작용력을 매우 높은 정확도로 측정할 수 있다.

---

6 작은 소리도 멀리 들리도록 설계한 회랑을 의미한다.

7 17.9.3절에서 WGM 센서에 관련된 설명을 확인할 수 있다.

CHAPTER

11

압력 센서

Pressure Sensors

CONTENTS

11.1 압력의 기초 개념

압력의 개념은 갈릴레오Galileo의 학생이었던 에반젤리스타 토리첼리Evangelista Torricelli의 선구적인 연구에서 비롯되었다. 1643년 그는 수은이 채워진 접시에 대한 실험을 하면서 대기가 지구에 압력을 가한다는 사실을 깨달았다.[1] 1647년에는 블레즈 파스칼Blaise Pascal이 그의 처남 페리에Perier의 도움을 받아 퓌드돔Puy de Dome 산 정상과 산 초입에서 실험을 했으며 그는 수은주에 작용하는 압력이 고도에 따라 달라진다는 것을 관찰했다. 이때 실험에 사용한 진공 내 수은 기구의 이름을 기압계라고 지었다. 그리고 1660년 로버트 보일Robert Boyle은 그의 이름을 딴 유명한 관계식에 대해 언급했다. 그것이 바로 보일의 법칙이다.

보일의 법칙 Boyle's law
압력과 부피 측정의 곱은 특정 온도에서 주어진 공기 질량에 대해 항상 일정하다.

1738년 다니엘 베르누이Daniel Bernoulli는 보일의 법칙을 분석적으로 설명할 수 있는 기체 압력의 충돌 이론을 발견해냈다. 또한 베르누이는 일정한 부피에서 기체를 가열하면 압력이 증가한다고 언급하여 게이뤼삭의 법칙Gay Lussac's law을 예측하였다. 기체와 유체역학에 대한 자세한 설명이 필요하다면 물리학의 기초서적들 중 하나를 참고하면 된다. 압력 센서를 설계하거나 사용하기 위해 필수적인 기본 사항을 요약하자면 다음과 같다.

일반적으로 물질은 고체와 유체로 분류할 수 있다. '유체'라는 단어는 흐를(유동할) 수 있는 무언가를 의미한다. 여기에는 액체와 기체가 포함된다. 액체와 기체를 구분하는 방법은 그리 명확하지 않다. 압력을 변화시킴으로써 액체를 기체로 바꿀 수 있으며 그 반대의 경우도 가능하다. 표면에 수직인 경우를 제외하면 어떤 방향으로도 유체에 압력을 가할 수 없다. 90°를 제외한 모든 각도에서 유체는 단지 미끄러지거나 흐른다. 따라서 유체에 가해지는 힘은 접선 방향이며 경계에 가해지는 압력은 법선 방향이다. 정지해 있는 유체의 경우 압력은 경계면의 단위 면적 A에 수직으로 가해지는 힘 F로 정의할 수 있다.

$$p = \frac{dF}{dA} \tag{11.1}$$

이 식에서 알 수 있듯이 압력은 전 영역에 분포하는 힘이다. 따라서 압력 센서는 힘 센서와 매우 밀접한 관련이 있으며 압력 측정에는 힘 센서가 매우 빈번히 사용되고 있다. 반대로 힘을 측정할 때에는 압력 센서가 사용된다.

압력은 기본적으로 질량, 길이, 시간과 같은 기본 단위로 충분히 설명할 수 있는 기계적인 개념이다. 보통 압력은 경계 내의 위치에 의해 큰 영향을 받는 것으로 알려져 있지만, 특정 위치에 있을 때 방향과 무관한 경우가 많다. 고도에 따른 압력의 변화는 다음 식으로 나타낼 수 있다.

$$\mathrm{d}p = -w\,\mathrm{d}h \tag{11.2}$$

여기서 w 는 매체의 특정 무게이고 h 는 높이를 나타낸다. 압력은 경계선의 모양에 영향을 받지 않는다. 따라서 모양과 크기에 관계없이 다양한 압력 센서를 설계할 수 있다. 여러 표면 중 한 표면에 압력이 가해지면 표면 전체로 압력이 전달되며 그 크기는 감소하지 않는다.

기체의 운동 이론은 분자의 총 운동 에너지를 측정한 값으로 볼 수 있다.

$$p = \frac{2}{3}\frac{\mathrm{KE}}{V} = \frac{1}{3}\rho C^2 = NRT \tag{11.3}$$

여기서 KE 는 운동 에너지, V 는 부피, C^2 은 분자 속도 제곱의 평균값, ρ 는 밀도, N 은 단위 부피당 분자 수, R 은 특정 기체상수, T 는 절대온도이다.

식 (11.3)은 압축 가능한 유체(기체)의 압력과 밀도가 선형적으로 연관되어 있음을 나타낸다. 압력이 증가하면 밀도가 비례하여 증가한다. 예를 들어 0 ℃, 1 atm 에서 공기의 밀도는 1.3 kg/m^3 이지만, 동일한 온도 및 50 atm 에서는 밀도가 65 kg/m^3 로 50배나 높아진다. 반대로 액체는 압력과 온도의 변화 범위에 대해 밀도가 거의 변하지 않는다. 예를 들어 0 ℃, 1 atm 일 때 물의 밀도는 1,000 kg/m^3 이고 0 ℃, 50 atm 일 때에는 1,002 kg/m^3 이며 100 ℃, 1 atm 에서는 958 kg/m^3 이다.

기압이 주변 공기의 압력보다 높거나 낮으면 과압[overpressure] 또는 부분 진공인 상태에 대해 이야기해야 한다. 압력은 대기에서 측정할 때 항상 상대적이다. 압력이 0인 진공상태에서 측정되었을 때에는 절대 압력이라고 한다. 매체의 압력은 정지 상태인 유체를 나타낼 때는 정적[static]이며 움직이는 유체의 운동 에너지를 의미할 때는 동적[dynamic]이다.

11.2 압력의 단위

압력의 SI 단위는 파스칼이다(1 Pa = 1 N/m^2). 즉 1 파스칼(1 Pa)은 표면의 1 m^2 의 표면에 균일하게 분포된 하나의 뉴턴 힘과 같다. 종종 대기압 개념은 1 atm 으로 표기하여 사용된다. 1 atm 은 4 ℃ 의 온도에서 수직 방향의 중력 가속도에 대해 높이가 1 mm 인 물기둥이 1 cm^2 의 면적에 가하는 압력이다. 1 Pa 은 다음 관계식을 이용하여 여러 가지 다른 단위로 변환할 수 있다(표 A-4 참조).

$$1\,\mathrm{Pa} = 1.45 \times 10^{-4}\,\mathrm{lb/in^2} = 9.869 \times 10^{-6}\,\mathrm{atm} = 7.5 \times 10^{-4}\,\mathrm{cmHg}$$

1 Pa 은 상당히 낮은 압력이다. 실제로 이를 추정하기 위해서는 0.1 mm H_2O는 대략 1 Pa 과 같다는 것을 기억하면 좋다. 산업계에서는 또 다른 압력 단위가 종종 사용되기도 한다. 0 ℃ 대기압에서 일반적인 중력가속도가 주어질 때 1 mm 의 수은 기둥에 의해 작용하는 압력으로 정의된다. 이 단위는 토리첼리[Torricelli]의 이름을 따서 토르(torr)라고 명명되었다.

$$1\,\mathrm{torr} = 1\,\mathrm{mmHg}$$

지구 대기의 이상적인 압력은 760 torr(mmHg)이며 실질적 대기라고 불린다.

$$1\,\text{atm} = 760\,\text{torr} = 101,325\,\text{Pa}$$

예를 들어 의학에서 동맥혈압[ABP]은 전통적으로 mmHg로 측정되며 건강한 사람의 경우 일반적인 ABP는 약 120/70 mmHg이다. 여기서 첫 번째 숫자는 수축기 혈압(심장 수축 시)이고 두 번째 숫자는 이완기 혈압(심장 이완 시)이다. 이러한 압력은 0.158/0.092 atm으로 표현할 수 있는데 이는 동맥에서 혈액이 이 수치만큼 주변 대기압보다 높은 압력에서 흐른다는 것을 의미한다.

미국 관습 단위계는 압력을 제곱인치당 파운드[lbs/sq] 또는 psi로 정의한다. SI 단위로 변환하는 방법은 다음과 같다.

$$1\,\text{psi} = 6.89 \times 103\,\text{Pa} = 0.0703\,\text{atm}$$

압력 센서는 복합 센서이다. 즉 압력이 최종적으로 전기신호로 변환되기 전에 한 단계 이상의 에너지 변환 과정이 필요하다. 따라서 대부분의 압력 센서는 감지부의 특정 표면적에 대한 인가 압력을 변환하는 과정에 기반하여 작동한다. 그러면 순서대로 각 부위가 변위되거나 변형된다. 따라서 압력 측정은 변위를 측정하거나 변위로 인한 힘을 측정하는 문제로 한정될 수 있다. 따라서 이 장은 7장에서 다루는 변위 센서와 9장의 힘 센서를 먼저 학습한 후 학습하면 더 도움이 될 것이다.

11.3 수은 압력 센서

구조가 간단하면서도 효율적인 센서는 통신 용기[communicating vessel] 원리에 기반한다([그림 11-1] 참조).

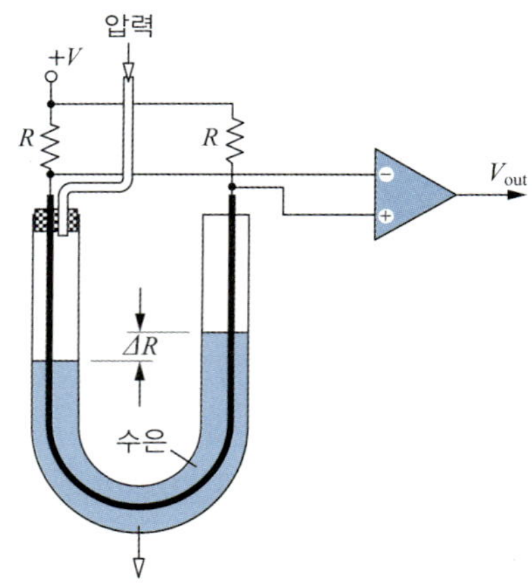

그림 11-1 수은이 채워진 기압 측정용 U자형 센서

주요 용도는 가스 압력 측정이다. U자형 와이어가 수은에 담겨져 있어 각 기둥의 수은 높이에 비례하여 저항이 줄어든다. 저항은 튜브의 압력차가 0이 유지되는 한 균형이 유지되는 휘트스톤 브리지 회로에 연결된다. 튜브의 암[arm] 중 하나에 압력이 가해지고 브리지의 균형이 깨지면서 출력신호가 발생한다. 왼쪽 튜브의 압력이 높을수록 해당 암의 저항은 높아지고 반대쪽 암의 저항은 낮아진다. 출력전압은 와이어 암의 저항 차이 ΔR에 비례하며 수은에 의해 분로(션트shunt)되지 않는다.

$$V_{\text{out}} = V\frac{\Delta R}{R} = V\beta\Delta p \tag{11.4}$$

센서는 토르 단위로 직접 보정할 수 있다. 이 센서는 단순하지만 정밀도 레벨링leveling의 필요성, 충격 민감성 및 진동 민감성, 대형, 수은 증기에 의한 가스 오염 등 몇 가지 단점이 있다.[1]

11.4 벨로우즈, 막, 얇은 판

11.2절에서 언급한 바와 같이 대부분 압력 센서로 변형과 움직임을 측정할 수 있고 변위 센서에 의해 압력값을 전기신호로 변환할 수 있다. 압력 센서의 변형부나 감지부는 압력으로 인한 변형 때문에 구조가 변화하는 기계적 장치이다. 역사적으로 이러한 장치에는 부르돈 관bourdon tubes, 벨로우즈bellows, 통 튜브barrel tubes, 캡슐, 주름형 막[3], 압력에 의해 모양이 변하는 구성품들이 있다.

벨로우즈([그림 11-2(a)] 참조)는 압력을 선형 변위로 변환하기 위한 것으로 이는 적절한 센서로 측정할 수 있다. 즉 벨로우즈는 압력을 전기적 신호로 복잡하게 변환하는 첫 단계라고 할 수 있다. 벨로우즈는 상대적으로 표면적이 크기 때문에 압력이 낮더라도 변위가 큰 것이 특징이다. 이음새 없는 금속 벨로우즈의 강성은 재료의 영 계수Young's modulus에 비례하며 벨로우즈의 외경과 회선 수에 반비례한다. 따라서 강성은 벽 두께의 세제곱만큼 비례하여 증가한다.

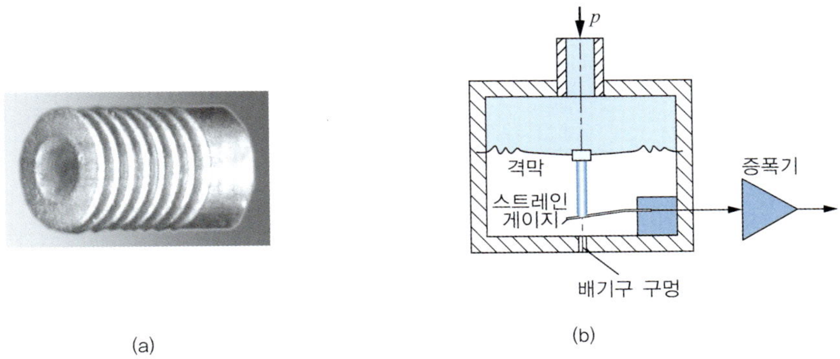

그림 11-2 (a) 압력 컨버터용 스틸 벨로우즈 (b) 압력을 선형적인 변형으로 바꿔주는 금속 주름이 있는 격막 압력

압력을 선형적인 변형으로 변환하는 일반적인 예는 무액aneroid 기압계 막이다([그림 11-2(b)] 참조). 감압 장치는 압력 챔버 내에서 적어도 하나의 벽에 설치되며 변형 센서([그림 10-2]와 같은 스트레인 게이지)에 연결되어 압저항 특성을 이용해 변형을 전기신호로 변환한다. 오늘날 대부분의 압력 센서는 마이크로 전자 기계 시스템을 사용하여 실리콘 막으로 제작된다.

1 관 양단의 압력이 동일할 때 이 센서는 경사 센서로 사용할 수 있다.

막은 방사형 장력 S에서 N/m([그림 11-3(b)] 참조) 단위로 측정되는 얇은 격막이다.

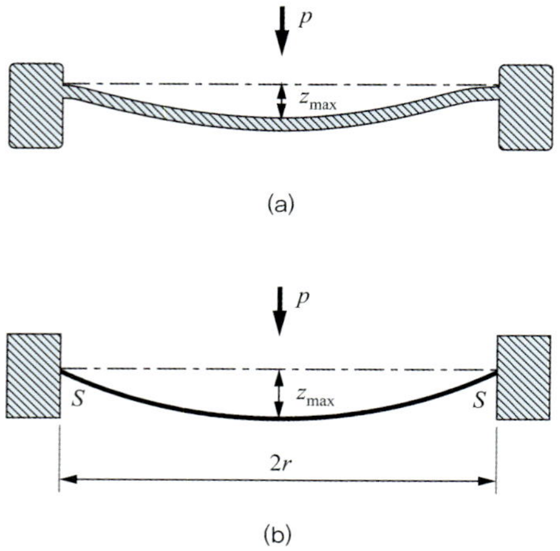

그림 11-3 (a) 압력 p가 가해지는 얇은 판 (b) 격막

휘는 힘에 대한 강성은 막의 두께가 반지름에 비해 훨씬 작기 때문에 무시할 수 있다(최소 200배 더 작음). 막 한쪽에 압력이 가해질 때 그것은 비눗방울처럼 구형으로 형성된다. 낮은 압력 p 에서 막 간의 차이는 중심부의 변형 z_{max} 와 스트레스 σ_m[2]의 압력의 준선형함수로 나타낼 수 있다.

$$z_{max} = \frac{r^2 p}{4S} \tag{11.5}$$

$$\sigma_{max} \approx \frac{S}{g} \tag{11.6}$$

여기서 r 은 막 반지름이고 g 는 두께이다. 스트레스는 일반적으로 막 전체에 걸쳐 균일하다. 막의 경우 최저 고유 진동수는 다음과 같이 계산할 수 있다.[2]

$$f_0 = \frac{1.2}{\pi r}\sqrt{\frac{S}{\rho g}} \tag{11.7}$$

여기서 ρ 는 막을 이루는 재료의 밀도이다. 막의 두께가 무시할 수 없을 정도로 작은 게 아니라면(r/g 비율이 100 이하인 경우) 더는 막이라 하지 않고 얇은 판([그림 11-3(a)] 참조)이라고 한다. 일부 유형의 클램프 링clamping ring 사이에서 판이 압축된 경우 얇은 판과 클램핑 링 사이의 마찰로 인해 눈에 띄는 히스테리시스가 나타난다. 이보다 훨씬 더 좋은 구조는 판과 부속품들supporting components이 단일 벌크 재료로 제작되는 일체형 구조이다.

판의 경우 최대 변형은 압력과 선형 연관성을 갖는다. 이때 스트레스는 N/m^2 단위로 측정한다.

$$z_{max} = \frac{3(1-\nu^2)r^4 p}{16Eg^3} \tag{11.8}$$

2 스트레스는 $\frac{N}{m^2}$ 으로 측정된다.

여기서 E는 영 계수(N/m^2)이고 ν는 푸아송 비[Poisson's ratio]이다. 원주[convolutions]에서의 최대 스트레스는 압력의 선형함수이기도 하다. 식 (11.9)는 막과 얇은 판의 변형을 활용하여 압력 센서를 설계할 수 있음을 보여준다.

$$\sigma_{\max} \approx \frac{3r^2 p}{4g^2} \tag{11.9}$$

그렇다면 변형을 전기신호로 변환하는데 필요한 물리적 효과는 무엇인가? 11.5절에서 몇 가지 효과를 논의할 것이다.

11.5 압저항 센서

압력 센서를 만들려면 두 가지 필수 구성 요소가 필요하다. 면적이 A인 판(막)과 가해진 힘 F에 반응하는 검출기이다. 이 두 구성 요소는 모두 실리콘으로 제작할 수 있다. 실리콘 격막 압력 센서는 탄성체인 얇은 실리콘 격막으로 구성되며 이때 실리콘 격막의 면적은 A이다. 실리콘 격막 압력 센서는 탄성체와 격막의 확산 불순물로 만들어진 압저항 방식의 게이지 저항으로 구성된다. 단결정 실리콘의 우수한 탄성 특성 덕분에 강한 정적 압력에서도 사실상 특성저하[creep]와 히스테리시스[hysteresis]가 발생하지 않는다. 실리콘의 게이지 계수는 박막 금속 도체의 게이지 계수보다 몇 배 더 높다.[3] 일반적으로 휘트스톤 브리지로 연결된 스트레인 게이지 저항을 제작한다. 이러한 회로의 최대 출력은 수백 mV 수준이라 출력을 감지 가능 범위로 변환하기 위해서는 신호 조절기가 필요하다. 또한 실리콘 저항체는 온도 감도가 매우 뛰어나므로 압저항체에서 온도를 보상하거나 신호 조절 회로가 온도 보정 특성을 갖고 있어야 한다.

초기 저항 R을 갖는 반도체 저항에 스트레스가 가해지면 압저항 효과로 인해 저항 변화 ΔR을 보인다.[4]

$$\frac{\Delta R}{R} = \pi_1 \sigma_1 + \pi_t \sigma_t \tag{11.10}$$

여기서 π_1과 π_t는 각각 세로 방향과 가로 방향의 압저항 계수이다. 세로 방향과 가로 방향의 스트레스는 기울기 σ_1, σ_t로 나타낼 수 있다. 따라서 [그림 11-4]와 같이 <110> 방향으로 정렬된 p형 확산 저항이나 (100) 방향의 결정성을 갖는 n형 사각 실리콘 막의 경우 계수는 대략 [4]로 표시된다.

$$\pi_1 = -\pi_t = \frac{1}{2}\pi_{44} \tag{11.11}$$

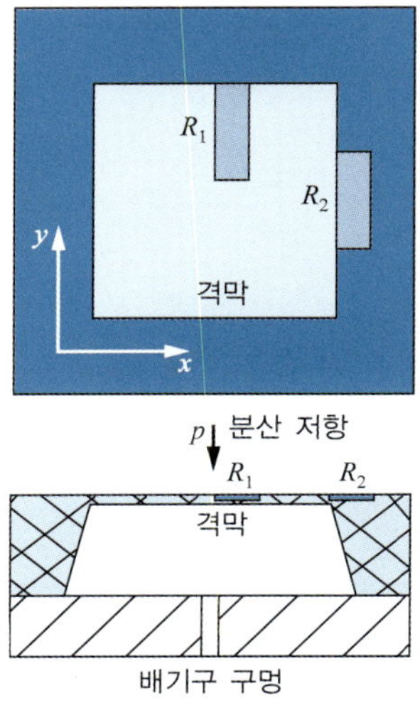

그림 11-4 실리콘 격막 위의 압저항체의 위치

저항률의 변화는 가해진 스트레스와 압력에 비례한다. 격막 위에 위치한 저항은 서로 반대 극성의 종방향 계수 및 횡방향 계수를 가지므로 저항도 반대 방향으로 변한다.

$$\frac{\Delta R_1}{R_1} = -\frac{\Delta R_2}{R_2} = \frac{1}{2}\pi_{44}(\sigma_{1y} - \sigma_{1x}) \tag{11.12}$$

R_1과 R_2를 하프 브리지 회로에 연결하고 브리지를 E로 여기시킬 때 출력전압은 다음과 같다.

$$V_{\text{out}} = \frac{1}{4}E\pi_{44}(\sigma_{1y} - a_{1x}) \tag{11.13}$$

결과적으로 회로의 압력 감도 a_p와 온도 감도 b_T는 편미분을 사용하여 다음과 같이 표현할 수 있다.

$$a_\text{p} = \frac{1}{E}\frac{\partial V_{\text{out}}}{\partial p} = \frac{\pi_{44}}{4}\frac{\partial(\sigma_{1y} - \sigma_{1x})}{\partial p} \tag{11.14}$$

$$b_\text{T} = \frac{1}{a_\text{p}}\frac{\partial a_\text{p}}{\partial T} = \frac{1}{\pi_{44}}\frac{\partial \pi_{44}}{\partial T} \tag{11.15}$$

$\partial\pi_{44}/\partial T$가 음수 값을 가지므로 감도의 온도계수는 음수이다. 즉 높은 온도에서 감도가 감소한다.

실리콘 압력 센서 공정에 사용할 수 있는 제작 방법은 여러 가지가 있다. 그중 한 가지 방법[5]은 (100) 표면 방향의 n형 실리콘 기판을 시작 재료로 사용한다. 표면 불순도 농도가 $3 \times 10^{18}\ \text{cm}^{-3}$인 압저항체는 붕소(B) 이온 주입으로 만들 수 있다. <110> 막 방향에 대해 둘 중 하나는 평행이고 다른 하나는 수직하다. 온도를 보정하기 위해 사용되는 저항 및 pn 접합과 같은 다른 주변 부품들도 압저항체와 동일한 이온 주입 과정을 통해 제작된다. 이 부품들은 막을 둘러싼 두꺼운 가장자리 영역에 위치한다. 따라서 막에 가해지는 압력에는 반응하지 않는다.

또 다른 스트레스 감지 방식은 [그림 11-5]에 나온 모토로라 MPX 압력 센서 칩에 사용된다.

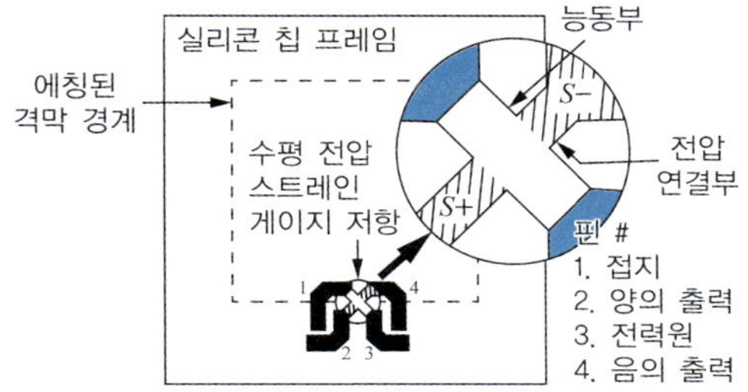

그림 11-5 보정이 되지 않은 모토로라 MPX 압력 센서의 기본 압저항 부품(출처: Motorola, Inc.)

스트레인 게이지를 구성하는 압저항성 부품은 얇은 실리콘 격막에 이온을 주입한다. 여기 전류는 저항의 꼭지 부분 1과 3을 통해 종방향으로 전달되며 격막에 스트레스를 가하는 압력은 전류가 흐르는 직각 방향으로 가해진다. 스트레스는 2와 4 꼭지 부분에서의 전압으로 감지되는 저항에 가로 방향 전기장을 형성한다. 단일형 횡방향 전압 스트레인 게이지는 홀 효과Hall effect 장치의 기계적인 아날로그 소자로 볼 수 있다(4.8절 참조). 단일형 구조를 사용하게 되면 휘트스톤 브리지를 구성하는 4개의 스트레스 및 온도 감지 저항과의 호환성을 고려할 필요가 없다. 또한 이를 통해 센서 교정과 온도 보정을 위한 추가적인 회로부를 크게 단순화시킬 수 있다. 그럼에도 불구하고 단일 요소 스트레인 게이지는 전기적으로 브리지 회로와 유사하다. 그 균형(오프셋)은 기존의 브리지와는 달리 정합성이 필요한 저항에 의존하지 않지만, 대신 횡방향 꼭지부가 얼마나 잘 정렬되었는지에 따라 달라진다.

수많은 센서에 사용되는 압저항 센서의 막(멤브레인)은 대개 1 mm 정도로 매우 얇다. 따라서 이러한 기계적 특성은 최대 적용 압력을 최대한 높이지 못한다는 한계점이 있다. 압력이 매우 높은 응용 분야에서는 실리콘 막이 너무 약하기 때문에 이러한 압력을 직접 가할 수 없다. 그러므로 실리콘 막에 가해지는 힘을 중간 압력판을 사용하여 감소시켜야 한다. 예를 들어 자동차 산업에서 온도가 2,000 ℃ 에 달하고 압력이 200 bar 가 넘는 연소 엔진의 압력을 측정하기 위해 스케일링 압력판이 있는 특수 센서 하우징을 사용할 수 있다. 이러한 하우징은 압력을 줄이고 칩을 혹독한 환경으로부터 보호해야 한다.

[그림 11-6]은 강판 위에 미세 가공된 실리콘Si 막 기반의 압력 감지칩이 위치해있는 하우징을 보여준다. 실리콘 보스를 운반하는 중앙 부분을 통해 고압이 비교적 변위가 작게 강판을 빠져나간다. 보스는 실리콘 막에 기계적으로 결합되어 위쪽으로 퍼지고 압저항 브리지의 균형이 깨진다.

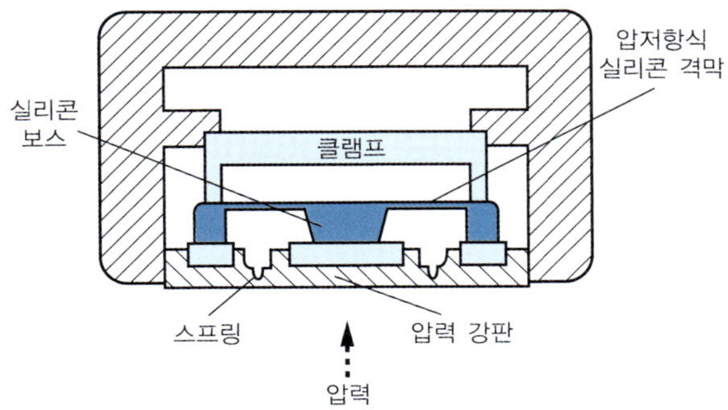

그림 11-6 고압 측정을 위한 스틸 봉지 내부의 압저항 칩

압력 센서는 절대 압력, 차동 압력, 게이지 압력을 측정할 수 있는 세 가지 기본 구조로 사용된다. 기압과 같은 절대 압력은 기준 진공 챔버를 기준으로 측정된다. 챔버는 외부에 있을 수도 있고 센서에 직접 내장할 수도 있다([그림 11-7(a)] 참조).

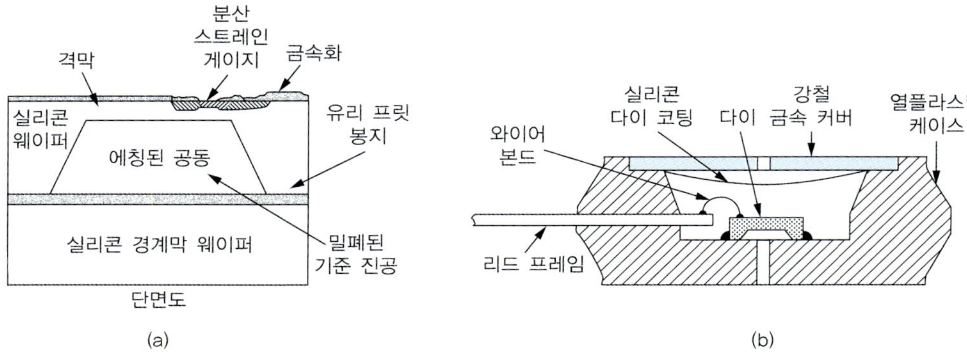

그림 11-7 (a) 절대 압력 센서 패키징 (b) 차동 압력 센서 패키징(출처 : Motorola, Inc.)

차압 유량계의 압력 강하와 같은 차동 압력은 격막의 반대 면에 동시에 압력을 가하여 측정한다. 게이지 압력은 특정 종류의 기준 압력으로 측정된다. 한 예로 대기압 측정에 사용되는 동맥 혈압 측정 Arterial Blood Pressure, ABP이 있다. 따라서 게이지 압력은 차동 압력의 특수한 경우이다.

격막과 스트레인 게이지 구조는 세 가지 구조 모두 동일하지만 패키징은 서로 다르다. 예를 들어 차동 센서나 게이지 센서를 만들기 위해 실리콘 다이die를 다이의 양쪽에 두 개의 구멍이 있는 챔버 내부에 배치한다([그림 11-7(b)] 참조). 하우징 내부는 혹독한 환경으로부터 보호하기 위해 실리콘 젤로 채워져 있어 다이 표면과 와이어 본드를 분리하고 압력신호를 실리콘 격막으로 전달할 수 있다. 차동 센서는 다양한 포팅porting 홀더에 부착될 수 있다([그림 11-8] 참조).

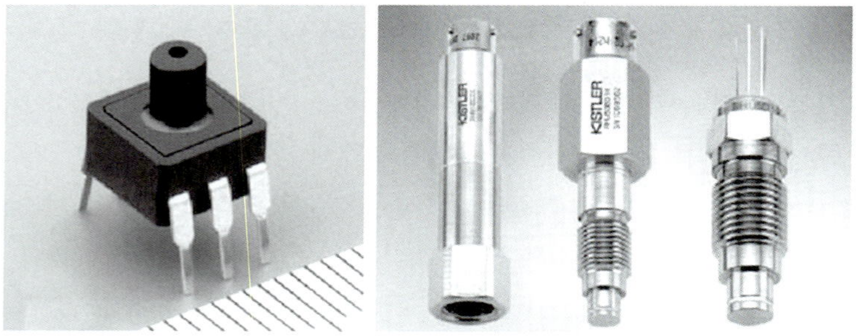

그림 11-8 압력 센서 패키징 예시

온수 해머, 부식성 유체나 로드셀과 같은 특정 용도로 사용될 때, 칩 캐리어 패키지chip-carrier와의 물리적인 분리와 유압 커플링이 필요하다. [그림 11-9]에 나타낸 것처럼 추가 격막, 판, 벨로우즈로 이를 구현할 수 있다. Dow Corning DS200과 같은 실리콘 오일을 사용하여 공기 구멍을 채움으로써 시스템 주파수 응답이 저하되지 않도록 만들 수 있다.

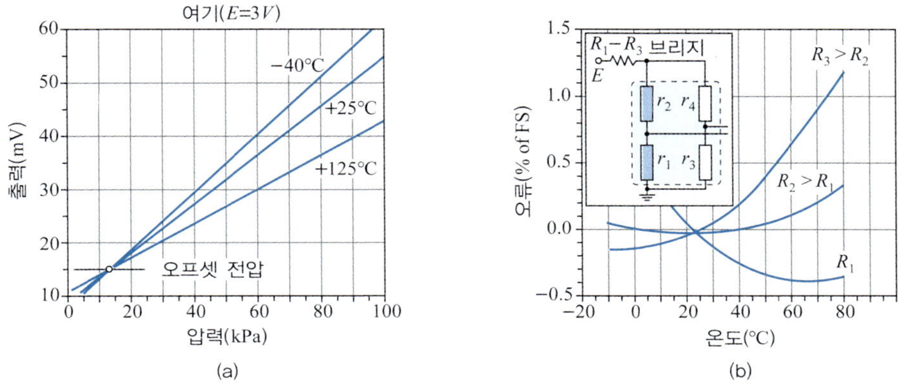

그림 11-9 압저항 압력 센서의 온도 특성 (a) 3가지 온도 조건에 대한 전달함수 (b) 브리지 회로에 연결된 직렬 보상 저항의 3개 값에 대한 오류

모든 실리콘 기반 센서는 온도 의존성이 있다. 식 (11.15)에 의해 정의된 감도 온도계수 b_T는 보통 음수이며 정확한 압력 감지를 위해 반드시 보정해야 한다. 보정을 하지 않으면 센서의 출력전압은 [그림 11-9(a)]에 나와 있는 3가지 온도 그래프와 비슷하게 나타날 수 있다.

여러 응용 분야에서 센서에 직렬 온도 무관 저항temperature-stable resistor이나 병렬 온도 무관 저항을 추가하면 간단하면서도 효율적으로 온도를 보정할 수 있다.[6] 적절한 저항값을 선택하면 센서의 출력을 원하는 작동 범위([그림 11-9(b)] 참조)에 맞출 수 있다. 광범위한 온도 보정이 필요할 때는 온도 감지기가 있는 더욱 복잡한 보상회로를 사용할 수 있다. 실제 실행할 수 있는 대안으로는 내장된 온도 센서로 압력 컨버터의 온도를 측정하는 소프트웨어를 보상하는 방법이 있다. 압력 센서와 온도 센서의 데이터는 디지털 방식으로 수치 보정을 처리하는 회로에 전달된다. 하지만 가장 좋은 해결책은 센서 내부에 온도를 보상하는 Si 브리지를 설계하는 것이다.

11.6 정전 센서

실리콘 격막은 또 다른 압력-전기 출력 변환 방식인 정전식 센서와 함께 사용할 수 있다. 정전식 압력 센서에서 격막의 변위는 기준 평판(뒷판)의 정전용량을 조절한다. 정전식 압력 센서의 개념은 [그림 8-8]에 설명된 것과 같이 정전식 변위 센서와 유사하다. 특히 이 센서는 저압 측정에 효과적이다. 전체 센서는 실리콘 시편으로 제작할 수 있어 동작 안정성이 극대화된다. 격막은 전범위에 걸쳐 최대 25%의 정전용량 변화가 가능하도록 제작이 가능하며 이를 통해 센서를 직접적으로 디지털화digitization할 수 있다(5.6절 참조). 압저항 격막은 가장자리의 스트레스를 극대화하도록 설계되어야 하지만, 정전막은 중심 부분의 변위를 이용한다. 이러한 격막은 격막 양쪽 끝단 근처에 기계적 차단 장치(차동 압력 센서의 경우)를 포함함으로써 과도한 압력으로부터 보호할 수 있다. 불행히도 압저항 격막에서는 동작 변위가 작아 다음과 같은 방식으로는 보호 기능이 그다지 효과적이지 않다. 그 결과 압저항 센서는 일반적으로 최대 정격의 약 10배의 폭발[burst] 압력을 갖지만, 과압 정지 장치가 있는 정전 센서는 정격 최대 압력의 1,000배를 감당할 수 있다. 이는 상대적으로 고압 펄스가 종종 발생하는 저압 응용 분야에서 특히 중요하다.

정전 압력 센서 설계 시 선형성을 우수하게 만들기 위해 격막의 감도를 유지하는 것이 중요하다. 이 센서는 두께보다 훨씬 작은 변위 내에서만 선형이다. 선형 범위를 개선하는 방법 중 하나는 마이크로 전자 기계 시스템을 적용하여 홈과 주름이 있는 격막을 만드는 것이다. 평면형 격막은 일반적으로 크기와 두께가 동일한 주름형 격막보다 더 민감한 것으로 알려져 있다. 그러나 평면 인장 스트레스가 있는 경우 주름은 스트레스의 일부를 방출하는 역할을 하여 감도와 선형성이 개선된다([그림 11-10(a)] 참조). 예를 들어 소비자 동맥 혈압 모니터용 저가형 압력 센서가 [그림 11-10(b)]에 나와 있다. 센서의 입구에 부착된 암 커프의 공기 호스는 공압식으로 벨로우즈에 결합되어 있으며 벨로우즈는 중앙부가 움직이는 대형 상판에 용접되어 있다. 정전용량은 상판과 하판 사이에서 측정하고 센서 하우징은 성형 수지로 제작한다. 이 센서는 20 ~ 300 mmHg의 압력 범위에서 우수한 선형성과 낮은 히스테리시스를 나타낸다. 그러나 저온 안정성이 낮아 실온 이내로 사용이 제한된다.

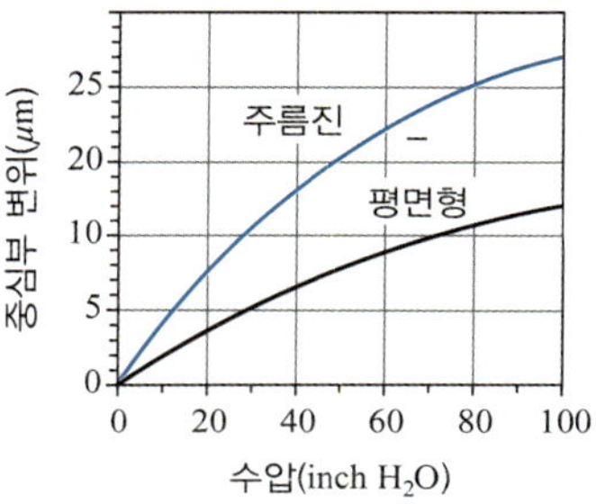

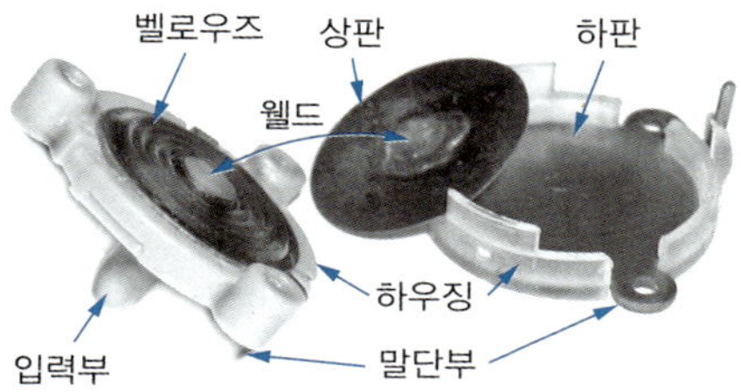

그림 11-10 (a) 장력이 걸렸을 때 크기가 동일한 평면형 격막과 주름형 격막의 중앙부 변형
(b) 벨로우즈가 있는 정전 센서의 분해 모습

11.7 VRP 센서

작은 압력을 측정할 때 얇은 판이나 격막은 매우 적게 변형된다. 따라서 격막에 부착되거나 내장시킨 스트레인 게이지를 사용하는 것은 낮은 출력신호로 인해 비현실적일 수 있다. 이를 해결할 수 있는 방법으로는 정전 센서를 들 수 있는데 여기서 격막의 변형은 재료의 내부 변형보다 기준점에 대한 상대적인 위치로 측정할 수 있다. 이러한 센서는 11.6절에서 설명하였다. 매우 낮은 압력에서 특히 유용한 또 다른 방식은 자기 센서이다. 가변 자기저항 압력[Variable Reluctance Pressure, VRP] 센서는 자기전도성 격막을 사용하여 차동 변압기의 자기저항을 조절한다. [그림 11-11(a)]는 자기 플럭스 변조의 기본적인 개념을 보여준다.

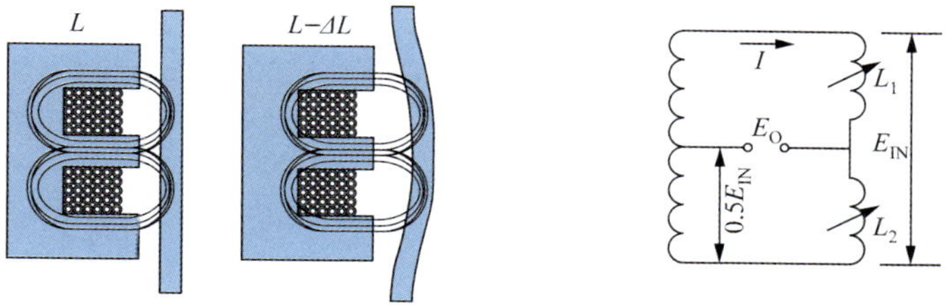

그림 11-11 (a) 가변 자기저항 압력 센서 기본 구동 원리 (b) 등가회로

E자형 코어와 코일의 조합은 자기 플럭스를 생성하며 이 자기선은 중심부, 공극, 격막을 통과한다. E자형 코어 자성체의 투자율은 공극air gap[7]의 투자율보다 적어도 1,000배 더 높으며 그 결과 자기저항은 공기의 저항보다 낮다. 공극의 자기저항이 코어의 저항보다 훨씬 높기 때문에 코일-코일 조합의 인덕턴스를 결정하는 것은 공극의 크기이다. 격막이 변형되면 변형 방향에 따라 공극이 증가하거나 감소하여 인덕턴스가 변조된다.

압력 센서를 제작하기 위해서는 자기 투과성 격막을 껍질shell의 양쪽 절반 사이에 위치시켜야 한다([그림 11-12] 참조).

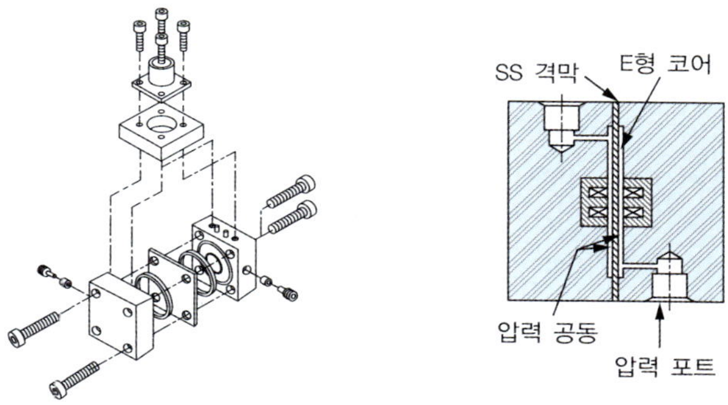

그림 11-12 저압 측정용 VRP 센서 구조도 (a) 센서 조립도 (b) 공동의 양쪽 끝단에 있는 더블 E자형 코어

양 껍질에는 E형 코어/코일 조합이 부착되어 있다. 코일은 매우 높은 압력에서도 안전성을 최대한 유지하기 위해 딱딱한 화합물 캡슐로 덮여있다. 얇은 압력 공동cavity은 격막의 양쪽에 형성된다. 격막 두께는 총 동작 범위를 결정하지만, 대부분 총 변형은 25 ~ 30 μm를 초과하지 않으므로 이 장치는 낮은 압력에 매우 민감하다. 또한 얇은 압력 공동으로 인해 격막은 압력이 과도하게 발생하더라도 물리적인 변형을 막을 수 있다.

따라서 VRP 센서는 본질적으로 안전한 장치라고 할 수 있다. AC 전류에 의해 여기되면 자기 플럭스가 각 코어에 생성되고 격막에 의한 공극이 생긴다. 따라서 센서는 두 개의 인덕턴스를 포함하고 있으므로 각 인덕턴스는 브리지의 한쪽 암을 형성하는 가변 자기저항 브리지의 1/2로 볼 수 있다([그림 11-11(b)] 참조). 격막을 가로지르는 차동 압력이 가해질 때 격막은 변형이 되는데 한쪽이 감소하고 다른 쪽은 증가하며 전자기 회로의 공극 자기저항은 가해지는 차동 압력에 비례하여 변화한다. 격막의 최대 압력은 매우 작지만, 노이즈와는 쉽게 구별될 정도의 큰 출력신호를 만들어낸다.

11.8 광전 압력 센서

낮은 압력을 측정하거나 반대로 동적 범위를 넓게 만들기 위해 두꺼운 막이 필요한 경우 격막의 변위가 너무 작기 때문에 충분한 분해능과 정확도를 보장할 수 없다. 게다가 대부분의 압저항 센서와 일부 정전 센서는 온도에 민감하므로 추가적인 열 보상이 필요하다. 광학 판독readout은 다른 기술에 비해 몇 가지 장점이 있다. 예를 들어 단순한 캡슐화, 낮은 온도 효과, 고해상도와 정확도를 갖는다. 특히 간섭 현상을 기반으로 동작하는 광전 센서가 유망하다.[8] 8.5.4절에서 자세히 설명했듯이 이 센서는 작은 변위를 측정할 수 있는 패브리-페로 간섭 현상Fabry-Perot, FP 원리를 사용한다. [그림 11-13]은 이 센서의 회로도를 나타낸다.

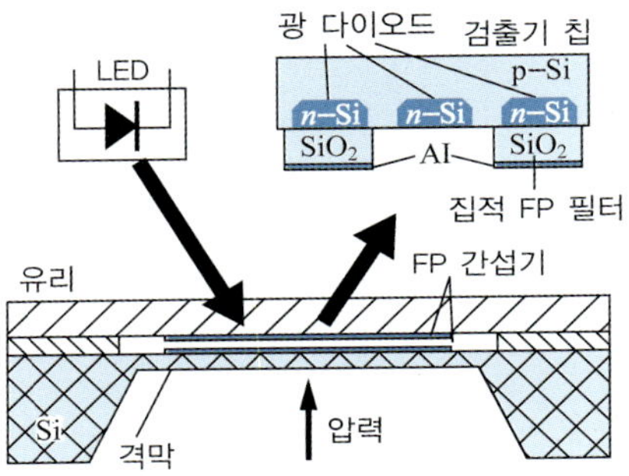

그림 11-13 간섭 현상을 이용하여 구동하는 광전 압력 센서의 구조[12]

센서는 식각된 실리콘 격막, 발광 다이오드LED, 검출기 칩이 있는 수동형 광학 압력 센서 칩[12]으로 구성된다.[9] 압력 센서 칩은 정전 압력 센서와 유사하지만, 격막의 변형을 측정하는 축전기가 FP 간섭계[10]를 만드는 광학 공동으로 대체된다는 점이 다르다. 실리콘 칩의 후면 식각된 단결정 격막은 얇은 금속층과 후면에 금속층이 있는 유리판으로 덮여 있다. 유리는 거리 w 로 두 개의 스페이서에 의해 실리콘 칩으로부터 분리된다. 두 개의 금속층은 압력 감지 이동식 거울(격막 위)과 평형 병렬 고정식 반투명 거울(유리 위)로 이루어진 가변 간격 FP 간섭계를 형성한다. 검출기 칩에는 3개의 pn 접합 광 다이오드가 포함되어 있다. 그중 두 개는 약간 다른 두께의 통합형 광학 FP 필터로 덮여있다. 필터는 표면에 SiO_2 층과 얇은 금속(알루미늄) 거울로 코팅된 첫 번째 표면 실리콘 거울로 이루어진다. 센서의 동작 원리는 FP 공극폭에 따른 반사광과 투과광의 파장 변조를 측정하는 것에 기반한다. 공극에서의 반사와 투과는 주기가 $1/2w$ 인 파장의 역수에 대한 주기함수 $1/\lambda$ 로 표현할 수 있다. w 는 인가된 압력의 선형함수이므로 반사된 빛은 파장이 변조된다.

검출기 칩은 역 변조기 역할을 하며 인가된 압력을 전기신호로 나타낸다. 두 FP 필터 단차에 의해 형성된 가상 공동과 압력 센서의 감지 공동을 광학적으로 비교한다. 두 공동이 동일하면 검출기는 최대 광전류를 생성하며 압력이 변하면 광전류는 광원 평균 파장의 절반 주기로 코사인cosine 변조된다. FP 필터가 없는 광 다이오드는 검출기에 도달하는 총 광도를 모니터링하는 기준 다이오드 역할을 한다. 출력신호는 정보의 비율을 측정하고 처리하는 데 사용된다. 센서의 출력은 본질적으로 비선형적이기 때문에 일반적으로 마이크로프로세서에 의한 선형화가 필요하다.

11.9 간접식 압력 센서

극소량의 압력 변화를 측정하기 위해서는 작은 압력(수 파스칼 수준)에도 반응할 수 있도록 격막을 격막 기반 압력 센서용으로 매우 얇게 만들어야 한다. 그러나 이는 매우 어렵기 때문에 실제로는 비효율적이다.[3] 이런 막이 만들어지더라도 깨지기 쉽고 우발적인 과도한 압력으로 쉽게 손상될 수 있다. 따라서 작은 압력을 측정하는 다른 방법들이 제안되었다. 이러한 방법들은 압력을 직접 측정하지 않는 경우가 많은데 이는 특정 영역에 분산되어 있는 힘을 측정하는 것이 아니라 압력에 의존하는 다른 변수를 측정하여 이루어진다. 그 후 변수값에서 압력을 추출하거나 계산할 수 있다.

예를 들어 낮은 상대 정압 p_1에서 공기를 채운 대형 밀폐 탱크가 있다고 가정해보자. 작은 블리드[bleed] 튜브를 탱크 내부에 부착한 후 튜브의 다른 쪽 끝을 외부(대기압 p)에서 열면 탱크 안의 공기가 블리드 튜브를 통해 외부로 배출된다. 단 p_1이 대기압보다 낮으면 공기는 대기에서 탱크로 거꾸로 흐른다. 탱크는 크고 투브는 작기 때문에 블리드 튜브 내부의 공기 흐름 속도는 일정한 값 v_2라고 할 수 있다. 이때 탱크 압력과 대기압 간의 압력 차이는 다음과 같이 베르누이 방정식(12.2절 참조)으로 도출할 수 있다.

$$\Delta p = p_1 - p_2 = b\rho v_2^2 \tag{11.16}$$

여기서 ρ은 공기 밀도, v는 물체의 흐름 속도, b는 블리드 튜브의 크기에 따라 달라지는 스케일링 계수이다. 공기 밀도는 절대 압력 수준과는 거의 무관한 평균 압력에 비례한다. 식 (11.16)은 압력 차이를 유량으로 표현할 수 있음을 나타낸다. 따라서 기존 압력 센서가 없더라도 탱크 내 기체 압력을 모니터링할 수 있다. 이는 유량계[11]를 사용하는 저차동 압력 센서의 기초가 된다. 유속이 제곱이 되기 때문에 유속은 압력차와 관련이 있지만, 부호와는 관련이 없다. 양의 부호(+)나 음의 부호(−)는 유속의 제곱항에서는 사라진다. 이 방법은 주로 송풍기에 의해 기체가 이동하는 동적 기체 시스템(예 : HVAC)의 압력 구배를 모니터링하는 데 유용하다. 이 경우 블리드 튜브 개구부의 방향에 따라 모니터링되는 압력은 피토[Pitot] 튜브에서와 같이 유동 기체의 동적 압력을 포함하는 정적 압력 또는 정체(총량) 압력이 된다.[4]

[그림 11-14]는 블리드 튜브와 유량계를 사용하여 차동 압력 센서를 실제 구현한 모습을 보여준다.

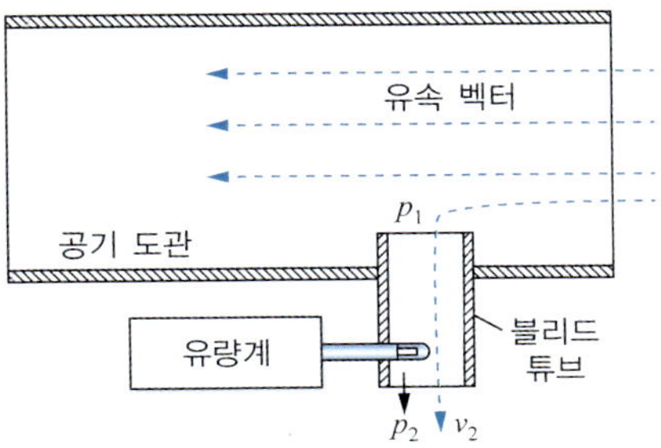

그림 11-14 차동 압력 센서로 사용되는 유량계([11]에서 수정됨)

3 어렵지만 불가능하지는 않다. 얇은 격막은 진공 센서용으로 개발되었지만 비싸고 매우 복잡했다.[18]

4 다른 곳에서는 필토관을 나타낸다.

HVAC 시스템의 공기 도관duct에는 정적 압력이 p_1 인 공기가 흐른다. 블리드 튜브는 공기 흐름 벡터에 수직으로 공기 덕트에 삽입되므로 개방 단부open end는 정적 압력 p_1 에만 노출된다. 튜브의 반대쪽은 압력이 p_2 인 대기에 개방된다. 식 (11.15)에 따르면 튜브의 압력 차이로 인해 튜브 내 공기의 흐름이 발생한다. 블리드 튜브에는 유량 v 를 측정하는 질량 유량계 탐침이 내장되어 있다. 압력의 구배는 식 (11.15)로 계산할 수 있다. 이때 값 b 는 보정이 필요하다. 이 장치에 사용할 수 있는 가장 간단하고 효율적인 유량계는 12.3.3절에서 설명한 기체 온도계이다.

11.10 진공 센서

극히 낮은 압력을 측정하는 것은 미세전자용 웨이퍼, 광학 부품, 화학 등등의 산업 분야에서 중요하다.[22] 예를 들어 우주 탐사와 같은 과학 연구에도 필수적이다. 일반적으로 진공은 대기압보다 낮은 압력을 의미하지만, 보통 이 용어는 기체의 압력이 거의 없을 때 사용된다. 실제로 진정한 진공 상태를 얻을 수는 없으며 심지어 성간intrastellar 내 공간에도 물질이 완전히 없는 것은 아니다.

진공은 기존 압력 센서로 대기압과 비교하여 음압으로 측정할 수는 있지만, 그다지 효율적이지 않다. 기존 압력 센서는 낮은 신호 대 잡음비로 인해 극도로 농도가 낮은 기체를 감지하지 못한다. 대부분의 압력 센서는 일종의 막 컨버터와 변위(변형) 컨버터를 사용하지만, 특수 진공 센서는 다른 원리로 작동한다. 이는 부피당 분자 수와 관련된 기체 분자의 특정 물성에 의존한다. 이러한 특성에는 열전도성, 점도, 이온화 등이 있다. 그럼 지금부터 널리 사용되는 몇 가지 센서 구조에 대해 간략히 설명하도록 하겠다.

11.10.1 피라니 게이지

피라니 진공 게이지pirani vacuum gauge[12]는 기체의 열전도도를 이용하여 압력을 측정하는 센서이다. 가장 오래된 진공 센서 중 하나로 가장 간단한 버전의 게이지에는 가열판이 있다. 측정은 기체 압력에 따라 가열판에서 발생하는 열 손실량을 감지하여 이뤄진다. 피라니 게이지의 동작 원리에 관해서는 스몰루호프스키Von Smoluchowski가 선구적으로 연구를 진행했으며[13], 그는 물체가 가열될 때 주변 물체에 대한 열전도도는 다음 식에 의해 결정된다고 했다.

$$G = G_0 + G_g = G_s + G_r + ak\frac{PP_T}{P + P_T} \tag{11.17}$$

G_S는 주변 지지체의 열전도도, G_r은 복사열전달, a는 가열판의 면적, k는 기체 특성 관련 계수, P_T는 측정할 수 있는 최대 압력인 과압[transitional pressure]이다. [그림 11-15(a)]는 가열판에서 열 손실을 일으키는 여러 요소를 보여준다.

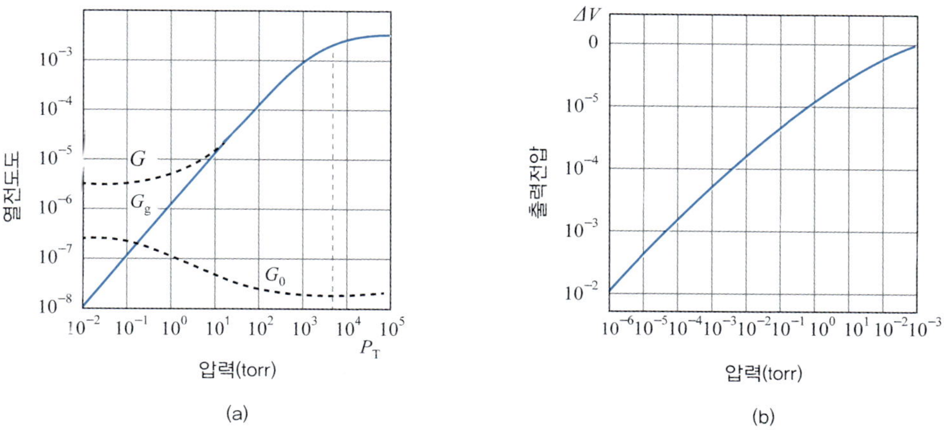

그림 11-15 (a) 가열판의 열전도도 (b) 피라니 진공 게이지의 전달함수

고체의 전도 손실과 복사 손실을 고려하면 기체 전도성 G_g는 선형적으로 절대 진공까지 내려간다. 이때 G_0에 기여하는 간섭 요인을 최소화하는 것이 중요하다. 이는 센서 하우징에 최소 열적으로 최소한으로 접촉되어 매달려 있는 가열판과 G_0의 영향을 크게 상쇄시키는 차동 기술을 모두 사용하면 된다.

진공 기술에 사용되는 피라니 게이지[pirani guage]에는 몇 가지 방식이 있다. 그중 하나는 온도가 다른 두 개의 가열판을 사용하는 것으로 가열하는 데 소비되는 전력량은 기체 압력의 척도라고 할 수 있다. 또 다른 하나는 주변 벽들로 인해 발생하는 열 손실에 의한 기체의 열전도도를 측정하기 위해 단일판을 사용하는 것이다. 온도는 보통 열전대[thermocouple]나 백금 RTD를 사용하여 측정한다.

[그림 11-16]은 열 균형(차동) 기법을 사용하는 게이지의 한 가지 버전을 보여준다.

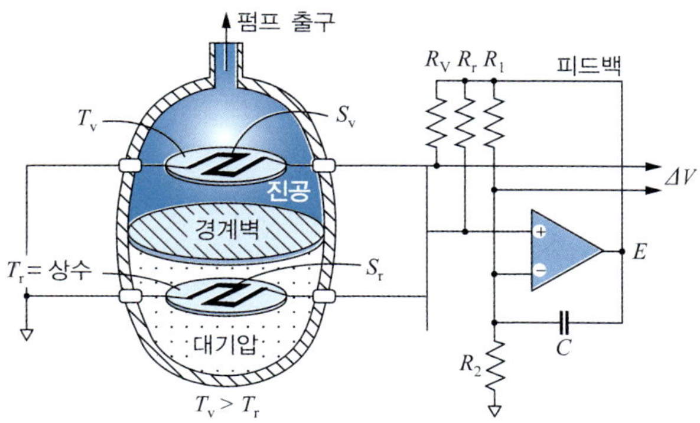

그림 11-16 자가 발열 모드로 구동하는 NTC 서미스터를 활용한 피라니 진공 게이지

감지 챔버는 기준 압력(예 : 1 atm)에서 기체를 주입하는 두 개의 동일한 부분으로 나뉜다. 하나는 기준 압력(예 : 1기압, 760)에서 기체가 채워지며 다른 하나는 측정을 진행할 진공에 연결되어 있다. 두 챔버 모두에는 고체를 통한 전도 열 손실을 최소화하기 위해 작은 연결고리[link]에 의해 지지되는 가열판이 들어있다. 두 챔버는 전도 열 손실과 복사 열 손실이 거의 동일하도록 모양, 크기, 구조가 동일한 것이 바람직하다. 대칭일수록 열전도도 오차 G_0를 상쇄시킬 수 있다. 가열판은 전류에 의해 데워진다. 이 특정 구조에서 각 히터는 음의 온도계수 NTC를 갖는 서미스터이다(17.4.4절 참조). 서미스터 저항은 동일하고 줄[joule] 가열을 일정 부분 상쇄하기 위해 상대적으로 낮다. 기준 서미스터 S_r은 고정 저항 R_r, R_1, R_2와 작동 증폭기를 포함하는 자체 균형 브리지에 연결된다. 브리지는 자동으로 S_r의 온도를 일정 수준 T_r로 설정하며 이는 브리지 저항기에 의해 결정되며 주변 온도와 무관하다. 브리지는 양쪽 브리지 암에 대한 음의 피드백과 양의 피드백에 의해 균형을 이루게 된다. 축전기 C는 회로의 진동을 방지한다. 기준판에 공급되는 전압 E와 동일한 전압이 R_v, R_r을 통해 감지판의 서미스터 S_V에 인가된다. 출력전압 ΔV는 감지 서미스터와 브리지에서는 다르게 사용된다. 전달함수의 모양은 [그림 11-15(b)]에 나와 있다. 진공 센서는 종종 감지판을 오염시킬 수 있는 기체와 함께 동작하므로 적절한 필터를 사용해야 한다.

11.10.2 이온 게이지

이 센서는 구형 무선 장비에서 앰프로 사용된 진공관과 유사하다. 평판과 필라멘트 사이의 이온 전류([그림 11-17(a)] 참조)는 분자 밀도(압력)에 거의 선형함수이다.[14] 진공 게이지 관의 전압 연결 부위는 다음과 같다. 양극 고전압은 그리드[grid]에 인가되는 반면 음극 저전압은 평판에 연결된다. 출력은 그리드의 압력과 전류 i_g에 비례하는 평판으로 들어오는 이온 전류 i_p이다. 현재 이 게이지를 추가로 개선한 것은 이른바 바야드-알머드[Bayard-Alpert] 진공 센서[15]이다. 이 센서는 훨씬 낮은 압력에서 더 민감하고 안정적이다. 또한 형상이 다르다는 점만 제외하면 진공관 게이지의 작동 원리와 동일하다. 평판은 그리드에 둘러싸인 와이어로 대체되고 음극 필라멘트는 외부에 위치한다([그림 11-17(b)] 참조).

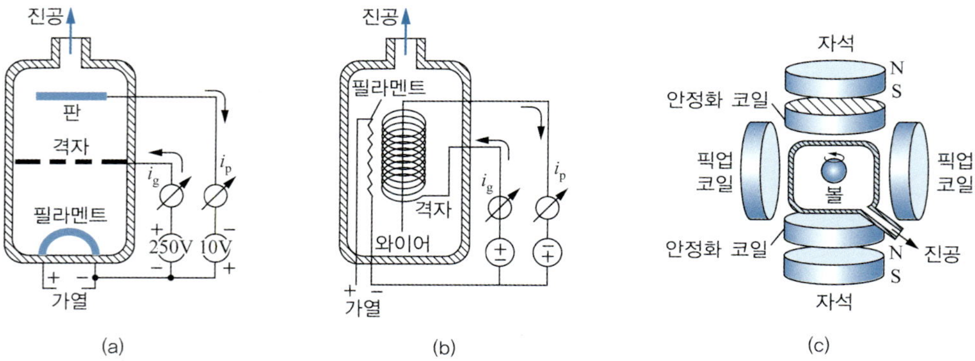

그림 11-17 (a) 이온 진공 게이지 (b) 바야드-알퍼드 게이지 (c) 기체 항력 게이지

11.10.3 기체 항력(drag) 게이지

기체 분자가 움직이는 물체와 기계적으로 상호 작용한다는 것은 회전 로터 게이지Spinning Rotor Gauge, SRG[16]의 기초가 된다. SRG의 장점은 뜨거운 음극(필라멘트)이나 고전압 방전으로 진공 환경을 교란하지 않는다는 것이다. 또한 부식성 기체를 포함한 다양한 종류의 기체와 호환된다. $10^{-4} \sim 10^{-1}$ Pa($10^{-6} \sim 10^{-3}$ torr) 범위의 진공 게이지 보정을 위한 기준으로 SRG를 사용하며 화학적인 활성 기체에 대한 모니터링 특성이 우수하다.

SRG 모니터에는 주요 구성품[17]이 세 가지 있으며 이는 다음과 같다.

1. **센서나 로터** : 얇은 골무에 위치한 자기강철 볼 벽으로 둘러싸인 진공 시스템이 확장된다.
2. **골무 외부에 위치한 서스펜션 헤드** : 볼의 서스펜션을 위한 영구자석과 전자석, 매달린 볼의 위치를 감지하고 안정시키기 위한 서스펜션 코일, 작동 주파수 범위까지 볼을 회전시키기 위한 유도 구동 코일, 볼의 회전을 감지하기 위한 픽업 코일이 포함된다.
3. **모든 작동 기능을 제어하는 전자 컨트롤 유닛(컨트롤러)** : 회전하는 볼에서 픽업신호를 증폭하고 신호로부터 데이터를 처리하여 압력을 얻는다.

SRG 장치를 작동시키기 위해 지름이 4.5 mm인 작은 강철 볼은 진공 챔버에 결합된 골무 내부에서 400 Hz의 속도로 회전하는 자력으로 상승한다. 볼 자기 모멘트는 픽업 코일의 신호를 유도한다. 기체 분자는 볼에 항력을 가하여 볼의 회전 속도를 늦춘다. 동역학에서 볼의 회전 주파수는 시간 t에 따라 기하급수적으로 감소하거나 회전 주기가 기하급수적으로 증가한다는 것을 알 수 있다.

$$r = \tau_0 e^{KPt} \tag{11.18}$$

여기서 P는 압력이고, K는 보정상수이다. 이 상수는 다음과 같이 정의된다.

$$K = \frac{\pi \rho \alpha c}{10 \sigma_{\text{eff}}} \tag{11.19}$$

여기서 ρ는 공의 밀도, α는 반지름, c는 평균 기체 분자 속도이며 기체 온도 및 분자량에 따라 달라진다. 또한 σ_{eff}는 공의 표면 거칠기와 분자 산란 특성을 설명하는 유효 접선 운동량 수용계수tangential-momentum accommodation coefficient이다. '매끄러운' 공의 경우 일반적으로 σ_{eff}는 0.95와 1.07 사이에 해당하며 이를 더 정확하게 측정하려면 진공 표준에 대한 보정이 필요하다. 따라서 압력은 회전 속도를 둔화시키고 이는 식 (11.18)의 역수 관계로 계산할 수 있다. 이를 위해 특정 시간 간격에 대한 전체적인 합이 필요하다.

CHAPTER

12

유량 센서

Flow Sensors

CONTENTS

12.1 유동역학의 기초 개념

물리학의 기초 중 하나는 질량은 보존되는 양이라는 것이다. 따라서 질량은 새롭게 만들거나 제거할 수 없으며 항상 일정한 양으로 유지된다. 그러나 경계를 통과하여 질량이 유입되거나 유출될 경우 그 합은 0이어야 하며 어떤 질량이 들어오든 다시 나가야만 한다. 즉 둘 다 동일한 시간 간격으로 측정되면 계에 들어가는 질량(M_{in})은 계에서 나가는 질량(M_{out})과 같다.[1]

$$\frac{\mathrm{d}M_{in}}{\mathrm{d}t} = \frac{\mathrm{d}M_{out}}{\mathrm{d}t} \tag{12.1}$$

기계공학에서 유동을 측정하는 데 사용되는 이동 매체는 액체(물, 오일, 용매, 가솔린 등), 공기 기체(산소, 질소, 일산화탄소, 이산화탄소, 메탄, 수증기 등)이다. 이때 '유동 비율', '유속' 또는 '속도 비율'은 움직이는 유체 내에서 미세한 부피가 움직이는 속도를 의미한다.

액체가 일정하게 흐를 경우 유속은 주어진 지점에서 시간 변화에 따라 일정하다. 우리는 움직이는 매체의 모든 지점에 유선을 그릴 수 있다([그림 12-1(a)] 참조).

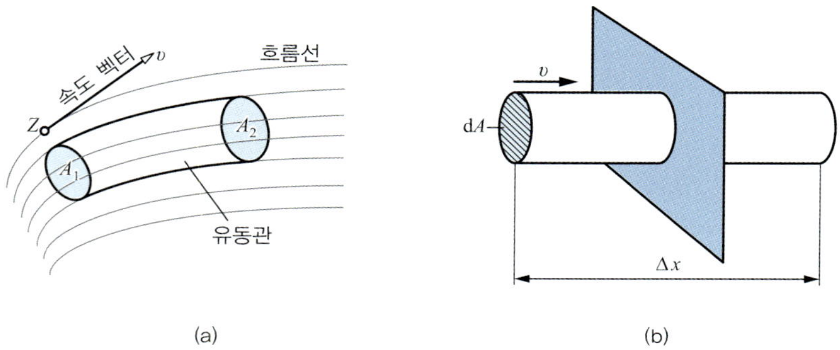

그림 12-1 (a) 유동관 (b) 평면을 통과하는 매체의 흐름

이때 유선flow line 분포는 시간에 무관하다. 속도 벡터는 모든 점 z에서 유선에 접선이다. 유선 다발을 감싸는 유동의 모든 경계를 유동관이라고 한다. 이러한 관 경계는 유선으로 구성되기 때문에 어떤 유체(기체)도 유동관의 경계를 넘을 수 없으며 관은 특정 모양의 파이프 같은 역할을 한다. 유동 매체는 단면 A_1인 한쪽 끝단에서 파이프 안으로 들어갈 수 있고 단면 A_2를 통해 다른 쪽 끝단으로 나갈 수 있다. 유동관 안에서 움직이는 물질의 속도는 일반적으로 관을 따라 다른 지점에서 서로 다른 크기를 가진다.

지정된 시간 간격 Δt에서 특정 평면을 통과하는 이동 매체의 부피는 다음과 같다([그림 12-1(b)] 참조).

$$A = \frac{V}{\Delta t} = \int \frac{\Delta x}{\Delta t} \mathrm{d}A = \int v \,\mathrm{d}A \tag{12.2}$$

여기서 v는 영역 A에 통합되어야 하는 이동 매체의 속도이며 Δx는 볼륨 V의 변위이다. [그림 12-2]는 파이프 내 액체 또는 기체의 속도가 횡단면에 따라 달라질 수 있음을 보여준다.

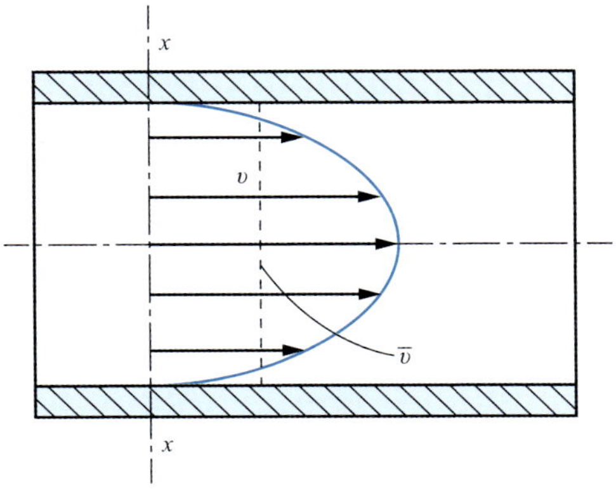

그림 12-2 파이프 내에서의 유속에 대한 개요도

평균 속도를 다음과 같이 정의하면 여러 방면에서 편리하다.

$$v_a = \frac{\int v \mathrm{d}A}{A} \tag{12.3}$$

파이프 크기보다 훨씬 작은 센서로 속도를 측정하면 평균 속도 v_a가 너무 낮거나 너무 높은 속도를 잘못 감지할 가능성이 있다. 평균 속도 및 단면적의 곱은 플럭스(선속) 또는 유속flow rate이라고 하며 SI 단위로는 m^3/s, 미국식 단위로는 ft^3/s이다. 이는 식 (12.3)을 재배열하여 찾을 수 있다.

$$Av_a = \int v \mathrm{d}A \tag{12.4}$$

유량 센서는 보통 v_a를 측정한다. 따라서 유동 속도를 결정하려면 유동관의 단면적 A를 알아야 하며 그렇지 않으면 측정값이 무의미하다.

유량 측정은 부피의 변위를 결정하기 위해서는 거의 사용되지 않는다. 일반적으로 부피보다는 질량의 유동을 결정하는 것이 더 중요하다. 물론 사실상 압축이 불가능한 유체(물, 오일 등)를 처리할 때는 부피나 질량을 사용할 수 있다. 비압축성 물질에 대한 질량과 부피 사이의 관계는 밀도 r을 통해 다음과 같이 표현된다.

$$M = \rho V \tag{12.5}$$

여러 재료들의 밀도는 [표 A-13]에 나타냈으며 질량의 유동률은 다음 식으로 정의된다.

$$\frac{\mathrm{d}M}{\mathrm{d}t} = \rho A \bar{v} \tag{12.6}$$

질량 유속의 SI 단위는 kg/s이고 미국식 단위로는 lb/s이다. 압축성 매체(기체)의 경우 주어진 압력에서 질량 유속이나 부피 유속을 정해야 한다.

질량이나 부피 또는 변위를 측정하여 유속을 측정할 수 있는 센서는 매우 다양하다. 단 어떤 센서를 사용하더라도 측정할 때 고유한 어려움이 있어 측정 절차가 복잡해진다.

유량을 측정하기 위해 특정 센서를 선택하려면 제조업체의 규격을 참조하고 특정 센서에 대한 권장 사항을 매우 신중하게 고려해야 한다. 이 책에서는 이동형 풍향계vane나 터빈형 풍동 측정계turbine type meter와 같은 전통적인 유량 측정 시스템은 다루지 않는다. 따라서 유동을 아예 제한하거나 거의 제한하지 않으며 이동 부품이 없는 센서만을 고려한다.

12.2 압력 구배 기법

유체역학의 기본 방정식은 베르누이 방정식Bernoulli equation[1]이다. 이는 비점성nonviscous, 비압축성incompressible 매질이 안정적으로 유동할 때에만 엄격히 적용된다.

$$p + \rho\left(\frac{1}{2}v_a^2 + gy\right) = \text{상수} \tag{12.7}$$

여기서 p는 유동관 내의 압력이고 $g = 9.80665\,\mathrm{m/s^2} = 32\,\mathrm{ft/s^2}$은 중력상수이며 y는 중간 변위의 높이이다. 베르누이 방정식을 사용하면 유동을 따라 압력을 측정함으로써 유체의 속도를 알아낼 수 있다.

유량 측정 시 압력 구배 기법pressure gradient technique은 기본적으로 유동 저항을 도입해야 한다. 알려진 저항의 압력 구배를 측정하면 유속을 계산할 수 있다. 이 개념은 옴의 법칙과 유사하다. 특정 저항의 전압(압력)은 전류(유동)에 비례한다. 실제로 유동 저항을 유발하는 제한 요소는 오리피스orifice, 다공성 플러그plug, 벤투리venturi 관[2]이다. [그림 12-3]은 두 가지 유형의 유동 저항기를 보여준다.

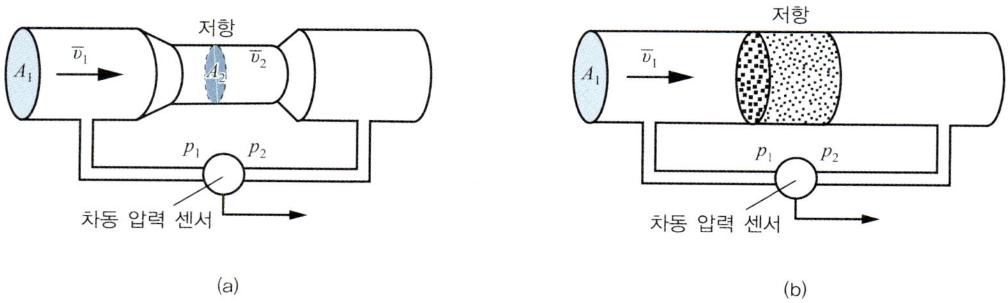

그림 12-3 유동 저항기의 두 가지 유형 (a) 채널의 폭이 좁은 경우
(b) 매체의 흐름을 제한하는 다공성 플러그가 들어있는 경우

1 베르누이 원리는 네덜란드-스위스 국적의 수학자 다니엘 베르누이가 1738년에 출간한 책 「Hydrodynanica(수력학)」에 나와있는 원리에서 이름을 따왔다.

2 폭이 좁아지는 파이프(tapered profile pipe) 형태의 유량 측정관의 일종이다.

저항에는 차압 센서가 부착되어 있으며 이동 질량이 더 높은 저항 영역에 진입할 경우 속도는 저항이 증가함에 따라 비례하여 증가한다.

$$v_{1a} = v_{2a}R \tag{12.8}$$

저항 R은 단위가 없는 값임을 유념하라. 베르누이 방정식은 차동 압력을 다음과 같이 정의한다.[3]

$$\Delta p = p_1 - p_2 = \frac{\rho}{2}(v_{2a}^2 - v_{1a}^2) = k\frac{\rho}{2}v_{2a}^2(1 - R^2) \tag{12.9}$$

여기서 k는 실제 압력 p_2가 이론적으로 계산된 것보다 약간 낮기 때문에 필요한 보정계수이다. 식 (12.9)로부터 평균 속도를 다음과 같이 계산할 수 있다.

$$v_{2a} = \frac{1}{\sqrt{k(1 - R^2)}}\sqrt{\frac{2}{\rho}\Delta p} \tag{12.10}$$

단위 시간당 질량 유동 속도를 결정하기 위해 비압축성 매체의 경우 식 (12.10)은 다음과 같이 단순화시킬 수 있다.

$$q = \xi A_2\sqrt{\Delta p} \tag{12.11}$$

여기서 ξ는 교정을 통해 결정되는 보정계수이다. ξ 값은 온도에 따라 달라질 수 있으므로 전체 구동 온도 범위에서 특정 액체나 기체를 사용하여 보정해야 한다. 앞에서 언급한 바와 같이 압력 구배 기법은 기본적으로 한 개의 차동 압력 센서 또는 두 개의 절대 센서를 사용해야 한다. 출력신호의 선형 표현이 필요한 경우 제곱근 추출법square root extraction을 사용해야 한다. 제곱근 추출법은 기존의 계산 기법들 중 하나를 이용하여 마이크로프로세서에서 계산할 수 있다. 압력 구배 기법은 부품 중에 이동형이 없고 손쉽게 이용 가능한 표준 압력 센서를 기반으로 한다는 것이 장점이다. 반면에 저항형 디바이스로 인해 유동이 제한된다.

미세유량microflow 센서는 [그림 12-4]와 같이 정전 센서[2]를 이용해 구현할 수 있다.

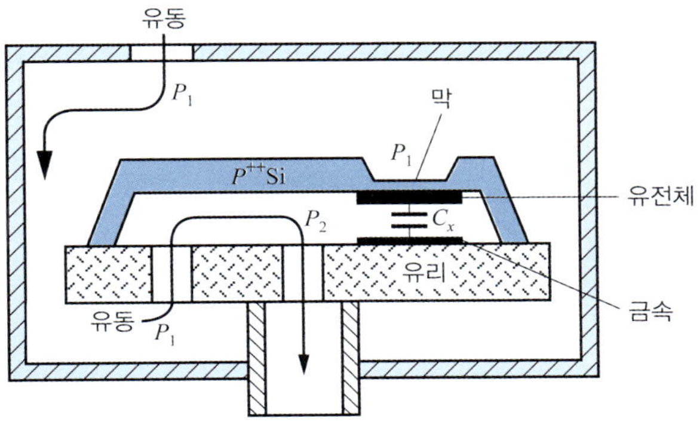

그림 12-4 정전식 압력센서 기반 기체 미세 유동 센서의 구조도[2]

3 압력 측정은 일반적인 경우와 같이 동일한 높이에서 측정되었다고 가정한다.

이 센서는 압력 구배 기법에 기반하여 작동한다. 또한 실리콘 미세 가공 방식을 사용하여 제작되었으며 붕소 식각 저지층etch stop을 주입시켜 [그림 12-4]와 같은 구조를 만들 수 있다. 또한 기체는 입구를 통해 압력 P_1 으로 센서의 하우징으로 들어가고 식각된 격막 외부를 포함하여 실리콘 평판 주변 전체에 동일한 압력이 형성된다. 기체는 비교적 높은 압력 저항을 가진 좁은 채널을 통해 미세 센서의 공동으로 흘러 들어간다. 그 결과 공동 내부의 압력 P_2 가 P_1 보다 낮기 때문에 막 전체에 압력차가 발생한다. 따라서 유속은 식 (12.11)에서 계산할 수 있다. 압력차는 정전 압력 센서로 측정할 수 있는 막 변형을 유발한다. 정전용량 C_x 는 금속판 위에 매달린 상태의 스트레스 보정된 p^{++} 붕소 도핑 실리콘 박막으로 형성된다. 압력차는 약 4 torr 인 전체 압력에서 분해능이 1 mtorr/fF 인 금속 평판과 실리콘 구조 사이의 정전용량 C_x 를 변화시킨다. 이때 센서의 전체 해상도는 약 14 ~ 15 비트이며 압력 측정 정확도는 약 9 ~ 10 비트이다. 전체 압력차의 약 2배에서 막이 금속판에 닿기 때문에 단락을 방지하기 위해 절연층이 필요하며 유리 기판은 막이 파열되는 것을 방지한다. 정전용량 측정 회로([그림 5-32] 참조)는 표준 CMOS 기술을 사용하여 실리콘 기판에 집적된다.

12.3 열전달 센서

유동을 측정하기 위한 좋은 방법은 유동 매체를 표시하고 그 표지의 움직임을 감지하는 것이다. 예를 들어 표지자mark는 매체에 대한 정상stiotionary 상태에서 매체와 함께 이동할 수 있는 유동 물체일 수 있다. 유속을 계산하기 위해 물체가 한 위치에서 다른 위치로 유동과 함께 이동하는 데 걸리는 시간을 사용할 수 있다. 이러한 물체는 부유물, 방사성 원소, 혹은 염료나 유색의 유체(유색 연기나 페인트액) 같은 것들이 될 수 있다. 또한 표지자는 다른 기체나 액체가 될 수 있으며 이 액체의 희석 농도와 속도는 적절한 센서로 감지할 수 있다.

의학 분야에서는 유동 측정에서의 염료 희석법을 혈류역학 연구에 사용한다. 그러나 대부분 이물질을 유동 매체에 넣는 것은 실용적이지 않거나 그 외의 이유로 금지된다. 따라서 이동매체의 특정 물성을 변화시켜 변화 정도에 대한 변위 속도나 그 희석되는 속도를 감지하는 방법을 사용한다. 보통 나쁜 영향을 주지 않으면서 쉽게 수정할 수 있는 가장 좋은 물성은 온도이다. 그 이유는 원하지 않는 영향을 제거하면서 특성을 쉽게 변경할 수 있기 때문이다.

유동 매체에서 열 방출 속도를 감지하는 센서를 열전달 유량계thermal transport flowmeter 또는 열 유속계thermoanemometer라고 한다. 열전달 유량계는 다른 유형의 유량계보다 훨씬 더 민감하고 넓은 동적 범위를 가진다. 또한 빠르고 강한 전류뿐만 아니라 극미세 기체의 변위나 액체의 변위를 측정하는 데 사용된다. 이 센서는 주요 부품 중에 이동형 부품이 없고 매우 낮은 유속까지도 측정할 수 있다는 것이 장점이다. 보통 패들 휠paddle wheel, 경첩 풍량계, 차압 센서는 유속이 낮으면 출력이 정확하지 않다. 또한 자동차, 항공, 의료 또는 생물학적 용도와 같이 지름이 작은 삽관tubing이 필요한 경우 움직이는 부품을 가진 센서는 기계적으로 실용적이지 않으며 이런 응용 분야에서는 열전달 센서가 필수적이다. 또 다른 장점으로는 일반적으로 재료의 구성비나 화학 반응에 의해 변성되는 매체의 열전달에 민감하기 때문에 재료의 비율 변화를 감지하는 데 유용하다는 것이다.

열 유속계를 어떻게 설계하느냐에 따라 작동 한계가 결정된다. 특정한 속도에서 움직이는 매체의 분자들이 발열체 근처를 지나는 동안 두 감지기 사이에 온도차를 발생시킬 만큼 충분한 열에너지를 흡수할 시간이 부족하다. 열전달 센서의 동작 상한선은 보통 실험적으로 결정된다. 가령 대기압 상온(약 20℃)에서 열전달 센서가 감지할 수 있는 최대 풍속은 60 m/s(200 ft/s)이다.

움직이는 매체, 특히 기체의 압력과 온도는 체적 비율 계산의 정확성에 크게 기여한다. 질량 유량계의 경우 압력이 증가하면 질량이 비례적으로 증가하므로 압력은 측정에 거의 영향을 주지 않는다.

열전달 감지를 위한 데이터 처리 시스템은 최소 세 개의 가변 입력신호, 즉 유동매체의 온도, 온도차, 가열 전력신호를 수신해야 한다. 이러한 신호는 멀티플렉싱되어 디지털 형식으로 변환되고 컴퓨터가 처리하여 유동 특성을 계산한다. 데이터는 일반적으로 속도(m/s 또는 ft/s), 체적 속도(m^3/s 또는 ft^3/s) 또는 질량 속도(kg/s 또는 lb/s)로 표시된다.

12.3.1 열선 유속계

가장 잘 알려져 있으면서도 오래된 열전달 유동 센서는 열선hot wire이며 더 나중에 개발된 것은 열막 유속계hot-film anemometers이다.[3] 이는 풍동 난류 수준, 모델 주위의 유동 패턴, 방사형 압축기 날blade 자국wake 측정 등에 광범위하게 사용되어 왔다. 열선식 열속계hot-wire thermanometer는 보통 부품이 2, 3개로 나눠진 센서가 아니라 단일 부품 센서이다. 이 센서의 핵심 부품은 지름이 0.00015 ~ 0.0002 in(0.0038 ~ 0.005 mm)이고 길이가 0.040 ~ 0.080 in(1.0 ~ 2.0 mm)인 열선이며 선 저항은 보통 2 ~ 3 Ω 이다. 보통 전류에 의해 전선을 200 ~ 300℃ 로 예열한 후 전선의 온도를 측정하면서 작동하게 되는데 이는 유동 매체의 온도를 초과한 값이다. 일반적으로 유동 매체의 온도를 훨씬 초과하게 되면 센서는 매체 온도에 덜 민감해지기 때문에 따로 매체의 온도를 보정할 필요가 없어진다. 유동이 없는 상태에서는 선의 온도가 일정하지만, 매체가 유동하게 되면 선이 냉각된다. 유동이 강할수록 냉각이 강해진다. 열선과 열막 탐침의 장점은 빠른 응답 속도로 최대 500 Hz의 주파수까지 대응할 수 있다.

온도를 조절하고 냉각 효과를 측정하는 방법에는 정전압 방식과 항온 방식 두 가지가 있다. 정전압 방식은 전선온도가 감소하는 것을 측정하는 반면, 항온 방식은 공급전력이 증가함에 따라 적절한 유량으로 온도가 일정하게 유지된다. 다시 말해 공급전력은 유속을 측정하는 척도이다. 열선식 열속계에서 선은 양의 온도계수를 가지므로 다음과 같이 두 가지 목적으로 사용된다. 즉 온도를 매체온도 이상으로 상승시키고 열선이 냉각될 때 선 저항이 감소하므로 냉각되는 이 열선의 온도를 측정하는 데 사용된다. [그림 12-5]는 항온 방식용 브리지 회로를 보여준다. 이는 6.2.4절에서 설명한 원칙을 기반으로 하는 영위성null-balancing 브리지이다.

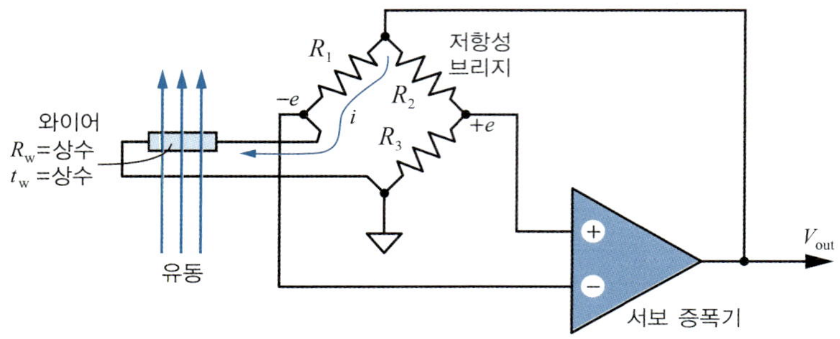

그림 12-5 상수 온도 열선 유속계용 영위성 브리지

서보servo 증폭기의 피드백은 브리지를 균형 상태로 유지한다. 저항 $R_1 \sim R_3$는 상수이므로 일정하다. 반면에 R_w는 열선의 저항을 나타내며 온도에 따라 달라진다. 열선온도 t_w가 떨어지면 R_w가 일시적으로 떨어지고 브리지 전압이 연달아 감소된다. 즉 이는 서보 증폭기에 음의 입력이 있는 것이다. 이를 통해 브리지에 피드백으로 적용되는 V_{out}이 증가한다. V_{out}이 올라가면 전선을 통과하는 전류 i가 증가하여 온도가 상승한다. 이렇게 하면 유동매체가 냉각될 때 전선온도가 복원되며 그 결과로 t_w는 전체 유속 범위에서 일정하게 유지된다. 피드백 전압 V_{out}은 회로의 출력신호이자 질량 유속 측정값이다. 이때 유동이 빠를수록 전압은 높아진다.

일정한 유속에서 전선에 공급되는 전력 Q_e는 대류 열전달로 인해 유동 매체에 의해 전달되는 유출화력out-flowing thermal power Q_T에 의해 균형을 이룬다.

$$Q_e = Q_T \tag{12.12}$$

열전류 i, 열선온도 t_w, 유체온도 t_f, 열선 표면적 A_w, 열전달계수 h를 고려하여 다음과 같은 균형 방정식balance equation을 구성할 수 있다.

$$i^2 R_w = hA_w(t_w - t_f) \tag{12.13}$$

1914년 루이스 베소 킹King[4]은 비압축성이면서 낮은 레이놀즈 수Reynolds number를 갖는 유동에서 무한 원통형 물체의 열 손실에 대한 다음과 같은 해를 발견했다.

$$h = a + bv_f^c \tag{12.14}$$

여기서 a와 b는 상수이고 $c \approx 0.5$이다. 이 방정식은 킹의 법칙King's law으로 알려져 있다. 식 (12.12), 식 (12.13), 식(12.14)를 조합하면 열전달 계수 h를 소거할 수 있다.

$$a + bv_f^c = \frac{i^2 R_w}{A_w(t_w - t_f)} \tag{12.15}$$

$V_{out} = i(R_w + R_1)$ 및 $c = 0.5$인 점을 고려할 때 다음과 같은 출력전압에 대해 유속의 함수로 이 식을 풀 수 있다.

$$V_{\text{out}} = (R_w + R_1)\sqrt{\frac{A_w(a + b\sqrt{v})(t_w - t_f)}{R_w}} \tag{12.16}$$

고온 구배($t_w - t_f$) 덕분에 출력신호는 매체온도 t_f에 거의 의존하지 않는다. 효율적으로 작동시키기 위해 온도 구배($t_w - t_f$)와 센서 표면적은 가능한 한 넓어야 한다.

킹의 법칙은 무한 원통에 대해 도출되었기 때문에 실제 센서에 적용할 수 있는 가능성은 어느 정도 가감해야 한다. 열선은 비교적 짧고(2 mm 이하) 탐침에 의해 지지되어야 하며 유동 내부에 있는 동안 안정적으로 유지되어야 한다. 또한 전선의 저항은 전류에 의해 가열할 수 있는 수준으로 상대적으로 낮아야 한다. 동시에 열선은 가능한 큰 열 계수를 가져야 한다. 이러한 요구 사항을 충족시키기 위해서는 매우 신중하게 설계해야 한다. 열은 대류(유용한 효과)뿐만 아니라 복사 및 전도(간섭 효과)를 통해 열선으로부터 손실될 수 있다. 열 복사는 보통 무시할 수 있을 정도로 작고 실제로 무시할 수 있지만, 지지 구조를 통한 전도성 열손실은 대류 손실과 비슷하거나 더 클 수 있다. 따라서 가열된 열선은 물리적으로 가능한 한 지지 구조에 대한 내열성이 커야 한다. 이는 센서를 설계할 때 매우 주의해야 한다.

열선 센서의 일반적인 구조는 [그림 12-6(a)]에 나와 있다.

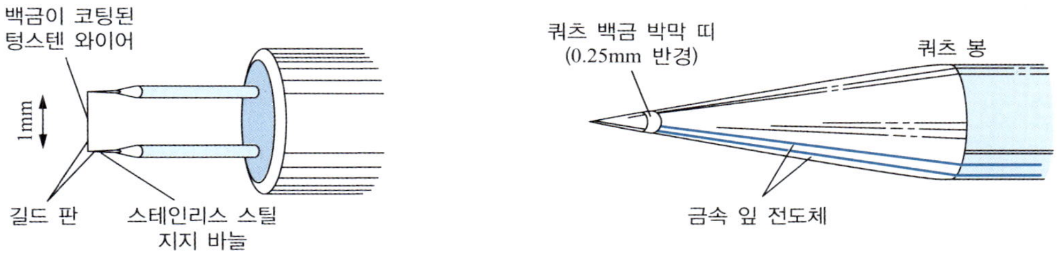

그림 12-6 (a) 열선 탐침 (b) 원뿔형 열막 탐침

가장 일반적인 열선 재료는 텅스텐, 백금, 백금-이리듐 합금이다. 텅스텐 열선은 강도 및 저항의 온도계수(0.004 ℃$^{-1}$)가 높다. 하지만 내산화성이 낮아 고온에서는 다양한 기체를 감지할 수 없다. 이 밖에도 백금은 내산화성이 우수하고 온도계수(0.003 ℃$^{-1}$)도 높지만, 고온에서는 매우 약하다. 또한 백금-이리듐 열선은 내산화성이 우수한 텅스텐과 백금의 합금으로 백금보다는 강도가 높지만, 온도계수(0.00085 ℃$^{-1}$)가 낮다. 텅스텐은 현재 더 유망한 열선 재료이다. 일반적으로 도금된 끝단들과 지지 니들[needle]과의 접착력을 향상시키기 위해 얇은 백금 코팅이 적용된다. 니들은 얇지만 튼튼해야 하며 탐침 본체에 대한 높은 열 저항성(낮은 열전도도)을 가져야 한다. 스테인리스 스틸은 가장 자주 사용되는 재료이다. 열선 탐침은 비싸고 매우 약하며 기계적 충격이나 과도한 전기 펄스로 인해 쉽게 손상될 수 있다.

열막 센서는 본질적으로 세라믹 기판과 같은 절연체에 증착된 전도성 필름이다. [그림 12-6(b)]의 센서는 표면에 백금 박막이 코팅된 석용 원뿔이다. 원뿔 측면의 금 도금은 전기적 연결부가 된다. 열선과 비교할 때 열막 센서는 다음과 같은 장점이 있다.

1. 동일한 지름의 열선보다 필름 센서의 감지부가 더 넓으므로 전자를 제어할 때 주파수 응답이 더 우수하다.
2. 기판 열전도도가 낮아 주어진 길이 대 지름비에 대해 지지대까지의 열전도가 감소된다. 즉 더 짧은 길이의 감지부를 사용할 수 있다.
3. 센서 구조를 선택하는 폭이 넓다. 쐐기형, 원뿔형, 포물선형, 평면형을 사용할 수 있다.
4. 오염에 덜 민감하고 세척이 용이하다. 표면에 박막 석영 코팅을 할 때 이물질이 쌓이는 것을 방지할 수 있다.

일반적인 열막 센서의 금속막 두께는 1,000 Å 미만이므로 물리적인 강도와 유효 열 전도율은 거의 전적으로 기판 재료에 의해 결정된다. 대부분의 열막은 우수한 내산화성과 장기 안정성을 가진 백금으로 만든다. 열막 센서의 견고함과 안정성이 향상됨에 따라 이전에는 취약하고 안정성이 떨어지는 열선으로 인해 측정이 매우 어려웠던 많은 분야에 사용할 수 있게 되었다. 원뿔형, 원통형, 쐐기형, 포물선형, 반구형, 평평한 표면에 열막 탐침이 제조되었고 이후 캔틸레버가 장착된 원통형 열막 센서도 제작되었다. 이것은 석영관에서 원통형 열막 센서를 만들고 관 내부의 전기 리드[lead] 중 하나를 구동시킴으로써 제조되었다. [그림 12-6(b)]의 원뿔 모양 센서는 그 모양이 보푸라기 및 기타 섬유성 불순물이 센서와 얽히는 것을 방지하며 특히 수자원 관련 응용 분야에서 주로 사용된다. 원뿔은 비교적 오염된 물에서 사용할 수 있지만, 원통형 센서는 물이 여과된 경우 더 적합하다.

12.3.2 3단 열 풍속계

[그림 12-7]에 표시된 열 유속계는 주로 액체에 사용되지만, 기체에도 유용하게 사용된다. 이 장치는 매우 견고하고 오염에 강하며 움직이는 매체에 담긴 세 개의 작은 관으로 구성된다. 두 개의 관에는 온도 감지기 R_o, R_s가 포함되어 있다. 감지기는 매체에 열적으로 연동되며 유동이 측정되는 구조의 요소부와 파이프로부터 열적으로 분리된다. 이때 두 감지기 사이에는 발열체가 놓여진다. 두 감지기 모두 전도를 통한 열 손실을 최소화하기 위해 작은 도체로 전선에 연결된다([그림 12-7(b)] 참조).

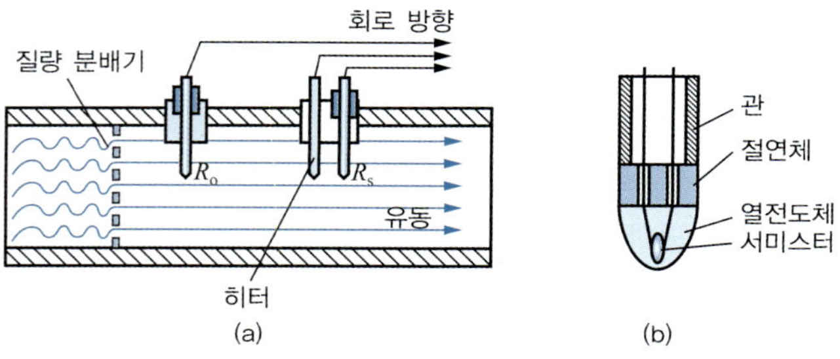

그림 12-7 3부 열 유속계 (a) 기본 2센서 구조 (b) 온도 센서의 횡단면 그림

센서는 다음과 같이 작동한다. 첫 번째 온도 감지기 R_o는 유동 매체의 온도를 측정한다. 첫 번째 센서의 하층부에서 발열체가 매체를 가열하고 상승된 온도는 두 번째 온도 감지기 R_s로 측정한다. 강철로 된 매체에서는 열이 매체를 통해 발열체에서 두 감지기 모두로 방출된다. 유동이 0인 매체에서 열은 주로 열전도와 중력 대류에 의해 발열체에서 배출된다. 발열체가 R_s 감지기에 더 가깝게

위치하므로 그 감지기는 더 높은 온도를 기록할 것이다. 매체가 흐르기 시작하면 강제 대류로 인해 열 방출이 증가한다. 유속이 높을수록 열 방출이 증가하고 R_s 감지기에 더 낮은 온도가 기록된다. 열 손실을 측정하여 유속으로 변환하게 된다.

열 유속계의 기본 관계식은 앞에서 설명한 것처럼 열선 유속계에 관한 킹의 법칙을 기반으로 한다. 점증적 열 변화는 다음과 같다.

$$\Delta Q = kl(1+\sqrt{\frac{2\pi\rho c d v}{k}})(t_s - t_f) \tag{12.17}$$

여기서 k와 c는 주어진 압력에서 매체의 열전도도와 비열, ρ는 매체의 밀도, l과 d는 두 번째 온도 센서의 길이와 지름, t_s는 두 번째 센서의 표면 온도이고, t_f는 첫 번째 센서의 온도(매체온도), v는 매체의 속도이다. 콜리스Collis와 윌리엄스Williams는 킹의 이론에 일정 부분 수정이 필요하다는 것을 실험적으로 증명했다. $l/d \gg 1$인 원통형 센서의 경우 수정된 킹의 방정식으로 매체의 속도를 계산한다.

$$v = \frac{K}{\rho}\left(\frac{dQ}{dt}\frac{1}{t_s - t_f}\right)^{1.87} \tag{12.18}$$

여기서 K는 보정상수이다. 유동을 측정하려면 두 번째 센서와 움직이는 매체 사이의 온도 구배와 손실된 열을 측정해야 한다. 그러면 유체나 기체의 속도가 비선형적이기는 하지만, 열 손실의 매우 결정적인 함수가 된다([그림 12-8] 참조).

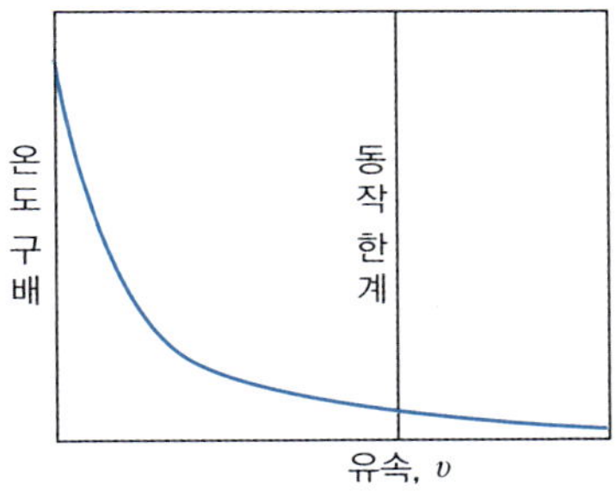

그림 12-8 열 유속계의 전달함수

온도를 정확하게 측정하기 위해 유량계에서 저항식, 반도체식, 광학식 등 모든 유형의 온도 감지기를 사용할 수 있다(17장 참조). 그러나 오늘날 대부분의 제조업체는 저항 방식 센서를 사용한다. 과학 및 산업적 분야에서 측정을 할 때 RTD는 더 넓은 온도 범위에서 더 높은 선형성, 예측 가능한 응답 및 장기 안정성을 보장하기 때문에 가장 중요하게 여겨진다. 특히 의학 분야에서 서미스터는 높은 감도 때문에 종종 선호된다. 저항 방식 온도 센서를 사용하는 경우에는 원격으로 감지하기 위해 4열선 측정 기법을 진지하게 고려해야 한다. 이 기법은 특히 연결선의 미세한 저항에서 발생하는 문제를 해결할 수 있다. 이때 연결선은 RTD와 같이 저저항 온도 센서에서 오류의 원인이 된다. 4열선 방법에 대한 설명은 6.6.2절을 참조하라.

열 유동 센서를 설계할 때 층류laminar가 잘 혼합된 유동에서 매체가 난류 없이 감지기를 통과하도록 하는 것이 중요하다. 이 센서에는 보통 질량 이퀄라이저mass equalizer([그림 12-7(a)] 참조)라고 불리는 혼합 그리드grid나 난류 차단기가 부착된다.

12.3.3 2단 열 풍속계

앞에서 설명한 열선 및 열막 유속계는 고속 응답 센서이다. 하지만 먼지나 연기처럼 공기 중에 떠다니는 수많은 오염 물질에도 민감하게 반응하며 매우 섬세하고 값비싼 장치이다. 수많은 분야에서 기체 유동은 빠르게 응답할 필요가 없으며 오랫동안 지속적으로 모니터링해야 한다. 이러한 센서는 기체 불순물에 더 강하고 기계적으로 견고해야 한다. 견고성을 위해 센서 응답 속도를 희생할 수 있으므로 다른 설계 접근 방식을 취할 수 있다. 단 모든 열전달 센서에서와 같이 가열된 소자와 탐침의 지지체 사이의 열 저항을 최대화하기 위한 핵심 요건은 유지되어야 한다. 센서는 유동 매체의 온도 측정, 매체 가열, 유동으로 인한 냉각효과 모니터링 기능 이렇게 세 가지를 수행해야 한다.

[그림 12-9(a)]는 두 부분 열 유속계[6~7]를 보여준다. 한 부분은 매체 온도 기준 센서 S_1이고, 다른 부분은 가열 H와 온도 감지부 S_2의 조합이며 서로 밀접한 열적 결합을 유지한다. 즉 두 번째 온도 센서는 발열체의 온도를 측정한다.

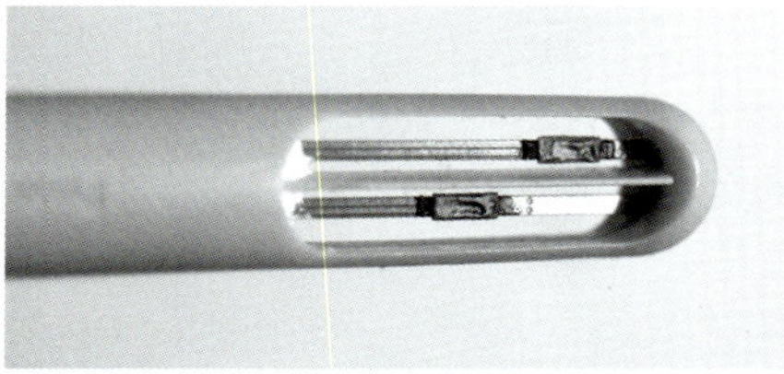

(a)

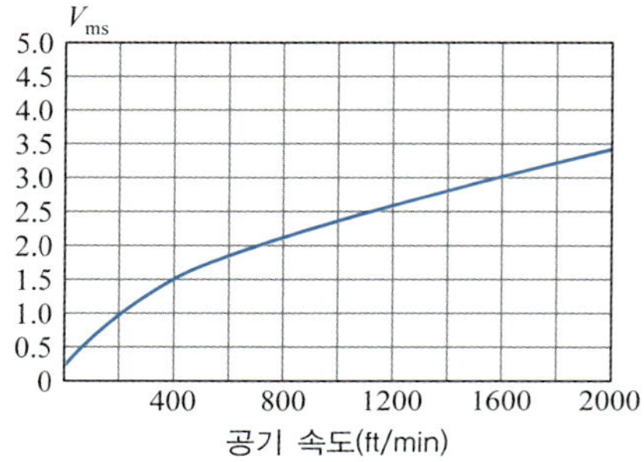

(b)

그림 12-9 (a) 2부 열 유속계의 탐침 (b) 전달함수(출처 : Courtesy of clean Alert LLC)

두 온도 센서는 세라믹 기판에 인쇄된 후막 NTC 서미스터(17.4.6절 참조)이다. 이 기판들은 [그림 12-9(a)]에서 볼 수 있는 두 개의 감지 손가락 모양 기판이다. 두 번째 기판에는 서미스터층 S_2 위에 인쇄된 가열 저항 $H = 150\,\Omega$이 있으며 그 사이에 전기 절연층이 있다. 두 손가락 모두 보호 유리 또는 열전도성 에폭시 층으로 코팅되어 있다. 서미스터는 휘트스톤 브리지([그림 12-10(a)] 참조)에 연결되어 있으며 두 개의 고정저항 R_3와 R_4는 브리지의 나머지 두 암을 구성한다.

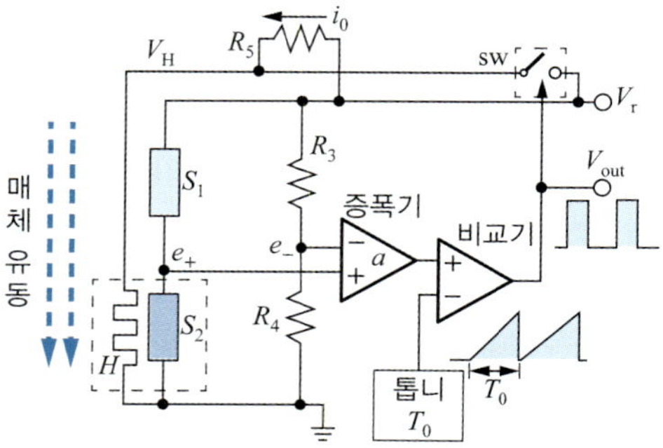

(a)

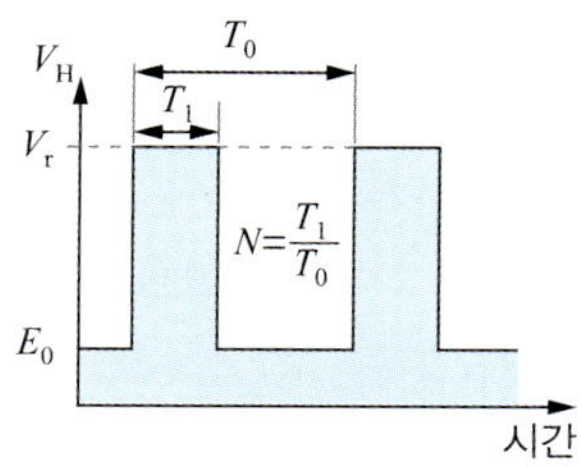

(b)

그림 12-10 (a) PMW 조절기 기반 열 유속계 제어회로 (b) PMW 신호의 기전력 평균에 대한 전달함수

이때 열을 발생시키려면 $R_4 < R_3$ 조건을 충족해야 한다. 따뜻한 손가락은 기준 손가락에서 열적으로 분리되고 두 손가락 모두 기체의 흐름에 노출된다. 약 0.5초 정도로 비교적 긴 시간상수로 보일 수 있지만 이 센서는 그다지 빠르지 않다.

서미스터 S_2 는 일정한 증가량($\Delta t = 5 \sim 10$℃)으로 매체(공기) 온도 이상까지 예열된다. 작동 중에 공기는 서미스터 S_1 과 S_2 모두에서 이동하며 기류에 따라 더 온도가 높은 서미스터 S_2 에서 열에너지를 제거한다. 대류 냉각은 [그림 12-5]와 유사한 피드백 회로에서 발열체 H 에 공급되는 전력으로 보상된다. 그러나 가열 전압 $V_{\rm H}$ 는 기전력 값이 줄 열을 전달하는 발열체에 대한 펄스 폭 변조[PWM] 피드백이라는 점에서 차이가 있다. PWM 신호는 약 4 ms 의 주기 T_0 인 톱니 발생기[saw-tooth generator]에 의해 만들어진다. 비교기의 펄스는 발열체를 기준 전압 $V_{\rm r}$ 에 연결하는 스위치를 제어한다. PWM 펄스가 넓을수록 더 많은 열이 발생한다. 이 PWM 신호는 충격계수[duty cycle] N 이 공기 유속을 나타내는 센서의 출력이다.

센서는 매우 견고하며 두 감지 손가락 모두 탐침의 내부에 의해 안전하게 지지된다. 손가락과 탐침 본체 사이의 내열성은 그리 높지 않으며 결과적으로 상당한 열전력 $P_{\rm L}$ 이 열전도를 통해 지지 구조물에서 손실된다. 이처럼 바람직하지 않은 효과를 보상하기 위해 스위치가 열려 있을 때 저항기 R_5 는 추가 전류 i_0 를 H 에 공급한다. [그림 12-10(b)]에서 H 에 대해 전압 받침대 E_0 로 표시되어 있다.

처음에 기준 전압 $V_{\rm r}$ 이 막 켜지는 순간 서미스터는 동일한 대기 온도에 있으므로 거의 동일한 저항을 가진다. 그 다리는 $R_4 < R_3$ 이기 때문에 균형이 맞지 않는다. 브리지 차동 전압($e_+ \sim e_-$)은 톱니신호와 비교하여 이득(gain) a로 증폭되고 게이트 스위치 sw 를 제어하여 출력 전압 펄스 $V_{\rm H}$ 를 발생시키며 이는 발열체 H 에 그대로 적용된다. 이렇게 하면 발열체 H 에 줄 열이 발생하며 서미스터 S_2 가 가열된다. S_2 의 온도는 대기온도보다 Δt 만큼 상승하고 저항은 브리지가 균형 상태에 진입하는 순간까지 떨어진다.

$$\frac{S_1}{S_2} = \frac{R_3}{R_4} \tag{12.19}$$

이 균형은 감지 서미스터 주변의 공기 이동에 변화가 없을 때 식 (12.19)의 비율이 만족되는 한 피드백 회로에 의해 유지된다. 기류 속도 변화(냉각 변화)로 인해 브리지는 불균형해지고 이후 PWM 신호의 충격계수 N 을 변조하여 식 (12.19)의 비율을 복원한다. 따라서 N 값은 기류 속도를 반영한다.

센서의 전달함수를 얻으려면 발열체 H 와 서미스터 S_2 가 아래의 속도로 열전도를 통해 탐침으로 열에너지를 잃는다.

$$P_{\rm L} = \frac{\Delta t}{r} \tag{12.20}$$

여기서 r 은 지지 구조물에 대한 열 저항(℃/W)이다. r 의 일반적인 값은 50 ℃/W 이고 목표는 이 숫자를 가능한 한 크게 만드는 것이다.

스위치 sw가 개방되었을 때 R_5를 통해 H에 제공되는 대한 전도성 손실 보상 전력은 다음과 같다.

$$P_0 = \frac{E_0^2}{H}(1-N)^2 \tag{12.21}$$

흐르는 공기는 다음과 같이 정의되는 S_2에서 대류 열 손실을 초래한다.

$$P_{\rm a} = kv\,\Delta t \tag{12.22}$$

여기서 v는 공기 속도이고 k는 보정계수이다. 대류 냉각을 보정하기 위해 줄 열전력은 PWM 피드백 회로에서 H로 전달된다.

$$P_{\rm f} = \frac{N^2 V_{\rm r}^2}{H} \tag{12.23}$$

에너지 보존 법칙은 정상 상태에서

$$P_{\rm L} + P_{\rm a} = P_0 + P_{\rm f} \tag{12.24}$$

식 (12.20) ~ 식 (12.23)을 식 (12.24)로 대체하면 다음과 같다.

$$\frac{\Delta t}{r} + kv\Delta t = i_0^2 H(1-N)^2 + \frac{N^2 V_{\rm r}^2}{H} = \frac{E_0^2}{H}(1-N)^2 + \frac{N^2 V_{\rm r}^2}{H} \tag{12.25}$$

여기서 PWM 충격계수 N의 출력 값을 도출한다.

$$N = \frac{\sqrt{(\frac{\Delta t}{r} + kv\Delta t)H - i_0^2 H^2}}{V_{\rm r}^2 - i_0^2 H^2} \approx \frac{\sqrt{((\frac{1}{r} + kv)\Delta t - i_0^2 H^2)H}}{V_{\rm r}} \tag{12.26}$$

괄호 안의 값은 항상 양수이므로 센서가 반응하지 않는 불감대층dead-band zone을 방지하기 위해서는 다음 조건을 충족해야 한다.

$$\frac{\Delta t}{r} \geq i_0^2 H = \frac{V_{\rm r}^2 H}{(H + R_5)^2} \tag{12.27}$$

센서의 응답은 [그림 12-9(b)]에 나와 있다. 실제 구조에서 서미스터 S_1, S_2는 제조회사가 저항 R_3, R_4 중 하나로 보상해야 하는 허용 오차(공차) 내에 있다. 전도 열 손실이 전류 i_0로 완전히 보정된 경우 아래와 같이 보상 조건이 충족된다.

$$\frac{\Delta t}{r} = i_0^2 H \tag{12.28}$$

그러면 식 (12.26)의 역수를 이용하여 PWM 듀티 사이클 N으로부터 질량 유속을 계산할 수 있다.

$$v = \frac{V_{\rm r}^2}{k\Delta t H} N^2 \tag{12.29}$$

12.3.4 미세 유동 열전달 센서

정밀한 반도체 제조, 화학 및 제약 산업의 공정 제어, 의공학과 같은 일부 응용 분야에서는 소형 기체 유량 센서가 점점 더 빈번하게 사용된다. 대부분은 열전달 방식으로 작동하며 MEMS 기술을 이용해 단결정 실리콘으로 제작된다. 미세 유동 센서는 대체로 온도 센서로 열전대를 사용한다.[9~10]

미세 유동 센서의 캔틸레버 구조는 [그림 12-11]에 나와 있다. 캔틸레버의 두께는 2μm 이하일 수 있다. 절연층 산화물, CVD 산화물, 질소산화물 층으로 구성된 샌드위치 형태로 제작된다.[10] 캔틸레버 센서는 26 K/mW 비율로 인가 전력의 내부저항에 의해 가열되며 유량 센서의 일반적인 전달 함수는 약 4 mV/(m/s)의 음의 기울기를 갖는다.

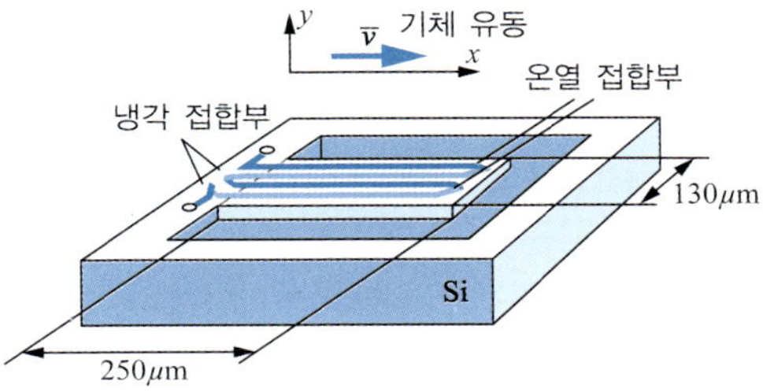

그림 12-11 미세 가공된 기체 유동 센서

열은 캔틸레버 빔을 통한 전도도 L_b, 기체 유동 $h(v)$ 및 스테판-볼츠만 법칙이 적용되는 복사 방출 이렇게 세 가지 방법으로 센서에서 제거된다.

$$P = L_b(T_s - T_b) + h(v)(T_s - T_b) + a\sigma\varepsilon(T_s^4 - T_b^4) \tag{12.30}$$

여기서 σ는 스테판-볼츠만 상수이며 a는 빔-가스 열전달이 일어나는 영역, ε은 표면 방출, v는 기체 속도이다. 에너지 보존 및 입자 보존의 원리로부터 센서 표면 근처에 있는 기체 유동의 온도 분포 $T(x, y)$를 설명하는 열전달 방정식을 다음과 같이 얻을 수 있다.

$$\frac{\partial^2 T}{\partial x^2} + \frac{\partial^2 T}{\partial y^2} = \frac{vnc_p}{k_g}\frac{\partial T}{\partial x} \quad (y > 0) \tag{12.31}$$

여기서 n은 기체 밀도이고, c_p는 분자 기체 용량, k_g는 기체의 열 전도율이다. 표면에서 멀리 떨어져 있는 열 구배가 사라지는 경계 조건에서 이 식의 해를 구하려면 참고문헌을 참고하라.[11]

$$\Delta V = B\left(\frac{1}{\sqrt{\mu^2 + 1}} - 1\right) \tag{12.32}$$

여기서 V는 입력전압, B는 상수, $\mu = Lvnc_p/2\pi k_g$, L은 가스 센서의 접촉 길이이다. 이 해는 실험 데이터와 매우 일치한다. 열전달 마이크로 센서의 또 다른 구조는 설계는 [그림 12-12(a)]에서 보여준다. 여기서 0.1 mm 두께의 티타늄 필름이 온도 센서와 발열체 역할을 한다. 필름은 SiO_2의 두 층 사이에 끼어 있다. 티타늄은 높은 온도저항계수와 우수한 SiO_2와의 접착력 때문에 널리 사용된다. 2개의 미세 발열체는 서로 20 μm 떨어진 거리에 4개의 실리콘 그라인더로 매달려 있다. 티타늄 필름의 저항은 약 2 kΩ이다.

[그림 12-12(b)]는 센서 인터페이스 회로도이며 유동과 출력전압 ΔV 사이의 선형 관계를 보여준다.

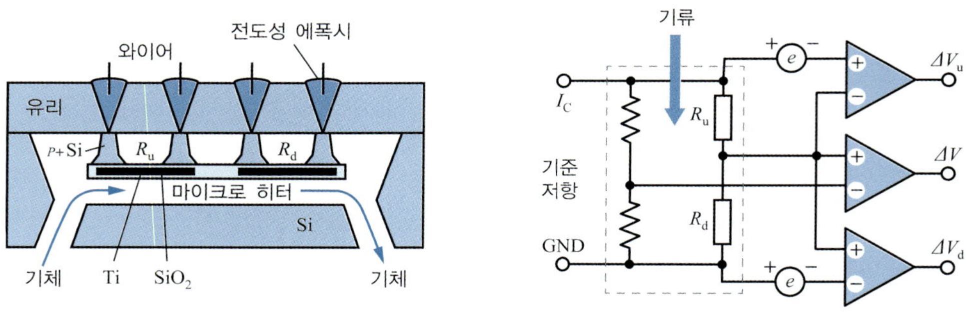

(a) (b)

그림 12-12 (a) 자가 발열 티타늄 저항 센서 구조의 기체 미세 유동 센서 (b) 인터페이스 회로
(c) R_u와 R_d는 각각 상부와 하부의 저항들이다.[12]

12.4 초음파 센서

초음파를 이용하여 유량을 측정할 수 있다. 이는 유동 매체로 인한 주파수 편이나 위상 편이를 감지하는 것이 주요 원리이다. 보통 도플러 효과(7.1절 또는 7.2절 참조)에 기반한다. 또한 매체에서 유효 초음파 속도가 증감하는 것을 감지하는 것에 기반하기도 한다. 움직이는 매체에서 유효 음속은 매체에 상대적인 음속과 기준점[source]에 대한 매체의 속도와 같다. 따라서 상류로 전파되는 음파는 더 작은 유효 속도를 가지고, 하류로 전파되는 음파는 더 높은 유효 속도를 가질 것이다. 두 속도차는 매체 속도의 정확히 두 배이기 때문에 상류와 하류의 속도차를 측정하면 유속을 결정할 수 있다.

[그림 12-13(a)]는 두 개의 초음파 발생기가 유동관 반대쪽에 위치하는 것을 보여준다. 일반적으로 압전 결정이 이러한 목적으로 활용된다. 각 결정은 초음파 발생(모터 모드)이나 초음파 수신(발전기 모드)에 사용할 수 있다. 다시 말해 필요에 따라 동일한 결정이 스피커 또는 마이크의 역할을 한다.

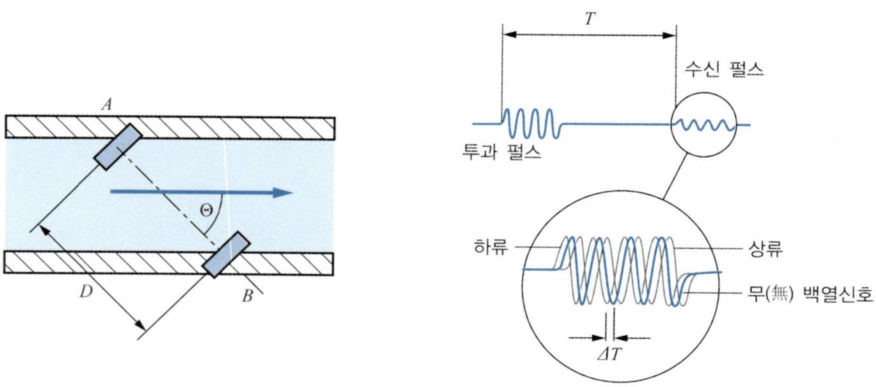

(a) (b)

그림 12-13 (a) 유동 내에 위치한 송신기-수신기 결정의 초음파 유량계의 위치 (b) 회로의 파동 형태

두 개의 결정은 거리 D만큼 분리되고 유동에 대해 각도 Θ에 위치한다. 또한 작은 결정을 유동에 따라 관 바로 안에 배치할 수도 있다. 그 경우는 $\Theta = 0$에 해당한다. 두 컨버터 A와 B 간의 소리 전달 시간은 평균 유체 속도 v_c에서 구할 수 있다.

$$T = \frac{D}{c \pm v_c \cos\Theta} \tag{12.33}$$

여기서 c는 유체에서의 음속이다. +/− 기호는 각각 하류/상류[downstream/upstream] 방향을 나타낸다. 속도 v_c는 초음파 경로를 따라 평균한 유속이다. 게스너[Gessner][13]는 층류[laminar flow]의 경우 $v_c = 4v_a/3v_c$, 난류의 경우 $v_c = 1.07v_a$임을 보였다. 여기서 v_a는 단면적에 대한 평균 유동이다. 상/하류 속도 차이를 이용함으로써 참고문헌 [5]를 구할 수 있다.

$$\Delta T = \frac{2Dv_c\cos\Theta}{c^2 + v_c\cos^2\Theta} \approx \frac{2Dv_c\cos\Theta}{c^2} \tag{12.34}$$

이는 $c \gg v_c\cos\Theta$일 때 가장 실용적이다. 신호 대 잡음비를 개선하기 위해 전송 시간은 종종 상/하류 방향에서 모두 측정된다. 즉 각 압전 결정은 한 번에 송신기로 작동하며 다른 한 번은 수신기로 작동한다. 이는 비교적 느린 샘플링 속도(이 예에서는 400 Hz)로 기록되는 선택기([그림 12-14] 참조)로 동작될 수 있다.

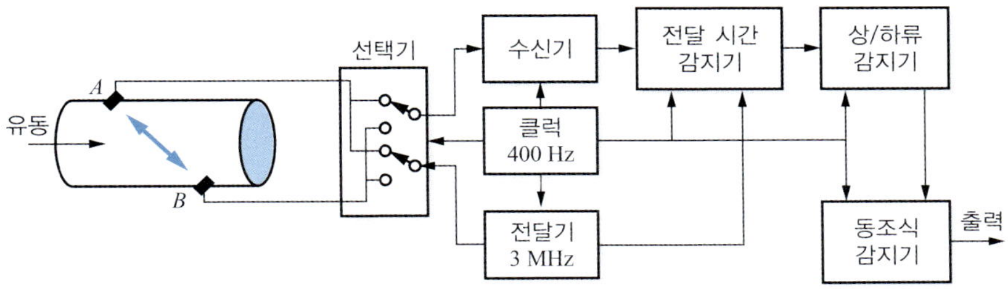

그림 12-14 송신기과 수신기가 교차된 초음파 유량계의 블록 다이어그램

정현파 초음파(약 3 MHz)는 동일하게 느린 클럭 속도(400 Hz)로 버스트[burst]되어 전송된다. 수신된 정현파 버스트는 전송 시간 T만큼 지연되며 유동에 의해 변조된다([그림 12-13(b)] 참조). 이 시간은 전송 시간 감지기로 측정된 다음 동기 감지기로 양방향 시차가 복구된다.

초음파 센서를 사용하여 유동을 측정하는 또 다른 방법은 상/하류 방향으로 전송하고 수신한 펄스의 위상차를 감지하는 것이다. 위상차는 식 (12.34)에서 얻을 수 있다.

$$\Delta\Psi = \frac{4fDv_c\cos\Theta}{c^2} \tag{12.35}$$

여기서 f는 초음파 주파수이다. 주파수가 증가함에 따라 감도가 더 좋아지지만, 더 높은 주파수에서는 시스템에서 더 강한 음향 감쇠가 발생하므로 신호 대 잡음비가 감소할 수 있다.

도플러 유동 측정의 경우 연속 초음파를 사용할 수 있다. [그림 12-15]는 유량계 내에 송신기-수신기 동시에 위치한 유량계 구조도이다. 도플러 무선 수신기처럼 송신 주파수와 수신 주파수는 비선형 회로(믹서)에서 혼합된다. 출력 저주파 차동 고조파는 대역 통과[bandpass] 필터에 의해 선택된다. 그 차이는 다음과 같이 정의된다.

$$\Delta f = f_{\mathrm{s}} - f_{\mathrm{r}} \approx \pm \frac{2f_{\mathrm{s}}v}{c} \tag{12.36}$$

여기서 f_{s}와 f_{r}은 각각 송신 결정 주파수와 수신 결정 주파수이며 +/- 부호는 서로 다른 유동 방향을 나타낸다. 식 (12.36)의 중요한 결론은 차동 주파수가 유동 속도에 정비례한다는 것이다. 분명히 압전 결정의 크기는 관의 간격보다 훨씬 작아야 한다. 따라서 측정된 속도는 평균이 아니라 일부분에 불과하다. 실제 시스템에서는 유용한 온도 범위에서 실제 유체로 초음파 센서를 보정하여 유체 점도의 기여도를 고려하는 것이 좋다.

초음파 압전 센서/트랜스듀서는 유량계 본체에 캡슐화된 작은 세라믹 디스크로 제작될 수 있다. 예를 들어 결정 표면은 실리콘 고무와 같은 적절한 소재로 보호할 수 있다. 초음파 센서의 명백한 장점은 유체와의 직접적인 접촉 없이 유동을 측정할 수 있다는 것이다.

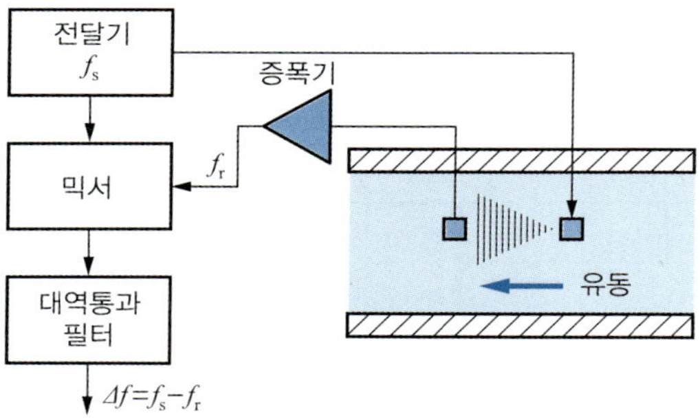

그림 12-15 연속 투과식 초음파 도플러 유량계

12.5 전자기 센서

전자기 유동 센서는 전도성 액체의 움직임을 측정하는 데 유용하다. 이는 전자기 유도의 패러데이[Faraday]와 헨리[Henry]의 발견을 기반으로 작동된다. 자세한 내용은 4.3절 또는 4.4절을 참고하라. 예를 들어 전도성 매체, 와이어 또는 특정한 목적을 위해 흐르는 전도성 액체가 자기선속을 통과할 때 도체에서 전자기력이 생성된다. 식 (3.35)와 같이 전자기력은 움직이는 도체의 속도에 비례한다. [그림 12-16]은 자기장 $\boldsymbol{B}$에 위치하는 유동관을 나타낸다.

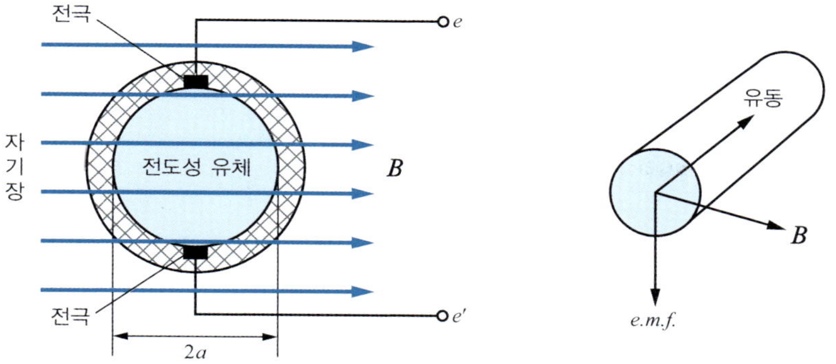

(a) (b)

그림 12-16 (a) 전극의 전자기 유량계 위치의 축은 자기장에 수직 (b) 유동과 전기 및 자기 벡터와의 상관관계

액체에 유도된 전자기력을 얻기 위해 삽관된 두 개의 전극이 있다. 전자기력의 크기는 다음과 같이 정의된다.

$$V = e - e' = 2a\boldsymbol{B}v \tag{12.37}$$

여기서 a는 유동관의 반경이고 v는 유속이다. 맥스웰 방정식을 풀면 다음과 같은 일반적인 경우를 볼 수 있다. 유속은 단면적 내에서 불균일하지만, 관 축(축 대칭)에 대칭으로 유지되며 생성된 전자기력은 v가 평균 속도 v_a, 식 (12.3)으로 대체된다는 점을 제외하면 식 (12.37)에서 주어진 것과 같다.

$$v_a = \frac{1}{\pi a^2}\int_0^a 2\pi v \mathrm{d}r \tag{12.38}$$

여기서 r은 관 중심으로부터의 거리이다. 식 (12.38)은 체적 유속으로 표현할 수 있다.

$$v = \frac{2\Lambda \mathrm{B}}{\pi a} \tag{12.39}$$

식 (12.39)에 따르면 픽업 전극에 등록된 전압은 유동 프로파일이나 유체 전도도와는 무관하다. 주어진 관의 구조와 자기선속은 순간 체적 유속에만 의존한다.

픽업 전극에 전압을 유도하는 방법에는 일반적으로 두 가지가 있다. 첫 번째는 자기 선속 밀도가 일정하고 유도 전압이 직류이나 느리게 변하는 신호를 이용하는 방법이다. 이 방법은 전극의 분극 문제가 발생하는데 이는 전극 표면을 통과하는 작은 단방향 전류로 인해 발생한다. 또한 저주파 잡음 문제가 발생하며 작은 유속을 감지하기 어렵다.

더 효율적으로 여기하는 방법은 교류 자기장을 사용하는 것인데 이는 전극에 교류 전압이 나타나게 한다([그림 12-17] 참조). 자기장 주파수는 나이키스트[nyquist] 속도 조건을 충족해야 한다. 즉 유속 스펙트럼 변화의 최고 주파수보다 최소 2배 이상 높아야 한다. 실제로 여기 주파수는 100 ~ 1000 Hz 범위에서 선택된다.

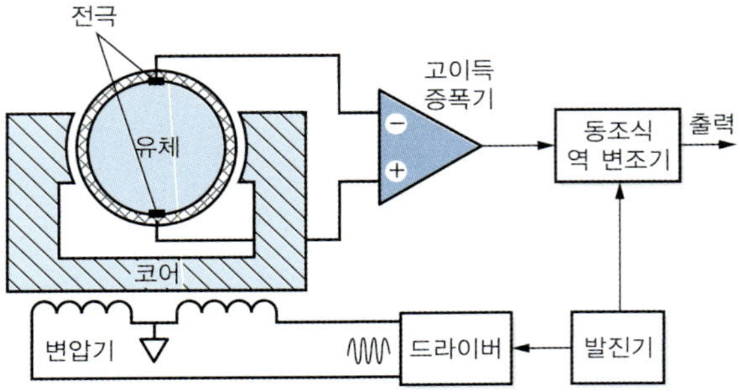

그림 12-17 동조식(위상 감지형) 전자기 유량계 역 변조기

12.6 미풍 센서

어떤 응용 분야에서는 단순히 공기(또는 특정 물질에 대한 다른 기체)의 움직임 변화를 감지하는 것이 바람직하다. 이는 기체 유속이 변할 때마다 과도 출력을 생성하는 미풍 센서breeze sensor에 의해 수행될 수 있다. 이런 장치의 한 예는 일본에 있는 니혼 세라믹Nippon Ceramic 사에서 생산한 압전 바람 센서이다. 이 센서에는 압전(초전) 요소 쌍이 포함되어 있다.[4]

하나는 주변 공기에 노출되고 다른 하나는 캡슐화된 수지 코팅으로 보호된다. 주변 온도 변화의 차동 보상을 위해 두 개의 센서가 필요하다. 소자는 직렬 반대회로에 연결되어 있으며 두 소자가 동일한 전하를 생성할 때마다 바이어스 저항 R_b ([그림 12-18(a)])를 통과하므로 전압은 기본적으로 0이다. 두 요소, 바이어스 저항과 JFET 전압 팔로워는 모두 TO-5 금속 하우징에 캡슐화되어 S_1 요소를 기체 운동에 노출시킨다([그림 12-18(b)] 참조).

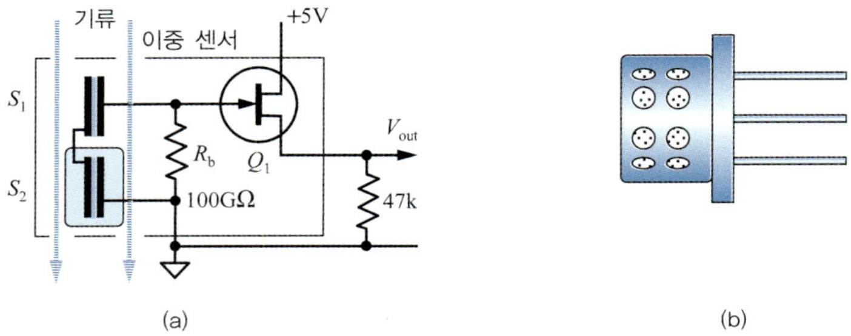

그림 12-18 (a) 압전 미풍센서 회로도 (b) TO-5 패키징 유동과 전기 및 자기 벡터와의 상관관계

센서의 작동 원리는 [그림 12-19]에 설명되어 있다. 기류가 없거나 매우 안정적이면 압전 소자의 전하가 균형을 이루게 된다. 폴링 과정(4.6.1절 참조) 중에 배향된 내부 전기 쌍극자는 물질 내부의 자유 캐리어와 표면에 하전된 유동 공기 분자에 의해 균형을 이룬다. 그 결과 압전 소자 S_1과 S_2 양단의 전압은 0이 되어 이로 인해 기준 출력전압 V_{out}이 발생한다.

4 이 센서에서는 압전이나 초전 센서에서 사용된 것과 마찬가지로 결정부분이 제작과정 중에 폴링이 된다. 반면에 미풍 센서의 구동 원리는 기계적인 변형이나 열 유동과는 관계가 없다. 그렇지만, 쉽게 설명하기 위해 압전 분야 용어들을 사용할 것이다.

S_1 표면에서 기체 유동이 변하면(S_2 표면은 수지로 보호된다) 움직이는 기체 분자는 원소로부터 유동 전하를 제거한다. 이는 내부 폴링된 쌍극자가 더는 외부 유동 전하에 의해 균형을 이루지 못하기 때문에 소자의 전극에 전압이 나타난다. 전압은 임피던스 컨버터 역할을 하는 JFET 추종기에 의해 반복되며 출력단자에서 과도현상으로 나타난다.

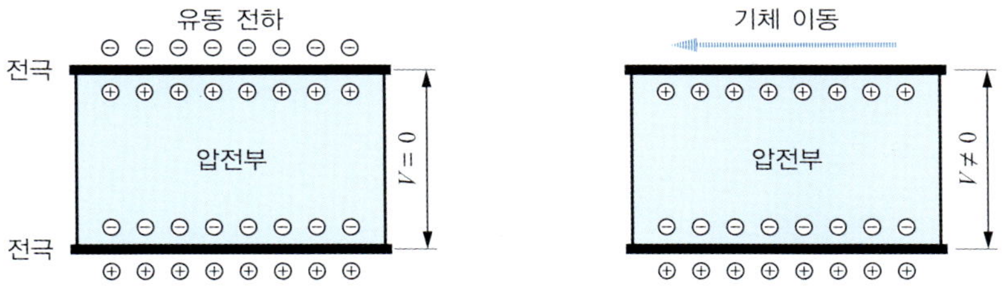

그림 12-19 미풍 센서에서는 기체가 이동하면서 압전부 표면으로부터 전하를 제거한다.

12.7 코리올리 질량 유동 센서

코리올리 유량계는 속도나 체적을 측정하는 기존 유량계와는 달리 직접 질량의 유동을 측정한다.[14] 코리올리 유량계는 사실상 유압, 온도, 점도, 밀도의 영향을 받지 않는다. 결과적으로 코리올리 측정계는 재보정하지 않으며 특정 유형의 유체에 특정한 매개변수를 보정하지 않고 사용할 수 있다. 이 측정계는 처음 도입되었을 때 주로 액체에 사용되었지만, 기체용으로도 사용할 수 있도록 조절되었다.

코리올리 유량계는 프랑스의 토목 공학자이자 물리학자인 귀스타브 코리올리Gaspard G. Coriolis의 이름을 따서 명명되었다. 코리올리 센서는 일반적으로 입구와 출구가 있는 하나 또는 두 개의 진동관으로 구성된다. 관의 일반적인 재료는 스테인리스 스틸이다. 측정계 정확도는 관이나 관 라인의 기계적 공격이나 화학적 공격으로부터 방지해야 한다. 일부 관은 U자형이지만 매우 다양한 형태를 채택하고 있다. 더 얇은 관은 기체용으로 사용되며 두꺼운 관은 액체에 더 적합하다. 코리올리 관은 보조 전자기계식 구동 시스템에 의해 진동으로 설정된다.

유체는 입구에 있는 유량계로 들어간다. 질량 유동은 진동관에 대한 유체의 작용을 기반으로 결정된다. 유체가 입구에서 출구로 이동하면서 관 진동의 결과인 가속도에 따라 다른 힘이 발생한다. 유동에 의해 유도되는 코리올리 힘은 다음과 같다.

$$\boldsymbol{F} = 2m\omega\boldsymbol{v} \tag{12.40}$$

여기서 m은 질량, ω는 회전하는 원형 주파수, v는 평균 유속의 벡터이다. 이러한 힘으로 인해 관은 진동 주기를 통과할 때 비틀림 운동을 한다. 비틀림의 양은 관을 통과하는 질량 유동에 정비례한다.

[그림 12-20(a)]는 유동이 없는 상황에서 코리올리 유동관을 나타내며 [그림 12-20(b)]는 유동이 있는 코리올리 관을 보여준다.

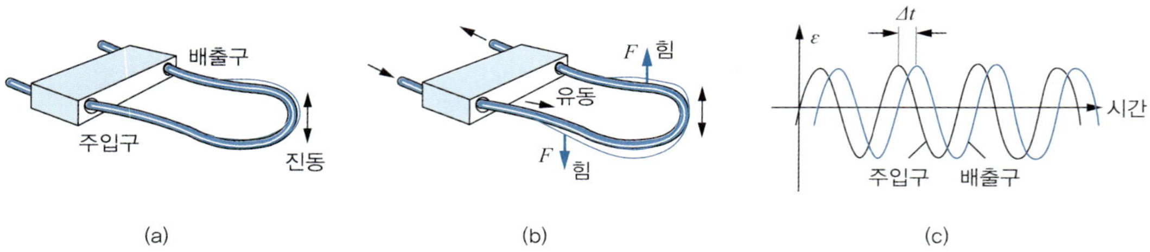

그림 12-20 (a) 유동이 없는 코리올리 관 (b) 유동이 있는 관의 비틀림 (c) 진동

유동이 없는 상태에서 튜브는 위상 편이가 0인 정현파 운동으로 입구와 출구에서 동일하게 진동한다. 유동 중에 관은 유동에 따라 비틀리며 입구와 출구 사이의 위상 변화에 따라 다르게 진동한다([그림 12-20(c)] 참조). 코리올리 센서의 주요 단점은 초기 비용이 상대적으로 높다는 것이다. 그러나 여러 유체를 다룰 때 코리올리 센서의 다용도성은 여러 유체 유형의 유동을 측정해야 하는 발전소에 매우 유용하다. 또한 코리올리 측정계를 위한 기체에의 적용 분야도 늘어나고 있다. [그림 12-21]은 유조선에 원유를 적재하기 위한 파이프라인의 일부인 코리올리 U자형 센서를 보여주고 있다. 센서는 최대 3200 t/h의 질량을 측정할 수 있다.

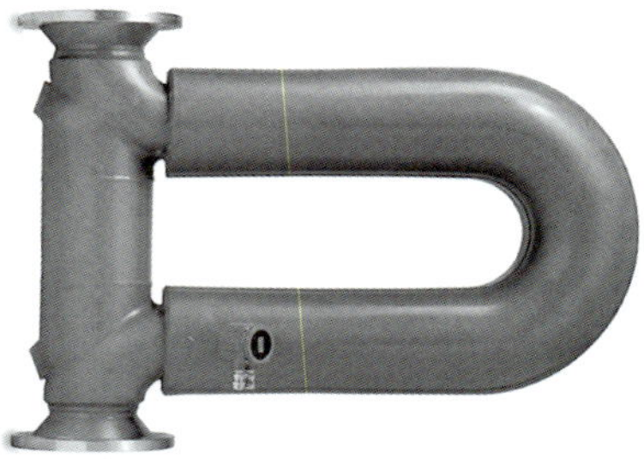

그림 12-21 파이프라인용 진동 코리올리 질량 유동 센서(출처 : Emerson Electric Co.)

12.8 항력 센서

유체 운동이 산발적이고 다방향이며 난류인 경우 항력 유동 센서는 매우 효율적일 수 있다. 이러한 유량계의 적용에는 대기나 물의 속도 측정 및 지표에 근접한 난류 측정을 위한 환경 모니터링, 기상학, 수문학 및 해양 연구가 포함된다.[15] 유량계에서 항력 요소 또는 대상으로 알려진 고체 물체는 유동에 노출된다. 항력 요소에 유체가 가하는 힘을 측정하여 유속값을 나타내는 전기신호로 변환한다. 항력 센서는 2차원 또는 심지어 3차원에서도 유동 측정 유속을 생성할 수 있다는 것이 주요 장점이다. 이러한 기능을 구현하려면 항력 요소가 적절한 크기로 대칭이어야 한다. 이런 유량계는 거의 반세기 동안 산업계, 항공우주 및 연구 실험실에서 단방향 및 양방향 액체(극저온 포함), 기체 및 증기(포화 및 과열)의 유동을 측정하기 위해 사용되어 왔다.

센서의 작동은 구형 대칭 항력 요소에 의해 힘이 가해지는 탄성 고무 캔틸레버의 스트레인에 대한 스트레인 게이지 측정을 기반으로 한다([그림 12-22] 참조).

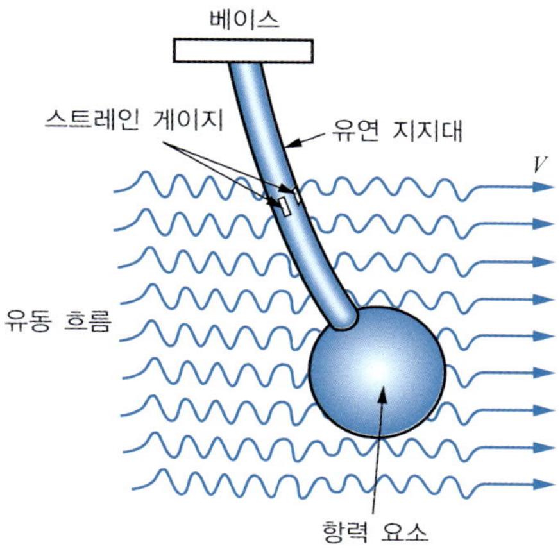

그림 12-22 항력 센서

그러나 이상적인 항력 요소는 유동 디스크[16]이다. 왜냐하면 이 구성은 유량과 무관한 항력계수를 제공하기 때문이다. 유동 디스크의 이상에서 벗어나는 구형 항력 요소를 사용하면 항력계수가 유량에 따라 달라질 수 있으므로 게이지를 보정하고 사용조건에 최적화해야 한다. 스트레인 측정은 움직이는 유체와의 상호 작용으로부터 물리적으로 보호되어야 하는 스트레인 게이지를 이용하면 된다.

노출된 고체 물체에 비압축성 유체에 의해 가해지는 항력 F는 아래의 항력 방정식에 의해 주어진다.

$$F_{\mathrm{D}} = C_{\mathrm{D}} \rho A v^2 \tag{12.41}$$

여기서 ρ은 유체 밀도, v는 측정 지점에서의 유속, A는 유동에 수직인 물체의 투영 영역이며 C_{D}는 전체 항력 계수이다. C_{D}는 단위가 없는 인자로서 크기는 주로 물체의 물리적 모양과 물체의 방향에 따라 달라진다.

지지빔의 질량을 무시할 경우 발생된 스트레인은 다음과 같다.

$$\varepsilon = \frac{3C_{\mathrm{D}} \rho A v^2 (L-x)}{Ea^2 b} \tag{12.42}$$

여기서 L은 빔 길이, x는 스트레인 게이지가 있는 빔의 점 좌표, E는 영의 탄성계수, a와 b는 형상 대상 계수이다. 빔의 스트레인은 유속의 제곱 법칙 함수임을 알 수 있다.

12.9 캔틸레버 MEMS 센서

항력 유량 센서와 유사하게 캔틸레버 센서는 빔의 스트레인 게이지에 따라 달라진다. 여기서 스트레인 게이지는 매체에 의해 발생한다. 왕[Wang] 등은 MEMS 기술 기반의 캔틸레버 유량 센서를 사용해 약 0.5초의 응답 시간과 0.02 mW 의 전력 소비량으로 최대 45 m · s^{-1}의 속도까지 측정해냈다.[17] [그림 12-23(a)]는 다방향 유동을 측정하기 위한 MEMS 센서이다.

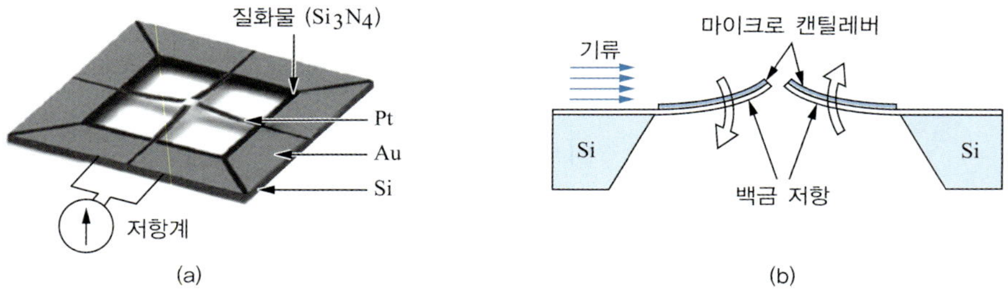

그림 12-23 (a) MEMS 캔틸레버 센서 (b) 기류가 빔이 휘어지게 만들고 압저항 소재를 변조한다.[18]

이 구조는 각 빔에 백금 압저항 재료가 증착된 4개의 구부러진 빔이 포함되어 있다. 빔 곡률은 [그림 12-23(b)]와 같이 왼쪽 빔이 하단부를 감지하고 있으며 오른쪽 빔은 위쪽으로 구부러져서 유동을 감지한다. 이로 인해 유동에 가해지는 힘에 비례하여 좌측부가 증가하고 우측 저항이 감소한다. 저항은 출력전압이 유속을 나타내는 휘트스톤 브리지 회로에 연결된다.

12.10 먼지와 연기 감지기

연기 및 공기 기체 불순물 센서는 공기 중 작은 입자의 존재를 감지하기 위한 것으로 적용 범위가 넓다. 이러한 감지기는 공기 흐름을 모니터링하지 않지만, 기본적으로 센서의 감지 챔버를 통해 기체를 이동시켜야 한다. 단연코 가장 많이 사용되는 것은 연기 감지기이다. 이 감지기는 천장 위 또는 근처에 위치한다([그림 12-24(a)] 참조).

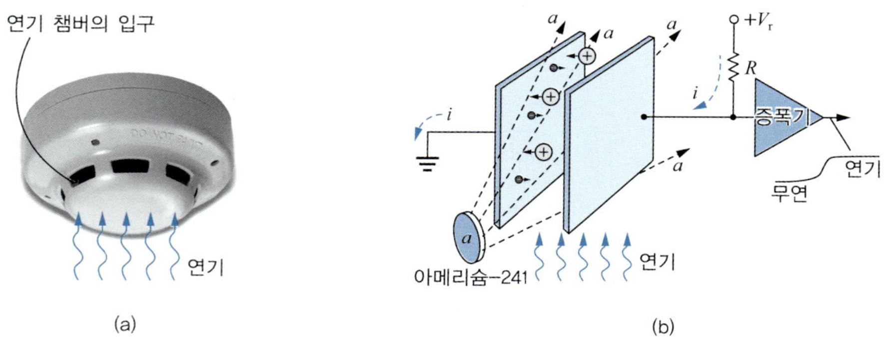

그림 12-24 (a) 연기 감지기 (b) 이온화 연기 센서

여기에는 수동적으로 감지기를 통과하거나 팬fan이나 송풍기로 강제 대류를 통해 연기를 빼내는 공기 흡입구가 있다. 공기 중 입자는 원인에 따라 입자 크기가 크게 다르다. [표 12-1]은 화재처럼 건강에 해롭거나 문제가 될 만한 사건의 징후인 일부 오염 물질의 예를 나타낸다. 공기 중에 떠 있는 작은 입자의 존재를 감지하기 위해 최근에는 이온화와 광학 탐지기 이 두 가지 유형의 센서가 널리 사용된다.

표 12-1 공기 오염물들의 크기

입자	입자 크기(μm)	입자	입자 크기(μm)
유리 울	1,000	석탄 먼지	1 ~ 100
스페인 이끼 꽃가루	150 ~ 750	합성소재의 연기	1 ~ 50
해수욕장 모래	100 ~ 10,000	화장 파우더	0.1 ~ 30
안개	70 ~ 35	석면	0.7 ~ 90
꽃가루들	10 ~ 1,000	칼슘아연 먼지	0.7 ~ 20
천 섬유	10 ~ 1,000	미술 안료	0.1 ~ 5
광섬유 유리 차단막	1 ~ 1,000	자동차 배기가스	1 ~ 150
낟알 먼지	5 ~ 1,000	진흙	0.1 ~ 50
사람 머리카락	40 ~ 300	가습기	0.9 ~ 3
먼지 진드기	100 ~ 300	복사기 토너	0.5 ~ 15
톱 먼지	30 ~ 60	액체 방울	0.5 ~ 5
시멘트 먼지	3 ~ 100	살충제 먼지	0.5 ~ 10
곰팡이 포자	10 ~ 30	옴	1 ~ 5
천 먼지	6 ~ 20	효모	1 ~ 50
거미줄	2 ~ 3	카본 블랙 먼지	0.2 ~10
포자	3 ~ 40	대기중 먼지	0.001 ~ 40
자동차, 나무 연소, 산업시설의 연소와 관련된 일산화탄소	2.5 이상	발화성 식용유	0.03 ~ 0.9
바다소금	0.035 ~ 0.5	연소	0.01 ~ 0.1
박테리아	0.3 ~ 60	친환경 소재의 연기	0.01 ~ 0.1
버닝 우드	0.2 ~ 3	담배 연기	0.01 ~ 4
석탄 분진 가스	0.08 ~ 0.2	바이러스	0.005 ~ 0.3
유증기	0.03 ~ 1	살충제, 제초제	0.001

12.10.1 이온화 감지기

이 감지기는 특히 큰 화력에 의해 생성된 것과 같이 매우 작은 입자submicron로 구성된 연기를 감지하는 데 유용하다. 이러한 유형의 센서의 핵심부는 1 mg 미만의 방사성 원소 Americium-241 Am241이 들어있는 이온화 챔버이다. 이 원소는 이른바 알파 붕괴에서 비롯되는 알파 입자의 천연 공급원이다.

이온화 챔버는 서로 반대되는 두 개의 전극([그림 12-24(b)] 참조)이 있는 축전기와 유사하며 한 평판은 전기적으로 접지(또는 전원의 음극)에 연결되고 다른 평판은 저항 R을 통해 양극 전압 $+V_r$(수

V)에 연결된다.[19] 전압은 두 평판 사이에 전기장을 생성한다. 평판들 사이의 공간은 평판 측면의 흡입구에서 흡입되는 공기로 채워진다.

알파 입자가 없을 경우 일반적으로 공기는 전도성이 아니므로 양극판에서 접지판으로 전류가 흐르지 않는다. 방사성 원소에 의해 방출된 알파 입자는 약 5 MeV의 운동 에너지를 가지며 공기 분자를 양전하 이온과 음전하 전자로 분해하여 이온화시키는 데 충분하다. 하전된 이온과 전자는 전기장에 의해 반대 방향으로 당겨지고 있다. 전자는 양극판으로, 이온은 접지판으로 당긴다. 따라서 전압원 V_r, 저항 R, 평판 사이의 공기가 채워진 공간을 통해 접지로 흐르는 작은 정전류가 발생한다. 그 결과 증폭기 'amp'의 입력전압이 떨어져 이온화 챔버에 연기가 없다는 것을 나타낸다.

평판 사이의 이온화 챔버로 연기가 유입되면 연기 입자가 알파 방사선(α선)을 흡수하여 공기 이온화를 감소시키고 결과적으로 전류 i가 감소한다. 이는 증폭기의 입력에서 전압을 증가시켜 이온화 챔버 내부에 연기가 있음을 나타낸다. Americium-241은 반감기가 432.2년이기 때문에 이온소스의 수명은 실제 활용하기 위해 충분히 길다. β 또는 γ 대신 α선[5]이 사용되는 이유는 두 가지이다. 즉 공기를 이온화하는 알파 방사선의 우수한 특성과 알파 입자의 낮은 투과력 때문이라고 할 수 있다. 따라서 방사선이 연기 감지기 하우징에 흡수되어 감소하며 인간에게 해를 끼칠 수 있는 잠재성이 줄어들게 된다.

12.10.2 광 감지기

다른 유형의 연기 또는 먼지 감지기는 빛의 산란 측정에 기반한다(5.2절 참조). 광학 감지기에는 광 이미터(백열전구, 적외선 LED 또는 레이저 다이오드)와 광 센서(예 : 광 다이오드, 광 트랜지스터)가 포함된다([그림 12-25] 참조).

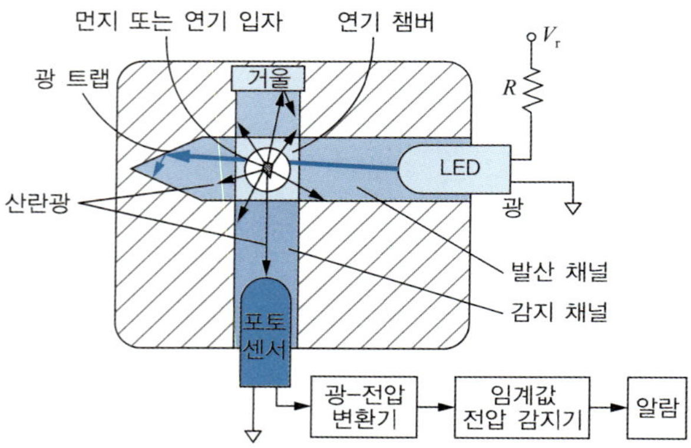

그림 12-25 광학식 연기 감지기

광 이미터 및 감지기는 광자가 이미터에서 직접 감지기에 도달하거나 외함[enclosure] 내벽에서 반사하여 감지기에 도달하는 것을 방지하기 위해 조도 내부에 배치된다. 또한 외함은 주변 광선으로부터 광

5 α선은 15,000km/s의 속력을 갖는 무거운 질량의 운동으로 인해 양으로 대전된 원자핵과 He_4 로 이뤄져있다. 따라서, 얇은 티슈 종이 한 장으로도 수 cm 이하의 거리 내에 발생하는 공기 분자와의 충돌을 이용해 이를 차폐시킬 수 있다.

센서를 보호해야 한다. 이러한 까다로운 요구 사항을 충족하기 위해 광 이미터와 광 센서는 가급적 90°로 서로 교차되는 개별 방출 및 감지 채널 내부에 배치된다. 광산란이 90°([그림 12-26] 참조)에서 가장 강하지 않기 때문에 최적의 각도는 아니지만, 광 이미터에서 광 센서로 미광이 통과할 가능성을 최소화하기 위한 최적의 각도이다. 실제 수많은 광학식 연기 감지기[20]는 더 큰 크기와 기계적 복잡성을 감수하면서 더 작은 각도를 사용한다. 즉 원하지 않는 빛이 광 센서에 도달하기 전에 빛을 가둔다.

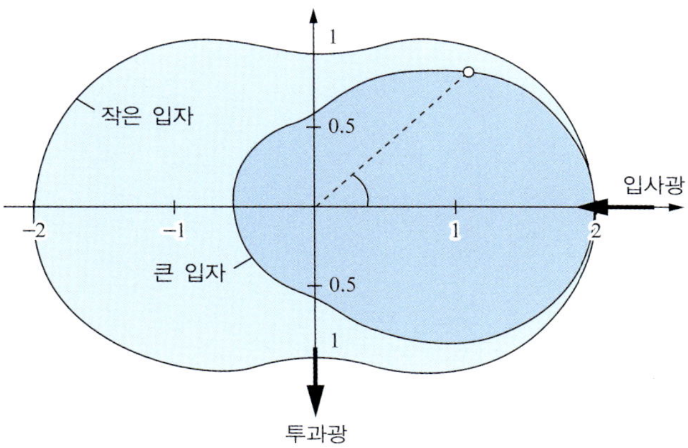

그림 12-26 산란 방향 모식도

채널의 내부 벽은 빛 반사율이 낮은 표면을 가지고 있다. 또한 방출 채널은 광 센서에 대한 원치 않는 빛의 반사를 방지하기 위해 원뿔 모양으로 만들어진 극단을 가지고 있다. 이 모양을 빛 트랩light trap이라고 한다. 이미터와 광 센서는 좁은 각도의 빔을 형성하기 위해 내장 렌즈를 가지고 있을 수 있으며 따라서 매우 적은 빛이 챔버 벽에 부딪히게 된다. 이때 두 채널이 교차하는 공간을 '산란 챔버' 또는 '연기 챔버'라고 부른다. 이 챔버는 주변 공기에 개방되거나 시험을 진행하는 공기의 공급원에 연결된다. 연기 챔버에는 공기가 통과할 수 있는 입구와 출구가 있지만 주변 빛은 차단된다.

산란 챔버 내부에 깨끗한 공기가 존재할 경우 이미터의 광선 빔이 광 센서(빈 공간에서는 빛이 모서리를 돌 수 없음)에 도달할 수 없으므로 광 센서는 암전류(15.2절 참조)라고 하는 매우 낮은 출력 전류를 생성한다. 먼지나 연기가 산란 챔버로 들어가면 광선의 경로를 가로질러 나타나고 일부 빛은 광 센서 방향 등 모든 방향으로 입자에 의해 산란된다([그림 12-26] 참조). 공기 중 입자가 작을수록 레일리 산란이 발생하는 반면 입자가 클수록 광 센서로 향하는 감지 채널 방향을 포함하여 여러 방향([그림 5-2] 참조)에서 정반사를 일으킨다.

감지 채널은 일부 산란된 빛을 광 센서 쪽으로 반사하기 위해 반대쪽 끝에 거울이 있어 센서의 감도를 높일 수 있다. 산란의 물리적 특성이 무엇이든 간에 공기 불순물 덕분에 광 센서는 이제 터널 안에서 약간의 빛을 감지한다. 훨씬 더 작은 입자는 상대적으로 일정한 광전류의 변화를 일으키지만, 입자가 클수록 광전류가 반짝이며 펄스 광전류가 발생한다. 감지 채널에서 빛이 나타나는 효과는 태양이 구름에 부분적으로 가려졌을 때의 광선이 출현하는 것과 유사하다. 물방울과 공기 중의 먼지 입자에 의해 산란되는 빛으로 인해 구름의 구멍을 통과하는 광선이 보이는 것이다.

인터페이스 회로와 함께 광 다이오드는 경보기에 연결된 임계 감지기에 출력전압이 공급되는 광전압 컨버터(6.8절 참조) 역할을 한다. 더 큰 입자에서 발생하는 광 펄스에 응답하려면 전자 인터페이스 회로의 주파수 대역폭이 충분히 넓어야 한다. 광학 연기 감지기는 이온화 연기 경보기보다 주방 또는 욕실의 증기 또는 조리 연기로 인한 오경보에 덜 민감하다. 특히 연기가 나는 불에서 연기를 감지하는 데 효과적이다.

CHAPTER

13

마이크

Microphones

CONTENTS

음향학의 기초는 4.10절에 제시되어 있으며 가급적 해당 범위의 내용을 숙지하는 것을 권장한다. 여기서는 다양한 주파수 범위에 대한 음향 센서에 대해 설명한다. 청각 범위 센서는 일반적으로 마이크라고 불리지만 그 명칭은 초음파나 초저주파에도 적용된다. 본질적으로 마이크는 수 Hz 이하인 매우 낮은 주파수는 배제하며 넓은 스펙트럼 범위에 걸쳐 음파를 변환하는 데 적합한 압력 컨버터이다. 마이크는 감도, 방향 특성, 주파수 대역폭, 동적 범위, 크기 등에 따라 다르게 구분된다. 또한 음파를 감지하는 매체에 따라 구조 또한 상당히 다르다. 예를 들어 고체에서의 전파나 진동을 감지하는 센서는 마이크라고 불리지만, 액체에서 작동하는 경우 수중 청음기[hydrophone]라고 불린다. 압력 센서와 음향 센서의 주요한 차이점은 음향 센서의 경우 일정한 압력이나 매우 느리게 변하는 압력을 측정할 필요가 없다는 것이다. 동작 주파수 범위는 대개 수 Hz(특수한 응용처의 경우 수십 mHz까지 낮아짐)에서 시작되지만, 초음파의 경우 동작 주파수 상한은 수 MHz까지 또한 표면 음향파의 경우 GHz까지로 상당히 높다. 마이크나 수화기의 동작 주파수 범위는 응용 분야에 따라 달라진다.

[그림 13-1]은 인간과 박쥐의 스펙트럼 범위를 보여준다. 인간과 박쥐의 가청 영역은 상당히 다르며 실제로 겹치지도 않는다. 따라서 인간이 사용하는 마이크와 박쥐의 소리를 감지하는 마이크는 주파수 특성이 달라야 한다.

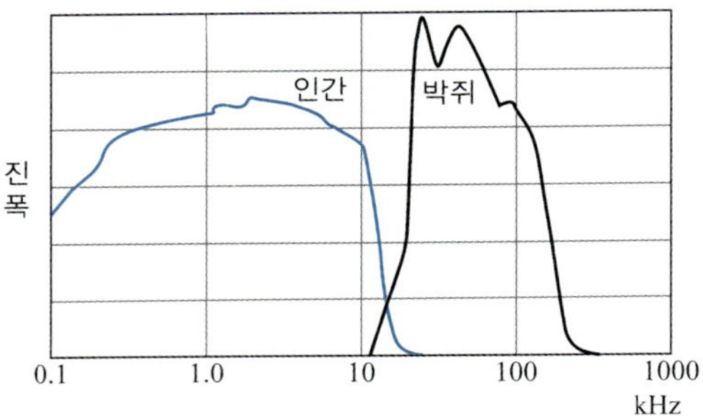

그림 13-1 인간과 박쥐 귀의 주파수 특성

음파는 기계적인 압력파이기 때문에 마이크나 수화기는 압력 센서와 동일한 기본 구조를 가지고 있다. 이는 움직이는 격막과 그 격막의 변화를 전기신호로 변환하는 변위 컨버터로 이루어져있다. 모든 마이크와 수화기의 구조는 이 두 가지 필수 구성 요소의 구조에 따라 달라진다. 또한 소음기, 초점 반사기 등과 같은 일부 추가 부품을 탑재할 수 있지만, 이 장에서는 흥미로운 특정 음향 센서의 감지부만 설명하도록 하겠다. 파장은 매체의 음속 v와 주파수 f에 따라 달라진다.

$$\lambda = \frac{v}{f} \tag{13.1}$$

공기 중 음파의 경우 음속은 $v = 343.59\,\text{m/s}$(실온과 대기압에서)이다. 대부분의 다른 매체에서 음속이 더 높다([표 A-15] 참조). 일반적으로 모든 매체의 음속은 온도에 따라 달라지며 뉴턴-라플라스[Newton-Laplace] 식에 의해 다음과 같이 주어진다.

$$v = \sqrt{\frac{K}{\rho}} \tag{13.2}$$

여기서 K는 벌크 탄성계수라고 하는 기체의 온도 의존성 강성계수이고, ρ는 매체의 밀도이다.

센서의 격막은 일반적으로 소리의 파장보다 훨씬 작지만, 초음파 스펙트럼 범위의 고주파수에서 작동할 때 격막의 크기는 파장과 비슷하기도 하다. 예를 들어 식 (13.1)에 따르면 공기 중에서 100 kHz의 초음파 주파수의 경우 파장은 3.4 mm 에 불과하지만, 300 Hz의 가청 주파수의 경우 파장은 약 1.1 mm 이다.

13.1 마이크 특성

13.1.1 출력 임피던스

마이크의 중요한 특성 중 하나는 케이블과 같은 일부 도체 매체를 통해 앰프에 연결되는 출력 임피던스라는 점이다. 일반적으로 마이크는 낮은(50 ~ 1,000 Ω), 중간(5,000 ~ 15,000 Ω), 높은 (20,000 Ω 이상) 출력 임피던스 장치로 나눌 수 있다. 임피던스는 왜곡을 낮출 수 있는 적절한 케이블을 선택하는 것이 중요하다. 고 임피던스 마이크와 증폭기 입력 사이에 사용해야 하는 케이블 수는 한정되어 있다. 중간 임피던스와 고 임피던스 마이크의 경우 약 20 ft를 초과하면 신호의 고주파 성분이 손실되고 출력 레벨이 손실된다. 반면에 저 임피던스 마이크와 저 임피던스 케이블을 사용하게 되면 케이블은 어떠한 심각한 손실도 없으며 실제 거의 모든 길이를 가질 수 있다. 따라서 중요한 음성 녹음을 위해서는 저출력 임피던스 마이크를 사용하는 것이 바람직하다.

13.1.2 균형 출력

연결선이 긴 일부 고품질 마이크는 동일한 진폭의 위상차 신호를 생성하는 균형 잡힌 출력을 제공한다. 평형선은 무선 주파수 간섭Radio Frequency Interference, RFI과 기타 전기 잡음, 픽업에 훨씬 덜 민감하다. 평형선에서 케이블의 차폐는 접지에 연결되고 오디오 신호는 접지에 연결되어 있지 않은 두 개의 내부 도체에 걸쳐있다. 신호 전류는 전류가 한 쌍의 신호선과는 반대 방향으로 흐르기 때문에 두 신호선의 쌍에서 공통적으로 발생하는 전송 잡음이 효과적으로 상쇄된다.

13.1.3 감도

감도 특성은 낮은 수준의 소리를 허용 가능한 수준의 전압으로 변환하는 마이크의 기능을 나타낸다. 일반적으로 마이크 출력은 기준 수준 대비 데시벨(dB)로 표시된다. 대부분의 기준 수준이 마이크의 출력 수준을 훨씬 상회하므로 결과값(dB)은 음수이다. 따라서 감도 등급이 −55 dB 인 마이크는 −60 dB 인 마이크보다 증폭기의 입력 단자에 더 많은 신호를 제공한다.

일부 제조업체는 마이크 감도를 입력 사운드 레벨당 개방회로 출력전압 측면으로 평가한다. 1 V 에 대한 dB 은 실제 mV 로 표시되며 명시된 음압 수준Sound Pressure Level, SPL 입력에 대해 마이크가 전달하는 출력전압이다. 보통 기준 음압은 1 Pa로 94 dB SPL과 같으므로 감도는 다음과 같이 표현된다.

$$S_{\mathrm{m}} = \frac{\Delta V}{1\,\mathrm{Pa}} \tag{13.3}$$

여기서 ΔV는 출력전압이다.

대부분의 최신 오디오 장비에서 증폭기의 입력 임피던스는 마이크의 출력 임피던스보다 실제로는 더 크다. 따라서 증폭기는 무시되고 마이크 출력은 개방회로로 간주된다. 즉 개방회로 전압 측정은 마이크 감도를 비교하는 데 유용한 도구이다. 출력전압 수준은 인터페이스 증폭기 설계를 위해 알아야 한다. 일부 높은 음파수준에서 마이크 출력전압이 증폭기 선형 범위를 초과하면 신호가 포화 상태가 되어 왜곡이 발생한다. 대부분 실제 사례에서 음향 왜곡은 마이크가 아닌 증폭기의 특성에서 비롯된다.

13.1.4 주파수 응답

특정 주파수 범위에 응답하는 마이크의 특성은 주파수 특성에 의해 결정된다. 이 특성은 일부 주파수가 과장되고 다른 주파수는 감쇠되었다는 것을 의미한다. 예를 들어 고주파수 대역이 향상된 주파수 응답은 오디오 출력 결과가 원래 소리보다 더 세밀하게 들리는 것을 나타낸다. 이상적인 평면형[flat] 주파수 응답은 마이크가 모든 주파수에 동일하게 민감하다는 것을 의미한다. 따라서 어떤 주파수라도 과장되거나 줄어들지 않아 원래의 소리를 보다 정확하게 표현할 수 있다. 주파수 응답 시 평면형은 가장 순수한 오디오 환경을 만들어낸다고 할 수 있다. 그러나 완벽하게 평면형으로 응답하는 것은 불가능하며 최고의 평면형 반응에도 몇 가지 왜곡이 있다.

대부분 주파수 응답 시 평면형이 가장 바람직한 선택은 아니며 맞춤형 주파수 응답이 더 유용하다. 예를 들어 사람 목소리의 주파수를 강조하도록 설계된 응답 패턴은 저주파 배경소음이 많은 환경에서 음성을 포착하는 데 적합하다. 따라서 음성 인식을 향상시키기 위해 사운드 스펙트럼의 고주파 부분을 강화하는 것이 좋다. 특히 이 기능은 보청기 마이크에 사용되는 것이 바람직하다. [그림 13-2]는 사람의 음성을 재현하기 위한 마이크의 일반적인 상대 주파수 응답을 보여준다. 물론 초음파나 초저주파 마이크와 수화기의 경우 주파수 반응은 매우 다르다.

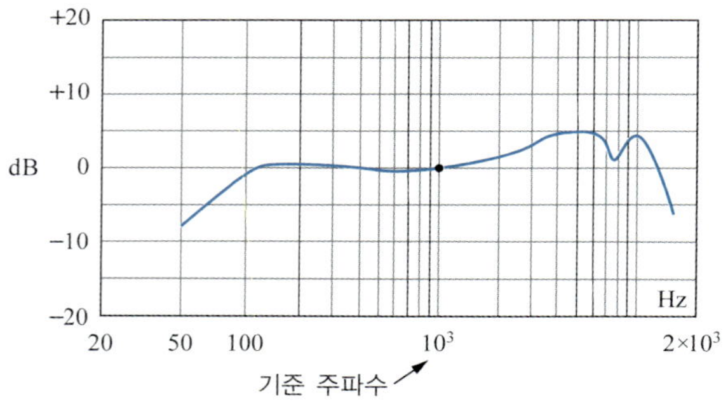

그림 13-2 사람의 가청 범위에서 마이크의 상대적인 주파수 응답(기준 주파수는 1kHz)

13.1.5 고유 소음

자체 소음이나 이와 동등한 입력 잡음 플로어는 소리가 없는 경우 마이크와 동일한 출력전압을 생성하는 잡음 플로어이다. 이는 마이크 동적 범위의 가장 낮은 지점을 나타낸다. 낮은 수준의 소리를 녹음할 때 자체 소음을 파악하는 것이 중요하다. 소음은 종종 dB(A)로 표현되는데 이는 귀가 듣는 방식에 대해 주파수 가중치에서의 dB 수준의 소음에 해당하는 크기이다(예 : 24 dBA SPL[1]). 잡음

1 SPL은 20μPa 대비 상대적인 음압 수준을 의미한다.

플로어는 낮을수록 좋다. 조용한 마이크는 일반적으로 20 dBA SPL이지만, 잡음 플로어가 0 dBA SPL인 초저소음 마이크도 시중에 나와 있다.

13.1.6 방향성

마이크는 입사 음파의 방향에 따라 감도가 달라진다. 지향성 마이크는 일반적으로 관심 있는 음원과는 다른 방향에서 원하지 않는 소리를 억제하는 데 사용된다. 그리고 미니어처 지향성 마이크 시스템은 음성을 향상시키기 위해 보청기에 자주 사용되며 방향성은 마이크가 어느 정도 민감하거나 전혀 민감하지 않은 공간의 방향을 지정한다. 일반적으로 극좌표계에서는 감도 변화를 2차원이나 3차원 그래픽으로 표현한다. 3D 감도도가 시각적으로는 더 매력적이나([그림 13-3] 참조), 실제로는 2D 극좌표계가 일반적으로 더 상세한 용도로 채택되어 사용된다.

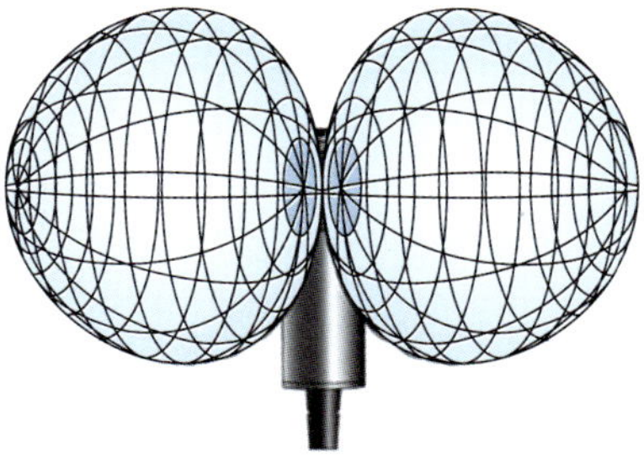

그림 13-3 마이크의 3차원 방향 감도

마이크의 방향성을 조절하는 것은 일부 우세한 방향의 소리를 감지하고 그 외 다른 방향의 소리를 거부해야 하는 여러 응용 분야에서 매우 중요하다. [그림 13-4(a)]는 내부 대기압이 상대적으로 일정한 밀폐된 챔버 위에 진동판이 설치된 이른바 압력 마이크 개념을 보여준다.

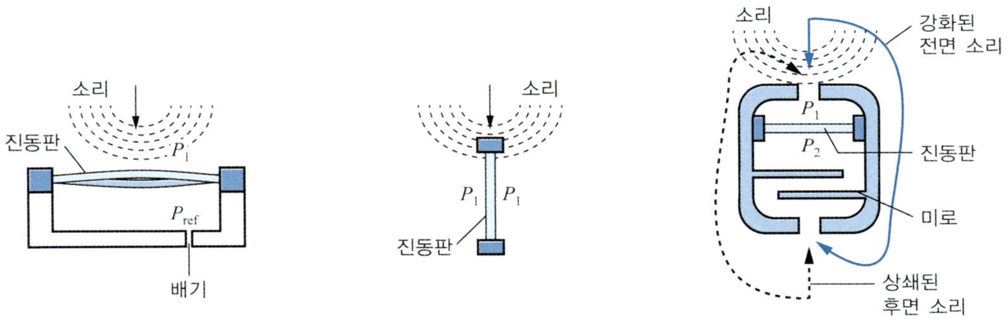

그림 13-4 마이크의 방향 감도 형성 (a) 압력 마이크는 모든 방향에서 진동판 외측에 도달하는 신호를 감지한다. (b) 압력 구배 진동판은 양쪽에서 동일 압력 소리를 상쇄한다. (c) 소리 지연 채널에 의해 형성된 비균일 감도

이는 진동판의 외부 표면에서만 발생하는 음파에 의해 감지된다는 것을 의미한다. 진동판의 변형 정도는 상대적으로 일정한 기준 압력에 대한 챔버 내부의 파동 압력 P_1을 나타낸다. 진동판의 기울기는 이 장에서 설명하는 컨버터로 측정한다.

기준 압력 P_{ref} 를 일정하게 유지하려면 느리게 변하는 대기압을 보상해야 한다. 그렇지 않으면 진동판이 돌출되거나 밖으로 튀어나와 소리에 반응하지 않을 수 있다. 따라서 챔버는 외부로부터 단단히 밀폐되어 있지 않다. 여기에는 내/외부의 압력을 균등화시키기 위한 작은 환기구 구멍이 있을 수 있다. 그러나 그 구멍은 어떤 유의한 수준의 음파를 전달해서는 안 된다. 이 압력 마이크는 진동판의 모든 방향에서 도달하는 음파에 의해 동일한 영향을 받으므로 **전방위적**omnidirectional이다. 압력은 소리의 방향에 대한 어떠한 정보도 전달하지 않는 스칼라 양이기 때문에 진동판은 오직 압력 수준에만 반응한다. 전방향 극도는 [그림 13-5(a)]에서 반지름 $r = 1$을 가진 원으로 표시된다.

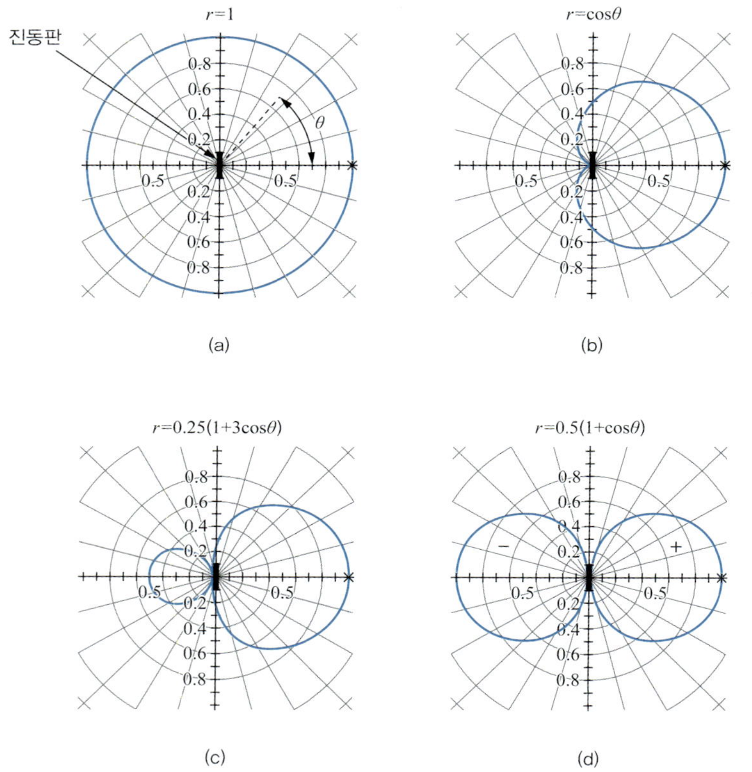

그림 13-5 방향성 극진동판 (a) 전방향 (b) 심방성 (c) 초심방성 (d) 8-방위 맨 위의 식을 통해 극좌표내의 곡선을 설명할 수 있다. 반경 r은 마이크 전면(양 수평축)을 기준으로 각도 θ에서 마이크의 감도를 측정한 것이다.

입사 음파의 방향에 반응하는 마이크를 만들려면 최소 두 개의 다른 지점에서 음향의 압력차를 측정해야 한다. 지향성 마이크에 사용되는 일반적인 방법은 단일 진동판에 걸쳐 있는 두 개의 사운드 포트를 사용하여 음압을 측정하는 것이다.

음파가 양쪽에 도달하는 방식으로 진동판이 지지되는 경우 이러한 마이크를 압력 경사 마이크라고 하며 진동판 감지는 차동 압력의 함수이다. 음파가 P_1으로 진동판의 양쪽에서 동일하고 위상이 동일([그림 13-4(b)] 참조)하다면 진동판은 움직이지 않고 마이크는 전혀 민감하지 않다. 즉 이 특정 축에서 소리가 들리지 않는다. 반대로 진동판에 수직으로 도달하는 소리는 측면 사이에 큰 압력차를 만들어내고 진동판은 최대량으로 움직인다.

지향성 마이크에는 최소 두 개의 사운드 입력 포트가 있다. 0 ~ 90° 사이의 각도에 도달하는 소리는 다른 포트보다 조금 더 빨리 한 포트에 도달함으로써 진동판에 압력차를 일으켜 8-방위와 같은 극성 패턴을 만든다. 진동판에 수직인 최대 감도와 이에 수직하는 최소 감도를 보인다. [그림 13-5(d)]는 진동판의 전면과 후면에서 동일한 감도를 나타내지만, 측면에서는 완전한 음소거를 나타내는 8-자유도 방향성을 갖는다.

전방의 양압은 후방의 음압과 동일한 출력을 생성한다. 즉 마이크 전면에 있는 양압이 진동판 후면의 양압과 반대 방향으로 움직이기 때문에 압력 경사 마이크는 극성이 있다. 극성 패턴의 두 로브[robe]는 극성이 반대이다. 그림의 좌측 로브에 오른쪽 로브와 반대 위상을 나타내는 음의 부호가 표시되는 이유이다. 우리가 마이크 극 패턴을 결합하여 [그림 13-5(c)]의 초심박수와 같은 더 복잡한 모양을 형성할 때 위상은 중요해진다.

앞의 고려사항들은 진동판의 전면과 후면에서 압력을 조작하여 방향도를 형성하는 방법을 제시한다. 지향성 마이크는 진동판의 각 측면에서의 압력을 빼기 때문에 이러한 마이크의 감도는 사운드 포트 사이의 거리에 따라 크게 달라진다. 이 거리는 소리의 파장과 비교했을 때 상당히 커야만 정확한 결과를 얻을 수 있다. 마이크 크기를 줄이기 위해 포트 사이의 거리가 좁아지면 두 포트 사이의 압력 차 $P_2 - P_1$ 이 너무 작아지므로 정확하게 감지할 수 없다. 결과적으로 크기가 작고 감도가 높은 지향성 마이크를 설계하는 것은 어렵다.

[그림 13-5(b)]는 심방성[cardioid]이라고 불리는 방향성 모양을 보여준다. 이는 그리스어로 심장 모양을 닮았다고 해서 이름이 붙여졌다. 원래 심방성은 기본적으로 마이크 구조가 아니었으며 실제로는 압력 동작과 압력 경사 구성 요소의 조합이었다. 1930년대 마이크 초기 개발 과정 중 동일한 물리적 하우징 안에 두 개의 분리된 마이크 캡슐(전방향 및 8-방위)을 장착함으로써 심방성 응답을 얻어냈다. 이 출력은 전기적으로 결합되었고 그 결과 극성 패턴은 심방성을 나타낼 수 있었다. 이밖에 동상 로브를 추가하고 위상이 다른 로브는 감산되어 심방성 형태를 보였다.

대부분의 현대식 심방성 마이크는 [그림 13-4(c)]에 나와 있는 것처럼 후방 소리가 거부되는 것을 최대화하기 위해 기계적 시간 지연 기법을 사용한다. 이때 마이크의 하단 챔버에는 후면으로 열려 있는 미로가 있다. 소리가 후방에서 온다면 진동판의 하단 측으로 가는 경로는 일정 시간이 지나면 소리가 마이크 주변을 이동(아래에서 위로)하는 데 걸리는 시간과 동일하게 설정된다. 이는 [그림 13-4(c)]의 왼쪽 점선을 참조하라. 따라서 후방 소리는 진동판의 양쪽에 거의 동시에 도달하며 $P_1 \approx P_2$ 이후부터는 상쇄되지만, 전면 소리는 매우 민감하게($P_1 \gg P_2$이기 때문에) 포착된다. 후면 챔버의 크기와 모양, 사운드 포트 번호, 위치를 다양하게 변화시킴으로써 다양한 방향 감도를 형성할 수 있다.

더 복잡한 공간 범위를 형성하려면 전방향성 혹은 지향성 마이크를 배열하고 출력신호를 다른 위상편이로 추가하면 된다. 예를 들어 심방성 패턴을 가진 개별 지향성 마이크 3개 이상을 사용하여 이 작업을 수행할 수 있다. 지향성 분리형 마이크는 두 개의 마이크가 항상 음원을 향하고 세 번째 마이크는 음원에서 멀리 향하도록 위치시킨다. 세 마이크의 출력은 신호를 더하거나 빼서 믹서에 결합된다.

따라서 믹싱을 최적화함으로써 원하지 않는 음원의 신호를 제거할 수 있다. 180° 위상 편이기는 가산기 단계에서 신호가 상쇄되도록 측면 방향에서 발생하는 음향신호를 상쇄하기 위해 사용한다. 이는 구조의 전면부, 즉 원하는 음원을 향하는 방향으로만 방향 패턴을 생성한다.

제조업체들이 제시하는 극성 패턴은 다소 오해의 소지가 있다. 실제 지향성 감도 패턴은 이상적인 설계에서 벗어나 주파수에 따라 크게 달라지는 경우가 많다. 축외[off-axis] 응답은 실제 사용 시 마이크의 소리를 심각하게 변형시킬 수 있다. 실내에는 축외에서 픽업되어 축내신호와 결합된 반사 특성이 있다. 이 조합은 주파수에 따라 변하는 보강과 상쇄를 통해 음질을 변화시킬 수 있다. 고품질 마이크와 다른 마이크 간의 주요한 차이점 중 하나는 축외 주파수 응답의 부드러움이다.

13.1.7 근접 효과

단일 지향성 마이크의 주파수 응답을 저하시키는 가장 나쁜 것 중 하나는 근접 효과이다. 이는 전면과 후면 포트 간에 공기가 불균형한 결과로 특히 파장이 훨씬 긴 저주파 범위에서 후면 포트가 훨씬 더 작은 음압을 수신해야 한다. 음원이 단일 지향성 마이크의 전면에 가까워지면 저음역대 주파수를 최대 18 dB 까지 끌어올릴 수 있다. 저음은 음원이 가까울수록 중후해진다. 예를 들어 가수들은 무의식적으로 근접 효과를 사용한다. 마이크를 입술 가까이 가져가면 더 따뜻하고 친밀한 음색을 만들어진다.

13.2 저항성 마이크

진동판이 진동하기 시작하면 그 움직임을 가변 전기 출력으로 변환한다. 진동판의 움직임을 전기 출력으로 변환하는 방법은 압력 센서와 유사하다.

예전에는 저항성 압력 컨버터(압력을 전기로 변환) 방식이 마이크에서 상당히 광범위하게 사용되었다. 컨버터는 벌크 저항[bulk resistivity]이 압력에 예민하게 반응하는 반도체 파우더(일반적으로 흑연)로 이루어졌었다. 최근에는 그 파우더를 압저항성을 가지고 있다고 표현한다. 그러나 이러한 초기 장치들은 동적 범위가 매우 제한적이고 주파수 응답이 낮으며 잡음이 많았다. 탄소 마이크는 양 금속판 사이에 탄소 입자가 눌러져서 들어있는 캡슐이라고 할 수 있다. 금속판에 전압이 인가되면 소량의 전류가 탄소를 통해 흐르게 된다. 이 금속판 중 하나인 박막[diaphragm]이 입력된 음파에 따라 진동하여 탄소 입자에 압력의 변화를 전달한다. 여기서 압력의 변화는 탄소 입자들을 변형시켜 인접한 각 쌍의 입자 사이의 접촉 면적을 변화시키게 되고 이는 입자 덩어리 전체의 저항 변화를 일으킨다. 저항이 변하면 두 금속판 사이의 전압이 변하고 마이크를 통해 흐르는 전류가 흐르게 되어 전기신호가 만들어진다. 탄소 마이크는 1870년대에 영국인 발명가 데이비드 휴[David E. Hughes]가 발명하였다.[2] 탄소 마이크는 한때 전화기에서 종종 사용되었다.

2 휴가 마이크를 처음 발명했지만, 토마스 에디슨이 본인 이름으로 특허를 출원 및 등록했다.

최근에는 실리콘 박막으로 스트레스에 민감한 저항체를 만들어 미세 가공한 센서를 제작할 때 다음과 같은 동일한 압저항 원리를 사용하기도 한다(11.5절 참조).

13.3 콘덴서 마이크

평판 축전기에 전하 q가 주어지면 양단의 전압은 식 (4.19)에 의해 결정된다. 반면 식 (4.20)에 따르면 정전용량은 평판 사이의 거리 d에 따라 달라진다. 따라서 전압에 대한 위 두 식을 풀면 다음과 같다.

$$V = q\frac{d}{A\varepsilon_0} \tag{13.4}$$

여기서 $\varepsilon_0 = 8.8542 \times 10^{-12}\,\mathrm{C^2/Nm^2}$는 유전상수(4.1절 참조)이다. 식 (13.4)는 콘덴서 마이크의 구동을 위한 토대가 되며 이는 다른 말로 '정전형' 마이크라라고도 한다. 이때 정전형 마이크는 평판 사이의 거리를 전압으로 선형 변환하여 추가적으로 증폭할 수 있다. 이 디바이스에는 마이크 감도를 직접적으로 조절할 수 있는 전하량 q가 필요하다. 전하는 $10 \sim 200\,\mathrm{V}$ 사이 전압을 공급할 수 있는 외부 전원 장치나 전하를 만들어낼 수 있는 내부 소스에서 주입할 수 있다.([그림 13-6] 참조).

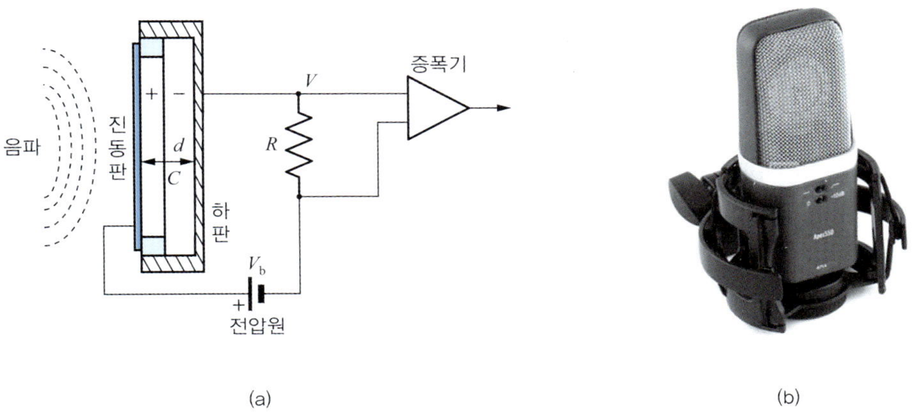

그림 13-6 콘덴서 마이크 (a) 개념도 (b) 사진

현재 많은 콘덴서 마이크가 실리콘 막으로 제작되는데 크게 두 가지 목적으로 사용된다. 첫 번째는 음향의 압력을 변위로 변환시키는 것이고, 두 번째는 축전기의 움직이는 평판 역할을 하는 것이다. 선호도가 높은 특정 설계는 [1~3]에 설명되어 있다. 높은 감도를 얻으려면 바이어스 전압이 가능한 한 커야 한다. 따라서 박막의 정적 변형이 큰 것이 좋으며 이로 인해 충격 저항shock resistivity은 감소하고 동적 범위가 낮아질 수 있다. 또한 박막과 뒷면의 평판 사이의 공극이 매우 작으면 공극의 음향 저항이 고주파수 범위에서 마이크의 기계적 감도를 감소시킨다. 예를 들어 2 mm의 공극에서 2 kHz의 상단의upper 컷오프 주파수cutoff frequency만 측정되었다.[1]

콘덴서 마이크의 특성을 개선하는 방법 중 하나는 앰프의 출력에서 박막까지의 기계적 피드백을 사용하는 것이다.[4] [그림 13-7(a)]는 회로도를 나타내고 [그림 13-7(b)]는 마이크의 맞물림 전극을 보여준다. 이 전극은 다른 용도로 사용되기도 하는데 하나는 증폭기 A_1의 입력에서 박막의 변위를 전압으로 변환하는 것이고 다른 하나는 정전기력을 사용하여 피드백 전압 V_a를 기계적인 변형으로 변환하는 것이다. 기계적인 피드백은 마이크의 선형성과 주파수 범위를 깨끗하게 개선해주지만 오히려 기계적 변형을 크게 감소시키기 때문에 감도를 낮추게 된다.

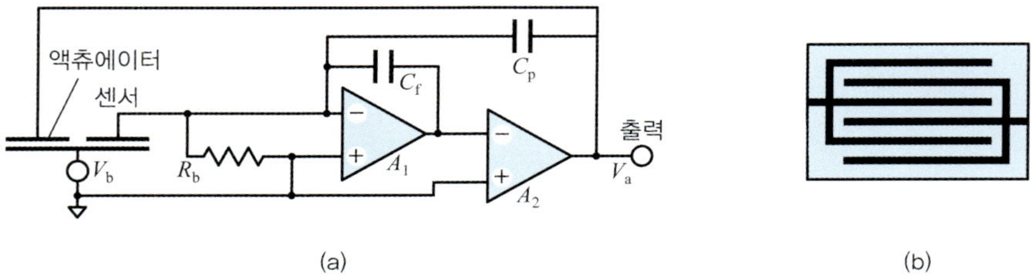

그림 13-7 (a) 컨덴서 마이크의 기계적인 피드백 회로도 (b) 판막에 맞물림 전극이 있는 경우([4]에서 수정됨)

RF 콘덴서 마이크는 저잡음 발진기low-noise oscillator에서 생성된 추가적인 RF 신호를 사용한다. 발진기는 캡슐 막을 움직이는 음파에 의해 정전용량이 변함으로써 주파수가 변조되거나 캡슐이 고정 주파수 발진기 신호의 진폭을 변조하는 공진회로의 한 부분이 될 수 있다. 복조demodulation는 소스 임피던스가 매우 낮은 저소음 오디오 주파수 신호를 만들어낸다. 이 기술은 낮은 장력의 막을 사용할 수 있게 해주며 높은 컴플라이언스compliance로 인해 광역 주파수 응답이 필요한 곳에 사용된다.

콘덴서 마이크는 전화 송신기로부터 저렴한 노래방 마이크, 고음질high-fidelity, Hi-Fi 녹음용 마이크에 이르기까지 다양하게 활용된다. 보통 고품질 오디오 신호를 만들어내기 때문에 현재 실험실 및 스튜디오 녹음용으로 인기가 많다. 이렇게 널리 사용되는 이유는 콘덴서 마이크 특유의 높은 적합도성suitability 때문인데 이는 입사 음파에 의해 이동되어야 하는 매우 작은 질량으로부터 비롯된다.[5]

13.4 일렉트릿(반유전성) 마이크

일렉트릿electret은 압전 재료 및 초전도 재료에 가깝다. 콘덴서 마이크는 일정한 바이어스 전압이 필요하지만 일렉트릿은 외부 전압원 없이도 자체 전기장을 만들어낼 수 있다. 일렉트릿을 이용한 마이크와 이어폰은 1928년에 처음 개발되었다.[6]

일렉트릿 마이크는 작고 저렴하면서 내구성이 뛰어나고 고주파에서 우수한 성능을 보인다. 대부분의 현대식 전화 핸드셋은 일렉트릿을 사용한다. 이러한 유형의 마이크는 스마트폰에서 가장 많이 사용되기 때문에 2015년에는 전 세계적으로 20억 개 이상의 일렉트릿 마이크를 다양한 애플리케이션용으로 생산했다. 일렉트릿 재료는 압전 재료와 열전 재료에 가깝다. 실제로 이들은 모두 압전이나 초전 특성이 강화된 일렉트릿이다. 일렉트릿은 영구적인 극성 유전 물질이며 영구 자석과 동등한 정전기 소재로 간주할 수 있다. 마이크에서 일렉트릿은 테플론Teflon, 마일러Mylar, 그리고 기타 고분자로 만든 박판 필름 형태로 사용된다. 두께는 4 ~ 20 μm 이며 모든 일렉트릿 전하는 제한된 이완relaxation 시간으로 인해 소멸decay될 수 있지만, 이러한 변화는 상대적으로 느리다. 고성능 일렉트릿의 경우 이완 시간은 수 년이며 대부분의 실제 마이크 수명으로 충분하다. 일렉트릿 마이크는 금속화된 전자 진동판과 공극에 의해 진동판에서 분리된 후면으로 구성된 정전기 컨버터이다([그림 13-8] 참조).

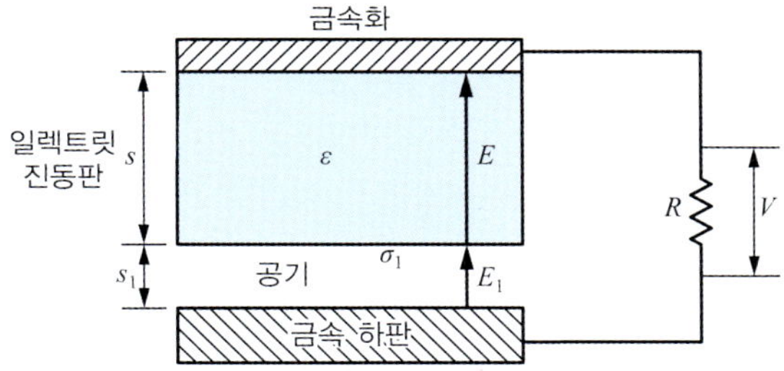

그림 13-8 일렉트릿 마이크의 일반적인 구조. 명확한 구별을 위해 층 두께는 과장했다.([7] 이후)

상부 금속과 금속 뒷면 평판은 저항 R과 전압 V를 통해 연결되며 이를 출력신호로 사용하여 증폭할 수 있다. 원형 주파수 ω를 갖는 매우 큰 저항 R과 정현파 소리의 경우 마이크 출력전압은 다음과 같이 표현할 수 있다.

$$V = \frac{4\pi\sigma_1 s}{s + s_1}\Delta \sin \omega t \qquad (13.5)$$

이 주파수는 마이크 동작 범위 주파수보다 훨씬 높아야 한다. 일렉트릿 마이크는 직류 바이어스 전압이 필요하지 않다는 점에서 다른 감지기들과는 다르다. 비슷한 크기와 감도를 갖도록 설계하려면 콘덴서 마이크에는 100 V 이상의 바이어스 전압이 필요하다. 진동판의 기계적인 장력은 보통 상대적으로 낮은 값(약 10 N m^{-1})으로 유지되므로 복원력은 공극의 압축률에 의해 결정된다. 막은 테플론 FEP로 제작되는데 이때 전자빔을 조사하여 영구적으로 전하를 띠게 함으로써 일렉트릿 특성을 갖게 된다. 일렉트릿 마이크 감도의 온도계수는 0.03 dB/℃ 정도이며 −10 ℃ ~ 50 ℃ 의 온도 범위 내에 있다.[9]

포일foil 일렉트릿(박막) 마이크는 다른 어떤 유형의 마이크 유형보다 더 특징적인 기능을 가지고 있다. 그 중에 우선 10^{-3} Hz 에서 최대 수백 MHz 까지 동작하는 매우 넓은 주파수 범위를 꼽을 수 있다. 다음으로는 평탄한 주파수 응답(± 1 dB 이내), 낮은 고조파 왜곡harmonic distortion, 진동에 대한 낮은 감도, 우수한 충돌impulse 응답, 그리고 자기장에 대한 안정성 등이 있다. 일렉트릿 마이크의 감도는 수 mV/μbar 범위이다.

초저주파 범위에서 작동하려면 일렉트릿 마이크는 후면 박막에 압력을 균등화하기 위해 작은 구멍을 만들어야 한다. 초음파 범위에서 사용될 때 일렉트릿에는 자체 분극에 추가 바이어스(콘덴서 마이크와 같은)가 종종 더해지게 된다. 일렉트릿 마이크는 고 임피던스 센서이므로 높은 입력 임피던스를 견딜 수 있는 인터페이스inferface가 필요하다. 이를 위해 JFET 트랜지스터가 오랫동안 사용되었는데 최근에는 단조monolithic 증폭기가 인기를 얻고 있다. 고급형 일렉트릿 마이크는 내장된 프리앰프, 신호 조절기, 시그마-델타 ADC([그림 13-9(a)] 참조)를 사용한다. 따라서 출력신호는 디지털 형식이며 마이크 후면부의 일렉트릿 틈gap과 후면 공간 내에 위치한 챔버 사이에 작은 구멍 형태의 음향 포트를 필요로 한다. [그림 13-9(b)]는 상용성 일렉트릿 마이크를 나타낸다.

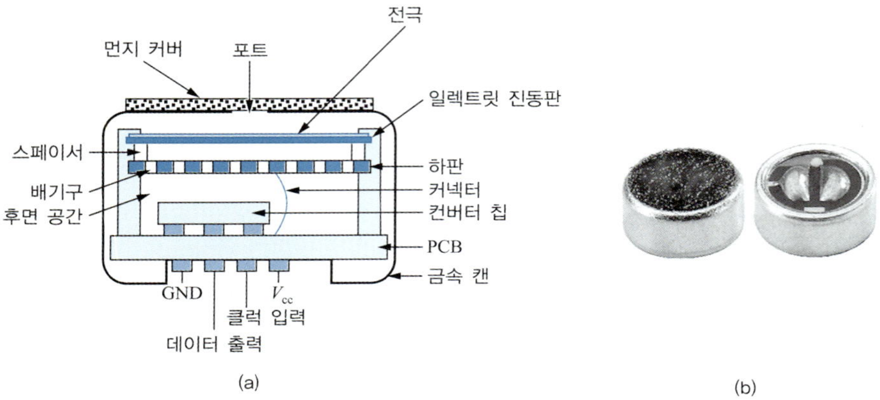

그림 13-9 (a) 디지털 출력을 보이는 프로세서가 내장된 전방위 일렉트릿 마이크 (b) 모듈 패키징

13.5 광 마이크

특히 MEMS 마이크에서 매우 작은 진동판의 변위 감지를 위한 압저항식 컨버터와 정전식 컨버터의 한계로 인해 대체할 만한 감지 기술이 필요하다. 간섭계 기반의 변위 측정을 하기 위한 광학 감지는 여러 까다로운 응용 분야에 대해 향상된 성능을 보이는 마이크를 설계하기 위한 대체 감지 방법이었다.[10] 다양한 광학 기술이 연구되었지만 대부분은 집적이 어려워 미세한 크기로 구현되지 못했다. 집적이 가능한 광학 감지 시스템 [그림 13-10]에 표시된 간섭계 감지법이다.

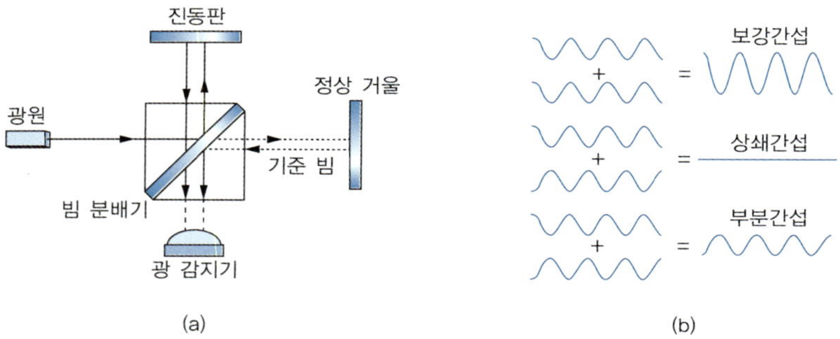

그림 13-10 (a) 마이켈슨 간섭계 마이크의 개념도 (b) 광선의 다른 위상에서의 간섭들([10]에서 수정됨)

마이켈슨 간섭계에 기초한 이 방법[3]에서 입사광은 두 개의 빔으로 분할되며 빔은 다른 경로로 통과한다. 한 빔은 기준 역할을 하고 다른 빔은 반사 진동판에서 반사된다. 이 두 빔이 결합되면 진동판의 기계적 진동으로 인한 경로 길이 차이 때문에 간섭이 생긴다. 이 간섭은 진동판의 변위에 따라 보강간

3 미국인 물리학자인 마이켈슨이 1907년에 광속 측정으로 노벨상을 수상했다.

섭과 상쇄간섭의 조합으로 표현할 수 있다. 광 감지기photodetector로 이러한 간섭을 감지하면 진동판 위치를 매우 민감하게 측정할 수 있다.

광학 마이크는 터보제트나 로켓 엔진과 같이 고열과 강한 진동을 견딜 수 있는 열악한 환경에서 직접 음향을 측정하는 데 유용하다. 이러한 어려운 조건하에서의 음향 측정은 전산 유체역학Computational Fluid Dynamics, CFD 코드 검증, 구조 음향 평가, 제트 소음 감소 기술 등이 필요하다. 이러한 조건에는 딱딱한 진동판(플레이트)을 사용해야 하며 이는 그 변위가 매우 작다는 것을 의미한다. 광섬유 간섭계 마이크가 이런 응용에 매우 적합할 수 있다. 그러한 설계 방식 중 하나[11]는 온도에 민감하지 않은 단일 모드single-mode 마이켈슨Michelson 간섭계와 반사판막으로 구성된다.

들어오는 빛과 나가는 빛 사이의 간섭을 사용하기 위해 두 개의 광섬유가 연결되고 절단면이 최소가 되도록 절단하게 된다([그림 13-11] 참조).

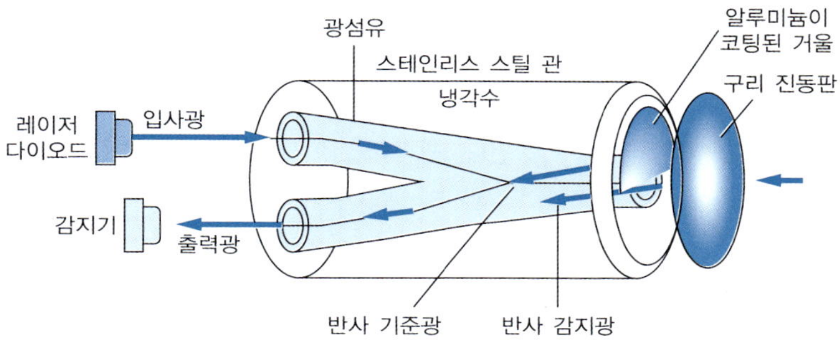

그림 13-11 컨버터에서는 구리판막으로 이루어진 광섬유 간섭계 마이크의 움직임이 빛의 세기로 변환된다.

광섬유는 수냉식 스테인리스 스틸 관 안에 들어가게 된다. 관 내부 공간은 에폭시로 채워지고 광섬유가 보일 때까지 관 끝을 연마한다. 다음으로 알루미늄을 광섬유 코어 2개의 끝부분 중 한 쪽에 증착시켜 표면이 거울 반사mirror reflective되도록 만든다. 이 광섬유는 마이크의 기준 암arm 역할을 한다. 다른 광섬유 코어는 열린 상태로 유지되며 감지 암 역할을 하게 된다. 부품의 기준 암 및 감지 암이 매우 가까이 있을 때 온도 무감도를 얻을 수 있다.

레이저 소스 (1.3 μm 파장 근처에서 작동하는 레이저 다이오드)에서 나오는 빛은 코어 중 하나로 들어간 후 다른 광섬유 코어에 연결된 반대편 끝쪽으로 전파된다. 코어 끝에 도달하면 기준 코어의 빛이 알루미늄 거울에서 센서의 입력부와 출력부로 반사된다. 입력부로 향하는 빛은 소실되어 측정에 영향을 주지 않지만, 출력부로 가는 빛은 검출기 표면에 닿는다. 감지 코어에서 오른쪽으로 이동하는 빛의 일부는 섬유를 빠져 나가 구리 진동판에 닿는다. 빛의 일부는 판막에서 감지 섬유 쪽으로 다시 반사된 빛은 기준 광을 따라서 출력단으로 전파된다.

기준 광과 감지 광이 출력 감지기로 들어가는 동안 간섭을 통해 광도light intensity의 변조가 발생한다. 따라서 마이크는 판막의 변위를 광도로 변환할 수 있다. 이론적으로 이러한 센서의 신호 대 잡음비SNR는 70 ~ 80 dB 정도이며 평균적으로 최소 감지 가능한 판막의 변위는 1 Å (10^{-10} m)이다.

[그림 13-12]는 검출기의 광도 대 간섭 패턴의 위상에 대한 일반적인 관계를 보여준다.

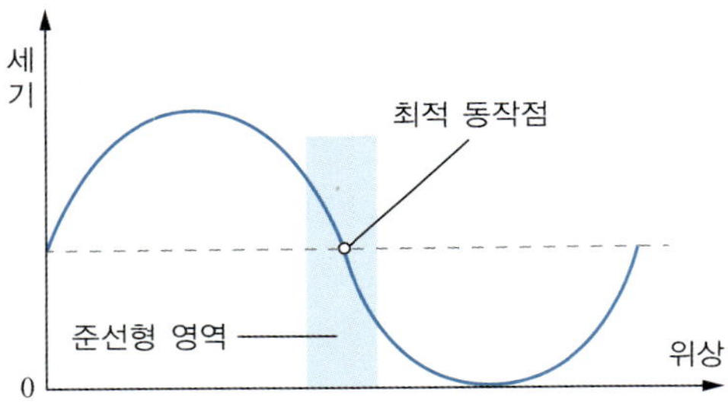

그림 13-12 반사광의 위상으로 함수로 빛의 세기를 나타낸 것

선형 전달 함수가 되려면 강도의 중간 부근에서 기울기가 가장 높고 선형성이 가장 뛰어난 작동 지점을 선택하면 된다. 레이저 다이오드의 파장을 조절하여 기울기와 동작점을 변경할 수 있다. 이에 따른 입력값을 유지하려면 편향은 파장의 1/4 이내로 유지되는 것이 중요하다.

판막은 지름이 1.25 mm이고, 두께가 0.05 mm인 호일로 제작된다. 구리는 우수한 열 전도율과 상대적으로 낮은 탄성계수로 인해 판막의 소재로 주로 사용된다. 광학식 마이크로 전송할 수 있는 최대 음향 주파수는 약 100 kHz로 제한되며 이는 구조 음향 평가에 필요한 작동 범위보다 훨씬 높다.

13.6 압전 마이크

압전성 결정은 기계적 스트레스를 전하로 직접 변환하므로 간단한 마이크 설계에 사용된다.

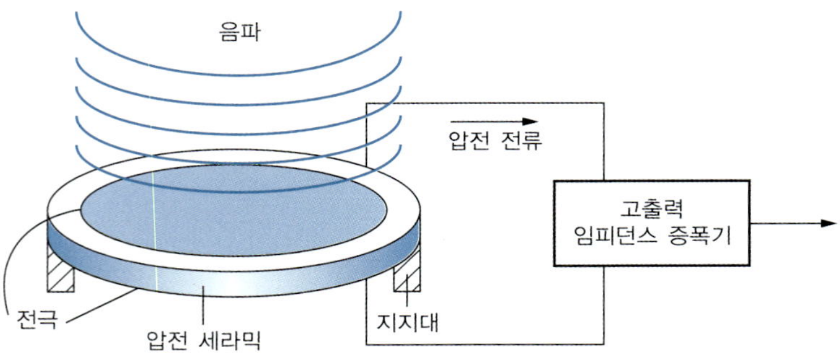

그림 13-13 압전 마이크

센서에 가장 자주 사용되는 소재는 압전 세라믹 재료로 매우 높은 주파수 한계까지 작동할 수 있다. 이 때문에 초음파 변환 시 압전 센서를 많이 사용한다. 그러나 가청 범위 내에서도 압전 마이크는 상당히 광범위하게 사용된다.

13.6.1 저주파 범위

압전 마이크에서는 진동판과 변위 컨버터가 하나로 결합된다. 진동판은 압전 소재로 만들어지거나 압전 소재로 코팅되기 때문에 구부리면 전기 출력이 발생한다. 일반적으로 많이 사용되는 분야는 동맥의 코로트코프Korotkoff 소리를 감지해야 하는 음성 활성화 장치와 혈압 측정 장비들이다. 음향 측면에서 까다롭지 않은 적용 분야일 경우 압전 마이크를 설계하는 것은 매우 간단하다([그림 13-13] 참조). 이것은 양단에 증착된 두 개의 전극으로 구성된 압전 세라믹 디스크로 구성된다. 전극은 전도성 에폭시나 납땜을 통해 와이어에 연결된다. 이러한 마이크는 출력 임피던스가 매우 크기 때문에 높은 입력 임피던스 증폭기가 필요하다. 하지만 이와 같은 앰프는 주파수 응답에 영향을 줄 수 있다. 높은 출력/입력 저항과 함께 픽업 전극의 정전용량은 더 높은 주파수를 차단하는 1차 저역 통과 필터를 만들어낸다. 이 문제는 [그림 6-6(c)]와 같이 전하-전압 컨버터를 사용하여 쉽게 해결할 수 있다.

4.6.2절에서 설명하는 압전 필름, PVDF, 공중합체는 악기에서 매우 효율적인 음향 픽업으로 지난 수년간 사용되어왔다.[12] 압전 필름의 첫 번째 응용처 중 하나는 바이올린의 어쿠스틱 픽업이었다. 나중에 이 필름은 기타 브리지에 장착되었는데 안장 장착형saddle-mounted 브리지 픽업 기반의 어쿠스틱 기타 라인에 적용되었다. 픽업의 매우 높은 정확도fidelity는 진동 감지 및 가속도계 기반 제품군으로 이어졌다. 재료의 Q계수[4]가 낮기 때문에 이 컨버터는 경질hard 세라믹 픽업이 갖는 자기 공명self-resonance이 없다. 차폐는 [그림 13-14(a)]와 같이 앞으로 접는foldover 방식으로 구현할 수 있다.

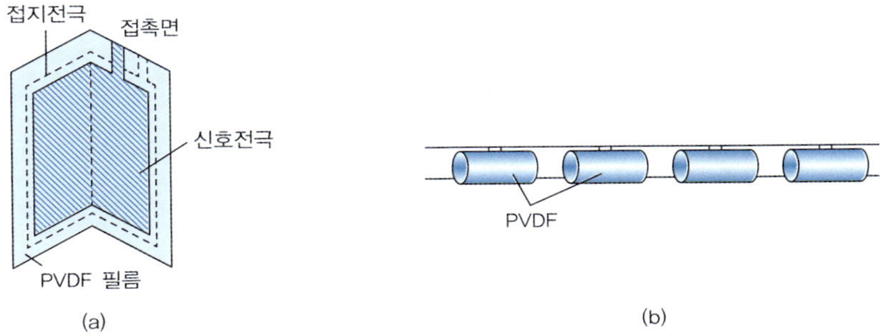

그림 13-14 (a) 접는 방식의 압전 어쿠스틱 픽업 (b) 압전 하이드로폰 배열

감지면은 접힌 부분의 안쪽에 있는 약간 더 좁은 전극이다. 접는 기술은 전극 하나에 의해 차폐가 일어나므로 다른 차폐 방법보다 더 민감한 픽업을 만들 수 있다. 이를 물에 적용할 경우 필름을 관으로 감을 수 있으며 이러한 관들은 대부분 병렬로 연결할 수 있다([그림 13-14(b)] 참조).

13.6.2 초음파 범위

오늘날 음향 센서는 공기 중에서 음파를 감지하는 것보다 훨씬 광범위하게 사용된다. 특히 미세저울microbalance이나 SAW 디바이스 등을 제조할 때 고체에서의 기계적 진동을 감지하기 위해 점점 더 많이 사용되고 있다. 또한 변위, 화합물의 농도, 스트레스, 힘, 온도 등을 측정하는 데 적용할 수 있다.

4 Q 계수(품질계수)는 공진 대역폭 Δf가 중심 주파수와 어떻게 관련되는지를 나타낸다(f_r : $Q = f_r/\Delta f$). Q는 공진 주파수 근처의 에너지 손실 지표가 된다.

이런 모든 센서들은 센서의 고체 부분의 탄성 운동에 기반을 두고 있으며 주로 다른 복합 센서의 부품으로 사용된다. 예를 들어 화학 탐지기, 가속도계, 압력 센서 등이다. 화학 센서 및 바이오 센서에서 기계적 파동이 전파되는 음향 경로는 감지하고자 하는 자극과만 상호 작용하는 화합물로 선택적 코팅을 할 수도 있다.

여기 장치(보통 압전 특성을 가지는)는 고체 원자가 평형 위치에서 진동 운동을 하도록 한다. 그러면 인접한 원자는 본래 위치에서 벗어난 원자를 원래 위치로 되돌리려는 복원력을 만들어낸다. 음향 센서에서 위상 속도나 감쇠계수와 같은 진동 특성은 자극의 영향을 받는다. 따라서 음향 센서에서는 센서의 고체 부분에서의 기계적 변형처럼 외부 자극이 소리의 전파 속도를 증가시킨다. 다른 센서에서는 중량 측정이라고 불리는데 분자의 흡착이나 박테리아의 부착으로 인해 음파의 속도가 감소한다. 음향 점도 센서라고 하는 또 다른 종류의 감지기에서는 점성 액체가 탄성파 센서의 활성 영역과 접촉함으로써 파동이 감쇠된다.

고체를 통해 전파되는 음파는 전기 필터, 지연전선^delay line^, 초소형^micro^ 액추에이터 등과 같은 전자 소자들에서 매우 광범위하게 사용되어왔다. 전자파 대비 음파의 주된 장점은 저속이다. 고체의 일반적인 속도 범위는 1.5×10^3에서 $12 \times 10^3\,\mathrm{m/s}$이고 실제 SAW는 3.8×10^3에서 $4.2 \times 10^3\,\mathrm{m/s}$ 범위를 사용한다.[13] 즉 음파의 속도는 전자기파보다 5배 더 느리다. 따라서 최대 $5\,\mathrm{GHz}$의 주파수로 작동하는 소형 센서를 제작할 수 있다.

고체 음향 센서를 제작할 때는 전자회로를 파동이 전파되는 기계적 구조물에 연결하는 것이 매우 중요하다. 이때 가장 이용하기 편리한 것은 압전 효과이다. 압전 효과는 다음과 같이 두 가지 방식으로 작동하여 사용하기에 매우 편리하다. 기계적인 변형은 전기 분극 전하를 유도하여 마이크 역할을 하고 인가된 전기장은 압전 결정이 스피커 역할을 하도록 한다. 따라서 센서는 일반적으로 양쪽 끝에 두 개의 압전 컨버터가 달려있다. 하나는 음파를 생성하기 위한 송신단에 달려있고 다른 하나는 음파를 전기신호로 변환하기 위해 수신단에 붙어있다.

실리콘은 압전성이 없으므로 추가로 박막 형태의 압전 재료를 실리콘 웨이퍼에 증착해야 한다.[13] 이를 위해 사용되는 전형적인 압전 재료는 산화아연^ZnO^, 질화알루미늄^AlN^ 및 PZT 세라믹으로 알려진 납-지르코늄-티타늄 산화물$^{\mathrm{PbZrTiO_3}}$ 등의 구성을 갖는 고용체^solid solution^이다. 반도체 재료에 박막을 증착할 때에는 다음과 같이 몇 가지 특성을 고려해야 한다.

1. 기판에 대한 접착 특성
2. 외부 요인에 대한 저항성(예 : 작동 중 감지면과 상호 작용하는 유체)
3. 환경 안정성(습도, 온도, 기계적 충격 및 진동)
4. 기판과의 기전^electromechanical^ 커플링 수치
5. 공정 용이성
6. 비용

탄성파 장치에서 압전 효과의 강도는 변환 전극의 구조에 따라 달라진다. 센서의 설계 방식에 따라 벌크 여기^bulk excitation^ 파동이 센서의 단면 두께를 통해 전파되어야 하는 경우)의 경우 전극이 반대쪽에 배치되며 그 면적은 상당히 크다.

고체 음향 센서의 몇 가지 구조는 잘 알려져 있다. 이 구조는 파동이 재료를 통해 전파되는 모드에 따라 다르다. [그림 13-15]는 가장 일반적인 버전 두 가지를 보여준다. (a)의 경우 매우 얇은 판막이 왼쪽의 맞물린 전극에 붙어있고 오른쪽 전극에서 수직 변형을 만들어낸다. 일반적으로 판막 두께는 진동의 파장보다 매우 작다. (b)의 경우 상대적으로 두꺼운 판의 표면에 파동이 만들어진다. 두 경우 모두 왼쪽과 오른쪽 전극 사이의 공간은 압력, 점액, 기체 분자 또는 미세 입자와 같은 외부 자극과 상호 작용하는 데 이용된다.

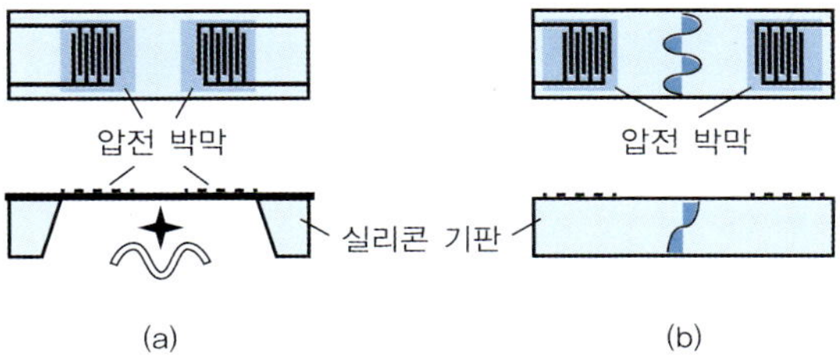

그림 13-15 (a) 휨 모드 센서 (b) 표면 음향 평판 모드 센서

많은 내부 요인과 및 외부 요인이 음파의 전파에 영향을 줄 수 있으며 결과적으로 진동 주파수의 변화에도 영향을 미칠 수 있기 때문에 외부 자극의 변화를 인지하는 과정은 모호하면서 오류가 있을 수 있다. 이러한 문제는 두 개의 동일한 SAW 장치를 이용하여 차동 기술을 사용하면 해결할 수 있다. 하나는 자극을 감지하기 위한 것이고 다른 하나는 기준이 된다([그림 13-16] 참조). 이때 기준이 되는 장치는 여러 가지 외부의 자극으로부터 보호되지만 온도, 수명 등과 같은 요인에는 영향을 받는다.

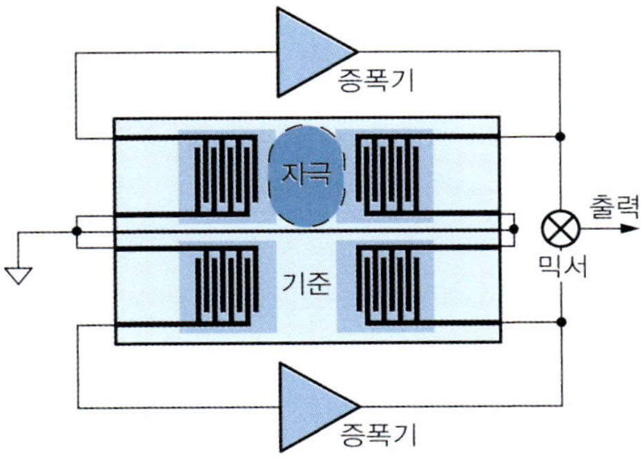

그림 13-16 차동 SAW 센서

13.7 다이나믹 마이크

다이나믹 마이크는 전자기 유도를 통해 작동한다. 견고하고 상대적으로 저렴하며 수분에 강하다. 이는 잠재적으로 높은 이득(피드백이 적용되기 전)과 함께 무대에서 사용하기에 이상적인 조건을 갖고 있다고 할 수 있다. 움직이는 코일 마이크는 확성기와 동일한 구동 원리로 동작하는데 그 반대 방향으로만 구동된다는 것이 유일한 차이점이다([그림 13-17(a)] 참조). 영구 자석의 자기장에 위치한 소형 이동식 유도 코일은 판막에 부착되어있다.

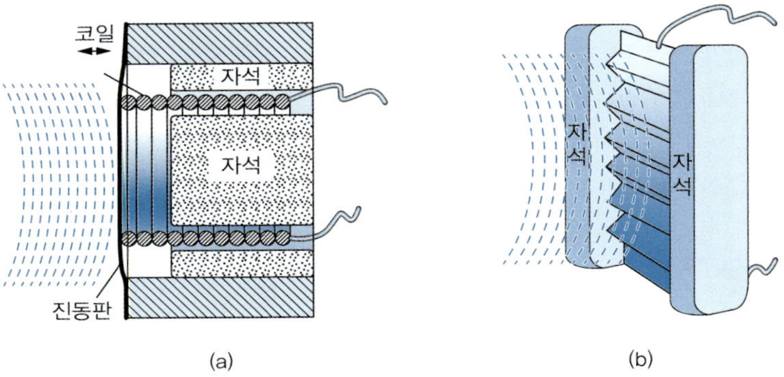

그림 13-17 다이나믹 마이크 (a) 움직이는 코일 마이크 (b) 리본 마이크

마이크의 앞 유리(그림에는 표시되지 않음)를 통해 소리가 들어오면 음파가 판막을 움직인다. 이 판막이 진동하면 코일이 자기장에서 이동하여 코일 단자에 다양한 전압을 유도한다. 이는 전자기 유도로 인한 것이다. 식 (3.36)과 같이 가변 자기장은 코일에 전압을 유도한다. 따라서 영구 자석 내부에서 코일의 움직임은 자기장 변화율에 따라 유도 전압과 후속 전류를 만들어내게 된다.

단일 동적 막은 모든 오디오 주파수에 대해서 선형 응답인 것은 아니다. 이러한 이유로 일부 마이크는 오디오 스펙트럼의 다른 부분에 대해서는 다중 막을 사용하게 되고 이를 결합하여 신호를 만들어낸다. 이처럼 여러 신호를 결합하는 것은 어려우므로 이 과정 자체가 흔하지 않고 비용이 많이 드는 편이다.

리본 마이크는 보통 자기장에 의해 지지되고 있는 박막형의 주름진 금속 리본을 사용한다([그림 13-17(b)] 참조). 리본은 마이크의 출력과 전기적으로 연결되어 있으며 자기장에 의한 진동으로 전기 신호를 만든다. 리본 마이크는 자기 유도를 통해 소리를 생성한다는 점에서 움직이는 코일 마이크와 유사하다. 기본적으로 리본 마이크는 양방향(8-방위라고도 함) 패턴으로 소리를 감지한다. 이 리본은 앞뒤로 소리를 내기 때문에 소리보다는 압력의 변화에 반응한다. 대칭적인 앞/뒤 픽업은 일반적인 스테레오 녹음 환경에서는 번거로울 수 있지만 이러한 주변음을 차단side rejection시키는 뛰어난 성능은 배경소음을 없애야 하는 경우에 특히 유용하게 사용할 수 있다.

CHAPTER

14

습도 및 수분 센서

Humidity and Moisture Sensors

CONTENTS

14.1 습도

주변 공기의 수분 함량은 인간과 동물이 편안한 삶과 행복을 추구하기 위해 중요한 요소이다. 우리가 느끼는 편안함의 수준은 상대습도와 주변 온도의 조합으로 결정된다. 시베리아처럼 겨울 공기가 매우 건조한 지역에서는 온도 −30℃ 가 매우 편하게 느껴지지만,1 습기가 많은 이리Erie 호수 근처 클리블랜드Cleveland에서는 온도 0℃ 가 매우 가혹하게 느껴진다. 습도는 높은 임피던스의 전자회로, 정전기에 민감한 부품, 고전압 장치와 같이 특정 장비를 작동하기 위해 중요한 요소이다. 경험상 상온(20~25℃)에서 상대습도 50% 근처로 유지하는 것이 중요하다. 예를 들어 Class-10 클린룸2의 경우 38%, 병원 수술실의 경우 60% 정도가 적당하다. 수분은 대부분의 제조 제품과 가공 재료에 공통으로 사용되는 성분이다. 심지어 미국 국민총생산Gross National Product, GNP의 상당 부분이 수분이라고 할 수도 있다.[1]

습도는 **습도계**Hygrometer(그리스 신화의 물 괴물 뱀 히드라 Hydra에서 유래)라는 도구로 측정할 수 있다. 습도계는 처음 존 레슬리John Leslie에 의해 발명되었다.[2] 수분과 습도를 표현하는 방법은 산업 또는 특정 응용 분야에 따라 여러 가지가 있다. 기체 내 수분은 주로 백만 입방피트3의 가스당 수증기 중량(단위 : pound)으로 표현된다. 액체와 고체의 수분은 일반적으로 총 질량 당 물의 백분율(습윤 중량 기준)로 표현되며 건조 중량 기준으로도 표현할 수 있다. 또한 소량의 액체 내 수분은 백만분율parts per million by weight PPM_w로 표시된다. 수분은 모든 재료의 수분 함량을 나타내지만 실제로는 액체 및 고체에만 적용된다. 반면에 습도는 기체의 수증기 함량을 의미한다. 다음은 몇 가지 유용한 정의를 나타낸다.

1. **수분**Moisture : 화학적 특성을 변경하지 않고 흡수, 흡착하여 제거할 수 있는 액체 또는 고체에 포함된 물의 양이다.
2. **혼합 비율**Mixing ratio : 건조 기체의 단위 질량당 수증기의 질량(습도 비율humidity ratio)이다.

이밖에 **절대습도**absolute humidity는 단위 부피당 수증기의 질량(질량 농도)이다. 이를 식으로 나타내면 $d_w = m/v$ 이며 수증기 성분의 밀도라고도 한다. 예를 들어 수분 흡수 물질(예 : 실리카겔)에 통과시켜 수분이 흡수되기 전후의 무게로 계산할 수 있다. 단위는 입방미터당 그램 또는 입방피트당 입자수로 표시된다. 그러나 절대습도는 대기압의 함수이므로 실제 엔지니어링에는 유용하지 않다. **상대습도**Relative Humidity, RH는 주어진 온도에서 최대 포화 증기압 대비 실제 증기압 비율이며 퍼센트 단위로는 다음과 같이 정의할 수 있다.

$$H = 100\frac{P_w}{P_s} \tag{14.1}$$

1 단 경제적, 문화적, 정치적 요소 등을 무시한다. 그렇지 않으면 누군가는 시베리아를 편안한 곳이라고 부르지 않을 것이다.

2 클래스(Class)는 분진 입자의 크기에 따라 등급별 규격을 정하여 체계화한 공간을 의미한다. 예를 들어 Class-10은 1입방피트(ft^3) 내에 0.5μm 이상 크기의 먼지가 10개 이하로 존재하는 청결 정도를 뜻한다.

3 1,000,000 ft^3로 나타낼 수 있다.

여기서 P_w는 수증기의 분압이고, P_s는 주어진 온도에서의 포화 증기압이다. H 값은 포화 증기를 유발하는 데 필요한 증기의 백분율로 포화 증기는 주어진 온도에서 물방울(이슬)이 형성되는 것을 의미한다. 상대습도는 특정 공간에 있는 수증기의 몰분율mole fraction 대 포화 상태에서 수증기 몰분율로도 나타낼 수 있다. 대기와 연결된 공간 내에서 수증기 분압 P_w와 건조 공기 분압 P_a의 합은 대기압 P_{atm}과 같다.

$$P_w + P_a = P_{atm} \tag{14.2}$$

끓는점 이상의 온도에서 대기 부피는 전적으로 과열 증기로 구성된다. 이때 $P_w = P_{atm}$이다. 100℃ 이상의 온도에서 상대습도는 수분의 구성을 표현하는 데 적합하지 않은데 그 이유는 해당 온도에서 포화 증기압 P_s가 항상 P_{atm}보다 크고, 최대 상대습도는 100%를 넘을 수 없기 때문이다. 따라서 정상 대기압의 100℃ 온도에서 최대 상대습도는 100%이지만, 200℃에서는 6%에 불과하다. 374℃ 이상에서는 포화 압력이 열역학적으로 지정되지 않는다.

이슬점 온도 Dewpoint Temperature, DP : 수증기의 분압이 최대이거나 포화 증기 상태가 되는 온도이다. 사전 결로가 없다고 가정했을 때 가스-수증기 혼합물이 일정한 압력에서 냉각되어 서리 또는 얼음이 되는 온도라고도 한다.

이슬점은 상대습도가 100%인 온도이다. 즉 이슬점은 공기가 최대 수분량을 유지하기 위해 공기가 도달해야 하는 온도이다. 온도가 이슬점까지 냉각되면 공기는 포화, 안개, 이슬 또는 서리가 된다. 식 (14.3)과 식 (14.4)[5]는 상대습도와 섭씨온도 t로부터 이슬점을 계산한다. 수면 위의 포화 증기압 P_s와 이슬점 온도는 다음과 같다.

$$p_s = 10^{0.66077 + 7.5\frac{t}{237+t}} \tag{14.3}$$

$$\text{이슬점 온도} = \frac{237.3(0.66077 - \log_{10} p_w)}{\log_{10} p_w - 8.16077} t \tag{14.4}$$

여기서 $p_w = p_s \cdot \frac{RH}{100}$와 같다. 상대습도(RH)는 절대 온도와 반비례한다. 즉 절대량의 수분이 같다고 가정했을 때 온도가 높을수록 상대습도는 낮아진다.

이슬점 온도는 냉각 거울로 측정된다. 그러나 0℃ 이슬점 미만에서는 수분 측정이 불확실해지는데 이는 수분이 얼어붙고 눈송이처럼 결정 격자 성장이 발생하기 때문이다. 그럼에도 불구하고 수분은 액체 상태에서 0℃ 이하로 장기간 존재할 수 있는데, 이는 분자 교반, 대류 속도, 샘플 가스 온도, 오염 등의 변수에 의해 가능하다.

습도 센서를 보정하려면 기준습도가 필요하다. 이미 알려진 습도 레벨을 생성하기 위해서는 몇 가지 방법이 있는데, 예를 들어 건조한 공기(습도 0%)와 습한 공기(습도 100%)를 생성한 다음 일정한 비율로 혼합하는 것이다. 예를 들어 가장 널리 사용되는 방법은 포화 소금 용액을 사용하는 것이다. 먼저 포화 소금 용액이 담긴 접시를 닫힌 상자에 넣고 대기로부터 단단히 밀봉한다. 이 용액은 접시 위의 여유 공간에 높은 정확도로 상대습도를 생성한다. 생성되는 상대습도는 사용되는 소금의 종류에 따라 달라진다([표 14-1] 참조). 포화 소금 용액의 상대습도는 온도에 거의 의존하지 않지만, 온도 균일성에는 크게 의존한다. 그러므로 ±2% 의 상대습도 정확도를 가지기 위해서는 밀봉된 상자 내부의 온도 균일성은 0.5℃ 보다 우수해야 한다.

표 14-1 포화 소금 용액의 상대습도

온도 (℃)	염화리튬 용액 ($LiCl$, H_2O)	염화마그네슘 용액 ($MgCl$, $6H_2O$)	질산마그네슘 용액 ($Mg(NO_3)_2$, $6H_2O$)	염화나트륨 용액 ($NaCl$, $6H_2O$)	황산칼륨 용액 (K_2SO_4)
5	13	33.6 ± 0.3	58	75.7 ± 0.3	98.5 ± 0.9
10	13	33.5 ± 0.2	57	75.7 ± 0.2	98.2 ± 0.8
15	12	33.3 ± 0.2	56	75.6 ± 0.2	97.9 ± 0.6
20	12	33.1 ± 0.2	55	75.5 ± 0.1	97.6 ± 0.5
25	11.3 ± 0.3	32.8 ± 0.3	53	75.3 ± 0.1	97.3 ± 0.5
30	11.3 ± 0.2	32.4 ± 0.1	52	75.1 ± 0.1	97.0 ± 0.4
35	11.3 ± 0.2	32.1 ± 0.1	50	74.9 ± 0.1	96.7 ± 0.4
40	11.2 ± 0.2	31.6 ± 0.1	49	74.7 ± 0.1	96.4 ± 0.4
45	11.2 ± 0.2	31.1 ± 0.1	–	74.5 ± 0.2	96.1 ± 0.4
50	11.1 ± 0.2	30.5 ± 0.1	46	74.6 ± 0.9	95.8 ± 0.5
55	11.0 ± 0.2	29.9 ± 0.2	–	74.5 ± 0.9	–

상대습도 또는 절대습도 센서를 만들려면 물 분자 농도와 관련된 물리적 효과를 사용할 수 있다. 가장 오래된 습도 센서 중 하나는 모발 장력 컨버터이다. 머리카락은 사람 혹은 동물의 것을 사용하는데 이는 머리카락의 장력이 주변 습도에 따라 달라진다는 점을 이용한다. 머리카락이 양쪽에 고정된 지점에서 늘어나면 그에 해당하는 장력을 적절한 힘 센서를 통해 전기신호로 변환한다. 이때 건조한 공기에서는 장력이 더 강해지고 습한 공기에서는 장력이 약해진다.

전통적으로 상대습도는 **흡기식 건습계**aspirated psychrometer라는 장치로 측정한다. 이 장치는 두 개의 동일한 온도계로 구성되는데 이 온도계는 건식 수은 전구(건구) 하나와 심지가 있으며 젖은 게이지로 감싸진 전구(습구) 하나로 이루어져 있다. 게이지를 촉촉하게 유지하기 위해 심지는 물에 담겨있고 두 전구 주변에는 공기가 흐른다. 물 또는 얼음이 습구를 덮으면 물이 증발함에 따라 습구 표면에서 잠열이 제거되고 건구의 공기 온도보다 낮아진다. 즉 낮은 습도에서 물이 더 활발하게 증발하여 습구 온도가 더 많이 떨어진다. 결과적으로 흡기식 건습계는 건구 온도와 습구 온도 차이($\Delta t = t_a - t_w$)를 측정하여 습도를 결정한다. 상대습도는 다음 식으로 나타낼 수 있다.

$$\text{상대습도} = \frac{p_w - A\,\Delta t}{p_s} \times 100 \qquad (14.5)$$

여기서 A는 상수로, 습구인 경우 63, 전구가 얼음으로 덮여있는 경우 56이다. p_w는 수증기압, p_s는 포화 수증기압, t_a와 t_w는 각각 건구와 습구의 섭씨온도이다.

수증기압을 세 가지 인자의 함수로 나타내면 다음과 같다.

$$p_w = p_s - \frac{A}{755} P \Delta t \tag{14.6}$$

대기압 P, 건습구의 열 구배 Δt 그리고 해당 공기 온도에서의 포화 수증기압 p_s이다. 흡기식 건습계는 종종 습도 센서를 보정하는 데 사용된다.

14.2 수분 센서

습도 수준을 감지하려면 습도계의 센서가 물 분자를 선택적으로 감지하고 센서의 내부 특성 중 일부가 물에 의해 변해야 한다. 이때 수분 센서는 H_2O 기압을 전기신호로 바꿔주는 컨버터를 포함하고 있어야 한다. 가장 일반적인 컨버터는 습도에 따라 달라지는 정전용량 또는 저항에 기반한다.[4] 이러한 수분 센서는 습기에 노출되었을 때 값이 안정적이지 않은 나쁜 커패시터 또는 저항이라고도 할 수 있다.

[그림 14-1(a)]는 정전용량식 수분 센서, [그림 14-1(b)]는 저항식 수분 센서를 나타낸다.

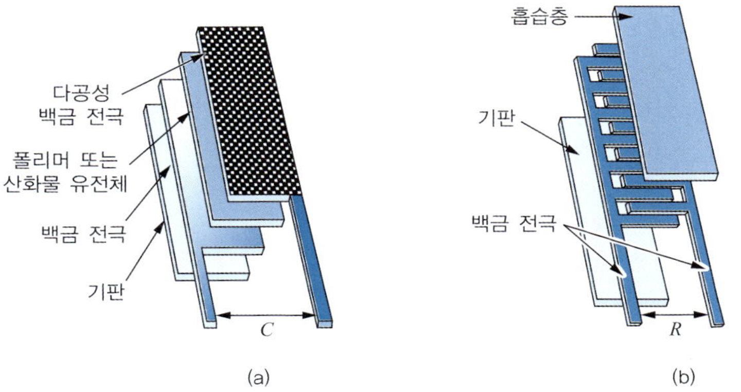

그림 14-1 수분 센서의 구조

정전용량식 수분 센서capacitive humidity sensors는 두 금속 전극 사이에 있는 얇은 유전체(폴리머 또는 산화물 유전체)의 유전 특성이 흡수된 수분의 농도에 따라 달라지는 현상을 이용한다. 상부 전극은 물이 통과할 수 있도록 다공성으로 만들어지며 이를 통과한 물 분자는 수분에 민감한 유전체층에 도달하여 흡수된다. 모든 층은 세라믹과 같은 기판에 증착된다. 그리고 수분에 따른 정전용량 C는 두 전극에 연결된 인터페이스 회로에 의해 측정된다.

4 정전용량은 경우에 따라 커패시턴스로도 번역된다.

저항 센서에는 수분 흡수 재료가 포함되어 있는데 이 재료의 전기 저항은 흡수된 물 분자에 따라 달라진다. 이 감지 흡습층은 두 개의 맞물린interdigitized [5] 금속 전극의 상단에 위치하며 두 전극 전체는 기판 위에 구축된다. 저항값 R은 습도에 따라 달라지며 두 전극으로부터 측정된다.

신호 처리를 위해 정전용량식 또는 저항식 모두 전기신호로 변환해야 하는데, 상황에 따라 Z/V(전압), Z/F(주파수) 또는 Z/D(디지털) 컨버터를 사용할 수 있다. 습도 감지요소는 교류 전류만 측정해야 하는데 이는 직류 전류의 성분을 제거하고 습기 센서 물질의 전기분해(분극)를 방지하기 위해서이다. 교류 전류의 주파수는 200 Hz ~ 10 kHz 범위로 한정한다.

14.3 정전용량식 수분 센서

공기가 채워진 커패시터는 대기의 수분 변화에 따라 식 (14.7)과 같이 전기 유전율이 바뀌므로 상대습도 센서 역할을 할 수 있다. 습한 공기의 유전상수를 나타내면 다음과 같다.

$$\kappa = 1 + \frac{211}{T}\left(p_{\mathrm{w}} + \frac{48p_{\mathrm{s}}}{T}H\right)10^{-6} \tag{14.7}$$

여기서 T는 절대 온도(단위 : K), p_{w}는 습한 공기의 압력(단위 : mmHg), p_{s}는 온도 T 에서 포화수증기의 압력(단위 : mmHg), H는 상대습도(단위 : %)이다. 식 (14.7)은 습한 공기의 유전상수를 나타내고 정전용량은 상대습도에 비례한다.[6]

그러나 우수한 선형성에도 불구하고 습도 센서의 공기 충전 커패시터는 감도가 낮아 실용적이지 않다. 따라서 공기 대신 커패시터 평판 사이의 공간을 습기에 따라 유전상수가 크게 변하는 적절한 유전물질로 채울 수 있다. 또는 흡습성 폴리머 필름과 양쪽의 금속 전극으로 구성된 정전용량식 센서를 구성하여 감도를 높일 수 있다. 어떤 구조에서는 아세트산 뷰티르산셀룰로스cellulose acetate butyrate 또는 가소제로서 다이메틸 프탈레이트dimetylephtalate로 만들어진 친수성 고분자 박막(두께 : 8 ~ 12 μm)을 유전체로 사용한다.[4] 이 구조에서는 지름 8 mm, 두께 200 Å 의 금 다공성 디스크 전극이 고분자 박막 위에 진공 증착되었다. 이 박막은 홀더에 의해 지탱되고 두 디스크 전극은 단자에 연결된다. 이러한 정전용량식 수분 센서의 커패시턴스는 상대습도 H에 대략적으로 비례한다.

$$C_{\mathrm{h}} \approx C_{\mathrm{o}}(1 + \alpha_{\mathrm{h}}H) \tag{14.8}$$

여기서 C_{o}는 $H = 0$일 때 커패시턴스이다.

[그림 14-2(a)]는 정전용량식 상대습도 센서를 나타내고 [그림 14-2(b)]는 습도가 증가함에 따라 정전용량이 거의 선형적으로 증가함을 보여준다. 이는 물의 유전상수가 높기 때문이다. 물의 유전상수는 온도에 따라 변하므로([그림 4-7] 참조) 보조 온도 센서를 추가하여 상대습도 센서의 정확도를 높여야 한다.

5 '맞물린(interdigitized)'이라는 용어는 두 손의 손가락(숫자)이 번갈아 배치된 것과 유사하다.

6 정전용량은 유전상수에 비례하고 식 (14.7)에 따라 유전상수는 상대습도 H에 비례하므로 정량용량은 상대습도에 비례한다.

이러한 시스템은 시판되는 통합 센서(예 : 실리콘 랩스Silicon Labs 사의 Si7015)에서 구현된다.

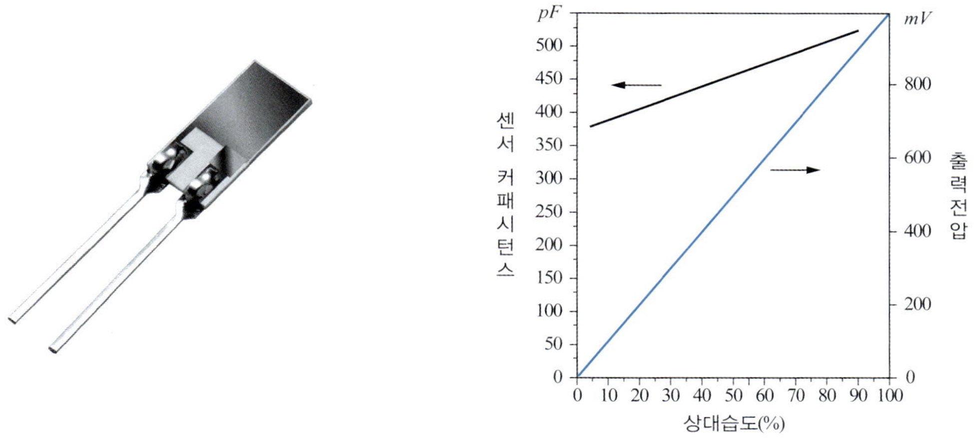

(a) (b)

그림 14–2 (a) 정전용량식 상대습도 센서 (b) 센서 인터페이스 회로로부터 얻어진 정전용량(커패시턴스)과 출력전압의 전달함수

[그림 14–3(a)]는 집적된 상대습도 센서, [그림 14–3(b)]는 기능 구성도를 나타낸다.

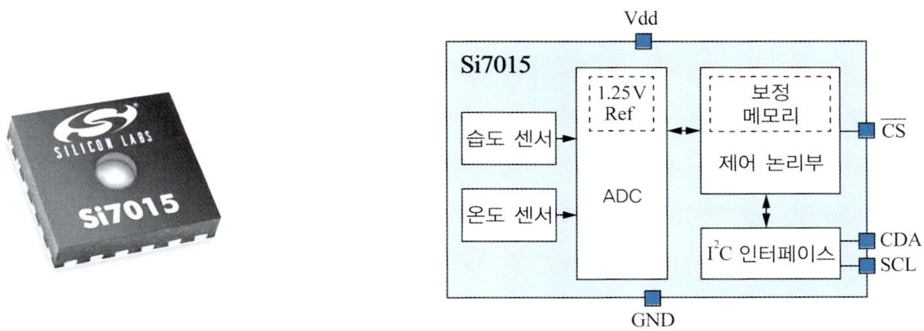

(a) (b)

그림 14–3 (a) 집적된 상대습도 센서 (b) 기능 구성도(출처 : Silicon Labs)

그림에서 원형의 개구부는 공기 샘플을 받는 부분이다. 집적회로의 장점은 감지 부품(습도 및 온도)외에도 신호 조절기, ADC, 보정 메모리, 보상회로, I^2C와 같은 직렬 디지털 인터페이스를 통합할 수 있다는 것이다.

정전용량식 센서를 이용하여 습도를 측정하는 것은 다소 느릴 수 있는데, 이는 유전층이 물 분자를 흡수하는 데 시간이 걸리기 때문이다. 최신 MEMS 기술은 감지 커패시터의 소형화 및 유전체의 노출 영역 증가를 통해 속도를 극적으로 향상시킨다. 결국 [그림 14–4(b)] 및 [그림 14–4(c)]에 나타낸 것처럼 노출된 측벽이 있는 원통형 커패시턴스를 다수 형성하여 속도를 향상시킬 수 있다.[5]

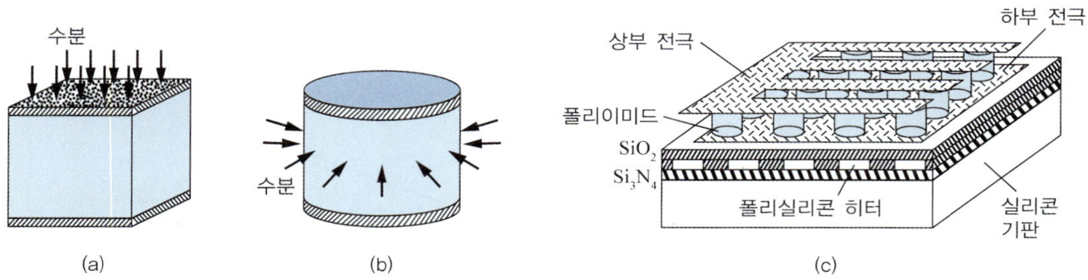

그림 14-4 (a) 기존 방식의 습기 감지 커패시터 (b) 원통형 습기 감지 커패시터 (c) 커패시터 컬럼의 병렬 연결 ([5]에서 수정됨)

기존 정전용량식 센서에는 다공성 상부 전극이 있지만, 원통형 커패시터는 노출된 폴리이미드면을 형성하기 때문에 수분을 훨씬 빠르게 흡수한다. 원통 지름이 몇 마이크로미터(μm)에 불과하므로 수분이 원의 둘레를 통해 내부로 확산된다. 또한 센서는 발열체(히터)로 보강된다. 발열체는 결로를 방지하기 위해 사용되고, 발열 이후 긴 복구 시간 동안 센서는 작동하지 않는다. 여러 개의 원통은 [그림 14-4(c)]와 같이 병렬로 연결되어 센서의 반응 속도를 10배 정도 높인다.

정전용량 기술은 재료 샘플 내부의 수분을 측정하는 데 사용할 수 있다.[6] [그림 14-5]는 정전용량식 측정 시스템의 개념 다이어그램을 보여주는데 이는 샘플의 유전상수가 LC 발진기의 주파수를 변경하는 방식이다.

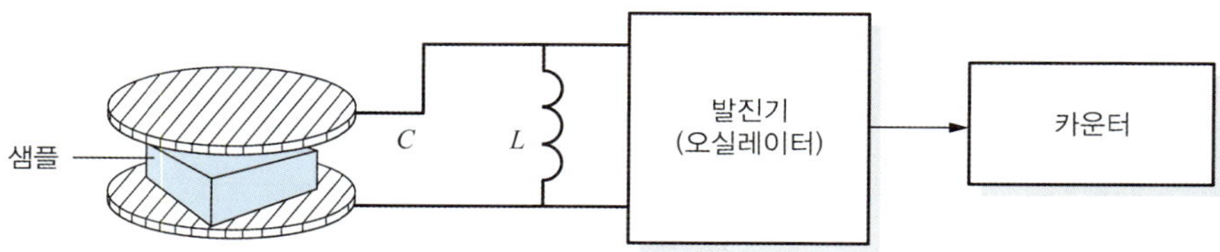

그림 14-5 정전용량식 습도 감지 구성

이러한 수분 측정 방법은 의약품 제조 관리를 하는 데 매우 유용하다. 대부분 약제의 유전상수는 2.0에서 5.0으로 75 ~ 80인 상온에 있는 물에 비해 상당히 낮다. 샘플 재료는 두 개의 테스트 전극 사이에 배치되고 LC 발진기에 연결된 커패시터를 형성한다. 이 과정에서 주파수가 측정되며 이는 수분과 관련이 있다. 온도 및 실내 습도와 같은 환경 조건으로부터 변수를 줄이기 위해서는 변화량을 사용하는 것이 좋다. 이때 주파수 변화 $\Delta f = f_0 - f_1$을 계산하면 되는데 여기서 f_0와 f_1은 각각 빈 용기에 의한 주파수와 샘플 재료로 채워졌을 때의 주파수 값이다. 이 방법에는 몇 가지 제한 사항이 있는데 예를 들어 0.5% 미만의 수분을 측정할 때에는 정확도가 떨어진다는 것이다. 게다가 측정 샘플은 상대적으로 높은 유전상수를 갖는 이물질 없이 깨끗해야 한다. 여기서 이물질의 예는 금속 및 플라스틱 물체 등이다. 또한 측정 중 패킹 밀도, 고정 샘플 형상 등이 유지되어야 한다.

14.4 저항식 수분 센서

비금속 전도체의 저항은 4.5.4절에서 논의한 바와 같이 수분 함량에 따라 달라진다. 이 현상이 **저항식 수분 센서**resistive humidity sensors 혹은 **습도 센서**hygristor의 기초이다.

[그림 14-6(a)]는 전도성 습도 센서의 기본 설계를 보여준다. 이 센서는 세라믹(알루미나) 기판에 제작된다.

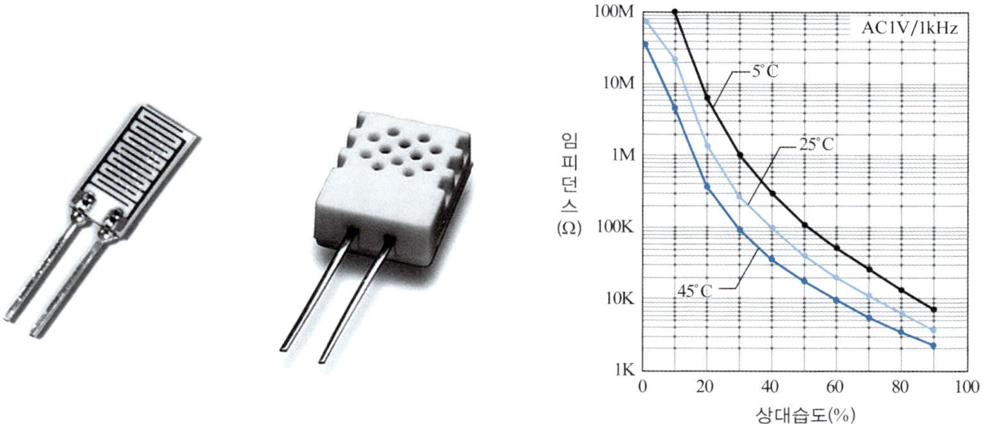

(a) (b) (c)

그림 14-6 (a) 저항식 수분 센서의 맞물린 전극 구조 (b) 상용화된 수분 센서의 패키징 (c) 세 가지 다른 온도에서의 저항-상대습도 곡선(출처 : courtesy of TDK)

수분 감지 재료는 상대적으로 낮은 저항을 가지며 습도에 따라 크게 달라진다. 재료는 큰 접촉 면적을 제공하는 두 개의 맞물린 전극의 상단에 증착된다. 물 분자가 상부층에 흡수되어 전극 사이에 저항이 변하는 정도는 전자회로로 측정할 수 있다. 최초의 저항식 센서는 1935년 던모어F. W. Dunmore에 의해 개발되었고 이때 2~5% 염화리튬LiCl 수용액으로 구성된 흡습성 필름을 사용하였다.[7] 전도성 습도 센서의 또 다른 예는 포프Pope 성분으로 알려졌으며 황산 처리된 폴리스티렌 필름을 포함하는 성분으로써 원하는 표면 저항 특성을 갖도록 할 수 있다.

전도도 센서용 필름을 제조하기 위해 유망한 재료 중 하나는 고체 고분자 전해질이다. 이러한 화합물은 장기적인 안정성과 반복성 측면에서 좋지는 않지만 상호 침투하는 폴리머 네트워크와 캐리어 그리고 지원 매체를 사용하여 크게 향상시킬 수 있다. [그림 14-6(c)]를 보면 1kHz에서 측정했을 때 흡습성 필름의 실험 샘플은 상대습도가 0%에서 90%로 변경되는 동안 임피던스가 100MΩ에서 100Ω으로 변화한다([그림 14-6(c)] 참조).

실제 측정을 위해 전도도 습도 센서를 탐침 끝에 장착하거나 회로 기판에 장착할 수 있다. 정전용량식 센서와 마찬가지로 출력신호는 공기 온도의 영향을 많이 받는다. 따라서 신호 조절 회로도 보조 온도 센서로부터 신호를 수신해야 한다. 수분 센서의 저항은 매우 비선형적이며 저항과 역수인 전도도는 상대습도에 대해 합리적인 선형성을 보여준다.

14.5 열 전도율 센서

기체의 열 전도율을 이용하여 습도를 측정하는 것은 차동 서미스터 기반 센서로 구현 가능하다. [그림 14-7(a)]에서 두 개의 작은 서미스터(R_{t1}, R_{t2})는 얇은 전선으로 지탱되어 하우징에 대한 열전도 손실을 최소화한다. 왼쪽 서미스터는 작은 환기구를 통해 외부 가스에 노출되어 있지만, 오른쪽 서미스터는 건조 공기에 밀폐되어 있다. 두 서미스터는 모두 기준 전압 $+E$에 의해 전원이 공급되는 브리지 회로(R_1, R_2)에 연결된다. 서미스터는 전류가 흐르면서 자기 발열이 발생하여 줄 열이 방출되므로 고유저항이 상당히 낮아야 한다. 저항은 $10 \sim 50\,\Omega$ 정도가 바람직한데 그렇지 않으면 전류가 너무 적어서 온도를 170℃까지 올리기가 어렵다.

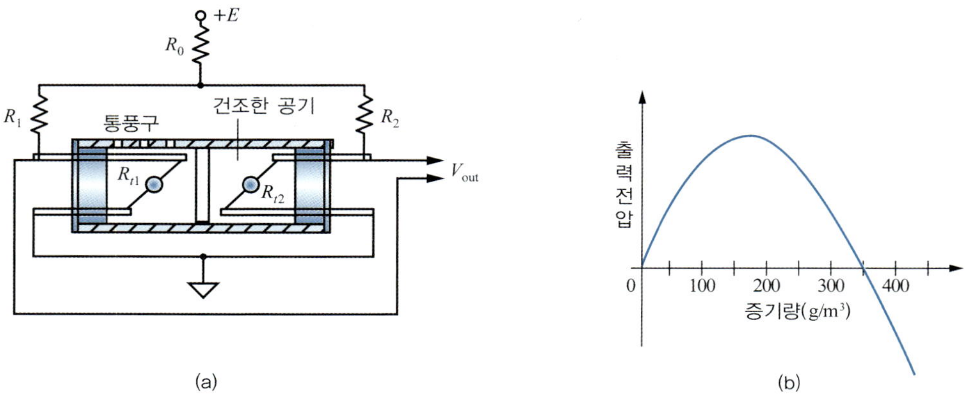

그림 14-7 (a) 자체 발열 서미스터가 있는 절대습도 센서의 도면 및 전기 연결도 (b) 출력전압 [8]

[그림 14-7(b)]를 보면 초기에는 브리지 회로가 제로 기준점을 설정하기 위해 건조한 공기에서 균형을 이룬다. 이 센서의 출력전압은 절대습도가 0에서 상승하면서 점차 증가한다. 그리고 약 $150\,g/m^3$에서 포화 상태에 도달한 다음 약 $345\,g/m^3$에서 극성 변화와 함께 감소한다([그림 14-7(b)] 참조). 이 장치에서는 통풍구를 통해 공기 흐름이 거의 없는 정체된 공기에서 측정을 수행하는 것이 중요하다. 그렇지 않으면 공기 대류로 인해 추가적인 냉각이 발생함으로써 측정 오류가 발생한다.

14.6 광학 습도계

14.6.1 냉각 거울

대부분의 습도 센서는 재현성 문제가 있으며 특히 상대습도 $0.5 \sim 1\,\%$ 정도의 히스테리시스를 나타낸다. 이는 정밀 공정 제어에서 제한 요인이 될 수 있으므로 간접적인 습도 측정 방법을 고려해야 한다. 가장 효율적인 방법은 식 (14.4)를 사용하여 이슬점 온도를 통해 절대 또는 상대습도를 계산하는 것이다.

앞서 기술한 바와 같이 **이슬점**dewpoint은 물(또는 유체 상태의 물질)과 같은 액체와 증기가 평형 상태에 있는 온도이다. 증기와 고체가 평형 상태에 있는 온도는 서릿점frostpoint이라고 한다. 이슬점에는 포화 증기압 값이 하나만 존재하므로 압력을 알고 있으면 이 온도에서 절대습도를 측정할 수 있다. 히스테리시스를 최소화하기 위한 최적의 수분 측정 방법은 광학 습도 측정법이다. 광학 습도계는 비용이 상당히 높지만 미세한 수준의 수분을 추적할 수 있는 장점이 있으므로 제품 수율과 품질을 향상시키면 그 비용은 충분히 감안할 수 있다.

광학 습도계optical hygrometers는 기본적으로 표면 온도가 열전 히트 펌프에 의해 정밀하게 조절되는 거울을 사용한다. 거울 온도mirror temperature는 이슬 형성 임계값에서 제어된다. 샘플링된 공기는 거울 표면 위로 펌핑되며 거울 온도가 이슬점을 넘으면 물방울 형태로 수분을 방출한다. 이때 물방울이 광선을 산란시키기 때문에 수분이 응결될 때 거울의 반사 특성이 변화한다. 이는 적절한 광 검출기로 감지할 수 있다.

[그림 14-8]은 단순화된 블록 다이어그램과 상용화된 냉각 거울 습도계chilled mirror hygrometers를 보여준다. 이 장치는 펠티에 효과Peltier effect로 작동하는 열펌프로 구성된다. 펌프는 내장된 온도 센서가 있는 얇은 거울 표면에서 열을 제거한다. 이 센서는 거울의 온도를 표시하는 디지털 온도계의 일부이다.

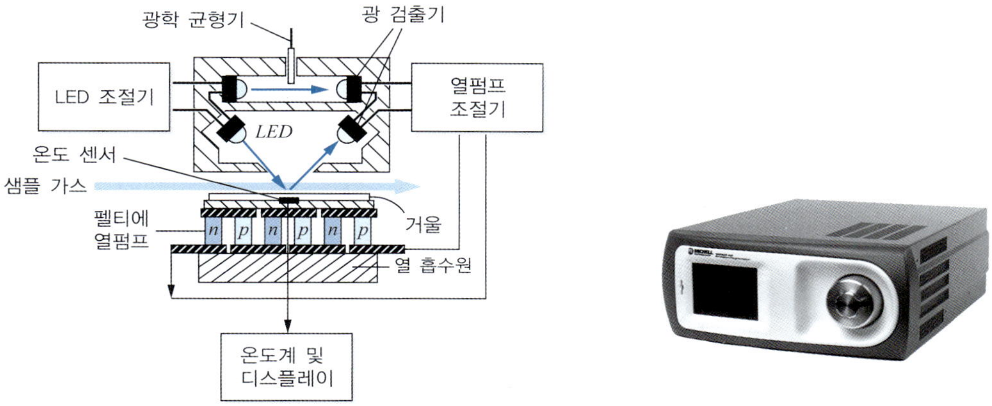

(a) (b)

그림 14-8 (a) 광학 브리지가 있는 냉각 거울 이슬점 센서 (b) 상업용 냉각 거울 습도계
(출처: 영국 Cambridgeshire 소재 Michell Instruments Ltd.)

습도계의 회로는 차동 유형differential type으로 상단 광 커플러optocoupler, 발광 다이오드LED 및 광 검출기photodetector가 유동 현상 보상에 사용되고 하단에 있는 광 커플러는 거울 반사율을 측정하는 데 사용된다. 센서의 대칭은 상부 광 커플러의 광 경로에 삽입된 쐐기형 광학 균형기로 균형을 맞출 수 있다. 하단에 있는 광 커플러는 거울에 45° 각도로 위치한다. 이슬점 온도 이상에서는 거울이 건조하고 반사율이 가장 높다. 컨트롤러는 히트 펌프를 통해 거울의 온도를 낮춘다. 수분이 응결되는 순간 거울 반사율이 갑자기 떨어지고 광 검출기의 광전류는 감소한다. 광 검출기의 신호는 컨트롤러로 전달되고 열펌프를 통과하는 전류를 조절하여 표면 온도를 이슬점 수준으로 유지한다. 여기서 거울 표면에서 추가적인 응축이나 증발이 발생하지 않는다. 실제로 물 분자는 지속적으로 갇혀 표면에서 빠져나가고 있지만, 평형이 형성되면 응축물 밀도condensate density의 평균값은 변하지 않는다.

거울 표면에서 감지된 온도는 실제 이슬점을 정확하게 결정하므로 이는 수분의 가장 기본적이고 정확한 측정 방법이다. 히스테리시스가 사실상 제거되면 감도는 약 0.03℃ 이슬점 수준이다. 이슬점으로부터 상대습도(%), 증기압 등과 같은 수분 매개변수는 온도와 압력이 알려지면 얻을 수 있다.

그러나 이 방법에는 3가지 문제가 존재한다. 먼저 장치가 고가이고, 거울이 오염될 잠재적 가능성이 있으며 열펌프가 상대적으로 큰 전력을 소비한다는 점이다. 오염 문제는 입자 필터를 사용하여 제거할 수 있으며 빠르게 재가열하고 과도한 응결을 유발하기 위해 의도적으로 거울을 이슬점 아래로 냉각시킬 수 있다. 이를 통해 오염 물질을 제거하고 거울을 깨끗하게 유지할 수 있다.[9]

14.6.2 광 상대습도 센서

물 분자에 노출되었을 때 일부 재료의 광학 특성(편광, 굴절률, 빛 흡수)을 변경하는 일부 재료의 능력은 광변조 상대습도 센서의 기본 원리이다. 습도 감지 재료의 예로는 폴리에틸렌글리콜Polyethylene Glycol, PEG이 있는데 물 분자를 흡수하면 굴절률이 변하고 팽창되어[10] 상대습도를 실제 범위에서 10~95%까지 측정할 수 있다. 친수성이 높은 물질인 PEG는 습도에 대한 단조로운 선형 반응을 나타내지 않지만, 굴절률과 두께 모두 다양한 범위의 습도 수준에 대해 다른 특성을 보여준다. PEG는 약 80% 상대습도 환경에서 열펌프에서 겔로 물리적인 상태 변화가 일어난다. 이러한 상변화 지점에서 굴절률은 급격히 감소하고 PEG 필름의 팽창이 급격히 증가한다. 만약 PEG 코팅이 진공 챔버에서 수소화되면 수소가 습도로 인한 상변화 효과를 제거한다.

PEG 코팅은 [그림 14-9]와 같이 광 변조기를 만드는 데 사용된다. 센서의 상부 평면에는 PEG 박막으로 코팅된 프리즘이 있다. 내부 전반사TIR 효과에 의해 필름으로 코팅된 상부의 평평한 표면에서 LED에 의해 생성된 빛이 빔 w 형태로 광 검출기로 향한다. PEG 필름은 표면을 따라 흐르는 공기에 노출된다.

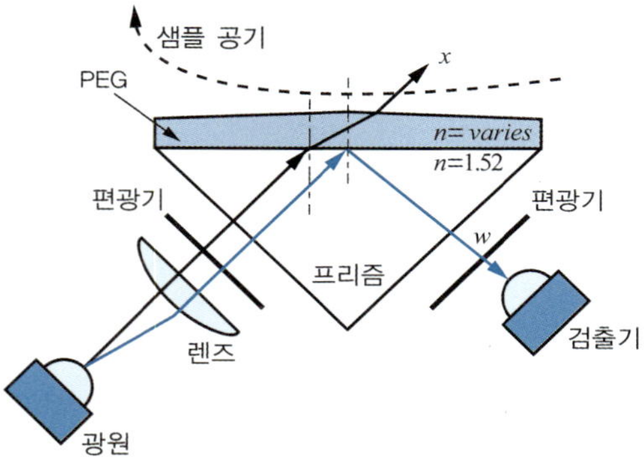

그림 14-9 광 습도 센서의 광도 변조 개념

그림에는 광 습도 센서의 광도 변조 개념을 설명하기 위해 샘플링된 공기의 흐름에서 물 분자의 영향을 받아 작동하는 세 가지 광학 효과를 보여준다. 첫 번째는 프리즘의 윗면에서 반사되는 빛의 양을 변경하는 PEG 필름의 팽창이고, 두 번째는 일부 광선이 검출기로 반사되어 빔 x와 같이 외부로 방향을 바꾸게 하는 PEG 굴절률 n의 변화이다. 마지막은 PEG 코팅에 의한 편광의 회전이다. 편광 회전의 개념은 [그림 8-36]에 나와 있다. 물 분자의 영향으로 PEG 필름에서 반사된 빛은 편광 각도를 변경하므로 검출기 근처의 편광 필터를 통과한 후 상대습도에 따라 빛의 강도가 변한다.

다른 광학 상대습도 센서는 감지 재료의 다양한 색상에 반응한다. 흡습성 물질은 상대습도 수준에 반응하는 염료를 함유한다. 보통 상대습도를 측정하기 위해 염료가 포함된 폴리머 재료를 공기에 노출시킨다. 습도에 따른 염료의 광학적 특성의 변화는 염료가 폴리머 캐리어 필름과 함께 형성되어야 하는 결합, 해리 복합체 또는 pH 수준의 변화 때문이다.[11] 센서에 염료가 있는 폴리머는 광 커플러의 경로에 배치되어 광도를 가변 전기신호로 변환할 수 있다.

14.7 진동 습도계

진동 습도계oscillating hygrometer의 원리는 광학 냉각 거울 센서의 방식과 유사하다. 다만 이슬점 측정이 표면의 광학 반사율이 아닌 냉각판의 질량 변화를 감지한다는 점이 다르다. 냉각판의 진동회로 일부는 얇은 수정 진동자로 제작된다. 이는 센서의 또 다른 이름인 **압전 습도계**piezoelectric hygrometer를 의미하는데 왜냐하면 수정 진동이 압전 효과를 기반으로 하기 때문이다.

[그림 14-10]을 보면 수정 진동자는 높은 정확도로 수정의 온도를 제어하는 펠티에 쿨러(4.9.2절 참조)와 열적으로 관련이 있다. 온도가 이슬점 온도로 떨어지면 수정 진동자의 노출된 표면에 수증기막이 쌓인다. 또한 수정의 질량이 변하기 때문에 발진기의 공진 주파수가 f_0에서 f_1으로 변화한다. 이때 새로운 주파수 f_1은 주어진 수막 두께이다.

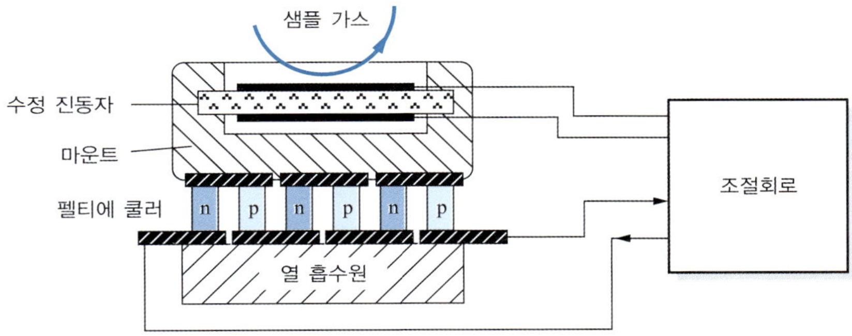

그림 14-10 진동 습도계

또한 주파수 편이는 펠티에 쿨러를 통과하는 전류를 제어하여 이슬점 온도에서 안정화되도록 수정 온도를 변화시킨다. 압전 습도계를 설계할 때 가장 어려운 점은 최소한의 기계적 부하로 작은 크기의 진동자를 유지하면서 냉각기와 진동자 사이에 적절한 열 결합을 제공하는 것이다.[12] 이 방법은 [그림 13-15]와 유사한 SAW 센서를 사용하여 구현할 수 있다.

14.8 토양 수분 측정기

농업 및 지질학에서 토양 조사는 중요한 업무이다. 토양 수분 모니터는 **전도도**conductivity 측정 원리에 따라 작동한다. [표 14-2]를 보면 정제수와 같이 순수한 물은 좋은 전기 전도체가 아니다. 용액에서 전류는 이온에 의해 전달되기 때문에 이온의 농도가 증가함에 따라 전도도가 증가한다. 따라서 물이 이온 물질을 용해시킬 때에도 전도도가 증가한다.

표 14-2 물의 전형적인 전도도[7]

물의 종류	전도도(S/m)
정제수(deionized water)	5.5×10^{-6}
식수(drinking water)	0.005 ~ 0.05
해수(sea water)	5

토양은 고체, 기체 및 액체 상태로 존재하는 다양한 광물과 유기 물질로 구성된다. 토양의 물은 토양의 구성에 따라 0.01에서 8 S/m의 전도도 범위를 가지며 토양 전기 전도도의 주요 요인이라고 할 수 있다.

토양 수분 함량을 모니터링하기 위해 현재 몇 가지 방법이 사용된다. 그중 하나는 [그림 14-11(a)]와 같이 간단한 2-전극 탐침을 사용하는 것이다. 여기서 토양 전기 저항 R_s는 토양 샘플에 삽입된 전극 A와 B 사이의 전압과 전류 흐름을 모니터링하여 측정된다. 대다수의 휴대용 수분 측정기는 전류 i_s가 토양을 통과하는 직류 측정회로를 사용한다. 회로는 풀업 저항 R과 토양 저항 R_s로 구성된 전압 분배기이다. 참고로 직류 전류에서는 전극 사이의 정전용량 C_s에는 차이가 없음을 기억하라.

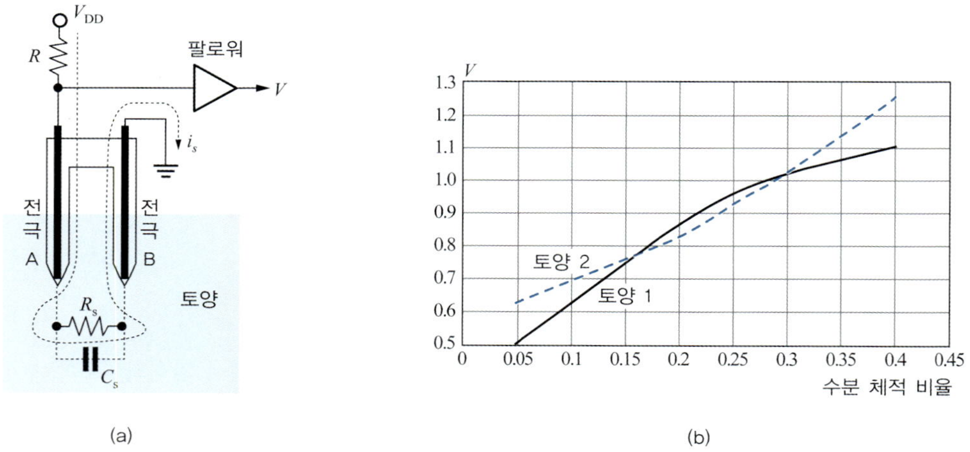

그림 14-11 (a) 직류 전류를 이용한 토양 전도도 측정기 (b) 전달함수

7 전도도는 비저항의 역함수인 지멘스(siemens, S) 단위로 측정된다. 이는 4.5.1절을 참조하라.

[그림 14-11(b)]에서 볼 수 있듯이 출력전압은 토양 수분 함량을 명확하게 나타낸다.[13] 그러나 이 방법은 직류가 전극 – 토양 경계 저항을 변화시키는 전극 분극을 일으켜 장기간 사용하게 되면 오류를 일으킨다. 그러므로 센서에 전해 침전물의 축적을 방지하기 위해서는 전극을 사용한 후 매번 청소해야 한다.

전극 분극을 방지하기 위해서는 [그림 14-12(a)]와 같이 교류로 측정해야 한다. 일반적인 탐침에는 전류 주입 전극 A가 탐침의 중앙에 배치되고 [그림 14-12(b)] 여러 개(3 ~ 5개)의 리턴 전극 B가 원의 둘레 방향으로 병렬 연결된다.

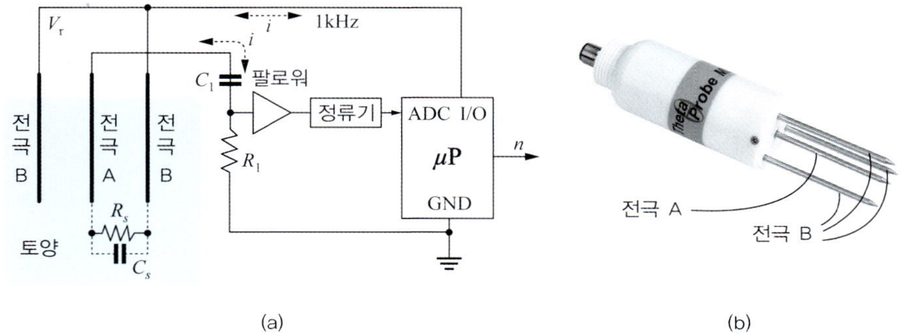

그림 14-12 (a) 다중 전극 토양 전기 임피던스 모니터 (b) 상용 4-전극 탐침(출처 : Delta-T Devices Ltd, 영국 케임브리지)

따라서 저항 R_s와 커패시턴스 C_s로 구성된 토양 임피던스는 약 1 kHz 주파수를 가진 전류 i를 통과시켜 전극 A와 B 사이에서 측정할 수 있다. 전류의 직류 성분을 제거하기 위해 커패시터 C_r은 저항 R_1과 직렬로 배치된다. 저항기 양단의 전압이 정류되어 프로세서에 공급된다. 이 전압의 크기는 선택한 주파수에서 토양 임피던스에 따라 달라진다. 종종 측정이 어려울 정도로 깊은 곳에서 접촉 전극으로 토양 임피던스를 측정해야 할 수도 있다. 이 경우 전자기 전도도 측정은 맴돌이 전류를 사용하여 수행한다.

[그림 14-13(a)]는 지면 위에 배치된 코일에 의해 유도되는 맴돌이 전류가 있는 토양을 보여준다. 코일은 고주파 발진기에 의해 구동된다. 작동 원리는 [그림 8-19]에 표시된 금속 검출기와 유사하다. 그러나 금속 대신 코일이 전기 전도성 토양의 원형 유도 전류에 반응한다. 보통 수분 함량이 높을수록 맴돌이 전류가 더 강해진다. 렌츠의 법칙에 따르면 이러한 전류는 코일의 교류 전류에 반대되므로 측정할 수 있다.

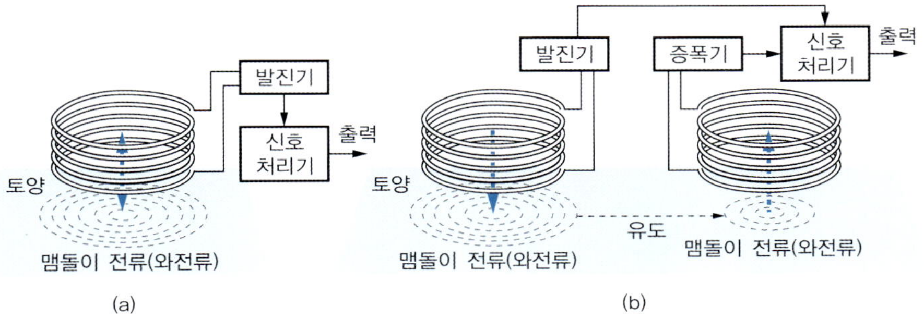

그림 14-13 (a) 토양의 전자기 전도도를 비접촉으로 측정하기 위한 단일 코일 장치 (b) 이중 코일 장치

맴돌이 전류를 사용하기 위한 또 다른 구성은 [그림 14-13(b)]에 나와 있으며 두 개의 코일(송수신)을 사용한다. 송신 코일은 기기의 한쪽 끝에 있으며 토양에 원형 맴돌이-전류 루프를 유도한다. 이때 루프의 크기는 루프가 나타나는 토양의 전기 전도도에 정비례한다. 또한 각 전류 루프는 전류의 크기에 비례하는 2차 유도 전자기장을 생성한다. 2차 유도 전자기장의 일부는 기기의 수신기 코일에 의해 차단되고 이러한 유도신호의 합은 증폭되어 출력전압으로 감지된다. 이는 깊이 가중된 벌크 토양 전기 전도도와 관련이 있으며 수신기 코일은 토양 특성(예 : 점토 함량, 수분 함량, 염도), 코일 간격 및 표면 토양과의 거리에 따라 1차 자기장과 다른 2차 자기장의 진폭 및 위상을 측정한다.[14]

CHAPTER

15

광 검출기

Light Detectors

CONTENTS

15.1 양자 검출기의 원리

빛은 전자기 복사EMR로서 빛의 속도로 전파되는 전기장과 자기장의 동기화된 진동으로 구성된다. 전기장과 자기장의 진동은 [그림 5-1(a)]와 같이 서로 수직이며 에너지 및 파동 전파 방향에도 수직이다. 전자기학의 양자 이론에서 전자기 복사는 모든 전자기 상호 작용을 담당하는 기초 입자인 광자로 구성된다. 광자는 에너지의 국부적 묶음localized bundle of energy인 입자이지만 파장과 주파수로 나타낼 수 있다. 전자기 복사의 전체 파장(주파수) 스펙트럼은 [그림 4-41]과 같다. 이 스펙트럼은 매우 짧은 파장인 γ 선에서 AM 라디오까지의 매우 긴 파장을 나타내며 더 긴 파장으로 퍼져나간다. 물리학자들은 종종 자외선UV, 가시광선visible, 적외선IR 스펙트럼 범위를 언급할 때 **빛**light이라고 말한다. UV 파장 범위는 대략 10 ~ 380 nm, 가시광선은 약 380 nm(자색) ~ 750 nm(빨간색)이며, 적외선은 750nm ~ 1 mm이다. 3 ~ 20 μm 스펙트럼 범위의 EMR은 가시광선 범위에서 빛날 만큼 뜨겁지는 않은 물체의 자연 복사로 **열복사**thermal radiation라고 한다.

자외선에서 원적외선에 이르는 스펙트럼 범위의 EMR 검출기를 광 검출기라고 한다. 광 검출기 또는 광 센서는 빛의 양자를 흡수하고 전기적 반응을 직간접적으로 생성한다. 센서 내 감지요소에 의해 광자가 흡수되면서 양자 또는 열 반응이 일어난다. 따라서 모든 광 검출기는 **양자**quantum 및 **열**thermal로 나뉜다.

양자 감지기는 자외선에서 중적외선까지의 스펙트럼 범위에서 작동하지만, 실온에서의 효율성을 따져보았을 때 중적외선 및 근적외선 스펙트럼 범위에서 유용하다. 따라서 이 장에서는 두 가지 유형을 모두 다루도록 하겠다. **광전자 증배관**photomultipliers이라고 하는 고감도 광자 센서에 대한 설명은 16.1절을 참조하라.

고체 양자 검출기(광전지, 광전도 장치)는 반도체 물질의 결정 격자와 개별 광자의 상호 작용에 의존한다. **광전지**photovoltaic는 빛에 반응하여 출력 전기 전압을 생성하는 센서를 의미한다. 또한 **광전도체**photoconductive는 전기 저항이 입사광의 영향을 받는 저항을 의미한다. 이들의 동작 원리는 아인슈타인A. Einstein이 발견한 광 효과photoeffect를 기반으로 하며 이를 통해 아인슈타인은 노벨상을 수상했다. 1905년에 그는 빛의 본질에 대해 주목할 만한 가정을 했는데, 특정 상황에서 빛 에너지가 국부적인 묶음localized bundles으로 집중되며 이를 광자라고 명명했다. 단일 광자의 에너지는 다음과 같이 주어진다.

$$E = h\nu \tag{15.1}$$

여기서 ν는 빛의 주파수이고 $h = 6.626075 \times 10^{-34}$ J · s 또는 4.13567×10^{-15} eV는 빛의 파동 이론을 기반으로 유도된 플랑크 상수이다. 광자가 도체 표면에 부딪히면 자유전자가 생성된다. 광자 에너지 E의 일부(Φ)는 표면에서 전자를 분리할 때 사용되며 다른 부분은 전자에 운동 에너지를 제공한다. 따라서 광전 효과는 다음과 같이 설명할 수 있다.

$$h\nu = \Phi + K_{\mathrm{m}} \tag{15.2}$$

여기서 Φ는 방출 표면의 **일 함수**work function이며, K_m은 표면을 빠져나가는 전자의 최대 운동 에너지이다. 반도체 pn 접합이 복사 에너지를 받으면 다음과 같은 과정이 발생한다. 일단 광자는 에너지를 전자로 전달하고 에너지가 충분히 높으면 전자가 이동하며 전류가 발생한다. 그러나 에너지가 전자를 방출하는 데 충분하지 않다면 광자 에너지는 열로 변환된다.

결정질 물질의 주기적 격자는 해당 고체 내에 존재하는 전자에 허용되는 에너지 밴드를 설정한다. 순수한 물질 내 전자 에너지는 이 에너지 밴드 중 하나에 속박되어야 하며, 에너지 밴드는 금지된 에너지의 밴드 갭band gap으로 분리되기도 한다. 즉 전자는 허용된 에너지만 가질 수 있으며 특정 조건에서 금지된 장벽을 넘어 인접한 허용 에너지 대역으로 점프할 수 있다.

식 (15.1)을 참고했을 때 충분히 높은 광자 에너지를 가지면서 적절한 파장의 빛이 반도체 결정에 부딪히면 결정의 전하 운반자(전자 및 정공)의 농도가 증가하여 결정의 전도도가 증가한다.

$$\sigma = e(\mu_e n + \mu_h p) \tag{15.3}$$

여기서 e는 전자 전하, μ_e는 전자 이동도, μ_h는 정공 이동도, n, p는 각각 전자, 정공[1]의 농도이다.

[그림 15-1(a)]는 반도체 재료의 에너지 밴드를 보여준다. 여기서 E_g는 금지된 밴드 갭의 eV 단위 크기이다. 더 낮은 밴드는 **가전자대**valence band라고 불리며 이는 결정 내의 특정 격자 위치에 결합된 전자이다.

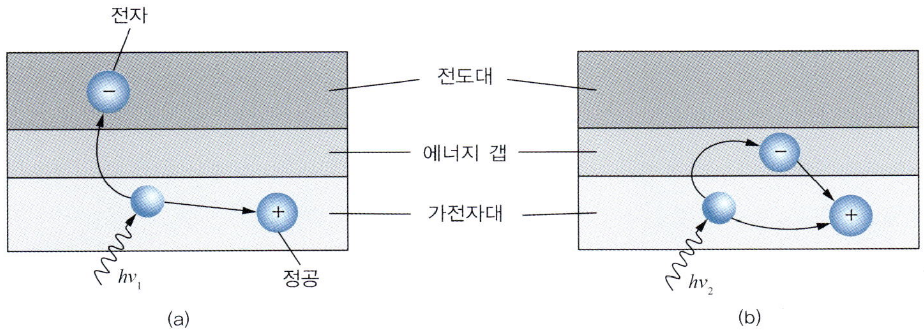

그림 15-1 (a) 고에너지 광자에 대한 반도체의 광 효과 (b) 저에너지 광자에 대한 반도체의 광 효과

실리콘 또는 게르마늄일 때 가전자대는 결정 내에서 원자 간의 힘을 구성하는 공유 결합의 일부이다. 높은 곳에 있는 밴드는 **전도대**conduction band라고 하며 결정을 통해 자유롭게 이동할 수 있는 전자를 나타낸다. 이 밴드의 전자는 재료의 전기 전도도에 기여한다. 가전자대와 전도대는 밴드 갭에 의해 분리되며 그 크기에 따라 재료가 반도체 또는 절연체로 분류된다. 결정 내의 전자 수는 가전자대 내에서 사용 가능한 모든 위치를 완전히 채울 수 있다. 따라서 **열 여기**thermal excitation가 없으면 절연체와 반도체 모두 가전자대는 완전히 가득 차고 전도대는 완전히 비게 된다. 이러한 상황에서는 어느 쪽도 이론적으로 전기 전도도를 나타내지 않는다.

1 정공은 원자나 원자 격자에 존재할 수 있는 위치에 전자가 없는 것이다.

금속에서 가장 높은 점유 에너지를 가진 대역은 가득 차 있지 않다. 따라서 전자는 재료 전체에서 쉽게 이동할 수 있다. 금속은 매우 높은 전기 전도성을 갖는다. 반면에 절연체 또는 반도체는 전자가 전도대에 도달하기 위해 먼저 에너지 밴드 갭을 통과해야 하므로 전도도는 훨씬 더 낮다. 절연체의 경우 에너지 밴드 갭은 일반적으로 5 eV 이상이지만, 반도체의 경우 밴드 갭이 상당히 적다.

[표 15-1]을 보면 파장이 길수록(광자의 주파수가 낮을수록) 광 효과를 발생시키는 데 필요한 에너지가 줄어드는 것을 확인할 수 있다.

표 15-1 다양한 반도체에 대한 밴드 갭 및 가장 긴 감지 가능한 파장

물질	밴드 갭 (eV)	가장 긴 감지 가능한 파장(μm)	물질	밴드 갭 (eV)	가장 긴 감지 가능한 파장(μm)
탄화 규소(SiC)	2.0 ~ 7.0	0.18 ~ 0.62	갈륨 비소(GaAs)	1.43	0.86
다이아몬드(C)	5.5	0.22	규소(Si)	1.12	1.10
질화 붕소(BN)	5.0	0.25	게르마늄(Ge)	0.67	1.85
산화니켈(NiO)	4.0	0.31	황화납(PbS)	0.37	3.35
황화아연(ZnS)	3.6	0.34	비화 인듐(InAs)	0.35	3.54
질화 갈륨(GaN)	3.4	0.36	텔루륨(Te)	0.33	3.75
산화아연(ZnO)	3.3	0.37	텔루르화 납(PbTe)	0.3	4.13
황화 카드뮴(CdS)	2.41	0.52	인듐 비소(PbSe)	0.27	4.58
셀렌화 카드뮴(CdSe)	1.8	0.69	안티몬화 인듐(InSb)	0.18	6.90
텔루르화 카드뮴(CdTe)	1.5	0.83			

주파수 ν_1의 광자가 결정에 부딪히면 에너지는 가전자대에서 전자를 분리하고 금지된 에너지 갭을 통해 더 높은 에너지 레벨의 전도대로 밀어 넣을 정도로 충분히 높다. 이 대역에서 전자는 자유롭게 전류 캐리어 역할을 한다. 전자가 결핍되면 가전자 내에서 전류 캐리어 역할을 할 수 있는 정공을 생성하며 이는 재료의 비저항 감소로 이어진다. 반면에 [그림 15-1(b)]는 낮은 주파수 ν_2를 가진 광자가 금지된 에너지 갭을 통해 전자를 밀어낼 만큼 충분한 에너지를 가지고 있지 않다는 것을 보여준다. 즉 광자 에너지는 전류 캐리어를 생성하지 않고 열로 방출된다.

금지된 에너지 갭은 재료가 빛에 민감하지 않은 임계값 역할을 한다. 그러나 임계값은 급격하지 않다. 광자의 여기 과정 전반에 걸쳐 운동량 보존 법칙이 적용된다. 정공 – 전자 사이트의 운동량과 밀도는 가전자대와 전도대의 중심에서 더 높으며 밴드의 상단 및 하단에서는 0으로 떨어진다. 따라서 여기된 가전자대 전자가 전도대와 유사한 운동량 지점을 찾을 확률은 밴드의 중앙에서 가장 높고 밴드의 끝에서 가장 낮다. 결국 광자 에너지에 대한 물질의 반응은 밴드 갭 E_g에서 점점 최대로 증가한 후 가전자대 하단과 전도대 상단 사이의 차이에 해당하는 에너지에서 0으로 돌아간다.

반도체 물질의 일반적인 스펙트럼 응답은 [그림 15-2]에 나와 있다.

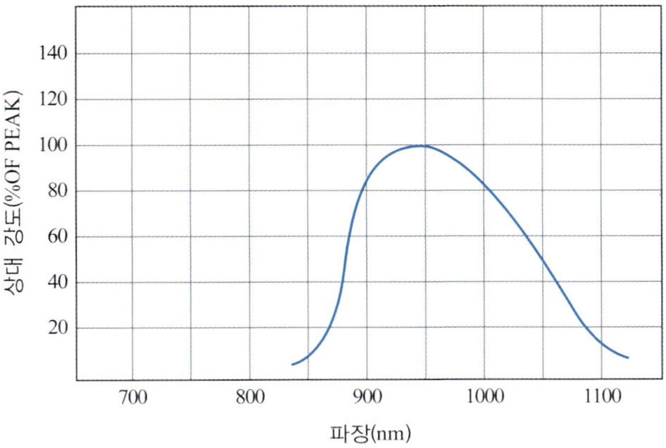

그림 15-2 근적외선 광 다이오드의 스펙트럼 응답

벌크 재료의 광 응답은 다양한 불순물을 추가하여 변경할 수 있다. 이는 재료의 스펙트럼 응답을 재구성하고 이동하는 데 사용된다. 전자기 복사의 광자를 전하 캐리어로 직접 변환하는 장치에는 **광 다이오드**photodiodes, **광 트랜지스터**phototransistors, 광 레지스터photoresistors의 형태로 제작되는 **양자 검출기**quantum detectors가 있다. 다양한 광 검출기의 특성을 비교할 때에는 다음 사양을 고려해야 한다.

잡음 등가 전력 Noise Equivalent Power, NEP은 감지기의 고유 잡음 수준에 해당하는 빛의 양이다. 다시 말해 신호 대 잡음비가 1이 되는 데 필요한 빛의 양이다. 잡음 수준은 대역폭의 제곱근에 비례하므로 NEP는 $\mathrm{W/Hz^{-2}}$ 단위로 표현된다.

$$\text{잡음 등가 전력} = \frac{\text{잡음 전류}(\mathrm{A}/\sqrt{\mathrm{Hz}})}{\lambda_p(\mathrm{A/W})\text{에 대한 복사 민감도}} \tag{15.4}$$

D^* (D-star)는 탐지기의 감지 영역 $1\,\mathrm{cm}^2$와 잡음 대역폭 $1\,\mathrm{Hz}$의 탐지율detectivity을 나타낸다.

$$D^* = \frac{\sqrt{\text{감지 영역}(\mathrm{cm}^2)}}{\text{잡음 등가 전력}} \tag{15.5}$$

탐지율은 센서의 신호 대 잡음비를 측정하는 또 다른 방법이다. 탐지율은 동작 주파수의 스펙트럼 범위에서 균일하지 않으므로 스펙트럼 내용도 지정해야 한다. 탐지율은 $\mathrm{Hz^{-2}/W}$ 의 단위로 표현된다. D^* 의 값이 클수록 검출기는 성능이 더 좋다.

1. **적외선 컷오프 파장**(λ_c) : 스펙트럼 응답의 장파장 한계를 나타내며 종종 탐지율이 최댓값의 10 % 까지 떨어지는 파장으로 표현된다.
2. **최대 전류** : 정전류에서 작동하는 광전도 검출기(예 : HgCdTe)에 대해 지정된다. 작동 전류는 최대 한계를 초과해서는 안 된다.
3. **최대 역전압** : 게르마늄(Ge) 및 실리콘(Si) 광 다이오드와 광전도성 셀에 대해 지정된다. 이 전압을 초과하면 고장나거나 센서 성능이 심각하게 저하될 수 있다.
4. **복사 응답성** : 출력 광전류(또는 출력전압)를 주어진 파장에서 입사 복사 전력으로 나눈 비율로 A/W 또는 V/W로 표시된다.
5. **광 다이오드의 암전류**(I_D) : 다이오드가 완전히 어두울 때 역전압에서의 누설 전류이다. 이 전류는 일반적으로 온도에 따라 다르며, pA에서 μA까지 다양하다. 온도가 10 ℃ 증가할 때마다 약 두 배가 된다.
6. **시야**field of view : 센서가 방사선원에 반응할 수 있는 공간 부피의 각도 측정값이다.
7. **접합 커패시턴스**(C_j) : 평행 커패시터의 커패시턴스와 유사하다. 이는 고속 응답이 필요할 때마다 고려해야 한다. C_j 값은 역 바이어스에 의해 감소하고 다이오드 영역이 클수록 더 크다.

15.2 광 다이오드

광 다이오드photodiode는 반도체 광학 센서로 광범위하게 정의하면 태양전지를 포함한다. 그러나 여기서는 전력 변환보다는 광 신호 측면만 고려하도록 하겠다. 간단하게 광 다이오드의 동작을 설명하면 다음과 같다. 만약 pn 접합이 순방향 바이어스(전원의 양극이 p측에 접속)되고 적절한 주파수의 빛에 노출되는 경우 전류의 증가는 암전류에 비해 매우 작다. 즉 전원에 의한 바이어스 전류는 빛에 의해 생성된 전류보다 훨씬 크며 다이오드는 실제 빛을 감지하는 데 유용하지 않다. 그러나 만약 접합부가 **역방향 바이어스**reverse biased된 경우([그림 15-3] 참조) 빛이 반도체에 닿으면 전류가 눈에 띄게 증가한다.

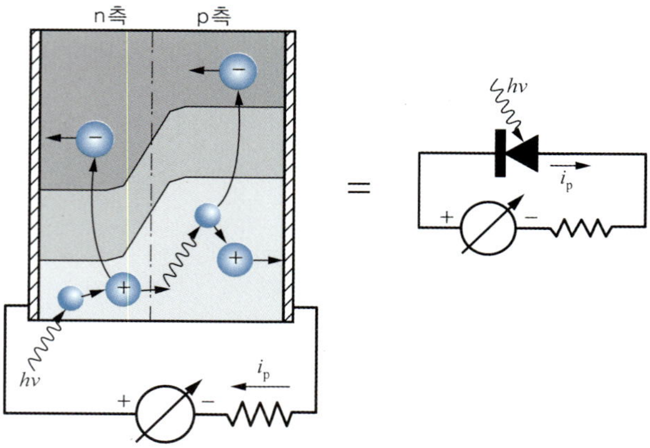

그림 15-3 에너지 밴드로서의 광 다이오드 구조. 전원의 양극은 다이오드 접합의 n측에 연결된다.

충돌하는 광자는 접합의 양쪽에 전자 - 정공 쌍electron-hole pairs을 생성한다. 전자가 전도대에 들어가면 배터리의 양극 쪽으로 흐르기 시작한다. 이에 따라 생성된 정공은 음극 단자로 흐른다. 즉 광전류 i_p가 네트워크에서 흐른다. 어두운 조건에서 암전류 i_0는 적용된 전압과는 무관하며 주로 전하 캐리어의 열 생성 결과이다. 암전류는 가능한 작아야 하는 기생 전류이며 역 바이어스 광 다이오드 전기 등가회로를 나타낸 [그림 15-4(a)]에는 두 개의 전류 소스와 하나의 RC 네트워크가 포함된다.

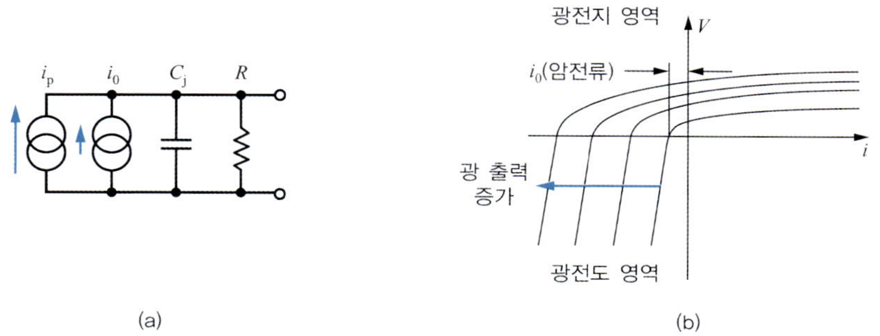

그림 15-4 (a) 광 다이오드의 등가회로 (b) 전압 - 전류 특성

광 검출 과정은 광 에너지(광자 형태)를 전기신호(전자 형태)로 직접 변환하는 것이다. 에너지 $h\nu$의 광자가 검출 과정에서 전자를 생성할 확률이 η인 경우 입사광의 광 전력 P에 대한 전자의 평균 생성 속도 $\langle r \rangle$는 다음과 같다.[1]

$$\langle r \rangle = \frac{\eta P}{h\nu} \tag{15.6}$$

일정한 속도 $\langle r \rangle$의 입사 광자에 의한 전자 생성은 시간에 따라 무작위로 분포하고 푸아송poisson 통계를 따르므로 일부 측정 시간 간격 τ에서 m개의 전자가 생성될 확률은 다음과 같다.

$$p(m, \tau) = (\langle r \rangle \tau)^m \frac{1}{m!} e^{-\langle r \rangle \tau} \tag{15.7}$$

광 검출 관련된 통계 데이터는 감지할 수 있는 최소 신호 레벨을 결정하기 위해 매우 중요하므로 센서의 최종 감도를 결정한다. 그러나 우리는 **전류가 검출기에 입사하는 광 전력에 비례한다**는 점에 주목해야 한다.

$$i = \langle r \rangle e = \frac{\eta e P}{h\nu} \tag{15.8}$$

여기서 e는 전자의 전하이다. 입력 전력의 변화 ΔP(예를 들어 센서의 강도 변조로 인한 변화)는 출력 전류 Δi를 발생시킨다. 전력은 전류 제곱에 비례하기 때문에 검출기의 전력 출력은 입력 광 전력에 따라 2차적으로 변하고 이에 따라 제곱 법칙의 광 전력 검출기가 된다.

일반적인 광 다이오드의 전압 - 전류 응답은 [그림 15-4(b)]에 나와 있다. 고 입력 임피던스 전압계를 다이오드에 연결하면($i = 0$, y축을 따라 있는 경우에 해당), 광 출력이 증가할수록 전압이 비선형적으로 변하며 이는 실제로 로그 함수로 변한다. 그러나 단락 상태($V = 0$, x축)의 경우 다이오드가 [그림 15-6(a)]와 같이 전류 - 전압 컨버터에 연결되면 전류는 광 전력에 따라 선형적으로 변한다.

광 다이오드의 전류 – 전압 응답은 다음과 같다.[2]

$$i = i_0(e^{eV/k_bT} - 1) - i_s \tag{15.9}$$

여기서 i_0는 전자 – 정공 쌍의 열 생성에 기인한 역방향 암전류 i_s는 감지된 광 신호로 인한 전류, k_b는 볼츠만 상수, T는 절대온도이다. 식 (15.8)과 식 (15.9)를 결합하면 다음과 같다.

$$i = i_0(e^{eV/k_bT} - 1) - \frac{\eta eP}{h\nu} \tag{15.10}$$

이는 광 다이오드의 전체적인 특성 방정식이다. 광 전력을 전력으로 직접 변환하는 효율은 매우 낮다. 일반적으로 5 ~ 10 % 범위이다. 일부 실험용 광전지는 90 % 까지 높은 효율에 도달할 수 있다고 보고되었다. 그러나 센서 기술에서는 일반적으로 광전지가 사용되지 않는다.

광 다이오드에는 **광전도성**PhotoConductive, PC과 **광전지**PhotoVoltaic, PV라는 두 가지 일반 작동 모드가 있다. PV 모드에는 바이어스 전압이 인가되지 않는다. 그 결과 암전류가 없어 열 노이즈만 존재하며, 조명 수준이 낮을 때 훨씬 더 나은 감도를 허용한다. 그러나 접합 커패시턴스 C_j의 증가로 인해 응답 속도가 나쁘고 긴 파장에 대한 응답도 감소한다.

[그림 15–5(a)]는 PV 모드로 연결된 광 다이오드를 보여준다. 이와 관련하여 다이오드는 [그림 15–5(b)]의 전류 소스 i_p에 의해 등가회로로 표시되는 전류 생성 장치로 작동한다. 부하 저항 R_b는 증폭기의 입력에서 발생하는 전압을 결정하며 부하 특성의 기울기는 [그림 15–5(c)]와 같이 해당 저항에 비례한다.

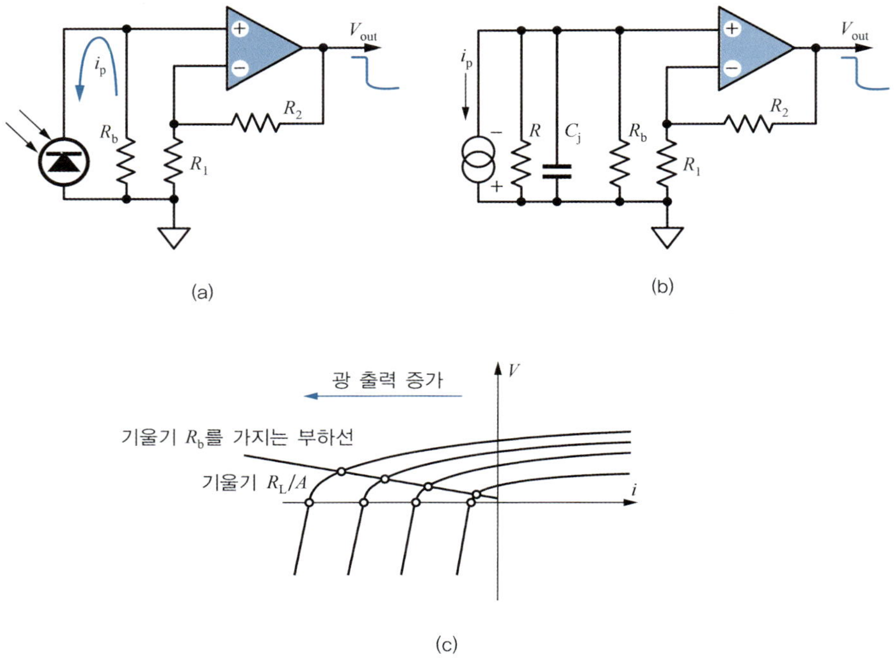

그림 15–5 (a) 광전지(PV) 모드의 광 다이오드와 비반전 증폭기의 연결 (b) 등가회로 (c) 부하 특성

광전지 모드에서 광 다이오드를 사용할 때 큰 커패시턴스 C_j는 회로의 속도 응답을 제한할 수 있다. [그림 15-5(a)]와 같이 직접 저항 부하로 작동하는 동안 광 다이오드는 주로 내부 커패시턴스 C_j에 의해 제한된 대역폭을 나타낸다. [그림 15-5(b)]의 등가회로는 이러한 대역폭 제한을 모델링한다. 광 다이오드는 주로 전류 소스로 작동하며 큰 저항 R과 다이오드 커패시턴스는 이러한 소스를 분기한다. 커패시턴스는 다이오드 영역 크기에 따라 2 ~ 20,000 pF 범위이다. 분기하면서 결합된 입력 커패시턴스 C를 생성하는 증폭기의 입력 커패시턴스가 있다(단 표시되지 않는다). 전체 입력 네트워크는 가상 저역 통과 필터의 입력회로 응답 감쇄[rolloff]에 영향을 준다.

입력 커패시턴스의 영향을 피하려면 저항에 입력전압을 발생시키고 커패시턴스가 충전되지 않도록 하는 것이 바람직하다. 이는 [그림 15-6(a)]에 표시된 것처럼 전류 대 전압 증폭기(I/V)를 사용하면 된다. 증폭기와 피드백 저항기 R_L은 다이오드 전류를 우수한 선형성을 가진 버퍼 출력전압으로 변환한다. 그림에는 위상 보상을 제공하는 피드백 커패시터 C_L이 추가되었다. 이상적인 증폭기는 두 입력을 동일한 전압(그림의 접지)으로 유지하므로 접지에 직접 연결되지 않은 반전 입력을 **가상 접지**[virtual ground]라고 한다. 광 다이오드는 0의 단자 전압에서 작동하여 응답 선형성을 개선하고 다이오드 커패시턴스가 충전되는 것을 방지한다.

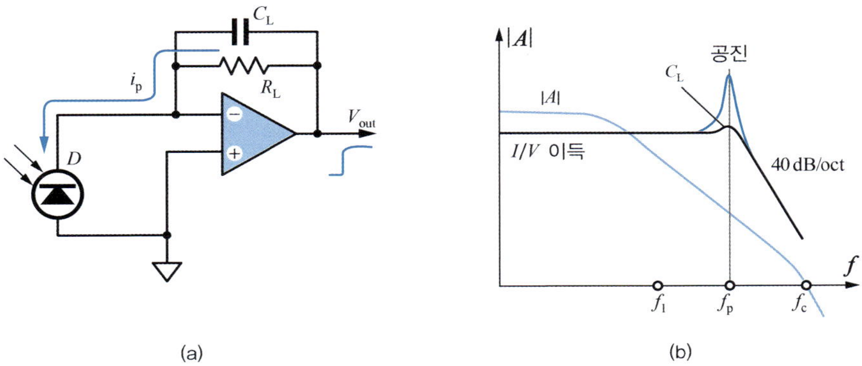

그림 15-6 (a) 전류-전압 컨버터 사용 및 (b) 주파수 특성

증폭기의 개발 루프 이득 A는 실제로 높지만 유한한 값을 가지며 다이오드 전체에 걸쳐 0이 아닌 전압을 작게 발생시켜 회로 성능을 제한한다. 따라서 중단 주파수[break frequency]는 다음과 같이 정의된다.

$$f_p = \frac{A}{2\pi R_L C} \approx A f_1 \tag{15.11}$$

여기서 A는 증폭기의 개방 루프 이득이다. 따라서 중단 주파수는 f_1에 비해 A 배 증가한다. 주파수가 증가하면 이득 A는 감소하고 광 다이오드에 부착된 가상 부하는 유도성인 것처럼 보인다. 이는 이득 A의 위상 편이로 인한 것이다. 증폭기의 유용한 주파수 범위에서 A는 90°의 위상 지연을 가진다. 증폭기에 의한 180° 위상 반전은 이를 유도 임피던스에 대해 특정된 90° 위상 앞섬[phase lead] 상태로 변환한다. 이 유도성 부하 f_p ([그림 15-6(b)] 참조)와 동일한 주파수에서 입력회로의 커패시턴스와 공진하여 진동 응답([그림 15-7] 참조) 또는 회로 불안정을 유발한다. 그러므로 안정성을 복원하기 위해 보상 커패시터 C_L이 피드백 저항에 배치된다.

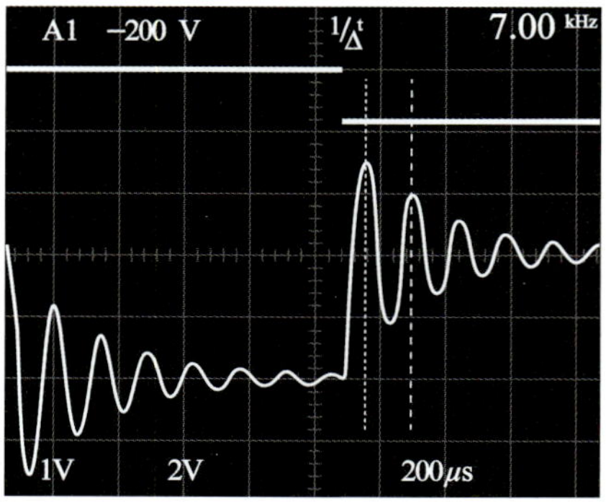

그림 15-7 비보상 회로를 사용한 광 다이오드의 응답(출처 : Hamamatsu Photonics K.K. 제공)

커패시터의 값은 다음 식에서 구한다.

$$C_{\mathrm{L}} = \frac{1}{2\pi R_{\mathrm{L}} f_{\mathrm{p}}} = \sqrt{CC_{\mathrm{c}}} \tag{15.12}$$

여기서 $C_{\mathrm{c}} = 1/2\pi R_{\mathrm{L}} f_{\mathrm{c}}$ 이고 f_{c}는 연산 증폭기operational amplifier의 단위 이득 크로스 오버 주파수이다. 커패시터는 더 높은 주파수에서 R_{L}을 분기하여 반전 입력에서 신호를 증폭한다.

저조도의 빛을 감지하기 위해 광 다이오드를 사용할 때는 노이즈 플로어noise floor(바닥 잡음)를 고려해야 한다. 광 다이오드의 잡음에는 두 가지 주요 구성 요소가 있다. 바로 **산탄 잡음**(샷 노이즈shot noise)와 **열잡음**(존슨 노이즈Johnson noise)이다.[2] 센서 외에도 인터페이스 증폭기 및 보조 부품의 잡음을 함께 고려해야 한다. 광전도 작동 모드photoconductive, PC의 경우 역 바이어스 전압이 광 다이오드에 적용된다. 그 결과 더 넓은 공핍 영역, 더 낮은 접합 커패시턴스 C_{j}, 더 낮은 직렬 저항, 더 짧은 상승 시간, 더 넓은 범위의 광도light intensities에 대한 광전류의 선형 응답이 있다. 그러나 역 바이어스가 증가함에 따라 암전류가 증가하여 산탄 잡음도 증가한다. [그림 15-8(a)]는 PC 모드 회로도, [그림 15-8(b)]는 다이오드의 부하 특성을 보여준다.

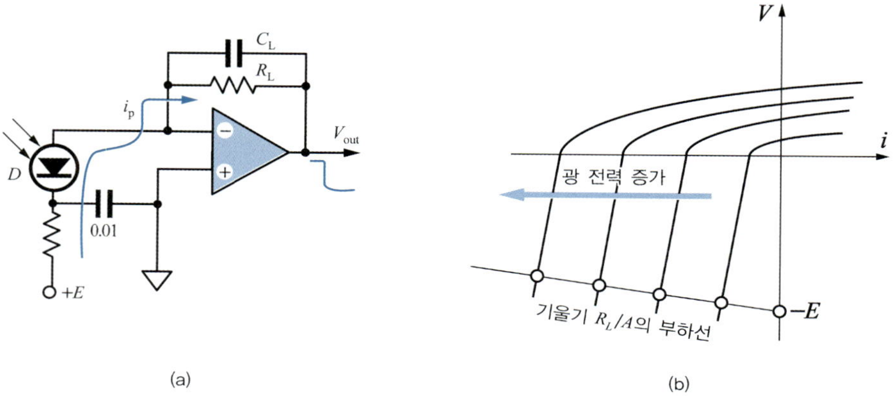

그림 15-8 (a) 광 다이오드의 광전도(PC) 작동 모드 회로도 (b) 부하 특성

2 자세한 내용은 6.7.1절을 참조하라.

역방향 바이어스는 부하선을 PV 모드(2사분면)보다 응답 선형성이 더 좋은 3사분면으로 이동시킨다. 부하선은 바이어스 전압 E에 해당하는 지점에서 전압 축을 교차하고 기울기는 증폭기의 개방 루프 이득 A에 반비례한다. 이 모드에서 광 다이오드는 감광 저항기photosensitive resistor 역할을 한다. PC 모드는 수백 MHz의 대역폭을 제공하여 신호 대 잡음 비율을 증가시킨다.

현재 인터페이스 전자회로와 함께 광 다이오드는 통합 형태로 제공되며 **광-전압 컨버터**light-to-voltage converters로 알려져 있다. 이러한 집적회로는 [그림 15-6]과 같이 광 다이오드와 전류-전압 컨버터로 구성된다. 예를 들어 타오스TAOS(www.taosinc.com) 사의 TSL257T 장치는 주로 400 ~ 800 nm의 가시광 스펙트럼 범위에서 작동한다.

15.3 광 트랜지스터

광 다이오드는 광자를 전하 캐리어, 특히 광자당 하나의 전자와 하나의 정공(정공-전자쌍)으로 직접 변환한다. 광 트랜지스터(포토 트랜지스터)는 동일한 기능을 수행할 수 있으며 또한 전류 이득을 제공하여 훨씬 더 높은 감도를 제공한다. 컬렉터-베이스 접합collector-base junction은 앞에서 설명한 대로 동작하는 역 바이어스 다이오드이다. 트랜지스터가 전원이 포함된 회로에 연결되면 베이스 이미터 영역을 포함하는 루프를 통해 광 유도 전류가 흐른다. 이 전류는 기존 트랜지스터가 베이스 전류를 증폭하는 것과 같은 방식으로 광 트랜지스터에 의해 증폭되어 컬렉터 전류가 크게 증가한다.

광 트랜지스터의 에너지 밴드는 [그림 15-9]에 나타난다.

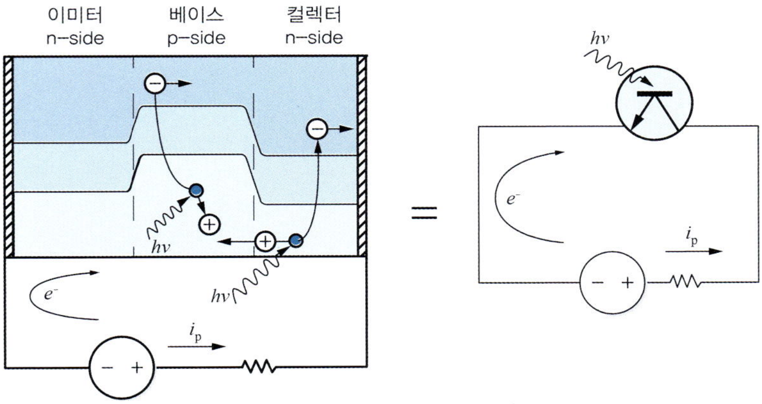

그림 15-9 광 트랜지스터의 에너지 밴드

광자 유도 베이스 전류는 이미터와 외부 회로를 통해 컬렉터로 반환된다. 즉 전자는 이미터emitter에 의해 베이스base 영역으로 공급되고 전기장에 의해 컬렉터collector로 당겨진다. 광 트랜지스터의 감도는 컬렉터-베이스 다이오드 양자 효율과 트랜지스터의 직류 전류 이득의 함수이다. 따라서 전체 감도는 컬렉터 전류의 함수이다.

주변 온도에 따라 컬렉터 전류는 1℃ 당 약 0.00667의 기울기로 선형 증가한다. 이 온도계수는 주로 온도 대비 전류 이득이 증가한 결과이다. 왜냐하면 컬렉터 기반 광전류 온도계수는 1℃ 당 약 0.001에 불과하기 때문이다.

컬렉터 전류 대 컬렉터 전압 특성은 기존 트랜지스터의 특성과 매우 유사하다. 이는 광 트랜지스터가 있는 회로가 광 유도 전류의 입력으로 사용되어야 한다는 점을 제외하고는 트랜지스터 회로 기술의 일반적인 방법을 사용하여 설계할 수 있음을 의미한다. 캐리어의 실제 광 생성은 컬렉터-베이스 영역에서 발생하기 때문에 이 영역의 면적이 클수록 더 많은 캐리어가 생성되므로 광 트랜지스터는 넓은 영역에 빛이 충돌하도록 설계된다.

광 트랜지스터는 2단자 또는 3단자 장치일 수 있다. 3단자 장치인 경우 베이스 단자를 사용할 수 있으며 트랜지스터는 빛을 감지하는 기능이 있거나 없는 표준 바이폴라 트랜지스터[Biopolar Juncion Transistor, BJT]로 사용될 수 있으므로 회로를 설계할 때 더 유연하게 작용한다. 그러나 전용 포토 센서로는 2단자 장치가 가장 많이 사용된다.

트랜지스터의 베이스가 흔들리면 [그림 15-10]과 같은 등가회로로 나타낼 수 있다. 두 개의 커패시터 C_c, C_e는 속도 제한 요소인 베이스-컬렉터 및 베이스-이미터 커패시턴스를 나타낸다.

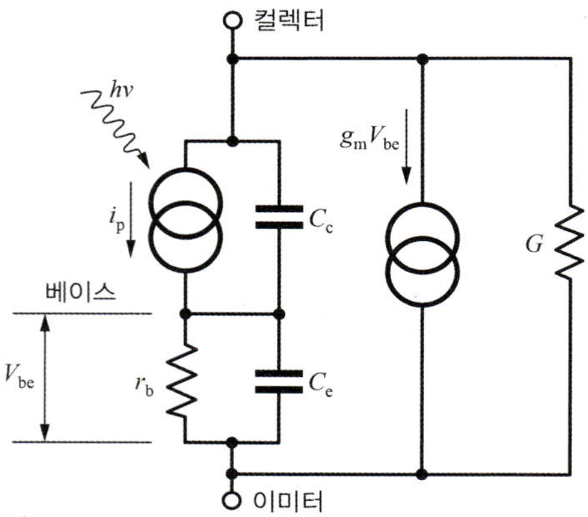

그림 15-10 광 트랜지스터의 등가회로

광 트랜지스터의 최대 주파수 응답은 다음 식으로부터 추정할 수 있다.

$$f_1 \approx \frac{g_m}{2C_e} \tag{15.13}$$

여기서 f_1은 전류-이득-대역폭 곱이고 g_m은 트랜지스터의 순방향 트랜스컨덕턴스[transconductance]이다. 감도가 더 높은 광 검출기가 필요하다면(특히 높은 응답속도가 문제가 되지 않을 때) 집적 달링턴 검출기[darlington detector]를 권한다. 이 검출기는 이미터가 일반 바이폴라 트랜지스터의 베이스와 결합된 광 트랜지스터로 구성된다. 달링턴 연결은 두 트랜지스터의 전류 이득 곱과 동일한 전류 이득을 제공하므로 이 등가회로는 민감한 광 검출기를 만드는 데 효율적인 방법이라고 할 수 있다.

15.4 광 레지스터

광 레지스터는 광 다이오드와 같은 광전 소자이다. 광 레지스터는 입사광에 따라 광 저항photoresistance R_p이라 불리는 저항값이 변한다. 이 소자를 만들기 위해서는 일반적으로 빛이 표면에 들어오면 저항이 변하는 반도체인 카드뮴 황화물CdS과 카드뮴 셀렌화물CdSe이 사용된다. 광 레지스터는 광 다이오드나 광 트랜지스터와 달리 광전류를 생성하지 않기 때문에 작동시키기 위해서는 전원(여기신호)이 필요하다. 광 효과는 재료의 전기저항 변화로 나타난다.

[그림 15-11(a)]는 광 레지스터 셀의 개략도를 보여준다.

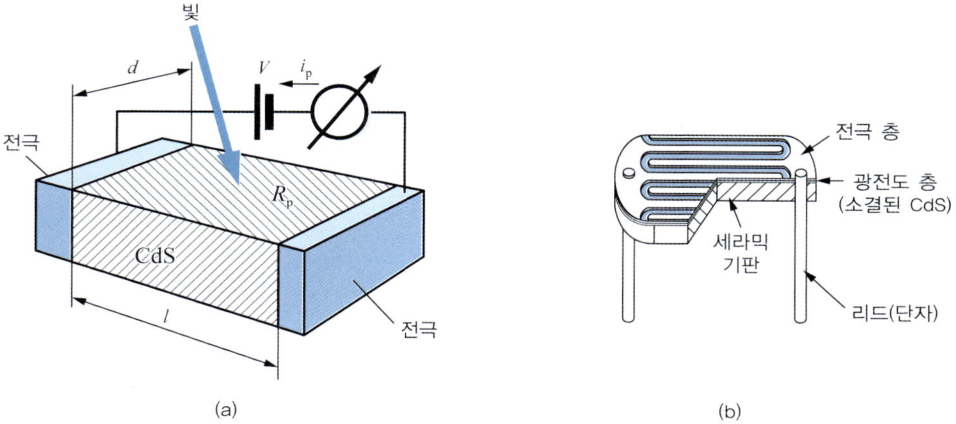

그림 15-11 (a) 광 효과 레지스터의 구조 (b) 구불구불한 형태의 플라스틱 코팅된 광 레지스터

광전도체photoconductor의 양단에 전극이 연결된다. 어둠 속에서는 재료의 저항이 높다. 인가된 전압 V는 온도 효과로 인해 작은 암전류dark current를 발생시킨다. 빛이 입사면 위에 있을 때 광전류 i_p는 배터리를 통과하여 전극 사이를 흐른다.

전류가 증가하는 이유는 다음과 같다. 반도체 결정에서 전도대 바로 아래에는 도너 준위donor level가 있고 가전자대 위에는 억셉터 준위acceptor level가 있다. 어둠 속에서 각 에너지의 전자와 정공은 거의 결정에 밀착되어 반도체는 높은 저항을 갖는다. 빛이 광전도성 결정을 비추면 광자가 흡수되어 가전자대 전자에 에너지가 추가된다. 이 에너지는 전자들을 전도대로 이동시켜 가전자대에 자유 정공을 만들고 재료의 전도도를 증가시킨다. 가전자대 근처에는 자유전자를 쉽게 포획할 수 없는 별도의 억셉터 준위가 있다. 그러므로 전자와 정공의 재결합 확률이 감소하고 전도대의 자유전자 수가 많아진다. 카드뮴 황화물CdS은 2.41 eV 의 밴드 갭을 가지므로 흡수 파장은 $\lambda = c/\nu \approx 515\,\text{nm}$ 이며 이는 가시광선 스펙트럼 범위이다. 따라서 CdS는 515 nm 파장보다 짧은 빛(보라색, 파란색 및 녹색)을 감지한다. 흡수 파장은 광전도체 물질마다 다른데 예를 들면 카드뮴 황화물CdS은 짧은 파장 빛에 민감하고 실리콘Si과 게르마늄Ge은 근적외선에서 가장 효율적이다.

반도체의 전도도는 다음과 같이 주어진다.

$$\Delta\sigma = ef(\mu_n\tau_n + \mu_p\tau_p) \tag{15.14}$$

여기서 μ_n 및 μ_p는 자유전자 및 정공의 이동도(cm^2/Vs)이고, τ_n, τ_p는 자유전자 및 정공의 수명(초)이다. 또한 e는 전자의 전하, f는 부피 단위에 대한 초당 생성 캐리어 수이다. CdS 셀의 경우 $\mu_n\tau_n \gg \mu_p\tau_p$이므로 자유 정공의 전도도는 무시할 수 있다. 그러면 센서는 n형 반도체가 된다. 따라서 전도도는 다음과 같이 근사된다.

$$\Delta\sigma = ef\mu_n\tau_n \tag{15.15}$$

하나의 광자에 의해 생성된 다수의 전자를 통해 광 레지스터의 감도 b를 정의하면 다음과 같다(캐리어 수명이 끝날 때까지).

$$b = \frac{\tau_n}{t_t} \tag{15.16}$$

여기서 $t_t = l^2/V\mu_n$은 센서 전극 사이의 전자 이동 시간, l은 전극 사이의 거리, V는 인가전압이다. 따라서 b는 다음과 같이 표현할 수 있다.

$$b = \frac{\mu_n\tau_n V}{l^2} \tag{15.17}$$

예를 들어 $\mu_n = 300\ cm^2/Vs$, $\tau_n = 10^{-3}\ s$, $l = 0.2\ mm$, $V = 1.2\ V$이면 감도는 900이다. 즉 단일 광자가 900개의 전도 전자를 방출하여 광 레지스터가 광전자 증배기로 작동한다. 실제로 광 레지스터는 매우 민감한 장치이다.

감도를 높이고 셀 저항을 낮추려면 전극 사이의 거리 l을 줄이고 센서의 너비 d를 늘려야 한다. 이는 센서가 매우 짧고 매우 넓어야 함을 의미한다. 실제로 [그림 15-11(b)]와 같이 구불구불한serpentine 형태의 센서를 제작하는 방법이 있다.

광 레지스터 셀은 제조 공정에 따라 소결형, 단결정형, 증발형으로 나눌 수 있다. 그 중 소결형은 고감도를 제공하고 감도가 큰 영역을 쉽게 제작할 수 있어 저렴한 장치를 만들 수 있다. 카드뮴 황화물 셀을 제작하는 방법을 순서대로 나타내면 다음과 같다.

1. 고순도 카드뮴 황화물 분말에 적절한 불순물과 융합제를 혼합한다.
2. 혼합물을 물에 녹인다.
3. 페이스트 형태의 용액을 세라믹 기판의 표면에 도포한 후 건조한다.
4. 세라믹 하위 부품subassemblies은 고온 오븐에서 소결되어 다결정 구조를 형성한다. 이 단계에서 광전도 층이 형성된다.
5. 전극층과 리드(단자)가 부착된다.
6. 센서는 창이 있거나 없는 플라스틱 또는 금속으로 패키징한다.

광 레지스터의 스펙트럼 응답을 맞추기 위해 1단계 분말에는 셀레나이드를 추가하거나 셀렌화 카드뮴^{CdSe}을 카드뮴 황화물^{CdS}로 대체하면 스펙트럼 응답이 더 긴 파장(주황색 및 빨간색)으로 이동하게 하는 등 변형이 가능하다.

광 레지스터가 어떻게 사용되는지를 설명하기 위해 [그림 15-12]는 두 회로를 보여준다.

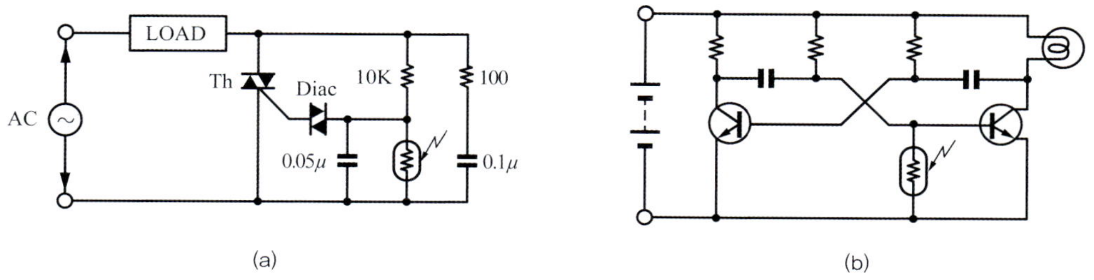

그림 15-12 광 레지스터 애플리케이션의 예 (a) 전등 스위치 (b) 비콘 조명(출처: Hamamatsu Photonics K.K.)

[그림 15-12(a)]는 조명이 낮아져 다이악^{diac}의 전압이 증가하고 트라이액^{triac}이 발광될 때 조명을 자동으로 켜는 스위치를 보여준다. 또한 [그림 15-12(b)]는 광 레지스터의 저항이 높아지고 오른쪽 트랜지스터의 베이스 분기를 중지할 때 어둠 속에서 활성화되는 멀티 바이브레이터가 있는 비콘 조명을 보여준다. 이 회로에서 광 레지스터는 저항값이 빛의 강도에 의해 변조되는 저항으로 작동한다. 두 회로의 부하 빛은 차폐되어야 한다는 것에 주의해야 한다. 그렇지 않으면 빛이 광 레지스터에 피드백을 제공하고 회로가 허위로 진동하기 시작한다.

15.5 냉각 감지기

2 eV 이상 에너지에서 광자를 발산하는 물체를 측정하려면 일반적으로 실온에 있는 양자 검출기를 사용해야 한다. 더 작은 에너지(더 긴 파장)의 경우에는 더 좁은 밴드 갭 반도체가 필요하다. 그러나 양자 검출기의 에너지 밴드 갭이 충분히 좁더라도 실온에서 자체 고유 노이즈는 광전도 신호보다 훨씬 높다. 즉 감지기는 자체 열복사를 감지하게 되고 유용한 신호는 잡음에 묻힌다. 잡음 수준은 온도에 따라 달라진다. 따라서 장파장 광자를 검출할 때 신호 대 잡음비가 너무 작아져 정확하게 측정할 수 없다. 그러므로 중적외선 스펙트럼 범위에서 동작하는 광 검출기는 충분히 좁은 에너지 갭을 가져야 하며 내부 잡음이 허용 가능한 수준으로 감소되도록 온도를 낮춰야 한다.

[그림 15-13]은 권장 작동 온도에서 많은 검출기의 일반적인 스펙트럼 응답을 보여준다. 극저온 냉각 감지기의 작동 원리는 15.4절에서 설명한 광 레지스터의 작동 원리와 거의 같지만 훨씬 낮은 온도에서 훨씬 더 긴 파장을 감지한다는 점이 다르다. 그 결과 센서 설계도 상당히 다르다. 필요한 감도 및 작동 파장에 따라 광 레지스터에는 황화납^{PbS}, 인듐비소^{InAs}, 게르마늄^{Ge}, 납 셀레나이드^{PbSe}, 수은 카드뮴 텔루라이드^{HgCdTe}와 같은 유형의 결정이 사용된다.

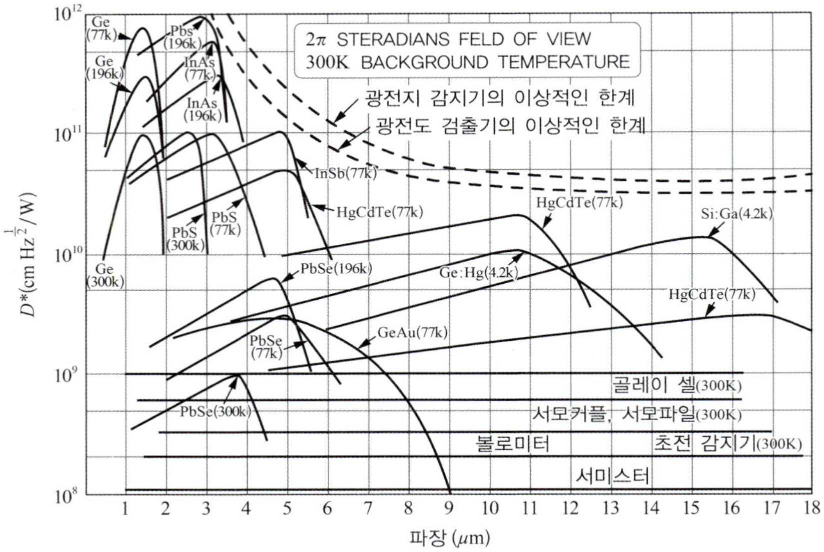

그림 15-13 적외선 감지기의 작동 범위

냉각은 스펙트럼 응답을 더 긴 파장으로 이동하고 감도를 높이지만, 황화납 및 인듐비소의 응답속도를 낮아지게 한다. 냉각 방법으로는 드라이아이스, 액체 질소, 액체 헬륨([그림 15-14] 참조)을 사용한 듀어 냉각dewar cooling 또는 펠티에 효과peltier effect로 작동하는 열전 냉각기가 있다. 이에 대한 설명은 4.9.2절을 참조하라.

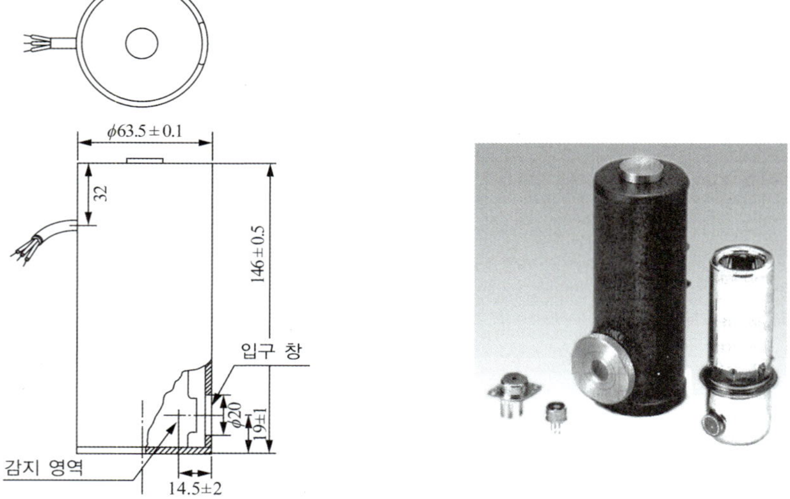

(a) (b)

그림 15-14 극저온 냉각 MCT 양자 적외선 검출기 (a) 듀어(Dewar) 타입의 치수 도면(mm) (b) 듀어 감지기 및 통 안에 든 감지기의 외관(출처: Hamamatsu Photonics K.K.)

예를 들어 [표 15-2]는 MCT 광전도 검출기의 일반적인 사양을 보여준다. MCT는 수은–카드뮴–텔루라이드mercury-cadmium-telluride 감지요소를 의미한다. 극저온으로 냉각된 양자 검출기의 응용 분야에는 광범위한 스펙트럼 범위에 대한 광학 전력 측정, 열 온도 측정, 열 이미징, 수분 함량 검출, 가스 분석이 있다.

표 15-2 MCT 원적외선 감지기의 일반적인 사양

감지 영역 (mm)	온도 (℃)	l_p (μm)	l_c (μm)	시야 (FOV, °)	암저항 (kΩ)	상승 시간 (μs)	최대 전류 (mA)	l_p에 따른 D^*
1×1	−30	3.6	3.7	60	1	10	3	10^9
1×1	−196	15	16	60	20	1	40	3×10^9

[그림 15-15]는 다양한 분자에 대한 가스 흡수 스펙트럼을 보여준다. 물은 1.1, 1.4, 1.9, 2.7 μm 파장에서 강하게 흡수된다. 가스 분석기는 스펙트럼의 적외선 영역을 흡수하는 방법을 사용한다. 이를 통해 가스 밀도를 측정하는 분광 광도계spectrophotometers를 제작할 수 있다. 또한 자동차 배기가스 (CO, HC, CO_2) 측정, 배기가스 제어(CO, SO, NO_2), 연료 누출 감지(CH_4, C_3H_2) 등에 유사한 센서를 사용할 수 있다. 반면에 상당한 먼 거리에서 적외선을 측정할 때는 물 분자가 특정 파장에서 적외선을 많이 흡수하므로 공기 습도를 고려해야 한다. 단 스펙트럼 가스 분석이 반드시 냉각된 양자 검출기로 수행되어야 하는 것은 아니다. 최신 **열**thermal 적외선 실내 온도 감지기는 가스 분석기와 효율이 비슷하지만 사용하기가 좀 더 편하다. 이러한 감지기(서모파일 또는 볼로미터)는 15.8.3절과 15.8.5절에 설명되어 있다.

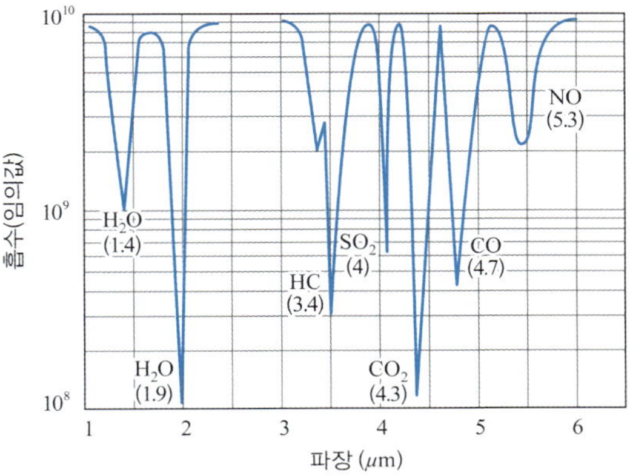

그림 15-15 기체 분자의 흡수 스펙트럼

15.6 가시광선 이미지 센서

전하 결합 소자Charge Coupled Device, CCD [3], 금속 산화물 반도체Complementary Metal Oxide Semiconductor, CMOS 이미지 센서는 가시광선 범위에서 이미지를 디지털 방식으로 캡처하는 데 사용된다. 두 기술은 각각

3 보일(Willard S. Boyle)과 스미스(George E. Smith)는 1969년에 CCD를 발명하여 2009년에 노벨상을 받았다.

서로 다른 응용 분야에서 고유한 장단점을 가지고 있다. 두 유형의 이미지 센서imager 모두 빛을 전하로 변환하고 이를 전자신호로 처리한다. CCD 센서는 모든 픽셀의 전하가 제한된 수의 출력 노드(보통 하나)를 통해 전송되어 전압으로 변환 및 버퍼링되며 아날로그 신호를 칩 외부로 전송한다. 이후 아날로그 신호는 외부 ADC에 의해 디지털화된다. 모든 픽셀이 빛 캡처에 사용될 수 있으며 출력의 균일성(이미지 품질의 핵심 요소)이 높다. CMOS 센서의 각 픽셀에는 자체 전하 – 전압 변환 기능이 있고, 보통 센서에 증폭기, 잡음 보정 및 디지털화된 회로가 포함되어 있어 디지털 비트를 출력하게 된다. 이러한 추가 기능은 설계를 복잡하게 하고 빛 캡처에 사용할 수 있는 영역을 줄인다. 각 픽셀이 자체 변환을 수행하면 균일성은 낮아진다. 그러나 CMOS 칩은 기본 작동을 위해 칩 외부의 회로를 덜 사용하도록 제작할 수 있다.

CMOS 이미지 센서는 더 많은 집적(기능), 칩 수준에서의 더 낮은 전력 손실, 더 작은 시스템 크기를 제공하지만, 종종 이미지 품질과 장치 비용 간의 균형이 필요하다. CMOS 카메라는 더 적은 구성 요소와 더 적은 전력을 필요로 할 수 있지만, 일반적으로 이미지 품질을 최적화하기 위해 동반 칩companion chips이 필요하다. 이는 비용을 증가시키며 낮은 전력 소비라는 장점을 감소시키기도 한다. 반면에 CCD 장치는 CMOS보다 덜 복잡하므로 설계비용이 저렴하다. CCD 제조 프로세스 또한 좀더 성숙하고 최적화된 경향이 있다. 일반적으로 특정 고성능 응용을 위한 CMOS 이미지 센서보다 CCD를 생산할 때 설계 및 제작 과정 모두 비용이 적게 든다. 따라서 두 기술 중 하나를 선택할 때는 기술 자체보다 애플리케이션과 공급 업체의 상황에 따르는 것이 좋다.

CCD와 CMOS 이미지 센서 모두 1960년대 후반과 1970년에 발명되었다. CCD는 시장에서 지배적이었는데 이는 CCD가 더 뛰어난 이미지를 제공하고 제조 공정이 유리했기 때문이다. CMOS 이미지 센서에는 당시 실리콘 파운드리사가 생산할 수 없었던 균일하고 작은 기능이 필요했다. 최근 CMOS에 대한 새로운 관심은 전력 소비 감소, 카메라 온 칩 통합, 제조비용 감소에 기반한다. 참고로 CCD는 동등한 CMOS 센서보다 100배 더 많은 전력을 소비한다.

CCD와 CMOS 이미지 센서는 적절하게 설계되었을 때 우수한 이미징 성능을 제공할 수 있다. CCD는 시스템 크기가 상대적으로 크지만, 최고의 이미지 품질(양자 효율성 및 잡음 관점)을 요구하는 사진, 과학 및 산업 응용 분야에서 우수한 성능을 보여준다. 천문학자들은 CCD가 양자 효율Quantum Efficiency, QE이 높아 선호하는데 이는 들어오는 광자의 비율이 매우 많으며 실제로 감지된다는 것을 의미한다. 사진판은 100개 중 1개의 광자를 캡처할 수 있지만, 현대 CCD는 100개 중 80개의 광자를 캡처함으로써 노출 시간을 크게 줄일 수 있다. CCD는 본래 선형적이므로 CCD가 생성하는 신호는 수집된 빛의 양에 정비례한다. 이를 통해 노출 시간 동안 검출기에 도달하는 광자의 수를 쉽게 계산할 수 있다.

15.6.1 CCD 센서

CCD 칩은 픽셀로 나뉘어 있다. 각 픽셀에는 광전 효과에 의해 생성된 전자를 수집하는 전위 우물potential well이 있다. 노출(프레임)이 끝나면 각 픽셀은 그 위에 떨어지는 빛의 양에 비례하게 전자(전하)의 양을 수집한다. CCD는 클럭킹clocking 과정 동안 칩에 적용된 전압을 순환시키며 판독한다.

CCD의 구조에 의해 클럭킹은 한 픽셀에 있는 전하를 인접한 픽셀로 전송한다. 전체 칩이 어떻게 작동할 수 있는지 이해하려면 제롬 크리스티안Jerome Kristian이 제안한 [그림 15-16]의 비유를 참고하라.

그림 15-16 CCD 작동의 비유

들어오는 광자는 빗방울로 표시되고 CCD 칩은 버킷(양동이)의 2D 배열로 표현할 수 있다. 각 버킷은 픽셀을 나타내며, 수집되는 물은 광전자로 인해 결합된 전하 축적을 의미한다. 비가 그치면(셔터가 닫히면) 컨베이어 벨트가 버킷 열을 한 줄 아래로 옮긴다(게이트가 클럭킹된다). 어레이 가장자리에 있는 버킷의 물은 수평 컨베이어 벨트의 버킷에 쏟아진다. 이후 컨베이어 벨트는 이 버킷을 한 번에 하나씩 눈금이 있는 용기, 즉 눈금이 매겨진 실린더(판독 전자 장치)에 붓는다. 따라서 각 버킷에서 나오는 물의 양이 측정되고 밀리리터 단위로 반올림된다. 이때 측정값은 각 픽셀의 카운트 또는 아날로그-디지털 변환 단위Analog to Digital Units, ADU를 알려주는 CCD의 디지털 출력이다. 그런 다음 어레이의 강우량 분포를 재구성하여 이미지를 만든다.

대부분의 CCD에는 비닝binning이라는 설정이 있어 약간 다른 방식으로 데이터를 읽는다. 비닝을 사용하면 픽셀 블록이 슈퍼픽셀superpixels로 그룹화된다. 각 슈퍼픽셀은 하나의 큰 픽셀로 작동하며 여러 결과를 가진다. 또한 전하 충전량을 더 적게 측정하기 때문에 읽는 시간이 더 빠르다. 따라서 각 슈퍼픽셀은 주어진 노출 시간 동안 더 많은 광자를 수집할 수 있으며 더 민감하지만 해상도가 떨어진다.

15.6.2 CMOS 이미지 센서

CCD와 마찬가지로 CMOS 이미지 센서는 실리콘으로 만들어지지만, 이름에서 알 수 있듯이 상보형 금속 산화물 반도체Complementary Metal-Oxide Semicondutor, CMOS 제작 과정을 이용한다. 이 과정은 오늘날 프로세서와 메모리를 만드는 가장 일반적인 방법이며 CMOS 이미지 센서는 CMOS 대용량 소자의 제작 과정 및 비용 측면에서 장점을 활용한다.

CMOS 이미지 센서는 프로세서, 메모리 및 기타 주요 구성 요소와 동일한 프로세스에서 생성되므로 이러한 구성 요소를 단일 실리콘에 집적할 수 있다. CMOS 이미지 센서에는 CCD와 마찬가지로 감광 다이오드Photosensitive Diodes 어레이가 포함되어 있으며 픽셀 하나당 한 개의 다이오드를 포함한다.

또한 CCD와는 달리 각 픽셀에는 내부에 자체 개별 증폭기가 집적된다([그림 15-17] 참조).

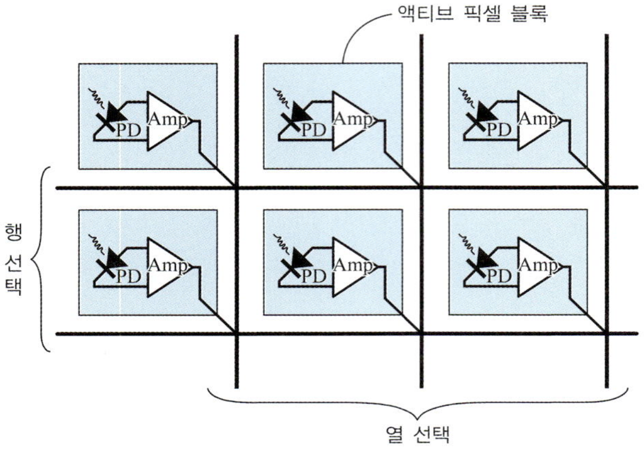

그림 15-17 CMOS 이미지 센서의 구성

각 픽셀에 자체 증폭기가 있으므로 액티브 픽셀active pixel이라고 한다. 또한 CMOS 이미지 센서의 각 픽셀은 CCD의 버킷 브리게이드 소자bucket-brigade 프로세스를 통하지 않고 $x-y$ 좌표계에서 직접 읽을 수 있다. 따라서 CCD 픽셀은 항상 전하를 전송해야 하지만, CMOS 픽셀은 광자를 감지해 전압으로 변환하고 정보를 출력한 후 직접 전송한다. CMOS는 픽셀 옆에 추가 회로가 있어 CMOS 칩의 감광도가 낮아지는 경향이 있는데 이는 칩에 도달하는 여러 광자가 광 다이오드 대신 회로에 닿기 때문이다.

15.7 UV 감지기

15.7.1 UV 감지기의 재료

앞서 언급했듯이 전자기 복사의 UV 스펙트럼 범위는 약 10 ~ 380 nm 이다. 매우 짧은 파장(10 ~ 200 nm)을 가진 UV 광자는 우주에 존재하며 지구의 대기 중에서도 특히 산소 분자에 강하게 흡수되며 UV-C 범위(100 ~ 280 nm)는 대기 중 오존에 강하게 흡수되어 미생물 및 기타 살아있는 세포에 손상을 준다. 또한 UV-B 범위(280 ~ 315 nm)는 오존에 흡수되는 중간 UV를 나타내고 UV-A 범위(315 ~ 380 nm)는 더 약한 UV(근자외선)를 나타낸다. 이 범위는 곤충과 새가 볼 수 있다. 인간의 수정체는 300 ~ 400 nm 파장 범위에서 대부분의 방사선을 차단하며 짧은 파장은 각막에 의해 차단되기 때문에 사람의 눈은 UV를 인식할 수 없다.

가시광선과 비교할 때 UV 광자는 더 높은 에너지 수준을 가지고 있어 양자 검출기로 감지할 수 있다. 양자 검출기의 스펙트럼 응답을 맞추기 위해 에너지 갭은 광자의 필터 역할을 한다. 강한 광자는 갭을 뛰어넘고, 약한 광자(가시광선 및 적외선)는 전도대에 들어가는 것을 막는다([그림 15-1] 참조). 이는 UV 감지를 위해 반도체 재료를 선택하는 과정을 간접적으로 나타낸다. 즉 UV 광자를 감지하고 가시광선 감지를 방지하기 위해서는 에너지 갭이 넓어야 한다.

[표 15-1]에는 UV-A, UV-B, UV-C 범위의 광 검출에 사용할 수 있는 산화니켈^{NiO}, 산화아연^{ZnO}, 황화아연^{ZnS}과 같은 반도체 물질이 나열되어 있다. 실리콘 카바이드^{SiC}는 광범위한 UV 스펙트럼에 유용하다([그림 15-18] 참조).

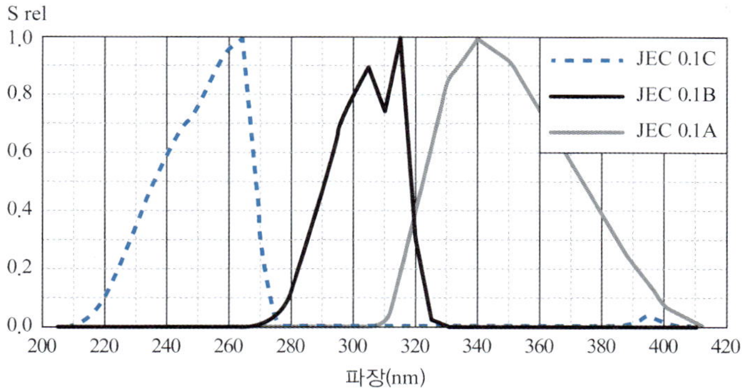

그림 15-18 다양한 SiC UV 광 다이오드의 정규화된(최대 대비) 스펙트럼 응답(출처: Laser Components GMBH)

UV 검출기는 가시광선 광 다이오드의 설계와 유사하지만, 사용되는 창 또는 렌즈는 UV 광자에 대해 불투명하지 않은 재료로 제작되어야 한다. [그림 5-5]를 보면 석영은 UV 범위(파장 0.5 μm 미만)에서 상당히 투명하고 보통 제조업체에서 필터 코팅을 적용하여 원하는 만큼 투명성을 조절한다. 대부분의 UV 검출기는 선택된 UV 범위에서 향상된 응답을 가진 광 다이오드라고 할 수 있다.

15.7.2 눈사태형 UV 감지기

가스 화염 감지는 보안 및 화재 예방 시스템에서 매우 중요하다. 연기 감지기보다 여러 가지 측면에서 화재를 감지하는 데 더 민감하며, 특히 연기 농도가 경보를 울리기 위한 임계값 수준에 도달하지 않는 실외에서는 더욱 중요하다.

연소 가스를 감지하기 위해 화염의 고유한 특성을 이용할 수 있다. 하지만 화염의 광학 스펙트럼에서 감지할 수 있는 부분은 UV 스펙트럼 범위에 있다([그림 15-19] 참조).

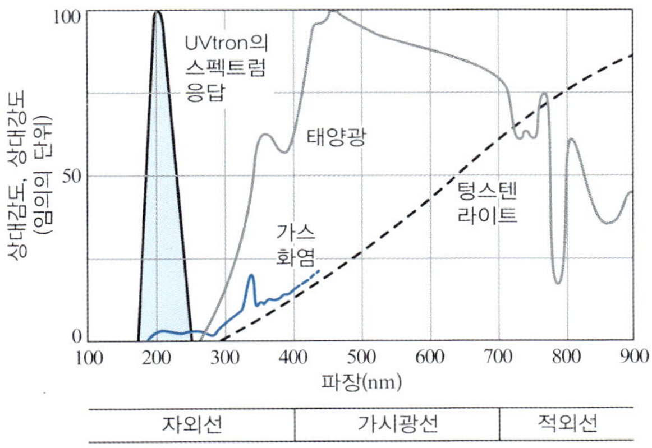

그림 15-19 다양한 소스의 전자기 스펙트럼(출처: Hamamatsu Photonics K.K.)

대기를 통과한 햇빛은 250 nm 이하의 UV 스펙트럼 부분을 잃지만, 가스 화염에는 180 nm까지의 UV 성분이 포함되어 있다. 이를 통해 태양광이나 전등에 민감하지 않으면서 화염에 선택적으로 민감한 협대역 UV 감지요소를 설계할 수 있다.

이러한 장치의 예는 [그림 15-20(a)]에 나와 있다.

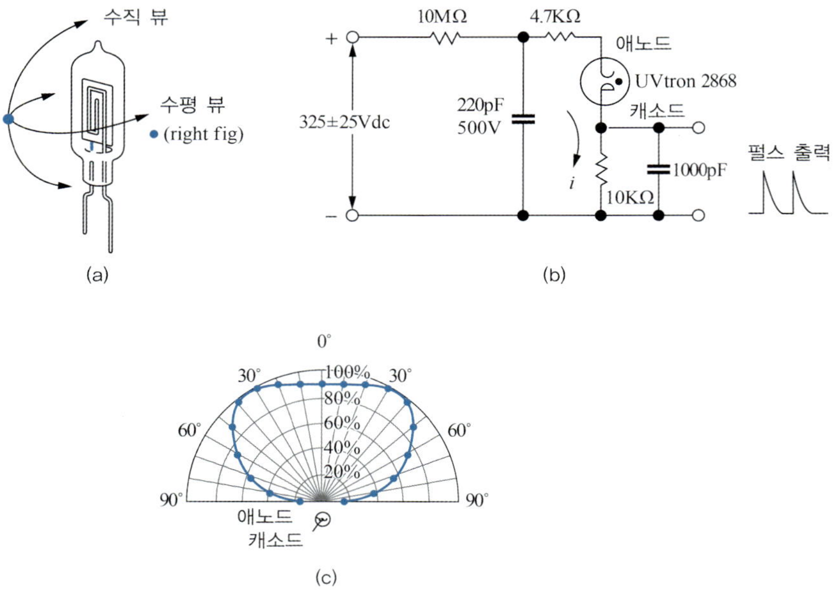

그림 15-20 UV 화염 감지기 (a) 유리로 채워진 튜브 (b) 권장 작동회로 (c) 수평면의 화각
(출처 : Hamamatsu Photonics K.K.)

이 소자는 가스 증가 효과[gas multiplication effect]와 금속의 광전 효과를 이용하는 UV 검출기이다(16.2절 참조). 눈사태형 UV 감지기는 희귀 가스가 채워진 튜브 형태이며 UV에 투명한 석영 하우징은 수평면과 수직면 모두 넓은 시야각을 보장한다([그림 15-20(a), (c)] 참조). 이 장치는 고전압이 필요하고 정상적인 조건에서는 전기 전도성이 없다. 따라서 태양광에 광학적으로 노출되면 고에너지 UV 광자가 음극에 충돌하여 가스가 채워진 튜브 내부로 자유전자를 방출한다. 가스 원자는 방출된 전자로부터 에너지를 받아 UV 스펙트럼 범위에서 가스 발광을 일으킨다. 이는 더 많은 전자가 방출되도록 만들고 더 높은 UV 발광을 일으킨다. 따라서 이 장치는 애노드-캐소드 영역을 전기 전도성으로 만드는 고속의 눈사태형 전자 증식을 일으킨다. 장치가 가스에 노출되면 전류 스위치로 작동하여 출력부에서 강한 양의 전압 스파이크를 생성한다([그림 15-20(b)] 참조). 감지요소는 화염을 감지하여 UV 방사선을 생성하는데 강도가 낮은 UV는 사람에게 유해하지 않지만, 유사한 인접 센서에 누화[crosstalk]을 일으킬 수 있다.

15.8 열복사 감지기

15.8.1 일반적인 고려사항

열적외선IR 감지기는 주로 중적외선 및 원적외선 스펙트럼 범위의 전자기 복사를 감지하는 데 사용된다. 이 감지기는 그리스어 불fire에서 유래되었으며 **고온계**pyrometers라는 이름의 비접촉식 온도계용 센서이다. 비접촉식 온도 측정 방법은 화염과는 거리가 먼 영하의 온도를 포함하여 매우 광범위한 범위를 포괄한다. 따라서 **복사 온도계**radiation thermometry 또는 **적외선 온도계**infrared thermometry가 좀더 정확한 용어일 것이다.

앞서 설명한 광 다이오드, 광 트랜지스터, 광 레지스터는 양자 검출기 분류에 속한다. 감지 원리가 빛의 양자를 UV, 가시광선, 근적외선 스펙트럼 범위에서 전기신호로 직접 변환하는 것에 기반하기 때문이다. 그러나 중적외선 범위(파장 3 μm 초과)에는 양자 검출기가 극저온으로 냉각되어야 한다. 그렇지 않으면 고유 잡음이 허용할 수 없을 정도로 높아진다. 따라서 이러한 범위에서는 **열 감지기**thermal detectors가 대신 사용된다. 이 장치의 주요 장점은 상온에서 작동한다는 점이다. 열 감지기는 복사 에너지를 흡수 또는 방출하거나, 포착된 에너지를 열로 변환한다. 열은 감지요소의 온도를 변하게 하는데 이는 흡수 또는 방출된 적외선(열) 복사의 척도가 된다. 중적외선 범위 아래에서는 열 감지기가 양자 감지기보다 훨씬 덜 민감하다.

[그림 15-21]은 열복사 스펙트럼 범위에서 높은 흡수율(방출률)을 갖는 **감지판**sensing plate을 핵심 구성 요소로 하는 열적외선 감지기의 개념을 보여준다.

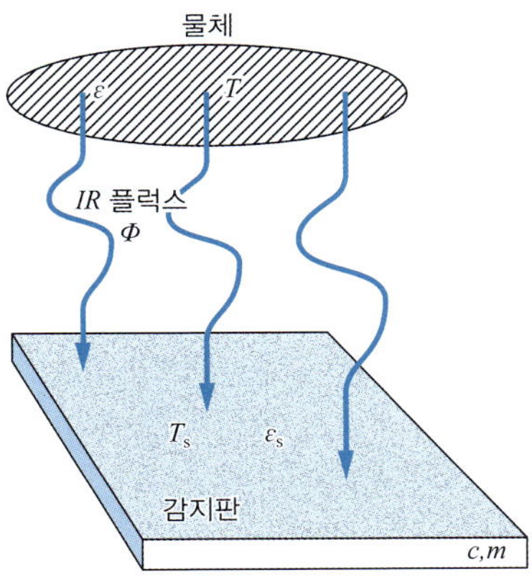

그림 15-21 열복사 감지기의 개념

모든 물체는 온도 T, 표면 방출률emissivity ε과 관련하여 자연적으로 적외선 복사 플럭스를 방출한다(방출률에 대한 설명은 4.12.3절 참조). 플럭스의 작은 부분은 감지판 쪽으로 방사된다. 감지판은 자체 온도 T_s와 방출률 ε_s를 가지며 자체 적외선 플럭스를 방출한다. 따라서 물체와 감지판 사이에 존재하는 총 적외선 플럭스는 식 (4.138)에 따라 다음 식과 같이 표현할 수 있다.

$$\Phi = A\varepsilon\varepsilon_s\sigma(T^4 - T_s^4) \tag{15.18}$$

여기서 σ는 슈테판-볼츠만 상수이고, A는 물체와 감지판 사이의 광학적 커플링optical coupling에 따라 달라지는 기하학 계수geometry factor이다. 광학적 커플링은 광자 흐름을 감지판로 보내는 센서 부품에 의해 형성된다. 이 광학 부품은 특정 투과율 및 시야Field Of View, FOV를 갖는 필터 또는 렌즈일 수 있다. 그리고 기하학 계수는 감지판 IR 흡수 영역과 다른 요인에 따라 달라진다.

감지판이 플럭스 Φ를 흡수(또는 해방)하면 감지판은 $Q = \Phi$에 해당하는 열을 받거나 방출한다. 따라서 식 (4.116)에 의한 감지판의 온도가 다음과 같이 변화한다.

$$\Delta T = \frac{Q}{cm} = \frac{\Phi}{cm} \tag{15.19}$$

여기서 c와 m은 감지판의 특정 열과 질량이다. 식 (15.18)과 식 (15.19)를 조합하면 물체와 판의 온도에 대한 함수인 다음과 같은 감지판 온도 변화식을 얻을 수 있다.

$$\Delta T = \frac{\Phi}{cm} = \frac{A\varepsilon_s\sigma}{cm}\varepsilon(T^4 - T_s^4) \tag{15.20}$$

식 (15.20)의 비율은 센서의 **열감도**thermal sensitivity 계수를 나타낸다. 온도 변화 ΔT가 클수록 컨버터의 전기출력이 높아지므로, 신호 대 잡음비를 높이려면 설계 시 열감도 계수를 최대화해야 한다.

감지판 온도 변화 ΔT는 열복사의 측정값이고 이를 전기 출력으로 변환한다. 온도-전기 변환은 17장에서 설명한 여러 컨버터에 의해 수행된다. 이 컨버터는 종류에 따라 적외선 센서의 유형 및 기능이 정의된다. 이 장에서는 가장 널리 사용되는 열적외선 센서에 대해 설명하도록 하겠다.

먼저 요약하면 일반적인 열복사 센서는 다음으로 구성된다.

1. **감지판**sensing plate : 선택한 파장 범위에서 전자기 복사를 흡수하여 열로 변환하는 구성 요소이다. 감지판에 대한 주요 요구 사항은 흡수된 EMR에 대한 빠르고 예측 가능하며 강력한 열 반응과 우수한 장기 안정성이다.
2. **온도-전기 컨버터** : 흡수되거나 방출된 열을 전기신호로 효율적으로 변환하는 장치이다.
3. **하우징**housing : 내부를 환경으로부터 보호하는 장치이다. 건조한 공기나 아르곤(Ar), 질소와 같은 불활성 가스로 채우고 밀폐해야 한다. 하우징은 균일하고 느린 온도 변화를 유지하기 위해 높은 열전도성과 열용량을 가져야한다. 방사를 통한 감지판과 하우징 사이의 모든 열 결합을 최소화하는 것이 중요한데 금(gold, Au)은 열스펙트럼 범위에서 매우 낮은 방출률을 가지기 때문에 감지판에 노출되는 하우징의 내부 표면을 금으로 코팅해야 한다.
4. **지지 구조** : 하우징 내부에 감지판을 고정하고 광학 필터에서 오는 열복사에만 노출시키는 구조여야 한다. 이 구조는 하우징과 감지판 사이의 가짜 전도열 교환을 최소화하기 위해 열 전도율이 낮아야 한다.
5. **보호창 또는 광학 필터** : 환경 요인에 대해 불투과성이고 검출 파장에서 투명해야 한다. 창에는 반사 손실을 줄이고 광 스펙트럼의 원하지 않는 부분을 필터링하기 위해 표면 반사 방지 코팅AntiReflective Coating, ARC이 있다. 또한 초점 렌즈 또는 곡면 거울이 창과 함께 또는 창 대신에 사용된다. 바람직하게는 창은 그 온도에 가까워지기 위해 하우징에 열적으로 잘 결합되어야 한다.

열복사의 비접촉 감지에서 계수 A가 작으므로 감지판은 열원에 열적으로 결합되지 않는다. 적외선 센서는 일반적으로 주변 온도에 가까운 방사 온도계 또는 열화상 카메라 내부에 위치하지만, 물체는 뜨겁거나 차가울 수 있다. 감지판이 물체에 노출되면 짧은 전환 시간을 가진 후 감지판과 물체의 온도가 정상 상태 평형에 도달한다. 이 평형은 열적으로 동일하다는 것이 아니라 안정적이라는 의미이다. 감지판 평형 온도는 [그림 17-5(a)]와 같이 물체의 온도와 감지요소의 초기 온도 사이에 있다. 일반적으로 식 (15.20)의 감지판 온도 변화는 매우 큰 열의 경우에도 1℃ 이하이다. 이는 열적외선 센서 내 감지판과 하우징이 열적으로 잘 분리되도록 설계되어야 하는 이유이다. 따라서 센서 주변에 존재하는 표유 열원stray thermal sources에서 발생하는 무시 가능한 열은 최소화된다.

15.8.2 골레이 셀

골레이 셀golay cells[3]은 적외선 방사의 광대역 열 감지기이다. 이 장치는 매우 민감하고 섬세하다. 열복사 감지기와 마찬가지로 셀에는 얇은 막인 열 흡수판이 포함된다.

골레이 셀은 밀폐된 인클로저 내부에 갇힌 가스의 열팽창을 감지하여 이를 전기 출력으로 변환하여 작동하고, 이러한 센서를 **열공압 감지기**thermopneumatic 라고 부른다. [그림 15-22]는 두 개의 막(상부막과 하부막)이 있는 밀폐된 챔버를 보여준다. 상부막은 열복사를 흡수하기 위해 적외선 열복사 흡수재(예 : goldblack[4])[4]로 코팅되었지만, 하부막은 거울 표면(예 : 알루미늄 코팅)을 가지고 있다.

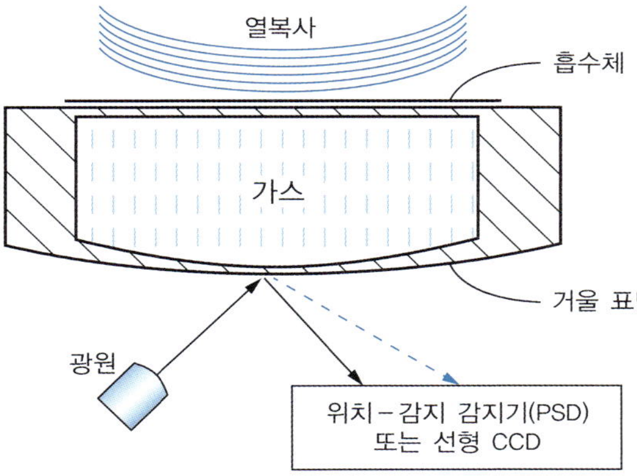

그림 15-22 열복사 골레이 셀 검출기

가스 압력의 변화를 모니터링하기 위해 거울에 광원이 비춰진다. 입사 광선은 거울에 반사되어 7.5절에 설명된 위치-감지 감지기Position-Sensitive Detector, PSD에 충돌한다. 상부막은 열복사 흡수기에 의해 포착되는 열복사에 노출된다. 상부막의 온도가 상승하고 센서 챔버 내부에 갇힌 가스를 예열한다. 이때 가스는 팽창하고 압력은 올라간다. 가스 압력이 증가하면 하부막이 튀어나오게 하고 가스 압력이 감소하면 막이 안으로 들어가게 한다. 이로 인해 거울 곡률의 변화는 반사된 광선을 굴절시킨다. 반사된

4 골드블랙(goldblack)은 질소 대기에서 표면 증발에 의해 증착된 금 분자의 얇은 코팅이다. 넓은 스펙트럼 범위에서 광자의 흡수율이 높다.

빛은 막 팽창 정도에 따라 다양한 위치에서 PSD에 충돌하며 전체 센서는 최신 MEMS 기술을 사용하여 미세 가공할 수 있다. 예를 들어 하부막 편향의 정도는 페브리-페로(FP) 간섭계[interferometer](8.5.4절 참조)를 사용하여 다른 방법으로 측정할 수 있다.

15.8.3 서모파일

서모파일(thermopiles, 열 전대)은 수동 적외선[Passive InfraRed, PIR] 감지기에 속한다. 즉 외부 전원 없이 적외선[IR]에 응답하여 전기 출력을 생성한다. 센서의 핵심 요소는 열복사를 흡수할 수 있는 얇은 막이다. 막은 앞에서 설명한 IR 흡수판 역할을 한다. 감지 과정은 다음과 같이 여러 에너지 변환 단계로 구성된다.

> 열복사의 막 표면 충돌 → 막 온도 상승 → 온도 변화를 막에 연결된 접촉 온도 센서로 측정 → 온도 센서를 통한 전기 출력 생성

서모파일에서 막에 연결된 접촉식 온도 센서는 막에 내장된 다수의 **서모커플**(thermocouples, 열전대)[5]로 구성된다. 단일 서모커플은 열[hot] 접합부 및 냉[cold] 접합부 사이의 열구배 1 ℃ 당 수십 마이크로 볼트를 생성하는 저감도 장치이다. '열'과 '냉'이라는 단어는 전통적인 서모커플 전문 용어의 잔재이며 실제로 접합부가 차갑지도 뜨겁지도 않아 조건부로 사용된다.

모든 열복사 센서에서 물체와의 열적 결합이 다소 불량하다는 점을 고려하면, 물체에 노출 시 막의 온도 변화는 물체와 센서 사이의 작은 온도 구배에 대해 0.01 ℃ 까지 매우 낮다. 따라서 신호 대 잡음비를 개선하려면 열에서 전압으로의 더 높은 변환계수가 필요하다. 이는 서모커플을 표면에 배치하거나 막에 내장된 서모커플의 수를 늘리면 된다. 서모파일은 여러 개의 서모커플을 연속적으로 쌓아서[piling up] 만들 수 있는데, 서모파일은 연속적으로 연결된 서모커플 체인으로 막의 복사 흡수 영역에 있는 50 ~ 100개의 접합을 말한다. 결국 체인은 50 ~ 100개 더 강한 전기신호를 생성한다. 원래 서모파일은 줄이 열전 센서의 출력 신호를 높이기 위해 발명한 것이다. 그는 여러 개의 서모커플을 직렬로 전기적으로 연결하고 열 접합과 별도로 냉접합을 **열적**[thermally]으로 결합했다. 오늘날 서모파일의 주요 응용 분야는 중적외선 및 원적외선 스펙트럼 범위의 빛을 열 감지하고 화학 센서에서 열을 측정하는 것이다.

5 열전 센서 대신 마이크로 볼로미터(microbolometer)라고 불리는 유사한 IR 센서는 다른 유형의 온도 센서인 저항 온도 감지기(RTD)를 사용한다. 이에 대한 자세한 설명은 15.8.5절을 참조하라.

서모파일 센서의 개념도는 [그림 15-23(a)]에 나와 있다.

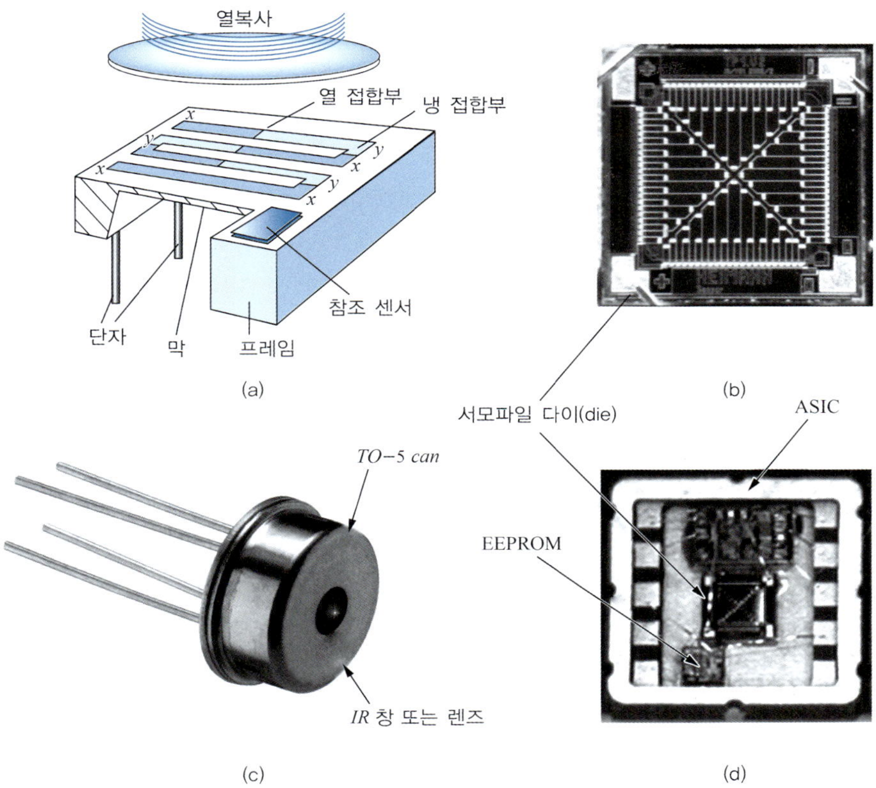

그림 15-23 열복사 감지용 서모파일 (a) x, y축이 다른 열전 스트립 개념도 (b) 마이크로 크기로 제작된 서모파일 센서. 막 중앙은 열 접합부의 흡수성 코팅막이다. (c) TO-5 패키징된 센서 (d) 서모파일 SMD 패키징에는 ASIC 및 EEPROM이 포함된다.(출처 : Heimann Sensor GMBH)

센서는 상대적으로 큰 열 질량을 가진 실리콘 프레임으로 구성되어 있어 온도가 비교적 안정적이며 센서가 열복사를 받아도 눈에 띄게 변하지 않는다. 프레임은 더 나은 열 안정성을 위해 하우징(표시되지 않음)에 접착된다. 프레임은 드럼과 같이 얇은(< 1 μm 두께) 막을 지지한다. 프레임은 냉접합부가 증착되는 곳이고 막은 서모커플의 열 접합부를 전달한다.

프레임은 특수 기준 온도 센서에 열적으로 결합되거나 정확하게 알려진 기준온도를 갖는 온도 조절기에 부착된다. 서모파일은 **상대**[relative] 온도 센서(접합 사이의 온도 차이만 측정)이지만 참조 센서[reference sensor]는 **절대**[absolute] 유형이다(절대 눈금으로 프레임 온도 측정 : K 또는 C 또는 F). 참조 센서는 서미스터, 반도체 등이 될 수 있다. 이러한 보조 센서[auxiliary sensor]의 목적은 다음과 같다.

IR 센서가 어떤 물체에도 노출되지 않고 외부 열복사로부터 완전히 차폐되면 접합부 사이의 온도 구배는 0이다. 외부 열원에 노출되면 열 접점과 냉접점 사이의 온도 구배가 발생하고 모든 접합에 대해 집계된 열전계수 $\alpha \Delta T$를 갖는 서모파일 접합에 의해 출력전압으로 변환된다.

$$V_{\text{out}} = \alpha \Delta T \tag{15.21}$$

실제로 열전계수 α는 일정하지 않으며 프레임 온도 T_s에 따라 다소 달라진다. 더 나은 정확도를 위해 온도계수 g는 선형 근사linear approximation[6]로 고려해야 한다.

$$\alpha = \alpha_0 [1 + g(T_s - T_{s0})] \tag{15.22}$$

여기서 α_0는 보정 온도 T_{s0}에서의 열전계수thermoelectric coefficient이다. 보정 온도 T_{s0} 대비 ±5 ~ 7 ℃ 이내의 비교적 좁은 작동 범위에서 α는 일정하고 α_0와 같다고 간주한다. 식 (15.20)과 식 (15.21)을 조합하면 물체 및 센서(프레임) 온도의 함수로 다음과 같은 서모파일 출력전압을 얻을 수 있다.

$$V_{out} = \frac{A\varepsilon_s \sigma \alpha}{cm} \varepsilon (T^4 - T_s^4) \tag{15.23}$$

식 (15.23)은 광학 커플링 계수 A, 막의 방출률 ε_s, 막 질량 m을 낮추면 센서의 감도가 향상된다. 또한 서모커플 접합부(α)와 막 재질(c)의 유형을 올바르게 선택하면 개선할 수 있다.

센서의 응답은 열 구배(열 기울기)의 선형함수가 아니라 절대온도의 차동 4차 포물선differential 4th-order parabola이다. 그러나 온도가 켈빈이기 때문에 비선형성은 다소 경미하고 온도 차이($T \sim T_s$)가 작거나 엄격한 정확도가 요구되지 않을 때 식 (15.23)은 선형함수로 근사화할 수 있다.

서모파일은 출력전압이 식 (15.23)에 따라 열-냉hot-cold 접합 온도 구배를 따르는 직류 장치이다. 이를 통해 정상 상태 수준의 열복사를 모니터링할 수 있다. 전기적으로는 고정 저항과 직렬로 연결된 온도 제어 전압 소스temperature controlled voltage source로 모델링할 수 있다. 센서는 특정한 중적외선 및 원적외선 스펙트럼 대역에서 투명하고 단단한 적외선-투명 창이 있는 금속 캔 [그림 15-23(c)]에 밀봉되어 있다. 때로는 특정 대역폭만 통과할 수 있어 창을 필터라고 하고, 창 대신 초점 렌즈를 사용하여 센서의 시야FOV를 형성한다. 창 및 렌즈용 재료에는 실리콘, 게르마늄 및 셀렌화 아연zinc selenide이 있다. 금속 캔에 대한 대안으로, [그림 15-23(d)]와 같이 표면 실장형 SMD 세라믹 패키징 내부에 서모파일을 밀봉할 수 있다.

서모파일이 IR 비접촉 온도계에 사용되는 경우 식 (15.23)의 역수는 물체의 온도를 켈빈으로 계산하는 데 사용된다.

$$T = \sqrt[4]{T_s^4 + V_{out}\frac{1}{\varepsilon}\frac{cm}{A\varepsilon_s \sigma \alpha}} = \sqrt[4]{T_s^4 + V_{out}\frac{S}{\varepsilon}} \tag{15.24}$$

여기서 S는 IR 온도계의 교정 중에 결정되는 감도계수이다. 서모파일 출력전압은 물체가 센서보다 따뜻하거나 차가운지에 따라 양수 또는 음수가 된다. 서모파일 프레임에 열적으로 연결된 보조 기준 센서는 T_s를 측정한다. 물체의 방출률은 정확도에 큰 영향을 미치므로 반드시 알아야 한다. 방출률이 분모에 위치하기 때문에 너무 작으면 측정 불확정성이 극적으로 커진다. 따라서 방출률이 낮은 물체(산화되지 않은 금속)의 표면 온도는 IR 센서로 정확하게 측정할 수 없다.

6 엄밀히 말하면 막과 프레임 온도는 약간 다르지만, 가장 실용적인 목적을 위해 열전 및 냉 접점에 대한 열전계수는 모든 작동 온도에서 동일하게 간주되어야 한다.

서모파일의 최적 성능은 높은 열전계수 α, 낮은 열 전도율, 낮은 부피의 전기저항을 갖는 접합 재료를 사용하여 달성할 수 있으며, 이로 인해 고감도, 빠른 응답, 저잡음 특징을 가진다. 열/냉접합 쌍은 반대 기호의 열전계수를 가져야 하며 이에 맞게 재료를 선택해야 한다. 불행히도 전기저항이 낮은 대부분의 금속(금, 구리, 은)은 열전계수가 매우 열악하다. 반면에 전기저항이 높은 금속(특히 비스무트 및 안티몬)은 높은 열전계수를 가지고 있어 예전부터 서모파일에 주로 이용되었다. 이러한 물질에 셀레늄^Se과 텔루늄^Te을 도핑하여 열전계수를 최대 230 $\mu V K^{-1}$까지 높일 수 있다.[5] 다른 서모커플 재료로는 알루미늄 스트립이 증착된 실리콘 막과 접합된 p형 실리콘이 있다.[6]

[표 A-11]은 선택된 감지요소 물질들에 대한 열전계수를 보여준다. 결정질 및 다결정 실리콘의 계수는 매우 크고 체적 저항률이 상대적으로 낮다. 실리콘을 사용하면 상당한 비용 절감 효과를 가져오는 표준 IC 프로세스를 사용할 수 있다는 것이 장점이다. 저항률과 열전계수는 도핑 농도로 조정할 수 있다. 그러나 비저항의 증가가 감도 증가보다 훨씬 더 빠르므로 도핑 농도는 고감도-저잡음 비율에 맞게 신중히 최적화되어야 한다.

금속 접합 서모파일의 구성 방법은 어느 정도 다를 수 있지만, 대부분 진공 증착 기술과 증발 마스크를 통해 열전 재료 및 IR 흡수 코팅을 한다. 적외선 복사의 흡수율(방출률)을 개선하기 위해 막의 열 접합부는 주로 열복사 흡수제로 코팅된다. 예를 들어 니크롬^nichrome,[7] 골드블랙^goldblack, 유기물 페인트, 그리고 탄소 나노 튜브로 코팅할 수 있다. [그림 15-23(b)]는 증착된 열전 스트립이 있는 실리콘 막을 보여준다. 제조 시 실리콘 기판의 중앙 부분은 뒷면에서 이방성 에칭을 통해 제거되어 열 전도율이 낮은 약 1 μm 두께의 SiO_2 / Si_3N_4 박막만 남는다. 이 막에 위에 두 가지 다른 열전 재료(예 : 폴리실리콘 및 알루미늄)의 얇은 전도체가 증착된다. 이를 통해 온도계수를 무시하면서 감도(g)를 가지는 센서를 만들 수 있으며, 이는 넓은 온도 범위에서 동작하는 데 중요한 요소이다. 스트립의 냉 접합부를 연결하는 프레임의 온도를 측정하기 위해서는 기준 센서의 위치가 중요하다.

최근 IR 감지 기술은 낮은 오프셋 전압 증폭기, 아날로그-디지털 컨버터^ADC, 기타 처리 회로가 포함된 신호 조절기와 서모파일 센서를 통합하는 추세이다. 벨기에 회사인 멜렉시스^Melexis 사는 서모파일 및 데이터처리 ASIC 칩을 포함하는 비접촉 IR 온도계 MLX90615를 개발하여 소형 TO-46 캔에 내장했다([그림 15-24] 참조).

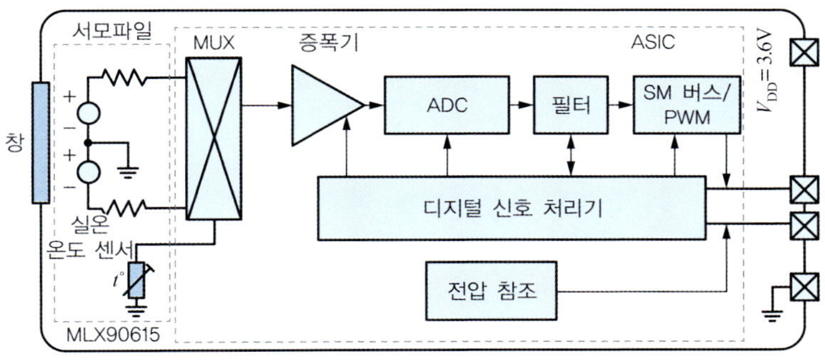

그림 15-24 서모파일 센서를 포함하는 집적된 적외선 온도계의 블록 다이어그램

7 80% 니켈과 20% 크롬 합금은 0.80 이상의 방출률(흡수율)을 갖는다.

이 장치에서 서모파일의 작은 출력 신호는 오프셋 전압이 0.5 μV 인 정밀 증폭기에 공급된다. 디지털 신호 프로세서는 IR 및 기준 센서에서 측정된 온도 또는 개별 출력을 15 비트 분해능으로 출력한다. 패키지에는 교정 매개변수를 저장하기 위해 EEPROM 메모리[8]와 같은 추가 구성 요소가 포함된다. 이 장치는 IR 방사의 강도를 측정할 뿐만 아니라 IR 신호가 감지된 외부 물체의 온도를 계산하고 측정된 데이터를 직렬 링크(SM 버스 또는 PWM)를 통해 출력한다.

서모파일 작동 주파수 한계는 주로 열 시정수thermal time constant를 통해 나타나는 막의 열용량에 의해 결정된다. 서모파일 센서는 주로 센서의 등가 저항(20 ~ 100 kΩ) 열잡음과 동일한 매우 낮은 잡음을 나타낸다. 서모파일 센서의 일반적인 특성은 [표 15-3]에 나와 있다.

표 15-3 서모파일의 표준 규격

매개변수	값	단위	조건
감지 소자 크기	0.61×0.61	mm	
출력전압	330	μV	ΔT=75K
소음	38	nV/$\sqrt{\text{Hz}}$	25℃, rms
등가저항	75	kΩ	25℃
열 시간상수 또는 열 시정수	<6	ms	
(IR 렌즈에 의해 만들어진)시야각	20	도 또는 °	10% power level

앞에서 설명한 서모파일은 단일 픽셀 열방사 센서라고 할 수 있다. 그러나 복수의 서모파일 픽셀이 있는 IR 센서는 여러 소스의 열복사를 동시에 감지하거나 열 이미징을 위해 사용할 수 있다. 이러한 센서의 예는 [그림 15-25]에 나와 있으며 여기에는 서모파일 픽셀이 32 × 31 매트릭스로 배열되어 있다.

(a) (b) (c)

그림 15-25 서모파일 열화상 센서 (a) 감지 표면 (b) 이미징 모듈 (c) 열화상 이미지의 예
(출처 : Heimann Sensors GMBH)

픽셀당 접합 수는 80개이고 열전 접합 재료는 n-poly / p-poly Si(실리콘)이다. 픽셀의 크기는 150 μm 이고 간격은 220 μm 이다. 하이만 센서Heimann Sensor 사의 센서 모듈 HTPA 32 × 31 에는 전치증폭기, 멀티플렉서, ADC가 내장되어 있다. 본 이미징 모듈은 극저온 냉각이 필요하지 않고 넓은 온도 범위에서 작동한다는 것이 장점이다.

8 ASIC은 주문형 집적회로(application specific integrated circuit)를 의미한다. EEPROM은 전기적으로 지울 수 있는 프로그래밍 가능한 읽기 전용 메모리(electrically erasable programmable read-only memory)를 의미한다.

15.8.4 초전 센서

서모파일과 마찬가지로 초전 센서는 수동 적외선Passive InfraRed, PIR 감지기에 속한다. 즉 외부 전원이 제공되지 않은 상태에서 IR 방사에 응답하여 전기 출력을 생성한다. 이 센서는 서모파일과 달리 교류 센서라고 할 수 있다. 왜냐하면 센서가 열복사 신호의 가변 부분variable part에만 반응하고 일정 수준 이하의 복사에는 거의 반응하지 않기 때문이다. 초전 효과에 대한 자세한 설명은 4.7절을 참고하라.

초전 센서는 온도가 변할 때 표면 전하를 발생시킬 수 있는 초전 세라믹으로 제작된 박판이다. 초전 센서의 변환 단계는 다음과 같은 단계로 구성된다.

> 적외선 신호가 초전판에 충돌 → 판의 온도가 상승 → 온도가 변하는 동안 판 표면에 전하가 생성 → 전하가 픽업되어 전압으로 변환

초전 감지 소자는 소자element라고 하는 초전 세라믹 판과 판의 반대쪽에 부착된 두 개의 전극과 같이 세 가지 필수 요소로 구성된다. 또 다른 구성 요소들은 각종 요소의 지지 구조, 밀폐된 하우징, 광학 창 또는 광학 필터, 전기 단자 등이다. 통상적인 초전 센서의 구조는 [그림 15-26(a)]와 같다.

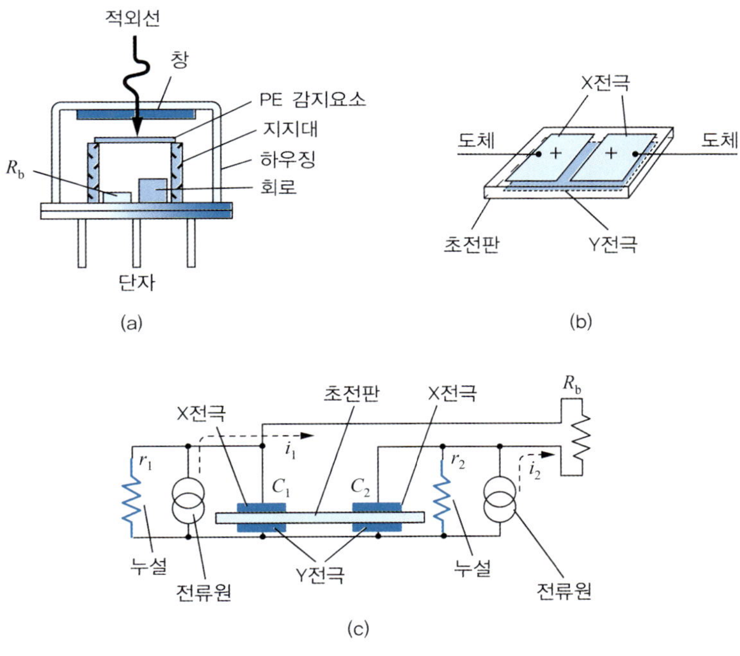

그림 15-26 이중 초전 센서 (a) PE 감지요소는 적외선 창에서 지지된다. (b) 전도성 전극은 초전판의 반대편에 증착된다. (c) 이중 초전 감지요소의 등가회로

이 센서는 전기를 차폐하고 외부 환경으로부터 내부를 보호하는 TO-5 또는 TO-39 금속 캔에 보관된다. 캔에는 중적외선 및 원적외선 스펙트럼 범위에서 투명한 실리콘 창(IR 필터)으로 덮인 개구부가 있으며 내부 공간은 건조한 공기 또는 질소로 채워져 있다.

초전 센서 설계에서 중요한 점은 기계적 스트레스 및 진동에 대한 민감성이다. 초전 센서는 압전 특성이 있어 미세한 기계적 진동에도 매우 민감하다. 즉 열 흐름을 감지하는 것 외에도 마이크 또는 가속도계로서 동작한다. 기계적 잡음을 더 잘 제거하려면 세라믹 요소는 하우징으로부터 기계적으로 분리되어야 하는데 특히 외부 회로 기판에 납땜된 전기 단자로부터 분리되어야 한다. [그림 15-26(a)]는 센서 요소에 스트레스를 가하지 않도록 설계된 두 개의 세라믹 지지대를 보여준다. 또한 마이크로포닉 간섭microphonic interferences을 줄이기 위해 두 개의 동일한 감지요소를 반대 방향으로 직렬 또는 병렬로 연결하는 전기 차동 기술을 사용한다. 차동 연결은 기계적 진동으로 인한 전하를 상쇄할 뿐만 아니라 급격한 가짜 열변화(열충격)를 보상한다.

차동 설계에서는 전하를 수집하기 위해 [그림 15-25(b)]와 같이 두 쌍의 전극을 증착하여 단일 열전 플레이트에 두 개의 감지요소를 형성한다. 첫 번째 상부 X전극은 열 흡수 유전체층으로 코팅되거나 니크롬으로 제작되며, 두 번째 상부 X전극은 IR 방사선을 차폐하거나 향상된 반사성을 위해 금 도금되어 IR 신호를 거의 흡수하지 않는다. 니크롬은 방출률(흡수율)이 높아 초전판(전극 역할)에서 전하를 수집하고 열복사를 흡수하는 용도로 사용된다. 초전 센서를 PIR 동작 감지기(7.8.4절 참조)에 적용할 경우 두 전극 모두 창(IR 필터)에 노출되고 IR 복사를 흡수하도록 만들어진다. 하단 Y전극은 두 요소 모두에 공통으로 연결된다.

초전판 양면의 금속 패턴은 X전극 및 Y전극 사이에 직렬로 연결된 두 개의 커패시터 C_1 및 C_2 를 형성한다. [그림 15-26(c)]는 이중 초전PyroElectric, PE 요소의 등가회로를 보여준다. 전하를 생성하는 능력은 각 요소당 하나의 전류원이라 가정했을 때 두 개의 전류원으로 나타낼 수 있다. 전류원은 열 흐름 및 기계적 흐름에 의해 제어되는 전류 i_1, i_2를 생성한다. 두 요소의 전류가 부하 저항 R_b 를 통해 반대 방향으로 흐르기 때문에 서로 상쇄된다. 두 요소의 전류가 같을 때는 가짜 동 위상 간섭에 의해 전류가 생성된다. 초전요소 중 하나가 IR 신호를 수신하지 않지만 다른 요소와 동일한 간섭을 받는 경우 부하 저항의 전압은 IR 신호(상쇄 없음)를 나타내며 간섭 소스의 신호는 상쇄된다. 두 요소에 대한 전극이 동일한 판에 나란히 배치된 센서는 초전요소의 균형이 잘 잡혀있어 공통 모드 간섭을 더욱 잘 제거할 수 있다. 세라믹 판의 감지 부분은 반대 전극 사이에만 존재한다. 전극 사이에 끼지 않은 초전판 부분은 신호 발생에 관여하지 않는데 전극이 없는 부분의 전하는 전극에 의해 흡수되지 않기 때문이다.

초전 소자는 내부 누설 저항 r_1, r_2가 매우 높다. 누설 저항 r_1은 커패시턴스 C_1과, r_2는 C_2와 병렬로 연결된다. r_1, r_2의 값은 $10^{12} \sim 10^{14}\,\Omega$ 정도로 매우 크다. 흐르는 초전 전하(전류)를 전압으로 변환하기 위해서는 일정한 부하 저항을 통해 전류가 흐르도록 한다. 실제 센서에서 초전 소자는 [그림 15-26(a)]에 회로로 표시된 임피던스 컨버터와 함께 부하 저항 R_b를 포함하는 인터페이스 회로에 연결된다. 컨버터는 전압 팔로워(예 : JFET) 또는 연산 증폭기가 있는 전류-전압 컨버터일 수 있다.

[그림 15-27(a)]의 전압 팔로워는 **임피던스 컨버터**impedance converter로서 동작한다. 이 컨버터는 센서의 높은 출력 임피던스(누설 및 부하 저항과 병렬 연결된 커패시턴스의 합)를 전압 팔로워의 낮은 출력저항으로 변환한다.

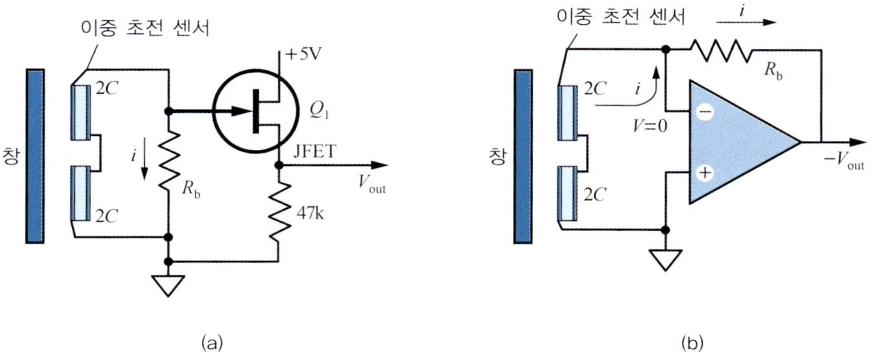

그림 15-27 초전 센서용 임피던스 컨버터 (a) JFET이 있는 전압 팔로워 (b) 연산 증폭기가 있는 전류 – 전압 컨버터

이 예에서 출력저항은 트랜지스터의 트랜스 컨덕턴스와 47 kΩ 드레인 저항의 병렬 연결로 구성된다. 단일 JFET 팔로워는 비용 측면에서 가장 효율적이고 간단한 회로이지만 두 가지 단점이 있다. 첫 번째는 센서의 결합된 커패시턴스 C와 부하 저항 R_b의 곱인 이른바 **전기 시정수**electrical time constant에 대한 속도 응답 의존성이다.

$$\tau_c = CR_b \tag{15.25}$$

여기서 C는 C_1, C_2의 직렬 연결과 같다. 예를 들어 일반적인 이중 센서는 $C = 40\,\mathrm{pF}$, $R_b = 20\,\mathrm{G\Omega}$ 정도이며 $\tau_c = 0.8\,\mathrm{s}$로 계산된다. 이는 약 0.2 Hz의 3dB 레벨 상위 컷오프 주파수를 갖는 1차 저역 통과 필터에 해당하며 매우 낮은 주파수이다. 따라서 전압 팔로워는 속도 응답이 중요하지 않을 때에만 적합하다. 한 예로 PIR 동작 감지기가 있다(7.8.4절 참조). 두 번째 단점은 출력저항에서 오프셋 전압이 크다는 것이다. 이 전압은 JFET 유형 및 온도에 따라 다르다. 따라서 출력 V_{out}은 두 전압의 합이다. 오프셋 전압은 수 볼트만큼 클 수 있고 가변 초전 전압은 밀리볼트 정도일 수 있다. 초전 센서를 위한 더 효율적이고 더 비싼 앞단 회로는 전류 – 전압(I/V) 컨버터이다([그림 15-27(b)] 참조). 이 회로는 감지요소의 커패시턴스에 대한 더 빠른 응답과 비민감성을 가지는 것이 장점이다. 이 소자는 이른바 가상 접지의 특성을 가진 연산 증폭기의 반전 입력에 연결되며 유사한 회로는 [그림 15-6] 및 [그림 15-8]에 표시된다. 즉 반전 입력의 전압은 일정하며 이 회로에서 접지되는 비반전 입력의 전압과 거의 같다. 따라서 센서 양단의 전압은 피드백에 의해 강제로 0(접지)에 가깝게 유지되므로 결합 커패시턴스 C가 충전되지 않는다.

출력전압은 센서에서 생성된 전류(전하 흐름)의 형태를 따른다([그림 4-28] 참조). 최적의 성능을 위해 바이어스 전류가 낮은 (1 pA 이하) 연산 증폭기를 사용해야 한다. 이 회로는 빠른 응답, 초전 소자의 커패시턴스에 대한 비민감성, 저출력 오프셋 전압이 주요 장점이다. 그러나 광대역 회로이기 때문에 전류 – 전압 컨버터의 잡음이 더 많을 수 있으므로 저항 R_b는 대역폭을 제한하기 위해 작은 커패시터로 분기되어야 한다.

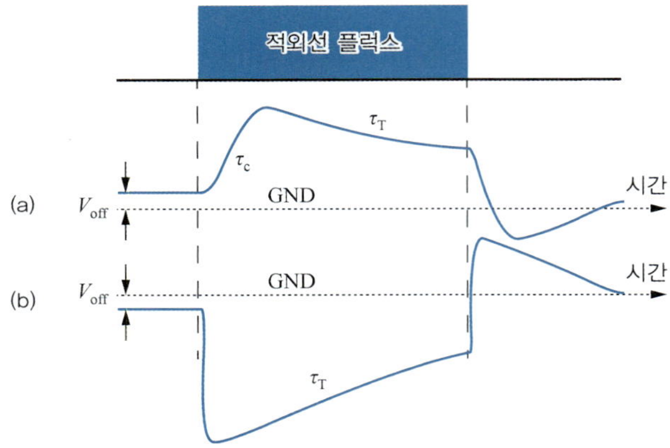

그림 15-28 (a) 열복사 계단함수에 대한 전압 팔로워의 출력신호 (b) 전류 – 전압 컨버터의 출력신호

JFET, I/V 컨버터는 초전 전류 i_p 를 출력전압 V_{out} 으로 변환한다. 옴의 법칙에 따르면 다음과 같다.

$$V_{out} = i_p R_b. \tag{15.26}$$

예를 들어 초전 전류(초전류)가 10 pA (10^{-11} A)이고 부하 저항이 $2 \times 10^{10}\,\Omega$ (20 G Ω)이면 출력 전압 스윙은 200 mV 이다. 초전류가 없는 경우 입력 부하 저항을 통과할 때 회로 바이어스 전류(I_B)가 오프셋 전압 V_{off}를 생성한다. 부하 저항은 매우 높기 때문에 접합형 전계 효과 트랜지스터[JFET] 또는 연산 증폭기는 전체 동작온도 범위에 걸쳐 낮은 입력 바이어스 전류를 가져야 한다. CMOS OPAM은 일반적으로 바이어스 전류가 1 pA 미만이어야 한다.

앞에서 설명한 회로 [그림 15-27]은 매우 다른 모양의 출력신호를 생성한다는 점에 유의해야 한다. 전압 팔로워의 출력전압은 소자와 R_b에 걸친 전압의 반복이다([그림 15-28(a)] 참조). 이 회로는 두 가지 슬로프[slope]를 가지는데, 전기적 시정수 $\tau_c = CR_b$를 갖는 리딩 슬로프[leading slope]와 열 시정수 τ_T를 갖는 감쇠 슬로프[decaying slope]이다. 전류-전압 컨버터에서 초전요소의 전압은 본질적으로 0이며 팔로워와 달리 컨버터의 입력 임피던스는 낮다. 즉 전압 팔로워가 전압계[voltmeter]로서 동작하는 동안 전류 – 전압 컨버터는 전류계[ampermeter]로서 동작한다. 출력전압의 리딩 엣지[leading edge]는 R_b 양단의 커패시턴스에 의해 빠르게 결정되며 감쇠 슬로프는 동일한 τ_r을 특징으로 한다. 따라서 컨버터의 출력전압은 센서의 초전류 모양을 거의 반복한다([그림 15-28(b)] 참조). 두 회로 모두 오프셋 전압 V_{off} 가 있다. 그러나 전류 – 전압 컨버터에서 오프셋 전압은 실질적으로 보상될 수 있으며 R_b 와 동일한 추가 저항이 OPAM의 비반전 입력과 직렬로 연결된다.

초전 센서와 함께 사용하는 데 필수적인 기가 옴 범위의 저항 제작은 간단하지 않다. 고품질 부하 저항은 환경 안정성, **낮은 온도저항 계수**[Temperature Coefficient of Resistance, TCR], **낮은 전압저항 계수**[Voltage Coefficient of Resistance, VCR]를 가져야 한다. VCR은 다음과 같이 정의된다.

$$\xi = \frac{R_1 - R_{0.1}}{R_{0.1}} \times 100\% \tag{15.27}$$

여기서 R_1과 $R_{0.1}$은 저항을 가로질러 1V와 0.1V에서 각각 측정된 저항이다. 일반적으로 VCR은 음수이다. 즉 저항의 전압이 증가하면 저항값이 감소한다([그림 15-29(a)] 참조). 초전 센서의 출력은 초전류와 바이어스 저항의 곱에 비례하므로 VCR은 전체 전달 함수의 비선형성이 발생한다.

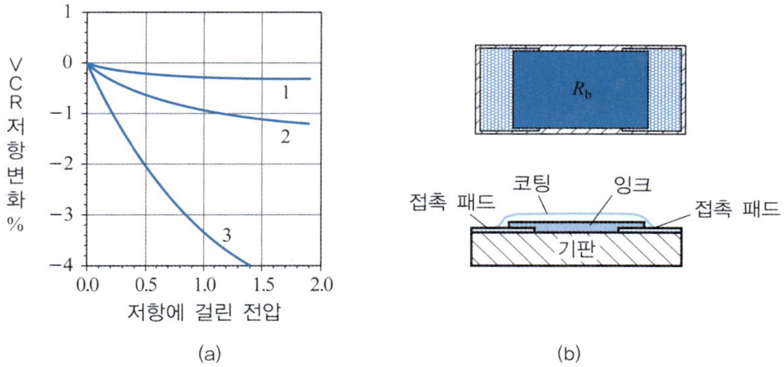

그림 15-29 고 임피던스 저항 (a) 세 가지 유형의 저항에 대한 VCR (b) 반 도전성 잉크는 알루미나 기판에 증착된다.

고 임피던스 저항은 세라믹(알루미나) 기판에 반도체 잉크의 얇은 막을 증착하고 이를 용광로에서 소성한 다음 표면을 보호 코팅으로 덮는 방식으로 제작된다. 비교적 두껍고(적어도 50 μm의 두께) 높은 품질을 가지는 소수성 코팅은 습도에 대한 보호를 위해 매우 중요하다. 왜냐하면 적은 양의 물 분자라도 반도체 막의 산화를 일으킬 수 있기 때문이다. 이는 저항의 상당한 증가와 장기적인 안정성 저하로 이어진다. 고 임피던스 저항의 일반적인 설계는 [그림 15-29(b)]에 나와 있다.

열복사 동작 감지와 같이 높은 정확도가 필요하지 않은 응용에서는 바이어스 저항을 반대 방향으로 병렬 연결된 실리콘 다이오드로 대체할 수 있다. 실제로 적용한다면 다음과 같은 두 사례로 구별할 수 있는데, 이 사례는 초전 재료 및 환경과의 복사 결합과 관련하여 완전히 다른 요구 사항을 충족해야 한다.[7]

1. **고속 센서**fast sensor : 1 MHz 정도의 많은 반복으로 높은 강도의 방사를 감지하지만, 매우 짧은 기간(나노 초)의 레이저 펄스를 감지한다. 센서는 일반적으로 리튬 탄탈레이트^{LiTaO_3} 또는 트리 글리신 설페이트(TGS)와 같은 단결정 초전 재료로 제작되고 이는 응답의 높은 선형성을 보장한다. 일반적으로 초전 재료는 방열판에 접착된다.
2. **민감한 센서**sensitive sensor : 저강도의 열복사를 감지할 수 있지만, 상대적으로 낮은 변화율을 보인다. 예로는 적외선 온도계와 움직임 감지기가 있다.[8~10] 낮은 수준의 열복사를 감지하려면 일반적으로 열원과의 우수한 광학 결합이 필요하다. 광학 장치로는 초점 렌즈 및 도파관 등이 주로 사용된다. 이러한 센서에서는 고속 센서와 달리 초전요소와 주변 환경(센서 하우징) 간의 열 결합을 최소화해야 한다. 잘 설계된 센서는 극저온으로 냉각된 양자 검출기[6]에 가까운 감도를 가진다. 상업용 초전 센서는 트리글리신 설페이트^{TGS}와 리튬 탄탈레이트^{LiTaO_3} 또는 납 지르콘산염 티탄산염^{PZT} 세라믹과 같은 단결정을 기반으로 구현되며 고속 응답과 우수한 측면 해상도 덕분에 PVDF 필름도 가끔 사용된다.

15.8.5 마이크로 볼로미터

볼로미터는 소형 저항 온도 감지기RTD 또는 서미스터(17.3절 및 17.4절 참조) 또는 온도에 민감한 저항기이며, 적외선에서 마이크로파에 이르기까지 광범위한 스펙트럼에 걸친 전자기 복사의 실효값root-mean-square, r.m.s. 측정에 사용된다. 응용 분야로는 IR 온도 감지 및 이미징, 고출력 지역 전자기장 측정, 마이크로파 장치 테스트, RF 안테나 빔 프로파일링, 고출력 마이크로파 무기 테스트, 의료용 마이크로파 가열모니터링 등이 있다. 작동 원리는 흡수된 전자기 신호와 소모된 전력 사이의 기본적인 관계를 기반으로 한다.[11] 볼로미터의 변환 단계는 다음과 같다.

> 저항이 전자기 복사에 노출 → 전자기 복사가 저항기에 흡수되어 열로 변환 → 열로 인해 저항기의 온도가 주변 온도보다 상승 → 온도 상승으로 인해 볼로미터의 옴 저항이 변경 → 저항이 전기출력으로 변환

이후 단락에는 볼로미터 제조의 가장 일반적인 방법이 간략하게 설명되어 있으며 1881년 랭글리Langley 9가 볼로미터를 발명한 이래 굉장히 발전했다. 전압 바이어스 볼로미터 응용을 위한 기본적인 회로는 [그림 15-30(a)]에 나와있다.

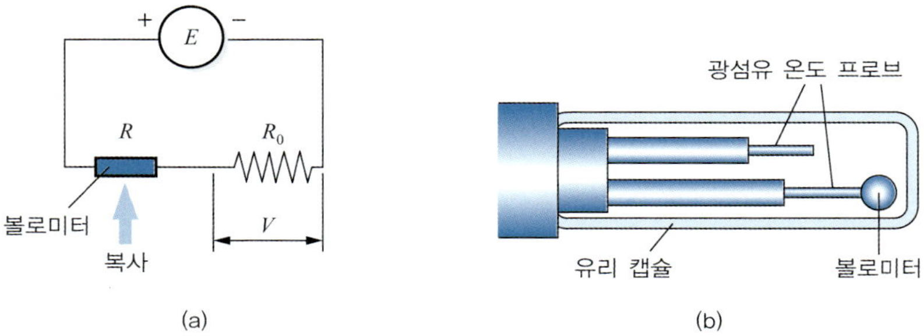

그림 15-30 (a) 전기적으로 바이어스된 볼로미터의 등가회로 (b) 광학 볼로미터의 디자인

이는 저항 R이 있는 볼로미터(온도에 민감한 저항기), 안정적인 기준 저항기 R_0, 그리고 바이어스 전압 소스 E로 구성된다. R_0 양단의 전압 V는 회로의 출력신호이고, 이 신호는 두 저항이 같을 때 가장 높은 값을 갖는다. 들어오는 전자기ElectroMagnetic, EM 복사에 대한 볼로미터의 감도는 다음과 같이 정의한다.[12]

$$\beta_{\mathrm{V}} = \frac{\alpha\varepsilon Z_{\mathrm{T}} E}{4\sqrt{1+(\omega\tau_{\mathrm{T}})^2}}, \qquad (15.28)$$

9 랭글리는 미국의 천문학자이자 물리학자이다.

여기서 $\alpha = (\mathrm{d}R/\mathrm{d}T)/R$은 볼로미터의 저항 온도계수Temperature Coefficient of Resistance, TCR, ε은 표면 방출률, Z_T는 볼로미터 열저항으로서 설계 및 지지 구조에 따라 달라지며, τ_T는 Z_T와 볼로미터의 열용량에 따라 달라지는 시간상수이다. ω는 흡수된 전자기 복사의 주파수이다.

볼로미터의 온도가 상승하기 때문에 ΔT는 다음과 같다.

$$\Delta T = T - T_0 \approx P_E Z_T = \frac{E^2}{4R} Z_T \tag{15.29}$$

RTD 볼로미터의 저항은 선형 근사로 다음과 같이 나타낼 수 있다.

$$R = R_o(1 + \alpha_o \Delta T) \tag{15.30}$$

식 (15.28)은 다음과 같이 나타낼 수 있다. 이 방정식으로부터 볼로미터의 응답성을 높이려면 전기저항과 열 임피던스를 높여야 함을 알 수 있다.

$$\beta_V = \frac{1}{2}\varepsilon\alpha\sqrt{\frac{R_o Z_T \Delta T}{(1+\alpha_o \Delta T)[1+(\omega\tau_T)^2]}} \tag{15.31}$$

볼로미터는 전통적으로 작은 와이어에 매달린 소형 서미스터로 제작되었다. 볼로미터 제조하는 또 다른 방법은 니크롬 금속 필름 증착[12~13]을 사용하는 것이다. 식 (15.29)로 알 수 있듯이 볼로미터(또는 다른 정확한 온도 센서)를 설계할 때 중요한 문제 중 하나는 지지 구조, 연결 와이어, 인터페이스 전자 장치들과 감지요소 사이의 우수한 단열을 보장하는 것이다. 그렇지 않으면 감지요소의 열 손실로 인해 큰 오류가 발생하고 감도가 감소한다([그림 17-1] 참조). 그렇기 때문에 금속 전도체를 완전히 제거하고 광섬유 기술을 사용하여 볼로미터의 온도를 측정하는 것이 중요하다. 이 기술은 룩스트론Luxtron 사에서 제작한 E-field 탐침[10]에서 구현된다.[14] [그림 15-30(b)]의 설계에서 소형 열 흡수 볼이 광학 탐침 끝에 매달려 있고, 그 온도는 fluoroptic® 온도 센서로 측정된다(17.9.1절 참조).

IR 방사선을 감지하는 최신 볼로미터의 전반적인 설계는 서모파일과 유사하다. 소형 크기로 인해 이러한 센서를 마이크로 볼로미터라고 한다. 마이크로 볼로미터의 프레임에는 프레임 개구부를 가로질러 늘어난 막이 있다. 막은 IR 복사를 흡수하고 식 (15.20)에 따라 온도가 달라진다. [그림 15-32(a)]와 같이 미세 가공된 실리콘 또는 유리막의 표면에 열저항 박막 재료가 구불구불한 패턴으로 증착된다. 막은 서스펜션 열저항을 만들기 위해 식각되며, 저항이 증착되는 기판 부분은 열전도 손실을 줄이기 위해 길쭉한 지지대로 지탱한다. 이 방식은 열화상 이미지에 필요한 초점면 배열센서Focal-Plane Array sensors, FPA에 대한 수요가 증가함에 따라 인기를 얻고 있다.

10 'electric field'의 약어이며, 전하로 인한 전기력이 미치는 공간이라는 의미를 가진다.

[그림 15-31(b)]는 열 이미징에 사용되는 마이크로 볼로미터가 있는 센서 어레이의 현미경 사진을 보여준다.

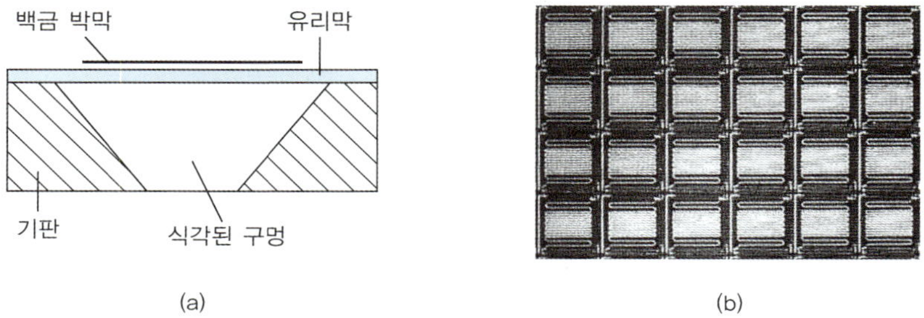

그림 15-31 백금 박막 볼로미터 (a) 식각된 구멍 위의 유리막 (b) 볼로미터 어레이

높은 감도보다 제조비용이 중요한 경우 백금 박막 볼로미터를 선택하는 것이 가장 적절하다. 백금은 작지만 예측 가능한 저항 온도계수를 가진다.

백금 박막(약 500 Å 의 두께)은 얇은 유리막 위에 증착 후 사진 공정photolithographically을 이용하여 패터닝할 수 있다([그림 15-31(a)] 참조). 막은 식각된 실리콘 구멍 안에서 얇고 긴 리드에 의해 지탱된다. 따라서 막은 실리콘 기판의 V자형 홈이 있는 구멍 위에 떠 있다. 이는 기판과의 열 결합을 극적으로 최소화하는 데 도움이 된다(열저항 증가).

백금 이외에도 폴리실리콘, 게르마늄[그림 15-32(b)], 탄탈륨 질산화TaNO 등과 같은 여러 재료가 온도에 민감한 저항기로 사용된다. 특정 재료를 선택할 때 고려할 사항은 표준 CMOS 공정과의 호환성인데, 이는 주변 전자회로를 포함하여 단일 실리콘 칩에서 전체 시스템을 제작할 수 있도록 해준다. 따라서 폴리실리콘은 매우 좋은 선택지이다.

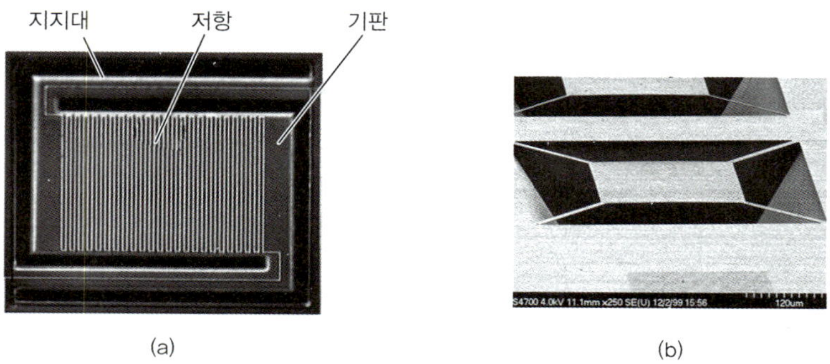

그림 15-32 기판에 증착된 저항 막 패턴 (a) 게르마늄 막 볼로미터 (b) 실리콘 구멍 위에 떠 있는 모습

CHAPTER

16

이온화 방사선 검출기

Detectors of Ionizing Radiation

CONTENTS

4.12.3절에 [그림 4-41]은 전자기파의 스펙트럼을 보여준다. 스펙트럼 왼쪽에는 γ선 영역이 있으며 X선^X-ray^은 파장에 따라 경질^hard^, 연질^soft^, 초연질^ultrasoft^ 광선으로 구분된다. 물질의 자발적인 방사선은 반드시 전자기적일 필요는 없다. 예를 들어 원자핵에서 입자를 방출하는 **핵 방사선**^nuclear radiation^이 있다. 자발적인 원자 감쇄^atomic decay^는 하전 입자(α입자, β입자, 양성자)와 하전되지 않은 중성자가 있다. 일부 입자는 중성자 두 개로 구성된 헬륨 원자의 핵인 α입자처럼 복잡하다. 반면에 어떤 입자는 일반적으로 전자 또는 양전자인 β입자처럼 더 간단하다. **이온화 방사선**^ionizing radiations^은 에너지를 흡수하는 다양한 매체를 통과할 때 추가 이온, 광자 또는 자유 라디칼^radicals^이 생성된다고 해서 이름이 붙여졌다.

자연에 존재하는 일부 원소는 안정적이지 않고 핵의 일부를 버리면서 천천히 분해된다. 이를 **방사능**^radioactivity^ 혹은 방사성이라고 한다. 이는 1896년 헨리 베크렐^Henry Becquerel^이 인광 물질을 연구하면서 발견했다. 이 물질은 빛에 노출된 후 어둠 속에서 빛이 났다. 그는 음극선관 내 X선에 의해 생성되는 이 빛이 인광과 관련이 있다고 생각했으며 사진판을 검은 종이로 감싸고 그 위에 다양한 인광 광물을 놓았다. 우라늄($Z=92$)[1]염을 사용하기 전까지만 해도 실험 결과는 예상과 달랐다. 그러나 우라늄염 화합물로 실험한 결과 사진판이 짙은 검은색으로 변했다. 이러한 방사선을 베크렐선^becquerel rays^이라고 한다.

자연적으로 발생하는 방사능 외에도 방사성을 가지는 인공 핵이 많다. 이 핵은 원자로에서 생성되어 매우 불안정한 원소가 된다. 또 다른 방사선원으로는 지구가 지속적으로 입자에 의해 충격을 받는 우주가 있다. 방사성 물질은 출처, 수명과는 상관없이 동일한 수학적 법칙에 따라 감쇄 혹은 붕괴된다. 이 법칙은 아직 감쇄되지 않은 핵의 수 N과 짧은 시간 간격 dt에서 감쇄하는 핵의 수인 dN으로 규정한다. 이 관계는 실험적으로 입증되었으며 다음 식으로 표현된다.

$$dN = -\lambda N dt \tag{16.1}$$

여기서 λ는 주어진 물질에 대한 특정 감쇄상수이며 식 (16.1)로부터 단위 시간에 감쇄되는 핵의 분율로 정의할 수 있다. 이는 다음 식으로 나타낼 수 있다.

$$\lambda = -\frac{1}{N}\frac{dN}{dt} \tag{16.2}$$

방사능의 SI 단위는 **베크렐**^Becquerel^ Bq이며 이는 초당 1회의 자발적 전이로 감쇄하는 방사성핵종의 활성도이다. 따라서 베크렐은 $\mathrm{Bq}=\mathrm{s}^{-1}$로 나타내며 시간 단위로 표현된다. 예전에 사용하던 **퀴리**^curie^ 단위로 변환하기 위해서는 베크렐에 3.7×10^{10}을 곱해야 한다([표 A-4] 참조). 방사선 흡수량은 **그레이**^grays^ Gy로 측정된다. $1\,\mathrm{Gy}$는 이온화 방사선에 의해 물질에 전달되는 단위 질량 당 에너지가 $1\,\mathrm{J/kg}$일 때 흡수된 선량으로 즉 $\mathrm{Gy}=\mathrm{J/kg}$이다.

X선 및 γ선에 대한 노출을 측정해야 하는 경우 이온화 방사선의 선량은 킬로그램당 쿨롱으로 표시되며 이 노출로 인해 건조 공기 $1\,\mathrm{kg}$당 $1\mathrm{C}$의 전하가 생성된다. SI 단위에서 $\mathrm{C/kg}$ 단위는 이전에 사용되었던 **뢴트겐**^roentgen^ 단위를 대체한다.

---

1 Z는 원자 번호이다.

방사선 센서의 기능은 방사선이 감지요소의 재료와 상호 작용하는 방식에 따라 달라진다. 방사능 탐지 물체에 대한 정보는 참고문헌에 수록되어 있다.[1~2]

방사선 검출기는 섬광 검출기, 기체 검출기, 액체 검출기, 반도체 검출기로 나뉜다. 또한 감지기는 기능에 따라 충돌 감지기와 에너지 감지기로 나눌 수 있다. 충돌 감지기는 단순히 방사성 입자의 존재를 감지하고 에너지 감지기는 방사 에너지를 측정한다. 즉 모든 검출기는 정량적이거나 정성적이다.

16.1 섬광 검출기

섬광 검출기scintillating detectors는 특정 물질이 핵 방사선을 빛으로 변환하는 원리를 이용한다. 따라서 섬광 물질과 결합된 광학적 광자 검출기로 방사선 검출기를 만들 수 있다. 그러나 변환 효율이 높음에도 불구하고 복사로 인한 광 강도는 극히 작다. 따라서 작은 신호를 감지 가능한 수준으로 확대하기 위해 광전자 증배기photomultipliers가 필요하다.

이상적인 섬광 재료는 다음과 같은 특성을 가져야 한다.

1. 하전 입자의 운동 에너지를 고효율로 검출 가능한 빛으로 변환해야 한다.
2. 변환은 선형이어야 한다. 즉 생성된 빛은 넓은 범위에 걸쳐 입력 에너지에 비례해야 한다.
3. 빠른 감지를 위해 후 발광(광 감쇠 시간)이 짧아야 한다.
4. 광전자 증배관에 빛이 효율적으로 광결합할 수 있도록 재료의 굴절률이 유리 굴절률과 비슷해야 한다.

가장 널리 사용되는 섬광 재료로는 무기 알칼리 할로겐화물 결정(특히 요오드 나트륨)과 유기물 기반 액체 및 플라스틱이 있다. 무기물은 민감하지만 느리고 유기물은 빠르지만 빛을 덜 생성한다.

섬광 계수기는 상대적으로 낮은 에너지 분해능을 갖는 것이 주요 한계점이다. 감지까지의 과정에는 비효율적인 부분이 많다. 따라서 하나의 정보 캐리어(광전자)를 생성하는 데 필요한 에너지는 약 1,000 eV 이상이며 복사 상호 작용에서 생성되는 캐리어 수는 일반적으로 수천 개를 넘지 않는다. 예를 들어 나트륨 요오드 섬광체의 에너지 분해능은 0.662 MeV의 γ선을 감지할 때 약 6 %로 제한되며 주로 광전자 수의 통계적인 변동statistical fluctuations에 의해 결정된다. 에너지 분해능에 대한 통계적 한계를 극복하는 유일한 방법은 펄스당 정보 캐리어 수를 늘리는 것이다. 이는 아래에 설명된 반도체 검출기를 사용하면 된다.

섬광 센서의 단순화된 배열은 광전자 증배기와 함께 [그림 16-1]에 나와 있다.

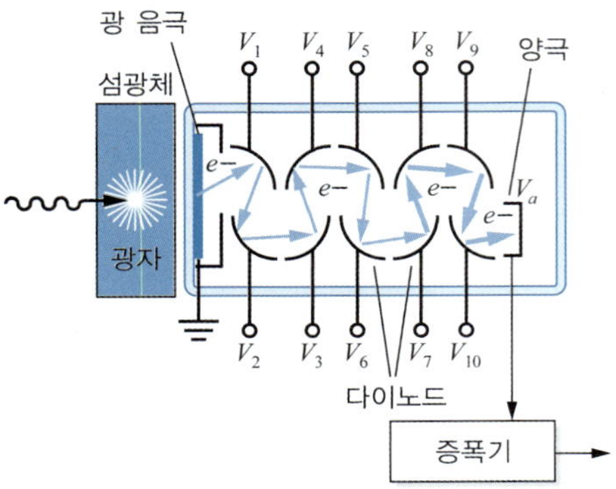

(a)

(b)

그림 16-1 광전자 증배관이 있는 섬광 검출기

섬광체는 광전자 증배관PhotoMultiplier, PM의 앞쪽 끝에 부착된다. 앞쪽에는 접지 전위로 유지되는 광 음극이 포함되어 있다. PM 튜브 내부에는 베네시안 블라인드venetian blind 모양을 연상시키면서 교대로 배치된 **다이노드**dynodes라고 하는 다수의 특수판이 있다. 각 다이노드는 광 음극으로부터 다이노드가 멀수록 양의 전위가 높아지는 방식으로 양전압 소스에 연결된다. 튜브의 마지막 구성 요소는 양극으로 가장 높은 양의 전위를 가지며 때로는 수천 볼트 정도에 달한다. PM의 모든 구성 요소는 유리 진공관으로 둘러싸여 있으며 여기에는 초점 전극, 실드shields 등과 같은 추가 요소가 포함된다.

PM을 광전자 증배기라고 하지만 실제로는 광자가 없어 전자 증배기라고 할 수 있다. 작동 중에는 PM 튜브 내부에 전자만 있다. 설명을 위해 γ선 입자의 운동 에너지가 $0.5\,\text{MeV}$라고 가정한다. γ선이 섬광 결정에 부딪히면 수많은 광자가 생성된다. 탈륨으로 활성화된 요오드 나트륨에서 섬광 효율은 약 13%이므로 총 $0.5 \times 0.13 = 0.065\,\text{MeV}$ 또는 $65\,\text{KeV}$의 에너지가 평균 에너지 $4\,\text{eV}$의 가시광선으로 변환된다. 따라서 감마 펄스당 약 15,000개의 섬광 광자가 생성된다. 이는 일반 광 검출기로 감지하기에는 너무 적은 숫자이므로 실제 감지가 발생하기 전에는 곱셈 효과가 필요하다. 약 15,000개의 광자 중 약 10,000개가 광 음극(광 캐소드)에 도달하며 양자 효율은 약 20%이다. 광 음극은 입사광 광자를 저에너지 전자로 변환하는 역할을 한다. 따라서 광 음극은 펄스당 약 2,000개의 전자를 생성하며 그 숫자는 PM에 곱해진다. 여기서 PM 튜브는 선형 장치이다. 즉 이득은 곱한 전자의 수와 거의 무관하다.

모든 다이노드는 양의 전위($V_1 \sim V_{10}$)에 있으며 광 음극에서 방출된 전자는 첫 번째 다이노드로 끌려가고 표면에 충격을 가했을 때 매우 낮은 에너지 전자 몇 개를 방출한다. 따라서 곱셈 효과는 다이노드에서 발생한다. 이러한 전자는 첫 번째 다이노드에서 두 번째 다이노드로 정전기장에 의해 쉽게 이동한다. 또한 두 번째 다이노드를 공격하고 세 번째 다이노드로 이동하는 데 더 많은 전자를 생성한다. 이 과정에서 사용할 수 있는 전자 수가 증가한다. 이를 **눈사태 효과**avalanche effect라고 한다. PM 튜브의 전체적인 증폭 능력은 약 10^6이다. 결과적으로 약 2×10^9개의 전자가 전류를 생성하기 위해 고전압 양극(V_a)에 존재한다. 이는 양자 상으로 쉽게 처리할 수 있는 매우 강한 전류이다.

PM 튜브의 이득은 다음과 같이 정의된다.

$$G = \alpha\delta^N \qquad (16.3)$$

여기서 N은 다이노드의 수, α는 PM 튜브에 의해 수집된 전자의 비율이다. δ는 다이노드 물질의 효율성, 즉 충격 시 방출되는 전자의 수인데 고효율 다이노드의 경우 5에서 55 범위이다. 이득은 인가된 고전압에 민감하다. 왜냐하면 δ가 다이노드 간 전압에 대해 거의 선형함수이기 때문이다.

광전자 증배기의 최신 설계는 **채널 광전자 증배기**Channel PhotoMultiplier, CPM라고 한다. 이는 고전적인 광전자 증배기 PM에서 진화했다. 최신 CPM 기술은 단점을 피하면서 기존 PM의 장점은 보존한다. [그림 16-2(a)]는 보호용 면판에 있는 광 음극, 구부러진 채널 증폭 구조, 양극을 보여준다.

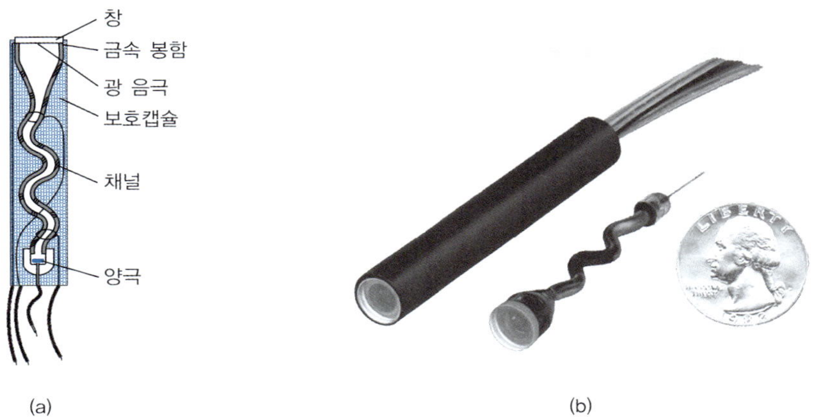

그림 16-2 (a) 채널 광전자 증배기 단면 (b) 캡슐화된 채널 광전자 증배기(왼쪽), 캡슐화가 되지 않은 채널 광전자 증배기(오른쪽)(출처: PerkinElmer, Inc.)

[그림 16-1]의 PM에서와 같이 CPM의 광자는 광 음극 내부에서 광전자로 변환되고 전기장에 의해 진공에서 양극으로 가속된다. 복잡한 다이노드 구조 대신 전자가 통과하는 구부러진 얇은 반도체 채널이 있다. 전자가 채널 벽에 부딪힐 때마다 2차 전자가 표면에서 방출된다. 그리고 충돌할 때마다 2차 전자가 증가하여 눈사태 효과가 발생한다. 결과적으로 10^9 이상의 전자 증폭 능력을 얻으며 생성된 전류는 양극에서 읽을 수 있다. CPM 감지기는 캡슐 재료로 보호되어 있으면서 깨지기 쉬운 PM에 비해 매우 견고하다. 또한 자기장에 의한 교란은 무시할 정도로 작다.

[그림 16-2(b)]는 CPM의 이미지를 보여준다. CPM 기술은 배경소음이 매우 낮은 것이 중요한 장점이다. **배경소음**background noise은 입사광이 없을 때 측정된 출력신호를 나타낸다. 고전적인 PM에서 다이노드 구조에서 발생하는 배경소음은 전체 배경소음에서 무시할 수 없을 정도이다. 반면에 CPM의 유일하고 의미 있는 배경소음원은 광 음극의 열 방출에서 생성된다. CPM은 모놀리식(하나로 집적된) 반도체 채널 구조로 제조되기 때문에 절연 유리 전구가 있는 기존 PM에서 생기는 전하 축적 효과가 발생하지 않을 수 있다. 따라서 매우 안정적인 배경 조건을 가지며 갑작스러운 파열 신호bursts가 발생하지 않는다. 또한 다이노드 잡음이 없어 광전자에서 생성된 이벤트와 전자 잡음을 매우 깔끔하게 분리할 수 있다. 결국 시간에 대한 신호의 안전성은 높아지게 된다.

16.2 이온화 검출기

이온화 검출기ionizaion detectors는 이온화 방사선에 반응하여 이온쌍을 생성하는 일부 기체 및 고체 물질에 의존한다. 이후에는 정전기장에서 양이온과 음이온을 분리하여 측정할 수 있다. 이온화는 원자가 고속으로 지나갈 때 하전된 입자가 충분한 전자기력을 생성하고 그 결과 전자가 분리되어 이온을 생성하기 때문에 발생한다. 특히 동일한 입자는 에너지가 소모되기 전에 여러 이온쌍을 생성한다. 중성자와 같이 하전되지 않은 입자는 핵과 충돌할 때 이온쌍을 생성할 수 있다.

16.2.1 이온화 챔버

이온화 챔버는 방사선 검출기 중에서도 가장 오래되고 널리 사용된다. 이온화된 입자는 지나가는 경로를 따라 가스 분자의 이온화 및 여기를 유발한다. 입자는 이온화 과정이 일어나도록 가스 분자의 이온화 에너지와 동일한 양의 에너지를 전달해야 한다. 방사선 검출과 관련이 있는 가스 중 가장 촘촘하게 결합된 전자껍질의 이온화 에너지는 10 ~ 20 eV 이다.[2] 그러나 입사 입자가 이온을 생성하지 않는 가스 내에서 에너지를 잃을 수도 있다. 예를 들어 가스 전자를 제거하지 않더라도 더 높은 에너지 수준으로 이동할 수 있다. 이 경우 이온쌍당 입자에 의해 손실되는 평균 에너지(W값)는 항상 이온화 에너지보다 크다. W값은 가스, 방사선 유형 및 에너지에 따라 다르다([표 16-1] 참조).

표 16-1 서로 다른 가스에 대한 W값[2]

가스	W값(eV/이온쌍) 고속 전자	알파(Alphas)
A	27.0	25.9
He	32.5	31.7
N_2	35.8	36.0
Air	35.0	35.2
CH_4	30.2	29.0

전기장이 존재한다는 가정 하에 이온과 전자로 대표되는 양전하와 음전하의 흐름(드리프트)이 전류를 구성한다. 주어진 부피의 가스에서 이온쌍의 형성 속도는 일정하다. 소량의 가스에 대해 이온쌍 형성 속도는 재결합 또는 가스로부터의 확산 및 이동을 통해 가스에서 이온쌍이 손실되는 속도와 균형을 이룬다. 만약 재결합이 무시할 수 있고 모든 전하가 효과적으로 수집된다고 가정하면 정상 상태의 전류가 생성되고 이온쌍 형성 속도를 정확하게 측정할 수 있다. [그림 16-3(a)]는 이온화 챔버의 기본 구조와 전류/전압 특성을 보여준다. 전기장을 생성하는 전극 사이에는 대량의 가스가 둘러싸여 있다. 전류계는 전압원 E 및 전극과 직렬로 연결된다. 비이온화 조건에서는 전기전도 및 전류가 없다. 들어오는 방사선은 가스에서 양이온과 음이온을 생성하며 이는 전기장에 의해 전류를 형성하는 해당 전극에 이끌린다.

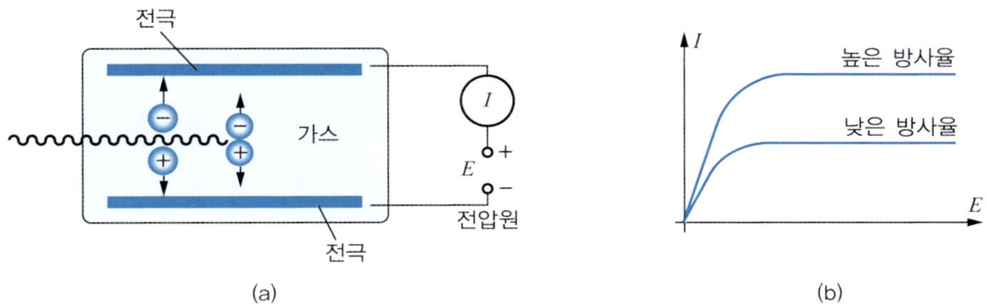

그림 16-3 (a) 이온화 챔버의 단순 개략도 (b) 전류 대 전압 특성

챔버의 전류 대 전압 특성은 [그림 16-3(b)]에 나와 있다. 상대적으로 낮은 전압에서 이온 재결합 속도는 강하고 출력전류는 인가된 전압에 비례한다. 전압이 높으면 재결합된 이온의 수는 줄어든다. 강한 전압은 사용 가능한 모든 이온을 전극으로 끌어당김으로써 모든 재결합을 완전히 억제하고 전류는 전압에 독립적으로 된다. 물론 이 과정은 방사선 조사 강도에 따라 다르다. 이온화 챔버는 **포화** saturation 영역에서 정상적으로 작동한다.

16.2.2 비례 챔버

비례 챔버proportional chambers는 가스의 양에 비례하여 펄스 모드에서 작동하는 가스 충전 감지기의 유형 중 하나이다. 이러한 챔버를 비례 카운터counter라고도 부른다. 가스가 증가하면 출력 펄스는 기존 이온 챔버보다 훨씬 더 강하다. 이 카운터는 일반적으로 저에너지 X선의 검출, 분광학, 그리고 중성자 검출에 사용된다. 이온화 챔버와 달리 비례 카운터는 더 높은 전기장에서 작동하여 충돌 중에 방출되는 전자를 크게 가속할 수 있다. 이 전자가 충분한 에너지를 얻으면 중성 가스 분자를 이온화하여 추가 이온쌍을 생성한다. 이 과정은 눈사태 유형으로서 전극 전류가 매우 증가하며, 이른바 **타운센드 눈사태**Townsend avalanche라고 한다. 비례 카운터에서 전자가 양극과 충돌하면 눈사태는 종료된다. 비례 카운터에서 전자는 가스 이온화 수준에 도달해야 하므로 눈사태 프로세스가 발생하는 임계전압이 있다. 대기압의 일반적인 가스에서 임계 전기장의 수준은 약 $10^6\,\mathrm{V/m}$이다.

다양한 가스 카운터 간의 차이점은 [그림 16-4]에 나와 있다.

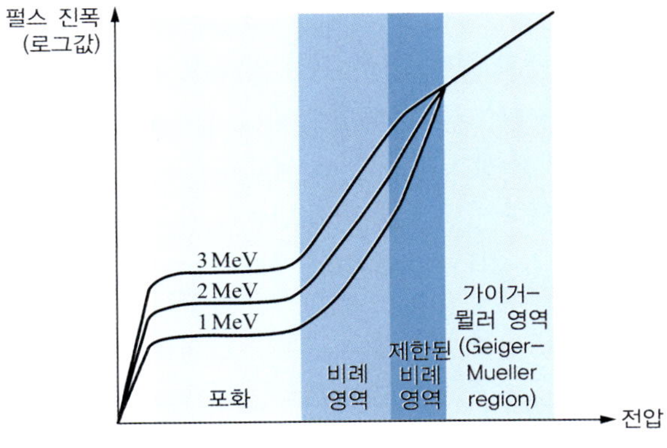

그림 16-4 가스가 채워진 감지기를 위한 다양한 동작 전압[2]

전압이 매우 낮을 때 전기장은 이온쌍의 재결합을 방지하기에 충분하지 않다. 포화 영역에서 모든 이온은 전극으로 드리프트되고 전압이 더 증가하게 되면 가스는 증가한다. 전기장의 일부 영역에 걸쳐 가스가 증가하는 것은 선형이며 수집된 전하는 이온화 충돌 동안 생성된 원래 이온쌍의 수에 비례한다. 인가전압이 더 증가하면 속도가 느려지므로 양이온과 관련된 비선형 효과가 발생할 수 있다.

16.2.3 가이거-뮐러(GM) 카운터

가이거-뮐러 카운터Geiger-Müller counter는 1928년에 발명되었으며[2] 단순성, 저렴한 비용, 작동 용이성으로 인해 아직까지 사용되고 있다. GM 카운터는 인가전압이 훨씬 더 높기 때문에 다른 이온 챔버와는 다르다([그림 16-4] 참조). GM 작동 영역에서 출력 펄스 진폭은 전리 방사선의 에너지에 의존하지 않으며 인가된 전압의 함수이다. GM 카운터는 일반적으로 중앙에 양극 와이어가 있는 튜브 형태로 제작된다([그림 16-5(a)] 참조). 튜브는 헬륨이나 아르곤과 같은 희소 가스로 채워져 있다. 2차 성분은 일반적으로 **퀜칭**(quenching, 담금질)을 목적으로 가스에 추가되며 이는 탐지 후 카운터가 재트리거 되는 것을 방지한다. 재트리거로 인해 원하는 펄스 대신 여러 펄스가 발생할 수 있다. 퀜칭 방법으로는 튜브에 가해지는 고전압의 단시간 감소, 양극과 직렬로 연결된 고 임피던스 저항기 사용, 5 ~ 10% 농도의 담금질 가스 추가 등이 있다. 수많은 유기 분자는 급랭 가스 역할을 한다. 그중에서도 에틸알코올과 에틸포름산이 가장 유용한 것으로 알려져 있다.

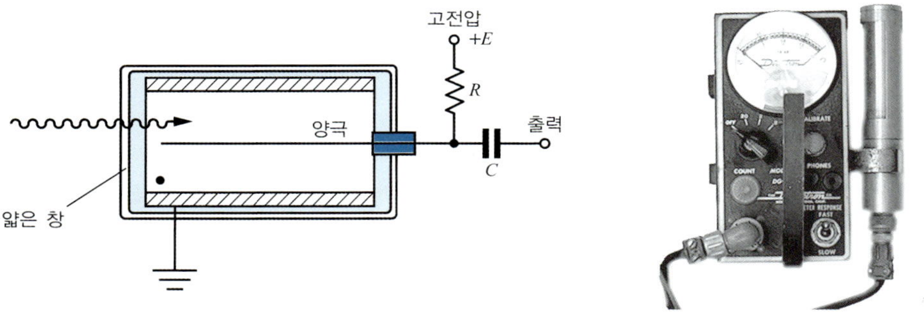

(a) (b)

그림 16-5 (a) 가이거-뮐러(GM) 카운터의 개념적 회로로 원형 점 기호는 가스를 나타낸다. (b) 고전적인 GM 카운터

하나의 원 전자에 의해 생성되는 눈사태로 인해 2차 이온이 생성된다. 그 외에도 많은 여기 가스 분자가 형성된다. 이렇게 여기된 분자는 몇 나노초 내에 UV 광자 형태로 에너지를 방출하여 원래 상태로 돌아간다. 이 광자는 GM 카운터에서 발생하는 연쇄 반응에서 중요한 역할을 한다. UV 광자 중 하나가 가스의 다른 영역 또는 음극 표면에서 광전 흡수에 의해 상호 작용할 때 새로운 전자가 방출되어 양극으로 이동할 수 있으며 또 다른 눈사태를 유발한다. 가이거 방전 중 연쇄 반응이 급속히 전파되면서 튜브 전체에 걸쳐 임의의 방사형 및 축 방향에서 많은 눈사태가 발생한다. 따라서 2차 이온은 양극

2 가이거-뮐러 카운터는 독일 물리학자였다. 그는 GM 카운터의 공동 발명가이자 원자핵을 발견한 가이거-마르스덴 실험의 공동 발명자로 잘 알려져 있다. 그는 전직 동료들을 주저 없이 배신한 충성스러운 나치였다. 발터 뮐러(Walther Muller)는 가이거(Geiger)의 학생이자 GM 카운터용 튜브를 생산하는 미국 회사의 설립자였다.

와이어를 둘러싸는 원통형 증폭 영역 전체에 형성된다. 또한 방전은 1차 시작 이벤트가 발생한 위치와 관계없이 전체 양극 와이어를 감싸도록 증가한다.

그러나 가이거 방전이 일정 수준에 도달하면 모든 개별 눈사태의 집단 효과가 작용하여 궁극적으로 연쇄 반응을 종료한다. 이 지점은 시작 입자의 에너지가 아니라 눈사태의 수에 따라 다르다. 따라서 GM 전류 펄스는 항상 동일한 진폭을 가지며, GM 카운터는 단지 방사선의 유무만 판단할 수 있다. 왜냐하면 이온화 에너지에 대한 모든 정보가 손실되기 때문이다.

GM 카운터에서 충분한 에너지의 단일 입자는 약 $10^9 \sim 10^{10}$개의 이온쌍을 생성한다. 이때 GM 카운터의 가스 내에 형성된 단일 이온쌍이 전체 가이거 방전을 유발할 수 있어 튜브로 들어가는 하전 입자에 대한 계수 효율성은 100 %이다. 그러나 GM 카운터는 계수의 효율성이 매우 낮아 중성자를 계수하는 데 거의 사용되지 않는다. γ선에 대한 GM 카운터의 효율성은 높은 임피던스 물질의 음극 벽으로 구성된 튜브에서 더 높다. 예를 들어 비스무트($Z = 83$) 음극은 크세논 및 크립톤과 같이 원자 번호가 높은 가스와 함께 감마선 검출에 널리 사용되어 약 10 keV 미만의 광자 에너지에 대해 최대 100 %의 계수 효율성을 가진다.

GM 카운터의 개선된 형태는 그리드로 배열된 많은 병렬 와이어를 포함하는 와이어 챔버^wire chamber^이다. 금속 케이스가 접지 전위에 있는 와이어에 고전압이 인가된다. GM 카운터에서와 같이 입자는 이온과 전자의 흔적을 남기며 각각 케이스 또는 가장 가까운 와이어로 이동한다. 전류 펄스가 있는 전선을 표시함으로써 입자의 경로를 볼 수 있다.

16.2.4 반도체 검출기

최고의 에너지 분해능을 가진 현대 방사선 검출기를 얻기 위해서는 주어진 입사 방사선에 대해 수많은 캐리어를 발생시키는 반도체 재료를 사용해야 한다. 이러한 물질에서 기본 정보 전달자는 하전 입자가 검출기를 통과하는 경로를 따라 생성된 **전자 – 정공 쌍**^electron–hole pairs^이다. 하전 입자는 1차 방사선 또는 2차 입자일 수 있다. 전자 – 정공 쌍은 가스가 채워진 감지기에서 생성된 이온쌍과 유사하다. 반도체 재료에 외부 전기장을 가하면 생성된 캐리어가 측정 가능한 전류를 형성한다. 이 원리로 작동하는 검출기를 고체 또는 반도체 다이오드 검출기라고 한다. 이러한 방사선 검출기의 작동 원리는 반도체 광 검출기의 작동 원리와 동일하다. 이 원리는 전자가 에너지를 얻거나 잃을 때 한 에너지 수준에서 다른 에너지 수준으로 전이되는 현상에 기반한다. 고체 에너지의 밴드 구조를 살펴보려면 15.1절을 참조하라.

하전 입자가 [그림 15-1]에 표시된 밴드 구조를 가진 반도체를 통과할 때 중요한 현상은 입자의 궤도를 따라 많은 전자 – 정공 쌍이 생성되는 것이다. 이 생성과정은 직접적이거나 간접적일 수 있는데 입자가 고에너지 전자(Δ선)를 생성하면 결과적으로 더 많은 전자 – 정공 쌍을 생성하면서 에너지를 잃게 된다. 관련된 실제 메커니즘에 관계없이 중요한 것은 1차 하전 입자가 소비하는 평균 에너지가 하나의 전자 – 정공 쌍을 생성한다는 것이다. 이 양을 종종 **이온화 에너지**^ionization energy^라고 한다. 반도체 검출기는 이온화 에너지가 적은 것이 가장 큰 장점이다. 실리콘 또는 게르마늄의 이온화 에너지

값은 약 3 eV 인데 일반적인 가스 충전 감지기에서 이온쌍을 생성하는 데 필요한 30 eV 에 비해 현저히 적다. 따라서 측정된 방사선 에너지에 대해 고체 검출기의 전하 캐리어 수는 약 10배 더 크다.

고체 검출기를 제작하려면 반도체 재료에 적어도 두 개의 접촉 단자를 형성해야 한다. 감지를 위해 접촉 단자는 캐리어 이동을 가능하게 하는 전압원에 연결된다. 그러나 균질한 게르마늄 또는 실리콘을 사용하는 것은 현실적으로 어렵다. 왜냐하면 재료가 상대적으로 낮은 저항률(실리콘의 경우 50 kΩ cm)을 가져 과도한 누설전류가 발생하기 때문이다. 이러한 검출기의 단자에 외부 전압을 가하면 미세 복사 유도 전류보다 3 ~ 5배 큰 전류가 발생한다. 따라서 검출기는 누설전류를 극적으로 줄이기 위해 역방향 바이어스되는 차단 접합으로 제작된다. 검출기의 양극(접합부의 p측)이 전원의 양극에 연결되고 음극(접합부의 n측)이 전원의 음극에 연결되면 전도율이 높은 순방향 **반도체 다이오드**semiconductor diode가 된다. 다이오드는 연결이 반전될 때 전도율이 매우 낮으므로(저항률이 매우 높음) **역방향 바이어스**reverse biasing라고 불린다. 만약 역방향 바이어스 전압을 제조업체가 지정한 한계를 초과해 인가하면 역방향 누설전류가 급격히 증가해 파괴 효과breakdown effect 탐지 특성이 저하되거나 장치가 파괴될 수도 있다.

현재 실리콘 다이오드는 여러 형태로 생산되고 있다. 예를 들어 확산 접합 다이오드, 표면 장벽 다이오드, 이온 주입 검출기, 에피택시epitaxial 검출기 등이 있다. 확산 접합 및 표면 장벽 검출기는 α 입자 및 기타 단거리 방사선 검출을 위한 광범위한 응용 분야에 이용된다. 좋은 고체 방사선 검출기는 다음과 같은 특성을 가져야 한다.

1. 우수한 전하 수송
2. 입사 복사 에너지와 전자-정공 쌍 수 간의 선형성
3. 자유 전하 없음(낮은 누설전류)
4. 방사선 단위당 최대 수의 전자-정공 쌍 생성
5. 높은 탐지 효율성
6. 빠른 응답 속도
7. 큰 수집 영역
8. 저렴한 비용

반도체 검출기를 사용할 때는 몇 가지 요소를 중요하게 고려해야 한다. 예를 들어 검출기의 불감대층dead band layer과 방사선 손상이 있다. 무거운 하전 입자 또는 약하게 투과하는 방사선이 검출기에 들어가면 입자가 반도체의 활성 부피에 도달하기 전에 상당한 에너지 손실이 발생한다. 이 에너지는 금속 전극과 전극 바로 아래의 상대적으로 두꺼운 실리콘 본체에서 손실된다. 정확한 보정이 필요한 경우 이 두께는 사용자가 직접 측정해야 한다. 가장 간단하고 자주 사용되는 기술은 단일 에너지 하전 입자 복사의 입사각을 변경하는 것이다.[2]

입사각이 0(즉 검출기 표면에 수직)인 경우 불감층의 에너지 손실은 다음과 같이 계산된다.

$$\Delta E_o = \frac{\mathrm{d}E_o}{\mathrm{d}x}t \tag{16.4}$$

여기서 t는 불감층dead layer의 두께이다. 입사각 Θ에 대한 에너지 손실은 다음과 같다.

$$\Delta E(\theta) = \frac{\Delta E_0}{\cos\Theta} \qquad (16.5)$$

결과적으로 0과 Θ의 입사각에 대해 측정된 펄스 높이의 차이는 다음과 같다.

$$E' = [E_0 - \Delta E_0] - [E_0 - \Delta E(\Theta)] = \Delta E_0\left(\frac{1}{\cos\Theta} - 1\right) \qquad (16.6)$$

입사각이 변하면서 일련의 측정이 이루어지면 $(1/\cos\Theta) - 1)$ 함수인 E' 그래프의 기울기가 ΔE_0인 직선이 된다. dE_0/dx에 대한 표 형식 데이터를 사용하면 불감층의 두께는 식 (16.4)로부터 계산할 수 있다.

검출기를 과도하게 사용하면 결정을 통과할 때 측정되는 방사선의 파괴 효과로 인해 결정 구조 격자에 약간의 손상을 입힐 수 있다. 이 효과는 가벼운 이온화 방사선(β 입자 또는 γ선)에 대해 상대적으로 미미하지만, 무거운 입자에 대한 일반적인 사용 조건에서는 상당히 심각해질 수 있다. 예를 들어 실리콘 표면 장벽 검출기를 핵융합 파편에 장시간 노출하면 누설전류가 증가하고 검출기의 에너지 분해능에 상당한 손실이 발생한다. 극심한 방사선 손상으로 인해 단일 에너지 입자에 대해 기록된 펄스 높이 스펙트럼에는 여러 피크peak가 나타난다.

앞에서 언급한 확산 접합 다이오드diffused junction diodes 및 표면 장벽 다이오드surface barrier diodes는 투과 방사선 감지에 적합하지 않다. 센서는 얇은 활성 부피를 가져야 하며 2 ~ 3 mm를 초과할 수 없다. 이 두께는 감마선 분광법의 경우 충분하지 않다. 더 많은 투과 방사선에 대한 탐지기를 만들기 위해서는 **이온 – 드리프팅**ion-drifting 방법이 있다. 이 접근법은 적절한 수의 도너 불순물로 두꺼운 영역을 만드는 것인데 물질에 p 또는 n 속성을 추가하여 구현할 수 있다. 이상적인 조건에서 불순물이 완벽하게 균형을 이룰 때 벌크 재료는 p 또는 n 속성이 없는 순수한(진성) 반도체와 유사하다. 그러나 실제로 완벽한 pn 균형은 달성할 수 없다. 실리콘Si 또는 게르마늄Ge에서 순도가 가장 높은 순수 물질은 p형인 경향이 있다. 원하는 보상compensation을 달성하려면 도너 원자를 추가해야 한다. 가장 실용적인 도너(donor, 보상 기부자)는 리튬Li이다. 제조 공정은 리튬 도너가 원래 수용체보다 훨씬 많도록 p 결정을 통한 리튬 확산을 이용하는데 이를 통해 노출된 표면 근처에 n 유형 영역이 만들어진다. 그 후 온도를 상승시키고 접합은 역 바이어스시킨다. 이로 인해 원래 불순물을 완벽하게 보상하기 위해서는 리튬 도너가 p형으로 천천히 이동한다. 이 과정은 몇 주 정도 걸릴 수 있다. 균형을 유지하려면 검출기를 저온(게르마늄 검출기의 경우 77K)으로 유지해야 한다.

실리콘은 이온 이동도가 매우 낮아 감지기를 실온에서 보관하고 작동할 수 있다. 그러나 게르마늄($Z = 32$)에 비해 실리콘의 원자 번호($Z = 14$)가 낮다는 것은 감마선 검출을 위한 실리콘의 효율성이 매우 낮다는 것을 의미하므로 일반적인 감마선 분광법에는 널리 사용되지 않는다.

리튬 드리프트 검출기의 단순화된 개략도가 [그림 16-6(a)]에 나와 있다. 이는 진성intrinsic 결정이 중간에 있는 세 영역으로 구성된다. 더 큰 활성 부피의 검출기를 만들기 위해 실린더 형태로 형성할 수 있다([그림 16-6(b)] 참조). 게르마늄 활성 부피는 최대 150 cm^3로 구현할 수 있으며 게르마늄 리튬 – 드리프트 검출기는 Ge(Li) 검출기로 명명된다.

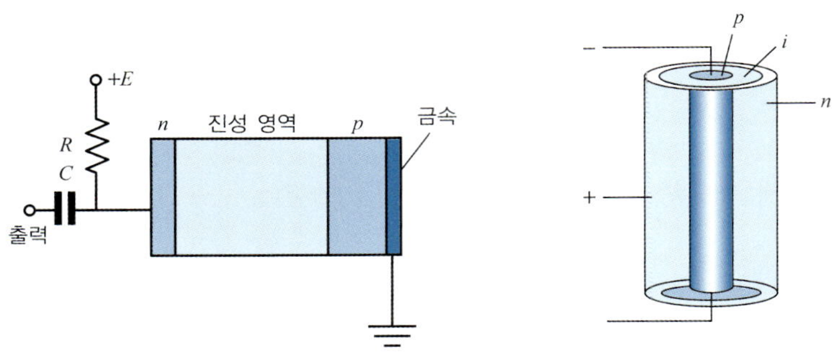

그림 16-6 (a) 리튬-드리프트 핀 접합 검출기의 구조 (b) 검출기의 동축 구성

실리콘 및 게르마늄 검출기는 광범위하게 이용되지만 특정 관점에서 볼 때 이상적이지는 않다. 예를 들어 게르마늄은 열적으로 생성된 누설전류를 줄이기 의해 항상 극저온에서 작동해야 하고 실리콘은 감마선을 감지하는 데 효율적이지 않다. 실온에서 방사선을 감지하는 데 매우 유용한 반도체로는 카드뮴 텔루라이드CdTe, 수은 요오드, 갈륨 비소GaAs, 비스무트 삼황화물Bi_2S_3 및 갈륨 셀레나이드가 있다. 또한 방사선 검출기에 유용한 일부 반도체 물질의 특성은 [표 16-2]에 나와 있다.

표 16-2 일부 반도체 물질의 감지 특성[2]

물질	원자번호 (Z)	밴드 갭 (eV)	전자-정공 쌍당 에너지(eV)
실리콘(Si)	14	1.12	3.61
게르마늄(Ge)	32	0.74	2.98
카드뮴 텔루라이드(CdTe)	48~52	1.47	4.43
요오드화수은II(HgI_2)	80~53	2.13	6.5
갈륨 비소(GaAs)	31~33	1.43	4.2

가장 인기 있는 물질은 아마도 상대적으로 높은 원자번호($Z = 48 \sim 52$)와 실온 작동을 위해 충분한 밴드 갭 에너지(1.47 eV)를 가진 카드뮴 텔루라이드CdTe일 것이다. 고순도 결정의 CdTe를 성장하여 고유 검출기를 제작할 수 있다. 대안으로 과잉 억셉터를 보상하고 진성에 가까운 재료를 만들기 위해 염소(Cl) 도핑을 사용하기도 한다. 시중에서 판매되는 CdTe 검출기는 지름이 1 ~ 50 mm 이며 잡음이 과도하게 증가하지 않고 최대 50 ℃ 까지의 온도에서 일상적으로 작동한다. 따라서 CdTe 검출기에는 순수 진성 유형과 도핑 유형이 있다. 순수 진성 유형은 최대 10^{10} Ωcm 의 높은 체적 저항률을 가지고 있다. 그러나 에너지 해상도는 그다지 크지 않다. 반면에 도핑 유형은 더 나은 에너지 분해능을 가지고 있다. 그러나 낮은 저항(10^8 Ωcm)은 더 높은 누설전류로 이어진다. 게다가 이러한 검출기는 성능을 현저히 저하시킬 수 있는 편광에 취약하다.

고체 검출기도 가스 충전 검출기와 같이 증폭 효과를 얻을 수 있다. 비례 감지기의 유사한 형태는 **눈사태 감지기**avalanche detector라고도 불리는 데 이는 저에너지 방사선 모니터링에 유용하게 사용된다. 이러한 검출기의 이득은 일반적으로 수백 정도이다. 이는 반도체 내부에 높은 수준의 전기장을 생성함으로써 얻을 수 있다.

16.3 안개상자와 거품상자

윌슨 챔버Wilson chamber[3]로 알려진 안개상자는 이온화 방사선 입자를 검출하는 데 사용된다. 가장 기본적인 형태의 안개상자는 응축 지점에 있는 과냉각, 과포화물 또는 알코올(예 : 메틸화 증류주) 증기에 담긴 밀폐된 환경이다. 알파 입자 또는 베타 입자가 혼합물과 상호 작용하면 이온화된다. 생성된 이온은 응축 핵condensation nuclei으로 작용하여 그 주위에 안개가 형성된다. 즉 증기는 입자가 통과하여 방해 받거나 이온화될 때 물방울로 응축된다. 하전 입자의 경로를 따라 많은 이온이 생성되기 때문에 입자 경로를 따라 흔적이 남는다. 이 경로는 독특한 모양을 가지고 있다. 예를 들어 알파 입자의 경로는 넓고 직선이지만, 전자는 더 얇고 변형이 많이 일어나며 촬영 후 분석된다. 수직 자기장을 적용하면 양전하와 음전하를 띤 입자가 반대 방향으로 구부러진다. 안개상자에는 여러 종류가 있다. 팽창 안개상자expansion cloud chambers는 진공 펌프를 사용하여 경로가 형성되는 조건을 생성하지만, 확산 유형diffusion type은 고체 드라이아이스CO_2를 사용하여 챔버 바닥을 냉각하고 온도 기울기를 만들어 경로가 지속적으로 볼 수 있다.

거품상자[4]는 증기 대신 액체가 사용된다는 점을 제외하고는 안개상자와 유사하다. 흥미롭게도 샴페인이나 맥주 한 잔은 주변 환경과 우주 공간에서 나오는 이온화 방사선에 의해 작은 거품 형성되는 일종의 거품 챔버이다. 물리적 실험을 위해 거품상자는 액체 수소와 같은 더 산발적이고 훨씬 더 차가운 액체로 채워지고 그 액체를 통해 이동하는 전기 하전 입자를 감지한다.

거품상자는 일반적으로 [그림 16-7(a)]에 표시된 큰 실린더를 끓는점 바로 직전까지 가열된 액체 수소로 채워 만든다. 입자가 챔버로 들어가면 피스톤이 급격히 압력을 낮추어 액체는 과열되고 준안정상태metastable phase로 들어간다. 하전 입자는 액체가 기화하여 미세한 거품을 형성하는 이온화 경로를 생성한다. 경로 주변의 기포 밀도는 입자의 에너지 손실에 비례한다.

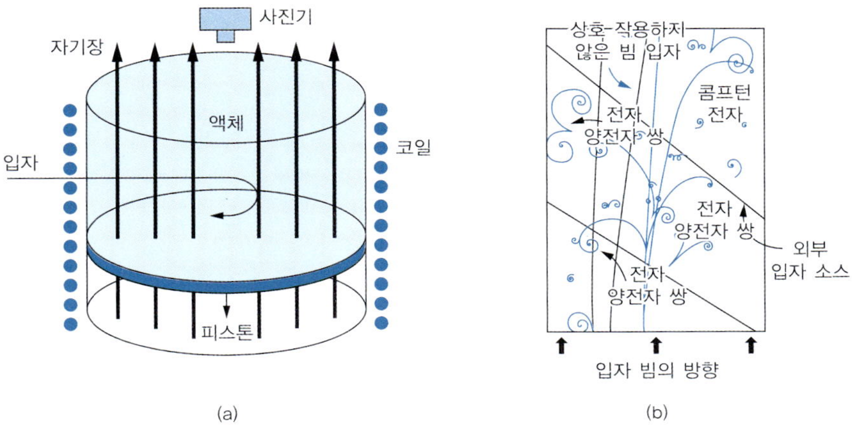

그림 16-7 (a) 거품상자 (b) 이온화 경로[3]

---

3 안개상자는 스코틀랜드의 물리학자 톰슨 리스 윌슨(Charles Thomas Rees Wilson)이 발명했다.

4 거품상자는 1952년 도널드 글레이저(Donald A. Glaser)가 발명했으며 1960년에 노벨 물리학상을 수상했다.

챔버가 확장되면 기포는 눈으로 보거나 사진을 찍을 수 있을 만큼 커진다. 이때 주변에 여러 대의 카메라가 장착되어 3차원 이미지를 캡처할 수 있으며 해상도가 수 마이크로미터 이하인 거품상자까지 개발되었다. 일정한 자기장이 전자석에 의해 챔버 주변에 형성되고 하전 입자가 전하 대 질량 비율에 의해 반지름이 결정되는 나선형 경로로 이동한다([그림 16-7(b)] 참조). 거품상자는 과거에는 매우 성공적이었지만 여러 이유로 현재는 초 고에너지 실험에서만 제한적으로 사용된다. 여기서 문제는 정확한 충돌 순간에 과열 상태가 되어야 한다는 것이다. 이는 수명이 짧은 입자를 탐지하는 것을 복잡하게 만든다. 또한 거품상자는 고에너지 충돌을 분석할 만큼 크지 않으며 모든 제품이 감지기 내부에 포함되어야 한다.

CHAPTER

17

온도 센서

Temperature Sensors

CONTENTS

인류는 선사시대부터 열을 알고 온도를 측정함으로써 그 강도를 평가하려고 했다. 아마도 가장 간단하면서도 확실한 온도 감지(감지)의 물리적 현상은 열팽창일 것이다. 이것은 유리 속 액체 온도계에 기반한다. 전기 변환의 경우 다양한 감지 방법이 사용되는데 그중에는 저항, 열전, 반도체, 광학, 음향, 압전 감지기가 있다. 온도를 측정하기 위해 센서는 물체에 열적으로 결합(커플링)되어야 한다. 센서와 물체가 물리적으로 접촉하거나 혹은 서로 떨어져 있을 수도 있지만, 센서가 측정 가능한 전기 응답을 생성하기 위해서는 항상 열적 결합이 일어나야 한다.

모든 온도 센서는 **절대 센서**absolute sensor 와 **상대 센서**relative sensor로 나뉜다. 절대온도 센서는 절대온도 눈금에서 절대 영도이거나 또는 기타 고정점을 기준으로 하는 온도를 측정한다(예 : 0 ℃ , 25 ℃ 또는 기타 임의로 선택된 기준온도). 절대 센서의 예로는 서미스터와 RTD가 있다. 상대 센서는 두 물체 간의 온도 차이 또는 열 구배를 측정하며 대표적인 예는 서모커플이다.

17.1 물체와의 결합

17.1.1 정적 열 교환

온도를 측정하려면 물체의 열 에너지 중 일부를 전기신호로 변환할 수 있는 센서로 전송해야 한다. 접촉 센서(probe)를 물체의 내부 또는 표면에 배치하면 물체와 접촉 센서 사이의 경계를 통해 열전도가 발생한다. 접촉 센서의 감지요소는 예열되거나 냉각되며 즉 물체와 열을 교환한다. 열이 복사를 통해 전달될 때도 마찬가지이다. 적외선 형태의 열에너지가 센서 표면과 물체 사이에서 교환된다. 아무리 작은 센서라도 측정 부위를 방해함으로써 온도 측정에 오류가 발생할 수 있다. 이는 전도, 대류 및 복사와 같은 모든 감지 방법에서도 동일하게 적용된다. 따라서 적절한 센서 설계와 센서와 물체 간의 결합이 가장 중요하며 정확한 측정 기술을 통해 결합 오류를 최소화하는 엔지니어링 작업이 필요하다.

지금부터 온도 센서와 물체의 결합이 정확도에 어떤 영향을 미치는지 논의해보자. 센서가 온도를 측정하는 물체뿐만 아니라 다른 것에도 열적으로 결합되면 오류가 발생한다. 온도 센서는 항상 측정 대상 외에 다른 것에 부착되어 있는데 접촉식 온도 센서의 경우 [그림 17-1(a)]에 표시된 연결선을 통해 물체에 물리적으로 부착된다. 연결선 외에도 클램핑 또는 접착제가 사용된다.

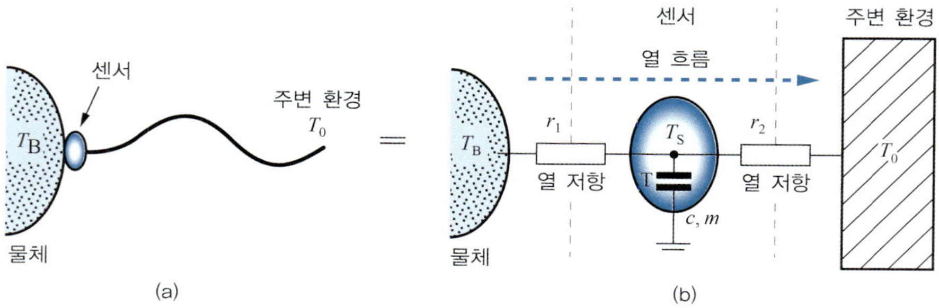

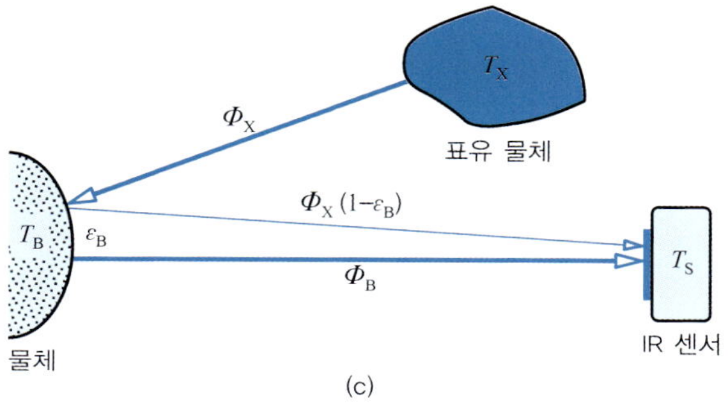

그림 17-1 (a) 온도 센서는 물체 및 연결선과 열 결합이 있다. (b) 접촉 센서의 등가 열회로 (c) 물체와 적외선(IR) 비접촉 센서 간의 복사 결합

센서가 물체에 부착되는 순간이나 물체의 온도가 변할 때 센서와 물체의 온도는 다르다. 어느 시점에서 센서의 온도는 T_S이고 물체의 실제 온도는 T_B이며 두 온도는 서로 더 가까워지기 시작한다. 접촉 결합은 허용 가능한 오류 수준 내에서 T_S를 가능한 T_B에 가깝게 만드는 것이 목표이다.

실제 시스템에서 선의 한쪽 끝은 접촉 센서에 연결되므로 온도는 T_S이다. 다른 한쪽 끝은 T_S와는 상당히 다를 수 있는데 이는 온도 T_0이다. 선은 센서에서 전기신호와 약간의 열을 모두 전도한다. [그림 17-1(b)]는 물체, 센서, 주변 환경, 열저항 r_1, r_2를 포함하는 열회로를 보여준다. 열저항은 물질이 열에너지를 전도하는 능력을 나타내며 열 전도율에 반비례하므로 식으로 표현하면 $r = 1/\alpha$이 된다. 물체가 주변 환경보다 따뜻한 경우 열은 센서를 통해 화살표로 표시된 방향으로 흐른다.

[그림 17-1(b)]의 회로는 전기회로와 유사하며 그 특성은 키르히호프의 법칙,[1] 옴의 법칙과 같은 전기회로 법칙을 사용해 평가할 수 있다. 센서의 열 커패시턴스는 커패시터로 표시된다. 충분한 시간을 거쳐 모든 온도가 일정 수준으로 안정되고 물체와 주변 온도도 안정적이며 센서에 의한 상호 연결의 영향을 받지 않는다고 가정해보자. 에너지 보존 법칙을 적용할 수 있는 정상 상태에서는 전기회로 법칙을 적용할 수 있다. 물체에서 센서로 흐르는 열에너지는 센서에서 주변 환경으로 흐르는 에너지와 같다는 점을 고려해야 한다. 이를 통해 다음과 같은 정적 균형(평형) 방정식을 나타낼 수 있다.

$$\frac{T_B - T_S}{r_1} = \frac{T_B - T_0}{r_1 + r_2} \tag{17.1}$$

식 (17.1)로부터 센서의 온도는 다음과 같이 유도할 수 있다.

$$T_S = T_B - (T_B - T_0)\frac{r_1}{r_2} = T_B - \Delta T\frac{r_1}{r_2} \tag{17.2}$$

여기서 ΔT는 물체와 주변 사이의 열 구배이다.

1 키르히호프의 법칙은 원래 전기회로가 아니라 배관을 위해 고안되었다.

식 (17.2)를 자세히 살펴보면 몇 가지 결론을 도출할 수 있다. 첫 번째는 센서 온도 T_S가 물체 온도 T_B와 다르다는 것이다. 단 주변 환경의 온도가 물체의 온도와 같을 때는 예외이다($\Delta T = T_B - T_0 = 0$). 두 번째는 r_1 / r_2 비율이 0에 가까워지면 기울기 ΔT와 관계없이 T_S가 T_B에 가깝게 접근한다는 것이다. 즉 측정 오류를 최소화하려면 물체와 센서 사이의 열 결합을 개선하고($r_1 \to 0$), 주변으로부터 센서를 열적으로 분리해야 한다($r_2 \to \infty$). 그러나 이는 쉽지 않은 일이다.

식 (17.2)에서 ΔT를 0에 가깝게 만들기 위한 가장 좋은 방법은 [그림 17-2(a)]와 같이 센서를 물체에 삽입하는 것이다.

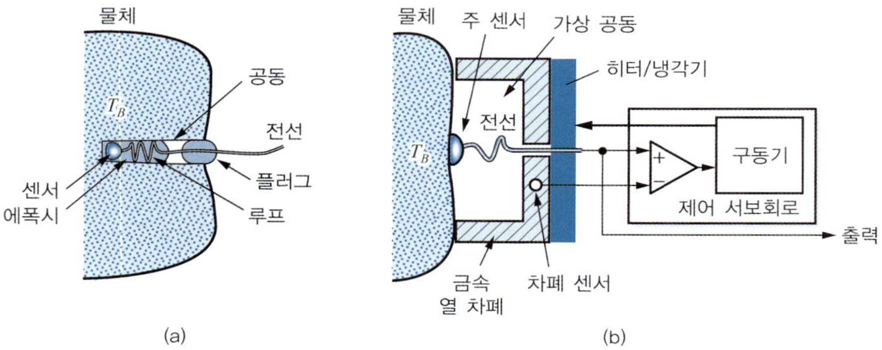

그림 17-2 (a) 내장형 온도 센서 (b) 구동 열 차폐가 있는 표면 온도 센서

센서가 배치된 물체 내부에 공동을 형성하고, 열전도성 그리스thermal grease, 에폭시, 또는 기타 방법을 사용하여 센서를 공동 벽과 열적으로 접착한다. 센서 주위의 선은 루프 모양이며 공동 내부에도 배치된다. 이를 통해 센서, 선 및 공동의 온도를 균등화할 수 있다. 센서와 선의 근접부위는 외부 온도에 노출되지 않기 때문에 훨씬 더 정확하게 측정할 수 있다.

그러나 물체 내부에 공동을 항상 만들 수 있는 것은 아니다. 따라서 표면을 측정하는 것이 가장 실용적이지만, 이는 접촉하여 측정하기에는 바람직한 배열은 아니다. 다행히도 물체 표면에는 가상 공동virtual cavity을 형성하는 강력한 기술이 있으며,[1] $\Delta T \to 0$으로 만들 수 있다. 가상 공동을 생성하기 위해 기본 접촉 온도 센서에는 [그림 17-2(b)]와 같이 표면에 열 차폐가 생긴다. 이는 구동 정전용량성 차폐와 열적 등가라고 할 수 있다(예 : [그림 6-4], [그림 7-20] 참조). 열 구동 차폐물은 열 전도율이 좋은 금속(예 : 알루미늄)으로 제작되며 히터(또는 냉각기)와 **차폐 온도 센서**shield temperature sensor라고 하는 또 다른 온도 센서의 두 가지 내장 부품도 주요 재료에 해당한다. 두 센서 모두 히터/냉각기에 전원을 공급하는 제어 서보회로에 신호를 제공하며 서보회로는 주 센서와 차폐 센서 사이의 열 구배 ΔT를 최소화하도록 작동한다. 구동 열 차폐 장치는 주 센서 주변의 물체 표면에 닿아 주변 환경으로부터 물체를 보호한다. 물체 표면과 차폐물은 측정 지점 주변에 가상 온도 조절 공동을 형성한다. 두 센서 간의 열 구배가 0에 가까워지면 주 센서는 주변 환경으로부터 거의 열적으로 완전히 차폐된다. 열 차폐에서는 주 센서를 열적으로 분리하는 것이 매우 중요하며 그렇지 않으면 회로가 불안정해진다.

열 구동 차폐 방식은 [그림 17-3]과 같이 주 센서가 유연한 귀마개에 고정되어 외이도 피부에 닿는 의료용 체심 온도계[1]에 적용된다. 구동 차폐는 나선 개구부를 덮기 위해 귀 바깥쪽에 위치한다. 따라서 외이도 내부는 외부로부터 열적으로 차폐되었기 때문에 주 센서는 경동맥의 혈액 온도와 거의 동일한 환자의 체온을 지속적이고 비침습적으로 정확하게 모니터링한다.

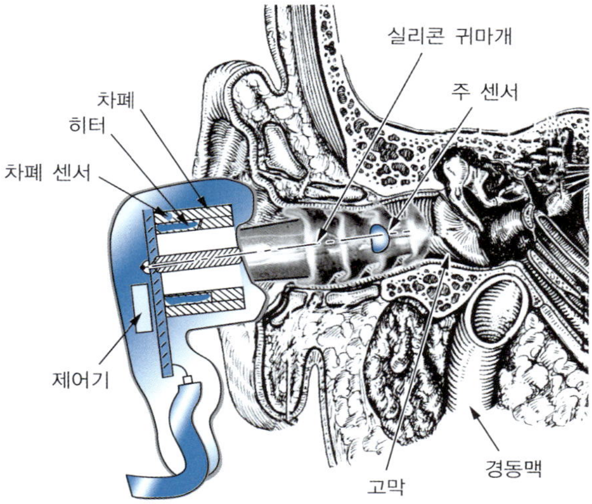

그림 17-3 환자의 외이도를 통해 온도를 비침습적이고 지속적으로 모니터링하는 센서이다. 구동 차폐 온도는 외이도 피부에 닿는 주 센서로 측정한 온도와 거의 동일하다.

비접촉 열^{IR} 방사 센서(4.12.3절 참조)에서는 결합 문제가 발생할 수 있다. IR 센서와 물체 사이의 열 교환은 [그림 17-1(c)]에서 보여준다. 물체와 센서 사이의 광학적 결합이 완벽하지 않은 경우 센서는 해당 물체가 IR 센서의 시야 범위 내에 있지 않더라도 온도가 T_x인 물체로부터 원하지 않는 열 흐름을 수신할 수 있다. 측정 대상은 온도 T_B와 표면 방출률 ε_B를 가지고 있어 방출률에 비례하며, 유효 플럭스 Φ_B를 IR 센서쪽으로 방출한다. 그러나 $\varepsilon_B < 1$이기 때문에 물체는 다소 반사적이고, 표유 플럭스$^{stray\ flux}$ Φ_x의 일부인 $\Phi_x(1-\varepsilon_B)$는 측정 대상에 의해 IR 센서로 반사된다. 가짜 IR 플럭스는 유효 플럭스에 추가되기 때문에 측정 오류를 유발한다. 따라서 물체와 비접촉 센서 사이의 IR 광학 결합 결함은 잠재적인 오류 원인이라고 할 수 있다.

17.1.2 동적 열 교환

앞에서는 정적, 즉 시간 불변인 센서와 물체 사이의 열 교환 조건을 알아보았다. 지금부터는 시간에 따라 온도가 변하는 동적인 경우를 생각해보자. 이것은 물체 또는 주변의 온도가 변하거나 센서가 최근에 물체에 부착되어 온도가 아직 평형 상태에서 안정화되지 않았을 때 발생한다. 이는 접촉식 및 비접촉식 IR 센서에서 똑같이 발생하지만, 접촉 센서에 대해서만 설명하도록 하겠다.

먼저 이상적인 경우를 고려해보자. 이는 다음과 같이 두 가지 가정이 필요하다.

1. 센서와 주변 환경 사이의 열저항이 무한히 큰 경우($r_2 \to \infty$). 이는 센서가 물체에 완벽하게 열적으로 결합됨을 의미한다.
2. 센서를 부착한 후에도 물체의 온도가 변하지 않는 경우. 물체는 센서보다 훨씬 더 큰 것으로 간주되며 무한한 열원/열 흡수원heat source/sink 역할을 한다. 즉 무한히 큰 열용량과 무한히 높은 열 전도율을 갖는다.

센서가 이상적인 물체에 연결되면 센서의 온도 프로파일은 [그림 17-4]와 유사하다.

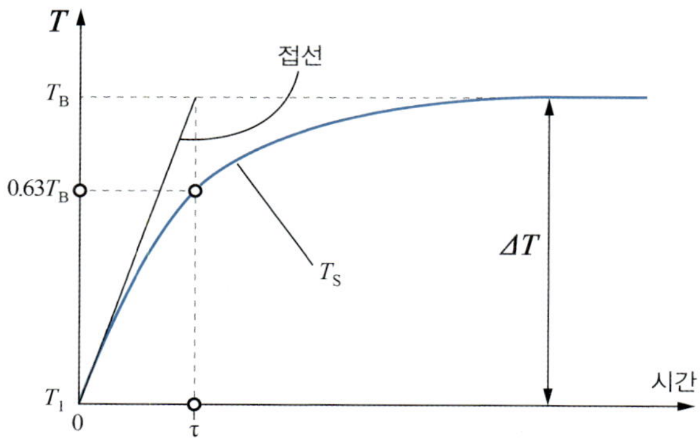

그림 17-4 이상적인 센서의 물체 부착 후 온도 변화

시작 시간 $t = 0$에서 초기 온도 T_1을 갖는 온도 센서는 온도 T_B를 갖는 물체와 접촉하게 된다. 그 후 물체에서 센서로 전달되는 열의 증가량은 뉴턴의 냉각 법칙에 따라 특정 순간의 센서 온도 T_S와 물체의 정적 온도 T_B 사이의 온도 기울기에 비례한다.

$$\mathrm{d}Q = \alpha_1(T_B - T_S)\mathrm{d}t \tag{17.3}$$

여기서 $\alpha_1 = 1/r_1$은 센서-물체 경계의 열전도이다. T_B는 변경되지 않지만 T_S는 변경되므로 주의해야 한다. 센서에 평균 비열 c와 질량 m이 있는 경우 센서가 흡수하는 열은 다음과 같다.

$$\mathrm{d}Q = mc\,\mathrm{d}T \tag{17.4}$$

어떤 열이 전달되든 동일한 열이 흡수되기 때문에 식 (17.3)과 식 (17.4)는 같다. 따라서 다음과 같은 1차 미분방정식을 얻을 수 있다.

$$\alpha_1(T_B - T_s)\mathrm{d}t = mc\,\mathrm{d}T \tag{17.5}$$

센서의 열 시간상수 τ_T는 다음과 같이 나타낸다.

$$\tau_T = \frac{mc}{\alpha_1} = mcr_1 \tag{17.6}$$

그러면 다음과 같은 미분방정식이 형성된다.

$$\frac{dT}{T_B - T_S} = \frac{dt}{\tau_T} \tag{17.7}$$

이 방정식의 해는 다음과 같다.

$$T_S = T_B - \Delta T e^{-\frac{t}{\tau_T}} \tag{17.8}$$

시간상수 τ_T는 온도 T가 초기 기울기 $\Delta T = T_B - T_1$의 약 63.2%에 도달하는 데 필요한 시간과 같다. 시간상수가 작을수록 센서는 온도 변화에 더 빠르게 반응하며 센서의 크기(작은 m)를 줄이고 물체와의 결합을 개선(작은 r_1)하여 시간상수를 최소화할 수 있다.

센서 부착 후 장시간을 기다리면($t \to \infty$) 식 (17.8)에서 센서의 온도는 물체의 온도에 접근한다(이상적인 평형 조건인 $T_S = T_B$). 따라서 센서 출력값은 물체의 온도를 계산하는 데 사용된다. 이론적으로 T_S와 T_B 사이에 완벽한 균형을 이루기 위해서는 무한한 시간이 걸린다. 그러나 그렇게 오래 기다릴 수 있는 사람은 거의 없다. 다행히 보통은 한정된 정확도만 필요하기 때문에 대부분 시간상수 5~10 이후에 준평형 상태를 고려한다. 예를 들어 대기시간 $t = 5\tau$ 후에 센서의 온도는 물체의 온도와 초기 기울기의 0.7% 만큼 다르지만, $t = 10\tau$ 후에는 0.005% 이내가 된다.

이제 우리는 더 현실적인 사례를 들어 공부해보자. 앞서 언급한 첫 번째 가정을 제거하고 주변 환경과의 열 결합이 그다지 크지 않은 ($r_2 \neq \infty$) 경우를 생각해보자. 즉 센서는 다른 물체와도 열을 교환하며, 열 시간상수는 다음 식으로부터 결정된다.

$$\tau_T = \frac{mc}{\alpha_1 + \alpha_2} = mc\frac{r_1}{1 + \frac{r_1}{r_2}} \tag{17.9}$$

센서의 응답은 [그림 17-5(a)]에 나와 있다. 센서는 시간상수가 작을수록 더 빠르게 반응하지만 온도는 아무리 오래 기다려도 물체의 온도에 도달하지 않는다. 온도가 더 높거나 낮을 수 있지만 모든 온도가 동일한 경우(예 : 물체, 센서, 선이 온도 조절기 내부에 있을 때)가 아니면 결코 같아질 수 없다. 따라서 주변 환경과의 접촉으로 인해 평형 상태에서도 오류에 해당하는 열 구배 δT가 남아 있다.

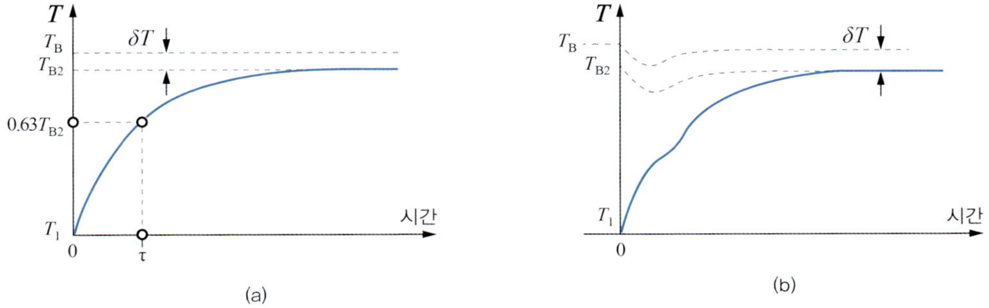

그림 17-5 (a) 주변 환경과 결합된 센서의 온도 변화 (b) 물체의 열 전도율이 제한된 경우의 온도 변화

이제 두 번째 가정을 제거하기 위해 물체가 이상적인 열원이나 열 흡수원이 아니라고 가정해보자. 이는 물체가 센서보다 극적으로 크지 않고 열 전도율도 상대적으로 낮다는 것을 의미한다. 이러한 불완전함의 결과는 센서 부착 시 일시적으로 측정 부위를 불안정하게 한다. [그림 17-5(b)]는 센서를 부착할 때 접촉한 물체의 온도가 편향(냉각 또는 예열)된 뒤 점차 일정한 수준으로 돌아오는 것을 보여준다. 이로 인해 이상적인 지수함수에서 벗어나 센서의 온도 프로파일 편차가 발생하여 열 시간상수 τ_T 개념을 더는 적용할 수 없다. 이러한 측정 부위 방해는 일반적으로 평가하거나 완화하기가 어렵다. 실제로 이 온도 편차는 아래에 설명된 예측 알고리즘을 사용할 때나 온도를 빠르게 추적해야 할 때 중요하다. 예를 들어 겨드랑이에 꽂는 의료용 온도계는 상대적으로 빠른 센서임에도 평형 상태가 되기까지 최대 3분이 소요된다. 이때 온도계를 꽂음으로써 피부 온도가 낮아지고 원래 겨드랑이의 온도로 돌아오기까지 몇 분이 걸린다는 것이 문제이다.

17.1.3 센서의 구조

일반적인 **접촉 온도 센서**contact temperature sensor는 다음과 같은 요소로 구성된다([그림 17-6(a)] 참조).

1. **감지요소**sensing element : 온도 변화에 따라 전기적 특성이 변하는 물질을 의미한다. 식 (17.9)에 따르면 좋은 감지요소는 낮은 비열, 작은 질량, 강하고 예측 가능한 온도 감도, 장기적인 안정성을 가져야 한다.
2. **단자**terminals : 감지요소와 외부 전자회로 사이를 연결하기 위한 전도성 패드 또는 전선이다. 단자의 열전도성과 전기저항은 가능한 한 가장 낮아야 한다(백금은 최상의 선택이지만 비용이 많이 든다). 또한 단자는 감지요소를 지지하는 데 사용될 수 있어 적절한 기계적 강도와 안정성을 가져야 한다.
3. **보호 외피**protective envelope : 감지요소를 주변 환경으로부터 물리적으로 분리하고 열적으로 결합하는 하우징 또는 코팅이다. 외피는 낮은 열저항(높은 열 전도율), 낮은 열용량, 높은 전기 절연 특성을 가져야 하며 기계적으로 강해야 한다. 또한 환경적으로 안정적이어야 하며, 감지요소에 잘못된 영향을 미칠 수 있는 습기 및 기타 화합물을 투과시키지 않아야 한다.

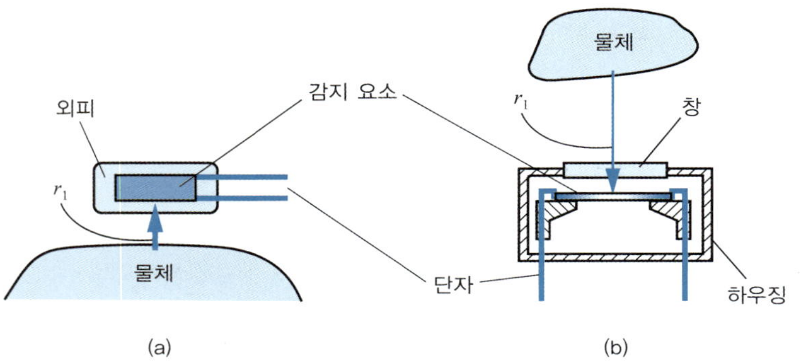

그림 17-6 온도 센서의 일반적인 구조 (a) 접촉 센서는 전도성 열전달을 위해 물체에 닿는다. (b) 적외선 센서는 열복사를 통해 물체와 열을 교환한다.

[그림 17-6(b)]의 **비접촉식**noncontact 온도 센서는 광학 열적외선IR 방사 센서로 15.8절에서 자세히 다룬다. 접촉 센서와 마찬가지로 자체 온도에 반응하는 감지요소도 포함한다. 복사를 통해 열을 흡수하거나 방출하면 온도가 변하게 되는데 접촉과 비접촉의 차이는 물체와 감지요소 사이의 열전달 방식에 있다. 접촉 센서에서는 물리적 접촉을 통해 열전도가 일어나지만, 비접촉 센서에서는 광학적 열복사를 통해 열전달이 된다.

접촉 또는 비접촉 센서는 각각의 열저항 r_1을 통해 물체와 열적으로 결합한다. 그러나 접촉 센서의 저항은 IR 센서보다 훨씬 작으며 결과적으로 식 (17.2)에 따라 두 센서의 평형 온도는 [그림 17-7]과 같이 상당히 다르게 나타난다. 접촉 센서에서는 평형 온도가 물체의 온도에 더 가깝지만, IR 방사 센서의 온도는 기기의 온도 T_0에 훨씬 더 가깝기 때문에 센서와 물체 사이에 잠재적으로 매우 큰 열 구배 $\delta T_{radiation}$이 발생한다. 접촉 센서의 경우 열 구배 $\delta T_{contact}$가 훨씬 더 작다. 즉 접촉 센서의 경우 $r_1 \ll r_2$이고 비접촉식 IR 센서의 경우 $r_1 \gg r_2$이다.

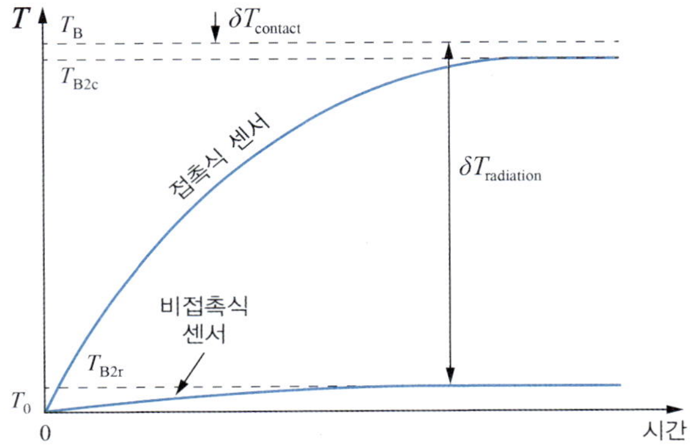

그림 17-7 접촉식과 비접촉식(적외선 방사) 온도 센서 간의 열 반응 차이

17.1.4 센서 응답의 신호 처리

온도 감지요소가 물체와 열적으로 결합하면 물체의 자체 온도가 변하고 센서는 전기 출력신호를 생성한다. 어떤 순간에는 온도 변화가 멈출 수 있다. 즉 센서를 통한 전체 열 흐름이 끝나거나 일정해진다. 센서의 온도가 계속 변하는 한 센서는 열에너지를 흡수하거나 방출한다. 따라서 센서의 반응은 균형과 변화로 나뉜다. 이 조건에 따라 물체의 온도를 결정하려면 신호 처리의 두 가지 방법을 이용할 수 있는데 이는 **평형**equilibrium과 **예측**predictive이다. 먼저 평형 방법에서는 물체와 탐침 내부 감지요소 사이의 열 구배가 안정되면 온도 측정이 끝난 것이며 그 순간 센서 출력값이 물체 온도를 나타낸다.

물체와 센서 사이의 열평형에 도달하기까지는 시간이 걸릴 수 있다. 예를 들어 접촉식 의료용 전자 온도계는 수조에서 단 3초 만에 온도를 측정하지만(빠른 열 결합), 겨드랑이 온도를 측정할 때는 최소 3분이 걸린다. 평형 방법에서는 지정된 시간 내에서 허용 가능한 한도 이하로 신호가 변경되면 측정은 종료된다. 따라서 1초 내에서 온도 변화가 0.05℃ 미만이면 충분한 정확도를 갖춘 것으로 간주된다.

■ 예측 알고리즘

예측 방법은 측정 시간을 단축하기 위해 종종 사용되는데 이는 센서 온도 변화의 가변 속도를 계산하여 평형 온도를 추론하거나 예측하는 방법이다. 따라서 최종 결과는 열평형이 되기 훨씬 전에 예측된다. 예측 방법은 종종 임상 의료 온도계에 사용되는데 잡음의 영향, 유한한 디지털 해상도, 센서의 응답함수에 대한 가정으로 인해 평형 방법보다 정확도가 낮다.

예측 기술의 기본 개념을 설명하기 위해 물체와 접촉할 때 센서의 온도가 식 (17.8)의 지수함수를 따른다고 가정해보자. 이것이 우리가 만드는 유일한 가정이다. 우리는 시작 온도 T_1이나 열 시간상수 τ_T에 대한 사전 지식이 없다. 알고리즘의 목표는 실제 평형에 도달하기 훨씬 전에 수행된 여러 순차적 측정으로부터 평형 온도 T_B를 계산하는 것이다. 알고리즘에 따르면 [그림 17-8]과 같이 동일한 시간 간격 t_0로 연속으로 세 번 측정한다. 이 세 지점에서의 순간 센서 온도는 T_x, T_y, T_z이다.

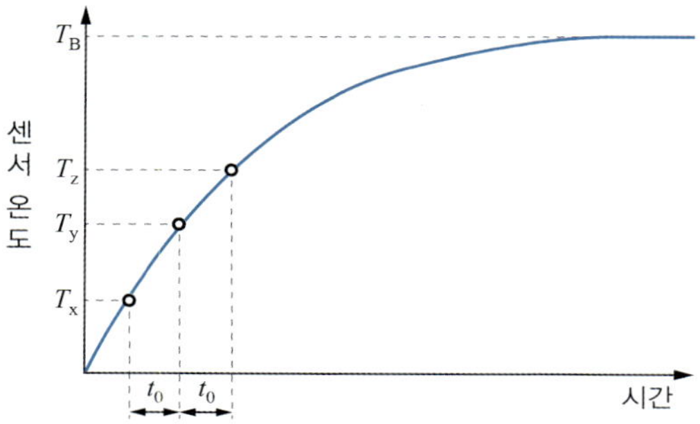

그림 17-8 동일한 간격으로 수집된 3개의 데이터 지점에서의 평형 온도 예측

식 (17.8)로부터 각 ΔT가 직전에 취한 온도 지점을 참조한다는 점을 고려하면 T_y, T_z 값은 다음과 같이 나타낼 수 있다.

$$T_y = T_B - (T_B - T_x)e^{-\frac{t_0}{\tau_T}} \tag{17.10}$$

$$T_z = T_B - (T_B - T_y)e^{-\frac{t_0}{\tau_T}} \tag{17.11}$$

τ_T와 t_0는 식 (17.10) 및 식 (17.11)로부터 유도된 상수이며 측정된 세 가지 온도함수로 다음과 같이 평형 온도를 예측할 수 있다.

$$T_B = \frac{T_y^2 - T_x T_z}{2T_y - T_x - T_z} \tag{17.12}$$

이 알고리즘은 측정된 지점(T_x, T_y, T_z)의 값이 서로 너무 가깝지 않은 온도 변화 상태에서만 작동한다. 측정 지점이 평형 수준에 가까울 때 식 (17.12)의 분모는 0에 가까워지고 예측 오류가 극적으로 증가한다. 오류는 잡음, 시간 지연 t_0, ADC의 디지털 해상도에 따라 크게 달라진다.

시간 지연은 $t_0 > 0.25\tau_T$이 바람직하며 예측 알고리즘을 적용하기 전에 센서의 신호를 저역 통과 필터에서 처리하여 대역폭을 약 $0.2/\tau_T$ Hz로 제한한 다음 최소 12 비트 분해능의 ADC에서 변환해야 한다. 이 알고리즘은 잡음 수준이 최소이고, 물체의 열 전도율이 상대적으로 높으며, 센서와 물체의 접촉이 마지막 측정 지점 T_z까지 변하지 않는 한 실제 응용 분야에서 잘 작동한다.

센서의 응답이 기하급수적이지 않은 경우 등 간격 측정값(3개 이상의 포인트가 필요할 수 있다)을 **곡선 맞춤**curve fitting [2]하여 온도 변화 상태에 대한 좀더 현실적인 근사치를 찾을 수 있다. 그런 다음 이 근사치를 사용하여 평형 온도를 예측한다.

17.2 온도 기준점

온도 센서를 설계하고 제작할 때는 그 정확성을 보장하는 것이 중요하다. 정확성이란 설정된 온도 표준에 근접한 정도이다. 따라서 모든 온도 센서의 교정을 위해서는 정밀한 기준이 필요하다. 기준 센서는 일반적으로 매우 안정적인 센서이므로 더 높은 기준에 따라 교정해야 한다. 교정 스케일은 선택한 표준에 따라 다르다. 국제 온도 척도International Temperature Scale, ITS-90 [3]에 따르면 정밀 온도 기기는 재현 가능한 재료의 평형 상태에서 보정해야 한다. 이 교정 스케일은 켈빈 온도를 기호 T_{90}로 지정하고 섭씨 눈금을 T_{90}으로 지정한다. 과학 및 산업계에서 사용되는 보정 재료는 선택된 평형 상태에서 자연의 기본 법칙에 의해 온도의 동작이 지배되는 특정 화합물을 의미한다([표 17-1] 참조).

표 17-1 온도 기준점

온도 기준점 설명	온도(℃)	온도 기준점 설명	온도(℃)
수소 삼중점[a]	−259.34	주석의 어는점	231.968
일반 수소의 끓는점	−252.753	비스무트의 어는점	271.442
산소 삼중점	−218.789	카드뮴의 어는점	321.108
질소의 끓는점	−195.806	납의 어는점	327.502
아르곤 삼중점	−189.352	아연의 어는점	419.58
산소의 끓는점	−182.962	안티몬의 어는점	630.755
이산화탄소의 승화점	−78.476	알루미늄의 어는점	660.46
수은의 어는점	−38.836	은의 어는점	961.93
물 삼중점	0.01	금의 어는점	1064.43
물의 어는점(물-얼음 혼합물)	0.00	구리의 어는점	1084.88
물의 끓는점	100.00	니켈의 어는점	1455
벤조산 삼중점	122.37	팔라듐의 어는점	1554
인듐의 어는점	156.634	백금의 어는점	1769

[a]삼중점은 고체, 액체 및 증기 위상 사이의 평형점이다.

2 자세한 내용은 2.1.2절을 참조하라.

3 1990년 국제 온도 척도는 1989년 국제 중량 및 측정위원회에서 채택되었다. 이 척도는 1968년 국제 실용 온도 척도(1975년 개정판) 및 1976년 임시 온도 척도를 대체하였다.

교정 중 기준 센서는 특정 물리적 상태에 있는 재료 내부의 제어된 압력에 배치되고 센서 응답이 측정된다. 그 후 다음 재료로 이동하고 다시 보정한다. 여러 온도 지점에서 보정한 후 기준 센서는 다른 온도 센서를 보정하기 위한 기본 표준으로 사용된다.

17.3 저항 온도 감지기

험프리 데이비Humphry Davy 경은 1821년에 다양한 금속의 전기 저항이 온도에 따라 달라진다는 사실을 알아냈다.[2] 이 밖에도 빌헬름 지멘스William Siemens 경은 1871년에 백금 저항 온도계의 사용과 관련하여 최초로 발표했으며 캘런더Hugh Callendar는 1887년에 백금 온도 센서를 실제로 사용하는 방법을 논문을 통해 발표했다.[3] 열저항 센서의 장점은 인터페이스 회로의 단순성, 감도 및 장기적인 안정성에 있다. 열저항 센서는 저항 온도 감지기Resistance Temperature Detector, RTD[4], 반도체, 서미스터로 나뉜다. 이들은 절대온도 센서들로 절대온도 눈금을 기준으로 온도를 측정할 수 있다.

RTD는 일반적으로 전선 또는 얇은 박막 형태로 제작된 금속 센서와 관련이 있는데 최근에는 온도에 대한 감도가 뚜렷한 일부 반도체 재료(예 : 게르마늄)도 포함한다. 모든 금속과 대부분 합금의 저항에 대한 온도 의존성은 온도를 감지하는 데 사용된다([표 A-7] 참조). 거의 모든 금속이 감지에 사용될 수 있지만, 백금은 예측 가능한 반응, 장기적인 안정성 및 내구성 때문에 거의 독점적으로 사용된다. 텅스텐 RTD는 일반적으로 600℃ 이상의 온도에 적용할 수 있다. 모든 RTD는 양의 온도계수를 가지며 제조업체별로 다양하게 제작되다.

1. **박막 RTD** : 종종 얇은 백금 또는 그 합금으로 제작되어 미세 가공된 실리콘 막과 같은 적절한 기판에 증착된다. RTD는 충분한 길이/너비 비율을 보장하기 위해 종종 구불구불한 모양으로 만들어진다.
2. **권선형**wire-wound **RTD** : 백금 권선이 세라믹 튜브 내부의 고온 유리 접착제에 의해 부분적으로 지지되며, 이 구조를 통해 산업 및 과학 응용 분야에서 가장 안정적인 검출기를 얻을 수 있다.

식 (4.58)은 백금에 대한 최적의 2차 근사치를 제공한다. 산업계에서는 일반적으로 저온과 고온에 대해 별도의 근사치를 사용한다. 칼렌다 반 뒤센Callendar-van Dusen 근사는 백금 전달함수의 근사치를 나타낸다.

−200 ~ 0℃ 범위에서는 다음과 같다.

$$R_t = R_0[1 + At + Bt^2 + Ct^3(t - 100°)] \tag{17.13}$$

0 ~ 630℃ 범위의 경우 식 (4.58)과 동일해진다.

$$R_t = R_0[1 + At + Bt^2] \tag{17.14}$$

4 이 책에서는 앞으로 RTD라고 부른다.

상수 A, B, C는 센서 구성에 사용되는 백금의 속성에 의해 결정된다. 대안으로 칼렌다 반 뒤센 Callendar-van Dusen 근사는 다음과 같이 작성할 수 있다.

$$R_t = R_0\left\{1+\alpha\left[1-\delta\left(\frac{t}{100}\right)\left(\frac{t}{100}-1\right)-\beta\left(\frac{t}{100}\right)^3\left(\frac{t}{100}-1\right)\right]\right\} \tag{17.15}$$

여기서 t는 섭씨온도(℃)이고 계수는 다음의 A, B, C와 관련이 있다.

$$\begin{aligned} A &= \alpha\left(1+\frac{\delta}{100}\right) \\ B &= -\alpha\delta\times 10^{-4} \\ C &= -\alpha\beta\times 10^{-8} \end{aligned} \tag{17.16}$$

예를 들어 δ 값은 아연의 빙점(419.58 ℃)과 같은 고온에서, β 값은 음의 온도에서 보정하면서 얻는다.

ITS-90을 준수하려면 칼렌다 반 뒤센Callendar-van Dusen 근삿값을 수정해야 한다. 수정은 다소 복잡하며 사용자는 ITS-90에 대한 자세한 내용을 참조해야 한다. 여러 국가에서 국가별 사양이 RTD에 적용되는데 예를 들어 유럽에서는 BS 1904:1984, DIN 43760-1980, IEC 751:1983 표준, 일본에서는 JISC1604-1981 표준이 적용된다. 미국에서는 여러 회사가 α 값에 대한 자체 표준을 개발했다. 예를 들어 SAMA 표준 RC21-4-1966은 $\alpha = 0.003923$ ℃$^{-1}$, 유럽 DIN 표준은 $\alpha = 0.003850$ ℃$^{-1}$을 지정하며 영국 항공기 산업 표준은 $\alpha = 0.003900$ ℃$^{-1}$이다.

일반적으로 RTD는 실험실에서 높은 정확도로 재현할 수 있는 표준 지점에서 보정된다([표 17-1] 참조). 이 지점에서 보정하면 근사상수 α와 δ를 정확하게 결정할 수 있다.

권선형 RTD의 일반적인 허용 오차는 약 ±0.025 ℃ 에 해당하는 ±10 mΩ 이다. 정확도를 높이려면 장치의 패키징을 절연하는 것을 고려해야 한다. 특히 절연물질의 저항이 현저하게 떨어질 수 있는 고온에서 그렇다. 예를 들어 550 ℃ 에서 10 MΩ 분기 저항은 −0.0075 ℃ 의 온도 오류에 해당하는 약 3 mΩ 의 저항 오류를 발생시킨다.

17.4 세라믹 서미스터

서미스터라는 용어는 **열**thermal과 **저항**resistor이라는 단어를 축약한 것이다. 이 용어는 일반적으로 액적droplets, 막대, 원통, 직사각형 조각 또는 두꺼운 필름 형태로 제작된 금속 산화물 센서에 적용된다. 서미스터는 실리콘과 게르마늄으로도 제작할 수 있다(17.5절 참조). 서미스터는 절대온도 센서 분류에 속한다. 즉 절대온도 눈금을 기준으로 온도를 측정할 수 있다. 모든 서미스터는 음의 온도계수 Negative Temperature Coefficient, NTC와 양의 온도계수Positive Temperature Coefficient, PTC로 나뉜다.

기존의 금속 산화물(세라믹) 서미스터는 음의 온도계수를 갖는다. 즉 온도가 증가하면 저항이 감소한다. NTC 서미스터의 저항은 모든 저항과 마찬가지로 물리적 치수와 재료별 저항률에 의해 결정된다. 저항과 온도 사이의 관계는 매우 비선형적이다([그림 4-18] 참조).

세라믹 서미스터(열 저항기)는 일반적으로 반도체 결정 물질로 제작된다. 광 저항기와 열 저항기는 저항이 변조되는 방식이 유사하다. 15.4절에 설명된 광 저항기는 에너지 밴드 갭(금지된 에너지)을 특징으로 하지만, 열 저항기는 활성화 에너지를 특징으로 한다. 밴드 갭과 활성화 에너지는 모두 전자의 장벽 역할을 하여 전자가 가전자대에서 전도대로 이동하는 것을 방지한다. 밴드 갭 에너지를 건너뛰려면 전자는 광자를 흡수하거나 추가 운동(열) 에너지를 얻어와 증폭되어야 한다. 이 과정은 17.5절에서 자세히 설명한다.

정확도가 높아야 하거나 동작 온도 범위가 넓을 때는 제조업체에서 제공하는 서미스터 특성 데이터 시트를 그대로 적용하면 안 된다. 대량 생산된 서미스터에 대한 저항(25 ℃ 에서)의 허용 오차는 다소 넓을 수 있기 때문이다. 허용 오차 ±5%는 매우 일반적이지만, 고가의 서미스터들은 1% 이내인 것도 많다. 엄격한 허용 오차로 생산되지 않는 한 높은 정확도를 달성하려면 허용 오차 서미스터를 전체 동작 온도 범위에서 개별적으로 교정해야 한다.

제조업체는 설정 온도(일반적으로 25 ℃)에서 명목 저항값을 제어하기 위해 원하는 치수로 본체를 연마하여 세라믹 서미스터를 다듬을 수 있다. 그러나 이는 비용을 증가시킨다. 최종 사용자를 위한 대안은 서미스터를 개별적으로 교정하는 것이다. 서미스터를 교정하려면 정확하게 알려진 온도에 노출한 후(주로 교반 수조[5]를 사용) 저항을 측정하여 수행한다. 다중 교정이 필요한 경우 여러 온도에서 이를 반복한다(2.2절 참조). 당연히 이 교정온도는 교정 중에 사용되는 기준온도계만큼 정확하다. 서미스터의 저항을 측정하기 위해서는 전류를 통과하는 측정회로에 서미스터를 연결해야 한다. 그런 다음 원하는 정확도 및 생산 비용을 따져보고 따라 몇 가지 알려진 온도응답과 근사모델 중 하나를 사용하여 교정을 수행한다.

서미스터를 온도 센서로 사용하는 경우 모든 특성이 이른바 제로 전력 저항에 기반한다. 즉 서미스터를 통과하는 전류가 눈에 띄는 온도 상승(Joule 자체 발열)을 일으키지 않는다는 것을 의미한다. 자체 발열은 측정 정확도에 영향을 미칠 수 있으며 자체 발열로 인한 서미스터의 정적 온도 상승은 다음 식에 의해 제어된다.

$$\Delta T_{\mathrm{H}} = r\frac{N^2 V^2}{R_{\mathrm{t}}} \tag{17.17}$$

여기서 r은 서미스터에서 주변으로의 열저항, V는 저항 측정 중 적용된 DC 전압, R_{t}는 측정된 온도에서 서미스터의 저항, N은 측정의 듀티 사이클이다. 예를 들어 $N = 0.1$인 경우, 10% 시간 동안만 서미스터에 정전압이 적용됨을 의미한다. 연속 DC 측정의 경우 $N = 1$이다.

5 실제로 보호되지 않은 서미스터에는 물이 사용되지 않는다. 미네랄 오일 또는 Fluorinert® 전자 유체가 보다 실용적인 액체이다.

식 (17.17)에 따르면 고저항 서미스터를 선택하고, 측정 대상에 대한 결합을 높인 후(r 감소), 짧은 시간 간격 동안 적용되는 저전압에서 저항을 측정하여 제로 전력에 접근할 수 있다. 이 장의 후반부에서는 서미스터 응답에 대한 자체 발열의 영향을 보여줄 것이지만 지금은 일단 자체 발열이 무시할 수 있을 정도로 매우 작다고 가정한다.

실제 장치에서 서미스터를 사용하려면 전달함수(저항의 온도 의존성)를 정확하게 설정해야 한다. 이 함수는 매우 비선형이고([그림 4-18] 참조) 각각의 센서에 대해 특정하기 때문에 저항과 온도를 연결하는 분석 방정식이 필요하다. 서미스터 전달함수에 대해 몇 가지 수학적 모델이 제안되었지만, 모든 모델은 근사치일 뿐이며 일반적으로 모델이 단순할수록 정확도는 떨어진다. 반면 더 복잡한 모델은 서미스터를 교정하거나 실제로 사용하기가 더 어려워진다. 현재의 모든 모델은 서미스터 저항 R_t의 로그값이 아래 다항식에 의해 절대온도 T와 관련된다는 실험적인 사실에 기반한다.

$$\ln R_t = A_0 + \frac{A_1}{T} + \frac{A_2}{T^2} + \frac{A_3}{T^3} \tag{17.18}$$

이 기본 방정식으로부터 세 가지 정적 전달함수(모델)가 제안되었다.

17.4.1 단순 모델

단순 모델은 서미스터 전달함수의 가장 단순한 근사이다. 상대적으로 좁은 온도 범위에서 일부 정확도가 손실될 수 있음을 감안하면 식 (17.18)에서 마지막 두 항을 제거할 수 있고 다음과 같이 쓸 수 있다.[4]

$$\ln R_t \cong A + \frac{\beta}{T} \tag{17.19}$$

여기서 A는 무차원 상수이고 β는 **재료 특성온도**material characteristic temperature(켈빈 단위)라고 하는 또 다른 상수이다. 교정온도 T_0에서 서미스터의 저항 R_0를 알고 있는 경우 저항-온도 관계(전달함수)는 다음과 같이 표현된다.

$$R_t = R_0 e^{\beta\left(\frac{1}{T} - \frac{1}{T_0}\right)} \tag{17.20}$$

식 (17.20)은 가장 널리 사용되는 서미스터 모델이다. 이는 온도에 대한 함수이면서 화학 반응 속도를 설명하는 스반테 아레니우스Svante Arrhenius 방정식으로부터 유도할 수 있다. 이 방정식은 17.5절에서 더 자세히 다룰 예정이다. 이 모델의 분명한 장점은 단 한 지점(T_0 온도에서 R_0)에서만 서미스터를 보정하면 된다는 것이다. 그러나 이것은 β 값이 이미 알려져 있다고 가정해야 하며 그렇지 않으면 β 값을 찾기 위해 2점 교정을 해야 한다.

$$\beta = \frac{\ln \frac{R_1}{R_0}}{\left(\frac{1}{T_1} - \frac{1}{T_0}\right)} \tag{17.21}$$

여기서 T_0와 R_0, T_1과 R_1은 식 (17.20) 곡선의 두 교정 지점에서 두 쌍의 해당 온도 및 저항이다. 이 모델의 β 값은 온도와 무관한 것으로 간주되지만, 일반적으로 $\pm 1\%$ 이내의 제조 허용 오차로 인해 부품마다 다를 수 있다.

서미스터를 사용하면 저항 R_t 가 측정되는데 이 저항과 다음의 역전달함수를 사용하면 절대온도를 계산할 수 있다.

$$T = \left(\frac{1}{T_0} + \frac{\ln \frac{R_t}{S_0}}{\beta} \right)^{-1} \tag{17.22}$$

식 (17.20)의 근사로부터 생기는 오류는 교정온도 T_0 근처에서는 작지만, 그 지점에서 멀어지면 눈에 띄게 증가한다. 베타(β)는 서미스터 곡률을 지정하지만, 감도를 직접 설명하지는 않는다. 음의 온도계수인 α 는 식 (17.20)을 미분하고 정규화하여 다음과 같이 구할 수 있다.

$$\alpha_r = \frac{1}{R_t}\frac{dR_t}{dT} = -\frac{\beta}{T^2} \tag{17.23}$$

식 (17.23)의 감도는 β와 온도 모두에 따라 달라진다. 서미스터는 고도의 비선형 센서이기 때문에 낮은 온도에서 훨씬 더 민감하지만, 온도가 올라갈수록 감도가 빠르게 떨어진다. 세라믹 NTC 서미스터에서 감도 α는 온도 범위에 따라 $-2\%/℃$ (눈금의 따뜻한 쪽)에서 $-8\%/℃$ (눈금의 차가운 쪽)까지 다양하다. 이는 NTC 서미스터가 비선형 센서 임에도 불구하고 매우 민감한 장치임을 의미하며 RTD보다 약 10배 더 민감하다. 이는 상대적으로 좁은 온도 범위에서 높은 출력신호가 필요한 경우에 특히 중요하다. 예를 들면 의료용 전자 체온계 및 가정용 온도 조절기가 있다.

17.4.2 프레든(Fraden) 모델

1998년 이 책의 저자는 17.4.1절의 단순 모델Simple Model의 추가 개선되도록 제안했다.[5] 이 개선은 대부분의 서미스터에서 특성온도 β 는 일정하지 않고 오히려 온도의 함수라는 실험적 사실에 근거한다([그림 17-9] 참조).

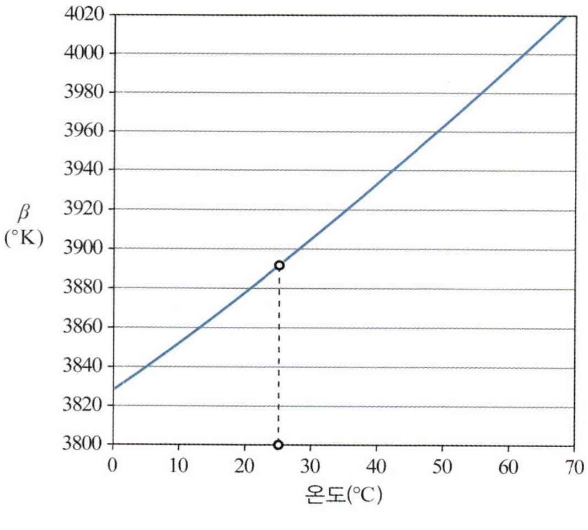

그림 17-9 β 값은 온도에 따라 변한다.

제조 공정 및 서미스터 유형에 따라 기능은 그림과 같이 양의 기울기 또는 음의 기울기를 나타낸다. 이상적으로는 β가 온도에 따라 변하지 않아야 하지만 이는 세라믹 재료의 구성을 엄격하게 제어하는 최고의 제조업체에서만 가능하다. 이 경우 단순 모델은 온도를 계산하기 위해 매우 정확한 기반을 마련한다. 그러나 상대적으로 저렴한 센서의 경우 프레든[Fraden] 모델을 고려해야 한다.

식 (17.18) 및 식 (17.19)로부터 서미스터 재료 특성온도 β는 다음과 같이 근사할 수 있다.

$$\beta = A_1 + BT + \frac{A_2}{T} + \frac{A_3}{T^2} \tag{17.24}$$

여기서 A와 B는 상수이다. 이 식은 셋째 항과 넷째 항의 합계가 앞의 두 항에 비해 매우 작으며 대부분의 실제 사례에서 제거될 수 있음을 보여준다. 마지막 두 항을 제거한 후 β에 대한 모델은 다음과 같은 온도의 선형함수로 나타낼 수 있다.

$$\beta = A_1 + BT \tag{17.25}$$

β를 온도의 선형 함수로 고려하면 단순 모델을 개선하여 정확도를 높일 수 있다. β는 더이상 상수가 아니며 선형근사는 일부 선택된 온도 T_b 및 기울기 γ에서 하나 이상의 고정 지점을 통해 값이 정의된다. 식 (17.25)는 다음과 같이 다시 쓸 수 있다.

$$\beta = \beta_b [1 + \gamma(T - T_b)] \tag{17.26}$$

여기서 β_b는 온도 T_b에 기인하고, 무차원 계수 γ는 β에서 정규화된 변화(기울기)를 의미한다.

$$\gamma = \left(\frac{\beta_x}{\beta_y} - 1\right)\frac{1}{T_c - T_a} \tag{17.27}$$

여기서 β_x와 β_y는 온도 T_a, T_c에서의 재료 특성온도이며,[6] T_a와 T_c는 온도 T_b로부터 동일한 간격으로 높거나 낮은 온도이다. 서미스터는 재료 및 제조 공정에 따라 일정한 유형으로 생산되므로 γ값을 구하려면 개별 센서가 아닌 특정 서미스터의 γ값을 찾으면 된다.

식 (17.26)을 식 (17.19)에 대입하여 다음과 같은 서미스터 모델을 얻을 수 있다.

$$\ln R_t \cong A + \frac{\beta_b [1 - \gamma(T_b - T)]}{T} \tag{17.28}$$

식 (17.28)을 저항 R_t에 대해 풀면 온도의 함수로 서미스터 저항을 나타내는 다음과 같은 전달함수를 얻는다.

$$R_t = R_0 e^{\beta_b [1 + \gamma(T - T_0)]\left(\frac{1}{T} - \frac{1}{T_0}\right)} \tag{17.29}$$

여기서 R_0는 교정온도 T_0에서의 저항이고 β_b는 두 교정온도 T_0, T_1에서 정의된 특성온도이다. 이것은 식 (17.20)의 단순 모델에 추가 상수 γ를 도입한 것과 유사하다. 이 모델은 제작상품의 γ를 정의하기 위해 3개의 포인트가 필요하지만, 각 개별 서미스터에는 높은 정확도를 위해 두 교정온도 T_0, T_1을 이용한 보정이 필요하다.

6 β와 T는 켈빈 단위이다. 온도가 t로 표시될 때 단위는 섭씨이다.

따라서 프레든 모델은 더 높은 정확도와 저비용 대용량을 동시에 요구할 때 매우 매력적이다. 교정 온도 T_0, T_1 은 동작 범위의 끝부분에서 선택해야 하며 온도 T_b 는 동작 범위의 중간 근처에서 선택해야 한다. 실제 사용되는 식은 [표 17-2]를 참조하라. 온도 계산의 오류는 [그림 17-10]에 나와 있다.

표 17-2 세 가지 NTC 서미스터 모델의 실제 사용

	단순 모델	프레든 모델	스타인하트-하트 모델
0 ~ 70℃ 사이의 최대 오류	±0.7℃	±0.03℃	±0.003℃
특성화 온도 수	2	3	0
교정온도 수	2	2	3
저항-온도 의존성	$R_t = R_0 e^{\beta\left(\frac{1}{T}-\frac{1}{T_0}\right)}$	$R_t = R_0 e^{\beta_0[1+\gamma(T-T_0)]\left(\frac{1}{T}-\frac{1}{T_0}\right)}$	$R_t = e^{\left(A_0+\frac{A_1}{T}+\frac{A_2}{T^2}+\frac{A_3}{T^3}\right)}$
서미스터의 생산 로트(production lot) 또는 유형 특성화			
특성화 지점	2-포인트 교정에 특성화 불필요	T_b가 중앙인 온도 범위 $T_a \sim T_c$일 때 T_a에서 R_a, T_b에서 R_b, T_c에서 R_c	특성화 불필요
특성화 인자		$\beta_x = \dfrac{\ln\frac{R_c}{R_b}}{\left(\frac{1}{T_c}-\frac{1}{T_b}\right)}$, $\beta_y = \dfrac{\ln\frac{R_a}{R_b}}{\left(\frac{1}{T_a}-\frac{1}{T_b}\right)}$ 에서 $\gamma = \left(\frac{\beta_x}{\beta_y}-1\right)\frac{1}{T_c-T_a}$	
개별 서미스터 교정			
교정 지점	T_0에서 R_0, T_1에서 R_1	T_0에서 R_0, T_1에서 R_1	T_1에서 R_1, T_2에서 R_2, T_3에서 R_3
저항 $\boldsymbol{R}$로부터 온도 $\boldsymbol{T}$(K)를 분석 연산			
저항R_t, 특성화 인자 및 교정 인자를 방정식에 삽입	$\beta_m = \dfrac{\ln\frac{R_1}{R_0}}{\left(\frac{1}{T_1}-\frac{1}{T_0}\right)}$ 에서 $T=\left(\frac{1}{T_0}+\frac{\ln\frac{R_t}{R_0}}{\beta}\right)^{-1}$	$T_r = \left(\frac{1}{T_0}+\frac{\ln\frac{R_t}{R_0}}{\beta_b}\right)^{-1}$, $\beta_b = \dfrac{\ln\frac{R_1}{R_0}}{\left(\frac{1}{T_1}-\frac{1}{T_0}\right)}$ 에서 $T=\left(\frac{1}{T_0}+\frac{\ln\frac{R_t}{R_0}}{\beta_b\left[1-\gamma(T_1-T_r)\right]}\right)^{-1}$	$C=\left(G-\frac{ZH}{F}\right)\left[\left(\ln R_1^3-\ln R_2^3\right)-\frac{Z}{F}\left(\ln R_1^3-\ln R_3^3\right)\right]^{-1}$ 에서 $T=\left[A+B\ln R_t+C(\ln R_t)^3\right]^{-1}$ $B=Z^{-1}\left[G-C\left(\ln R_1^3-\ln R_2^3\right)\right]A$ $A=T_1^{-1}-C\ln R_1^3-B\ln R_1$ $Z=\ln R_1-\ln R_2$, $F=\ln R_1-\ln R_3$ $H=T_1^{-1}-T_3^{-1}$, $G=T_1^{-1}-T_2^{-1}$

* 서미스터 유형 또는 생산제품의 특성을 먼저 파악하여 특성화 요인을 찾아야 함(프레든 모델만 해당). 개별 서미스터는 교정인자를 결정하기 위해 교정됨. 온도 T를 계산하려면 서미스터 저항 R_t를 측정하고 특성화 인자와 교정인자를 이용하여 온도를 계산한다. 모든 온도는 K 단위이다.

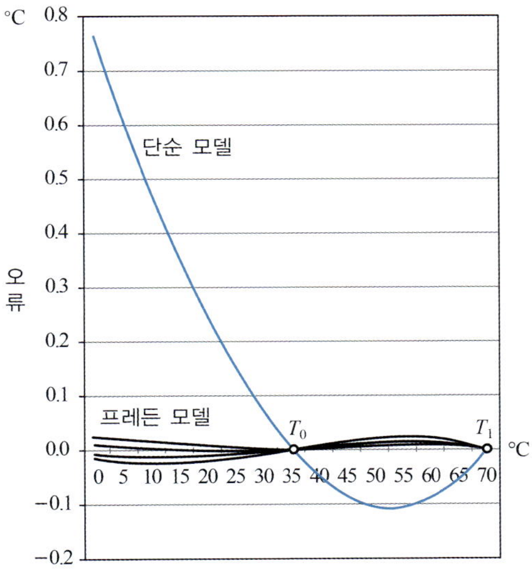

그림 17-10 β를 결정하기 위해 두 온도 지점 T_0 및 T_1에서 보정된 서미스터에 대한 단순 모델 및 프레든 모델의 오류. 스타인하트-하트 모델의 오류는 너무 작아 본 그래프에서 보이지 않는다.

17.4.3 스타인하트-하트(Steinhart-Hart) 모델

1968년 스타인하트Steinhart와 하트Hart는 -3에서 30 ℃까지의 범위에 대한 모델을 제안했으며[6] 실제로 이 모델은 훨씬 더 넓은 범위에서도 유용하다. 식 (17.18)을 기반으로 다음과 같이 온도를 계산할 수 있다.

$$T = \left[\alpha_0 + \alpha_1 \ln R_t + \alpha_2 (\ln R_t)^2 + \alpha_3 (\ln R_t)^3\right]^{-1} \tag{17.30}$$

스타인하트와 하트는 정확도를 손해보지 않고도 제곱항을 삭제할 수 있음을 보여주었다. 이를 나타낸 최종 식은 다음과 같다.

$$T = \left[b_0 + b_1 \ln R_t + b_3 (\ln R_t)^3\right]^{-1} \tag{17.31}$$

이 식을 올바르게 사용하면 0 ~ 70 ℃ 범위에서 밀리도millidegree 단위의 정확도가 보장된다.[7] 식 (7.31)의 계수 b를 찾기 위해서는 서미스터가 세 가지 온도에서 보정된 후 세 가지 방정식을 풀어야 한다([표 17-2] 참조). 스타인하트-하트 모델은 매우 근접한 근사 덕분에 정밀 서미스터 교정 분야의 산업 표준이 되었다. 일부 제조업체는 식 (17.30) 전체를 사용하는 것을 선호하지만, 일부 사람들은 식 (17.31)과 같이 단순화된 버전이 더 실용적이라고 생각한다. 스타인하트-하트 모델의 정확도를 조사한 결과 더 넓은 온도 범위에서도 근사 오차가 몇 밀리도의 측정 불확정도를 초과하지 않는 것으로 입증되었다.[8] 그럼에도 대량 생산된 기기에 대한 근삿값을 실제로 구현하기 위해서는 3개 또는 4개의 온도 지점에서 각 센서를 교정해야 하므로 상당한 한계점이 있다.

적절한 근삿값의 실제 선택은 필요한 정확도와 비용 제약에 따라 달라진다. 비용은 센서가 보정되는 온도 지점의 수에 영향을 받는다. 열 센서의 교정은 시간이 많이 걸리므로 비용이 많이 들 수 있다.

수학적 계산의 복잡성은 현대 프로세서의 계산 능력 덕분에 큰 문제가 되지 않는다. 높은 정확도를 요구하지 않거나 비용이 주요 관심사인 경우 또는 적용 온도 범위가 좁을 때(보통 보정 온도에서 ±5 ~10 ℃)는 단순 모델이면 충분하다. 반면에 프레드 모델은 저렴한 비용과 높은 정확도가 모두 필수일 때 선호된다. 또한 스타인하트-하트 모델은 비용이 주요 제한 요소가 아니면서 가장 높은 정확도가 필요할 때 사용해야 한다.

단순 모델을 사용하려면 보정 온도 T_0에서 β 및 서미스터 저항 R_0 값을 알아야 한다. 프레드 모델의 경우 개별 서미스터에 대해서는 고유하지 않지만, 제품 유형에 대해서는 고유한 γ 값도 알아야 하며, 스타인하트-하트 모델의 경우 세 가지 보정온도에서 세 가지 저항을 알아야 한다. [표 17-2]는 서미스터 저항에서 온도를 보정하고 계산하기 위한 방정식이다. 방정식을 풀기 위해서는 각 모델에 대한 일련의 계산이 필요하다. 그러나 대부분의 실제 사례에서 이러한 방정식은 룩업 테이블[look-up table]로 대체할 수 있다. 룩업 테이블의 크기를 최소화하기 위해 부분별 선형 근사를 사용할 수 있다(2.1.6절 참조).

17.4.4 NTC 서미스터의 자체 발열 효과

앞에서 언급했듯이 NTC 서미스터를 사용할 때 자체 발열 효과를 간과해서는 안 된다. 서미스터는 활성 유형의 센서이므로 작동을 위해 여기신호가 필요하다. 신호는 일반적으로 서미스터를 통과하는 직류 또는 교류 전류이다. 전류는 줄 열[joule heating]과 그에 따른 온도 상승을 유발한다. 일부 응용 분야에서는 열이 물체가 아닌 센서 내부에서 발생하기 때문에 오류의 원인이 될 수 있다. 그러나 다른 분야에서는 유체 흐름, 열복사 및 기타 자극을 감지하기 위해 자체 발열을 적극적으로 사용한다.

전력이 공급될 때 서미스터의 열 효과를 분석해보자. [그림 17-11(a)]는 전류 제한 저항 R을 통해 서미스터 R_T에 연결된 전압 소스 E를 보여준다.

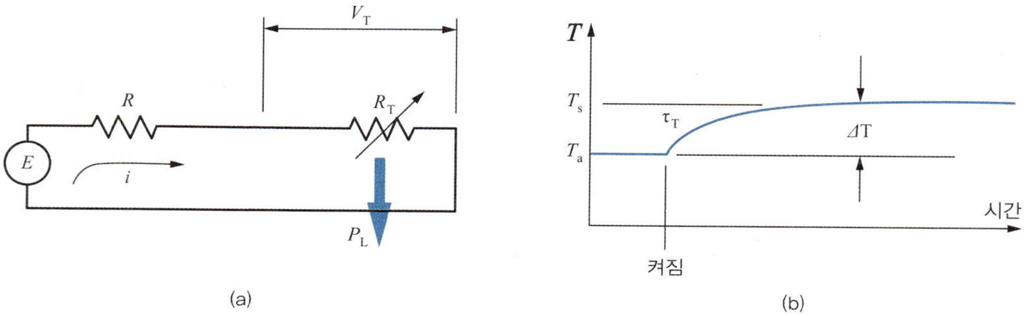

그림 17-11 (a) 서미스터를 통과하는 전류는 자체 발열을 일으킨다. (b) 서미스터의 온도는 열 시간상수 τ_T에 따라 상승한다. P_L은 주변으로 손실되는 열전력이다.

[그림 17-11(b)]의 온도가 상승하기 시작하는 켜짐 순간, 즉 전력 P가 회로에 인가되면 서미스터에 에너지가 공급되는 속도는 에너지 H_L이 손실되는 속도와 에너지 H_s가 흡수되는 속도와 같아야 한다. 서미스터 본체에 의해 흡수된 에너지는 서미스터의 열용량 C에 저장되며 전력 균형식은 다음과 같다.

$$\frac{dH}{dt} = \frac{dH_L}{dt} + \frac{dH_s}{dt} \tag{17.32}$$

에너지 보존 법칙에 따르면 열에너지가 서미스터에 공급되는 속도는 전압원 E 에서 전달되는 전력과 동일하다.

$$\frac{dH}{dt} = P = \frac{V_T^2}{R_T} = V_T i \tag{17.33}$$

여기서 V_T는 서미스터 양단의 전압강하이다. 열에너지가 서미스터에서 주변으로 손실되는 비율은 서미스터와 주변 온도 T_a 사이의 온도 구배 ΔT에 비례한다.

$$P_L = \frac{dH_L}{dt}t = \delta\Delta T = \delta(T_s - T_a) \tag{17.34}$$

여기서 δ는 서미스터에서 주변으로의 열 전도율과 동일한 **손실계수**dissipation factor이다. 이는 주어진 주변 온도에서 손실 전력과 온도 구배의 비율로 정의된다. 이 계수는 센서 설계, 리드선의 길이와 두께, 서미스터 재료, 지지 구성 요소, 서미스터 표면의 열복사, 서미스터가 위치한 매체의 상대적 움직임에 따라 달라진다.

열 흡수율은 다음과 같이 센서의 열용량에 비례한다. 이 흡수율로 인해 서미스터의 온도 T_s가 주변의 온도보다 높아진다.

$$\frac{dH_s}{dt} = C\frac{dT_s}{dt} \tag{17.35}$$

식 (17.34)와 식 (17.35)를 식 (17.33)에 대입함으로써 다음과 같은 식을 얻을 수 있다.

$$\frac{dH}{dt} = P = Ei = \delta(T_s - T_a) + C\frac{dT_s}{dt} \tag{17.36}$$

식 (17.36)은 전류에 의해 열이 발생할 때 서미스터의 열적 거동을 설명하는 미분방정식이다. 센서에 공급되는 일정한 전력에 대해 풀이해보자($P =$ 상수). 따라서 이 식의 해는 다음과 같다.

$$\Delta T = (T_s - T_a) = \frac{P}{\delta}\left(1 - e^{-\frac{\delta}{C}t}\right) \tag{17.37}$$

여기서 e는 자연로그의 밑이다. 식 (17.37)은 전력을 공급할 때 센서의 온도가 주변 온도보다 기하급수적으로 상승함을 나타낸다. 이는 열 시간상수 $\tau_T = C\delta^{-1}$로 특징지어지는 과도 상태를 의미한다. 여기서 $\delta^{-1} = r_T$ 값은 센서와 주변 사이의 열저항을 의미하며 이러한 기하급수적 과도 현상은 [그림 17-11(b)]에 나타난다.

정상 상태 수준 T_s에 도달할 때까지 오래 기다리면 식 (17.36)에서 dT_s/dt는 0이 되고 열 손실률은 공급된 전력과 같아진다.

$$\delta(T_s - T_a) = \delta\Delta T = V_T i \tag{17.38}$$

낮은 공급 전압과 높은 저항으로 전류 i를 매우 낮게 만들면 온도 상승 ΔT를 무시할 수 있을 정도로 작게 만들 수 있으며 사실상 자체 발열이 제거된다. 따라서 식 (17.36)으로부터 온도 변화율은 다음과 같다.

$$\frac{\mathrm{d}T_{\mathrm{s}}}{\mathrm{d}t} = -\frac{\delta}{C}(T_{\mathrm{s}} - T_{\mathrm{a}}) \tag{17.39}$$

이 미분방정식의 해는 식 (17.8)의 해와 동일하다. 이는 센서가 동일한 시간상수 τ_{T}로 내부 또는 외부의 가열에 반응함을 의미한다. 시간상수는 주변 환경에 대한 서미스터 결합에 따라 달라지므로 일반적으로 특정 조건에 대해 지정된다. 예를 들어 25℃의 정체된 공기에서는 $\tau_{\mathrm{T}} = 1$초이고 25℃의 교반된 물에서는 0.1초가 된다. 앞에서 설명한 것처럼 센서의 지수적인 열 변화는 열 흐름의 단순화된 모델을 나타냄을 명심해야 한다. 실제로 서미스터 응답은 보호 코팅을 포함하여 서미스터 본체 전체를 통해 내부에서 외부로, 혹은 외부에서 내부로 열이 전파되기 때문에 비지수적인nonexponential 모양을 갖는다.

모든 서미스터 응용은 다음 세 가지 기본 특성 중 하나를 사용한다.

1. NTC 서미스터의 저항 대 온도 특성은 [그림 4-18]에 나와 있다. 이러한 특성을 기반으로 하는 대부분의 응용 분야에서 자체 발열 효과는 바람직하지 않다. 따라서 서미스터의 명목 저항 R_{T0}는 높게 선택되어야 하고 물체에 대한 결합은 최대화되어야 한다(δ 증가). 이 특성은 주로 온도를 감지하고 측정하는 데 사용된다. 일반적인 응용 분야는 접촉식 전자 온도계, 온도 조절기, 열 차단기이다.
2. 온도 대 시간 또는 저항 대 시간은 [그림 17-4] 및 [그림 17-5]에 나와 있다.
3. 전압 대 전류 특성은 자기 발열 효과를 사용하거나 무시할 수 없을 때 중요하다. 전력 공급 손실 균형은 식 (17.38)에 의해 관리된다. δ의 변동이 적고 저항 대 온도 특성을 알고 있는 경우 식 (17.39)는 정적전압 대 전류 특성에 대해 풀 수 있다. 이 특성은 일반적으로 로그-로그 좌표에 그려지며 일정한 저항의 선은 기울기가 +1이고 일정한 전력선의 기울기는 −1이다([그림 17-12] 참조).

[그림 17-12]의 좌측을 보면 매우 낮은 전류의 경우 서미스터에 의해 손실되는 전력은 무시할 수 있을 정도로 작으며 특정 온도에서 서미스터 저항선의 접선으로 특성지을 수 있다. 따라서 서미스터는 온도에 민감하지만 단순한 저항처럼 작동한다. 즉 전압강하 V_{T}는 전류 i에 비례한다.

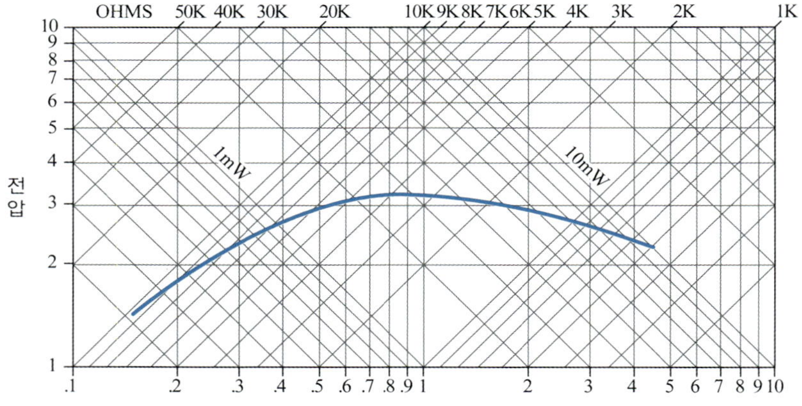

그림 17-12 25℃의 정지 공기에서 NTC 서미스터의 전압-전류특성(특성 곡선의 곡률은 자체 발열 효과에 기인함)

전류가 증가하면 자체 발열도 증가하고 그 결과 서미스터의 저항이 감소한다. 서미스터의 저항이 더 이상 일정하지 않기 때문에 특성 곡선은 직선에서 벗어나기 시작한다. 해당 온도에서의 저항을 의미하는 특성 기울기(dV_T/di)는 전류 증가에 따라 감소한다. 전류 증가는 추가 저항강하로 이어져서 전류가 더 증가한다. 결국 최대 전압값 V_p에서 전류도 최댓값 i_p에 도달한다. 이 시점에서 서미스터의 저항은 0이라는 점에 유의해야 한다. 전류 i_p가 더 증가하면 [그림 17-12]의 우측처럼 기울기가 계속 감소하여 저항이 음의 값을 가진다. 이 경우 전류가 증가하면 저항이 다시 감소하고 도선 저항이 기여 요인이 된다. 서미스터는 이런 조건에서 작동해서는 안 되며 서미스터 제조업체는 일반적으로 서미스터에 대한 최대 허용 전력을 명시해야 한다.

식 (17.38)에 따르면 자체 발열 서미스터를 사용하여 δ, ΔT 또는 V_T의 변동을 측정할 수 있다. δ가 변하는 응용에는 진공 압력계(피라니 게이지), 풍속계, 유량계, 유체 레벨 센서 등이 포함된다. ΔT가 변하는 응용 분야에는 마이크로파 파워 미터가 있으며, V_T가 변하는 응용 분야에는 자동 이득 제어, 전압 조정, 볼륨 제한 등 일부 전자회로가 있다.

17.4.5 세라믹 PTC 서미스터

모든 금속은 양의 온도계수[PTC]를 가지고 있다. 저항 온도계수[TCR]는 매우 낮으므로([표 A-7] 참조) 금속은 대부분 고감도를 요구하는 온도 감지에 유용하지 않다. 앞에서 언급한 대로 RTD는 온도계수가 작다. 이와 대조적으로 세라믹 PTC 재료는 특정 범위에서 온도의 영향을 매우 많이 받는다.

PTC 서미스터는 다결정 세라믹 물질로 제작되며, 기본 화합물인 티탄산바륨[$BaTiO_3$] 또는 바륨과 티탄산스트론튬[$SrTiO_3$]의 고용체(피라니 물질)에 도펀트를 첨가하여 반도체로 만든 후 사용한다.[9] 복합 재료가 퀴리온도 이상이 되면 강유전성 특성이 빠르게 변해 저항이 몇 배정도 증가한다. 세라믹 PTC 서미스터의 일반적인 전달함수 곡선은 NTC 및 백금 RTD 응답과 비교하여 [그림 17-13]에 나와 있다.

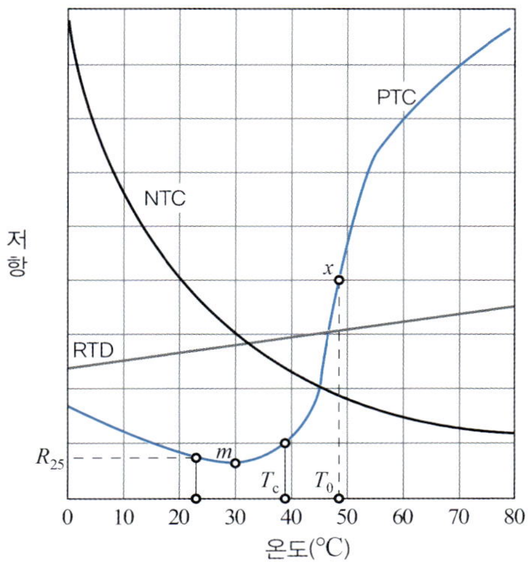

그림 17-13 NTC 및 RTD 서미스터와 비교한 PTC 서미스터의 전달함수

전달함수 곡선의 모양이 수학적 근사에 적합하지 않으므로 일반적으로 제조업체에서는 PTC 서미스터를 다음과 같은 값들로 정의한다.

1. 25 ℃에서의 저항인 R_{25}는 자기 발열이 무시할 정도로 작다.
2. 최소 저항 R_{m}은 서미스터가 TCR을 양수에서 음수값(점 m)으로 변경하는 곡선의 값이다.
3. 전이온도 T_{τ}는 저항이 빠르게 변하기 시작하는 온도이다. 이는 재료의 퀴리 포인트와 거의 일치한다. 전이온도의 일반적인 범위는 −30 ℃ ~ +160 ℃이다.
4. TCR은 다음과 같은 표준 형식으로 정의된다.

$$\alpha = \frac{1}{R}\frac{\Delta R}{\Delta T} \tag{17.40}$$

이 계수는 온도에 따라 매우 크게 변하며 종종 x지점에서 약 2/℃ 정도의 최고값을 갖는다. 이는 저항의 변화가 ℃당 200 %라는 의미이다.

5. 최대 전압 $E_{\max}$는 서미스터가 온도와 무관한 상태가 되었을 때 가장 높은 전압을 의미한다.
6. 열적 특성은 열용량, 손실 상수 δ(주어진 환경과의 결합 조건에서 지정), 열 시간상수(지정된 조건에서 속도 응답을 정의)로 명시된다.

PTC 서미스터의 경우 주변 환경의 온도와 자체 발열효과라는 두 가지 요소가 핵심적인 역할을 한다. 이 두 요소 중 하나는 서미스터의 작동 지점을 이동시킨다. PTC 서미스터의 온도 감도는 [그림 17-14]의 전압 – 전류특성으로 반영된다.

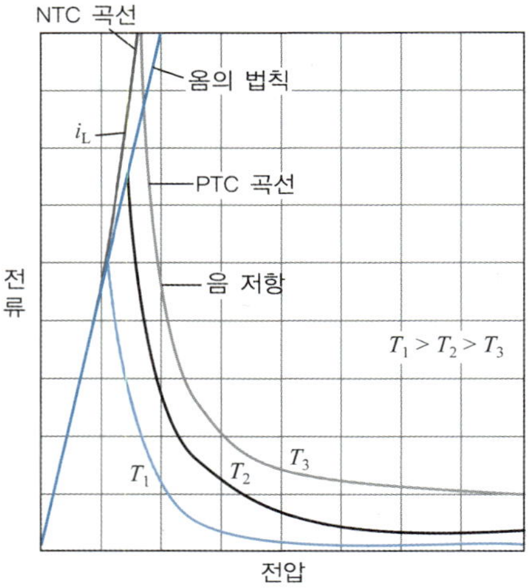

그림 17-14 PTC 서미스터의 전압-전류특성

TCR이 거의 0에 가까운 일반 저항은 옴의 법칙에 따라 선형 특성을 가진다. 또한 NTC 서미스터는 전압-전류특성에 따라 변하는 양의 곡률을 갖는다. TCR이 음(−)인 경우는 서미스터가 하드 전압 소스[7]에 연결될 때 자체 발열로 인해 저항이 감소한다는 의미이다. 결국 전류가 더 많이 흐르게 되고 더욱 가열될 것이다.

7 하드 전압 소스는 출력저항이 거의 0에 가깝고 전압 변화없이 전류를 무제한으로 전달할 수 있는 모든 전압 소스를 의미한다.

그러나 양의 TCR 덕분에 금속은 하드 전압 소스에 연결될 때 과열되지 않고 자체 제한 장치로 작동한다. 예를 들어 백열등에 있는 필라멘트는 온도가 상승하면 저항이 증가하여 전류를 제한하기 때문에 타지 않는다. 이 자체 제한(자체 조절) 효과는 PTC 서미스터에서 크게 향상된다. 볼트-암페어 특성의 모양은 상대적으로 좁은 온도 범위에서 PTC 서미스터가 다음과 같은 음의 저항을 가지고 있음을 나타낸다.

$$R_x = -\frac{dV_x}{di} \tag{17.41}$$

이로 인해 내부 음의 피드백이 생성되어 이 장치를 자체 제어 온도 조절기로 만든다. 음의 저항 영역에서 서미스터 양단의 전압이 증가하면 열이 발생하여 저항이 증가하고 열 발생이 감소한다. 결과적으로 PTC 서미스터의 자체 발열 효과는 장치의 온도를 일정한 수준 T_0로 유지하는 수준에서 열 손실의 균형을 맞추는 열을 생성한다([그림 17-13] 참조). 이 온도는 곡선의 접선이 가장 높은 지점의 x값에 해당한다. PTC 서미스터는 T_0가 100 ℃ 이상으로 상대적으로 높고 낮은 온도에서 효율(x 점 근처의 $R-T$ 곡선의 기울기)이 현저히 떨어질 때 훨씬 더 효율적이다. 본질적으로 PTC 서미스터는 주변 온도보다 훨씬 높은 온도 범위에서 유용하다. PTC 서미스터의 자체 조절 효과를 유용하게 사용하는 분야가 많다. 이를 간략히 설명하면 다음과 같다.

❶ 회로 보호 분야

PTC 서미스터는 전기회로 내 과도한 전류 흐름을 감지하여 재설정할 수 있는 비파괴 퓨즈로 동작한다. [그림 17-15(a)]는 부하에 전류 i를 공급하는 전원 공급 장치의 전압 E와 직렬로 연결된 PTC 서미스터를 보여준다. 실온에서 PTC 서미스터의 저항은 보통 10 ~ 140 Ω 으로 매우 낮다. 전류 i는 부하 양단의 전압 V_L과 서미스터 양단의 전압 V_x를 발생시킨다. 이때 $V_L \gg V_x$라고 가정한다. 서미스터 손실 전력 $P = V_x i$는 주변 환경으로 손실되고 서미스터의 온도는 상대적으로 작은 값으로 주변 온도보다 높아진다. 주변 온도가 너무 뜨거워지거나 부하 전류가 급격히 증가할 때마다(예 : 부하의 내부 고장으로 인해) 서미스터에 의해 손실되는 열은 저항이 증가하기 시작하는 T_τ 영역의 온도를 상승시킨다. 이는 전류가 추가로 증가하는 것을 막는다. 단락 - 부하 조건 $V_x = E$에서 전류 i는 최소 수준으로 떨어진다. 이것은 부하의 정상적인 저항이 복원될 때까지 유지되고 이를 퓨즈가 스스로 재설정된다고 일컫는다. 이 경우 $E < 0.9E_{max}$를 확인하는 것이 중요하며 그렇지 않을 경우에는 서미스터가 완전히 망가질 수 있다.

❷ 마이크로 전자, 생물 의학, 화학 등의 응용 분야

소형 자체 발열 온도 조절기 [그림 17-15(b)]는 단일 PTC 서미스터로 설계할 수 있다.

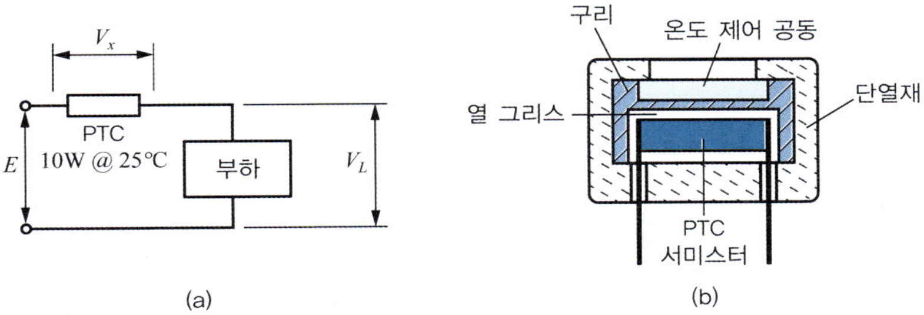

그림 17-15 PTC 서미스터의 응용 (a) 전류 제한 회로 (b) 소형 온도 조절기

이때 전이온도를 적절하게 선택해야 한다. 어떤 온도 조절기는 접시 형태로 구성되는데 이 접시는 주변으로부터 열적으로 절연되고 서미스터에 열적으로 결합된다. 열 그리스를 사용하여 건식 접촉을 제거하는 것이 좋다. 서미스터의 단자는 식 (17.42)로 값을 추정할 수 있는 전압 소스에 연결된다.

$$E \geq 2\sqrt{\delta(T_\tau - T_a)R_{25}} \tag{17.42}$$

여기서 δ는 주변 환경에 대한 열적결합에 따라 달라지는 열손실 상수이고 T_a는 주변 온도이다. 온도 조절기의 설정 지점은 PTC 세라믹 재료의 물리적 특성(퀴리온도)에 의해 결정되며 내부 열 피드백으로 인해 장치는 비교적 넓은 범위의 전원 공급 전압과 주변 온도 내에서 안정적으로 작동한다. 주변 온도는 항상 T_τ보다 낮아야 한다.

❸ 시간 지연 회로 생성

전력을 인가하여 낮은 저항 지점까지 가열되는 전환 시간이 비교적 길기 때문이다.

❹ 유량계 및 액체 레벨 감시기 제작

12.3절에 설명된 열 풍속계와 같이 열 발산 원리로 작동하는 유량계 및 액체 레벨 감지기에 활용한다.

17.4.6 제조 유형

일반적으로 NTC 세라믹 서미스터는 제조 유형에 따라 크게 세 그룹으로 나뉜다. 첫 번째 그룹은 비드형[bead-type] 서미스터로 구성된다. 비드는 노출되어 있거나 유리([그림 17-16(a)] 참조) 및 에폭시로 코팅되거나 금속에 캡슐화된다.

(a) (b) (c)

그림 17-16 (a) 유리 코팅된 축 방향 및 방사형 비드 서미스터 (b) 표면 실장 서미스터 (c) 상하단 비코팅 칩 서미스터

대부분의 비드는 세라믹 본체로 소결되는 백금 합금 도선을 가지고 있다. 백금은 높은 전기 전도성과 적절한 열 전도성 특성을 가져 주로 사용된다. 제작 시 적절한 고착제와 혼합된 금속 산화물의 일부가 약간의 장력을 받는 평행한 도선에 배치된다. 혼합물을 건조시키거나 부분적으로 소결한 후 비드 가닥을 지지 고정구에서 제거하고 최종 소결을 위해 관형 용광로에 넣는다. 금속 산화물은 이 소성 과정에서 도선 쪽으로 수축하여 전기적 결합을 형성한다. 이후 비드를 가닥에서 개별적으로 절단하고 적절히 코팅한다.

또 다른 유형의 서미스터는 도선 연결용 표면 접촉이 있는 칩 서미스터 또는 회로기판에 직접 납땜하는 것이다. 일반적으로 칩은 표면전극의 후속 스크린 인쇄, 스프레이, 페인팅 또는 진공 금속화와 같은 테이프 주조법[tape casting]으로 제조된다. 그 후 칩을 원하는 형상으로 절단한다. 원하는 경우 칩을 연마하여 필요한 허용 오차를 충족할 수 있다. 칩에는 축 방향 또는 상/하단에 두 개의 전극을 형성한다. 현재 수많은 서미스터 칩은 회로 기판의 표면 실장 부품의 표준 형태로 제작된다. 미국의 경우 001, 0402, 0603, 0805를 사용하며 미터법의 경우 0603, 1005, 1608, 2012를 사용한다.

세 번째 유형의 서미스터는 유리, 알루미나, 실리콘 등과 같은 적합한 기판에 반도체 재료를 증착하여 제작된다. 이러한 서미스터는 통합 센서 및 특수한 종류의 열 적외선 감지기에 적합하다. 일반적인 제조 방법은 실크 스크리닝이다.

금속 표면 접촉 서미스터 중에서 조각 혹은 코팅되지 않은 칩이 가장 불안정하다. 이런 경우에는 에폭시 코팅으로 적당한 안정성을 얻을 수 있다. 세라믹 본체에 소결된 도선이 있는 비드 유형은 최대 550 ℃ 의 높은 온도에서 작동한다. 금속 표면 접촉 서미스터는 일반적으로 최대 150 ℃ 가 정격이다. 따라서 빠른 응답 시간이 필요할 때는 비드 서미스터를 선호한다. 대신 비드 서미스터는 칩 유형보다 비싸고 원하는 크기로 손질하기 어렵다. 손질trimming은 일반적으로 25 ℃ 온도에서 서미스터를 기계적으로 연마하여 형상을 변경함으로써 원하는 저항값을 얻는다.

어떤 서미스터는 두꺼운 막 저항을 만드는 것과 유사한 공정으로 생산한다. 이 공정에는 세라믹 기판에 전도성 잉크를 스크린 인쇄하는 작업이 포함된다. 인쇄용 잉크에는 서미스터 특성을 가진 분말, 유리 분말, 유기 고착제가 포함되어 있다. 서미스터 분말은 망간Mn, 코발트Co, 니켈Ni의 산화물, 루비듐Ru과 같은 일부 귀금속 산화물 및 기타 물질로 구성된다.[10] 인쇄 후 서미스터는 용광로에서 소결된 다음 접촉 전극이 서미스터 패턴의 가장자리에 인쇄되고 다시 소성된다. 그 후 기판을 개별 서미스터로 절단한다. 현재 고품질 서미스터 잉크(페이스트)는 듀폰DuPont 사에서 시판 중이다. 예를 들면 NTC40과 NTC50 페이스트가 있다. 다양한 페이스트에 대한 감도 α 는 0.2 ~ 3.7% 범위에 있다.[11]

NTC 서미스터를 사용하는 동안 일어날 수 있는 오류 원인을 간과해서는 안 된다. 그중 하나는 노후화로, 저렴한 센서의 경우 연간 +1% 에 이른다. [그림 17-17]은 소결 유리 캡슐화 서미스터와 비교하여 에폭시 캡슐화 칩 서미스터에 대한 저항값의 백분율 변화를 보여준다. 적절한 보호 및 사전 노화pre-aging는 센서의 특성을 안정화하기 위한 강력한 방법이다. 사전 노화 동안 서미스터는 최소 700 시간 동안 +300 ℃ 에서 유지된다. 더 나은 효과를 위해 스테인리스 스틸로 추가 캡슐화하거나 에폭시로 보호할 수 있다. 유리에서 사전 노화시키고 캡슐화한 다음 스테인리스 스틸 튜브에 넣은 서미스터는 1년에 몇 밀리도 정도의 낮은 변화를 보인다.

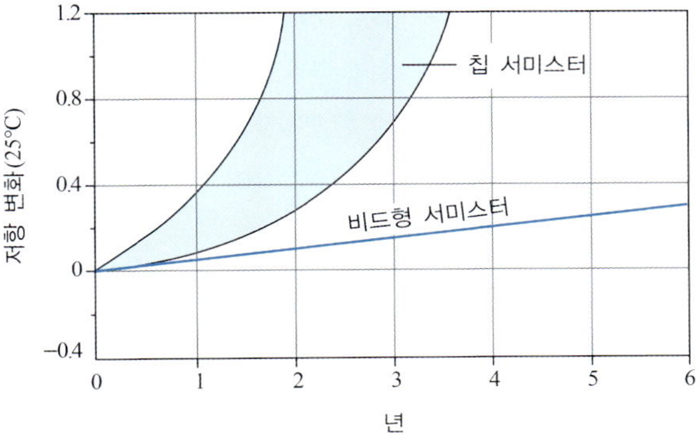

그림 17-17 서미스터의 장기적인 안정성

17.5 실리콘 및 게르마늄 서미스터

고품질 NTC 서미스터는 단결정 또는 다결정 게르마늄Ge 또는 실리콘Si으로 제작할 수 있다.[12~13] 이 서미스터는 높은 감도, 엄격한 제조 허용 오차, 작은 크기, 저렴한 비용, 최저 1 mK에서 최고 500 ℃까지 극저온 및 고온에서 작동할 수 있는 능력 등 다양한 장점이 있다. 실리콘 및 게르마늄 서미스터는 에드셈AdSem 사에서 광범위하게 응용하여 개발하였다. 더 높은 온도에서 작동하기 위해 표준 반도체 공정을 사용하여 실리콘 및 게르마늄 서미스터를 엄격한 허용 오차로 생산할 수 있으므로, 실리콘의 경우 0 ~ 500 ℃, 게르마늄의 경우 20 ~ 300 ℃ 온도 범위까지 개별 보정을 할 필요가 없다. [표 17-3]은 극저온이 아닌 온도에서 작동할 때 개별 서미스터의 몇 가지 특성을 보여준다. 일반적인 실리콘 또는 게르마늄 웨이퍼로 생산되기 때문에 동일한 칩에서 압력, 습도, 가속도 등과 같은 다른 MEMS 센서와 결합할 수 있다.

표 17-3 고온 반도체 NTC 서미스터의 대표적인 특징(출처: AdSem, Inc.)

매개변수	실리콘	게르마늄
최소 크기(mm)	0.1×0.1×0.1	0.1×0.1×0.1
동작 온도(℃)	−10 ~ +500	−200 ~ +300
25℃에서의 Beta(K)	6,600	4,700
저항 범위(Ω) (1×1×0.25mm 크기일 때)	1Ω ~ 5MΩ	1Ω ~ 500kΩ
내성	0 ~ +500℃ : ±0.1℃ 25 ~ +200℃ : ±0.05℃	−40 ~ +25℃ : ±0.2℃ 25 ~ +300℃ : ±0.05℃

반도체 저항의 온도 의존성은 **활성화 에너지**activation energy의 함수이다. 활성화 에너지라는 용어는 원래 스웨덴 과학자 스반테 아레니우스가 화학 반응을 시작하는 데 필요한 최소 에너지를 명시하기 위해 1889년에 제안했다. 아레니우스 식Arrhenius equation은 화학 반응 속도를 다음과 같이 정의한다.

$$k = Ae^{-\frac{E_a}{k_B T}} \tag{17.43}$$

여기서 k_B는 볼츠만 상수, T는 절대온도, E_a는 시약의 활성화 에너지, A는 상수이다. 극저온이 아닌 경우, 반도체의 에너지 밴드 갭을 통해 전자를 전도대로 이동시키고 결과적으로 반도체의 저항을 변경하는 데 필요한 최소 열에너지라고 할 수 있다. 각 반도체는 자체 활성화 에너지 E_a를 특징으로 한다. 열 교반으로 인해 반도체에서 자유 캐리어를 여기할 확률은 다음과 같이 표현할 수 있다.

$$P = P_0 e^{-\frac{E_a}{k_B T}} \tag{17.44}$$

열 여기 확률은 반도체의 열 유도 전도도로 변환된다. 전자 여기 확률이 높을수록 저항이 작아진다. 감지 과정은 15.1절에서 설명한 광 효과와 유사하다([그림 15-1] 참조). 광 저항기와 달리 서미스터의 전자는 광자의 흡수가 아닌 열 교반으로부터 에너지 갭을 뛰어넘기 위한 추가 운동 에너지를 얻는다. [그림 17-18]은 반도체에서 열 효과의 개념을 보여준다.

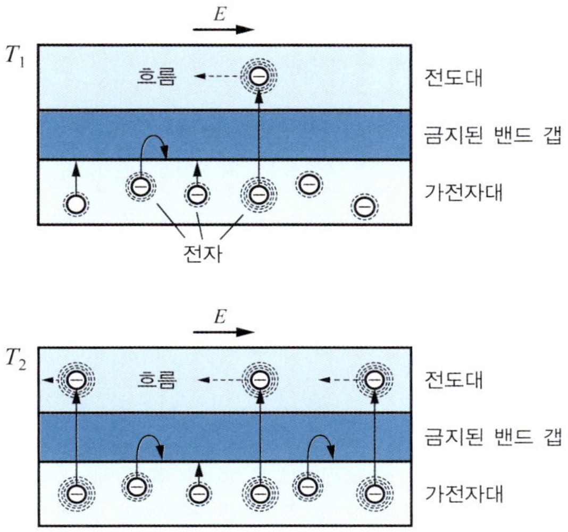

그림 17-18 낮은 온도 T_1에서는 매우 적은 전자만 금지된 에너지 밴드를 뛰어넘을 수 있고 재료의 저항도 높다. 높은 온도 T_2에서는 밴드 갭을 뛰어넘을 확률이 더 높고 저항은 더 낮다.

모든 서미스터는 17.4절에 설명한 특수 세라믹 또는 실리콘 또는 게르마늄 웨이퍼에서 제작된 결정 재료이다. 단순화된 결정질 물질의 활성화 에너지는 광 효과에서 금지된 에너지의 간격과 동등한 것으로 간주된다. 반도체 결정 물질에서 대부분의 전자는 가전자대 에너지 대역에서 더 낮은 에너지를 가지며 적은 수의 전자만 전도대에 존재한다. 가전자대 전자는 대부분 결정에 결합되어 있지만, 전도 전자는 물질을 통해 자유롭게 이동하여 전류를 생성한다. 따라서 재료의 저항은 전도대의 전자 수에 따라 달라진다. 외부 전기장 E가 인가되면 전자가 흐르면서 전류를 생성한다.

재료의 온도가 낮을 경우(T_1), 전자가 에너지 밴드 갭을 뛰어넘기 위해 충분한 에너지를 가질 전자의 확률((식 17.44) 참조)이 낮아진다.[8] 입자의 열적 교반은 식 (4.129)의 플랑크 법칙[Plank's law]에 의해 통계적으로 설명할 수 있다. 여기서 가장 가능성이 높은 온도는 식 (4.130)의 빈의 법칙[Wien's law]으로 정의된다. 느리게 진동하는 차가운 전자는 결정에서 빠져나와 에너지 갭에 들어갈 수 없거나 가능하더라도 가전자대로 돌아간다. 반면에 뜨거운 전자는 에너지 갭을 뛰어넘어 전자의 흐름에 참여한다. 가전자대에서 손실된 음의 전자는 전류에 기여할 수 있는 가상의 양전하인 홀(양공)을 생성한다. 적은 수의 음전하 또는 양전하 캐리어는 낮은 전도도(높은 재료 저항)를 의미한다.

더 높은 온도 T_2에서는 더 많은 전자가 더 뜨겁고 에너지 갭을 넘을 확률이 더 높다. 결과적으로 더 많은 수의 전자가 흐름에 참여하여 전류가 높아지고 이에 따라 재료의 저항이 낮아진다.

8 이 메커니즘은 극저온에서는 달라진다.

재료의 전기 저항은 전도도의 역수라는 점을 고려한다면 에너지 갭을 뛰어넘는 열 관련 확률은 재료 저항을 정의한다. 식 (17.44)의 간단한 수학적 처리를 통해 게르마늄 또는 실리콘 서미스터의 정규화된 저항을 다음과 같이 표현할 수 있다.

$$r = \frac{R(T)}{R_0} = e^{\frac{E_a}{k_B}\left(\frac{1}{T} - \frac{1}{T_0}\right)} = e^{\beta\left(\frac{1}{T} - \frac{1}{T_0}\right)} \tag{17.45}$$

여기서 β는 반도체의 특성온도이고 R_0는 선택된 온도 T_0에서의 명목저항이다. 명목저항은 반도체 유형, 처리 불순물 및 센서 형상에 따라 다르다. 식 (17.45)는 식 (17.20)과 같으며, 이는 세라믹이 실리콘과 게르마늄 서미스터와 동일한 법칙을 따른다는 의미이다. 여기서 활성화 에너지는 특성온도와 이에 따른 감도 α를 정의한다(식 17.23 참조).

[그림 17-19(a)]는 극저온이 아닌 온도에 대한 실리콘 및 게르마늄 서미스터의 전달함수를 보여준다.

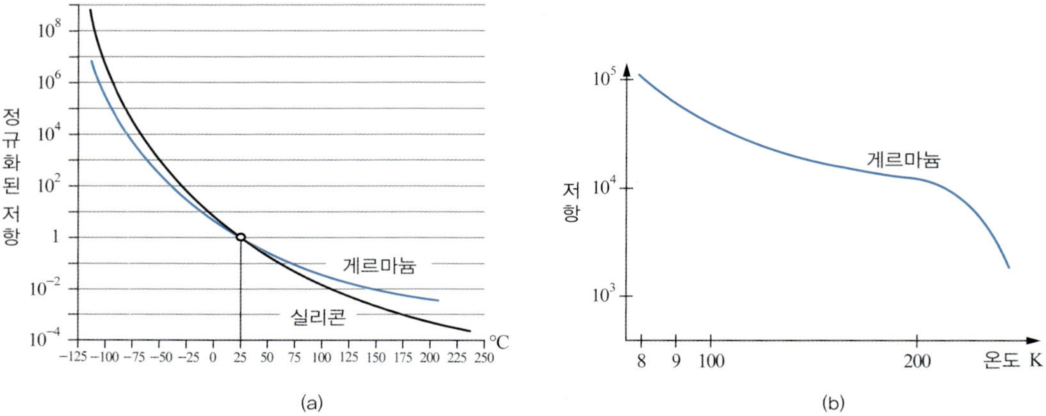

그림 17-19 (a) 높은 온도에서 실리콘 및 게르마늄 NTC 서미스터의 정적 전달함수
(b) 극저온에서 게르마늄 서미스터의 정적 전달함수

서미스터의 중요한 장점은 극저온 범위에서도 사용할 수 있다는 것이다. 제조 과정에서 전위 도핑[14]과 고온 중성자 기술[15]에 의한 도핑을 규칙적인 불순물 도핑과 함께 사용하면 실리콘 및 게르마늄의 특성을 제어하여 특정 온도 범위에 맞출 수 있다. 높은 호환성을 가진 극저온 NTC 서미스터는 77 ~ 300 K, 20 ~ 300 K, 1 ~ 300 K 범위에서 생산할 수 있으며, 1 K 미만의 초저 범위(900 μK 범위까지)에서는 실리콘 및 게르마늄 서미스터를 제작할 수 있다.

수 mK에서 최대 750 K까지의 매우 넓은 동작 온도 범위를 커버하기 위해 두 개의 실리콘 서미스터를 단일 패키지로 결합할 수 있다. 하나는 극저온 범위, 다른 하나는 고온용이다. 또한 게르마늄 및 실리콘 서미스터는 액체 헬륨 온도에서 최대 5 T의 강한 자기장에서 작동하도록 경화되고 따라서 감마선 및 고속 중성자에 대한 방사 경도가 증가한다. 예를 들어 [그림 17-19(b)]는 칩 크기가 0.25 × 0.25 × 0.7 mm인 게르마늄 극저온 서미스터의 온도응답을 보여준다. 이 범위에서 서미스터 응답은 식 (17.45)에 의해 제어되지 않는데 해당 저온에서 반도체의 전기 전도는 주로 불순물에 따라 달라지기 때문이다.

17.6 반도체 pn 접합 센서

다이오드 또는 바이폴라 트랜지스터의 반도체 pn 접합은 매우 강한 열 의존성을 나타낸다.[16] 순방향 바이어스 접합이 정전류 발생기에 연결되면 다이오드 양단의 전압이 접합 온도의 척도가 된다([그림 17-21(a)] 참조).

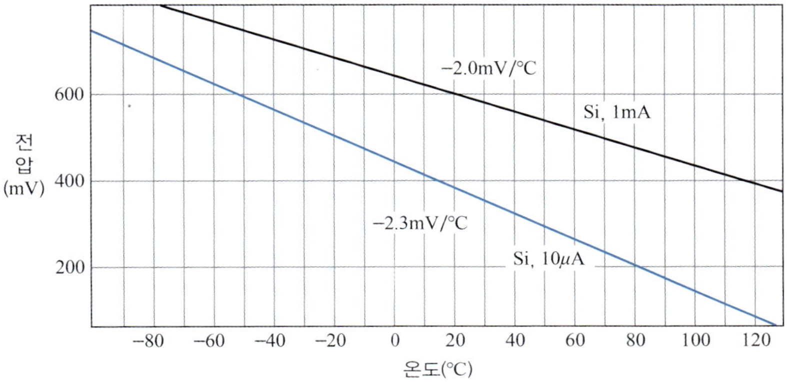

그림 17-20 정전류 조건에서 순방향 바이어스 반도체 접합의 전압-온도 의존성

반도체 pn접합 센서는 [그림 17-20]과 같이 높은 선형성과 MEMS 공정을 통해 다른 구성 요소와 통합할 수 있다는 점이 매력적이다. 선형성은 기울기(감도)와 절편을 정의하기 위해 단 두 점을 사용하는 간단한 보정 방법을 허용한다.

pn 접합 다이오드의 전류-전압 방정식은 다음과 같이 표현할 수 있다.

$$I = I_0 e^{\frac{qV}{2kT}} \tag{17.46}$$

여기서 I_0는 포화 전류이며 그 자체가 온도의 강력한 함수이다. 접합부의 온도에 따른 전압을 나타내면 다음과 같다.

$$V = \frac{E_g}{q} - \frac{2kT}{q}(\ln K - \ln I) \tag{17.47}$$

여기서 E_g는 0 K (절대온도 0도)에서 실리콘의 에너지 밴드 갭이고 q는 전자의 전하이며 K는 온도 독립상수이다. 정전류 조건에서 접합이 동작할 때 전압은 온도와 선형적으로 관련이 있으며 기울기(감도)는 다음과 같다.

$$b = \frac{dV}{dT} = -\frac{2k}{q}(\ln K - \ln I) \tag{17.48}$$

보통 10 μA 에서 동작하는 실리콘 접합의 경우 기울기는 약 −2.3 mV/℃ 이고 1 mA 전류에 대해 약 −2.0 mV/℃ 로 떨어진다. 모든 다이오드 또는 접합 트랜지스터를 온도 센서로 사용할 수 있다.

[그림 17-21(b)]는 온도 센서로서의 트랜지스터 회로를 보여준다.

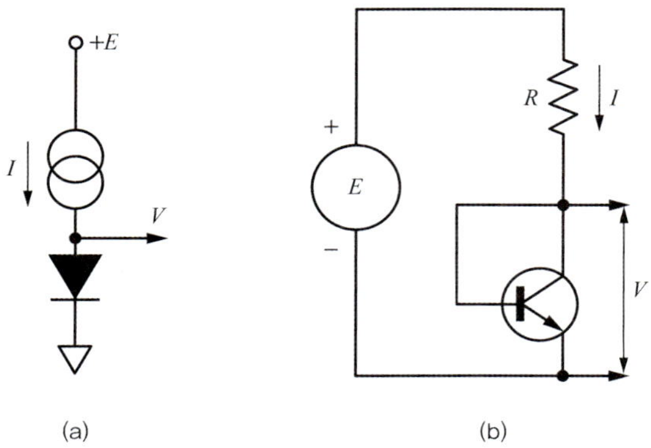

그림 17-21 순방향 바이어스 pn 접합 온도 센서 (a) 다이오드 (b) 다이오드-연결 트랜지스터

전류 소스 대신 전압 소스 E와 안정적인 저항 R이 사용된다. 트랜지스터의 전류는 다음과 같이 결정된다.

$$I = \frac{E - V}{R} \tag{17.49}$$

$I = 100\,\mu\text{A}$ 정도의 전류를 사용하는 것이 좋다. 이 경우 $E = 5\,\text{V}$ 및 $V \approx 0.6\,\text{V}$의 경우 저항 $R = (E - V)/I = 44\,\text{k}\Omega$이다. 다이오드의 온도가 상승하면 전압 V가 약간 떨어지고 전류 I가 약간 증가한다. 식 (17.48)에 따르면 이로 인해 감도가 약간 감소하여 비선형성이 나타난다. 그러나 이 비선형성은 특정 응용에 대해 충분히 작거나 신호 처리 과정에서 처리된다. 트랜지스터 또는 다이오드 온도 센서는 단순성과 매우 저렴한 비용으로 인해 많은 응용 분야에서 쓰인다. [그림 17-22]는 $100\,\mu\text{A}$에서 동작하는 PN100 트랜지스터로 만든 온도 센서의 오류 곡선을 보여준다. 이를 통해 오차가 매우 적고 선형성 수정이 필요하지 않음을 알 수 있다.

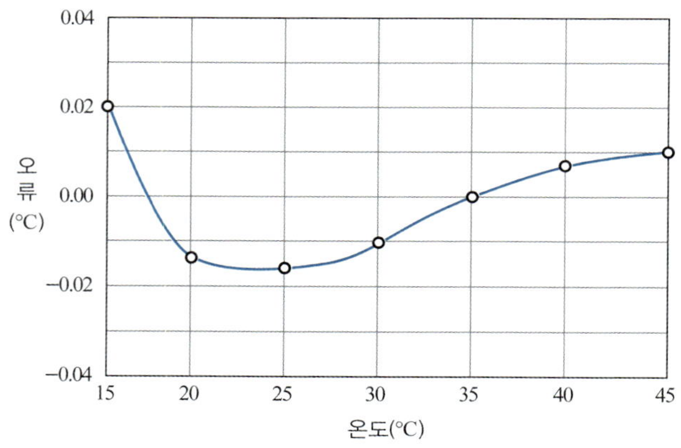

그림 17-22 35℃에서 보정된 온도 센서로 사용되는 실리콘 트랜지스터(PN100)의 오류 곡선

다이오드 센서는 온도 보상이 필요한 모놀리식(단일식) MEMS 센서의 실리콘 기판에 제작할 수 있다. 예를 들어 실리콘 압력 센서의 미세 가공된 막에 집적되어 압전 저항 요소의 온도 의존성을 보상한다.

저렴하면서도 정밀한 반도체 온도 센서는 절대온도(K 단위)에 비례하는 전압을 생성하는 트랜지스터의 특성을 사용하여 제작된다. 이 전압은 직접 사용하거나 전류로 변환할 수 있다.[17] 바이폴라 트랜지스터의 베이스-이미터 전압(V_{be})과 컬렉터 전류 사이의 관계는 선형 반도체 온도 센서를 생산하기 위한 핵심적인 특성이다. [그림 17-23(a)]는 트랜지스터 Q_3, Q_4가 두 개의 동일한 전류 $I_{C1} = I$와 $I_{C2} = I$를 트랜지스터 Q_1, Q_2로 강제하는 이른바 전류 미러current mirror 형태의 단순화된 집적회로를 보여준다.

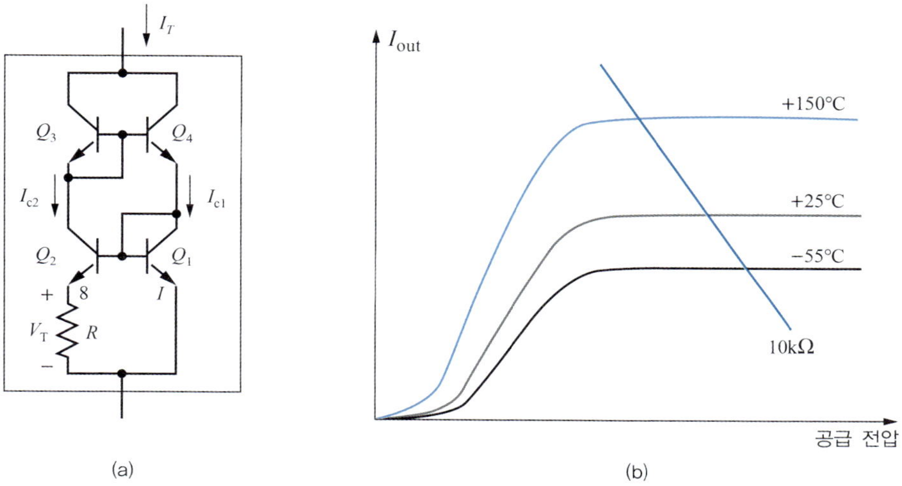

그림 17-23 (a) 반도체 온도 센서의 단순화된 회로 (b) 전류-전압 곡선

이 트랜지스터의 컬렉터 전류는 저항 R에 의해 결정된다. 모놀리식 회로에서 트랜지스터 Q_2는 실제로 병렬 연결된 여러 개(예 : 8개)의 동일한 트랜지스터로 구성된다. 따라서 Q_1의 전류 밀도는 트랜지스터 Q_2 각각의 전류 밀도보다 8배 높다. Q_1과 Q_2의 베이스-이미터 전압 차이는 다음과 같다.

$$\Delta V_{be} = V_{be1} - V_{be2} = \frac{kT}{q}\ln\left(\frac{rI}{I_{ceo}}\right) - \frac{kT}{q}\ln\left(\frac{I}{I_{ceo}}\right) = \frac{kT}{q}\ln r \qquad (17.50)$$

여기서 r은 전류 비율(이 예에서는 8배), k는 볼츠만 상수, q는 전자의 전하, T는 온도(단위 : K)이다. 전류 I_{ceo}는 두 트랜지스터 모두에서 동일하다. 결과적으로 저항 R의 전류는 컬렉터 전류에 독립적인 전압 $V_T = 179\,\mu V \times T$를 생성한다. 따라서 센서를 통과하는 총 전류는 다음과 같다.

$$I_T = 2\frac{V_T}{R} = \left(2\frac{k}{qR}\ln r\right)T \qquad (17.51)$$

전류 비율 $r = 8$, 저항 $R = 358\,\Omega$인 경우 감도 $I_T/T = 1\,\mu A/K$로 온도에 대해 선형적으로 전류가 증가하는 전달함수를 얻는다.

[그림 17-23(b)]는 다양한 온도에 대한 전류-전압 곡선을 보여준다. 식 (17.51)의 괄호 안의 값은 특정 센서 설계에 대해 일정하며 제조 공정 중에 원하는 기울기 I_T/T로 정확하게 조절할 수 있다. 전류 I_T는 전압으로 쉽게 변환할 수 있다. 예를 들어 $10\,k\Omega$ 저항이 센서와 직렬로 연결된 경우 해당 저항의 전압은 $10\,mV/K$의 기울기를 갖는 절대온도의 선형함수가 된다.

[그림 17-23(a)]의 단순화된 회로는 완벽한 트랜지스터($\beta = \infty$)에서만 식 (17.30)과 식 (17.31)에 따라 동작한다. 실용적인 모놀리식 센서에는 실제 트랜지스터의 한계를 극복하기 위해 많은 추가 구성 요소가 있다. 여러 회사에서 이를 기반으로 온도 센서를 생산하는데 예를 들면 텍사스 인스트루먼트 사의 전압 출력회로 LM35와 아날로그 디바이스^Analog Devices^ 사의 전류 출력회로 AD590이다.

[그림 17-24]는 $10\,mV/℃$의 감도로 섭씨 스케일에 대해 내부적으로 조절된 선형 출력을 갖는 LM35Z 온도 센서의 전달함수를 보여준다.

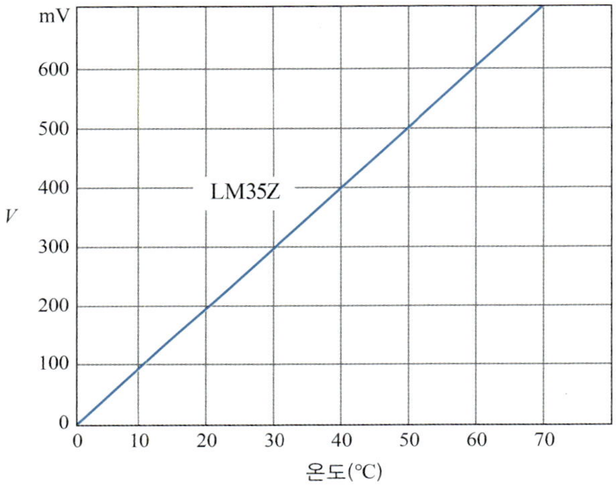

그림 17-24 LM35DZ 반도체 온도 센서의 일반적인 전달함수

이 함수는 비선형성 오류가 $\pm 0.1\,℃$ 이내로 제한되고 근사 가능한 매우 선형적인 함수이다. 이를 나타내면 다음과 같다.

$$V_{out} = V_0 + at \tag{17.52}$$

여기서 t는 섭씨온도이다. 이상적으로 V_0는 0이어야 하지만, 실제 부품 간 변동값은 1℃의 오류에 해당하는 $\pm 10\,mV$ 만큼 크다. 기울기 a는 9.9에서 $10.1\,mV/℃$ 사이에서 변동될 수 있으며 따라서 고정밀 응용의 경우 센서의 V_0 및 a를 결정하기 위해 보정을 해야 한다.

17.7 실리콘 PTC 온도 센서

벌크 실리콘의 전도성 특성을 이용하여 양의 온도계수PTC를 가지는 온도 센서가 성공적으로 구현되었다. 오늘날 실리콘 저항 센서는 온도 보상 또는 직접 온도 측정을 위해 마이크로 기계 구조에 통합되는 경우가 많다. 개별 실리콘 센서를 사용할 수도 있는데 예를 들어 필립스Philips 사에서 제조한 KTY 온도 감지기가 있다. 이러한 센서는 지멘스Siemens 사와 같은 다른 제조업체에서도 생산된다. 실리콘 PTC 센서는 상당히 우수한 선형성과 연간 ±0.05 K 정도의 높은 장기 안정성을 제공한다. 양의 온도계수는 난방 시스템에서 동작하기에 안전하다. 200 ℃ 미만의 적당한 과열은 RTD의 저항 증가와 자체 보호를 야기한다. 실리콘 RTD는 절대온도 센서에 속한다. 즉 절대온도 눈금(K, C 또는 F)을 기준으로 온도를 측정할 수 있다.

다결정 또는 단결정 실리콘과 같은 순수 실리콘은 본질적으로 저항의 음의 온도계수를 가진다([그림 19-1(b)] 참조). 그러나 특정 온도 범위에서 n형 불순물로 도핑되면 [그림 17-25]와 같이 온도계수가 양수가 된다. 이는 낮은 온도에서 전하 캐리어 이동성을 감소시킨 결과이다. 고온에서는 자발적으로 생성된 전하 캐리어 수 n_i로 인해 자유 전하 캐리어의 수 n이 증가하고 실리콘의 진성 반도체 특성이 우세해진다. 따라서 200 ℃ 미만의 온도에서 저항률 ρ는 양의 온도계수를 가지며, 200 ℃ 이상에서는 음(-) 값이 된다. 기본 KTY 센서는 약 500 × 500 × 240 μm 크기의 n형 실리콘 셀로 구성되며 한쪽은 금속화되고 다른 쪽에는 접촉 영역을 갖는다.

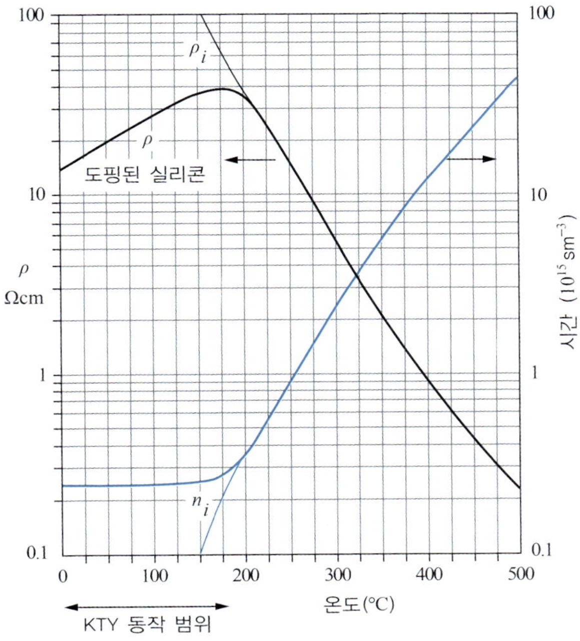

그림 17-25 n-도핑 실리콘의 저항률 및 자유 전하 캐리어 수

KTY 센서는 특히 더 큰 전류가 흐르거나 더 높은 온도일 때 전류 방향에 다소 민감하며 이 문제를 완화하기 위해 두 개의 센서가 반대 극성으로 연결되어 이중 센서를 형성하는 직렬-반대 설계가 사용된다. 이 센서는 자동차에 응용된다.

PTC 실리콘 센서의 일반적인 감도는 0.7%/℃ 정도이다. 즉 저항은 1℃ 마다 0.7℃ 씩 변한다. 약한 비선형성을 가진 다른 센서의 경우 KTY 센서 전달함수를 다음과 같이 2차 다항식으로 근사할 수 있다.

$$R_T = R_0\left[1 + A(T - T_0) + B(T - T_0)^2\right] \tag{17.53}$$

여기서 R_0 및 T_0는 기준점에서의 저항(Ω) 및 온도(K)이다. 예를 들어 −55~+150℃ 에서 동작하는 KTY-81 센서에서 계수는 $A = 0.007874\ \mathrm{K}^{-1}$, $B = 1.874 \times 10^{-5}\mathrm{K}^{-2}$이다. 센서의 일반적인 전달함수는 [그림 17-26]에 나와 있다.

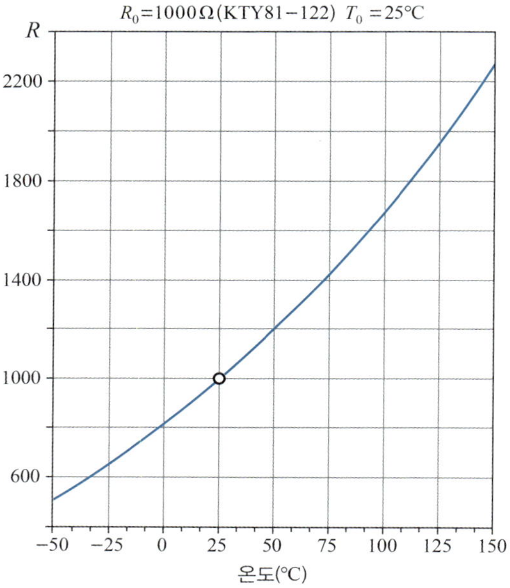

그림 17-26 KTY 실리콘 온도 센서의 전달함수

17.8 열전 센서

열전 접촉 센서는 적어도 두 개의 서로 다른 도체(쌍)가 결합되어 접합을 형성하기 때문에 **열전대**(서모커플 thermocouple)라고 한다. 그러나 실제 센서를 만들기 위해서는 이러한 접합이 적어도 두 개가 필요하다. 열전대는 수동 센서로 온도에 따라 전압을 생성하며 외부 전력이 필요없다. 즉 서모커플은 열에너지를 전기 에너지로 직접 변환하는 역할을 하며 전압 생성 센서이기도 하기 때문에 열 배터리 thermal battery라고도 한다.

열전 센서는 각 접합부의 절대온도와 관계없이 생성되는 전압이 두 서모커플 접합부 사이의 온도 차이에 따라 달라지기 때문에 **상대**relative 센서 분류에 속한다. 서모커플을 사용하여 온도를 측정하려면 하나의 접합을 **기준**reference으로 사용해야 한다. 기준 절대온도를 서미스터 또는 RTD와 같은 별도의 절대 센서로 측정하거나 [표 17-1]에 제시한 기준온도에 있는 재료에 열적으로 결합시킨다. 열전 효과 이해를 위한 물리적 배경은 4.9절에서 설명했다. [표 A-10]에는 국립자동제어협회Instrument Society of America, ISA에서 지정하고 미국 표준 ANSI MC 96.1에서 채택한 유명한 열전쌍이 나열되어 있다. 다양한 서모커플 및 응용 분야에 대한 설명은 여러 참고문헌에서 찾을 수 있다.[2, 18~19]

서모커플을 만드는 데 사용되는 금속은 다음과 같다.

구리(Cu), 철(Fe), 백금(Pt), 로듐(Rh)
콘스탄탄(Constantan, 55% 구리 + 45% 니켈)
크로멜(Chromel, 90% 니켈 + 10% 크롬)
알루멜(Alumel®, 95% 니켈 + 2% 망간, 2% 알루미늄)
니크로실(Nicrosil®, 84.6% 니켈 + 14.2% 크롬 + 1.4% 실리콘)
니실(Nisil®, 95.5% 니켈 + 4.4% 실리콘 + 1% 마그네슘)

이처럼 표준 서모커플을 사용하는 데 중요한 권장 사항은 다음과 같다.

- **T 형** : 구리(+) 대 콘스탄탄(-)은 습한 대기에서 부식에 강하며 영하의 온도를 측정하는 데 적합하다. 공기 산화 환경에서는 구리 열전소자의 산화로 인해 370 ℃(700 °F)로 사용이 제한된다. 다른 대기에서는 더 높은 온도에서 사용될 수 있다.
- **J 형** : 철(+) 대 콘스탄탄(-)은 0 ~ 760 ℃(32 ~ 1400 °F)의 온도 범위 안에 있는 진공 및 산화, 환원 또는 불활성 대기에 적합하다. 철 열전소자의 산화 속도는 540 ℃(1,000 °F) 이상으로 빠르며, 고온에서 긴 수명이 필요한 경우 헤비-게이지heavy-gage 도선을 사용하는 것이 좋다. 이 서모커플은 빙점 이하에서는 사용하지 않는 것이 좋은데, 그 이유는 철 열전소자의 부식 및 취화(물러짐)로 인해 T형보다 상대적으로 덜 쓰이기 때문이다.
- **E 형** : 크로멜(+) 대 콘스탄탄(-)은 -200 ~ 900 ℃(-330 ~ 1,600 °F)의 온도 범위 안에 있는 산화 또는 불활성 대기에서 사용하는 것이 좋다. 환원 대기와 교대 산화, 또는 환원 대기와 미미한 산화 대기 및 진공 상태에서는 K 형과 동일한 제한이 적용된다. 이 서모커플은 수분 함량이 높은 대기에서 부식되지 않으므로 영하 측정에 적합하다. E 형은 일반적으로 사용되는 모든 유형 중 가장 높은 수준의 기전력을 발생시키기 때문에 주로 사용된다([그림 4-36] 참조).
- **K 형** : 크로멜(+) 대 알루멜(-)은 -200 ~ 1,260 ℃(-330 ~ 2,300 °F)의 온도 범위 안에 있는 산화 또는 완전 불활성 분위기에서 사용하는 것이 좋다. 산화에 대한 내성으로 인해 K형은 540 ℃ 이상의 온도에서 자주 사용된다. 그러나 환원 대기, 유황 대기 및 진공에서 사용해서는 안 된다.
- **R 및 S 형** : 백금/로듐(+) 대 백금(-)은 0 ~ 1,480 ℃(32 ~ 2,700 °F)의 온도 범위에 걸쳐 산화 또는 불활성 대기에서 연속적으로 사용하는 데 권장된다.
- **B 형** : 30 % 백금/로듐(+) 대 6 % 백금/로듐(-)은 870 ~ 1,700 ℃(1,000 ~ 3,100 °F) 범위의 산화 또는 불활성 대기에서 연속 사용을 위해 권장된다. 또한 진공에서 단기간 사용하는 데는 적합하지만, 환원 분위기나 금속성 또는 비금속성 증기가 포함된 환경에서는 사용하면 안 되며 금속 보호 튜브 또는 우물에 직접 삽입해서도 안된다.

17.8.1 열전 법칙

실사용을 위해 제품 엔지니어는 서모커플의 적절한 연결을 위한 세 가지 기본 법칙을 고려해야 한다. 인터페이스 전자회로는 항상 두 개의 **동일한**identical 도체에 연결되어야 하는데 그렇지 않을 경우 두 개의 기생 서모커플이 회로에 형성되어 오류가 발생한다. 이러한 동일한 전도체는 서모커플 루프 암loop arms 중 하나로 형성될 수 있다. 루프 암은 서모커플을 전압 측정회로에 연결하기 위해 끊어진다. 끊어진 루프는 [그림 17-27]에서 A로 표시된다.

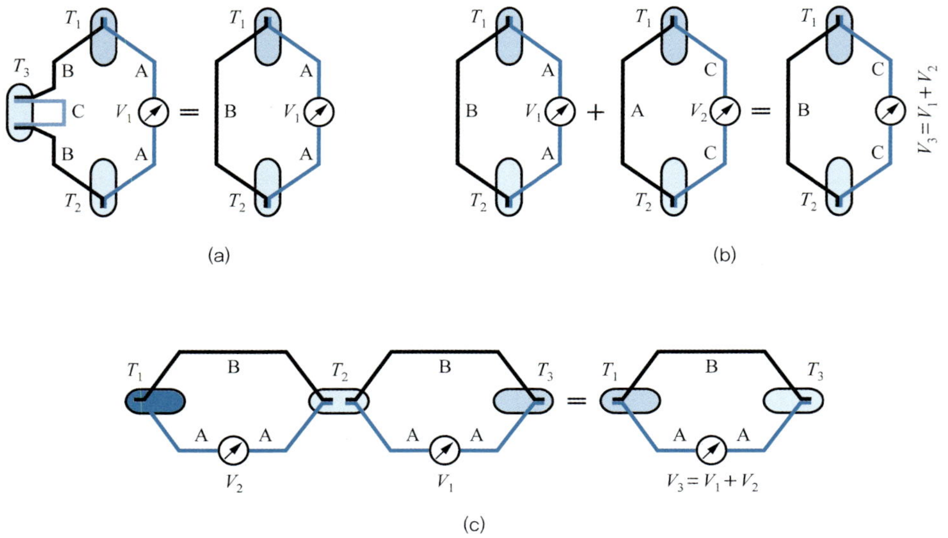

그림 17-27 열전 법칙에 대한 일러스트

❶ 법칙 1

열전류는 열만으로는 균등한 회로에 형성될 수 없다는 것이다. 이 법칙은 제베크seebeck 전압을 생성하기 위해 비균등 물질이 필요하다는 것을 의미한다. 도체가 길이에 따른 온도 분포와 관계없이 균일한 경우 최종 전압은 0이다. 두 개의 서로 **다른**dissimilar 도체의 접합은 전압 생성을 위한 조건을 제공한다.

❷ 법칙 2

모든 접합부가 균일한 온도에 있는 경우 여러 개의 서로 다른 재료의 조합으로 구성된 회로에서 열전력의 대수적 합은 0이라는 것이다. 이 법칙은 두 개의 추가 접합점이 [그림 17-27(a)]의 T_3와 같이 동일 온도라면 결과 전압 V_1에 영향을 주지 않고 열전 루프의 임의의 암에 추가 재료 C를 삽입할 수 있음을 의미한다. 각 삽입에 대한 두 접합점이 동일한 온도에 있는 한 삽입된 도체의 수에는 제한이 없다. 이는 두 접합점 모두에 대해 균일한 온도를 보장하면서 인터페이스 회로를 부착해야 함을 의미한다. 이 법칙의 또 다른 중요한 결과는 땜납과 같은 추가 중간 재료가 포함된 경우에도 열전 접합부가 형성될 수 있다는 것이다. 접합부는 제베크 전압의 정확도에 영향을 주지 않고 용접, 납땜, 비틀림, 융착 등에 의해 형성된다. 이 법칙은 **첨가 재료**additive materials의 규칙도 제공한다([그림

17-27(b)] 참조). 기준 도체(A)에 대한 두 도체(B , C)의 열전 전압 V_1 및 V_2를 알고 있는 경우 두 도체 조합의 전압은 기준 도체에 대한 전압의 대수적 합이다.

❸ 법칙 3

온도 T_1과 T_2의 두 접합부가 제베크 전압 V_2를 생성하고 온도 T_2와 T_3이 전압 V_1을 생성하면 온도 T_1과 T_3은 $V_3 = V_1 + V_2$를 생성한다는 것이다([그림 17-27(c)] 참조). 이를 종종 중간 온도의 법칙이라고 한다. 이 법칙에 따라 한 온도 간격에서 서모커플을 교정한 다음 다른 온도 간격에서 사용할 수 있다. 또한 동일한 조합의 연장 도선을 정확도에 영향 주지 않고 루프에 삽입할 수 있다.

이 법칙들은 서모커플을 매우 다양한 조합으로 사용할 수 있는 수많은 회로를 제공한다. 물체의 평균 온도 측정, 두 물체 간의 온도 차이 측정, 기준 접점 사용 등에 서모커플 센서를 배열할 수 있다.

열전 전압은 매우 작은 전압이며 특히 긴 연결 도선이 있는 센서는 다양한 전송 간섭에 취약하다는 점에 유의해야 한다. 출력 신호를 높이기 위해 여러 서모커플을 직렬로 연결할 수 있으며 모든 기준 접점과 모든 측정 접점은 각 온도에서 유지된다. 이러한 배열은 여러 개의 서모커플을 쌓아 올리는 것과 같으므로 서모파일이라고 한다. 전통적으로 기준 접점을 **냉**^cold^, 측정 접점을 **열**^hot^이라고 한다.

[그림 17-28(a)]는 서모커플 또는 서모파일에 대한 등가회로를 보여준다.

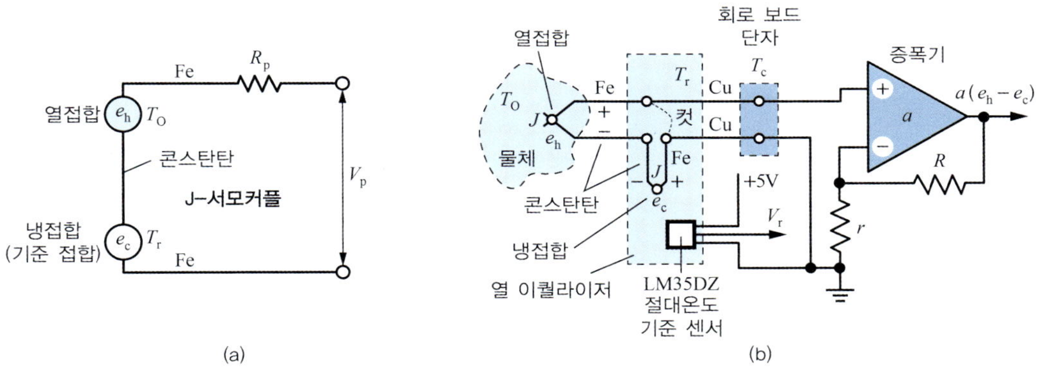

그림 17-28 서모파일의 사용 (a) 열전대 등가회로 (b) 반도체 기준 센서와 분리형 열전 도선이 있는 온도계의 앞단

각 접합은 전압 소스와 직렬 저항으로 구성된다. 전압 소스는 열(e_h) 및 냉(e_c)접합을 나타내며 전체 저항은 저항 R_p에 포함된다. 제베크 전위는 물체와 기준 접점 사이의 온도차($T_O - T_r$) 함수인 크기를 갖는 총 전압 $V_p = e_h - e_c$를 형성한다. 회로의 단자는 이 J형 서모커플의 예와 동일한 재료인 철로 제작된 것으로 가정한다.

17.8.2 서모커플 회로

과거에 서모커플은 온도를 0℃로 유지하기 위해 얼음 욕조에 담근 기준 냉접합과 함께 자주 사용되어 냉접합이라고도 부른다. 이는 실제 사용할 때 큰 제한이 있다. 앞에서 설명한 열전 법칙 2, 3은 단순화된 해결책을 제시한다. 냉접합은 주변 온도를 포함하여 그 온도가 정확하게 알려진 한 어떤 온도에서도 유지된다. 따라서 냉접합은 추가 기준온도 센서에 열적으로 결합된다. 일반적으로 이러한 기준 센서는 서미스터 또는 RTD와 같은 열저항 센서 또는 반도체이다.

▪ 분할 도선 회로

[그림 17-28(b)]는 열전 도선(철) 중 하나가 절단되고(점선으로 표시) 두 개의 구리선이 분할부에 삽입되는 전자회로에 서모커플을 연결한 것을 보여준다. 회로 기판의 전선과 같은 구리선은 증폭기에 연결된다. 냉접합(기준 접합)은 절대온도 기준 센서에 열적으로 결합된 **열 이퀄라이저**thermal equalizer에 위치한다. 이퀄라이저는 구리 또는 알루미늄 블록일 수 있다. 건식 접촉을 방지하려면 더 나은 열 추적을 위해 열 전도성 그리스 또는 에폭시를 도포해야 한다. 이 예에서 기준온도 감지기는 텍사스 인스트루먼트 사에서 제조한 반도체 센서 LM35DZ이다. 이 회로에는 두 개의 출력이 있는데 하나는 제베크 서모커플 전압을 나타내는 증폭기의 신호용이고 다른 하나는 기준신호 V_r용이다. [그림 17-28(b)]는 회로 기판의 입력단자와 증폭기의 비반전 입력 및 접지 버스에 대한 연결이 동일한 유형의 구리 도선에 의해 이루어지는 것을 보여준다. 두 보드 단자는 동일한 온도 T_c에 있어야 하지만 반드시 냉접합 온도여야 하는 것은 아니다. 이는 회로 기판 온도가 기준 냉접합 온도 T_r과 다를 수 있는 원격 측정에서 특히 중요하다.

서모커플 센서에서 열접합(T_h)의 절대온도를 계산하려면 기본적으로 신호 두 개가 필요하다. 첫 번째는 이득 G를 갖는 증폭기의 서모커플 전압이고 다른 하나는 기준 센서 출력전압 V_r이다. 증폭기 출력전압은 다음과 같다.

$$V = G(e_h - e_c) = G\alpha\,(T_O - T_r) \tag{17.54}$$

여기서 $\alpha_T\,[\mathrm{V/K}]$는 미분 열전계수이고 T_r은 기준 센서에 의해 측정된 기준온도이다. 따라서 물체의 온도는 다음과 같이 계산된다.

$$T_O = \frac{V}{G\alpha} + T_r \tag{17.55}$$

전치 증폭기 및 기준 센서의 신호는 디지털화되어 신호 마이크로프로세서에서 적절한 스케일링 계수로 합계를 계산하는 데 사용된다. 이때 열전계수 α_T는 반드시 상수일 필요는 없다. 온도에 따라 다소 차이가 있으므로 정밀 측정을 위해서는 수정이 필요하다.

■ 분할 접합회로

열전 법칙 2에 따르면 새로 형성된 접합부가 동일한 온도에 있는 한 도선을 접합부에 삽입함으로써 정확도에 영향을 주지 않고 두 개의 접합부를 더 형성할 수 있다. 기본 서모커플 회로는 [그림 17-29]의 왼쪽에 있다.

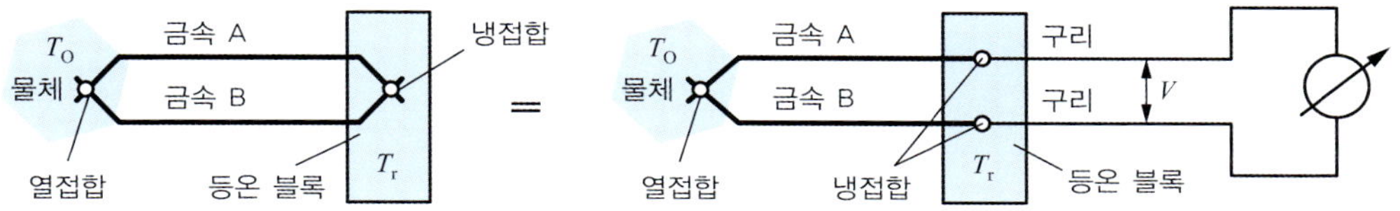

그림 17-29 냉접합은 전압계 연결을 위한 구리 도체를 삽입하기 위해 분할된다. 왼쪽 및 오른쪽 회로는 열전기적으로 동일하다.

여기서 두 개의 서로 다른 금속 A와 B의 열접점과 냉접점은 각각 온도가 T_O인 물체와 기준온도가 T_r인 등온 블록(열 이퀄라이저)에 위치한다. 그러나 이 배열은 측정기에 연결되어 있지 않아 실용적이지 않다. [그림 17-29]의 오른쪽에서는 냉접합(기준 접합)이 분할되고 두 개의 구리 도선이 삽입되어 두 개의 냉접점을 형성한다. 두 개의 냉접점이 동일한 온도에 있는 한 이는 열전신호에 영향을 미치지 않는다. 두 개의 구리선은 외부 전압계에 연결되어 차동 서모커플 전압을 모니터링한다. 이 분할 접합회로는 단순하고 실용적이기 때문에 가장 많이 사용된다.

[그림 17-30]은 두 개의 냉접점이 온도 T_r을 측정하는 기준 센서에 열적으로 결합되는 것과 식 (17.55)에 따라 추가 디지털 입력을 위해 신호를 ADC에 공급하는 방법을 보여준다.

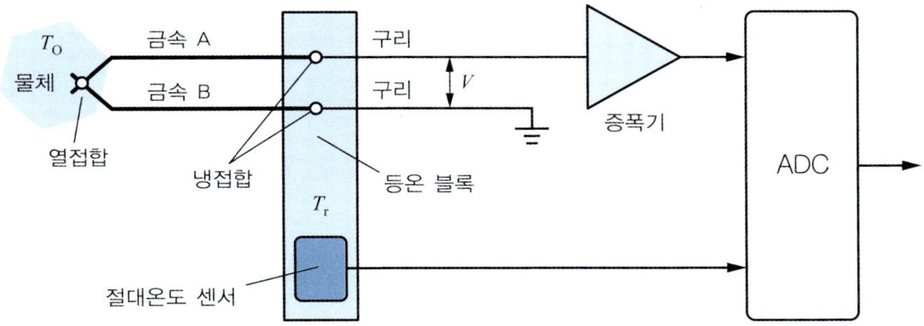

그림 17-30 분할-접합 서모커플 및 기준 센서의 전압은 ADC에 의해 처리된다.

서모커플 및 기준 전압 추가는 반드시 컴퓨터에서 수행해야 하는 것은 아니다. [그림 17-31]은 결합된 아날로그 출력신호를 얻기 위해 서모커플 및 기준온도 센서에서 전압을 아날로그로 추가하는 것을 보여준다. 서모커플과 기준 전압은 직렬로 연결된다. 전압을 합산할 때 서모커플과 기준 센서의 온도 감도(1°당 볼트)가 거의 일치해야 한다. 이는 서로 다른 유형의 서모커플(그림에서는 K형)에 대한 여러 스케일링 출력이 있는 통합 서모파일 기준회로 LT1025에서 가능하다. 따라서 결합된 출력전압은 열접점 절대온도를 나타내며, 이는 10 mV/℃의 표준화된 출력을 위해 이득이 선택된 공통 스케일링 증폭기에 공급된다. 이 통합 참조회로는 냉접점을 유지하는 동일한 등온 블록(이퀄라이저)에 위치해야 한다.

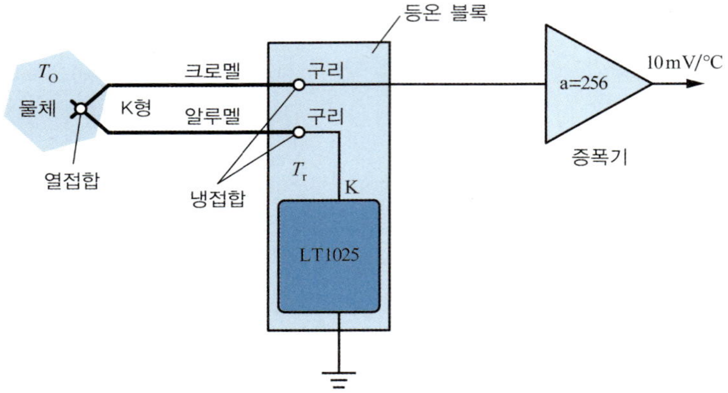

그림 17-31 서모커플 및 기준 집적 회로의 아날로그 신호 결합

17.8.3 서모커플 조합

완전한 서모커플 감지 조합은 일반적으로 감지요소 조합(접합부), 보호 튜브(세라믹 또는 금속 재킷), 서모웰(일부 중요한 응용 분야의 경우 정밀한 허용 오차로 제작되고 부식을 방지하기 위해 고도로 연마된 고체 정제 금속), 종단부(스크류 유형, 개방형, 플러그 및 잭 분리형, 군사 표준 유형 커넥터 등의 형태일 수 있는 접점)로 구성된다. [그림 17-32(a)~(d)]에서 몇 가지 일반적인 서모커플 조합을 보여준다.

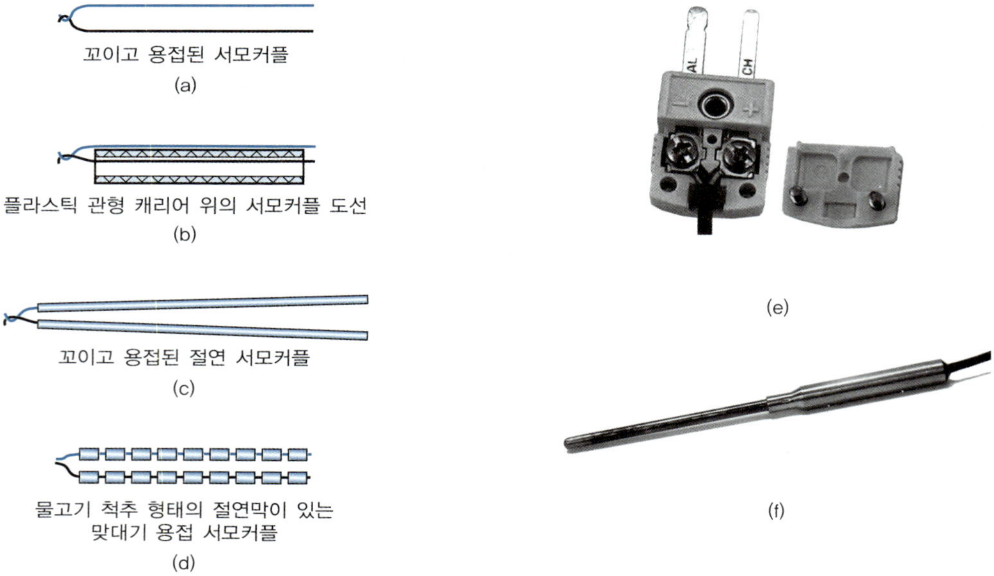

그림 17-32 (a)~(d) 다양한 서모커플 조합 (e) 서모파일 도선을 회로에 연결하기 위한 극성 잭(출처: Dataq Instruments 사 제공) (f) 스테인리스 스틸 튜브에 밀봉된 서모커플(출처: RdF 사 제공)

전선은 노출되어 있거나 전기 절연될 수 있다. 고온에서 응용되는 경우 절연체는 충분한 유연성을 제공하는 물고기 척추fish spine 형태 또는 볼 세라믹ball ceramic 형태일 수 있다. 서모커플 도선이 전기적으로 절연되어 있지 않으면 측정 오류가 발생한다. 절연체는 습기, 마모, 바람, 극한 온도, 화학적 공격, 핵 방사능에 의해 나쁜 영향을 받는다. 따라서 정확하고 신뢰할 수 있는 측정에서 절연 재료의 한계점에 대한 정보를 얻는 것은 매우 중요하다. 일부 절연체에는 자연적인 내습성이 있으며 예를 들어 테플론, 폴리비닐 클로라이드PVC 및 일부 형태의 폴리이미드가 있다. 섬유 유형 절연체를 사용하면 왁스, 수지 또는 실리콘 화합물과 같은 물질을 함침시켜 습기를 보호한다. 극한의 온도에 한 번이라도 노출되면 함침 재료가 증발하고 보호 기능이 상실된다. 수분 침투는 서모커플 조합의 감지 끝단에 국한되지 않는다. 예를 들어 서모커플이 고온 또는 저온 영역을 통과할 때 적절한 습기 보호가 되지 않으면 응결로 인해 측정 오류가 발생할 수 있다.

고온 사용을 위한 기본적인 연성 절연체는 유리 섬유, 섬유질 실리카 및 석면(건강 위험으로 인해 적절한 예방 조치를 취해야 함)이다. 또한 서모커플은 합금과 호환되지 않는 대기로부터 보호되어야 한다. 보호 튜브는 기계적 손상으로부터 서모커플을 보호하고 전선과 주변 환경 사이에 차폐를 삽입하는 목적으로 사용된다. 보호 튜브는 탄소강(산화 분위기에서 최대 540℃), 스테인리스 스틸(최대 870℃), 철 스테인리스 스틸(AISI 400 시리즈), 고 니켈 합금, 니크롬[9], 인코넬[10], 기타(산화 분위기에서 최대 1150℃) 등으로 만들 수 있다. 열전 도선은 도선끼리 그리고 환경으로부터 잘 격리되고 절연되어야 하지만, 열접합은 측정 대상과 밀접한 열 결합 상태에 있어야 한다.

실질적으로 모든 비금속 서모커플 도선은 어닐링annealed되거나 제조업체에서 안정화 열처리stabilizing heat treatment를 받는다. 이러한 처리는 일반적으로 안정화를 위해 충분한 것으로 간주되며 테스트 또는 사용 전에 도선을 추가로 어닐링하는 것을 권장하는 경우는 거의 없다. 일부 제조업체에서 판매하는 새로운 백금 및 백금-로듐 서모커플 도선은 이미 어닐링되었다. 그러나 많은 실험실에서 정확한 교정을 위해 새로운 또는 이전에 사용된 모든 유형의 R, S, B형 서모커플을 어닐링하는 것이 정기적인 관행이 되었다. 이는 일반적으로 서모커플을 공기 중에서 전기적으로 가열하는 것이다. 어닐링을 위해 전체 서모커플은 서로 가까이 있어야 하는 두 개의 바인딩 포스트 사이에 지지된다. 따라서 도선의 장력과 뜨거울 때 늘어나는 현상이 최소화된다. 도선의 온도는 광학 고온계로 편리하게 측정되며 대부분의 기계적 변형은 1400 ~ 1500℃에서 처음 몇 분 동안 가열하면 완화된다.

박막 서모커플은 호일 금속의 접합부를 결합하여 형성된다. 탈착식 캐리어가 있는 필라멘트 스타일과 얇은 라미네이트 소재에 센서가 내장된 매트릭스 스타일이 있다. 두께가 $5\,\mu m$ (0.0002 in) 정도인 호일은 매우 낮은 질량과 열용량을 가진다. 얇은 평면 접합은 측정된 표면과 밀접한 열 결합을 제공할 수 있다. 호일 서모커플은 일반적인 열 시간상수가 10 ms로 매우 빠르고 모든 표준 인터페이스 전자장치와 함께 사용할 수 있다. 질량이 작은 센서로 온도를 측정하는 동안에는 연결 도선을 통한 열전도를 항상 고려해야 한다([그림 17-1] 참조). 박막 서모커플의 매우 큰 길이 대 두께 비율(약 1,000) 덕분에 도선을 통한 열 손실은 무시할 정도로 작다.

---

9 드라이버 해리스(Driver-Harris) 사의 상표이다.

10 인터내셔널 니켈(International Nickel) 사의 상표이다.

필름 서모커플을 물체에 부착하기 위해 일반적으로 몇 가지 방법이 사용된다. 그중에는 다양한 시멘트와 화염 또는 플라즈마 스프레이 세라믹 코팅이 있다. 취급의 용이성을 위해 센서는 종종 견고하고, 유연하며 치수 안정성이 높고 내열성이 뛰어나다. 또한 불활성인 폴리이미드 필름(예 : Kapton)의 임시 캐리어 위에 제작된다. 시멘트를 선택한다면 부식성 화합물을 피하기 위해 주의를 기울여야 한다. 예를 들어 인산을 포함하는 시멘트는 한쪽 팔에 구리가 있는 서모커플과 함께 사용하는 것을 권장하지 않는다. 회로 측 전기연결을 위해서는 특수 등온 커넥터를 사용해야 한다([그림 17-32(e)] 참조).

17.9 광학 온도 센서

온도는 접촉 방식과 비접촉 방식으로 측정할 수 있다. 비접촉 기기는 일반적으로 4.12.3절과 15.8절에서 다룬 적외선[IR] 광학 센서와 관련이 있으며 다음과 같은 비접촉 방법도 있다. 비접촉식 온도 센서는 표면 측정을 빠르게 수행해야 하거나 매우 강한 전기장, 자기장, 전자기장 또는 매우 높은 전압으로 인해 열악한 환경에서 작업자가 온도를 측정해야 하거나 외부 간섭에 매우 민감할 때 필요하다. 그리고 일상적으로 물체에 닿지 않고 측정해야 하는 상황도 있다. 의학에서 체온의 비접촉 IR 측정은 외이도 또는 피부 표면과 같은 측정 부위에 영향을 주지 않고 위생적이며 측정시간이 1 ~ 2초 정도로 빠르기 때문에 선호하는 편이다.

17.9.1 형광 센서

형광 센서는 빛 여기에 대한 반응으로 형광신호를 방출하는 특수 형광체 화합물의 특성에 따라 달라진다. 이 화합물을 측정 표면에 직접 칠하고 자외선[UV] 펄스로 조명을 가한 후 잔광을 관찰한다. 반응 잔광 펄스의 모양은 온도의 함수이다. 반응 잔광의 감쇠는 넓은 온도 범위에서 재현성이 매우 높다.[20~21] 감지 물질로는 4가 망간으로 활성화된 마그네슘 플루오르마그네타이트[magnesium fluoromagnetite]를 사용한다. 이것은 조명 산업에서 오랫동안 수은 증기 가로등의 색 보정기로 알려진 형광체로 약 1,200 ℃ 에서 고체 반응에 의해 분말로 제조된다. 그리고 열적으로 안정하고 상대적으로 불활성이며 생물학적 관점에서 볼 때 양성이다. 또한 대부분의 화학 물질이나 자외선에 장기간 노출되어도 손상되지 않는다. 자외선 또는 푸른색 빛에 의해 형광을 말하는데 형광 방출은 진한 적색으로 나타나고 지수적으로 형광 감쇠가 일어난다.

여기신호와 방출신호 사이의 혼선을 최소화하기 위해 대역 통과 필터를 통과하여 관련 스펙트럼을 안정적으로 분리한다([그림 17-33(a)] 참조). 펄스 여기 소스인 제논 플래쉬 램프는 다중센서 시스템 내 다수의 광학 채널끼리 공유된다. 온도 측정은 [그림 17-33(b)]와 같이 형광의 감쇠율을 측정하여 이루어진다.

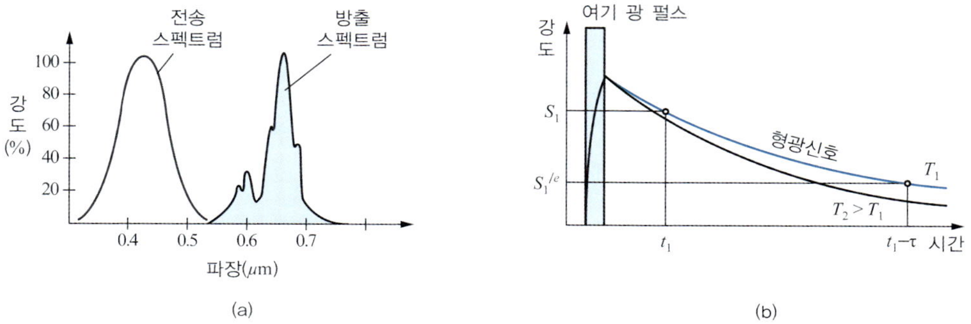

그림 17-33 형광식 온도 측정 (a) 여기 및 방출신호의 스펙트럼 응답 (b) 두 가지 온도 T_1 및 T_2에 대한 방출신호의 지수적 감쇠. 여기서 e는 자연로그의 밑이고 τ는 감쇠 시간상수이다.[20]

즉 온도는 $-200 \sim +400$ ℃ 의 온도 범위에서 5배로 떨어지는 시간상수 τ로 표시된다. 시간 측정은 일반적으로 전자회로에서 수행할 수 있는 가장 간단하고 정확한 작업 중 하나이기 때문에 높은 분해능과 정확도로 온도를 측정할 수 있다. 보정 없이 위 범위에서 약 ± 2 ℃ 정도의 정확도를 가진다.

시간상수는 여기 강도와 무관하므로 다양하게 설계할 수 있다. 예를 들어 형광체 화합물을 원하는 표면에 직접 코팅할 수 있으며 광학 시스템은 물리적 접촉 없이 측정할 수 있다([그림 17-34(a)] 참조). 이를 통해 측정 부위를 방해하지 않고 연속적인 온도 모니터링이 가능하다. 또 다른 설계에서는 형광체가 물체에 닿았을 때 좋은 접촉 영역을 형성할 수 있도록 유연한 탐침의 끝에 코팅된다([그림 17-34(b)~(c)] 참조).

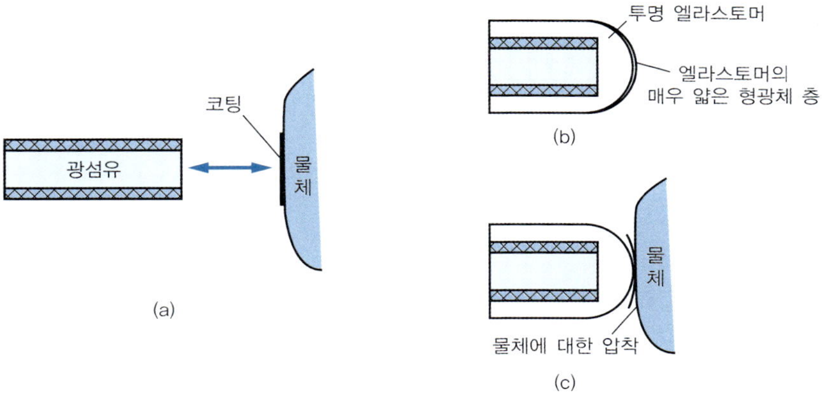

그림 17-34 형광법에서 형광체 화합물의 배치 (a) 물체의 표면 (b~c) 탐침의 끝([20]에서 수정됨)

17.9.2 간섭계 센서

광학 온도 측정의 또 다른 방법은 두 개의 광선을 간섭하여 빛의 강도를 변조하는 것이다. 하나의 광선은 기준이 되고, 다른 광선은 온도 감지 매체를 통과하는 동안 다소 지연되는데 이 지연시간은 온도에 따라 달라진다. 이로 인해 위상 편이와 간섭신호가 소멸된다. 열 광학 효과에 의해 온도에 따라 굴절률이 변하기 때문에 얇은 실리콘층을 사용할 수 있으며,[22~23] 이에 따른 빛의 이동 거리 변화를 통해 온도를 측정한다.

[그림 17-35]는 박막 광학 센서의 개념을 보여준다.

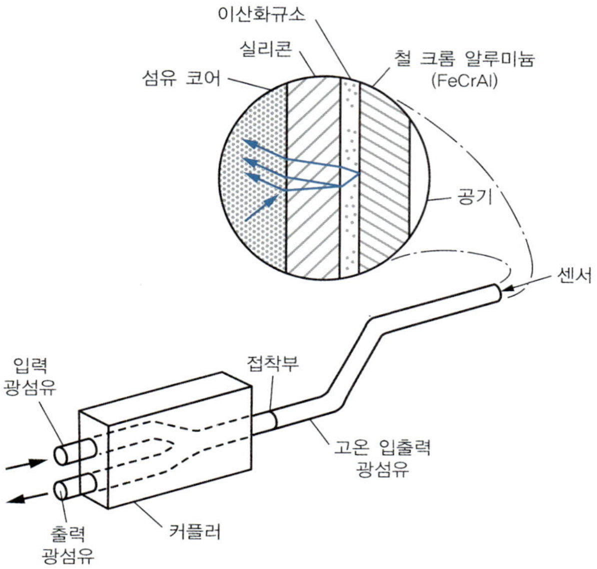

그림 17-35 박막 광학 온도 센서의 개략도

센서는 코어 지름이 100 μm 이고 피복재 지름이 140 μm 인 계단형-굴절률step-index 다중모드 광섬유의 끝에 3개의 층을 스퍼터링하여 제작한다.[24] 첫 번째 층은 이산화규소로 코팅된 실리콘이다. 탐침 끝의 철 크롬 알루미늄FeCrAl층은 실리콘의 산화를 방지한다. 이 섬유는 최대 350℃ 까지 사용할 수 있지만, 금이 완충 코팅된 더 비싼 섬유는 최대 650℃ 까지 사용할 수 있다. 센서는 860 nm 범위에서 작동하는 LED 광원 및 마이크로 광학 분광기와 함께 사용된다.

17.9.3 초고해상도 감지

초고해상도의 온도 측정은 정밀 열량 측정, 전파 천문학 및 기타 정밀 측정 분야에서 중요하다. 그러나 매우 높은 해상도를 달성하는 것은 열적, 전기적 잡음, 물질의 열팽창 등 여러 방해 요인에 의해 한계가 있다. 실험실 환경에서는 등방성 결정 위스퍼링-갤러리 모드Whispering-Gallery Mode, WGM 공진기를 사용하여 30 nK $\sqrt{\text{Hz}}$ 의 초고해상도를 달성했다.[25] 이 분해능은 매우 정밀하여 개별 원자의 열 흔들림까지도 관찰할 수 있다.

WGM의 개념은 원형의 특정 건축 구조물에서 관찰되는 음향 현상에서 비롯된다. 이 갤러리에서 원을 가로질러 귓속말이 들릴 수 있지만, 중간 위치에서는 들리지 않았다. 1914년 레일리Rayleigh 경은 하나의 이론을 개발하였는데 원형 공동 내부의 파동이 파동 간섭을 기반으로 한 공명을 수반한다는 것이다. WGM파는 곡률에 따라 원형 벽으로 안내되며 직선 복도에서는 효과가 사라진다. 이러한 현상은 광파에서도 동일하게 관찰되었으며 초고해상도의 온도 감지를 비롯한 여러 감지에 사용할 수 있다.

온도 센서는 불화마그네슘^{MgF_2}, 불화칼슘^{CaF_2}과 같은 이방성 재료로 만들어진 디스크 또는 약 5 mm 반지름의 작은 구와 같은 둥근 모양의 광 공진기를 포함한다. 이 원형 장치는 10^8 정도의 매우 높은 공진 품질계수 Q를 갖는 WGM 공진기 역할을 한다. WGM 모드의 주파수는 공진기의 굴절률 온도 의존성(열 광학 효과)과 공진기의 열팽창에 영향을 받는다. 전자는 광학 모드 내에서만 온도 감도로 이어지지만, 후자의 경우 모드 주파수가 전체 공진기 부피에 걸친 온도 분포에 따라 달라진다. [그림 17-36]의 감지 장치는 근적외선과 초록색 주파수 빛을 사용한다.

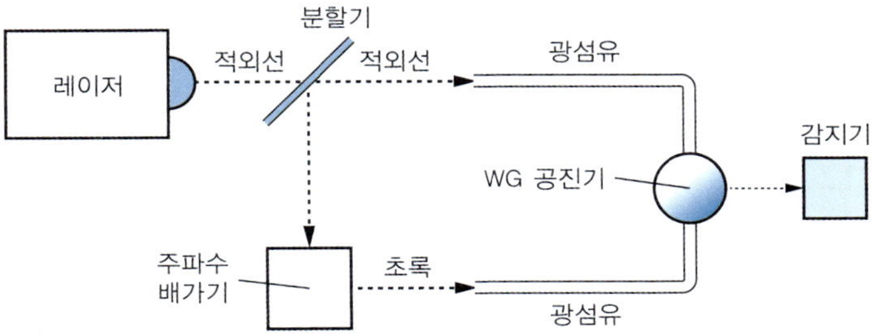

그림 17-36 위스퍼링 갤러리 모드(WGM) 온도 센서의 개념

근적외선은 레이저에 의해 생성된다. 그 후 레이저 빔은 두 개로 분할되며 하나는 광섬유 가이드를 통해 WGM 공진기로 이동하고 다른 하나는 녹색 빔을 출력하는 주파수 배가기$^{frequency\ doubler}$로 이동한다. WGM 공진기에 들어가면 두 주파수의 파동이 서로 간섭하고 그에 따른 강도가 출력 광 검출기에 의해 감지된다. 출력 강도는 공진기 온도에 따라 크게 달라진다. 이 의존성은 굴절률의 변화로 인해 발생하지만, 열팽창 효과는 대부분 차동 기술로 인해 상쇄된다.

17.9.4 열 변색 센서

전자기 간섭이 문제를 일으킬 수 있는 생물 의학 응용 분야의 경우 염화코발트 6수화물$^{CoCl_2 \cdot 6H_2O}$과 같은 열 변색 용액을 사용하여 온도 센서를 제작할 수 있다.[26] 이 센서는 작은 열 변색 용액의 가시광선(400 ~ 800 nm) 흡수가 온도에 따라 달라지는 것에 기반하여 작동한다([그림 17-37(a)] 참조).

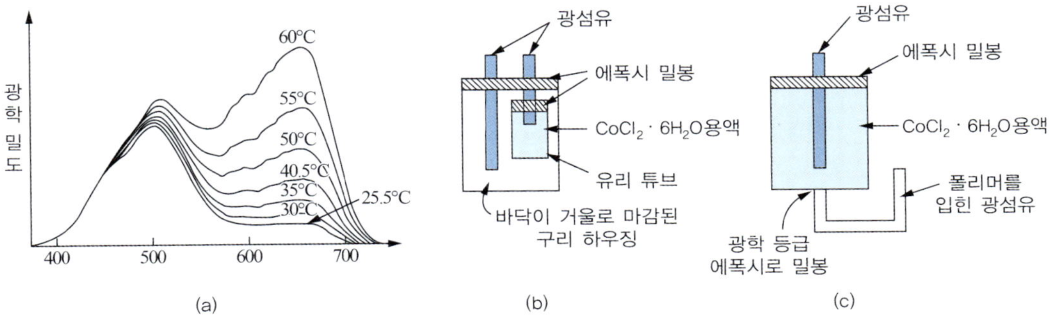

그림 17-37 열 변색 용액 센서 (a) 염화코발트 용액의 흡수 스펙트럼 (b) 반사형 광섬유 결합 (c) 전달형 결합[26]

이는 센서가 물체와 열적으로 결합된 광원, 광 검출기, 그리고 염화코발트 용액으로 구성되어야 함을 의미한다. [그림 17-37(b), (c)]는 두 가지 설계를 보여주며 여기에서 광섬유의 송수신은 염화코발트 용액을 통해 결합된다.

17.9.5 광섬유 온도 센서(FBG 센서)

8.5.5절에 설명했듯이 광섬유 온도Fiber Bragg Grating, FBG 센서는 온도에 민감하다. 이 온도 센서는 전자기파에 대한 내성, 전기 전도체가 필요 없는 점, 안정성, 단일 섬유에 여러 센서를 연결할 수 있다는 것이 장점이다. FBG 센서의 작동 원리는 광섬유의 열 팽창과 이로 인해 서로 다른 굴절률을 가진 격자 사이의 거리가 변화하는 것에 기반한다. 이 센서는 온도에 민감하며 식 (8.14)과 동일한 식으로 다음과 같이 설명할 수 있다.

$$\frac{\Delta\lambda}{\lambda} = (\alpha_L + \alpha_n)T \tag{17.56}$$

실제 계수값은 $\alpha_L = 0.55 \times 10^{-6}\,\text{K}^{-1}$ 및 $\alpha_n = 6.67 \times 10^{-6}\,\text{K}^{-1}$이다.[27] 한 실험에서[28] FBG에 반사된 빛이 광학 스펙트럼 분석기에 의해 감지되고 측정되었다. 이 파장 변화는 [그림 17-38]과 같이 상당히 선형적인 전달함수를 나타냈다. 실제로는 광섬유 조합의 물리적 또는 화학적 안정성을 초과하지 않는 온도 범위로 제한한다. 이 센서는 항공 우주 응용 분야를 포함하여 다소 광범위한 용도로 사용되며, 측정 대상은 변형 매핑strain mapping, 변형deformation, 진동 감지, 미세 운석 감지, 분산 온도 측정 등이다. 또한 토목공학, 의생명 공학에 적합해 변형 및 온도의 지속적인 모니터링을 위한 스마트 구조에 접목할 수 있다.

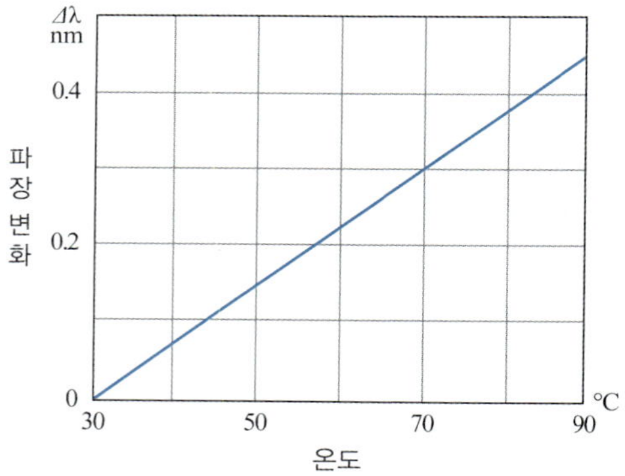

그림 17-38 FBG 온도 센서의 전달함수

17.10 음향 온도 센서

극한 조건에서는 온도를 측정하기 어려울 수 있다. 이러한 조건에는 극저온 온도 범위, 원자로 내부의 높은 방사 수준 등이 있다. 또 다른 특이한 조건은 특정 매체로 밀폐된 내부의 온도 측정이다. 여기에는 접촉 센서를 삽입할 수 없으며 밀폐공간은 적외선 복사에 대해 투과성이 없는 경우이다. 이러한 제한 조건에서는 음향 온도 센서가 매우 유용하다. 이 센서의 작동 원리는 매체의 온도와 음속 사이의 관계를 기반으로 하는데 예를 들어 정상 대기압의 건조한 공기에서 다음과 같은 관계식으로 근사할 수 있다.

$$v \approx 331.5\sqrt{\frac{T}{273.15\,\mathrm{m/s}}} \tag{17.57}$$

여기서 v는 음속이고 T는 절대온도이다.

[그림 17-39]의 음향 온도 센서는 초음파 송신기, 초음파 수신기, 가스가 채워진 밀폐 튜브의 요소 세 가지로 구성된다.

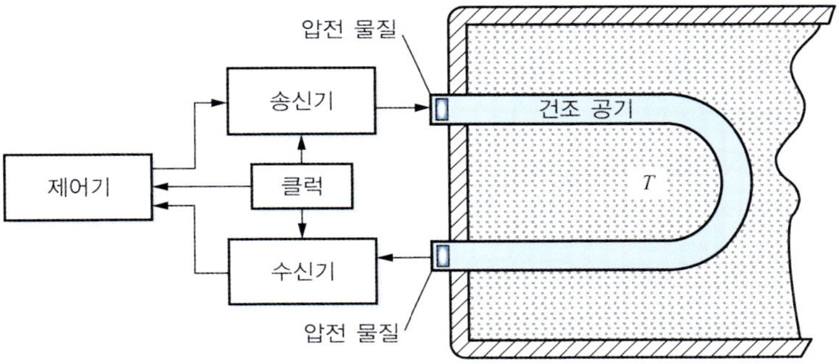

그림 17-39 초음파 감지 시스템이 있는 음향 온도계

송신기와 수신기는 튜브로부터 음향적으로 분리된 세라믹 압전판으로써 주로 밀폐된 가스(대부분 건조한 공기)를 통해 소리가 전파되도록 한다. 대안으로 송신 및 수신 결정[crystals]이 온도를 측정하고자 하는 대상과 함께 밀봉된 용기에 포함될 수 있다. 즉 내부 매체의 부피 및 질량이 일정하게 유지되는 경우 중간 튜브가 반드시 필요한 것은 아니다. 튜브를 사용할 때에는 극한의 온도 조건에서 기계적 변형과 기밀성을 잃지 않도록 주의해야 한다. 튜브에 적합한 재료는 강철과 니켈의 합금(인바[invar])이다.

100 Hz에 가까운 저주파 클럭은 레이더에서와 같이 송신기를 트리거하고 수신기를 비활성화하는 펄스를 생성한다. 압전 결정이 풀리면서 튜브를 따라 초음파가 전송되고, 수신 결정은 파동이 표면에 도달하기 전에 활성화된다. 이를 전기적 과도 상태로 변환한 후 증폭하여 제어회로로 보낸다. 제어회로는 튜브를 따라 전파되는 시간을 결정하여 음속을 계산하며 그 후 룩업 테이블에 저장된 교정값으로부터 해당 온도가 결정된다. 또 다른 설계에서 온도계 내에 하나의 초음파 결정[ultrasonic crystal]만을 포함하여 송신기 또는 수신기로 교대로 작동하도록 한다. 이 경우 튜브의 빈 끝이 밀봉된다. 초음파는 끝 면에서 반사된 후 결정으로 다시 전파되어 파동이 도착하기 전에 수신 모드로 전환된다. 이 전자회로는 수신된 펄스를 튜브 온도에 해당하는 신호로 변환한다.[29]

소형 온도 센서는 표면 음향파 및 판파Plate Waves, PW 기술로 제작할 수 있다(13.6.2절 참조). 이러한 센서 기본 원리는 전자 발진기 내 시간-유지 요소에서 일부 기계적 변수의 온도 변조에 기반하며 [30~31] 이로 인해 진동 주파수가 변경된다. 실제로 이러한 통합 음향 센서는 온도를 주파수로 직접 변환하며, 일반적인 감도는 켈빈 도당 수 kH 범위이다.

17.11 압전 온도 센서

일반적으로 압전 효과는 온도 변화에 따른 현상이다. 따라서 석영 결정quartz crystal의 진동 주파수 가변성에 기초한 온도 센서를 설계할 수 있다. 석영은 이방성 매체이기 때문에 판의 공진 주파수는 판의 결정학적 방향(절단 각)에 크게 좌우된다. 따라서 하나의 절단을 통해 무시할 수 있을 정도로 작은 온도 감도(AT 절단과 BT 절단)를 달성하거나, 반대로 온도 의존성이 뚜렷한 절단을 선택할 수 있다. 공진 주파수의 온도 의존성은 다음과 같은 3차 다항식으로 근사할 수 있다.

$$\frac{\Delta f}{f_0} = a_0 + a_1 \Delta T + a_2 \Delta T^2 + a_3 \Delta T^3 \tag{17.58}$$

여기서 ΔT 및 Δf 는 각각 온도 및 주파수 천이이고, f_0는 교정 주파수, a는 계수이다. 온도 의존성은 1962년 회전되지 않은 Y자 결정을 사용하면서 최초로 활용되었다.[32] 휴렛 팩커드Hewlett-Packard 사는 선형 온도계수 절단을 성공적으로 개발했다.[33] 2차 및 3차 계수는 이중-회전 Y컷을 선택하여 제거했고 그 결과 센서는 감도(a_1) 35 ppm/℃, 작동 온도 범위 -80 ~ 230 ℃ 에서 0.02 ℃ 의 보정 불확도를 가지며 높은 선형 특성을 보였다. 마이크로프로세서가 출현하면서 선형성은 덜 중요하고 더 민감해졌지만, 약간 회전된 Y컷($Q = -4°$)을 사용함으로써 다소 비선형적인 석영 온도 센서가 개발되었다(감도 90 ppm/℃ [34]). 또한 튜닝-포크tuning-fork 공진기를 사용하여 굽힘 및 비틀림 모드의 온도 센서가 개발되기도 했다.[35~36] 그러나 측정 대상과 진동판의 열 결합은 항상 어려우므로 모든 압전 온도 센서는 서미스터 및 열전 장치에 비해 상대적으로 느린 반응을 보인다.

CHAPTER

18

화학 및 생물학적 센서

Chemical and Biological Sensors

CONTENTS

화학 및 생물학적 센서는 다양한 분야에서 널리 사용되고 있지만 대부분 눈에 잘 띄지 않는다. 이러한 센서는 차량 운영의 효율성을 높이거나 범죄자를 추적하거나 환경 및 건강을 모니터링하기 위해 사용된다. 예를 들어 대기 중의 이산화탄소 및 자동차 배기 시스템의 산소량을 모니터링하거나 당뇨병 환자의 혈당 수준을 파악하는 데 사용된다. 실험실에서 사용되는 화학 검출기는 새로운 화학 물질 및 약물 개발과 산업 공정 모니터링을 위해 매우 핵심적인 장치이다. 해당 분야는 꾸준히 발전해오고 있으며 관련 문헌들 또한 흥미롭다. 최근에는 보안 응용 프로그램의 심사 시스템을 개선[1]하거나 한때 실험실에서 사용되던 시스템을 소형화[2]시키는 등 다양한 기술을 개발하고 있다. 화학 센서는 화학적 반응에 의해 생성되는 다양한 화학 물질 또는 자극에 반응한다. 이 센서는 액상 및 기상 화학 물질의 **식별**identification과 **정량화**quantification를 목적으로 하며 독립형 장치로 존재하거나 화학 반응, 분리, 또는 기타 공정 장비를 포함하여 더 크고 복잡한 시스템의 일부가 되기도 한다.

산업 분야에서 화학 센서는 플라스틱 생산이나 금속 주조와 같은 제조 공정에서 공정 제어 및 제품 품질을 보장하는 데 사용된다. 즉 위험 및 한계에 대한 노출을 제어하기 위해 작업자의 환경을 모니터링한다. 화학 센서는 **전자 코**electronic nose와 같이 새롭고 다양한 응용 범위에 이용된다. 전자 코는 일반적으로 포유류의 후각 능력을 모방하기 위해 다양한 유형의 센서를 사용한다.[3~4]

우선 화학 센서는 의학 분야에서 폐, 혈액 샘플의 산소 및 추적 가스 함량을 모니터링하여 환자의 건강을 확인하도록 돕는다. 이 센서는 음주 측정기에 사용되어 혈중 알코올 농도를 테스트하거나 환자의 소화 문제를 나타내는 지표로 사용되기도 한다. 또한, 화학 센서는 다양한 액체 및 가스의 미량 오염 물질을 감지하는 데까지 확장되어 군사 시설, 산업 현장 및 기타 민감한 장소 근처의 지하수를 보호하는 데 사용되기도 한다.

18.1 개요

18.1.1 화학 센서

전통적으로 미지 물질의 화학적 감지는 질량 분석법, 크로마토그래피, 핵자기 공명, X선 및 적외선 기술과 같은 복잡한 벤치 탑 장비를 갖춘 분석 실험실에서 수행된다. 이 방법은 매우 정확하며 미지의 화학 물질을 높은 신뢰도로 식별한다. 그러나 장비가 고가이며 이를 작동하기 위해서는 숙련된 인력이 필요하다. 따라서 특정 시장에 대응하기 위해 소형화된 저비용 감지 시스템을 개발하는 데 상당히 노력했으며 발전을 통해 수많은 센서 시스템을 저렴한 비용으로 사용할 수 있게 되었다. 그러나 이러한 소형 시스템은 감도, 선택성, 기준선 안정성 및 재현성에 문제가 있다. 그럼 이 장에서는 분석 실험실용 화학 센서 및 감지 시스템과 모바일 애플리케이션용 소형 시스템에 대해 간략히 설명하도록 하겠다.

화학 검출기의 전체 목록을 분류하는 보편적인 방법은 없다. 이 장에는 화학 검출기를 변환 방법과 구현 방법에 따라 각각 그룹화했다. 변환 방법을 세 가지로 분류하면 전기적 또는 전기화학적 특성을 측정하는 센서, 물리적 특성의 변화를 측정하는 센서, 전자기파의 광학적 또는 파장별 흡수 또는 방출에 의존하는 센서로 나뉜다. 이 밖에도 화학적, 물리적, 광학적 특성 중 두 가지 이상이 변화할 때 분석물을 감지하는 센서 기술이 개발되었다. 예를 들어 마이크로 캔틸레버와 같은 기술은 화학적, 물리적 특성을 따로 측정하거나 같이 측정할 수 있어 세 가지 분류 중 한 가지로 특정하긴 어렵다.

18.1.2 바이오 센서

바이오 센서biosensor는 특수한 종류의 화학 센서이다. 자연 선택에 의한 종의 진화는 극도로 민감한 신체 기관들을 만들어 냈으며 이는 소수의 분자에도 반응한다. 인공 센서는 대개 신체 기관만큼 민감하지 않지만, 물리적 감지요소(예 : 전류, 열)와 결합한 생물학적 활성 물질biologically active material을 사용한다. 바이오 감지요소는 실제로 기존 센서의 상단에 있는 생물 반응기이므로 바이오 센서의 반응은 분석물, 반응 생성물, 공동 반응물, 간섭 물질 등의 확산과 감지 과정의 역학 관계에 의해 결정된다. 바이오 센서에 의해 정성 및 정량적으로 검출될 수 있는 생물학적 요소의 예로는 유기체, 조직, 세포, 세포 기관, 막, 효소, 수용체, 항체, 핵산이 있다.[6]

바이오 센서를 제조할 때에는 물리적 컨버터 또는 전기적 컨버터에 생화학적 컨버터를 **고정**immobilization하는 것이 중요하다. 고정층의 레이어 또는 표면은 생물학적 활성 물질을 감지요소에 가두고 바이오센서의 수명 동안 누출되지 않도록 해야 한다. 또한 분석 용액과 접촉하게 하고 모든 물질이 고정층 밖으로 확산되도록 하되 생물학적 활성 물질을 변성시키지 않아야 한다. 바이오센서에 사용되는 대부분의 생물학적 활성 물질은 단백질이거나 화학 구조에 단백질을 포함한다.

센서 표면에 단백질을 고정하기 위해서는 결합binding 또는 물리적 유지physical retention라는 두 가지 기술이 사용된다. 그중 결합 기술의 두 가지 유형은 흡착 및 공유 결합이다. 또한 유지는 센서 표면층을 사용하여 분석 용액에서 생물학적 활성 물질을 분리하는 것을 의미하며 이러한 센서는 생물학적 활성 물질은 투과시키지 않고 나머지 분석 물질 및 감지 반응의 모든 생성물을 투과시킨다. 이 밖에도 바이오 센서의 많은 예시가 이 장의 다양한 절에서 소개될 것이다.

18.2 역사

인간의 역사를 살펴보면 화학 물질 감지를 통해 매우 다양한 이점을 가진다. 첫 번째 사례는 공기질을 모니터링하기 위해 사용된 광부의 카나리아[7]로 이를 포함하여 동물계로부터 영리하게 사용되었다([그림 18-1] 참조). 초기 광부들은 현대식 환기 시스템이 없는 위험한 환경에서 일했다. 수백 년 동안 광부들은 위험한 환경을 알아차리기 위해 새장에 갇힌 카나리아와 나란히 일했다. 카나리아는 터널 붕괴 또는 가스주머니 방출로 인해 발생할 수 있는 낮은 수준의 메탄, 일산화탄소, 감소한 산소 수준에 대해 사람보다 훨씬 더 민감하다. 즉 카나리아가 살아있는 한 광부들은 공기가 안전하게 공급되고 있다는 사실을 알 수 있었다. 반면에 카나리아가 죽어있으면 이는 광부들에게 잠재적으로 위험한 상황임을 알리는 것이었다. 현대에 이르러 광산에 있던 대부분의 카나리아는 다양한 유형의 개인용, 휴대용 장비 및 고정식 가스 모니터링 장비로 대체되었다.[8]

그림 18-1 광부 새장 안의 카나리아

선사 시대부터 개는 사냥감을 찾고 추적하는 데 사용되었다. 오늘날 훈련된 개는 공항과 공공장소에서 폭발물과 마약을 찾는 데 사용된다. 인간의 뇌와 비교할 때 개의 뇌는 비이상적으로 많은 부분이 냄새에 전념하기 때문이다. 결과적으로 개는 사람보다 10^8배 낮은 농도에서 일부 냄새를 구별하는 능력을 가지고 있다는 사실이 입증되었다. 인간은 개가 30,000년 전에 길들여진 이래로 개의 코에 의존해왔다.[9] 이처럼 화학 센서는 동물계를 넘어 확장되고 큰 사업으로 성장했으며 현재 널리 사용되고 있다. 또한 휴대폰과 무인 차량에 화학 센서를 탑재하고 크기와 전력을 줄이면서 휴대성을 향상시키는 것이 주요 산업 트렌드이며 최근 미세 유체 공학microfluidics의 발전으로 인해 진단 분석 산업에서 소형 의료 기기가 널리 보급되고 있다.

18.3 화학 센서의 특성

대부분의 화학 센서는 안정성stability, 반복성repeatability, 선형성linearity, 포화saturation, 응답 시간response time, 히스테리시스hysteresis, 범위(스팬)와 같은 센서의 일반적인 기준과 특성으로 설명할 수 있다. 그러나 다음과 같은 특수 특성은 화학 물질 검출에 있어서 특징적이고 의미가 있다. 바로 선택성과 감도이다. 화학 센서는 식별 및 정량화에 모두 사용되기 때문에 화학 혼합물에서 원하는 대상을 선택적으로 식별하고 민감하게 반응해야 한다. 이 두 가지 특성에 대한 자세한 내용은 다음과 같다.

18.3.1 선택성

선택성은 센서가 비표적 물질의 간섭이 거의 없거나 전혀 없을 경우 원하는 표적 물질에만 반응하는 정도를 나타낸다. 따라서 화학 센서의 성능을 평가할 때 가장 중요한 요소 중 하나는 선택성이다.

대부분 센서는 한 물질에 대한 선택성이 높지 않으며 다양한 감도로 화학 물질에 반응한다. 그럼에도 특정한 재료 또는 메커니즘을 이용하여 선택성을 높인 센서가 있다. 살아있는 유기체를 모방한 신호처리는 종종 선택성을 크게 향상시킬 수 있다. 또한 분석물(검출 대상)의 물리적 또는 화학적 상호작용에 의존하는 화학 센서는 락-앤-키lock-and-key, 촉매catalytic, 전기화학electrochemical으로 나뉜다.

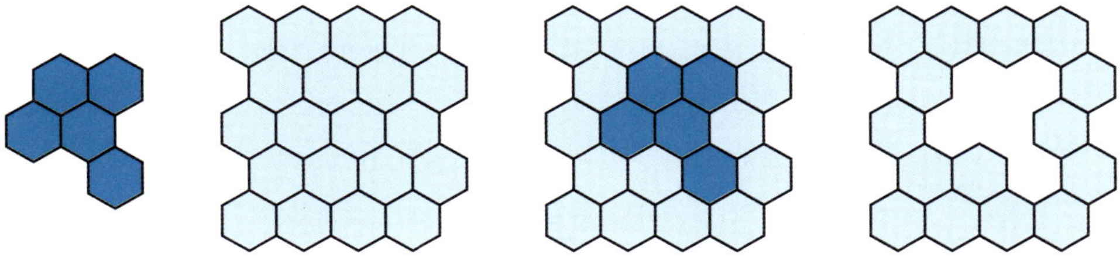

그림 18-2 락-앤-키 MIP 센서의 생성[107]

▪ 락-앤-키

이상적인 선택성을 가진 화학 센서는 하나의 특정 화학 물질을 제외하고는 어떤 분석 물질에도 반응하면 안 된다. 그렇다면 문제는 올바른 화학 물질을 어떻게 식별하는가이다. 락-앤-키 접근 방식에서 감지요소의 일부인 특정 분자는 해당 분석물에만 결합한다. 때때로 이러한 접근 방식을 친밀도 감지affinity sensing라고 한다. 이를 생물학적으로 예를 들자면 항체, 핵산, 파지phage이다. 이러한 유형의 상호 작용을 포함하는 바이오센서는 바이오 물질을 생존하도록 유지하고 광학 또는 전기적 변환을 허용하기 위해 특수 유체 시스템이 필요하다.

친숙한 방법 중 하나는 락-앤-키 원칙을 적용하는 분자 각인 폴리머Molecular Imprintable Polymer, MIP를 사용하는 것이다. 이 방식은 분자 모양과 크기를 예측 가능한 방법으로 인식한다. MIP는 주형 분자template molecule의 각인을 만든 다음 주형을 제거하고 고분자에 빈 공간을 남겨 주형의 음각 이미지를 만드는 방식으로 생성된다([그림 18-2] 참조). MIP 각인은 최대 8년의 수명을 가진 열적, 화학적으로 안정된 구조이며 MIP 재료는 다양한 컨버터와 함께 구성하거나 사용될 수 있다.[73]

▪ 촉매 선택성

감지요소에는 화학 반응을 활성화하거나 향상시켜 특정 분석물analyte을 식별하는 데 도움을 주는 효소 또는 금속과 같은 촉매가 있다. 가열된 금속 산화물을 기반으로 한 검출기는 촉매를 포함할 수 있으며 이른바 넘침pillover 효과를 사용한다.[60] 이러한 유형의 가스 센서에서 촉매는 특정 가스 분자를 분리하고 분리된 원자(또는 파편)가 감지요소의 표면 위로 넘치도록 한다. 이때 원자들은 금속 산화물 표면의 산소와 반응하여 측정 가능한 변화를 만들게 된다. 또한 촉매 활성의 속도는 온도 및 기타 여러 요인에 따라 크게 달라진다.

특정 물질에 대한 선택성을 만드는 가장 효율적인 방법은 효소 반응enzymatic reaction이 있는 센서를 사용하는 것이다. 효소는 살아있는 유기체에서 발견되는 촉매로 분자량이 6 ~ 4000 kDa인 단백질이다. 이는 주어진 물질에 대해 극도로 선택적이며 반응 속도를 높이는 데 매우 효과적이다. 따라서 출력신호의 선택성과 크기 모두에 유리하다. 즉 반응의 최대 속도는 효소의 농도에 비례한다.

효소가 포함된 감지요소는 가열된 탐침, 전기화학 센서 또는 광학 센서이다. 효소는 수분을 함유한 환경에서만 작동하므로 겔 중에서도 특히 하이드로겔hydrogels 형태인 고정화 매트릭스immobilization matrices에 결합한다. 일반적인 작동 모드는 다음과 같다. 먼저 효소는 측정 샘플의 표적 화학 물질이 확산되는 면에 고정된다. 그 후 효소가 표적 화학 물질과 반응하면 화학 물질 또는 기타 효과를 생성하여 감지한다.

■ 전기화학적 선택성

전기화학 센서는 일반적으로 2개 또는 3개의 전극을 포함하는데 이 전극은 화학적 상호 작용이 발생하는 작동 전극working electrode[1], 카운터 전극counter electrode 또는 보조 전극, 기준 전극이다. 간혹 기준 전극을 사용하여 시스템이 전기화학 반응을 측정하거나 제어하도록 강제하기도 한다. 센서 작동은 특정 전위 또는 화학 물질을 이용하여 특정 화학 반응(산화 또는 환원oxidation or reduction)이 발생하도록 하는데 이는 배터리의 동작과 유사하다. 특정 화학 반응은 감지할 수 있는 전류 또는 전위를 생성한다.

18.3.2 감도

감도는 기기에 의해 반복적으로 감지할 수 있는 최소 농도 및 최소 농도 변화(분해능)를 나타낸다. [그림 18-3]과 [그림 18-4]는 센서 감도 및 선택성을 설정하는 데 사용되는 일반적인 데이터를 보여준다.

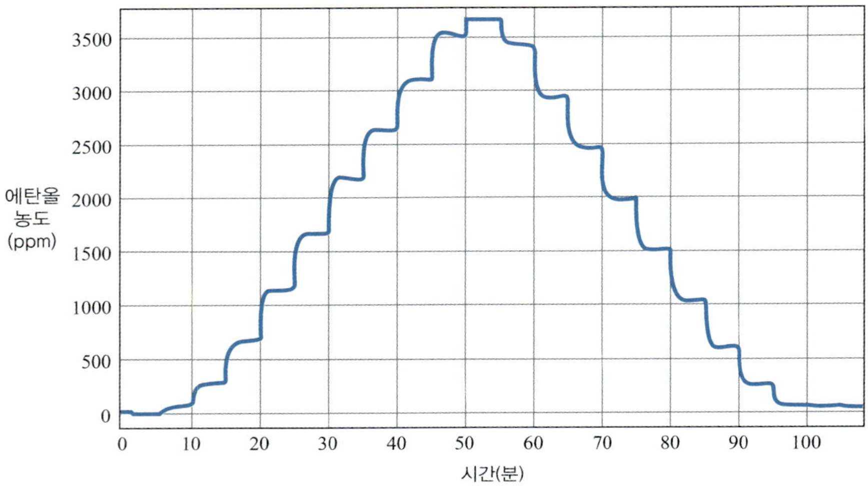

그림 18-3 에탄올 농도 증가 및 감소에 따른 금속 산화물 반도체 기반 센서 반응

1 작업 전극 혹은 동작 전극이라고도 한다.

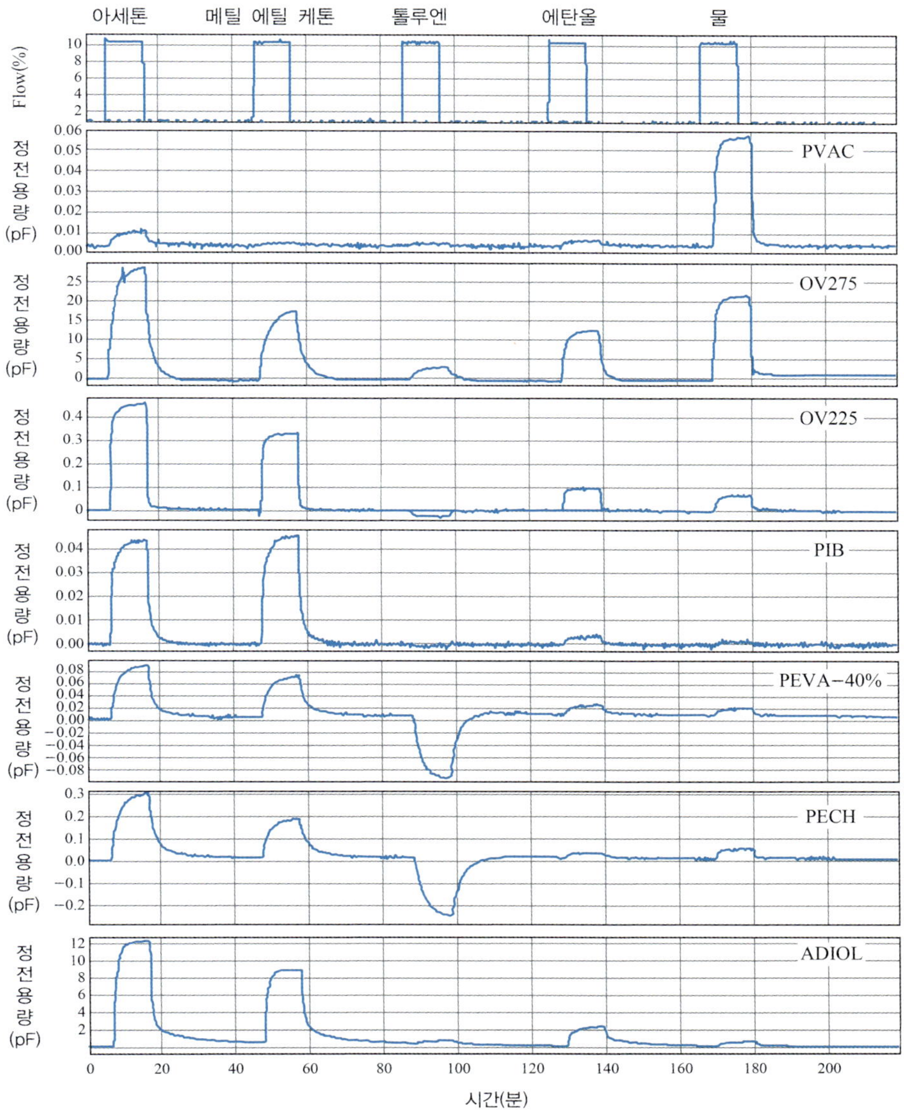

그림 18-4 아세톤, 메틸 에틸 케톤, 톨루엔, 에탄올 및 물의 펄스에 대한 7가지 흡수 폴리머 코팅 화학커패시터를 포함하는 정전용량성 VOC 센서의 반응(온도 : 25℃)

화학 센서에서 감도는 분해능의 동의어이다. 이 책에는 센서의 전달함수가 일정 범위에서 선형인 경우 감도라는 용어를 기울기[slope]의 동의어로 자주 사용한다. 일정 농도에서 표준 화학 물질을 사용하여 얻은 교정 곡선[calibration curves]은 화학 물질의 농도 대 센서 응답 그래프의 기울기를 결정하여 센서 감도를 설정하는 데 사용된다.

18.4 전기 및 전기화학 센서

전기 및 전기화학 센서electrical and electrochemical sensors는 표적 분석 물질의 전기적 특성 또는 그 외 다른 물질의 전기적 특성에 대한 분석 물질의 영향을 직접 측정할 수 있는 저렴한 상용 검출기이다. 이 센서를 사용하면 검출은 가역적 상호 작용이 되거나 분석 물질을 분해시키는 비가역적 과정일 수 있다. 보통 설계가 단순하며 그 결과물은 특정 응용 분야에서 사용된다. 예를 들면 금속 산화물 반도체, 전기화학 센서, 전위차 센서, 전도도 센서, 전류 측정 센서, 탄성 화학 저항기, 화학 커패시터, ChemFET가 있다.

18.4.1 전극 시스템

전기화학 센서는 시중에서 구입할 수 있으며 매우 다양하게 쓰인다. 이는 작동 모드에 따라 전위차를 측정하는 센서potentiometric, 전류를 측정하는 센서amperometric, 전도도 또는 비저항 측정 센서conductometric로 나뉜다. 이 경우 화학 반응이 일어나거나 전하 수송이 반응에 의해 조절되는 특수한 전극이 사용된다. 여기서 전기화학 센서의 기본 규칙은 항상 폐쇄회로가 필요하다는 것이다. 즉 전류(직류 또는 교류)가 흘러야 한다.

전류 흐름은 본질적으로 폐쇄 루프를 필요로 하기 때문에 센서에 적어도 두 개의 전극이 필요하다. 이 중 하나는 **작동 전극**Working Electrode, WE이라 부르고 다른 하나는 **리턴 전극**return electrode 또는 카운터 전극, 보조 전극이라고 한다([그림 18-5] 참조).[2]

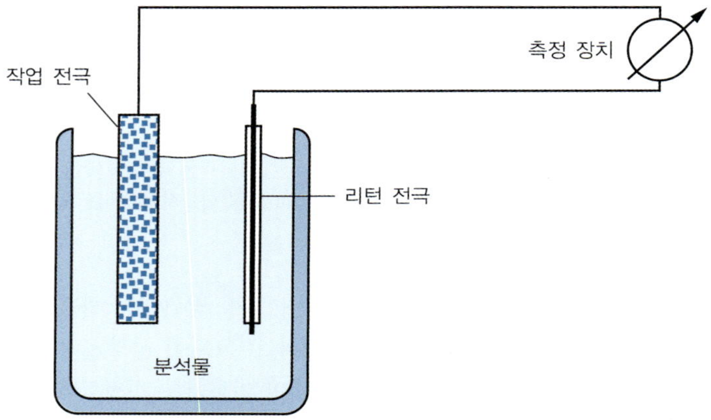

그림 18-5 작업 전극과 리턴 전극을 포함하는 전기화학 셀

2 최근에는 '카운터 전극(Counter Electrode, CE)'이라는 용어가 많이 쓰인다.

두 전극 모두 분석 물질 또는 전해질에 담가서 측정한다. 이때 전위차 센서는 전압을 측정할 때 전류의 흐름이 필요하지 않더라도 루프를 닫아야 하며, 전극과 전해질로 형성된 센서를 전기화학 셀 electrochemical cell이라고 한다. 그리고 분석물은 분석이 되는 재료로 액체에 용해시키고 전자 대신 이온을 사용하여 전하를 운반하는 전해질을 형성한다. 이는 일어날 수 있는 반응을 제한하고 전기화학 센서에 대한 선택성을 부여하는 첫 번째 단계이다.

이러한 감지 시스템에서 전극은 종종 백금 또는 팔라듐과 같은 촉매 금속catalytic metal으로 만들어지거나 탄소 코팅 금속carbon-coated metal일 수 있다. 전극은 가능한 많은 분석물과 반응하기 위해 넓은 표면적을 갖도록 설계되며 측정 가능한 가장 큰 신호를 생성한다. 또한 반응 속도를 개선하고 동작 수명을 연장하기 위해 후처리 혹은 변형된다. 작업 전극은 표적 화학 반응이 일어나는 곳이다. 전기신호는 기준 전극에 대해 측정되며 종종 리턴 전극(카운터 전극)이 기준 전극으로 사용되기도 한다. 기준 전극은 분석물을 화학적으로 변화시키지 않는 것이 이상적이며 분석물 또한 기준 전극을 변형시키지 않아야 한다. 이때 기준 전극은 분석물의 농도나 유형과 관계없이 일정한 전위를 유지해야 한다.

종종 기준 전극은 브리지 용액bridge solution으로 둘러싸여 있어 이 완충 용액을 통해 분석물과 전기적 접촉이 이루어진다. 브리지 용액으로는 종종 염화칼륨의 농축 용액을 사용한다. 이때 분석물에 브리지 용액이 누설되는 것을 방지하기 위해 기준 전극은 금속전극과 다공성 장벽(예를 들어 세라믹)의 조합으로 만들어지며 이를 통해 용액의 흐름이 제한된다. 두 용액의 이온은 다공성 장벽에서 서로 확산되지만 이동성이 다르기 때문에 서로 다른 속도로 확산된다. 즉 이온의 이동성과 장벽을 가로지르는 속도는 비례하게 된다. 브리지 용액으로 인해 기준 전극 전위는 다음과 같이 두 전위의 합으로 나타낼 수 있다.

$$e_{\mathrm{ref}} = e_{\mathrm{r}} + e_{\mathrm{j}} \tag{18.1}$$

하나는 전극-브리지 용액 경계의 전위(e_{r})이고 다른 하나는 브리지 용액-분석물 경계의 전위(e_{j})이다. 브리지 용액에 대한 기준 전위를 알아내기 위해 센서를 사용하기 전에 표준 분석 용액으로 보정하는 과정을 거친다.

전하 이동의 관점에서 전기화학 인터페이스에는 두 가지 유형이 있다. 바로 이상적 극성화(purely capacitive, 순수 용량성)와 비극성화이다. 보통 불활성 전해질(예 : H_2SO_4)만 포함하는 용액과 접촉하는 일부 금속(예 : Hg, Au, Pt)은 이상적 극성화 인터페이스에 가깝게 동작한다. 그러한 경우에도 인터페이스에는 특정한 전하 전달 저항이 존재하고, 이중층 커패시턴스와 전하 전달 저항의 곱에 의해 주어진 시간상수($\tau = R_{\mathrm{ct}} C_{\mathrm{dl}}$)에 따라 전하가 과도하게 노출된다.

대부분의 분석물이 수용액이므로 수소 이온이 반응에 참여하는 기준 전극을 사용하는 것이 좋다. 표준 수소 전극Standard Hydrogen Electrode, SHE은 백금 스폰지로 둘러싸인 백금 호일로 구성되는데 백금 스폰지는 백금 흑platinum black이라고 불리며 매우 넓은 표면적을 가진다([그림 10-6] 참조). 이 백금 조합은 작은 챔버가 내장된 유리관 내부에 위치하는데 외부와의 전기 연결을 위해 백금과 구리 전선 사이의 전기적 접촉용 수은 방울이 있다. 이 백금 흑은 전기화학 반응을 위해 분석액에 담긴다. 이때 유리관에는 H_2 가스를 펌핑하기 위한 입구가 있으며 베이스는 과량의 수소를 배출하기 위해 구멍이 뚫려있다.

순수한 건조 수소 가스가 입구를 통과하면 백금 흑 스펀지를 통해 흐른다. 백금 표면에 흡수된 수소 가스와 용액의 H+ 사이에는 평형이 되고 반대 전하로부터 전기 이중층이 형성된다. 이때 전선에서 발생하는 전위를 **수소 전극 전위**hydrogen electrode potential라고 한다. 즉 1기압(~ 1 bar)의 압력에서 수소 가스가 단위 농도의 H+와 평형을 이룰 때 백금 금속에 흡착된 수소 가스와 용액의 H+ 사이에서 발생하는 전위로 정의된다. 여기서 표준 수소 전극SHE 전위의 크기는 0으로 간주된다. SHE는 미리 준비하고 유지하는 것이 어려워 실제로는 기준 전극으로 거의 사용되지 않는다. 기준 전극의 주된 목적은 다른 기준 전극을 표준화하기 위해 기본 전위를 설정하는 것이다. 따라서 기준 전극의 전위는 **수소 스케일**hydrogen scale로 측정된다.

다른 기준 전극으로는 수은과 염화수은Hg_2Cl_2으로 구성된 칼로멜 전극 또는 은-염화은Ag/AgCl 전극이 있다. 실제 염화수은은 독성 수은을 포함하지 않고 온도에 훨씬 더 안정하여 많이 응용된다. 이 유형의 전극은 심전도EKG, 뇌파EEG, 기타 생물학적 전위를 포착하기 위해 전기 생리학에서 널리 사용된다.

화학 센서에서 은Ag 전극은 농축 염화칼륨KCl 용액에서 염화은의 높은 용해도를 나타내므로 전극이 침식되어 수명이 단축된다. 그 구조는 [그림 18-7]에 나와 있다. 포화 용액에 대한 이 전극의 표준 전위는 0.1989 V 이다.

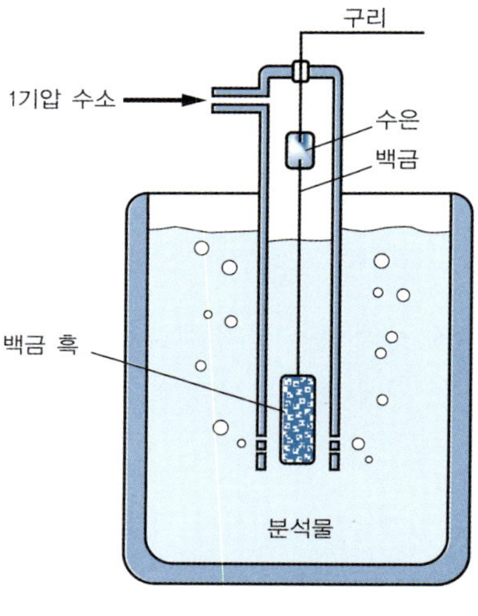

그림 18-6 수소 기준 전극

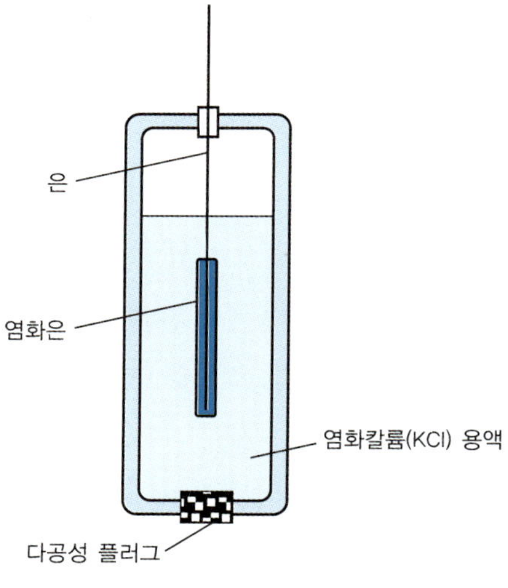

그림 18-7 은-염화은 기준 전극

18.4.2 전위차 센서

전위차 센서potentiometric sensors는 전기화학 셀의 전극-전해질 계면에서 발생하는 산화 환원 반응의 평형상태에서의 농도 효과를 사용한다. 작업 전극WE 표면에서 발생하는 산화 환원 반응으로 인해 계면에서 전위가 발생할 수 있다. 여기서 Ox 는 산화제를 나타내고 Z_{e^-}는 산화 환원 반응에 관여하는 전자 그리고 Red는 환원된 생성물이다.[10]

$$O_X + Z_{e^-} = Red \tag{18.2}$$

이 반응은 전극 중 하나에서 발생하며(이 경우 음극 반응) 반쪽 셀 반응half-cell reaction이라고 한다. 이는 열역학적 준평형 조건인 네른스트Nernst 식에 적용 가능하며 다음과 같이 표현될 수 있다.

$$E = E_0 + \frac{RT}{nF} \ln \frac{C_0^*}{C_R^*} \tag{18.3}$$

여기서 C_0^*와 C_R^*은 각각 Ox와 Red의 농도이고, n은 전달된 전자의 수, F는 패러데이 상수, R은 기체 상수, T는 절대 온도, E_0는 표준 상태에서의 전극 전위이다. 전위차 센서에서 두 개의 반쪽 셀 반응이 각 전극에서 동시에 발생한다. 그러나 하나의 반응만 감지 물질을 포함해야 하며, 다른 반쪽 셀 반응은 가역적이고 비간섭적이며 이미 알려진 것이어야 한다.

전위차 센서의 셀 전위 측정은 매우 높은 입력 임피던스를 0의 전류 또는 준평형 상태에서 이루어져야 하며 따라서 낮은 바이어스 전류를 가진 높은 입력 임피턴스 증폭기(전위계electrometer)가 필요하다. 이온 선택성 막은 모든 전위차 이온 센서의 핵심 구성 요소이다. 이는 샘플에 다양한 다른 이온 성분이 존재할 때 센서가 관심 이온에 반응하는 기준을 설정한다. 이온 선택성 막은 용액과 비극성 계면을 형성한다. 좋은 이온 선택성 막은 안정적이고 재현 가능하며 흡착adsorption 및 교반 효과stirring effect에 영향을 받지 않고 선택성을 가진 막을 의미하며, 이는 절대 및 상대 교환 전류 밀도가 모두 높아야 한다.

18.4.3 전도도 센서

전기화학 전도도 센서conductometric sensors는 전기화학 전지에서 전해질의 전도도 변화를 측정한다. 전기화학 센서는 전극의 분극과 감응전류faradic 또는 전하 전달 프로세스로 인해 발생하는 전기 용량성 임피던스를 포함한다.

균일한 전해액에서 전해질의 전도도 $G(\Omega^{-1})$는 용액에서의 전기장 방향 성분인 L에 반비례하고 전기장과 수직 방향 단면적인 A에 비례한다.[11]

$$G = \frac{\sigma A}{L} \tag{18.4}$$

여기서 $\sigma(\Omega^{-1}\mathrm{cm}^{-1})$는 전해질의 특정 전도도이며 이온의 전하 농도와 크기에 정량적으로 관련이 있다. 콜라우시Kohlrausch[12]에 따르면 모든 농도와 C (단위 : mol/l 또는 기타 단위)에서 용액의 등가 전도도는 다음과 같이 주어진다.

$$\Lambda = \Lambda_0 \beta \sqrt{C} \tag{18.5}$$

여기서 β는 전해질의 특성이고 Λ_0는 한정되지 않은 희석 전해질의 등가 전도도이다. 전기화학적 전도도 센서에 의한 전해질 전도도 측정 기술은 오랫동안 동일하게 유지되어왔다. 종종 휘트스톤 브리지([그림 18-11]과 유사)는 브리지의 저항 중 하나를 형성하는 전기화학 셀(센서)과 함께 사용된다.

그러나 고체의 전도도 측정과 달리 전해질의 전도도 측정은 작동 전압에서 전극의 분극화로 인해 복잡해지는 경우가 많다.

감응전류faradic 또는 전하 이동 프로세스는 전극 표면에서 발생한다. 따라서 전도도 센서는 감응전류 프로세스가 발생하지 않는 전압에서 작동해야 한다. 여기서 또 중요한 고려 사항은 전위가 셀에 부과될 때 각 전극에 인접한 이중층의 형성이다. 이는 이른바 와버그warburg 임피던스로 설명된다. 따라서 감응전류 프로세스가 없더라도 컨덕턴스를 측정할 때 이중층의 영향을 반드시 고려해야 한다. 감응전류 프로세스의 효과는 센서의 높은 셀 상수 L/A를 유지하여 셀 저항이 $1 \sim 50\,\mathrm{k}\Omega$ 사이에 있도록 함으로써 최소화할 수 있다. 이는 작은 전극 표면적과 큰 전극 간 거리를 사용하는 것을 의미한다. 그러나 이는 휘트스톤 브리지의 감도를 감소시킨다. 보통은 이를 해결하기 위해 여러 개의 전극을 구성하여 사용한다. 예를 들어 고주파 저진폭 교류 전류를 사용하여 이중층과 감응전류 프로세스의 효과를 최소화할 수 있다. 또한 가변 커패시터를 셀에 인접한 브리지 영역의 저항에 병렬로 연결하여 셀의 커패시턴스와 저항의 균형을 맞추는 방법도 있다.

전도도 센서의 한 예로는 혈당 모니터가 있다. 혈액 샘플의 전도도를 직접 검사하여 포도당 분자의 농도를 측정할 수는 없지만, 전기화학 반응을 이용하면 포도당을 통해 전류를 생성할 수 있다. 이를 위한 여러 가지 화학적 방법이 있다. 그중 하나는 혈액 한 방울을 테스트 막대test strip에 적용하는 것인데 이 막대는 포도당 탈수소glucose dehydrogenase 효소, 즉 단백질 촉매라고 하는 특수 시약때문에 화학적으로 전처리되어 있다. 그러나 포도당과 효소는 전도도 센서 전극에 직접적으로 전자를 교환하지 않으므로 또 다른 화학 물질이 필요하다. 보통 이러한 매개체(또는 중간체)가 전자의 전달을 돕는다.

[그림 18-8(a)]에서 다음의 단계들은 포도당 테스트 막대에서 일어나는 일들이다.

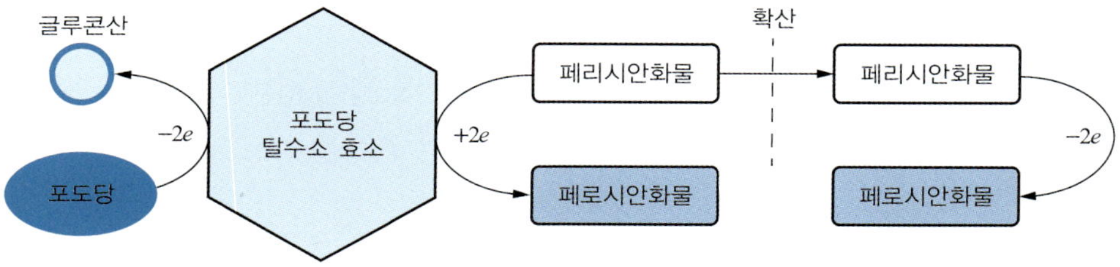

(a)

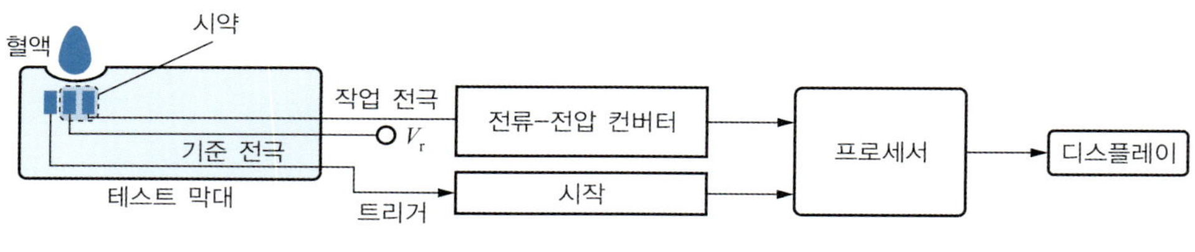

(b)

그림 18-8 전도도 혈당 센서의 개념 (a) 테스트 막대에서의 화학 반응 (b) 단순화된 블록 다이어그램

1단계 : 혈액 샘플의 포도당은 먼저 포도당 탈수소 효소와 반응한다. 포도당은 대기 산소를 사용하여 글루콘산gluconic acid으로 산화되고 효소는 포도당 분자에서 효소로 전달되는 두 개의 전자에 의해 일시적으로 환원된다.[3]

2단계 : 환원된 효소는 다음으로 매개체(M_{OX})와 반응하여 단일 전자를 두 매개체 이온 각각에 전달한다. 효소는 원래 상태로 돌아가고 두 개의 M_{OX}이온은 M_{red}로 환원된다.

3단계 : 센서의 전극 표면에서 M_{red}가 M_{OX}로 다시 산화되고(회로 완료), 공정 반응을 완료한 다음 안정화하는 데 필요한 일부 배양한 후에, 변화된 샘플을 통해 전류가 흐르는 양을 측정함으로써 혈액 내 포도당 농도를 결정한다.

포도당 탈수소 효소는 매우 특이적으로 포도당의 글루콘산gluconic acid으로의 산화를 촉진한다. 또한 포도당 산화Glucose Oxidase, GOx 효소보다 간섭에 덜 민감하다. 포도당 탈수소 효소의 높은 특이성은 복잡한 혈액 샘플에서 간섭을 일으킬 수 있는 수천 가지의 화합물 중에서 포도당에만 반응할 수 있도록 한다. 이러한 특이성은 매우 중요한데 이는 피검자의 시간에 따른 혈당 변화와 다른 인자들의 변화, 예를 들어 혈장혈구비율hematocrit, 산소 수준, 대사 부산물 및 약물의 변화가 매우 크기 때문이다. 테스트 막대의 매개체는 페리시안화 칼륨potassium ferricyanide으로 산화 환원 쌍인 페리시안화물–페로시안화물ferricyanide–ferrocyanide은 전자를 작업 전극과 빠르게 교환할 수 있다. 결과적으로 전자는 효소와 매개체를 통해 포도당과 전극 사이에 전달되고 포도당 농도에 따라 전기 전도도가 감소하도록 변화를 촉진한다.

[그림 18–8(b)]는 전도도 센서 방식 혈당 모니터의 블록 다이어그램이다. 테스트 막대에는 혈액 샘플과 접촉하는 전극 세 개가 있다. 먼저 작동 전극은 시약의 매개체와 전자를 교환한다. 또한 기준 전극은 전류 루프를 형성하고 화학 반응을 촉진하며 샘플 전도도를 측정할 수 있는 바이어스 전압을 제공한다. 마지막으로 트리거 전극은 혈액 샘플이 막대에 적용되는 순간을 감지하기 위한 것이다. 시작회로는 혈액 전도도로 인한 전압 강하를 감지한다. 작동 전극을 통과하는 전류는 방출된 전자수의 선형 함수이다. 따라서 전류는 혈액 샘플에서 포도당 분자의 농도에 거의 비례한다.

전도도 센서의 또 다른 예는 **알코올 검출기**alcohol detector이다. 혈중 알코올을 검출하는 방법에는 몇 가지가 있는데 직접적인 혈액 검사는 속도가 느리고 편리하진 않지만 가장 정확하다. 혈중 알코올 선별 검사는 개인의 혈중 알코올 함량Blood Alcohol Content, BAC이 특정 임계값보다 낮거나 높은지를 결정하는 데 사용된다. 대부분의 실제 사례에서 혈액을 채취하는 대신 **음주 측정기**breathalyzer를 통해 호흡 알코올 함량Breath Alcohol Content, BrAC을 확인한다. BrAC 값을 BAC 값으로 변환하기 위해서는 변환계수가 사용되는데 가장 일반적으로 알려진 변환계수는 2,100이다.[109] 호흡에서 알코올을 감지하기 위해서는 먼저 음주 측정기의 감지 모듈에 샘플 가스(호흡)를 주입한다.

3 환원 전자를 얻는다.

이후 호흡 알코올을 감지하는 여러 방법 중에서 다음과 같은 방법을 주로 사용한다.

1. **연료 전지 센서 장치**fuel cell sensor device : 전기화학 반응을 기반으로 하며, 기체 상태의 알코올이 촉매 전극 표면에서 산화되어 정량적인 전기 반응을 일으킨다.
2. **호흡 샘플링을 위한 적외선 흡수 장치**infrared absorption device : 알코올 분자가 적외선을 흡수하는 원리로 작동한다. 이 경우 샘플 셀을 통해 흐르는 가스에 의해 흡수되는 빛의 양은 알코올 함량의 척도로 간주할 수 있다.
3. **반도체 감지 소자**semiconductor sensing element : 전이 금속 산화물의 작고 가열된(300 ℃) 비드beads를 사용한다. 여기에는 작은 정재 전류를 생성하기 위해 일정 전압이 인가되어야 한다. 전류 크기는 비드 표면의 전도도에 따라 다르며, 이 전도도는 흡착된 알코올 분자의 양에 영향을 받기 때문에 가스 샘플의 알코올 농도 측정으로 활용할 수 있다.

■ 전류 측정 센서

전류 측정 화학 센서의 예로는 1956년에 제안된 클라크Clark 산소 센서가 있다.[13] 전극의 작동 원리는 산소 투과성 막에서 금속 음극으로 산소를 운반하기 위해 전극 부품assembly 내에 포함된 전해질 용액을 사용하는 것을 기반으로 한다. 캐소드cathode 전류는 다음과 같이 두 단계의 산소 감소 과정에서 발생한다.

$$O_2 + 2H_2O + 2e^- \rightarrow H_2O_2 + 2OH^- \tag{18.6}$$

$$H_2O_2 + 2e^- \rightarrow 2OH^-$$

[그림 18-9(a)]는 전극 끝부분을 가로질러 늘어나는 막을 보여주고 산소가 얇은 전해질 층을 통해 음극으로 확산되도록 한다. 양극과 음극 모두 센서 부품 내에 포함되어 있으며 외부 샘플과 전기 접촉이 이루어지지 않는다. 클라크 전극의 1차 확산 모델은 [그림 18-9(b)]에 나와 있다.[14]

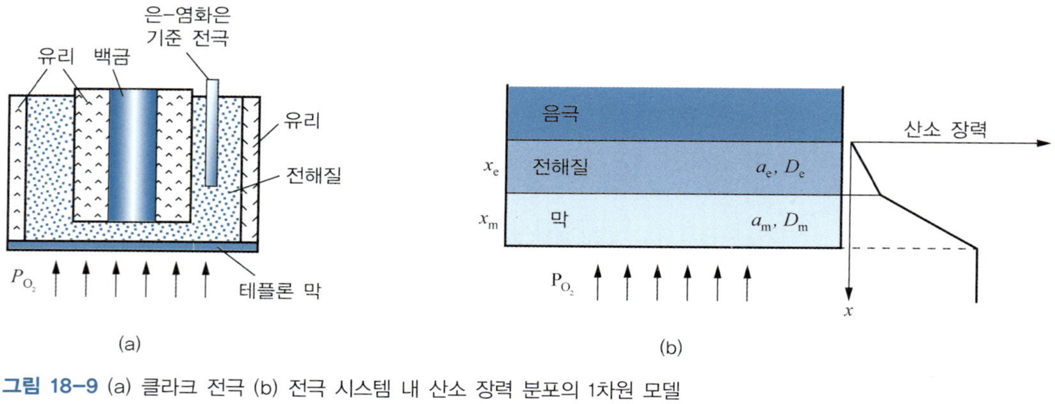

그림 18-9 (a) 클라크 전극 (b) 전극 시스템 내 산소 장력 분포의 1차원 모델

막-전해질-전극 시스템은 평형 부분 압력 p_o와 같고 음극에서의 압력이 0인 막 표면의 부분 압력을 갖는 1차원 확산 시스템으로 간주된다. 이때 평형 정상 상태equilibrium steady-state 전극 전류는 다음과 같다.

$$I \approx \frac{4Fa_m D_m p_o}{x_m} \tag{18.7}$$

여기서 A는 전극 면적, α_m은 막의 산소 용해도, F는 패러데이 상수, D_m은 확산계수, x_m은 막의 두께이다. 전류는 전해질 두께 및 확산 특성에 독립적이라는 점에 유의해야 하며 테플론Teflon® 막은 산소 투과성 필름으로 사용될 수 있다. 센서의 감도는 다음과 같이 산소 분압에 대한 전류의 비율로 정의할 수 있다.

$$S = \frac{I}{p_o} \tag{18.8}$$

예를 들어 막 두께가 $25\,\mu m$이고 음극 영역이 $2 \times 10^{-6}\,cm^2$이면 감도는 약 $10^{-12}\,A/mmHg$이다. 두 개의 클라크 산소 전극을 사용하여 효소 반응으로 인한 상대적 산소 결핍을 측정할 수 있는 효소형 전류 측정 센서를 구현할 수 있다. 센서의 작동 원리는 [그림 18-10]에 나와 있다.

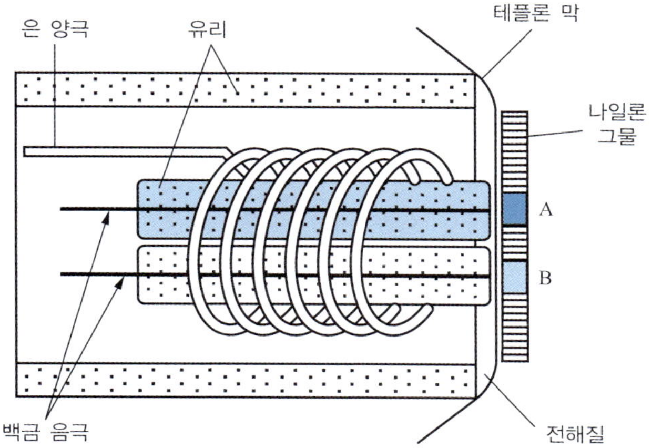

그림 18-10 혈당 감지에 적합한 전류 측정 클라크 산소 센서의 단순화된 모식도

센서는 두 개의 동일한 산소 전극으로 구성되며 A는 활성 효소층으로 코팅되고 B는 비활성 효소층으로 코팅된다. 이를 응용한 예로는 혈당 센서가 있으며 여기서 불활성화inactivation는 화학적, 방사선적 또는 열적으로 수행된다. 센서는 2개의 백금Pt 음극과 1개의 은Ag 양극을 지지하는 유리 동축 튜브가 있는 플라스틱 캐리어에 밀폐되어 있다. 만약 효소 반응이 없을 경우 전극으로 흐르는 산소 유동과 산소의 흐름에 따른 확산 제한 전류가 서로 같아지게 된다. 결국 용액에 혈당이 존재하게 되고 효소 반응이 일어나면 활성 전극 표면에 도달하는 산소의 양이 효소 반응에 의해 소비되는 양만큼 감소하여 전류가 불균형해진다.

18.4.4 금속 산화물 반도체 화학 센서

가장 일반적인 유형의 금속 산화물 기반 센서Metal Oxide based Sensor, MOS는 반응성 물질의 농도 변화를 저항 변화로 변환하는 것이다. 이 센서는 60년 전 연구원들이 반도체의 저항이 화학 환경에 따라 변한다는 사실을 발견하면서 개발되었다.[15] 이때 게르마늄Ge이 초기 모델로 사용되었고 측정할 수 있는 수준의 저항의 변화를 보여주었지만, 다양한 이유로 인해 재현성 문제가 발생했다. 오늘날 금속 산화물 센서는 상업적으로 이용할 수 있고 저렴하면서도 견고하여 다양한 응용 분야에서 사용된다.

금속 산화물 기반의 센서는 일반적으로 반도체의 민감층 그리고 해당 층의 저항을 측정하기 위한 전기 연결부, 장치의 온도를 제어하기 위한 히터[10]로 구성된다. 보통 반응성 분자가 금속 산화물 표면에 화학 흡착된 후 전하 이동이 일어난다. 즉 산화주석^{SnO_2}과 같은 금속 산화물 결정이 공기 중에서 일정 고온으로 가열되면 산소가 결정 표면에 흡착되어 전자 흐름을 억제하는 표면 전위가 형성된다. 표면이 수소, 메탄, 일산화탄소와 같은 산화성 가스(기체)에 노출되면 표면 전위는 낮아지고 전도도가 눈에 띄게 증가하며[16] 표적 화학 물질의 농도가 증가함에 따라 저항 변화의 크기도 증가한다.

박막의 전기 저항과 주어진 산화성 가스 농도 사이의 관계는 다음과 같다.

$$R_s = A[C]^{-\alpha} \tag{18.9}$$

여기서 R_s 는 센서 전기 저항, A는 주어진 필름 구성에 대한 상수, C는 가스 농도, α는 해당 물질 및 예상 가스에 대한 R_s 곡선의 특성 기울기이다.[17]

금속 산화물 기기는 산화성 가스가 있을 때 고유저항^{resistivity}이 변하므로 동작을 위해 추가 전자회로가 필요하다. 일반적으로 휘트스톤 브리지 회로(6.2.3절 참조)에 센서를 한쪽 다리로 설계하여 브리지 회로에서 관찰된 전위 강하의 불균형을 감지할 수 있도록 구성한다([그림 18-11(a)] 참조). 이때 센서의 온도에 따라 브리지 균형점을 조정하기 위해 선형화 병렬 저항이 있는 NTC 서미스터[4]가 필요하다.

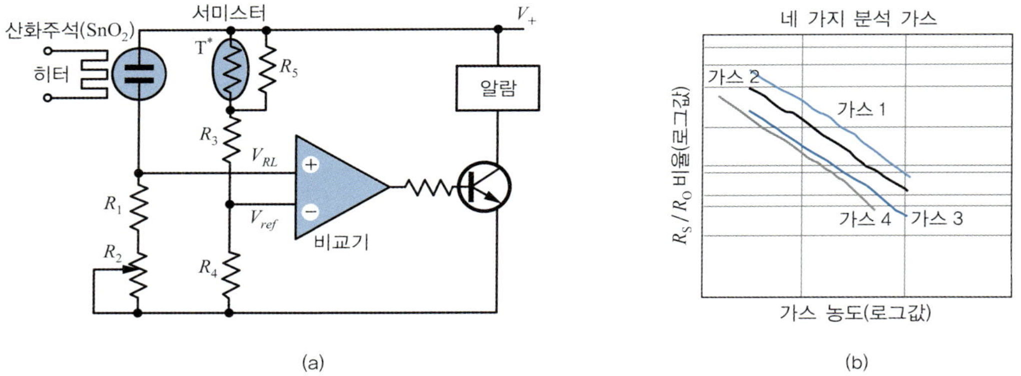

그림 18-11 (a) 산화주석 휘트스톤 브리지 회로 (b) 금속 산화물 센서 및 다양한 가스에 대한 반응

센서는 가스 종류와 농도에 의해 값이 제어되는 가변 저항기처럼 동작하기 때문에 센서를 가로지르는 전압 강하는 저항에 비례하며 일반적으로 전압 강하 대 가스 농도의 그래프로 나타낸다. 센서의 응답 신호를 로그 그래프에 표시하면 [그림 10-11(b)]와 같이 선형으로 나타난다. 서로 다른 산화성 가스에 의해 생성된 곡선의 기울기와 오프셋은 곡선이 겹치지 않는 특정 농도 범위 내에서 서로 구별되고 정량화된다.[18] 선택적으로 전도도의 변화율이 가스 종류와 농도를 구별하기 위해 사용되기도 한다.[19] 벌크 전도도$^{bulk\ conductivity}$는 센서에서 유동^{drift}될 수 있는데 펄스 입력에 의해 구동될 때 전도도의 변화율이 더 안정적이고 재현 가능성이 높다.

4 음의 온도 계수를 갖는 저항성 온도 센서이다. 자세한 설명은 17장을 참조하라.

이러한 고체 센서는 소형이고 상대적으로 전력 소비가 적어 비용이 저렴하면서도 쉽게 제작할 수 있다. 제어 및 측정회로는 실리콘 마이크로 칩에서도 제작될 수 있으며 온 칩on-chip 데이터 수집 및 제어 시스템과 함께 하나의 칩에 통합된 감지요소 어레이를 포함하는 센서 패키지를 설계할 수 있다. 실리콘 기기의 얇고 두꺼운 박막 센서들은 다양한 가스를 감지하기 위해 여러 가지 재료를 기반으로 제작되었다.[20~21] 먼저 산화주석SnO은 연구된 가장 보편적인 순수 박막 물질이다.[22~26] 또한 일산화탄소, 수소 및 탄화수소를 감지하기 위해 백금Pt 도핑 산화주석[27~28] 또는 팔라듐Pd, 도핑된 산화주석SnO[29~30]이 사용되었다. 그리고 다양한 형태와 환경에서 산화티타늄TiO_2은 산소를 감지하는 데 사용되었다.[31] 로듐rhodium이 도핑된 산화티타늄TiO_2[32]은 수소를 감지하는 데 사용되었으며 산화아연ZnO[33]은 수소, 일산화탄소 및 탄화수소를 감지하는 데 사용되었다. 이러한 물질의 전기적 특성은 표면 또는 벌크에서 가스의 흡착, 흡수, 탈착, 재배열 및 반응에 따라 변한다. 또한 대부분이 촉매 특성을 가지고 있으며 가스의 흡착 또는 표면 반응이 전기 전도도의 변화에 기여한다.

18.4.5 엘라스토머 화학 저항기

엘라스토머 화학 저항기elastomer chemiresistors 또는 고분자 전도성 복합체(또는 고분자 전도체(PC))는 화학 물질을 흡착하고 팽창하여 화학 물질의 존재에 대한 **물리적**physical 반응으로 저항을 증가시키는 고분자 박막이다. 이들은 화학 탐지기로 사용할 수 있지만 실제로 화학 반응을 사용하지는 않는다. 폴리머(중합체)는 어느 정도의 종 분화speciation 또는 선택성을 제공하는 화학 물질의 하위 집합을 끌어들이도록 설계되거나 처리된다.[34] PC 센서는 단 몇 초 만에 이소프로필 알코올과 같은 단순한 탄화수소의 존재에 반응할 수 있으며 기름과 같은 휘발성이 약한 화학 물질은 반응하는 데 10 ~ 15초가 소요된다. PC의 구성 요소는 부식성 물질에 내성이 있을 것으로 기대되진 않지만, 부식으로부터 노출을 차단하기 위해 정상 작동 시 수개월의 수명이 있어야 한다.

일반적인 PC 센서는 다양하게 처리된 PC 구성 요소를 사용하여 어레이를 생성한 다음 어레이를 샘플링하여 특징을 만들어 낸다. 또한 PC 센서는 금속 산화물 기반 센서와는 달리 제어된 높은 동작 온도가 필요하지 않으므로 전력 소비량이 낮다. 그러나 응답은 온도에 따라 다르기 때문에 PC의 일정한 온도를 유지해야 한다. 이는 측정 중에 온도를 안정된 수준으로 유지하면서 주변 온도(예 : 40℃) 이상으로 감지요소를 예열한다. 즉 PC 센서는 온도 조절 장치로 보강해야 한다.

제조 공정에서 PC 박막은 [그림 18-12(a)]와 같이 미세한 전도성 입자,[108] 카본 블랙carbon black 파우더5 등으로 합침impregnated된다. 초기에는 냄새가 없는 상태에서 모니터링 회로에 의해 기준 전류가 설정된다. 이후 특정 냄새가 공기 중에 존재하고 코팅에 흡수되면 PC 코팅의 부피가 다소 부풀게 된다. 이때 전도성 입자 사이의 평균 거리가 증가하고 단자 사이의 전기 저항이 증가한다. 그리고 저항은 처리를 위해 전기신호로 변환된다([그림 18-12(b)] 참조).

5 저항률 변화의 메커니즘은 [그림 10-4]에 표시된 후막 힘 센서의 메커니즘과 유사하다.

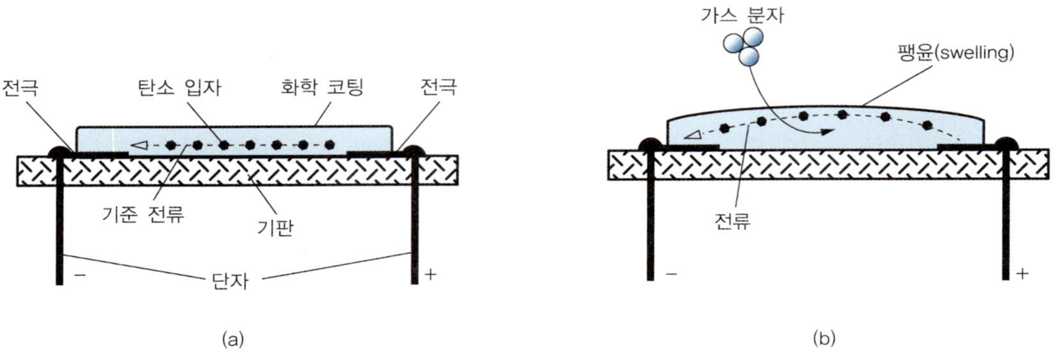

그림 18-12 팽창형 화학 저항기 (a) 기준 상태 (b) 감지 상태

폴리머의 팽창은 증기에 노출된 직후에 시작되기 때문에 저항신호를 실시간 또는 거의 실시간으로 읽을 수 있다. 현재 1 μm 정도의 두께를 가진 감지 필름에서 평형 필름 팽윤값equilibrium film swelling values에 대한 팽윤(이에 따른 저항 변화), 응답 시간은 증기와 증기가 확산해야 하는 폴리머에 따라 0.1 ~ 100초 범위에 해당한다. 평형에 대한 반응 속도를 높이기 위해서는 필름의 두께를 감소시키면 된다. 확산 시간은 필름 두께의 제곱에 비례하기 때문에 필름 두께를 0.1 μm 범위로 줄이면 실질적으로 빠른 응답을 제공해야 한다. 작은 팽윤에서 증기원이 사라지면 필름은 초기 팽윤 전 상태로 돌아가고 각 어레이 감지요소 필름의 저항도 원래의 값으로 돌아간다. 그렇기 때문에 전도성 고분자 복합체 기반 전자 코의 감도는 다른 증기 감지 시스템에 비해 매우 유망하다고 할 수 있다.

센서는 액체 또는 증기의 존재를 감지하기 위해 특정 농도에서 특정 인자agent에 대해 특이성을 가져야 한다. 즉 액체의 물리적, 화학적 특성에 대해 선택적이어야 한다. 이러한 센서의 예로는 탄화수소 연료 누출에 대한 저항성 감지기가 있다. 검출기는 실리콘(비극성 폴리머)과 카본 블랙 합성물로 만들어진다. 폴리머 매트릭스는 감지요소로 사용되며 전도성 필러는 초기 대기 상태에서 10 Ωcm 정도의 상대적으로 낮은 체적 저항을 위해 사용된다. 이 조성물은 용매-고분자 상호 작용 계수가 큰 용매에 선택적으로 민감하며[35] 전도성 입자 대 고분자 비율을 변경하여 감도와 저항을 변경할 수 있다. 센서는 표면적과 두께의 비율이 매우 크고 얇은 필름 형태로 제작된다. 용매 또는 증기가 박막 센서에 노출될 때마다 폴리머 매트릭스가 팽창하여 전도성 입자가 분리된다. 이로 인해 복합 필름이 10^9 Ωcm 또는 그 이상의 저항률, 즉 낮은 전도성으로 변환된다. 이때 박막 센서의 응답 시간은 1초 미만일 수 있다. 센서는 탄화수소 연료와 더는 접촉하지 않을 때 정상적인 전도성 상태로 돌아가 장치를 재사용할 수 있다.

전자 코 내의 팽윤 화학 저항기의 예로는 황화수소^{H_2S} 검출기가 있다. H_2S는 독성 가스로 수많은 환경에 존재할 수 있으며 썩은 달걀이나 부패하는 폐기물과 같은 뚜렷한 냄새가 난다. 이는 특히 구강 악취(구취)의 원인이 되기도 한다. 보통 100 ppm 이상의 H_2S 가스 수준은 생명과 건강에 즉각적인 위험을 가한다. 그러므로 H_2S 센서는 상당히 낮은 수준의 가스에 대해 감도가 높아야 한다. 또한 존재할 수 있는 다른 가스와 H_2S를 구별할 수 있어야 하고 다른 가스의 영향을 받는 가짜 판독값을 제공하지 않아야 한다.

음주 측정기와 마찬가지로 H_2S 센서의 표면은 주변 온도보다 훨씬 높게 약 300 ℃ 까지 가열해야 한다. 하지만 이로 인해 감지 모듈 전원 공급 장치에 상당한 부담이 가해지게 되고 센서의 응답 시간이 길어진다. 즉 이를 해결하기 위한 방법으로 최신 MEMS 기술을 사용한다. [그림 18-13]은 MEMS H_2S 센서의 개념을 보여준다. 여기서 실리콘 구조는 1 μm 정도의 두께를 갖는 얇은 막을 지지하는 기판으로 형성된다. 이러한 막은 열용량이 낮기 때문에 상대적으로 낮은 전력으로 단시간에 고온으로 예열될 수 있다.

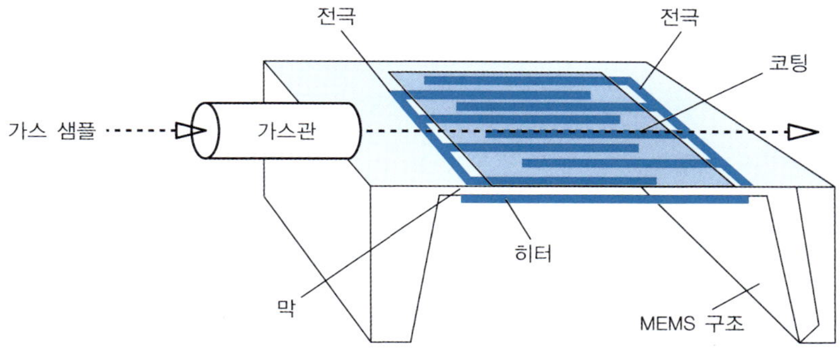

그림 18-13 H_2S MEMS 가변 저항 센서의 개념

두 상호교대interdigitized 전극은 막의 윗면에 형성된다. 전극 상단에는 스퍼터링 및 산화 기술에 의해 선택적 코팅막이 증착된다. 코팅막은 가스 샘플에서 H_2S 분자의 농도에 따라 변하는 특정 저항값을 가진다. 감지막을 형성하기 위해서 먼저 1000 Å 미만 두께의 이황화 몰리브덴MoS_2 층이 실리콘 막 위에 스퍼터링sputtering으로 형성되고 동일한 두께의 산화 텅스텐WOx 층도 스퍼터링으로 형성된다. 그렇게 생성된 이중 코팅은 약 500 ℃ 의 온도에서 몇 시간 동안 공기 중에서 가열되며 소결 및 산화 효과를 가지고 금속 산화물의 복잡한 조합을 생성한다.[110] 이러한 코팅 조합은 단순히 텅스텐과 몰리브덴의 개별 산화물로 구성되는 것이 아니라 분리되지 않는 산화물의 조합을 정렬된 구조로 형성한다. 사실상 동일한 결정격자 내에 포함된 두 유형의 산화물을 모두 갖는 결정 구조 유형이라고 할 수 있다.

실리콘 막의 바닥에는 온도가 300 ℃ 까지 상승하는 히터층이 형성된다. 히터 온도가 일정 수준으로 안정된 후에는 외부 가스 샘플이 막 위로 들어간다. 이때 가스관을 통해 가스를 불어 넣거나 감지 모듈에 추가된 소형 송풍기로 가스를 빨아들인다. 가스는 H_2S 분자의 농도에 따라 전기 저항이 변하는 코팅막과 반응한다. 저항은 기존 방법 중 하나로 쉽게 측정할 수 있으며 가스 농도에 따라 변한다. 이 센서는 몇 초 만에 응답하고 특히 초기화 시간이 빠른데 이는 다음 측정을 신속하게 준비하기 위해 유용하다.

최근에는 카본 블랙 대신 나노 물질을 사용하여 빠르게 반응하는 고분자 복합 재료가 만들어지고 있으며 이는 다양한 응용 분야에서 활용되고 있다.[36] 이러한 물질에는 탄소 나노 튜브[37], 그래핀[38], 금속 나노 입자[39] 등이 있다. 어떤 경우에는 폴리머 자체가 전도성 섬유로 만들어지거나[40] 탄소 나노 튜브가 일부 선택적 화학적 기능을 갖도록 변형되기도 한다.[41]

18.4.6 화학 용량성 센서

화학 용량성chemicapacitive 또는 화학 커패시터chemicapacitor 센서는 폴리머나 기타 절연체와 같은 선택적으로 흡수하는 물질을 유전체로 갖는 커패시터이다. 화학 물질이 유전체에 흡수되면 유전 상수가 변경되고 이에 따라 센서의 커패시턴스(정전용량)가 변경된다.[42] 상업적으로 이용할 수 있는 가장 일반적인 유형의 화학 물질은 물에 민감한 폴리머로 구성되며 습도를 감지하는 데 사용된다(14.3절 참조). 그러나 화학 커패시터는 폴리머 유전체에 국한되지 않는다. 검출 가능한 화학 물질의 범위를 넓히기 위해서는 다른 물질이 사용되기도 한다. 예를 들어 졸-겔 화학커패시터sol-gel chemicapacitors는 이산화탄소를 검출할 수 있다.[43] 이러한 물질은 최적의 성능을 얻기 위해 종종 가열할 필요가 있다. 최근에는 폴리머가 휘발성 유기 화합물Volatile Organicc Compounds, VOCs 검출을 위한 저전력 센서를 만드는 데 사용되기도 하였다.[44]

화학 커패시터는 [그림 18-13]과 같이 전도성 전극이 병렬 또는 상호교대 레이아웃으로 배열되는 기존의 박막 기술을 사용하여 구성할 수 있다. 일반적으로 상호교대 전극은 두 개의 메쉬 빗meshed combs을 형성하기 위해 기판에 증착된 단일 금속층으로 구성된다. 폴리머 또는 기타 재료는 빗 위에 증착되며 평행판 센서[45]는 일반적으로 기판에 증착된 금속층과 절연체층 그리고 마지막으로 절연체 위에 있는 두 번째 다공성 금속층으로 구성된다.

화학 커패시터의 한 예로 미세 가공된 커패시터에 기반한 MEMS 센서[46]가 개발되어 상용화되었다. 기하학적 구조의 예는 [그림 18-14]에 표시된 사각형 모양의 평행판 커패시터이다.

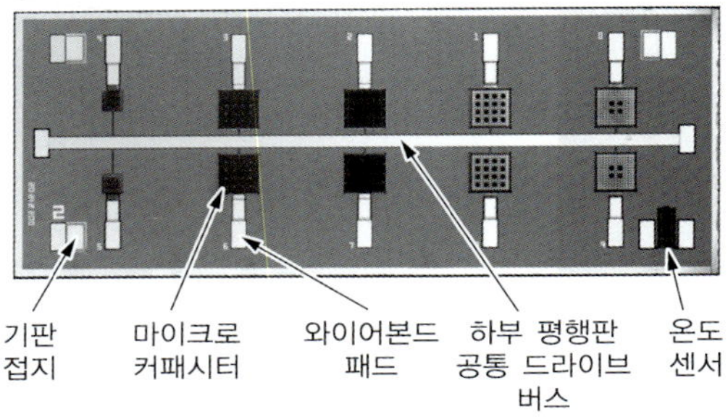

(a)

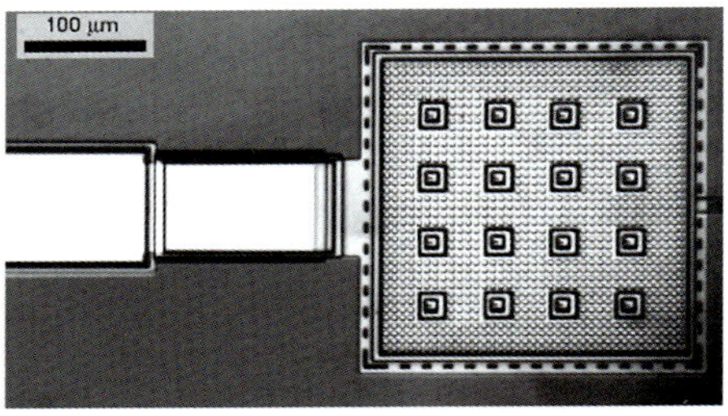

(b)

그림 18-14 (a) 다양한 병렬 평행판 커패시터를 포함하는 MEMS 칩(2×5mm). (b) 병렬 평행판 커패시터의 클로즈업 평면도

[그림 18-15]를 보면 한쪽 면은 약 285 μm, 평행판 사이의 수직 간격은 0.75 μm 정도이다. 상단 평행판은 2.5 μm 의 실리콘 기둥과 5 μm 의 구멍이 있는 와플 형태로 형성되어 있다. 16개의 더 큰 정사각형은 지지 기둥으로 정사각형의 바깥쪽 가장자리(천공도 있음)와 함께 상판이 휘지 않도록 한다. 구조는 전도성 다결정 실리콘으로 만들어지며 상업적으로 이용 가능한 반도체 제조 방법을 사용하여 절연 실리콘 질화물 층에 증착된다.[47] 이러한 유형의 센서는 다양한 형상으로 만들 수 있으며 다른 분석 물질에 민감한 코팅막을 형성할 수 있다.

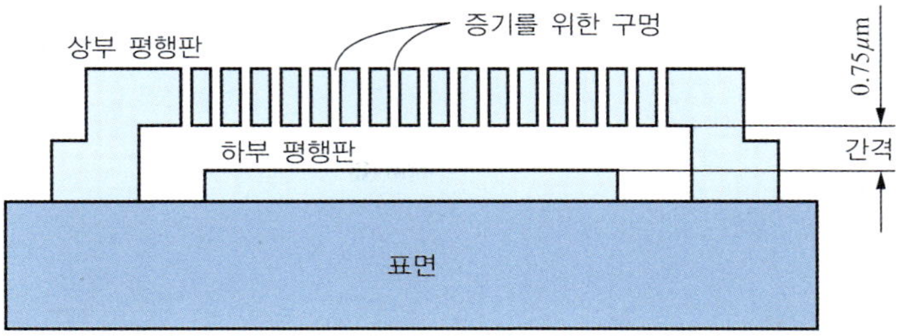

그림 18-15 0.75μm 간격을 보여주는 병렬 평행판 커패시터의 단면도

커패시터는 잉크젯 프린팅 방법을 사용하여 폴리머를 채울 수 있다.[37] 그리고 목표 분석물과 폴리머 간의 상호 작용을 통해 폴리머의 유전 특성을 변경하고 커패시턴스를 바꾼다. 이러한 유형의 장치를 측정하는 데 모든 정전용량 측정회로를 사용할 수 있다. MEMS 검출기 어레이는 대기 압력과 온도에서 잘 작동하므로 특별한 압축 운반 가스가 필요하지 않으며 크기가 작고 휴대성이 향상된 시스템을 사용할 수 있다. 그 결과 실험실에서 학생들을 훈련시키는 데 적합한 가스 크로마토그래프의 검출기[6]로 사용된다.

커패시턴스 측정을 위해 회로를 이용하여 하부 평행판에 구형파 전압을 인가한다. 그리고 [그림 18-16]에 표시된 충/방전 판독회로[48~49]는 발진형oscillating 충/방전 구동 전압을 사용하여 각 센서 어레이의 커패시턴스를 측정하고 해당 출력전압 V_{out}을 생성한다.

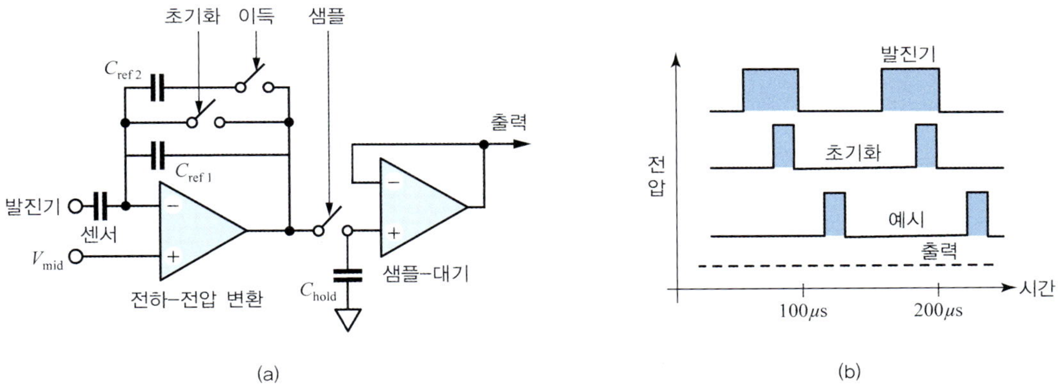

그림 18-16 (a) 커패시턴스 측정회로 (b) 타이밍 다이어그램

이를 식으로 나타내면 다음과 같다.

$$C_{Sensor} = \frac{(V_{out} - V_{mid})}{\Delta V_{osc}} (\sum C_{ref}) \qquad (18.10)$$

여기서 ΔV_{mid}는 가상 접지 전압 또는 기준 전압이고, ΔV_{osc}는 발진기 구동 전압의 진폭, C_{Sensor}는 용량성 센서의 정전용량, C_{ref}는 기준 정전용량으로 센서의 정전용량 범위에 가깝거나 그 범위

6 버니어 미니 가스 크로마토그래프(www.vernier.com/probes/gc-mini.html).

내에 있어야 하며, 이득 스위치의 위치에 따라 결정된다. 회로에서 기준 커패시터는 감지 커패시터가 방전됨에 따라 충전된다.

18.4.7 화학 전계 효과 트랜지스터(ChemFET)

기존의 전계 효과 트랜지스터Field Effect Transistor, FET는 전압 제어 저항으로 모델링할 수 있다. FET에는 소스, 드레인 및 게이트 단자가 있다. FET를 가변 저항으로 표시할 때 저항은 소스와 드레인 사이의 좁은 실리콘 채널 부분에 해당하며 게이트는 제어 단자 역할을 한다. 이때 단자 터미널의 이름은 해당 기능을 나타낸다. 일부 FET에는 바디body, 베이스, 벌크 또는 기판이라고 하는 네 번째 단자가 있다. 이는 트랜지스터 작동을 위해 전압을 인가하는 바이어스 역할을 하지만, 종종 전기회로 설계에 사용되지 않고 소스 단자에 내부적으로 연결된다. 집적회로의 물리적 레이아웃을 디자인할 때에는 바디의 존재가 중요하다. 게이트는 이산화규소SiO_2 층인 얇은 절연체에 의해 채널로부터 절연된다. FET 저항의 전자는 소스 단자에서 드레인 단자로 흐르고 전류 크기는 소스와 게이트 사이에 적용되는 제어 전압에 의해 영향을 받는다.

FET를 화학적 센서로 변환하려면 소스-게이트 전압을 인가할 때 소스-드레인 저항을 제어하기 위해 소스-드레인 전류가 변환되면서 화학적으로 민감한 부품으로 게이트 단자를 확장하면 된다. 화학적으로 선택성을 가진 게이트 물질은 FET가 전기 전도를 시작하는 게이트 전위를 변경함으로써 특정 화학 물질의 존재를 나타낸다. 이렇게 수정된 FET에는 ChemFET라는 이름을 붙이기도 한다. 이 밖에 게이트에 적용된 재료는 다른 화학 물질(가스 또는 액체)과 반응하여 물질을 구별한다. 먼저 ChemFET는 공기 중의 H_2, 혈액 중의 O_2, 일부 군용 신경가스, NH_3, CO_2 및 폭발성 가스를 감지하는 데 사용하며,[50] 수소 가스 감지 ChemFETs는 게이트 재료에 팔라듐 – 니켈Pd/Ni 필름을 사용한다.[51] 또한 은 – 염화은Ag/AgCl 하이드로 겔을 적용한 액체 검출용 ChemFETs는 이산화규소(SiO_2) 게이트 절연체와 게이트로부터 분석 물질을 분리하는 선택적 막을 사용하기도 한다. 이때 선택적 막은 일반적으로 폴리 염화 비닐PolyVinyl Chloride, PVC, 폴리우레탄polyurethane, 실리콘 고무 또는 폴리스티렌polystyrene을 사용한다.

특정 분석물을 감지하기 위해 ChemFET는 가스 또는 이온 선택 코팅(또는 막) 상단에 위치한 작은 챔버 또는 트랜지스터 게이트와 분석물 사이의 일련의 코팅을 사용한다. 화학적 민감성 요소는 선택한 화학종(분석물)과 관련하여 소스-드레인 전도를 변환하는 제어 입력을 제공한다. 막이 포함된 ChemFET는 액체에서 이온 또는 생물학적 분자를 감지하는 데 일반적으로 사용된다([그림 18-17(a)] 참조). 예를 들어 분석 물질의 이온을 포함하는 테스트 용액과 막이 접촉하면 막-전해질 계면에서 추가 전위 ΔV가 생성된다. 이 전위는 외부 소스의 바이어스 전압과 함께 게이트 전위를 변환하여 드레인과 소스 사이의 전류 흐름을 변조한다.

이온 선택성 ChemFET인 ISFET[52]의 경우 게이트는 화학적 선택적 전해질 또는 기타 반도체 재료로 대체되거나 코팅된다. 이온에 민감한 막이 이온 투과성ion-penetrable인 경우 이 기기를 memFET membrane-modifed FET라고 하고 막이 이온 불투과성ion-impenetrable인 경우 표면 전위가 이온에 의해 설정되므로 surFET이라고 한다.

ChemFET의 게이트 코팅은 효소막enzyme membrane, enFET 또는 이온 선택성 막일 수 있다. 이온 선택성 막은 화학 센서를 생성하는 반면 효소막은 생화학 센서를 생성할 수 있다. 효소막은 폴리아닐린polyaniline으로 만들어지며 전압전류 전기화학식voltammetric electrochemical 공정을 사용하여 자체적으로 해당 유기 반도체를 만든다.[53] 이 장치는 본질적으로 크기가 작고 전력 소비가 적다.

기존 FET에서와 마찬가지로 ChemFET는 박막 기술을 사용하여 구성되며 일반적으로 2개의 n형 실리콘 확산 영역(소스, 드레인)이 있는 p형 실리콘 바디를 사용한다. ChemFET은 소스를 기준으로 게이트 및 드레인에 양의 전압을 적용하여 작동한다. 가장 많이 사용되는 회로는 [그림 18-17(a)]와 같이 출력에서 기준 게이트 전극으로의 피드백 루프를 포함한다. 피드백은 분석 물질의 농도에 따라 저항 R을 통해 정전류 i를 설정한다. 농도가 변하면 ChemFET의 전압-전류 특성이 이동하고 [그림 18-17(b)] 소스-드레인 전류의 변화로 측정된다.

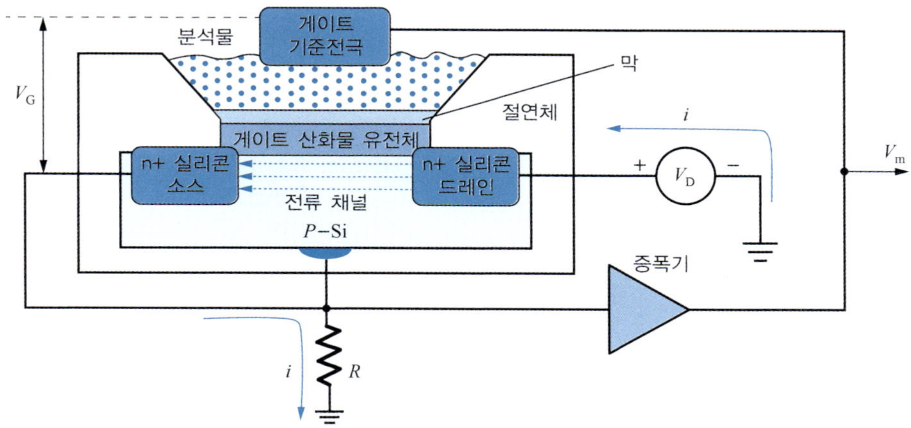

(a)

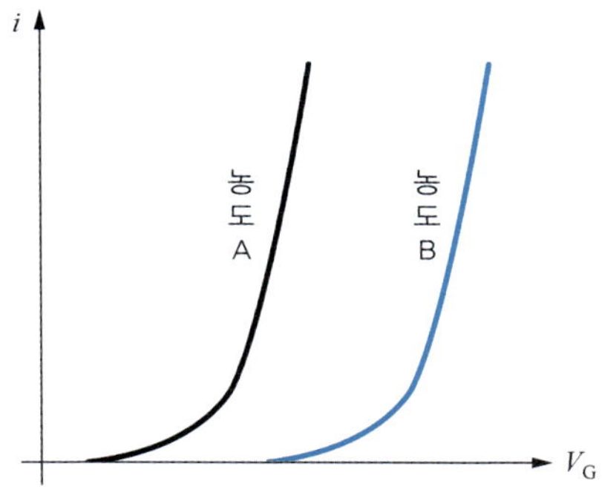

(b)

그림 18-17 (a) 기준 전극에 대한 피드백을 위한 액체 ChemFET 구성 및 전기 연결 (b) 전압-전류 특성

18.5 광 이온화 검출기

광 이온화 검출기PhotoIonization Detectors, PID는 일반적으로 고에너지 자외선UV을 사용하여 분자를 양전하 이온으로 분해한다. 분자는 빛 에너지를 흡수하여 일시적인 전자 손실이 일어나고 양전하 이온을 형성한다. 또한 전위계로 측정되는 전류를 생성하기도 한다. 식 (18.11)은 분자 물질 R이 입사 자외선에 의해 이온, R^+ 및 전자로 이온화되는 것을 보여준다.

$$R + h\nu \rightarrow R^+ + e^- \tag{18.11}$$

UV 램프는 감지기의 핵심이며 UV 램프 설계를 개선함으로써 비용이 크게 절감되고 기대 수명이 연장되었다. UV 광선의 파장은 사용되는 램프의 가스 유형에 따라 다르다. 일반적으로 10.0 eV 및 10.6 eV 의 에너지[7]로 빛을 방출하는 크립톤krypton이 많이 사용되며 제논 및 아르곤 램프도 가끔 사용된다.

가스 분자가 UV 램프를 통과하면 이온화가 일어난다([그림 18-18] 참조). 이때 자유전자는 서로 근접하게 배치된 한 쌍의 전극판에서 얻을 수 있으며 전극은 전기장의 작은 변화에 반응하여 신호를 생성한다. 전류 흐름의 크기는 가스 농도에 정비례한다.

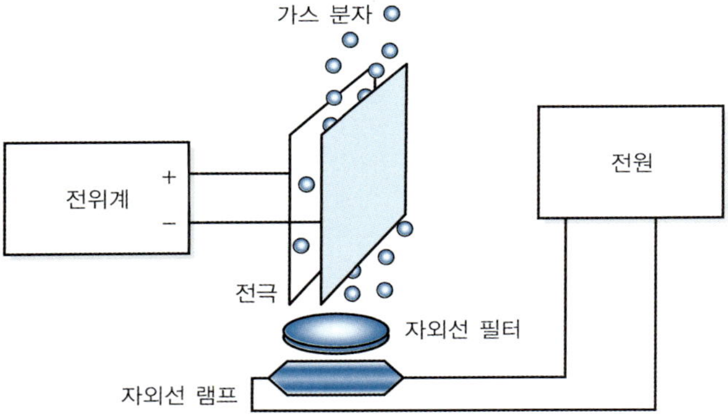

그림 18-18 광 이온화 검출기의 개념

각 화학 물질에는 이온화 전위Ionization Potential, IP가 있으며 IP 값이 램프의 정격 eV 출력 미만인 가스는 이온화되어 감지된다. 예를 들어 유기 방향족 화합물과 아민은 9.5 eV 램프로 이온화할 수 있고 수많은 지방족 유기 화합물에는 10.6 eV 램프가 필요하며, 아세틸렌, 포름알데히드, 메탄올과 같은 화합물은 이온화가 더 어려워 11.7 eV 램프가 필요하다. 각 램프는 이온화 전위가 일정 eV 등급 미만인 가스를 이온화할 수 있지만, 이온화 전위가 높은 가스는 이온화하지 않는다. 일반적으로 휴대용 PID 시스템에는 대부분의 휘발성 유기 화합물을 이온화할 수 있어 10.6 eV 램프가 장착되어 있

7 전자볼트(eV)는 에너지 단위이다. 정의에 따라 1V의 정전기 전위차를 통해 가속할 때 결합되지 않은 단일 전자가 얻는 운동 에너지의 양과 같다. 1eV는 $1.60217653 \times 10^{-19}$J과 같다.

다. 이소부틸렌은 종종 이러한 장치를 보정하는 데 사용된다. 각 화학 물질은 이온화 정도와 관련하여 주어진 램프 에너지에 대한 보정계수가 있다. PID 센서의 출력은 일반적으로 200 ppm 미만에서 선형이며 2,000 ppm 이상에서 포화된다.

18.6 물리적 컨버터

여러 유형의 화학 센서는 분석 물질의 물리적 특성 측정 또는 다른 물질과 분석 물질의 상호 작용의 영향에 의존하여 검출한다. 일반적으로 감지요소는 화학 반응이 발생하지 않으며 이러한 센서 기술은 가역적이거나 파괴적일 수 있다. 가역적인 기술은 질량 변화에 반응하면서 민감한 미세 저울(또는 마이크로 저울) 위에 있는 분석 물질 흡수 기판 같은 것이 있다. 예로는 표면 음향파Surface Acoustic Wave, SAW 장치, 수정 결정 마이크로 저울Quartz Crystal Microbalance, QCM 및 마이크로 캔틸레버가 있다. 파괴적인 센서는 이온 이동도ion mobility 분광법과 같이 분석 물질의 분자량을 직접 측정하거나, 열 또는 열량 센서와 같이 완전 산화 중에 방출되는 열의 양을 직접 측정할 수 있다.

18.6.1 음향파 장치

음향파 장치acoustic wave devices는 흡착된 화학 분자에서 시스템의 기계적 특성을 변경하는 매우 작은 질량 변화를 감지하는 화학 센서를 만드는 데 사용할 수 있다. 이는 보통 질량, 중량 측정 또는 마이크로밸런스 센서라고 한다. 이러한 장치는 일반적으로 고주파 (kHz ~ GHz)에서 진동할 수 있는 압전 수정piezoelectric crystals 또는 유사 재료로 구성된다. 이러한 다양한 유형의 장치에서 음향파는 발진기 회로에 의해 생성되어 수정이 공명할 수 있다. 센서의 공진 주파수는 수정이 섭동할 때 변경되며, 일반적으로 흡수 중에 장치의 질량이 증가하면 주파수가 감소한다.[54] 압전 수정의 공진 주파수의 이동은 수정 표면에 증착되는 추가 질량에 비례한다. 회로가 구성되는 방식에 따라 압전 수정 발진기가 특정 주파수로 공진하는 것을 직렬 (f_r) 또는 병렬 (f_{ar}) 공진이라고 한다([그림 7-1(b)] 참조). 주파수는 결정 질량과 모양의 함수이다. 예를 들어 고유 주파수가 질량에 따라 달라지는 진동판으로 단순화된 유형의 감지 구조에서 질량 변화 및 주파수는 다음과 관련된다.

$$\frac{\Delta f}{f_o} = S_m \Delta m \qquad (18.12)$$

여기서 f_o는 고유 진동 주파수이고 Δf는 주파수 편이이다($\Delta f = \Delta f_{loaded} - \Delta f_o$). Δm은 단위 면적당 추가된 질량이며 S_m을 감도계수라고 한다. S_m의 수치는 음향 센서의 설계, 재질 및 작동 주파수(파장)에 따라 다르다.[47] 주파수와 시간은 전자회로로 측정하기 가장 쉬운 변수이기 때문에 전체 센서의 정확도는 계수 S_m으로 알려져 있으며 측정 중에 변하지 않는다고 가정할 때 결정된다. [그림 18-19]는 이러한 유형의 센서의 예를 보여준다.

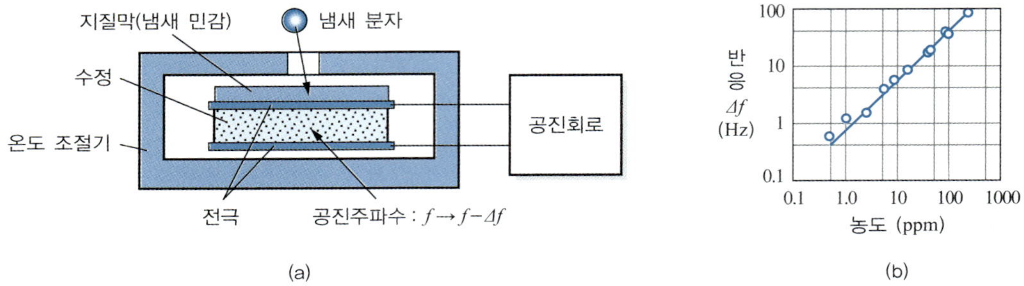

그림 18-19 (a) 아밀아세테이트 가스에 대한 마이크로 밸런스 증기 센서 개념 (b) 전달함수

전자회로는 샘플링된 가스의 화학적 농도와 관련될 수 있는 주파수 편이를 측정한다. 이 방법의 절대 정확도는 크리스탈의 기계적 클램핑, 온도와 같은 요인에 따라 달라지므로 보정이 필요하다.

일반적으로 화학 감지 연구 및 제품에 널리 사용되는 네 가지 유형의 음향 센서가 있다. 바로 수정 결정 마이크로 저울Quartz Crystal Microbalance, QCM, 표면 음향파Surface Acoustic Wave, SAW, 음향 플레이트 모드Acoustic Plate Mode, APM, 얇은 막으로 만든 굽힘 판파Flexural-Plate-Wave, FPW이다. 이러한 장치에는 특정 용도에 맞게 개발되거나 조정되어 다양한 진동 및 공명 재료로 사용된다. 공진 주파수에서 작동하는 QCM과 달리 SAW, APM, FPW 장치는 일반적으로 '지연 라인delay-line 장치'라고 한다. 지연은 장치의 한쪽 끝(송신기)에 적용된 전기신호가 재료(음파)를 통해 전파되고 반대쪽 끝(수신기)에서 측정되는 데 걸리는 시간을 나타낸다.

화학 물질 저항기 또는 화학 촉진제와 달리 중량 측정 컨버터는 민감한 층의 특성을 직접 측정할 필요가 없다. 오히려 그들은 환경과 계층의 상호 작용을 간접적으로 측정해야 한다. 일반적으로 모든 진동 센서는 매우 민감하다. 예를 들어 일반적인 감도는 $5\,\mathrm{MHz\,cm^2/kg}$ 범위에 있으며 이는 주파수 편이 $1\,\mathrm{Hz}$가 약 $17\,\mathrm{ng/cm^2}$ 추가 질량임을 의미한다. 동작 범위dynamic range는 최대 $20\,\mu\mathrm{g/cm^2}$까지 매우 광범위하다. 선택성을 향상시키기 위해 장치는 관심 있는 재료에 특정한 화학적 층으로 코팅될 수 있다.

중량 측정 검출기gravimetric detector의 한 유형은 표면 탄성파 센서이다. SAW 장치는 공기와 같이 밀도가 낮은 매체와 접촉하는 고체 표면을 따라 전파하는 기계적 파동을 사용한다.[55] 이 파동은 1885년에 예측한 사람의 이름을 따서 레일리파Rayleigh wave라고도 한다. 다른 지연-선 장치와 마찬가지로 표면 탄성파 센서는 세 가지 필수 구성 요소가 있는 전송선이다. 세 가지 요소는 압전 송신기, 전송선(일반적으로 화학적 선택층 포함), 압전 수신기이다.[8]

전기 발진기는 송신기의 전극이 기판을 벗어나게 하여 기계적 또는 음향 파동을 생성한다. 파동은 전송 표면을 따라 수신기를 향해 전파되며 기판은 높은 압전 계수를 갖는 물질인 니오브산리튬$LiNbO_3$과 같은 물질로 제조된다.[56] 그러나 전송 라인이 압전일 필요는 없으므로 실리콘과 같은 다양한 재료의 센서를 설계할 수 있다. 코팅의 선택성에 따라 투과 표면이 샘플과 상호 작용하고, 따라서 전파

8 자세한 내용은 13.6.2절을 참고하라.

하는 음파를 변조한다. 파동은 다른 쪽 끝에서 수신된 후 다시 전기 형태로 변환되며 종종 간섭과 유동drift을 줄이기 위해 테스트 센서의 출력에서 신호를 빼는 또 다른 기준 센서가 있다.

또 다른 유형의 중량 측정 센서는 [그림 18-20]에 나와 있다. 센서는 스퍼터링 기술을 사용하여 두 쌍의 서로 맞물린 전극이 증착된 유연한 얇은 실리콘 플레이트 형태로 설계되었다. 얇은 압전 산화아연 박막이 전극 아래에 증착되어 외부 전자회로에 의해 플레이트가 기계적으로 여기될 수 있다. 이때 압전 필름은 실리콘 기판에 압전 특성을 부여하는 데 필요하며 감지 플레이트의 상단 표면은 여러 가지 화학적으로 선택적인 재료의 얇은 층으로 코팅된다.

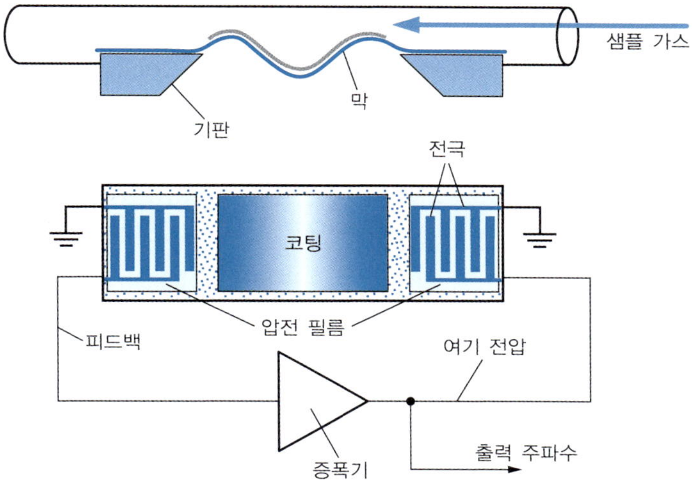

그림 18-20 휨 플레이트 SAW 가스 센서(명확성을 위해 막의 편향이 과장됨)

이 예에서 전체 센서는 샘플 가스가 통과하는 튜브 내부에 위치한다. 전극의 왼쪽 및 오른쪽 쌍은 주파수 f_0가 센서 플레이트의 고유 기계 주파수에 의해 결정되는 진동회로에 연결된다.

회로에는 출력이 여기 전극을 구동하는 증폭기가 포함되어 있다. 압전 효과 덕분에 증폭기는 막을 휘게 하고 굴절파를 오른쪽에서 왼쪽으로 전파한다. 파동 속도는 막의 상태와 코팅에 의해 결정된다. 코팅의 기계적 특성의 변화는 샘플링된 가스와의 상호 작용에 따라 달라진다. 따라서 왼쪽 전극은 파동이 막을 통과하는 속도에 따라 압전 반응을 감지한다. 수신된 신호는 양의 피드백 전압으로 증폭기의 입력에 적용되어 회로가 진동하도록 한다. 출력 주파수의 변화는 샘플링된 가스 농도의 척도로 작용하며, 기준 주파수는 일반적으로 가스를 샘플링하기 전에 결정된다.

휨 플레이트 센서flexural plate sensor의 이론적인 감도는 $S_m = 1/2\rho d$로 주어지며 여기서 ρ는 플레이트의 평균 밀도, d는 두께이다.[57] 2.6 MHz의 작동 주파수에서 센서의 감도는 $-900\,cm^2/g$ 정도이다. 예를 들어 감지 영역이 $0.2\,cm^2$인 센서가 $10\,ng\,(10^{-8}g)$의 물질을 포착하면 진동 주파수는 $\Delta f = -900 \times 2.6 \times 10^6 \times 10^{-8}/0.2 = -117\,Hz$ 만큼 이동한다. 음향 센서는 매우 다재다능하며 다양한 화합물을 측정하는 데 사용할 수 있다. 효율성의 핵심은 코팅 재료의 선택이다.

[표 18-1]은 음향 센서에 대한 다양한 코팅의 예를 제공한다.

표 18-1 SAW 화학 센서 코팅 및 재료([58]이후)

화합물	화학 코팅	SAW 기판
유증기	폴리머 필름	석영
이산화황(SO_2)	3원 에코 합금(TEA)	니오브산리튬($LiNbO_3$)
수소(H_2)	팔라듐(Pd)	니오브산리튬($LiNbO_3$), 석영
암모니아(NH_3)	백금(Pt)	석영
황화수소(H_2S)	삼산화 텅스텐(WO_3)	니오브산리튬($LiNbO_3$)
수증기	흡습성	니오브산리튬($LiNbO_3$)
이산화질소(NO_2)	폴리카보네이트(PC)	니오브산리튬, 석영
이산화질소(NO_2), 암모니아(NH_3), 이산화황(SO_2), 메탄(CH_4)	폴리카보네이트	니오브산리튬($LiNbO_3$)
증기폭발물, 약물	폴리머	석영
이산화황(SO_2), 메탄(CH_4)	탄소(C)[a]	니오브산리튬($LiNbO_3$)

[a]화학 코팅이 사용되지 않음. 가스로부터 발생하는 열 전도율 변화에 따른 검출

18.6.2 마이크로 캔틸레버

마이크로 캔틸레버micro cantilevers는 일반적으로 실리콘 또는 기타 재료로 미세 가공되는 소형 다이빙 보드 모양의 장치이다. 원래는 다양한 유형의 주사 탐침 현미경Scanning Probe Microscopies, SPM[58]에 사용되어 화학 물질[59~60] 및 생물학적 물질[61~62]을 감지하는 데 사용되었다. 화학 저항기 및 음향 장치와 마찬가지로 화학적으로 민감한 흡수성 코팅을 캔틸레버에 추가하여 특정 화학 물질에 대한 감도와 선택성을 향상시킬 수 있다. 캔틸레버는 수소와 같은 고정 가스[42]에서 일반적인 휘발성 유기 화합물[63], 폭발물[64]에 이르기까지 광범위한 화학 분석 물질을 탐지하는 것으로 나타났다.

이 캔틸레버의 길이는 종종 $100 \sim 200\,\mu m$ 범위이며 두께 범위는 $0.3 \sim 1\,\mu m$이다. 1994년 이래로 진동하는 마이크로 캔틸레버의 굽힘 또는 주파수 이동을 모니터링하여 다양한 화학 물질을 감지하는 장치들이 개발되었다.[65~67] 이와 같이 매우 얇은 장치의 감도를 향상시킬 수 있었던 이유는 높은 표면 대 부피 비율surface to volume ratio때문이다. 이는 화학 물질과의 상호 작용으로 인한 표면 스트레스 효과를 증폭시킨다.

고조파harmonic 주파수에서 진동할 때 캔틸레버를 사용함으로써 앞서 설명한 음향 장치와 마찬가지로 흡수된 질량을 감지할 수 있다. 공진 주파수는 흡수된 질량으로 인해 감소하고 더 많은 질량을 흡수할수록 주파수의 이동이 커진다. 또한 캔틸레버의 굽힘은 대상 화학 물질이 캔틸레버의 표면 중 하나에 우선적으로 흡수될 때 캔틸레버 빔의 표면 스트레스 변화를 측정하는 데 사용된다([그림 18-21] 참조). 이 경우 표면 스트레스를 모니터링하기 때문에 화학 물질이 코팅막 안으로 확산될 필요는 없으며 따라서 이 장치에는 단층 코팅이 적절하다.

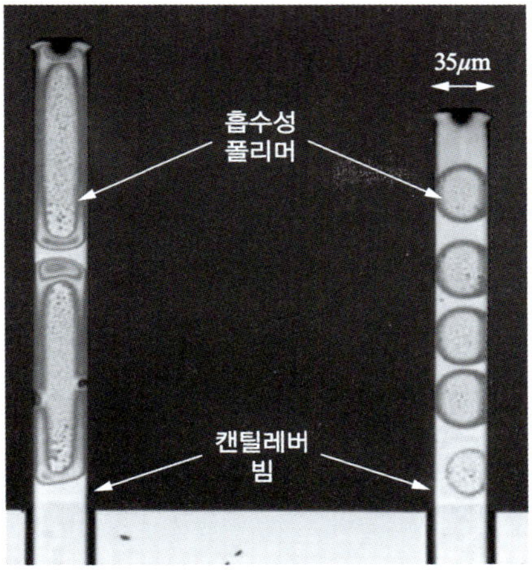

그림 18-21 흡수성으로 수정된 표면 탐침 현미경에 사용되는 표준 광학 마이크로 캔틸레버

마이크로 캔틸레버의 굽힘은 흡수된 화학 물질의 무게가 아니라 표면 자유 에너지의 변화로 인한 흡수 유도 표면 스트레스absorption induced surface stresses에 의해 발생한다. 즉 표면 자유 에너지 밀도 변화가 캔틸레버 스프링 상수와 비슷하면 캔틸레버가 구부러지고 화학 물질이 코팅된 캔틸레버와 접촉하면 정전기 반발, 팽창 또는 기타 영향으로 표면 스트레스가 변경되어 궁극적으로 측정 가능한 캔틸레버 굽힘이 발생한다.

캔틸레버는 다양한 방법으로 측정할 수 있는데 이 감지 시스템은 SPM용으로 개발 중인 광학(레이저) 감지를 나타내며 [그림 18-22]를 기반으로 한다. 최근에는 열[65], 용량성[41], 압 저항[68] 측정 기술을 구현했으며 레이저 및 관련 광학 장치의 필요성을 제거함으로써 측정회로를 단순화하였다.

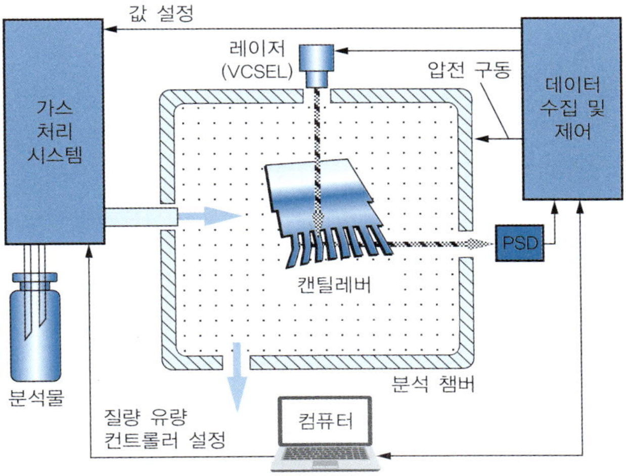

그림 18-22 광학 캔틸레버에 대한 측정 설정의 개념([53]에서 수정됨)

18.7 분광계

분광법은 에너지 또는 질량을 기반으로 화학 성분을 분석하는 데 사용되는 강력한 방법으로 다음과 같이 몇 가지 유형이 있다.

1. **질량 분석법**Mass Spectrometry, MS : 시료 분자가 이온화되고 이온의 질량 대 전하 비율이 정전기 가속 및 자기장 섭동에 의해 매우 정확하게 측정되어 정확한 분자량을 제공한다.
2. **이온 이동도 분광법**Ion Mobility Spectrometry, IMS : 전기장의 영향을 받는 이온의 차동 이동을 기반으로 화학 물질을 감지하고 구별하는 기술이다.[69]
3. **UV 및 가시광 분광법**UV and visible spectroscopy : 상대적으로 높은 에너지의 빛(파장 200 ~ 800 nm)을 흡수하면 전자 여기된다.
4. **적외선 분광법**infrared spectroscopy : 낮은 에너지 방사선의 흡수는 분자 내 원자 그룹의 진동 및 회전 여기를 유발한다.
5. **핵자기 공명 분광법**Nuclear Magnetic Resonance spectroscopy, NMR : 스펙트럼의 저에너지 무선주파수의 흡수로 인해 핵 스핀 상태 여기를 유발한다. NMR 분광기는 특정 핵에 맞춰져 있다.

18.7.1 이온 이동도 분광법

이온 이동도 분광법Ion Mobility Spectrometry, IMS은 높은 감도와 선택성으로 인해 밀수품 및 폭발물을 탐지하는 데 사용되는 기술이다. IMS는 전기장에서 이온의 차등 이동을 이용하여 화학 물질을 분리하고 감지한다. 기체 상태 물질은 IMS에 의해 이온화되어야 하는데 예를 들어 방사성 물질인 ^{63}Ni 물질이 고에너지 전자에 의해 이온화되어야 하는 것과 같다. 이온은 이온 이동성과 관련하여 대기압으로부터 이온을 공간적으로 분리하는 전기 편향계electric deflection field를 통해 가스 흐름 형태로 이동하며 다른 특성(질량, 전하 및 크기)을 가진 이온 종은 식 (18.13)과 같이 서로 다른 드리프트 속도를 가진다.

$$v_{\rm d} = KE \tag{18.13}$$

여기서 K는 이온 이동도이고 $v_{\rm d}$는 드리프트 속도이다. 이는 [그림 18-23]을 참조하라. 이상적으로는 공간적으로 분리된 개별 이온 빔이 발생한다.

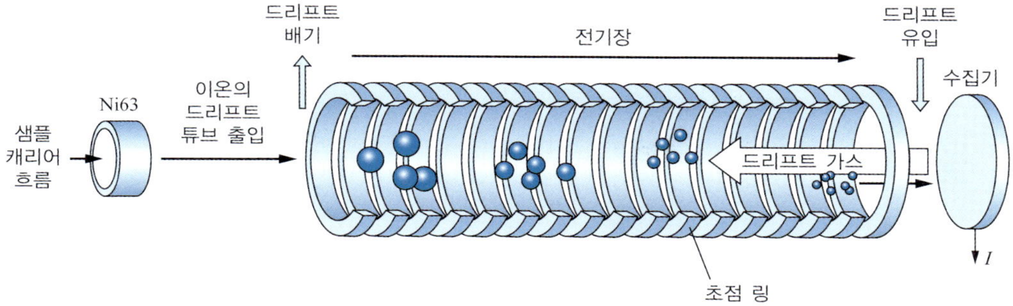

그림 18-23 이온 이동도 분광법의 원리

전기장의 편향 전압을 증가시킴으로써 모든 이온 빔은 이온 전류 I가 측정되는 컬렉터 전극으로 연속적으로 향한다. 기록된 $I(V)$ 곡선을 미분하면 이온 이동도 스펙트럼이 생성된다. 일정한 조건에서 이온 이동도 K는 특정 이온 종에 대한 특성 측정이다. 일반적으로 IMS는 $R > 20$의 고해상도를 가진다.

$$R = t_d / W_{t,1/2} \tag{18.14}$$

여기서 t_d는 드리프트 시간, $W_{t,1/2}$은 최대 피크 높이의 절반에서 측정된 시간에 따른 피크 폭이다. 이온 이동도 분광기는 마약이나 폭발물 탐지[70~71]에 사용되는 공항의 보안 및 검사 분야에서 일반적으로 응용된다. 이러한 시스템은 휴대용 탐지기[sniffers]와 벤치 탑 기기로 만들어진다. 이 탐지 기술의 분석 접근 방식을 발전시키기 위해 전 세계의 여러 그룹들이 매우 활발히 연구를 진행하고 있다. 예를 들어 다양한 이온화 방법, 이온화를 강화하기 위한 화학 물질 추가, 이온 분리를 개선하기 위한 전기장 교대 같은 변형된 방법이 연구 및 개발되고 있다.[72]

최근 미세 구조물 제작의 발전으로 이온 이동도 드리프트 튜브와 검출기를 DMS[Differential Mobility Spectrometry] 또는 FAIMS[Field Asymmetric IMS][6]로 알려진 칩 크기 정도로 소형화할 수 있게 되었다. 이 기술은 이온이 가스 채널을 통해 흐를 때 직류 바이어스를 사용하여 비대칭 교류 전압(흐름에 수직)을 적용하며 그 결과 이온이 장력에 의해 여과된다. 상용 FAIMS 시스템은 주로 군사 및 검사와 같은 응용 분야에 사용할 수 있다.

18.7.2 사중극자 질량 분석기

사중극자 질량 여과[Quadrupole Mass Filtering]는 1960년에 발명되었으며[74] 현재 가장 일반적인 질량 분석기이다. 사중극자 질량 분석기[Quadrupole Mass Spectrometer, QMS] 또는 사중극자 질량 필터로도 알려져 있다. 질량 분석법은 질량 대 전하(m/z) 비율이라고 하는 특정 분자의 특성을 결정하는 데 사용된다. 이 분광계는 빠르고 동적 범위가 매우 넓으며 비용이 많이 들지만 매우 효율적이다.

사중극자 질량 분석기에서 분자와 단편 질량의 분리 및 결정은 고주파[RF] 발생기에 의해 생성된 고주파 전기장으로 제어된다. RF 전압은 [그림 18-24(a)]와 같이 고진공 상태에 있는 4개의 막대 모양의 전기 전도성 전극(4중극)에 적용된다.

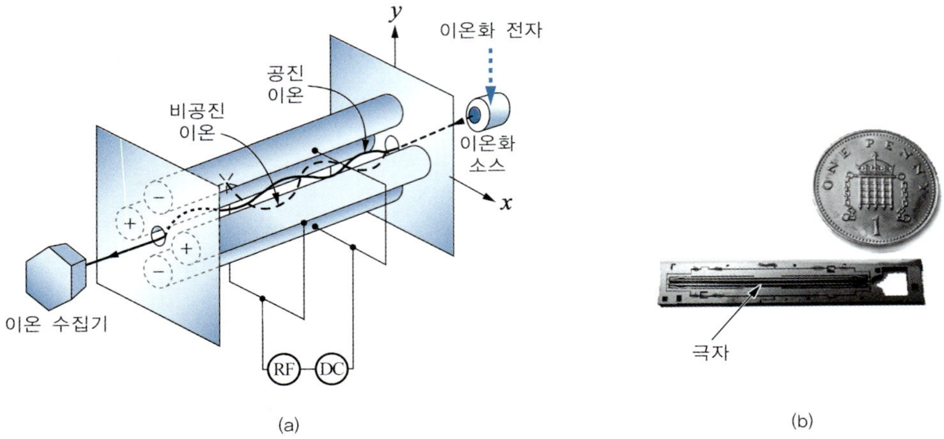

그림 18-24 (a) 사중극자 질량 분석기 개념 (b) MEMS 기술로 만든 소형 QMS 부품
(출처 : Imperial College London)

이온화된 분자의 여과 및 결정은 변조될 수 있는 직류 전압의 동시 중첩과 함께 RF 전압 진폭의 프로그래밍된 변조로 구현된다. 테스트된 분자는 고에너지 전자, 플라즈마 또는 화학 시약에 의해 이온화되고 4개의 막대(극) 사이의 공간으로 들어간다. 막대에 의해 생성된 교류 전기장은 소스 영역에서 이온을 가속하여 막대 사이의 사중극자 채널로 들어간다. 이온은 채널을 통해 이동하며 m/z 비율에 따라 필터링되므로 단일 m/z값을 가진 이온만 소스의 반대쪽에 위치한 이온 수집기 내부의 검출기에 부딪힐 수 있다. m/z 비율은 전극에 적용된 RF 및 DC 전압에 의해 결정된다. 이러한 전압은 선택된 m/z값만 전송하여 대역 통과 필터 역할을 하는 진동 전기장을 생성한다. 따라서 특정 m/z의 분자는 RF 주파수와 공명하고 $x-y$ 평면에서 진동하면서 수집기로 전파된다. 반면에 공명에서 나온 분자는 길을 잃어 막대에 부딪히고 검출기에 도달하지 않는다. 즉 거부당하는 것이다. RF 및 DC 전기장은 전체 질량 스펙트럼을 수집하기 위해(DC 전위 또는 주파수에 의해) 스캔된다. 최근에는 [그림 18-24(b)]와 같이 MEMS 기술을 이용하여 QMS를 소형으로 개발하려는 시도도 있었다.

18.8 열 센서

18.8.1 개념

시스템의 내부 에너지가 변하면 열역학의 제1법칙에 의해 정의된 것과 같이 열이 흡수되거나 방출된다. 따라서 열과 관련된 화학 반응은 17장에 설명된 대로 적절한 열 센서에 의해 감지된다. 이러한 센서는 **미세 열량계**microcalorimetry의 기초를 형성하는 기본 원리에 따라 작동한다. 열 센서의 작동 원리는 다소 간단하다. 온도 탐침은 화학적으로 특정한 층에 의해 코팅되며, 화학적으로 노출될 경우 샘플과 코팅막 사이의 반응 동안 열전달을 측정한다.

이러한 센서의 단순화된 모습은 [그림 18-25]에 나와 있다. 환경에 대한 열 손실을 줄이기 위해 열 차폐물과 촉매층으로 코팅된 서미스터가 있다.

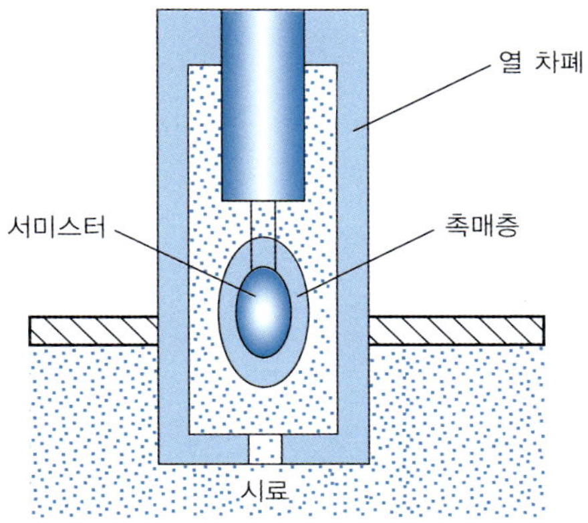

그림 18-25 화학 열 센서의 모식도

바이오센서 기반 미세 열량계는 감지층이 매트릭스에 고정된 효소를 갖고 있어야 만들어질 수 있다. 이러한 센서의 예로 고정된 포도당 산화 효소Glucose OxiDase, GOD로 덮인 효소 서미스터가 있다. 효소는 서미스터의 끝부분에 고정된 다음 주변 용액에 대한 열 손실을 줄이기 위해 유리로 둘러싸여 있다. 유사한 센서로는 고정된 소 혈청 알부민bovine serum albumin이 있다. 두 서미스터는 휘트스톤 브리지의 팔arms로 연결된다.[73] 화학 반응의 결과로 인한 온도 상승 dT는 엔탈피enthalpy dH 의 증분 변화에 비례한다. 이를 식으로 나타내면 다음과 같다.

$$dT = \frac{1}{C_p} dH \tag{18.15}$$

여기서 C_p 는 감지 부품의 열용량이다. 코팅막의 화학 반응은 다음과 같다.

$$\beta - \text{D} - \text{glucose} + \text{H}_2\text{O} + \text{O}_2 \xrightarrow{\text{GOD}} \text{H}_2\text{O} + \text{D} - \text{gluconic acid},\ \Delta H_1 \tag{18.16}$$

$$\text{H}_2\text{O}_2 \xrightarrow{\text{cstalase}} \frac{1}{2}\text{O}_2 + \text{H}_2\text{O},\ \Delta H_2 \tag{18.17}$$

여기서 ΔH_1 및 ΔH_2는 부분 엔탈피이며 그 합계(반응의 합)는 약 $-80\,\text{kJ/mol}$이다. 이 센서는 과산화수소H_2O_2의 농도에 따라 동적 범위에 선형으로 반응한다.

18.8.2 펠리스터 촉매 센서

펠리스터 및 기타 촉매 센서는 열 효소 센서와 유사한 원리로 작동한다. 센서 표면에서 발생하는 촉매 반응의 결과로 열이 방출되고 장치 내부의 온도 변화를 측정할 수 있다. 따라서 이 센서의 화학적 원리는 고온 금속-산화물 센서와 유사한 반면 변환 방법만 다르다. 촉매 가스 센서[10]는 광산 내부의 주변 공기에서 낮은 농도의 가연성 가스를 감지하도록 특별히 설계되었다.

펠리스터에서 백금 코일은 팔라듐 또는 백금과 같은 다공성 촉매 금속이 코팅된 ThO_2/Al_2O_3 알갱이(펠릿^pellet^)에 내장되어 있다([그림 18-26] 참조).

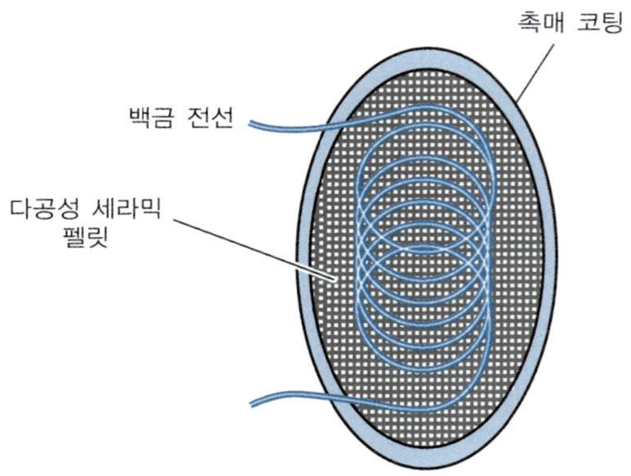

그림 18-26 펠리스터 또는 촉매식 열 감지기

코일은 히터와 저항성 온도 감지기^RTD^ 역할을 한다. 물론 다른 유형의 발열체 및 온도 센서를 사용할 수도 있다. 가연성 가스가 촉매 표면에서 반응하면 반응에서 발생하는 열이 펠릿과 백금 코일의 온도를 높여 저항을 증가시킨다. 센서의 작동 모드에는 두 가지가 있다. 하나는 등온^isothermal^ 모드로 전자 회로가 코일을 통해 전류를 제어하여 일정한 온도를 유지한다. 나머지 하나는 비등온^non-isothermal^ 모드로 센서는 휘트스톤 브리지의 일부로 연결되며 그 출력전압이 가스 농도의 척도가 된다.

18.9 광 컨버터

광 컨버터^optical transducers^는 방사선의 일부 특성의 변조를 감지하여 다양한 형태의 빛 또는 전자기 방사선과 표적 화학 물질 또는 선택적 층의 상호 작용을 측정한다. 변조의 예로는 특정 매체에서 빛의 강도, 편광, 속도 변화가 있다. 보통 분석 물질에 다른 화학 물질이 존재하면 빛의 파장이 변조되는 데 영향을 미치게 된다.

광학 변조는 원자에서 고분자 역학에 이르기까지 다양한 미세 구조에 대한 정보를 제공하는 분광법을 통해 연구된다. 일반적으로 단색 방사선은 시료(기체, 액체, 고체)를 통과하고 그 특성이 출력에서 검사된다. 다른 방법으로 샘플이 2차 방사선(예 : 유도 발광)에 반응하는 것을 측정할 수도 있다.

18.9.1 적외선 감지

대부분의 화학 물질은 결합 유형을 나타내는 파장에서 적외선^infrared, IR^ 빛을 흡수할 수 있다. 이러한 화학 물질의 경우 가스의 흡광도가 농도에 비례하기 때문에 람베르트 비어의 법칙^Lambert-Beer Law^을 사용한다. 이 기술을 사용하는 대부분의 소형 휴대용 시스템은 비분산 적외선^Non-Dispersive IR, NDIR^을 사용한다.

NDIR는 다색 광원(램프 또는 LED)을 사용하여 가스 샘플을 통해 전자기 에너지를 전달한다([그림 18-27(a)] 참조). 가스는 팬 또는 펌프를 사용하여 샘플링할 수 있으며 CO_2 센서에서 전형적으로 수행되는 것과 같이 필터를 통해 투명한 셀로 확산된다. 광학 필터는 광 검출기 앞에 사용되어 들어오는 빛을 표적 분석 물질과 관련된 특정 파장으로만 제한하며([그림 18-27(b)] 참조) 파장은 화학 물질에 의해 감쇠된 흡수가 일어나게 되어 화학 물질의 존재와 농도를 나타낸다.

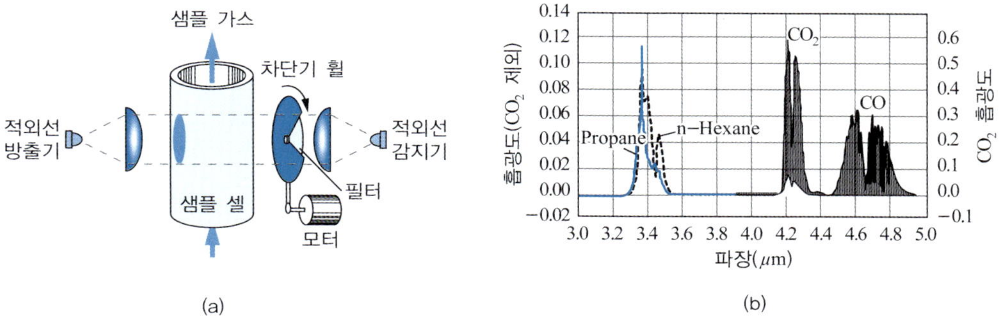

그림 18-27 (a) 비분산 적외선(NDIR) 시스템[74] (b) 흡수 스펙트럼의 예

광 흡수를 측정하기 위한 **분광**spectroscopic 시스템은 UV 및 IR 파장에 유용하며 스펙트럼 형태로 더 복잡한 흡광도를 생성하여 많은 화학 물질을 감지할 수 있다. 벤치 탑 IR 기기는 일반적으로 분산 IR 기술을 사용한다. 이 기기에서 격자 또는 프리즘은 샘플을 통과할 특정 파장의 빛을 선택하기 위해 넓은 파장 범위를 제공한다. 광원의 파장은 가능한 최상의 전자신호를 얻기 위해 옵트로드 표시기 optrode indicator의 반응 에너지와 일상적으로 일치한다.

18.9.2 광섬유 컨버터

[그림 18-28]은 광섬유 화학 센서로 화학 시약 또는 흡착제 단계를 사용하여 섬유 도파관에 의해 반사되거나 흡수되거나 투과되는 빛의 양 또는 파장을 변경한다.

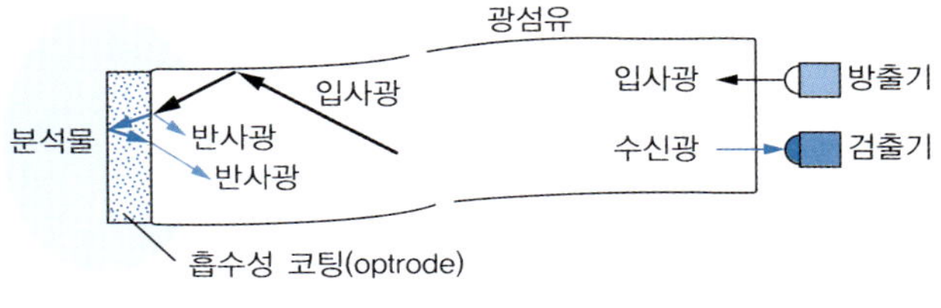

그림 18-28 광섬유 가스 센서

광섬유 센서는 일반적으로 입사(파일럿) 광원, 옵트로드optrode, 변화하는 광신호를 전기신호로 변환하는 컨버터(검출기)로 구성된다. 이때 옵트로드에는 광학적 특성이 분석물에 의해 영향을 받는 시약막reagent phase membrane 또는 표시기indicator가 포함되어 있다.[75]

시약의 위치 및 특정 광학 특성은 광학 센서의 유형에 따라 다르다. 단순한 폴리머 코팅 섬유는 입사광을 흡수하는 시약으로 유리 섬유의 광택 렌즈 끝을 덮는다. 그리고 연마된 끝 대신 섬유의 피복을

코팅하면 빛의 반사와 굴절에 영향을 준다. 이를 **소멸파 감지**evanescent wave sensing라고 한다. 유리 광섬유는 견고하고 대부분의 경우 내화학성이지만 코팅막 또는 표시기는 내화학성이 아니므로 시스템에서 약한 구성 요소이다.[76]

차동 설계를 통해 관심 있는 반응만 선택적으로 분리해야 하는데 이는 시약 영역을 통과한 광원과 통과하지 않은 광원을 분리함으로써 구현할 수 있다. 두 개의 광학 경로는 단일 검출기(컨버터)에 다중화되거나 다른 컨버터에 공급되어 감지에 사용되는 신호 차이를 생성한다. 광섬유 센서의 변형 방법 중 하나는 코팅된 비드(작은 알갱이)를 사용하는 것인데, 이는 광섬유의 끝 또는 표면에 부착되거나 매립된다.[77] 이러한 비드는 화학적 또는 생물학적 민감성을 갖도록 변형하거나 코팅할 수 있다.

18.9.3 비율 측정 선택성

비율 측정 기법ratiometric technique(6.2.1절)은 재료의 특정 특성을 분석할 때 광학 선택성을 향상시켜주는 방법으로 두 개의 다른 파장에서 광 투과 강도의 비율을 얻을 수 있다. 이 기술의 기본 개념은 특정 화학 물질이 유사한 화학 물질보다 특정 파장의 빛을 더 많이 전달한다는 것이다. 비율 측정 기법은 간섭하는 화학 물질과 광 스펙트럼의 비특이적 부분에서 나오는 신호를 상쇄하므로 선택도가 매우 높다. 이 개념을 설명하기 위해 동맥혈 헤모글로빈의 생체 내 비침습적 산소 모니터링을 위한 의료 기기인 **맥박 산소 측정기**pulse oximeter를 생각해보자. '비침습적noninvasive'이라는 단어는 혈액 샘플을 채취하지 않으면서 환자의 피부를 관통하지 않고 광학적으로 측정한다는 의미이다. 여기서 '맥박'이라는 단어는 감지된 빛의 가변적인 맥동 부분만 분석되어 가산된 광 성분을 제거한다는 뜻이다.

혈액 산소화 화학은 매우 단순회된 형태이다. 산소는 적혈구를 통해 체내 모든 살아있는 세포로 운반되며 여기서 산소 결합 능력을 가진 단백질인 헤모글로빈(hemoglobin, 헤모글로빈) 분자와 결합된다. 이후 헤모글로빈은 폐에서 산소를 흡수하여 모든 장기에 전달 방출한다. 동맥혈 내의 헤모글로빈은 가능한 한 최대량의 산소를 운반하는 것이 중요하다. 종종 SaO_2 또는 SpO_2라고 하는 산소 포화도oxygen saturation는 혈중 헤모글로빈의 총 농도($HgbO_2$ + 헤모글로빈)에 대한 산소 헤모글로빈oxyhemoglobin, $HgbO_2$의 비율로 정의된다. 보통 최대로 산소화할 수 있는 백분율로 표시된다. 정상적인 상태에서 건강한 사람의 경우 동맥 SpO_2는 96 ~ 98%이다. 수치가 90% 미만으로 떨어지면 낮은 것으로 간주되어 수면 무호흡증sleep apnea, 천식 위기asthma crisis, 폐 감염pulmonary infection 등을 유발하는 저산소 혈증hypoxemia이 발생할 수 있다. 80% 미만의 SpO_2 수치는 뇌, 심장과 같은 기관 기능을 손상시킬 수 있으며 즉시 해결되어야 한다. 산소가 이미 신체 기관으로 방출되었기 때문에 정맥혈은 약 75%로 포화된 상태이다. 맥박 산소 측정기는 산소 및 탈산소 헤모글로빈의 적색 및 적외선 흡수 특성을 기반으로 작동한다. 신체 조직은 적색 및 근적외선을 투과하는 동시에 짙은 청색, 녹색, 황색 등 중적외선을 흡수한다.

산소화된 헤모글로빈은 더 많은 적외선을 흡수하는 동시에 더 많은 적색광을 통과시킨다. 반면에 탈산소(또는 감소된) 헤모글로빈은 그 반대이다. 더 많은 적색광을 흡수하고 더 많은 적외선을 통과시킨다. 보통 적색광은 600 ~ 750 nm 파장 범위에 있고 적외선은 850 ~ 1,000 nm 범위에 있다. [그림 18-30(d)]는 두 가지 유형의 헤모글로빈의 스펙트럼 흡수를 보여준다.

헤모글로빈에 의한 다양한 빛 흡수를 이용하기 위해 환자 조직의 얇은 영역(손가락 또는 귓불의 끝)에 두 개의 광원[LED]을 비춘다. 하나는 660 nm (적색) 근처의 피크 파장, 나머지 하나는 920 nm (근적외선)이다. 손가락의 반대쪽에 도달하는 빛의 강도는 광 검출기에 의해 감지 및 분석된다. 광원은 [그림 18-29(a)]의 손가락 클립 내부의 상단 부분에 위치하며 광 검출기는 손가락의 반대쪽에 있다. 맥박 산소 측정기의 개념적 블록 다이어그램은 [그림 18-29(b)]에 나와 있다.

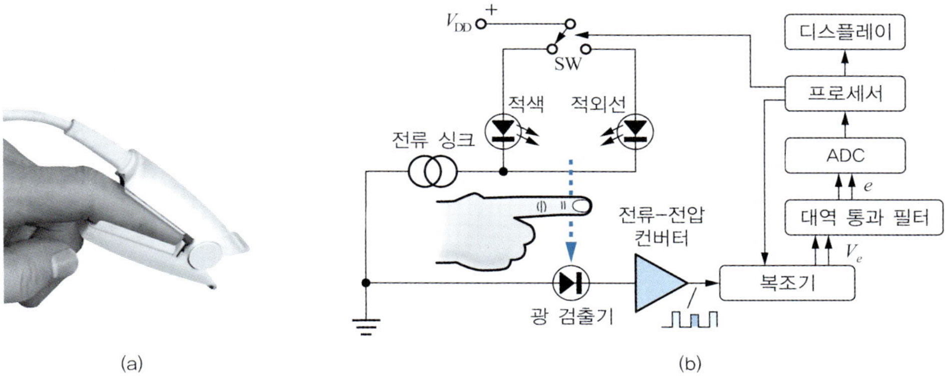

그림 18-29 (a) 맥박 산소 측정기 손가락 클립 (b) 개념적 블록 다이어그램

LED는 스위치 SW에 의해 빠른 속도(예 : 1 kHz)로 번갈아 가면서 켜지고 꺼지므로 한 번에 하나의 손가락을 비추며 정전류 싱크를 통해 안정적인 동작을 보장한다. 광 검출기는 두 LED 모두에 공통적이므로 스펙트럼 응답은 가시광선 및 근적외선 영역을 포함한다. 검출기의 전류는 각 LED에 대해 가변 진폭의 출력 펄스를 생성하는 전류-전압(i/V) 컨버터로 전달된다. 펄스는 두 개의 아날로그 전압을 생성하기 위해 복조된다.

[그림 18-30(a)]에는 하나의 예(적색 또는 적외선)만 표시되어 있고 [그림 18-30(b)]와 [그림 18-30(c)]는 근육, 손톱, 모세혈관, 지방, 피부, 뼈와 같은 다양한 조직을 포함하여 손가락의 구조를 보여준다.

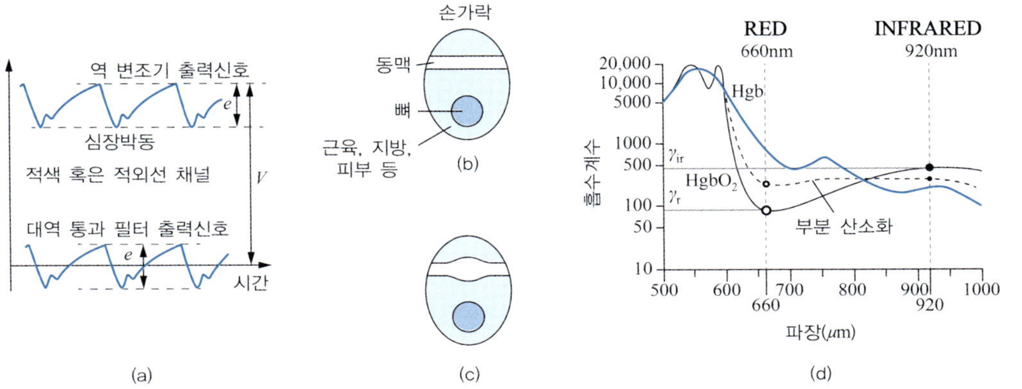

그림 18-30 (a) 적색 또는 자외선에 대한 역 변조기 및 대역 통과 필터의 출력전압
(b) 심장 박동 전 뼈, 다양한 조직 및 동맥을 포함한 손가락의 구조
(c) 심장 박동 후 부풀어 오른 동맥을 포함한 손가락 구조 (d) 산소화 및 탈산소화 헤모글로빈의 흡수 스펙트럼

(b), (c)를 자세히 살펴보면 혈액으로 가득 찬 동맥을 볼 수 있다. 여기서 (b)의 동맥은 심장 박동 전에 이완된 상태에 있는 유연한 관의 모습이며 (c)의 동맥은 심장 박동 후 부피가 확장된 모습이다.[9] 이처럼 부피가 확장된 동맥은 손가락 내에 빛이 더 흡수되도록 하고 [그림 18-30(a)]처럼 감지된 빛의 수준을 떨어지게 한다.

전류-전압 컨버터는 각 파장에 대한 전압 펄스를 생성한다. 이러한 진폭 변조 펄스는 두 개의 출력을 가진 동기식 복조기에서 복조된다. 하나는 적색용이고 다른 하나는 적외선 신호용이다. 복조된 적색 및 적외선 전압은 각각 다음과 같다.

$$V_{\mathrm{r}} \approx g_{\mathrm{r}} k\left[\frac{\Delta_0}{\Gamma_{\mathrm{r}}}+\frac{\Delta_{\mathrm{p}} f(t)}{\gamma_{\mathrm{r}}}\right]=V_{\mathrm{r}}+e_{\mathrm{r}}$$
$$V_{\mathrm{rb}} \approx g_{\mathrm{ir}} k\left[\frac{\Delta_0}{\Gamma_{\mathrm{ir}}}+\frac{\Delta_{\mathrm{p}} f(t)}{\gamma_{\mathrm{ir}}}\right]=V_{\mathrm{ir}}+e_{\mathrm{ir}} \tag{18.18}$$

여기서 g_{r} 및 g_{ir} 은 적색 및 IR 각각의 LED 밝기, k는 검출기와 i/V 변환의 결합된 스케일링 계수, Δ_0 는 손가락 등가 두께, Δ_{p} 는 동맥 등가 최대 용적 울혈, $f(t)$는 정규화된 시간에 대한 심장 박동 함수 변수, γ_{r}과 γ_{ir}은 각 파장에 대한 혈액 흡수, Γ_{r}과 Γ_{ir}은 각각 두 파장에서 손가락 조직에 대한 최대 결합 흡수이다. 감지된 빛의 강도는 흡수계수에 반비례한다.

각 신호에는 심장 박동 직전 손가락의 총 광 흡수를 반영하는 상수^{DC} V와 심장 박동에 의해 변조되는 광 흡수를 나타내는 가변 구성 요소 e가 있다. e 의 크기는 V의 약 1%에 불과하다. 상수 성분은 손가락 크기, 조직 구성, 혈관 수축 등 많은 요인에 따라 달라지므로 알려지지 않은 간섭 변수가 많이 포함되어 있어 신호 처리 전에 이를 제거해야 한다. 이는 ADC에서 가변 구성 요소만 통과할 수 있는 대역 통과 필터(0.5 ~ 5 Hz)를 이용하여 제거할 수 있다.

$$e_{\mathrm{r}}=\frac{g_{\mathrm{r}} k}{\gamma_{\mathrm{r}}} \Delta_{\mathrm{p}} f(t)$$
$$e_{\mathrm{ir}}=\frac{g_{\mathrm{ir}} k}{\gamma_{\mathrm{ir}}} \Delta_{\mathrm{p}} f(t) \tag{18.19}$$

이 방정식에서 일정하거나 느리게 변하는 증가 요소를 제거하기 위해 프로세서가 비율 R을 계산한다.

$$R=\frac{e_{\mathrm{ir}}}{e_{\mathrm{r}}}=\frac{g_{\mathrm{ir}} \gamma_{\mathrm{r}}}{g_{\mathrm{r}} \gamma_{\mathrm{ir}}} \approx \frac{\gamma_{\mathrm{r}}}{\gamma_{\mathrm{ir}}} \tag{18.20}$$

이 최종 비율은 LED 강도 g가 동일한 레벨로 조정되었다고 가정한다. [그림 18-30(d)]는 부분적으로 산소화된 헤모글로빈(점선으로 표시)에 대한 흡수 γ가 $HgbO_2$와 Hgb의 비율에 따라 달라진다는 것을 보여준다. 식 (18.20)의 비율은 혈액 산소 공급의 척도로 사용된다. R과 SpO_2의 관계는 임상 연구에서 정립되고 [그림 18-31] 모니터 보정에 사용된다.

9 이것은 단순화된 모델이다. 사실 세동맥과 모세혈관은 각 심장 박동에 따라 부피가 바뀐다. 그러나 정맥혈류에는 박동성 성분이 거의 없다.

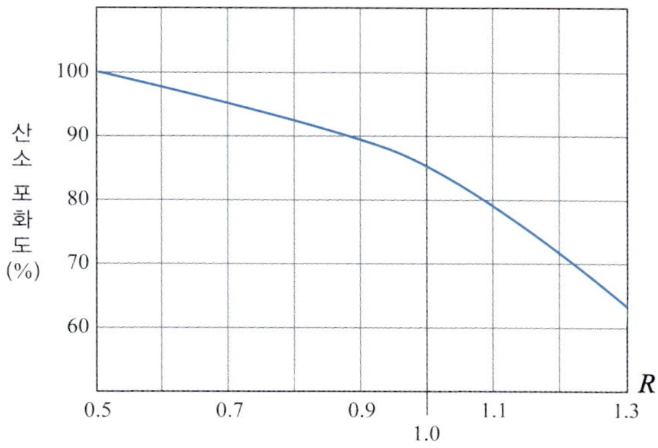

그림 18-31 비율 R과 헤모글로빈 산소 포화도 사이의 실험적 관계

18.9.4 색상 변경 센서

특정 화학 물질 또는 생화학 물질에 노출되면 색상이 변하는 감지 장치는 광학 센서의 하위 집합이다. 색 변화는 산-염기 반응,[78] 수화hydration 또는 용매화solvation,[79] 금속 복합체 형성,[80] 표면 플라즈몬 공명 이동shifts in surface plasmon resonance[81], 효소 반응[82]과 같이 수많은 화학적 경로에 의해 일어날 수 있다. 이 방법은 주로 가스[83~84], 액체[85], 그리고 용존 금속[86]을 감지하는 데 사용된다. 산-염기 표시 리트머스 종이는 가장 잘 알려진 광학적 표시 플랫폼으로 pH에 민감한 발색단chromophore이 필터 종이에 내장되어 있다. 분자를 포함하는 다른 발색단은 또 다른 pH 전이 또는 범위를 감지할 수 있다. 수분의 존재 유무는 건조제이자 황산칼슘으로 이루어진 Drierite™[87]와 같은 시판 재료의 색상 변화를 통해 확인할 수 있다. 예를 들어 염화코발트(II)는 물이 흡수됨에 따라 파란색에서 분홍색으로 변한다.

색상 변경 메커니즘은 다양한 감지 응용 분야에서 구현된다. 군은 신경 작용제nerve agent와 수포 작용제blister agent의 존재를 감지하기 위해 화학 물질 감지 종이(M8, M9 종이)를 사용했다. 이 시트는 표면을 닦거나 사람이나 장비에 간단히 놓을 수 있다. 색상 변화는 특정 화학 물질에 대한 노출 가능성을 나타낸다. 예를 들어 V형 신경 작용제는 M8 종이를 진한 녹색으로 바꾸고 G형 신경 작용제는 황색으로 바꾸고, 수포 작용제(H)는 빨강으로 바꾼다. M9 용지는 액체 제제에 노출되면 분홍색, 빨간색, 적갈색 또는 적자색으로 변하며 특정 작용제를 감지할 수는 있지만 식별할 수는 없다.

일반적으로 색상 변화를 감지하려면 사람이 판독해야 한다. 그러나 최근 광학 검출 기술의 발전으로 소형화, 정량 분석 그리고 다양한 선택성을 가진 검출기 어레이를 구성할 수 있게 되었다.[88] 이러한 장치는 광 검출기 신호의 상대적 강도를 반사된 적색, 녹색 및 청색 빛과 서로 비교하고 종종 맥박 산소 측정기에서와 같은 비율 측정 기법을 사용하여 화학 노출을 정량적으로 측정한다.

비슷한 예로 드레거 튜브drager tubes가 있으며, 이는 일반적으로 노출 모니터링 용도로 사용된다.[89] 이러한 장치는 일반적으로 표시 물질의 색상을 변경하기 위해 하나 이상의 화학 반응을 이용한다. 색상 변경 메커니즘은 보기에는 쉽지만 정량화하기 어려울 수 있으며 다른 화학 물질에 대해 교차 민감성cross-sensitivities을 가질 수 있다.[90] 이러한 색 변화 물질로 채워진 눈금이 있는 튜브는 주어진 시간 동안 흡수된 화학 물질의 양을 정량화하는 데 사용한다.[91]

효소면역측정법Enzyme Linked ImmunoSorbent Assay, ELISA은 항원-항체 반응[92]을 사용하여 다단계 프로세스에서 표적 분석물과 반응하는 일반적인 유형의 색 측정(colorimetric, 비색) 방법이다. 이 방법은 실험실에서 직접 사용하거나 자동화해야 한다. 혈당, 바이러스[93], 살충제[94] 또는 약물을 포함하는 ELISA 시판 키트를 사용하여 다양한 유형의 생물학적 또는 비생물학적 화학 물질을 검출할 수 있다. 따라서 인간 융모성 성선 자극 호르몬human Chorionic Gonadotropin, hCG을 검출하는 상용화된 임신 검사처럼 색 변화 면역 분석 검사color-changing immunoassay는 매우 특이하고 민감할 수 있다.[95~96]

4개의 협대역 색상 감지 채널을 가진 RGB+IR 색상 센서는 반사되거나 투과된 빛의 색상을 정확하게 감지하고 측정할 수 있다. 파장이 615 nm이면 빨간색, 530 nm이면 녹색, 460 nm이면 파란색, 855 nm이면 근적외선이다. 이러한 감지기의 예로 하마마츠Hamamatsu 사의 S11059-02DT 컬러 센서가 있다. 4개의 다른 파장 구성 요소에서 색상을 감지할 뿐만 아니라 측정 결과를 직렬 I^2C 인터페이스에서 16비트 숫자로 표시해준다.

18.10 다중 센서 어레이

18.10.1 일반적인 고려 사항

개별 화학 센서와 여러 다른 또는 독립적인 센서를 이용하여 여러 측정값을 처리하면 통계적 오류는 줄이고 화학 센서[97] 또는 화학 검출기의 선택성과 감도를 모두 향상시킬 수 있다. 측정 오류는 시스템 오류systematic error와 무작위 오류random error의 합이기 때문에 통계를 사용하여 무작위 오류를 줄이거나 제거함으로써 개별 센서의 측정 오류를 여러 샘플을 통해 통계적으로 줄일 수 있다.[98]

다중 중복 샘플링multiple redundant sampling은 $n^{0.5}$의 계수로 측정 표준 편차를 줄이기에 충분한 데이터를 제공한다. 여기서 n은 중복 샘플의 수이다. 중복 샘플은 가능한 최상의 응답을 보장하기 위해 동일한 센서 또는 동일한 유형의 여러 센서에서 나올 수 있다.[99] 그러나 이것은 무작위 오류에 대해서는 유용하지만 시스템 오류에 대해서는 효율적이지 않다. 이 밖에도 서로 다른 유형의 독립 센서 응답을 결합(센서 융합)하여 센서의 응답 범위를 확장할 수 있도록 중첩된 강화 응답을 제공하고, 이를 통해 분석물을 식별하지 못하는 경우를 줄일 수 있다.

18.10.2 전자 코와 전자 혀

인간의 기본 감각 중 두 가지인 후각과 미각은 환경 조건을 인식하는 일상생활에서 매우 중요한 역할을 한다. 전자 코와 전자 혀는 광범위한 상업적 응용을 집중적으로 연구되고 개발되었다. 이들은 식품 산업, 환경 보호, 의학, 군사, 기타 분야에서 매우 유용하다. 이러한 시스템의 감지 능력은 주로 특정 냄새 및 이온을 흡수하거나 반응하는 민감한 물질의 능력에 따라 달라진다. 전자 코와 전자 혀는 일부 성과가 있긴 하지만, 후각 및 미각 수용체 세포에 생물학적으로 결합하는 것과 비교할 때 감도의 특이성에 한계가 있다.

전자 코와 전자 혀는 감지 부분은 유사하지만 감지요소는 다르게 구성된다. 다중 감각 접근 방식의 한 예로 미국표준기술연구소^{NIST}에서 개발한 MEMS 마이크로 히터 플랫폼이 있으며 이는 화학종과 반도체 감지 물질 간의 상호 작용을 기반으로 한다.[100~102] NIST가 개발한 전자 코는 16개의 마이크로 히터 표면에 증착된 금속 산화물 필름 형태의 8가지 유형의 센서로 구성되어 있으며 각 재료의 복제본이 2개가 있다([그림 18-32] 참조).

이 이미지들은 각 박막의 나노 구조와 형태를 강조하기 위해 다른 스케일로 표시되었다. 먼저 (a)는 화학 기상 증착을 통해 증착된 다결정 금속 산화물 박막으로 그림에는 산화주석$^{\mathrm{SnO2}}$, 산화티타늄$^{\mathrm{TiO2}}$, 산화주석에 적층된 산화티타늄, 산화티타늄에 증착된 루테늄^{Ru}을 사용했다. (b)는 드롭 코팅에 의해 적용된 다공성 TiO_2 박막이며, (c)는 Sb : SnO_2의 드롭 코팅 쉘을 나타낸다. 마지막으로 (d)는 전기 영동으로 증착된 나노 구조 전도성 폴리머로 여기서는 콜로이드 폴리아닐린을 사용했다.

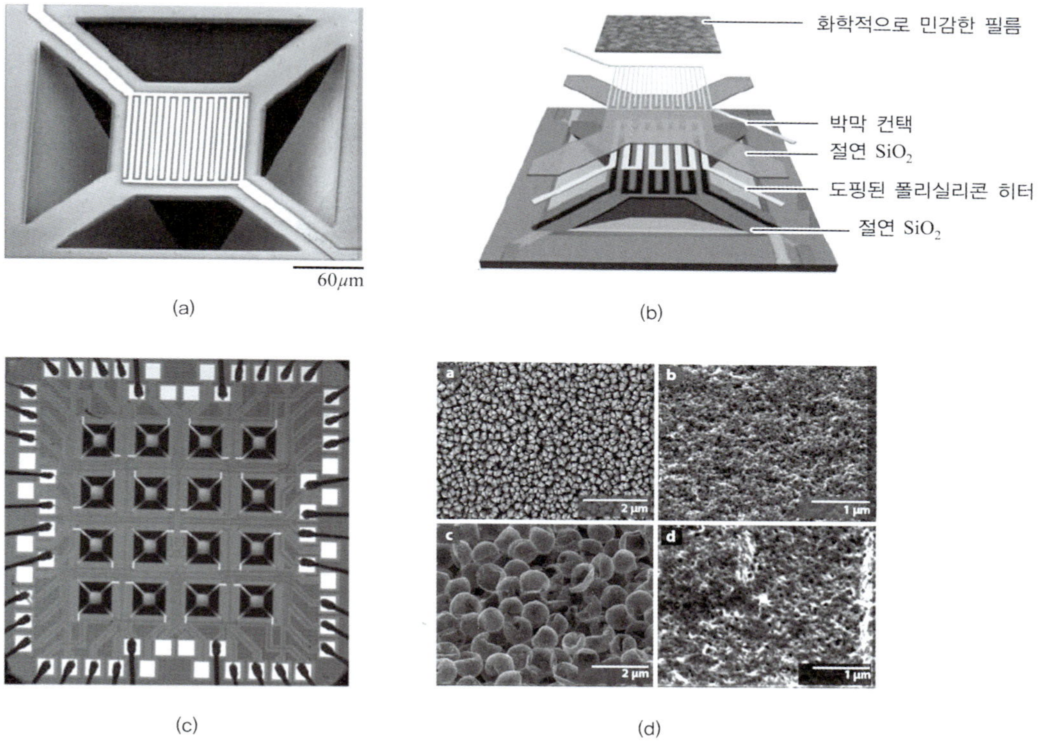

그림 18-32 (a) 단일 화학 센서 요소의 평면도 (b) 마이크로 센서 장치의 중요 구성 요소에 대한 확장된 개략도 (c) 16-요소 마이크로 센서 어레이 (d) 마이크로 핫플레이트 센서 플랫폼에 증착된 다양한 화학적으로 민감한 박막의 주사 전자 현미경 이미지(출처 : NIST의 Steven Semancik 박사).

마이크로 히터로 가열하기 위해서는 다결정 실리콘 저항기를 사용한다. 히터의 열 시간상수는 몇 밀리 초이다. 예를 들어 서로 다른 히터 위에 화학적으로 민감한 박막이 증착되었다. 박막으로는 산화주석^{SnO_2}, 산화티타늄으로 코팅된 산화주석$^{SnO_2/TiO_2}$, 산화티타늄^{TiO_2}, 산화루테늄으로 코팅된 산화티타늄$^{TiO_2/RuOx}$이 증착되었다. 이와 같이 산화물은 분석물 가스의 표면 매개 산화에서 분석물 화학 흡착 시 전하 이동에 이르기까지 다양한 가스 물질과 화학적 상호 작용을 하는 것으로 알려져 있다. 촉매 표면의 반응 속도는 온도에 따라 달라지기 때문에 각각의 가열 소자를 정확하게 제어하면 150~500℃

사이의 350℃ 온도에서 가상의 센서 집합을 만들 수 있어 센서의 수가 약 5,600개까지 늘어난다. 감지 박막과 온도를 변화시키는 능력의 조합은 감각 뉴런으로 가득 찬 코와 같이 분석적으로 장치와 동등한 역할을 부여한다.

자연적인 후각 시스템은 1조분의 1 정도의 낮은 농도까지 공기 중 작은 분자를 감지하고 무수히 많은 별개의 화합물을 구별하는 데 특화되어 있다. 포유류에서는 공기 중의 냄새 분자가 콧구멍으로 들어가 코의 감각 뉴런과 결합하고 이러한 화학적 상호 작용을 뇌가 냄새로 해석하는 전기신호로 변환한다. 후각과 미각 감지의 월등한 성능은 감각 뉴런인 수많은 수용체와 후속 신경 처리에 기인한다. 일부 수용체는 화학적으로 연관된 소수의 화합물 세트만 제한적으로 결합하지만, 대부분의 개별 뉴런은 여러 분자 및 이온과 결합할 수 있으며 높은 친화도와 특이성을 가진다. 인간의 비강에는 약 400가지 유형의 후각 수용체가 수백만 개의 세포에 내장되어 있어 잠재적으로 수십억 가지의 냄새를 감지할 수 있다[103]. 후각 인지 과정은 휘발성 화합물이 호흡 기류를 통해 수백만 개의 후각 감각 세포가 있는 비강 신경 표피에 접근할 때 시작된다.

[그림 18-33]은 후각 뉴런의 단순화된 모식도를 보여준다. 후각 인식은 수용체 세포에서 나오는 작은 털 모양의 돌출부(섬모 cilia)에서 발생한다. 섬모는 냄새 분자를 포획하는 점액으로 덮여있다. 감각적 특성을 제공하는 냄새제는 낮은 수용성, 높은 증기압, 낮은 극성, 지방에 용해되는 능력, 표면 활성이라는 분자 특성을 갖는다. 수용체 세포의 전기적 반응은 축삭을 통해 다음 단계의 신호 처리로 전달된다.

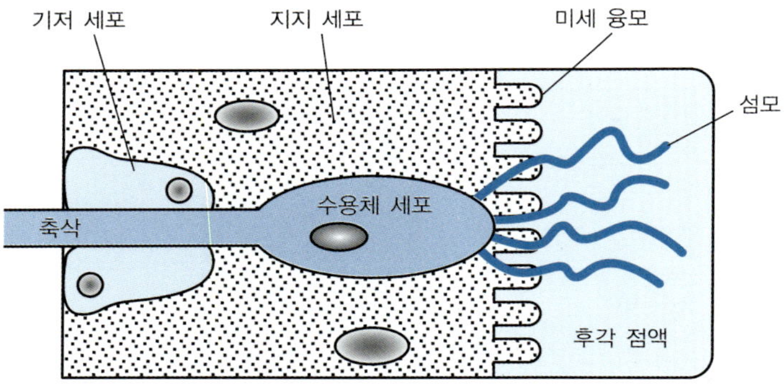

그림 18-33 후각 뉴런의 구조

대부분의 화학 센서는 감지요소의 유동 drift 및 오염으로 인해 상대적으로 수명이 짧다. 자연은 인간에게서 약 40일마다 교체되는 모든 후각 뉴런의 빈번한 재생을 통해 이 문제를 해결했다. 이러한 신경 재생은 매우 드문 경우이다. 포유류의 비강에 있는 수용체는 개별 화학 물질을 선택적으로 감지하지 않지만, 흡입된 화학 물질을 흡수하는 수천 개의 부분 선택 수용체를 사용한다. 부분적으로 선택적인 각 수용체는 특정 냄새에 강하게 또는 약하게 반응하며 때로는 전혀 반응하지 않기도 한다. 결과적으로 뇌가 해석할 수 있는 뚜렷한 패턴을 보낸다. 뇌는 이 냄새 패턴이 이전에 감지되었는지(학습 및 기억)를 확인하고 화학 물질을 특정 냄새와 연관시킨다. 따라서 여러 분석물이 뇌에 다른 패턴을 제공하며 이러한 패턴은 냄새를 인식하게 한다. 여기서 냄새 물질을 인식하는 것은 특정 후각 센서에 대한 작업이 아니라는 점이 중요하다. 냄새 또는 미각 감각과 인식은 센서가 필수적인 복잡한 시스템(뇌)에 의해 수행된다. 즉 코와 혀 수용체는 단순한 센서가 아니라 뇌의 확장이라 할 수 있다.

냄새 및 미각 인식은 층별 패턴 인식 기술을 통해 선택 범위를 좁혀 분자식별이 점진적으로 진행되는 순차적 과정이다. 이는 냄새 분자의 대략적인 특징부터 자세한 특징까지 모두 인식한다. 일반적으로 인식이 더 빠르고 복잡한 화합물일 때 감도가 더 좋다. 예를 들어 메탄올, 에탄올, 프로판올, 부탄올, 펜탄올과 같은 탄화수소 알코올의 감도 값에는 눈에 띄는 규칙이 있는데 보통 분자 체인의 길이가 길수록 감도는 증가한다.[104] 여덟 개의 탄소 원자 사슬(옥탄octanol)의 경우 인간의 후각 감도는 약 10 ppbparts per billion이다. 반면에 탄소 원자 1개(메탄올)의 경우 1 pptparts per thousand이다.

미각은 맛 수용체 세포의 혀끝 미세 융모apical microvilli에 있는 수용체 및 이온 채널과 미각 물질의 상호 작용에 의해 시작된다. 그 후 미각신호는 세포 신호 경로를 통해 신호를 통합하고 분석하는 뇌로 전달된다. 후각 및 미각 세포를 민감한 물질로 활용하여 생체 전자 코 또는 혀 장치를 개발하는 것은 전자 코와 전자 혀의 연구 단계에서 떠오르는 트렌드 중 하나이다. 사람들이 다양한 냄새와 맛을 감지하고 기억한 다음 그 지식을 사용하여 이전에 경험하지 못한 인식을 일반화하는 것처럼 전자 코와 전자 혀도 다양한 냄새의 화학적 특징을 인식하도록 훈련해야 한다. 최근에는 여러 센서와 신경망 또는 컴퓨터에 의한 신호 처리 조합을 기반으로 생체공학적 접근 방식을 연구하는 추세이다. 이는 다양한 유형의 센서를 사용하여 살아있는 두뇌에 의한 데이터 처리와 유사한 방식으로 데이터를 처리하도록 한다.[105] 결국 전자 코와 혀는 센서나 도구가 아니라 측정 전략에 가깝다.

어레이 내의 전자 코와 전자 혀 감지 셀은 상대적으로 반응이 느리고 고유한 잡음을 생성하며 상대적으로 낮은 선택성을 갖기 때문에 신호 처리의 생체공학적인 방법이 더 많이 사용된다. 이 방법은 디지털 신호 처리에서 적응 및 학습, 즉 훈련 가능한 신경망 소프트웨어를 사용하고 변화하는 감지 어레이의 출력에 반응하여 매우 인상적인 결과를 얻을 수 있다.[111] 이러한 신경 처리에는 빠른 속도 응답, 개선된 신호 대 잡음비와 선택성과 같은 장점이 있다. 악취제에 노출된 여러 CP 센서 어레이도 보고되었다.[112] 동적 접근 방식은 일정한 수준에서 안정화되기를 기다리지 않고 센서 응답의 시간 과도 현상을 활용한다. 어레이의 각 센서는 주로 특정 냄새에 민감하며 신호 변화 속도와 크기에 반응하는 하나 이상의 신경망 입력에 연결된다([그림 18-34] 참조).

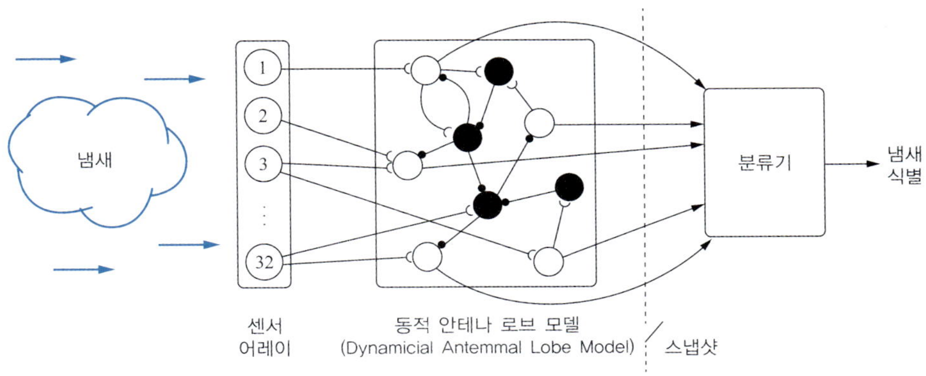

그림 18-34 신경망에 의한 전자 코 신호의 동적 처리([112]에서 수정됨)

보통 소음과 느린 센서 반응은 흥분성(흰색 원) 및 억제성(검은색 원) 동적 유닛의 다중 결합으로 형성된 신경 시스템에 의해 개선되며 이러한 처리는 탐지의 정확도를 높이고 분석물의 인식 속도를 높인다.

18.11 특정 애로사항

화학 센서 및 시스템과 여러 센서(예 : 온도, 압력 및 습도)를 개발하는 데 있어 감지 과정 중 화학물질과의 상호 작용으로 인해 센서가 영구적으로 변형될 수 있다. 이로 인해 일반적으로 센서 기준치의 유동(drift, 드리프트)이 발생하여 센서를 교정할 때 부정적인 영향을 미친다. 예를 들어 액체 전해질(전자가 아닌 하전된 이온을 통해 전류를 전도하는 물질)을 사용하는 전기화학 전지는 측정할 때마다 소량의 전해질을 소모하여 결국 전해질을 보충해야 한다. 또한 수용액에서 작동하는 ChemFET 센서는 게이트 – 막 경계에서 탄산carbonic acid을 축적하여 구성 요소를 가공할 수 있으며 흡수성 폴리머 코팅은 열악한 환경에서 산화된다.

압력 센서와 온도 센서는 작동을 하기 위해 모델링해야 하는 조건이 비교적 간단하지만, 이와 달리 화학 센서는 화학 조합이 거의 무한에 가깝다. 이는 간섭 반응interference responses을 일으킨다. 예를 들어 대부분의 화학 센서는 물에 대해 어느 정도 민감하다. 따라서 특정 환경에서 작동할 센서 시스템을 개발하는 경우, 운영자는 습도 변화를 고려해야 하여 시스템을 보정해야 한다.

세라믹 비드형bead-type 및 기타 촉매 탄화수소 센서는 약 400 ℃ 에서 소결하고, 벌크 백금 전극과 발열체는 고온(1000 ℃)에서 증발하기 시작한다. 이는 장기적이고 지속적인 모니터링에 의해 수명과 유용성에 한계가 있다.[106] 보통 증발 속도는 가연성 가스가 있는 경우 훨씬 더 높아지게 되며 백금 금속이 손실되면 와이어 저항이 변경되어 센서 판독 값에 오프셋 오류가 발생하고 가열 백금 코일이 조기에 손상된다. 화학적 독성chemical poisoning은 염소, 황, 납 함유 화합물이 감지요소에 비가역적으로 결합하여 탄화수소 물질의 산화를 억제하고 정확하지 않은 가짜 판독값을 생성하는 센서(예 : 촉매 비드 장치)에 영향을 미칠 수 있다. 특유의 독이 있는 환경에 노출된 경우 모든 화학 센서와 함께 일반적으로 필터가 사용된다. 따라서 표적 분석 물질(센서에 노출되는 화학종)을 감소시키지 않고 독성 물질만 제거하려면 필터 재료를 신중하게 선택해야 한다. 종 선택형 흡착 필름species-selective adsorptive films을 사용하는 표면 음향파 장치SAW는 흡착하는 물질에 의해 기계적으로 훼손될 수 있으며 이로 인해 흡착물이 다시 탈착되지 않아 장치의 질량을 원래 상태로 되돌리기 어렵다. 이와 마찬가지로 광섬유 장치의 가스 선택 코팅막은 제거하지 못하는 화학 물질에 의해 오염되어 광학 반사율을 영구적으로 감소시키고, 위양성(false positive, 거짓 양성)을 나타낸다.

화학 센서의 또 다른 문제는 다양한 농도에서 발생하는 화학 반응 변화이다. 한 예로 특정 반응성 탄화수소 장치(예 : 금속 산화물 장치, 전압 전류 장치 등)는 측정 반응에 필요한 최소한의 표적 분석 탄화수소와 산소를 모두 사용하기 위해 화학량론적 혼합물이 필요하다. 그러나 탄화수소 수준이 너무 높거나 수반되는 산소 수준이 너무 낮으면 탄화수소의 일부만 반응하여 거짓 음성 판독값을 생성하게 된다.

CHAPTER

19

소재 및 제조 기술

Materials and Technologies

CONTENTS

센서 제작 방법은 매우 다양하고, 설계 요구 사항에 따라 전문화된다. 센서는 반도체, 광학 부품, 금속, 세라믹, 플라스틱 등을 가공하여 만들어진다. 이 장에서는 일반적으로 사용되는 몇 가지 주요 소재와 제조 기술들에 대해 알아보도록 하자.

19.1 소재

19.1.1 실리콘

실리콘은 태양과 별에 존재하며 석질 운석aerolites으로 알려진 운석들의 주성분이다. 실리콘은 산소 다음으로 지구상에서 두 번째로 풍부한 물질이다. 이는 무게 기준으로 지구 지각의 최대 25.7 %를 차지한다. 실리콘은 자연에서 단일 원자로 존재하지는 않으며 주로 산화물과 규산염으로 존재한다. 일부 산화물은 모래, 석영, 암석, 자수정, 점토, 운모 등의 형태이다. 실리콘은 탄소 전극을 사용하여 실리카와 탄소를 전기로에 가열하여 제조한다. 이 원소를 준비하는 데에는 몇 가지 다른 방법도 있다. 단결정 실리콘crystalline silicon은 금속광택과 회색빛[1]을 가진다. 초크랄스키czochralski 방법을 통해 고체 반도체 및 마이크로 기계 센서에 사용되는 실리콘의 단결정을 생산할 수 있다. 실리콘은 상대적으로 불활성 원소이지만 할로겐과 희석 알칼리와 반응한다. 불산hydrofluoric을 제외한 대부분의 산acid에는 영향을 받지 않는다. 실리콘 원소는 적외선을 투과하며 일반적으로 중적외선 및 원적외선 센서의 창 혹은 렌즈로 사용된다.

실리콘의 원자량은 28.0855 ± 0.0003, 원자 번호는 14, 녹는점(융점)은 1,410 ℃, 끓는점(비점)은 2,355 ℃ 이다. 또한 25 ℃ 에서의 비중specific gravity은 2.33이고 원자가는 4이다. 실리콘의 특성에 대해서는 이미 많이 연구되고 있으며 센서 설계에 대한 응용은 전 세계적으로 광범위하게 연구되고 있다. 실리콘은 저렴하고 탁월한 순도를 가지며 표준에 따라 제어할 수 있도록 생산 및 처리된다. 또한 센서 응용에 매우 유용한 물리적 효과를 나타낸다([표 19-1] 참조).

표 19-1 실리콘 기반 센서에서 사용되는 효과[1]

자극 유형	효과
광학적	광기전 효과, 광전 효과, 광도전율(광전도성), 광전자기 효과
기계적	압전 저항성, 측면 광전 효과, 측면 광기전 효과
열적	제베크 효과, 전도도와 접합부의 온도 의존성, 네른스트(Nernst) 효과
자기적	홀 효과, 자기저항
화학적	이온 감도

1 실리콘(silicon)은 디메틸 실리콘 염화물(dimethyl silicon chloride)과 같은 실리콘 유기염화물을 가수 분해하여 만드는 실리콘(silicone)과 혼동해서는 안 된다. 실리콘(silicone)은 절연체, 윤활제 및 실리콘 고무 생산에 사용된다.

안타깝게도 실리콘은 압전 효과piezoelectric effect를 가지고 있지 않다. 이는 오히려 다행일 수 있는데 압전 효과로 인해 센서 간에 간섭을 일으킬 수 있기 때문이다. 홀 효과hall effect, 제베크 효과seebeck effect, 압전 저항piezoresistance과 같이 대부분의 실리콘 효과는 상당히 크다. 그러나 실리콘은 자극에 대한 반응이 온도에 굉장히 민감하다는 것이 주요 문제이다. 예를 들어 변형strain, 빛, 그리고 자기장 반응이 온도에 따라 다르다. 실리콘이 적절한 효과를 나타내지 않을 경우 실리콘 기판 위에 원하는 감도로 재료층을 증착할 수 있다. 예를 들어 산화아연ZnO 박막의 스퍼터링sputtering은 표면 음향파 Surface Acoustic Waves, SAW 장치 및 가속도계를 제조할 때 유용한 압전 컨버터를 만들기 위해 사용한다. 가속도계의 경우 식각된 미세기계식 캔틸레버cantilever의 끝부분 변형이 ZnO 오버레이에 의해 감지된다.

실리콘은 MEMS 기술을 사용하여 압력 컨버터, 온도 센서, 힘 및 촉각 감지기와 같은 장치를 제조하는 데 매우 유용한 기계적 특성을 나타낸다. 박막 및 포토 리소그래피(photolithography, 사진공정) 제조 과정을 통해 전자회로를 개발하는 것과 동일한 프로세스를 사용하여 매우 다양한 초소형 고정밀 기계 구조를 실현할 수 있다. 이러한 대량 제조 기술은 다른 방법으로는 불가능할 정도로 복잡하고 소형화된 기계 부품을 제조할 때 사용된다. [표 A-14]는 실리콘과 그 외 인기 있는 결정 재료의 기계적 특성을 비교하여 보여준다.

단결정 실리콘Single-Crystal Silicon, SCS은 대부분의 금속과 같이 부서지기 쉬운 물질이다. 플라스틱처럼 변형되지는 않지만, 그렇다고 해서 깨지기 쉬운 것은 아니다(대부분의 산화물 기반 유리도 비슷하다). 실리콘의 영률young's modulus은 $1.9\times10^{12}\,\mathrm{dyn/cm}$ 또는 $27\times10^{6}\,\mathrm{psi}$ 값을 가지는데 이는 스테인리스 스틸과 비슷하고 석영 및 대부분의 유리보다 훨씬 높다. 실리콘은 극도로 깨지기 쉽다는 오해를 가지고 있는데, 이는 두께가 $250\sim775\,\mu\mathrm{m}$에 불과한 얇은 실리콘 웨이퍼를 주로 사용한다는 사실에서 비롯되었다([표 19-2] 참조). 이 두께로는 스테인리스 스틸조차도 비탄성 변형이 쉽게 일어난다.

표 19-2 표준 실리콘 웨이퍼

지름(inch)	지름(mm)	두께(micron)
1	25.4	250
2	51	275
3	76	375
4	100	525
5	130	625
6(5.9)	150	675
8(7.9)	200	725
12(11.8)	300	775

앞에서 언급했듯이 단결정 실리콘의 여러 구조적, 기계적 단점은 박막 증착으로 완화될 수 있다. 예를 들어 스퍼터된 석영sputtered quartz, SiO_2은 공기 중의 불순물 및 온화한 대기 부식 효과로부터 집적회로 칩을 보호하기 위해 업계에서 일반적으로 사용된다. 또 다른 예는 다이아몬드 다음으로 강한 경도를 갖는 실리콘 질화물silicon nitrate 증착이다([표 A-15] 참조). 이방성 식각anisotropic etching은 실리콘에서 3차원 구조의 미세 가공을 위한 핵심 기술이다. 다음과 같은 두 가지 식각 시스템이 실질적인 관심사

이다. 하나는 에틸렌디아민ethylenediamine과 물, 일부 첨가제를 기본으로 한다. 그리고 또 다른 하나는 수산화칼륨KOH, 수산화나트륨NaOH, 수산화리튬LiOH과 같은 순수 무기 알칼리 용액으로 구성된다.

이른바 **폴리실리콘**PolySilicon, PS 재료를 형성하여 고유한 특성을 가진 센서를 개발할 수 있다. 폴리실리콘층(0.5 μm 정도)은 약 0.1 μm 의 산화물 두께를 가진 산화실리콘 웨이퍼에 진공 증착하여 형성할 수 있다.[2] 폴리실리콘 구조는 반도체 산업에서 저압 화학 기상 증착Low-Pressure Chemical Vapor Deposition, LPCVD으로 알려진 기술에 의해 붕소로 도핑되기도 한다.

[그림 19-1(a)]는 단결정 실리콘SCS과 비교하여 붕소 도핑된 LPCVD 폴리실리콘의 저항률을 보여준다. PS층의 저항은 붕소 농도가 매우 높더라도 항상 단결정 재료의 저 항보다 높다. 도핑 온도가 낮으면 저항률이 빠르게 상승하므로 센서를 제작하기 위해서는 불순물 농도 범위가 중요하다. 온도에 따른 PS의 저항 변화는 선형적이지 않다. 선택된 도핑 [그림 19-1(b)]를 통해 저항의 온도계수는 넓은 범위에서 양과 음의 도핑을 선택할 수 있다(17.8절 및 17.9절 참조). 저항 온도계수Temperature Coefficient of Resistance, TCR는 일반적으로 극저온이 아닌 온도에서 도핑 농도가 감소함에 따라 증가한다.

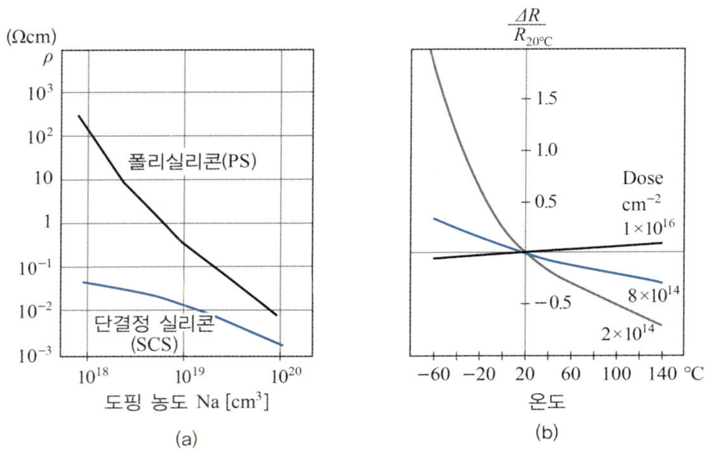

그림 19-1 (a) 붕소 도핑된 실리콘의 비저항 (b) 다양한 도핑 농도에 대한 실리콘의 저항 온도계수

[그림 19-2(a)]는 PS의 온도 감도가 SCS의 온도 감도보다 상당히 높으며 도핑으로 제어할 수 있음을 보여준다. 이때 특정 도핑 농도에서 저항이 온도 변화에 민감하지 않다는 점에 주목해야 한다(그림에서 Z점으로 표시된 부분).

압력, 힘 또는 가속을 위한 센서를 개발하려면 게이지 계수gauge factor를 통해 표현되는 PS 저항기의 변형 감도를 아는 것이 중요하다. [그림 19-2(b)]는 붕소 도핑된 PS 저항기의 상대 저항 변화 곡선을 보여주는데 이는 스트레스가 없는 조건에서 저항값 R_0를 기준으로 세로 변형률longitudinal strain ε_1의 함수로 나타난다. 이 변수들은 주입된 도핑량에 따라 달라진다. 저항은 압축에 따라 감소하고 장력에 따라 증가하는 것을 볼 수 있다. 게이지 계수([그림 19-2(b)]의 선 기울기)는 온도에 따라 달라진다. PS 저항은 표면 효과가 장치 특성에서 부차적인 역할을 하기 때문에 SCS 저항에서 기대할 수 있는 높은 수준의 장기 안정성을 갖는다.

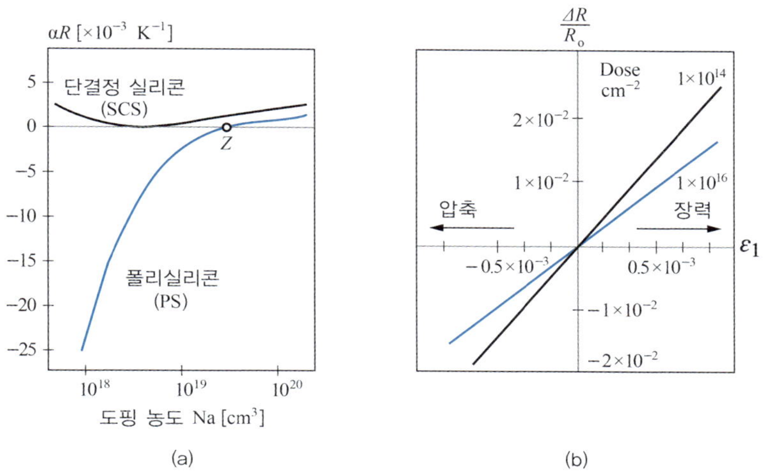

그림 19-2 (a) 도핑 함수로서의 온도계수 (b) 실리콘의 압 저항 민감도

19.1.2 플라스틱

플라스틱은 단량체[monomer]라는 화학 원료로 만든 합성 재료이다. 에틸렌[ethylene]과 같은 단량체(하나의 화학 단위)는 다른 단량체 분자와 반응하여 반복되는 에틸렌의 긴 사슬을 형성하여 중합체 폴리에틸렌[polymer polyethylene]을 형성한다. 유사한 방식으로 폴리스티렌[polystyrene]은 스티렌[styrene] 단량체로 형성된다. 폴리머는 다른 원소와 결합된 탄소 원자로 구성된다. 고분자 화학자들은 8개의 원소만을 사용하여 수천 개의 서로 다른 플라스틱을 만드는데 이러한 원소는 탄소[C], 수소[H], 질소[N], 산소[O] 불소[F], 실리콘[Si], 황[S], 염소[Cl]이다. 이를 다양한 방식으로 결합하면 매우 크고 복잡한 분자가 생성된다.

각 원자는 다른 원자와 결합할 수 있는 제한된 용량(에너지 결합)을 가지고 있으며 화합물이 안정되려면 분자 내의 모든 원자가 모든 에너지 결합을 만족해야 한다. 예를 들어 수소는 하나의 다른 원자에만 결합할 수 있지만, 탄소 또는 실리콘은 에너지 결합을 충족하기 위해 다른 원자 4개에 결합해야 한다. 따라서 H-H와 H-F는 안정한 분자이지만 C-H와 Si-Cl은 그렇지 않다.

[표 19-3]은 8개의 원자와 해당 에너지 결합을 보여준다.

표 19-3 폴리머용 원자 구성 요소

원소	원자량	에너지 결합	원소	원자량	에너지 결합
수소	1	−H 1	불소	19	−F 1
탄소	12	−C− (위·아래 결합 포함) 4	실리콘	28	−Si− (위·아래 결합 포함) 4
질소	14	−N− (위 결합 포함) 3	황	32	−S− 2
산소	16	−O− 2	염소	35	−Cl 1

사슬에 더 많은 탄소 원자와 수소 원자를 각 탄소 원자에 더하면 더 무거운 분자가 생성된다. 예를 들어 에탄 가스^{C_2H_6}는 추가된 한 개의 탄소와 두 개의 수소 원자를 포함하고 있어 메탄가스보다 무겁다. 에탄 가스의 분자량은 30이다. 이후 화합물인 펜탄$^{C_5H_{12}}$에 도달할 때까지 분자량은 14(탄소 1개 + 수소 2개)씩 증가한다. 펜탄은 가스가 되기에는 무거우며 실온에서 액체이다. CH_2 그룹을 추가로 첨가하면 점차 더 무거운 액체가 되며 $C_{18}H_{38}$ 까지 도달하게 되며 이는 '파라핀 왁스'라는 고체이다. 만약 계속해서 더 큰 분자를 키운다면 왁스는 점차 더 단단해진다. 결국 $C_{100}H_{202}$가 되어 분자량이 1,402인 단단한 물질이 되는데 이를 저분자 중량 **폴리에틸렌**polyethylene이라고 한다. 이는 열가소성 플라스틱 중 가장 간단한 분자 구조를 갖는다.

CH_2 그룹을 계속 추가하면 중간 분자량(탄소 1,000 ~ 5,000개)과 고분자 중량 폴리에틸렌이 될 때까지 재료의 강도가 더욱 높아진다. 폴리에틸렌은 가장 단순한 폴리머([그림 19-3] 참조)로 센서 기술에 유용한 특성을 갖는다. 예를 들어 폴리에틸렌은 중적외선 및 원적외선 스펙트럼 범위에서 상당히 투명하기 때문에 적외선 프레넬 렌즈fresnel lenses를 제작할 때 사용된다.

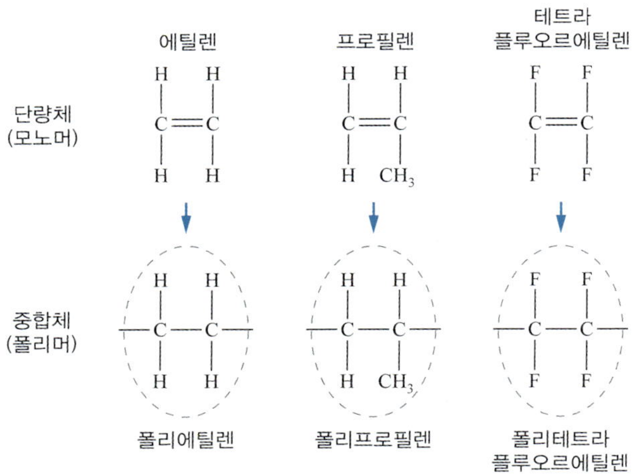

그림 19-3 단량체 및 각각의 중합체 단위

열, 압력, 촉매를 가함으로써 단량체(모노머)는 긴 체인으로 성장한다. 그 과정을 **중합**polymerization이라고 한다. 체인 길이(분자 무게)는 플라스틱의 수많은 성질을 결정하기 때문에 매우 중요하다. 길이를 증가시키는 데 영향을 끼친 요인은 강도 증가, 크리프 저항성creep resistance, 스트레스-균열 저항성stress-crack resistance, 용해 온도, 용해 점도, 그리고 처리 난이도이다. 중합이 완료된 후 폴리머 체인은 체인 사이의 물리적 연결 없이 스파게티처럼 길게 얽힌 다발과 닮았다. 이러한 폴리머를 **열가소성 플라스틱**thermoplastic 또는 열성형 가능 폴리머라고 한다([그림 19-4] 참조).

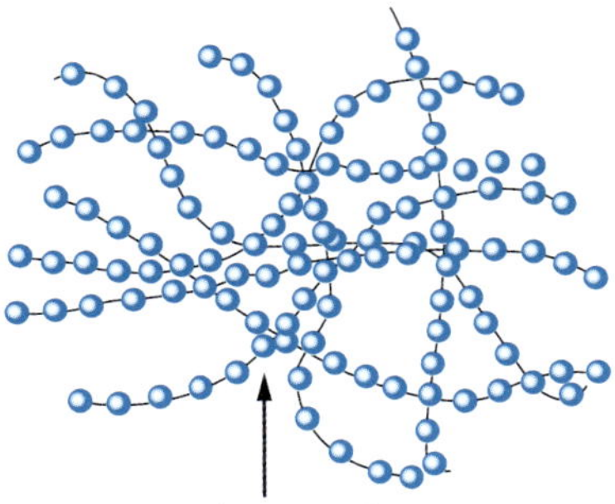

그림 19-4 열가소성 중합체의 분자 사슬

체인이 서로 더 가깝게 결합되면 밀도가 더 높은 폴리에틸렌이 형성되어 결정체가 형성된다. 결정화된 부분은 더 단단하고 튼튼하다. 그러한 중합체는 더 높은 용해 온도를 가지고 있어 처리하기가 더 어렵다. 즉 부드러워지지 않고 점도가 낮은 액체로 빠르게 변한다. 반면에 비정형 열가소성 플라스틱amorphous thermoplastics은 점차 부드러워지지만, 결정성 플라스틱만큼 쉽게 녹지는 않는다. 비정형 중합체의 예로는 ABS, 폴리스티렌, 폴리카보네이트, 폴리설폰, 폴리에테리미드가 있다. 결정crystalline 플라스틱은 폴리에틸렌, 폴리프로필렌, 나일론, PVDF, 아세탈 등이 있다.

일부 열가소성 수지의 목록은 다음과 같다.

- **아크릴로니트릴 부타디엔 스티렌**Acrylonitrile–Butadiene–Styrene, ABS : 매우 단단하고 강직하며, 적당한 화학적 저항성과 낮은 수분 흡수율, 우수한 치수 안정성을 갖는다. 일부 ABS는 전기로 도금할 수 있다.
- **아크릴**acrylic : 광학 투명도가 높고 실외 풍화에 대한 내성이 우수하다. 전기적 특성이 좋고 단단하며 광택이 있는 소재이다. 또한 다양한 색상으로 만들 수 있다.
- **불소 수지**fluoroplastics : 우수한 전기적 특성과 내 화학성, 저마찰 및 고온에서의 뛰어난 안정성을 갖춘 재료PTFE, FEP, PFA, CTFE, ECTFE, ETFE, PFDF로 구성된다. 이들의 강도는 적당하나 비용이 높다. 예로는 듀폰(DuPont) 브랜드 테플론Teflon으로 알려진 폴리테트라플루오르에틸렌PolyteTraFluoroEthylene, PTFE이 있다.
- **나일론**nylon 또는 **폴리아미드**polyamide : 낮은 마찰계수로 뛰어난 강인성과 내마모성을 가지고 있다. 전기 및 화학적 특성이 우수하다. 그러나 흡습성이 있으며 치수 안정성이 대부분의 다른 플라스틱에 비해 매우 나쁘다.
- **폴리카보네이트**polycarbonate : 내충격성이 가장 높다. 실외 안정성이 뛰어나고 하중이 가해졌을 때 스트레스 변형creep에 대한 내성이 있으며 투명하다. 그러나 화학 물질에 문제가 있을 수 있다.
- **폴리에스테르**polyester 또는 **폴리에스터** : 치수 안정성이 우수하지만, 실외 사용이나 온수 서비스에는 적합하지 않다.
- **폴리에틸렌**Polyethylene : 가볍고 저렴하며 화학적 안정성이 뛰어나고 전기적 특성이 좋다. 가시광선에서 원적외선까지 넓은 스펙트럼 범위에서 중간 정도의 투명도를 갖는다. 그러나 치수 및 열 안정성이 낮다.
- **폴리프로필렌**polypropylene : 우수한 내열성, 우수한 화학적, 전기적 특성으로 휨이나 스트레스에 의한 균열이 잘 일어나지 않는다. 즉 내성이 뛰어나다. 또한 가볍고 저렴하다는 특징이 있다. 광학 투명성은 원적외선 스펙트럼 범위까지는 좋지만, 중적외선 범위에서는 광자의 흡수 및 산란이 폴리에틸렌에 비해 높다.

- **폴리우레탄**polyurethane : 견고하고 내마모성과 내충격성이 매우 뛰어나며 박막과 폼의 형태로 만들 수 있다. 또한 화학적, 전기적 특성이 우수하다. 그러나 UV 노출 시 품질이 저하된다.
- **폴리부타디엔**polybutadiene : 내마모성이 높은 합성 고무이다. 전자 조립품을 코팅하거나 캡슐화할 때 사용되어 매우 높은 전기 저항을 제공한다. 스트레스가 가해지면 80 % 회복된다.
- **폴리염화비닐**PolyVinyl Chloride, PVC : 폴리에틸렌과 폴리프로필렌 다음으로 세 번째로 널리 사용되는 열가소성 중합체이다. PVC는 저렴하고 내구성이 있으며 조립이 쉽다. 가소제(가장 흔한 것은 프탈레이트)를 첨가하여 더 부드럽고 유연하게 만들 수 있다. 전자 제품에서는 유연한 튜브 및 전기 케이블 절연을 만드는 데 사용된다.

앞에서 설명한 열가소성 플라스틱과 다른 유형의 플라스틱은 **열경화성**thermoset이라고 불리며 중합(경화)은 두 단계로 이루어진다. 먼저 재료 제조업체가 수행하고, 그 후에 성형기molder에서 수행되는 방식이다. 예를 들면 몰딩 과정에서 압력에 의해 액화되어 분자 사슬 사이에 가교 반응을 일으키는 페놀이 있다. 열경화성 플라스틱은 성형 후 거의 모든 분자가 열에 의해 가역할 수 없는 강력한 물리적 결합으로 상호 연결되어 있다. 실제로 열경화성 경화제는 계란으로 요리하는 것과 같은데 일단 익으면 단단해진다. 일반적으로 열경화성 플라스틱은 높은 온도 저항성 및 치수 안정성을 가진다. 이러한 이유로 보트 선체 제작 및 회로 차단기 부품 제작에 폴리에스테르(강화)가 사용되고 인쇄 회로 기판 제작에 에폭시가 사용되며 식기류에 멜라민이 사용된다.

반면에 열가소성 수지thermoplastics는 열경화성 수지thermosets보다 높은 충격 강도, 쉬운 제조 과정, 복잡한 설계에 더 잘 적응할 수 있다. 센서 관련 응용 분야에서 유용한 열가소성 수지는 다음과 같다.

- **알키드**alkyd : 우수한 전기적 특성과 매우 낮은 흡습성을 가지고 있다.
- **알릴**allyl 또는 **다이알릴 프탈레이트**diallyl phtalate : 뛰어난 치수 안정성과 높은 내열성 및 내 화학성을 가지고 있다.
- **에폭시**epoxy : 기계적 강도, 전기적 특성 그리고 대부분의 재료에 대한 접착력이 뛰어나다.
- **페놀**phenolic : 저렴한 재료로 색상은 검은색과 갈색으로 제한된다.
- **열가소성 폴리에스테르**polyester : 색상이 매우 다양하며 투명하거나 불투명할 수 있다. 수축이 잘 된다.

두 개의 다른 단량체(A와 B)가 중합 반응에서 결합되는 경우 이러한 중합체를 **혼성중합체**copolymer라고 한다. 혼성중합체의 최종 특성은 성분 A와 B의 비율에 따라 다르다. 중합체(폴리머)의 기계적 특성은 첨가제를 추가하여 수정할 수 있는데, 강도 및 강성을 높이기 위한 섬유질fibers, 유연성을 위한 가소제plastisizers, 더 쉬운 몰딩을 위한 윤활제lubricants 또는 햇빛이 드는 환경에서 더 나은 성능을 위한 UV 안정제stabilizers 등이 있다.

플라스틱의 특성을 조절하는 또 다른 좋은 방법은 폴리머 합금이나 혼합물을 만드는 것이다. 이 작업은 주로 각 구성 요소의 속성을 유지하기 위해 수행된다.

전도성 플라스틱conductive plastics은 훌륭한 전기 절연체이기 때문에 차폐를 위한 전기 전도성을 부여하기 위해서는 금속 호일을 붙이거나, 전도성 페인트로 페인팅하거나, 금속화하는 과정이 필요하다. 전기 전도성을 제공하는 또 다른 방법은 플라스틱을 전도성 첨가제(예 : 흑연 또는 금속 섬유)와 혼합하거나 금속 메쉬를 포함하는 복합 플라스틱 부품을 만드는 것이다.

압전 플라스틱piezoelectric plastics은 결정질 재료인 PVF_2, PVDF, 혼성중합체로 만들어진다. 처음에는 압전 특성이 없으므로 고전압 또는 코로나 방전에 의해 극성이 지정되어야 한다(4.6.2절 참조). 금속 전극은 실크-스크리닝 또는 진공 금속에 의해 박막(필름)의 양면에 증착된다. 이러한 필름은 휨과 기계적 스트레스에 대한 안정성 덕분에 일부 응용 분야에서 세라믹 대신 사용된다. 압전 플라스틱의 또 다른 장점은 원하는 모양으로 성형할 수 있다는 것이다.

센서 기술에 매우 유용한 폴리머는 듀폰이 개발한 폴리이미드PolyImide, PI 필름인 **캡톤**kapton이다. 이는 밀도가 1.42 g/cm^3이고 열 전도율이 0.12 W/(m·K)로 낮은 열경화성 소재이다. PI는 절대영도인 −273 ℃에서 +400 ℃까지 다양한 온도 범위에서 안정적으로 유지된다. PI는 센서를 경질 인쇄회로 기판PCB에 연결할 수 있는 유연한 인쇄회로에 사용된다. 유연한 PI 인쇄회로 기판은 50 μm 또는 더 얇게 만들 수 있다. 이 기판은 유연하며 백만 번에 가까운 굴곡을 견딜 수 있다. 또한 이는 X선 소스(싱크로트론 빔 라인 및 X선 튜브) 및 X선 검출기에서 모든 종류의 창 재료로 사용된다. 높은 기계적, 열적 안정성을 가지면서 X선 투과율이 높아 선호되는 재료로 방사선 손상을 입지 않는다. 그러나 PI는 기계적 마모에 대한 저항력이 상대적으로 낮다.

19.1.3 금속

센서 설계자의 관점에서 볼 때 금속metals에는 철과 비철로 나뉜다. 강철과 같은 철 금속은 운동, 거리, 자기장 강도 등을 측정하기 위해 자기 센서와 함께 자주 사용된다. 또한 자기 차폐로 매우 유용하다. 반면에 비철금속은 자기장을 투과시킬 수 있으며 이러한 자기장이 문제가 되지 않을 때 사용된다.

비철금속은 다양한 기계적, 전기적 특성을 제공한다. 금속을 선택할 때는 물리적 특성뿐만 아니라 기계 가공의 용이성을 고려해야 한다. 예를 들어 구리는 우수한 열적, 전기적 특성을 가지고 있지만, 기계 가공이 어렵다. 따라서 대부분 알루미늄, 특히 납땜이 필요하지 않은 경우에 절충안으로 고려된다.

알루미늄aluminum은 중량 대비 강도가 높고 자체 부식 방지 메커니즘이 있다. 공기에 노출될 때 알루미늄은 철처럼 점진적으로 산화되지 않는다. 표면에 미세한 산화물 코팅이 형성되어 환경으로부터 금속을 밀봉하여 보호한다.

알루미늄 합금은 수백 가지가 있으며 드로잉, 캐스팅, 스탬핑과 같은 다양한 방법으로 합금 처리할 수 있다. 일부 합금은 납땜 및 용접이 가능하다. 우수한 전기적 특성 외에도 알루미늄은 UV에서 전파에 이르기까지 거의 전체 스펙트럼에 걸쳐 빛을 반사하는 뛰어난 반사체이다. 알루미늄 코팅은 거울과 도파관waveguide에 널리 사용된다. 중적외선 및 원적외선 범위에서 알루미늄 반사경보다 뛰어난 것은 금뿐이다.

알루미늄의 단점은 납땜하기가 어렵다는 것이다. 구리를 납땜할 때 구리 산화물은 유기물 및 무기물 융제flux를 이용하여 비교적 쉽게 제거할 수 있다. 그러나 알루미늄에서는 산화알루미늄 층이 빠르게 형성되고 이 산화층을 제거하기 어렵기 때문에 땜납solder이 알루미늄 표면에 묻을 수 없다. 이러한 이유로 유기 아민 기반 유동체(최대 285 ℃), 무기 유동체(염화물 또는 플루오라이드, 최대 400 ℃), 복합 플루오로 알루미네이트 염(550 ℃ 이상)과 같은 특수 유동체flux를 사용해야 한다.

베릴륨beryllium은 다음과 같이 놀라운 특성을 가지고 있다. 바로 저밀도(알루미늄의 2/3), 높은 탄성계수(강철의 5배), 높은 비열, 우수한 치수 안정성, X선에 대한 투명성이다. 그러나 비싼 금속이다. 베릴륨은 알루미늄과 마찬가지로 표면에 보호 코팅을 형성하여 부식에 강하다. 이것은 분말 냉각 압착powder cold pressing을 포함하여 많은 전통적인 방법으로 처리할 수 있다. 이 금속은 X선 창, 광학 플랫폼, 거울 기판, 인공위성의 구조체로 사용된다.

마그네슘magnesium은 강도 대 중량비strength-to-weight ratio가 높은 매우 가벼운 금속이다. 낮은 탄성계수로 인해 에너지를 탄성적으로 흡수할 수 있어 댐핑damping 특성이 좋다. 이 재료는 대부분의 금속 가공 기술로 가공하기가 매우 쉽다.

니켈nickel을 사용하면 부식에 강한 매우 견고한 구조를 설계할 수 있다. 강철과 비교할 때 니켈 합금은 강도가 매우 높고 탄성계수가 높다. 합금에는 구리, 실리콘 및 몰리브덴이 있는 바이너리 시스템이 포함된다. 니켈 및 그 합금은 극저온과 최대 1,200℃의 고온에서 기계적 특성을 보존한다. 니켈은 고성능 초합금에 사용되는데, 예를 들어 인코넬Inconell, 모넬 메탈Monel, Ni-Cu, 니크롬Nichrome, Ni-Cr, 그리고 Ni-Cr-Fe 합금이 있다.

구리copper는 매우 우수한 열 및 전기 전도성 특성(순은에 이어 두 번째)과 내부식성 및 상대적인 가공 용이성을 가지지만, 강도 대 중량비는 상대적으로 낮다. 또한 너무 부드럽기 때문에 가공하기가 어렵다는 단점이 있다. 구리 또는 구리 합금인 황동brasses, 청동bronzes은 박막과 같은 다양한 형태로 제공된다. 황동은 아연 및 기타 원소를 포함하는 합금이다. 청동은 구리-주석-인(인청동), 구리-주석-납-인(납 인청동), 구리-실리콘(실리콘 청동) 합금으로 구성된다. 실외 조건에서 구리는 청록색 녹청blue-green patina을 형성한다. 이는 아크릴 코팅을 적용하여 방지할 수 있다. 베릴륨이 함유된 구리 합금은 기계적 특성이 뛰어나 스프링을 만드는 데 사용되기도 한다.

납lead은 모든 일반적인 금속 중에서 X선과 γ선에 대해 가장 불침투성을 가진다. 수많은 부식성 화학물질, 대부분의 토양 유형, 해양 및 산업 환경의 공격으로부터 저항성을 가진다. 용융 온도가 낮고 주조 및 성형이 쉬우며 소음 및 진동 흡수가 좋다는 것도 장점이다. 또한 자연적인 윤활성과 내마모성을 가지고 있다. 납은 순수한 형태로는 거의 사용되지 않는다. 가장 일반적인 합금으로는 경질 납(hard lead, 1~13%의 안티몬), 칼슘 및 주석 합금이 있으며 강도와 경도가 더 좋다.

백금platinum은 은백색 귀금속으로 가단성malleable, 연성ductile, 내부식성이 매우 높다. 양의 저항 온도계수는 매우 안정적이고 재현 가능하므로 온도를 감지하는 데 사용할 수 있다.

금gold은 매우 부드럽고 화학적으로 불활성인 금속으로 산소가 있는 상태에서 왕수aqua regia(진한 지산과 진함 염산의 혼합액)와 나트륨, 칼륨에 의해서만 반응한다. 1 g의 순금을 이용해 5,000 cm^2의 잎을 덮고 두께는 0.1 μm 미만으로 만들 수 있다. 주로 도금에 사용되며 구리, 니켈, 은과 같은 다른 금속과 합금된다. 센서 응용 분야에서 금은 전기 단자, 도금 거울, 그리고 중적외선 및 원적외선 스펙트럼에서 작동하는 도파관waveguides을 제작하는 데 사용된다.

은silver은 모든 귀금속 중에서 가장 저렴하다. 또한 가단성이 매우 높고 부식에 강하다. 모든 금속 중에서 가장 높은 전기 및 열 전도성을 가지고 있다.

팔라듐palladium, **이리듐**iridium, **로듐**rhodium은 백금과 유사하게 작동한다. 이들은 하이브리드 기판 및 인쇄회로 기판의 전기 코팅으로 사용되거나, 전기 도체가 있는 다양한 세라믹 기판을 생산하는 데 사용된다. 또 다른 응용 분야는 고온, 부식성이 높은 환경, 넓은 스펙트럼에서 작동하는 고품질 반사기reflectors의 제조이다. 이리듐은 모든 금속 중에서 최고의 내식성corrosion resistance을 가지고 있으므로 가장 중요한 응용 분야에 사용된다.

몰리브덴molybdenum은 최대 1,600℃까지 강도strength와 강직성rigidity을 유지한다. 이 금속과 합금은 기존 도구로 쉽게 가공할 수 있다. 비산화환경에서는 대부분의 산에 의한 공격에 저항한다. 주요 응용 분야는 가열 요소 및 고온 용광로용 적외선 반사기와 같은 고온 장치에 사용된다. 몰리브덴은 열팽창 계수가 낮고 용융 금속에 의한 부식에 강하다.

텅스텐tungsten은 여러 면에서 몰리브덴과 유사하지만, 더 높은 온도에서도 작동할 수 있다. 텅스텐으로 제작된 서모커플 센서는 25%의 레늄rhenium과 합금되고 다른 와이어(5%의 레늄)와 함께 사용된다.

아연zinc은 코팅을 제외하고는 단독으로 거의 사용되지 않으며 주로 많은 합금에서 첨가제로 사용된다.

19.1.4 세라믹

센서 기술에서 세라믹은 구조적 강도, 열 안정성, 가벼운 무게, 다양한 화학 물질에 대한 내성, 다른 재료와의 결합 능력, 그리고 우수한 전기적 특성으로 인해 매우 유용한 **결정질**crystalline 재료이다. 대부분의 금속은 산소와 함께 적어도 하나의 화합물을 형성하지만, 소수의 산화물만이 세라믹의 주성분으로 유용하다. 예를 들어 **알루미나**alumina와 **베릴리아**beryllia가 있다. 알루미나의 천연 합금 원소는 실리카이지만, 크롬, 마그네슘, 칼슘 및 기타 원소와도 합금될 수 있다.

여러 금속 탄화물과 질화물이 세라믹으로 인정된다. 가장 일반적으로 사용되는 것은 탄화 붕소boron carbide, 질산, 그리고 질산알루미늄이다([표 A-24] 참조). 빠른 열전달이 중요하면 질화알루미늄을 고려해야 하며 실리콘 카바이드silicon carbide는 유전상수가 높아 정전용량성 센서를 설계할 때 매우 적절하다. 물질의 경도로 인해 대부분의 세라믹은 특수 가공이 필요하다. 다양한 형태의 세라믹 기판을 절단하는 정확하고 효율적인 방법은 컴퓨터 제어 CO_2 레이저를 사용하여 절단, 가공 및 드릴링하는 것이다. 센서 기판용 세라믹은 0.1 ~ 10 mm 두께 범위로 많은 제조업체에서 제공한다.

19.1.5 유리 구조체

유리는 실리카를 염기성 산화물과 융합시켜 만든 **비정질**amorphous 고체 물질이다. 원자가 결정 구조로 배열되지는 않지만, 유리의 원자 간격은 매우 좁다. 유리는 광학적 투명성, 다양한 색상의 가용성, 경도, 그리고 불산hydrofluoric acid, HF을 제외한 대부분의 화학 물질에 대한 내성이 특징이다([표 A-25] 참조). 대부분의 유리는 규산염 시스템을 기반으로 하며 실리카SiO, 석회$CaCO_3$, 탄산나트륨$NaCO_3$의 세 가지 주요 구성 요소로 만들어진다. 비규산 유리에는 인산염 유리(불산에 내성), 열 흡수 유리(FeO로 제조), 알루미늄, 바나듐, 게르마늄 및 기타 금속 산화물 기반 시스템이 포함된다. 이러한 특수 유리의 예로는 AMTIR로 알려진 삼황산 비소^{As_2S_3}가 있는데 이는 중적외선 및 원적외선 스펙트럼 범위에서 실질적으로 투명하며 적외선 광학 장치를 제조하는 데 사용된다.

보로실리케이트^{borosilicate}(붕규산)는 유리는 열충격에 상당히 강한 가장 오래된 유형의 유리이다. 상표 Pyrex®로 출시되는 유리는 일부 SiO_2 분자가 산화붕소로 대체된다. 이 유리는 열팽창 계수가 낮기 때문에 광학 거울을 만드는 데 사용된다(예 : 망원경).

납 알칼리 유리$^{lead\ alkali}$(납 유리)에는 굴절률을 증가시키는 일산화납^{PbO}이 포함되어 있다. 또한 더 나은 전기 절연체이다. 센서의 기술에서 광학 창, 프리즘을 제작하고 핵 방사선에 대한 차폐물로 사용된다. 다른 유리로는 알루모실리케이트^{alumosilicate} 유리(Al_2O_3가 일부 실리카를 대체한다)와 96 % 실리카 및 용융 실리카가 있다.

또 다른 종류의 유리는 3가지 등급으로 제공되는 **감광성**$^{light\text{-}sensitive}$ 유리이다. 광색성^{photochromatic} 유리는 자외선에 노출되면 어두워지고 UV를 제거하거나 유리를 가열하면 투명해진다. 일부 광색성 조성물은 일주일 이상 어둡게 유지되지만, 다른 것들은 UV가 제거되면 몇 분 안에 사라진다. 감광성 유리는 다른 방식으로 UV에 반응하는데 노출 후 가열되면 투명에서 불투명한 흰색^{opal}으로 바뀐다. 이를 통해 유리 구조 내에 몇 가지 패턴을 만들 수 있다. 비슷한 방식으로 게르마늄이 도핑된 실리카 유리는 강한 자외선에 노출될 때 굴절률을 변경할 수 있다(8.5.5절 참조). 또한 노출된 유백색 유리는 불산에 훨씬 더 잘 용해되어 효율적인 식각 기술이 가능하다.

19.1.6 광학 유리

■ 가시광선 및 근적외선 범위

대부분의 광학 유리는 고운 모래층 또는 분쇄된 사암에서 얻은 실리카의 혼합물이다. 혼합물질의 예로는 녹는점을 낮추기 위한 알칼리, 일반적으로 소다의 형태 또는 유리의 경우에는 칼륨, 안정제 역할을 하는 석회, 혼합물을 녹이는 데 도움이 되는 폐유리가 있다. 유리의 특성은 광도 및 중량을 위해 일반적으로 납과 같은 산화물 형태의 물질을 추가함으로써 다양하게 나타난다. 추가 물질의 예로는 열 및 전기 저항을 위한 붕소, 굴절률을 높이기 위한 바륨, 적외선 흡수를 위한 세륨, 색상을 부여하기 위한 금속 산화물, 탈색을 위한 망간이 있다.

광학 유리는 주요 화학 성분으로 분류되고 굴절률을 통해 식별된다. 굴절률은 파장의 함수이므로 다양한 원소에 의해 생성되는 특정 스펙트럼에서 측정된다. 일부 유리와 투명 플라스틱의 스펙트럼과 해당 굴절률의 예는 [표 19-4]에 나와 있다.

안경의 품질과 내구성은 환경에 따라 달라진다. 렌즈 및 프리즘과 같은 광학 부품을 제조하는 다양한 공정 과정에서 표면 열화가 종종 발생하여 디밍, 염색, 스크래치로 나타난다. 이러한 표면 결함은 주변의 물 또는 세척액의 세제와 유리 성분의 화학 반응으로 인해 발생한다. 굴절률이 높으면 표면은 약해진다.

표 19-4 일부 유리 및 플라스틱에 대한 스펙트럼 라인 파장 및 굴절률(출처 : Pilkington Special Glass Ltd.의 유리 사용)

파장(nm)	스펙트럼 라인	원소	굴절률			
			유리 BSC517642	유리 LAF744447	플라스틱 아크릴	플라스틱 폴리카보네이트
1013.98	t	Hg	1.507	1.726		
852.11	S	Cs	1.510	1.730		
768.19	A′	K				
706.52	r	He				
656.27	C	H	1.514	1.739	1.489	1.578
643.85	C′	Cd				
632.8	632.8	He-Ne 레이저				
589.29	D	Na			1.492	1.584
587.56	d	He	1.516	1.744		
546.07	e	Hg	1.518	1.748		
486.13	F	H			1.498	1.598
479.99	F′	Cd	1.522	1.756		
435.83	g	Hg	1.526	1.765		
404.66	h	Hg	1.530	1.773		
365.01	i	Hg	1.536	1.787		

광택 유리는 높은 습도와 급격한 온도 변화에 노출되면 땀을 흘리게 된다. 즉 수증기가 응축되어 유리 표면에 물방울이 형성된다. 액적droplets에 용해되는 일부 유리 성분은 차례로 유리 표면을 공격하여 공기 중의 기체 성분(예 : CO_2)과 반응한다. 반응 생성물은 유리 표면이 건조됨에 따라 백색 반점 또는 흐린 필름으로 형성된다. 이를 **디밍**dimming이라고 한다. 물과 접촉하면 화학 반응(유리의 양이온과 물의 하이드로늄 이온 사이의 이온 교환)이 일어나는데 그 결과 실리카가 풍부한 표면층에 간섭 색상이 발생한다. 이를 **염색**staining이라고 한다. 연마하는 동안 유리 표면에 생성된 미세한 스크래치는 표면 청소 세제의 무기물에서 나오는 부식성 이온에 노출될 때 가시적인 크기로 커지기도 한다.

■ 중적외선 및 원적외선 범위

열복사(중적외선 및 원적외선) 범위에서 작동하는 경우 실리콘 기반 비정질 유리는 흡수계수가 매우 높아 사용할 수 없다. 대체제로는 결정 물질(예 : 실리콘 및 게르마늄), 일부 폴리머(폴리에틸렌 및 폴리프로필렌) 또는 셀레늄을 함유한 특수 칼코겐화물 유리가 사용된다. 이 유리는 섬유로 끌어들여 광섬유 센서와 열복사 전송선을 만들 수 있다. 렌즈와 프리즘을 생산하기 위해서는 실리콘 기반 유리 또는 플라스틱처럼 성형할 수 있다. 이는 일반적으로 연마 및 연마가 필요한 결정질 재료에 비해 생산을 크게 단순화하고 비용을 낮출 수 있다. 가장 널리 사용되는 칼코겐화물chalcogenide 유리의 예는 [표 19-5]에 나와 있다. 실리콘 및 게르마늄에 비해 상대적으로 낮은 굴절률은 AMTIR 안경의 IR 반사율이 낮음을 의미한다.

표 19-5 칼코겐화물 유리의 특성(출처 : Amorphous Materials, Inc. Garland, Texas, USA)

	AMTIR-1	AMTIR-2	AMTIR-3	AMTIR-4	AMTIR-5	AMTIR-6	C1
구성	Ge-As-Se	As-Se	Ge-Sb-Se	As-Se	As-Se	As-S	As-Se-Te
투과 범위 (μm)	0.7 ~ 12	1.0 ~ 14	1.0 ~ 12	1.0 ~ 12	1.0 ~ 12	0.6 ~ 8	12 ~ 14
10μm에서의 굴절률	2.4981	2.7613	2.6027	2.6431	2.7398	2.3807	2.8051
상한 사용 온도(℃)	300	150	250	90	130	150	120

AMTIR 유리를 대체하기 위해서는 중적외선과 원적외선 범위에서 상당한 투과율을 갖는 결정질 재료를 사용해야 한다. 가장 많이 사용되는 IR 재료와 그 특성은 [표 19-6]에 나와 있다. 높은 굴절률은 높은 반사계수를 생성한다. 이로 인해 신호 강도가 손실될 수 있다. 반사를 줄이려면 반사 방지 Anti-Reflection, AR 코팅을 권장한다.

표 19-6 결정질 적외선 소재

소재	가용 스펙트럼 범위(μm)	근사 굴절률
플루오린화 마그네슘(MgF_2)	0.5 ~ 9.0	1.36
황화 아연(ZnS)	0.4 ~ 14.5	2.25
불소화 칼슘(CaF_2)	<0.4 ~ 11.5	1.42
셀레나이드 아연(ZnSe)	0.5 ~ 22.0	2.44
산화마그네슘(MgO)	<0.4 ~ 9.5	1.69
텔루라이드 칼슘(CaTe)	0.9 ~ 31.0	2.70
실리콘(Si)	1.2 ~ 8.0	3.45
게르마늄(Ge)	1.3 ~ 22.0	4.00

19.2 나노 물질

1959년에 위대한 물리학자인 리처드 파인만Richard Feynman은 원자 규모로 기능성 장치를 제작한다는 아이디어를 처음으로 냈으며 그는 과학자들이 개별 원자와 분자를 조작하고 제어할 수 있다고 설명했다. 이후 노리오 타니구치Norio Taniguchi 교수는 **나노 기술**nano-technology이라는 용어를 제안했다. 이 용어는 거의 40년 동안 이상적인 단어에 가까웠다. 당시 나노미터(10^{-9}m) 규모의 장치 크기를 언급했지만 대부분의 초소형 장치의 크기는 마이크로미터(10^{-6}m) 범위로 약 천 배 가까이 더 컸다. 오늘날 나노 기술은 매우 빠르게 발전하고 있으며 원자 크기에 가까운 1 ~ 100 nm 크기의 나노 물질과 소자를 생산할 수 있다. 원자의 지름은 약 0.1 nm 이지만 원자핵은 약 0.00001 nm 로 훨씬 더 작다.

나노 크기의 재료는 고유한 전기적, 기계적 특성으로 인해 차세대 센서 재료로 적합하다는 것이 입증되었다.[3] 따라서 나노 물질은 화학종 및 생물학적 시약을 감지하기 위해 감도와 선택성이 우수하고 응답 속도가 빠른 반응 센서를 만드는 데 사용된다.[4]

감지에 큰 관심을 끄는 나노 물질 중 하나는 **탄소 나노튜브**Carbon NanoTubes, [5]이다. 나노 튜브에는 길이 대 지름의 비율이 2,800만에 달하는 탄소 분자가 관 모양으로 배열된다.[6] 탄소 나노 튜브는 그래핀graphene이라고 불리는 큰 흑연 시트로 감겨 있다([그림 19-5] 참조).

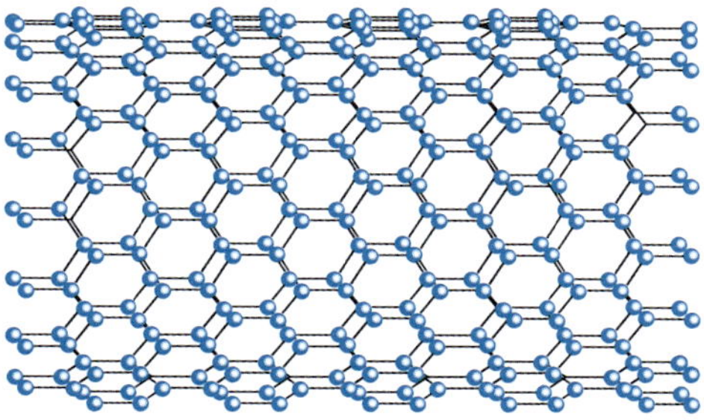

그림 19-5 암체어(armchair) 유형의 흑연 나노 튜브

나노 튜브의 지름은 몇 나노미터에 불과하지만 길이는 몇 밀리미터로 주어진 부피에 비해 매우 넓은 표면적이 특징이다. 인장 강도는 스테인리스 스틸보다 100배 이상 크다. CNT는 인장 강도 및 탄성 계수 측면에서 발견된 가장 강하고 단단한 재료로 축 방향에 따라 매우 큰 영률을 가진다([표 19-7] 참조). 예를 들어 단일 벽 나노 튜브Single-Walled Nano-Tube, SWNT의 영률은 1 ~ 1.8 Tpa로 추정된다.[7]

표 19-7 단일 벽 나노튜브(SWNT)와 다중 벽 나노튜브(MWNT)의 기계적 특성 비교

물질 명	영률(GPa)	인장 강도(GPa)	밀도(g/cm^3)
단일 벽 나노튜브	1,054	150	n/a
다중 벽 나노튜브	1,200	150	2.6
스테인리스 스틸	208	0.4	7.8
에폭시 수지	3.5	0.005	1.25
나무	16	0.008	0.6

모든 CNT는 강한 이방성 열전도도를 나타낸다. 이들은 튜브를 따라 매우 우수한 열 전도체이며 **탄도 전도**ballistic conduction로 알려진 특성을 나타내지만 튜브 축 측면에서는 우수한 단열재이다. CNT의 열 전도율은 상온에서 6,000 W/(m · K) 정도로 최고의 금속 열전도체인 은의 열 전도율 419 W/(m · K)보다 높다. CNT의 온도 안정성은 공기 중에서 약 750℃로 추정된다. 결함이 적은 CNT는 열팽창 계수가 매우 낮을 것으로 보인다. 이러한 특성은 나노 튜브 재료가 온도 및 적외선 센서를 제조하는 데 매우 유용하다. 이론적으로 나노 튜브는 구리보다 적어도 수천 배 더 강한 전류를 전달할 수 있다. 그러나 잠재적인 독성에 의해 사용이 제한될 수 있다.

19.3 표면 처리

표면 처리surface processing는 감지요소가 보유하지 않는 특정 속성을 부여하기 위해 필요하다. 예를 들어 중적외선 및 원적외선 센서에 의한 열복사 흡수를 향상시키기 위해 감지요소의 표면을 니크롬처럼 높은 IR 광자 흡수율을 갖는 물질로 코팅할 수 있다. 압전 필름을 실리콘 웨이퍼에 적용하여 압전 특성을 제공할 수 있다. 이 압전 필름은 유연한 막이 핵심 구성 요소인 압력 센서 또는 마이크를 제조할 때 사용된다. 기판 또는 반도체 웨이퍼 상에 상대적으로 얇은(종종 두꺼운) 박막층을 증착하기 위해 여러 방법이 사용되는데 그중에는 스핀 캐스팅, 진공 증착, 스퍼터링, 전기 도금, 스크린 인쇄가 있다.[8]

19.3.1 스핀 캐스팅

스핀 캐스팅spin casting(코팅) 공정은 휘발성 액체 용매에 용해된 박막 재료를 사용한다([그림 19-6] 참조).

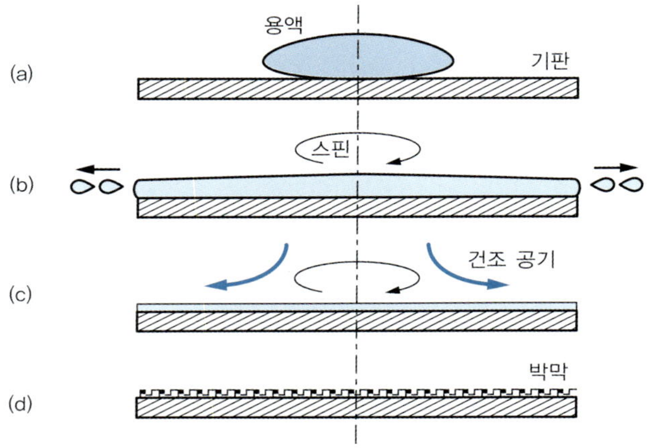

그림 19-6 스핀 캐스팅의 개념

이 과정을 순서대로 나타내면 다음과 같다.

(a) 용액을 기판에 붓고 샘플을 고속으로 회전시킨다. 일반적으로 초당 10번 이상 혹은 분당 500 ~ 4,000번(rotation per minute, rpm) 범위 내에서 회전시킨다.
(b) 원심력은 재료를 퍼뜨리고 재료의 초과분은 측면에서 떨어진다.
(c) 공기 흐름은 대부분의 용매를 건조시킨다.
(d) 용매가 증발한 후 얇은 막 층이 샘플에 남는다.

이 기술은 유기물 증착에 자주 이용되며 특히 습도 및 화학 센서 제작에 사용된다. 두께는 증착된 재료의 용해도에 따라 다르며 일반적으로 $0.1 \sim 50\mu m$ 범위이다.

스핀 코팅의 장점은 공정이 단순하고 상대적으로 용이함에도 불구하고 상당히 얇고 균일한 코팅을 달성할 수 있다는 점이다. 높은 회전 속도를 이용해 형성된 고속 기류는 빠른 건조 시간으로 이어지며 결과적으로 거시적 스케일 또는 나노 길이 스케일에서 높은 일관성을 가져온다. 그러나 이 공정은 용액의 흐름에 따라 달라지기 때문에 균일한 박막을 생성하지 못하거나 샘플이 평평하지 않은 표면을 가질 때 섬island(박막이 없는 영역)을 형성하고 소재가 수축하는 경향이 있을 수 있다. 마지막으로 재료 사용량은 일반적으로 약 10 % 이하로 매우 낮으며 나머지는 측면에서 튀어나와 낭비된다. 일반적으로 연구 환경에서는 문제가 되지 않지만, 제조 측면에서는 분명히 낭비이다. 그럼에도 불구하고 이 프로세스는 유용하고 종종 유일하게 허용되는 증착 방법이다.

19.3.2 진공 증착

금속은 기체 형태로 변환된 다음 샘플 표면에 증착될 수 있다. 증착 시스템evaporation system은 [그림 19-7]과 같이 진공 챔버로 구성되어 있으며 확산 펌프로 공기를 $10^{-6} \sim 10^{-7}$의 압력까지 배출한다. 증착 재료는 텅스텐 필라멘트에 의해 금속 녹는점 이상까지 가열되는 세라믹 도가니에 배치된다. 또 다른 가열 방법으로는 전자빔e-beam을 사용할 수 있다.

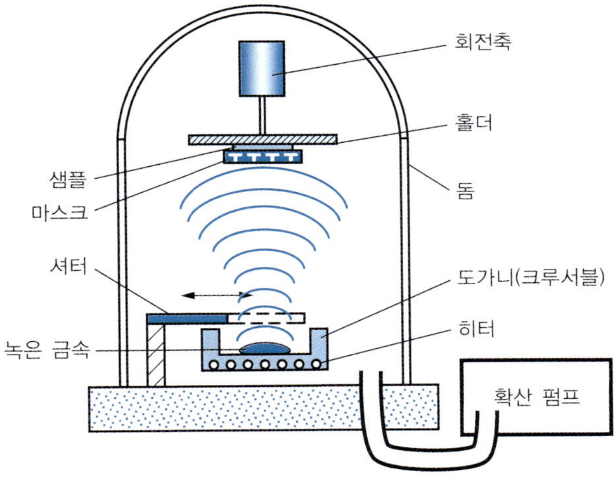

그림 19-7 진공 챔버 내에서의 얇은 금속막 증착

제어 장치의 명령에 따라 셔터가 열리고 용융 금속에서 방출된 금속 원자가 샘플에 증착된다. 이때 증착된 물질이 없어야 하는 샘플의 일부는 마스크로 보호된다. 증착된 필름의 두께는 금속의 증발 시간과 증기압에 의해 결정된다. 따라서 녹는점이 낮은 재료(예 : 알루미늄)는 증착하기 쉽다. 일반적으로 진공 증착 필름(박막)은 잔류 스트레스가 크기 때문에 주로 얇은 층을 증착할 때만 사용된다.

용융된 물질은 사실상 원자의 점원point source이기 때문에 증착된 필름의 불균일한 분포와 마스크 패턴의 가장자리가 흐릿하게 보이는 이른바 그림자 효과shadowing effect가 발생한다. 이러한 문제를 완화하기 위해서는 2가지 방법이 있는데 이는 하나 이상의 도가니(종종 3개 또는 4개)가 사용되는 여러 소스를 사용하는 방법과 증착 대상을 회전하는 방법이다.

진공 증착기를 사용할 때에는 챔버 내 오염 물질이 유입되지 않도록 주의해야 한다. 예를 들어 확산 펌프에서 누출되는 소량의 오일 조차도 유기 물질을 태우며 탄수화물과 같은 바람직하지 않은 화합물이 샘플에 동시 증착되기도 한다.

19.3.3 스퍼터링

스퍼터링sputtering은 진공 증착 방법과 같이 진공 챔버에서 수행된다([그림 19-8] 참조).

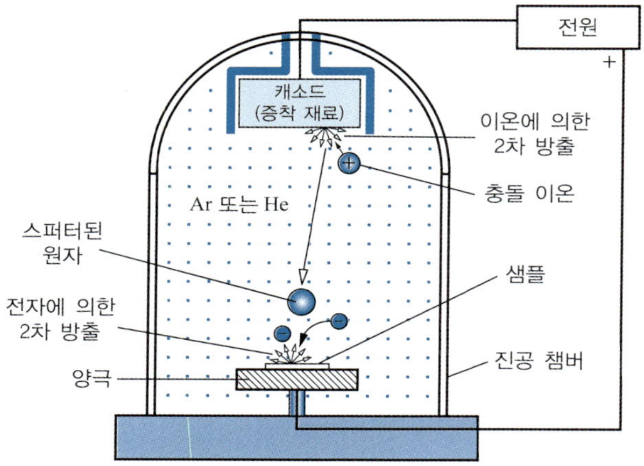

그림 19-8 진공 챔버 내 스퍼터링 공정

그러나 공기 배출 후 아르곤 또는 헬륨과 같은 불활성 가스가 약 $2 \times 10^{-6} \sim 5 \times 10^{-6}$ torr에서 챔버로 유입된다. 외부 고전압 직류DC 또는 교류AC 전원이 캐소드(증착재료)에 가해지고 샘플 상에 재료가 증착된다. 샘플은 음극에서 어느 정도 떨어진 양극에 부착된다. 고전압은 불활성 가스의 플라즈마를 점화시키고 가스 이온이 표적을 때린다. 이처럼 충격을 주는 이온의 운동 에너지는 표적 재료 표면에서 일부 원자를 자유롭게 할 수 있을 정도로 충분히 높다. 따라서 스퍼터링에 의해 빠져나온 원자는 샘플 표면에 증착된다.

스퍼터링 기술은 특히 자기장이 챔버에 도입되어 원자를 양극으로 더 잘 향하게 할 경우 더 나은 균일성을 제공한다. 이 방법은 표적 재료(타겟)가 고온일 필요가 없기 때문에 유기물을 포함한 거의 모든 재료를 스퍼터링할 수 있다. 또한 하나 이상의 타겟으로부터 물질을 동시에 증착co-sputtering(공동 스퍼터링)하여 물질의 비율을 제어할 수 있다. 예를 들어 초전도 센서 표면에 니크롬(Ni 및 Cr) 전극을 스퍼터링하는 데 유용하다.

19.3.4 화학 기상 증착

화학 기상 증착Chemical Vapor Deposition, CVD 공정은 광학, 광전자, 전자 장치 생산을 위한 중요한 기술이다. 이 기술은 얇고 두꺼운 결정층이 표면에 증착되어야 하는 광학 창 또는 반도체 센서를 제작할 때 유용하다.

CVD 공정은 증착(반응) 챔버에서 이루어지며 [그림 19-9]에 단순화된 형태로 나와 있다.

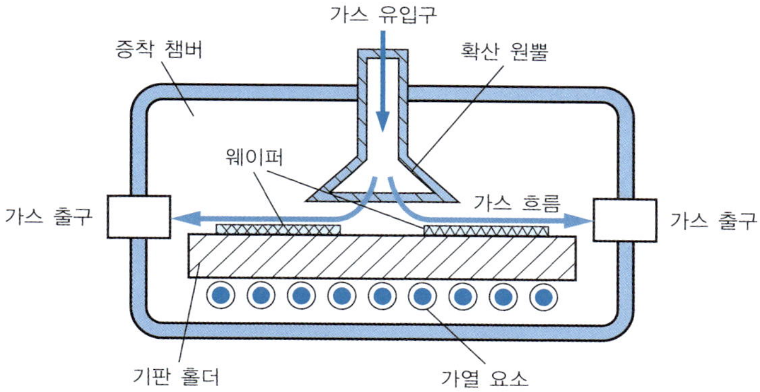

그림 19-9 화학 기상 증착(CVD) 반응 챔버의 단순화된 구조

기판이나 웨이퍼는 가열 요소에 의해 온도가 상승(필요한 수준까지)하는 고정 또는 회전 테이블(기판 홀더)에 배치된다. 챔버의 상단 덮개에는 H_2 캐리어 가스 주입구가 있는데 이 가스는 다양한 전구체 및 도펀트dopant와 함께 추가된다. 이러한 첨가제는 가열된 기판의 표면 위로 운반되면서 필름층을 형성한다. 가스 혼합물은 확산 원뿔distribution cone로부터 웨이퍼의 상부 표면 위로 흐르고 배기가스 배출구를 통해 배출된다. 이 과정에서 반응하지 않은 전구체 가스와 생성된 화학적 부산물이 함께 챔버 밖으로 배출된다.

챔버의 평균 가스 압력은 1기압에 가깝거나 다소 낮다. 예를 들어 6,000 Å 두께의 갈륨인듐비소($Ga_{0.47}$ $In_{0.53}$ As) 층은 1 atm, 630 ℃ 에서 1.4 Å / s 의 속도로 인화인듐InP 기판에서 성장할 수 있다.[4]

센서 기술 중 특히 MEMS 구조에서 CVD는 박막 증착 방법으로서 많은 장점을 가지고 있다. 주요 장점 중 하나는 CVD 필름이 상당히 등각conformal이라는 것이다. 즉 물체 측벽의 필름 두께가 상단의 두께와 비슷하다. 따라서 CVD 필름을 물체의 내부와 밑면을 포함하여 정교한 모양의 MEMS 구조에 적용할 수 있으며 이는 높은 종횡비high-aspect ratio를 가지는 구멍 또는 기타 구조를 완전히 채울 수 있다.

또한 CVD의 주요 단점 중 하나는 전구체precursors의 특성이다. 전구체는 실온에서 휘발성을 갖는 것이 이상적이다. 하지만 주기율표의 대부분 원소들은 실온 휘발성을 갖지 않는데 이는 금속-유기물metal-organic 전구체를 사용함으로써 해결되었다. CVD 전구체는 독성$NiCO_4$, 폭발성B_2H_6, 부식성$SiCl_4$을 가질 수 있으며 CVD 반응의 부산물도 위험할 수 있다(CO, H_2 또는 HF). 또한 전구체 중 일부, 특히 금속 유기 전구체는 상당히 비싸다. 또한 주요 단점은 필름이 일반적으로 고온에서 증착된다는 사실이다. 이는 코팅할 수 있는 기판의 종류에 제한이 생긴다. 더 중요한 것은 열팽창 계수가 다른 재료가 박막에 증착될 때 스트레스를 발생시키고 결과적으로 소형 구조의 증착 박막에 기계적 불안정성을 유발할 수 있다는 것이다.

19.3.5 전기 도금

전기 도금은 전류를 사용하여 전기 전도성 물체에 금속 코팅을 증착하는 것이다. 그 결과 물체에 얇고 매끄럽고 고른 금속이 코팅된다. 현대 전기 화학은 1805년 이탈리아의 화학자 브루그나텔리Luigi V. Brugnatelli에 의해 발명되었다. 브루그나텔리는 알렉산드로 볼타Alessandro Volta가 5년 빨리 발명한 볼타 전지Voltaic pile를 사용하여 최초로 전기 도금을 용이하게 만들었다.

전기 도금에 사용되는 공정을 **전착**electrodeposition이라고 하며 이는 반대로 작용하는 갈바니 전지와 유사하다. 코팅할 부품을 하나 이상의 금속염 용액이 들어있는 수조 또는 탱크에 넣는다. 도금이 필요한 부분은 전기회로에 연결되어 회로의 캐소드cathode(음극)를 형성하고, 또 다른 전극(일반적으로 도금될 동일한 금속 물질)이 애노드anode(양극)를 형성한다. 전류가 회로를 통과하면 용액의 금속 이온이 부품에서 과잉 전자를 얻는다. 전기 도금 셀의 양극과 음극은 직류 전원 공급 장치에 연결된다([그림 19-10] 참조). 양극의 금속은 산화되어 양전하를 가진 양이온을 형성한다. 이러한 양이온은 용액의 음이온과 관련이 있으며 음극에서 환원되어 금속 상태로 증착된다.

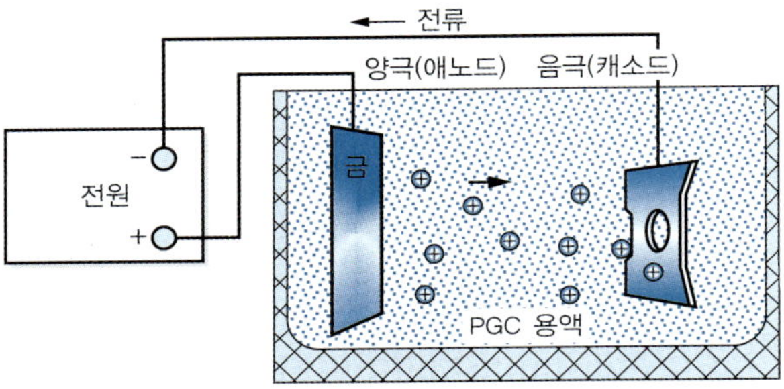

그림 19-10 수조 내에서의 금 도금(PGC는 금 도금에 사용되는 시안화 금 칼륨염을 의미함)

브러시 전기도금brush electroplating은 수조 도금과 다른 실용적인 공정이다. 선택된 영역 또는 전체 부품은 도금 용액으로 포화된 브러시를 사용하여 도금된다. 일반적으로 헝겊 재질로 싸인 스테인리스 스틸 본체인 브러시는 도금액을 보유하는 동시에 도금되는 품목과 직접 접촉하는 것을 방지한다. 이 브러시는 저전압 직류 전원 공급 장치의 양극 쪽에 연결된다. 도금이 되어야 하는 부분은 음극 쪽에 연결된다. 브러시는 양극 역할을 하지만 일반적으로 도금 재료에는 영향을 미치지 않는다. 그러나 때때로 도금 용액의 수명을 연장하기 위해 브러시를 도금 재료로 만들거나 도금 재료를 포함시키기도 한다.

도금은 일반적으로 합금이 아닌 단일 금속 요소에 의해 수행된다. 그러나 일부 합금, 특히 황동 및 주석/납 합금은 도금 증착될 수 있다. 부품(기판)에 금속을 직접 증착하는 것은 신뢰성 문제가 있으므로 가장 효율적인 도금 방법은 아니다. 예를 들어 본질적으로 기판에 대한 접착력이 약한 금속을 사용한 전기 도금을 고려해보자. 이 경우 스트라이크strike(언더 도금)가 먼저 증착될 수 있다. 일반적인 스트라이크는 도금된 재료에 대해 고품질의 우수한 접착력을 가진 보조 금속으로써 매우 얇은 도금(두께 0.1μm 미만)이다. 스트라이크는 우호적friendly이거나 금속과 기판 모두와 호환되며 후속 도금 공정의 기초 역할을 한다. 예를 들어 아연 합금에 대한 전해 니켈의 접착력이 현저히 떨어지는 것이 있는데 이를 해결하기 위해서는 구리 스트라이크를 먼저 사용한다. 구리는 대부분의 재료에 잘 접착되기 때문이다.

센서 기술에서 도금에 가장 많이 사용되는 금속 중 하나는 금이다. 구리 도체, 인쇄회로 기판에 부식 방지 전기 전도층을 제공하고 중적외선 스펙트럼에서 우수한 반사체 역할을 한다. 그러나 구리에 금을 직접 도금하면 구리 원자가 금층을 통해 확산되는 경향이 있어 표면이 변색되고 산화물 또는 황화물 층이 형성되기 때문에 심각한 문제가 발생한다. 이는 IR 반사기에서 반사율의 극적인 감소로 인한 성능 저하를 초래하기도 한다. 일반적으로 니켈과 같은 적절한 배리어 금속층이 금 도금 전에 구리 기판 위에 증착된다. 이 니켈층은 금층을 기계적으로 지원하여 내마모성을 향상시키고 금층에 존재할 수 있는 미세기공micro-pores의 영향을 줄인다.

19.4 마이크로 전자 기계 시스템(MEMS)

센서 기술 중에서도 초소형화 또는 마이크로 시스템 기술MicroSystem Technologies, MST 쪽으로 관심이 늘어나는 추세이다. 이들 중 일부는 **마이크로 전자 기계 시스템**micro electro mechanical systems 또는 줄여서 MEMS로 알려져 있다.[9] MEMS 장치에는 전기 및 기계 구성 요소가 있다. 이는 이동 또는 변형 가능한 부품이 하나 이상 있어야 하며 전기 부분이 포함되어 있어야 한다. 이 밖에도 마이크로 전자 광학 시스템을 나타내는 MEOMS 라는 또 다른 하위 집합이 있다. 이름에서 알 수 있듯이 장치에는 적어도 하나의 광학 부품이 들어가 있어야 한다. MEMS 또는 MEOMS를 사용하여 제작된 대부분의 센서는 마이크로미터 단위의 치수를 가진 3차원 장치이다. 실제로 MEMS와 **나노 기술**nano-technology은 모두 초소형 구조 제작과 관련이 있기 때문에 마이크로 엔지니어링의 또 다른 형태라고 할 수 있다. MEMS의 주요 기준 중 하나는 일종의 기계적 기능을 가진 요소를 일부 포함해야 한다는 것이다.

마이크로 엔지니어링의 구조적 기술은 **마이크로일렉트로닉스**microelectronics와 **마이크로머시닝**micromachining으로 나뉜다. 실리콘 칩에 전자회로를 생산하는 마이크로일렉트로닉스는 매우 개발이 잘 된 기술이다. 마이크로머시닝은 마이크로 엔지니어링 장치의 구조와 움직이는 부품을 생산하는 데 사용되는 기술의 이름이다. 마이크로 엔지니어링의 주요 목표 중 하나는 마이크로 전자회로를 마이크로 기계 구조에 통합하여 완전히 통합된 시스템(마이크로 시스템)을 생성하는 것이다. 이러한 시스템은 일반적으로 마이크로일렉트로닉스 산업에서 생산되는 실리콘 칩과 동일한 저비용, 신뢰성, 작은 크기라는 장점을 갖는다.

현재 사용 중이거나 업계에서 광범위하게 사용되는 세 가지 마이크로 전자 기계 시스템이 있다. **실리콘 마이크로머시닝**Silicon micromachining은 개발된 마이크로머시닝 기술 중 가장 탁월하다. 실리콘은 마이크로 전자회로에 사용되는 주요 기판 재료이므로 최종 마이크로 시스템을 생산하는 데 가장 적합한 후보이다.

엑시머 레이저excimer Laser는 재료를 태우거나 기화시켜 재료를 제거하는 다른 레이저와 달리, 가열하지 않고 재료를 미세 가공할 수 있는 자외선 레이저이다. 엑시머 레이저는 특히 유기 재료(폴리머 등)를 가공하는 데 적합하다.

리가LIGA의 약어는 리토그래피lithographie, 갈바노포름galvanoformung, 압포흠abformung의 독일식 이름에서 유래했으며 리소그래피, 전기 도금, 그리고 성형 공정을 사용하여 미세 구조를 생성한다.

19.4.1 포토 리소그래피

포토 리소그래피photolithography(사진 공정)는 아래에 설명된 세 가지 기술을 이용하여 마이크로머신 구조의 모양을 만드는 데 사용되는 기본 기술이다. 이 기술은 마이크로/나노 전자 산업에서 사용되는 것과 기본적으로 동일하다.

[그림 19-11]을 살펴보면, ①은 기판 재료(예 : 실리콘 웨이퍼) 위에 있는 일부 재료(예 : 이산화규소)의 얇은 필름(막)을 보여준다.

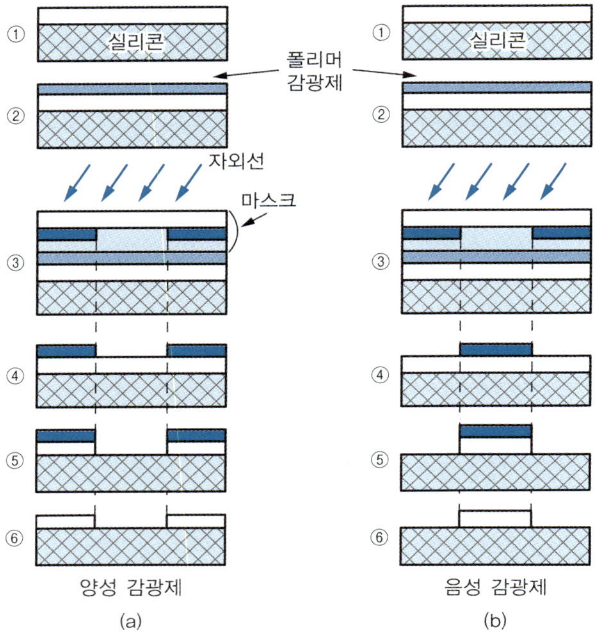

그림 19-11 양성 및 음성 포토 리소그래피 (a) 양성 감광제 (b) 음성 감광제

이 공정의 목표는 일부 이산화규소를 선택적으로 제거하여 실리콘 웨이퍼의 특정 영역에만 남아 있도록 하는 것이다(⑥). 이 과정은 마스크를 만드는 것부터 시작한다. 마스크는 일반적으로 유리판 위의 크롬 패턴으로 형성된다. 웨이퍼는 자외선에 민감한 폴리머인 감광제로 코팅된다(②). 다음으로 자외선이 마스크를 거쳐 감광제(포토레지스트photoresist)에 비춰진다(③). 그 후 감광제가 현상되는데developed, 이를 통해 마스크 위의 패턴이 감광제 층으로 전사된다(④).

감광제에는 양성 감광제([그림 19-11(a)] 참조)와 음성 감광제([그림 19-11(b)] 참조)가 있다. 자외선이 양성 감광제positive resist에 닿으면 폴리머가 약해지면서 빛이 닿은 곳의 감광제가 씻겨 나간다. 따라서 마스크의 양각 이미지가 감광제 층으로 전달되며 이는 유리판 사진과 비슷하다. 음성 감광제negative resist에서는 이 과정이 그 반대로 발생한다. 자외선이 음성 감광제에 닿으면 폴리머가 강해지면서 자외선이 닿지 않은 곳의 감광제가 씻겨 나간다. 따라서 마스크의 음각 이미지가 감광제 층으로 전달된다. 이처럼 이미지 패터닝 후, 화학 물질(또는 다른 방법)을 사용하여 감광제의 개구부를 통해 노출된 산화물을 제거한다(⑤). 마지막으로 감광제가 제거되고 패턴화된 산화물이 남는다(⑥).

19.4.2 실리콘 마이크로 머시닝

실리콘 웨이퍼에 증착된 박막을 패터닝하거나 웨이퍼 자체의 패턴을 형성하여 일련의 미세 구조를 형성하기 위해 여러 가지 기술을 사용한다. 박막을 증착하고 패터닝하는 기술은 실리콘 웨이퍼 표면에 매우 복잡한 미세 구조를 만들 수 있다(표면 실리콘 미세 가공). 전기화학적 식각(식각)은 기본적인 실리콘 마이크로 전자 기계 시스템이다. 실리콘 **본딩**bonding 기술 또한 실리콘 마이크로 머시닝 기술로 생성된 구조를 다층 구조로 확장하는 데 사용된다.

▪ 기본 기술

실리콘 미세 가공과 관련된 기술은 세 가지이다. 이는 재료의 박막 증착, 습식 화학 식각wet etching을 통한 재료 제거(패터닝), 건식 식각dry etching 기술을 통한 재료 제거이다. 또한 실리콘에 불순물을 주입하여(즉 도핑) 속성을 변경하는 방법이 있다.

▪ 박막

실리콘 웨이퍼(또는 다른 적절한 기판)에 서로 다른 물질의 박막film(마이크로미터 정도 또는 훨씬 더 얇음)을 증착하거나 형성하는 기술이 있다. 이러한 박막은 포토 리소그래피 기술 및 적절한 식각 기술을 사용하여 패턴화할 수 있다. 일반적인 재료로는 이산화규소(산화물), 질화규소, 다결정 실리콘(폴리실리콘 또는 폴리), 알루미늄이 있다. 금과 같은 귀금속을 비롯하여 많은 재료가 박막으로 증착될 수 있다. 그러나 귀금속은 마이크로 전자회로를 오염시켜 고장을 일으키므로 귀금속이 있는 실리콘 웨이퍼는 목적에 맞는 특수한 장비를 사용해야 한다. 귀금속 박막은 종종 습식 또는 건식 식각이 아닌 **리프트 오프**lift-off라는 방법으로 패턴화된다. 간혹 감광제가 식각을 견디지 못할 만큼 약한 경우가 있는데 이 경우 더 강한 물질(예 : 산화물 또는 질화물)의 박막이 포토 리소그래피를 사용하여 증착 및 패턴화된다. 산화물 또는 질화물은 밑에 있는 재료의 식각 동안 식각 마스크hard mask로 작용한다. 기본 재료가 완전히 식각되면 마스킹층을 벗겨낸다.

▪ 습식 식각

습식 식각wet etching은 화학 식각액etchant의 액체 수조에 웨이퍼를 담가 재료를 제거하는 방법이다. 습식 식각액은 등방성 식각액isotropic etchants과 이방성 식각액anisotropic etchants 두 가지 범주로 나뉜다. 등방성 식각액은 식각되는 재료를 모든 방향에서 동일한 속도로 공격한다. 반면에 이방성 식각액은 서로 다른 방향에서 서로 다른 속도로 실리콘 웨이퍼를 공격하므로 생성 모양을 더 많이 제어할 수 있다. 일부 식각액은 실리콘의 불순물 농도에 따라 다른 속도로 실리콘을 식각한다(농도 의존 식각).

등방성 식각액은 산화물, 질화물, 알루미늄, 폴리실리콘, 금, 실리콘에 사용할 수 있다. 등방성 식각액은 모든 방향에서 동일한 속도로 재료를 식각하기 때문에 식각 마스크로 사용되는 감광제 아래에서도 식각 마스크 아래에서도 재료를 수평으로 제거한다(언더컷undercutting). 이 언더컷은 실리콘 웨이퍼에 있는 산화물 박막에 대해 설명되어 있으며, [그림 19-12]의 아래에 있는 실리콘보다 빠르게 산화물을 식각하는 식각액을 사용한다. 예를 들어 불산hydroflouric acid이 있다.

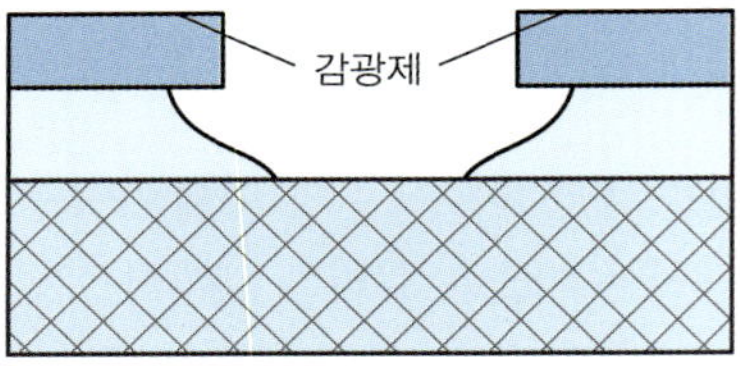

그림 19-12 마스크 아래 등방성 식각

이방성 식각액은 실리콘의 다른 결정면을 다른 속도로 식각하는 데 사용할 수 있다. 가장 널리 사용되는 이방성 식각액은 가장 안전한 수산화칼륨KOH이다.

식각은 실리콘 **웨이퍼**wafer에서 수행된다. 실리콘 웨이퍼는 단일 시드seed 결정에서 성장시킨 실리콘 잉곳ingot을 절단한 슬라이스이다. 실리콘 원자는 모두 결정 구조로 배열되어 있으므로 웨이퍼는 단결정 실리콘이다(앞에서 언급한 다결정 실리콘과 반대이다). 실리콘 웨이퍼를 구매할 때 구매자는 특정한 결정 방향으로 절단된 웨이퍼를 선택할 수 있다.

수산화칼륨KOH을 사용하여 가장 일반적인 결정 방향(100)으로 실리콘 웨이퍼를 식각할 수 있는 구조가 [그림 19-13]에 나와 있다.

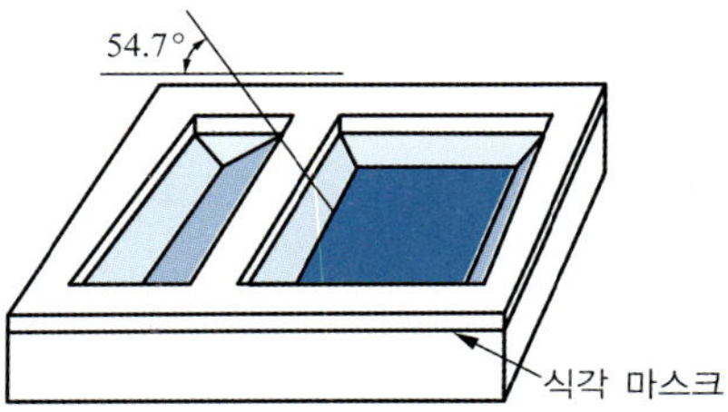

그림 19-13 수산화칼륨에 의해 식각된 간단한 구조

이 구조는 V자 모양 구조 또는 직각 모서리와 경사진 측벽이 있는 구조이다. 결정 방향이 다른 웨이퍼를 사용하면 수직 벽이 있는 홈이나 구덩이를 만들 수 있다.

산화물과 질화물 모두 KOH에서 천천히 식각된다. 산화물은 KOH 식각 수조에서 짧은 시간 동안 식각 마스크로 사용할 수 있다. 질화물은 KOH에서 산화물보다 더 느리게 식각되기 때문에 상대적으로 긴 시간 동안 실리콘 웨이퍼를 식각할 수 있으므로 더 나은 식각 마스크라 할 수 있다.

KOH는 메사mesa 구조를 생성하는 데에도 사용할 수 있다([그림 19-14(a)] 참조).

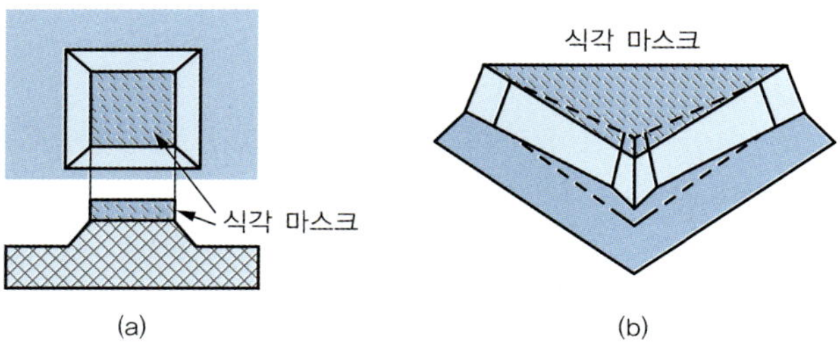

그림 19-14 메사 구조

메사 구조를 식각할 때 모서리는 직각이 아니라 [그림 19-14(b)]와 같이 경사가 질 수도 있으며 이는 어떤 식으로든 보상되어야 한다. 일반적으로 식각 마스크는 모서리에 추가 구조를 포함하도록 설계된다. 이러한 보상 구조는 메사가 90°의 모서리를 형성하도록 설계된다. 보상 구조를 사용한 직각 메사 모서리를 형성할 때에는 메사 사이의 최소 간격에 제한을 두어야 한다는 문제점이 있다.

다이어프램[diaphragm](가로막)을 제작하는 것은 가장 널리 사용되는 센서 프로세스 중 하나이다. 주로 가속도계, 압력 센서, 적외선 온도 센서(서모파일 및 마이크로 볼로미터) 등을 생산하는 데 사용된다. 약 50 μm 두께의 실리콘 다이어프램은 KOH로 전체 웨이퍼를 식각하여 만들 수 있다([그림 19-15(a)] 참조). 이때 막 두께는 식각 시간에 의해 제어되므로 오류가 발생할 수 있다.

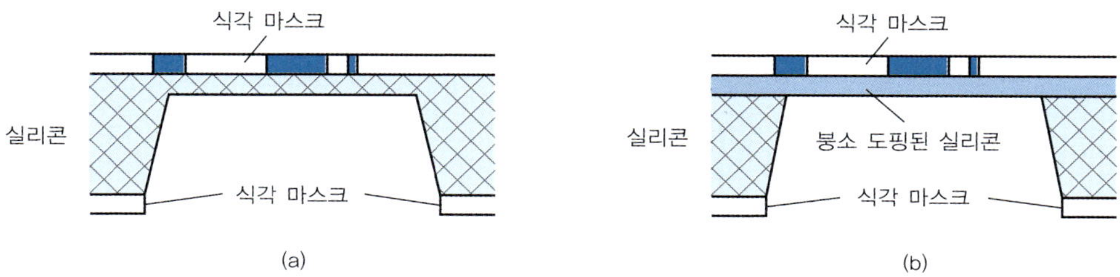

그림 19-15 다이어프램 또는 막의 미세 가공

■ 농도 의존 식각

약 20 μm 두께의 얇은 다이어프램을 생산하기 위해 붕소를 사용하여 KOH 식각을 제어할 수 있다([그림 19-15(b)] 참조). 이를 **농도 의존 식각**이라고 한다. 다이어프램의 두께는 붕소가 실리콘으로 확산되는 깊이에 따라 달라지며 이는 단순한 시간제한 KOH 식각보다 더 정확하게 제어할 수 있다. 실리콘 내 고농도 붕소는 KOH에 의한 식각 속도를 수십 배 감소시켜 실리콘의 식각을 효과적으로 중지시킨다. 붕소 불순물은 일반적으로 **확산**[diffusion] 공정에 의해 실리콘에 주입된다.

다이어프램 외에도 많은 구조가 농도 의존 식각에 의해 구현될 수 있다. 두꺼운 산화물 마스크를 실리콘 웨이퍼 위에 형성하고 붕소가 주입될 실리콘 웨이퍼의 표면을 선택적으로 노출하도록 패터닝한다([그림 19-16(a)] 참조).

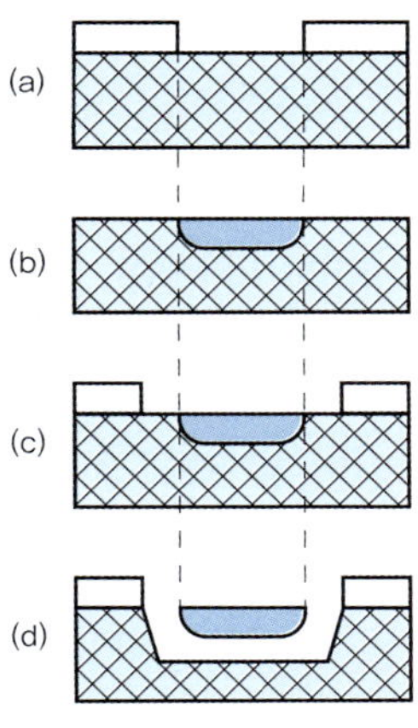

그림 19-16 붕소 도핑된 실리콘 주변 식각

다음으로 웨이퍼를 붕소 확산 소스와 접촉하도록 용광로[furnace]에 넣는다. 일정 시간 동안 붕소 원자가 실리콘 웨이퍼로 이동하고, 붕소 확산이 완료되면 산화물 마스크를 벗겨낸다([그림 19-16(b)] 참조).

웨이퍼를 KOH 식각 수조에 담그기 전에 제2마스크를 증착하고 패턴화할 수 있다([그림 19-16(c)] 참조). KOH는 마스크로 보호되지 않은 실리콘을 식각하고 붕소 도핑된 실리콘 주변을 식각한다([그림 19-16(d)] 참조). 붕소는 15 ~ 20시간 동안 20 μm 까지 실리콘에 주입될 수 있다. 그러나 용광로의 시간을 가능한 한 짧게 유지하는 것이 바람직하다.

▪ 건식 식각

미세 가공 응용 분야에서 가장 일반적인 건식 식각[dry etching] 형태는 **반응성 이온 식각**[Reactive Ion Etching, RIE]이다. 이온은 식각될 물질 쪽으로 가속되고 식각 반응은 이온의 이동 방향으로 강화되므로 RIE는 이방성 식각 기술이다. 임의의 모양의 깊은 트렌치[trenches] 또는 구덩이[pits](최대 10 또는 수십 마이크론)는 실리콘, 산화물, 질화물을 포함한 다양한 재료로 식각할 수 있다. 이방성 습식 식각과 달리 RIE는 실리콘의 결정면에 의해 제한되지 않는다. 건식 식각과 등방성 습식 식각의 조합을 사용하여 매우 날카로운 점[sharp points]을 형성할 수 있다. 먼저 RIE를 사용하여 수직 측면이 있는 기둥을 식각한다([그림 19-17(a)] 참조).

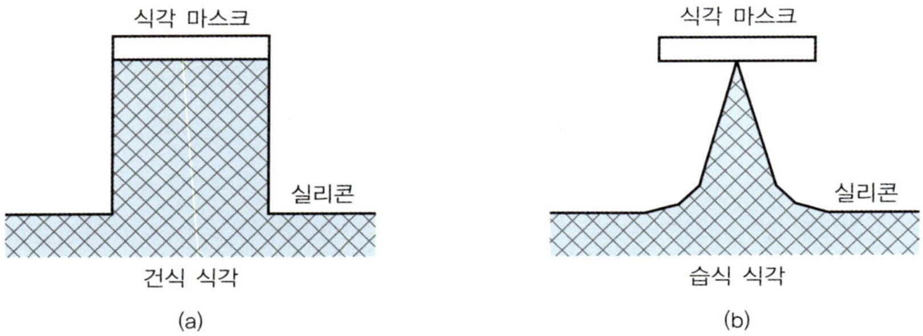

그림 19-17 뾰족한 구조의 건식 식각

그런 다음 습식 식각을 통해 식각 마스크를 언더컷하여 매우 정밀한 점[fine point]만 남긴 후([그림 19-17(b)] 참조) 식각 마스크를 제거한다. 이러한 정밀한 점은 촉각 센서의 탐침으로서, 캔틸레버 빔의 끝부분에 제작할 수 있다.

19.4.3 브리지 및 캔틸레버의 미세 가공

캔틸레버 및 좁은 브리지는 매우 광범위한 응용 분야 덕분에 MEMS 센서에 자주 사용된다([그림 15-32(b)] 참조). 이러한 빔 및 브리지의 응용 분야 중 하나는 공진 센서이다. 이 센서는 기본 주파수에서 진동하도록 설정할 수 있다. 만약 센서 구조의 질량, 길이 등이 변경되면 주파수도 변화되므로 이를 감지하게 된다. 이때 주의해야 할 점은 감지하고자 하는 인자에 의해서만 큰 주파수 변화가 나타나도록 만들어야 한다는 것이다.

[그림 19-18]는 마이크로 캔틸레버의 일반적인 용도를 보여준다. 여러 센서에서 자극에의해 변화하는 캔틸레버를 내장형 압전-저항 센서로 감지한다. 예를 들면 다양한 화학 반응에 의한 변형(e), 불균일한 열 흡수에 의한 변형(b), 정전기력에 의한 변형(j)을 감지한다.

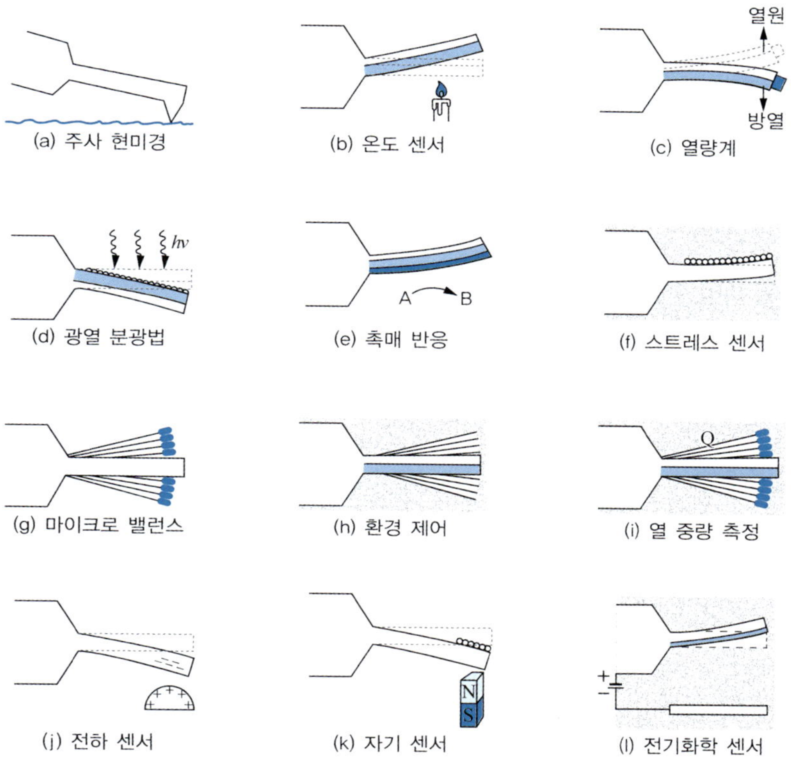

그림 19-18 미세 가공 캔틸레버 센서의 사용([10]에서 수정됨)

농도 의존 식각은 좁은 브리지 또는 캔틸레버 빔을 만드는 데 사용할 수 있다. [그림 19-19(a)]는 붕소 확산으로 정의된 브리지로 KOH를 이용해 웨이퍼 전면에서 식각된 구덩이에 걸쳐 있다.

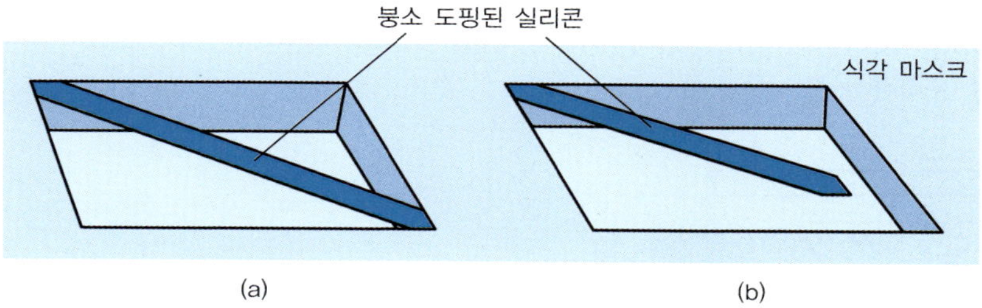

그림 19-19 브리지 및 캔틸레버 식각

[그림 19-19(b)]는 동일한 방법으로 생성된 캔틸레버 빔(한쪽 끝이 없는 브리지)이다. 브리지와 빔은 구덩이의 대각선을 가로질러 돌출되어 KOH에 의해 식각되지 않도록 한다. 이 기술을 사용하면 좀 더 복잡한 구조를 만들 수 있지만, KOH에 의해 식각되지 않도록 더 주의해야 한다.

19.4.4 리프트 오프

리프트 오프Lift-Off는 귀금속 박막을 패턴화할 때 자주 사용되는 기술이다. 여러 가지 기술이 있지만, 여기서는 보조 리프트 오프 방법 중 하나만 설명한다. [그림 19-20]을 통해 과정을 살펴보자.

(a) 먼저 보조 재료(예: 산화물)의 박막을 증착한다. 포토 리소그래피와 같이 감광제를 박막 위에 패턴화한 후 원하는 모양으로 산화물을 노출시킨다.
(b) 산화물을 습식 식각하여 감광제를 언더컷한다.
(c) 다음으로 증착 공정evaporation을 통해 금속을 웨이퍼에 증착한다.
(d) 금속 패턴은 감광제의 틈새를 통해 효과적으로 스텐실되고 리프트 오프를 통해 불필요한 금속을 제거한다.
(e) 최종적으로 보조 재료도 제거하여 금속 패턴만 남게 된다.

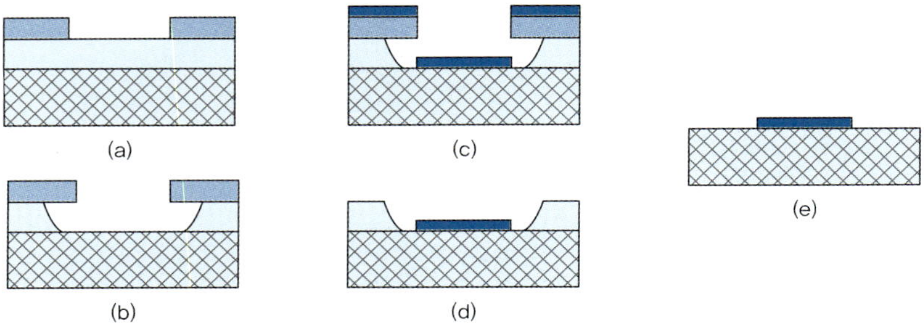

그림 19-20 리프트 오프 기술

19.4.5 웨이퍼 본딩

미세 가공된 실리콘 웨이퍼를 함께 결합하거나 다른 기판에 결합하여 더 복잡한 기기를 형성하는 방법이 있다. 주로 사용되는 방법으로는 유리에 실리콘을 결합(본딩)하는 **양극 결합**(정전기 결합)이 있다. 실리콘 웨이퍼와 유리 기판을 함께 가져와 고온으로 가열한다. 그러면 큰 전기장이 접합부에 적용되어 두 재료 사이에 매우 강한 결합(본딩)이 형성된다. [그림 19-21]은 실리콘 웨이퍼의 RIE 건식 식각된 채널 위에 접착된 유리판을 보여준다.

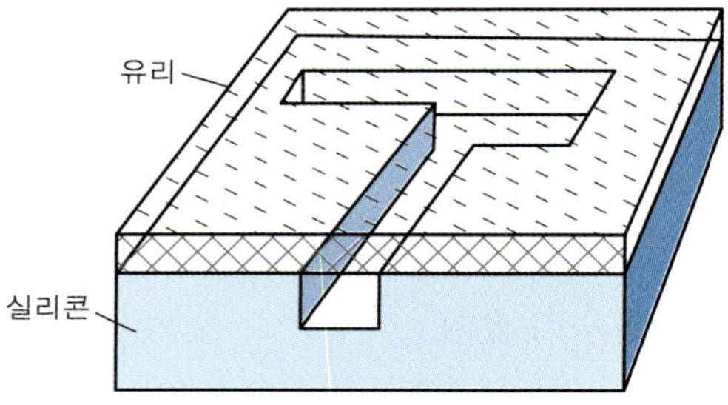

그림 19-21 유리 실리콘 본딩

수중에서 부드러운 압력을 사용하여 실리콘 웨이퍼를 직접 결합하는 것도 가능하다(직접 실리콘 결합). 다른 결합 방법은 유리 또는 감광제와 같은 접착층을 사용하는 것이다. 양극 접합과 직접 실리콘 접합은 매우 강한 접합을 형성하지만 접합할 표면이 매우 평평하고 깨끗해야 한다는 조건을 포함하여 몇 가지 단점이 있다.

웨이퍼 본딩 기술은 일부 마이크로 머신 구조와 결합될 수 있는데 이를 통해 화학 센서의 미세 유체 처리 시스템 내 막, 캔틸레버, 밸브, 펌프 등을 형성할 수 있다.

19.4.6 리가

리가LIGA는 최대 1,000μm 높이의 매우 정밀한 미세 구조를 만들 수 있다. 초기 개발 과정에서는 X선을 이용한 특수한 포토 리소그래피X-ray lithography를 통해 매우 두꺼운 감광제 패턴을 생성한다. 싱크로트론 소스에서 나온 X선은 특수 마스크를 통해 전도성 기판을 덮는 두꺼운 감광제(X선에 민감함) 위로 빛을 쪼인다([그림 19-22(a)] 참조). 이후 현상액에 의해 감광제가 현상된다([그림 19-22(b)] 참조). 이렇게 형성된 패턴은 금속으로 전기 도금된다([그림 19-22(c)] 참조).

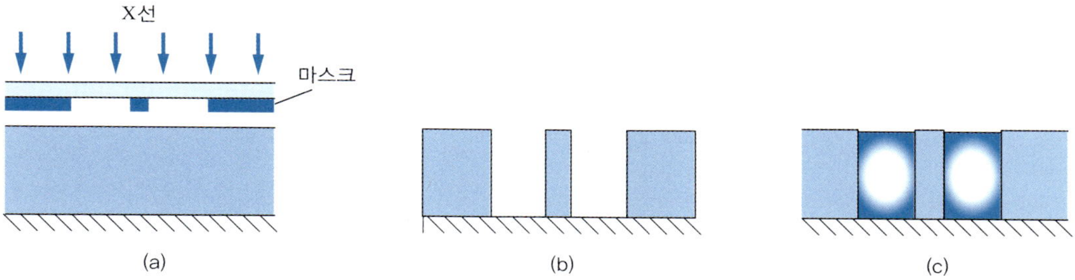

그림 19-22 금속 구조를 생성하는 리가 기술

이러한 금속 구조는 최종 제품 또는 금속 구조를 마이크로 몰드로 사용하여 플라스틱과 같이 다양한 재료로 채워진 구조를 만들 수 있다. 싱크로트론 소스로 인해 LIGA가 비싸기 때문에 대안이 개발되고 있다. 예를 들어 높이가 100μm 정도인 구조를 만들 때 사용할 수 있는 고전압 전자빔 리소그래피electron beam lithography와 최대 수백 마이크론 높이의 구조를 생성할 수 있는 엑시머 레이저excimer lasers가 있다. 전기 도금은 LIGA 공정과 함께 사용하는 것에 국한되지 않으며, 다른 공정 및 전통적인 포토 리소그래피와 결합하여 미세 구조를 생성한다.

참고문헌

1장

[1] Thompson, S. (1989). Control systems: Engineering & design. Essex, England: Longman Scientific & Technical.

[2] Norton, H. N. (1989). Handbook of transducers. Englewood Cliffs, NJ: Prentice Hall.

[3] White, R. W. (1991). A sensor classification scheme. In Microsensors (pp. 3-5). New York: IEEE Press.

[4] Thompson, A., & Taylor, B. N. (2008). Guide for the use of the international system of units (SI). NIST Special Publication 811, National Institute of Standards and Technology, Gaithersburg, MD 20899, March 2008.

2장

[1] Stoer, J., & Bulirsch, R. (1991). Introduction to numerical analysis (2nd ed., pp. 93-106). New York, NY: Springer.

[2] Kelley, C. T. (2003). Solving nonlinear equations with Newton's method. Number 1 in Fundamental algorithms for numerical calculations. Philadelphia, PA: SIAM.

[3] Süli, E., & Mayers, D. (2003). An introduction to numerical analysis. Cambridge, UK: Cambridge University Press.

3장

[1] Fraden, J. (2015). Medical sensors for mobile communication devices, Chapt. D-11. In H. Eren & J. G. Webster (Eds.), The E-medicine, E-health, M-health, telemedicine and telehealth handbook. Boca Raton, FL: CRC Press.

[2] Fraden, J., et al. (2012, September 25). Wireless communication device with integrated electromagnetic sensors. U.S. Patent No. 8,275,413.

[3] U.S. Dept. of Defense. (1991, December 2). Military handbook. Reliability prediction of electronic equipment (Mil-HDBK-217F).

[4] Department of Defense. (1996, December 31). Test method standard. Microcircuits (MIL-STD-883E).

[5] Suhir, E. (2007). How to make a device into a product. Accelerated life testing (ALT), its role attributes, challenges, pitfalls and interaction with qualification tests, Chapt. 8. In E. Suhir, Y. C. Lee, & C. P. Wong (Eds.), Micro- and opto-electronic materials and structures: physics, mechanics, design, reliability, packaging (Vol. 2, pp. 203-230). New York: Springer.

[6] Suhir, E., et al. (2014, March). Highly accelerated life testing (HALT), failure oriented accelerated Testing (FOAT), and their role in making a viable device into a reliable product. 2014 I.E. Aerospace Conference, Big Sky, Montana.

[7] Suhir, E. (2014, March 9-13). Failure-oriented-accelerated-testing (FOAT) and its role in making a viable IC package into a reliable product. SEMI-THERM 2014, San Jose, CA.

[8] Suhir, E., et al. (2014, March). Application of multi-parametric BAZ Model in aerospace optoelectronics. IEEE Aerospace Conference, Big Sky, Montana.

[9] Taylor, B. N., et al. (1994). Guidelines for evaluation and expressing the uncertainty of NIST Measurement Results (NIST Technical Note 1297).

[10] CIPM. (1981). BIPM Proc.-Verb. Com. Int. Poids et Mesures (in French) 49, 8-9, No. 26.

[11] International Organization for Standardization. (1993). ISO Guide to the expression of uncer-tainty in measurements. Geneva, Switzerland: Author.

[12] Better reliability via system tests. (1991, August 19). Electronic Engineering Times, CMP Publication, 40-41.

4장

[1] Halliday, D., et al. (1986). Fundamentals of physics (2nd ed.). New York: John Wiley & Sons.

[2] Crotzer, D., et al. (1993) Method for manufacturing hygristors. U.S. Patent No. 5,273,777.

[3] Meissner, A. (1927). Über piezoelectrische Krystalle bei Hochfrequenz. Zeitschrift für Technische Physik, 8(74).

[4] Neubert, H. K. P. (1975). Instrument transducers. An introduction to their performance and design (2nd ed.). Oxford: Clarendon.

[5] Radice, P. F. (1982). Corona discharge poling process. U.S. Patent No. 4,365,283.

[6] Southgate, P. D. (1976). Room-temperature poling and morphology changes in pyroelectric polyvinylidene fluoride. Applied Physics Letters, 28, 250.

[7] Jaffe, B., et al. (1971). Piezoelectric ceramics. London: Academic.

[8] Mason, W. P. (1950). Piezoelectric crystals and their application to ultrasonics. New York: Van Nostrand.

[9] Megaw, H. D. (1957). Ferroelectricity in crystals. London: Methuen.

[10] Oikawa, A., et al. (1976). Preparation of Pb(Zr, Ti)O3 thin fllms by an electron beam evaporation technique. Applied Physics Letters, 29, 491.

[11] Okada, A. (1977). Some electrical and optical properties of ferroelectric lead-zirconite-lead-titanate thin fllms. Journal of Applied Physics, 48, 2905.

[12] Castelano, R. N., et al. (1979). Ion-beam deposition of thin fllms of ferroelectric lead-zirconite-titanate (PZT). Journal of Applied Physics, 50, 4406.

[13] Adachi, H., et al. (1986). Ferroelectric (Pb, La)(Zr, Ti)O3 epitaxial thin fllms on sapphire grown by RF-planar magnetron sputtering. Journal of Applied Physics, 60, 736.

[14] Ogawa, T., et al. (1989). Preparation of ferroelectric thin fllms by RF sputtering. Journal of Applied Physics, 28, 11-14.

[15] Roy, D., et al. (1991). Excimer laser ablated lead zirconite titanate thin fllms. Journal of Applied Physics, 69,1.

[16] Yi, G., et al. (1989). Preparation of PZT thin fllm by sol-gel processing: Electrical, optical, and electro-optic properties. Journal of Applied Physics, 64, 2717.

[17] Tamura, M., et al. (1975). Electroacoustical transducers with piezoelectric high polymer. Journal of the Audio Engineering Society, 23(31), 21-26.

[18] Elliason, S. (1984). Electronic properties of piezoelectric polymers. Report TRITA-FYS 6665 from Dept. of Applied Physics, The Royal Inst. of Techn., Stockholm, Sweden.

[19] Dargahi, J. (2000). A piezoelectric tactile sensor with three sensing elements for robotic, endoscopic and prosthetic applications. Sensors and Actuators A: Physical, 80(1), 1-90.

[20] Kawai, H. (1969). The piezoelectricity of poly (vinylidene fluoride). Japanese Journal of Applied Physics, 8, 975-976.

[21] Meixner, H., et al. (1986). Infrared sensors based on the pyroelectric polymer polyvinylidene fluoride (PVDF). Siemens Forsch-u Entwicl Ber Bd, 15(3), 105-114.

[22] Ye, C., et al. (1991). Pyroelectric PbTiO3 thin fllms for microsensor applications. In: Transducers'91 International Conference on Solid-State Sensors and Actuators. Digest of Technical Papers (pp. 904-907). ©IEEE

[23] Beer, A. C. (1963). Galvanomagnetic effect in semiconductors. In F. Seitz & D. Turnbull (Eds.), Suppl. to solid state physics. New York: Academic.

[24] Putlye, E. H. (1960). The Hall effect and related phenomena. In C. A. Hogarth (Ed.), Semiconductor monographs. London: Butterwort.

[25] Williams, J. (1990). Thermocouple measurement, AN28. In: Linear applications handbook. ©Linear Technology Corp.

[26] Seebeck, T. (1822-1823). Magnetische Polarisation der Metalle und Erze durch Temperatur-Differenz. Abhaandulgen der Preussischen Akademic der Wissenschaften (pp. 265-373).

[27] Benedict, R. P. (1984). Fundamentals of temperature, pressure, and flow measurements (3rd ed.). New York: John Wiley & Sons.

[28] LeChatelier, H. (1962). Copt. Tend., 102, 188629. In: D. K. C. MacDonald (Eds.), Thermoelectricity: An introduction to the principles. New York: John Wiley & Sons.

[29] Carter, E. F. (1966). Dictionary of inventions and discoveries. In F. Muller (Ed.), Crane. New York: Russak.

[30] Peltier, J. C. A. (1834). Investigation of the heat developed by electric currents in homogeneous materials and at the junction of two different conductors. Annals of Physical Chemistry, 56(2nd ser.), 371-386.

[31] Thomson, W. (1854, May). On the thermal effects of electric currents in unequal heated conductors. Proceedings of the Royal Soc. (Vol. VII).

[32] Manual on the use of thermocouples in temperature measurement. (1981). ASTM Publication code number 04-470020-40. Philadelphia: ASTM.

[33] Doebelin, E. O. (1990). Measurement systems: Application and design (4th ed.). New York: McGraw-Hill.

[34] Holman, J. P. (1972). Heat transfer (3rd ed.). New York: McGraw-Hill Book.

[35] Fraden, J. (2002). Blackbody cavity for calibration of infrared thermometers. U.S. Patent No. 6447160.

5장

[1] Feynman, R. P. (2006). QED: The strange theory of light and matter. Princeton, NJ: Princeton University Press.

[2] Stover, J. C. (1995). Optical scattering: Measurement and analysis. Bellingham, WA: SPIE Optical Engineering Press.

[3] Begunov, B. N., et al. (1988). Optical instrumentation. Theory and design. Moscow: Mir Publishers.

[4] Katz, M. (1994). Introduction to geometrical optics. New York: Penumbra Publishing.

[5] Kingslake, R. (1978). Lens design fundamentals. New York: Academic Press.

[6] Sirohi, R. S. (1979). Design and performance of plano-cylindrical fresnel lens. Applied Optics, 45(4), 1509-1512.

[7] Aieta, F., et al. (2012). Aberration-free ultrathin flat lenses and axicons at telecom wavelengths based on plasmonic metasurfaces. Nano Letters. dx.doi.org/10.1021/nl302516v.

[8] Giuliani, J. F. (1989). Optical waveguide chemical sensors. In Chemical sensors and microinstrumentation. Chapt. 24. Washington, DC: American Chemical Society.

[9] Johnson, L. M. (1991). Optical modulators for flber optic sensors. In E. Udd (Ed.), Fiber optic sensors: Introduction for engineers and scientists. Hoboken, NJ: John Wiley & Sons.

[10] Welford, W. T., et al. (1989). High collection nonimaging optics. San Diego: Academic.

[11] Winston, R., et al. (1971). Retinal cone receptor as an ideal light collector. Journal of the Optical Society of America, 61, 1120-1121.

[12] Leutz, R., et al. (2001). Nonimaging fresnel lenses: Design and performance of solar concentrators. Berlin: Springer Verlag.

[13] Persky, M. J. (1999). Review of black surfaces for space-borne infrared systems. Review of Scientiflc Instruments, 70(5), 2193-2217.

6장

[1] Widlar, R. J. (1980). Working with high impedance Op Amps, AN24. Linear application handbook. National Semiconductor.

[2] Park, Y. E., et al. (1983). An MOS switched-capacitor readout amplifler for capacitive pressure sensors. IEEE Custom IC Conf. (pp. 380-384).

[3] Cho, S. T., et al. (1991). A self-testing ultrasensitive silicon microflow sensor. Sensor Expo Proceedings (p. 208B-1).

[4] Ryhänen, T. (1996). Capacitive transducer feedback-controlled by means of electrostatic force and method for controlling the proflle of the transducing element in the transducer. U.S. Patent 5531128.

[5] Pease, R. A. (1983, January 20). Improve circuit performance with a 1-op-amp current pump. EDN (pp. 85-90).

[6] Bell, D. A. (1981). Solid state pulse circuits (2nd ed.). Reston, VA: Reston Publishing Company.

[7] Sheingold, D. H. (Ed.). (1986). Analog-digital conversion handbook (3rd ed.). Englewood Cliffs, NJ: Prentice-Hall.

[8] Johnson, C., et al. (1986). Highly accurate resistance deviation to frequency converter with programmable sensitivity and resolution. IEEE Transactions on Instrumentation and Mea-surement, IM-35, 178-181.

[9] AVR121: Enhancing A직류 resolution by oversampling. (2005). Atmel Application Note 8003A-AVR-09/05.

[10] Coats, M. R. (1991). New technology two-wire transmitters. Sensors, 8(1).

[11] Johnson, J. B. (1928). Thermal agitation of electricity in conductors. Physical Review, 32, 97-109.

[12] Rich, A. (1991). Shielding and guarding. In: Best of analog dialogue. ©Analog Devices.

[13] Ott, H. W. (1976). Noise reduction techniques in electronic systems. New York: John Wiley & Sons.

[14] Pascoe, G. (1977, February 6). The choice of solders for high-gain devices. New Electronics (U.K.).

[15] Jensen, M. (2010). White Paper SWRA349. Texas Instruments.

[16] Powers, R. A. (1995). Batteries for low power electronics. Proceedings of the IEEE, 83(4), 687-693.

[17] Batra, A., et al. (2011). Simulation of energy harvesting from roads via pyroelectricity. Journal of Photonics for Energy, 1(1), 014001.

[18] Le, T. T., et al. (2009). RF energy harvesting circuit. U.S. Patent publ. No. 2009/0152954.

[19] Mickle, M. H., et al. (2006). Energy harvesting circuit. U.S. Patent No. 7084605.

[20] Butler, P. (2012). Harvesting power in near fleld communication (NFC) device. U.S. Patent No. 8326224.

[21] Safak, M. (2014). Wireless sensor and communication nodes with energy harvesting. Journal of Communication, Navigation, Sensing and Services, 1, 47-66.

7장

[1] Blumenkrantz, S. (1989). Personal and organizational security handbook. Washington, DC: Government data publications.

[2] Sarabia, E. G., et al. (2013). Accurate estimation of airborne ultrasonic time-of-flight for overlapping echoes. Sensors, 13(11), 15465-15488.

[3] Kyrynyuk, V. et al. (2014). Automotive ultrasonic distance measurement for park-assist systems. AN76530. cypress.com

[4] McEwan, T. E. (1994, November 1). Ultra-wideband radar motion sensor. U.S. Patent No. 5,361,070.

[5] Azevedo, S. G., et al. (1995). Landmine detection and imaging using micropower impulse radar (MIR). Proceedings of the Workshop on Anti-personnel Mine Detection and Removal, July 1, 1995, Lausanne, Switzerland (pp. 48-51).

[6] Boles, S. et al. (1995). Signal processing for ultra-wide band impulse radar. U.S. Patent No. 5381151.

[7] Staderini, E. M. (2002). UWB radars in medicine. IEEE Aerospace and Electronic Systems Magazine, 17(1), 13-18.

[8] van Drecht, J., et al. (1991). Concepts for the design of smart sensors and smart signal processors and their applications to PSD displacement transducers. In: Transducers'91, Inter- national Conference on Solid-State Sensors and Actuators. Digest of technical papers (pp. 475-478). ©IEEE.

[9] Long, D. J. (1975, August 5). Occupancy detector apparatus for automotive safety system. U.S. Patent No. 3,898,472.

[10] Gao, X. (2013). Microchip capacitive proximity design guide. AN1492, DS01492A, Microchip Technology Inc.
[11] Fraden, J. (1991, May 28). Apparatus and method for detecting movement of an object. U.S. Patent No. 5,019,804.
[12] Fraden, J. (1984, May 22). Motion discontinuance detection system and method. U.S. Patent No. 4,450,351.
[13] Fitz Gerald, A. S. (1932, February 4). Photo-electric system. U.S. Patent No. 2,016,036.
[14] Fraden, J. (1984, October 30). Toy including motion-detecting means for activating same. U.S. Patent No. 4,479,329.
[15] Fraden, J. (1988, September 6). Motion detector. U.S. Patent No. 4,769,545.
[16] Fraden, J. (1990, January 23). Active infrared motion detector and method for detecting movement. U.S. Patent No. 4,896,039.
[17] Fraden, J. (1992). Active far infrared detectors. In: Temperature. Its measurement and control in science and industry (Vol. 6, Part 2, pp. 831-836). New York: ©AIP.
[18] APDS-9700. (2010). Signal conditioning IC for optical proximity sensors. Avago Technologies. www.avagotech.com
[19] Parsons, N. E., et al. (2003, September 16). Automatic flow controller employing energy- conservation mode. U.S. Patent No. 6,619,614.
[20] Parsons, N. E., et al. (2008, July 8). Passive sensors for automatic faucets and bathroom flushers. U.S. Patent No. 7,396,000.
[21] Fraden, J. (2007, August 31). Alarm system with air pressure detector. U.S. Patent Publication No. US 2008/0055079.
[22] Fraden, J. (2009, February 17). Detector of low levels of gas pressure and flow. U.S. Patent No. 7,490,512.
[23] Kirsch, S. T. (1985, October 8). Detector for electro-optical mouse. U.S. Patent No. 4546347.
[24] Theremin, L. (1928, February 28). Method of and apparatus for the generation of sounds. U.S. Patent No. 1661058.
[25] Silicon Laboratories Inc. (2011). Infrared gesture sensing. AN580. www.silabs.com
[26] Microchip Technology. (2013). Gest IC design guide: Electrodes and system design. MGC3130. Microchip Technology.
[27] Measurement Specialties. (1999, April). Piezo fllm sensors technical manual. Norristown, PA: Measurement Specialties. www.msiusa.com
[28] Fraden, J. (1985). Cardio-respiration transducer. U.S. Patent No. 4509527.
[29] Del Prete, Z., et al. (2001). A novel pressure array sensor based on contact resistance variation: Metrological properties. Review of Scientiflc Instruments, 72(3), 1548-1553.
[30] Someya, T., et al. (2004). A large-area, flexible pressure sensor matrix with organic fleld-effect transistors for artiflcial skin applications. Proceedings of the National Academy of Sciences of the United States of America, 101(27), 9966-9970.
[31] Mei, T., et al. (2000). An integrated MEMS three-dimensional tactile sensor with large force range. Sensors and Actuators, 80, 155-162.
[32] Huff, M. A., et al. (1991). A threshold pressure switch utilizing plastic deformation of silicon. In: Transducers'91. International Conference on Solid-State Sensors and Actuators, Digest of technical papers (pp. 177-180). ©IEEE.
[33] Fujitsu Michroelectronics America. (2009). Touch screen controller technology and applica- tion trends. Fujitsu Technology Backgrounder.
[34] Lee, H.-K., et al. (2006). A flexible polymer tactile sensor: Fabrication and modular expandability for large area deployment. Journal of Microelectromechanical Systems, 15(6), 1681-1686.
[35] Ding, H., et al. (2006). Refractive indices of human skin tissues at eight wavelengths and estimated dispersion relations between 300 and 1600 nm. Physics in Medicine and Biology, 51, 1479-1489.

[36] Parsons, N. E., et al. (1999, November 16). Object-sensor-based flow-control system employing fiber-optic signal transmission. U.S. Patent No. 5,984,262.

8장

[1] Wilkinson, P., et al. (2008). Nanomechanical properties of piezoresistive cantilevers: Theory and experiment. Journal of Applied Physics, 104, 103527.

[2] Cullinan, M., et al. (2010). Carbon nanotubes as piezoresistive microelectromechanical sensors: Theory and experiment. Physical Review, B82, 115428.

[3] Young, D., et al. (1996, June). A micromachined variable capacitor for monolithic low-noise VCOs. Solid-State Sensor and Actuator Workshop. Hilton Head, SC.

[4] Barker, M. J., et al. (1997). A two-dimensional capacitive position transducer with rotation output. Review of Scientific Instruments, 68(8), 3238-3240.

[5] Peters, R. D. (1994, November 3). Symmetric differential capacitance transducer employing cross coupled conductive plates to form equipotential pairs. U.S. Patent No. 5461319.

[6] De Silva, C. W. (1989). Control sensors and actuators. Englewood Cliffs, NJ: Prentice Hall.

[7] Bruce, R. (1984, February 7). Loop detector for traffic signal control. U.S. Patent No. 4430636.

[8] Lees, R. H. (2002, January 8). Inductive loop sensor for traffic detection. U.S. Patent No. 6337640.

[9] Hall effect sensing and application. Honeywell, Inc. www.honeywell.com/sensing

[10] Popovic, R. S., et al. (2002). Hall ASICs with integrated magnetic concentrators. Proceedings of the Sensors Expo & Conference, Boston, USA.

[11] Palumbo, V., et al. (2013). Hall current sensor IC with integrated Co-based alloy thin film magnetic concentrator. EPJ Web of Conferences 40, 16002.

[12] Born, M., et al. (1984). Principles of optics (6th ed.). London: Pergamon.

[13] Lee, C. E., et al. (1991). Fiber-optic Fabry-Perot temperature sensor using a low-coherence light source. Journal of Lightwave Technology, 9, 129-134.

[14] Wolthuis, R. A., et al. (1991). Development of medical pressure and temperature sensors employing optical spectrum modulation. IEEE Transactions on Biomedical Engineering, 38, 974-980.

[15] Hill, K. O., et al. (1978). Photosensitivity in optical fiber waveguides: Application to reflection fiber fabrication. Applied Physics Letters, 32(10), 647.

[16] Spillman, W. B., Jr. (1981). Multimode fiber-optic hydrophone based on a schlieren technique. Applied Optics, 20, 465.

[17] In-Depth Ablative Plug Transducers (1992). Series #S-2835, Hycal Engineering, 9650 Telstar Avenue, P. O. Box 5488, El Monte, California.

[18] Noffz, G. K., et al. (1996). Design and laboratory validation of a capacitive sensor for measuring the recession of a thin-layered ablator. NASA Technical Memorandum 4777.

[19] Brown, R. C., et al. (1978). The use of wire probes for the measurement of liquid film thickness in annular gas-liquid flows. The Canadian Journal of Chemical Engineering, 56, 754-757.

[20] Graham, J., et al. (2000). Capacitance based scanner for thickness mapping of thin dielectric films. Review of Scientific Instruments, 71(5), 2219-2223.

[21] Brusch, L., et al. (1999). Level meter for dielectric liquids. Review of Scientific Instruments, 70(2), 1514.

9장

[1] Park, S., et al. (2009). Oscillation control algorithms for resonant sensors with applications to vibratory gyroscopes. Sensors, 9, 5952-5967.

[2] Fox, C. H. J., et al. (1984). Vibratory gyroscopic sensors. Symposium Gyro Technology (DGON).

[3] Udd, E. (1991). Fiber optic sensors based on the Sagnac interferometer and passive ring resonator. In E. Udd (Ed.), Fiber optic sensors (pp. 233 - 269). New York: John Wiley & Sons.

[4] Ezekiel, S., & Arditty, H. J. (Eds.). (1982). Fiber-optic rotation sensors (Springer series in optical sciences, Vol. 32). New York: Springer.

[5] Fredericks, R. J., et al. (1984). Phase error bounds of flber gyro with imperfect polarizer/ depolarizer. Electronics Letters, 29, 330.

[6] BMA220 Data sheet (2011). Bosch Sensortec GmbH.

[7] Havskov, J., et al. (2004). Instrumentation in earthquake seismology. New York: Springer.

[8] Sensor signal conditioning: An IC designer's perspective. (1991, November). Sensors, 23 - 30.

[9] Allen, H., et al. (1989). Accelerometer system with self-testable features. Sensors and Actuators, 20, 153 - 161.

[10] Qu, P., et al. (2013). Design and characterization of a fully differential MEMS accelerometer fabricated using MetalMUMPs technology. Sensors, 13, 5720 - 5736.

[11] Senldge, M., et al. (1987). Piezoelectric accelerometers and vibration preampliflers. Copenhagen, Denmark: Brüel & Kjær.

[12] Haritsuka, R., et al. (1991). A novel accelerometer based on a silicon thermopile. In: Transducers'91. International conference on solid-state sensors and actuators. Digest of technical papers (pp. 420 - 423). ©IEEE.

[13] Fennelly, J., et al. (2012, March). Thermal MEMS accelerometers flt many applications. Sensor Magazine. www.sensormagazin.de

[14] Ultra Low Cost Accelerometer MXC6226XC Data Sheet. (2010). Memsic, Inc. www.memsic. com

[15] Dong, Y., et al. (2006). Force feedback linearization for higher-order electromechanical sigma - delta modulators. Journal of Micromechanics and Microengineering, 16, S54 - S60.

10장

[1] Newton, I. (1687). Philosophiæ Naturalis Principia Mathematica. London: Joseph Streater for the Royal Society.

[2] Doebelin, E. O. (1966). Measurement systems: Applications and design. New York: McGraw- Hill.

[3] Ioppolo, T., et al. (2009). High-resolution force sensor based on morphology dependent optical resonances of polymeric spheres. Journal of Applied Physics, 105, 013535.

[4] Tilmans, H. A. C., et al. (1992). Micro resonant force gauges. Sensors and Actuators A, 30, 35 - 53.

[5] Suster, M., et al. (2006). A high-performance MEMS capacitive strain sensing system. Journal of Microelectromechanical Systems, 15(5), 1069 - 1077.

[6] Palla ′ s-Areny, R., et al. (2001). Sensors and signal conditioning (2nd ed.). New York: John Wiley & Sons.

[7] Ş tefănescu, D. M. (2011). Handbook of force transducers. Principles and components. New York: Springer.

[8] Holman, J. P. (1978). Experimental methods for engineers. New York: McGraw-Hill Book Co.

[9] Ren, T.-L., et al. (2012). Flexible graphite-on-paper piezoresistive sensors. Sensors, 12, 6685 - 6694.

[10] Lefort, M.-H., et al. (2000). Thick fllm piezoresistive ink: Application to pressure sensors. International Jonal of Microcircuits and Electronic Packaging, 23(2), 191 - 202.

[11] Hadmani, S. T. A., et al. (2014). The application of a piezo-resistive cardiorespiratory sensor system in an automobile safety belt. Proced. Intern. Electronic Conf. on Sensors and Applications. www.mdpi.com/journal/sensors

[12] Karrer, E., et al. (1977). A low range quartz pressure transducer. ISA Transactions, 16, 90 - 98.

[13] Corbett, J. P. (1991). Quatz steady-state force and pressure sensor. In: Sensors Expo West Proceedings, paper 304A-1. Peterborough, NH: Helmers Publishing, Inc.

[14] Benes, E., et al. (1995). Sensors based on piezoelectric resonators. Sensors and Actuators A, 48, 1-21.

[15] Kirman, R. G., et al. (1986). Force sensors. U.S. Patent No. 4594898.

[16] Wu, W., et al. (2014). Piezoelectricity of single-atomic-layer MoS2 for energy conversion and piezotronics. Nature. doi:10.1038/nature13792.

[17] Piezo Film Sensors Technical Manual. (1999, April). Norristown, PA: Measurement Specialties, Inc. www.msiusa.com

[18] Radice, F. P. (1991). Piezoelectric sensors and smart highways. Sensors Expo Proceed.

[19] Ebisawa, M., et al. (2007, April 3). Coaxial piezoelectric cable polarizer, polarizing method, defect detector, and defect detecting method. US Patent No. 7199508.

[20] Pacheco, C. J., et al. (2013). A noncontact force sensor based on a Fiber Bragg Grating and its application for corrosion measurement. Sensors, 13(9), 11476-11489.

[21] Ioppolo, T., et al. (2008). Micro-optical force sensor concept based on whispering gallery mode resonators. Applied Optics, 47(16), 3009-3014.

11장

[1] Benedict, R. P. (1984). Fundamentals of temperature, pressure, and flow measurements (3rded.). New York, NY: John Wiley & Sons.

[2] Clark, S. K., et al. (1979). Pressure sensitivity in anisotropically etched thin-diaphragm pressure sensor. IEEE Transactions on Electron Devices, ED-26, 1887-1896.

[3] Kurtz, A. D., et al. (1967). Semiconductor transducers using transverse and shear piezoresistance. Proceedings of the 22nd ISA Conference, No. P4-1 PHYMMID-67, September 1967.

[4] Tanigawa, H., et al. (1985). MOS integrated silicon pressure sensor. IEEE Transactions on Electron Devices, ED-32(7), 1191-1195.

[5] Petersen, K., et al. (1998). Silicon fusion bonding for pressure sensors. Rec. of the IEEE Solid-state sensor and actuator workshop (pp. 144-147).

[6] Peng, K. H., et al. (2004). The temperature compensation of the silicon piezo-resistive pressure sensor using the half-bridge technique. In Tanner DM, Ramesham R (Eds.) Reliability, testing, and characterization of MEMS/MOEMS III, Proc. SPIE, Vol. 5343.

[7] Wolthuis, R., et al. (1991). Development of medical pressure and temperature sensors employing optical spectral modulation. IEEE Transactions on Bio-medical Engineering, 38 (10), 974-981.

[8] Hälg, B. (1991). A silicon pressure sensor with an interferometric optical readout. In: Transducers'91. International conference on solid-state sensors and actuators. Digest of technical papers (pp. 682-684). IEEE.

[9] Vaughan, J. M. (1989). The Fabry-Perot interferometers. Bristol: Adam Hilger.

[10] Saaski, E.W., et al. (1989). A fiber optic sensing system based on spectral modulation. Paper #86-2803, ©ISA.

[11] Fraden, J. (2009). Detector of low levels of gas pressure and flow. U.S. Patent No. 7,490,512. February 17, 2009.

[12] von Pirani, M. (1906). Selbszeigendes vakuum-mefsinstrument. Verhandlungen der Deutschen Physikalischen Gesellschaft, 1906, 686-694.

[13] Von Smoluchovski, M. (1911). Zur theorie der warmteleitung in verdunnten gasen und der dabei auftretenden druckkrafte. Annalen der Physik, 35, 983-1004.

[14] Leck, J. H. (1964). Pressure measurement in vacuum systems (2nd ed.). London: Chapman & Hall.

[15] Bayard, R. T., et al. (1950). Extension of the low pressure range of the ionization gauge. Review of Scientific Instruments, 21, 571. American Institute of Physics.

[16] Fremery, J. K. (1946). Vacuum, 32, 685.

[17] Looney, J. P., et al. (1994). PC-based spinning rotor gage controller. Review of Scientific Instruments, 65(9), 3012.

[18] Zhang Y., et al. (2001). An ultra-sensitive high-vacuum absolute capacitive pressure sensor. In: 14th IEEE international conference on micro electro mechanical systems. (Cat. No. 01CH37090). Technical Digest, pp: 166-169.

12장

[1] Benedict, R. P. (1984). Fundamentals of temperature, pressure, and flow measurements (3rd ed.). New York, NY: John Wiley & Sons.

[2] Cho, S. T., et al. (1991). A high performance microflowmeter with built-in self test. In: Transducers'91. International conference on solid-state sensors and actuators. Digest of technical papers (pp 400-403). IEEE.

[3] Bruun, H. H. (1995). Hot-wire anemometry. Principles and signal analysis. Oxford: Oxford Science.

[4] King, L. V. (1914). On the convention of heat from small cylinders in a stream of fluid. Philosophical Transactions of the Royal Society A, A214, 373.

[5] Collis, D. C., et al. (1959). Two-dimensional convection from heated wires at low Reynolds' numbers. Journal of Fluid Mechanics, 6, 357.

[6] Fraden, J., et al. (2007). Clogging detector for air fllter. U.S. Patent No. 7178410, February 20, 2007.

[7] Fraden, J. (2009). Detector of low levels of gas pressure and flow. U.S. patent No. 7490512, February 17, 2009.

[8] Fraden, J. (2012). Measuring small air pressure gradients by a flow sensor. IEEE Instrumenta- tion and Measurement Magazine, 15(5), 35-40.

[9] Van Herwaarden, A. W., et al. (1986). Thermal sensors based on the Seebeck effect. Sensors and Actuators, 10, 321-346.

[10] Nan-Fu, C., et al. (2005). Low power consumption design of micro-machined thermal sensor for portable spirometer. Tamkang Journal of Science and Engineering, 8(3), 225-230.

[11] Wachutka, G., et al. (1991). Analytical 2D-model of CMOS micromachined gas flow sensors. In: Transducers'91. International conference on solid-state sensors and actuators. Digest of technical papers. ©IEEE.

[12] Esashi, M. (1991). Micro flow sensor and integrated magnetic oxygen sensor using it. In: Transducers'91. International conference on solid-state sensors and actuators. Digest of technical papers. IEEE.

[13] Gessner, U. (1969). The performance of the ultrasonic flowmeter in complex velocity proflles. IEEE Transactions on Bio-medical Engineering, MBE-16, 139-142.

[14] Yoder, J. (2000). Coriolis effect mass flowmeters. In J. Webster (Ed.), Mechanical variables measurement. Boca Raton, FL: CRC Press LLC.

[15] Philip-Chandy, R., et al. (2000). Drag force flowmeters. In J. Webster (Ed.), Mechanical variables measurement. Boca, Raton, FL: CRC Press LLC.

[16] Clarke, T. (1986). Design and operation of target flowmeters. Encyclopedia of fluid mechanics (Vol. 1). Houston, TX: Gulf Publishing Company.

[17] Wang, Y. H., et al. (2007). A MEMS-based air flow sensor with a free-standing micro- cantilever structure. Sensors, 7, 2389-2401.

[18] Ma, R. H., et al. (2009). A MEMS-based flow rate and flow direction sensing platform with integrated temperature compensation scheme. Sensors, 9, 5460-5476.

[19] Dobrzanski, J., et al. (1977). Ionization smoke detector and alarm system. U.S. Patent No. 4037206, July 19, 1977.

[20] Steele, D. F., et al. (1975). Optical smoke detector. U.S. Patent No. 3863076, January 28, 1975

13장

[1] Hohm, D., et al. (1989). A subminiature condenser microphone with silicon nitrite membrane and silicon back plate. The Journal of the Acoustical Society of America, 85, 476 – 480.

[2] Bergqvist, J., et al. (1990). A new condenser microphone in silicon. Sensors and Actuators, A21 – A23, 123 – 125.

[3] Sprenkels, A. J., et al. (1989). Development of an electret microphone in silicon. Sensors and Actuators, 17(3&4), 509 – 512.

[4] van der Donk, A. G. H., et al. (1991). Preliminary results of a silicon condenser microphone with internal feedback. In: Transducers'91. International Conference on Solid-State Sensors and Actuators. Digest of technical papers (pp. 262 – 265). IEEE.

[5] Wong, S. K., et al. (Eds.). (1995). AIP handbook of condenser microphones. New York: AIP Press.

[6] Nishikawa, S., et al. (1928). Proc. Imp. Acad. Tokyo (Vol. 4, p. 290).

[7] Sessler, G. M. (Ed.). (1980). Electrets. Berlin: Springer.

[8] Sessler, G. M. (1963). Electrostatic microphones with electret foil. The Journal of the Acoustical Society of America, 35(9), 1354 – 1357.

[9] Griese, H. J. (1977). Paper Q29. Proc. 9th Int. Conf. Acoust., Madrid.

[10] Bicen, B. (2010). Micromachined diffraction based optical microphones and intensity probes with electrostatic force feedback. Ph.D. Dissertation, Georgia Institute of Technology, School of Mech. Eng.

[11] Hellbaum, R. F., et al. (1991). An experimental fiber optic microphone for measurement of acoustic pressure levels in hostile environments. In Sensors Expo Proceedings. Peterborough: Helmers.

[12] Piezo Film Sensors Technical Manual. (1999). Norristown, PA: Measurement Specialties. www.msiusa.com

[13] Motamedi, M. E., et al. (1994). Acoustic sensors. In S. M. Sze (Ed.), Semiconductor sensors (pp. 97 – 151). New York: John Wiley & Sons.

14장

[1] Quinn, F. C. (1985). The most common problem of moisture/humidity measurement and control. In: Moisture and humidity. Proc. of the 1985 Int. Symp. on Moisture and Humidity (pp. 1–5). ISA: Washington, DC.

[2] Carter, E. F. (1966). Dictionary of inventions and discoveries. In F. Muller (Ed.), Crane. New York: Russak and Co.

[3] Berry, F. A., Jr. (1945). Handbook of meteorology (p. 343). New York: McGraw-Hill Book Company.

[4] Sashida, T., et al. (1985, April 15 – 18). An interchangeable humidity sensor for an industrial hygrometer. In: Moisture and humidity. Proc. of the Intern. Symp. on Moisture and Humidity, Washington, DC.

[5] Kang, U., et al. (2000). A high-speed capacitive humidity sensor with on-chip thermal reset. IEEE Transactions on Electron Devices, 47(4), 702 – 710.

[6] Carr-Brion, K. (1986). Moisture sensors in process control. New York: Elsevier Applied Science Publishers.

[7] Norton, H. N. (1989). Handbook of transducers. Englewood Cliffs, NJ: Prentice Hall.

[8] Hilhorst, M. A. (2000). A pore water conductivity sensor. Soil Science Society of America Journal, 64, 1922 – 1925.

[9] Harding Jr., J. C. (1985, April 15 – 18). A chilled mirror dewpoint sensor/psychrometric transmitter for energy monitoring and control systems. In: Moisture and humidity. Proc. of the Intern. Symp. on Moisture and Humidity, Washington, DC.

[10] Actkcoz, S., et al. (2008). Use of polyethylene glycol coatings for optical fibre humidity sensing. Optical Review, 15(2), 84 – 90.

[11] Somani, P. R., et al. (2001). Charge transfer complex-forming dyes incorporated in solid polymer electrolyte for optical humidity sensing. Sensors and Actuators B, 80, 141 – 148.

[12] Porlier, C. (1991). Chilled piezoelectric hygrometer: Sensor interface design. In: Sensors Expo proceedings, 107B-7. Dublin, NH: Helmers Publishing.

[13] Moghaddam, M., et al. (2010). A wireless soil moisture smart sensor web using physics-based optimal control: Concept and initial demonstrations. IEEE Journal of Selected Topics and Applied Earth Observations and Remote Sensing, 3(4), 522-535.

[14] Hendrickx, J. M. H., et al. (2002). Indirect measurement of solute concentration: Nonintrusive electromagnetic induction. In J. H. Dane & G. C. Topp (Eds.), Methods of soil analysis. Part 4 (SSSA Book Ser. 5, pp. 1297-1306). Madison, WI: SSSA.

15장

[1] Spillman, W. B., Jr. (1991). Optical detectors. In U. Eric (Ed.), Fiber optic sensors (pp. 69-97). New York, NY: John Wiley & Sons.

[2] Verdeyen, J. T. (1981). Laser electronics. Englewood Clifs, NJ: Prentice-Hall.

[3] Golay, M. J. E. (1947). Theoretical consideration in heat and infra-red detection, with particular reference to the pneumatic detector. Review of Scientific Instruments, 18, 347.

[4] Qian, D.-P., et al. (2013). Hardening and optimizing of the black gold thin film as the absorption layer for infrared detector. Optics and Photonics Journal, 3, 281-283.

[5] Völklein, A., et al. (1991). High-sensitivity radiation thermopiles made of films. Sensors and Actuators A, 29, 87-91.

[6] Schieferdecker, J., et al. (1995). Infrared thermopile sensors with high sensitivity and very low temperature coefficient. Sensors and Actuators A, 46-47, 422-427.

[7] Meixner, H., et al. (1986). Infrared sensors based on the pyroelectric polymer polyvinylidene fluoride (PVDF). Siemens Forsch-u Entwicl Ber Bd, 15(3), 105-114.

[8] Fraden, J. (1992). Active far infrared detectors. In J. F. Schooley (Ed.), Temperature. Its measurement and control in science and industry (Vol. 6, pp. 831-836). College Park, MD: American Institute of Physics.

[9] Fraden, J. (1989). Radiation thermometer and method for measuring temperature. U.S. Patent No. 4,854,730, August 8, 1989.

[10] Fraden, J. (1990). Active infrared motion detector and method for detecting movement, U.S. Patent No. 4,896,039, January 23, 1990.

[11] Astheimer, R. W. (1984). Thermistor infrared detectors. SPIE, 443, 95-109.

[12] Shie, J.-S., et al. (1991) Fabrication of micro-bolometer on silicon substrate by anizotropic etching technique (pp. 627-630). In Transducers'91. International conference on solid-state sensors and actuators. Digest of technical papers, ©IEEE, 1991.

[13] Vogl, T. P., et al. (1962). Generalized theory of metal-film bolometers. Journal of the Optical Society of America, 52, 957-964.

[14] Lentz, R. R., et al. (1989). Method and apparatus for measuring strong microwave electric field strengths. US Patent No. 4816634, 1989.

16장

[1] Evans, R. D. (1955). The atomic nucleus. New York, NY: McGraw-Hill.

[2] Knoll, G. F. (1999). Radiation detection and measurement (3rd ed.). New York, NY: John Wiley and Sons.

[3] The Elegant Universe. Teacher's guide. Nova ©pbs.org, 2012.

17장

[1] Fraden, J. et al. (2007). Ear temperature monitor and method of temperature measurement. U.S. Patent No. 7306565, 11 December 2007.

[2] Benedict, R. P. (1984). Fundamentals of temperature, pressure, and flow measurements (3rd ed.). New York, NY: John Wiley & Sons.

[3] Callendar, H. L. (1887). On the practical measurement of temperature. Philosophical Transactions. Royal Society of London, 178, 160.

[4] Sapoff, M. (1999). Thermistor thermometers. In J. G. Webster (Ed.), The measurement, instrumentation and sensors handbook (pp. 3225 - 3241). Boca Raton, FL: CRC Press.

[5] Fraden, J. (2000). A two-point calibration of negative temperature coefficient thermistors. Review of Scientific Instruments, 71(4), 1901 - 1905.

[6] Steinhart, J. S., & Hart, S. R. (1968). Calibration curves for thermistors. Deep Sea Research, 15, 497.

[7] Mangum, B. W. (1983). Triple point of succinonitrile and its use in the calibration of thermistor thermometers. Review of Scientific Instruments, 54(12), 1687.

[8] Sapoff, M., et al. (1982). The exactness of Δt of resistance—temperature data. In J. E. Schooley (Ed.), Temperature Its measurement and control in science and industry (Vol. 5, p. 875). College Park, MD: American Institute of Physics.

[9] Keystone Carbon Company. (1984). Keystone NTC and PTC thermistors. Catalogue © Keystone Carbon Company, St. Marys, PA.

[10] Tosaki H et al. (1986) Thick film thermistor composition. U.S. Patent No. 4587040, 6 May 1986.

[11] Zhiong J, et al. Thick film thermistors printed on low temperature co-fired ceramic tapes. University of Pensilvania. Retrieved from http://repository.upenn.edu/meam_papers/117/.

[12] Villemant, C. M., et al. (1971). Thermistor. U.S. Patent No. 3,568,125, March 2, 1971.

[13] Silver, E. H, et al. (2007). Method for making an epitaxial germanium temperature sensor. U.S. Patent No. 7232487, June 19, 2007.

[14] Kozhukh, M. (1993). Low-temperature conduction in germanium with disorder caused by extended defects. Nuclear Instruments & Methods, A329, 453 - 466.

[15] Kozhukh, M. (1993). Neutron doping of silicon in power reactors. Journal of Physics: Condensed Matter, 5, 2351 - 2376.

[16] Sachse, H. B. (1975). Semiconducting temperature sensors and their applications. New York, NY: Wiley.

[17] Timko, M. P. (1976). A two terminal IC temperature transducer. IEEE Journal of Solid-State Circuits, 11, 784 - 788.

[18] Caldwell, F. R. (1962) Thermocouple materials. NBS monograph 40. National Bureau of Standards, 1 March 1962.

[19] ASTM. (1993). Manual on the use of thermocouples in temperature measurement. ASTM manual series: MNL: 12-93 (4th ed.). Philadelphia, PA: ASTM.

[20] Wickersheim, K. A., et al. (1987). Fluoroptic thermometry. Medical Electronics, February, 84 - 91.

[21] Fernicola, V. C., et al. (2000). Investigations on exponential lifetime measurements for fluorescence thermometry. Review of Scientific Instruments, 71(7), 2938 - 2943.

[22] Schultheis, L., et al. (1988). Fiber-optic temperature sensing with ultrathin silicon etalons. Optics Letters, 13(9), 782 - 784.

[23] Wolthuis, R., et al. (1991). Development of medical pressure and temperature sensors employing optical spectral modulation. IEEE Transactions on Biomedical Engineering, 38(10), 974 - 981.

[24] Beheim, G., et al. (1990). A sputtered thin film fiber optic temperature sensor. Sensors, January, 37 - 43.

[25] Weng, W., et al. (2014). Nano-Kelvin thermometry and temperature control: Beyond the thermal noise limit. PRL, 112, 160801.

[26] Hao, T., et al. (1990). An optical fiber temperature sensor using a thermochromic solution. Sensors and Actuators A, 24, 213–216.

[27] Kersey, A. D., et al. (1997). Fiber grating sensors. Journal of Lightwave Technology, 15, 1442–1463.

[28] Cazo, R. M., et al. Fiber Bragg Grating temperature sensor. Photonics Div., IEAv, São Jose´dos Campos–SP–Brazil, e–mail:carmi@ieav.cta.br.

[29] Williams, J. (1990). Some techniques for direct digitization of transducer outputs, AN7, Linear Technology application handbook. Milpitas, CA: Linear Technology.

[30] Venema, A., et al. (1990). Acoustic–wave physical–electronic systems for sensors. Fortschritte der Acustik der 16. Deutsche Arbeitsgemeinschaft für Akustik (pp. 1155–1158).

[31] Vellekoop, M. J., et al. (1990). All–silicon plate wave oscillator system for sensor applications. New York, NY: Proceedings of the IEEE Ultrasonic Symposium.

[32] Smith, W. L., et al. (1963). Quartz crystal thermometer for measuring temperature deviation in the 10^{-3} to 10^{-6} ℃ range. Review of Scientific Instruments, 4, 268–270.

[33] Hammond, D. L., et al. (1962). Linear quartz thermometer. Instrumentation and Control Systems, 38, 115.

[34] Ziegler, H. (1984). A low–cost digital sensor system. Sensors and Actuators, 5, 169–178.

[35] Ueda T, et al. (1986). Temperature sensor utilizing quatz tuning fork resonator (pp. 224–229). In Proceedings of the 40th annuals of frequency control symposium, Philadelphia, PA, 1986.

[36] EerNisse E. P., et al. (1986). A resonator temperature transducer with no activity dips. (pp. 216–223). In Proceedings of the 40th annuals of frequency control symposium, Philadelphia, PA, 1986.

18장

[1] Jacoby, M. (2009). Keepers of the gate. Chemical and Engineering News, 87(22), 10–13.

[2] Zheng, O., et al. (2009). Handheld miniature ion trap mass spectrometers. Analytical Chemistry, 81(7), 2421–2425.

[3] Nagle, H. T., et al. (1998). The how and why of electronic noses. IEEE Spectrum, 35, 22–34.

[4] Amoore, J. E., et al. (1964). The stereochemical theory of odor. Scientific American, 210, 42–99.

[5] Ho, C. K., et al. (2002). In–situ chemiresistor sensor package for real–time detection of volatile organic compounds in soil and groundwater. Sensors, 2, 23–34.

[6] Dewa, A. S., et al. (1994). Biosensors. In S. M. Sze (Ed.), Semiconductor sensors (pp. 415–472). New York, NY: John Wiley & Sons.

[7] Kim, T. (2009, February 16). Canary in the old growth. High Country News.

[8] For a wealth of information on Mine Safety Gas Monitoring Equipment is the United States Department of Labor. Mine Safety & Health Administration (MSHA) website. Retrieved from http://www.msha.gov.

[9] Clutton–Brock, J. (1995). Origins of the dog: domestication and early history. In J. Serpell (Ed.), The domestic dog, its evolution, behaviour and interactions with people (pp. 7–20). Cambridge: Cambridge University Press.

[10] Gentry, S. J. (1988). Catalytic devices. In T. E. Edmonds (Ed.), Chemical sensors. New York, NY: Chapman and Hall.

[11] Cobbold, R. S. C. (1974). Transducers for biomedical measurements. New York, NY: John Wiley & Sons.

[12] www.askiitians.com/iit–jee–chemistry/physical–chemistry/Kohlrausch–law.aspx

[13] Tan, T. C., & Liu, C. C. (1991). Principles and fabrication materials of electrochemical sensors. In Kodansha Ltd (Ed.), Chemical sensor technology (Vol. 3). Tokyo: Kodansha Ltd.

[14] Clark, L. C. (1956). Monitor and control of blood and tissue oxygen tension. Transactions – American Society for Artificial Internal Organs, 2(p), 41–46.

[15] Madou, M. J., et al. (1989). Chemical sensing with solid state devices. Waltham, MA: Academic.

[16] Wolfrum, E. J., et al. (2006). Metal oxide sensor arrays for the detection, differentiation, and quantification of

volatile organic compounds at sub-parts-per-million concentration levels. Sensors and Actuators B, 115, 322–329.

[17] Persaud, K., et al. (1982). Analysis of discrimination mechanisms in the mammalian olfactory system using a model nose. Nature, 299, 352–355.

[18] Sberveglieri, G. (1992). Gas sensors: principles, operations, and developments (p. 8, 148, 282, 346–408). Boston, MA: Kluwer.

[19] Blum, L. J. (1997). Bio- and chemi-luminescent sensors (pp. 6–32). River Edge, NJ: World Scientific Publishing Co. Pte. Ltd.

[20] Sberveglieri, G. (1995). Recent developments in semiconducting thin-film gas sensors. Sensors and Actuators B, 23, 103–109.

[21] Demarne, V., et al. (1992). Thin film semiconducting metal oxide gas sensors. In G. Sberveglieri (Ed.), Gas sensors (pp. 89–116). Dordrecht: Kluwer.

[22] Malyshe, V., et al. (1992). Gas sensitivity of SnO2 and ZnO thin-film resistive sensors to hydrocarbons, carbon monoxide, and hydrogen. Sensors and Actuators B, 10, 11–14.

[23] Hoefer, U., et al. (1994). CO and CO2 thin-film SnO2 gas sensors on Si substrates. Sensors and Actuators B, 22, 115–119.

[24] Demarne, V., et al. (1988). An integrated low-power thin-film CO gas sensors on silicon. Sensors and Actuators B, 13, 301–313.

[25] Barsan, N., et al. (1995). The temperature dependence of the response of SnO2-based gas sensing layers to O2, CH4, and CO. Sensors and Actuators B, 26–27, 45–48.

[26] Van Geloven, P., et al. (1989). Tin(IV) oxide gas sensors: thick-film versus metallo-organic based sensors. Sensors and Actuators B, 17, 361–368.

[27] Schierbaum, K. D., et al. (1993). Specific palladium and platinum doping for SnO2-based thin film sensor arrays. Sensors and Actuators B, 13–14, 143–147.

[28] Sulz, G., et al. (1993). Ni, In, and Sb implanted Pt and V catalyzed thin-film SnO2 gas sensors. Sensors and Actuators B, 16, 390–395.

[29] Tournier, G., et al. (1995). Selective detection of CO and CH4 with gas sensors using SnO2 doped with palladium. Sensors and Actuators B, 26–27, 24–28.

[30] Huck, R., et al. (1993). Spillover effects in the detection of H2 and CH4 by sputtered SnO2 films with Pd and PdO deposits. Sensors and Actuators B, 17, 355–359.

[31] Saji, K., et al. (1983). Characteristics of TiO2 oxygen sensor in nonequilibrium gas mixtures. In T. Seiyama, K. Fueki, J. Shiokawa, & S. Suzuki (Eds.), Chemical sensors, proceedings of the international meeting on chemical sensors, Fukuoka Japan (pp. 171–176). Tokyo: Elsevier.

[32] Mumuera, G., et al. (1989). Mechanism of hydrogen gas-sensing at low temperatures using Rh/TiO2 systems. Sensors and Actuators B, 18, 337–348.

[33] Egashira, M., et al. (1989). Gas-sensing characteristics of Li + -doped and undoped ZnO whiskers. Sensors and Actuators B, 18, 349–360.

[34] Grate, J. W., et al. (1990). Role of selective sorption in chemiresistor sensors for organophosphorus detection. Analytical Chemistry, 62(18), 1927–1934.

[35] Eastman, M. P., et al. (1999). Application of the solubility parameter concept to the design of chemiresistor arrays. Journal of the Electrochemical Society, 146, 3907–3913. doi:10.1149/1. 1392571.

[36] Liu, Q., et al. (2014). Nanomaterials for analysis and monitoring of emerging chemical pollutants. Trends in Analytical Chemistry, 58, 10–22.

[37] Sharma, S., et al. (2014). MWCNT-conducting polymer composite based ammonia gas sensors: A new approach for complete recovery process. Sensors and Actuators B: Chemical, 194, 213–219.

[38] Benz, M., et al. (2012). Freestanding chemiresistive polymer composite ribbons as high-flux sensors. Journal of Applied Polymer Science, 125(5), 3986–3995.

[39] Garg, N., et al. (2010). Robust gold nanoparticles stabilized by trithiol for application in chemiresistive

sensors. Nanotechnology, 21, 405501.

[40] Kwon, O., & Seok, O. (2012). Seok multidimensional conducting polymer nanotubes for ultrasensitive chemical nerve agent sensing. Nano Letters, 12(6), 2797 - 2802.

[41] Penza, M., et al. (2010). Metalloporphyrins-modified carbon nanotubes networked filmsbased chemical sensors for enhanced gas sensitivity. Sensors and Actuators B: Chemical, 144(2:17), 387 - 394.

[42] Hierlemann, A., et al. (2000). Application-specific sensor systems based on cmos chemical microsensors. Sensors and Actuators B: Chemical, 70, 2 - 11.

[43] Endres, H.-E., et al. (1999). A capacitive CO2 sensor system with suppression of the humidity interference. Sensors and Actuators B: Chemical, 57, 83 - 87.

[44] Patel, S. V., et al. (2003). Chemicapacitive microsensors for volatile organic compound detection. Sensors and Actuators B, 96(3), 541 - 553.

[45] Fotis, E. (2002). A new ammonia detector based on thin film polymer technology. Sensors, 19(5), 73 - 75.

[46] Mlsna, T. E., et al. (2006). Chemicapacitive microsensors for chemical warfare agent and toxic industrial chemical detection. Sensors and Actuators B: Chemical, 116(1-2), 192 - 201. 47. The Multi-User MEMS Process (MUMPs) from MEMSCAP, Inc. (Durham, NC) is used to manufacture the these chemicapacitive sensor chips.

[48] Britton, C. L., et al. (2000). Multiple-input microcantilever sensors. Ultramicroscopy, 82, 17 - 21.

[49] Baselt, D. R., et al. (2003). Design and performance of a microcantilever-based hydrogen sensor. Sensors and Actuators B: Chemical, 88(2), 120 - 131.

[50] Polk, B. J. (2002). ChemFET arrays for chemical sensing microsystems. IEEE, 2002, 732 - 735.

[51] Wilson, D. M., et al. (2001). Chemical sensors for portable, handheld field instruments. IEEE Sensor Journal, 1(4), 256 - 274.

[52] Janata, J. (1989). Principles of chemical sensors, Chapter 4. New York, NY: Plenum.

[53] Kharitonov, A. B., et al. (2000). Enzyme monolayer-functionalized field-effect transistors for biosensor applications. Sensors and Actuators, B, 70(1 - 3), 222 - 231.

[54] Ballantine, D. S., et al. (1997). Acoustic wave sensors: Theory, design and physicochemical applications. Boston, MA: Academic.

[55] Ristic, V. M. (1983). Principles of acoustic devices. New York: Wiley and Sons.

[56] Nieuwenhuizen, M. S., et al. (1986). Transduction mechanism in SAW gas sensors. Electronics Letters, 22, 184 - 185.

[57] Wenzel, S. W., et al. (1989). Analytic comparison of the sensitivities of bulk-surface-, and flextural plate-mode ultrasonic gravimetric sensors. Applied Physics Letters, 54, 1976 - 1978.

[58] Binnig, G., et al. (1986). Atomic force microscope. Physical Review Letters, 56, 930 - 933.

[59] Battiston, F. M., et al. (2001). A chemical sensor based on a microfabricated cantilever array with simultaneous resonance-frequency and bending readout. Sensors and Actuators B: Chemical, 77, 122 - 131.

[60] Sharma, S., et al. (2012). Review article: a new approach to gas sensing with nanotechnology. Philosophical T ransactions of the Royal Society A, Mathematical, Physical and Engineering Sciences, 370(1967), 2448-24-73.

[61] Hansen, K. M., et al. (2001). Cantilever-based optical deflection assay for discrimination of DNA single-nucleotide mismatches. Analytical Chemistry, 73, 1567 - 1571.

[62] Baselt, D. R., et al. (2001). A biosensor based on magnetoresistance technology. Biosensors & Bioelectronics, 13, 731 - 739.

[63] Betts, T. A., et al. (2000). Selectivity of chemical sensors based on micro-cantilevers coated with thin polymer films. Analytica Chimica Acta, 422, 89 - 99.

[64] Senesac, L. R., et al. (2009). Micro-differential thermal analysis detection of adsorbed explosive molecules using microfabricated bridges. Review of Scientific Instruments, 80, 035102.

[65] Thundat, T., et al. (1995). Detection of mercury-vapor using resonating microcantilevers. Applied Physics Letters, 66(13), 1695-1697.

[66] Thundat, T., et al. (1995). Vapor detection using resonating microcantilevers. Analytical Chemistry, 67(3), 519-521.

[67] Pinnaduwage, L. A., et al. (2004). Detection of trinitrotoluene via deflagration on a microcantilever. Journal of Applied Physics, 95, 5871-5875.

[68] Datskos, P. G., et al. (1996). Remote infrared radiation detection using piezoresistive microcantilevers. Applied Physics Letters, 69(20), 2986-2988.

[69] Creaser, C., et al. (2004). Ion mobility spectrometry: a review. Part 1. Structural analysis by mobility measurement. The Analyst, 129, 984-994.

[70] Wu, C., et al. (2000). Secondary electrospray ionization ion mobility spectrometry/mass spectrometry of illicit drugs. Analytical Chemistry, 72(2), 396-403.

[71] Tam, M., et al. (2004). Secondary electrospray ionization-ion mobility spectrometry for explosive vapor detection. Analytical Chemistry, 76(10), 2741-2747.

[72] Rhykerd, C. L., et al. (1999). Guide for the selection of commercial explosives detection systems for law enforcement applications. NIJ Guide 100-99, NCJ 178913. Retrieved September, 1999, from www.ojp.usdoj.gov/nij/pubs-sum/178913.htm.

[73] Kriz, D., et al. (1997). Molecular imprinting: New possibilities for sensor technology. Analytical Chemistry, 69(11), 345A-349A. doi:10.1021/ac971657e.

[74] Dybko, A., et al. (2000). Fiber optic chemical sensors. Retrieved from www.ch.pw.edu.pl/ ~dybko/csrg/fiber/operating.html.

[75] Seiler, K., et al. (1992). Principles and mechanisms of ion-selective optodes. Sensors and Actuators B, 6, 295-298.

[76] Walt, D. R. (2000). Molecular biology: Bead based fiber-optic arrays. Science, 287(5452), 451.

[77] Chen, H. X., et al. (2010). Colorimetric optical pH sensor production using a dual-color system. Sensors and Actuators B: Chemical, 146(1), 278-282.

[78] Kreno, L. E., et al. (2011). Metal-organic framework materials as chemical sensors. Chemical Reviews, 112(2), 1105-1125.

[79] Xu, Z., et al. (2010). Sensors for the optical detection of cyanide ion. Chemical Society Reviews, 39(1), 127-137.

[80] Vilela, D., et al. (2012). Sensing colorimetric approaches based on gold and silver nanoparticles aggregation: Chemical creativity behind the assay. A review. Analytica Chimica Acta, 751, 24-43.

[81] Miranda, O. R., et al. (2011). Colorimetric bacteria sensing using a supramolecular enzyme-nanoparticle biosensor. Journal of the American Chemical Society, 133(25), 9650-9653.

[82] Mader, H. S., et al. (2010). Optical ammonia sensor based on upconverting luminescent nanoparticles. Analytical Chemistry, 82(12), 5002-5004.

[83] Feng, L., et al. (2010). A simple and highly sensitive colorimetric detection method for gaseous formaldehyde. Journal of the American Chemical Society, 132(12), 4046-4047.

[84] Burgess, I. B., et al. (2011). Wetting in color: Colorimetric differentiation of organic liquids with high selectivity. ACS Nano, 6(2), 1427-1437.

[85] Quang, D. T., et al. (2010). Fluoro-and chromogenic chemodosimeters for heavy metal ion detection in solution and biospecimens. Chemical Reviews, 110(10), 6280-6301.

[86] http://www.drierite.com/

[87] Janzen, M. C., et al. (2006). Colorimetric sensor arrays for volatile organic compounds. Analytical Chemistry, 78, 3591-3600.

[88] Doran, J. W., et al. (1996). Field and laboratory tests of soil respiration. Methods for Assessing Soil Quality,

1996, 231-245.
[89] Dräger Safety AG & Co. KGaA. (2008). Dräager-Tubes & CMS-handbook (15th ed., p. 114). Lübeck: Dräger Safety AG & Co. KGaA.
[90] Costello, B. P., et al. (2008). A sensor system for monitoring the simple gases hydrogen, carbon monoxide, hydrogen sulfide, ammonia and ethanol in exhaled breath. Journal of Breath Research, 2(3), 037011.
[91] R&D Systems, Inc. ELISA development guide. Retrieved January 12, 2015, from http://www.rndsystems.com/pdf/edbapril02.pdf.
[92] Jiao, Y., et al. (2012). Preparation and evaluation of recombinant severe fever with thrombocytopenia syndrome virus nucleocapsid protein for detection of total antibodies in human and animal sera by double-antigen sandwich enzyme-linked immunosorbent assay. Journal of Clinical Microbiology, 50(2), 372-377.
[93] Pesticides and companies providing ELISA systems are listed at: http://www.aoac.org/testkits/TKDATA7.HTM.
[94] Rissin, D. M., et al. (2010). Single-molecule enzyme-linked immunosorbent assay detects serum proteins at subfemtomolar concentrations. Nature Biotechnology, 28(6), 595-599.
[95] Immunoassay methods of acetochlor: Detection Review of existing immunoassay kits for screening of acetochlor and other acetanilides in water. Acetochlor Registration Partnership. Retrieved March, 1995, from http://www.epa.gov/oppefed1/aceto/elisa.htm.
[96] Gottuk, D. T., et al. (1999). Identification of fire signatures for shipboard multi-criteria fire detection systems (pp. 48-87). Washington, DC: NRL/MR/6180-99-8386, Naval Research Laboratory.
[97] Einax, J. W., et al. (1997). Chemometrics in environmental analysis (pp. 2-75). VCH: Weinheim.
[98] Prasad, L., et al. (1994). Fault-tolerant sensor integration using multiresolution decomposition. Physical Review E, 49(4), 3452-3461.
[99] Raman, B., et al. (2009). Designing and optimizing microsensor arrays for recognizing chemical hazards in complex environments. Sensors and Actuators B, 137, 617-629.
[100] Raman, B., et al. (2008). Bioinspired methodology for artificial olfaction. Analytical Chemistry, 80, 8364.
[101] Meier, D. C., et al. (2009). Detecting chemical hazards with temperature-programmed microsensors: Overcoming complex analytical problems with multidimensional databases. Annual Review of Analytical Chemistry, 2, 463-484.
[102] Bushdid, C., et al. (2014). Humans can discriminate more than 1 trillion olfactory stimuli. Science, 343, 1370-1372.
[103] Cometto-Mu~niz, J. E., et al. (1990). Thresholds for odor and nasal pungency. Physiology and Behaviour, 48, 719-725.
[104] Wang, P., et al. (2007). Olfactory and taste cell sensor and its applications in biomedicine. Sensors and Actuators A, 139, 131-138.
[105] Edmonds, T. E. (Ed.). (1988). Chemical sensors. New York, NY: Blackie and Son Ltd.
[106] Wilson, D. (2014). Interference and selectivity in portable chemical sensors (Chapter 54). In J. G. Webster & H. Eren (Eds.), Measurement, instrumentation and sensors handbook. Boca Raton, FL: CRC Press.
[107] Burl, M. C., et al. (2001). Assessing the ability to predict human percepts of odor quality from the detector responses of a conducting polymer composite-based electronic nose. Sensors and Actuators B, 72, 149-159.
[108] Jones, A. W. (1976). Precision, accuracy and relevance of breath alcohol measurements. Modern Problems of Pharmacopsychiatry, 11, 65-78.
[109] Jones, E., et al. (1989). Hydrogen sulfide sensor. U.S. Patent No. 4822465.
[110] Rabinovich, M., et al. (2008). Transient dynamics for neural processing. Science, 321, 48-50.
[111] Muezzinoglu, M. K., et al. (2009). Chemosensor-driven artificial antennal lobe transient dynamics enable fast recognition and working memory. Neural Computation, 21, 1018-1103.
[112] RAE Systems Inc., Theory and operation of NDIR Sensors, Technical Note TN-169, rev 1 wh.04-02.

19장

[1] Middelhoek, S., et al. (1985). Smart sensors: when and where? Sensors and actuators, 8(1), 39–48. Elsevier Sequoya.

[2] Obermier, E., et al. (1986). Characteristics of polysilicon layers and their application in sensors. In: IEEE solid–state sensors workshop.

[3] Honeychurch, K. C. (Ed.). (2014). Nanosensors for chemical and biological applications. Sawston: Woodhead Publishing.

[4] Frijlink, P. M., et al. (1991). Layer uniformity in a multiwafer MOVPRE reactor for III–V compounds. Journal of of Crystal Growth, 107, 167–174.

[5] Ratner, M., et al. (2003). Nanotechnology. A gentle introduction to the next big idea. New York City, NY: Pearson Education, Inc.

[6] Popov, V. N. (2004). Carbon nanotubes: properties and application. Materials Science and Engineering, R43, 61–102.

[7] Varshney, K. (2014). Carbon nanotubes: a review on synthesis, properties and applications. International Journal of Engineering Research and General Science, 2(4), 660–667.

[8] Rancourt, J. D. (1996). Optical thin films – User's handbook. New York, NY: McGraw-Hill.

[9] Gad-El-Hak, M. (Ed.). (2006). MEMS – Introduction and fundamentals (2nd ed.). Boca Raton, FL: CRC Press.

[10] Lang, H. P., et al. (1999). An artificial nose based on a micromechanical cantilever array. Analytica Chimica Acta (Elsevier), 393, 59–65.

부록

표 A-1 원소 기호

기호	원소	기호	원소	기호	원소	기호	원소	기호	원소
Ac	악티늄 (Actinium)	Co	코발트 (Cobalt)	In	인듐 (Indium)	Os	오스뮴 (Osmium)	Sm	사마륨 (Samarium)
Ag	은 (Silver)	Cr	크로뮴 (Chromium)	Ir	이리듐 (Iridium)	P	인 (Phosphorous)	Sn	주석 (Tin)
Al	알루미늄 (Aluminum)	Cs	세슘 (Cesium)	K	포타슘(칼륨) (Potassium)	Pa	프로탁티늄 (Protactinium)	Sr	스트론튬 (Strontium)
Am	아메리슘 (Americium)	Cu	구리 (Copper)	Kr	크립톤 (Krypton)	Pb	납 (Lead)	Ta	탄탈룸 (Tantalum)
Ar	아르곤 (Argon)	Dy	디스프로슘 (Dysprosium)	La	란탄 (Lanthanum)	Pd	팔라듐 (Palladium)	Tb	테르븀 (Terbium)
As	비소 (Arsenic)	Er	에르븀 (Erbium)	Li	리튬 (Lithium)	Pm	프로메튬 (Promethium)	Tc	테크네튬 (Technetium)
At	아스타틴 (Astatine)	Es	아인슈타이늄 (Einsteinium)	Lr	로렌슘 (Lawrencium)	Po	폴로늄 (Polonium)	Te	텔루륨 (Tellurium)
Au	금 (Gold)	Eu	유러퓸 (Europium)	Lu	루테튬 (Lutetium)	Pr	프라세오디뮴 (Praseodymium)	Th	토륨 (Thorium)
B	붕소 (Boron)	F	플루오르 (Fluorine)	Md	멘델레븀 (Mendelevium)	Pt	백금 (Platinum)	Ti	티타늄 (Titanium)
Ba	바륨 (Barium)	Fe	철 (Iron)	Mg	마그네슘 (Magnesium)	Pu	플루토늄 (Plutonium)	Tl	탈륨 (Thallium)
Be	베릴륨 (Beryllium)	Fm	페르뮴 (Fermium)	Mn	망간 (Manganese)	Ra	라듐 (Radium)	Tm	툴륨 (Thulium)
Bi	비스무트 (Bismuth)	Fr	프란슘 (Francium)	Mo	몰리브덴 (Molybdenum)	Rb	루비듐 (Rubidium)	U	우라늄 (Uranium)
Bk	버클륨 (Berkelium)	Ga	갈륨 (Gallium)	N	질소 (Nitrogen)	Re	레늄 (Rhenium)	V	바나듐 (Vanadium)
Br	브롬 (Bromine)	Gd	가돌리늄 (Gadolinium)	Na	나트륨 (Sodium)	Rh	로듐 (Rhodium)	W	텅스텐 (Tungsten)
C	탄소 (Carbon)	Ge	게르마늄 (Germanium)	Nb	니오브 (Niobium)	Rn	라돈 (Radon)	Xe	제논 (Xenon)
Ca	칼슘 (Calcium)	H	수소 (Hydrogen)	Nd	네오디뮴 (Neodymium)	Ru	루테늄 (Ruthenium)	Y	이트륨 (Yttrium)
Cd	카드뮴 (Cadmium)	He	헬륨 (Helium)	Ne	네온 (Neon)	S	황 (Sulfur)	Yb	이테르븀 (Ytterbium)
Ce	세륨 (Cerium)	Hf	하프늄 (Hafnium)	Ni	니켈 (Nickel)	Sb	안티몬 (Antimony)	Zn	아연 (Zinc)
Cf	칼리포르늄 (Californium)	Hg	수은 (Mercury)	No	노벨륨 (Nobelium)	Sc	스칸듐 (Scandium)	Zr	지르코늄 (Zirconium)
Cl	염소 (Chlorine)	Ho	홀뮴 (Holmium)	Np	넵투늄 (Neptunium)	Se	셀레늄 (Selenium)		
Cm	퀴륨 (Curium)	I	아이오딘 (요오드) (Iodine)	O	산소 (Oxygen)	Si	실리콘 (Silicon)		

표 A-2 SI 접두사

인자	접두사	기호	인자	접두사	기호
10^{18}	엑사(exa)	E	10^{-1}	deci	d
10^{15}	페타(peta)	P	10^{-2}	centi	c
10^{12}	테라(tera)	T	10^{-3}	milli	m
10^{9}	기가(giga)	G	10^{-6}	micro	μ
10^{6}	메가(mega)	M	10^{-9}	nano	n
10^{3}	킬로(kilo)	k	10^{-12}	pico	p
10^{2}	헥토(hecto)	h	10^{-15}	femto	f
10^{1}	데카(deca)	da	10^{-18}	atto	a

표 A-3 파생 SI 단위

양	단위명	기본 단위 표현
면적	제곱미터	m^2
부피	세제곱미터	m^3
주파수	헤르츠(Hz)	s^{-1}
밀도(농도)	세제곱미터당 킬로그램	kg/m^3
속력	초당 미터	m/s
각속력	초당 라디안	rad/s
가속도	초당 미터 제곱	m/s^2
각가속도	초당 라디안 제곱	rad/s^2
부피 유량	초당 세제곱미터	m^3/s
힘	뉴턴(N)	$kg \cdot m/s^2$
압력	제곱미터당 뉴턴(N/m^2) 또는 파스칼(Pa)	$kg/m \cdot s^2$
일, 에너지, 열, 토크	줄(J), 뉴턴-미터(N·m), 와트-초(W·s)	$kg \cdot m^2/s^2$
전력, 열 유속	와트(W), 초당 줄(J/s)	$kg \cdot m^2/s^3$
열 유속 밀도	제곱미터당 와트(W/m^2)	kg/s^3
비열	킬로그램-도당 줄(J/kg·deg)	$m^2/s^2 \cdot deg$
열전도도	미터-도당 와트(W/m·deg) 또는 ($J \cdot m/s \cdot m^2 \cdot deg$)	$kg \cdot m/s^3 \cdot deg$
질량 유량	초당 킬로그램	kg/s
질량 플럭스 밀도	제곱미터-초당 킬로그램	$kg/m^2 \cdot s$
전하	쿨롱(C)	A·s
기전력	볼트(V) 또는 (W/A)	$kg \cdot m^2/A \cdot s^3$
전기 저항	옴(Ω) 또는 (V/A)	$kg \cdot m^2/A^2 \cdot s^3$
전기전도도	볼트-미터당 암페어(A/V·m)	$A^2 \cdot s^3/kg \cdot m^3$
전기 커패시턴스	패럿(F) 또는 (A·s/V)	$A^3 \cdot s^4/kg \cdot m^2$
자속	웨버(W) 또는 (V·s)	$kg \cdot m^2/A \cdot s^2$
인덕턴스	헨리(H) 또는 (V·s/A)	$kg \cdot m^2/A^2 \cdot s^2$

양	단위명	기본 단위 표현
자기 투자율	미터당 헨리(H/m)	$kg \cdot m/A^2 \cdot s^2$
자기 플럭스 밀도	테슬라(T) 또는 제곱미처당 웨버(Wb/m^2)	$kg/A \cdot s^2$
자기장 세기	미터당 암페어	A/m
기자력	암페어	A
발광 플럭스	루멘(lm)	cd·sr
휘도	제곱미터당 칸델라	cd/m^2
조도	럭스(lx) 또는 제곱미터당 루멘(lm/m^2)	$cd \cdot sr/m^2$

표 A-4 SI 변환계수(SI로 변환하려면 표에 주어진 숫자를 곱하면 된다.)

가속도(m/s^2)			
ft/s^2	0.3048	gal	0.01
free fall(g)	9.80665	in/s^2	0.0254
각도(rad)			
degree	0.01745329	second	4.848137×10^{-6}
minute	2.908882×10^{-4}	grade	1.570796×10^{-2}
면적(m^2)			
acre	4,046.873	hectare	1×10^{4}
are	100.00	mi^2 (IS statute)	2.589998×10^{6}
ft^2	9.290304×10^{-2}	yd^2	0.8361274
토크(N·m)			
dyne·cm	1×10^{-7}	lbf·in	0.1129848
kgf·m	9.806650	lbf·ft	1.355818
ozf·in	7.061552×10^{-3}		
전기와 자기[a]			
ampere·hour	3,600 C	인덕턴스 ESU	8.987×10^{11} H
커패시턴스 EMU	10^{9} F	저항 ESU	8.987×10^{11} Ω
전류 EMU	10 A	faraday	9.65×10^{19} C
전위 EMU	10^{-8} V	gamma	10^{-9} T
인덕턴스 EMU	10^{-9} H	gauss	10^{-4} T
저항 EMU	10^{-9} Ω	gilbert	0.7957 A
커패시턴스 ESU	1.112×10^{-12} F	maxwell	10^{-8} Wb
전류 ESU	3.336×10^{-10} A	mho	1.0 S
전위 ESU	299.79 V	ohm·centimeter	0.01 Ω·m
에너지/일(J)			
Btu	1,055	kilocalorie	4,187
calorie	4.18	kW·h	3.6×10^{6}
calorie(kilogram)	4184	ton	4.184×10^{9}
electronvolt	1.60219×10^{-19}	therm	1.055×10^{8}

erg	10^{-7}	W·h	3,600
ft·lbf	1.355818	W·s	1.0
ft–poundal	0.04214		
힘(N)			
dyne	10^{-5}	ounce–force	0.278
kilogram–force	9.806	pound–force(lbf)	4.448
kilopond(kp)	9.806	poundal	0.1382
kip(1000 lbf)	4.448	ton–force(2000 lbf)	8.896
열			
Btu·ft/h·ft^2·℉	1.7307 W/m·K	cal/cm^2	4.18×10^4 J/m^2
Btu/lb	2.324 J/kg	cal/cm^2·min	697.3 W/m^2
Btu/lb·℉ = cal/g·℃	4.186 J/kg·K	cal/s	4.184 W
Btu/ft^3	3.725×10^4 J/m^3	℉·h·ft^2/Btu	0.176 K·m^2/W
cal/cm·s·℃	418.4 W/m·K	ft^2/h	2.58×10^{-5} m^2/s
길이(m)			
angstrom	10^{-10}	microinch	2.54×10^{-8}
astronomical unit	1.495979×10^{11}	micrometer	10^{-6}
chain	20.11	mil	2.54×10^{-5}
fermi	10^{-15}	mile(nautical)	1852.000
foot	0.3048	mile(international)	1609.344
inch	0.0254	pica	4.217×10^{-3}
light year	9.46055×10^{15}	yard	0.9144
광			
cd/in^2	1550 cd/m^2	lambert	3.183×10^3 cd/m^2
footcandle	10.76 lx	lm/ft^2	10.76 lm/m^2
footlambert	3.426 cd/m^2		
질량(kg)			
carat	2×10^{-4}	ounce (troy or apothecary)	3.110348×10^{-2}
grain	6.479891×10^{-5}	pennyweight	1.555×10^{-3}
gram	0.001	pound (lb avordupois)	0.4535924
hundredweight(long)	50.802	pound (troy or apothecary)	0.3732
hundredweight(short)	45.359	slug	14.5939
kgf×s^2/m	9.806650	ton(loing, 2240 lb)	907.184
ounce(avoirdupois)	2.834952×10^{-2}	ton(metric)	1000
단위시간당 질량(유량 포함)			
perm(0℃)	5.721×10^{-2}kg/Pa·s·m^2	lb/hp·h	1.689659×10^{-7} kg/J
lb/h	1.2599×10^{-4} kg/s	ton(short)/h	0.25199 kg/s

lb/s	0.4535924 kg/s		
단위부피당 질량(밀도 및 용량 포함)			
oz(avoirdupois)/ gal(UK liquid)	6.236	oz(avoirdupois)/ gal(US liquid)	7.489
oz (avoirdupois)/in^3	1729.99	slug/ft^3	515.3788
lb/gal	11.9826 kg/m^3	ton(long)/yd^3	1328.939
일률(W)			
Btu (International)/s	1055.056	horsepower (electric)	746
cal/s	4.184	horsepower (metric)	735.499
erg/s	10^{-7}	horsepower (UK)	745.7
horsepower (550 ft · lbf/s)	745.6999	ton of refrigeration (12,000 Btu/h)	3517
압력 또는 스트레스(Pa)			
atmosphere, standard	1.01325×10^5	dyne/cm^2	0.1
atmosphere, technical	9.80665×10^4	foot of water(39.2 ℉)	2988.98
bar	10^5	poundal/ft^2	1.488164
centimeter of mercury(0℃)	1333.22	psi(lbf/in^2)	6894.757
centimeter of water(4℃)	98.0638	torr(mmHg, 0℃)	133.322
방사선 단위			
curie	3.7×10^{10} Bq	rem	0.01 Sv
rad	0.01 Gy	roentgen	2.58×10^{-4} C/kg
온도			
° Celsius	TK=t℃+273.15 K	° Fahrenheit	T℃=(t℉−32)/1.8℃
° Fahrenheit	TK=(t℉+459.67)/1.8 K	° Rankine	TK=T°R/1.8 K
속도(속력 포함, m/s)			
ft/s	0.3048	mi/h(International)	0.44704
in/s	2.54×10^{-2}	rpm(r/min)	0.1047 rad/s
knot(International)	0.51444		
점성(Pa·s)			
centipose (dynamic viscosity)	10^{-3}	lbf×s/in^2	6894.757
centistokes (kinematic viscosity)	10^{-6}	rhe	10×1/Pa · s
poise	0.1	slug/(ft · s)	47.88026
poundal · s/ft^2	1.488164	stokes	10^{-4} m^2/s
lb(ft · s)	1.488164		
부피(용량 포함, m^3)			
acre−foot	1233.489	gill(U.S.)	1.182941×10^{-4}
barrel(oil, 42gal)	0.1589873	$in.^3$	1.638706×10^{-5}
bushel(U.S.)	3.5239×10^{-2}	litre	10^{-3}
cup	2.36588×10^{-4}	ounce(U.S. fluid)	2.957353×10^{-5}

ounce(U.S. fluid)	2.95735×10^{-5}	pint(U.S. dry)	5.506105×10^{-4}
ft^3	2.83168×10^{-2}	pint(U.S. liquid)	4.731765×10^{-4}
gallon(Canadian, U.K. liquid)	4.54609×10^{-3}	tablespoon	1.478×10^{-5}
gallon(U.S. liquid)	3.7854×10^{-3}	ton(register)	2.831658
gallon(U.S. dry)	4.40488×10^{-3}	yd3	0.76455

[a]ESU: 정전기 cgs 단위, EMU: 정자기 cgs 단위

표 A-5 상온(25℃)에서의 유전상수

물질	κ	주파수(Hz)	물질	κ	주파수(Hz)
공기	1.00054	0	파라핀	2.0~2.5	10^6
알루미나 세라믹	8~10	10^4	플렉시글라스	3.12	10^3
아크릴릭스	2.5~2.9	10^4	폴리에테르술폰	3.5	10^4
ABS/폴리술폰	3.1	10^4	폴리에스테르	3.22~4.3	10^3
아스팔트	2.68	10^6	폴리에틸렌	2.26	10^3~10^8
밀랍	2.9	10^6	폴리프로필렌	2~3.2	10^4
벤젠	2.28	0	폴리염화비닐	4.55	10^3
사염화탄소	2.23	0	자기	6.5	0
셀룰로스 질산염	8.4	10^3	파이렉스글라스(7070)	4.0	10^6
세라믹(티타늄 산화물)	14~110	10^6	파이렉스글라스(7760)	4.5	0
코디어라이트	4~6.23	10^4	고무(네오프렌)	6.6	10^3
두꺼운 막 커패시터 화합물	300~5,000	0	고무(실리콘)	3.2	10^3
다이아몬드	5.5	10^8	루틸 수직 광축	86	10^8
에폭시 수지	2.8~5.2	10^4	루틸 평행 광축	170	10^8
산화철	14.2	10^8	실리콘 수지	3.4~4.3	10^4
피부, 피, 근육	97	40×10^6	탈륨 염화물	46.9	10^8
지방, 뼈	15	40×10^6	테프론	2.04	10^3~10^8
납 질산염	37.7	6×10^7	변압기유	4.5	0
메탄올	32.63	0	진공	1	–
나일론	3.5~5.4	10^3	물	78.5	0
종이	3.5	0			

표 A-6 자기 물질 성질

물질	MEP ((G · Oe)×10^6)	잔류 유도 ((G)×10^3)	보자력 ((Oe)×10^3)	온도계수 (%/℃)	비용
R.E. 코발트	16	8.1	7.9	0.05	가장 비쌈
알니코 1,2,3,4	1.3~1.7	5.5~7.5	0.42~0.72	0.02~0.03	중간
알니코 5,6,7	4.0~7.5	10.5~13.5	0.64~0.78	0.02~0.03	중간/비쌈
알니코 8	5.0~6.0	7~9.2	1.5~1.9	0.01~0.02	중간/비쌈
알니코 9	10	10.5	1.6	0.02	비쌈
세라믹 1	1.0	2.2	1.8	0.2	저렴
세라믹 2,3,4,6	1.8~2.6	2.9~3.3	2.3~2.8	0.2	저렴/중간
세라믹 5,7,8	2.8~3.5	3.5-3.8	2.5~3.3	0.2	중간
쿠니페	1.4	5.5	0.53		중간
철-크롬	5.25	13.5	0.6		중간/비쌈
플라스틱	0.2~1.2	1.4	0.45~1.4	0.2	가장 저렴
고무	0.35~1.1	1.3~2.3	1~1.8	0.2	가장 저렴

출처 : Sprague, CN-207 "Hall effect IC acpplicaions", 1986 인용

표 A-7 상온에서의 비저항($\rho \times 10^{-8}\ \Omega \cdot m$)과 온도계수(TCR)

물질	ρ	TCR	물질	ρ	TCR
알루미나[a]	〉10^{20}		팔라듐	10.54	
알루미늄 (99.99%)	2.65	3.9	백금	10.42	
베릴륨	4.0	0.025	백금+10 % 로듐	18.2	
비스무트	10^6		다결정 글라스[a]	6.3×10^{14}	
브라스 (70Cu, 30Zn)	7.2	2.0	희토류 금속	28~300	
탄소	3500	−0.5	실리콘 (순도에 매우 민감)	$(3.4-15)\times10^6$	
크롬 도금	14~66		규소청동 (96Cu, 3Si, 1Zn)	21.0	
콘스탄탄 (60Cu, 40Ni)	52.5	0.01	실리콘 질화물	10^{19}	
구리	1.678	3.9	은	1.6	6.1
Evanohm(75Ni, 20Cr, 2.5Al, 2.5Cu)	134		나트륨	4.75	
게르마늄(다결정)	46×10^6		스테인레스 스틸(주물)	70~122	
금	2.24	3.4	탄탈럼	12.45	3.8
이리듐	5.3		탄화탄탈럼	20	
철 (99.99 %)	9.71	6.5	주석	11.0	4.7
납	22	3.36	타이타늄	42	
망가니즈	185		타이타늄 합금	48~199	
망가닌	44	0.01	탄화타이타늄	105	

물질	ρ	TCR	물질	ρ	TCR
망가닌 (84Cu, 12Mn, 4Ni)	48		텅스텐	5.6	4.5
수은	96	0.89	아연	5.9	4.2
멀라이트[a]	10^{21}		지르콘[a]	〉10^{20}	
니크롬	100	0.4	지르코늄 합금	40~74	
니켈	6.8	6.9			

[a]부피 비저항

표 A-8 압전 물질 특성(20℃)

물질	PVDF	$BaTiO_3$	PZT	쿼츠	TGS
밀도($\times 10^3$kg/m^3)	1.78	5.7	7.5	2.65	1.69
유전상수(ε_r)	12	1,700	1,200	4.5	45
탄성률 (10^{10} N/m)	0.3	11	8.3	7.7	3
압전상수(pC/N)	d_{31} 20 d_{32} 2 d_{33} 30	78	110	2.3	25
초전상수(10^{-4} C/m^2K)	4	20	27	–	30
전자기계 커플링 상수(%)	11	21	30	10	–
음향 임피던스(10^6 kg/m^2s)	2.3	25	25	14.3	–

표 A-9 초전 재료의 물성

물질	퀴리온도 (℃)	열전도도 (W/(mK))	유전율 (εr)	초전 전하계수 (C/(m^2K))	초전 전압계수 (V/(mK))	결합계수 (k_p^2(%))
단결정						
TGS	49	0.4	30	3.5×10^{-4}	1.3×10^6	7.5
$LiTaO_3$	618	4.2	45	2.0×10^{-4}	0.5×10^6	1.0
세라믹류						
$BaTiO_3$	120	3.0	1,000	4.0	0.05×10^6	0.2
PZT	340	1.2	1,600	4.2×10^{-4}	0.03×10^6	0.14
고분자류						
PVDF	205	0.13	12	0.4×10^{-4}	0.40×10^6	0.2
다결정층						
$PbTiO_3$	470	2(monocrystal)	200	2.3×10^{-4}	0.13×10^6	0.39

출처 : Meixner, H., Mader, G. and Kleinschmidt, P. Infrared sensors based on the pyroelectric polymer polyvinylidene fluoride (PVDF). Siemens Forsch.-u. Entwicl. Ber. Bd., vol. 15, No. 3, pp: 105–114, 1986)

표 A-10 열전대 유형에 따른 특성

물질	감도(25℃)	온도 범위(℃)	응용처	지정값
구리/콘스탄탄	40.9	−270 ~ +600	Oxidation, reducing, inert, vacuum. Preferred below 0 C. Moisture resistant	T
철/콘스탄탄	51.7	−270 ~ +1,000	Reducing and inert atmosphere. Avoid oxidation and moisture	J
크로멜-알루멜	40.6	−270 ~ +1,300		K
크로멜-콘스탄탄	60.9	−200 ~ +1,000	Oxidation and inert atmospheres, avoid reducing atmosphere and metallic vapors	E
Pt(10%)/Rh-Pt	6.0	0 ~ 1,550	Oxidation and inert atmospheres, avoid reducing atmosphere and metallic vapors	S
Pt(13%)/Rh-Pt	6.0	0 ~ 1,600		R
은-팔라듐	10.0	200 ~ 600		
콘스탄탄-텅스텐	42.1	0 ~ 800		
실리콘-알루미늄	446	−40 ~ 150	Oxidation and inert atmospheres	

표 A-11 열전계수의 부피 비저항

원소	$\alpha(\mu V\ K^{-1})$	$\rho(\mu\Omega\ m)$
p-Si	100~1,000	10~500
p-Poly-Si	100~500	100~1,000
안티모니(Sb)	32	18.5
철(Fe)	13.4	0.086
금(Au)	0.1	0.023
구리(Cu) 0 0.0172	0	0.0172
은(Ag)	−0.2	0.016
알루미늄(Al)	−3.2	0.028
백금(Pt)	−5.9	0.0981
코발트(Co)	−20.1	0.0557
니켈(Ni)	−20.4	0.0614
비스무트(Bi)	−72.8	1.1
n-Si	−100~1,000	10~500
n-Poly-Si	−100~500	10~1,000

출처 : J. Schieferdecker et al. Infrared thermopile sensors with high sensitivity and very low temperature coefficient. Sensors and Actuators A 46-47, pp: 422-427, 1995인용

표 A-12 극저온, 극고온용 열전대

물질	사용 범위(℃)	감도(μV/℃)
철-콘스탄탄	−272 이하	−32
구리-콘스탄탄	−273 이하	−22.9
크로멜-알루멜	−272 이하	−23.8
탈란튬-텅스텐	3,000 이상	6.1
텅스텐-텅스텐(50)/몰리브네늄	2,900 이상	2.8
텅스텐-텅스텐(20)/레늄	2,900 이상	12.7

표 A-13 1기압 0℃에서 소재의 밀도

소재	밀도	소재	밀도
최고랩 진동	10^{-17}	실리카	1938~2657
수소	0.0899	재결정화된 흑연	1938
헬륨	0.1785	Borosilicate glass(TEMPAX®)[a]	2200
메탄	0.7168	Asbestos fibers	2,400~3,300
일산화탄소	1.250	실리콘	2,333
공기	1.2928	다결정 유리	2,518~2,600
산소	1.4290	알루미늄	2,700
이산화탄소	1.9768	Mullite	2,989~3,293
플라스틱 폼	10~600	질화실리콘	3,183
벤젠	789.5	세라믹 알루미늄산화물	3,322~3,875
알코올	860	아연 합금	5,200~7,170
테레핀유	900~930	바나듐	6,117
미네랄 오일	913	크롬	7,169
자연 고무	913	주석과 그 합금	7,252~8,000
폴리에틸렌(LDPE)	920	스텐레스 강철	8,138
얼음	950	청동	8,885
폴리에틸렌(HDPE)	996~2,000	구리	8,941
탄소와 그래파이트 섬유	1,000	코발트와 그 합금	9,217
물	1,100	니켈과 그 합금	9,245
나일론 6	1,100	비스무트	9,799
염산 20%	1,163~1,190	은	10,491
아크릴	1,135~2,187	납과 그 합금	11,349
에폭시	1,200	팔라듐	12,013
콜타르	1,246~2,989	수은	13,596
페놀	1,260	몰리브데늄	13,729
글리세린	1,350	탄탈륨과 그 합금	16,968

소재	밀도	소재	밀도
PVC	1,700	금	19,320
사란 섬유	1,700	텅스텐과 그 합금	19,653
황산 20%	1,800	백금	21,452
폴리에스테르	1,855~2,076	이리듐	22,504
베릴륨과 그 합금		오스뮴	22,697

[a]TEMPAX® 는 쇼트 글래스의 등록상표이다.

표 A-14 일부 고체 소재의 기계적 특성

소재	탄성계수(GPa)	푸아송 비(ν)	밀도(kg/m³)
알루미늄	71	0.334	2,700
베릴륨 구리	124	0.285	8,220
황동	106	0.324	8,530
구리	119	0.326	8,900
유리	46.2	0.245	2,590
납	36.5	0.425	11,380
몰리브데늄	331	0.307	10,200
인 청동	11	0.349	8,180
강철(탄소강)	207	0.292	7,800
강철(스텐레스)	190	0.305	7,750

표 A-15 일부 결정질 재료의 기계적 특성

소재	항복 강도 (10^{10} dyne/cm²)	경도 (kg/mm²)	영의 계수 (10^{12} dyne/cm²)	밀도 (g/cm³)	열전도도 (W/cm℃)	열팽창 (10^6/℃)
다이아몬드[a]	53	7,000	10.35	3.5	20.0	1.0
SiC[a]	21	2,480	7.0	3.2	3.5	3.3
TiC[a]	20	2,470	4.97	4.9	3.3	6.4
Al_2O_3[a]	15.4	2,100	5.3	4.0	0.5	5.4
Si_3N_4[a]	14	3,486	3.85	3.1	0.19	0.8
Iron[a]	12.6	400	1.96	7.8	0.803	12.0
SiO_2(광섬유)	8.4	820	0.73	2.5	0.014	0.55
Si[a]	7.0	850	1.9	2.3	1.57	2.33
강철(최대 강도)	4.2	1,500	2.1	7.9	0.97	12.0
W	4.0	485	4.1	19.3	1.78	4.5
스텐레스 스틸	2.1	660	2.0	7.9	0.329	17.3
Mo	2.1	275	3.43	10.3	1.38	5.0
Al	0.17	130	0.70	2.7	2.36	25.0

출처 : Petersen, K. E. Silicon as a mechanical material. Proc. IEEE, vol. 70, No. 5, pp: 420-457, May 1, 1982

[a]단결정

표 A-16 음파의 속도(1기압에서의 기체, 긴 얇은 도관 내의 고체)

매체	속력(m/s)	매체	속력(m/s)
고무	40~150	알루미늄	3,100~6,320
공기(건조공기 20℃)	344	금	3,240
증기(134℃)	494	유리	3,962
수소(20C)	1,330	하드우드	3,962
물(담수)	1,433	벽돌	4,176
물(해수)	1,519	파이렉스(Pyrex®) 유리	5,640
납	1,190	강철	6,100
콘크리트	3,200~3,600	다이아몬드	12,000
황동	3475	베릴륨	12,890
구리	3810		

표 A-17 일부 소재의 선 열팽창 계수(℃×10^{-6}당)

재료	α	재료	α
Alnico I (영구 자석)	12.6	나일론	90
알루미나(다결정)	8.0	인-청동	9.3
알루미늄	25.0	백금	9.0
놋쇠	20.0	플렉시 글라스(루석)	72
카드뮴	30.0	폴리 카보네이트(ABS)	70
크롬	6.0	폴리에틸렌(고밀도)	216
Comol(영구 자석)	9.3	규소	2.6
구리	16.6	은	19.0
융합 석영	0.27	솔더 50~50	23.6
유리(Pyrex ®)	3.2	스틸(SAE 1020)	12.0
유리(일반)	9.0	강철(스테인리스 : 유형 304)	17.2
금	14.2	테플론	99
인듐	18.0	주석	13.0
인바(Invar)	0.7	티탄	6.5
철	12.0	텅스텐	4.5
납	29.0	아연	35.0
니켈	11.8		

표 A-18 일부 소재의 비열 및 열전도율(25℃)

재료	비열(J/kg℃)	열전도율(W/m℃)	밀도(kg/m^3)
공기(1기압)	995.8	0.024	1.2
알루미나	795	6	4,000
알루미늄	481	88~160	2,700
베이클라이트(Bakelite)	1,598	0.23	1,300
놋쇠	381	26~234	8,500
크롬	460	91	
콘스탄탄	397	22	8,800
구리	385	401	8,900
다이아몬드		99~232	
유리 섬유	795	0.0002~0.4	60
게르마늄		60	
유리(파이렉스)	780	0.1	2,200
유리(일반)		1.9~3.4	
금	130	296	19,300
흑연		112~160	
철	452	79	7,800
납	130	35	11,400
망가닌(Manganin)	410	21	8,500
수은	138	8.4	13,500
니켈 및 그 합금	443	6~50	8,900
나일론	1,700	0.24	1,100
백금	134	73	21,400
폴리에스터	1,172	0.57~0.73	1,300
폴리우레탄 발포체		0.024	40
규소	668	83.7	2,333
실리콘 오일	1,674	0.1	900
은	238	419	10,500
스테인리스강	460	14~36	8,020
스티로폼	1,300	0.003~0.03	50
테프론 TFE	998	0.4	2,100
주석	226	64	7,300
텅스텐	139	96.6	19,000
물	4,184	0.6	1,000
아연	389	115~125	7,100

표 A-19 다양한 물질의 일반적인 방출률(0~100℃)

재료	방출률	재료	방출률
흑체(이상적 물체)	1.00	녹색 잎	0.88
캐비티 라디에이터	0.99~1.00	얼음	0.96
알루미늄(양극 처리)	0.70	철 또는 강철(녹)	0.70
알루미늄(산화)	0.11	니켈(산화)	0.40
알루미늄(광택)	0.05	니켈(미산화)	0.04
알루미늄(거친 표면)	0.06~0.07	니크롬(80Ni-20Cr)(산화)	0.97
석면	0.96	니크롬(80Ni-20Cr)(광택)	0.87
황동(무딘 변색)	0.61	기름	0.80
황동(광택)	0.05	규소	0.64
벽돌	0.90	실리콘 고무	0.94
청동(광택)	0.10	실버(광택)	0.02
탄소로 채워진 라텍스 페인트	0.96	피부(인간)	0.93~0.96
카본 램프 블랙	0.96	눈	0.85
크롬(광택)	0.10	흙	0.90
구리(산화)	0.6~0.7	스테인리스강(무두질)	0.20
구리(광택)	0.02	강철(평평한 거친 표면)	0.95~0.98
면직 의류	0.80	강철(지상)	0.56
에폭시 수지	0.95	양철	0.10
유리	0.95	물	0.96
금	0.02	백색 종이	0.92
골드 블랙	0.98~0.99	목재	0.93
흑연	0.7~0.8	아연(광택)	0.04

표 A-20 일부 재료의 굴절률(n)

재료	굴절률(n)	파장(μm)	비고
진공	1		
공기	1.00029		
아크릴	1.5	0.41	
AMTIR-1 (Ge33As12Se55)	2.6 2.5	1 10	무정형 유리[a]
AMTIR-3 (Ge28As12Se60)	2.6	10	무정형 유리[a]
삼황화비소(As_2S_3)	2.4	8.0	무정형 유리[a]
텔루르화카드뮴(CdTe)	2.67	10.6	
크라운 유리	1.52		
다이아몬드	2.42	0.54	우수한 열전도율
용융 실리카(SiO_2)	1.46	3.5	
붕규산 유리	1.47	0.7	TEMPAX®[b] 투명 : 0.3 ~ 2.7 μm

재료	굴절률(n)	파장(μm)	비고
갈륨 비소(GaAs)	3.13	10.6	레이저 창
게르마늄	4.00	12.0	
가장 무거운 부싯돌 유리	1.89		
무거운 부싯돌 유리	1.65		
Irtran 2(ZnS)	2.25	4.3	적외선 센서의 창
브롬화칼륨(KBr)	1.46	25.1	흡습성
염화칼륨(KCl)	1.36	23.0	흡습성
KRS-5	2.21	40.0	독성
KRS-6	2.1	24	독성
염화나트륨(NaCl)	1.89	0.185	흡습성, 부식성
폴리에틸렌	1.54	8.0	저가형 적외선 창 / 렌즈
폴리스티렌	1.55		
파이렉스 7740	1.47	0.589	우수한 열 및 광학 특성
석영	1.458	0.589	
사파이어(Al_2O_3)	1.59	5.58	내 화학성
규소	3.42	5.0	IR 센서의 창
브롬화은(AgBr)	2.0	10.6	부식성
염화은(AgCl)	1.9	20.5	부식성
피부(인간)	1.38		
물(20 ℃)	1.33		
불화 이테르븀(YbF3)	1.52	0.22~12	창/렌즈의 ARC에 사용
아연셀레나이드(ZnSe)	2.4	10.6	적외선 창, 취성

[a]Amorphous Materials, Inc.(미국 텍사스 주 Garland)에서 구입 가능(amorphousmaterials.com)

[b]TEMPAX® 는 Schott Glasswerke(독일 Mainz)사의 등록 상표임.

표 A-21 탄소-아연 및 알카라인 전지의 특성

전지	Wh/L	Wh/kg	배수율(Drain rate)	유통 기한
탄소-아연	150	85	낮음-중간	2년
알카라인	250	105	중간-높음	5년

출처 : Powers R.A Batteries for low power electronics. Proceedings of the IEEE, Vol. 83, No. 4, pp: 687-693, 1995년 4월

표 A-22 리튬-이산화망간 일차 전지

구성	전압	용량(mAh)	정격 직류 전류(mA)	펄스 전류(mA)	에너지 감도(Wh/L)
동전형	3	30~1,000	0.5~7	5~20	500
Cyl. wound	3	160~1,300	20~1,200	80~5,000	500
Cyl. bobbin	3	650~500	4~10	60~200	620
Cyl. D셀	3	10,000	2,500		575
프리즘(Prismatic)	3	1,150	18		490
플랫(Flat)	3/6	150~1,400	20~125		290

출처 : Powers R.A Batteries for low power electronics. Proceedings of the IEEE, Vol. 83, No. 4, pp: 687–693, 1995년 4월

표 A-23 AA 크기 이차 전지의 특징

종류	전압	용량(mAh)	요율(C)[a]	Wh/L	Wh/kg	사이클	손실/월(%)
니켈카드뮴 (NiCad)	1.2	1,000	10	150	60	1,000	15
니켈-망간 (Ni-MH)	1.2	1,200	2	175	65	500	20
납 축전지 (Pb Acid)	2	400	1	80	40	200	2
리튬 이온 Li Ion (CoO_2)	3.6	500	1	225	90	1,200	8
리튬 이온 망간 산화물 (Li/MnO_2)	3	800	0.5	280	130	200	1

[a]참고 : 방전율 단위 C(mA 단위)는 공칭 용량(mA h 단위)과 수치적으로 동일함.

표 A-24 초소형 이차 전지 종류

제조사	부품	유형	크기	용량(mAh)	전압	가격(달러)
Avex Corp. Bensalem, 펜실베니아, 800-345-1295		RAm	AA	1.4	1.5	1
GN National Electric Inc. Pomona, 캘리포니아 909-598-1919	GN-360	NiCd	15.5×19 mm	60	3.6	1.10
GP Batteries USA, San Diego, 캘리포니아 619-674-5620	Green-Charge	NiMH	2/3AA, AA, 2/3AF, 4/5AF	600~2,500	1.2	2~7
Gould, Eastlake, 오하이오 216-953-5084	3C120M	$LiMnO^2$	3×4×0.12 cm	120	3	2.71
House of Batteries Inc., Huntington Beach, 캘리포니아, 800-432-3385	Green Cell	NiMH	AA, 4/5A, 7/5A	1,200~2,500	1~2	3.50~12
Maxell Corp., Fairlawn, 뉴저지 201-794-5938	MHR-AAA	NiMH	AAA	410	1.2	4
Moli Energy Ltd., Maple Ridge, BC, 캐나다, 604-465-7911	MOLICEL	Li-ion	18(dia)×65 mm	1,200	3.0~4.1	25

제조사	부품	유형	크기	용량(mAh)	전압	가격(달러)
Plainview Batteries, Inc., Plainview, 뉴욕 516-249-2873	PH600	NiMH	48×17×7.7 mm	600	1.2	4
Power Conversion, Inc., Elmwood Park 뉴저지 201-796-4800	MO4/11	$LiMnO_2$	1/2AA	1,000	3.3	5~8
Power Sonic Corp., Redwood City, 캘리포니아, 415-364-5001	PS-850AA	NiCd	AA	850	1.2	1.75
Rayovac Corp., Madison, 위스콘신 608-275-4690	Renewal	RAM	AA, AAA	1,200, 600	1.5	from 0.50
Renata US, Richardson, 텍사스 214-234-8091	CR1025	Li	10 mm	25	3.0	0.50
Sanyo Energy(USA), San Diego, 캘리포니아, 691-661-7992	Twicell	NiMH	10.4×44.5×67 mm	450	1.2	3.85
Saft America, Inc., San Diego, 캘리포니아, 619-661-7992	VHAA	NiMH	AA	1,100	1.2	2.95
Tadiran Electronics, Port Washington, 뉴욕, 516-621-4980		Li	1/AA-DD packs	370 mAh ~ 30 Ah	3~36	1+
Toshiba America, Deerfield, 일리노이, 800-879-4963	LSQ8	Li-ion	8.6×3.4×48 mm	900	3.7	12~15
Ultralife Batteries, Inc., Newark, 뉴저지, 315-332-7100	L3VL	Li	25.8×44.8×16.8	3,600	3.0	4.60
Varta Batteries, Inc., Elmsford, 뉴욕 914-592-2500		NiMH	AAA-F	300~8,000	1.2	0.80+

Li-ion 리튬 이온, $LiMnO_2$ 리튬 이산화망간, NiCd 니켈 카드뮴, NiMH 니켈 금속 수소화물, RAM 충전식 알카라인 망간

표 A-25 전자용 세라믹 특성(25~100℃)

특성	96% 알루미나 (Al_2O_3)	베릴리아 (BeO)	붕소질화물 (BN)	알루미늄 질화물 (AlN)	실리콘 카바이드(SiC)	규소 (Si)
경도(kg/mm^2)	2,000	1,000	280	1,200	2,800	–
굽힘 강도(10^5 N/m^2)	3.0	1.7~2.4	0.8	4.9	4.4	–
열전도율(W/mK)	21	250	60	170~200	70	150
열 팽창(10^{-6}/K)	7.1	8.8	0.0	4.1	3.8	3.8
절연 강도(kV/mm)	8.3	19.7	37.4	14.0	15.4	–
유전 손실 (1MHz에서 10^{-4} tan delta)	3~5	4~7	4	5~10	500	–
유전상수 (10 MHz에서)	10	7.0	4.0	8.8	40	–

표 A-26 유리 종류별 특성

특성	소다-라임	붕규산	납 유리	알루미늄 실리케이트	용융 실리카	96% 실리카
탄성계수(10^6 psi)	10.2	9.0	8.5~9.0	12.5~12.7	10.5	9.8
연화온도(°F)	1,285	1,510	932~1,160	1,666~1,679	2,876	2,786
열팽창 계수 (10^{-6}in./h ft^2°F)	8.5~9.4	3.2~3.4	9~12.6	4.1~4.7	0.56	0.76
열전도율 (BTU, in./h ft^2°F)	7.0	7.8	5.2	9.0	9.3	10.0
밀도(lb/$in.^3$)	0.089	0.081	0.103~0.126	0.091~0.095	0.079	0.079
비저항(Log 10 Ωcm)	12.4	14	17	17	17	17
굴절률	1.525	1.473	1.540~1.560	1.530~1.547	1.459	1.458

찾아보기

[숫자]

[a~b]

[c~e]

[f~j]

[u~z]